Victor Hehn

Kulturpflanzen und Haustiere in ihrem Übergang aus Asien nach Griechenland und Italien sowie in das übrige Europa

unikum

Victor Hehn

Kulturpflanzen und Haustiere in ihrem Übergang aus Asien nach Griechenland und Italien sowie in das übrige Europa

---

ISBN/EAN: 9783845724782

Erscheinungsjahr: 2012

Erscheinungsort: Bremen, Deutschland

www.unikum-verlag.de | office@unikum-verlag.de

Victor Hehn

Kulturpflanzen und Haustiere in ihrem Übergang aus Asien nach Griechenland und Italien sowie in das übrige Europa

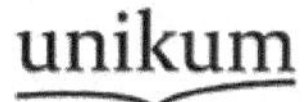

KULTURPFLANZEN UND HAUSTHIERE

IN IHREM

ÜBERGANG AUS ASIEN

NACH GRIECHENLAND UND ITALIEN SOWIE IN

DAS ÜBRIGE EUROPA

HISTORISCH-LINGUISTISCHE SKIZZEN

VON

VICTOR HEHN

SIEBENTE AUFLAGE

NEU HERAUSGEGEBEN

VON

O. SCHRADER

MIT BOTANISCHEN BEITRÄGEN

VON

A. ENGLER

BERLIN

VERLAG VON GEBRÜDER BORNTRAEGER

SW 46 DESSAUERSTR. 29

1902

Vorrede zur VI. Auflage*).

Die Anfänge des Werkes, welches hier zum ersten Mal seit dem Tode V. Hehn's (am 21. März 1890) neu herausgegeben wird, gehen in eine für den Verfasser desselben trübe, aber lehrreiche Zeit seines Lebens, in die Jahre seines unfreiwilligen Aufenthaltes in der russischen Gouvernementalstadt Tula, zurück. Indem ich mich hinsichtlich der Ereignisse, welche zu Hehn's Internirung in dem Inneren Russlands führten, sowie der näheren Umstände seines Lebensganges überhaupt auf meine Schrift: Viktor Hehn, Ein Bild seines Lebens und seiner Werke (Berlin 1891) beziehen kann, habe ich hier nur diejenigen Punkte hervorzuheben, welche geeignet erscheinen, die Entwicklung seiner historisch-linguistischen Studien zu veranschaulichen.

Von tiefem Verständniss und glühender Begeisterung für das klassische Alterthum durchdrungen und von dem selbstgeschauten Bild des Südens, das er erst vor kurzem in einer seiner Erstlingsschriften, Ueber die Physiognomie der italienischen Landschaft, festzuhalten versucht hatte, in Kopf und Busen erfüllt, war V. Hehn unvermuthet (1851) in einen zurückgebliebenen Theil der indogermanischen Völkergruppe, in die Welt der Slaven, versetzt worden. Aber so schmerzlich und niederdrückend dieser plötzliche Wechsel aller Lebensverhältnisse dem jungen Gelehrten sein musste, so erschienen doch die Menschen, die er hier schaute, und deren Sprache er lernte, sowie die Verhältnisse des Landes, die er auf häufigen Ausflügen in das Innere studirte, seinem für die Erfassung von Völkerindividualitäten durch Beanlagung und Uebung besondes geschärften Auge bald in einem eigenthümlich interessanten Lichte.

*) Bei diesem im wesentlichen unveränderten Abdruck der Vorrede zur VI. Auflage (1894) sind einige jetzt entbehrliche Ausführungen gestrichen oder gekürzt, einige Zusätze in eckigen Klammern beigefügt worden.

Er erkannte, dass hier »für den Kulturhistoriker eine reiche, bisher noch so gut wie unberührte Fundgrube von Alterthümern« verborgen sei, oder, wie er es an einer anderen Stelle ausdrückt: »Die Slaven sind sehr alt, uralt und haben das Aelteste conservativ bewahrt und geben es nicht auf. An ihrer Sprache, ihrer Familienverfassung, ihrer Religion, ihren Sitten, ihrem Aberglauben, ihrem Erbrecht u. s. w. lässt sich das frühste Alterthum studiren.« Aus den hier gleichsam erstarrten Anfängen indogermanischen Völkerlebens, dessen geschichtliche Einheit ihm in Folge des unter Franz Bopp selbst begonnenen Studiums der vergleichenden Sprachforschung zu einer lebendigen Vorstellung geworden war, wie war aus ihnen die Civilisation Athens und Roms und des unter dem Banne des letzteren stehenden mittelalterlichen Europa erwachsen? Diese Frage war es, die den einsamen, aller literarischen Hilfsmittel Beraubten während der Tula'er Jahre zu beschäftigen anfing, diese Frage, deren Beantwortung er unternahm, als er (im Jahre 1855) begnadigt und zu einem der Oberbibliothekare an der Kaiserlichen öffentlichen Bibliothek zu Petersburg ernannt, sich plötzlich an einen Quell wissenschaftlicher Arbeit versetzt sah. Es kann nicht bezweifelt werden, dass V. Hehn das gestellte Problem in seiner ganzen Ausdehnung zu behandeln vorhatte. Ein Hehn's Nachlass entnommener Stoss von Papieren linguistisch-historischen Inhalts, dessen Durchsicht mir die Cotta'sche Buchhandlung in Stuttgart freundlichst gestattet hat, zeigt, dass Hehn in der That, um es kurz zu sagen, eine Kulturgeschichte Europas auf sprachwissenschaftlicher Grundlage zu schreiben beabsichtigte. Den Standpunkt, von dem aus er eine solche Aufgabe gelöst haben würde, hat er in den Kulturpflanzen und Hausthieren selbst bezeichnet, indem er sagt: »Auch die letztere (die Kulturgeschichte im Ganzen) ist nur eine Geschichte des Verkehrs, und wie der einzelne Mensch nur in der Gesellschaft seine Bestimmung, d. h. die höchste Entwicklung seiner Anlagen erreicht, so sind auch die Völker in demselben Masse, wie sie zur Bildung sich erheben, nur Schüler und Erben anderer umwohnender, überlegener Völker.« Aber aus der Fülle dieses Stoffes löste sich immer deutlicher ein einzelner, wenn auch an sich wieder ausserordentlich weit reichender Gesichtspunkt ab: Was verdankte die Civilisation Europas der Kultur gewisser Pflanzen und der Zähmung gewisser Thiere? Dieses besondere Thema lag dem Verfasser nahe genug. Hatte er der Flora und Fauna des Südens sich schon in der genannten Schrift, Ueber die Physiognomie der italienischen Landschaft, und in seinem aus dieser erwachsenen

Buch über Italien (zuerst 1864) besonders liebevoll zugewendet und die Eigenart derselben, so wie sie sich jetzt dem Beschauer darbietet, mit Meisterhand entworfen, so sollte nunmehr dieser Gegenstand in geschichtliche Beleuchtung gestellt und erörtert werden, welchen Antheil an dieser gegenwärtigen Flora und Fauna die kulturfördernde Thätigkeit des Menschen gehabt habe. Das Ergebniss, zu welchem er hierbei gelangte, lässt sich in zwei Sätzen zusammenfassen: erstens, die Kultur der wichtigsten Charakterpflanzen des Südens, sowie die Domestication zahlreicher Hausthiere hat im Orient begonnen und ist aus diesem nach Griechenland und Italien, sowie in das übrige Europa übertragen worden, und zweitens, auch jene Pflanzen und Thiere selbst sind an der Hand des Menschen und zwar erst in historischer Zeit die gleichen Wege gewandert. »Was ist Europa, als der für sich unfruchtbare Stamm, dem alles vom Orient her eingepfropft und erst dadurch veredelt werden musste?« Diese Worte Schelling's, neben Hegel, des Lieblingsphilosophen V. Hehn's, bildeten das Motto des Buches. Als Folie diente dem geschilderten Kulturprocess die Darstellung der Zustände, in denen die Griechen und Italiker vor oder bei ihrer Einwanderung in die Balkan- und Apenninhalbinsel lebten.

Im Mai 1869 war das Werk, an dem Hehn nach seinen Briefen an den Freund Berkholz bereits 1863 seit längerer Zeit gearbeitet hatte, fertig und erschien im Jahre 1870 im gegenwärtigen Verlag zum ersten Mal. Schon 1874 wurde eine zweite Auflage nöthig, die durch ein neues Kapitel über das Pferd und durch ein später wieder weggelassenes [im Anhang abgedrucktes] Vorwort vermehrt war, in welchem Hehn seine Stellung gegen zwei Recensenten der ersten Auflage, A. Grisebach (Göttinger Gel. Anz. 1872, 2 p. 1766 ff.) und O. Heer in Zürich (Neujahrsblatt, herausg. v. d. naturf. Gesellschaft auf das Jahr 1872) vertheidigte, und in der inzwischen viel erörterten Frage nach der Urheimat der Indogermanen sich als einen entschiedenen Verfechter der Hypothese ihres centralasiatischen Ursprungs bekannte. Bis hierher lässt sich eine lebhafte Theilnahme Hehn's an dem von ihm behandelten Stoff und an linguistisch-historischer Forschung überhaupt verfolgen. Dieselbe beginnt zu erkalten, als Hehn, im Jahre 1873 zur Ruhe gestellt, seinen Wohnsitz von Petersburg nach Berlin verlegte. Schon am 26. Februar 1873 hatte er an Berkholz über seine Pläne in Berlin geschrieben: »Schriftstellern will ich gleichfalls weiter, aber nicht mehr gelehrt, wozu mir die bequemen Mittel fehlen werden, sondern angenehm. Ich traue mir dazu einiges Talent zu, an Aufforderungen fehlt es mir schon jetzt nicht.« Und in der That, die unvermeidlichen Umständlichkeiten in der Benutzung der Kgl. Bibliothek zu Berlin, neue Strömungen in verschiedenen, den Gegenstand seines Buches berührenden Zweigen der Wissenschaft, und die Schwierigkeit für den alternden Gelehrten, sich in dieselben hineinzuarbeiten, vor allem aber der Umstand, dass eine neue Aufgabe, sein Buch über Goethe, ihn mehr und mehr in Anspruch nahm, alles dies liess ihn neue Auflagen seines Werkes, von denen eine dritte 1877, eine vierte 1883, eine fünfte 1887 erschien, mehr als eine Last, denn als eine willkommene Gelegenheit empfinden, seine Ansichten zu vertiefen, auszubauen oder gegen Angriffe, an denen es nicht fehlte, zu vertheidigen.

Es ergiebt sich also, dass wir einer seit zwei vollen Jahrzehnten in allem Wesentlichen abgeschlossenen Untersuchung gegenüberstehen, und die Hauptfrage, welche der Herausgeber einer solchen sich vorzulegen hat, ist daher diejenige, wie sich die gegenwärtige Forschung zu der damaligen Behandlung jener Probleme verhalte. Indem ich zu der Erörterung dieses wichtigsten Punktes übergehe, lasse ich vorläufig die schon kurz charakterisirte Bedeutung unseres Buches für die urgeschichtliche Forschung bei Seite, und da die auf die Geschichte der Pflanzen und Thiere bezüglichen Kapitel auf einer dreifachen Basis, einer naturwissenschaftlichen, sprachwissenschaftlichen und historischen beruhn, so wird es gut sein, wenn ich meine Bemerkungen nach diesen drei Seiten ordne.

In ersterer Hinsicht schien es vor allem klar, dass die moderne Botanik die Frage nach der Herkunft und Verbreitung der Pflanzenarten vielfach mit anderen Mitteln und in anderer Weise beantworte, als dies von V. Hehn geschehen war. Da aber der Herausgeber auf diesem Gebiet selbstverständlich sich kein eigenes Urtheil gestatten durfte, so war es nothwendig, einen botanischen Fachmann als Mitarbeiter zu gewinnen, sowohl um die einzelnen Pflanzenkapitel mit seinem sachverständigen Urtheil zu begleiten, wie auch seinen Standpunkt zu dem Hehn'schen Werk im allgemeinen für den nicht botanisch gebildeten Leser darzulegen. Ein solcher wurde erfreulicher Weise in Professor A. Engler, Direktor des botanischen Gartens in Berlin, und durch häufige Reisen mit der Flora des Südens vertraut, gefunden. Dieser äussert sich über die Hehn'sche Darstellung der Geschichte der Kulturpflanzen in folgender Weise:

»Dem Wunsche des Herrn Verlegers, bei einer neu zu veranstaltenden Ausgabe des Hehn'schen Werkes »Kulturpflanzen und

Hausthiere« mitzuwirken, konnte ich nur unter der Bedingung entsprechen, dass mir gestattet wurde, das, was über die Geschichte der von Hehn behandelten Kulturpflanzen vom naturwissenschaftlichen Standpunkt aus zu sagen war, in Form von Anmerkungen zu bringen, welche zugleich auch meinem geehrten Herrn Kollegen, Herrn Prof. Schrader, der Hehn's Werk als Linguist einer Neubearbeitung unterwarf, zum Anhalt dienen konnten. Bekanntlich hatten Hehn's Ausführungen über die Kulturpflanzen und Hausthiere in ihrem Uebergang aus Asien nach Europa bei den hervorragendsten Vertretern der Pflanzengeographie und Pflanzengeschichte, bei Grisebach, Oswald Heer und Alphons de Candolle, Widerspruch gefunden; aber trotzdem konnten weder diese, noch andere Botaniker den Darstellungen Hehn's die Anerkennung versagen, dass durch sie die Kulturgeschichte der Nutzpflanzen in hohem Grade gefördert wurde.

Gerade durch den Gegensatz, der zwischen Hehn's Anschauungen und dem der genannten Gelehrten hervortrat, wurde es recht klar, dass die Geschichte der Kultur einer Pflanzenart, insbesondere ihrer Rassen, und die Geschichte der Verbreitung einer Art nicht zusammenfallen. Würde ein Botaniker seine Kenntnisse und Erfahrungen mit der Hehn'schen Darstellung verwebt haben, dann würde das Charakteristische derselben erheblich geschmälert worden sein. Es erschien mir daher das Richtige, die Revision des Hehn'schen Textes ausschliesslich dem Linguisten zu überlassen und als Botaniker in Anmerkungen den nicht botanisch gebildeten Lesern eine kurze Uebersicht über den Standpunkt der naturwissenschaftlichen Kenntniss von der Herkunft und Verbreitung der behandelten Pflanzenarten zu geben. Auf andere Arten als die von Hehn behandelten wurde nicht eingegangen, obwohl die Versuchung, die Geschichte der Getreidearten zu besprechen, recht nahe lag.

Die Heimatsbestimmung einer Pflanze und die Feststellung der Wege, welche sie allmählich bei der Ausdehnung ihres Areals genommen hat, erfolgt auf sehr verschiedene Weise. Die sicherste und zuverlässigste Methode ist natürlich die rein historische; aber diese Methode setzt wohlverbürgte Aufzeichnungen über das etappenweise Vordringen einer Pflanze voraus, die in verhältnissmässig seltenen Fällen vorhanden sind. Bei Pflanzenwanderungen, welche in den letzten Jahrzehnten erfolgt sind, wie z. B. bei der des parasitischen Pilzes Puccinia Malvacearum, ferner bei der von Elodea canadensis, der aus Nordamerika stammenden und zuerst 1836 in Grossbritannien beobachteten Wasserpest, allenfalls auch bei Wanderungen, welche in dem letzten Jahrhundert beobachtet wurden, wie bei der von Senecio vernalis W. Kit., gelingt es einigermassen, an der Hand historischer Daten die Erweiterung des Areals festzustellen. Aber schon bei den zahlreichen Pflanzen, welche, aus Nordamerika stammend, sich auf den Aeckern und an Flussufern Europas eingebürgert haben, ist es oft schwierig, die Zeit ihres Auftretens in Europa und den Weg ihrer Wanderung genau zu ermitteln. (Diejenigen Leser, welche über die Herkunft und das erste Auftreten solcher Pflanzen in Deutschland Auskunft wünschen, wenden sich zunächst am besten an Ascherson's klassische Flora der Provinz Brandenburg, Berlin 1864.) Ueber Pflanzen jedoch, welche schon längere Zeit in Europa eingebürgert sind, fehlen sehr oft die geeigneten historischen Angaben. Mögen uns auch die Schriftsteller der Griechen und Römer über einzelne in historischer Zeit eingeführte Pflanzen, wie z. B. über die Einführung der Citronen, Aufschluss geben, so lassen sie uns doch anderseits im Stich, wenn wir über die Herkunft derjenigen Nutzpflanzen, welche auch ausserhalb der Kultur vorkommen, etwas wissen wollen; denn den wildwachsenden Pflanzen und namentlich der Art ihres Vorkommens wurde doch erst seit dem vorigen Jahrhundert die nöthige Beachtung geschenkt. Man hat vielfach Werth darauf gelegt, zu ermitteln, wann zuerst der Name einer Pflanze in der älteren Literatur oder das Bildniss einer Pflanze auf Denkmälern, Münzen etc. auftauchte und aus der Entwicklung der Pflanzenbezeichnungen hat man auch Schlüsse auf die Entwicklung der Pflanzenverbreitung gezogen, also mit der rein historischen Methode die linguistische verbunden. Die Bedeutung dieser Studien für die Kenntniss der Beziehungen zwischen Mensch und Pflanze soll nicht im Geringsten angezweifelt werden; aber für die Kenntniss der Geschichte einer Pflanze, insbesondere für die Heimatsbestimmung sind sie nur in seltenen Fällen ausschlaggebend, denn es ist klar, dass in dem Gebiet einer Völkerschaft eine Pflanze längst existirt haben kann, bevor diese Völkerschaft von einer anderen die Verwendung der Pflanze kennen lernte; es ist ferner zweifellos, dass eine weniger betriebsame und in der Kultur zurückstehende Völkerschaft auch dann, wenn von einer anderswo durch die Kultur veredelten Pflanze in ihrem eigenen Lande die minderwerthige Stammform vorkommt, es doch sehr leicht vorziehen wird, durch Tausch oder Kauf die veredelte Rasse zu erwerben, als selbst aus der heimischen Stammform eine edle Rasse zu erziehen. Mit den fremden Rassen werden aber die Völkerschaften auch vielfach die fremden Namen übernommen haben, ganz abgesehen davon, dass früher ebenso wie heute ein und derselbe Name oft auf sehr verschiedene Pflanzen angewendet wurde, die einigermassen ähnliche Producte lieferten.

Eine historische Methode anderer Art dagegen erscheint dem Naturforscher zuverlässiger, nämlich die, aus dem Vorkommen von Pflanzenresten in verschiedenen Lagerstätten auf die Geschichte der Pflanzen zu schliessen, mögen nun die Lagerstätten älteren geologischen Perioden angehören, während deren der Mensch Europa höchstwahrscheinlich noch nicht bewohnte, oder mögen sie aus jüngerer Zeit stammen, in der der Mensch wohl existirte, aber noch nicht schriftliche Aufzeichnungen über sein Thun und Treiben hinterliess. Sicher ist diese Methode die zuverlässigste, um das Auftreten einer Pflanze zeitlich und räumlich zu verfolgen; aber auch diese Methode hat ihre schwachen Seiten: 1. ist die Zahl der aufgeschlossenen Fundstätten von Pflanzenresten eine verhältnissmässig sehr geringe; 2. ist die Erhaltung solcher Pflanzenreste oft eine sehr mangelhafte, sodass man nicht immer über die Richtigkeit der Bestimmung ausser Zweifel ist. Es ist daher auch bei Anwendung dieser Methode grosse Vorsicht und kritische Prüfung der von den einzelnen Autoren gemachten Angaben geboten; namentlich darf man auch nicht aus dem Nichtvorhandensein gewisser Pflanzenreste in den aufgeschlossenen Lagerstätten irgendwelche Schlüsse machen, da die meisten Pflanzen unter Verhältnissen absterben, welche der Erhaltung einzelner Theile derselben im Wege stehen. Die positiven Ergebnisse der palaeontologischen und prähistorischen Forschung sind aber doch in nicht wenigen Fällen recht wichtige, wie aus den bei der Besprechung einzelner Kulturpflanzen mitgetheilten Daten hervorgeht. Es hat sich namentlich mit Sicherheit ergeben, dass mehrere Pflanzen, welche heutzutage im ganzen Mittelmeergebiet verbreitet sind und welchen aus kulturgeschichtlichen Gründen asiatische Abstammung zugeschrieben wurde, schon gegen das Ende der Tertiärperiode, vor der Erscheinung des Menschen in Europa, existirten. Nun ist aber wohlbekannt, dass seit der Tertiärperiode sehr wichtige Veränderungen in Europa eingetreten sind, dass namentlich während der Glacialperiode gewaltige Veränderungen in der Verbreitung der Pflanzen hervorgerufen wurden; es könnte daher auch gerade die Glacialperiode eine Handhabe zu der Vorstellung geben, dass während derselben die vorher in Europa eingebürgerten mediterranen Pflanzen verdrängt wurden und erst nachher wieder aus dem Osten einwandern mussten. Aber wir wissen heut, dass das Glacialphänomen, so wichtig es auch für die ganze Entwicklungsgeschichte der Pflanzenwelt gewesen ist, doch nicht im Entferntesten die Ausdehnung gehabt hat, welche ihm früher in räumlicher Beziehung zugeschrieben wurde. Wäre in der That, wie man einst anzunehmen geneigt war, der grösste Theil Europas von Eis bedeckt gewesen, dann hätten allerdings die Funde von Kulturpflanzen in jüngeren Tertiärablagerungen für deren Geschichte in Europa keine Bedeutung; dann hätte eben eine erneute Einwanderung von Osten her erfolgen müssen, als die Vergletscherung Europas zurücktrat. Schon in meinem Versuch einer Entwickelungsgeschichte der Pflanzenwelt, I. (1879) habe ich darauf hingewiesen, dass die Thatsachen der Pflanzenverbreitung in Europa gegen die Annahme einer so ausgedehnten Vergletscherung sprechen. Seitdem haben die Studien über das Glacialphaenomen in Europa an Ausdehnung und Vertiefung erheblich gewonnen und als eines der wesentlichsten Resultate steht fest, dass selbst zur Zeit der weitestgehenden Vergletscherung in Europa ein grosser Theil von Mittel- und Süddeutschland, der grösste Theil von Frankreich, das südliche England, fast ganz Spanien und Italien, sowie die Balkanhalbinsel, eisfrei waren, dass also die Mediterranpflanzen, welche vor der Eiszeit in Europa vegetirten, während derselben wohl ihre Nordgrenze weiter nach Süden verschieben, aber nun und nimmermehr aus Europa weichen mussten. [Neuere Untersuchungen haben dies nur in erhöhtem Maasse bestätigt und namentlich auch dargethan, dass die für das Mittelmeergebiet charakteristische Macchienflora niemals aus Italien und Corsica verschwunden ist.] (Wer mit diesen Dingen nicht vertraut ist, hat nur nöthig, einen Blick auf die Karte der einstigen und jetzigen Eisverbreitung in Berghaus' Physikalischem Atlas, Geologie No. 5 zu werfen.) Wir sind daher berechtigt, von allen Pflanzen, welche am Ende der Tertiärperiode oder in der Interglacialperiode oder auch bald nach der Glacialperiode in Südeuropa existirten, anzunehmen, dass sie ohne Zuthun der Menschen dahin gelangt sind.

Endlich haben wir zur Heimatsbestimmung einer Pflanze auch noch andere Mittel, die sich auf die Kenntniss ihrer physiologischen Eigenthümlichkeiten und ihrer verwandtschaftlichen Beziehungen zu den übrigen Pflanzen in der Gegenwart und Vergangenheit gründen. Aus der Beschaffenheit der vegetativen Organe vermögen wir zu erkennen, ob eine Pflanze in einem gewissen Gebiet existiren kann; indessen giebt auf diese Frage bei den hier behandelten wichtigen Kulturpflanzen die seit langer Zeit bestehende Kultur schon von selbst die Antwort. Wichtiger ist die Beachtung der Verbreitungsmittel. Ist eine Pflanze mit guten Verbreitungsmitteln ausgestattet, d. h. sind ihre Früchte oder Samen leicht durch Thiere oder Wind, also ohne die Thätigkeit des Menschen, zu verbreiten, dann ist leicht einzusehen, dass eine solche Pflanze bald nach dem ersten Auftreten in einer Zone sich innerhalb derselben rasch weiter verbreiten musste, weil die an dem einen Ort vorhandenen Existenzbedingungen auch an anderen Orten derselben Zone wiederkehrten. Wenn einzelne Kulturpflanzen wie Wein, Lorbeer, Feige auch leicht ausserhalb ihrer Pflanzstätten sich verbreiten, so liegt dies daran, dass ihre Früchte von Vögeln vielfach verschleppt werden. Das ist aber auch immer bei den wildwachsenden Pflanzen geschehen. Sobald nach der Eiszeit am Fuss der Alpen, Apenninen und Pyrenäen das für die Mediterranpflanzen geeignete Terrain wieder frei wurde, mussten alle mit guten Verbreitungsmitteln versehenen und nicht auf besonders eigenartige Standorte angewiesenen Pflanzen nordwärts Areal gewinnen. Bei der Verbreitungsgeschichte hat man auch darauf zu achten, ob eine Pflanze nur auf Kulturland oder überhaupt auf durch den Menschen verändertem Land vorkommt, oder ob sie einer für ein gewisses Gebiet charakteristischen ursprünglichen Formation angehört; findet sie sich vorzugsweise auf Standorten ersterer Art, dann spricht mehr dafür, dass sie verwildert sei; findet sie sich dagegen an Standorten letzterer Art, dann ist man in der Regel zu der Annahme berechtigt, dass sie ohne Zuthun des Menschen eingewandert ist. Hierbei ist noch in Betracht zu ziehen, dass sehr oft gerade solche Eindringlinge, welche von ihrer ursprünglichen Heimat sehr weit entfernt sind, auf einem neuen Terrain zugelassen sich ganz besonders schnell und sogar die einheimische Flora verdrängend ausbreiten. Das zeigt das Verhalten von zahlreichen nordamerikanischen Pflanzen in Europa, von zahlreichen europäischen Pflanzen in Australien und Neu-Seeland, von Opuntia und Agave im Mediterrangebiet, von zahlreichen amerikanischen Pflanzen im tropischen Afrika und von manchen tropisch-asiatischen im tropischen Amerika. Immer sind diese sich leicht verbreitenden Pflanzen solche, welche in dem neuen Gebiet dieselben klimatischen Verhältnisse wieder finden, die sie in ihrer ursprünglichen Heimat hatten, immer sind es Pflanzen, welche von dem neubesiedelten Terrain durch so weite ihrer Existenz nicht zuträgliche Räume getrennt waren, dass deren Ueberwindung erst durch die Thätigkeit der Menschen, allerdings meist von diesen nicht beabsichtigt, erfolgen konnte. Immer aber sind diese Eindringlinge auch auf einem durch die Kultur veränderten Terrain, also vorzugsweise auf Ackerland, auf stark abgeweideten Triften oder auf Neuland, Sandbänken, Anschwemmungen an Flussufern, auf vulkanischem Boden, bisweilen auch auf ganz besonders sterilem und einheimischen Pflanzen nicht zusagenden steinigen Boden (Opuntia, Agave) anzutreffen. Für die Heimathsbestimmung einer Pflanze kommt auch ihre systematische Stellung in Betracht, ihre phylogenetische Verwandtschaft mit anderen Formen. Die Pflanzengeographie stützt sich hierbei auf sehr zuverlässige Grundlagen. Wir können einer Pflanze sehr wohl ansehen, ob sie in näherer verwandtschaftlicher Beziehung zu Pflanzen des östlichen oder westlichen, des nördlichen oder südlichen Nachbargebietes steht und können darauf Annahmen bezüglich ihrer Herkunft gründen, welche zusammen mit Anderem oft zu guten Resultaten führen. Bei der Lage Europas ist es nun nicht zu verwundern, dass in der That eine recht grosse Zahl der älteren Kulturpflanzen nahe Beziehungen zu anderen Pflanzen des Ostens zeigt; aber diese Beziehungen sind meistens uralte, vor die Existenz des Menschen zurückdatirende, die für die Wanderungen in der gegenwärtigen Erdperiode nicht mehr in Betracht kommen. Es ist namentlich wichtig, dass mehrere der mediterranen Kulturpflanzen Typen angehören, welche nachweislich schon in der Tertiärperiode im Mediterrangebiet existirten und ausserhalb desselben überhaupt nicht angetroffen werden; es ist ferner von Wichtigkeit, dass die iberische Halbinsel, welche durch Nordafrika mit dem Orient in Verbindung steht, nicht wenige Pflanzen mit diesem gemein hat, welche in Italien fehlen (vgl. Engler, Versuch einer Entwicklungsgeschichte der Pflanzenwelt I. S. 51 ff.); es konnte zweifelsohne auch von der iberischen Halbinsel her die Wiederbesiedelung Ober- und Mittelitaliens mit mediterranen Pflanzen nach der Glacialperiode erfolgen. Dass andererseits auch einzelne Bestandtheile der Mediterranflora (Granate, Johannisbrodbaum, welche jedoch in den dichteren Macchien des mediterranen Hügellandes nicht angetroffen werden) vom Osten her in Italien und andere Theile des Mittelmeergebietes durch Zuthun der Menschen eingedrungen sind, soll nicht bestritten werden. — Dies sind die Gesichtspunkte, von denen ich bei meinen Anmerkungen zu Hehn's Darstellungen ausgegangen bin und welche, soweit es sich um Heimatsbestimmung, nicht um Verwendung von Kulturpflanzen handelt, durchaus neben der von Hehn in den Vordergrund gestellten Methode beachtet werden müssen. Bei den einzelnen Besprechungen habe ich nicht immer alle diese Gesichtspunkte hervorgehoben, um Wiederholungen zu vermeiden; man möge daher bei denselben die kurze und vielleicht auch bisweilen zu apodiktisch erscheinende Fassung mit Rücksicht auf die hier gegebenen allgemeinen Erläuterungen erklären.«

In weit geringerem Umfang greifen rein zoologische Fragen in das Untersuchungsgebiet Hehn's ein. Bei einer grösseren Reihe von Thieren, wie dem Esel oder dem Pfau, ist es wohl niemals bezweifelt worden, dass dieselben nicht einheimisch in Europa seien. Bei anderen freilich wiederholen sich auf zoologischem Gebiet die Bedenken, welche wir oben die Botaniker gegen Hehn geltend machen sahen, d. h. auch hier nehmen auf Grund palaeontologischer Indicien die Naturforscher nicht selten, wie bei dem Pferd, dem Dachs, dem Hamster ein weit höheres Alter dieser Thiere in Europa als V. Hehn an. In dieser Richtung sind mir besonders die Arbeiten A. Nehring's werthvoll gewesen, sowohl sein Buch »Ueber Tundren und Steppen der Jetzt- und Vorzeit (Berlin 1890)«, in welchem derselbe seine Ansichten von der geologischen Entwicklung Mitteleuropas seit der Glacialzeit, sowie der seiner Fauna und Flora unter mehrfacher Rücksichtnahme auf Hehn's Anschauungen ausführt, als auch kleinere Monographien des genannten Gelehrten über das Pferd, die Katze, den Hamster u. s. w. Aber auch persönlich hat Herr Prof. Nehring mir über mehrere Punkte bereitwilligst Auskunft zu ertheilen die Güte gehabt.

Ich komme nunmehr zu einem mir vertrauteren Gebiet, wenn ich weiter die Frage erörtere, wie sich Sprachwissenschaft und Geschichte zu den Untersuchungen Hehn's im Allgemeinen und zu den geschilderten Einwendungen der Naturforscher gegen dieselben im Besonderen stellen.

Seit den 70er Jahren hat die vergleichende Sprachforschung in Folge einer Reihe glücklicher Entdeckungen, zu deren Charakterisirung ich nur die Namen J. Schmidt, K. Brugmann, K. Verner zu nennen brauche, und in durchaus folgerichtiger Entwicklung ihrer früheren Bestrebungen den Begriff des Lautgesetzes, auch auf dem Gebiete des Vocalismus, das bis dahin für eine Art »freier Bühne« gegolten hatte, schärfer ausgebildet. Und zwar bezieht sich dies nicht nur auf die etymologische Durchforschung des sogenannten urverwandten Wortschatzes der idg. Sprachen, sondern auch auf den Theil der Sprache, welcher bei dem Hehn'schen Werk eine besonders wichtige Rolle spielt, auf die Entlehnungen von Volk zu Volk.

Vor einer strengeren Anwendung lautlicher Kriterien, als sie Hehn und seiner Zeit eigen war, müssen nun zunächst eine Reihe von Gleichungen des Hehn'schen Werkes zusammen mit den Schlüssen, welche auf sie gebaut sind, überhaupt fallen. Den Granatapfelbaum wird man nicht schon wegen der angeblichen Entsprechung von griech. *ῥοιά* und hebr. *rimmôn* aus semitischem Kulturkreis ableiten wollen. Lat. *fîcus* hängt schwerlich mit griech. *σῦκον*, lat. *palma* nicht mit hebr. *tâmar* zusammen. Griech. *ὄνος* werden viele nicht mehr an hebr. *âtôn*, lat. *mûlus* viele nicht mehr an griech. *μυχλός* anzuknüpfen geneigt sein u. s. w. Freilich ist auch hier die Kritik leichter wie das Bessermachen, und im Allgemeinen wird man sagen dürfen, dass die moderne Entwicklung der vergleichenden Sprachwissenschaft auf dem Gebiete des Kulturwörterschatzes mehr unrichtige Erklärungen der früheren Zeit vernichtet als neue richtige zu Tage gefördert habe. Wie tief ist z. B. das Dunkel, das noch auf einer ganzen Reihe von Benennungen südlicher Kulturpflanzen, wie *δαύχνα-δάφνη* oder *laurus* oder *πύξος* u. s. w. lastet!

Eine zweite Klasse Hehn'scher Entlehnungsreihen ist lautgeschichtlich richtig; es fragt sich aber, ob in ihnen der Ausgangspunkt der Entlehnung richtig bestimmt ist. So ist der Weinstock nach Hehn ein Geschenk der Semiten unter Anderm deswegen, weil griech. *οἶνος* aus dem hebr.-phönicischen *jajin* entlehnt sei. Der Zusammenhang beider Wörter liegt auf der Hand; aber des Näheren dürfte das Verhältniss desselben eher das sein, dass das west-semitische Wort, wenn auch nicht aus dem Griechischen selbst, so doch aus einer indogermanischen Sprache übernommen wurde. Griech. *ἐρέβινθος*, lat. *ervum*, ahd. *arawîz* Erbse und *κάνναβις*, lat. *cannabis*, ahd. *hanaf* Hanf hängen untereinander zusammen, aber die von Hehn als für die Wanderung der Kulturwörter normale bezeichnete Strasse: (Orient)—Griechenland—Italien—Nordeuropa kann in diesen beiden Fällen nicht die eingeschlagene sein. Der germanische, für die Geschichte der Falkenjagd wichtige Name des Habichts, ahd. *habuh*, ist zwar identisch mit dem irischen *sebocc*, aber das Verhältniss ist das umgekehrte, als es von Hehn angenommen wurde.

Es folgt eine dritte Klasse von Gleichungen, die, lautlich unanfechtbar, auch im richtigen Verhältniss ihrer einzelnen Glieder aufgefasst sind, so dass nur zu erörtern bliebe, ob auch die Schlüsse, welche sie tragen, unanfechtbar sind. Das ist der Punkt, welcher uns zu dem Haupteinwand der Botaniker gegen Hehn zurückführt. Was folgt daraus, dass griech. *κάννη* aus dem Semitischen, lat.

murtus und *buxus* aus dem Griechischen, das deutsche *birne* aus dem Lateinischen entlehnt sind? Unzweifelhaft können diese Entlehnungen darauf hindeuten, dass die genannten Pflanzen selbst aus dem Orient nach Griechenland oder aus Griechenland nach Italien oder aus Italien nach Deutschland verpflanzt worden sind. Aber ebenso unzweifelhaft ist, dass man einen solchen Schluss nicht ziehen muss. Denn sprachliche Entlehnungen treten keineswegs nur dann auf, wenn ein neuer Gegenstand aus der Fremde eingeführt wird, sondern auch dann, wenn, um es allgemein auszudrücken, an einem längst bekannten Gegenstand durch fremde Einwirkung eine neue kulturhistorische Erfahrung gemacht worden ist. Niemand wird, weil das deutsche *pferd* aus lat. *paraverêdus* entlehnt ist, die deutschen Pferde aus Italien ableiten. Man lernte von den Romanen eben lediglich eine neue Benutzung der Pferde (*paraverêdus*, eine Art Postpferd) kennen. Den in allen Theilen des Mittelmeeres einheimischen Delphin benannten die Römer offenbar deswegen mit dem griechischen Namen *delphînus*, weil griechische Kulte sie auf das dem Apollo geheiligte Thier in einer neuen Richtung aufmerksam gemacht hatten. Ebenso trägt der auch nach Hehn bei uns einheimische Feld- und Wiesenkümmel trotzdem lateinische Namen: Karbe und Kümmel. Der Grund liegt in dem Einfluss, den die römische Gartenbau- und Küchenkunst auf uns ausübte. Dasselbe ist bei unserem Kohl der Fall.

Bedenkt man dies, so wird man zugeben müssen, griech. *κάννη* könne desshalb aus dem Semitischen entlehnt sein, weil die Griechen Fabrikate aus Arundo Donax zuerst aus dem Orient erhielten, oder lat. *murtus* und *buxus* könnten desshalb aus dem Griechischen übernommen sein, weil die Römer nach dem Vorbild der Griechen in der Myrte den heiligen Baum der Aphrodite schauten, und die Verwendung des Buchsbaumholzes in der Technik des Drechslers und Zimmermanns von den Griechen kennen lernten, oder deutsch *birne* könne desshalb aus lat. *pirus* gebildet sein, weil man in Deutschland den einheimischen wilden Birnbaum mit edlen Reisern aus Italien pfropfte.

So ergiebt sich, dass sprachliche Entlehnungsreihen uns zwar mancherlei über die Geschichte der Kultur einer Pflanze werden lehren können, dass wir aber bis zu der Geschichte einer Pflanze selbst mit ihrer Hülfe nicht vordringen können, dass also gegen die Behauptung der Botaniker, eine Pflanze sei in diesem oder jenem Lande einheimisch, der Umstand nicht als entscheidende Instanz geltend gemacht werden kann, dass diese Pflanze daselbst einen entlehnten Namen trage.

Es soll mit diesen Bemerkungen nicht gesagt sein, dass Hehn gelegentlich nicht selbst die so wichtige Unterscheidung zwischen der von aussen übernommenen Kultur einer eben desshalb fremdländisch benannten Pflanze und der einheimischen wilden Pflanze gemacht habe. Es ist dies z. B. bei seiner Erörterung des Safrans der Fall. Aber im Allgemeinen wird man doch betonen müssen, dass Hehn bei seiner Behandlung der Pflanzengeschichte der Thatsache, dass ein Pflanzenname entlehnt ist, zu grossen Werth für die Bestimmung der Herkunft einer Pflanze selbst beigelegt hat.

Es dürfte hier der Platz sein, sich in Kürze die Möglichkeiten zu vergegenwärtigen, welche sich ergeben, wenn die Sprache vor die Aufgabe gestellt wird, neue Kulturpflanzen zu benennen. Es sind a priori zwei Fälle möglich: a) die Pflanze war bereits in wildem Zustand bekannt; b) sie war es nicht. In beiden Fällen ist, wie wir schon gesehen haben, Entlehnung möglich, durch die, was Fall a) betrifft, einheimische Bezeichnungen vernichtet oder zurückgedrängt werden können. Von Seiten der Sprache lässt sich hier ein Unterschied nicht machen. Eine Entlehnung wie ahd. *chôl* aus lat. *caulis* Kohl (einheimisch in Deutschland) ist nicht verschieden von einer Entlehnung wie ahd. *mûr-boum* aus lat. *môrus* Maulbeerbaum (nicht einheimisch in Deutschland). Dasselbe gilt von lat. *murtus* = *μύρτος* Myrte (einheimisch in Italien nach Engler): lat. *cupressus* = *κυπάρισσος* Cypresse (nicht einheimisch in Italien nach E.), oder von griech. *κρόκος* = hebr. *karkôm* Safran (einheimisch in Griechenland): griech. *πιστάκιον*, entlehnt aus dem Iranischen, Pistazie (nicht einheimisch in Griechenland). Beidemal kann aber die Sprache auch aus eigenem Borne schöpfen. In Fall a) wird dabei der Name der wilden auf die veredelte Pflanze übertragen werden können, wie *κερασός-cerasus* ursprünglich die Bezeichnung einer wilden Kirschenart gewesen sein wird, oder wie auch *προῦμνος-prûnus* von Haus aus die wilde Pflaume bezeichnete. Ferner aber finden in Fall a) und b) überaus häufig Uebertragungen der Benennungen solcher schon früher bekannten Pflanzen auf die neue Pflanze statt, welche für die Anschauung des Volkes eine gewisse Aehnlichkeit mit der neuen Kulturpflanze hatten, wie, um ein modernes Analogon zunächst anzuführen, die Kartoffel bei ihrem Erscheinen in Europa bald als Trüffel (it. *tartufo*), bald als Frucht des Convolvulus Batatas (engl. *potatoe*) bezeichnet wurde. Auf einen sehr starken Fall solcher Uebertragung hat Hehn selbst hingewiesen, indem er das lat. *citrus* Citrone von *κέδρος-cedrus* Ceder ableitet, weil Cedernholz wie Citrone durch ihren starken Duft conservirende Kraft ausüben. Wenn aber solches möglich ist, warum sollte da nicht, wie ich hier im Gegensatz zu Hehn annehme, in Italien schon früher der Name der dort einheimischen Zwergpalme *palma* auf die *Phoenix dactylifera* übertragen worden sein können? Ein ähnlicher Process hat meiner Ansicht nach bereits begonnen, als die Griechen aus einer nördlichen Heimat in Hellas einwandernd eine ganze Reihe neuer, im Süden nach Engler einheimischer Pflanzen (damals noch in wildem Zustand) vorfanden, für die ihnen natürlich zunächst Namen fehlten. So ordneten sie nach meiner Anschauung sprachlich die Pinie unter andere Coniferenarten, die Frucht der Kastanie unter die Eicheln u. s. w. ein, bis sich später eine schärfere Terminologie beider Pflanzen ausbildete. Ferner sind die Namen der Kulturpflanzen häufig von ihrem wirklichen oder vermeintlichen Herkunftsort abgeleitet, wovon Benennungen, wie *μῆλον κυδώνιον*, *mâlum pûnicum*, *φοῖνιξ*, *μηδική*, *mâlum armeniacum* etc., reichliches Zeugniss ablegen. Dass auch hiermit die Quellen der Namengebung auf diesem Gebiet nicht erschöpft sind, dass vielmehr bei derselben noch eine Reihe anderer zufälliger Verhältnisse und Beziehungen, die in bestimmte Gruppen schwer zu bringen sein dürften, mitspielen, werden die einzelnen Pflanzen-Kapitel unseres Buches zeigen.

Wenden wir uns zur Betrachtung der linguistischen Seite desselben zurück, so darf nicht vergessen werden, dass die verflossenen 10 Jahre in mancher Beziehung nicht nur eine Vertiefung des in Frage kommenden sprachlichen Materials, sondern auch eine beträchtliche Erweiterung desselben herbeigeführt haben. In Europa ist das Albanesische, für dessen Studium V. Hehn ausschliesslich auf das nützliche, aber unkritische Buch v. Hahn's angewiesen war, durch G. Meyer gewissermassen neu entdeckt worden, und ich gestehe, dass ich den Schriften dieses, kulturhistorischen Fragen ein warmes Interesse entgegenbringenden Gelehrten, namentlich seinem Etymologischen Wörterbuch der albanesischen Sprache, sehr viel verdanke. Vor Allem aber erweckt das auch auf unserem Gebiet in Folge der Arbeiten Lagarde's, Nöldeke's, Hommel's, Eb. Schrader's, Ermann's, Hübschmann's u. A. immer fortschreitende Verständniss der orientalischen Sprachen, einschliesslich des Aegyptischen, die Hoffnung, dass sich aus demselben noch manche Förderung für die Geschichte der Kulturpflanzen und Hausthiere ergeben werde.

Schon jetzt konnte auf Grund dieser Forschungen die Terminologie der Pflanzen und Thiere vielfach weiter oder in anderer Richtung verfolgt werden, als dies zu Hehn's Zeit möglich war.

Was hier von den Sprachen des Orients gesagt wurde, gilt natürlich ebenso von seiner Geschichte, in welcher durch die Forschungen der verflossenen Jahrzehnte theils neue Provinzen eröffnet, theils die schon eröffneten genauer bekannt wurden. Um die hier gemachten Fortschritte zu ermessen, vergegenwärtige man sich etwa den Weg, der von Movers' Phoeniciern, einem wichtigen Hülfsmittel Hehn's, zu E. Meyer's Geschichte des Orients führt.

Wir wenden uns damit der historischen Argumentation Hehn's zu.

Den Ausgangspunkt derselben bildet für ihn naturgemäss die homerische Dichtung als das älteste Denkmal europäischer Geschichte, und seine erste Frage ist daher die, ob ein Thier oder eine Pflanze schon dem homerischen Zeitalter bekannt war oder nicht. Seitdem ist durch die bewunderungswürdige Thätigkeit Schliemann's und seiner Mitarbeiter und Nachfolger der Anfang der griechischen Geschichte sozusagen um Jahrhunderte zurückgeschoben worden. Hehn verfolgte diese Entdeckungen mit Misstrauen und einer gewissen Besorgniss, als ob von ihnen her manchen seiner Anschauungen Gefahr drohen könnte. »Am meisten erschüttert und zugleich erfreut,« schreibt er 1880 an Wichmann, »hat mich in den letzten Wochen eine Kritik von L. Stephani in Petersburg (im neuesten Compte-Rendu der Comm. archéol.), wonach die Funde Schliemann's in Troja und Mycenä, der Schatz des Priamus, das Grab des Agamemnon u. s. w. nicht in eine dunkle Ur- und Vorzeit, sondern in das Jahr 267 n. Chr. gehören und von gothischen Barbaren am Pontus herrühren. Die Beweisführung ist schlagend und mir dadurch ein Stein vom Herzen gewälzt; Schliemann und die Griechen aber und Gladstone und die Engländer werden sich garstig erbosen und ärgern.« Es kann gegenwärtig nicht mehr zweifelhaft sein, dass Hehn in dieser Beurtheilung Schliemann's mit so vielen anderen geirrt hat, und die Frage wird sich nicht vermeiden lassen, ob jene altgriechischen Funde nicht auch über die Geschichte der Kulturpflanzen und Hausthiere uns einiges neue werden lehren können. Herr Chr. Tsountas in Athen, einer der erfolgreichsten Schüler Schliemann's, hat zum Zweck der Neuherausgabe des Hehn'schen Buches die grosse Güte gehabt, mir unter dem 1. November 1892 ausführlich über alles zu berichten, was in den Ueberresten der »mykenischen Periode«

an Kulturpflanzen und Hausthieren, sei es in Knochen oder vegetabilischen Ueberbleibseln, sei es auf den Abbildungen der Denkmäler, bis jetzt zu Tage getreten ist. [Vgl. jetzt das vortreffliche Buch von Tsountas und Manatt, The Mycenaean age, a study of the monuments and culture of pre-homeric Greece. London 1897]. Allerdings lassen sich, zum Theil in Folge des Umstandes, dass die wissenschaftliche Bestimmung der gefundenen Thierknochen und Pflanzenreste noch nicht allzuweit vorgeschritten ist, vor der Hand sichere Resultate nur selten gewinnen. Bei einigen Punkten scheint es aber doch schon jetzt, als ob das von Hehn gezeichnete Bild infolge jener Funde sich in etwas verschieben würde. Ich verweise in dieser Beziehung auf die beiden Abschnitte Oelbaum und Taube.

Verhältnissmässig selten geben uns die Alten selbst, bei denen eine wissenschaftliche Botanik ja bekanntlich erst in dem Zeitalter Alexanders des Grossen aufzublühen anfängt, über das erste Erscheinen und die Herkunft einer Kulturpflanze ausdrückliche und wohl zu beachtende Nachrichten. Freilich sind auch diese nicht immer auf Treu und Glauben hinzunehmen, und gerade Plinius, der besonders häufig das Indigenat einer italischen Pflanze in Abrede stellt, ist, wie sich an mehreren Stellen dieses Buches zeigen wird, von dem Verdachte nicht freizusprechen, zu diesem Urtheil lediglich durch den griechischen Namen des betreffenden Gewächses veranlasst worden zu sein. Auch sonst wird das Urtheil dieses Sammlers bei Hehn zuweilen überschätzt, wofür H. Blümner in seinem Edictum Diocletianum S. 100 ein schlagendes Beispiel anführt.

In den weitaus meisten Fällen sind wir daher, um das erste Auftreten einer Kulturpflanze zu bestimmen, auf die erste Nennung ihres Namens bei den klassischen Schriftstellern angewiesen. Ohne Zweifel liegt hier der Hauptnachdruck der Hehn'schen Beweisführung, und seine Ausbeute der klassischen Literatur in dieser Hinsicht dürfte nur ganz ausnahmsweise einer Ergänzung bedürfen. Natürlich aber kann der Umstand, dass eine Kulturpflanze bei diesem oder jenem Autor zuerst genannt wird, nichts darüber aussagen, ob nicht eben diese Pflanze in wildem Zustand schon früher bekannt und benannt gewesen sei. Unzweifelhaft waren die Wurzelgräber, *ῥιζοτόμοι*, und Arzneihändler, *φαρμακοπῶλαι*, die wir als Vorläufer einer wissenschaftlichen Botanik bei den Griechen betrachten dürfen, im Besitz einer reichen Pflanzenkenntniss, deren Terminologie aber nur ausnahmsweise und spärlich auf uns gekommen ist. Ein Beispiel aus dem Thierreich ist hier lehrreich. Erst Archilochus nennt den Fuchs (ἀλώπηξ) und zwar in den Resten einer Fabel. Niemand wird hieraus den Schluss ziehen, dass es zu homerischer Zeit in Griechenland keine Füchse gegeben habe, sondern nur soviel wird man vermuthen dürfen, dass erst die von Osten vordringende Thierfabel auf das geistig bevorzugte Thier aufmerksam machte, für das es im Griechischen eine reiche volksthümliche, aber meistens erst sehr spät überlieferte Terminologie gab, die ich in Bezzenbergers Beiträgen XV S. 135 ff. besprochen habe. Der eigentliche literarische Name des Thieres war und blieb ἀλώπηξ, das selbst von einigen Etymologen für orientalischen Ursprungs gehalten wird.

Aber auch bei Schlüssen aus der ersten Erwähnung einer Kulturpflanze nur auf das erste Auftreten ihrer Kultur bei den klassischen Völkern, wird man die Gefahren nicht unterschätzen dürfen, welche allen Schlüssen e silentio anhaften, die Gefahren, welche die Lückenhaftigkeit der Literatur, der Zufall und andere Faktoren der Sicherheit unserer Argumentation bereiten. Die Bedeutung des Schweigens unserer Ueberlieferung wird wachsen, je grösser und literarisch reicher der Zeitraum ist, in welchem von einer Kulturpflanze nicht gesprochen wird. Aber je früher ihre erste Erwähnung fällt, um so mehr wird man sich hüten müssen, allzu viel auf den Umstand zu geben, dass nicht noch eher von ihr die Rede ist. Die Sache scheint mir bei einem konkreten Beispiel so zu liegen. Die Feigen und der Granatapfel werden erst in den jüngsten Stellen der homerischen Dichtung genannt. Von Hausthieren, von denen mutatis mutandis natürlich dasselbe wie von den Kulturpflanzen gilt, begegnet der Esel nur ein einziges Mal in einem Gleichniss der Ilias. Es ist also, wie die Dinge liegen, nicht möglich, die Hehn'schen Schlüsse, dass die Einführung der Kultur der Feige und des Granatapfels erst in die Zeit des Ausklingens der homerischen Poesie falle, und dass der Esel als Hausthier noch der homerischen Welt fremd gewesen sei, mit Erfolg anzufechten. Aber sollten im Laufe der Zeit Feigen- und Granatenkerne in den Ueberresten der »mykenischen Periode« gefunden und sollten unter den Knochenresten dieser Epoche die des Esels mit Sicherheit nachgewiesen werden, was nach den Mittheilungen des Herrn Tsountas gar nicht unmöglich*) ist, so würden jene literarischen Thatsachen

*) Derselbe schreibt: »Was ich selbst an Hausthieren, namentlich aus den Zähnen erkannt habe, sind die folgenden: Ziege, Schwein, Rind, Schaf, Hund, Pferd und Esel; von den zwei letzteren ist die Sache nicht so sicher;

auch nicht als entscheidende Instanz gegen die Annahme eines höheren Alters jener Kulturpflanzen und jenes Hausthieres in Griechenland geltend gemacht werden können, als es von Hehn angenommen wird.

Wesentlich kürzer kann ich mich über diejenige Seite unseres Werkes fassen, welche wir die prähistorische nennen können, in der Hehn die Zustände zu ermitteln sucht, in welchen Griechen und Römer vor oder zur Zeit ihrer Einwanderung in den Süden Europas lebten. Gegenüber den bisherigen einseitig linguistischen Constructionen der Sprachvergleicher auf dem Gebiete der indogermanischen Urgeschichte knüpft Hehn in erster Linie an historische Combinationen an. Er erkennt, dass die Anfänge indogermanischen Kulturlebens, von dem Firniss westeuropäischer Civilisation nur schlecht verborgen, in der Welt der Slaven noch in Wirklichkeit vorhanden sind. Die Spuren dieser Zustände sucht er in der Ueberlieferung des klassischen Alterthums, der Kelten, Germanen u. s. w. wiederzufinden. Er sieht, dass die sprachlichen Gleichungen, weit entfernt, dem so gewonnenen Bild der Urzeit zu widersprechen, vielmehr, wenn man sie nur richtig deutet, wenn man nicht alten Wörtern neuen Sinn unterschiebt oder spät entlehntes als alt ererbtes auffasst, geeignet sind, seine Auffassung der Urzeit zu bestätigen und zu vervollständigen. So kann man sagen, ist V. Hehn der Begründer einer indogermanischen Alterthumswissenschaft geworden, der immer mehr Kräfte ihre Thätigkeit widmen, die die Katheder der Universitäten zu besteigen beginnt, der eine neue Zeitschrift (Indogermanische Forschungen, Zeitschrift für idg. Sprach- und Alterthumskunde) eine Heimat eröffnet hat. Und alle, die sich diesen Studien hingeben, werden auf das Hehn'sche Werk als auf eine immer junge Quelle frischer Anregung und Belehrung blicken. Von Einzelheiten abgesehn, werden auch hier freilich gewisse principielle Anschauungen Hehn's sich nicht halten lassen. Vor allem wird dies von seiner gerade für die Geschichte der Kulturpflanzen und Hausthiere bedeutungsvollen Vorstellung einer verhältnissmässig grossen Jugend des Ackerbaues in Europa gelten. Doch ist hiervon

---

denn da sie wohl nicht gegessen wurden, so haben sich nur ein paar Zähne in dem Schutt der Häuser gefunden. Es mögen aber andere Pferde- und Eselknochen unter den gesammelten Thierresten sein, die ich nicht im Stande bin, als solche zu unterscheiden.« »Eselsköpfig« sind wohl die Dämonen 'Αρχ. 'Εφημ. 1887. T. 10.

ausführlicher in dem Anhang zu dem Abschnitt »Griechen, Italer, Phoenicier« gesprochen worden.

Wer den bisherigen Ausführungen gefolgt ist, wird nicht verkennen können, dass die Neuherausgabe des vorliegenden Werkes eine in vieler Beziehung schwierige und verantwortungsvolle Aufgabe war. Galt es doch auf der einen Seite, ein Buch wie dieses, welches zu dem nicht allzureichen Hausschatz der deutschen wissenschaftlichen Literatur an bahnbrechenden und zugleich geschmackvollen Werken gehörte, mit aller nur möglichen Schonung zu behandeln, und sollte doch andererseits in demselben, dem Wunsche des Herrn Verlegers entsprechend, der dem Werke seine lebendige Einwirkung auf die Wissenschaft in allen seinen Theilen gewahrt sehen wollte, der, wie wir gesehen haben, nicht selten abweichende Standpunkt der gegenwärtigen Forschung zum Ausdruck gebracht werden. Unter diesen Umständen hielt es daher wie Herr Prof. Engler (vgl. oben S. VII), so auch der Unterzeichnete für bedenklich, durch Eingriffe irgend welcher Art, so berechtigt sie an und für sich sein mochten, den Charakter des Hehn'schen Buches zu verwischen und den Reiz seiner Darstellung zu gefährden. So wird der Text desselben völlig unverändert dem Leser dargeboten. Dagegen ist in besonderen, den einzelnen Abschnitten angehängten und durch den Druck unterschiedenen Anmerkungen das Wichtigste gesagt worden, was von naturwissenschaftlicher oder philologischer Seite zu Hehn's Ausführungen zu bemerken ist. Die Beiträge des Prof. Engler sind hierbei durch *, die des Herausgebers durch ** bezeichnet. Etwas grössere Freiheit hat sich der letztere in der Bearbeitung des Hehn'schen Apparates (Anmerkungen) genommen, insofern hier bei solchen Excursen, welche zu der Beweisführung des Buches keine oder eine sehr entfernte Beziehung hatten, wenn es nöthig schien, Streichungen oder Ueberarbeitungen vorgenommen wurden. Der Grund dieses Verfahrens lag in dem Wunsche, nicht überflüssiger Weise, d. h. wenn nicht durch den grossen Zusammenhang des Ganzen gefordert, unzweifelhaft Unhaltbares abzudrucken, um es kurze Zeit darauf als solches zu bezeichnen. Doch ist auch hierbei auf das peinlichste darnach gestrebt worden, jeden werthvollen Gedanken Hehn's zu erhalten und fremde Zuthat in deutlicher, aber den Leser nicht störender Weise kenntlich zu machen. Vgl. das Nähere S. 524 Anmerkung.

Im Ganzen wird sich durch die vorliegende Neubearbeitung des Hehn'schen Buches herausstellen, dass bei nicht wenigen Kulturpflanzen der Unterschied zwischen der Herkunft der wilden Pflanze und derjenigen ihrer Kultur schärfer betont werden muss, als dies von Hehn geschehen ist, und dass, wenn man nur die Geschichte der Kultur einer Pflanze von derjenigen der Pflanze selbst scheidet, eine Versöhnung des von Prof. Engler vertretenen naturwissenschaftlichen Standpunktes mit dem linguistisch-historischen des Hehn'schen Buches wohl möglich, wenn auch vielleicht noch nicht an allen Stellen dieser Neubearbeitung erreicht ist. Das von Hehn gezeichnete Bild des europäischen Südens, wie es gewesen sein muss, bevor hierher der Fuss eines Menschen oder wenigstens der eines Indogermanen kam, wird allerdings in mannigfacher Beziehung umgestaltet werden müssen. Weinstock und Feige, Lorbeer und Myrte u. s. w. sind hier seit unvordenklichen Zeiten einheimisch. Andere Pflanzen, wie die Granate, die Cypresse und Platane, scheinen ihr ursprüngliches Verbreitungsgebiet wenigstens über die Inseln des aegeischen Meeres bis nach Griechenland erstreckt zu haben. Aber auch hiervon abgesehn wird bei einzelnen Kulturpflanzen, sowie für gewisse Hausthiere ein höheres Alter oder werden andere Wege ihrer Verbreitung anzunehmen sein. Der Hauptwerth des Buches, nachgewiesen zu haben, wie die im wesentlichen von Osten nach Westen und dann weiter nach Norden fortschreitende Kultur der Pflanzen in Verbindung mit der Zähmung gewisser Hausthiere Wesen und Wirken des Menschen durchdringt und umgestaltet, wird so nicht angetastet. Nicht minder bestehen bleibt die Bedeutung des Buches für die Urgeschichte der Völker unseres Stammes. Dass aber an so weitschichtig angelegte Untersuchungen Spätere immer aufs neue anknüpfen, gereicht dem Urheber derselben auch dann nicht zur Unehre, wenn seine Ergebnisse sich nach der einen oder anderen Seite als unhaltbar herausstellen sollten. Sagt doch Goethe, dessen Lebensanschauungen V. Hehn so gern zu den seinen machte:

»Was fruchtbar ist, allein ist wahr,«

und so verstanden ist das Hehn'sche Buch im höchsten Sinne wahr und wird es bleiben.

Jena, den 1. Januar 1894.

O. Schrader.

Vorrede zur VII. Auflage.

In der vorliegenden neuen Auflage des Hehn'schen Werkes ist die seit dem Jahre 1894 erschienene Literatur, einschliesslich der zahlreichen kritischen Besprechungen der VI. Auflage, sorgfältig herangezogen worden. Zu einer Aenderung der Anlage dieser Neubearbeitung (vgl. oben S. XXII), wie sie hie und da gewünscht worden ist, habe ich mich indessen nicht verstehen können. Wer da meint, wir hätten nicht davor zurückscheuen sollen, den Hehn'schen Text selbst umzuarbeiten, übersieht nicht, zu welchen Umwälzungen ein solches Verfahren geführt hätte. Wer hinwiederum glaubt, dass der ruhige Genuss des Lesers durch unsere den einzelnen Abschnitten angehängten, mehrfach eine von der Hehn'schen abweichende Anschauung zum Ausdruck bringenden Anmerkungen gestört werde, bedenkt nicht, dass das Hehn'sche Werk nicht nur für Liebhaber geschrieben ist, und dass jeder überschlagen kann, was ihm überschlagenswerth erscheint. Hingegen habe ich, einem mehrfach geäusserten Wunsch entsprechend, das bemerkenswerthe Vorwort Hehn's zur II. Auflage dieses Werkes (vgl. oben S. V) in einem Anhang vollständig abgedruckt.

Bei der Korrektur dieses Werkes hat mich Herr Gymnasiallehrer Dr. Walter in Weimar in dankenswerther Weise unterstützt.

O. Schrader.

Jena, 21. März 1902.

Inhalt.

Dass die Thier- und Pflanzenwelt, also die ganze ökonomische und landschaftliche Physiognomie eines Landes im Laufe der Jahrhunderte unter der Hand des Menschen sich verändern kann, ist besonders seit der Entdeckung Amerikas ein unwidersprechlicher Erfahrungssatz geworden. Auf den neuentdeckten Inseln und in den von europäischen Ansiedlern besetzten Landstrichen der westlichen Hemisphäre ist während der letztverflossenen drei Jahrhunderte, also in ganz historischer Zeit, nach Erfindung der Buchdruckerkunst und gleichsam unter den Augen der gebildeten Welt, die einheimische Flora und Fauna durch die europäische oder eine aus allen Welttheilen zusammengebrachte verdrängt worden. So hat sich z. B. auf St. Helena die ursprüngliche wilde Vegetation auf den Bergstock im Innern der Insel zurückgeflüchtet, von einer neuen, ringförmig nachrückenden Flora umgeben, die im Gefolge des Europäers über den Ocean kam[1]). Auch in den Pampas von Buenos Ayres sieht das Auge meilenweit fast keine einheimischen Gewächse mehr: sie sind der Usurpation eingeführter europäischer Pflanzen erlegen. Eine viel weitere, auf zwei bis drei Jahrtausende sich erstreckende Uebersicht aber gewährt die Geschichte der organisirten Natur in Griechenland und Italien. Beide Länder sind in ihrem jetzigen Zustand das Resultat eines langen und mannigfachen Kulturprocesses und unendlich weit von dem Punkte entfernt, auf den sie in der Urzeit von der Natur allein gestellt waren. Fast Alles was den Reisenden, der von Norden über die Alpen steigt, wie eine neue Welt anmuthet, die Plastik und stille Schönheit der Vegetation, die Charakterformen der Landschaft, der Thierwelt, ja selbst der geologischen Structur, insofern diese erst später durch Umwandlung der organischen Decke hervortrat und dann die Einwirkungen des Lichtes und der atmosphärischen Agentien erfuhr, sind ein in langen Perioden durch vielfache Bildung und Umbildung vermitteltes Product der Civilisation. Jeder Blick aus der Höhe auf ein Stück Erde in Italien ist ein Blick auf frühere und spätere Jahrhunderte seiner

Geschichte. Die Natur gab Polhöhe, Formation des Bodens, geographische Lage: das Uebrige ist ein Werk der bauenden, säenden, einführenden, ausrottenden, ordnenden, veredelnden Kultur. Die zwischen Festland und Insel die Mitte haltende Configuration des Landes, das gemässigte mittlere Klima, die Mannigfaltigkeit der historischen Verhältnisse, in der Urzeit die mehrmals wiederholte Einwanderung von Norden, der tyrische Seeverkehr, die griechischen Kolonien, die Nähe des gegenüberliegenden Afrika, die sich ausbreitende, alle Gaben und Künste des Orients hinüberleitende römische Weltherrschaft, dann die Völkerwanderung von Nordosten, die Herrschaft der Byzantiner und Araber, die Kreuzzüge, die Verbindung italienischer Seestädte mit der Levante, endlich nach Entdeckung Amerikas die enge politische Verbindung mit Spanien — aus diesen und andern Umständen und Schicksalen ist das Land hervorgegangen, wo im dunklen Laub die Goldorangen glühn und die Myrte still und hoch der Lorbeer steht. Die Agave americana und der Opuntiencactus, diese blaugrünen Stachelpflanzen, die alle Ufer des Mittelmeeres überziehen und so wunderbar zur südlichen Felsennatur und Gartenwirthschaft stimmen, sie sind erst seit dem sechszehnten Jahrhundert aus Amerika herübergekommen! Diese Cypresse neben dem Hause des Winzers, einsam und düster die ringsum verworren sich ausbreitende Fruchtfülle überragend, sie hat ihre Heimath auf den Gebirgen des heutigen Afghanistan, diese eigensinnig gewundenen, mit fliessendem grauem Laube bedeckten Oliven, sie stammen aus Palästina und Syrien, diese Dattelpalmen im Klostergarten von S. Bonaventura in Rom, ihr Vaterland ist das Delta des Euphrat und Tigris! So echte Kinder hesperischen Bodens und Klimas diese und andere Kulturpflanzen uns jetzt erscheinen, so sind sie doch erst im Laufe der Zeiten und in langen Zwischenräumen gekommen. Oft liegt ihre Geschichte mehr oder minder deutlich vor, oft aber muss sie aus zerstreuten und zweifelhaften Angaben zusammengelesen oder nach Analogien errathen werden.

Vielleicht aber wäre diese Umwandlung, so wie sie jetzt vorliegt, nichts als Verderbniss, Ausnutzung, versiegte Lebenskraft? Historische Mystiker haben nicht verfehlt, diese romantische, d. h. kulturfeindliche Ansicht auszusprechen. Wie unser Geschlecht überhaupt von einem edleren Urzustand herabgekommen ist, wie wir die

Werke Gottes nur zu vernichten verstehen, wie jedes Land und Volk seine Zeit hat, derselbe Process sich an jedem der Reihe nach wiederholt, die Geschichte also nur ein immer wiederkehrender Naturvorgang ist, dem zuletzt durch die Wiederkunft des Herrn und das Gericht ein Ende gemacht wird, — so sind auch die klassischen Länder physisch abgelebt, ihre natürliche Ordnung zerstört, ihr Boden durch Aufsaugung der Kultur erschöpft und verbraucht. In Betreff Griechenlands hat diese Meinung auf den ersten Blick allerdings einigen Schein. C. Fraas erklärt in seiner Schrift: Klima und Pflanzenwelt in der Zeit, Landshut 1847, das jetzige Griechenland, welches in der Blüthezeit seiner Geschichte waldig, regnerisch, von wasserreichen Bächen und Flüssen durchströmt gewesen sei, für eine starre, in Folge der Ausrodung der Wälder wasserlose, der obern Erdschicht entkleidete, einem heissen Klima verfallene Wüste, für ein Land, das eines ergiebigen Ackerbaues und aller Industrie, zu der Holz erfordert wird, unfähig und folglich zum Wohnplatz einer ökonomisch entwickelten Gesellschaft ungeeignet sei. Diese Behauptung wird denn auch auf ganz Vorderasien ausgedehnt: Babylonien z. B. soll durch uralte Menschenkultur ausgenutzt und ohne Wiederkehr verdorben sein. Indess, der Groll und manche getäuschte Hoffnung hat den mit Undank belohnten Gelehrten in jenem Urtheil offenbar zu weit geführt. Die Stellen der Alten sind einseitig ausgewählt; was dem Thema nicht dienen konnte, ist bei Seite gelassen, Manches im Eifer auch falsch gedeutet. Der Eingang des Vendidâd z. B., wo über grosse Kälte geklagt wird, kann nicht beweisen, dass das Klima von Iran erst seit jener Zeit heiss geworden, da die Stelle entweder nur eine Erinnerung an die Urheimath des Zendvolkes, d. h. an das Hochland am westlichen Rande Centralasiens enthält oder sich auf irgend eine der kalten Gebirgslandschaften bezicht, an denen es innerhalb des Gebietes der iranischen Stämme nicht fehlt. Der Umstand, dass zu Alexander des Grossen Flotte auf dem Euphrat Cypressenholz genommen wurde, fällt gleichfalls nicht sehr ins Gewicht, denn erstens galt seit den ältesten Zeiten der phönizischen Seefahrt die Cypresse für ganz besonders zum Schiffbau geeignet, zweitens — wer sagt uns, ob Babylonien jemals reich an schwerem festem Hochwald gewesen sei? — Dass Griechenland jetzt weniger belaubt ist, als zu Homers und vor Homers Zeit, ist sicher; dass aber z. B. der Peloponnesus in manchen Gebirgsgegenden jetzt dichtere Eichen- und Fichtenwälder trägt, als damals, wo das Land bevölkert und mit Städten besäet war, ebenso dass Attika schon zu

Perikles' und zu Alcibiades' Zeit dürr war, wie heute — ist gleichfalls unleugbar. Der Ilissus heisst bei Plato auch nur ein »Wässerlein« (ὑδάτιον) und erst durch Pisistratus sollte das bis dahin kahle baumlose Attika mit Oelbäumen bepflanzt worden sein. Waldzerstörung ist eine Phase, aber nicht das letzte Wort der Kultur. Wenn auf einem jungfräulichen Boden eine Menschengesellschaft die ersten Schritte zur Bildung thut, da muss der Urwald dem nächsten Bedürfniss weichen, da wird an Wahl und Schonung nicht gedacht. Jeder schöpft nach Belieben aus dem unermesslichen Vorrath, der wie die Luft Allen gleich geschenkt ist. Ja, der Ausroder des Waldes erscheint auf dieser Stufe als ein Wohlthäter und hülfreicher Heros. In den Wald vorzudringen war in jenen Urzeiten in der That schwieriger, als man jetzt denkt, ein Werk, das fast übermenschliche Anstrengungen forderte. Theophrast, h. pl. 5, 8, 2, erzählt von einem Versuch der Römer, auf der Insel Corsica eine Niederlassung zu gründen, der aber an der Undurchdringlichkeit des Waldes scheiterte: die Ankömmlinge wurden vom Dickicht so zu sagen zurückgeschlagen. Belehrend in dieser Hinsicht ist auch die Stelle des Strabo, 14, 6, 5: »Eratosthenes sagte (zunächst von der Insel Cypern, aber der Vorgang ist typisch), Wald habe vor Alters alle Ebenen bedeckt und den Anbau gehindert; der Bergbau habe ihn ein wenig gelichtet; dann sei die Schifffahrt gekommen, die gleichfalls viel Holz verbraucht habe; da aber auch damit die Wildniss nicht bezwungen worden, habe man Jedem erlaubt, niederzuhauen und sich anzusiedeln, wo er wolle, und ihm das also gewonnene Stück Land als sein steuerfreies Eigenthum zugesprochen.« Und erst diese letzte Massregel — setzen wir in seinem Sinne hinzu — schuf Licht und Kultur. Je weiter der Wald sich zurückzog, desto freundlicher wurde die Natur, desto mannigfaltiger ihre Gaben an Kräutern und Früchten, denn der ununterbrochene Urwald duldete auf dem mit Fichtennadeln oder gerbstoffhaltigen Blättern bedeckten ewig beschatteten Boden nur eine beschränkte und einförmige Vegetation. Erst lange nachher kehrt sich nach dem Gesetz der drei Momente dies Verhältniss um; der Mangel an Holz, an Schatten und Feuchtigkeit erweckt die Klage nach der entschwundenen Naturfrische; es regt sich gleichsam das Gewissen; jetzt wird mit bewusster Absicht dem Walde sein Bestehen innerhalb gewisser Grenzen gesichert oder, da wo er ganz fehlt, Anpflanzung unternommen, wie schon heute in mehreren europäischen Staaten geschieht. Ehe aber rationelle Wirthschaft wieder gut machen kann, was vorausgegangene Generationen unbefangen verdorben haben, tritt häufig aus anderen historischen Gründen Verwilderung ein, so dass das Land theils als wie von der Kultur verbraucht, theils als der blinden menschenfeindlichen Natur anheimgefallen (z. B. durch Versumpfung) sich darstellt — auf welchem Punkte Griechenland jetzt steht. Zu keiner Zeit aber ist dies Land feucht und dunstig, wie England, gewesen, immer lag es Afrika nahe und schon die Alten haben Ziegen gehalten, Cisternen angelegt und künstlich bewässert. — Von Fraas hat sich wohl auch E. Curtius imponiren lassen, wenn er in der Einleitung zu seiner Bereisung des Peloponnesus (1,53—55) auf Griechenlands physische Natur so düster und hoffnungslos blickt. Dass sich bei den Philosophen, namentlich Plato, Stellen finden, nach denen die Erde und insbesondere Hellas als gealtert, als blosses einst bekleidetes Todtengebein erscheint — was will das sagen? Plato war seinem ganzen Charakter nach ein elegischer Idealist und Seneca, wenn er den Ausdruck: Altersschwäche des Erdbodens (loci senium) gebraucht, erscheint auch hierin als Vorläufer des Christenthums. Ist es nicht auch bei uns ein allgemein verbreitetes Gefühl und hört man nicht oft genug sagen, dass das Klima sich verändert habe, dass in den Jugendtagen des Sprechenden die Menschen kräftiger und gesunder, der Boden ergiebiger u. s. w. war? Der alte Schiffer, mit dem Julius Fröbel (Aus Amerika 1, 200) die Ueberfahrt von New-York nach Chagres machte, behauptete sogar, die Passatwinde hätten während seiner Lebenszeit an Regelmässigkeit eingebüsst. Aus der zunehmenden Schlechtigkeit der Welt hat man unzählige Male das bevorstehende Ende aller Tage gefolgert. Lasaulx, ein anderer Münchener Romantiker, prophezeite vor nicht langer Zeit den Untergang der westeuropäischen Civilisation (der ihm einerlei war mit dem der Kirche) und setzte schon die Slaven als Erben ein. Solchen Stimmungen und Phantasien gegenüber giebt es jetzt Widerlegungsgründe, die den älteren Zeiten nicht zu Gebote standen, nämlich die Zahlen der Statistik und die Rechnungen der Naturwissenschaft. E. Curtius schliesst mit den Worten: »Ein Theil dieser Uebelstände (die durch Ausrodung der Wälder sich ergeben haben) kann wieder gehoben werden, wenn von Neuem die gestörte Ordnung der Natur hergestellt wird. Andere Schäden kann keine zweite Kultur ersetzen, so wenig wie im organischen Leben erstorbene Kräfte durch Kunst wieder erzeugt werden können.« Welches sollen diese unersetzlichen Schäden sein? Humuserde kann im Terrassenbau auf die Berge geschafft, stockende Flüsse können gereinigt, dürre Heiden bewässert, versumpfte Ebenen durch Kanalbauten entwässert werden; die Wälder würden, wenn man sie gegen Ziegen und die Feuer der Hirten schützte, in diesem glücklichen Klima in nicht allzulanger Zeit wieder die Abhänge der Berge bedecken. Was wäre dem Kapital hier unmöglich und welche Kräfte wären hier auf immer erstorben? Die allgemeinen Naturverhältnisse, deren der Mensch nicht Herr werden kann, bestanden im frühesten Alterthum wie jetzt. Die Fluten plötzlich einbrechender Gewitterstürze z. B. werden sich immer zerstörend ins Thal stürzen, Bäume und Felsen mit sich fortreissen, wie in Homers Zeit, und wenn sie abgeflossen, sogenannte Rheumata oder Fiumaren, d. h. trockene Kiesgründe hinterlassen, Dinge, die in den Ebenen Mitteleuropas, wo der Regen oft tagelang vom grauen Himmel träufelt, nicht zu befürchten sind. Was sich nordischen Reisenden, die ein ideales Griechenland in der Vorstellung mitbringen, als Verderbniss in der Zeit darstellt, ist zum Theil Charakter südlicher Länder und Klimate überhaupt. Die Mängel, über die geklagt wird, sind mit allem Zauber und Segen dieser der Sonne näher liegenden Gegenden unauflöslich verknüpft. Man überschätze auch nicht den Einfluss der Wälder auf das Klima. Es ist damit gegangen, wie oft mit neuen Gesichtspunkten: man pflegt sie allzu ausschliesslich geltend zu machen. In dem vorliegenden Falle kam noch das Interesse poetischer Gemüther und besonders das des feudalen Adels hinzu, der für grössere Besitzstücke kämpfte, sein Jagdrevier nicht missen wollte und diesmal so glücklich war, mit den neuen Lehren der Bodenwirthschaft und Nationalökonomie Chorus machen zu können. In der That aber hängen die klimatischen und Witterungsverhältnisse der europäischen Länder im Grossen gar nicht von der Pflanzendecke des Bodens ab, sondern nächst der geographischen Breite von weitgreifenden meteorologischen Vorgängen, die von Afrika und dem atlantischen Ocean bis zum Aralsee und Sibirien reichen.

Umsichtiger als Fraas hat Franz Unger die Frage, ob der Orient von Seiten seiner physischen Natur einer Wiedergeburt fähig sei, mit Ja beantwortet (Wissenschaftliche Ergebnisse einer Reise in Griechenland und in den ionischen Inseln, Wien 1862, S. 187 ff.). Unger widersetzt sich auch der Annahme, als gebe es einen Marasmus senilis der Natur und als grabe die Civilisation sich ihr eigenes Grab. Man bilde nur die Menschen um, die diesen Boden bewohnen: der Boden selbst hat von seiner schöpferischen Kraft nichts eingebüsst; er verlangt nur Schonung und Nachhülfe. Könnten z. B. nur die Ziegenheerden verringert oder zu Hause gefüttert werden, so würde sich die Strauchvegetation in kräftigen Wald verwandeln und die Trockenberge sich wenigstens mit Gestrüpp bekleiden, ohne irgend eine künstliche Pflanzung oder Terrassirung. Die Strandkiefer und quercus aegilops würden bald nicht mehr die einzigen Bäume sein, die dem Reisenden auf Ausflügen in Griechenland begegnen. Wie viel Menschenalter nöthig wären, den Orient wieder zu belauben, ist schwer zu bestimmen, doch ist unter diesem Himmel die Zeugungs- und Heilkraft der Natur erstaunlich. Und wie mit der Vegetation, steht es auch mit manchen andern Einbussen, die das Land seit dem Alterthum erlitten hat. Manche Häfen z. B., die die Alten benutzten, sind jetzt versandet, aber dafür giebt es andere, noch schönere, die der kleinen Schifffahrt der Alten zu gross und tief waren, aber den jetzigen Mitteln und Massstäben gerade entsprechen. Man sieht, ob Griechenland, Kleinasien, Syrien, Palästina, diese jetzt so verwahrlosten Länder, einer neuen Blüthe sich erfreuen sollen, hängt allein von dem Gange der Welt- und Kulturgeschichte ab: die physische Natur würde kein unübersteigliches Hinderniss in den Weg stellen. Auch liegt dem Urtheil, dass diese Gegenden für immer ausgenutzt seien, keine wirthschaftliche oder naturwissenschaftliche Beobachtung, vielmehr nur falsche geschichtsphilosophische Theorie zu Grunde.

Von einem andern, aber gleich trüben Gesichtspunkt aus haben Jünger einer neueren Wissenschaft, der Agrikultur- und Bodenchemie, dem Orient und den Ländern um das Mittelmeer das Urtheil gesprochen und schon die Todtenklage angestimmt. Der Ackerbau, Jahrhunderte und Jahrtausende fortgesetzt, erschöpft den Boden und zwingt den Menschen, in ein frisches Land zu wandern. Die Stoffe, die zum Wachsthum der Pflanzen und zur Fruchtbildung nöthig sind, Alkalien, phosphorsaure Salze u. s. w., sind auf einer gegebenen Bodenfläche nur in einem gewissen begrenzten Masse vorhanden: ist durch lange auf einander folgende Ernten dieser Vorrath verbraucht und dieses Mass erreicht, so trägt der Acker keine Frucht mehr, wie ein ausgebeutetes Bergwerk kein Metall mehr liefert. Durch die Brache gewinnen die im Boden enthaltenen Mineralien nur Gelegenheit zu verwittern, lösbar zu werden: die Zeit schliesst, so zu sagen, den Boden nur auf: aber weiter geht ihre Macht nicht und wo jene Mineralien ihm einmal genommen sind, da kann auch die Ruhe dem Acker nichts helfen. Die sorgfältigste Bearbeitung wirkt nur dahin, die chemischen Processe, die die Bestandtheile des Bodens erleiden müssen, um von der Pflanze ergriffen zu werden, zu erleichtern und zu beschleunigen, aber neue Bestandtheile der Art kann sie nicht schaffen. Durch Düngung geben wir dem Boden einen Theil dessen wieder, was wir von ihm empfangen, aber eben nur einen Theil, und im Laufe der Jahrhunderte muss diese Differenz sich so häufen, dass auch der einst reichste Acker die menschliche Arbeit nicht mehr belohnt. Jede Ernte, die ausser Landes geht, jedes Getreideschiff, das den Ertrag einer ackerbauenden Gegend über See entführt, ist eine direkte Schmälerung des im Boden liegenden Kapitals. Was die Städte verzehren, ist dem Lande entzogen und kommt ihm gar nicht oder in geringem Masse wieder zu. Der Abfall der Thiere und Menschen, das Laub der Bäume, der Verwesungsstaub des organischen Lebens wird von Stürmen verweht, von Strömen fortgerissen und von beiden endlich dem Ocean, dem letzten grossen Behälter, überliefert. Was London verbraucht, haben die Grafschaften hergeben müssen und wird durch die Themse in die Abgründe der Nordsee versenkt. Wie mit London, so war es einst mit Babylon, mit Rom, so mit den unzähligen städtischen Ansiedelungen des Alterthums; die umgebenden Landschaften liegen jetzt kraft- und hülflos da und es ist keine Hoffnung, dass sie je wieder aufleben könnten, da durch eine frühe begonnene und lange fortgesetzte Kultur alle der Umwandlung in Pflanzenleben fähigen Stoffe aufgesogen und entfernt worden sind. — Ist dieser Gedankengang richtig, so steht der ganzen Erde dasselbe Geschick bevor, das die Länder des Alterthums bereits betroffen hat. Auch England wird keinen Weizen mehr tragen, wie einst auch sein Kohlen- und Eisenvorrath erschöpft sein wird; dann wird Mexico noch fruchtbar sein, für welches aber auch der Tag der ewigen Ruhe kommen wird; und so weiter durch alle Länder beider Hemisphären durch. Und was der Mensch durch seine Nutzung nur beschleunigt, das muss auch auf dem Wege des natürlichen Pflanzenlebens, auch wenn es nie einen Menschen gegeben hätte, als letzte Folge sich ergeben. Dann wird auch, setzen wir noch hinzu, alles Gebirge auf Erden durch die Kraft der Wasser und Winde und der Verwitterung geebnet sein und die Sonne, die immerfort Wärme abgiebt, ohne dass ihr die verlorene durch irgend Etwas, so viel wir wissen, ersetzt wird, todt und kalt sein und mit ihr die Erde und der Mensch. Glücklicher Weise können wir die Zeit, in der dies Alles sich vollziehen wird, auch nicht annähernd berechnen und haben unterdess Musse, abzuwarten, ob in unserer Schlusskette sich nicht irgend ein Glied als unhaltbar erweist und damit die ganze Voraussage trügerisch und zur hypochondrischen Chimäre wird. So sind schon jetzt an mehr als einem Punkte der Erde unerschöpfliche Lager von Phosphoriten entdeckt worden, geeignet den Boden ganzer Länder für unabsehbare Zeiten zu befruchten. Sollte nicht in näherer oder fernerer Zukunft die Kraft der raumbewältigenden Mechanik so gewachsen sein, dass von solchen localen Anhäufungen auch weiter abliegende Gegenden einen neuen Boden und mit ihm eine neue Energie des Pflanzenlebens beziehen könnten? Was auf diesem Wege einst möglich sein wird, das besitzen die Länder um das Mittelmeer zum Theil schon jetzt an ihrer gebirgigen, reich gegliederten Bodengestalt und an der seit uralter Zeit an dieselbe sich knüpfenden Irrigation. Denn während in den Kornebenen des europäischen Wald- und Steppengebietes die Meteorwasser den Acker nur tränken, ohne seine Verluste zu ersetzen, bereichern die von den Bergen stürzenden Quellen die ausgelaugte obere Erdkrume unaufhörlich aus den Schätzen des Erdinnern. Ein lebendiges Beispiel dafür bildet die Lombardei: das Felsengerüste, an das sie sich lehnt, sendet ihr durch die Flüsse und die festen oder aufgelösten Erden, die sie mitführen, immer neue Mineralkräfte zu und erhält sie so fruchtbar, wie vor zweitausend Jahren. Was aber die Natur allein nicht leistete, ergänzte der Mensch, von der Noth belehrt, mit bewusster Zweckthätigkeit. Im Orient und am Mittelmeer, im Bereiche regenloser Sommer, drohte der Vegetation jedes Jahr während der drei oder vier heissen Monate der Tod durch Verschmachtung. Daher in diesen Ländern seit dem frühen Alterthum die Sorge für Bewässerung, die Fassung und Leitung der Quellen, die Kunst wagerechter Vertheilung, die Einschnitte in den Rand der Ströme, die Dämme und Durchstiche, die Schöpfräder und Rinnen. So nothwendig war unter jenem Himmelsstrich diese Bemühung, dass sie sich von Geschlecht zu Geschlecht fortsetzte und zum bleibenden Naturell und zu angeborener Kunstfertigkeit wurde. Und wenn die künstliche Bewässerung ursprünglich ein Zeichen des sich regenden vorberechnenden Denkens gewesen war, so wurde sie ihrerseits ein mächtiger Anreiz fernerer geistiger Entwickelung. Sie band den Menschen an den Menschen, — nicht durch jene dumpfe natürliche Gesellung, die auch die Thiere treibt, heerdenweise zu leben, sondern durch freie Gegenseitigkeit, die erste Gemeinde- und Staatenbildung. Nördlich der Alpen fiel diese Nöthigung weg: da siedelte sich der Germane an, wo es ihm beliebte, fragte nichts nach dem Nachbar und bildete den Charakter persönlicher Eigenheit in sich aus. Selbst in der Neuen Welt währte dies Verhältniss fort, da wo beide Racen in einer ähnlichen Natur zusammenstiessen. In Neu-Mexiko, z. B. am Rio Grande, und in Texas hatten die Spanier meilenweit Bewässerungskanäle gezogen, die die einwandernden angelsächsischen Amerikaner zum Schaden des Landes wieder eingehen liessen. »Den Bewohnern der Vereinigten Staaten ist diese Art des Landbaues fremd, und sie widerstreitet ihrem individualistischen Geiste, da ein grösseres Bewässerungssystem nicht ohne eine darauf bezügliche Gesetzgebung und ohne Schmälerung der freien Disposition des Einzelnen auf seinem Lande denkbar ist« (Fröbel, Aus Amerika, 2, 160). Ja, ein Amerikaner bemerkt selbst, unter amerikanischen Händen müsse der an Bewässerung gebundene Ackerbau stets darnieder liegen, »weil die bei einem solchen System nothwendige despotische Verwaltung der Gemeinde zu wenig mit den dortigen Sitten übereinstimmt« (Grisebach, Vegetation der Erde, 2, 276). Organisirte Gemeinschaft also erscheint dem sächsischen Stamme als despotisch überhaupt; am Mittelmeer, von Bactrien und Babylonien bis zu den Säulen des Herakles, war sie ein Gebot der Natur und wurde ein Charakterzug der Völker. Abgesehen aber von dieser politisch-sittlichen Wirkung verbürgt die Irrigation auch dem Grund und Boden, so lange die Berge stehen und die Wasser rinnen, eine unvergängliche physische Jugend. Wo das Ackerland und die Wiese nur auf die aufsteigenden und niederfallenden Dämpfe des Meeres angewiesen sind, da muss jener Zustand der Erschöpfung viel rascher eintreten, welchem in den Augen besorgter, vielleicht auch hochmüthiger Beurtheiler die Länder des Alterthums schon verfallen sind.

Nicht ein unerbittliches Naturgesetz war es, was der Kultur des Orients den Untergang gebracht hat, sondern der Zusammenhang geschichtlicher Ereignisse, die erst die humane Entwickelung begünstigende, dann sie gefährdende geographische Lage, der Contakt der Racen, Lebensformen und Religionen und die ihn begleitende Wuth der Zerstörung und Verunreinigung des Blutes. Die Region der acker- und städtebauenden Völker Vorderasiens stiess an unermessliche Steppen und Wüsten, aus denen immer von Neuem wilde, blutgierige Nomaden hervorbrachen. Einst in sehr früher Zeit hatten nomadische Semiten vom Kaukasus bis zum persischen und arabischen Meerbusen sich ergossen und eine ihnen vorausgehende Kultur zerstört, deren Wesen und Richtung wir nicht mehr erkennen. Als sie drauf begonnen hatten, sich auf dem neuen Boden sesshaft zu machen, erfolgte die iranische Flut, die, vielleicht gleichzeitig mit dem Einbruch der Indoeuropäer nach Europa, die semitische Welt mitten durch spaltete und in einzelnen Wellen unter der Benennung Phryger, Lykier u. s. w. bis an das mittelländische Meer sich fortsetzte. Seitdem rangen in Asien beide Racen mit einander, die Semiten in ungeheuren despotischen Centren, um bildgeschmückte Paläste sich sammelnd, Kanäle ziehend und den Spaten führend, die Iranier in natürlicher Freiheit ihre Thiere weidend, in Stämme gesondert und von Patriarchen geführt, lauernd und räuberisch, verwüstend oder wegschleppend, was sie erreichen konnten. Allmählich aber, durch den Einfluss der Zeit und des Beispiels und in der Herrschaft über gebildetere Kulturländer, ging ein Theil der Iranier selbst zu Niederlassung und höherer Staatsordnung über, indess die andere Hälfte dieses grossen Stammes — Saken und Massageten, Sarmaten und Scythen, später Alanen und Jazygen — in den weiten unerreichbaren Flächen die alte nomadische Lebensart bewahrte. Diese Spaltung in zwei Hälften war der Gegensatz von Iran und Turan, von Civilisation und Freiheit: das iranische Kulturgebiet erwehrte sich nur mühsam der aus dem Schosse der Steppe immer neu hereinbrechenden Wildheit. Schon gegen Ende des 7. Jahrhunderts vor Chr. hatten Scythen einen Plünderungszug durch ganz Asien gemacht, der aber nur acht und zwanzig Jahre dauerte und als blosse Episode bald wieder vergessen wurde. Dann hatte Cyrus versucht die Massageten, Darius die Scythen zu bändigen, beide ohne Erfolg. Vielmehr setzten sich unter dem Seleucidenreiche die aus den Jaxartes-Gegenden gekommenen reitenden Bogenschützen iranischen Stammes, die Parther, in dem östlichen Theile Asiens bis an den Euphrat fest. Dann, im siebenten Jahrhundert unserer Zeitrechnung, stürmten die Araber, ein fanatischer Wüstenstamm, urplötzlich heran und rotteten alle Gründungen, die mit der Religion zusammenhingen — und was im Orient hing und hängt nicht mit der Religion zusammen? — mit der Wurzel aus. Wieder einmal war der Geist der Semiten Herr geworden über den iranischen, als Widerspiel dessen, was einst Meder und Perser an ihnen verübt. So gross nun auch die Verwüstung war, mit der Turanier und Islamiten gegen die Gärten und Städte Bactriens und Mediens, der Tigris- und Euphratländer, Syriens und Kleinasiens reagirten, — diese Nomaden und Reiter waren doch immer desselben Blutes, von edler Herkunft und schöner Leibesgestalt, bildungsfähig und Anlage und Bedürfniss civilisirten Lebens, ihnen selbst unbekannt, in sich tragend. Das eigentliche Verderben, ohne Möglichkeit der Widerherstellung und Anknüpfung, erfolgte erst, als die bestialischen Racen, die bisher am Altai und von da weiter am Baikalsee und auf der fürchterlichen Hochfläche im Herzen des Welttheils sich verborgen gehalten und nur für das chinesische Reich den homogenen nomadischen Hintergrund gebildet hatten, die Türken und auf deren Spuren die Mongolen, den Weg nach Südwesten in die arisch-semitische Welt gefunden hatten. In Europa tauchte der türkische Stamm zuerst in der Horde der Hunnen auf, und welchen Eindruck schon ihr brutales Aeussere auf den Abendländer machte, sehen wir aus den Schilderungen der gleichzeitigen Berichterstatter und den Fabeln, die über die neu erschienenen Unholde im Volksmunde umgingen. Ammianus Marcellinus, da wo er die rohen Sitten der Alanen, die früher Massageten genannt wurden, beschreibt, fügt doch hinzu: »die Alanen sind fast alle hohe, schöne Menschen *(proceri autem Alani paene sunt omnes et pulchri)*, den Hunnen in der Lebensart ähnlich *(suppares)*, dennoch aber auf höherer Stufe der Menschlichkeit stehend *(verum victu mitiores et cultu)*«. In Asien waren schon im 6. christlichen Jahrhundert Sogdiana und Bactrien oder die alt-iranischen kanalreichen Ufer des Jaxartes und Oxus türkisches Land; von da wurde in den folgenden Jahrhunderten ganz Asien allmählich durchritten, verheert, verbrannt, geplündert und die Einwohner gemordet oder in die Gefangenschaft abgeführt. Seldschukische Häuptlinge schwangen die Lederpeitsche, legten besiegten arabischen Emiren feierlich den Fuss auf den Nacken und liessen sie dann in Stücke hauen; persische Mädchen mit mandelförmigen Augen und langen Wimpern wurden in die schmutzigen Filzzelte ihrer heulenden missgestalteten Gebieter geschleppt; so mischte sich vom Aralsee bis zum mittelländischen Meer unedles hochasiatisches Blut in das der alten Kulturvölker, als ein fortwirkendes Element sittlicher Erniedrigung und geistiger Ohnmacht. Indess, auch die türkische Eroberung erscheint als nur geringes Leiden im Vergleich mit den entsetzlichen Gräueln, die den Weg der Mongolen bezeichneten. Was diese Race gelber schiefblickender Schakale aus der Wüste Gobi auf orientalischem Boden verübt hat, lässt sich mit Worten gar nicht schildern. Als Dschingiskhan im Jahre 1221 — wir wollen nur dies eine Beispiel anführen — gegen die blühende volkreiche Stadt Balkh, das altberühmte Bactra, die 1200 Moscheen und 200 öffentliche Bäder besass, drohend heranzog, gingen ihm Abgesandte mit Geschenken und Lebensmitteln entgegen, um Schonung flehend:

der Khan war scheinbar begütigt, zog in die Stadt ein und liess dann sämmtliche Einwohner, unter dem Vorwand sie zählen zu wollen, in einzelnen Abtheilungen aufs Feld hinausführen und sie dort abschlachten, die Stadt selbst aber schleifen — die noch gegenwärtig ein unabsehbares Ruinenfeld bildet. Die türkischen Völker, deren Ausgang mehr nach Westen zu gelegen war, waren gleich Anfangs vom Islam gewonnen worden und hatten sich dadurch dem Westen innerlich verbunden; auch waren sie, wie man gestehen muss, im Laufe der Jahre nach manchen Seiten gegen die mildere Sitte und ererbte Bildung der ihnen unterworfenen Bevölkerung nicht ganz unempfindlich geblieben: die mongolischen Horden aber trieb nur der Instinkt der Zerstörung und des Mordes, und die Spuren ihres Daseins sind bis auf den heutigen Tag nicht erloschen. Seit der mongolischen Zeit liegt der Orient wie ein zu Tode Getroffener da, ohne sich aufraffen zu können. So verhängnissvoll wurde der ältesten Menschenkultur und den gesegneten Ländern, in denen sie erblühte, der ununterbrochene Zusammenhang mit den unwirthlichen Hochflächen im Innern des grossen Welttheils, der Heimath einer niedern Menschenrace von abstossender Gesichtsbildung und unfläthigen Sitten.

Auch der griechischen Halbinsel gereichte die Nähe Asiens und der osteuropäischen Steppen und die Verunreinigung mit fremdem Blute zum Verderben. Denn welches wären ihre Schicksale seit der Völkerwanderung? Die Bulgaren, ein türkischer Stamm, liessen sich südlich der Donau nieder, die gleichfalls türkischen wilden Avaren überfielen mordend und plündernd die um die befestigte Hauptstadt gelegenen Provinzen; Osmanen streiften und herrschten schon vor einem halben Jahrtausend in diesem Vorland Europas. Auch den Germanen diente der griechische Boden zum Schauplatz ihrer noch ungebändigten Kriegs- und Beutegier — man erinnere sich nur der furchtbaren Verheerungszüge der am schwarzen Meer angelangten Gothen gegen die Küsten, Städte und Inseln Kleinasiens und des Peloponnes —; nach Italien pflegten sie erst zu kommen, wenn sie ihre erste frische Rohheit schon abgelegt hatten. Slaven überschwemmten dauernd nicht bloss die Donaugegenden und Thrakien, sondern auch alle Theile des alten Griechenlands selbst und belegten Berge, Thäler, Flüsse und Ortschaften mit Namen ihrer Sprache; aus rauhen Gebirgswinkeln drängten Albanesen haufenweise in die entvölkerten Landschaften hinab; beide nahmen dann die von Konstantinopel auf dem Wege der Kirche und der politischen Administration ihnen gebotene griechische Sprache (in entarteter byzantinischer Aussprache) an und bildeten mit dem Rest der früheren Bewohner, soweit sich ein solcher noch vorfand, das Volk der heutigen Griechen. So erklärt sich die Barbarei, der sich Hellas so schwer entwindet, aus dem Fluche der Schändung, der auf ihm liegt, nicht aus der angeblichen Erschöpfung der Naturkraft, die sicher noch so wirksam ist, wie einst in den Tagen der schönsten Blüthe dieses Landes.

Als die grosse arische Wanderung den beiden Halbinseln, die nachher der Schauplatz der klassischen Bildung wurden, die ersten Bewohner höherer Race gab, von denen wir historisch wissen, da waren diese Länder — so dürfen wir uns die Sache denken — von einer dichten schwer zu durchdringenden Waldung düsterer Fichten und immergrüner oder laubabwerfender Eichen bedeckt, etwa wie Homer sie schildert:

Diese durchathmete nie die Gewalt feuchthauchender Winde,
Noch traf Helios Leuchte sie je mit den flammenden Strahlen,
Auch kein strömender Regen durchnässte sie: so in einander
Wuchs das Gehölz; viel lagen umher der gefallenen Blätter —

dazwischen in den Flussthälern mit offnern Weidestrecken, auf denen die Rinder der Ankömmlinge sich zerstreuten, reich an nackten und kräuterbewachsenen Felsabstürzen, an denen die Schafe rupfend auf- und abkletterten und von deren Gipfel hin und wieder das öde unfruchtbare Meer sichtbar wurde. Das Schwein fand reichliche Eichelnahrung, der Hund hütete die Heerde, wilde Bienenstöcke lieferten Wachs und Honig, wilde Apfel-, Birn- und Schlehenbäume boten saure harte Früchte zum Genuss, gegen den Hirsch und Eber, den wilden Stier und den raubgierigen Wolf ward der Pfeil vom Bogen geschnellt oder der mit scharfem Stein bewaffnete Speer geschwungen. Das Jagdthier und das Thier der Heerde gab alles Nöthige, sein Fell zur Kleidung, seine Hörner zu Trinkgefässen, seine Därme und Sehnen zu Bogensträngen, sein Geweih und seine Knochen zu Werkzeugen und den Handgriffen derselben; rohes Leder war der vorherrschende Stoff, die beinerne und hörnerne Nadel diente zum Nähen und Befestigen desselben (*suere* ist das uralte Wort für solche Lederarbeit, man vergleiche *sutor* der Schuster, *κάσσυμα* das Leder, *subula* die Ahle, slav. *podůšiva* die Schuhsohle, *šilo*, ahd. *siula* der Pfriemen u. s. w.). Mit Leder war der auf dem

Wasser schwimmende geflochtene Kahn überzogen, mit Stiersehnen das Lederkleid zusammengenäht, Hesiod. O. et d. 544:

Nähe dir Häute zusammen mit Sehnen des Stiers —,

mit Riemen die Spitze am Pfeil und am Speer befestigt, das Zugthier vor dem Wagen angeschirrt und die Peitsche, die zum Antreiben diente, bewaffnet. Ein viel erlegtes, auch zur Nahrung dienendes Thier war der Biber, der durch ganz Europa die Seen und Flüsse dicht bevölkerte (lat. *fiber*, keltisch *beber*, *biber*, wonach die gallischen Städte Bibrax und Bibracte benannt waren, ahd. *pipar*, *bibur*, mhd. *biber*, ags. *beofor*, altn. *bifr*, preussisch und lit. *bèbrus*, slavisch *bobrŭ*, auch *bebrŭ*, *bĭbrŭ*; im Griechischen ist das Wort, wie auch das Thier in Griechenland, frühe untergegangen, dafür aber von Europa in den Orient gedrungen, Frähn Ibn-Foszlan S. 57). Zum Bogen diente besonders das Holz der Eibe[2]), zum Schaft des Speers das der Esche, auch des Holunders (*ἀκτέα*, *ἀκτῆ*) und Hartriegels, zum Schilde ein Geflecht aus Ruthen der Weide (*ἴτυς*, *ἰτέα* = Schild); die Bäume des Urwaldes, von riesenhaftem Wachsthum, wurden durch Feuer und mit der steinernen Axt zu ungeheuren Böten ausgehöhlt. Auf dem Räderwagen, einer früh erfundenen Maschine, die ganz aus Holz zusammengefügt war und an welcher Holzpflöcke die Stelle der spätern eisernen Nägel vertraten, ward die Habe der Wanderer, ihre Melkgefässe, Felle u. s. w. mitgeführt[3]). Die Wolle der Schafe ward ausgerupft[4]) und zu Filzdecken und Filztüchern zusammengestampft, besonders zum Schutze des Hauptes (gr. *πῖλος*, lat. *pilleus*, *pileus* der Hut, germanisch und slavisch mit erweitertem Stamm: *Filz*, *plŭstĭ*, Hesiod. O. et d. 545:

über das Haupt dir
Setze geformten Filz, vor Nässe die Ohren zu schützen.)

Aus dem Bast der Bäume, besonders der Linde, und aus den Fasern der Stengel mancher Pflanzen, besonders der nesselartigen, flochten die Weiber (das Flechten ist eine uralte Kunst, die Vorstufe des Webens, dem es oft sehr nahe kommt) Matten und gewebeartige Zeuge und Jagd- und Fischernetze. Milch und Fleisch war die Nahrung, das Salz ein begehrtes Gewürz, das aber schwer zu erlangen war und dem am Meeresufer, in der Pflanzenasche u. s. w. nachgegangen wurde[5]). Je weiter nach Süden, desto leichter wurde es, das Vieh zu überwintern, das im höhern Norden während der rauhen Jahreszeit nur kümmerlich unter dem Schnee seine Nahrung fand und unter ungünstigen Umständen massenhaft zu Grunde gehen musste — denn der Heerde ein Obdach zu schaffen und getrocknetes Gras für den Winter aufzubewahren, sind Künste spätern Ursprungs, die sich erst im Gefolge des ausgebildeten Ackerbaues einfanden. Auch die Race der Hausthiere war eine geringe, das Schwein z. B. das kleine sogenannte Torfschwein, und stand von der spätern durch Kultur und Verkehr veredelten, die wir jetzt vor Augen haben, noch weit ab. Zur Wohnung für den Menschen diente im Winter die unterirdische, künstlich gegrabene Höhle, von oben mit einem Rasendach oder mit Mist verdeckt[6]), im Sommer der Wagen selbst oder in der Waldregion die leichte, aus Holz und Flechtwerk errichtete zeltähnliche Hütte. Der Natur der Sache nach musste bei einem viehschlachtenden Volke die Kampfsitte blutig und die Strafe grausam sein; Wuth und Rache, Raub und Beutegier bildeten die Antriebe, List und Hinterhalt und Ueberfall, wie auf der Jagd dem Thiere gegenüber, die Formen und Mittel des Kriegs; die Gefangenen wurden geschlachtet, wie bei den Cimbern, ja noch den Germanen des Tacitus, die Sclaven zu grösserer Sicherheit verstümmelt; der Sieger trank von dem Blute des erlegten Feindes, der Hirnschädel diente ihm beim Schmause zur Schale und zu übermüthiger Erinnerung[7]). Greise, wenn sie zum Kampfe kraftlos geworden, gingen freiwillig in den Tod oder wurden gewaltsam erschlagen, ähnlich auch unheilbare Kranke[8]). Bei religiösen Festen und Sühnopfern floss reichlich Menschenblut; dem Häuptling folgten seine Knechte, Weiber, Pferde und Hunde in das Grab nach[9]); die Frau wurde geraubt oder gekauft, das Neugeborene vom Vater aufgehoben oder verworfen und ausgesetzt (Grimm R. A. 455: »Von Aussetzung der Kinder sind alle Sagen voll, nicht allein deutsche, auch römische, griechische und des ganzen Morgenlandes. Es lässt sich nicht zweifeln, dass diese grausame Sitte in der Rohheit des Heidenthums rechtlich war«). Die Naturkräfte, deren Gegenwart mit dumpfem Schauer empfunden wurde, hatten noch keine menschlich-persönliche Gestalt angenommen: der Name Gottes, dessen lateinische Form *deus* ist, bedeutete noch Himmel (das von den Finnen erborgte litauische *diewas*, preuss. *deivas* hat bei ihnen noch heute den Sinn von Himmel, finnisch *taivas*, estnisch *taevas*, livisch *tövas*), und während in dem indischen Varuna schon ethische Motive entwickelt sind, hat in dem griechischen Uranos der Process der Personification kaum erst angesetzt. Das Loos entschied bei wichtigen oder ungewöhnlichen Begegnissen und Entschlüssen[10]); Vorbedeutung und Aberglaube bestimmten alles Thun und Lassen; Zauberformeln lösten die Fesseln der Gefangenen und gaben der Waffe übernatürliche Kraft; die Wunden, die die Axt gerissen, wurden durch Besprechung geheilt, ebenso das hervorspritzende Blut gestillt (ein solcher Beschwörer hiess gotisch *lekeis*, *leikeis*, slavisch *lěkarĭ*, altirisch *liaig*, Zeuss[2] 19; Od. 19, 456:

Und sie verbanden zugleich des untadligen hohen Odysseus
Wunde geschickt und stillten das dunkele Blut mit Beschwörung.

Noch bei Pindar Pyth. 3, 51 drei Arten der Behandlung des Kranken: durch Beschwörung, *ἐπαοιδή*, auch *λιταί* Gebet zu den Göttern, durch Salben und Tränke, durch Schneiden mit dem Messer). Wie in der religiösen Anschauung die Verwandlung der Naturmächte in dämonische Personen sich noch nicht vollzogen oder eben erst begonnen hatte, so walteten auch im Zusammenleben der Menschen die unmittelbaren Naturformen: aus dem Familienverbande und der Herrschaft des Patriarchen ging in weiterem Wachsthum der erst engere, dann umfassendere Zusammenhang des Stammes hervor (Wörter wie *πόλις*, *populus*, goth. *thiuda* u. s. w. sehen wir erst allmählich in das Reich der Freiheit, d. h. zu politischen Begriffen emporsteigen)[11]). Als Auszeichnung adeliger Geschlechter findet sich in historischer Zeit die Tätowirung, vielleicht ein Rest uralter Sitte, da sie bei entfernten Gliedern des grossen Stammes wiederkehrt, so bei Gelonen und Agathyrsen (Mela 2, 1, 10: *Agathyrsi ora artusque pingunt: ut quique majoribus praestant, ita magis vel minus: ceterum iisdem omnes notis, et sic ut ablui nequeant)*, bei Thrakern (schon bei Herodot 5, 6, also vor der keltischen Zeit), Sarmaten, Daken, den Briten auf ihrer entlegenen Insel, welche letztere danach benannt waren (kambrisch *breith* = *variegatus*, auch die Picti möglicher Weise nur die lateinische Uebersetzung von Briten, Britten)[12]). Bei der Aufstellung zum Kriege herrschten schon die Zahlen des Decimalsystems — eine erste Regung der Abstraction, doch war der Begriff tausend, da das Wort dafür fehlt, noch nicht aufgegangen[13]). Im Uebrigen bildete die Sprache einen verhältnissmässig intakten, viel gegliederten, von lebendigen Gesetzen innerlich beherrschten Organismus, wie er nach Jahrtausenden die Freude und Bewunderung des Grammatikers ist und wie er nur im Dunkel eingehüllten Geistes und unmittelbaren Bewusstseins wächst und sich entfaltet — mit dem erwachenden Denken beginnt die lästige, wuchernde Formen-Vegetation und die paradiesische Klangfülle allmählich abzusterben. — Dies etwa war der Zustand jener Wandervölker zur Zeit ihrer Ausbreitung in Europa, — so weit wir ihn nach einigen seiner allgemeinen Züge im Geiste wiederherstellen können. Eine Vergleichung gewähren etwa die Andeutungen des alten Testaments über die kriegerische Einwanderung semitischer Hirtenvölker in Palästina: dort traten den Kanaanitern wilde Ureingeborene entgegen, die später als Riesen gedacht wurden und die in einigen Resten noch bestanden, als ganz zuletzt die Beni-Israel in dem Lande ihrer vorausgegangenen Stammgenossen gewaltsam sich festsetzten. So mögen auch die Indogermanen in Europa ursprüngliche Bewohner vorgefunden haben, die sie ausrotteten, oder mit denen sie sich vermischten: im Osten die Finnen, ein sehr tief stehendes Jägervolk, das die Wolle, das Salz und den Räderwagen nicht kannte und nicht einmal bis hundert zählte, im Westen und Süden die Iberer und vielleicht die Libyer, von deren Kulturstufe wir nichts wissen. Ein anderes noch lehrreicheres, in ganz historische Zeit fallendes Beispiel bietet der grosse Eroberungszug der Türken durch Asien und die Niederlassung dieses nomadischen Stammes auf dem weiten von ihm überschwemmten Boden. Die Türken freilich — und dies könnte geeignet sein, die Analogie wieder etwas einzuschränken — trieben nicht ihre Rinderheerden vor sich her, sondern kamen auf dem geschwinden Ross, das sie und ihre Zelte durch die Weite trug — und hier erhebt sich die schwierige Frage, ob auch die Indoeuropäer schon mit dem gezähmten Pferde in Europa einwanderten oder es erst nachmals erhielten? Wir haben oben unter den Grabesopfern auch die Pferde des Bestatteten mit aufgeführt — wie, wenn wir damit einen Anachronismus begangen hätten? Humboldt, Central-Asien, 1, 436 sagt: »die Innere (Kirghisen) Horde bewohnt einen Theil der Gegenden, in welchen vormals dieselben Kalmuk-Turguten nomadisirten, welche von der chinesischen Grenze gekommen waren und in der Nacht des 5. Januar 1771 mit ihren 30,000 Jurten davonzogen, um auf einem 400 Meilen langen Marsche kriegführend die Ebenen der Dsungarei zu erreichen. Diese Wanderung von 150,000 Kalmuken, begleitet von ihren Frauen, Kindern und Heerden, vor etwa 70 (jetzt über 100) Jahren, ist eine historische Thatsache, welche auf die alten Einfälle asiatischer Völker in Europa grosses Licht wirft.« Diese Bemerkung des tiefblickenden Meisters (für welche wir bereit wären, ein Dutzend sog. indogermanischer Idyllen, so reizend ihr Colorit ist, herzugeben) wollen wir uns gesagt sein lassen und nicht vergessen — aber die Karren und Heerden der Kalmuken waren von kriegerischen Reitern umschwärmt und so ging der Zug unaufhaltsam und sicher fort: dürfen wir uns den frühesten Einbruch aus Asien auch schon ähnlich ausgerüstet denken? Wir versuchen im Folgenden die Hauptzüge der ältesten Geschichte des Pferdes zusammenzustellen und dadurch vielleicht einige Wahrscheinlichkeit für oder wider zu gewinnen.

Das Pferd.

(equus caballus.)

Das edle Ross, der Liebling und Begleiter des Helden, die Freude der Dichter, die es in prächtigen Schilderungen verherrlicht haben, z. B. der Verfasser des Buches Hiob im 39. Kapitel oder Homer in der Ilias 6, 506:

Gleichwie das Ross, das lang im Stall sich genährt an der Krippe,
Seine Fessel zerreisst und stampfenden Hufs durch die Ebne
Rennt, sich zu baden gewohnt in dem schönhinwallenden Strome,
Strotzend von Kraft; hoch trägt es das Haupt und umher an den Schultern
Flattern die Mähnen empor; im Gefühl der eigenen Schönheit
Tragen die Schenkel es leicht zur gewohnten Weide der Stuten, —
So schritt Priamos' Sohn von Pergamons Veste hernieder,
Paris im leuchtenden Waffenglanz, der Sonne vergleichbar,
Freudig und stolz, rasch trugen die Schenkel ihn —

oder Vergil Georg. 3, 83:

tum, si qua sonum procul arma dedere,
Stare loco nescit, micat auribus et tremit artus,
Conlectumque fremens volvit sub naribus ignem —

— dies glänzende, stolze, aristokratische, rhythmisch sich bewegende, schaudernde, nervöse Thier hat doch für die gegenwärtige Erdepoche seine Heimath in einer der rohesten und unwirthlichsten Gegenden der Welt, den Kiessteppen und Weideflächen Centralasiens, dem Tummelplatz der Stürme. Dort schwärmt es noch jetzt, wie versichert wird, im wilden Zustande unter dem Namen Tarpan umher, — welcher Tarpan sich nicht immer von dem bloss verwilderten Musin, dem Flüchtling zahmer oder halbzahmer Heerden, unterscheiden lässt. Es weidet gesellig, unter einem wachsamen Führer, dem Winde entgegen vorschreitend, mit den Nüstern und Ohren immer der Gefahr gewärtig, und weil phantasievoll, nicht selten von panischem Schreck ergriffen und unaufhaltsam durch die Weite gejagt. Während des fürchterlichen Steppenwinters scharrt es den

Schnee mit den Hufen weg und nährt sich dürftig von den drunter befindlichen abgestorbenen Gramineen und Chenopodeen. Es hat eine reich wallende Mähne und einen buschigen Schweif, bei Einbruch der Winterkälte wächst ihm das Haar am ganzen Leibe zu einer Art dünnen Pelzes. In eben jener Weltgegend lebten auch die ursprünglichsten Reitervölker, von denen wir Kunde haben, im Osten die Mongolen, im Westen die Türken, beide Namen im weitesten Sinne genommen. Noch jetzt ist die Existenz dieser Racen an die des Pferdes gebunden. Der Mongole hält es für eine Schande, zu Fuss zu gehen, sitzt stets zu Rosse und bewegt sich und steht auf der Erde, als wäre er in ein fremdes Element versetzt. Ehe der kleine Knabe noch gehen kann, wird er auf das Pferd gehoben und klammert sich an die Mähne; so wächst er im Verlauf der Jahre auf dem Rücken des Thieres auf und wird zuletzt ganz eins mit diesem. Auch der mongolischen Körperbildung hat diese Lebensart, von Geschlecht zu Geschlecht Jahrtausende lang fortgesetzt, ihr unterscheidendes Gepräge gegeben. Die Beine des Mongolen sind säbelförmig gebogen, der Gang ist schwerfällig und der Oberkörper nach vorn gebeugt; auch innerhalb des Zeltes gleicht sein unstät umherspähender Blick dem des Reiters in der unermesslichen Steppe, der nach allen Seiten ausschauend eine Meile weit die kleinste Staubwolke am Horizonte entdeckt. Der Reichthum des Einzelnen besteht in der Zahl und Grösse seiner in halbwildem Zustand weidenden Tabuns; bedarf er in gegebenem Falle eines jungen Thieres, so wird dieses mit der Schlinge eingefangen. Die Milch der Stuten ist das Getränk und das Berauschungsmittel (es gehört viel Uebung und Kraft dazu, die Stuten, nachdem sie gekoppelt worden, zu melken), das Pferdefleisch die gewohnte und liebste Nahrung. Bei den jetzigen Mongolen hat freilich der Buddhismus die letztere Speise auszurotten gesucht und der Lama wenigstens hütet sich in frommer Enthaltsamkeit, davon zu kosten. Auch das Fell und das Haar des Pferdes ist dem Mongolen nutzbar: aus dem erstern werden die Riemen geschnitten, die ihm so unentbehrlich sind, das letztere dient zu Stricken und Sieben und aus dem Felle der jungen Füllen werden die Kleider zusammengenäht.

Von dem breiten Rücken des Welttheils stieg das Thier nach allen Seiten bis in die Hochgebirge des nördlichen Indien hinauf und in die Flussthäler Turkestans, in die Landschaften und Wüsten des Jaxartes und Oxus hinab. Dort ist das Pferd des Turkmenen noch jetzt von ungemeiner Kraft, Ausdauer und Klugheit. Mit geringem Mundvorrath versehen macht der Turkmene Ritte von hundert Kilometern, ohne zu rasten, überfällt und plündert, und verschwindet, ehe der Beraubte noch zur Besinnung gekommen. Oft übernachtet der Reiter schlafend auf seinem Thiere, mitten in der Wüste, ohne diesem einen Tropfen Wasser bieten zu können. Auch liebt er, nach Vámbérys Worten, sein Ross mehr als Weib und Kind, mehr als sich selbst; es ist rührend, mit welcher Sorgfalt dieser rohe, habgierige Sohn der Wüste sein Thier aufzieht, wie er es hütet, gegen Frost und Hitze kleidet und mit Zaum und Sattelzeug nach Kräften Aufwand treibt. Auch in den Augen des Kirgisen ist das Pferd der Inbegriff aller Schönheit. »Er liebt sein Pferd mehr als seine Geliebte und schöne Pferde verleiten auch den ehrlichsten und angesehensten Mann zum Diebstahl« (W. Radloff in der Zeitschr. für Ethnologie, 3, S. 301). Doch ist zu bemerken, dass die turkmenische Race, obwohl dem Kerne nach einheimisch, doch stark mit arabischem Blute gekreuzt ist und dieser Mischung einen Theil ihrer edlen Eigenschaften verdankt.

Dass das Pferd auch westlich von Turkestan das Steppengebiet des heutigen südöstlichen und südlichen Russland bis zum Fusse der Karpathen in ursprünglicher Wildheit durchstreifte, kann glaublich erscheinen, weniger, dass sogar die Waldregion Mitteleuropas einst von Rudeln dieser Thiere belebt gewesen. Und doch liegt eine Reihe historischer Zeugnisse vor, die diese letztere Thatsache ausser Zweifel zu stellen scheinen. Von spanischen wilden Pferden berichtet Varrō de r. r. 2, 1, 5: *equi feri in Hispaniae citerioris regionibus aliquot*, und ebenso Strabo 3, 4, 15: »Iberien trägt viele Rehe und wilde Pferde (*ἵππους ἀγρίους*).« In den Alpen lebten, wie wilde Stiere, so auch wilde Pferde (Strab. 4, 6, 10), und nicht bloss in den Alpen, sondern im Norden überhaupt, Plin. 8, 39: *septentrio fert et equorum greges ferorum.* Auch im Mittelalter fehlt es nicht an Belegen für die Existenz wilder Pferde in Deutschland und in den von Deutschland östlich gelegenen Landen. Zur Zeit des Venantius Fortunatus wird in den Ardennen oder Vogesen neben dem Bären, Hirschen und Eber auch der *onager* gejagt, worunter — wenn das Wort nicht bloss eine poetische Floskel ist — das wilde Pferd verstanden werden kann, ad Gogonem, Miscell. 7, 4, 19:

Ardennae an Vosagi cervi, caprae, helicis ursi
Caede sagittifera silva fragore tonat?
Seu validi bufali ferit inter cornua campum.
Nec mortem differt ursus, onager, aper?

In Italien sah man wilde Pferde zum ersten Mal während der longobardischen Herrschaft, unter dem König Agilulf, Paul. Diac. 4, 11: *tunc primum caballi silvatici et bubali in Italiam delati Italiae populis miracula fuerunt.* Papst Gregorius 3 schreibt um 732 an den heil. Bonifacius (Bonifac. ep. 28 bei Jaffé, Mon. Mog. p. 91 ff.): »Du hast Einigen erlaubt, das Fleisch von wilden Pferden zu essen, den Meisten auch das von zahmen. Von nun an, heiligster Bruder, gestatte dies auf keine Weise mehr.« Der Apostel der Deutschen war also bis dahin in diesem Punkt liberal gewesen — vielleicht weil er einen Gebrauch, der dem Italiener in Rom gräulich erschien, auf seiner heimathlichen Insel von früher Jugend an gekannt und selbst geübt hatte? Unter den von dem St. Galler Mönch Ekkehard dem vierten herrührenden Segenssprüchen zu den bei dem gemeinsamen Mahl aufgetragenen Speisen (vom Jahr 1000 oder bald nachher, herausgegeben von Ferdinand Keller in den Mittheil. der antiqu. Ges. in Zürich, III, 2, S. 99 ff.) bezieht sich einer auch auf das Fleisch vom wilden Pferde, das also von den frommen Vätern des einst in der Wildniss gegründeten Klosters noch genossen wurde, v. 127:

sit feralis equi caro dulcis in hac cruce Christi.

Der Winsbeke spricht in Strophe 46 (Weingartner Liederhandschrift S. 217) die Erfahrung aus: »Ein Fohlen in einer wilden Heerde Pferde wird, eingefangen, eher zahm, als dass ein ungeräthener Mensch in seinem Innern Scham empfinden lerne«:

ein vol in einer wilden stuot
uñ ûzgevangen wirt ê zam,
ê daz ein ungerâten lîp
gewinne ein herze daz sich scham.

Im Sachsenspiegel, da wo die Gerade der Frau bestimmt wird (d. h. die fahrende Habe derselben), sagt die Glosse, wilde Pferde, die man nicht immer in Hut behalte, seien dazu nicht zu rechnen, 1, 24: *hir pruve bi, dat wilde Perde, de men al tit nicht unhut, de un horen hir tu nicht.* In einer westphälischen Urkunde vom Jahre 1316 (bei Venantius Kindlinger, Münsterische Beiträge, Münster 1787, I, Urk. no. 8, S. 21) wird einem gewissen Hermann die Fischerei im ganzen Walde und die wilden Pferde und die Jagd, die Wildforst genannt wird, zugetheilt: *item recognoscimus quod piscatura per totum nemus pertinet Hermanno praedicto et vagi equi et venatio dicta wiltforst.* Ja nicht bloss zur Zeit der Merovinger, noch am Ende des 16. Jahrhunderts lebten solche wilde Pferde in dem Vogesengebirge, der rauhen Kriegs- und Grenzscheide zweier Racen, — wie Helisaeus Rösslin, des Elsäss und gegen Lotringen grentzenden wassgawischen Gebirgs Gelegenheit, Strassburg 1593, S. 21, ausführlich berichtet: »die in ihrer Art viel wilder und scheuer sind, dann in vielen Landen die Hirsch, auch viel schwerer und mühsamlicher zu fangen, eben so wohl in Garnen als die Hirsch, so sie aber zahm gemachet, das doch mit viel Müh und Arbeit geschehen muss, sind es die allerbesten Pferd, spanischen und türkischen Pferden gleich, in vielen Stücken aber ihnen fürgehen und härter seind, dieweil sie sonderlich der Kälte gewohnet, und rauhes Futters, im Gang aber und in den Füssen fest, sicher und gewiss seind, weil sie der Berg und Felsen, gleich wie die Gemsen, gewohnet.« Fanden sich solchergestalt wilde Pferde in dem kultivirten West- und Süddeutschland, so mussten sie sich in den Wildnissen an der Ostsee, in Polen und Russland um so länger erhalten. Hier sind in der That die Zeugnisse bis in die neuere Zeit hinab zahlreich. Das Land der Pommern war zur Zeit des Bischofs Otto von Bamberg, also in der ersten Hälfte des 12. Jahrhunderts, reich an aller Art Wild, darunter auch wilde Ochsen und Pferde, Herbordi vita Ottonis bei Pertz XX, p. 745: *bubalorum et equulorum agrestium . . . copia redundat omnis provincia.* Um die gleiche Zeit gab es auch in Schlesien ungezähmte Pferde: der Canonicus Wissegradensis, der Fortsetzer des Cosmas, berichtet zum Jahr 1132, bei Pertz SS. IX, p. 138: *Interea dux Sobeslaus* (der Schwager des Königs Bela von Ungarn) . . . *Poloniam cum exercitu suo 15 Kal. Novembris intravit totamque partem illius regionis quae Sleszko* (Schlesien) *vocatur penitus igne consumpsit. Multos etiam captivos cum innumera pecunia nec non indomitarum equarum greges non paucos inde secum adduxit.* Bekannt ist und durch viele literarische Erwähnungen wird bestätigt, dass in Preussen bis zum Zeitalter der Reformation, ja noch später, die Wälder von wilden Pferden bevölkert waren. Töppen, Geschichte Masurens, Danzig 1870, S. XVII: »In Ordenszeiten jagte man wilde Rosse, so wie anderes Wild, vorzüglich um ihrer Häute willen. Noch Herzog Albrecht erliess um 1543 ein Mandat an den Hauptmann zu Lyck, in welchem er ihm anbefahl, für die Erhaltung der wilden Rosse zu sorgen« (s. auch denselben in den Preussischen Provinzialblättern 1839, Bd. 22, S. 481 und den Neuen Pr. Prov. Bl. 1847, Bd. 4, S. 453). Auch für Polen und Litauen gehen die Hinweisungen auf das Pferd als Jagdthier bis tief in das 17. Jahrhundert hinab (so bei Guillebert de Lannoy 1399—1450, Simon Grunau, schrieb zwischen

1516 und 1527, Matthias a Michovia, 1521 herausgekommen, Herberstein u. s. w.), für Russland genüge die merkwürdige Aussage des Fürsten von Tschernigow, Wladimir Monomach (er lebte von 1053 bis 1125), der in seiner hinterlassenen Mahnung an seine Söhne (erhalten in der sog. Lawrentischen Chronik) über sich selbst berichtet: »Aber in Tschernigow that ich dies: ich fing und fesselte eigenhändig zehn bis zwanzig wilde Pferde lebendig; und als ich längs dem Flusse Rossj ritt (so wird jetzt gelesen: in der auch sonst sehr fehlerhaften Handschrift steht das sinnlose *po Rovi*; der genannte Fluss Rossj bildete eine Art Grenzscheide zwischen den Russen und den wilden türkischen Polowzern), fing ich mit den Händen eben solche wilde Pferde.«

Zur richtigen Beurtheilung dieser Stellen ist vor Allem Folgendes zu erwägen. Bei den europäischen Völkern wurde in ältester historischer Zeit das Pferd gehalten wie bei den asiatischen Nomaden: es weidete abseits, fern von der Niederlassung, in ganzen Heerden, im halbwilden Zustande (eine solche Heerde hies ahd. *stuot*, ags. und altn. *stôd*, lit. *stodas*, slav. *stado*), und wurde hervorgeholt, wenn die Gelegenheit sich bot, es zu brauchen. War ein herangewachsenes Thier dazu bestimmt, den Herrn auf einem Zuge zu begleiten, so wurde es eingefangen, durch energische Mittel gezähmt — wobei manches Individuum durch Erdrosselung zu Grunde gehen musste — und flog dann mit seinem Reiter windschnell durch die Weite. Wenn es im altnordischen Hâvamâl heisst:

Füttere das Ross daheim,
Den Hund auswärts,

so ist dies schon eine spätere Regel, die ungefähr dasselbe sagt, wie das griechische, auch unter uns gebräuchlich gewordene Sprichwort: des Herrn Auge macht die Pferde fett. Die Freiheit aber, in der in früherer Zeit die junge Zucht aufwuchs, musste häufig Anlass zu völliger Verwilderung einzelner Thiere oder ganzer Heerden geben. Jene rissen sich los, so die Stuten in der Zeit der Brunst, und verirrten sich, diese stürzten, von Wölfen verfolgt oder von Moskitos gepeinigt, sinnlos in die Weite fort; so wurden sie als freie Bewohner der buschigen Wildniss Gegenstand der Jagd, wie Hirsche und Elene. Gegen die Annahme, dass das mittlere Europa bis nach Spanien hin zu dem natürlichen Verbreitungsbezirk des Pferdes gehört habe, scheint der Umstand zu sprechen, dass dieser Welttheil vor Beginn der Kulturthätigkeit des Menschen ein dicht verwachsenes und beschattetes Waldgebiet darstellte, das Pferd aber ein auf

Gras als seine Nahrung und Schnelligkeit als seine Waffe zur Rettung vor den grossen Raubthieren berechnetes flüchtiges Steppenthier ist. Die Art, wie einige der oben angeführten Nachrichten gefasst sind, deutet gleichfalls mehr auf verwilderte, als auf ursprünglich wilde Pferde. Wenn die Pferde der Vogesen, zwar mit Müh und Arbeit, aber doch mit Erfolg gezähmt werden; wenn der *dux Sobeslaus* von einem Kriegszuge in Schlesien *indomitarum equarum greges* mit heimführt oder in jener westphälischen Urkunde Fischerei, Jagd und die *vagi equi* eines Territoriums einem der Theilhaber zugesprochen werden; ebenso wenn die ungehüteten Pferde nicht zu dem Gute der Frau zu rechnen sind, so ist gewiss die Vermuthung gestattet, dass in all diesen Fällen nur von Flüchtlingen berichtet wird. So konnten auch die Thiere, die der heilige Otto in Pommern vorfand oder die die Ordensritter in Preussen jagten, zwar in der Wildniss geboren sein, dennoch aber von entlaufenen Stuten abstammen, und dies um so eher, je mehr jene noch ungelichteten Gegenden seit Jahrhunderten von innern Raub- und Kriegszügen heimgesucht waren. Noch natürlicher war dies im Gebiet von Tschernigow, wo der Grossfürst zehn oder zwanzig unbändige Pferde mit eigener Hand fing und koppelte: in jenem Grenzgebiet, das unmittelbar an die nomadischen Pferdevölker stiess, konnten die Wälder verlorenen oder verirrten Thieren der Art leicht eine Zuflucht geboten haben. Auch sagt der Grossfürst nicht, er habe Pferde, wie andere Jagdthiere, erlegt, sondern er habe sie eingefangen und gefesselt, d. h. mit kräftigem Arm die Schlinge geführt, die auch bei halbzahmen Heerden in Gebrauch war. Wir fügen noch hinzu, dass auch die um den See, aus dem der Hypanis seinen Ursprung hatte, weidenden wilden Pferde bei Herodot 4, 52: *ἵπποι ἄγριοι λευκοί* sich durch das Prädikat weiss, *λευκοί*, als geheiligte, in halber Freiheit gehaltene Heerden verrathen.

Kehren wir aus dem europäischen Waldrevier zu der ursprünglichen Heimath des Thieres, dem Steppengebiet Asiens, zurück, so begegnet uns hier weiter die bedeutungsvolle Thatsache, dass, je ferner von diesem Ausgangspunkte eine Landschaft gelegen ist, desto später in ihr auch historisch das gezähmte Pferd auftritt, und desto deutlicher die Rossezucht als eine von den Nachbaren im Osten und Nordosten abgeleitete erscheint.

In Aegypten, um mit dem entlegensten Gliede zu beginnen, hat sich im sogenannten alten Reiche keine Abbildung eines Rosses oder eines Kriegswagens gefunden. Erst da die Epoche der Hirtenkönige vorüber ist, beginnen unter der achtzehnten Dynastie und bei Gelegenheit der Kriegszüge, die dieselbe unternahm (etwa um das Jahr 1700 v. Chr.), die bildlichen Darstellungen und in den Papyrus, so weit deren Lesung mit Sicherheit gelungen ist, die Erwähnungen des Rosses und der in asiatischer Weise bespannten Streitwagen (Brugsch, Geschichte Aegyptens, Leipzig 1877, S. 198, 273; Chabas, Études sur l'antiquité historique, p. 413 ff.). Die Vermuthung, dass es eben das Hirtenvolk der Hyksos gewesen, welches das neue Thier und mit ihm die neue Kriegskunst nach Aegypten brachte (Ebers, Aegypten und die Bücher Mose's 1, 121: »es unterliegt keinem Zweifel, dass dies Thier von den Hyksos in Aegypten eingeführt worden ist«), hat viel Bestechendes, wird aber bis jetzt von keinem bestimmten Denkmal gestützt. Vielleicht also waren es erst die Könige der genannten achtzehnten Dynastie, denen bei ihrem kriegerischen und friedlichen Verkehr mit Syrien das Pferd und der Streitwagen von diesem Lande her bekannt wurden (der ägyptische Name des Wagens ist dem hebräischen fast vollständig gleich, ägyptisch *sus* das Pferd ist ein semitisches Wort, Brugsch a. a. O.). Wenn Chabas meint, die Zähmung und Anschirrung des Rosses setze eine längere Anwesenheit desselben voraus, während welcher es stufenweise zum Dienst des Menschen erzogen worden, so vergisst er, dass es sich hier um ein fertig von den Nachbarn übernommenes, längst an diesen Dienst gewöhntes Thier handelt. Uebrigens wurde auch in Aegypten, wie bei den Asiaten, das Pferd nur zu kriegerischen Zwecken gehalten; über seine Anwendung bei häuslichen und ländlichen Arbeiten sind die Bildwerke stumm, — denn das Wenige, was dahin zu deuten wäre, dürfen wir als allzu zweifelhaft unbeachtet lassen. Kriegswagen hat auch Achilles im Sinn, wenn er Il. 9, 383 vom ägyptischen Theben sagt:

> Theben die hundertthorige Stadt, es fahren aus jedem
> Thor zweihundert Männer heraus mit Rossen und Wagen.

Wie der Aegypter selbst über den Gebrauch des Pferdes dachte, lehrt die mythische Erzählung bei Plut. de Is. et O. 19: »Osiris fragte den Horus, welches Thier für den Krieg wohl das nützlichste sei? Als Horus darauf erwiderte: das Pferd, wunderte sich Osiris und forschte weiter, warum nicht eher der Löwe als das Pferd? Da sagte Horus: der Löwe mag demjenigen nützlich sein, der Hülfe braucht, das Pferd aber dient den fliehenden Feind zu zerstreuen und aufzureiben.« Der Löwe nämlich war von den Aegyptern, wenn wir den Abbildungen trauen dürfen, in so weit gezähmt worden, dass er den Pharao in die Schlacht begleiten konnte; er wurde an einer Kette am Wagen mitgeführt und im rechten Augenblick losgelassen.

Für das Alter des Pferdes bei den Semiten Vorderasiens sind wir auf die Zeugnisse des Alten Testaments, des Pentateuch, des Buches Josua u. s. w. gewiesen — aus welcher Zeit aber stammen dieselben? Es giebt kein Stück dieser Sammlung, das nicht aus verschiedenartigen Bestandtheilen zusammengesetzt und nicht durch die Hand eines Bearbeiters oder mehrerer sich folgender Bearbeiter gegangen wäre. Hatten sich wirklich einzelne schriftliche Aufzeichnungen aus der Zeit der ersten Besetzung des Landes erhalten, so mögen diese in die Erzählung aufgenommen worden sein; im Uebrigen konnte auch der älteste biblische Verfasser, der ältere Elohist, dessen Schrift gleichwohl nicht über die Epoche der Könige hinaufgeht, nur aus der Sage schöpfen, die ihrer Natur nach in der langen Zeit geschäftig gewesen war, ihren Stoff je nach dem Bedürfniss zu gestalten und umzugestalten. So sind wir bei keinem einzelnen Zuge der biblischen Berichte völlig sicher, ob er von echter Ueberlieferung oder von späterer theokratischer oder nationaler Absicht oder endlich von dem Geiste anachronistisch ausmalender Dichtung eingegeben worden. Was nun das Pferd betrifft, so fehlen in den sogenannten Büchern Mosis und auch in den Geschichtsbüchern die Erwähnungen desselben nicht, z. B. Jos. 11, 4 von den Kanaanitern: »diese zogen aus mit all ihrem Heer, ein gross Volk, so viel als des Sandes am Meer und mit sehr viel Ross und Wagen« und der Inhalt dieser Stellen wird durch das Lied der Deborah, Richter 5, welches bedeutend älter sein muss, als die Gründung der Monarchie, und wohl in das 13. Jahrhundert v. Chr. fällt, als echt bestätigt, 22: »da rasselten der Pferde Füsse für dem Zagen ihrer mächtigen Reiter«, 28: »warum verzeucht sein Wagen, dass er nicht kommt? wie bleiben die Räder seiner Wagen so dahinten?« — aber als Haus- und Heerdethier der Patriarchen erscheint es in diesen Schilderungen nicht; es nimmt an den Wanderungen und Kämpfen des Volkes Israel nicht Theil; es ist das kriegerische Thier der Nachbarn und Feinde, rasselnd und stampfend vor dem Streitwagen oder unter dem Reiter; als Kriegsross, und nur als solches, wird es auch in der schwungvollen Schilderung des Buches Hiob gefeiert; im Haushalt vertritt seine Stelle der Esel. »Lass dich nicht gelüsten«, lehrt der Dekalog, dessen Gebote doch aus verhältnissmässig sehr alter Zeit stammen, »deines Nächsten Weibes . . . . . .

noch seines Ochsen noch seines Esels noch Alles, was dein Nächster hat«: das Pferd, der Hauptgegenstand des Raubes und Begehrs bei reitenden Nomaden, ist hier bezeichnender Weise nicht genannt. (Weitere Belege dafür, dass den Hebräern in früher Zeit das Pferd fehlte, bei Michaelis, Mosaisches Recht, Theil 3 der zweiten Auflage, Anhang: »Etwas von der ältesten Geschichte der Pferde und Pferdezucht in Palästina und den benachbarten Ländern, sonderlich Aegypten und Arabien.«) Wenn uns später von dem König von Juda, Josias, berichtet wird, er habe ausser anderem heidnischen Gräuel auch die der Sonne geweihten Pferde und Wagen abgeschafft, 2. Kön. 23, 11: »Und thät abe die Ross, welche die Könige Juda hatten der Sonnen gesetzt im Eingang des Herren Hause, an der Kammer Nethanmelech des Kämmerers, der zu Parwarim war. Und die Wagen der Sonnen verbrannte er mit Feuer« — so war dies unter den mannigfachen Götterdiensten, die in Jerusalem zusammenflossen, ein aus Medien hierher gelangter Zug des iranischen Sonnenkultus (s. unten). — Kein Wunder, dass wir das Pferd auch bei dem südlichen Zweige der Semiten, den Ismaeliten oder Arabern, nicht antreffen. Nirgends im Alten Testament treten die Hirten der arabischen Wüste in Begleitung dieses Thieres auf; sie ziehen nur mit Eseln und Kameelen umher und die Kriegskunst der despotischen Reiche vom Tigris bis zum Nil ist ihnen unbekannt. Ganz damit in Uebereinstimmung reiten in des Xerxes Heer die Araber nur auf Kameelen, Herod. 7, 86: »die Araber waren alle auf Kameelen beritten, die den Pferden an Schnelligkeit nicht nachgaben.« Auch nach Strabo gab es in dem glücklichen Arabien keine Pferde und also auch keine Maulthiere, 16, 4, 2: »an Haus- und Heerdethieren (*βοσκημάτων*) ist dort Ueberfluss, wenn man Pferde, Maulthiere und Schweine ausnimmt«, und ebenso im Lande der Nabatäer, 16, 4, 26: »Pferde sind in dem Lande keine: deren Stelle in der Dienstleistung vertreten die Kameele« — und doch war Strabo, der Freund und Genosse des Aelius Gallus, des Feldherrn, der die grosse misslungene Expedition nach Arabien gemacht hatte, über die Halbinsel sicherlich so genau, wie nur irgend Jemand in damaliger Zeit, unterrichtet. Noch in der Schlacht bei Magnesia führte Antiochus der Grosse, wie einst Xerxes, Araber, auf Dromedaren sitzend, ins Gefecht, Liv. 37, 40 (das aus mancherlei asiatischen Völkerschaften, jede in der ihr zusagenden Rüstung und Waffe, bestehende Heer wird beschrieben, darunter die Araber): *cameli, quos appellant dromadas. His insidebant Arabes sagittarii, gladios habentes tenues* u. s. w.

Diejenigen, die diese Nachrichten der Alten aus dem Grunde unglaublich finden wollten, weil jetzt die arabischen Pferde für die edelsten ihres Geschlechts gelten, haben nicht erwogen, dass auf dem Gebiet der Kulturgeschichte ähnliche Fälle keineswegs selten, ja ausserordentlich häufig sind. In den Sandmeeren Arabiens, in denen die Oasen gleichsam die Inseln bilden, war zur Ueberfahrt von einer zur andern das Kameel, das Schiff der Wüste, bei Weitem dienlicher als das Pferd: es konnte schnell sein, wie dieses, es konnte auch lange dursten; es nährte sich von Wüstenkräutern und auf seinem breiten Rücken trug es die Zeltstangen und den Mundvorrath, die Weiber und Kinder des herumziehenden Hirten über weite Strecken. Zu den obigen direkten Zeugnissen lässt sich noch das negative des Publius Vegetius, eines späten hippiatrischen Compilators, fügen, der im 6. Kapitel des 6. Buches (der Ausgabe von Schneider) die dem Alterthum bekannten, durch irgend welche Eigenschaften hervorstechenden Pferderacen aufzählt und charakterisirt, über das arabische Pferd aber schweigt. Von den afrikanischen, also dem arabischen Schlage, wie man glauben könnte, nahestehenden Pferden sagt er, sie würden für den Circus als die schnellsten bezogen, fügt aber hinzu, sie seien spanischen Blutes, 6, 6, 4: *nec inferiores prope Sicilia exhibet circo, quamvis Africa Hispani sanguinis velocissimos praestare consueverit.* Auch bei Symmachus Epp. 4, 62 wird aus Antiochia eine Gesandtschaft — nicht etwa ins nahe Arabien, sondern nach Spanien geschickt, um dort Rennpferde zu kaufen, und erhält von Symmachus einen Empfehlungsbrief an den Spanier Euphrasius, den Besitzer grosser Stutereien. Aber bei Ammianus Marcellinus, dem etwas älteren Zeitgenossen des Symmachus, in der zweiten Hälfte des 4. Jahrhunderts, wird 14, 4, 3 bei Schilderung der Sitten der »Saracenen«, deren Wohnplatz der Geschichtsschreiber vom Tigris bis zu den Wasserfällen des Nil sich denkt, ihrer schnellen Pferde und schlanken Kameele, *equorum adjumento pernicium graciliumque camelorum,* Erwähnung gethan. Ungefähr gleichzeitig besass auch der Kaiser Valens saracenische Reiterei, Eunap. 6 ed. Bonn. p. 52: *τὸ Σαρακηνῶν ἱππικόν,* die er aus dem Orient gegen die sein Land verwüstenden Goten voraussandte, und nach der etwas späteren *Notitia dignitatum* I, cap. 25, 1, 4 hatte der *Comes limitis Aegypti* unter seinem Oberbefehl *equites Saraceni Thamudeni,* wie auch cap. 29, 1, 5 *equites Thamudeni Illyriciani* für Palästina vorkommen. Das arabische Pferd muss also in den letzten Zeiten des Alterthums und im frühen Mittelalter, zwar nicht zu allererst eingeführt, doch in einer ihm zusagenden Natur und unter der Gunst pflegender Sitte zu dem stolzen und schönen Geschöpf geworden sein, wie wir es gegenwärtig bewundern. Im Koran und in den Ueberbleibseln vorislamitischer Poesie, so weit sie uns in genuiner Gestalt erhalten sind, wird es schon in Schilderungen und Vergleichen mit zärtlicher Vorliebe gepriesen.

Wenden wir uns zu den Ostsemiten, den Babyloniern und Assyrern im Gebiet des Euphrat und Tigris, so tritt uns hier an den Wänden der neu aufgegrabenen Paläste der Kriegswagen, von reich aufgeschirrten Rossen gezogen, überall in sprechenden Bildern entgegen. (Ausführlich handelt darüber Layard, Ninive and its remains, T. 2, chap. 4.) Von hier aus war diese Waffe ohne Zweifel weiter nach Westen und Südwesten, zu den Syrern am mittelländischen Meer und zu den Aegyptern im Nilthal gekommen. In den mesopotamischen Ebenen muss es gewesen sein, wo die Anwendung des Wagens zum raschen Angriff und ebenso raschen Rückzug für den Bogenschützen erfunden wurde. Wo uns die ninivitischen Skulpturen einen Reiter mit Pfeil und Bogen im Kampf zeigen, da wird sein Pferd jedesmal von einem andern Reiter ihm zur Seite gehalten und gelenkt; ist der Reiter statt des Bogens mit dem Speer bewaffnet, so fehlt dieser Gehülfe. Der Schütze musste die Hände frei haben, um an den Köcher zu greifen, den Bogen zu spannen und den Pfeil richtig zum Ziele zu senden; ein so mit dem Rosse verwachsener Reiter, wie der Parther und jetzt der Turkmene, war der Assyrer noch nicht. So verfiel er auf die Einrichtung des helfenden Nebenreiters und in weiterer Folge auf den leichten, zweirädrigen, mit zwei Rossen bespannten und zwei Menschen fassenden Kriegswagen. Er stand auf diesem Wagen, frei umherblickend, und der Rosselenker an seiner Seite; selbst auf der Flucht konnte er sich umwendend den verfolgenden Feind noch treffen. Doch scheint auch in den assyrischen Kriegszügen der Wagenkampf ein Vorzug der Edlen zu sein, wie in anderen Zeiten und bei anderen Völkern der ritterliche Kampf zu Rosse: der assyrische König zeigt sich nicht zu Fuss, auch nicht reitend, sondern immer zu Wagen, ausser bei Belagerungen fester Plätze, wo es der Natur der Sache nach auf Flüchtigkeit der Bewegung nicht ankam. Vor den Wagen sind immer nur zwei Rosse gespannt; ein drittes, in seltenen Fällen auch ein viertes, laufen lose neben her, um wenn eins der Deichselpferde verwundet oder sonst unbrauchbar geworden, an seine Stelle zu treten. Die Pferde dieser Bilder sind zwar, wie die Menschen, strenge stilisirt, doch will Place, Ninive et l'Assyrie, II. p. 233, bei den heutigen Kurden, also einem iranischen Volke, ganz ähnliche gefunden haben. Dass das semitische Ross überhaupt aus iranischen Landen, wie das ägyptische aus semitischen, stammte, ist eine aus allen Umständen sich ergebende Vermuthung. Nach dem Propheten Ezechiel bezog auch Tyrus seine Pferde aus Thogarma, d. h. aus Armenien und Cappadocien, 27, 14: »Die von Thogarma haben Dir Pferd und Wagen und Maulesel auf Deine Märkte bracht.«

Tiefer nach Südosten, in Indien, entfernen wir uns sichtlich von dem Mittelpunkt des Kreises, den die Verbreitung des Pferdes beschreibt. In Indien waren die Pferde weder häufig, noch schön und stark, sie wurden aus den Ländern im Nordwesten eingeführt und arteten leicht aus. Die Alten erwähnen dieser Eigenthümlichkeit des an allen andern Naturschätzen so reichen Landes nicht selten und neuere Berichterstatter stimmen mit ihnen überein (s. Lassen, Ind. Alterthumskunde 1, 301 f.). Doch im Grenzgebiet bei den vedischen Stämmen im Fünfstromlande, steht das Ross im höchsten Ansehen und bildet einen erstrebten Besitz und Reichthum (H. Zimmer, Altindisches Leben, S. 230 ff.). Es dient zum Kriege und als Opfer, wird nicht geritten, sondern zieht den Kriegswagen. Aber wie noch andere Züge beweisen, dass das aus den Veden zu erschliessende Leben keineswegs ein ganz ursprüngliches war, sondern schon mannigfache Kultureinflüsse von Westen erfahren hatte (die babylonische Mine als Goldeinheit, das Wegemass, die Eintheilung des Tages, die Mondstationen, die semitische Fluthsage), so gleicht auch der vedische Streitwagen genau und in allen Theilen dem homerischen und beide zusammen dem assyrischen, von dem sie stammen (Zimmer a. a. O. S. 245 ff.). In Karmanien, westlich vom Indus, vertrat auch im Kriege der Esel das Pferd (Strab. 15, 2, 14) und auch in der Landschaft Persis, aus der die Stifter des persischen Weltreichs hervorgingen, fehlte das Pferd fast ganz und war das Reiten unbekannt. Der junge Cyrus jauchzte, als er am Hofe seines Grossvaters das edle Thier tummeln lernte, denn in seiner gebirgigen Heimath war es ungewöhnlich, Pferde zu halten oder sie zu besteigen, ja man bekam kaum ein Pferd zu Gesicht (Xen. Cyrop. 1, 3, 3). Als er später die Waffen gegen die Meder und Hyrkanier erhoben und deren geschwinde Reiterei hatte bekämpfen müssen, da empfahl er den Seinigen, von nun an auch das Ross zu besteigen und gleichsam beflügelt dem Feinde sich entgegen zu schwingen. Auf die wohlgesetzte Ansprache voll attischer Beredsamkeit, die ihm

Xenophon, Cyrop. 4, 3, bei dieser Gelegenheit in den Mund legt, erwidert einer der Grossen, Chrysantas, mit einer beistimmenden Rede, und seit jenen Tagen, setzt Xenophon hinzu, halten es die Perser so, dass kein Vornehmer und Gebildeter, *οὐδεὶς τῶν καλῶν κἀγαθῶν*, jemals freiwillig zu Fusse gehend erblickt wird. Daher auf dem Grabmal des Darius, wie Onesikritos bei Strabo 15, 3, 8 berichtet, geschrieben stand, der König sei nicht nur ein treuer Freund, sondern auch der beste Reiter, Schütze und Jäger gewesen *φίλος ἦν τοῖς φίλοις· ἱππεὺς καὶ τοξότης ἄριστος ἐγενόμην· κυνηγῶν ἐκράτουν· πάντα ποιεῖν ἠδυνάμην.* Auch in diesem Punkt, wie in den Staatsformen, der Kleidertracht, den Sitten und Lebensgewohnheiten bildeten sich die Perser nach den ihnen blutsverwandten Medern, — nach babylonischem Muster nur, in so fern dies schon früher in Medien gewirkt hatte. Das Ross als ein heiliges, verehrtes Thier, als weissagerisch, als Opfer für den Lichtgott, der Wagen des grossen Königs mit lichtweissen Rossen bespannt, die Unsterblichen auf weissen Rossen daher sprengend, die Heldennamen, die Namen der Untergötter mit dem Worte *açpa* das Pferd zusammengesetzt — dies Alles ist medisch und baktrisch und wurde auch Glaube der Perser, Strab. 11, 13, 9: »Die ganze jetzt persisch genannte Kriegsordnung und die Vorliebe für das Schützenwesen und für die Reitkunst und der das Königthum umgebende Dienst und Prunk und die dem Herrscher von dem Beherrschten gewidmete gottähnliche Ehrfurcht, Alles dies ist aus Medien zu den Persern gekommen.« Medien war das Land der Pferde, woher sie ganz Asien bezog; es war dazu geeignet, theils der natürlichen Beschaffenheit mancher Oertlichkeiten, theils der angeborenen Neigung seiner Bewohner wegen; es bildete selbst den Uebergang von Iran zu Turan, d. h. von den ansässigen zu den reitenden Völkern iranischen Blutes. Medien, sagt Polybius, 10, 27, zeichnet sich durch die Vorzüge seiner Menschen wie seiner Pferde aus; durch die letzteren steht es ganz Asien voran, daher auch die königlichen Stutereien in dieses Land verlegt waren.« Auch Strabo rühmt Medien und das angrenzende Armenien wegen seiner Rossezucht, 11, 13, 7: »Beide Länder, Medien und Armenien, sind ausnehmend reich an Pferden; auch giebt es dort eine Wiesengegend Hippobotos, durch welche die Reisenden hindurchkommen, die von Persis und Babylon zu den Kaspischen Thoren wollen: in dieser sollen zur persischen Zeit fünfzigtausend Stuten geweidet, die Heerden aber dem Könige gehört haben.« In Medien war es, wo die berühmten nisäischen oder nesäischen Rosse gezogen wurden, von denen das ganze Alterthum redet, zuerst Herod. 7, 40: »in Medien liegt eine weite Ebene, deren Name Nesaion ist: diese Ebene trägt die (nach ihr benannten) grossen Pferde.« Strabo lässt sie von jener Wiese Hippobotos ausgehen und versetzt sie auch nach Armenien, 11, 13, 7: »die nesäischen Pferde, die als die besten und grössten den Persischen Königen dienten, stammen nach den Einen von hier, nach den Andern aus Armenien«, 11, 14, 9: »so sehr ist Armenien mit Pferden gesegnet, dass es hierin Medien nicht nachsteht und die nesäischen Pferde, deren sich die persischen Könige bedienten, auch hier vorkommen; auch schickte der Satrap von Armenien dem Perser jedes Jahr zwanzigtausend junge Thiere zu dem Mithrasfeste". Die nisäischen Pferde waren schnell, wie die heutigen turkmenischen, und Aristoteles, h. a. 9, 50, § 251, rühmt den hyrkanischen Dromedaren nach, wenn sie sich in Lauf setzten, thäten sie es sogar den nisäischen Pferden zuvor, also den geschwindesten aller Pferde. Sie waren von eigenthümlicher Bildung, wie die bei den asiatischen Griechen zu Strabos Zeit parthisch genannten Thiere (Strabo 11, 13, 7). Ammianus Marcellinus hatte so berittene Kämpferschaaren selbst gesehen, 23, 6, 30: *sunt apud eos (Medos) prata virentia: fetus equarum nobilium quibus (ut scriptores antiqui docent, nos quoque vidimus) ineuntes proelia viri summa vi vehi exsultantes solent quos Nesaeos appellant.* Nisäa selbst ist ein Orts- und Landschaftsname, der in Cis- und Transoxanien hin und wieder vorkommt und ohne Zweifel eine appellativische Bedeutung hatte. Nach Strabo 11, 7, 2 war Nesäa ein Theil Hyrkaniens oder auch, wie Andere sagten, ein Land für sich, und der Ochus floss durch dasselbe, wie auch Ammianus Marc. 23, 6, 54 in Hyrkanien eine Stadt Nisea kennt. In Parthien lag eine Landschaft Nisäa, wo von den Macedoniern Alexandropolis gegründet war, Plin. 6, 113: *regio Nisiaea Parthyenes nobilis, ubi Alexandropolis a conditore,* und die Stadt Parthaunisa, in der der Name Parthiens und der Parther nicht verkannt werden kann, führte nach Isidor von Charax 12 Müller bei den Hellenen auch den Namen **Νισαία.** Ptolemäus 6, 10, 4 und 8, 23, 6 hat in Margiana einen Ort, **Νίσαια** oder **Νίγαια**, nördlich von Aria sogar ein Volk der Nisäer, **Νισαῖοι** (6, 17, 3). Nach den Glossarien des Hesychius und Suidas (unter **Νησαίας ἵππους** und **Ἵππος Νισαῖος**) liegt zwischen Susiana und Bactriana eine Gegend, deren Name griechisch **Νῖσος** oder **Νῆσος** wiedergegeben wird. Ja selbst in den altpersischen und altbaktrischen Denkmälern ist dieser Name noch erhalten: in der grossen Dariusinschrift von Behistun oder Bisitun wird eine Landschaft Niçaya in Medien genannt und im Vendidâd im obern Thal des Margos (Murghâb) zwischen Bâkhdhi (Balkh) und Môuru (Merw) eine Ortschaft Niçaya (s. Justi, Handbuch S. 173, Spiegel Commentar zu der St.: »Wir wollen bloss bemerken, dass offenbar der Name Niçaya im alten Iran ein ziemlich häufiger war und an verschiedenen Orten vorkommt.«) Die nisäischen Pferde weisen demnach in das Grenzland zum heutigen Turkestan hin, von wo zu aller Zeit die Einbrüche der Nomaden in das orientalische Kulturland ergangen sind. Hier bis an den Jaxartes oder Tanais (beide Namen des Flusses sind iranisch) und drüber hinaus lebten jene auf flüchtigen Rossen umherschweifenden Völker, die im stetigen Uebergang auch im Norden des kaspischen und schwarzen Meeres bis zum europäischen Tanais und zum Borysthenes und Ister reichen: die Parther, die Massageten, die Daer und Chorasmier, die Sarmaten und Scythen u. s. w., mit einem Gesammtnamen Saker genannt. Wie diese Völker alle auf und mit ihren Rossen leben, wie sie als *ἱπποτοξόται* reitend ihre Pfeile versenden, wie ihre Rosse, gleich den heutigen turkmenischen, die weitesten Strecken flüchtig zurücklegen, ist von den Alten häufig mit mehr oder minder Ausführlichkeit geschildert worden. Just. 41, 3 (von den Parthern): *equis omni tempore vectantur. Illis bella, illis convivia, illis publica ac privata officia obeunt: super illos ire, consistere, mercari, colloqui, hoc denique discrimen inter servos liberosque est, quod servi pedibus, liberi non nisi equis incedunt.* Von den Neu-Parthern, gegen die der Kaiser Alexander Severus zog, giebt Herodian 6, 5, 9 folgendes Bild: »Sie brauchen ihre Bogen und Pferde nicht bloss zum Kriege, wie die Römer, sondern wachsen mit ihnen von Kindesbeinen auf und verbringen ihr Leben auf der Jagd; den Köcher legen sie niemals ab und steigen nicht von den Pferden, sondern brauchen sie immer, sei es gegen Feinde oder gegen Jagdthiere.« (Ganz ähnlich malt es in Versen Dionys. Perieg. v. 1044 ff.) Die Daer ritten durch die weiten, wasserlosen Wüsten, erst nach langen Strecken Rast machend, und überfielen Hyrkanien und Nesäa und die Ebenen Parthyäas (Strab. 11, 8, 3). Die Reiterei der Saken war die vorzüglichste im persischen Heere, Herod. 9, 71: »unter den Barbaren zeichnete sich das Fussvolk der Perser und die Reiterei der Saken vor den übrigen aus.« Als Xerxes nach Thessalien kam, dessen Pferde vor allen griechischen im Rufe standen, machte er Wettversuche zwischen diesen und den von ihm mitgebrachten und die seinigen zeigten sich bei Weitem überlegen (Herod. 7, 196).

Bewunderungswürdig war die Fähigkeit dieser Pferde, dürre Wüsten in langen Tagereisen zu durcheilen, Propert. 5, 3, 35:

Et disco, qua parte fluat vincendus Araxes,
Quod sine aqua Parthus milia currat equus.

Kaiser Probus hatte von den Alanen oder einem andern dortigen Volke ein Pferd erbeutet, äusserlich ganz unansehnlich, das aber hundert Meilen täglich laufen und dies acht bis zehn Tage nach einander wiederholen konnte, Vopisc. Prob. 8: *qui quantum captivi loquebantur centum ad diem milia currere diceretur, ita ut per dies octo vel decem continuaret.* Doch auch Heerden schönen Schlages müssen, wie in Medien, von den scythischen Fürsten gehalten worden sein, denn König Philipp, Vater Alexanders des Grossen, nahm den Scythen an der Ister-Mündung 20,000 edle Stuten ab und schickte sie zur Zucht nach Macedonien, Justin. 9, 2, 6: *(a Philippo) viginti milia nobilium equarum ad genus faciendum in Macedoniam missa.* Umgekehrt werden die Pferde der Sigynnen, welches Volk zwar Herodot in die Striche nördlich vom Ister versetzt, das aber in der That viel weiter nach Osten am kaspischen Meere hauste, noch in manchen Zügen dem wilden Tarpan der Tartarei und Mongolei ähnlich beschrieben: sie sind behaart, die Haare haben 5 Zoll Länge; sie sind stumpfnasig und so klein, dass sie keine Reiter tragen können: daher sie vor Wagen gespannt werden, mit denen sie sehr geschwind laufen (Herod. 5, 9. Strab. 11, 11, 8). Die Sigynnen waren kein türkischer Stamm, denn es wird ihnen ausdrücklich medische Herkunft, Sitte und Tracht zugeschrieben, aber ihre Thiere waren noch auf der ältesten Stufe verblieben oder auf dieselbe zurückgesunken, während die der übrigen sakischen Reitervölker durch Rücknahme von den grasreichen, klimatisch mildern medischen Strichen eine veredelte Bildung gewonnen hatten. Ursprünglich aber waren auch die medischen aus Turan gekommen, der Heimath der nordöstlichen Zweige des grossen iranischen Stammes, die, so weit das Licht der Geschichte reicht, als Reitervölker erscheinen. Da nun auch der Ursitz des indo-europäischen Centralvolkes in jener Gegend oder ihr nahe zu denken ist, so stehen wir hier vor unserer eigentlichen Frage: waren es schwärmende Reiterschaaren, gleich den Turaniern der ältesten Geschichte, die sich von jenem Centralvolk ablösten und über Europa hereinbrachen, oder erhielten die Ausgezogenen das gezähmte Ross, gleich Assyrern und Aegyptern, erst nachmals aus der einst verlassenen Heimath im Quellgebiet des Oxus und Jaxartes?

Dass die Indogermanen das Ross kannten, wird unwiderleglich durch den Namen desselben, *akva*, bewiesen, der bei allen Gliedern dieser Familie wiederkehrt, nur je nach Zeit und Mundart etwas verschieden gesprochen: sanskr. *açva*, zendisch und altpersich *açpa*, litauisch *aszwa* die Stute, preussisch *asvinan* Stutenmilch, altsächsisch *ehuscalc* der Pferdeknecht, angels. *eoh*, altn. *iör*, gothisch vielleicht *aihvs*, *aihvus*, altirisch *ech*, altkambrisch und gallisch *ep* (z. B. in *Epona* Pferdegöttin), lat. *equus*, griech. ἵππος, ἴκκος (nur in den slavischen Sprachen verloren). Dieser Wortstamm wird allgemein von der Wurzel *ak*, eilen, streben, abgeleitet: das Pferd hiess so von seiner Schnelligkeit, sowohl an sich, als vielleicht im Gegensatz zu dem schwerwandelnden Ochsen. Die Vorstellung des Rosses als des flüchtigen, geschwinden Thieres wirkt noch lange in manchen Mythen und in der Dichtersprache nach. Die Sonne eilt schnell am Himmel dahin, darum wird ihr von Persern und Massageten das schnellste Thier, das Pferd geopfert, Ov. Fast. 1, 385:

Placat equo Persis radiis Hyperiona cinctum,
Ne detur celeri victima tarda Deo.

Herod. 1, 215 (von den Massageten): »als Gott verehren sie allein die Sonne, der sie Pferde opfern. Der Sinn dieses Opfers ist folgender: dem schnellsten aller Götter theilen sie das schnellste aller irdischen Geschöpfe zu.« Die Sonne ist bei Homer unermüdlich, ἀκάμας, eben so Notus und Boreas bei Sophokles, Trach. 112, so aber auch die Rosse vor dem Wagen bei Pindar, Ol. 1, 87:

Den goldenen Wagen und die beflügelt unermüdlichen Rosse.

Das Ross verschmilzt in der Anschauung mit dem Sturm, so besonders deutlich in der Dichtung von Boreas, der des Erichthonius Stuten befruchtet: die Rosse fliegen dahin, ohne die Aehren des Feldes zu knicken, sie streifen über den Kamm der Brandung des grauen Meeres, Il. 20, 226:

Diese, so oft sie springend ein Feld mit den Füssen berührten,
Streiften die nickenden Aehren im Flug und zerknickten den Halm nicht,
Sprangen sie aber dahin auf mächtigem Rücken des Meeres,
Netzten sie leise den Huf in der brandenden Spitze der Wellen.

Die Rosse sind nicht bloss ὠκέες, ὠκυπέτεις, ὠκύποδες, ποδώκεες, ἀερσίποδες, πόδας αἰόλοι, sie heissen stürmisch, sturmfüssig, ἀελλάδες, ἀελλόποδες, bei Vergil *alipedes*, sie sind μάργοι d. h. rasend (in dem alten Orakel aus der Mitte des 7. Jahrhunderts), schneller als Habichte, θάσσονες ἰρήκων, schnell wie Vögel, ποδώκεες ὄρνιθες ὥς. Die Rosse des Rhesus glichen im Laufe den Winden, θείειν δ' ἀνέμοισιν ὁμοῖοι, und die des Achilleus waren Söhne des Zephyr und der Harpyie Podarge (d. h. der Schnellfüssigen; die Harpyien sind verderbliche Windstösse), sie flogen mit dem Wehen des Windes, und eins derselben spricht selbst Il. 19, 415:

> Wir wohl liefen sogar mit des Zephyros Hauch in die Wette,
> Dem nichts Anderes gleicht an Geschwindigkeit.

Ja Aeolus, der Herrscher der Winde selbst, ist Ἱπποτάδης, Sohn des Hippotes oder des Reiters. Wie bei den Griechen, erscheint auch in den Naturbildern der nordischen Edda der Wind und Sturm hin und wieder als Ross. Den Odin, den Gott des wehenden Elements, trägt sein graues achtfüssiges Ross Sleipnir; der Winter, als Riese gedacht, will den Göttern die Burg bauen, und dabei hilft ihm sein Ross Svadilfari, d. h. der Nordwind, aber ehe der Eispalast ganz fertig ist, verwandelt sich Loki in eine Stute, den Südwind, die nun jenes erste Pferd von seiner Arbeit ablenkt: so ist das Werk des Riesen im Frühling unvollendet und der Donnergott zerschmettert ihm mit dem Hammer den Schädel u. s. w. Auch in der deutschen Sage von der wilden Jagd, an deren Spitze Wuotan auf weissem Rosse dahinfährt, ist es nur der nächtliche Sturm, der sich in Ross und Reiter verwandelt hat. Mit diesen alten Vorstellungen mag es zusammenhängen, wenn in der römischen Zeit allgemein geglaubt wurde, in Lusitanien am Ufer des Oceans würden die Stuten vom Winde trächtig: Varro, der zuerst davon spricht, nennt es ein unglaubliches, aber dennoch wahres Factum, 2, 1, 19: *In foetura res incredibilis est in Hispania, sed vera, quod in Lusitania in ea regione, ubi est oppidum Olysippo, monte Tagro, quaedam e vento certo tempore concipiunt equae.* — War nun solchergestalt das Pferd dem Urvolke bekannt und lebte es in dessen Vorstellung als das flüchtige, geschwinde, so dass auch der Name, den es trug, nach diesem Eindruck gebildet war — so können wir es uns im Verhältniss zum Menschen auf dreifacher Stufe denken, entweder als blosses Jagdthier, das blitzschnell vorüberschoss und darum schwer zu erreichen war, oder als Reitthier, das wie in späterer Zeit den herumstreifenden Nomaden rasch zum Ziele trug und auf dem er die weidende fortgetriebene Heerde umkreiste, oder endlich auch vor den Karren gespannt, die Kibitke ziehend und der Umsiedelung dienend. Letzteres aber ist schon nicht wahrscheinlich, da es dabei nicht auf die Geschwindigkeit, wie bei der Jagd und auf der Wache, sondern auf die Kraft der Muskeln und den starken Nacken ankam. Die Scythen, ein Reitervolk, wie ihre Verwandten weiter nach Osten, fahren doch bei Herodot und Hippokrates auf ochsenbespannten Wagen, und auf dieselbe Art bewegen sich die Kriegs- und Wanderungszüge der übrigen europäischen Völker, zu der Zeit, wo sie uns zuerst historisch zu Gesichte kommen. Als die Kimbern die Schlacht gegen die Römer verloren sahen, da warfen die Weiber, wie Plutarch Mar. 27 erzählt, ihre Kinder unter die Räder der Wagen und die Füsse der Zugthiere, *τῶν ὑποζυγίων*, die Männer aber, weil in der Gegend sich nicht genug Bäume zum Aufhängen fanden, banden sich mit den Gliedern an die Beine oder die Hörner der Ochsen, trieben diese nach entgegengesetzter Richtung und liessen sich so in Stücke reissen. Der Ochsenwagen erscheint bei religiösen und politischen Feierlichkeiten, als Rest uralter Tradition, in einer im Uebrigen veränderten Zeit. Die Göttin Nerthus bei Tacitus fährt in einem mit Kühen bespannten Wagen, eben so die altgallische Göttin, die Gregor von Tours Berecynthia nennt (Grimm DM² 234). Wenn ein Verstorbener den Weg der Hel (goth. *Halja*) zum Grabe fährt, wird der Leichenwagen von Rindern gezogen. Auch Könige fahren mit Ochsen in die Volksversammlung und überall hin, wo sie sich öffentlich zeigen, so die merovingischen (Grimm RA. S. 262 f.), eben so königliche und edle Frauen. Der *taurus regis* wird im salischen Gesetz mit der höchsten Composition gebüsst, mit einer höheren, als das edelste Pferd, der *varannio regis*. Auf der Antoninsäule werden zwei gefangene Fürstinnen auf einem mit Polstern belegten Wagen von einem Ochsen gezogen, daneben schreitet ein bärtiger Mann, die Hände auf den Rücken gebunden, von zwei römischen Soldaten eskortirt. Dies ist normal: Frauen und Kinder auf dem Ochsenwagen, Männer zu Fuss. Auch bei Griechen und Römern haben sich Spuren der ältesten Zeit erhalten, wo das Rind das allgemeine Zugthier war. Die Erfindung des Wagens und die Zähmung des Stieres werden zusammengedacht, Tibull. 2, 1, 41:

Illi etiam tauros primi docuisse feruntur
Servitium et plaustro supposuisse rotam.

Aus der rührenden Fabel von Cleobis und Biton, die Solon bei Herodot dem König Crösus erzählt, ersehen wir, dass die Priesterin der argivischen Hera von der Stadt zum Tempel auf einem Ochsenwagen zu fahren gewohnt war. Auf eben solchem Wagen musste nach dem Spruche des Zeus Cadmus mit der Harmonia aus Theben zu den Barbaren fliehen, Eurip. Bacch. 1333.

ὄχον δὲ μόσχων, χρησμὸς ὥς λέγει Διός,
ἐλᾷς μετ' ἀλόχου, βαρβάρων ἡγούμενος —

und gründete in Illyrien die Stadt *Βουθόη*, die nach diesem Umstand benannt war (Steph. Byz. s. v.). Bei Verrichtungen im Hause, auf dem Felde, bei ländlichem Verkehr dient nur der Ochse; vor den Pflug wird nur der Ochse gespannt; ein Haus, ein Weib und der Pflugochse bilden die Grundlage der bäuerlichen Wirthschaft, Hesiod. Op. et d. 405:

Erst vor Allem ein Haus und ein Weib und ein pflügender Ochse.

Wer keinen Ochsen hat, der kann keine Last bewegen und er spricht wohl zum Nachbar: gieb mir ein Paar Ochsen und deinen Wagen, aber Jener erwidert: meine Ochsen haben für mich zu arbeiten, 453:

Leicht ist das Wort: zwei Ochsen gewähr mir, Freund, und den Wagen,
Leicht ist die Weigerung auch: die Ochsen sind eben in Arbeit.

Ein Sprichwort sagte: *ἡ ἅμαξα τὸν βοῦν*, der Wagen zieht den Ochsen, d. h. es ist die verkehrte Welt. Der Ochse als Arbeitsgenosse des Menschen ist daher unverletzlich wie der Mensch selbst, Varr. de r. r. 2, 5: *bos socius hominum in rustico opere et Cereris minister. Ab hoc antiqui manus ita abstineri voluerunt, ut capite sanxerint si quis occidisset.* Plin. 8, 180: *socium enim laboris agrique culturae habemus hoc animal tantae apud priores curae ut sit inter exempla damnatus a populo Romano die dicta qui ... occiderat bovem, actusque in exsilium tamquam colono suo interempto.* Ael. V. H. 5, 14: »Und dies war bei den Attikern Brauch: den Ochsen, der das Joch tragen und vor dem Pfluge oder dem Wagen sich anstrengen musste, nicht zu opfern, denn auch dieser war ja ein Landmann und theilte die Arbeit und Mühe des Menschen.« Spruch des Pythagoras: Lasse die Hand vom Pflugstier, *βοὸς ἀροτῆρος ἀπέχεσθαι*. — Das Pferd dient auch bei den homerischen Griechen nur zum Kriege und zwar ganz wie bei den orientalischen Völkern: wie bei diesen und auf ihren Bildwerken wird auch in der epischen Welt mit dem Pferde gefahren, nicht auf demselben geritten. Das Letztere zwar ist den homerischen Dichtern nicht gänzlich unbekannt, wie wäre dies auch möglich? Als der Seesturm dem Dulder Odysseus das Floss, das er sich auf der Insel der Kalypso gezimmert, zerbrach, da rettete er sich auf einem Balken, auf dem er nun sass wie auf dem Rücken des Renners; als Diomedes und Odysseus Nachts die Rosse des Rhesus entwandten, da wollte Ersterer auch den Wagen des erschlagenen Königs aufheben und forttragen, aber auf den Rath der Athene zogen die Helden es vor, die Thiere zu besteigen und mit ihnen zu den Schiffen zurückzueilen. Dies ist unter den geschilderten Umständen das Natürliche; wie oft musste der Bube, der die Rosse zur Tränke führte, ein Gleiches vor Aller Augen gethan haben! Wie von selbst ergiebt sich auch die Scene, die Il. 15, 679 geschildert wird: ein Mann hat aus der im Freien weidenden Heerde vier flüchtige Renner ausgewählt: er hat sie längs der Heerstrasse in die Stadt zu bringen, sitzt auf und schwingt sich während des gleichstrebenden Laufes von einem Rücken zum andern, zur Bewunderung der am Wege stehenden Menge. Mit Ausnahme dieser wenigen Fälle, aus denen sich auf kein wirkliches Reiten schliessen lässt, dient bei Homer das Ross nur vor dem Wagen. Auf dem Gefilde vor Troja wird gekämpft, wie auf den Wänden des Königspalastes von Kojundschik oder Khorsabad: leichte Streitwagen mit einer Achse und zwei achtspeichigen Rädern, von zwei Rossen an der Deichsel bewegt, führen den Helden in die Nähe der Feinde, dort springt er ab und schleudert den Speer oder zieht das Schwert. Die Rosse halten unterdess, bis der Zeitpunkt gekommen ist, ihn wieder zurück zu den Seinigen zu tragen. Dabei hat der Streiter einen Freund und Genossen, den *θεράπων*, als Rosselenker zur linken Seite stehn; während der Eine den Wagen führt, ersieht sich der Andere in der Rüstung und mit Schild und Lanze den Feind. Zuweilen rückt ein ganzes Geschwader von Wagen zum Angriff vor: so im vierten Buch der Ilias, wo der erfahrene Nestor die Seinigen so aufstellt, dass vorn die Wagen, in letzter Reihe als unerschütterlicher Wall die Fusskämpfer, in der Mitte die Schwachen stehen, und dann das Gebot giebt, kein Wagenlenker solle sich vordrängen, keiner zurückbleiben, so seien vor Alters Städte und Mauern bezwungen worden, 308:

Dies war der Brauch der Alten, so stürzten sie Vesten und Mauern.

Wie die Griechen, kämpften auch die Trojaner und die Bundesgenossen, die *Παίονες* oder *Μῄονες ἱπποκορυσταί*, die *Φρύγες ἱππόδαμοι* und *αἰολόπωλοι*, und es ist kein Zweifel, dass die ganze Kampfweise, so wie das dazu gebrauchte Ross selbst aus Kleinasien stammte. Beinamen, wie die eben angeführten, oder wie *ἱππιοχάρμης*, *ἱππηλάτα*, *ταχύπωλοι*, *εὔιππος*, *εὔπωλος*, *κλυτόπωλος*, *κέντορες ἵππων*, *πλήξιππος* u. s. w. tragen ganz iranisches Gepräge. Ares, der Kriegsgott, selbst kämpft entweder zu Fuss oder zu Wagen, niemals als heranstürmender Reiter. Da im fünften Buch der Ilias die verwundete Aphrodite zum Olymp eilen will, entleiht sie ihm seinen Kriegswagen und seine Rosse, die sie pfeilschnell zum Göttersitz tragen. Daher er auf dem Schilde des Herakles 191 ff. dargestellt war, wie er die Lanze in der Hand hoch auf dem Wagensessel stand, vor ihm die schnellen Rosse, schrecklich anzuschauen. So heisst er auch bei Pindar Pyth. 4, 87: *χαλκάρματος πόσις Ἀφροδίτας*, der mit ehernem Wagen fahrende Gatte der Aphrodite. Auch ausser dem Kriege wird bei Homer das Pferd nicht zum Reiten benutzt. Dies erhellt z. B. aus dem dritten Gesang der Odyssee, wo Telemachus und des Nestors Sohn Pisistratus von Pylos nach Lakedämon quer durch den schwierigen, gebirgigen Peloponnes stehend im Wagen fahren, nicht etwa auf und ab über die Gebirgspässe oder im kiesigen Bette der Bergwasser reiten. Und zwar geschieht dies ganz in derselben Schirrung und Rüstung, wie bei den Kämpfen auf dem troischen Gefilde, und neben dem Helden steht Pisistratus, der die Zügel führt und die Rosse lenkt. Da später Menelaus dem Telemachus zum Abschiede drei Pferde mit dazu gehörigem Wagen schenken will, lehnt Telemachus die Gabe ab, indem er daran erinnert, dass in Ithaka weder weite Rennbahn noch Wiese, *οὔτ' ἂρ δρόμοι εὐρέες οὔτε τι λειμών*, sich finde, wie in der Ebene, die Menelaus beherrsche: keine der Inseln, die im Meer liegen, ist *ἱππήλατος* d. h. eignet sich zum Fahren im flüchtigen Wagen, von allen aber Ithaka am wenigsten. Wer sich des Rosses freuen will, der bedarf also nicht bloss fetter Wiesen, auf denen die Heerde weide — und Erichthonius besass eine solche von dreitausend Stuten, — sondern auch weiten Raumes, *πολὺ πεδίον*, und ebener Wege, *λεῖαι ὁδοί*, um auf diesen mit rasch rollenden Rädern dahinzufliegen; auf ungleichem Boden mit steigenden und fallenden Gebirgspfaden, auf denen der Reiter wohl auf- und abklettert, ist bei Homer das Ross von keinem Gebrauch. Auch bei den Leichenspielen der ältern Zeit finden sich noch keine Wettrennen zu Pferde; die im 23. Gesang der Ilias bei der Bestattung des Patroklus abgehaltenen Spiele bestanden aus Wagenrennen, Faustkampf, Ringen, Lauf, Waffenkampf, Wurf mit der Kugel, Bogenschiessen, Speerwurf. Auch auf der Lade des Kypselos, wo die vielberühmten von Akastus am Grabe des Pelias veranstalteten Spiele, *ἆθλα ἐπὶ Πελίᾳ*, die Stesichorus besungen hatte, abgebildet waren, hatte der Künstler kein Pferderennen dargestellt, nur zum Ziele eilende Zweigespanne, Faustkämpfer, Ringer, Diskuswerfer und Läufer. Aus dieser ältesten Zeit sind uns, wenn überhaupt, doch nur ganz abstrakte Abbildungen des Rosses aufbehalten: was uns an Darstellungen desselben aus der spätern Zeit der beginnenden und vollendeten Kunstblüthe verblieben ist, zeigt nach dem Urtheil von

Kennern den schlanken, orientalischen, nicht etwa den nordischen und aus ferner Heimath hierher mitgebrachten Typus.

In dieser Hinsicht sind noch einige Züge des ältesten Kultus zu erwähnen, die gleichfalls auf iranische Einwirkung hinweisen. Die Perser verehrten die Flüsse durch Opferung von Pferden: als Xerxes an den Strymon kam, schlachteten die Magier diesem Strome weisse Pferde (Herod. 7, 113), und der Parther Tiridates versöhnte zu Tiberius' Zeit den Euphrat durch ein Ross, Tac. Ann. 6, 37: *cum ... ille (Tiridates) equum placando amni (Euphrati) adornasset.* Ganz ebenso waren die Troer gewohnt, lebendige Rosse in die Wirbel des Skamandros zn versenken, wie Achilleus sagt: Il. 21, 132;

Auch in den Wirbel der Fluth lebendige Rosse versenket.

An der argivischen Küste gab es mitten im Meere eine Quelle süssen Wassers, *Δείνη* oder *Δίνη*, so genannt wegen des aufsteigenden Wirbels, den sie bildete. In diese Dine pflegten die Argiver vor Alters aufgezäumte Rosse zu stürzen, dem Poseidon zum Opfer (Paus. 8, 7, 2). Auch die Rhodier warfen jährlich der Sonne geweihte Viergespanne ins Meer, Fest. v. October equus: *Rhodii qui quotannis quadrigas soli consecratas in mare jaciunt*, eben so die Illyrier jedes neunte Jahr, Fest. v. Hippius: *cui (Neptuno) in Illyrico quaternos equos jaciebant nono quoque anno in mare.* Auch der Sonne Pferde zu opfern, weisse Rosse — eine durch Kultur geschaffene krankhafte Abart — als durch ihre Farbe dem Lichtgott geweihte, dann überhaupt als Götterpferde und als königliche anzuschauen, diese iranische Kultussitte und religiöse Phantasie findet sich hin und wieder in Griechenland, selbst in Italien. Kastor und Pollux, die beiden Lichtgötter, reiten auf schneeweissen Pferden und so erschienen sie z. B., in Scharlachmäntel gehüllt, in der Schlacht der Crotoniaten und Lokrer am Sagraflusse, den letztern Hülfe bringend, Justin. 20, 3, 8, Cic. de nat. deor. 3, 5; sie sind mit den heitern, glänzenden Töchtern des Leukippos vermählt, in dessen Namen sein lichtes Wesen wiederklingt; der Tag bei Aeschylus, Pers. 387, bei Sophokles, Aj. 672 steigt mit weissen Pferden, *λευκόπωλος*, auf und verdrängt den düstern Umkreis der Nacht u. s. w. Als der Agrigentiner Exaenetus als Sieger heimkehrte, begleiteten ihn die jubelnden Mitbürger unter Anderem mit dreihundert Wagen und weissen Rossen davor, Diod. 13, 82, und auch Camillus zog nach der Einnahme Vejis in einem mit weissen Rossen bespannten Wagen triumphirend in die Stadt ein, Plut. Cam. 7, 1 und Liv. 5, 23, was von den Zeitgenossen als ein Uebergriff des Menschen in das Recht und die Herrlichkeit des Sonnen- und Himmelsgottes gerügt wurde. Die Lacedämonier schlachten auf einem Gipfel des Taygeton dem Helios Pferde (Paus. 3, 20, 5, der noch hinzufügt: »ich weiss, dass auch die Perser dieselben Opfer zu bringen pflegen«) — welcher Brauch nicht phönizisch sein konnte, da die Phönizier das Pferd, das sie ohnehin aus der Fremde bezogen, in ihrem Götterdienst nicht verwendeten. Vielmehr deutet dieser Zug, wie alle früher erwähnten, auf Entlehnung von den Iraniern Kleinasiens, und kam das griechische Urvolk wirklich mit dem kleinen rauchhaarigen Steppenpferde in seine späteren Wohnsitze eingezogen, so haben sich wenigstens schon in der ältesten uns erreichbaren Zeit alle Spuren davon verloren. Nicht ganz so verhält es sich mit dem nördlich von Griechenland gelegenen Thrakien, einem schon bei Homer rosseberühmten Lande. Man könnte Letzteres zwar mythisch deuten; Thrakien wäre die Heimath der Rosse, wie die der Nordstürme; aus dem thrakischen Meer kommen die wilden Wogen herabgestürzt, in dem Rosse aber wird der Sturm und die sich bäumende, weissmähnige Woge angeschaut und es ist daher auch von Poseidon geschaffen und dient zu Uebungen und Spielen an den Kultstätten dieses Gottes. Aber die thrakischen Rosse des epischen Gesanges haben doch ein zu wirkliches und geschichtliches Ansehen; die Thraker sind *ἱπποπόλοι*, Thrakien ist *ἱπποτρόφος* (Hes. Op. et d. 507) und in dem alten Orakel aus dem siebenten Jahrhundert werden die thrakischen Rosse hervorgehoben, Schol. zu Theocr. 14, 18:

ἵπποι Θρηΐκιαι, Λακεδαιμόνιαι δὲ γυναῖκες,

wo freilich statt *Θρηΐκιαι* eine andere Ueberlieferung *Θεσσαλικαί* nannte. Die Thraker standen frühe mit den gegenüberwohnenden Völkern Kleinasiens in Kultur- und religiösem Verkehr und in Rhesus mit seinen Rossen, die weisser denn Schnee waren, seinem Wagen und seinen Waffen, die zu tragen eher den Göttern, als den sterblichen Menschen geziemte, — ist ein iranischer Lichtdämon nachgebildet, der daher auch im Dunkel der Nacht seiner Rosse und seines Lebens beraubt wird. Aber wie Kleinasien wohnten die Thraker auch dem Gebiet der nordischen Reitervölker nahe und der thrakische Schlag mochte dem Lande der Hippomolgen ursprünglich entstammen. Weiter lassen sich auch die zahmen Pferde der Slaven, Litauer und Germanen leicht von denen der reitenden iranischen Nachbarn ableiten. Von den Slaven bemerkt Tacitus ausdrücklich, sie seien kein Pferdevolk, wie die Sarmaten, von deren Sitten sie im Uebrigen viel angenommen, sondern hätten ihre Stärke zu Fuss, *peditum usu ac pernicitate gaudent*, und er rechnet sie deshalb lieber zu den Germanen. Als sie später nach dem Abzuge der Deutschen an die Elbe und Oder vorgerückt waren, da hören wir durch die Geschichtsschreiber des Mittelalters von einer Verehrung des Pferdes bei ihnen, die uns lebhaft an die gleiche bei Iraniern erinnert. Dem Svatovit, dem Lichtgotte, ist ein weisses Pferd geweiht, dem Triglav, dem Bösen und Feindlichen, ein schwarzes; das letztere wird nie geritten, das erstere zuweilen von dem Priester bestiegen. Das Pferd dient zur Vorbedeutung, es weissagt Glück und Unglück, die Tempel, bei denen es gehalten wird, werden dadurch zu Orakelstätten. Auch in der böhmischen Ursprungssage ist es ein dämonisches Ross, das den Abgesandten der Libussa den Weg zum Premysl, dem auserkorenen Herrscher, weist. Dieser Gegensatz von Licht und Dunkel und die Heiligung des Rosses wird, so gut wie der Name Gottes, *bogŭ*, von den sarmatischen und alanischen Nachbarn gekommen sein. — Auch die Litauer finden wir in alten Zeugnissen als Hippomolgen, d. h. als Trinker der Pferdemilch, eine Sitte, die, bei den Germanen unbekannt, von den Reitern der südrussischen Steppen bis an die Ostsee sich weiter verbreitet hatte. Wulfstan bei König Alfred (Antiquités russes II, p. 469) berichtet: »bei den Esten (d. h. den Preussen) giebt es so viel Honig, dass der König und die Reichen den Meth den Armen und den Knechten überlassen, selbst aber Stutenmilch trinken.« Adam. Brem. 4, 18: (Sembi vel Pruzzi) *carnes jumentorum pro cibo sumunt, quorum lacte vel cruore utuntur, in potu, ita ut inebriari dicantur*, und Peter von Dusburg, III, cap. 5 (Scriptores rerum pruss. 1, p. 54): *pro potu habent simplicem aquam et mellicratum seu medonem et lac equarum, quod lac quondam non biberunt nisi prius sanctificaretur. alium potum antiquis temporibus non noverunt.* Auch bei ihnen also, wie bei den Iraniern, wurden die Stuten in grossen Heerden gehalten und diese dann umzingelt oder herangetrieben, um gemolken zu werden, — eine Operation, die Anfangs schwierig war, an die sich aber die Stuten, besonders wenn das Tränken damit verbunden wurde, zuletzt gewöhnten. Und die so gewonnene Milch wurde auch hier, wie am Tanais, durch Gährung in ein berauschendes Getränk umgesetzt, dessen sich vorzugsweise die Vornehmen bedienten: auch aus dem letzteren Zuge schliessen wir, dass die Pferdezucht eine der Fremde entlehnte Kunst war. Dass auch die Gothen in Schweden, wie die Semben in Samland, sich mit Stutenmilch berauschten, scheint zwar das Scholion 129 zu Adam von Bremen zu sagen: *hoc usque hodie Gothi et Sembi facere dicuntur, quos ex lacte jumentorum inebriari certum est,* allein das Melken der Stuten ist bei reinen Germanen nie Brauch gewesen und so wird sich der Scholiast, wie wir mit Grimm, Gesch. d. d. Spr. 721, annehmen, unter Gothi et Sembi wohl Samogeten gedacht haben. Uebrigens hatte die an den Gegensatz des weissen und schwarzen Pferdes geknüpfte religiöse Symbolik auch bei den Preussen Eingang gefunden, Peter von Dusburg 3, 5: *Prussorum aliqui equos nigros, quidam albi coloris, propter Deos suos non audebant aliqualiter equitare.* — Bei den Germanen trägt der dem Rosse gewidmete Kultus gleichfalls einige ganz iranische Züge; die Pferde besitzen die Kraft der Weissagung, sie werden den Göttern geopfert, sie ziehen den heiligen Wagen, die weisse Farbe gilt für die heiligste, wie bei Persern, Scythen, den Venetern, die nach Strab. 5, 1, 9 dem Diomedes ein weisses Pferd opferten u. s. w. Die römischen Beurtheiler erklären das germanische Pferd für gering und unedel: bei Cäsar sind die *jumenta* der Germanen *parva atque deformia*, bei Tacitus die *equi* derselben *non forma, non velocitate conspicui*, aber nach dem ersteren waren sie so gewöhnt, dass sie viel leisten konnten, *summi ut sint laboris.* Der Schlag mochte dem ursprünglichen, wie ihn die Steppe geboren hatte, noch nahe stehen: sagt doch Strabo von den Pferden am Borysthenes und an der Mäotis fast dasselbe, was Cäsar von den germanischen, 7, 5, 8: »sie sind klein, aber sehr schnell (*ὀξεῖς*) und unbändig (*δυσπειθεῖς*).« Im Uebrigen war auch der germanische Mann, wie der slavische, fester auf den Füssen als zu Ross, Tac. Germ. 6: *in universum spectanti plus penes peditem roboris,* einzelne Stämme vielleicht ausgenommen, die mit iranischen Völkern auf dem Steppenboden enge Gemeinschaft gemacht hatten, wie die Quaden mit den jazygischen Sarmaten, Amm. Marc. 17, 12, 1: *permistos Sarmatas et Quados, vicinitate et similitudine morum armaturaeque concordes.* Von den nach der entgegengesetzten Seite hin wohnenden Germanen, den nach Britannien gezogenen Angeln und den Warnen, die er sich am Niederrhein denkt, will Procopius wissen, das Pferd sei ihnen gänzlich unbekannt, de b. g. 4, 20: »Diese Inselbewohner sind kriegerischer, als die andern Barbaren, von denen wir wissen, liefern aber ihre Treffen immer zu Fuss. Ja sie kennen das Ross nicht einmal von Angesicht und auf der Insel Brittien kommt dies Thier gar nicht vor. Gelangt einer von ihnen auf einer Gesandtschaft oder sonst wie zu Römern oder Franken oder sonst wo hin, da ist er nicht im Stande, selbst aufzusteigen, sondern muss hinaufgehoben, und eben so, wenn er absteigen will, auf die Erde hinabgesetzt werden. Und eben so sind auch die Warnen keine Reiter, sondern alle nur Fussgänger.« Für die Zeit, von welcher Procopius spricht, ist dies sehr unwahrscheinlich: vielleicht bezogen sich die Nachrichten, die er benutzte, auf die Moorgründe des Nordwestens, die für Pferde allerdings unwegsam waren und sind. Statt der Angeln hätte er dann die Friesen und statt Brittien eine der Flussinseln des Festlandes nennen sollen. Aber die Bataver, die Bewohner der Rheininsel, galten gerade für die besten Reiter unter den Germanen, Cass. Dio 55, 24: *κράτιστοι ἱππεύειν*, Plut. Oth. 12, 4: *Γερμανῶν ἱππεῖς ἄριστοι*, die bewaffnet mit ihren Pferden über den Rhein schwammen, Tac. Hist. 4, 12: *eques, praecipuo nandi studio, arma equosque retinens integris turmis Rhenum perrumpere.* — Auch das kaledonische Pferd wird als klein und unansehnlich geschildert, war also dem germanischen verwandt und stellte auf der isolirten Insel den altkeltischen Schlag dar, der in Gallien längst gekreuzt und veredelt war, Cass. Dio 76, 12 (von den Caledoniern): »sie haben kleine und schnelle Pferde, gehn aber auch zu Fuss und laufen sehr schnell und halten im Kampf sehr festen Stand.« Also auch die Caledonier sind geschwinde Läufer, wie die Germanen und die Wenden im Gegensatz zu den Sarmaten: die Reiterei ist bei diesen Völkern nur eine untergeordnete Hilfswaffe. Ja der Reiter bedarf eines flüchtigen, starken Kampfgenossen zu Fuss, der ihn begleitet und ihm in entscheidenden Momenten zu Hilfe kommt. Ausführlich schildert Cäsar diese Combination von Ritt und Lauf bei den Germanen, de b. g. 1, 48: »Es waren (im Heere des Ariovistus) sechstausend Reiter und eben so viel sehr schnelle und kräftige Kämpfer zu Fuss, die Jene sich um ihres Heils willen, *suae salutis causa*, aus der ganzen Menge ausgewählt hatten, und mit denen sie während der Schlacht im Verkehr standen. Zu diesen zogen sich die Reiter zurück; wurde an einem Punkte der Kampf schwierig, so eilten die Fussgänger zur Unterstützung herbei; war ein Reiter getroffen und sank vom Pferde, so umstanden sie den Verwundeten: handelte es sich darum, weiter vorzusprengen oder rasch sich zurückzuziehen, so war ihre durch Uebung gewonnene Geschwindigkeit so gross, dass sie die Mähne fassend mit den Pferden Schritt hielten.« Tacitus bestätigt dies in seiner gedrängteren Redeweise, Germ. 6: *eoque* (pedite) *mixti proeliantur apta et congruente ad equestrem pugnam velocitate peditum, quos ex omni juventute delectos ante aciem locant.* Schon lange vorher waren auch die Bastarnen gewohnt, solche Nebenkämpfer zu Fuss, die bei Plutarch *παραβάται* heissen, zu gleicher

Zahl unter ihre Reiter zu mischen, Liv. 44, 26: *veniebant decem milia equitum, par numerus peditum, et ipsorum jungentium cursum equis, et in vicem prolapsorum equitum vacuos capientium ad pugnam equos*, und dass auch die Gallier, die den späteren Germanen immer ähnlicher werden, je weiter wir in ihrer Geschichte hinaufgehen, sich auf ihre Reiterei allein nicht verliessen, sondern diese gern durch kräftiges Fussvolk unterstützten, lehren einzelne Erwähnungen, wie Cäsar d. b. g. 7, 80. Es war also allgemein nordeuropäische Sitte, von Gallien bis zur Istermündung. Zwar wird auch bei den südlichen Völkern hin und wieder von einer ähnlichen Kampfweise berichtet, die aber, genauer betrachtet, dennoch anderer Natur war. Die Iberer ritten zu zwei auf dem Pferde in die Schlacht und dann kämpfte der eine von beiden zu Fuss (Strab. 3, 4, 18), und von den Keltiberen sagt Diodor 5, 33, sie seien *διμάχαι*, d. h. wenn sie zu Pferde mit Erfolg gekämpft, sprängen sie ab und lieferten zu Fuss erstaunliche Gefechte. Aehnlich war der taktische Kunstgriff, den nach der Erzählung des Livius 26, 4 und des Valerius Maximus 2, 3, 3 die Römer einmal im zweiten punischen Kriege anwandten: als Capua von ihnen unter Q. Fulvius Flaccus belagert wurde und die römische Reiterei, an Zahl schwächer, gegen die der Belagerten sich nicht halten konnte, erdachte der Centurio Q. Navius, um diesem beschämenden Verhältniss ein Ende zu machen, folgenden Behelf. Es wurden aus allen Legionen die kräftigsten und beweglichsten Jünglinge ausgewählt und mit langen Speeren bewaffnet, diese setzten sich hinter den Reiter aufs Pferd und sprangen bei gegebenem Zeichen ab, so dass sich gleichzeitig mit dem Reiterkampf ein Kampf zu Fuss entwickelte; das Unerwartete der Scene und die beigebrachten Wunden zwangen von da ab die feindliche Reiterei zur Flucht. Die Angabe dazu hatte, wie gesagt, der Centurione Navius gemacht, *auctorem peditum equiti immiscendorum centurionem Q. Navium ferunt:* es war aber wohl nicht seine eigene Erfindung, sondern von ihm bei den Barbaren oder auch den Griechen gesehen oder ihm durch Hörensagen kund geworden. Nach Pollux 1, 132 hatte Alexander der Grosse eine Art Reiter, *διμάχαι*, erfunden, die leichter bewaffnet waren, als der Hoplit, schwerer, als der eigentliche Reiter, und die auf Beides geübt waren, auf den Kampf zu ebener Erde und auf den vom Pferde herab, so dass sie, wenn es eine Reiterschlacht gab, mit dreinhauen, wenn es auf ein Gefecht zu Fuss ankam, gleichfalls das Ihrige leisten konnten — also eine, wie die neueren Dragoner, auf die eine und die andere

Waffe eingeübte Truppe, ein Erzeugniss nicht nationaler Sitte, sondern reflectirender Kriegskunst. Aehnliches besagt auch wohl der griechische Ausdruck ἅμιπποι, bei Xenophon Hell. 7, 5, 23: πεζῶν ἁμίππων und Thucydid. 5, 57: die Böoter stellten fünftausend Hopliten, eben so viel Leichtbewaffnete, fünfhundert Reiter und eben so viel ἅμιπποι. Schon näher der germanischen Art stünde die Fechtweise der Daer, wenn in dem Bericht des Curtius die letzten Worte volle Geltung hätten, 7, 32: *equi binos armatos vehunt, quorum invicem singuli repente desiliunt: equestris pugnae ordinem turbant. Equorum velocitati par hominum pernicitas.* Aber dass die Reitervölker, die immer und überall schwerfällig zu Fusse sind, im Lauf mit ihren Rossen hätten wetteifern können, hat wenig Wahrscheinlichkeit und der Angabe des genannten Geschichtsschreibers liegt sicher irgend eine Verwechselung zu Grunde. Man könnte eine solche combinirte Kampfart schon in der Odyssee finden, wo es von dem thrakischen Volke der Kikonen heisst, 9, 49:

geübt von den Pferden (ἀφ' ἵππων)
Oder zu Fuss, wo die Noth es gebot, mit den Männern zu kämpfen —

aber der Ausdruck ἀφ' ἵππων bedeutet bei Homer sonst immer vom Wagen herab und die kikonische Kriegsweise würde also ganz mit der in der Ilias gebräuchlichen zusammenfallen. Warum aber wurde sie dann ausdrücklich erwähnt? Weil der ritterliche Kampf bei einem barbarischen Volke etwas Unerwartetes war? — Zum Verwundern aber stimmt das troische und kikonische Wagengefecht mit den Kampfsitten überein, die nachher Cäsar bei den keltischen Stämmen in Britannien vorfand. Diese rollten mit ihren Wagen in die Schlacht, wie die Helden vor Troja. Cäsar beschreibt ihr Verfahren dabei ausführlich, de b. g. 4, 33; »Erst reiten und fahren sie pfeileversendend nach allen Seiten und suchen die feindlichen Reihen in Auflösung zu bringen. Dann springen sie plötzlich von den Wagen, *ex essedis*, und kämpfen zu Fuss. Unterdess halten die Wagenlenker abseits, um die Streiter, wenn diese vom Feinde bedrängt werden, sogleich wieder aufzunehmen. So vereinigen sie die Flüchtigkeit des Reiters mit der Standhaftigkeit des Streiters zu Fuss. Ihre Uebung darin ist so gross, dass sie auf steilen Bergabhängen die in vollem Lauf begriffenen Rosse aufhalten und lenken und an der Deichsel hin und her laufen und auf das Joch treten und dann wieder im Nu sich in den Wagen zurückziehen können.« Die nämliche Kampfart hatte später auch Agricola vor sich, Tac. Agr. 35: *media campi covinarius et eques strepitu ac discursu com-*

plebat. Mela fügt hinzu, die Wagen seien mit Sicheln bewaffnet gewesen, worüber Cäsar und Tacitus schweigen, 3, 6, 5: *dimicant non equitatu modo aut pedite, verum et bigis et curribus gallice armati: covinnos vocant, quorum falcatis axibus utuntur.* (Ueber die Namen *esseda* und *essedum* und *covinus* s. Diefenbach O. E. unter diesen Wörtern und Glück in Fleckeisens Jahrbb., Th. 89, 1864, S. 599.) Andere berichten daneben, diese Kriegswagen seien bei den Belgen im Gebrauch und dies führt uns zu der Annahme, dass sie nach dem grossen keltischen Wanderzuge in den Osten und in die Nähe iranischer und thrakischer Völker diesen letztern entlehnt waren und nachdem sie auf dem Festlande ausser Gebrauch gekommen, auf der britischen Insel, wie so manches Andere aus älterer Zeit, sich noch erhalten hatten. Die Sichelwagen waren asiatisch — Livius 37, 41 nennt sie der römischen Kriegskunst gegenüber ein *inane ludibrium* — und das Fahren in der Schlacht überhaupt, wie wir gesehen haben, assyrisch, persisch und kleinasiatisch.

Ob das Reiten oder das Fahren das Erste gewesen, ist eine von den Dichtern bei ihren Phantasien über die Urzeit zuweilen aufgeworfene Frage. Lucretius meint, bewaffnet auf den Rücken des Thieres zu springen und es mit dem Zaume zu lenken, sei älter, als mit der Biga in die Schlacht zu ziehen, 5, 1297:

Et prius est armatum in equi conscendere costas
Et moderarier hunc frenis dextraque vigere,
Quam bijugo curru belli temptare pericla —

und dies mag in dem Sinne richtig sein, dass zwar der Wagen selbst ein uraltes Geräth ist, dass aber von dem rohen, schwerfälligen Lastfuhrwerk der frühesten Zeiten bis zu dem leichten, geschwinden, zierlichen, mit Metall gearbeiteten zweirädrigen Kriegswagen der Assyrer ein sehr weiter Schritt ist. Der Gebrauch des Rindes als Zugthier konnte dazu einladen, auch das gefangene Ross zu gleichem Dienst anzuhalten; aber natürlicher ist es, das wilde Thier auf dessen eigenem Rücken mit Händen und Füssen zu umklammern und dann müde zu jagen, so dass es nicht weiter kann und dann willig wird. Auch war das Ross, wie wir gesehen haben, immer nur ein kriegerisches Thier, dessen Werth in der Geschwindigkeit bestand, und erst der Reiter verfiel darauf, durch ein angehängtes leicht rollendes Gefäss, das ihn und seinen Gefährten aufnahm, gewisse Kriegszwecke vollständiger zu erreichen.

Fassen wir alle obigen Notizen zusammen, so verräth sich uns nirgends in Europa, weder bei den klassischen Völkern des Südens, noch bei den nordeuropäischen von den Kelten westlich bis zu den Slaven östlich das hohe Alter des Pferdes und die lange Dauer dieser Zähmung durch deutliche Spuren und unzweifelhafte Anzeichen. Ja manche Thatsachen scheinen in positiver Weise die Bekanntschaft mit dem Thiere in früher Zeit auszuschliessen, z. B. dass die homerischen Griechen auf dem Rosse nicht reiten (wie sie doch thun müssten, wenn sie es ursprünglich besessen hätten), sondern mit dem Rosse nur fahren (was sie den Asiaten abgesehen haben müssen). Wir haben daher keinen Grund, uns die Indogermanen bei ihrer frühesten Einwanderung als ein Rossevolk zu denken, das mit verhängtem Zügel über Europa dahergesprengt kam und Menschen und Thiere mit der Schlinge aus Pferdehaar einfing. Begleitete sie aber das Ross auf ihrem grossen Zuge durch die Welt noch nicht, so müssen die dem Ausgangspunkt nahe gebliebenen iranischen Stämme diese Kunst erst später erlernt haben — von wem anders, als von den hinter ihnen hausenden, allmählich im Laufe der Zeit näher gerückten Türken? Diesen und hinter ihnen den Mongolen verbliebe der Anspruch, den flüchtigen Einhufer auf der weiten Steppe zuerst gefangen und überwältigt und zur Jagd und zum Kriege abgerichtet zu haben. Als die Türken den gebildeten Völkern des Occidents zuerst zu Gesicht kamen, da waren sie ein Reitervolk, wie man in solchem Masse noch keines kannte, auch die Scythen und Parther und andere Iranier nicht ausgenommen. Die Hunnen sind *ἀκροσφαλεῖς*, d. h. sie fallen bei jedem Schritt, und *ἄποδες*, d. h. ohne Füsse zum Auftreten (bei Suidas), sie leben, wachen und schlafen, essen und trinken, berathen sich unter einander zu Pferde und die Thiere sind ausdauernd, aber hässlich, also frisch von der hochasiatischen Steppe gekommen, Amm. Marc. 31, 2, 6: *equis prope adfixi, duris quidem, sed deformibus, et muliebriter iisdem nonnunquam insidentes, funguntur muneribus consuetis. Ex ipsis quivis pernox et perdius emit et vendit cibumque sumit et potum et inclinatus cervici angustae jumenti in altum soporem adusque varietatem effunditur somniorum. Et deliberatione super rebus proposita seriis, hoc habitu omnes in commune consultant.* Und nicht anders schildert sie Zosimus 4, 20: »sie sind nicht im Stande, den Fuss fest auf den Boden zu heften, leben ganz auf den Pferden, schlafen auf ihnen u. s. w.« Die Steppe hat das Pferd geboren, die gelben Steppenvölker haben es gezähmt und nachdem ihnen diese That gelungen, ihr ganzes Dasein von ihr abgeleitet. Wenn es wahr sein sollte, wie neuerdings im Hinblick auf die zweite Art der achämenidischen Keilschriften angenommen wird, dass Medien entweder eine ursprünglich turanische, d. h. nicht-iranische Bevölkerung gehabt hat oder ursprünglich von Ariern bewohnt wurde, die später von eingewanderten Turaniern unterjocht worden — so würde sich dadurch des Weiteren erklären, warum dieses Land für ganz Vorderasien Heimath und Ausgang der Rossezucht und Reitkunst geworden ist[14]).

** Der Annahme Hehn's, dass die Indogermanen in einer centralasiatischen Urheimath das Pferd, dessen ursprüngliche Weideplätze sich in westlicher Richtung höchstens bis zu den Karpathen erstreckt hätten (S. 21), nur in wildem Zustand kannten, und dass die europäischen Indogermanen das Pferd als Hausthier erst in ihren historischen Wohnsitzen auf den Wegen des Völkerverkehrs mittelbar oder unmittelbar von iranischen Stämmen her empfingen, dieser Annahme steht die nicht beachtete Schwierigkeit entgegen, dass man so nicht begreift, wie das Wort *equus* z. B. bei den westlichsten, den keltischen Stämmen sich erhalten konnte, wenn die Bekanntschaft mit dem Thier Jahrhunderte lang unterbrochen war. Das Vorhandensein dieses Wortes in dem Sprachschatz fast aller Indogermanen erklärt sich vielmehr nur unter der Voraussetzung, dass das Pferd entweder in gezähmtem oder halbgezähmtem Zustand die Indogermanen auf ihren Wanderungen begleitete, oder dass das Wanderungsgebiet auch der europäischen Indogermanen in das Verbreitungsgebiet des wilden Pferdes fiel oder endlich dass beides zugleich der Fall war.

Dass Europa mit zu den ursprünglichen Wohnsitzen des wilden Pferdes gehöre, wird von den Naturforschern gegenwärtig mit grosser Entschiedenheit angenommen. Vgl. A. Otto, Zur Geschichte der ältesten Hausthiere S. 73 ff. Vor allem ist hier eine Arbeit A. Nehrings in den Landwirthschaftlichen Jahrbüchern vom Jahre 1884 zu nennen: »Fossile Pferde aus deutschen Diluvial-Ablagerungen und ihre Beziehungen zu den lebenden Pferden. Ein Beitrag zur Geschichte des Hauspferdes.« Nehring unterscheidet mit anderen zwei Hauptrassen des Hauspferdes, die orientalische, welche durch eine starke Entwicklung des Gehirnschädels charakterisirt sei, während der Gesichtsschädel mehr zurücktrete, und die occidentale, bei welcher das umgekehrte Verhältniss vorliege. Zu letzterer gehöre das schwere, starkknochige Diluvialpferd Mitteleuropas, und es könne, das ist der Hauptsatz der Arbeit, kein Zweifel obwalten, dass von diesem unser schweres, gemeines Hauspferd direct abstamme. Daneben wird das Vorhandensein einer kleineren, zierlicheren Rasse schon in der Diluvialzeit, z. B. in den Funden von Schussenried als wahrscheinlich angenommen. Das schwere Diluvialpferd habe in der Europa in postglacialer Zeit theilweis bedeckenden Steppenvegetation, deren Ueberreste in Schlesien und in der Theissebene Ungarns noch bestünden, als Jagdthier des Menschen in ungeheurer Menge gelebt, vor den sich immer mehr ausdehnenden Waldungen sich zwar grösstentheils in die Steppenflora des Ostens zurückgezogen, aber doch theilweis in den Lichtungen des Urwalds bis in historische Zeiten erhalten. Die Nachrichten über das europäische Wildpferd werden daher nicht mit H. auf verwilderte, sondern auf wirklich wilde Thiere bezogen (ebenso wie von Ecker Globus 1878 Bd. 34 in einer ausführlichen Arbeit über das europäische Wildpferd). Die Domestication des wilden, mitteleuropäischen Diluvialpferdes habe sehr früh begonnen, wann sie durchgeführt worden sei, lasse sich mit Sicherheit nicht ermitteln. — Lehrreich, aber freilich wenig tröstlich, sind auch die Mittheilungen Nehrings über den vielgenannten Tarpan (oben S. 19). Nach ihnen sind wir über dieses Wesen lediglich auf die Berichte der gelehrten Reisenden des vorigen Jahrhunderts, wie Pallas, Gmelin, Georgi angewiesen; denn gegenwärtig existire nirgends in Russland, wenigstens nirgends in Süd-Russland und den aralo-kaspischen Steppen, irgend ein wildes Pferd. Auch sei in keiner einzigen Sammlung Russlands ein Skelett dieses sogenannten Tarpan aufzufinden. Die letzte noch übrige Form des wilden Pferdes ist Nehring geneigt, in dem *equus Przewalkii* bei dem See Lob-Nor in Mittelasien zu erblicken. — Wie stellt sich nun, wenn man mit den Naturforschern von dem Indigenat des Pferdes in Europa ausgeht, hierzu die Frage der Zähmung des Thieres bei den Indogermanen? Da dieselben nach den überzeugenden Ausführungen H.'s in der Urzeit weder ein Reitervolk gewesen sind, noch auch das Pferd als Zugthier benutzt haben können, andererseits aber doch das Thier, wie andere indogermanische Hausthiere (vgl. mein Reallexikon u. Opfer und Pferd), bei allen idg. Völkern zu Opfer- und Speisezwecken verwendet wurde, wird man für die indogermanische Urzeit am wahrscheinlichsten einen halbwilden Zustand des Thieres anzunehmen haben, in welchem es nicht sowohl zu Dienstleistungen als zur Nahrung und Bekleidung des Menschen (Fleisch, Milch, Felle) in Heerden gehalten wurde. In diesen Zustand könnte das Thier ebenso wohl in Asien wie in Europa versetzt worden sein, und der Umstand, dass die Indogermanen das Pferd halbwild oder wild gekannt hätten, liesse sich an und für sich weder zu Gunsten der asiatischen, noch zu Gunsten der europäischen Hypothese des Urlandes der Indogermanen ausbeuten. Möglich ist aber auch, dass erst die europäischen Indogermanen nach Auflösung des indogermanischen Verbandes, während aber noch engere kulturgeschichtliche und völkergeschichtliche Beziehungen zwischen allen oder gewissen Theilen bestanden (vgl. unten S. 63 f.), zur ersten Zähmung des einheimischen Thieres vorschritten. Hierfür könnte man auf einige Benennungen des jungen oder des Mutterthieres hinweisen, die sich auf Europa beschränken. So auf das griech. πῶλος: goth. *fula* Fohlen, ir. *(p)láir*, alb. *pel'ε* Stute (G. Meyer, Et. W. S. 326) und auf das oben (S. 24) genannte ahd. *stuot*. Hingegen dürfte die Gleichung altgallisch *marka*, ir. *marc* = ahd. *marah*, *meriha* eher auf frühzeitiger Entlehnung aus dem Keltischen beruhn. Das in den germanischen Sprachen weit verbreitete Wort ist in der Bedeutung Vieh, Mähre, Waare (vgl. Miklosich, Et. W. S. 190) in zahlreiche Slavinen, auch ins Rumänische und Magyarische eingedrungen, so auf einen frühen westöstlichen Pferdehandel hindeutend, der seinen Ausgangspunkt in Gallien zu haben scheint. Vgl. Caesar De bello gallico IV, 2: *Quin etiam iumentis* (»Pferd«, Wölfflin Archiv VII, 322), *quibus maxime Galli delectantur quaeque inpenso parant pretio, importatis hi* (Suebi) *non* (wie andere Germanen) *utuntur, sed quae sunt apud eos nata, prava* (nicht *parva*) *atque deformia, haec cotidiana exercitatione, summi ut sint laboris efficiunt.* Bekanntlich wurde auch in Gallien eine besondere Pferdegöttin, *Epona* (**ep-* = ir. *ech*), verehrt, deren Altäre noch heute sichtbar sind. — Möglich ist aber auch endlich, dass die Indogermanen erst als Einzelvölker und in ihren historischen Wohnsitzen die Zähmung des einheimischen Pferdes begannen, nachdem sie auf den von Hehn geschilderten Wegen des Völkerverkehrs von aussen dieselbe erlernt hatten; denn auch Nehring hebt mit Nachdruck hervor, dass schon in vorhistorischer Zeit das Eindringen des asiatischen Hauspferdes in Europa stattgefunden haben müsse. Weiter als zu dem Abwägen von Möglichkeiten wird man in diesen schwierigen Fragen vorläufig nicht kommen. — In den Schweizer Pfahlbauten der Steinzeit sind nach Rütimeyer, Fauna der Pfahlbauten, S. 123, Ueberreste des Pferdes, und zwar unseres Hauspferdes, unzweifelhaft nachgewiesen worden; doch sind dieselben der Häufigkeit der Knochen anderer Hausthiere gegenüber selten. Für die dänische Steinzeit wird die Bekanntschaft mit dem Pferd als „zweifelhaft“ bezeichnet (vgl. S. Müller, Nordische Alterthumskunde I S. 204, 445), während in Schweden sichere Pferdereste aus der gleichen Epoche zu Tage gekommen sind (vgl. Montelius, Kultur Schwedens [2] S. 26). Zwei Species von Pferden haben sich in den Pfahlbauten der Poebene gefunden (W. Helbig, Die Italiker in der Poebene S. 14). Die in Mykenae gefundenen Thierreste harren, wie Herr Tsuntas schreibt, noch einer sorgfältigen Untersuchung.

Bemerkenswerth ist, dass an zwei Stellen des europäisch-indogermanischen Völkergebiets nichtindogermanische, vielleicht vorindogermanische Bezeichnungen des Pferdes hervortreten. Es ist dies einerseits im Norden altsl. *kobyla* Stute, mit dem sich auch das gemeinslavische *konĭ* Pferd und das gleichbedeutende altruss. *kómonĭ*, čech. *komoň* (vgl. auch altpreuss. *camnet* Pferd, lit. *kùmė* Stuet, *kumelýs* Fohlen) lautlich vermitteln lassen, und das des weiteren sowohl mit gallisch-lateinischem *cabo, cabonis* (G. Goetz, Thesaurus I, 159), *caballus* (griech. καβάλλης, Hesych.), wie endlich auch mit dem gemeinfinnischen *hebo, hepo* Pferd, estn. *hebu, hobu* Stute, *hobune* Pferd etc. zusammenzuhängen scheint (vgl. über diese Wörter Leskien, Bildung der Nomina im Litauischen S. 277 und J. Schmidt, Kritik der Sonantentheorie S. 138). Es ist dies zweitens im Alpengebiet bask. *mando* Pferd oder Maulthier, das in lat. *mannus* (aus **mandus*), ein gallisches Pferd und in alb. *mes* Füllen von Pferd oder Esel aus **mandia* (vgl. G. Meyer, Et. W. S. 276) wiederkehren dürfte.

Weiteres über die Terminologie des Pferdes s. in meinem Reallexikon u. Pferd.

Wenden wir uns nach Asien, so weist die Sprachvergleichung darauf hin, dass auch bei den Semiten die Bekanntschaft mit dem Pferd bis in die Urzeit dieser Völker zurückgeht. Es handelt sich hier um die beiden Gleichungen assyr. *sîsu*, hebr. *sûs*, aram. *sûsjâ* und hebr. *pârâš* Reiter mit dem Pferd, Pferd, äthiop. *faras*, arab. *férés*, die doch kaum anders wie die indogermanische Gleichung *equus* etc. beurtheilt werden können (vgl. F. Hommel, Die Namen der Säugethiere S. 45 f.). Auf keine Weise, meint Hommel, S. 54, lasse sich die (mit der Hehn'schen Anschauung von der iranischen Herkunft des semitischen Pferdes am besten übereinstimmende) ältere Erklärung von **sûsû* als »das susische« und von **parašu* als »das persische« aufrecht halten, hingegen nimmt er (Beilage zur allg. Zeitung 1895 No. 197 S. 2, einen uralten Zusammenhang zwischen der ursemitischen Grundform **siswu* = assyr. *sîsu* und der indogermanischen **ek̑vo* = scrt. *áçva-*, lat. *equus* an (?). — Den Sumerern, der ältesten Bevölkerung Babyloniens, scheint im Gegensatz zu den Semiten das Pferd nicht ursprünglich bekannt gewesen zu sein. Seine augenscheinlich junge Benennung lautet hier »Esel des Berges oder Ostens« (vgl. F. Hommel, Die Semiten S. 402).

Weitere (oben S. 26) Thatsachen lassen sich dafür geltend machen, dass in Aegypten Pferd und Wagen durch semitische Beziehungen bekannt wurden (Hommel, Namen der Säugethiere S. 422, E. Meyer, Geschichte des Alterthums I, § 211). Dass dies durch die Hyksos geschehen sei (oben S. 26), wird von F. Hommel energisch vertheidigt; er versteht unter diesem Namen arabische Beduinenstämme und ist daher S. 422 geneigt, dem arabischen Pferd ein höheres Alter als Hehn (oben S. 29 f.) zuzuschreiben. Später war Aegypten ein pferdeausführendes Land (E. Schrader, Keilinschriften u. d. a. Testament, 2. Auflage S. 188). Ueber das Pferd in Aegypten vgl. noch Dümichen in Brehms Thierleben III^3, 39 f. und Wiedemann, Herodots II. Buch S. 420 ff., für das Pferd bei den Semiten Riehm, Bibellexikon, 2. Aufl.

Sehr anschaulich schildert E. Meyer a. a. O. die Umgestaltung, welche im ganzen Gebiete der ägyptisch-vorderasiatischen Kulturwelt das Kriegswesen durch die Einführung des Pferdes und seine Benutzung zum Ziehen des leicht durch die Reihen der Feinde dahinfliegenden Kriegswagens erfuhr. Zu den im obigen (S. 26 ff.) von Hehn zusammengestellten Belegen hierfür wäre noch nachzutragen, dass schon auf den mykenischen Grabstelen Streitwagen dargestellt sind (Helbig, Homerisches Epos, 2. Aufl. S. 126). So erhalten die schon oben citirten Verse der Ilias (4, 308), die Worte des Nestor

ὧδε καὶ οἱ πρότεροι πόλιας καὶ τείχε' ἐπόρθεον

eine vertiefte Bedeutung. Auch bei den Ostiraniern des Zendavesta waren Wettrennen zu Wagen ebenso wie das Fahren in die Schlacht gebräuchlich; aber auch die Reitkunst wurde geübt (W. Geiger, Ostiranische Kultur S. 350). Wie kam es nun, dass in der ganzen ägyptisch-vorderasiatischen Kultur, vom Nil bis an die Ufer des Indus das Pferd offenbar zuerst dazu verwendet wurde, den Kriegswagen zu ziehen, nicht aber den Reiter in die Schlacht zu tragen? Diese Frage ist in neuerer Zeit mehrfach erörtert worden. W. Ridgeway in der Academy vom 3. Jan. 1891 S. 14 sucht den Grund jener Erscheinung in dem angeblich kleinen und schwachen Typus des primitiven Pferdes. Er beruft sich dabei auf die schon oben S. 35 genannte Stelle des Herodot von den Sigynnen, einem Volke, das übrigens auch Müllenhoff, Deutsche Alterth. III. 1 f. ähnlich wie Hehn localisirt: τοὺς δὲ ἵππους αὐτῷ εἶναι λασίους ἅπαν τὸ σῶμα ἐπὶ πέντε δακτύλους τὸ βάθος τῶν τριχῶν, μικροὺς δὲ καὶ σιμοὺς καὶ ἀδυνάτους ἄνδρας φέρειν, ζευγνυμένους δὲ ὑφ' ἅρματα εἶναι ὀξυτάτους. ἁρματηλατέειν δὲ πρὸς ταῦτα τοὺς ἐπιχωρίους. Man hat aber mit Recht in der Academy vom 10. Jan. 1891 S. 40 eingewandt, dass die Pferde, wie sie auf den assyrischen und ägyptischen Monumenten dargestellt sind, zu dieser Ansicht durchaus nicht stimmen. Dass man das Pferd gekannt, es aber überhaupt nicht zu reiten verstanden hätte, ist ebenfalls unglaublich. Die homerischen Zeugnisse für die Ausübung der Reitkunst s. oben S. 39 f. Für die Inder des Rigveda beweist dasselbe Rgv. V, 61, 2 (vgl. M. Müller, Biographies of words S. 116). Auch in Aegypten diente das Pferd zum Reiten (vgl. Wiedemann und Dümichen a. d. angegebenen Stellen). In Vorderasien selbst ritten die ursprünglich wohl nicht semitischen Chetta's, deren Kriegsgöttin sogar zu Pferde erscheint (vgl. Wiedemann a. a. O.).

Es handelt sich, das ist festzuhalten, bei der ganzen Erscheinung lediglich um eine Sitte der Kriegsführung, zu deren Erklärung die oben S. 30 gegebenen Ausführungen Hehn's genügen. Dass aber gerade auf dem Gebiete des Kriegswesens eine mächtige Nation, hier also wahrscheinlich die assyrische, tonangebend auf andere Völker wirken kann, ist eine Erfahrung, die man auch heutzutage bei den modernen Militärstaaten machen kann. Dazu kam, dass das Pferd in gewissen Theilen seines Verbreitungsgebietes anfangs ein seltner und werthvoller Besitz war (vgl. für Indien Roth Z. d. d. M. G. 35, 686), so dass auch nach dieser Richtung die Ausbildung einer ins Gewicht fallenden Reiterei zunächst unmöglich war. — Die erste europäische Kunde eigentlicher (turko-tatarischer) Reitervölker bringt das von W. Tomaschek in den Sitzungsb. d. k. Ak. d. W. in Wien CXVI (1888) behandelte arimaspische Gedicht des Aristeas: die Arimaspen, ein in iranischem Mund gebildetes Wort, das nach Müllenhoff soviel wie Besitzer folgsamer Rosse, nach Tomaschek S. 47 Besitzer von wilden oder Steppenrossen bedeuten würde. Wie Indogermanen und Semiten, besitzen endlich auch die Turko-Tataren eine auf dem ganzen Sprachgebiet gemeinsame Bezeichnung des Pferdes *at* (worüber Vámbéry, Primitive Kultur S. 189). Ebenso scheinen die Finnen das Pferd schon vor ihrem Eintreffen an der Ostsee gekannt zu haben (vgl. A. Ahlqvist, Die Kulturvölker der westfinnischen Sprachen. Ein Beitrag zur ältesten Kulturgeschichte der Finnen. Deutsche Ausgabe. Helsingfors 1875, S. 9 ff.).

Zur Zeit, wo die erste Dämmerung der Geschichte über der griechischen Halbinsel anbricht, lässt sich etwa Folgendes erkennen. Das Volk, welches später unter dem Namen der Hellenen die Welt mit seinem Ruhm erfüllen sollte, mag an der Ostseite des adriatischen Meeres durch Gebirge und Wälder bis Dodona in Epirus sich durchgekämpft haben, an welche Gegend die Nachkommen ihre ältesten Erinnerungen und Vorstellungen frühesten Gottesdienstes und primitiven Lebens knüpften. Hier war ein Haltepunkt; von hier gingen die beiden nationalen Gesammtnamen aus, der der Hellenen, der später mehr im Osten Geltung gewann, und der der Griechen, *Γραικοί*, der im Westen der Halbinsel haftete und von da den gegenüberwohnenden Italern zukam, nachmals aber im Mutterlande wieder erlosch. Von Epirus ging der Einwanderungszug, ohne Zweifel wilden Drängern von Norden ausweichend, über schwierige Gebirge nach Thessalien, wo ein zweites sehr altes Dodona gelegen haben sollte, und erfüllte von dort in weiterer Ausbreitung die angrenzenden Landschaften, die erreichbaren Inseln und die südlichste fast von allen Seiten vom Meer umflossene Halbinsel. Als in einer viel spätern Epoche der kleine Stamm der Dorer von seiner Heimath am Parnassus erobernd den Peloponnes überzogen hatte, da war die vorbereitende Zeit der Mischung und der unstäten Hin- und Herzüge geschlossen und die Bevölkerung der Halbinsel im Wesentlichen in den festen Sitzen angesessen, in denen sie uns seitdem die Geschichte zeigt. Ueberall wird der eigentlich griechischen Zeit die der Pelasger als vorausgehend gedacht, ein Name, in dem entweder nur die Vorwelt und ältere Kulturform als solche personificirt (Pelasger am wahrscheinlichsten so viel als Altvordern, die Altersgrauen)[15], oder die Erinnerung an einen bei der Einwanderung den eigentlichen Griechen vorausgegangenen und allmählich von diesen absorbirten Zweig desselben Volkes erhalten worden ist. Wie mit den Pelasgern verhält es sich mit den frühzeitig verschwindenden Stämmen, die wir unter dem Namen der Leleger (wohl so viel als *Selecti*, Erlesene, in anderer Form Lokrer) zusammenfassen können und die sich als zerstreute Trümmer von Westgriechenland über die Inseln bis an einzelne Punkte der kleinasiatischen Küste verfolgen lassen. Sie gehörten wie die Pelasger zu den Ersten des grossen Einwanderungszuges und wurden von nachrückenden Haufen zersprengt oder unterjocht oder über das Meer gejagt; ihr Ausgangspunkt war, so viel wir sehen können, Akarnanien nebst den davor liegenden Inseln[16]. In dieser ältesten Zeit ist die Völkerscheidung noch keine bestimmte und Uebergänge führen nach allen Seiten hin. Erst die fortgehende Bildungsgeschichte schuf den Gegensatz zwischen Barbaren und Hellenen; ethnologisch verwandte Stämme, die aber auf ältern Stufen der Kultur verblieben waren und deren Mundart nicht mehr verstanden wurde, erschienen als fremden und ungewissen Blutes. Zu solchen Halbhellenen mit vermittelnder Zwischenstellung gehörten später die Aetoler und Akarnanen, weiter hinauf die Thesproten und Molosser in dem einst griechischen Epirus, auf der entgegengesetzten östlichen Seite das nachher grosse und ruhmreiche Volk der Makedonen (so viel als die Langen, wie umgekehrt die Minyer so viel als die Kleinen). Sie bildeten den Uebergang zu den beiden weit ausgebreiteten Völkern der Thraker östlich und der Illyrier westlich, die zwar der indoeuropäischen Familie angehörten, also auch den Hellenen nicht absolut fremd waren, dennoch aber wegen langer Trennung und abweichender Schicksale bereits in so weitem Abstand sich befanden, dass bei der Berührung kein unmittelbares Gefühl der Bluts- und Kulturverwandtschaft mehr sprach. Ob diese massenhaft dort gelagerten Stämme dem in den Süden fortgezogenen Urvolke der Griechen erst südlich der Donau nachgerückt oder ob dieses sich kämpfend an ihnen vorbeigedrängt habe, bleibt in Dunkel gehüllt, obgleich Pott, Ungleichheit menschlicher Rassen, S. 71, das Letztere glaubt annehmen zu dürfen. Dass uns aber die Sprache beider Völker auf immer verloren gegangen ist, bleibt für die Aufhellung der früheren Schicksale des Indogermanismus auf europäischem Boden eine schwere Einbusse. In diesen Sprachen wäre uns der Schlüssel für so manches Problem der Theilung und Wanderungsrichtung und allmählichen Succession der Hauptglieder dieses Völkersystems gegeben gewesen. Denn die Thraker mit den zu ihnen gehörenden Geten und Daken und die Illyrier mit ihren Nebenzweigen, den Pannoniern und Venetern, bilden die Centralmasse, von der nach allen Seiten verbindende Fäden auslaufen. Sie standen den Griechen nahe, aber auch den Phrygern und durch diese den Armeniern und iranischen Stämmen, mit welchen letzteren sie ohnehin durch Skythen und Sarmaten sich unmittelbar berührten; nicht geringe Spuren verknüpfen sie gleichzeitig mit den nördlichen Lituslaven und Germanen und mit den westlichen Kelten. Indem uns so in der Reihe der Sprachen und also der Völker ein wichtiges Glied fehlt, bleiben wir für die Gruppirung derselben auf vereinzelte Beobachtungen angewiesen, deren Gewicht der Eine so, der Andere anders schätzen kann. Zwar scheint von einem der beiden Zweige wenigstens ein kostbarer Rest in der heutigen albanesischen Sprache erhalten. Allein dieses Idiom liegt in junger, sehr entstellter Form vor; es ist von Einwirkungen der es umgebenden Zungen in alter wie in neuer Zeit tief durchdrungen worden; was diesem fremden Einfluss und was der Urverwandtschaft zuzutheilen sei, muss oft zweifelhaft bleiben und Alles zusammengenommen hat bis jetzt die ohnehin vielbeschäftigte vergleichende Sprachwissenschaft abgehalten, auf diesem Boden, der vielleicht noch manches verbirgt, die Ausgrabung in grösserem Masse vorzunehmen[17]). — Die Thraker (scheint eine griechische Benennung, die Rauhen oder die Gebirgsstämme, von τραχύς mit vertauschter Aspiration, wie *Ligures asperi* bei Avienus) hatten frühe asiatische Kulturwirkung erfahren und in ihren südlichsten Zweigen frühe eine solche auf den Norden Griechenlands geübt: die Illyrier führen uns auf der entgegengesetzten Seite zur Schwesterhalbinsel Italien. Dort hatten Illyrier unter dem Namen Veneter, Heneter, Eneter nicht bloss das Mündungsland des Po und der übrigen Alpenflüsse besetzt, sondern auch, wie mancherlei Namensspuren verrathen, ja selbst directe Zeugnisse bestätigen, schon frühe längst der ganzen Ostküste bis tief an die südliche Spitze sich ausgebreitet, ohne indess den Apennin zu überschreiten. Zu dem illyrischen Stamm mögen auch die Messapier und Japygen im Südosten der Halbinsel nebst den Nachbarvölkchen zu rechnen sein. Auf dem grossen Völkerwege um den venetischen Meerbusen herum, die italischen Illyrier entweder vor sich und zur Seite schiebend oder umgekehrt von diesen vorwärts nach Süden und Südwesten gedrängt, war denn auch das eigentlich italische Volk in die Halbinsel vorgerückt, das, wie der Augenschein den Unbefangenen lehrt, von den Vorvätern der Hellenen sich erst verhältnissmässig spät getrennt hatte. Unter den Unterabtheilungen, in die es auf dem neuen Boden zerfiel und die vielleicht nur der in intermittirenden Stössen erfolgenden Einwanderung ihr Dasein verdanken, setzten sich die Latiner in der Ebene südöstlich von dem unteren Tiber und auf den daran stossenden vulkanischen Vorbergen fest; die sabellischen Stämme drangen auf dem Rücken des Gebirges selbst vor; vom untern Po und den Ebenen am adriatischen Meer quer durch die Halbinsel bis zum westlichen Meer waren die Umbrer verbreitet, an welche sich im Nordwesten, in den Gebirgen, die zu den Golfen von Genua und Spezzia hinabsteigen, die Ligyer oder Ligurer (in ältester Form: *Liguses*), ein nicht italisches Volk, anschlossen. Ob die Einwanderer an den Westküsten Italiens bis hinab nach Sicilien ligurische und iberische Bewohner vorfanden und sie verjagten oder vertilgten, lässt sich mehr ahnen als behaupten oder verneinen. Aber frühe schon wurden die Umbrer durch einen neuen Einbruch von Norden verdrängt, gespalten und unterjocht: das räthselhafte, indess doch wohl indoeuropäische Volk der Etrusker setzte sich in breiter Herrschaft von den Alpen bis zum Tiber durch die obere Hälfte der Halbinsel fest, wurde mächtig zur See, ging später sogar nach Campanien über, bis es durch die über die Alpen brechenden Kelten, die sich der Ebenen Ober-Italiens bleibend bemächtigten, immer mehr beschränkt und geschwächt wurde. Unterdess aber hatten sich die kriegerischen, raub- und wanderlustigen Hirtenstämme in beiden Halbinseln, der griechischen und der italischen, allmählich zum Ackerbau gewandt und damit den mächtigsten Schritt auf der Bahn der Humanität gethan. Dass sie vor der Einwanderung, zur gräcoitalischen Epoche, ja wohl gar schon im Herzen Asiens den Acker bestellt und sich von der Frucht der Demeter genährt, ist eine oft mit mehr oder minder Sicherheit aufgestellte Behauptung, deren Stützen aber grösstentheils wenig haltbar sind. Griechisch *ζειά* Spelt, *ζείδωρος ὄρουρα* der getreidespendende Acker, litauisch *jawas* Getreidekorn, Plur. *jawaĩ* Getreide im Allgemeinen, so lange es noch auf dem Halme steht, *jawienà* die Stoppel, ist zwar eine richtige Gleichung, beweist aber nur, dass zur Zeit, wo die Griechen und Litauer noch ungeschieden waren, irgend eine Grasart, vielleicht mit essbarem Korn in der Aehre, mit diesem Namen bezeichnet wurde (man vergleiche sanscr. *yava* Gerste, *yavasa* grasreiche Weide). Aehnlich verhält es sich mit **κριθή**, lat. *hordeum*, ahd. *gersta:* die Sprache eines Volkes, dessen Beschäftigung es war, Thiere zu weiden, musste an Gras- und Pflanzennamen besonders reich sein. Aus griechisch **ἀγρός**, lat. *ager*, gothisch *akrs* ist gar nichts zu schliessen, da die Bedeutung dieses Wortes Feld überhaupt, nicht bestellter Acker, gewesen sein wird. Rechnet man ähnliche Fälle und Alles, was auf Entlehnung beruht, ab, so bleibt eigentlich nur der eine Wortstamm griech. **ἀροῦν**, lat. *arare*, lit. *árti*, goth. *arjan* u. s. w. mit den dazu gehörigen **ἄροτρον, ἄρουρα,** *arvum* u. s. w. als Beweis der Bekanntschaft mit dem Pflügen und dem Pfluge vor der Völkertrennung auf europäischem Boden übrig. Die lange Wanderung von den Gegenden jenseits des Aralsees bis in die Wälder Ureuropas wird von Rasten unterbrochen gewesen sein, auf denen je nach ihrer grössern oder geringern Zeitdauer Anfänge, aber auch nur Anfänge, des Ackerbaues möglich waren. Wenn der neue Wandertrieb erwachte, wurde das schwere, mühselige, allen Hirtenstämmen so verhasste Geschäft der Bodenarbeit aufgegeben und es blieb nur die allgemeine Bekanntschaft damit zurück. Wir mögen also bei den Gräco-Italern jenen halbnomadischen Ackerbau voraussetzen, den wir noch heute bei Beduinen, den Stämmen jenseits der Wolga u. s. w. im Schwange finden. Der Pflug bestand aus einem passend gekrümmten Stück Holz, wie man es in den Wäldern suchte und fand, das **ἄροτρον αὐτόγυον,** welches noch Hesiodus kennt, während die verschiedenen Theile des zusammengesetzten Pfluges, des von Homer und Hesiod genannten **ἄροτρον πηκτόν,** griechisch und lateinisch ganz verschieden benannt werden und also erst nach der Trennung in den neuen Sitzen erfunden oder von aussen her bekannt wurden[18]). Die gebaute Pflanze könnte Hirse gewesen sein, griechisch *μελίνη*, lat. *milium*, lit. *malnos*, f. pl. Schwaden, nicht sowohl dieses Namens wegen, der offenbar nur eine Grasart bezeichnet, als weil die Hirse schon frühe im Osten und Westen des Welttheils gemeine Kornart war. In Gemeinschaft mit ihm treten häufig die Rübe und die Bohne auf, zwei sehr alte, mit gemeinsamen Namen benannte Früchte, deren Pflanzung vielleicht dem Ackerbau vorausging[19]).

Indess, wie sich dies auch verhalten mag, nachdem das unruhige Hirtenvolk in den meerumgürteten Landschaften Griechenlands und Italiens seine feste Heimat gefunden und der alte Trieb nur noch in localen Wanderungen und Kämpfen ausklang, da musste in den fetten Ebenen am Meere oder zwischen bewaldeten Bergen (Hesiod. Op. et d. 388:

die sich dem Meere
Nah ansiedelten, die in dem Thal am Fusse der Waldschlucht,
Fern von den schäumenden Wogen des Meers, den fruchtbaren Acker
Bauen)

der schwarze Boden und der glückliche Himmel zum Körnerbau einladen. Die Pelasger wurden ein von der Bodenarbeit sich nährendes Bauernvolk, mit dem Antlitz zur Mutter Erde gewandt, die voranschreitenden Ochsen mit dem *κέντρον* stachelnd, an dem schweren Werke sich abmühend, das die Götter den Menschen gelehrt und auferlegt, Hesiod. Op. et d. 398:

Schaffe das Werk, das dem Menschengeschlecht zumassen die Götter.

Der in den Waldgebirgen verbliebene Hirte freute sich der leichtern Freiheit; arbeitsscheu und raubgierig, wie alle Hirten, überfiel er die Wohnungen, Hürden und Speicher der Ackerbauer und im Kleinen herrschte dasselbe Verhältniss wie im Grossen zwischen Iran und Turan, zwischen den Galliern kurz vor Cäsar und den Germanen, später zwischen den Deutschen und den Ungarn und an so vielen andern Stellen der Geschichte. So führte das Bedürfniss zu festen Bauten, Mauern und Burgen auf den Höhen, Schutzwerken der Feldbesteller gegen die wilden Nachbarn in den Waldgebirgen und so ragen an vielen Stellen Griechenlands unter dem Namen Ephyra (die Warte), Larissa oder richtiger Larisa (wohl so viel als begabt mit fettem Boden, wie *ἐν πίονι δήμῳ, πιότατον πεδίον, πίονα ἔργα, πίονες ἀγροί, μάλα πῖαρ ὕπ' οὖδας* u. s. w., *Larisae campus opimae*, Larisa ist die Tochter des Piasos, in dem thessalischen Larisa herrschen die Aleuaden, d. h. die Drescher auf der Tenne oder Stampfer im Mörser) und Argos (Fruchtebene gegen das Meer geöffnet) feste Niederlassungen der Ackerbauer und Mauerngründer aus der dunklen in die historische Zeit hinein. Während die stammverwandten Völker im Norden bei ihrer alten unstäten Lebensart verblieben, richteten sich die gräco-italischen Stämme in dem neugewonnenen herrlich ausgestatteten Gebiete häuslich ein, des Anstosses gewärtig, der sie aus der natürlichen Dumpfheit erwecken und auf eine unabsehbare Kulturbahn drängen sollte. Diesen Anstoss gewährte die Berührung mit den Semiten, einer im Vergleich mit der schwerfälligeren indoeuropäischen Natur gewandten, an Abstractionskraft reichen und bereits in vielen Zweigen der Kulturtechnik weit vorgeschrittenen Race. Sidonische Phönizier hatten im Verein mit Karern die Inseln des ägäischen Meeres besetzt, vielleicht schon im vierzehnten oder dreizehnten Jahrhundert; sie hatten sich ihrer Sitte gemäss der kleinen Eilande und abgesonderten Felsvorsprünge am Rande des Festlandes bemächtigt, als eben so bequemer wie gefahrloser Stützpunkte für Handel und Industrie, waren von den nördlichen Inseln auf thrakischen Boden übergegangen, wo sie sich mit herübergekommenen Phrygern berührten, herrschten in Böotien und Attika (man denke an die Sagen von der Europa und vom Tribut der Athener nach Kreta), fassten von der Insel Kythere, einer uralten phönizischen Kultusstätte, Fuss in dem gegenüberliegenden Lakedämon, hielten Korinth besetzt, wo Aphrodite, die phönizische Astarte, und Elis, wo Herakles, der phönizische Melkarth, vor Alters verehrt wurde, ja gingen vielleicht die Küste des ionischen Meeres bis zu den Aetolern, Thesprotern und Illyriern hinauf. Sie trieben an passenden Stellen Purpurfischerei und Buntfärberei, eröffneten Bergwerke auf Metalle und knüpften mit den Naturkindern, die um die Faktoreien herum wohnten, einen gewinnbringenden Handel an, mit dem nach Weise der ältesten und auch der jüngeren Zeit Blendwerk und Raub Hand in Hand ging. Was die Eingeborenen bei diesem Austausch geben konnten, war natürlich nur der Ertrag ihrer Heerden und Wälder, also Häute, Wolle, Holz, wilden Honig, Rinder und Schafe, — dazu kräftige Jünglinge und schöne Mädchen, d. h. Sclaven und Sclavinnen. Was sie empfingen, war mannigfach: Tand aller Art, wie er Wilde zu verlocken pflegt, Figuren und Büchsen von Bronce und Glas, fertige Kleider (χιτών und *tunica* sind phönizische Wörter), eherne, überhaupt metallene Werkzeuge, Messer und Waffen, Erzeugnisse verschiedenartigen Handwerks, die Mechanik der Steinbaukunst, mythische Erzählungen, Ideen vorderasiatischer religiöser Symbolik, grausame Opfergebräuche. Zwar wurde allmählich das fremde Element, das doch numerisch schwächer sein musste, von der Nationalität der Eingeborenen wieder aufgesogen und ging als besondere Existenz unter; zwar strömten nach dem Zuge der Dorer unternehmende Auswanderer in wiederholten Seezügen aus Griechenland von Insel zu Insel, an einzelne Punkte der karischen und lydischen Küste, von diesen wieder zu andern, ja bevölkerten und unterwarfen sogar die einst semitischen Inseln

Kreta und Rhodus; zwar erscheinen während dieser Periode griechischer Beherrschung des ägäischen Meeres die tyrischen Phönizier nur noch als Kaufleute auf einzelnen Handelsschiffen am hellenischen Strande, aber mit ihrer Vertreibung oder Assimilation waren manche Kenntnisse und Begriffe, die einst durch sie vermittelt wurden, nicht mit ausgerottet worden, sondern blieben als verdunkelter religiöser Kultus, als nationale Gewohnheit, deren Ursprung bald vergessen wurde, als werthvoller fortzeugender Besitz von Geräthen, Kulturarten, Erfindungen bestehen. Wer will entscheiden, ob z. B. die Bekanntschaft mit der Töpferscheibe (*τροχός*) und die mit Spindel und Webstuhl schon mitgebracht oder von Karern und Lydern und Phöniziern überkommen war?[20]) Ob nicht Wörter wie *χρυσός*[21]), *χαλκός*, *μέταλλον*, die sich in die indo-europäische Verwandtschaft nur gezwungen einfügen, von jenem ältesten Verkehr stammen und lydisch-phönizischer Herkunft sind[22]), so gut wie *σάκκος*, *κάδος* und andere Handelsausdrücke? Phönizische Heiligthümer wurden von den Griechen übernommen und allmählich in dem freieren hellenischen Geiste ausgebildet, ohne ihre ursprüngliche Physiognomie jemals ganz verlieren zu können; asiatische Bäume, die um die alten Kultstätten gestanden, Zweige und Blumen, die als alte Symbole gegolten hatten, pflanzten sich in der neuen Heimath fort; der Wein, der über Meer gekommen war, die süssen getrockneten Früchte, das duftende Oel konnten vielleicht im Lande selbst erzeugt werden, und was von Anfängen solcher Kultur im eigentlichen Hellas wieder erloschen war, wurde durch die grosse Kolonisation im Osten neu belebt und strömte von Kreta und Rhodus, von Naxos und Thasos und von den neuen Sitzen an der anatolischen Küste ins Mutterland zurück. Semitischer Wein-, Oel- und Feigenbau siedelte sich auf den Hügeln an, die das Saatfeld begrenzten, und die Pflanzung, die der pflegenden Hand im Einzelnen bedarf, neben dem Acker, der mit Ochsen gepflügt, besäet und dann der Sorge der himmlischen und unterirdischen Götter überlassen ward. Aus jener Zeit ist uns wie durch ein Wunder in den homerischen Gedichten ein Spiegelbild der Sitten, Vorstellungen und Beschäftigungen der Menschen erhalten worden. Indess, so lichtvoll dies Bild ist, so viel Räthsel lässt es dennoch zurück, und ein so treues Zeugniss es abzulegen scheint, mit so grosser Vorsicht muss es dennoch aufgenommen werden. Denn in dem homerischen und hesiodischen Epos ist nicht Alles gleich werthvoll: naive Gesänge von echtem sagenhaftem Gehalt und kluge Werke jüngerer

Nachahmer und Bearbeiter, Dichtungen voll alterthümlich scheuen Glaubens und späte Leistungen profaner rhapsodischer Fertigkeit sind hier mit Geschick und Ungeschick und mit mehr oder minder Wahrscheinlichkeit in einen Rahmen vereinigt. Auf jene ältesten Theile, so weit sie erkennbar sind, gilt es fest den Blick zu richten; was hinter Homer hinausliegt, verbirgt sich im Dunkel, das nur von einzelnen Streiflichtern der Sprache und des religiösen Mythus hin und wieder erhellt wird.

** Von gleicher Beweiskraft für einen vorhistorischen Ackerbau der Indogermanen Europas wie das von Hehn in diesem Sinne zugestandene ἀρόω-ἄροτρον sind aber ohne Zweifel auch Gleichungen wie goth. *malan*, altsl. *meljq*, lit. *málti*, alb. *miel* Mehl, lat. *molere*, griech. μύλη (ἀλέω); ahd. *mâjan* mähen, griech. ἀμάω, ἀμητός = ahd. *mâd*; ahd. *samo*, altsl. *sěmę*, altpr. *semen*, lit. *sémů*, lat. *semen*; ahd. *egjan*, lit. *akėti*, altcorn. *ocet*, lat. *occa*, *occare*, griech. ὀξίνη u. a. m. Ein sehr altes Wort für die Halmfrucht war **bharos:* lat. *far*, *farreus*, *farsio*, goth. *bariz-(eins)*, altsl. *brašino*, dessen Grundbedeutung (vgl. Miklosich Et. W. 19) Mehlspeise ist. Ein gemeinsamer Ausdruck für die (ursprünglich steinerne) Pflugschar scheint in griech. ὄφνις, lat. *vômis*, ahd. *waganso*, altpr. *wagnis* (Fick, Indog. W. I[4], 554), ein gemeinsames Ackermass in osc.-umbr. *vorsus* = lit. *waŕslas* zu stecken u. s. w.

Alle diese Gleichungen beschränken sich auf die europäischen Sprachen. Sie sind nicht speciell gräco-italisch, wie denn die Annahme einer solchen Völkerperiode in neuerer Zeit weder kulturhistorisch noch sprachlich an Wahrscheinlichkeit gewonnen hat. Unter diesen Umständen erhält es den Anschein, als ob die Ausbildung eines, wenn auch noch primitiven Ackerbaues bei den Indogermanen vor sich gegangen sei, nachdem die arischen Völker (Inder und Iranier) sich von dem gemeinsamen Grundstock getrennt hatten. Auf dem damals noch beschränkteren und durch ununterbrochene Continuität verbundenen vorhistorischen Sprachgebiet der europäischen Indogermanen ist dann die Entwicklung jener Ackerbaugleichungen in der Weise erfolgt, wie sie Hehn Anm. 18 schildert, d. h. Wortformen, die in allgemeiner Bedeutung schon in der Ursprache vorhanden waren, nahmen an einer bestimmten Stelle des Sprachgebiets einen besonderen, auf den Ackerbau bezüglichen Sinn an, um sich so in theils weiteren, theils engeren Kreisen zu den Nachbarn fortzupflanzen: **mer*, einst allgemein »zerreiben«, bedeutet nunmehr in Europa »mahlen« (*molere*), **agros*, einst »Trift«, nun »Acker«, **grnom*, einst vielleicht »gereift«, nun »Korn« (goth. *kaúrn*, altsl. *zrŭno*, lat. *grânum*) u. s. w. Dass derartige Vorgänge auch auf dem historischen, durch allophyle Völker unterbrochenen, weiten Sprachgebiet der europäischen Indogermanen denkbar seien, ist eine nicht bewiesene Annahme Hehn's. Wenn dieser Anm. 18 gegen die Annahme eines vorhistorischen Ackerbaus der europäischen Indogermanen, auf den ja auch die prähistorische Forschung schon in den ältesten, metalllosen Stationen der Pfahlbauten unzweifelhaft hinweist, sich auf die Verschiedenartigkeit der

Ackerbausprache im Griechischen und Lateinischen beruft, so ist zu bedenken, dass auch auf dem Gebiete anderer kulturhistorischer Erwerbungen, die zweifellos in die Urzeit zurückführen, später bei zunehmender Erfahrung eine mannigfache und in den Einzelsprachen auseinandergehende Terminologie emporblüht. Niemand wird daran zweifeln, dass die Urzeit schon Rindviehzucht kannte, und doch stimmen im Griechischen und Lateinischen nur βοῦς-*bos*, ταῦρος-*taurus* überein; auseinandergehen πόρτις, μόσχος, δάμαλις, δαμάλη, ζούγωνερ (Lacones), κάρτη (Cretes), ζύγαινα, πετάλα (Hes.) etc. — *iumentum*, *armentum*, *vacca*, *vitulus*, *forda* u. s. w.

Ebenso wenig einleuchtend erscheint aus allgemeinen Erwägungen und gegenüber den oben geschilderten, deutlich verfolgbaren Sprachprocessen der neuerdings namentlich von H. Hirt (Idg. Forsch. I, 464, V, 395, Jahrbücher für Nationalökonomie und Statistik III. Folge XV, 462) vertretene Gedanke, es hätten einst auch die arischen Indogermanen an jenen Ackerbaugleichungen theil gehabt und dieselben auf ihrer Wanderung durch unfruchtbare Steppen eingebüsst, so dass der Ackerbau bereits indogermanischer Kulturerwerb wäre. Eine ausführliche Widerlegung dieser der Hehn'schen Auffassung der ältesten Kulturverhältnisse der Indogermanen diametral gegenüberstehenden Anschauung habe ich in meinem Reallexikon u. Ackerbau und u. Viehzucht gegeben. Indessen bedarf es eines Eingehens auf diese Fragen hier um so weniger, als ja bei jener Hirt'schen Hypothese der Ackerbau der Indogermanen in eine noch fernere Vorzeit als von uns zurückgerückt wird.

Ich bin also der Meinung, dass der Uebergang der europäischen Indogermanen (nach Loslösung der Arier) zu einer gewissen Stufe der Agrikultur eine der sichersten Erkenntnisse der vergleichenden Alterthumskunde ist.

Fragen wir nach dem Schauplatz, auf welchem jene europäische Kulturperiode sich abspielte, so wird man passend dafür diejenige Localität ins Auge fassen, welche aus allgemeinen geographischen und ethnologischen Gründen als Trennungspunkt der europäischen Indogermanen, wo immer im übrigen ihre Urheimath war, gelten darf. V. Hehn selbst dachte sich als letzteren (Das Salz[2] S. 26 u. 27) das Uebergangsgebiet der südrussischen Steppe zu dem mitteleuropäischen Waldland, das wir uns gegen Westen und Süden von den Karpathen, der Niederdonau, dem Schwarzen Meer begrenzt denken dürfen, und der gleichen Ansicht ist Karl Müllenhoff in dem dritten Band seiner deutschen Alterthumskunde S. 164 ff. Dass auf diesem Terrain sich der Uebergang der europäischen Indogermanen vom Nomadenthum zum Ackerbau sehr wohl erklären lasse, ist in Sprachvergleichung und Urgeschichte 2. Aufl. S. 412 ff., 624 ff. ausführlich erörtert worden.

Sehr wohl möglich scheint es, was gegen Anm. 18 i. Anf. bemerkt werden muss, dass in dieses Gelände zunächst nur ein Theil der europäischen Indogermanen, etwa Germanen, Italer, Kelten, vielleicht auch Griechen eintraten und jene Ackerbauausdrücke bei sich ausbildeten, die dann die nachdringenden Schaaren litu-slavischer, illyro-thrakischer u. s. w. Völker von ihnen übernahmen.

Wenn nach alledem dem vorhistorischen Ackerbau der Indogermanen Europas eine grössere Bedeutung zugestanden werden muss, als Hehn sie ihm einräumt, so ergiebt sich hieraus die Möglichkeit, vielleicht auch Wahrscheinlichkeit, dass das Kapital jener Epoche an

Kulturpflanzen ein grösseres gewesen sei, als Hehn oben annimmt. Hieraus sei zunächst im allgemeinen hingewiesen.

Ueber die Völkerverhältnisse im Norden der Balkanhalbinsel vergl. Anm. 17, über die Pelasger- und Lelegerfrage Holm, Griech. Gesch. I Cap. VI und VII. Dieser stellt die Realität beider Völker fast durchaus in Abrede. Dagegen hat Carl Pauli (Eine vorgriechische Inschrift von Lemnos, Leipzig 1886) den Pelasgern wieder zum Leben zu verhelfen gesucht, indem er eine grosse pelasgisch-etruskische Sprachfamilie aufstellt, die auch Lykisch, Karisch und Lydisch umfassen soll. Vergl. dazu F. Hommel, Neue Werke über die älteste Bevölkerung Kleinasiens, Archiv f. Anthropologie, XIX. Bd., S. 251 ff.

Den Deutungsversuchen der griechischen Orts- und Völkernamen, welche der vorstehende Abschnitt enthält, wird man sich jetzt nur selten noch anschliessen können. Unmöglich ist z. B. die Verbindung der Θρᾶκες (Θρᾶ-Γικες) mit τραχύς. Eine Grundlage für das richtige Verständniss der griechischen Ortsnamen hat A. Fick in mehreren Aufsätzen in Bezzenbergers Beiträgen Bd. 21 ff. gegeben.

Ueber die **phönizischen** Handelsfahrten und Colonien vgl. E. Meyer, Geschichte des Alterthums I, § 190—194 und Holm, Griech. Geschichte I, Cap. IX., über das **semitische Lehngut** im Griechischen vgl. zuletzt H. Lewy, Die semitischen Fremdwörter im Griechischen, Berlin, 1895. Ein neuer Hintergrund der griechischen Kulturgeschichte aber hat sich durch die bedeutungsvollen Entdeckungen H. **Schliemanns** und seiner Nachfolger in Mykenae, Tiryns, Orchomenos, Troja u. s. w. eröffnet, und so zahlreich noch die Räthsel sind, welche sich an den Ursprung und die Träger dieser »mykenischen« Kulturepoche knüpfen, so werden wir doch nicht unterlassen dürfen, auch in diesen Funden nach neuen Anhaltspunkten für die besonderen Zwecke dieser Untersuchungen zu forschen.

Der Weinstock.

(Vitis vinifera L.)

Bei den homerischen Griechen ist der Wein schon in allgemeinem Gebrauch und wird überall als eine natürliche Gabe des Landes vorausgesetzt. *Σῖτος καὶ οἶνος* oder *σῖτος καὶ μέθυ* ist eine gewöhnliche, häufig wiederkehrende Formel; so giebt Kalypso dem scheidenden Odysseus Brod, Wein und Kleider, die drei ersten Lebensbedürfnisse, aufs Schiff mit (Od. 7, 264). In Brod und Wein liegt Kraft und Stärke des Menschen (Il. 9, 706 und 19, 161) und darin unterscheiden sich die leichtlebenden Götter von den sterblichen Menschen, dass jene keiner Nahrung bedürfen und keinen Wein trinken (Il. 5, 341). Schon die kleinen Kinder werden mit Wein aufgezogen: Phoenix, der Sohn des Ormeniden Amyntor, hat das

Knäblein Achilleus genährt und getränkt, ihm die Speise vorgeschnitten und ihm den Becher Weins an den Mund gehalten; der Knabe hat ihm oft das Gewand besudelt, indem er nach kindischer Art das Getrunkene wieder ausspie (Il. 9, 485 ff.). Auch Jungfrauen und Mägde trinken Wein wie die Männer: da Nausikaa zum Waschen an den Meeresstrand fahren will, bekommt sie von der Mutter nicht bloss Speise und Zukost, sondern auch Wein im Schlauch von Ziegenfell mit auf den Weg (Od. 6, 76)[23]. Auf dem Schilde des Achilleus im achtzehnten Buch der Ilias sah man ausser einem Brach- und Erntefelde und anderen Scenen des ländlichen Lebens auch einen Weinberg abgebildet, in welchem fröhliche Winzer und Winzerinnen gerade mit der Traubenlese beschäftigt waren. Wie die Griechen thun auch die Troer: Hektor, Nachts am Flusse mit seinen Schaaren lagernd, lässt die Pferde ausspannen und ihnen Futter vorwerfen, zur Erquickung für die Menschen aber Rinder und Schafe und lieblichen Wein und Brod herbeiholen (Il. 8, 503 ff). Griechische Städte und Gegenden werden als reich an Reben bezeichnet, so Il. 9, 152: *Πήδασον ἀμπελόεσσαν* (an der Westküste des Peloponnes) und im Schiffskatalog v. 507: *οἵ τε πολυστάφυλον Ἄρνην ἔχον* (in Böotien), 537: *πολυστάφυλόν θ' Ἱστιαίαν* (in Euböa), 561: *καὶ ἀμπελόεντ' Ἐπίδαυρον.* Eine Menge alter Stadt- und Landschaftsnamen sind vom Wein und Weinbau abgeleitet: so hiess die Insel Aegina einst *Οἰνώνη;* in Akarnanien lag dem rechten Ufer des Acheloos nahe auf einem emporragenden Hügel die Stadt *Οἰνιάδαι,* von drei Seiten von einem See umgeben, der den phönizischen Namen *Μελίτη* trug; in der Stadt der ozolischen Lokrer *Οἰνεών*, nahe der ätolischen Grenze, sollte Hesiodus den Tod gefunden haben; in Attika lag eine doppelte Ortschaft *Οἰνόη*, die eine in der Nähe von Eleutherä an der böotischen Grenze, die andere bei Marathon, wie dieses zu der alten ionischen Tetrapolis jener Gegend gehörend; auch Megaris, früher gleichfalls ionisch, hatte in der Peräa, dem Grenzgebiet nach Korinth, einen Ort *Οἰνόη;* derselbe Name kehrt in Argolis und auch in Elis wieder; vor Methone in Messenien, welches selbst weinreich war, lagen die *Οἰνοῦσσαι,* die Weininseln u. s. w. Fragen wir, wo diese so allgemein verbreitete Kultur zuerst in Griechenland aufgetreten war, so scheint die Antwort in zahlreichen Ursprungs- und Stiftungssagen gegeben, die aber als blosse mythische Spiegelbilder des Keimens, Blühens, Verdorrens der Rebe oder des Gegensatzes der neuen gebundenen Kulturart gegen das rohe Wald- und freie Hirtenleben dem, der sie fassen möchte, grösstentheils unter den Händen zergehen. So war das südliche Aetolien eine Geburtsstätte des Weinstockes: dem Sohne[1] des Deucalion, Orestheus (also dem Manne vom Berge), gebar daselbst ein Hund (der Sirius, die heisse Zeit) ein Stammende, σιέλεχυς; er liess es in die Erde vergraben und es erwuchs daraus ein rebenreicher Weinstock; drum gab er seinem Sohne den Namen Phytios (Pflanzer); dessen Sohn war wieder Oineus, der vom Wein benannt war (Hecatäus von Milet bei Athen. 2, p. 35). Ganz dasselbe erzählten auch die benachbarten Lokrer als bei ihnen geschehen (Paus. 10, 38, 1), deren Beiname *Ozolae* sogar von den Sprossen dieses ersten Weinstammes abgeleitet wurde. Den ätolischen Oineus kennt auch schon die Ilias als Vertreter des milden Weinbaues (9, 539 und 14, 117): er hat der Artemis nicht geopfert (ohne Zweifel der kalydonischen Artemis Laphria) und wird dafür von dem verwüstenden Eber bedrängt; seine Brüder sind Agrios (der Wilde) und Melas, der Schwarze, Schmutzige, d. h. der Ziegenhirt, dessen Name mit dem des Melantheus oder Melanthios, des bösen Ziegenhirten in der Odyssee, übereinkommt; sein Sohn, Jäger Meleager, der seine Burg gegen die anstürmenden Kureten rettet, ist der Gemahl der Kleopatra; Mutter der Kleopatra ist wiederum die Marpessa (die Räuberin), deren Eltern Idas (das Waldgebirge) und die Euenine, d. h. die Tochter des ätolischen Flusses Euenos sind. So blickt in der kalydonischen Sage vom Weinmann, wie sie Homer giebt, nicht bloss der Drang und Widerspruch sich befehdender Volksstämme, sondern auch der an diese sich knüpfenden verschiedenen Lebensformen hindurch. Wie in Aetolien war die Rebe auch an vielen anderen Orten zuerst von Dionysos geschaffen oder geschenkt, so im attischen Demos Ikaria dem Ikarios, dem Vater der Erigone (der im Frühling geborenen), dem Herrn des Hundes Maira (des schimmernden Sirius), und eine Menge durchsichtiger Märchen und lustiger oder betäubender Feste an den verschiedensten Orten erhielten das Andenken an des Gottes Geburt und erste Schicksale und seine Leiden und herrlichen Thaten. Vor allen Gegenden aber erscheint Thrakien als hauptsächliche Heimath und als Ausgangspunkt der Dionysos-Religion. Dort lag das älteste Nysa, das des Homer (Il. 6, 130 ff.); von dort kommen täglich weinbeladene Schiffe zum Lager der Griechen vor Troja (Il. 9, 72)[24]); dort hat Odysseus von Maron[25]), dem Priester des ismarischen Apollo, dem Sohne des Euanthes, d. h. des Dionysos selbst, jenen köstlichen Wein erhalten, mit dem er den Kyklopen trunken macht (Od. 9, 196 ff.). Den ismarischen Wein kennt auch ein anderer alter Zeuge, Archilochos, der in jener Gegend wohl bewandert war, Fragm. 3. Bergk.:

Ἐν δορὶ μέν μοι μᾶζα μεμαγμένη, ἐν δορὶ δ' οἶνος
Ἰσμαρικός, πίνω δ' ἐν δορὶ κεκλιμένος.

Eine merkwürdige Stelle des Herodot, 7, 111, berichtet von einem unabhängigen und kriegerischen thrakischen Gebirgsvolke, den Satren, die im innersten Gebirge ein Dionysos-Orakel besassen, dessen Priesterthum in den Händen der Besser war. Lobeck Aglaoph. p. 290: „*perspicuum est, oram maritimam, quae ab Hebri ostiis ad Pindum protenditur, quasi pro domestico sacrorum Bacchicorum solo habitum esse.*" Man sehe das weitere gelehrte Material, das Lobeck beibringt, und Welcker, Griechische Götterlehre 1, S. 424ff. Bis ins Innerste des Landes, hinauf in das Hämosgebirge, ging der Dionysos-Kultus, Mel. 2, 2, 2: *Montes interior attollit Haemon et Rhodopen et Orbelon, sacris Liberi patris et coetu Maenadum Orpheo primum initiante celebratos.* Ohne Zweifel stammte dieser thrakische Weingott aus dem gegenüberliegenden Kleinasien, mit welcher Gegend kriegerische Wanderungen und Rückwanderungen das diesseitige Thrakien frühe in Sitten- und Kulturverkehr gesetzt hatten. Der grosse Einbruch der Myser und Teukrer z. B., den Herodot (5, 20) vor die Zeit des troischen Krieges setzt, mochte auch den Sabosdienst, den Weinstock und die Kunst der Weinbereitung unter die wilden Thraker, die Verehrer des Ares gebracht haben. Mysien wird als besonders rebenreich gepriesen. Pind. Isthm. 7, 54: *Μύσιον . . . ἀμπελόεν πεδίον.* Strab. 13, 1, 12: *σφόδρα εὐάμπελός ἐστιν ἡ χώρα* (nämlich die der Stadt Priapus) *καὶ αὕτη καὶ ἐφεξῆς ὅμορος, ἥ τε τῶν Παριανῶν καὶ ἡ τῶν Λαμψακηνῶν.* Lampsakus war von dem Grosskönig dem Themistokles zugewiesen, damit er von dort seinen Bedarf an Wein bestreite; Cyzicus hatte zu den vier altattischen Phylen noch zwei besondere, darunter eine der *Οἴνωπες*, d. h. der Weinbauer, und seine Münzen zeigen, wie die der griechischen Nachbarstädte, bacchische Attribute, den Panther, die Traube, den zweihenkeligen Weinkrug. Der Dienst des Priapos, des Gottes der Fruchtbarkeit in Gärten und Pflanzungen, ist den hellespontischen Städten gemeinsam. Die Vorstellungen von dem leidenden und wieder triumphirenden Sonnen- und Jahresgotte, die wüthende Lust und die herzzerreissende Klage, mit der die Thyiaden seinen Tod und seine Wiederauferstehung feiern, der Doppelcharakter, in welchem Dionysos und Apollon, Ares und Dionysos verschmelzen, dies und alles daran sich Schliessende ist phrygische und überhaupt vorderasiatische Art. Auch im thrakischen, wie im ätolischen Bacchusmythus spielt durch die Symbolik des Naturlebens die dunkle Anschauung eines Kulturgegensatzes, der Feindseligkeit entgegenstehender Stämme. Lykurgus bei Homer (Il. 6, 130), der die Ammen des schwärmenden Dionysos im heiligen Nyseïon verfolgt, so dass der Gott selbst entsetzt sich in die Meerestiefe flüchtet, — er mag ein Bild des Winters sein, wie Pentheus in Böotien ein Bild winterlicher Trauer: aber als *κρατερὸς Λυκόοργος*, d. h. als harter Wolfsmann, als Sohn des Dryas d. h. des Waldes und *ἀνδροφόνος* d. h. Menschenmörder, der den *βουπλήξ* d. h. die schlachtende Axt[26]), in der Hand führt, ist er der blutige, thrakische Gebirgsbewohner, der in wilden Ueberfällen den Weinbauer ängstigt und die fremden Kultusbräuche nicht unter sich dulden will. Dahin deuten wir es, wenn Maron, der Priester des Apollon (d. h. des Apollon-Dionysos), dem Odysseus ausser Gold- und Silberwerken (Erzeugnissen orientalischer Kunstfertigkeit) zwölf Amphoren des göttlichen Weins schenkt, zum Lohne dafür, dass er mit Weib und Kind von dem Helden beschützt worden ist (Od. 9, 199). Aber der Weingenuss und die im Weine alle Naturfülle anschauende Dionysos-Religion setzte sich durch ganz Thrakien durch und wanderte mit thrakischen Stämmen weiter nach Süden, erfüllte Makedonien, wo die Mimallonen und Klodonen, bacchische Jungfrauen, rasten, gelangte an den Parnass und nach Delphi, wo Apollon allmählich den Brudergott in Sinn und Verehrung der Menschen verdrängte, nach Theben, wo Semele, die Erdgöttin[27]), dem Zeus ihren herrlichen Sohn gebar, an den Kithäron, als Eumolpos personificirt nach Eleusis in die Nähe Attikas und in manchen Verzweigungen weiter nach andern Seiten hin. Diesem Kulturstrom aber begegnete von Anfang an und im weitern Verlaufe ein anderer, mit ihm ursprünglich identischer, der in entgegengesetzter Richtung kam, der phönizische oder karisch-phönizische. Die Küste Thrakiens war ein alter Schauplatz phönizischer kolonialer und commercieller Thätigkeit: Phönizier hatten das Goldbergwerk am Berge Pangäus eröffnet, die gold- und weinreiche Insel Thasos besetzt und von dort Emporien an der thrakischen und hellespontischen Küste gegründet, deren Erhaltung ihren Nachfolgern, den Pariern, schwierig wurde (Movers, Phönizier, 2, 2, S. 273 ff.). Ueberall, wo sie landeten, werden sie mit dem Wein, den sie mitbrachten, die Barbaren zum Tauschhandel gelockt und wo sie sich bleibend niederliessen und Kultusstätten gründeten, die Umwohner zur Rebenpflanzung angehalten haben. Auf den Inseln des ägäischen Meeres geht von Kreta, einem Mittelpunkt phönizischer Ansiedelungen, der Weinbau und die an ihn sich knüpfende Sage nach Naxos und Chios und strahlt von dort weiter aus, siehe Fr. Osann, »Oenopion und seine Sippschaft oder einige Andeutungen über die älteste Weinkultur in Griechenland« (im Rheinischen Museum von Welcker und Näke III. 1835. S. 241 ff.). Osann schliesst seine Untersuchung mit dem Resultat (S. 259): »Die Verbreitung und Einführung der Weinkultur an verschiedenen Orten Griechenlands sehen wir mittels einer aus Kreta stammenden Familie personificirt, welche ihren Weg über Naxos und Chios nimmt, welches der Mittelpunkt einer ausgebildeten Weinkultur wird, von wo in verschiedenen Verzweigungen neue Colonien ausgehen und den Weinstock verbreiten.« Ja nach einer schon von Hesiod (Fragm. LVII. Göttl.) erwähnten Ueberlieferung war sogar der thrakische Maron der Odyssee ein Sohn oder Enkel dieses Oenopion und liefen also beide Zweige oder Ausgangswege der griechischen Rebenkultur in eins zusammen[28]). Dass der Wein den Griechen aus semitischem Kulturkreise zugekommen, lehrt auch die Identität der Benennung desselben, gr. *οἶνος*, bekanntlich mit Digamma, hebr. *jain*, äthiopisch und auch arabisch *wain* (Fr. Müller in Kuhns Zeitschr. 10, 319), denn die umgekehrte Annahme Renans (Histoire générale des langues Sémitiques p. 193 der ersten Ausg.), die Semiten hätten das Wort von den Ariern entlehnt — wohlgemerkt von den Gräco-italern, nicht von den Iraniern, denen es fehlt —, ist kulturhistorisch von der äussersten Unwahrscheinlichkeit. Auch die Versuche, das Sanscrit heranzuziehen und mit dessen Hülfe den Wein als Urbesitz des ungetrennten indoeuropäischen Stammvolkes darzuthun (Pictet, Origines indoeuropéennes, 1, 250 ff.), sind unglücklich ausgefallen und haben in den Augen Unbefangener eher das negative Resultat bestätigt. Das eigentliche Vaterland des Weinstocks, die durch üppigen Baumwuchs ausgezeichneten Gegenden südlich vom Südrande des Kaspischen Meeres, war auch dem Ursitz — so weit sich dieser historisch verfolgen lässt — des semitischen Stamms oder eines seiner Hauptzweige benachbart (Renan a. a. O. p. 27 ff.). Dort windet sich im Dickicht der Waldung die Rebe mit armdickem Stamme bis in die Wipfel der himmelhohen Bäume, schlingt ihre Ranken von Krone zu Krone oder lockt von oben durch schwerhangende Trauben; dort oder in Kolchis am Phasis, in den Landschaften Kachethien, Mingrelien, Imerethien, Armenien, zwischen Kaukasus, Ararat und Taurus, sind nach den anziehenden Schilderungen Moritz Wagners

(Reise nach Kolchis, Leipzig 1850), Kolenatis (Reise nach Hocharmenien und Elisabethpol, Dresden 1858) und von Blarambergs (Erinnerungen, I, Berlin 1872, S. 167 ff.) ganz die uralten Methoden im Gebrauch, die wir aus den Schriften der Griechen und Römer kennen, die Abtheilung der Weingärten durch Kreuzgänge nach den vier Himmelsrichtungen (*limes decumanus* und *cardo*), das Verpichen oder Verkalken der Amphoren, das Vergraben des Stammendes, dann des Weines selbst in die Erde u. s. w. Dort wachsen die pomeranzengelben, süss balsamischen, durchdringend duftenden Weine und liefert die edelste kachethische Rebe, die sapiranica praecox und major, einen Saft von so intensivem Dunkelroth, dass die Damen mit ihm ihre Briefe zu schreiben pflegen. Aus jener Gegend begleitete der Weinstock die sich ausbreitenden semitischen Stämme an den unteren Euphrat und in die Wüsten und Paradiese des Südwestens, in dem wir sie später ansässig finden. Den Semiten, die auch die Destillation des Alkohols erfunden haben, die die ungeheure Abstraction des Monotheismus, des Masses, des Geldes und der Buchstabenschrift — einer Art geistiger Destillation — vollbrachten (denn die Aegypter blieben an der Schwelle derselben stehen), wird auch der zweideutige Ruhm verbleiben, den Fruchtsaft der Weinbeere auf der Gährungsstufe festgehalten zu haben, wo er ein aufregendes oder betäubendes Getränk abgiebt. Aus Syrien ging die Weinkultur weiter über das ganze sogenannte Kleinasien, zu Lydern, Phrygern, Mysern und andern unterdess von Osten nach Westen vorgerückten iranischen oder halbiranischen Völkern, und drang von Norden her in die griechische Halbinsel, indess auch direkt zur See phönizischer Handel, karische Ansiedelungen, von Europa an die Küsten des fremden Welttheils übersetzende urgriechische Stämme die Kenntniss der wunderbaren Erfindung und mit steigender Ansässigkeit auch den Anbau des Gewächses selbst vermittelten. Zur Zeit des homerischen Epos und der hesiodischen Gedichte ist, wie gesagt, diese Aneignung bereits geschehen und längst vergessen; das Dasein des Weinstockes und des Weines versteht sich von selbst und wird, wie alles Gute im Leben, einem lehrenden oder schaffenden Gotte zugeschrieben.

Die frühesten Seefahrten der Griechen nach Westen müssen den dämonischen Trank auch an die Küsten Italiens gebracht haben, denn dass er aus Griechenland kam, zeigt auf den ersten Blick das Wort *vinum* (als Neutrum, welches nach der Analogie anderer italischer Lehnwörter aus dem Accusativ *οἶνον* zu erklären ist)[29]. Wie

Odysseus auf den Cyclopen, stiessen die über Meer gekommenen griechischen Schiffer und Abenteurer auf ein einfältiges Hirtenvolk, auf welches der gierig aufgenommene fremde Wein dieselbe ungewohnte betäubende Wirkung übte, wie auf die Centauren des Pindar bei Athen. 11, p. 476: »als die Pheren die männerbezwingende Kraft des süssen Weines kennen lernten, stiessen sie hastig die weisse Milch von den Tischen, tranken aus silbernen Hörnern und irrten willenlos umher.« Dass die Milch in Latium älter war als der Wein, geht aus den auf Romulus zurückgeführten Opfersatzungen hervor, wonach den Göttern nicht mit Wein, sondern mit Milch gespendet wurde (Plin. 14, 88: *Romulum lacte, non vino libasse indicio sunt sacra ab eo instituta, quae hodie custodiunt morem*). Nach einem Gesetz des Numa durfte der Scheiterhaufen nicht mit Wein besprengt werden (Plin. a. a. O.: *vino rogum ne respargito*), d. h. die ältesten Bestattungsgebräuche kennen den Wein noch nicht. Denn es gab eine Zeit, wo die Römer nur noch Ackerbau trieben und die Rebenkultur noch nicht eingeführt war, Plin. 18, 24: *apud Romanos multo serior vitium cultura esse coepit primoque, ut necesse est, arva tantum coluere.* Merkwürdig ist, dass auch hier wie in Griechenland Legenden von Völkerkämpfen an die Gründung des Weinbaues sich knüpfen. Nach einer viel berichteten Sage (z. B. von Cato bei Macrob. 3, 5, 10) sollte Mezentius, der König von Cäre, den Latinern den Ertrag ihrer Weinberge oder die Erstlinge der Kelter abgefordert, die Latiner sie aber dem Jupiter gelobt und so den Sieg über den frevelhaften Tyrannen gewonnen haben. Die Herrschaft der Tusker in Campanien und Latium wurde, wie wahrscheinlich ist, durch gemeinsame Anstrengungen der lange in Bundesgenossenschaft vereinigten Griechen und Latiner gebrochen: die dunkle Erinnerung daran verschmolz mit dem Andenken an die zu jener Zeit in Latium sich verbreitende griechische Weinkultur, deren Segen man als die Habsucht reizend sich dachte, und an die Einführung der Erstlingsspenden an den Jupiter Liber und die Venus Libera. Der 19 August, an dem die beiden Heiligthümer der Murcia und der Libitina, der Göttinnen der Erntelust, ihren Stiftungstag feierten, wurde nun zugleich der Tag der *vinalia rustica*, des Vorfestes der Weinlese, dem am 23. April das der *vinalia priora* vorausging — beides in Anknüpfung des jüngern Weinbaues an die älteren Ackerbaufeste. Dass Jupiter der Schützer der neuen Gabe wurde und sein Priester, der Flamen Dialis, die Weinlese weihte, lag in dem Wesen dieses Gottes, von dem alle Befruchtung und ländliche Nahrung kam; der Beiname Liber, mit dem er sich als Weingott oder italischer Dionysos besonderte, war die Uebersetzung des griechischen *Λύσιος* oder *'Ελευθέριος* (Grassmann in Kuhn's Zeitschr. 16, 107); die genealogische Ableitung, wie in Griechenland, wo Dionysos als Sohn des Zeus gedacht wurde, war den Italern nicht geläufig. Uebrigens gedieh die Rebe an den Bergen Unteritaliens so üppig, dass schon im 5. Jahrhundert Sophokles Italien das Lieblingsland des Bacchus nennen (Ant. 1117: *κλυτὰν ὃς ἀμφέπεις 'Ιταλίαν — ὦ Βακχεῦ*) und die Südspitze Italiens bei Herodot (1, 167) den Namen Oenotrien d. h. Land der Weinpfähle (nach Hesychius war *οἴνωτρον* dorisch so viel als Weinpfahl) tragen konnte. Oenotrien war die Gegend, wo die Reben an Pfählen gezogen wurden, im Gegensatz zu den Landschaften, wo der Wein hoch an Bäumen emporwuchs, wie in Etrurien und Campanien, dem Gebiet der Tusker, oder ohne Stütze kurz und niedrig gehalten wurde, wie in der Gegend von Massilia und in Spanien, oder in dachartigen Spalieren an Stangen oder Stricken sich fortrankte, wie im Brundisinischen, oder am Boden fortkroch, wie in Kleinasien u. s. w. Die verschiedenen Methoden, am bündigsten aufgeführt bei Varro 1, 8, ergaben sich theils aus der Natur des Bodens, der entweder felsig und heiss oder feucht und humusreich war, theils aus dem Mangel oder Vorrath an dem nöthigen Holz oder Rohr, theils aus der Gewohnheit derjenigen, von denen in einer bestimmten Gegend der Weinbau ursprünglich ausgegangen war, und der Rebenvarietät, die sie zu allererst mitgebracht hatten. Der Waldreichthum des später Lucania und Bruttium genannten Landes, welches von der damit zusammenhängenden Viehzucht auch Italia benannt war, mag zu allgemeinem Gebrauch eigener Weinpfähle, *suri*, *sudes*, *ridicae*, *pali* (für *pacli* oder *pagli*: das entsprechende griechische *πάσσαλος* bedeutet nur Pflock) geführt und der Name *Οἰνωτρία*, *Οἰνωτροί* von solchen Griechen herrühren, denen die frei am Boden gezogene Rebe, die *χαμῖτις*, *orthampelos ipsa se sustinens*, oder die Baumrebe, die *ἀναδενδράς*, *ἀμάμαξυς* (ein Wort, dessen eigentliche Form nicht feststeht, das aber Sappho und Epicharmus brauchten), *μαμαΐς*, *ἀμύσχαια*, *ἔρναις*, *ὀρινία*, *βῆκα*, *ξυσιάς*, *ὕσιας*, *παρτάς*, *υἱός*, *υἱή* u. s. w. das Gewohnte war[30]). Auch in die Gegenden an den Pomündungen muss der Weinstock mit dem griechischen Seeverkehr frühe gekommen sein, so wenig der niedrige wasserreiche Boden diese Kultur zu begünstigen scheint. Ueber das Zusammentreffen der dortigen Sümpfe mit reichem Weinbau wunderte sich mit Recht schon Strabo (5, 1, 7). Die *vitis spionia quam quidam spineam vocant* (Plin. 14, 34. Colum. 3, 2, 27. 3, 7, 1. 3, 21, 3. 10) wuchs im Gebiet von Ravenna (*Ravennati agro peculiaris*), ertrug Hitze und Regen, nährte sich von Nebeln und galt — was auch von andern nordischen Reben ausgesagt wird — für reich an Ertrag. Der Wein war in Ravenna wohlfeiler als das Wasser, so dass Martial daselbst lieber eine Cisterne mit Wasser, als einen Weinberg besitzen mochte, 3, 56:

Sit cisterna mihi quam vinea malo Ravennae,
Cum possim multo vendere pluris aquam —

und sich beklagt, ein dortiger betrügerischer Schenkwirth habe ihm reinen Wein statt des mit Wasser gemischten verkauft, 57:

Callidus imposuit nuper mihi copo Ravennae,
Cum peterem mixtum, vendidit ille merum.

Auch die Landschaft Picenum, in der geographische Namen und manche andere Spuren auf eine alte Verbindung mit den Pomündungen hindeuten, wird schon frühe als besonders weinreich geschildert: bei Polybius 3, 88, 1 kurirt Hannibal die Pferde seiner Armee mit den alten, im Ueberfluss vorhandenen Weinen der Gegend: *καὶ τοὺς μὲν ἵππους ἐκλούων τοῖς παλαιοῖς οἴνοις διὰ τὸ πλῆθος, ἐξεθεράπευσε τὴν καχεξίαν αὐτῶν.* Noch lange nachher gingen grade die Weine Picenums ins Ausland, nach Gallien (Plin. 14, 39), wie in den Orient (Edict. Diocl. 2.). Dort lag die Landschaft, in der die berühmte *vinum Praetutianum* genannte Weingattung wuchs, Sil. Ital. 15, 568:

Tum qua vitiferos domitat Praetutia pubes
Laeta laboris agros —

die der istrischen Traube ähnlich war, Dioscorides 5, 10: *ὁ δὲ ἰστρικὸς λεγόμενος ἔοικε τῷ πραιτουτιανῷ*, ja von Plinius mit dem am Flusse Timavus bei Aquileja wachsenden *vinum Pucinum* identificirt wird (14, 60 nach Silligs Emendation). Die picenische Rebe also war aus alter griechischer Zeit am Westufer des adriatischen Meeres bis in dessen innersten Winkel hin verbreitet. Von der grossen Fruchtebene, die sich vom Po bis an den Fuss der Alpen erstreckt, weiss auch im Punkt des Weines Polybius, der als Augenzeuge spricht, nicht genug Rühmens zu machen (Polyb. 2, 15); sie mochte wohl schon Trauben tragen, als die Kelten in Italien einbrachen und nach der Sage (Liv. 5, 33. Plin. 12, 5. Plut. Camill. 15) eben durch den Wein und die Früchte des Südens dazu angereizt wurden. Mit Weinlaub bedeckt erscheinen bei Martial auch die Abhänge der vulkanischen Euganeen bei Padua, 10, 93:

Si prior Euganeas, Clemens, Helicaonis oras
Pictaque pampineis videris arva jugis,
Perfer Atestinae nondum vulgata Sabinae
Carmina.

Sehr berühmt wurden frühzeitig auch die *vina Raetica* d. h. die heutigen Tiroler und Veltliner Weine, die aus der Ebene kommend die Vorhügel und den Südabhang der Alpen erstiegen hatten. Nach Serv. zu Verg. G. 2, 95 hatte schon Cato die rhätische Traube gelobt, wurde aber dafür von Catullus, der als geborener Veronese hierin Bescheid wissen musste, getadelt. Unvergänglichen Ruhm aber erwarb sich der rhätische Wein durch Vergil, der ihn nur dem Falerner nachstellte, G. 2, 95:

et quo te carmine dicam,
Raetica? nec cellis ideo contende Falernis.

Auch Vergil war nicht weit von den Hügeln und Thälern des Südalpenlandes zu Hause, vielleicht aber pries er den Rhätier nur, weil Augustus, wie Sueton Aug. 77 erzählt, ihn besonders liebte. Strabo stimmt in das Lob mit ein, 4, 6, 8: *καὶ ὅ γε Ῥαιτικὸς οἶνος, τῶν ἐν τοῖς Ἰταλικοῖς ἐπαινουμένων οὐκ ἀπολείπεσθαι δοκῶν, ἐν ταῖς τούτων ὑπωρείαις γίνεται*, aber vielleicht ist er nur ein Echo Vergils. Auch Plinius berichtet 14, 16: *ante eum (Tiberium Caesarem) Raeticis prior mensa erat et avis Veronensium agro*, gleich darauf fügt er indess hinzu: *quod et in Raetica Allobrogicaque — evenit, domi nobilibus nec adgnoscendis alibi.* Martial kennt gleichfalls die rhätischen Weine aus der Heimath des Catullus, 14, 100: *Panaca.*

Si non ignota est docti tibi terra Catulli,
Potasti testa Raetica vina mea.

Auch noch ganz spät zu Cassiodors Zeit stand das Gebiet von Verona wegen seiner Weine in Ruf (Var. 12, 4).

Schon Cato hatte gefunden, dass von allen Arten der Bodenbenutzung der Weinbau die vortheilhafteste sei, 1, 7: *de omnibus agris . . . vinea est prima, si vino multo siet*, und in den spätern Zeiten der römischen Republik war Italien bereits in so ausgedehntem Masse ein Weinland geworden, dass das Verhältniss der Rebenzucht zum Kornbau sich umgekehrt hatte und die Halbinsel Wein aus- und Getreide einführte. Aber längst hatte diese Kultur auch begonnen, über die Grenzen Italiens hinauszudringen und im Norden und Westen sich einzubürgern. Columella, 1, 1, 5, führt aus dem ältern landwirthschaftlichen Schriftsteller Saserna den Ausspruch an, das Klima habe sich geändert, denn die Gegenden, die sonst zum Wein- und Oelbau zu kalt gewesen, hätten jetzt Ueberfluss an beiden Produkten. Hier liegt die richtige Beobachtung zu Grunde, dass der Anbau der genannten Gewächse im Laufe der Zeiten immer weiter nach Norden gerückt sei, nicht weil das Klima ein anderes geworden, sondern durch allmähliche Acclimatisation. In der neuern Zeit ist im Verhältniss zum Mittelalter das Umgekehrte eingetreten: der Weinbau hat sich aus den nordischen Landstrichen zurückgezogen, in denen er ökonomisch nicht mehr vortheilhaft war. Das nördliche Frankreich, die südlichen Grafschaften Englands, Thüringen, die Mark Brandenburg u. s. w. trieben sonst Weinbau. Bei entwickelterem Verkehr musste man es vorziehen, den Wein begünstigterer Gegenden gegen diejenigen Früchte einzutauschen, die der eigene Boden reichlich und sicher hervorbrachte. Der Uebergang des Weinbaus nach Frankreich, wie er aus historischer Zeit in einzelnen Notizen vorliegt, gewährt übrigens eine lebendige Analogie der Vorgänge, durch welche die Rebe Jahrhunderte früher zu den Völkern des innern Italiens sich mag verbreitet haben. Der erste Weinstock auf gallischem Boden wurde ohne Zweifel von der Hand eines Massalioten gepflanzt; auf den Massilia umgebenden Bergen gedieh die Rebe vortrefflich, Strab. 4, 1, 5: von den Massalioten: *χώραν δ' ἔχουσιν ἐλαιόφυτον μὲν καὶ κατάμπελον.* Die Kulturart war die aus der Heimath mitgebrachte kleinasiatische ohne Stützen und Pfähle. Die östlich und westlich ausgesandten Ansiedler verbreiteten den Weinbau längs der Küste, zunächst um die befestigten Stationen herum. Die Eingebornen — Ligurer und Iberer, später Kelten — tauschten den Wein gegen die Rohproducte ihres Landes ein, ganz wie später die Bewohner von Aquileja den Illyriern Oel und Wein lieferten und von diesen dafür Sclaven, Vieh und Häute bezogen (Strab. 5, 1, 8). Zunächst waren es nur die Reichen, die den italienischen und massaliotischen Wein tranken, während die Aermeren bei dem nationalen Getränk aus gegohrenem Getreide blieben (Posidonius Fr. 25. Müller). Allmählich drang dann die Kultur weiter ins Innere; von den benachbarten lernten die entfernteren Stämme selbst die Rebe ziehen und den Saft der Beeren durch Gährung in Wein verwandeln, Justin. 43, 4: *tunc et vitem putare, tunc olivam serere consueverunt.* Macrob. Somn. Scip. 2, 10, 8: *Galli vitem vel cultum olivae, Roma iam adolescente, didicerunt* —

so sehr, dass die Römer, die nicht bloss ein Krieger-, sondern auch ein eigennütziges Kaufmannsvolk waren, bereits eifersüchtig wurden und im Interesse der italischen Ausfuhr den von ihnen gezüchtigten transalpinischen Völkchen die Friedensbedingung auflegten, des Oel- und Weinbaus sich zu enthalten, Cic. de rep. 3, 9, 16: *nos vero iustissimi homines qui Transalpinas gentes oleam et vitem serere non sinimus, quo pluris sint nostra oliveta nostraeque vineae* (Mommsen, Römische Geschichte[2], 2, 159). Als nach den Siegen über die Allobroger und Arverner die Gegend zwischen Pyrenäen, Cevennen und Alpen zur *provincia Narbonensis* erhoben worden war, fand immer noch eine starke Einfuhr von italienischem Wein statt. Wir sehen dies aus Ciceros Rede für den Fontejus, der sich erlaubt hatte, von den aus Italien eingehenden Weinen ein *vectigal* zu erheben und ein *portorium vini* einzusetzen, und deshalb in Rom angeklagt wurde (Cic. pro Font. 5). Es folgte Cäsars Eroberung des ganzen Landes bis zur Nordsee und zum Rhein und der Eindrang römischer Kultur, Sitte und Lebensgewohnheit in ungehemmter Strömung. Im ersten Jahrhundert der Kaiserzeit zeigen uns die Nachrichten bei Plinius und Columella das heutige Frankreich bereits als selbständiges, rivalisirendes Weinland, mit eigenen Trauben- und Weinsorten, mit Ausfuhr und Verpflanzung nach Italien, zugleich nicht ohne Anzeichen der eben erst vollbrachten Aneignung einer noch jugendlichen Kultur. Gallien stand damals zu Italien, wie in der Urzeit Italien zu Griechenland und noch früher Griechenland zu Syrien, Phrygien und Lydien. Gallische Weine fanden bei Italienern Geschmack: Plin. 14, 39: *mirum — in Italia Gallica placere, trans Alpis vero Picena.* Colum. 1, praef. 20: *et vindemias condimus ex insulis Cycladibus ac regionibus Baeticis Gallicisque.* Der Burgunderwein tritt auf, wenn auch natürlich nicht unter diesem Namen, sondern als Wein von Vienna an der Rhone, als Arverner, Sequaner, Helvier, Allobroger, Plin. 14, 18: *iam inventa vitis per se in vino picem resipiens, Viennensem agrum nobilitans, Arverno Sequanoque et Helvico generibus non pridem illustrata atque Vergili vatis aetate incognita, a cujus obitu xc aguntur anni.* Er schmeckte nach Pech (wie nach Strabo 4, 6, 2 auch der ligurische, und wie noch heute einige Burgunderweine), wurde auch künstlich mit Harz und Pech behandelt, war an Ort und Stelle beliebt, ward aber auch nach Italien ausgeführt, Martial. 13, 107: Picatum vinum:

Haec de vitifera venisse picata Vienna
Ne dubites: misit Romulus ipse mihi.

Auch gallische Traubensorten, also Varietäten, die sich bereits auf dem neuen Boden gebildet hatten, fanden in Italien Verbreitung: die *vitis helvenacia, elvenaca, helvennaca* (Colum. 3, 2, 25. 5, 5, 16. Plin. 14, 32; der Name abgeleitet, wie es scheint, von dem keltischen Volksnamen Helvii, in anderer Form Helvetii, s. oben das *genus Helvicum* bei Plinius), die *vitis Biturica, Biturigiaca* (Plin. 14, 27. Colum. 3, 2, 19 und öfter. Isid. Hisp. 17, 5, 22; schon in das Gebiet des heutigen Bordeauxweins hinüberreichend), die *Allobrogica* (Plin. 14, 26. Colum. 3, 2, 16; *colore nigra*, eben die rothe Burgundertraube) u. s. w. Die Eigenschaften, die diesen gallischen Reben zugeschrieben werden, laufen alle auf grössere Widerstandskraft gegen Ungunst des Klimas hinaus: sie nehmen mit magerem Boden vorlieb, ertragen Kälte, Regen, Wind; sie sind alle reich an Beeren und liefern viel Most; sie arten bei Ortsveränderung leicht aus, haben also noch keinen constanten Charakter gewonnen: die *helvennaca* kommt in Italien schlecht fort, bleibt dort klein und fault leicht, die Lieblichkeit des Allobrogers *cum regione mutatur* u. s. w. An der geringen Haltbarkeit lag es, wenn die Weine von Massilia, die etwa unseren Cette-Weinen entsprachen, nach griechischer Sitte geräuchert wurden (oft erwähnt, z. B. Martial 3, 82, 23: *vel cocta fumis musta Massilitanis*) und die provençalischen Weine überhaupt nicht bloss durch Rauch, sondern durch Zusatz von Kräutern und Gewürzstoffen entstellt in den Handel kamen (Plin. 14, 68). Die Alten griffen nach allerhand Mitteln, wie Einkochen, Räuchern, Zumischen u. s. w., da sie den Branntwein, durch den unsere Xerez-, Porto-, Marsala- und andere südliche Weine vor dem Verderben bewahrt werden, noch nicht kannten. Dass nun während der römischen Kaiserjahrhunderte der Weinbau in Gallien nicht bloss sich befestigte, sondern seine Grenzen erweiterte, dass er sich des Thales der Garumna, nach Norden und Nordwesten der Thäler der Marne und der Mosel bemächtigte, lag im natürlichen Laufe der Dinge. Den Rhein aber überschritt er zur Römerzeit noch nicht (Bodmann, Rheingauische Alterthümer, S. 393: »Wir setzen unbedenklich die Ursprünge des Weinbaues im westlichen Rheingaue auf den Zeitraum der austrasischen Regierung des Merovingischen Königsstammes«). Von Gallien aber ward, wenn auch nicht der Weinstock, so doch der Wein den angrenzenden Germanen zugeführt, die mit Aufnahme dieses Products den verhängnissvollen Pact mit gallisch-römischer Kultur schlossen, während bei den weiter wohnenden Stämmen das sogenannte Freiheitsgefühl, d. h. die Anhänglichkeit an das von den

Vätern ererbte halbnomadische Jagd- und Heerdenleben der verdächtigen Gabe sich erwehrte. (Mehr als tausend Jahr später ging es den Deutschen in Norwegen, wie einst den Römern in Deutschland: da waren sie die weinführenden Südmänner, die das Volk verdarben und deshalb vom König Sverris in Bergen nicht zugelassen wurden, s. die Stelle aus der Sverris saga bei Weinhold, Altnordisches Leben, S. 109 f.). So sehr drohte aber auch in den Provinzen die Weinkultur den Getreidebau zu überwuchern, dass der Kaiser Domitianus in einem Anfall von Besorgniss die Hälfte und mehr aller ausserhalb Italiens bestehenden Weinberge auszurotten befahl — was sich indess natürlich nicht ausführen liess, Suet. Domit. 7: *ad summam quondam ubertatem vini, frumenti vero inopiam, existimans nimio vinearum studio negligi arva, edixit: Ne quis in Italia novellaret, atque in provinciis vineta succiderentur, relicta, ubi plurimum, dimidia parte: nec exsequi rem perseveravit.* Da gleichzeitig ein Verbot gegen die orientalische Sitte der Entmannung erging, sagte Apollonius, der Kaiser schone die Menschen, eunuchisire aber die Erde: γῆν εὐνουχίζειν (Philostr. vit. Apoll. 6, 42). Die Ausführung des Befehls wurde von Ionien und überhaupt von Asien durch eine Gesandtschaft abgewehrt (Id. vit. Soph. 1, 21, 12)[31]. Indess muss der provinciale Weinbau immer von Italien aus mit ungünstigen Augen angesehen worden sein. Denn vom Kaiser Probus wird berichtet, er habe den Provinzen Gallien, Spanien und Britannien, nach Andern Gallien, Pannonien und Mösien erlaubt, Weinberge zu besitzen und Wein zu bereiten, Fl. Vopisc. Prob. 18: *Gallis omnibus et Hispaniis ac Britanniis hinc permisit ut vites haberent vinumque conficerent.* Eutrop. h. Rom. 17: *Vineas Gallos et Pannonios habere permisit.* Aurel. Vict. de Caes. 37, 2: *Hic Galliam Pannoniasque et Moesorum colles vinetis replevit.* Auch die Trinker des Tokayerweins also können den Kaiser Probus leben lassen, der nur kurz regierte, aber ein Held der Legende, eine Art Weinheiliger wurde — natürlich, wie so oft, auf gelehrtem Wege d. h. nach den so eben beigeschriebenen Stellen der Historiker. Weniger besungen, aber von nicht geringer Wichtigkeit ist ein anderes Kulturproduct, das das transalpinische Europa zugleich mit dem Wein von Süden her kennen und vielfach anwenden lernte, wir meinen den Essig[32], französisch *vinaigre*, (wörtlich: saurer Wein), englisch *vinegar*, goth. *akeit* (aus *acetum*), alts. *ekid*, ags. *eced*, ahd. *ezih* (durch Umstellung der beiden Consonanten), kirchensl. *ocĭtŭ*, poln. neosl. bulgar. *ocet*, serb. *ocat*, magyar. *eczet*, walach. *ocet*. Die

Russen und durch sie die Litauer haben ihre Benennung des Essigs aus dem Griechischen, d. h. aus Byzanz: griech. ὄξος, russisch *uksus*, litauisch *ùksosas*, obgleich es jetzt kein Land giebt, wo eine grössere Vorliebe für alles Sauere herrschte, als in dem weiten Gebiet von den Karpathen bis an die chinesische Mauer. Essig mit Wasser gemischt, die sog. *posca* (das Wort angeblich aus ἔποξυς entstanden), griech. ὀξύκρατον, war ein unter dem Volk in Italien und in den Soldatenlagern gewöhnliches Getränk und mag von den letzteren aus auch in den barbarischen Ländern sich verbreitet haben.

Vergleicht man den heutigen Zustand des Weinbaues mit dem zur Zeit der Alten, so hat auch diese Kultur einigermassen an dem allgemeinen Gange der Geschichte Theil genommen, d. h. sie ist in ihren Ausgangsländern in Verfall gerathen und steht in dem zu allerjüngst gewonnenen Gebiete auf der höchsten Stufe der Entwickelung. Als Vorderasien, die Wiege der Rebenzucht, von Völkern islamitischen Glaubens überzogen worden, konnte ein Product nicht mehr gedeihen, dessen Genuss das Gesetz den Eroberern untersagte. In allen Ländern arabischer Herrschaft, in Nordafrika, Sicilien, Spanien ging der Weinbau zurück, da er von den Mächtigen nicht begünstigt wurde, die mit semitischer Mässigkeit mehr den Kultus des Wassers und kühlen Schattens, als den des erhitzenden Getränkes übten. Ja es fanden sich einzelne Fanatiker, die den Wein gar nicht dulden wollten, so der Kalif Hakem 2. von Spanien; »er liess fast alle Weinreben in Spanien ausrotten: nur ungefähr einen dritten Theil der Weingärten liess er stehen zum Genuss ihrer Früchte als reife Trauben, als getrocknete Frucht, Rosinen, Syrup und Traubenhonig, was zu geniessen das mohammedanische Gesetz erlaubte« (Aschbach, Gesch. der Ommaijaden in Spanien, 2. S. 158f.). Was dem Islam in Spanien nicht gelang — wie die heutigen Xerez- und Malagaweine beweisen —, das setzte er in dem gegenüberliegenden Marokko durch. Die atlantische Küste des letztgenannten Landes war im Alterthum ein ergiebiger und gepriesener Weinbezirk gewesen, dem seine Traube, wie Movers, 2, 2, S. 528ff. urtheilt, nicht erst von den Karthagern, sondern schon in der Urzeit von den Phöniziern zugetragen war. Dort lag das Vorgebirge Ampelusia (Mela 1, 5. Plin. 5, in.), also das Weinkap, heut zu Tage Cap Spartel, und die uralte Stadt Lix, die auf ihren punischen und punisch-römischen Münzen die Traube als Wahrzeichen führt (Müller, Numismatique de l'anc. Afrique 3, p. 155ff.) und von deren Einwohnern die Sage erzählte, dass sie sich ohne Bodenbestellung nur von freiwachsenden

Weinbeeren nährten (Paus. 1, 33, 4). Auch nach Strabo, 17, 4, 4 sollten die Weinstöcke von Maurusien so dick gewesen sein, dass sie von zwei Männern nicht umspannt werden konnten, und Trauben von einer Elle Länge getragen haben. Von reicher Weinerzeugung dieser Gegend und einem darauf gegründeten Ausfuhrhandel der Phönizier berichtet auch der Periplus des Scylax 112. Noch im Mittelalter bei Ankunft der Araber muss diese Kultur bestanden haben, da die Stadt, die von ihnen an Stelle des alten Lix gegründet wurde, den Namen El-Araisch, d. h. Weinberg erhielt. Jetzt nun trägt das überaus fruchtbare Land in Folge der arabischen Herrschaft keine oder fast keine Weinpflanzung mehr und nur unter den ungebundenen Schelluh's des Rif hat der Islam das verbotene Getränk nicht ausrotten können (s. Barth, Wanderungen durch die Küstenländer des mittelländischen Meeres, S. 20)[33]. Das heutige Griechenland — nach so vielen zerrüttenden Schicksalen und Jahrhunderten ethnologischer und wirthschaftlicher Erniedrigung — erzeugt mit wenigen Ausnahmen nur schlechten Wein; der Ruhm des Chiers, Lesbiers, Thasiers ist längst dahin und der harzgeschwängerte Resinato, über den schon Liudprand in seiner Gesandtschaftsreise nach Konstantinopel vom Jahre 968 klagt, nicht geeignet, ihn wieder ins Leben zu rufen (Ausführliche Mittheilungen darüber in Fiedlers Reise durch alle Theile des Königreichs Griechenland, 1, S. 571 ff.). Vielleicht sind auch die Korinthen nur eine durch Degeneration hervorgerufene Varietät. Sie sollen von der Insel Naxos gekommen und nicht vor dem Jahre 1600 in Morea bekannt gewesen sein. Merkwürdig ist, dass sie gleichsam von Gegend zu Gegend wandern: auf Naxos sind sie verschwunden, bei Korinth, woher ihr Name stammt, sind sie nicht mehr vorhanden, ihr Productionsbezirk ist jetzt Patras, Zante und Kephalonia (s. Xavier Scrofani, Mémoire sur la culture du raisin de Corinthe, in dessen Voyage en Grèce, trad. de l'italien, 3, S. 115 ff.). — In Italien kam es den ostgothischen und longobardischen Fürsten und Edlen wie allen Barbaren gewiss nicht auf feine geistige Blume ihres Weines, sondern auf das Quantum an, das die unterworfenen Colonen ihnen zu liefern hatten. Wer beim Schmause aus dem Schädel des erschlagenen Feindes trinkt, dem sagt das Herbe und Starke am meisten zu, vor Allem aber begehrt er, seine kriegerische Trinkschale recht oft leeren und wieder füllen zu können. Die Normannen im Süden, die deutschen Könige auf ihren Römerzügen und die sie begleitenden Herzoge, Grafen, Edlen und Mannen waren allesammt wackere Trinker, aber sicherlich keine allzu kritischen und wählerischen Kenner. Dazu die Gebundenheit des Grund und Bodens, die den arbeitenden Stand in düsterem Stumpfsinn erhielt, die ewigen Raub- und Verwüstungszüge und die Verwilderung und Unsicherheit des Lebens überhaupt, die keine Kapitalanlage auf längere Jahre gestattete. Vielleicht machten einige geistliche Besitzthümer eine Ausnahme, und die Keller der Klöster mögen hin und wieder alten, durch Lagerung veredelten Wein enthalten haben, doch darf man sich die Zunge der Bischöfe und Aebte des heiligen römischen Reichs auch nicht allzu fein denken, denn auch sie, wie die Ritter, waren Kinder einer rohen Zeit: nicht bloss tranken sie den Wein ohne Zusatz von Wasser — im Gegensatz zu der humanen, schon bei Homer geltenden und durch die Gesetze des Zaleukos ausdrücklich gebotenen Sitte der Alten, den Wein mit Wasser zu mischen, sondern am meisten mundete ihnen Wein mit Gewürz, Beeren und Honig abgekocht, *vinum moratum, claretum s. claratum, lûtertranc, môras, clâret*, ein Mischtrank, der zwar auch bei den Alten mitunter erwähnt wird, aber dort nur eine unter mannigfachen, in weinreichem Lande natürlichen Nebenanwendungen des zu täglichem Genusse dienenden Productes war. Dass seit der Römerzeit die edlere Weinkultur Rückschritte gemacht hat, darf man in Anbetracht dieser ungünstigen Verhältnisse wahrscheinlich finden. Liest man die weitläufige Abhandlung des Plinius über den Wein (im 14. Buche) oder den Abschnitt über denselben Gegenstand im Auszuge des ersten Buches des Athenäus, so sieht man deutlich, wie der Geschmack und Reichthum der Vornehmen diesen Kulturzweig in steter Regsamkeit erhielt. Es hat sich eine unendliche Mannigfaltigkeit von Sorten und Arten ergeben (gleich dem libyschen Sande, sagt Vergil, oder den Wellen des Meeres), von denen die eine von diesem, die andere von jenem Magnaten patronisirt wird; der Wetteifer, sich gegenseitig zu überbieten, führt zu immer neuen Versuchen, sowohl in Wahl der Trauben, als in Behandlung des Saftes: die Mode wechselt — aber vielleicht auch die natürliche Güte des Gewächses. So hatten zur Zeit des Augustus die auf der Grenze Latiums und Campaniens wachsenden Weine, der aus Horaz Jedem bekannte Falerner, Massiker, Cäcuber, für die edelsten der Halbinsel gegolten, und Plinius berichtet, zu seiner Zeit, also nach etwa zwei Menschenaltern, würden sie nicht mehr geschätzt, wodurch, fügt er hinzu, offenbar wurde, dass jeder Boden seine Zeit hat, 14, 65: *sua quibusque terris tempora esse, sicut rerum proventus occasusque*. Kurz vorher hatte er freilich gerade mit Bezug auf den Falerner gesagt, dieser Wein sei nicht mehr der alte (*exolescit*), weil die Producenten mehr auf die Menge als auf die Qualität des Erzeugnisses Bedacht nähmen. Ganz denselben Vorwurf macht man auch dem heutigen Weinbau in Griechenland, wie in Italien. Bei der vorherrschenden, auf Naturalabgabe basirten Pachterwirthschaft wird hauptsächlich auf das Quantum gesehen, und diejenige Kulturmethode vorgezogen, die den reichlichsten Ertrag verspricht; die Traubenlese geschieht sorglos, unreife und faule Beeren werden mit den reifen zusammengeworfen; um möglichst dunklen Wein zu erzielen, für welchen ein allgemeines Vorurtheil herrscht, wird der Most zu spät von den Trestern abgezapft, wodurch der in der Haut der Beeren enthaltene Pflanzenschleim und Farbestoff in den Wein übergeht und die essigsaure Gährung hervorruft, die den italienischen Landwein meistens noch vor dem Schluss des Weinjahres ergreift. Dazu kommt die noch zu hohe Temperatur zur Zeit der Gährung im Herbste, so wie der Mangel an luftdichten soliden Fässern und an kühlen Kellern. Die Temperatur der letztern bleibt selten unter der mittleren des Jahres. Die Art der Aufbewahrung bei den Alten war in einem warmen Klima vielleicht wirklich passender, als die unsere in hölzernen Tonnen, die die Römer bei den cisalpinischen Galliern und den Alpenvölkern zuerst kennen lernten und die sich von da weiter nach Süden verbreitet hat[34]). Die Schläuche im Orient haben wenigstens den Vortheil, dass sie keine Luft zulassen, beim Gebrauch sich entsprechend zusammenziehen, leicht aufgepackt werden und auf Reisen zum Liegen und Sitzen dienen. — Allbekannt ist, dass in moderner Zeit die Palme der Weinproduction dem mittleren und südlichen Frankreich zukommt. Wenn Italien die 30 Millionen Hectoliter seines jährlichen Ertrags fast ausschliesslich selbst verbraucht und also für das Ausland wenig übrig hat, so erzeugte Frankreich bis vor Kurzem (d. h. ehe die Reblaus ihre Verwüstungen begann) das Doppelte davon, mit einem Geldwerth von etwa 2000—3000 Mill. Franken, und bildete das Hauptausfuhrland, welches alle Gegenden der Erde mit den feinsten wie mit gewöhnlichen Tischweinen versorgte. Das einzige Departement de l'Hérault brachte durchschnittlich 12—15 Millionen Hectoliter, also dreimal oder viermal mehr Wein hervor, als das ganze Königreich Portugal. Es ist eine merkwürdige Thatsache, dass der Weinstock ganz nahe an der Nordgrenze seiner Verbreitungssphäre, in Gegenden, wo er erst mühsam und allmählich und ganz zuletzt eingebürgert worden, den edelsten

Fruchtsaft hervorbringt, der unter dem Namen Burgunder, Johannisberger u. s. w. in aller Welt berühmt ist. Kultur und Technik haben freilich das Ihrige dabei gethan, und wir wissen nicht, was beide in den alten Heimathländern des Weinstocks leisten könnten, wenn sie daselbst Eingang und Aufnahme fänden. In dieser Hinsicht verdient eine in den ersten Jahrhunderten des beginnenden Mittelalters, zur Zeit des Sidonius Apollinaris, Cassiodorus, Gregorius Turonensis, Venantius Fortunatus, Fulgentius u. s. w., auftretende Erscheinung alle Aufmerksamkeit. Damals nämlich wandte sich die occidentalische Welt zu den Weinen Palästinas, als den stärksten und edelsten zurück, etwa in der Weise, wie wir die Sherry- und Portweine aus der pyrenäischen Halbinsel beziehen: Gregor. Turon. 7, 29: *misitque pueros unum post alium ad requirenda potentiora vina, Laticina videlicet atque Gazitina* (Weine von Gaza). Sid. Apoll. carm. 17, 15:

Vina mihi non sunt Gazetica, Chia, Falerna
Quaeque Sareptano palmite missa bibes.

Cassiod. Var. 12, 12: *ibi enim reperitur (vinum) et Gazeto par et Sabino simile.* Auch am byzantischen Hofe ward dieser Wein der phönizisch-philistäischen Küste geschätzt, Coripp. de laud. Just. 3, 87:

et dulcia Bacchi
Munera quae Sarepta ferax, quae Gaza crearat,
Ascalon et laetis dederat quae Graeca colonis.

Der Einbruch der Araber machte dieser Weinproduction und dem darauf gegründeten Handel ein Ende (s. Stark, Gaza, S. 561f.).

Zur Zeit des Alterthums wurde der Weinstock durch alle Länder getragen, die das Mittelmeer umgeben: hat er sich jetzt — könnte man fragen —, wo die Kultur in immer grösserem Massstab die ganze Erde umfasst, über alle Welttheile verbreitet? Die Antwort muss verneinend ausfallen. In der südlichen Hemisphäre ist, mit Ausnahme des nicht bedeutenden Kaplandes, die schmale gemässigte Zone, in der der Weinstock gedeiht, nicht vorhanden, und in der sogenannten Neuen Welt haben die Versuche, ihn anzupflanzen und ertragfähig zu machen, keinen übermässigen Erfolg gehabt. Nordamerika mag jetzt nahe an eine Million Hectoliter erzeugen und in den meisten Wirthshäusern der Vereinigten Staaten ist schon einheimischer Kalifornier zu haben, aber er wird als von nicht angenehmem Geschmack geschildert. Der Wein liebt, so zu sagen, den Westen nicht und hängt an seiner alten Nachbarschaft. In einigen Theilen Australiens sollen sich jetzt ziemlich ausgedehnte

Weinkulturen finden, meist von deutscher Hand angelegt, aber der dortige Bordeaux geht zu sehr ins Blut, Mosel- und Rheinwein haben keine Blume u. s. w. (s. Hugo Zöller, Rund um die Erde, Köln 1881, I, S. 157 und 190 f.). Nur an zwei Punkten hat am Ausgang des Mittelalters die Hand des Menschen den Bezirk der Rebe wirklich erweitert, in Madeira und auf den Canarien — die aber beide gewissermassen noch zu Europa und zum Kreise des Mittelmeers gehören. Nach Madeira liess schon Prinz Heinrich der Seefahrer Rebschösslinge aus dem Peloponnes und von der Insel Kreta bringen, nach Teneriffa verpflanzte Alonzo de Lungo gegen das Jahr 1507 Weinstöcke von Madeira. Der dort also aus griechischen Reben gewonnene Wein wurde später in allen Ländern berühmt; in neuester Zeit hat der Traubenpilz dieser Kultur den Garaus gemacht, und sie hat jetzt Mühe, sich wieder herzustellen. Interessant aber ist der Weinbau auf jenen Inseln auch desshalb, weil er sich hier dem Tropenklima am meisten nähert: die Weinberge von Südpersien und die am Kap stehen vom Aequator weiter ab, als die der Insel Ferro unter 27° 48′ (s. Leop. v. Buch in den Abhandl. der Berliner Akademie vom Jahre 1817, S. 352).

---

* Für die Frage nach der Herkunft des Weinstockes sind mehrere pflanzengeographische und pflanzengeschichtliche Thatsachen, welche vordem von Hehn nicht berücksichtigt wurden, von entscheidender Bedeutung. Schon in der mittleren Tertiärperiode, zur Zeit der Braunkohlenbildung, waren in Deutschland bis zu den Alpenländern, gleichzeitig in Frankreich, England, Island, Grönland, Nordamerika und Japan Weinreben verbreitet, von denen sich sowohl Blätter, wie auch Samen erhalten haben. In wie weit dieselben zu einer und derselben Species oder zu verschiedenen Arten gehören, ist natürlich nicht sicher zu entscheiden; aber so viel ist sicher, dass die in Deutschland in den Braunkohlenlagern von Salzhausen, der Wetterau, bei Bischofsheim in der Rhön, bei Schossnitz in Schlesien, im Jesuitengraben bei Kundraditz im nördlichen Böhmen, bei Leoben in Steiermark und bei Oeningen in der Schweiz vorkommenden Blätter der *Vitis teutonica* A. Braun viel mehr Aehnlichkeit mit den Blättern der im atlantischen Nordamerika verbreiteten V. *cordifolia* Michx., sowie auch der anderen nordamerikanischen Arten besitzen, als mit der jetzt in Mittel- und Südeuropa cultivirten V. *vinifera* L. Birnförmige Samen, wie sie *Vitis vinifera* besitzt, finden sich, allerdings mit kleinen Abänderungen, auch bei den nordamerikanischen und ostasiatischen Arten; es ist daher sehr wahrscheinlich, dass die mit den Blättern von V. *teutonica* in Salzhausen zusammen gefundenen Samen auch zu dieser Art gehören. Auch die in England bei Bovey Tracey gefundenen Samen, ferner die auf Island gefundenen Blattfragmente (V. *islandica* Heer), ebenso die in Grönland beobachteten Blattfragmente und Samen (V. *arctica* Heer) weisen

grosse Aehnlichkeit mit denen von V. *teutonica* A. Braun auf, gehören also ebenfalls dem in Nordamerika und auch in Ostasien entwickelten Typus der V. *cordifolia* Michx. und ihrer Verwandten an; auch schliesst sich V. *subintegra* Saporta aus dem Unterpliocän von Meximieux diesem Typus an. Dagegen finden sich Reste der V. *vinifera* L. bis jetzt nur in jüngeren Lagerstätten fossiler Pflanzen, nämlich 1. in Frankreich: in diluvialen Tuffen von Montpellier (G. Planchon, Étude des tufs de Montpellier 1864 p. 63), in den Tuffen von Meyrargues und Castelnau, zusammen mit der Feige (*Ficus carica* L.), dem Perrückenbaum (*Cotinus*), Ahorn (*Acer neapolitanum*), dem kanarischen Lorbeer (*Laurus canariensis*), *Pinus Salzmannii* Duval; ferner in den etwas jüngeren Tuffen von St. Antoine im Departement Bouches du Rhône zusammen mit der Terebinthe (*Pistacia terebinthus* L.) und der weichhaarigen Eiche (*Quercus pubescens* Willd). — 2. In Italien: in dem alten Travertin des Val d'Era und bei San Viraldo in Toscana (Gaudin et Strozzi, Contributions à la flore fossile italienne, I. et VI. mém. p. 18 t. 11 f. 9), ferner im Travertin von Fiano Romano am rechten Ufer der Tiber, etwa 35 Kilom. von Rom und im vulkanischen Tuff von Pejerina auf der Via Flaminia, etwa 6 Kilom. von Rom, zusammen mit *Taxus*, *Buxus*, *Hedera*, der Feldrüster (*Ulmus campestris*), dem Wachholder (*Juniperus communis*). Die französischen Tuffbildungen stammen aus der Zeit, zu der noch der dem afrikanischen Elephant verwandte *Elephas antiquus* sich in Südeuropa aufhielt, als das bekannte *Rhinoceros Merckii*, der Urstier (*Bos primigenius*), der Höhlenbär noch nicht vom Menschen verdrängt waren, die Vegetation Süd- und Mitteleuropas aber im Wesentlichen schon die Bestandtheile unserer heutigen Flora enthielt. Einer späteren Zeit, der Bronzezeit, gehören die Samen der Weinrebe an, welche in den Pfahlbauten von Castione bei Parma (Heer, Pflanzen der Pfahlbauten S. 28 f. 11), im See von Varese (Ragazzoni in Rivista arch. della prov. di Como 1880 fasc. XVII. p. 30) gefunden wurden. Hierbei ist ausdrücklich zu bemerken, dass diese Kerne mit denen des wilden Weines übereinstimmen, woraus auf eine ursprüngliche Verwendung der Weinbeeren bei jenen Pfahlbaubewohnern geschlossen werden kann. Auch die in der zweiten Stadt von Hissarlik (Troja) in der Königsburg von Tirynth gefundenen Samen sind klein und dürften (nach Buschan, Vorgeschichtliche Botanik, S. 227) von wilden Reben stammen, desgleichen auch die in Pfahlbauten des Lago di Fimon im Gebiet von Vicenza gefundenen Samen (s. Buschan, S. 227). Dagegen sind die im Terramare von Castione in Parma und von Cogozzo in Oberitalien gefundenen Samen schon etwas grösser; und die Weinkerne, welche in den Pfahlbauten von Wangen in der Schweiz (Heer a. a. O.) gefunden wurden, stimmen mit denen der Kulturpflanze überein; Heer hält sie daher für unsichere Zeugen. Bevor man diese Thatsachen kannte, war man vielfach geneigt, die in Süd- und Mitteleuropa ausserhalb des cultivirten Terrains vorkommenden Weinreben als verwildert anzusehen; auch von V. Hehn war diese Meinung getheilt worden. Nur am Südrande des Kaspischen Meeres und in den pontischen Ländern zwischen Kaukasien, Ararat und Taurus sollte der Weinstock heimisch sein und von hier aus über Kleinasien, Griechenland nach Ober- und Unteritalien, dann nach Spanien, Frankreich und endlich durch die Römer auch nach Deutschland gebracht worden sein. Mag auch die Kultur des Weinstockes ihren Weg von Osten nach Westen und Nordwesten genommen haben, so ist doch zweifellos vor der Verbreitung der Weinkultur der Weinstock selbst durch ganz Südeuropa und einen Theil Mitteleuropas verbreitet gewesen, ja es ist sogar wahrscheinlich, dass vor den Eingriffen der Menschen in die ursprüngliche Vegetation der Weinstock noch verbreiteter gewesen ist, als gegenwärtig. Durch ihre Beerenfrüchte zur Verbreitung durch Vögel leicht befähigt, musste die Weinrebe zusammen mit anderen Waldpflanzen überall da sich ansiedeln, wo die klimatischen Verhältnisse ihre Fruchtentwicklung gestatteten. Die klimatischen Verhältnisse waren aber vom mittleren Tertiär bis zur Glacialperiode und nach derselben fast überall da gegeben, wo heute die wilde Weinrebe gedeiht; nur während der Glacialperiode wird dieselbe nördlich der Alpen gefehlt haben und ihr Areal auch jenseits der Alpen etwas eingeschränkt gewesen sein; nach der Glacialperiode aber musste sich dasselbe wieder mehr ausdehnen. Dass die Weinrebe auch verwildert, indem die Samen der aus den Kulturen von Vögeln verschleppten Beerenfrüchte an geeigneten Stellen zur Entwicklung gelangen, ist gewiss; aber dann findet sie sich nur in Hecken oder auf Boden, der von heimischen Pflanzen entblösst worden ist oder auch auf jungfräulichem, erst von Wasser entblösstem Boden. Unter solchen Verhältnissen vermögen wohl die Keime einer nicht einheimischen Pflanze sich weiter zu entwickeln, da sie in geringerem Grade der Concurrenz mit längst eingebürgerten Pflanzen ausgesetzt sind; aber gewöhnlich treten derartige Ansiedler nur vereinzelt auf und erhalten sich auch nur kurze Zeit im Kampfe mit den einheimischen Pflanzen. Am schwersten ist es für verschleppte Samen, in den geschlossenen Formationen der Wälder, der dichten Gebüsche, der Wiesen aufzugehen und reichliche Nachkommenschaft zu erzeugen. Wenn wir daher den Weinstock oder eine andere Pflanze in grösserer Anzahl in Wäldern auftreten sehen, dann haben wir ein Recht anzunehmen, dass dieselbe unabhängig von der Kultur ihren Weg nach diesen Standorten gefunden hat. Diese Annahme wird um so begründeter sein, je mehr die Fundorte einer Pflanze mit einander in Verbindung stehen und in ihrem sonstigen Vegetationscharakter übereinstimmen. Als nach der Glacialperiode in Europa die Laubwaldformationen von Osten, Süden und Westen wieder vordrangen, wurden jedenfalls die Beeren des Weins mindestens eben so rasch verschleppt, wie die Steinfrüchte des Faulbaums oder des Schneeballes und anderer Sträucher. Gegenwärtig findet sich die wilde Weinrebe in ganz besonders üppiger Entwicklung im westlichen Transkaukasien, in dem zum Schwarzen Meer abfallenden feuchtwarmen Gebiete, von Beschtau und den Ufern des Terek südwärts bis Armenien und bis zum Talyschgebirge (vergl. den auch sonst, namentlich in Bezug auf die Vulgärnamen sehr wichtigen Artikel über den Weinstock in Köppen, geogr. Verbreitung der Holzgewächse des europäischen Russlands I. 98); von hier verfolgen wir sie ostwärts bis in die persische Provinz Ghilan und in nordöstlicher Richtung bis Turkestan, wo sie Capus an den Ufern des Pakeme und an den Ufern des Pokem bis zu einer Höhe von 1250 m wild beobachtete (Planchon in De Candolle, Suites au Prodr. V. 2 p. 360), während Albert Regel sie im Tschitschikthal und Tshotkalthal zusammen mit wilden Apfelbäumen, Pflaumen, Aprikosen, Kirschen, Maulbeeren und Pistacien constatirte. Ob die in Afghanistan und im nordwestlichen Himalaya ausserhalb der Kultur vorkommenden Weinreben verwildert oder wild sind, ist noch fraglich. Westlich vom Kaukasus finden wir die Rebe zunächst wild in der Krim auf beiden Seiten des Gebirges, meist an Bachufern, auf der Südseite bisweilen Stämme mit $4^1/_2$ Fuss Umfang (v. Steven, Verzeichniss der auf der taurischen Halbinsel wild wachsenden Pflanzen p. 96), während derselbe Beobachter bei Tiflis nur Stämme von $3^1/_2$ Fuss Umfang gesehen hatte. Auch wird nach Angabe desselben Gewährsmannes in der Krim bisweilen aus den schwarzen sauren Beeren der wilden Rebe Wein bereitet, wie ja überhaupt wohl nirgends die Benutzung wildwachsender Beerenfrüchte zur Bereitung von Getränken so verbreitet ist als in Russland. Sodann ist die Rebe höchstwahrscheinlich wild am rechten Ufer des Dnjepr von Alexandrowsk bis Cherson, in Podolien am linken Ufer des Dnjestr zwischen den Ortschaften Wyschwatencz und Jagorlyk, in Bessarabien an den Ufern des Djnestr, des Pruth und der Donau, sicher wild, wie ich selbst beobachtete, an den Ufern der Donau in Rumänien (vergl. auch Brandza, Prodromul Floreĭ romăne p. 209) bis Orsowa, auch im Banat, wo ich sie in den Mischwäldern bei Mehadia als kräftige Liane entwickelt sah. Auch in den bisweilen noch Urwaldcharakter zeigenden Eichenwäldern des ungarischen Tieflandes, in welchen die hier schlanken Stämme der Rebe bis zu den Wipfeln der Eichen hinanreichen und von da malerisch in das schattige Waldesdunkel herabhängen, ist nach Kerner (Pflanzenleben der Donauländer, p. 42) der Weinstock wahrscheinlich einheimisch, ebenso findet er sich dort häufig in den aus Erlen bestehenden Uferwäldern. Ob die häufig auf den Auen der Donau und March unterhalb Wiens vorkommenden Reben wild oder verwildert sind, lassen die österreichischen Floristen noch unentschieden, doch möchte ich auch hier ein von der Kultur unabhängiges Einwandern für das Wahrscheinlichere halten. Südlich der Donau ist der Weinstock auf der Balkanhalbinsel sicher wild; ich sah ihn selbst als kräftige Liane in den dichten Wäldern von Bujukdere bei Constantinopel; sowohl in der Dobrudscha wie im Balkan und dem Rhodopegebirge, wo er bis in die Buchenregion hinaufsteigt, ist er sehr verbreitet (Velenovsky, Flora bulgarica p. 111), sehr häufig auch in Wäldern und Gebüschen, namentlich in Eichenwäldern Thraciens, häufig auf der Insel Tasos, in Gebüschen der Ebene Tettovo bei Calcandela, in Südalbanien (Grisebach, Spicilegium Florae rumelicae I, p. 153). In grosser Ueppigkeit sah ich selbst die Rebe im Tempethal und am Wege von da nach Larissa. In Sibthorp's Florae graecae prodr. I wird die Rebe als »ad fluviorum margines Graeciae omnino indigena« bezeichnet; das Auffinden von Weinkernen in Tiryns (Wittmack in Tageblatt d. Vers. der Naturforscher und Aerzte in Berlin 1886, p. 194) ist nicht von grosser Bedeutung, da die Weinkultur jener Zeit anderweitig hinreichend verbürgt ist. Auch Visiani, der Florist Dalmatiens, giebt an, dass die Rebe an Hecken in ganz Dalmatien, selbst in der Bergregion, wild sei. Dagegen sagt G. von Beck in seiner Flora von Südbosnien und der angrenzenden Herzegovina: »Ueberall verwildert im Drinathal, an der Narenta«, doch ist mir kein triftiger Grund gegen die Annahme des spontanen Vorkommens in diesem Gebiet erfindlich. Der vortreffliche Florist Italiens Parlatore, welcher die grösste Sorgfalt auf die Standortsangaben verwendete, giebt in seiner Flora italiana V. 483 an, dass der Weinstock sowohl auf der Halbinsel, wie Sicilien, Corsica und Sardinien in Gebüschen und Macchien der Olivenregion, wie er glaube, heimisch oder seit den ältesten Zeiten verwildert sei; dagegen ist er geneigt anzunehmen, dass in den mittleren und nördlichen Theilen der Halbinsel, wo die Weinrebe auch in der Eichenregion vorkommt, weniger häufig und kräftig ist, wahrscheinlich verwildert sei. Es ist aber bei der Continuität aller angegebenen Fundorte die Annahme der Verbreitung vor der Einführung der Kultur für mich das Wahrscheinlichere, zumal mit Rücksicht auf die oben erwähnten fossilen Funde. Der Florist von Tirol, v. Hausmann, erklärt sich entschieden für das Indigenat der Rebe im Etschlande: »Wild kommt die Rebe im ganzen Etschlande allenthalben im Thal an Zäunen, in Hecken und Auen vor.« Dagegen sind die Schweizer Floristen meist geneigt, die in der Schweiz ausserhalb der Kultur vorkommenden Reben als verwildert anzusehen. Im südlichen Spanien, wo in einzelnen waldreichen Thälern, namentlich der Provinz Almeria, die kleinfrüchtige Rebe armsdicke Stämme entwickelt und hoch in die Wipfel der Bäume aufsteigt, dürfte sie auch ursprünglich wild sein; auch in Neu-Castilien und selbst im nördlichen Spanien bei Bilbao findet sich diese Form der Rebe noch sehr häufig in Hecken und Hainen. Willkomm (Prodromus Florae hispanicae III. 2, p. 567) sieht die Rebe zwar auch als verwildert an; aber das ursprüngliche Vorkommen im Süden der iberischen Halbinsel ist auch deshalb wahrscheinlich, weil sowohl bei Algesiras als auch im südlichen Portugal »*Rhododendron baeticum* Boiss. et Reut.« vorkommt, welches mit dem am Südrande des schwarzen Meeres von Bithynien bis zum Kaukasus verbreiteten *Rh. ponticum* L. identisch ist, einem bei uns jetzt vielfach kultivirten Strauch, der in interglacialer Zeit auch noch bei Innsbruck in einer Höhe von 1000–1200 m zusammen mit Linde, Ahorn, Fichte vorkam (vergl. v. Wettstein in Sitzungsber. d. Kais. Akad. d. Wiss. in Wien, Bd. XCVII. Abth. 1, 1888 und Denkschr. derselben Akad. Bd. LIX., 1892). Es wäre sonderbar, wenn die Samen der Weinrebe sich nicht auch bis Spanien und Portugal verbreitet hätten, da es doch die Samen jenes *Rhododendron* gethan haben. Nachdem jetzt in Frankreich die wilde Weinrebe fossil nachgewiesen ist, mehren sich auch die Angaben über das gegenwärtige Vorkommen von wildem Wein; Sagot fand solchen in einem Wald bei Belley (Dep. Ain), Carrière bei St. Amans (Dep. Cher), Planchon bei Montpellier und in den Sevennen etc. etc.; sie ist verbreitet in Süd-, Mittel- und Ostfrankreich. Ebenso finden sich wilde Reben in Baden und im Elsass; Oberlin (Pomologische Monatsschrift VII. 1881, Heft 1, S. 20, 21) fand neun Standorte wilder Reben auf dem rechten Rheinufer zwischen Rastatt und Mannheim, zwei auf dem linken bei Strassburg und Speier, meist in den Waldungen, durch Winterfröste nicht leidend.

Verfolgen wir das Vorkommen der wilden Rebe durch Kleinasien nach Nordafrika, so finden wir Angaben über das Vorkommen der wilden Rebe in Anatolien (Boissier, Flora orientalis) und Palästina (v. Klinggraff in Oest. Bot. Zeitschr. XXX), dagegen keine über spontanes Vorkommen in Arabien und Aegypten, wo aber die Kultur nach den von Prof. Schweinfurth gemachten Funden von Totengaben mindestens bis in die Zeit der XXI. Dynastie zurückreicht (vergl. Schweinfurth in Engler's bot. Jahrb. V, S. 189). Von Tunis durch Algier bis Marokko ist die Rebe wahrscheinlich wild; nach

Cosson findet sie sich z. B. im westlichen Tunis am Dschebel Cheban, fern von aller Kultur; in Algier ist sie nach Cosson und Battandier sehr verbreitet und in Marokko hat sie Ball beobachtet (vergl. Planchon in De Candolle, Suites au Prodr. V. 2, p. 357). Leider hat es bis jetzt noch kein Botaniker unternommen, die wilden Reben dieser verschiedenen Gebiete genau zu studiren und zu classificiren; vor einigen Jahrzehnten hätte man vielleicht noch hier und da Beziehungen zwischen den wildwachsenden und den kultivirten Reben einzelner Gebiete herausfinden können, heutzutage, nach der Einführung der amerikanischen Reben und nach wahrscheinlich auch schon weit gegangener Vermischung der Arten wird dies kaum noch möglich sein. Nur darauf sei hingewiesen, dass nach Kolenati (Bulletin de la soc. imp. des naturalistes de Moscou 1846 p. 279) in dem Gebiet zwischen dem Schwarzen und dem Kaspischen Meer zwei entschieden wilde Formen vorkommen, die sich nicht bloss durch die Behaarung und Nervatur ihrer Blätter, sondern auch durch die Form und Farbe ihrer Beeren unterscheiden. Interessant ist auch die Angabe R. Göthe's (Ampelographische Berichte 1882 No. 5, p. 40), dass die aus dem westlichen Asien stammenden Kulturreben zu *Vitis vinifera* L. gehören, dass dagegen die aus Ostasien erhaltenen Weinsorten theils mit der japanischen *V. Thunbergii* Sieb. et Zucc., theils mit der chinesischen *V. ficifolia* Bunge verwandt sind, theils zur Gattung *Cissus* gehören. Endlich seien auch die Nichtbotaniker darauf aufmerksam gemacht, dass zahlreiche amerikanische Reben, vor allen *Vitis Labrusca* L., *V. aestivalis* Michx., *V. riparia* Michx., *V. rotundifolia* Michx. (*V. vulpina* Aut., Muscadine) nach der Entdeckung Amerikas in Kultur genommen sind. Im Gegensatz zu den vorhistorischen Resten des wilden Weins tragen die Merkmale des kultivirten an sich die Beeren und Samen, welche in altägyptischen Gräbern gefunden wurden (vergl. A. Braun, über die im Kgl. Museum zu Berlin aufbewahrten Pflanzenreste aus altägyptischen Gräbern in Zeitschr. f. Ethnologie 1877, S. 289—310 und Schweinfurth, über Pflanzenreste aus altägyptischen Gräbern, Ber. d. deutsch. bot. Ges. II, 1884, S. 362, ferner Buschan a. a. O., S. 222). Von besonderem Interesse aber und für die Geschichte der Kulturweinrebe in's Gewicht fallend ist der Umstand, dass nach Loret, la flore pharaonique, Paris 1887, S. 46 in den hieroglyphischen Texten bereits acht Weinsorten erwähnt werden. Wie es in dem Gebiet zwischen Schwarzes Meer und Kaspi-See, welches gern als die ursprüngliche Heimath des Kulturweines angesehen wird, zu jener Zeit mit den Sorten oder Rassen bestellt gewesen sein mag, entzieht sich vorläufig noch der Beurtheilung.

** Versuchen wir zunächst eine Uebersicht über die geographische Verbreitung der Benennungen des Weins zu geben, indem wir die auf den einzelnen Gebieten jedesmal ältesten Namen zusammenstellen, ohne indessen schon hier auf eine Erörterung des historischen Zusammenhangs der sichtlich mit einander zusammenhängenden Bezeichnungen näher einzugehen.

In Europa gilt überall die Sippe unseres deutschen *wein:* goth. *vein* (ahd. *trûba, rĕba),* slav. *vino* (altsl. *grozdŭ* Traube), lit. *wŷnas*, altir. *fín*, lat. *vînum* (*vîtis*, *ûva* = lit. *ûgė*), griech. *ϝοῖνος* (ἄμπελος, σταφυλή, βότρυς), alb. *venë* (alb. *hardî* Weinstock, *rus* Traube). Unter den asiatischen Indogermanen setzt sich diese Reihe in dem armenischen *gini* aus **voino-*, **voinio-* (*ort* Weinstock) fort, das auch im Kaukasus, in georgischen (*g'wino*) und lasischen Dialecten (*g'ini*) wiederkehrt. Hingegen erlischt dieselbe in den iranischen Sprachen. Die hier geltenden, ziemlich jungen Namen des Weins, z. B. pers. *mai*, kurd. *mei* = scrt. *madhu* findet man bei Pott in Lassens Z. f. d. K. d. M. V. S. 62. Vgl. auch Köppen, Holzgewächse I, 116. Ossetisch *san* vgl. Anm. 17. — Wohl aber beherrscht das in Europa geltende Wort auch den grössten Theil des semitischen Sprachgebiets: hebr. *jajin* (aus **wain*), arabisch-aethiop. *wain* (vgl. F. Hommel, Z. f. d. K. d. M. 1889 S. 653 ff.). Ob diese Bezeichnung des Weines auch im Babylonisch-Assyrischen von Alters her vorhanden war, scheint noch zweifelhaft. P. Jensen (Z. f. Assyriologie I, S. 187) erblickt die lautgesetzliche Entsprechung von hebr. *jajin* in assyr. *inu*, während F. Hommel das nur in den späten Nationallexicis belegte Wort für aram.-hebräische Entlehnung hält. Letzterer hebt auch hervor, dass eine Reihe semitischer, auf den Weinbau bezüglicher Ausdrücke: **karmu* Weingarten, **gupnu* Weinrebe, **înabu* Weintraube im Assyrisch-Babylonischen noch die allgemeinen Bedeutungen von Ackerland, Stamm, Pfahl hätten, woraus geschlossen werden könne, dass der Weinbau in Mesopotamien von Haus aus fremd sei (Hommel, Die sprachgeschichtliche Stellung des Babylonisch-Assyrischen, Aufsätze und Abh. S. 94). Der spätere Name des Weines im Assyrischen war *karânu* (vgl. griech. κάροινον), dessen wichtige Bezugsquelle für die assyrischen Könige, wie übrigens auch für die persischen, die syrische Stadt Helbon, nordwestlich von Damaskus (E. Schrader, Die Keilinschriften und das alte Testament[2] S. 425 f.) war. Auch der sumerisch-akkadischen Urbevölkerung Mesopotamiens wäre nach Hommel (Die Semiten, S. 408) der Weinstock unbekannt gewesen.

Ganz ohne Zusammenhang mit dem westsemitisch-indogermanischen Wort steht der altägyptische Name des Weines *arp*, der in der Form ἔρπις schon im Zeitalter der Sappho in Griechenland bekannt war (A. Wiedemann, Sammlung altäg. W. S. 20). Ueber die Bedeutung des Weinbaus im alten Aegypten, der trotz Herodots Nachricht II, 77: οὐ γάρ σφι εἰσὶ ἐν τῇ χώρῃ ἄμπελοι von sehr früher Zeit an hier nachweisbar ist, vergl. auch Woenig, Die Pflanzen im alten Aegypten, VII. Abschnitt. Hiernach liesse sich an der Hand der bildlichen Darstellungen die Kultur des Weinstocks bis zur IV. Dynastie verfolgen (vgl. oben S. 90).

Zum Schluss dieser Uebersicht sei erwähnt, dass bei den Turko-Tataren zwar nicht der Wein, wohl aber die Weintraube eine gleichlautende Benennung *üzüm*, mong. *üdsüm* trägt, woraus Vámbéry, Primitive Kultur S. 219 folgert, dass das ursprüngliche Vaterland des Weinstockes auch die urbaren Oasenländer im Osten des Kaspischen Meeres umfasst habe.

Es erhellt, dass unter den aufgezählten Wörtern der europäisch-semitische Name des Weines hauptsächlich unser Interesse in Anspruch nehmen muss. Wie ist dieser Zusammenhang geschichtlich zu erklären? In dieser Beziehung muss zuerst gegen Hehn (oben S. 70) hervorgehoben werden, dass an eine Entlehnung des griech. *ϝοῖνος* aus dem hebr. *jajin*, wie auch der phönizische Ausdruck gelautet haben muss, nicht wohl gedacht werden darf, da bei dieser Annahme zunächst das anlautende *w* des Griechischen unerklärt bleibt (vgl. z. B. den schon homerischen Flussnamen Ἰάρδανος in Elis und auf Kreta aus hebr. *jarden* Fluss). Dazu kommt, dass nach den Ausführungen A. Müllers in Bezzenbergers Beiträgen I, S. 294 für die semitischen Wörter innerhalb des Semitischen eine Wurzel nicht nachweisbar ist, so dass das Indigenat des Wortes **wainu* im Semitischen von dieser Seite her nicht gestützt werden kann. Diese Ansicht M.'s ist bis jetzt von Niemandem widerlegt worden, auch nicht von Lagarde, der Mittheilungen II S. 356 neben ganz hinfälligen semitischen Ableitungen von ἄμπελος und βότρυς auch an der Erklärung von οἶνος aus *jajin* festhält (anders jedoch noch Armen. Stud. S. 35).

Eine andere Möglichkeit wäre, dass die Indogermanen und Semiten gleichermassen von einem dritten Volke entlehnt hätten. Thatsächlich wird diese Annahme durch F. Hommel vertreten, der in seinem Aufsatz Neue Werke über die Urheimath der Indogermanen (Archiv f. Anthrop. XV. Suppl. S. 163 ff.; vgl. dazu Aufsätze und Abh. S. 102) der Meinung ist, dass die oben S. 91 genannten kaukasischen Benennungen des Weins (vgl. dazu auch Tomaschek Z. f. ö. Gymn. 1875 S. 526) die gemeinschaftliche Quelle sein, aus der sowohl die westlichen Indogermanen, als sie aus dem inneren Asien nordwärts des Kaukasus vorüberzogen, wie auch die Semiten, als sie ebenfalls auf dem Wege aus Innerasien nach Ablösung der Babylonier südwärts des genannten Gebirges zogen, geschöpft hätten. Allein auch abgesehen davon, dass hier durchaus unbewiesene und unbeweisbare Völkerbewegungen und Völkerlocalisationen angenommen werden, dürfte gegenwärtig ein Zweifel daran kaum gestattet sein, dass die kaukasischen Wörter einfache Entlehnungen aus dem Armenischen darstellen. Die westsemitischen Namen des Weins können also nur aus einer der obengenannten indogermanischen Sprachen stammen, und bedenkt man, dass in Klein- und Vorderasien die Natur dem Menschen in der Zeitigung der Früchte des Weinstocks soweit entgegenkommt, dass, wie A. de Candolle Ursprung der Kulturpflanzen S. 236 sagt, in Pontus, in Armenien, im Süden des Kaukasus und des Kaspisees die Rebe den Anblick einer wildwachsenden Liane bietet, welche hohe Bäume überzieht und ohne Schnitt oder irgend welche Kultur eine Menge von Früchten hervorbringt," so wird es am nächsten liegen, das westsemitische **wainu* an das obengenannte armenische **voino-*, **voinio-* = *gini* oder eine diesem entsprechende Form aus einer indogermanischen Sprache des westlichen Vorderasiens anzuknüpfen. Wir denken dabei nicht mit Hehn (oben S. 70) an einen Ursitz der Semiten in der Nachbarschaft Armeniens „südlich vom Südrand des Kaspischen Meeres," eine Anschauung, gegen die auch E. Meyer Geschichte des Alterthums I S. 208 sich mit Entschiedenheit wendet, sondern begnügen uns mit der Annahme frühzeitiger, teils kriegerischer, teils friedlicher Beziehungen semitischer und west-kleinasiatischer Länder und Völker indogermanischen Stammes. Vielleicht hat die Spur einer Erinnerung an eine solche Herkunft der Weinkultur die biblische Sage von Noah, dem Weinbauer, bewahrt.

Dieses armenische **voino-*, **voinio-* = *gini* bildet nun zusammen mit dem illyrischen (albanesischen) **vainâ* = *vens* und dem altgriechischen Ϝοῖνος οἶνος eine aufs engste zusammenhängende Gruppe der Benennungen des Weins, die (im Gegensatz zu den semitischen Namen) mit grosser Wahrscheinlichkeit auf eine einheimische Wurzel zurückzuführen ist, und zwar auf die Wurzel *vei*, die in lat. *vieo*, sich winden, in *vîtis* und *vîmen* sowie in der Benennung des wilden Weins im Griechischen οἰνή, οἰόν = ϝι-j-ή, ϝι-j-όν (G. Meyer, Griech. Gramm. 3. Aufl. S. 320) vorliegt (daneben vgl. das dunkle Hesychische ἴβηνα· τὸν οἶνον. Κρῆτες. οἱ δὲ βῆλο). Dass aus derselben Wurzel auch Wörter für *weide* etc. hervorgegangen sind, findet sein Analogon in dem slavischen *loza* (Miklosich Et. W. s. v.), das ebenfalls die Bedeutungen Weinrebe und Weide in sich vereinigt.

Des näheren lässt sich dieser Zusammenhang in einer doppelten Weise historisch erklären. Entweder man nimmt an, dass bei den europäischen Indogermanen in vorhistorischer Zeit ein Wort **voino-*, **voinâ* in der Bedeutung Ranke, Weinstock vorhanden war. Dass hieraus sich, nachdem man gelernt hatte, aus der Frucht der Ranke ein berauschendes Getränk zu bereiten, sich die Bedeutung Wein entwickeln konnte, wird von Hehn Anm. 29 mit Unrecht bestritten. Man braucht nur an das schon von Hesiod bezeugte οἴνη Weinstock zu denken, welches später geradezu im Sinne von Wein gebraucht wird, oder sich solcher Ausdrücke, wie »bei einem Fass voll Reben«, »ein Glas Korn«, »eine Flasche Kümmel« zu erinnern. Das lat. *tem-êtum* »Wein« hat nach den überzeugenden Ausführungen Kellers Lat. Volkset. S. 261f. ursprünglich sogar »Weingarten« bedeutet. Natürlich schwebte dem Sprechenden zu der Zeit, als οἶνος Weinstock in der Bedeutung von Wein gebraucht wurde, die etymologische Grundbedeutung des Wortes (»rankende Pflanze«) nicht mehr vor. Haben wir oben (S. 64) den Schauplatz richtig bezeichnet, auf dem wir uns das letzte Zusammensein der europäischen Indogermanen denken müssen, so würde nach den vorstehenden Mittheilungen (oben S. 88) des Herrn Botanikers das Vorhandensein des wilden Weinstocks auf demselben in sehr alter Zeit wohl möglich sein. Oder aber — und diese Auffassung dürfte nach Lage der Dinge vielleicht die grössere Wahrscheinlichkeit für sich haben — der vorausgesetzte Uebergang eines Stammes **voino-*: *vieo* von der Bedeutung „Ranke" zu der von „Wein" hat nur auf einem der obengenannten Sprachgebiete, nämlich auf dem armenisch-kleinasiatischen, stattgefunden, und das albanesische *vene* nebst dem griech. ϝοῖνος stellen, ebenso wie das westsemitische **wainu*, eine uralte, vorhistorische Entlehnung aus dem Armenisch-Kleinasiatischen dar. Da es sich hierbei um einen geographisch zusammenhängenden Bereich idg. Sprachen: Altgriechisch, Altillyrisch, Thrakisch (γάνος bei Suidas verschrieben für *γαινο-ς = **vaino-s?*), Phrygisch-Armenisch handelt, so wäre gegen die Annahme der frühzeitigen Wanderung eines derartigen Kulturbegriffs nichts einzuwenden.

Grosse Schwierigkeit macht dagegen die richtige Beurtheilung des lat. *vinum*, umbr. *vinu*, volsk. *vinu*, osk. *Vîinikiis*, falisk. *vinu*. Rein lautlich ist nach unserem gegenwärtigen Wissen für diese Wörter allein die Ansetzung eines zu dem oben besprochenen **voino-* ablautenden Stammes **vîno-* berechtigt (vgl. Planta Grammatik der oskisch-umbrischen Dialekte I. S. 279). Entschliesst man sich dennoch, mit Bartholomae (Wochenschrift f. klass. Phil. 1895 S. 595) und H. Hirt (Anzeiger für idg. Sprach- und Alterthumskunde VI, 175), lat. *vînum*, aus dem die übrigen italischen Formen entlehnt sein könnten, etwa unter Annahme einer Beeinflussung des zu erwartenden **voenum*, **vûnum* durch das daneben liegende *vîtis* auf **voinom* zurückzuführen, so setzte sich also die oben besprochene Reihe armen. *gini*, alb. *venë*, griech. ϝοῖνος bis zur

Apenninhalbinsel fort. Nicht zufällig ist es wohl auch, dass neben alb. *vene*, griech. *ϝοῖνος*, lat. *vînum* noch eine zweite sehr alte Benennung des Weins ungefähr dieselben Gegenden verbindet. Es ist dies thrak. *ζίλαι*, maked. *κάλιθος*, griech. *χάλις* (zuerst bei Archilochus Bergk frgm. 78), denen sich ein aus dem lat. *Falernus ager* erschliessbares sabinisches **fali-* Wein zugesellt.

In keinem Falle wahrscheinlich ist der Hehn'sche Ansatz, dass erst in historischer Zeit die Griechen ihr *οἶνος* in der Gestalt von *vînum* nach Italien gebracht hätten, da es auch an sachlichen Anhaltspunkten dafür nicht fehlt, dass die griechischen Colonisten Weinstock und Weinbau auf der Apenninhalbinsel schon vorfanden (vgl. W. Helbig Die Italiker in der Poebene S. 109 und P. Weise Ueber den Weinbau der Römer. Progr. Hamburg S. 4).

Hinsichtlich der nordeuropäischen Ausdrücke, goth. *vein*, ir. *fín*, slav. *vino*, lit. *wýnas* zweifelt wohl niemand mehr, dass sie aus dem Lateinischen direkt und indirekt entlehnt sind.

Die Ausführungen Hehn's über die Wanderungen der Weinkultur werden durch unsere Darstellung nicht wesentlich beeinträchtigt. Namentlich bleibt es in hohem Grade wahrscheinlich, dass die Ausbreitung derselben über die Balkanhalbinsel in zwei Richtungen, einer von Norden (Thrakien) und einer von Osten (über die Inseln) ausgehenden sich vollzogen hat; nur dass diese beiden Fäden wahrscheinlich nicht bei einem semitischen, sondern bei einem indogermanischen Volk des westlichen Kleinasien zusammenlaufen. In das Gebiet des letzteren Kulturstroms gehört auch in dieser Beziehung die »mykenische« Periode; denn dass man an den Königshöfen von Mykenae, Tiryns u. s. w. bereits wacker dem Tranke, der dazu geschaffen ist

θνητοῖς ἀνθρώποις ἀποσκεδάσαι μελεδῶνας

(Athen. II, S. 35c.), zugesprochen hat, ist nicht zweifelhaft. Vgl. zu oben S. 88 Schliemann, Tiryns S. 93. Auch Herr Tsuntas glaubt in Mykenae am Boden eines Thonfasses Spuren des Niedersatzes von Wein oder Essig erkannt zu haben. Vollständige Litteraturangaben über alles sprachlich hierher gehörige bei Muss-Arnolt, Transactions of the American Phil. Association XXIII, S. 142 ff. und bei H. Lewy Die semitischen Fremdwörter im Griechischen S. 79 f.

Der Feigenbaum.

(Ficus carica L.)

An die Rebe schliesst sich von selbst die Feige an, die Schwester des Weinstocks, wie sie schon der Iambograph Hipponax nannte (Fragm. 24. Bergk.):

Συκῆν μέλαιναν, ἀμπέλου κασιγνήτην.

Der Feigenbaum hat im semitischen Vorderasien, in Syrien und Palästina sein eigentliches Vaterland und erreicht dort das üppigste

Wachsthum und die süsseste Fruchtfülle. Das Alte Testament erwähnt des Baumes oft, vorzüglich in Verbindung mit dem Weinstock, und ist voll von Bildern und Gleichnissen, die daher entnommen sind; unter seinem Weinstock und Feigenbaum wohnen oder von seinem Weinstock und Feigenbaum essen — heisst so viel als eines ruhigen, friedlichen Daseins geniessen. Auch in Lydien galten Wein und Feigen so sehr als die ersten Güter des Lebens, dass diejenigen, die dem Krösus den Zug gegen Cyrus abriethen, sich darauf beriefen, die Perser tränken nicht einmal Wein, sondern Wasser, und hätten auch keine Feigen zur Nahrung (Herod. 1, 71). Eben so in Phrygien: der komische Dichter Alexis nannte die getrocknete Feige, die ἰσχάς, eine Erfindung der phrygischen σκηνῆ (Meineke, Fr. com. Gr. 3, p. 456). Aber auf den nahe gelegenen kleinasiatischen Küsten und Inseln findet sich die Feige als Fruchtbaum zur Zeit und im Kreise der Ilias noch nicht, um so weniger folglich auf dem griechischen Festlande. Erst in der Odyssee tritt der Feigenbaum auf, aber auch hier nur an Stellen, deren nachträgliche Einfügung sichtlich ist. In dem Liede von Odysseus Niederfahrt zur Unterwelt, welches selbst aus verschiedenen Stücken von verschiedenem Alter zu bestehen scheint, hängen über dem hungernden Tantalus unter anderen Früchten auch Feigen herab, 11, 588:

> Nieder am Haupt ihm senkten die Frucht hochblättrige Bäume,
> Voll von Granaten und Birnen und glanzvoll prangenden Aepfeln,
> Auch süsslabenden Feigen und grünenden dunklen Oliven.

Die beiden letzten Verse finden sich dann in einem Bruchstück wiederholt, das in die alterthümliche Beschreibung vom Palast des Alkinoos mit Unterbrechung des Zusammenhangs mitten eingeschoben ist (7, 103—131) und ausser dem Hauswesen auch den Garten des Phäakenkönigs schildert, in welchem Traube an Traube, Feige an Feige unvergänglich sich reiht. Endlich in den letzten Scenen der Odyssee, einem jungen Anhängsel, erscheint Laertes als Pflanzer auch von Feigenbäumen. Hesiodus kennt die Feige und deren Kultur noch gar nicht; bei Archilochus aber (um 700 v. Chr.) erscheint sie sicher als Product seiner heimathlichen Insel Paros (Fragm. 51. Bergk.):

> Ἔα Πάρον καὶ σῦκα κεῖνα καὶ θαλάσσιον βίον —

ein Vers, der vielleicht nicht viel jünger ist, als die letzterwähnte Stelle der Odyssee. Später rühmte sich Attika, neben Sikyon, der besten Feigen, ja die Demeter hatte auf attischem Gebiet dem

Phytalus, der sie gastlich aufgenommen hatte, den Feigenbaum als Geschenk aus der Erde spriessen lassen, wie bei anderer Gelegenheit Athene den Oelbaum, und Pausanias las noch die Grabschrift des Heroen, 1, 37, 2:

Hier hat Phytalos einst, der Held, die hehre Demeter
Gastlich empfangen und hier zuerst erschuf sie die Frucht ihm,
Die von dem Menschengeschlecht die heilige Feige genannt wird;
Seitdem schmückt des Phytalos Stamm nie alternde Ehre.

Dass dies Geschenk zugleich als Beginn eines edleren, gebildeteren Lebens gefühlt wurde, geht aus dem Namen *ἡγητηρία*, *ἡγητορία* hervor, mit dem eine am Feste der Plynterien in Athen aufgeführte Masse trockener Feigen benannt wurde: die Kultur der Feige erschien gleichsam als Führerin zu reinerer Sitte[35]). Wein und Feigen wurden in Griechenland ein allgemeines Lebensbedürfniss, dem Armen und dem Reichen gemeinsam, und wie der Araber sich mit einer Handvoll Datteln begnügt, so reichten auch einige trockene Feigen dem attischen Müssiggänger hin, wenn er gaffend und je nach der Jahreszeit im Schatten oder in der Sonne liegend den Tag verbrachte. Was von Plato erzählt wird, er sei ein Feigenfreund, *φιλόσυκος*, gewesen (Plut. Symp. 4, 4, 5), galt im Grunde von jedem Athener, und wie stolz der Letztere auf dies Product seines Bodens war, lehrt die Sage vom Perserkönig Xerxes, der bei jeder Mittagstafel durch vorgesetzte attische Feigen sich daran erinnern liess, dass er das Land, wo sie wüchsen, noch nicht sein nenne und jene Früchte, statt sie sich von den Einwohnern steuern zu lassen, als ausländische kaufen müsse (Athen. 14, p. 652. Plut. Reg. Apophth. Xerx. 3). Der persischen Knechtschaft nun erwehrte sich die Stadt der Sykophanten, aber der Auflösung politischer Moral, an die dieser von den attischen Feigen hergenommene Name erinnert, und dem daraus folgenden Verderben entging sie nicht. — Mit der griechischen Colonisation muss auch der Feigenbaum zu den Stämmen Unter- und Mittelitaliens gedrungen sein. Er findet sich in die römische Ursprungssage verflochten, denn unter der *ficus Ruminalis* sollten Romulus und Remus von der Wölfin gesäugt worden sein — ein Zug der Sage, der offenbar ganz der nämlichen Symbolik, nach welcher der strotzende fruchtreiche Baum ins hebräische Eden versetzt wurde, sein Dasein verdankt[36]). Später in der Kaiserzeit waren der Sorten und Benennungen schon so viele geworden, dass Plinius den gedankenvollen Ausspruch thut, man ersehe daraus wohl, dass das Bildungsgesetz, welches die Arten in festem Typus erhält, schwankend geworden sei, 15, 72: *ut vel hoc solum aestumantibus adpareat, mutatam esse vitam.* Noch zur Zeit des Kaisers Tiberius wurden edle Feigenarten direct von Syrien nach Italien versetzt (Plin. 15, 83). Wie damals, ist noch heut zu Tage die Feige, sowohl frisch als getrocknet, die allgemeine und gesunde Nahrung des Volkes in Italien, besonders im südlichen Theile des Landes. Neben den einmal jährlich tragenden Bäumen giebt es eine Varietät, die zweimal trägt, im Sommer und im Spätherbst: *ficus bifera.* Die reifen Früchte müssen sogleich nach dem Abpflücken gegessen und dürfen nicht viel mit den Fingern berührt werden: daher die drastische Argumentation des Cato im römischen Senat, der eine Feige aus Karthago vorwies, die noch völlig frisch war: *tam prope a muris habemus hostem* (Plin. 15, 75). Sie war wohl, dürfen wir rationalistisch hinzusetzen, unreif gepflückt und durch Zeit und Drücken reif geworden. Die Feigen von Smyrna, die wir jetzt für die besten halten, kamen auch schon im Alterthum unter dem Namen *caricae* und *cauneae* nach Italien und wurden damals, wie jetzt, gepresst in Schachteln versandt. Auch die *ficus duplex* des Horaz (Sat. 2, 2, 122) trifft man noch in Unteritalien und kann das Verfahren dabei aus der Anschauung leichter kennen lernen, als aus den Worten der Alten. Wie von allen viel angebauten Kulturfrüchten gab es und giebt es auch von der Feige eine Menge Spielarten, besonders aber, wie bei dem Wein, zwei Hauptsorten, die purpurrothen und die grünlichen, auch jetzt noch *neri* und *bianchi* genannt. Die letzteren als die süsseren dienen mehr zum Trocknen, die ersteren von mehr säuerlichem Geschmack werden frisch verzehrt. In der heissen Zeit erquickt der Baum zugleich mit den riesigen Blättern an den winkligen, gliederreichen Zweigen durch erwünschten Schatten — im heutigen Griechenland und Italien, wie zur Zeit des Alten Testaments in Palästina; im verwilderten Stande wächst er malerisch aus den Spalten alter Mauern und in den Ruinen und an Felsen; sein Holz, ein *inutile lignum,* d. h. ein schwammiges, leicht berstendes und sich werfendes, so lang es frisch ist (daher Ausdrücke wie *σύκινος ἀνήρ* bei Aristophanes), soll nach gehörigem Trocknen hart und fest werden wie Eichenholz.

---

* Was wir über die Geschichte und die Verbreitung des Feigenbaumes wissen, ist bereits in der klassischen Abhandlung von Graf zu Solms-Laubach, Die Herkunft, Domestication und Verbreitung des gewöhnlichen Feigenbaumes (Abhandl. der Königl. Ges. d. Wiss. zu Göttingen XXVIII.

1882) zusammengestellt. Die jetzt in Südeuropa so verbreitete Feige gehört der grossen in allen wärmeren Ländern mit etwa 600 Arten entwickelten Gattung *Ficus* an und zwar der nur in Asien, Ostafrika und Europa entwickelten Section *Eusyce* Gasp. Innerhalb dieser Section existiert eine Gruppe von einigen der gewöhnlichen Feige sehr ähnlichen und einander so nahestehenden Arten, dass über deren gemeinschaftlichen Ursprung kein Zweifel bestehen kann.

Alle diese Arten haben das charakteristische allbekannte Blatt des gewöhnlichen Feigenbaumes mit geringen Variationen in der Gestalt und stärkeren in der Haarbekleidung. Es steht nun unzweifelhaft fest, dass dieser Typus und zwar die jetzt in Südeuropa weit verbreitete *Ficus Carica* in der Quartär- oder Diluvialperiode bereits im westlichen Theil des Mediterrangebietes existirte, ja sogar nordwärts von den Grenzen der heutigen Mediterranflora in Westeuropa vorkam. Es wurden grosse Mengen von Feigenblättern und auch Hohldrucke von Fruchtständen in den quaternären Travertinen Toscanas, bei Prota, Gallerage, Poggio a Montone gefunden (Gaudin et C. Strozzi, Contributions à la flore fossile italienne, 4. mémoire in Neue Denkschr. d. allg. schweizerischen Ges. f. d. ges. Naturwiss. XVII. (1860) p. 10); ferner in Tuffen von Meyrargues und Aygalades bei Marseille (Saporta in Comptes rendus de la 33e session du congrès scientifique de France p. 27), in Süsswasserbildungen von Castelnau bei Montpellier (Planchon, Étude des tufs de Montpellier, Paris 1864 p. 44, 63), in Tuffen von la Celle bei Moret und bei Paris (Gast. de Saporta, Sur l'existence constatée du Figuier aux environs de Paris à l'époque quaternaire, Bull. soc. géol. de France, ser. III. vol. 2 (1873—74), p. 442).

Da nun in den so zahlreichen tertiären Ablagerungen Europas der Typus der *Ficus Carica* nicht vertreten ist und ausserdem dieser Typus in Westasien und Ostafrika reicher entwickelt ist, so ist es allerdings, wie Graf Solms-Laubach annimmt, durchaus wahrscheinlich, dass die europäische Feige aus dem Osten stammt; aber sie hat sich schon in vorhistorischen Zeiten von Osten nach Westen verbreitet, als sie noch nicht Kulturpflanze geworden war.

Die heutige Verbreitung der wilden *Ficus Carica* und ihrer Verwandten ist folgende:

Beginnen wir im Osten, so haben wir zunächst *Ficus palmata* Forsk. (= *F. virgata* Roxb.) zu nennen, welche in den niederen Gebirgen des westlichen Indiens vorkommt und ihre östliche Grenze in Kamaon und Oudh erreicht, im Satletschthal bis fast 3000 m aufsteigt, in der oberen Gangesebene, im Pendschab, Süd- Beludschistan und Afghanistan vorkommt und auch in diesen Gebieten als Essfeige kultivirt wird (Brandis, Forest Flora 419); da nach King (The species of Ficus etc. II. 148, Calcutta 1888) die ostindische Pflanze von der durch Forskål in Arabien entdeckten *F. palmata* Forsk. nicht verschieden, so erstreckt sich das Areal dieser Art bis Aegypten und Abyssinien. Eine zweite Art ist *F. serrata* Forsk., welche am Sinai und in den ägyptischen Wüsten am Rothen Meer vorkommt. *F. geraniifolia* Miqu. (*F. persica* Boiss.) wächst im südwestlichen Persien häufig und auch in Beludschistan. *F. Pseudo-Carica* Hochst. vertritt den Typus in der Woëna-

Dega Abyssiniens. *F. Carica* selbst wächst sehr gern wild in Felsspalten, ihr Areal ist, ganz abgesehen von dem durch die Kultur gewonnenen, viel ausgedehnter als das der übrigen Arten. Sie findet sich ebenfalls im nordwestlichen Ostindien, in Beludschistan, dem östlichen, südlichen und südwestlichen Persien, in Mesopotamien und ganz Kleinasien, sie ist ferner verbreitet vom Talysch entlang dem Südufer des Kaspischen Meeres, durch ganz Transcaucasien, bis zu einer Höhe von fast 1000 m, sodann auf der Krim; in der europäischen Türkei findet sie sich am Bosporus und Hellespont, sodann in den wärmeren Theilen Macedoniens und Thraciens; häufig ist sie in ganz Griechenland und auf den griechischen Inseln, ebenso in Italien und auf den dazu gehörigen Inseln in der Olivenregion, sodann auch an wärmeren Plätzen der Kastanien- und Eichenregion. Sicher ist sie auch wild in Südtirol bei Bozen, wo sie eine kurze, nicht anhaltende Kälte von — 10° C. unbedeckt zu ertragen vermag (v. Hausmann, Flora von Tirol II. 1. S. 713). In Spanien ist sie wild verbreitet, besonders in den südöstlichen Provinzen, woselbst sie bis zu 1300 m vorkommt. In Frankreich ist sie sicher wild in der Provence; Zweifel über das Indigenat des Feigenbaumes bestehen nur bezüglich seines Vorkommens im westlichen Frankreich in den Departements Charente-inférieure, Deux-Sèvres und Finisterre; sie wächst auch da zerstreut an Felsen. Da die kultivirte Feige in diesen Gebieten nicht Samen reift, so ist es aber sehr fraglich, ob die Samen dieser nicht gepflanzten Feigen von den dort kultivirten abstammen; es ist sehr wohl möglich, dass die Samen aus dem südwestlichen Frankreich nach dem westlichen durch Vögel transportirt sind. So sind die nördlichsten Standorte der Feige nicht mehr weit entfernt von den Anfangs erwähnten prähistorischen bei Paris. Sicher war die Feige, als sie in Südeuropa in Kultur genommen wurde, ein dort einheimisches Gewächs. Ebenso ist die Feige höchst wahrscheinlich wild in Arabien und Nordafrika bis Marokko und ebenso auf den Kanaren. Der sogenannte Caprificus, welcher sich vorzugsweise im wilden Zustande vorfindet, ist nicht, wie Graf Solms-Laubach anzunehmen geneigt war, die einzige wilde Urform der Kulturfeige, sondern er ist, wie Fritz Müller betonte und nachher auch Graf Solms in einer zweiten Abhandlung (Die Geschlechtsdifferenzirung des Feigenbaumes, in Bot. Zeitung 1885 No. 33—36) bestätigte, die männliche Pflanze, die Essfeige dagegen die weibliche Pflanze, welche in der Kultur weiter ausgebildet und fixirt wurde. Hierzu sei bemerkt, dass spärliche Samenbildung bei dem Caprificus auch vorkommt, dass er aber vorzugsweise männliche Blüthen entwickelt, deren Blüthenstaub von den Blastophagen, welche sich in den Gallenblüthen des Caprificus entwickelt hatten, auf die weiblichen Stöcke getragen wird und dort zur Befruchtung gelangt. Mit der Erfindung der Caprification war die Möglichkeit gegeben, zahlreiche weibliche Stöcke durch einen männlichen zu befruchten; diese Erfindung der Caprification ist aber sicher von den Semiten Syriens und Arabiens gemacht worden; durch sie wurde jedenfalls die Kultur des im Mittelmeergebiet heimischen Feigenbaumes in Griechenland, wahrscheinlich auch in Nordafrika, Südportugal, Südspanien und Sicilien eingeführt, woselbst die Caprification auch noch heute zu Hause ist. (Vergl. Graf Solms, Die Herkunft etc. S. 78—83.) In Italien dagegen wird die Caprification nicht ausgeübt; dies lässt nach den

Ausführungen von Graf Solms (a. a. O. S. 85—95) darauf schliessen, dass die Feige den Bewohnern Italiens wohl bekannt war, dass sie aber wahrscheinlich im Verkehr mit den östlichen Völkern die von diesen erzogenen besseren Rassen überkamen, deren Vermehrung durch Stecklinge erfolgte und bei welchen die Entwicklung fleischiger zuckerreicher Blüthenstände auch ohne die Caprification eintritt. Hinsichtlich der Geschichte der Kulturfeige scheint nach Buschan (Vorgeschichtliche Botanik S. 112) sich zu ergeben, dass in der frühgeschichtlichen Zeit die Kultur auf Syrien, Aegypten und Arabien beschränkt war und dass sie verhältnissmässig spät in Griechenland Eingang fand; noch später in Italien. Nichts desto weniger kannte man schon zur Zeit des Plinius in Italien 29 Sorten (Hist. nat. XV, 18 nach Buschan, a. a. O. S. 113).

** Mit der Annahme des Grafen Solms, der Ursprung der griechischen und der römischen Feigenkultur sei ein verschiedener gewesen und die letztere nicht aus ersterer ableitbar, stehen die sprachlichen Thatsachen nicht in Widerspruch; denn es wird heute kaum jemand mehr geneigt sein, das lat. *fîcus* für eine Entlehnung aus griech. σῦκον zu halten.

Schwieriger freilich ist es, über den Ursprung dieser beiden Wörter etwas Positives auszusagen (vgl. die älteren Ansichten Anm. 36).

Graf Solms (S. 80, 81) gelangt an der Hand von Gutachten Lagarde's (Ueber die semitischen Namen des Feigenbaums und der Feige, Mittheil. I, 58 ff.) und Nöldeke's zu der Ueberzeugung, dass das lat. *fîcus* eine directe Entlehnung aus dem Phönikischen (*paggîm*, halbreife Feigen, vgl. auch syr. *paggâ* und arab. *fiǧǧ*, *faǧǧ*) sei. Bei dem Wenigen und Zweifelhaften, was wir über semitisches Lehngut im Lateinischen wissen, ist es leider nicht möglich, diese kulturhistorisch sehr wahrscheinliche Ansicht lautlich mit Sicherheit anzunehmen oder zu verwerfen. Als auf eine Stütze für diese Erklärung kann man auf das freilich erst von Plinius überlieferte *cottana*, *coctana*, eine Art kleiner Feigen verweisen, das man aus dem hebräischen *qâṭôn* zu erklären pflegt (O. Weise, Griech. W. im Latein. S. 139, Keller, Lat. Volksetymologie S. 65). Was σῦκον, τῦκον, von dem auch Hehn, Anm. 36 σικύα, σίκυς Gurke nicht trennen wollte, betrifft, so halten wir den einheimischen Ursprung des Wortes für noch am wahrscheinlichsten. Wir nehmen mit Rücksicht auf altsl. *tyky* Kürbis ein vorhistorisches **tveqo-* und **tûqo-* (vgl. auch Fick, Vergl. W. I[4] S. 449) an, welche eine gurkenartige Frucht bedeuten mochten (vgl. weiteres u. Cucurbitaceen). Von diesen beiden Grundformen spiegelt sich die erstere in griech. σεκούα (Hesych), σικύα, σίκυς Gurke (ι aus ε noch unklar wie in vielen Fällen, vgl. G. Meyer Griech. Gr.[3] S. 108), die letztere in unserem τῦκον und (mit Anlehnung des Anlauts an die erstere Formation) in σῦκον ab.

Diese Benennung übertrugen die Griechen, als sie bei ihrer Ankunft in Hellas auf den wilden Feigenbaum stiessen (s. o.), nach einer oberflächlichen Aehnlichkeit, die in ihrer Bedeutung für die Namengebung uns noch öfters in diesem Buche begegnen wird, zunächst auf die Früchte des ἐρινεός, dann, als man von Asien her die Essfeigen kennen lernte, auf die der συκῆ. Es trat also eine Bedeutungsdifferenzirung ein, die, wie so oft, von einer Formendifferenzirung insofern begleitet war, als allmählich σίκυς nur für Cucurbitaceen, σῦκον nur für Feigen gebraucht wurde.

Anderer Ansicht über griech. σῦκον sind freilich Bartholomae (Wochenschrift für klass. Phil. 1895 S. 595) und H. Hirt (Anzeiger für idg. Sprach- und Alterthumskunde VI, 175), die beide einen vorhistorischen Zusammenhang des griech. Wortes mit lat. *fîcus* für möglich halten, indem der erstere für beide Wörter eine Grundform **tje°* oder **dhje°*, der letztere ein **þvûko-s* ansetzt. Zu bedenken bleibt endlich das armenische *t'uz* Feige (= idg.. **tû-h*), ohne dass es bis jetzt möglich gewesen ist, das Verhältniss dieses Wortes dem griech. σῦκον, τῦκον gegenüber festzustellen.

Die Einführung der Feigenkultur in Griechenland würde nach Hehn's Ausführungen erst in nach- oder späthomerischer Zeit erfolgt sein, und wir wüssten nicht, was sich Sachliches hiergegen einwenden liesse. Einigermassen auffallend ist vielleicht bei dieser Annahme die schon in den ältesten Theilen der Ilias vorkommende Benennung des wilden Feigenbaumes, da dieser Name mit dem Sinne »Bocksfeigenbaum« (vgl. Anm. 18) einen Gegensatz zur »Essfeige« anzudeuten scheint. Oder hatte man dabei einen Gegensatz zu anderen Fruchtbäumen im Auge? Aber solche werden von Hehn für die älteste homerische Zeit kaum angenommen. — Der Ausdruck ὄλυνθος, ion. ὄλονθος (vgl. namentlich Herodot I, 193: ψῆνας γὰρ δὴ φορέουσι ἐν τῷ καρπῷ οἱ ἔρσενες (τῶν φοινίκων) κατάπερ οἱ ὄλονθοι) ist leider ganz dunkel.

Jedenfalls hat der griechische Name der Feige nichts mit der semitischen Benennung des Feigenbaums oder seiner Frucht zu thun. Im Semitischen heisst der Feigenbaum **ti'nu*, die Feige **balasu*. Der erstere Ausdruck begegnet im Hebräischen, Phönikischen (vgl. Bloch, Phönikisches Glossar), Aramäischen und Arabischen, der letztere im Hebräischen, Arabischen und Aethiopischen (vgl. Lagarde, Mittheilungen I, S. 58 ff.). Eine lehrreiche Ableitung von letzterem Wort, *bôlês šiqmîm* »Jemand der an der Sycomore eine Operation besorgt, ähnlich derjenigen, die am Feigenbaume üblich ist«, findet sich bereits Amos c. 7, v. 14 und beweist, dass schon damals die Kenntniss der Caprification bei den Juden verbreitet war (vgl. Graf Solms a. a. O. S. 75 f.). In beiden Fällen versagt, wie beim Wein und Oelbaum, das Babylonisch-Assyrische (vgl. aber bei Delitzsch Assyrisches Handwörterbuch S. 716 *tittu* (aus **tintu?*) ein Baum?), woraus zu folgen scheint, dass die Feigenkultur nicht der ursemitischen Zeit angehört. In Uebereinstimmung hiermit will Lagarde aus der Lautgestalt des oben genannten **ti'nu* Feigenbaum es wahrscheinlich machen, dass dieses Wort nicht der Zeit vor der Trennung der Semiten in einzelne Nationen angehörte, sondern seinen Ausgangspunkt im Clan Bahrâ des süd-östlichen Arabiens habe, von wo Wort und Sache sich dann weiter verbreitet habe. Graf Solms (S. 78) hält diese Anschauung, auch aus naturgeschichtlichen Gründen, für glaubhaft.

In Aegypten fällt die erste Darstellung eines Feigenbaums, die Abbildung einer Feigenernte, in die XII. Dynastie. Da bis zu diesem Zeitraum nach Wönig (Die Pflanzen im alten Aegypten S. 293) der Feigenbaum auf den Denkmälern fehlt, so liegt es nahe, an eine Einführung dieses Gewächses um jene Zeit von auswärts zu denken. Nun fällt bekanntlich in die letzten Jahre der XI. Dynastie die Expedition des Königs Sanchkara durch die Wüste zum Rothen Meer, um die Kostbarkeiten des Landes Punt (im südlichen Arabien) einzutauschen. Es scheint daher nicht unmöglich, die ägyptische mit dem hypothetischen Ausgangspunkt der semitischen Feigenkultur in Verbindung zu setzen. Nach F. Hommel (Aufsätze und Abh. S. 105) wäre sogar Entlehnung des ägyptischen Wortes für Feige aus dem Semitischen möglich. Vgl. auch Schweinfurth, Zeitschrift für Ethnologie 1891 S. 657.

Nördlich der semitischen Länder zeigt, wie wir oben sahen, das Armenische eine selbständige, leider dunkle Benennung des Feigenbaums *(t'zeni)* und der Feige *(t'ûz)*.

Eine grössere Gruppe zusammenhängender, aber offenbar junger Benennungen der Feige weisen ferner die neuiranischen Sprachen (kurd. *ezir*, buchar. *indschir*, afgh. *intsir)*, kaukasische und turkestanische Dialecte, sowie auch das Russische *(indžarŭ)* auf. Vgl. Pott in Lassens Z. f. d. Kunde d. Morgenlands VII S. 110, Köppen, Beiträge zur Kenntniss d. russischen Reiches VI S. 22 und Miklosich, Türk. Elemente S. 76.

Während das nördliche Europa zur Bezeichnung der auf Handelswegen zugeführten Frucht im Allgemeinen Entlehnungen aus lat. *fîcus* beherrschen — im Russischen bedeutet indessen *pigva* = ahd. *fîga* Quitte — hat das Gothische einen besondern Ausdruck *smakka, smakkabagms*, der mit dem in fast allen Slavinen verbreiteten *smoky* übereinstimmt. Eine Verknüpfung desselben mit griech. σῦκον, wie sie von Hehn Anm. 36 versucht wird, ist lautlich unmöglich. Freilich wissen wir eine einleuchtende Erklärung dieser Gruppe nicht zu geben. Im Slavischen bedeutet *smokŭ* Zukost. Kamen die Feigen den Gothen durch die Vermittlung slavischer Stämme zu und wurden mit slavischem Wort allgemein als *obsonium* bezeichnet?

Der Oelbaum.

(Olea europaea L.)

Der Oelbaum ist, wie der Feigenbaum, ein Gewächs des südlichen Vorderasiens, das in dieser seiner eigentlichen Heimath unter den dort wohnenden semitischen Volksstämmen frühe veredelt und durch Kultur zu lohnendem Fruchtertrage gebracht wurde. In allen Theilen des Alten Testamentes finden wir das Oel zu Speisen, bei den Opfern, zum Brennen in der Lampe und zum Salben des Haares und des ganzen Körpers in allgemeinem Gebrauch. Tiefer nach Asien hinein verschwindet diese Kultur, denn der Oelbaum liebt das Meer und das Kalkgebirge, und auch Aegypten brachte kein Olivenöl hervor. An der griechischen Küste Kleinasiens, auf den Inseln und in Griechenland selbst wuchs der wilde Oelbaum häufig, der denn auch in den homerischen Gedichten öfters erwähnt wird; sein immergrünes Laub, das hohe Alter, das er erreicht, seine unzerstörbare Lebenskraft, das harte Holz, das eine schöne Politur annimmt, empfahlen ihn der Aufmerksamkeit des Volkes und der epischen

Sage. So hat bei Homer die Axt des Peisandros (Il. 13, 612) einen langen, wohlgeglätteten Stiel von Olivenholz; die Keule des Cyclopen besteht aus demselben Material (Od. 9, 320), wie die des Herakles bei Theokrit (25, 207 ff.) und Andern; Odysseus hat sein Ehebett auf den im Boden haftenden Wurzelstock eines wilden Oelbaums gegründet (Od. 23, 190 ff.), offenbar der Festigkeit wegen, weil der Oelbaum sich mit weitlaufenden Wurzeln an den Boden klammert, die Unverrückbarkeit des Lagers aber den sicheren Bestand der Ehe und des Besitzes bedeutet und verbürgt; eine *τανύφυλλος ἐλαίη* stand am Eingange der Höhle, im Grunde des Hafens, in dem die Phäaken den schlafenden Odysseus ans Land setzten (Od. 13, 102), und erhält im Verfolg das Prädikat heilig (v. 372: *ἱερῆς παρὰ πυθμέν' ἐλαίης*) u. s. w. Den Oleaster, von dessen Zweigen die Sieger in Olympia bekränzt wurden, hatte nach Erzählung der Elier (Pausan. 5, 7, 4) Herakles von den Hyperboreern im äussersten Westen hierher gebracht, eine Sage, die auch Pindar sich angeeignet hat (Ol. 3, 13). Auf der Agora von Megara stand ein uralter wilder Oelbaum, der in die Heldenzeit hinaufreichte (Theophr. h. pl. 5, 2, 4. Plin. 16, 199). So ist das Dasein des wilden Oelbaums in Griechenland zwar in den ältesten Quellen und Ueberlieferungen constatirt, aber dass er auf griechischem Boden, in einem immerhin rauheren Klima, unter einer im Vergleich mit der semitischen noch jungen und unentwickelten Gesellschaft allmählich zur ölreichen Olive erzogen worden, hat keine Wahrscheinlichkeit: vielmehr führte der Völkerverkehr mit andern werthvollen Gütern auch diese Kultur den Griechen zu. Die Frage ist nur, wie frühe? Der homerischen Welt ist das Oel nicht unbekannt, aber als unverkennbar exotisches Produkt, zum Gebrauch der Edlen und Reichen. Wenn die Helden gebadet oder gewaschen worden, wird der Körper in orientalischer Weise mit Oel eingerieben und glänzend und geschmeidig gemacht. Nausikaa, da sie zum Meeresufer fährt, erhält von der Mutter ein Fläschchen (*λήκυθος*) mit duftendem Oel; der Leichnam des Patroklus wird gewaschen und mit Oel gesalbt; ebenso die Mähne der Rosse des Achilleus, denn sie waren ja unsterblich, Söhne des Zephyr; in der Schatzkammer des Telemachos lag neben Gold, Erz und Wein auch duftendes Oel. Besonders köstlich und von wunderbarer Kraft ist die Salbe, deren die Göttinnen sich bedienen: Hera, die den Zeus verführen will, salbt sich mit göttlichem Oel, dessen Duft, wenn es bewegt wird, Himmel und Erde durchdringt (Il. 14, 171 ff.); Aphrodite salbt den Leichnam des Hector mit ambrosischem Rosenöl (Il. 23,

186); Aphrodite wird auf Cypern von den Chariten mit dem unsterblichen Oel gesalbt, wie es den ewigen Göttern anhaftet (Od. 8, 364. Hymn. in Ven. 61); Penelope hat sich wegen der Trauer nicht gewaschen noch gesalbt, da fällt sie in einen Schlummer, und Athene reinigt ihr während dessen das Antlitz mit der unsterblichen Schönheit, mit der die schöngekränzte Cytherea sich salbt, wenn sie zum lieblichen Chor der Chariten geht (Od. 18, 192 ff.). An zwei andern homerischen Stellen, wo des Oels Erwähnung geschieht, Il. 18, 596 und Od. 7, 107, war schon den Alten die Erklärung schwierig: an der erstern heissen die Röcke der tanzenden Jünglinge sanft glänzend von Oel, an der andern rinnt von den Gewändern der sitzenden Mägde das Oel herab. Hier ist entweder der fliessende Glanz des Zeuges mit dem des Oeles nur verglichen, wo aber, wie man denken sollte, der gleichnissreiche Dichter sich weniger kurz und bestimmt ausgedrückt und uns sein wie oder gleichsam nicht vorenthalten hätte, oder — nach einer neuern Deutung (Philologus, 1860, XV, 329) — die Fäden des Gewebes sind zum Behufe des Glanzes oder der Biegsamkeit schon ursprünglich mit Oel behandelt, so dass also das fertige Gewand, das die Mägde im Wunderpalaste des Alkinous angelegt haben, buchstäblich von Oel trieft (*ἀπολείβεται ὑγρὸν ἔλαιον*) und sich beim Tragen auch triefend erhält — was keiner Widerlegung bedarf. Da im Morgenlande und bei den Göttern des Epos, wenigstens des spätern, duftende Kleider gewöhnlich sind (z. B. Psalm 45, 9: Deine Kleider sind eitel Myrrhen, Aloes und Kassia; in dem schönen Fragment aus den Cyprien bei Athen. 15, p. 682 f. sind die Kleider der Aphrodite von den Chariten und Horen in Frühlingsblumenduft getaucht, und sie trägt *ὥραις παντοίαις τεθυωμένα εἵματα*), so liesse sich auch hier an ein flüchtiges Oel, an eine phönizische Essenz denken, mit der die Gewänder besprengt wurden; allein von Duft ist nicht die Rede, nur von Glanz, und die Analogie von *λιπαρός* fettig, glänzend, z. B. *λιπαρὰ κρήδεμνα*, entscheidet für die erste, schon von den Alten gegebene Erklärung. So ist auch die weisse steinerne Bank, auf der Nestor vor der Thür seines Hauses sitzt, blank von Fett, d. h. als wäre sie mit Fett überzogen, spiegelblank (Od. 3, 408: *λευκοὶ ἀποστίλβοντες ἀλείφατος*). Die grossen Krüge mit *μέλι* und *ἄλειφαρ* auf dem Scheiterhaufen des Patroklos (Il. 23, 170) werden, da hier bei den Bestattungsgebräuchen Alles alterthümlich ist, wie der Name sagt, Honig und Thierfett enthalten haben, zwei von dem primitiven Menschen hoch geschätzte Substanzen, die er auch den Todten mitgiebt. Wenn in dem Schiffskatalog (Il. 2, 754) der Fluss Titaresius, der in den Peneus fällt, sich mit dem Wasser des letzteren nicht mischt, sondern oben schwimmt, ἠΰτ' ἔλαιον, so musste beim Baden und Waschen oft die Erfahrung gemacht werden, dass die Salbe sich auf dem Wasser schwimmend ausbreitet. Nimmt man alle diese Stellen zusammen, so erscheint das Oel nicht als häufiges und verbreitetes Erträgniss des heimischen Bodens, sondern als Schmuckmittel, das der Handel aus dem Orient einführte, und das allmählich an die Stelle des Thierfettes trat. Es diente zum Abreiben des Körpers, nicht aber zur Beleuchtung und Nahrung. Ueberall ist viel Zeit vergangen, ehe ein nördliches Volk sich entschloss, seine Speisen mit Oel anzurichten. Wie noch jetzt ein deutscher Bauer mit Behagen grosse Massen Speck verzehrt, sich aber schwer entschliesst, Oel zum Gemüse hinzuzugiessen oder sein Fleisch mit Oel zu braten, so weigerten sich die Gallier, wegen Ungewohntheit, wie Posidonius sagt, den Gebrauch des Oeles zur Küche anzunehmen (Posid. bei Athen. 4, p. 151). Nicht anders wird es bei den Griechen der älteren Zeit gewesen sein. Um so weniger können wir erwarten, dass der Baum selbst damals schon angepflanzt gewesen sei. Unter den ländlichen Scenen, die Hephaistos auf dem Schilde des Achilleus dargestellt hatte, befand sich ein schwarzer Acker mit Pflügern darauf, ein Erntefeld, ein Weinberg und eine Weinlese, eine Rinder- und eine Schafheerde, aber noch kein Olivenhain. Ganz an denselben Stellen der Odyssee freilich, wo, wie früher erwähnt, der Feigenbaum genannt ist, wird auch des Oelbaums und seiner Früchte gedacht, aber diese Stellen gehören, wie auch schon oben bemerkt, zu den jüngeren Bestandtheilen der Odyssee und fallen wohl nicht viel früher als die Olympiadenrechnung. Von dem Schluss der Odyssee ist dies unzweifelhaft; bei den beiden andern Stellen (in dem Bruchstück von den Höllenstrafen in der **Νεκυία** und in dem gleichen, das in die Beschreibung des Palastes des Alkinoos eingeschoben ist, 7, 103—131), die zusammen eigentlich nur eine sind, da die eine offenbar nur eine Wiederholung der andern gleichlautenden ist, erhellt wenigstens die spätere und nachträgliche Einfügung. Auch an diesen Stellen erscheint übrigens der Oelbaum nur als ein neben Aepfeln, Birnen, Granaten und Feigen der essbaren Früchte wegen gezogener Gartenbaum, nicht als Objekt ländlicher Kultur der Oelgewinnung wegen. Mitten in der ursprünglichsten und herrlichsten Partie des Gesanges von Odysseus Rückkehr kömmt allerdings ein Vers vor, der, wenn die gewöhnliche Deutung richtig wäre, nöthigen würde, das Dasein kultivirter Oelbäume anzunehmen: Od.

5, 476, 477. Odysseus, an das Ufer von Scheria ausgeworfen, findet im Walde zwei ganz zusammengewachsene, gegen Wind und Sonne Schutz gewährende Sträucher:

δοιοὺς δ' ἄρ' ὑπήλυθε θάμνους,
ἐξ ὁμόθεν πεφυῶτας· ὁ μὲν φυλίης, ὁ δ' ἐλαίης.

Ist nun hier φυλία der Oleaster, so lässt sich ἐλαία nur als fruchttragender Olivenbaum fassen. Allein das Wort φυλία gehört zu denjenigen, von denen offenbar die Alten selbst nicht mehr wussten, was der Dichter mit ihnen bezeichnet habe. Ammonius erklärt φυλία als σχῖνος, Mastixbaum, Andere verstanden darunter eine Abart des Oelbaums mit myrtenähnlichen Blättern, und für letztere behauptet Eustathius sei der Name noch bis auf seine Zeit bei Vielen gebräuchlich. Auch Pausanias 2, 32, 9 nennt die φυλία unter den Arten unfruchtbarer Oelbäume: πᾶν ὅσον ἄκαρπον ἐλαίας, κότινον καὶ φυλίαν καὶ ἔλαιον. Der spätere Gebrauch, wenn er wirklich stattfand, wird seine Quelle wohl nur in eben diesem Verse Homers haben. Das Wort φυλία trägt noch deutlich eine allgemeine abstrakte Gestalt an sich. Es ist aus der Wurzel φυ gebildet, wie φυτόν, φύσις, φῦμα, nur mit anderem Suffix, demselben, das auch in φυλή und in φύλλον (für φύλιον) und lateinisch *folium* erscheint. Φυλία ist also das Gewächs überhaupt, und zwar das immergrüne, da in diesem die Lebenskraft als besonders reich sich darstellt; die Bedeutung mag in jener frühen Zeit sich noch nicht individualisirt haben oder je nach den Landschaften verschieden. Soll aber auf eine bestimmte Pflanze gerathen werden, so würde sich mit Bezug auf eine Stelle des Theophrast die Myrte, die bei Homer nicht genannt wird, am natürlichsten darbieten. Theophrast nämlich meint (de caus. pl. 3, 10, 4), einige Bäume schienen sich zu lieben, und berichtet nach einem ältern Gewährsmann, Androtion, Myrte und Olivenbaum pflegten ihre Wurzeln durch einander zu flechten und die Zweige der Myrte durch die Aeste des Oelbaums zu wachsen, andern Pflanzen aber sei die Nähe des Oelbaums zuwider. Vielleicht stammt auch dieser Glaube nur aus Homer; aber an welches Gewächs man auch denken mag (z. B. an die Steinlinde, Phillyrea, oder an eine Art Elaeagnus), ἐλαίη ist auch an dieser Stelle der wilde, strauchartige, als θάμνος bezeichnete Oleaster, ein Gewächs des Waldes, fern von der Stadt, in der Nähe des Wassers, wie der Dichter ausdrücklich sagt. Nicht so leicht ist die Entscheidung an einer andern Stelle, wo des Oelbaums Erwähnung geschieht: Il. 17, 53 bis 58. Dort hat Menelaus den Euphorbus, Sohn des Panthous, mit dem Speer durchstochen, und der Getroffene sank hin, gleich dem Spross des grünenden Oelbaums, den ein Pflanzer an einsamem wasserreichem Orte aufzieht; die Lüfte umwehen ihn von allen Seiten, er bedeckt sich mit weisser Blüthe; plötzlich aber kommt ein Wirbelwind, reisst ihn aus der gegrabenen Vertiefung und streckt ihn über den Boden hin. Hier wäre allerdings möglich, an einen Setzling des Oleasters zu denken, der einst nicht Früchte, sondern Schatten, Holz, grüne Zweige geben soll: doch ist die Anpflanzung eines Waldbaumes in der noch waldreichen homerischen Zeit nicht wahrscheinlich. Wir werden also, Alles zusammenfassend, sagen dürfen: in der vielleicht langen Zeit, deren Denkmäler uns bei Homer vorliegen, sehen wir die Feigen- und Olivenkultur erst fremd und unbekannt, dann sich ankündigen, dann in späteren Zusätzen und in einem Gleichniss deutlich hervortreten, zunächst natürlich auf ionischem Küsten- und Inselboden.

Auf diesem Boden blühte auch in der nachhomerischen Epoche der Oelbau. Die Insel Samos heisst bei Aeschylus (Pers. 884) *ἐλαιόφυτος*, olivenbepflanzt; für Milet und Chios ist ein noch älteres Zeugniss in der Anekdote enthalten, die Aristoteles (Polit. 1, 4, 5) aus dem Leben des Thales berichtet. Thales nämlich schloss aus meteorologischen Gründen (*ἐκ τῆς ἀστρολογίας*), dass eine ungewöhnlich reiche Olivenernte bevorstehe; er pachtete also für das kommende Jahr sämmtliche Olivenpressen in Milet und Chios, zog dann, als der vorausgesehene Ueberfluss wirklich eintrat, beträchtlichen Gewinn aus der Aftervermiethung derselben und bewies so, dass auch ein Philosoph, wenn er wolle, aus seiner Wissenschaft irdischen Vortheil ziehen könne. Auf der Insel Delos, die von den ionischen Cycladen umgeben war, und wo schon in älterer Zeit Festzüge der Ionier sich vereinigten, hatte Latona bei der Geburt ihrer beiden Kinder entweder die delische Palme mit den Armen umfangen (so im homerischen Hymnus an den delischen Apollo 117 und Theogn. 4), oder sich an den Olivenbaum gehalten (Hygin. Fab. 140, Catull. 35, 7), oder an beide genannten Bäume sich gelehnt (Ael. V. H. 5, 4, Schol. zu Il. 1, 9, Ovid. Met. 6, 335). Der Chor in der Iphig. T. des Euripides sehnt sich nach Delos zur Palme, zum Lorbeer und zur heiligen Olive, die er als *Λατοῦς ὠδῖνα φίλαν* bezeichnet (v. 1102); Callimachus h. in Del. nennt erst die Palme v. 210, gleich darauf v. 262 das *γενέθλιον ἔρνος ἐλαίης* (wo die feste Formel *ἔρνος ἐλαίης* nicht auseinandergerissen und *γενέθλιον* in natürlicher Weise nur auf die Geburt der Leto gedeutet werden kann).

Nach Strabo 14, 1, 20 ruhte die Göttin nach der Geburt unter dem Oelbaum nur aus, durch welche Wendung die abweichenden Gestalten des Mythus glücklich vereinigt wurden. Die Ephesier behaupteten später, nicht auf Delos, sondern bei ihnen sei die Geburt am Fusse des Oelbaumes erfolgt, und jener Baum sei noch vorhanden (Tac. Ann. 3, 61. Strab. 14, 1, 20), wie es auch eine Quelle Ὑπέλαιος »Unter den Oliven« bei Ephesus gab, die in die Gründungs-Sage der Stadt verflochten war (Strab. 14, 1, 4. Athen. 8, p. 361). Da der Oelbaum dem apollinischen Kultus sonst fremd ist (denn der dem Apollon geweihte heilige Oelbaum in Milet bei Athen. 12, p. 524 ist eine ganz vereinzelte Erscheinung), so mag vermuthet werden, die Olive auf Delos und der an sie geknüpfte Mythos sei dort nicht ursprünglich, sondern verdanke ihr Dasein erst den Athenern und dem übergreifenden Athenedienst; auf Rhodus aber, dieser einst ganz phönizischen Insel, die dann zum Gebiet der dorischen Colonisation gehörte, muss der Oelbau in hohes Alterthum hinaufgehen. Dort besass die Stadt Lindos einen Tempel der Athene, den schon die Danaiden gebaut und in dem Kadmos Weihgeschenke zurückgelassen hatte, mit einem Olivenhain, gegen welchen die Oelbäume von Attika zurückstanden (Anthol. Pal. 15, 11). Auf dem griechischen Festlande finden wir in dem Kreise, den die Hesiodischen Gedichte beschreiben, — also in äolisch-böotischer Sittensphäre —, noch keine Spur von Olivenzucht: denn ein von Plinius (15, 3) angeführter angeblicher Ausspruch des Hesiodus über die Langsamkeit des Wachsthums der Olive ist sowohl in Betreff der Zeit als des wirklichen Urhebers desselben allzu unsicher. Bei den späteren Griechen galt Athen als der Ursitz dieser Kultur, ja es gab nach einem merkwürdigen Ausspruche des Herodot (5, 82) eine Zeit, und sie war noch nicht lange vergangen, wo es sonst nirgends auf Erden Oelbäume gab, als in Athen. Als nämlich die Epidaurier, von Misswachs heimgesucht, sich an das delphische Orakel wandten, gab dieses den Rath, Bildsäulen der Damia und Auxesia aus dem Holze der zahmen Olive aufzustellen, sie baten also die Athener um Erlaubniss, einen der attischen Oelbäume umhauen zu dürfen, da sie die dortigen für die heiligsten hielten, oder, wie auch gesagt wird, weil sonst nirgends Oelbäume existirten. Die Athener bewilligten die Bitte unter der Bedingung, dass die Epidaurier jährlich der Athene Polias und dem Erechtheus Opfer brächten. Damals waren die Aegineten Epidauros unterthan; seitdem aber (τὸ δὲ ἀπὸ τοῦδε) fielen sie von ihrer Mutterstadt ab, raubten die beiden Bilder und geriethen, da sie die ausbedungenen Opfer unterliessen, mit Athen in Feindschaft. Ueber den Zeitpunkt dieser Begebenheit berichtet Herodot nichts; nach Otfried Müllers Vermuthung (Aeginet. p. 73) fiele sie etwa in Ol. 60, also in Pisistratus Zeit, doch darf man sie wohl in die erste Hälfte des 6. Jahrhunderts hinaufrücken. Schon am Beginn des genannten Jahrhunderts hatte Solon gesetzliche Bestimmungen über Oliven- und Feigenbau erlassen (Plut. Sol. 23, 10. 24, 1), der also doch schon einige Wichtigkeit haben musste, wenn auch erst Pisistratus, der Schützling und Verehrer der Athene, direkt für Anbau des nützlichen Baumes auf der bis dahin kahlen und baumlosen Landschaft sich bemüht haben soll (Dio Chrysost. orat. 25, p. 281). In der Akademie standen die der Göttin geweihten unantastbaren Oelbäume, die *μορίαι*, die einen reichen Ertrag geliefert haben müssen — anders als sonst heiliges Besitzthum zu thun pflegt —, da bei den grossen Panathenäen, die Pisistratus gestiftet hatte, im gymnischen Agon die den Siegespreis bildenden, in bedeutender Zahl gereichten Oelkrüge von daher gefüllt wurden. Die Bäume in der Akademie stammten von der Mutterolive auf der Burg, der *ἀστὴ ἐλαία*, die von Athene selbst geschaffen war und später nach der Verbrennung durch die Perser von selbst wieder aufsprosste. Da sie *πάγκυφος* heisst, ist sie als ein blosser niedrig kriechender Wurzeltrieb zu denken. Dass die Attiker *ἐλαία* und *κότινος*, den zahmen und wilden Oelbaum, durch eigene Benennungen unterschieden, beweist schon, dass hier die Kultur des veredelten Baumes, der *felix oliva*, festen Bestand gewonnen hatte, wie auch Pindar in einem seiner Hymnen *ἄγριος ἔλαιος* (Fr. 19. Bergk.) sagte und Herodot in der oben angeführten Stelle das Orakel von dem Holze der zahmen Olive, *ἡμέρης ἐλαίης*, sprechen lässt. In Attika kam der weissliche Kalkboden, die *γῆ σκιρράς* der attischen Halbinsel, der dem Getreidebau wenig förderlich war, der Olive begünstigend entgegen, und sie gedieh hier — nach den Worten des Chors im Oedipus auf Kolonos — »wie nicht im Lande Asien noch auf der grossen dorischen Pelops-Insel«. Warum aber wurde gerade Athene die Schutzherrin der neuen Kultur, und warum verflocht sich Oel uud Oelbaumzucht so innig und mannigfach mit dem Dienst der aus dem Haupte des Himmels unmittelbar hervorgegangenen Lichtgöttin? Nach Suidas weil das Oel zur Leuchte diente und der Oelbaum das Feuer nährte (*Ἀθηνᾶς ἄγαλμα· διδόασιν αὐτῇ — καὶ ἐλαίαν, ὡς καθαρωτάτης οὐσίας οὔσης· φωτὸς γὰρ ὕλη ἡ ἐλαία*) — woraus zugleich hervorginge, dass die Anwendung des Oels zum Brennen in der Zeitfolge die zweite war, wie die als Nahrungsmittel die dritte. Homer kennt noch keine Beziehung der Olive zu der Göttin, denn aus dem Beiwort heilig, welches an der einen Stelle Od. 13, 373: *ἱερῆς παρὰ πυθμέν' ἐλαίης* dem Oelbaum gegeben wird, lässt sich eine solche nicht erschliessen (das älteste mit Vers 184 schliessende Gedicht von Odysseus Rückkehr, aus dem der jüngere Fortsetzer sowohl den Oelbaum, als die Phrase *παρὰ πυθμέν' ἐλαίης* genommen hat, enthält auch das Adjectiv »heilig« noch nicht). Als seit den Pisistratiden der Oelbau den Hauptreichthum und die auszeichnende Eigenschaft des attischen Landes bildete, als die Athener prahlten, vor noch nicht so langer Zeit sei nur bei ihnen und sonst an keinem Ort der Erde ein zahmer Oelbaum zu finden gewesen, als sie auf jedes Land, wo nur Getreide und Oelbäume wuchsen, als auf ihr Eigenthum Anspruch machten (Cic. de rep. 3, 9, 15: *Athenienses jurare etiam publice solebant, omnem suam esse terram, quae oleam frugesve ferret*), da konnte dieser Segen und Stolz ihres Landes nicht anders als der unterdess immer mehr in der Bedeutung gestiegenen Landesgöttin geweiht und von ihr als Geschenk gespendet sein. Dass auf dem Burgfelsen einst wilde Oelbäume wuchsen, dass einer von diesen mit einem über Meer gekommenen oder an einem der Küstenorte gewachsenen edlen Zweige gepfropft worden und von diesem wieder andere Reiser und Setzlinge abstammten, dass die *vivax oliva* nach dem persischen Brande wieder neu aus der Wurzel trieb: das Alles kann immerhin Wirklichkeit sein, doch bedurfte der Mythus solchen realen Anhaltes nicht. Als gegen Ende der Perserkriege der alte Nationalheld Theseus mit seinen Abenteuern und Thaten in verklärtem Licht ins Bewusstsein trat, da hatte auch er schon vor der Ausfahrt nach Kreta vom heiligen Oelbaum einen Zweig gebrochen, ihn mit weisser Wolle umwunden und bittend im Delphinium dem Apollo niedergelegt (Plut. Thes. 18, 1 — die sog. Eiresione). — Auch in Sicyon, welches aus gleichem Grunde, wie Attika, nämlich des günstigen Bodens wegen, als *olivifera* berühmt war und Olivenfrüchte, *Sicyonias baccas*, reichlich hervorbrachte, hatte der alte fabelhafte König Epopeus der Athene einen Tempel gebaut und die Göttin ihm zum Zeichen ihres Wohlgefallens vor dem Tempel eine Oelquelle aufsprudeln lassen (Pausan. 2, 6, 2), — ihm also unmittelbar das Oel geschenkt, das die Athener und überhaupt die späteren Zeiten sich erst durch Anpflanzung, Lese, künstliche Pressen u. s. w. erarbeiten mussten.

Als während des ersten Jahrhunderts der Olympiadenrechnung die Küsten des Westens, Italiens, Siciliens, Galliens, zahlreiche und bald aufblühende griechische Ansiedelungen empfingen, da öffnete sich für die Olive ein neuer, grosser Bezirk, den sie allmählich einnehmen und beherrschen, und in dem sie sich heimisch fühlen sollte, fast wie im Mutterlande. Im Laufe des siebenten, sicher aber in dem des sechsten Jahrhunderts bedeckten sich nach und nach die herrlichen Hügellandschaften und Küstenabhänge der Inseln und Süditaliens mit jener fruchttragenden und immergrünen Waldung. Vielleicht aber war es keine griechische, sondern eine phönizische Hand, die hier im fernen Westen den allerersten Olivenkern in die Erde senkte oder den ersten mitgebrachten Steckling pflanzte. Ein Mythus nämlich, der uns hier entgegentritt, der von Aristäus, scheint eine dunkle Erinnerung dieses Verhältnisses zu enthalten. Aristäus, ein alter arkadischer, thessalischer, böotischer Hirtengott, den die ersten Ansiedler mit nach Sicilien gebracht hatten, galt bei ihren Nachkommen später als der Erfinder der Olive und des Oeles, Cic. in Verr. 4, 57: *Aristaeus qui — inventor olei esse dicitur.* De nat. deor. 3, 18: *Aristaeus qui olivae dicitur inventor.* Plin. 7, 199: *oleum et trapetas Aristaeus Atheniensis (invenit).* Diod. 4, 81: *τοῦτον δὲ παρὰ τῶν νυμφῶν μαθόντα — τῶν ἐλαιῶν τὴν κατεργασίαν διδάξαι πρῶτον τοῖς ἀνθρώποις.* Nach dem Schol. zu Theocr. 5, 53 berichtete auch Aristoteles, die Nymphen hätten dem Aristaeus *τὴν τοῦ ἐλαίου ἐργασίαν* gelehrt. Man bemerke, dass Aristaeus nicht, wie Athene, den Oelbaum erschaffen, sondern das Oel oder die Olive erfunden hatte, dass er die *κατεργασία τῶν ἐλαιῶν* oder *τοῦ ἐλαίου,* also die Oelbereitung, gelehrt, zu der auch der Gebrauch der Oelpresse *trapetum, trapetus,* plur. *trapetes,* gehört, und dass er grade bei der Lese der Früchte von den Bewohnern Siciliens göttlich verehrt wurde (Diod. 4, 82). Nun war aber derselbe Aristäus, noch ehe er Sicilien betrat, Herrscher der den Griechen fremden Insel Sardinien gewesen (Pausan. 10, 17. Arist. de mir. ausc. 100 (95). Serv. ad V. Georg. 1, 14), hatte auf derselben die Acker- und Baumkultur eingeführt, da sie vorher nur von vielen und grossen Vögeln bewohnt gewesen war, und daselbst zwei Söhne gezeugt, den *Χάρμος* (Aristäus selbst ist bei Pindar Pyth. 9, 64 *ἀνδράσι χάρμα φίλοις ἄγχιστον*) und den *Καλλίκαρπος* (bei Homer ist das Adjectiv *ἀγλαόκαρπος*, da jenes nicht ins Metrum ging). Von Sardinien kommt er nach Sicilien, welches von Aeschylus Prom. 371 *καλλίκαρπος* genannt wird, wie auch Cyrene bei Strabo 17, 3, 31 *καλλίκαρπος* ist, humanisirt auch diese Insel und erfindet ausser andern ländlichen Künsten besonders das Oel und die Procedur der Oelgewinnung. Wie nun Aristäus dem neuen, übermächtig und glanzvoll auftretenden Glauben an die ihm wesensverwandten Götter Apollon und Dionysos gegenüber sich nicht hatte halten können, sondern zu deren Sohne oder Erzieher wurde, so verschmolz er auch sichtlich mit einem libyphönizischen Gotte, den die griechischen Einwanderer schon vorfanden und in den Kreis ihrer Vorstellungen aufnahmen. Dieser Gott, der Sohn der Nymphe Cyrene, der auch in Cyrenäa zuerst das Silphion gepflanzt hat, kann nicht anders als von Afrika nach Sardinien gekommen sein; von Sardinien kam er nach Sicilien: sein Gewächs oder seine Erfindung muss denselben Weg genommen haben. Ueber die Zeit freilich sagt der Mythus nichts, und ob die Griechen in der Umgegend der phönizischen Handelsniederlassungen, die sie mit bewaffneter Hand besetzten, Olivengärten vorfanden oder nicht, muss zweifelhaft bleiben. Später, als auch im griechischen Mutterlande das Oel seine wichtige Stelle in der Oekonomie der Sitten eingenommen hatte, da begegneten sich in Sicilien beide Strömungen, die karthagische und die von dem Vorbild Attikas u. s. w. ausgehende.

Wenden wir uns zum Festland Italien, so tritt uns hier beim ersten Schritt eine Art chronologischer Notiz entgegen, ein Glücksfall, der in der ältesten Kulturgeschichte so äusserst selten ist. Plinius nämlich berichtet nach dem Annalisten L. Fenestella, zur Zeit des Tarquinius Priscus sei in Italien noch kein Oelbaum vorhanden gewesen, Plin. 15, 1: *Fenestella vero (ajebat oleam) omnino non fuisse in Italia Hispaniaque aut Africa Tarquinio Prisco regnante ab annis populi Romani CLXXIII.* Wenn diese Nachricht nicht bloss ein Echo der oben angeführten Stelle des Herodot ist — und die Hinzufügung von Spanien und Afrika ist geeignet, diesen Verdacht zu wecken — so dürfen wir sie positiv wenden und dahin auslegen, dass es die Zeit der Tarquinier, die Zeit lebhafter Verbindung mit den campanischen Griechen war, die mit andern griechischen Künsten auch die Olive nach Latium brachte. Vielleicht stammt die Notiz aus einer cumanischen Geschichtsquelle. Dass der Baum jedenfalls von den Griechen und nicht etwa auf anderem Wege den Latinern zukam, beweisen die lateinischen Wörter *oliva*, *oleum*, die dem Griechischen entlehnt sind[37]), und so viele auf Olivensorten und die Manipulation bei der Oelbereitung bezüglichen Ausdrücke, die gleichfalls griechische, im lateinischen Munde oft ein wenig entstellte Benennungen sind: *orchis*, *cercitis*, *druppa*, *trapetum*, *amurca* u. s. w. Wenn auf dem Hute des flamen Dialis die oberste Spitze, der *apex*, aus einem Reise vom Oelbaum bestand (Fest. p. 10 *albogalerus*: *pileum capitis . . . adfixum habens apicem virgula oleagina*) und dieses mit Wolle umwunden und befestigt war (Serv. ad V. Aen. 2, 683. 10, 270), so ergiebt sich, dass auch dieser sehr alte Gebrauch gleichwohl jünger ist, als die Ankunft der Griechen in Italien und der Verkehr der Latiner mit ihnen. Denn was ist der mit wollenen Fäden umwundene Oelzweig anders, als die entlehnte griechische *εἰρεσιώνη?* Vielleicht klingt eine Erinnerung davon in der Angabe nach, dass die *virga lanata* zuerst in Alba von Ascanius angeordnet sei (Serv. ad V. Aen. 2, 683: *quod primum constat apud Albam Ascanium statuisse*), sie war also weder etruskisch, noch sabinisch. Bei Vergil freilich tritt der König Numa, so wie der marsische sacerdos (Aen. 6, 809. 7, 751) mit Oelzweigen geschmückt auf, aber hier hat die dichterische Phantasie, die auch sonst in der Aeneis vom Olivenlaube reichlich Gebrauch macht, die spätere griechische Sitte den Helden der Urzeit geliehen. Bei den Triumphen siegreicher lorbeergeschmückter Feldherren trugen die Diener oder die Anordner des Triumphs, die selbst nicht in der Schlacht gewesen waren, Kränze von Olivenzweigen (Paul. p. 114: *oleagineis coronis ministri triumphantium utebantur.* Gell. 5, 6, 4; *oleaginea corona, qua uti solent, qui in proelio non fuerunt, sed triumphum procurant*), also in griechischer Weise als Zeichen mehr friedlicher, als kriegerischer Beschäftigung. Auch bei der Ovation, einer geringeren Art des Triumphes, bestand der Ehrenkranz aus gleichem Laube (Plin. 15, 19 — wenn hier nicht ein Versehen vorliegt, da bei der *ovatio* sonst immer die Myrte, auch von Plinius selbst, 15, 125 genannt wird). Bei der jährlich am 15. Juli zu Ehren des Kastor und Pollux gefeierten *transvectio equitum* dienten gleichfalls Kränze aus Oelzweigen als Schmuck: die Verehrung der genannten Heroen war grossgriechischen Ursprungs (Preller, Röm. Mythol. 658 ff.). Dies alles sind Symptome der Bekanntschaft mit der Olive schon in den frühern Zeiten der Republik, aber noch nicht Beweise wirklichen Anbaues derselben. Letzterer musste sich von den verschiedenen griechischen Mittelpunkten aus überall hin verbreiten, wo nur der Boden dies zuliess, zuerst an der Küste, dann in den innern Landschaften, in demselben Masse, als das natürliche Vorurtheil gegen den Oelgenuss bei den doch hauptsächlich vom Ertrage der Heerden lebenden Eingebornen sich minderte. Bei dem komischen Dichter Amphis, der in der zweiten Hälfte des vierten

Jahrhunderts, etwa in der Zeit von Philipp und Alexander von Macedonien lebte, wird das Oel von Thurii, also der Gegend des alten Sybaris, gerühmt (Meineke, fr. com. gr. 3, p. 318: *ἐν Θουρίοις τοὔλαιον*. Athen. 1, p. 30). Von daher und von Tarent mochte die kalabrische Olive, die auch *oleastella* hiess (Colum. 12, 51, 3), und die *Sallentina*, die schon Cato nennt, stammen; die hochberühmte *Liciniana* oder *Licinia* im ager Venafranus in Campanien und die vom Berge Taburnus an der Grenze von Campanien und Samnium (Verg. G. 2, 38) wird zu allererst von den kampanischen Griechen eingeführt worden sein. Die sabinischen Berge trugen viel Oel: die Sorte *Sergia* aber, *quam Sabini Regiam vocant* (Plin. 15, 13), war eine grosse, der Kälte widerstehende, ölreiche, aber nicht feine (Colum. 5, 8) — bei der also dasselbe eintrat, wie bei dem in die kältern Gegenden des Nordens verpflanzten Weinstock. Jenseit des Apennin, wo die herrlichen Kornebenen sich öffnen, duldete, wie auch heut zu Tage, das Klima keinen Oelbaum mehr, der aber in Picenum, also der Gegend der heutigen Mark Ancona, die schon zu Süditalien gerechnet werden kann, noch blühte (Martial. 1, 43, 8. 5, 78, 19. 13, 36). Italien war im ersten Jahrhundert vor Christo schon so reich an Oel und dies Produkt so vorzüglich und zugleich so wohlfeil, dass die Halbinsel allen Ländern den Rang darin ablief (Plin. 15, 3. Id. 8: *principatum in hoc quoque bono obtinuit Italia toto orbe*). Von Massilia war, wie der Wein, so auch die Olive, begünstigt durch Boden und Himmel der Provence, allmählich ins gallische Land vorgerückt, doch natürlich ohne dem Wein bis in die Thäler der Marne und der Mosel zu folgen. Massaliotischer Herkunft waren ohne Zweifel auch die Oelpflanzungen an der ligurischen Küste, die noch heut zu Tage e i n ungeheurer, üppiger Olivengarten ist. In kurzer Entfernung vom Meere, wo das Gebirge sich hebt, musste der Oelbaum verschwinden, daher die Reiser und Kränze, mit denen die Alpenbewohner dem Hannibal unter dem Schein der Freundschaft entgegenzogen (Polyb. 3, 52, 3), keine Oelzweige gewesen sein werden, obgleich das von Polybius gebrauchte Wort *θαλλοί* in der Regel diese Bedeutung hat. Zu Strabos Zeit lieferte Genua diesen Gebirgsvölkern Oel und bezog von ihnen dagegen Vieh, Häute und Honig (Strab. 4, 6, 2). Auf der entgegengesetzten Seite Italiens, im Gebiet der Pomündungen, verbot der niedrige wasserreiche Boden die Einführung der Olive, so alt und lebhaft der Verkehr dieser Gegend mit den ionischen Inseln, mit Tarent, später mit Syrakus u. s. w. auch war. Umgekehrt verhielt es sich mit dem gegenüberliegenden Istrien und Liburnien, deren zum Meere absteigende, sonnige, kalkreiche Hügel, geschützt durch das hinter ihnen sich erhebende Gebirge, zum Anbau einladen und denselben reichlich lohnen mussten. Auch kam das Oel von Istrien oder vielmehr nur der westlichen Küste dieser Halbinsel — denn Istrien hat, der Krim vergleichbar, einen Meeresrand mit subtropischem Klima und Pflanzenwuchs und ein rauhes, unwirthliches, von Nordwinden gepeitschtes Innere — in der Schätzung gleich nach dem italischen und wetteiferte mit dem von dem spanischen Baetica (Plin. 15, 8: *reliquum certamen inter Histriae terram et Baeticae par est*). Das Oel, welches Aquileja gegen Vieh, Häute und Sklaven in die illyrischen Donauländer einführte (Strab. 5, 1, 8), wird eben dies histrische gewesen sein, wobei zugleich die Thatsache interessant ist, dass die Pannonier und Kelten der genannten Gegend zu Strabos Zeit nicht bloss den Wein, der allen Barbaren willkommen ist, sondern auch schon das Oel — wenn auch nur als Brennöl in Lampen — begehrten. Noch zur gothischen Zeit, nach so vielen Stürmen und Schrecken, hatte jene Region Ueberfluss an Oliven, wie wir aus Cassiodorus sehen, Variar. 12, 22: *est enim proxima vobis regio supra sinum maris Ionii constituta olivis referta.* Apicius 1, 5, Palladius 12, 18 und die Geoponika 9, 27 lehren durch allerlei gewürzige Zuthaten künstlich *oleum Liburnicum* darstellen, welches also zur Zeit dieser späten Gewährsmänner im Rufe stand. Die so eben erwähnte Provinz Baetica führte auch nach Strabo nicht bloss viel, sondern auch das schönste Oel aus (Strab. 3, 2, 6: *ἐξάγεται δ' ἐκ Τουρδητανίας — ἔλαιον οὐ πολὺ μόνον, ἀλλὰ καὶ κάλλιστον*) und das bätische Corduba übertraf oder erreichte die berühmten Olivengärten von Venafrum und Istrien, Martial 12, 63, 1 (Schneidewin):

Uncta Corduba laetior Venafro,
Histra nec minus absoluta testa.

Dass Spanien, ein südliches Land mit grosser Mannigfaltigkeit der Lagen und des Bodens, in demselben Masse als die fremde Civilisation sich erst der Küsten und dann des Innern bemächtigte und darin Bestand gewann, auch den Oelbaum aufnahm, liegt in der Natur der Dinge. Als das römische Reich seine Vollendung erreicht hatte, war auch die edle Olive von ihrem Ausgangspunkt, dem südöstlichen Winkel des mittelländischen Meeres, über alle Länder verbreitet, die ihren heutigen Bezirk bilden, und gedeiht an manchen Punkten des europäischen Südwestens so gut, als wäre sie dort geboren und immer dagewesen[38]). Nach dem Volksglauben, der schon bei den

Alten herrschte, trägt der Oelbaum in Europa nur alle zwei Jahre; davon aber ist nur so viel wahr, dass, wenn der Baum sich durch eine besonders reiche Fruchtbildung erschöpft hat, seine Kraft im nächsten Jahr zu einer gleichen nicht ausreicht, es müssten ihm denn die allergünstigste Witterung oder ein ausserordentlicher Kulturbeitrag zu Hülfe kommen. Auch dass die Olive sich nicht weiter von der Küste als 300 Stadien (oder 7½ geogr. Meilen) entferne, wie Theophrast (h. pl. 6, 2, 4) meinte, ist nicht buchstäblich, sondern nur in dem Sinne richtig, dass sie den Anhauch des mittelländischen Meeres liebt, dass aber zu ihrem Gedeihen auch z. B. der Spiegel des Gardasees genügt. Ohnehin fällt ihre Verbreitungssphäre ziemlich genau mit dem Oval der Ufergegenden des mittelländischen Meeres und seiner Buchten zusammen. Schön im Sinne der Romantik ist der Baum der Minerva nicht, aber nichts erweckt mehr das Gefühl der Kultur und friedlicher Ordnung und zugleich der Dauer derselben, als wenn er in offenen, gereinigten Hallen mit dem kaum merklich flüsternden Laube an gewundenen Stämmen die Hügel ersteigt oder die geneigten Ebenen leicht beschattet, und gern gesteht man ihm dann mit Columella 5, 8, 1 das Prädikat *prima omnium arborum* zu. Indessen fehlt viel, dass das Produkt überall dem der Provence oder dem von Genua und Lucca gleichkäme. Das kalabrische, sicilische und sardinische Oel ist meistens unrein und nur zur Seifenbereitung und in Tuchfabriken anwendbar. Der Grund liegt in der mangelhaften Darstellungsart, und diese wieder erklärt sich aus den ungünstigen agrarischen und volkswirthschaftlichen Verhältnissen. Besonders die Ernte erfordert die grösste Vorsicht im Einzelnen: die eben gereiften Früchte müssen Stück für Stück mit der Hand abgepflückt und ohne Zeitverlust unter die Presse gebracht werden; Schnelligkeit und Reinlichkeit sind dabei wesentliche Bedingungen. Zu all dem aber fehlt es in den genannten Gegenden an Kapital, an Einrichtungen und an Händen. Man schlägt die von Natur zarten Früchte entweder mit Strecken ab oder, was noch übler ist, wartet, bis sie, überreif und halbfaul, von selbst abfallen (über Beides klagen schon die Alten, z. B. Plinius 15, 11); dann bleiben sie in Haufen liegen und gerathen in Gährung, ehe eine Oelmühle frei wird. Letztere ist auch meistens so unvollkommen construirt, dass sie Arbeitskraft verschwendet und einen beträchtlichen Theil Oel in den Trestern zurücklässt. Da der gemeine Mann das so gewonnene übelriechende Produkt, als von kräftigerem Geschmack, dem feinsten provençalischen Tischöl, welches ihm nichtssagend erscheint, vorzieht, so fühlt er sich natürlich auch nicht durch das Bedürfniss aufgefordert, auf die Herstellung des letztern besonderen Fleiss zu wenden. Bei all dem sind in neuerer Zeit die Fortschritte unverkennbar. Wenn erst in Folge eines natürlichern Blutumlaufes im Volkskörper der gedrückte Stand der Pächter sich heben wird, dann muss in der Oelkultur eine Quelle des Wohlstandes für den gebirgigen Süden des neuen Königreiches sich öffnen. — »Zwei Flüssigkeiten, sagt Plinius 14, 150, giebt es, die dem menschlichen Körper angenehm sind, innerlich der Wein, äusserlich das Oel, beide von Bäumen kommend, aber das Oel etwas Nothwendiges.« Demokritus von Abdera, der berühmte Philosoph, der über hundert Jahr alt wurde, erwiderte auf die Frage, wie man gesund bleiben und seine Tage verlängern könne, mit der diätetischen Regel: innerlich Honig, äusserlich Oel (Diophanes in den Geopon 15, 7, 6 und Athen. 2, p. 47). Aehnlich war die Antwort des hundertjährigen Pollio Romilius auf die Frage des Kaisers Augustus, durch welches Mittel er sich so rüstig erhalten habe: »innerlich durch Wein mit Honig, äusserlich durch Oel«, *intus mulso, foris oleo* (Plin. 22, 114). Heut zu Tage dient das Oel nicht mehr zur äussern Körperpflege oder nur in Gestalt von Seife; aber eben die den Alten unbekannte Seife, eine nordische Erfindung (Grimm in Haupts Zeitschrift VII, S. 460f.; Zeuss[2] p. 161; Beckmann, Beyträge, IV, 1), hat die orientalisch-griechische Sitte, den Leib zu salben, die in Italien ohnehin nur bei den höheren Klassen herrschte, ganz und gar verdrängt. Nur die Salbung der Könige und Kaiser und die letzte Oelung sind noch ein verklingendes Echo der alten Römerzeit.

---

* Der Oelbaum gehört zu einer Artengruppe der Gattung *Olea*, welche in Ostindien, dem Kaplande, Abyssinien und Arabien entwickelt ist. In neuerer Zeit hat F. Cavara (Le sabbie marnose plioceniche di Mongardino e i loro fossili in Boll. Soc. geol. ital. V (1886) p. 265—275) Blätter des Oelbaumes in pliocenen Lagerstätten bei Mongardino, 18 Kilometer nordwestlich von Bologna am linken Ufer des Reno aufgefunden und damit das Indigenat des Baumes in Italien dargethan. Im Orient findet sich der Oelbaum wildwachsend sowohl als Baum, wie besonders häufig als Strauch in den Steppen des Pendschab von Beludschistan, von Persien bis Transkaukasien und auf der Krim, in Syrien, in Palästina und in Cilicien, auch in Mesopotamien und im südlichen Arabien bis Mascat. Von Bithynien aus verfolgen wir ihn durch Thracien nach Macedonien; er bezeichnet daselbst zusammen mit *Quercus coccifera* L. die Grenze der Mediterranflora und reicht bis 350 m. Sicher wild ist er auch in Griechenland, wo man in den Macchien vielfach die kleinfrüchtige

Form *Oleaster* antrifft. Caruel sieht in Parlatore's Flora italiana vol. VIII. p. 155 den Oelbaum auch für einen einheimischen Baum Italiens an, der vorzugsweise auf Kalkboden, aber auch auf vulkanischem Boden in der Küstenregion vorkommt; auch im südlichen Istrien ist er wild und ebenso treffen wir die wilde Form noch am Gardasee und am Luganer See an. Sehr häufig ist er auf Sicilien, Sardinien und Corsica. Im ganzen mittleren, südlichen und südöstlichen Spanien wird in der unteren und der montanen Region an felsigen Orten und auch in Gebüschen der wilde Oelbaum als Strauch und Baum angetroffen, desgleichen in Portugal, auf den Azoren und Kanaren. Auch im mediterranen Frankreich ist der Oelbaum ausserhalb der Anpflanzungen anzutreffen.

In Nordafrika ist der Oelbaum ebenfalls einheimisch, sicher von Tunis bis Marokko. Battandier sagt in seiner Flore de l'Algérie: »Aucune plante ne peut d'après sa dispersion actuelle être considérée comme indigène en Algérie, à plus juste titre que l'Olivier, qui constitue notre essence forestière la plus généralement répandue, en dehors de toute action de l'homme.« Ebenso spricht sich Ball in seinem Spicilegium Florae maroccanae, Journ. of the Linnean Society XVI. p. 565 dahin aus, dass der Oelbaum im nördlichen und westlichen Marokko wild ist. Dagegen ist Prof. Schweinfurth (Aegyptens auswärtige Beziehungen hinsichtlich der Kulturgewächse, in Verh. der Berliner anthropol. Gesellsch., Sitzung vom 18. Juli 1891) der Ansicht, dass der Oelbaum in Aegypten unter der XIX. Dynastie aus Syrien eingeführt wurde. Die Annahme, dass der Oelbaum aus Arabien stamme, bestätigt sich nicht, da derselbe nach Schweinfurth's Beobachtungen (a. a. O. S. 649) im glücklichen Arabien nur in einigen neueren Gärten gebaut wird. Da die Früchte des Oelbaumes durch Vögel verbreitet werden und von jeher im ganzen Mediterrangebiet an vielen Stellen die Existenzbedingungen für den Oelbaum gegeben waren, so war es auch ganz natürlich, dass derselbe die ihm zusagenden Localitäten besiedelte, ehe die orientalischen Kulturvölker aus ihm eine der wichtigsten Nutzpflanzen machten. Hier ist auch zu erwähnen, dass in Spanien bei El Garcel in neolithischen Fundstätten von den Gebrüdern Siret zahlreiche durch Kleinheit ausgezeichnete Steinkerne gefunden wurden, welche aber der wilden Stammform angehören dürften.

** In Homerischer Zeit wäre nach Hehn das Oel lediglich zum Salben des Körpers und nicht zu sonstigen Zwecken verwendet worden. Auch dieses Oel sei aber kein inländisches Erzeugniss, sondern ein vom Orient eingeführtes gewesen; denn die Kultur des Oelbaums ginge höchstens in ihren Anfängen in die Homerische Zeit zurück. Wir glauben, dass diese Anschauungen nicht länger haltbar sind.

Zunächst dürfte allgemein zugestanden sein, dass die beiden Stellen Il. 18, 596:

τῶν δ'αἱ μὲν λεπτὰς ὀθόνας ἔχον, οἱ δὲ χιτῶνας
εἵατ' εὐννήτους ἦκα στίλβοντας ἐλαίῳ

und Od. 7, 105 ff.:

αἱ δ' ἱστοὺς ὑφόωσι καὶ ἠλάκατα στρωφῶσιν,
ἥμεναι, οἷά τε φύλλα μακεδνῆς αἰγείροιο·
καιροσέων δ' ὀθονῶν ἀπολείβεται ὑγρὸν ἔλαιον

von Hehn (oben S. 104) unrichtig aufgefasst sind. Freilich nicht von den fertigen Gewandungen träufelt Oel herab, was auch Philologus 1860 XV, 329 nicht gemeint war (vgl. Hertzberg, Philologus 1874 XXXIII, 7), sondern gemeint ist, dass die linnenen Stoffe bei ihrer Herstellung einer Appretur mit Oel unterzogen wurden oder waren. Näheres darüber vgl. ausser bei Hertzberg a. a. O. bei W. Helbig, Homerisches Epos, 2. Aufl., S. 168f. und bei F. Studnitzka, Beitr. z. Geschichte der altgr. Tracht S. 48f. Es steht also fest, dass das Oel bereits in der Technik der homerischen Linnenindustrie eine Rolle spielte. Nun könnte ja freilich auch das hierbei gebrauchte Oel ausländisches gewesen sein; aber wir müssen doch gestehen, dass uns die Ausführungen Hehns, durch welche er die fast völlige Abwesenheit der Kultur des Oelbaums in Homerischer Zeit zu beweisen versucht, auch sonst nicht überzeugt haben. Wir billigen in dieser Beziehung, ihrem Inhalte nach, die Einwendungen Hertzbergs a. a. O., wenn es auch Friedländer in Fleckeisens Jahrbüchern, XIX. Jahrg. 1873 S. 89 gelungen ist, einige Stellen für Hehns Anschauung zu retten. In keinem Falle aber kommen wir über das Gleichniss in einem als alt und echt unangefochtenen Theile der Ilias (17, 53—58) hinweg; denn wie fest musste die Vorstellung eines vom Pflanzer aufgezogenen Oelbaums in der Seele des Dichters und seiner Hörer haften, wenn ersterer dieselbe zur Veranschaulichung anderer Begriffe gebrauchen konnte! Auch bei der ἐλαίη, aus welcher Odysseus sein Ehebett gezimmert hat, ist nicht zu vergessen, dass dieselbe ἕρκεος ἐντός (23, 190) gewachsen war. Die Hehn'sche Erklärung endlich der mit der ἐλαίη zusammengewachsenen φυλίη als Myrte (oben S. 106) schiene uns nur dann annehmbar, wenn anderweitig fest stünde, dass die ἐλαίη nothwendig als wilder Oelbaum gefasst werden müsste, was eben nicht der Fall ist. Ueber die verschiedenen Deutungen der φυλίη bei alten und neuen vgl. Buchholz, Die hom. Realien I, 2 S. 255ff.

Zu dem gleichen Ergebniss, wie wir, kommen Neumann und Partsch, Physikalische Geographie von Griechenland S. 413: »Höchst unwahrscheinlich ist, dass noch im homerischen Zeitalter Olivenöl den kleinasiatischen Griechen nur als phönizischer Importartikel bekannt gewesen sein soll. Diese Ansicht Hehns ist wohl nur dadurch erklärlich, dass er bei seinem Nachweis der Seltenheit des Oeles bei den homerischen Helden reines Olivenöl und wohlriechendes Salböl nicht auseinanderhält. Letzteres scheint allerdings ein specifisch semitisches Erzeugniss und für die Griechen ein kostspieliger Importgegenstand gewesen zu sein.«

Eine endgiltige Entscheidung darüber, ob die Kultur des Oelbaums der homerischen Zeit noch fremd war oder nicht, wird man von den altgriechischen Ausgrabungen erhoffen dürfen. Schon sind einige Denkmäler zu Tage getreten, welche nach dem Urtheil der Sachverständigen höchstwahrscheinlich Abbildungen von Oelbäumen enthalten. Zunächst sind hier die beiden Goldbecher von Vafio bei Amyclae (Ἐφημερὶς ἀρχαιολογική 1889, Tafel 9) zu nennen. Ist es hier nach Massgabe der Situation (Stierjagd) möglich, an wilde Bäume zu denken, so scheint das Bruchstück eines silbernen Gefässes aus Mykenae (Ἐφημερίς 1891, 3, 2), welches die Vertheidigung einer Stadt darstellt, zu deren

Linken Oliven auftreten, mehr auf angepflanzte Oelbäume hinzuweisen. Immerhin aber kann man ja gegen die Beweiskraft derartiger Kunstwerke einwenden, dass wir es hier mit ausländischer Arbeit oder der Arbeit nach ausländischen Motiven zu thun hätten. Von grösserer Bedeutung sind daher die Olivenkerne, welche man neuerdings in Mykenae aufgefunden hat. Hierüber berichtet Herr Tsuntas brieflich am 1. November 1892: »Olivenkerne (die schon Schliemann in Mykenae gefunden hatte) habe ich auch dies Jahr in dem Schutt von Häusern drei Mal gefunden, freilich im Ganzen nur etwa ein Dutzend, einmal auch einen in dem Dromos eines Grabes, also sicher aus mykenischer Zeit. Ich zweifle also nicht mehr, dass man Oliven ass (wilde Oliven sind ungeniessbar); ob man aber auch Oel daraus presste, weiss ich nicht, scheint mir aber nicht unwahrscheinlich; denn in Thera, wo die unter der Lava entdeckten Häuserreste etwa gleichzeitig mit der älteren mykenischen Periode sind, und deren Kultur sich vielfach mit der mykenischen berührte, hat man gefunden „*un instrument compliqué en lave, qui paraît être un pressoir à huile (Dumont et Chaplain Céramique de la Grèce propre t.* 1, p. 31)«. Vgl. dazu auch Neumann und Partsch, a. a. O. Wenn Tsuntas (Ἐφημερίς 1888, S. 136) an die Stelle Plutarch, Lykurg 27: ἔπειτα συνθάπτειν οὐδὲν εἴασε, ἀλλὰ ἐν φοινικίδι καὶ φύλλοις ἐλαίας θέντες τὸ σῶμα περιέστελλον erinnert, so haben auch in Aegypten sich aus der XXII. und XXV. Dynastie Todtenkränze aus Oelbaumblättern gefunden (Wönig, Die Pflanzen im alten Aegypten S. 330).

Was die Namen des Oelbaums, gewöhnlich identisch mit denen des Productes seiner Früchte, anlangt, so wird das Hebräische, Phönizische (vgl. Schröder, S. 131), Arabische und Aramäische (vgl. Löw, Aram. Pflanzennamen S. 136) durch eine gemeinschaftliche Benennung (**zeitu*) verbunden. Auf dem Wege späterer Entlehnung ist dieser Ausdruck auch in das Persische und Kurdische, in kaukasische und tatarische Dialecte eingedrungen (Pott in Lassens Zeitschr. VII, 110, Köppen a. a. O. V, 573). Das Babylonisch-Assyrische kennt keinen Namen für die Olive. Hingegen setzt sich die semitische Reihe offenbar fort einerseits im Armenischen (*jēt῾*, *dzēt῾* Oel und Olive, *jit῾eni* Oelbaum), andererseits im Aegyptischen (*t῾eṭ-t* Olive, vgl. Wiedemann, Herodots II. Buch S. 383); denn es ist eine irrige, durch Strabo p. 809 und Ritters Erdkunde XI, 519 veranlasste Anschauung Hehns (oben S. 102), dass Aegypten kein Olivenöl hervorgebracht habe. Im Gegentheil wird der Oelbaum auf den Denkmälern, z. B. d. XVIII. Dynastie in getreuer Wiedergabe der Blattformen und Früchte nicht selten dargestellt. Nach Woenig a. a. O. S. 329 wäre das Olivenöl in Aegypten ausser zum Salben auch schon zu Speisen und als Opfergabe gebraucht worden. Ueber die Funde handelt G. Schweinfurth in Englers Bot. Jahrb. VIII, 1886 S. 6f. Vgl. auch G. Buschan, Vorgesch. Botanik. S. 127ff.

Die oben genannte ägyptisch-semitisch-armenische Namenreihe hat Lagarde in den Mittheilungen III, S. 214ff. einer eingehenden Untersuchung unterzogen. Er gelangt dabei zu dem Ergebniss, dass der Ausgangspunkt derselben im Armenischen oder in einer diesem nächststehenden Sprache Kleinasiens — er denkt an die Landschaft Cilicien — zu suchen sei, und dass von hier sowohl das semitische wie auch das ägyptische Wort, ersteres auf dem Landwege, letzteres auf dem Seewege entlehnt sei. Eine Bestätigung dieser Ansicht erblickt Lagarde darin, dass auch das griech. ἐλαία, ἔλαιον auf das Armenische (*iul* Oel) hinweise. Jedenfalls erscheint diese Erklärung annehmbarer als die versuchte Herleitung der griechischen Wörter aus einer indogermanischen, aber im Griechischen nicht vorhandenen Wurzel (lat. *adolere*, ags. *ǣlan* verbrennen, brennen, vgl. Prellwitz Et. W. S. 89). Olivenbau für pontische Gegenden, für Armenien (p. 528), Melitene (535), Sinopitis (546), Phanaröa (556) wird von Strabo bezeugt, wie auch nach Mos. Geog. p. 610 Oelbäume in der armenischen Provinz Uti vorkamen. Ist die Ansicht Lagarde's mit welcher F. Hommel, Aufs. und Abh. S. 99 übereinstimmt, richtig, so würde die Geschichte des Oelbaums in Asien mancherlei Verwandtes mit der des Weines haben, wie sie oben skizzirt worden ist.

Auch darauf macht Lagarde zum Schluss aufmerksam, dass »die bei Israeliten und Juden umlaufende Fluthsage (wie den Weinstock so) den Oelbaum nach Armenien setze, da die aus der gestrandeten Arche Noe's ausgesandte Taube doch wohl das berühmte Oelblatt aus keiner anderen Landschaft als Ararat, dem Lande der Ἀλαρόδιοι, geholt habe«.

Umgekehrt allerdings leitet Hübschmann, Z. d. D. M. G. XLVI, S. 243, Armen. Gr. S. 309 das armenische Wort aus dem Semitischen ab, und weiter betrachtet Ermann *ibid.* S. 123 die semitische Benennung der Olive als eine Entlehnung aus dem Aegyptischen. Das Verhältniss von griech. ἔλαιον zu armen. *iul* hält Hübschmann Armen. Gr. S. 394 für unaufgeklärt. Eine Uebereinstimmung in der Erklärung der sprachlichen Thatsachen ist also noch nicht erzielt.

Zusammenfassend wird man sagen dürfen: es ist wahrscheinlich, dass die Kultur der Olive im Orient — noch ungewiss von welchem Ausgangspunkt — sich auf der Linie Aegypten, Syrien, Kleinasien verbreitet hat, und von letzterem, schon in vorhomerischer Zeit, nach Griechenland übertragen worden ist.

Wo die Kultur der drei genannten Gewächse, des Weines, der Feige und des Oelbaums, in grösserem Massstab sich festsetzte, da musste Lebensart und Beschäftigung der Menschen eine andere werden, das Land ein anderes Ansehen gewinnen. Die Baumzucht war ein Schritt mehr auf der Bahn fester Niederlassung: erst mit ihr und durch sie wurde der Mensch ganz ansässig. Der Uebergang vom unstäten Hirtenleben zur festen Ansiedelung ist nirgends ein plötzlicher gewesen, sondern führte immer durch zahlreiche Zwischenstufen, auf denen die Völker oft Jahrhunderte verharrten. Der herumziehende Hirte besäet flüchtig ein Stück Land, das er im Herbst ebenso flüchtig aberntet; er wählt im nächsten Frühling ein anderes, frisches, das er abermals liegen lässt, nachdem er ihm den Raub abgenommen. Hat die Horde an einem besonders fruchtbaren Fleck sich mit ihren leichten Häusern festgesetzt, so ist doch auch hier der Boden nach einigen Jahren erschöpft: die ganze Gemeinschaft bricht auf, lädt alles Bewegliche auf ihre Thiere und Wagen und baut sich an einem andern Orte wieder an. Auch wenn die Ansiedelung eine stätige geworden, ist der Begriff individuellen Eigenthums am Boden doch noch nicht vorhanden: wie die Weide eine gemeinsame war, wird auch das Ackerland, an welchem bei der geringen Bevölkerung kein Mangel ist, in jedem Jahr an die Genossen je nach ihrer Zahl neu vertheilt. Dies war der Zustand der Germanen zu Tacitus Zeit, und dies ist der natürliche Sinn der Worte des genannten Schriftstellers, an denen patriotische Ausleger, die gern das Gegentheil erfahren hätten, nicht minder mühselig, als in ähnlichem Fall die Bibelexegeten, gedeutet haben. Dieselbe communistische, noch halb nomadische Form des Ackerbaues, die mit dem Patriarchalismus eng zusammenhängt, herrscht noch heute in einem grossen Theil Russlands, bei Tataren, Beduinen und manchen andern Völkern. Viehzucht bleibt auf diesen ersten Stufen des Ackerbaus immer noch das vorherrschende Geschäft, Wandern und Raub die Leidenschaft, Fleisch und Milch die Hauptnahrung; die Häuser sind nur leicht gebaut, brennen häufig auf, ihr Material ist Holz; der Pflug besteht aus einem spitzen Baumast, ritzt den Boden nur leicht und wird von kriegsgefangenen Sklaven geführt; die Voraussicht ist keine lange, sie geht nur vom Frühling auf den Herbst. Einen bedeutenden Schritt weiter bezeichnet schon die Wintersaat, aber den entscheidenden erst die Baumzucht. Erst mit der letzteren ging das Gefühl örtlicher Heimath und der Begriff des Eigenthums auf. Der Baum muss Jahre lang erzogen und getränkt werden, ehe er Frucht giebt (»den ich hegte und pflegte wie eine Pflanze im Baumgarten«, sagt Thetis in der Ilias von ihrem Sohne Achilleus); dann giebt er sie jedes Jahr, indess der Bund mit dem einjährigen Grase, das die Demeter säen gelehrt, in dem Augenblick aufgelöst ist, wo die Frucht geerntet worden. Um den Weinberg, um den Baumgarten wird eine schützende Hecke gezogen, das Zeichen vollen Eigenthums: dem blossen Ackerbauer genügt im besten Falle ein Grenzstein. Das Saatfeld muss auf Thau und Regen harren: der Pflanzer leitet die Quelle aus den Bergen herab und um seine Beete herum, und indem er dies thut, verwickelt er sich mit seinen Nachbarn in Rechts- und Eigenthumsfragen, die nur durch eine feste politische Ordnung gelöst werden. Schon eine der ältesten politischen Urkunden, von denen wir überhaupt wissen, der uns vom Redner Aeschines aufbewahrte Bundeseid der delphischen Amphiktyonen, enthielt die Bestimmung: es darf keiner der verbündeten Städte das fliessende Wasser abgeschnitten werden, weder im Kriege noch im Frieden. Auch das Haus, das von Fruchtbaumgruppen umgeben ist, wird, wie diese auf lange Jahre berechnet, d. h. es ist von Stein erbaut und schmückt sich in seinem Innern mit dem Vermächtniss der Geschlechter und dem Erwerbe fortgehender Kultur. Das Eisen findet sich ein und wird allmählich das immer häufigere, zuletzt vorherrschende Material aller Werkzeuge. Auch die Götter werden edler: denen des Hirten, der gewohnt ist, thierische Leiber aufzuschneiden, und dessen Poesie in der Vorstellung grässlicher, mit der Steinaxt aufgerissener Wunden schwelgt, wird blutig und roh geopfert, sanfter der Ceres mit geschrotenem Spelz und Salz und dem Terminus mit Kränzen und Kuchen, aber erst der Wein stimmte den harten Ackerbauer mild und heiter und machte ihn zu dramatischen Spielen aufgelegt, und erst die Olive, der Baum der Athene, der Göttin geistiger Helle, gab das Symbol des Friedens, der Bitte und der Freundlichkeit ab.

Schon die alten epischen Dichter unterscheiden genau die drei Arten der Bodenbenutzung: Thierweide oder Fleisch, Milch und Wolle; Ackerbau oder die süsse Halmfrucht, die Nährerin des Menschengeschlechts; endlich Baumpflanzung oder Wein und Oel. Für die beiden letzten Stufen, von denen die dritte, je älter die entsprechende Dichterstelle ist, um so mehr nur auf die Weinkultur sich beschränkt, gelten die sich gegenüberstehenden technischen Ausdrücke: *ἀρόω, ἄρουρα* und *φυτεύω, φυταλία*. Il. 14, 124 (Diomedes erzählt, sein Vater Tydeus habe ein reiches Haus bewohnt und viel weizenreiche F e l d e r, viele B a u m g ä r t e n und viele H e e r d e n besessen):

sein Haus war
Reich mit Schätzen gefüllt: er besass viel Weizengefilde,
Auch viel Gärten umher, von Baum und Rebe beschattet,
Auch Schafheerden in Menge.

Il. 12, 313 (Sarpedon spricht zu Glaukos):

Wesshalb baun wir den weiten Bezirk an den Ufern des Xanthos,
Welcher mit Pflanzungen prangt und weizenergiebigem Saatfeld?

Il. 20, 184 (Achilleus fragt den Aeneas, ob ihm die Troer etwa als Preis für die Tödtung seines Gegners ein Stück Land ausgesetzt, versehen mit Pflanzung und Acker):

Steckten die Troer vielleicht dir ab ein erlesenes Grundstück,
Treffliche Saatengefild' und Pflanzungen, dass du sie bauest,
Wenn du mich todt hinstreckst?

(Aehnlich und mit denselben Worten von den Lykiern und dem Bellerophontes, Il. 6, 194.) Auch die Aetoler bieten dem Meleager als Preis für die Theilnahme am Kampfe ein Grundstück, zur Hälfte Weideland, zur Hälfte Ackerboden, Il. 9, 578:

> Allda hiessen sie ihn ein herrliches Gut sich erlesen,
> Fünfzig Hufen umher, zur Hälft' ein Rebengelände,
> Halb ein freies Gefild, mit dem Pflug es zu schneiden geeignet.

Od. 9, 108 (von den Cyclopen, die weder Feldbestellung noch Baumzucht kennen):

οὔτε φυτεύουσιν χερσὶν φυτὸν, οὔτ' ἀρόωσιν,

wo das *χερσὶν* bedeutungsvoll ist. Hesiod. Op. et d. 22:

ὅς σπεύδει μὲν ἀρόμμεναι ἠδὲ φυτεύειν.

Auch bei Tyrtäus, fr. 3 (Brgk.):

Μεσσήνην ἀγαθὴν μὲν ἀροῦν, ἀγαθὴν δὲ φυτεύειν.

An einer homerischen Stelle tritt auffallender Weise zu Acker, Garten und Weide als Viertes der Fischfang an der Küste: Od. 19. 111 (in dem Lande des gerechten Herrschers)

> da bringt der schwärzliche Boden
> Weizen und Gerste hervor, schwer lastet die Frucht an den Bäumen,
> Kräftig gebären die Schafe, das Meer giebt Fische zur Nahrung,
> Alles als Lohn der Weisheit und zum Gedeihen des Volkes.

Auch die spätern Prosaisten pflegen das Ackerland, *γῆ σπόριμος, ψιλή*, und das bepflanzte Land, *γῆ πεφυτευμένη*, als die beiden integrirenden Theile des Kulturbodens zusammenzustellen, z. B. Xenoph. Hell. 3, 2, 10: *πολλὴν δὲ κἀγαθὴν γῆν σπόριμον, πολλὴν δὲ πεφυτευμένην, παμπληθεῖς δὲ καὶ παγκάλους νομὰς παντοδαποῖς κτήνεσι.* Demosth. adv. Lept. 115: *ἑκατὸν μὲν ἐν Εὐβοίᾳ πλέθρα γῆς πεφυτευμένης ἔδοσαν, ἑκατὸν δὲ ψιλῆς.* In Xenophons Oeconomicus hat sich Sokrates längere Zeit mit Ischomachus über den Landbau, die *γεωργικὴ τέχνη*, unterhalten, da fragt Ersterer: gehört denn auch die Baumpflanzung, *ἡ τῶν δένδρων φυτεία*, mit zum Ackerbau als ein Theil desselben? Freilich, erwidert Ischomachus. Und darauf wird denn ausführlich über Tiefe und Breite der Gruben, die Bedeckung mit Erde, die Bewässerung, die Wahl des Bodens u. s. w. verhandelt, mit ausschliesslicher Beziehung auf die drei Gewächse *ἄμπελος, συκῆ* und *ἐλαία.* Wie Demeter die Göttin der Feldfrucht, so ist besonders Dionysos, der Gott mit halborientalischem Charakter, Personification der gedeihenden Baumfrucht und des Segens, der daher kommt: Pindar. fr. 153 (Bergk.):

Δενδρέων δὲ νομὸν Διόνυσος πολυγαθὴς αὐξάνοι,
ἁγνὸν φέγγος ὀπώρας.

Plut. Symp. 5, 3, 4: *καὶ Ποσειδῶνί γε φυταλμίῳ, Διονύσῳ δὲ δενδρίτῃ, πάντες, ὡς ἔπος εἰπεῖν, Ἕλληνες θύουσιν.* Auch *ἔνδενδρος* hiess der Gott nach dieser Seite seines Wesens, Hesych. s. v. Wenn der Beiname der Demeter *μαλοφόρος* in einer Inschrift von Selinus so viel bedeutet, als Spenderin von Baumfrüchten, nicht etwa von Schafen (O. Benndorf, die Metopen von Selinut, S. 31), so wäre auch diese Göttin zuweilen als Vorsteherin der Gärten gedacht worden.

Nicht anders war das Verhältniss in Italien; auch dort sind Acker und Pflanzung coordinirte Kulturzweige, Dionysius Halic. 1, 37 preist Italien als keine Art des Anbaues ausschliessend: es sei baumlos, *ἄδενδρος,* weil es korntragend, *σιτοφόρος,* sei, es sei aber auch arm an Getreide, *ὀλιγόκαρπος,* weil es mit Bäumen bepflanzt, *δενδρῖτις,* sei u. s. w. Bei Eroberung Italiens, sagt Appian de bell. civ. 1, 7, wiesen die Römer das wüste liegende Land Jedem zu, der Lust hatte, es zu bebauen, »indem sie sich nur einen jährlichen Zins vorbehielten, den Zehnten von dem Ertrage des besäeten, den Fünften von dem des bepflanzten Landes.« Cic. de rep. 5, 2 (den Königen, denen die Rechtsprechung oblag, wurde Land zur Entschädigung gegeben): *ob easque causas agri, arvi et arbusti et pascui, lati atque uberes definiebantur, qui essent regii* — in welcher alterthümlichen Formel also der *ager arbustus,* die Baumpflanzung, dem *ager arvus* und *pascuus,* dem Saat- und Weidelande, als Glied der Dreitheilung gegenübersteht, ganz wie in der obigen Stelle des Xenophon. Lucret. 5, 933 ed. Lachm.

Nec robustus erat curvi moderator aratri
Quisquam, nec scibat ferro molirier arva;
Nec nova defodere in terram virgulta neque altis
Arboribus veteres decidere falcibu' ramos —

also ohne Umschreibung: weder Ackerbauer noch Baumpflanzer. Daher auch Cn. Tremellius Scrofa bei Varro de r. r. 1, 7, 8 es als eine Sonderbarkeit anführt, dass er bei einem Kriegszuge ins innere Gallien gegen den Rhein hin Gegenden gefunden habe, wo es ganz an Weinstöcken, Oel- und Obstbäumen fehlte: *in Gallia transalpina intus ad Rhenum, cum exercitum ducerem, aliquot regiones accessi, ubi nec vitis nec olea nec poma nascerentur; ubi agros stercorarent candida fossicia creta; ubi salem nec fossicium nec maritimum haberent, sed ex quibusdam lignis combustis carbonibus salsis pro eo uterentur.* So natürlich also schien einem Zeitgenossen des Varro und Bewohner des Südens die Verbindung des reinen Ackerbaues mit Anpflanzung des Weinstocks und fruchttragender Bäume, dass er die Abwesenheit der letztern mit der ihm unbekannten Mergeldüngung und dem Gebrauche der Asche statt des Salzes zusammenstellt.

Interessant ist, dass auch in den heiligen Schriften des Zendvolkes der Boden auf die dreifache Art benutzt wird, wie in Griechenland und Italien. Vendîdâd 3, 12—13 (nach Spiegels Uebersetzung): »Was ist zum Dritten dieser Erde am angenehmsten? Darauf entgegnete Ahura-mazda: wo am meisten durch Anbau erzeugt wird, o heiliger Zarathustra, von Getreide, Futter und speisetragenden Bäumen.« 76—77: »Wer erfreut zum Vierten diese Erde mit der grössten Zufriedenheit? Darauf entgegnete Ahura-mazda: Wer am meisten anbaut Feldfrüchte, Gras und Bäume, die Speisen bringen, o heiliger Zarathustra.« Aehnlich drückt sich auch der Perser Mardonius bei Herodot aus: als dieser den Xerxes zum Kriegszug gegen die Athener bereden wollte, da rühmte er ihm Europa als ein schönes Land, wo aller Art Fruchtbäume wüchsen und der Boden höchst kräftig (zum Getreidebau) sei, Herod. 7, 5: *ὡς ἡ Εὐρώπη περικαλλὴς χώρη, καὶ δένδρεα παντοῖα φέρει τὰ ἥμερα, ἀρετήν τε ἄκρη.* Umgekehrt war Babylonien nach Herod. 1, 193 höchst fruchtbar an Getreide: *ἀρίστη Δήμητρος καρπὸν ἐκφέρειν*, trug aber keine Spur von Bäumen: *δένδρεα οὐδὲ πειρᾶται ἀρχὴν φέρειν οὔτε συκέην, οὔτε ἄμπελον, οὔτε ἐλαίην* — wo die typische Zusammenstellung der drei Gewächse, der Feige, Rebe und Olive, wiederkehrt.

Wenn Vergil G. 2, 371 sagt: *Texendae saepes etiam* u. s. w., so ist dies nicht etwa ein neuerer Gebrauch: schon im Alten Testament und in der epischen Zeit Griechenlands werden solche Baumgärten als umzäunt, mit Graben oder Hecke und Mauer umgeben gedacht, während das Saatgefilde frei daliegt. Wie die Parabel des Propheten Jesaias Kap. 5 mit den Worten beginnt: »Mein Lieber hat einen Weinberg an einem fetten Ort und er hat ihn verzäunet und mit Steinhaufen verwahret und edle Reben drein gesenket«. —, so war auch der Weinberg auf dem Schilde des Achilleus mit einem Graben, *κάπετος*, und einer Hecke, *ἕρκος*, umzogen; Oineus, der Herrscher von Kallydon, tödtete seinen eigenen Sohn Toxeus, d. h. den Schützen, weil dieser es gewagt hatte, den Graben, der die Weinstöcke umschloss, zu überspringen (Apollodor. 1, 8, 1). Das Material, das zu der Umzäunung gelesen wird, heisst mit einer etymologisch dunklen Benennung *αἱμασία* — entweder Dornen oder Steine, vielleicht bald das Eine, bald das Andere, oder Beides zugleich, je nach der Gegend oder ihrer natürlichen Beschaffenheit; der göttliche Sauhirt in der Odyssee wenigstens hat seinen Hof mit herbeigeschleppten Steinen verwahrt und diese dann mit Dornen besteckt, 14, 10:

Steine zusammengeschleppt und oben umfriedet mit Dornen.

Solche **ὄρχοι, φυτῶν ὄρχατοι**, wie Homer und Hesiod die umfriedigten Fruchtgärten, besonders die Weingärten, nach dieser ihrer Eigenschaft benennen (da diese Wörter doch wohl auf *εἴργω*, schliessen, zurückzuführen sind, *μετόρχιον* = ein Getreidefeld zwischen zwei geschlossenen Gärten), bedecken und durchschneiden noch jetzt das südliche Italien, dessen Wege zwischen Mauern und Hecken von Stachelpflanzen dahinziehen und dem staubbedeckten Reiter die Aussicht auf das Meer oder das Gebirge versagen. Auch gilt noch jetzt in jener Gegend ein Grundstück, das mit Mauer oder Hecke umgeben ist, allgemein für werthvoller und an Ertrag reicher als ein offenes.

Schon bei Homer sind es die Schwächern, besonders die Greise, deren Obhut die Bäume anvertraut sind und die niedergebückt im Garten pflanzen, graben und schneiden: mit dem Ochsengespann Furchen ziehen und die Wiese mit der Sense, **δρέπανον**, abmähen, gilt, wie der Krieg, für das Werk der Jünglinge und Männer. Besonders deutlich ist in dieser Beziehung die Stelle Od. 18, 356 ff. Einer der Freier, Eurymachus, hat den Odysseus wegen seines Kahlkopfes verlacht und schlägt ihm darauf vor, als Arbeiter am Zaun und als Pflanzer von Bäumen in seinen Dienst zu treten:

Dornengesträuch mir zu sammeln und stämmige Bäume zu pflanzen.

Hierauf erwidert ihm Odysseus: »Sollte ich mit dir auf der Wiese den ganzen Tag über um die Wette das Gras abmähen oder mit dem Joch Ochsen vier Morgen fetten Ackers pflügen, dann würdest du sehen, ob ich eine Furche zu ziehen im Stande bin. Und hätte ich Waffen, wie sie sich für den Krieger schicken, du würdest mich unter den Ersten kämpfen sehen. Du aber scheinst dir gross und stark, weil du mit Wenigen und Bösen verkehrst.« — So hat sich auch der greise Laertes zu den Gärten zurückgezogen, und sein Genosse ist der gealterte Sklave Dolios, den einst Penelope von ihres Vaters Hause in das des Ehegatten mithinübergebracht. — Nicht anders im Hymnus an den Hermes. Dort treibt der Gott die gestohlenen Rinder hinweg, da sieht ihn ein Mann, der im Weingarten arbeitet: es ist ein Greis, der, zur Erde gebeugt, im Boden gräbt, v. 90:

ὦ γέρον, ὅστε φυτὰ σκάπτεις ἐπικαμπύλος ὤμους.

Und als Tags darauf Apollon suchend an derselben Stelle vorbeikommt, da findet er den Greis, einen Zaun, *ἕρκος ἀλωῆς*, zum Schutz gegen die Strasse, auf der viel Wanderer ziehen, *παρὲξ ὁδοῦ*, aus Dornen flechtend und redet ihn demgemäss an, v. 190:

ὦ γέρον, Ὀγχηστοῖο βατοδρόπε ποιήεντος.

Das in dem ersten Verse gebrauchte *σκάπτειν* ist gleichfalls feste Bezeichnung für Arbeit im Wein- und Baumgarten, wie bei Hesiod. Op. et d. 572:

τότε δὴ σκάφος οὐκέτι οἰνέων,

und wird gern dem *ἀροῦν*, dem Ackern auf dem Felde, gegenübergestellt. So in dem Verse aus dem homerischen Margites:

Τὸν δ' οὔτ' ἄρ σκαπτῆρα θεοὶ θέσαν, οὔτ' ἀροτῆρα.

Auch lateinisch heisst es *fodere hortum* (Plaut. Pœn. 5, 2, 30), und *fodere* und *arare* stehen in Parallele, Terent. Heaut. 1, 1, 16: *quin te in fundo conspicer fodere aut arare.* Das Werkzeug dazu ist entweder das *λίστρον*, daher Od. 24, 227 Odysseus seinen alten Vater *λιστρεύοντα φυτόν* findet, oder die *μάκελλα*, d. h. die einzinkige Hacke, in der Ilias 21, 259 zum Aufgraben der Wasserrinnen im Garten gebraucht, oder die *δίκελλα*, d. h. die zweizinkige Hacke, in einem Fragment des Aeschylus in Gegensatz zum Pfluge gestellt, fr. 190 (Nauck):

Γαβίους, ἵν' οὔτ' ἄροτρον οὔτε γατόμος
τέμνει δίκελλ' ἄρουραν,

auch die *σκαπάνη* (bei Theokrit, davon vielleicht das italienische *zappa*, franz. *sappe*), in der spätern attischen Sprache die *ἄμη* und *σμινύς* oder *σμινύη*, lat. *ligo*, *bidens*, *vanga* (bei Palladius, noch italienisch), französisch *pioche* (vermuthlich statt *picoche*) u. s. w.

Mit der Baumzucht freilich wurden auch die Kriege furchtbarer, weil die Zerstörung mehr Gegenstände fand. Nach der urältesten Sitte, die auch bei Homer nicht fehlt, wie sie noch jetzt bei den Beduinen herrscht, ist das Wegtreiben der Heerden, der Raub der Pferde ein gewöhnlicher Kriegsvortheil und die an dem Feinde geübte Rache und Strafe; oft holt der Beschädigte den abziehenden Räuber wieder ein und nimmt sein Eigenthum zurück; in jedem Falle ersetzt sich die Heerde in nicht allzulanger Zeit wieder. Die Germanen zogen sich hinter ihre Wälder und Sümpfe zurück, und die Römer konnten sie nirgends empfindlich treffen. »Warum sollten wir uns auf eine Schlacht mit Euch einlassen, antwortet bei Herod. 4, 127 der Skythenkönig Idanthyrsus dem Darius, wir haben ja keine

Städte, die eingenommen, keine Pflanzungen (γῆ πεφυτευμένη), die ausgerottet werden könnten.« Noch in unserm Jahrhundert, im Jahre 1812, machten es die Russen ganz ähnlich: sie brannten sogar ihre Hauptstadt nieder, die doch nur grösstentheils aus Holz bestand, zogen sich immer weiter ins unwirthliche Innere zurück und liessen Entfernung, Wildniss, Klima die Vertheidigung führen. Anders da, wo der Mensch in dauernden Häusern unter Weinstöcken, Oel- und Feigenbäumen wohnt, da wüthet ein grausamer Feind schrecklich, und das Land ist auf Menschenalter verödet. Die Wasserleitungen werden zerstört und damit die eigentliche Lebensquelle abgeschnitten: sie wieder einzurichten, kostet viele Arbeit und mehr Kapital, als nach einem Kriege vorhanden ist. Die Oelbäume werden niedergehauen und wachsen nur langsam wieder; auch der Weinstock fordert manches Jahr, ehe er tragfähig wird. Zwar das mosaische Gesetz verbot das Ausrotten der Fruchtbäume, Deuteron. 20, 19: »Wenn du für einer Stadt lange liegen musst, wider die du streitest, sie zu erobern, so sollst du die Bäume nicht verderben, dass du mit Aexten daran fahrest, denn du kannst davon essen, darum sollst du sie nicht ausrotten«, aber dass das Verbot in der Kriegswuth nicht beachtet wurde, lehrt das Alte Testament selbst. So verbrannte z. B. der hebräische Nationalheld Simson mittelst seiner Füchse nicht bloss die Saaten des feindlichen Landes (die im nächsten Jahr wiederwachsen konnten), sondern auch die Wein- und Oelpflanzungen, die nicht so leicht wieder herzustellen waren. Als Alyattes, König von Lydien, die Stadt Milet nicht einnehmen konnte, bezog er alle Jahre regelmässig ihr Gebiet und verdarb Bäume und Feldfrüchte (Herod. 1, 17). Auf solche Art ist auch später der Orient wiederholt von hereingebrochenen wilden Horden zur Wüste gemacht worden und hat die frühere Blüte nie wieder erreicht. Auch die Geschichte der Griechen ist voll von ähnlichen Barbareien — vor und nach Plato, der sie in seiner Republik (5. p. 470) wenigstens unter Griechen nicht dulden will. Wie oft liest man beim Thucydides die verhängnissvollen Worte: τὴν γῆν ἐδῄουν oder ἔτεμνον, z. B. 3, 26; »sie verheerten Attika, sowohl die Gegenden, wo schon früher die Gewächse niedergemacht und jetzt etwa neu aufgesprosst waren, als diejenigen, die bei frühern Einfällen verschont geblieben waren.« Wie die Peloponnesier besonders in den Oelpflanzungen Attikas gehaust hatten, ergiebt sich deutlich aus des Lysias Rede περὶ τοῦ σηκοῦ, wo unter andern z. B. folgende Stelle vorkommt: »Ihr wisst, dass damals viele Gegenden mit Oelbäumen bestanden waren, die jetzt grösstentheils niedergehauen sind, und dass das Land seitdem kahl geworden ist.« Im ersten messenischen Kriege sollen nach Pausanias 4, 7, 1 zwar die Bäume verschont worden sein (*οὐδὲ δένδρα ἔκοπτον*), aber nur weil die Lacedämonier das Land als ihr eigenes betrachteten: später übten sie das Verwüsten um so besser. Von dem Kriege, den sie gegen die Eleer führten und den Xenophon Hell. 3, 2, 21 ff. beschreibt, heisst es auch: »da das Heer ins feindliche Gebiet eingerückt war und schon im Lande das Niederhauen der Bäume begonnen hatte, trat ein Erdbeben ein« und später: »er marschirte gegen die Stadt, niederschlagend und sengend im Lande«. Umhauen und ausrotten war auch im neueren griechischen Freiheitskriege das gewöhnliche Mittel, den Feind zu züchtigen, und in Unteritalien reden die mittelalterlichen Chroniken oft genug von der gleichen Behandlungsart feindlichen Gebietes (z. B. Muratori Scriptt. VIII, p. 546: *Obsedit itaque Princeps [Manfredus] civitatem Brundusii et cum civitas ipsa moenibus et populo valde munita esset nec posset per insultum eam de facili capere, fecit fieri depopulationem arborum circumcirca civitatem ipsam usque ad moenia*). Nach Kaiser Friedrichs I. Barbarossa Reichsabschied, die Mordbrenner und Friedenstörer betreffend, Nürnberg 1187, sollen diejenigen, die Weinberge oder Fruchtgärten zerstören, der Strafe der Brandstifter verfallen, § 14: *statuimus etiam, ut si quis vineas aut pomeria exciderit proscriptioni et excommunicationi incendariorum subjiciatur.* Umgekehrt verwirkte wohl auch der Rebell und Uebelthäter nicht nur sein Leben, sondern auch sein Haus wurde niedergerissen, seine Fruchtbäume umgehauen, seine Reben ausgerottet[39]).

Wie sich halber und ganzer Ackerbau oder Ackerbau mit nomadischen Gewohnheiten und Ackerbau verbunden mit Baumpflanzung unterscheiden, darüber haben die Franzosen in Algier Gelegenheit gehabt, Erfahrungen zu machen. Die flüchtigen Araber zu treffen, mussten die europäischen Kolonnen mit ihnen an Beweglichkeit und Schnelligkeit wetteifern; denn hatte das Dorf auch nur zwei Stunden vorher von der Annäherung des Feindes Nachricht, so fand man an der Stelle, wo man es zu überfallen gedachte, nichts als die oft noch warme Asche ausgelöschter Lagerfeuer. Der Stamm hatte sich weiter ins Innere gezogen, von da wich er, wenn er verfolgt wurde, immer weiter und weiter ins Innere bis in die unnahbare Wüste. Man mähte ihre Ernten ab, man trieb, soweit man derselben habhaft werden konnte, ihre Heerden weg; zuweilen unterwarfen sie sich dann demüthig; im nächsten Jahr aber konnte dieselbe Scene von Neuem spielen. Ganz anders verhielten sich die Kabylen des Djurdjuragebirges der Invasion gegenüber. Diese directen Nachkommen der alten Libyer sind nämlich ein gartenbauendes Volk mit halbsteinernen Wohnungen, festem, durch Mauern und Hecken, über die überall fruchttragende Aeste herabhängen, bezeichneten Besitzthum, und dem Gefühl der Anhänglichkeit an den Ort ihrer Geburt. Sie wohnen im Gebirge, und der Zugang zu ihnen ist schwer: ist dieser aber einmal erzwungen, dann hält sie die in ihrer Mitte angelegte kleine Festung mit der geringen Besatzung bleibend im Zaum. Sie zahlen regelmässig ihren Tribut und sind zufrieden, wenn man sie bei ihren alten Sitten und bei der eigenen Gemeindeverwaltung lässt. Einige Strassen werden durch ihr Gebirge gezogen, die ungewohnte Sicherheit belebt den Waarenaustausch und den Besuch der Märkte, und langsam und unmerklich, aber sicher dringt europäische Civilisation unter das bisher nach aussen abgeschlossene und misstrauische Volk. Auch die Dichtigkeit der Bevölkerung steht in gradem Verhältniss zu der mehr oder minder durchgeführten Abkehr vom Hirtenleben. Eine Beduinenfamilie bedarf zu ihrer Ernährung eines weiten Raumes, den sie immer nur streift, die Kabylen graben den Boden um und entlocken ihm zehnfachen Ertrag, und wo dort Quadratkilometer nöthig sind, genügt hier ein Garten von wenig Schritten.

Gleichzeitig mit der Aufnahme der neuen Kulturart, weil eng an sie geknüpft, war die Einführung des Esels, die Erzeugung des Maulthiers, die Verbreitung der Ziege. Der geduldige, arbeitsame *(plagarum et penuriae tolerantissimus, laboris et famis maxime patiens)*, zugleich sehr verständige Esel, der die Geschäfte des Hauses besorgte, die Mühle und den Brunnen trieb, die Erde in Körben auf die Anhöhe trug und beladen den Landmann zu den Märkten und Opferfesten begleitete, — er bedurfte nicht wie das Rind fetter Wiesen und schattiger Gebüsche, überhaupt weiterer Strecken, er nahm mit dem Ersten Besten vorlieb, was am Wege wuchs oder was das Hauswesen abwarf, mit Stroh, Stengeln, Disteln und Dornen. Dass er aus dem semitischen Kleinasien und Syrien nach Griechenland gekommen sei — wobei immer wahr sein kann, dass Afrika, wo noch jetzt seine Verwandten leben, seine ursprüngliche Heimath ist —, lehrt die Sprachgeschichte[40]), und wird durch die ältesten Kultur- und Völkerverhältnisse bestätigt. In der epischen Zeit, in welcher Viehzucht und Ackerbau noch vorherrschen, ist der Esel noch gar nicht das gewöhnliche Hausthier; er kommt nur an einer

Stelle der Ilias vor (bloss in einem Gleichniss, 11, 558 ff., das von einem den Salaminiern und Athenern nicht günstigen Dichter verfasst und dann an dieser Stelle eingeschoben scheint; es streift an das Parodische und ist mit der vorausgehenden Vergleichung widersinnig gepaart, s. Welcker, der epische Cyclus², II. 361); in der Odyssee, in deren zweitem Theil Gelegenheit genug dazu vorhanden war, wird er gar nicht genannt und eben so wenig bei Hesiod. Da das lateinische Wort, *asinus*, eine alterthümliche Gestalt zeigt, die über die Zeit der griechischen Kolonisation hinauszuliegen scheint, so muss das Thier schon vorher auf dem Landwege durch Vermittelung der illyrischen Stämme in Italien eingewandert sein. Oder sollen wir annehmen, dass die Cumaner noch *ἄσνος* sprachen, als sie ihre Stadt auf der heutigen Insel Ischia anlegten? Im späteren Italien war der Esel, ausser den gewöhnlichen Haus- und Felddiensten, die er verrichtete, auch wichtig für den Ein- und Ausfuhrhandel der gebirgigen Theile der Halbinsel. Der Waarentransport aus den innern Landschaften zu den Seehäfen geschah auf dem Rücken der Esel und die Kaufleute hielten zu diesem Zweck eigene Heerden dieser Lastthiere, Varro de r. r. 2, 6, 5: *Greges fiunt fere mercatorum, ut eorum qui e Brundisino aut Appulia asellis dossuariis comportant ad mare oleum aut vinum itemque frumentum aut quid aliud.* Mit der Wein- und Oelkultur — die Grenze derselben nicht überschreitend — ging auch der Esel weiter nach Norden, mit ihm sein Name: in demselben Masse, wie das Hochwild der Wälder, der *bos urus* und der *bos primigenius* (der Auerochs und der Wisent) und der Riesenhirsch (der Schelch, noch im Nibelungenliede genannt) ausstarben, bürgerte sich der aus der Fremde gekommene Langohr beim Landmann in Gallien ein, erhielt mannigfache Namen und lebte in den Sitten, Scherzen, Sprichwörtern und Fabeln des Volkes. In Deutschland war es ihm schon zu kalt. — Das Maulthier, bei Homer schon nicht selten, stammte aus dem pontischen Kleinasien und zwar, wie Homer ausdrücklich sagt, von den Enetern, einem paphlagonischen Volke, Il. 2, 872:

ἐξ Ἐνετῶν, ὅθεν ἡμιόνων γένος ἀγροτεράων,

wozu der Scholiast bemerkt: »bei den Enetern wurde zuerst die Vermischung der Esel und Pferde erdacht.« An einer andern Stelle sind es die Myser, die dem Priamus Maulthiere schenken, Il. 24, 277:

Schirrten die Maulthiere an, starkhufige, kräftig zur Arbeit,
Welche die Myser dem Greise verehrt als edle Geschenke.

Myser und Paphlagonier wohnten nicht weit von einander, und der Weg zu den letzteren geht durch das Gebiet der ersteren. In einem Fragment des Anakreon werden die Myser geradezu als Erfinder der Maulthierzucht genannt (fr. 34. Bergk.):

ἱπποθόρον δὲ Μυσοὶ
εὑρεῖν μῖξιν ὄνων πρὸς ἵππους.

Damit stimmt überein, dass auch im Alten Testament die Landschaft Thogarma, d. h. Armenien oder Kappadocien die besten Maulesel lieferte (Ezech. 27, 14); den Israeliten selbst verbot das Gesetz diese Zucht. Auch später noch hören wir von kappadocischen und galatischen Maulthieren, und von den erstern wird berichtet, sie seien fruchtbar, also unter besonders günstige Naturverhältnisse gestellt: Pseudo-Aristot. de mirab. ausc. 69 (70): *ἐν Καππαδοκίᾳ φασὶν ἡμιόνους εἶναι γονίμους.* Plin. 8, 173: *Theophrastus volgo parere in Cappadocia tradit, sed esse id animal ibi sui generis.* Plut. de cupiditate divitiarum, 2: *ἡμίονοι Γαλατικαί* (als Gegenstand des Luxus)[41]). Höchst merkwürdig, weil den israelitischen religiösen Vorstellungen (vielleicht auch denen anderer semitischer und halbsemitischer Stämme?) analog, ist das alte, in die mythische Zeit hinaufverlegte Verbot, im Lande der Eleer Maulthiere zu erzeugen. Der König Oenomaus, der Sohn des Poseidon und Vater der Hippodameia, sollte einen Fluch, *κατάρα,* über diese Zeugung ausgesprochen haben, und seitdem brachten die Eleer ihre Stuten ausser Landes, um sie dort von Eseln belegen zu lassen (Herod. 4, 30, Paus. 5, 5, 2); dass der Fluch von dem alten König Oenomaus herrührte, setzt Plutarch hinzu (Qu. graec. 52). Vielleicht war in diesem elischen Brauch nur die durch Religion festgehaltene älteste Zeit aufbewahrt, wo es in Griechenland keine anderen, als vom Orient eingeführte Maulthiere gab und das Volksgefühl sich gegen solche widernatürliche Mischung noch sträubte. Auch bei Homer besitzt der Ithakesier Naëmon in dem weidereichen Elis zwölf Stuten mit den dazu gehörigen Maulthierfüllen (Od. 4, 635 ff.). Im Uebrigen ist in der epischen Welt das Maulthier schon ein eigentliches Arbeitsthier, sowohl bei der Feldbestellung, als im Geschirr vor dem Wagen (*ἐντεσιεργούς*) und beim Schleppen von Lasten, und es wird daher gern als vielduldend und mühselig dargestellt (*ταλαεργός*). Dass es als stärker dem Esel vorgezogen wurde, lehrt der bekannte Vers des Theognis 996:

γνοίης χ' ὅσσον ὄνων κρέσσονες ἡμίονοι.

Auffallend aber ist die abstracte Benennung *ἡμίονος*, Halbesel, und *ὀρεύς, οὐρεύς,* Bergthier, die sich in dieser doppelten Gestalt auch bei Hesiod findet und durch das ganze Alterthum fortwährt. Zur Erklärung von *οὐρεύς* mag Il. 17, 742 dienen, wo das Maulthier Balken und Schiffsbauholz aus den Bergen mühsam hinabschleppt, oder Il. 23, 114 ff., wo die Männer mit Aexten, Seilen und Maulthieren in die hohen Schluchten des Idagebirges hinaufziehen, um Holz für den Scheiterhaufen des Patroklos zu holen, die Last aber den Maulthieren angebunden wird, die sie dann in die Ebene stampfend hinabtragen. — Nach Italien kam der *mulus*, wie dieser Name beweist, aus Griechenland[42]); das lateinische Wort diente dann allen Völkern, die das neue künstlich geschaffene Thier bei sich aufnahmen, zur Bezeichnung desselben. Wie noch heute, wurden auch zu Varros Zeit die Fuhrwerke auf den Landstrassen von Maulthieren gezogen, die neben der Kraft und Stärke auch durch Schönheit dem Auge wohlgefällig sein mussten, wie gleichfalls noch heut zu Tage, 2, 8, 5: *in grege mulorum parando spectanda aetas et forma, alterum ut vecturis sufferre labores possint, alterum ut oculos aspectu delectare queant, hisce enim binis conjunctis omnia vehicula in viis ducuntur.* Auch die Griechen lieben ein solches *ζεῦγος ὀρικόν*, und schon Nausicaa fährt in der mit Maulthieren bespannten *ἅμαξα* oder *ἀπήνη* zum Meeresufer und von diesem zur Stadt zurück. — Auch die Ziege ist das Hausthier des mehr gartenartigen Anbaues in südlichen Gebirgsgegenden; sie nährt sich von aromatischen Stauden, die von selbst an den heissen Felsabhängen spriessen; sie nimmt auch mit hartblättrigem Gesträuch vorlieb und giebt eine fette, gewürzige Milch. Das dürre Attika, reich an Oel und Feigen, ernährte auch zahlreiche Ziegen; ja eine der vier alten attischen Phylen, die der *Αἰγικορεῖς*, war nach den Ziegen benannt. Auch wenn die Ziege schon mit den ersten arischen Völkerzügen in Europa einzog und also den Hellenen und Italern nicht erst in ihrer neuen Heimath bekannt wurde, so fand sie doch erst hier und erst mit der adoptirten semitischen Kulturart ihre eigentliche Stelle und nützliche Verwendung[43]).

Dass auch die eigentliche Bienenzucht erst mit der Baumzucht auftreten konnte, ist leicht einzusehen. Wer ein Olivenreis pflanzte, das ihm gehörte, und von dem er erst nach Jahren Früchte erwartete, der konnte auch innerhalb eines umfriedigten Raumes Bienenstöcke hinstellen, sie zur Winterszeit pflegen, ihre Zahl durch Kolonien des Mutterstockes, wie die der Fruchtbäume durch Setzlinge, zu seinem Nutzen vermehren und zu rechter Zeit und in bestimmten Fristen in Gestalt von Honig und Wachs den Lohn für seine Bemühung einziehen. Aristäus, der *inventor olei*, erfand auch die *κατασκευὴ τῶν σμηνῶν*, d. h. die Bienenwirthschaft, und als sein Bruder wird Autuchos genannt, d. h. der Selbstbesitzende. Homer weiss noch nichts von Bienenstöcken; wenn das zweite Buch der Ilias einmal die Achäer sich sammeln lässt, wie die Bienen aus einer Felsenhöhlung ausfliegen, so bilden die letzteren also einen frei in der Wildniss lebenden Schwarm. Erst eine Stelle der hesiodischen Theogonie (v. 594 ff.), die eben darum nicht sehr alt sein kann, kennt die *σμήνη* und die *σίμβλοι*, d. h. künstliche Bienenkörbe, und unterscheidet auch die Arbeitsbienen von den Drohnen, welche letztere mit den Weibern verglichen werden! Der Hirte beraubte wilde Bienenstöcke, die er im Walde fand, und bereitete, wenn der Fund reich war, Meth aus dem Honig; der Ackerbauer liess sein Mehl zu einer Art rohen Bieres gähren; der Weinbauer mischte oft den Honig, den er regelmässig gewann, in seinen Wein und nannte diesen dann *μέθυ* oder *mulsum* und glaubte, der Genuss davon schaffe ihm langes Leben[44]).

** So wahrscheinlich es ist, dass der Esel in homerischer Zeit noch kein eigentliches Hausthier war, ebenso unwahrscheinlich ist es, dass sein Name aus dem semitischen Völkerkreis den Griechen zukam, dass mit Benfey und Hehn (vgl. oben S. 131 und Anm. 40) Entlehnung des griech. ὄνος aus semitischem *âtôn* Eselin anzunehmen sei. Darüber zuerst Lagarde, Arm. Stud. S. 56. Das griech. ὄνος und lat. *asinus* gehen vielmehr wahrscheinlich auf eine gemeinsame Grundform **asnas* zurück, deren Herkunft zunächst im Norden der Balkanhalbinsel zu suchen sein wird. Vielleicht ist weiter eine Verknüpfung mit dem armen. *êš* Esel möglich, von dem wieder das turko-tat. *ešek*, *ešik* und das sumerische *anšu*, *anši* nicht getrennt werden können. Vgl. hierüber F. Hommel in der Beilage zur allg. Zeitung 1895, No. 197, S. 3, der auch den Namen der medisch-elamitischen Landschaft Anschan, der Heimath des Perserkönigs Kyros, hierherstellt, die er ansprechend als »Eselland« deutet. — Wenn aber der homerischen und hesiodischen Volkswirthschaft, welche das Maulthier häufig verwendet, der Esel als Hausthier noch nicht bekannt war, so ist es auffällig, dass das ältere Maulthier dennoch nach dem später auftretenden Esel benannt ist (ἡμίονος: ὄνος). Es scheint sich dies durch die Annahme zu erklären, dass, als die Hellenen sich selbst der Zucht von Maulthieren zuwandten, sie einzelne Esel oder Eselinnen lediglich zum Beschälen oder Beschältwerden bei sich einführten, die viel zu kostbar waren, um der Feld- und Hausarbeit zu dienen. Hierfür scheint zu sprechen, dass in der ältesten an Homer anschliessenden Lyrik der Esel eher als Zuchtthier denn als Hausthier geschildert wird. So lautet das 97. Fragment des Archilochos (bei Bergk):

ἡ δὲ οἱ σάθη
ὥσεί τ᾽ ὄνου Πριηνέος
κήλωνος ἐπλήμμυρεν ὀτρυγηφάγου

(*inguina ei turgebant*, wie die des Prienischen Zuchtesels, der mit Korn gefüttert). Auch Simonides von Amorgos, der jüngere Zeitgenosse des Archilochos, der in seinem Gedicht auf die Weiber einigen von ihnen den Sinn des Esels beilegt, bezieht sich hierbei auf das Phlegma, die Gefrässigkeit und die Geneigtheit des Esels zu den ἔργα ἀφροδίσια. Die Phokäer hatten nach Hesych ein besonderes Wort für die ὄνους ἐπ᾽ ὀχείαν πεμπομένους, für die zum Beschälen eingeführten Esel: μοχλός (:μόκλοι· οἱ λάγνοι καὶ ὀχευταί und μοττός· γυναικὸς αἰδοῖον, von scrt. *muc*, Curtius No. 92). Die erste sichere Erwähnung des Esels als eines Hausthieres findet sich bei Tyrtäus (Bergk 6), der jünger ist als Archilochos und Simonides:

ὥσπερ ὄνοι μεγάλοις ἄχθεσι τειρόμενοι
δεσποσύνοισι φέροντες ἀναγκαίης ὑπὸ λυγρῆς
ἥμισυ παντὸς ὅσον καρπὸν ἄρουρα φέρει.

Ist es richtig, dass ὄνος ursprünglich nicht als Lastthier, sondern als Zuchtthier seinen Werth hatte, so würde schon hieran der Versuch Ficks (Vergl. W. I[4], 15, 368), ὄνος von *asinus* zu trennen und zu lat. *onus* Last zu stellen, scheitern. Vgl. dazu auch G. Meyer, Idg. F. I, 319. Vollständige Litteraturangabe über die Deutungsversuche der Wörter ὄνος-*asinus* bei Muss-Arnolt, Transactions of the American Phil. Association XXIII, 96f. und H. Lewy, Die semitischen Fremdw. im Griechischen S. 4.

In nahem Zusammenhang mit der aphrodisischen Bedeutung, welche der Esel im ältesten Griechenland hatte, wahrscheinlich auch mit der nördlichen Herkunft des Thieres, steht die Rolle, welche dasselbe im Dionysosdienst in Verbindung mit Bacchos und Seilenos, von Reben umgeben, auf antiken Münzen (namentlich macedonischen) und Gemmen spielt (vgl. Thier- und Pflanzenbilder auf Münzen und Gemmen des klassischen Alterthums von Imhof-Blumer und Otto Keller, Leipzig 1889).

Ebenso wenig wie lat. *asinus* aus ὄνος entlehnt sein kann, ist lat. *mûlus* aus griech. μυχλός hervorgegangen (vgl. oben S. 134 und Anm. 42), das, wie die Fälle von *coclea, troclea, nucleus, cocles, -clum* zeigen, seinen inlautenden Guttural im Lateinischen hätte bewahren müssen. Lat. *mûlus* aus **mus-lo* schliesst sich vielmehr mit alb. *mušk* Maulesel aus **mus-ko*, friaul. *muss*, venez. *musso* Esel, auch rum. *mușcoiu* zu einer einheitlichen Gruppe zusammen, die auch ins Slavische (altsl. *mĭzgŭ* und *mĭskŭ*) übergegangen ist. Vgl. G. Meyer, Idg. Forschungen I, S. 322. Ebendieser Gelehrte hegt die ansprechende Vermuthung, dass jenes so erschliessbare illyrische **muso*, **mus-ko*, **mus-lo* nichts anderes als mysisches (Μυσοί) Thier (vgl. oben S. 132) bezeichnet habe. Wir würden also auch hier in den Norden Kleinasiens geführt werden, und naturgemäss wird der Ursprungsort der Maulthierzucht in der Nähe des Ausgangspunktes des Esels zu suchen sein. — Ein anderer Ausgangspunkt für die Zucht des Maulthiers als die südpontischen Gebirge scheint das abessynische Hochland gewesen zu sein. Vgl. darüber F. Hommel, Die Namen der Säugethiere S. 112ff.

Schon im Vorhergehenden ist hin und wieder darauf hingedeutet worden, dass mit der grössern Stabilität des Lebens, die die Gartenkultur mit sich brachte, auch die Wohnungen der Menschen einen dauernden Charakter gewannen. In der That ging auch die Steinbaukunst vom südöstlichen Winkel des mittelländischen Meeres aus und verbreitete sich wie Wein und Oel schrittweise über die Küsten und Halbinseln des südlichen Europas und von da über die civilisirte Welt. Phönizier hatten in der Urzeit die Kunst des Mauer- und Terrassenbaues den Griechen gelehrt, Griechen brachten sie später den Etruskern und Lateinern zu, von Italien kam sie in einem ganz jungen Zeitalter zu den Völkern über den Alpen. Als die Indoeuropäer mit ihren Heerden vom Aralsee und kaspischen Meer — deren damalige Gestalt wir nicht kennen — westwärts zogen, da empfing sie entweder unabsehbare Steppe oder zusammenhängender, endloser Wald. In der erstern, die zum Umherschweifen einlud, fehlte das Material zum Aufbau eines Hauses, und so lebten Skythen und Sarmaten auf dem Wagen und unter dem binsengeflochtenen Korbe, der diesen überdeckte, Hesiod. Frag. 189 Göttl.:

γλακτοφάγων εἰς αἶαν, ἀπήναις οἰκί' ἐχόντων.

Aesch. Prom. 708:

Σκύθας δ' ἀφίξει νομάδας, οἳ πλεκτὰς στέγας
Πεδάρσιοι ναίουσ' ἐπ' εὐκύκλοις ὄχοις.

Diese Wagen waren sehr gross und wurden nicht bloss von vier, sondern auch von sechs Rädern getragen, Hippocr. de aëre etc. 25, Ermer.: »sie heissen Nomaden, weil sie keine Häuser haben, sondern auf Wagen wohnen; von den Wagen sind die kleinsten vierräderig, die andern haben sechs Räder« — so dass die Häuser auf Rädern, *ὁμαξοφόρητοι οἶκοι* bei Pindar, bewegliche Häuser genannt werden konnten. Und wirklich fährt Hippokrates fort: »diese Wagen sind mit Filz bedacht; sie sind gebaut wie Häuser, *ὥσπερ οἰκήματα*, die einen zweifach, die anderen dreifach; sie schützen wider Regen, Schnee und Wind und werden von Ochsen gezogen, bald von zweien, bald von dreien« u. s. w.; auf den Wagen leben die Weiber und Kinder, die Männer reiten. Die nördlich an die Sarmaten stossenden Slaven hatten viel von den Sitten der erstern angenommen, aber ein Reiter- und Wagenvolk waren sie nicht; sie schweiften als Räuber durch die Wälder, aber sie bauten Häuser, Tac. Germ. 46 (die erste genauere Erwähnung der Slaven und ihr Eintritt in die Geschichte, nachdem Plinius bloss ihren Namen genannt): *Veneti multum ex moribus (Sarmatarum) traxerunt. Nam quicquid inter Peucinos Fennosque silvarum ac montium erigitur, latrociniis pererrant. Hi tamen inter Germanos potius referuntur quia et domos figunt et scuta gestant.* Wie dies älteste slavischdeutsch-keltische Haus aussah, lehren uns noch heut zu Tage die Wohnungen der an den Grenzen von Europa und Asien umherschweifenden Völker, z. B. der Turkmenen (abgebildet bei Vámbéry, Reise in Mittelasien, deutsche Ausgabe, zu S. 253): das Gestell wird aus Stangen gemacht und ebenso das Dach; beides zusammen bildet einen oben abgerundeten Cylinder; das Ganze wird mit Filzdecken belegt, auch vorn die rechtwinkelige Thüröffnung durch eine Filzdecke verhängt. In seiner spätern, wohl schon vervollkommneten Gestalt zeigen es uns die Darstellungen der Antoninsäule und die gelegentlichen Nachrichten der Griechen und Römer, denen die Zeugnisse des frühern Mittelalters nicht widersprechen. Auf der ersten bestehen die Vertheidigungswerke der Marcomannen und Quaden, die Marcus Aurelius stürmt, deutlich aus Flechtwerk, das ins Kreuz mit gedrehten Seilen umschnürt ist; die Wohnungen bilden Cylinder mit rundgewölbtem Dach, ohne Fenster, mit rectangulärer Thür: sie scheinen mit Binsen oder Ruthen durchflochten und sind mit Schnüren umwunden. Die Häuser der Kelten beschreibt Strabo 4, 4, 3 als *θολοειδεῖς*, cylinderförmig, und aus Brettern und Ruthengeflecht, *ἐκ σανίδων καὶ γέρρων*, bestehend, und ähnlich wohnen noch zu Jordanis Zeit die entfernten Kaledonier und Mäoten, als die Stammgenossen auf dem Festland sich schon längst römisch eingerichtet hatten, Jord. 2: *virgeas habent casas, communia tecta cum pecore, silvaeque illis saepe sunt domus.* Auch die Slaven erscheinen bei Procop in solchen geflochtenen Hütten, die sie in unstätem Wechsel leicht verlassen und am andern Orte wieder aufstellen, de bell. goth. 3, 14: *οἰκοῦσι δὲ ἐν καλύβαις οἰκτραῖς διεσκηνημένοι πολλῷ μὲν ἀπ' ἀλλήλων· ἀμείβοντες δὲ ὡς τὰ πολλὰ τὸν τῆς ἐνοικήσεως ἕκαστοι χῶρον*, ja ganz spät, als Helmold schrieb, war es noch nicht anders, 2, 13: *nec in construendis aedificiis operosi sunt (Sclavi), quin potius casas de virgultis contexunt, necessitati tantum consulentes adversus tempestates et pluvias . . . nec quicquam hostili patet direptioni nisi tuguria tantum, quorum amissionem facillimam judicant.* Die Sueven, sagt Strabo, und die übrigen dortigen Stämme wohnen in Hütten, deren Einrichtung nur auf einen Tag berechnet ist, 7, 1, 3: *κοινὸν δ' ἐστὶν ἅπασι τοῖς ταύτῃ τὸ . . . . ἐν καλυβίοις οἰκεῖν, ἐφήμερον ἔχουσι παρασκευήν.* Nicht anders schildert uns Seneca die Häuser und die Lebensart der Germanen und der Völker an der Donau, de provid. 4, 4: *omnes considera gentes, in quibus Romana pax desinit: Germanos dico et quidquid circa Histrum vagarum gentium occursat. Perpetua illos hiems, triste coelum premit, maligne solum sterile sustentat, imbrem culmo aut fronde defendunt, super durata glacie stagna persultant, in alimentum feras captant. — Nullae illis domicilia nullaeque sedes sunt, nisi quas lassitudo in diem posuit.* Die Germanen kannten, wie nachher Tacitus berichtet, den Gebrauch von Mörtel und Ziegeln nicht, Germ. 16: *ne caementorum quidem apud illos aut tegularum usus: materia ad omnia utuntur informi* (Baumstämme, geflochtene Weiden, Schilf) *et citra speciem aut delectationem.* Ungefähr dasselbe melden Herodian 7, 2, der von den Buden der Germanen den sprechenden Ausdruck *σκηνοποιεῖσθαι* braucht, und Ammianus Marc., wenn er 18, 2, 5 die Wohnungen der Germanen poetisirend als *saepimenta fragilium penatium* bezeichnet. Auf einem Fundament ruhten diese Hütten nicht, denn ein Dieb konnte Nachts in sie eindringen, indem er sich unter der Erde durchgrub, l. Saxon. 4, 4: *qui noctu domum alterius effodiens vel effringens intraverit . . . . capite puniatur.* Ueber den Umfassungswänden lag das Dach, ohne innere Theilung des Raumes, denn das alemannische Gesetz bestimmte, ein Neugeborenes habe gelebt, wenn es die Augen geöffnet und das Dach und die vier Wände erblickt habe, l. Alam. 92: *ut possit aperire oculos et videre culmen domus et quatuor parietes* (das Haus war also nicht rund, sondern schon viereckig, gleich den Wohnungen der Dacier auf der Trajanssäule, die auch über der Thür schon ein Fenster zeigen). Wie leicht das Ganze gezimmert war, ersehen wir besonders aus dem Titel 10 der lex Bajuv., obgleich doch der Einfluss aus Süden damals schon gewirkt hatte: dort wird z. B. mit Strafe bedroht, wer ein fremdes Haus auseinanderwirft — welches letztere folglich von lockerem Bestande war. Dass solchen Häusern ewig die Gefahr drohte, in Feuer aufzugehen, war natürlich: der Feind warf den Brand in das Schilfdach, wie wir Marc Aurel auf seiner Säule wiederholt thun sehen, der Räuber legte heimlich Feuer an das Zimmerwerk, eine zufällig ausgebrochene Flamme verzehrte rasch die Stämme der Wände und das trockene Geflecht, mit dem sie verbunden waren. Schon das in der Mitte des Hauses auf dem Boden brennende Heerdfeuer, das seinen Rauch zum Dach hinaussandte und das Holzwerk ausdörrte, so wie die bei allen Nordvölkern herrschende Sitte, die langen Winterabende mit dem brennenden, in einen Spalt gesteckten Span zu erhellen, musste dem Hause oft Verderben bringen. Nicht selten mochten dann auch die auf dem Boden schlafenden Hausgenossen in Rauch und Flammen ihren Untergang finden; aber, wenn sie sich retteten, stand ein neues Haus bald wieder da, das nicht wie das alte, den Regen durchliess und von Rauch über und über geschwärzt war, und mit dem alten war glücklicher Weise auch alles Ungeziefer, von dem es bevölkert gewesen war, mitverbrannt. — Die Vordersten des grossen indoeuropäischen Zuges, die Kelten, waren auf ihrer Wanderung nach Westen auf das Volk der Iberer gestossen, die, wenn die Vermuthung nicht trügt, ihrerseits das äusserste Glied einer grossen Völkerreihe bildeten, welche vom Nilthal die Nordküste Afrikas entlang durch das heutige Spanien bis an den Kanal und den atlantischen Ocean reichte. Gehörte dieser Race der Drang nach Aufrichtung jener Steindenkmale an, die wir unter verschiedenen Formen und Namen in Algier wie auf Sardinien, im westlichen Frankreich wie auf den britischen Inseln verbreitet finden (Nuragen, Dolmen, Cromlech u. s. w.), und hatten die Kelten diese Sitte, wenn sie sie später auch übten, nur von diesen ihren Vorgängern geerbt? War es derselbe, nur hier im Nordwesten in den rohesten Anfängen verbliebene Zug, der in der Errichtung der Tempel Aegyptens waltete und fast bis an die Grenze des Schönen und wirklicher Kunst sich erhob? — Zufolge ihrer geographischen Stellung traten die Kelten früher mit phönizischer, griechischer und römischer Kultur in Beziehung und lernten eine steinerne Grundlage in die Erde senken, den Stein fügen, schneiden, mit Mörtel verbinden und sich dadurch dauernd auf der heimischen Scholle niederlassen. Viel später lernten es die Germanen, die Slaven des Ostens haben es grossentheils noch heute nicht gelernt. Der blosse Ackerbau begnügte sich wohl noch mit hölzernen Häusern, mit geflochtenen Speichern (lit. *klětis*, altsl. *klětĭ*, Nebengebäude, Vorrathskammer; goth. *hleithra*, Zelt, Laube; im altkeltischen *clêtâ*, irischen *cliath*, kymbrischen *cluit*, noch in der Bedeutung Flechtwerk, Hürde, mittell. *cleta*, franz. *claie*, provençalisch *cleda* u. s. w.) und blossen Hürden für Pferde und Vieh; erst als der Weinstock kam, kam auch die Mauer (auch altirisch *múr*), die ihn umschloss, die steingewölbte Strasse, *via strata*, die an ihm vorbeiführte und die steinernen Weiler, *villas*, die Märkte, *mercatus*, die Brunnen (lat. *puteus*, ahd. *puzza*, mhd. *bütze*, nhd. mit etwas veränderter Bedeutung Pfütze), die Klöster, die Dome und bald auch die Städte mit einander verband. Könnten wir daran zweifeln, dass die eigentliche Baukunst vom Mittelmeer stammt, und dass sie vom Süden nach Norden und vom Westen nach Osten langsam vordrang, die Geschichte der gebräuchlichsten Wörter würde es uns beweisen. Das griechische *χάλιξ* wurde von den Römern als *calx* entlehnt, aus dem römischen *calx* entstand unser Kalk; die französische und deutsche Chaussee ist die römische *via calcata*, die Kalkstrasse. Unser Ziegel und Tiegel ist das entlehnte lateinische *tegula*, unser Mörtel das lat. *mortarium*, unser Thurm das germanisirte *turris*, das goth. *kelikn*, der Thurm, stammt aus dem Altgallischen (*celicnon* in einer Inschrift, s. de Belloguet, ethnogénie gauloise, 1, p. 202 und Kuhn und Schleicher, Beiträge, 2, 108), das mhd. *phisel*, *phiesel*, heizbares Frauengemach, ist das mittell. *pisalis*, *pisale*, unser Fenster und Söller das lat. *fenestra* und *solarium*, unser Pforte, Pfosten, Pfeiler die lateinischen *porta*, *postis*, *pilarium*, die ahd. *cheminata*, mhd. *kemenâte* die lateinische *caminata* u. s. w. Woher die Stube, ursprünglich ein heizbares, feuerfestes Gemach, besonders zum Bade eingerichtet, eigentlich stammt, ist dunkel: ital. *stufa*, schon in der lex Alam. 82, 2 *stuffa*, *stuba*, altslavisch *istŭba*, *izba*, jetzt in allen slavischen Sprachen für Bauerhaus, *tugurium*, gebräuchlich[45]. Als die Slaven in die Oder- und Donaugegenden einwanderten, können sie keinerlei Mauerwerk gekannt oder betrieben haben, denn ihre Ausdrücke dafür stammen theils aus Byzanz, theils aus Deutschland, einige auch aus dem Bereich türkischer Sprachen. Für Kalk gilt altsl. und serbisch *klak* aus dem Deutschen, altsl. und russisch *izvistĭ* aus dem byzantinischen *ἄσβεστος*. Für Ziegel sagen Polen und Böhmen mit dem germanischen Wort: *cegla*, *cihla*, während das altsl. *plinŭta*, *plita*, russ. *plita*, poln. *płyta*, lit. *plyta* aus dem byzantinischen *πλίνθος*, *črěmiga* aus *τὰ κεράμια* gebildet ist. Der Ursprung des altsl. *kamara* oder *komara*, des altsl. *kamina*, des russischen und polnischen *komnata*, Zimmer, liegt auf der Hand. Das griechische *καλύβη* wurde zu einem gemeinslavischen Wort, altsl. *koliba*, *kolibŭ*, lit. *kalúpa*, das griech. *τέρεμνον* zu *trěmŭ*, Thurm, Schloss, das deutsche Mauer zum polnischen *mur*, kroatischen und serbischen *mir*, drang aber nicht bis zu den Russen tief im Osten. — Das böhmische Prag an der Moldau ist eine hochgethürmte Stadt, denn es liegt dem europäischen Westen nahe und ist mit dessen Hülfe gebaut; das russische Moskau war bis 1812 und ist zum grossen Theil noch jetzt ein hölzernes Lager, ähnlich der Budinenniederlassung, von der Herodot berichtet, und wenn das russische Volk seinem Czarensitz der wenigen Steinbauten wegen, die sich drin fanden und die von herbeigerufenen Italienern errichtet waren, in seinen Liedern den stehenden Beinamen die weisssteinige, *bělokamennaja*, gab und giebt, so beweist dies nur, wie es solche Wunder sonst im Reiche seiner Erfahrung nicht fand. Der romanischgermanische Westen, nachdem er sich einmal der südlichen Bauweise bemächtigt, trieb im Mittelalter seine Thürme und Kreuzgewölbe sehnsuchtsvoll gen Himmel, fast bis zur Höhe der ägyptischen Pyramiden — ein dennoch barbarischer, krankhafter Drang, von dem sich das massvolle Gemüth des Griechen frei gehalten hatte. Auch die Städtearchitektur des Mittelmeers, horizontal, in Würfeln und Terrassen den mit der Burg gekrönten Hügel von allen Seiten ersteigend oder amphitheatralisch gegen die Meeresbucht geöffnet, reicht nicht weiter als etwa der Bezirk der Olive; von da nach Norden beginnt die von mystisch sinnenden Meistern der Bauzunft errichtete, gothische, in spitzen Giebeln aufwärts gedrängte mitteleuropäische Stadt. Wie hoch die babylonisch-assyrischen Terrassenbauten aus Luftziegeln sich erhoben, wissen wir nicht gewiss; was die Erde jetzt trägt, steigt etwa so weit empor, wie auch die höchsten Bäume, die Sequoja von Kalifornien und die Eucalyptus von Australien, — 4 bis 500 Fuss —, so weit ist für Menschenkunst und für das organische Leben das Streben aufwärts von diesem Planeten möglich. Wie einst der hamitisch-semitische Stein das Urmaterial, das Holz, verdrängt hatte, so ist mit der neuesten technisch-mechanischen Civilisation das Glas und das Eisen als Baustoff aufgetreten, das Glas, ein fast unkörperliches Ding, das Eisen, spät gefunden und nur zu Werkzeugen erschaffen, — eine dämonische Zauberkunst, die den Alten so unbegreiflich geschienen hätte, wie Gebäude aus Wolkendunst, oder als eine Sinnestäuschung, wie die Perlenbrücke der Iris.

Als das römische Weltreich fertig war, fielen seine Grenzen ungefähr mit denen des Weines und Oeles zusammen; wo es nach Süden dem Weinstock zu heiss oder nach Norden zu kalt war oder wo das Olivenöl nicht mehr zur täglichen Nothdurft gehörte, da herrschte auch der Römer nicht oder nur vorübergehend und da endete der Boden der antiken Welt. Auch das heutige Europa lässt sich passend in das Wein- und Oelland und das Bier- und Butterland theilen; das Gebiet des erstern deckt sich etwa mit dem der Senkung zum mittelländischen Meere, der Bezirk des letzteren etwa mit dem der Abdachung zur Nord- und Ostsee. In ältester Zeit war dies Verhältniss ein anderes. Sammelt man die in den Schriften der Griechen und Römer zerstreuten auf die Geschichte des Bieres und der Butter bezüglichen Stellen, so erstaunt man, wie ausgedehnt einst das Reich beider jetzt für nordisch gehaltenen Genussmittel gewesen ist und wie ganze Länder und Völker von ihm abgefallen sind. Bacchus Gabe verdrängte das alteinheimische aus Körnerfrüchten gekochte trübe Getränk und Minervens Geschenk trat an die Stelle des Fettes, das der Hirte aus der Milch der Schafe, Rinder und Pferde abgeschieden hatte. Es war wie der Sieg einer aus der Fremde gekommenen neuen Religion und Sitte über barbarische Gewohnheiten, für welche letztere der Geschmack nur sehr allmählich, erst bei den Stammeshäuptern und Edlen, zuletzt auch bei der Menge und dem Volke verloren ging. — Dass bei den Aegyptern — diesem uralten, vorsemitischen Volk, das vielleicht schon vor der Zeit, wo indoeuropäische Schwärme sich über Europa ergossen, eine eigenthümliche Civilisation entwickelt hatte — ein Trank aus Gerste im Gebrauch war, berichtet schon Hecatäus, Athen. 10, p. 447 und 10, p. 418 = Müll. Fragm. 290: *τὰς κριθὰς εἰς τὸ πῶμα καταλέουσιν*, und nach ihm Herodot 2, 77: *οἴνῳ δ᾽ ἐκ κριθέων πεποιημένῳ διαχρέωνται· οὐ γάρ σφί εἰσιν ἐν τῇ χώρῃ ἄμπελοι.* Bei Aeschylus ruft der König von Argos den aus Aegypten gekommenen Danaiden zu, hier würden sie eine männliche Bevölkerung finden, nicht Trinker von Gerstenwein, Suppl. 953:

ἀλλ᾽ ἄρσενάς τοι τῆςδε γῆς οἰκήτορας
εὑρήσετ᾽ οὐ πίνοντας ἐκ κριθῶν μέθυ.

Der Gott Osiris selbst hatte da, wo die Landesnatur der Erzeugung des Weins sich widersetzte, zum Ersatz die Bereitung eines Getränkes aus Gerste gelehrt, welches an Wohlgeschmack und Kraft sich fast mit dem Weine messen konnte (Diod. 1, 20). Die Aegypter, sagt der Akademiker Dio bei Athen. 1, p. 34, die ein sehr zum Trinken geneigtes Volk sind, haben für diejenigen, die zu arm sind, sich Wein zu schaffen, ein Surrogat erfunden, nämlich den Wein aus Gerste: wenn sie diesen zu sich nehmen, sind sie lustig und singen und tanzen, kurz benehmen sich, als wären sie süssen Weines voll. Auch in dem erst seit der macedonisch-griechischen Zeit bestehenden und von sehr gemischter Bevölkerung bewohnten Alexandrien genoss die Menge zu Strabos Zeit meist jenes altägyptische Getränk (Strab. 17, 1, 14). Den Namen desselben meldet zuerst Theophrast, de caus. pl. 6, 11, 2: *οἷον ὥς οἱ τοὺς οἴνους ποιοῦντες ἐκ τῶν κριθῶν καὶ τῶν πυρῶν καὶ τὸ ἐν Αἰγύπτῳ καλούμενον ζῦθος*, und unter diesem Namen *ζῦθος* (auch *ζύθος* geschrieben, bald als Masculinum, bald als Neutrum, lat. *zythum*) wird das Getränk seitdem öfters von griechischen und lateinischen Schriftstellern erwähnt.

Das Wort wäre wohl aus griechischem Sprachmaterial zu deuten, wenn es nicht ausdrücklich als ägyptisch bezeichnet würde, z. B. von Diodor 1, 34: »die Aegypter bereiten auch aus Gerste ein Getränk, welches sie ζῦθος nennen« (ὃ καλοῦσι ζῦθος). (S. Jablonskii Opera ed. Te Water 1, p. 76—79). Begreiflich ist, dass auch die Aegypter den schleimigen, süsslichen Trank durch beissende Zuthaten geniessbarer zu machen suchten, wie denn auch bezeugt wird, Colum. 10, 114:

Jam siser Assyrioque venit quae semine radix
Sectaque praebetur madido sociata lupino
Ut Pelusiaci proritet pocula zythi.

Selbst von den oberhalb Aegypten wohnenden Aethiopen berichtet Strabo 17, 2, 2, sie lebten von Hirse und Gerste und bereiteten sich aus dieser Feldfrucht ein Getränke. Noch jetzt fanden die von verschiedenen Ausgangspunkten zu den Nilquellen vordringenden englischen Reisenden bei den Halbnegerstämmen jener Gegend ein rohes, berauschendes Bier im Gebrauch, das aus Kürbisschalen getrunken wurde. Ueber die Biere und Biernamen der frühern und der spätern Araber in Aegypten s. die Abhandlung von S. de Sacy in seiner Chrestomathie arabe II, 437 ff.; einer der letzteren *fokka* ging als φουκᾶς zu den Byzantinern über, s. Ducange s. v. und die daselbst angeführten Stellen des Simeon Seth und des Matthaeus Silvaticus. — Wie in Afrika ist auch in Spanien bei vor-indoeuropäischen, mit den Libyern Afrikas genealogisch oder culturhistorisch sich berührenden iberischen Stämmen das Bier seit alter Zeit üblich. Spanien gilt bei Plinius als ein vorzügliches Bierland, wo man das Produkt lange aufzubewahren — was in warmem Klima doppelt schwierig ist, — ja wohl gar durch Alter zu veredeln verstand, 14, 149: *Hispaniae jam et vetustatem ferre ea genera docuerunt.* In den von Strabo geschilderten Sitten der entfernter nach den Küsten des Oceans zu wohnenden iberischen Stämme findet sich so viel Fremdartiges, Wildes und Isolirtes, dass, wenn derselbe Schriftsteller von den Lusitanern berichtet, sie bedienten sich des ζῦθος (3, 3, 7: χρῶνται δὲ καὶ ζύθει), wir diesen Gebrauch nicht von keltischem Einfluss ableiten, sondern für altlusitanisch halten werden. Der Wein aber, fügt Strabo hinzu, ist bei ihnen selten (οἴνῳ δὲ σπανίζονται) — der also damals schon in das Land des Portweins vorzudringen begann und jetzt auf der Halbinsel die Alleinherrschaft behauptet. Einen charakteristischen Zug der Anhänglichkeit an das nationale Getränk berichtet Polybius (bei Athen 1, p. 16) von einem halbgräcisirten und also halbcivilisirten iberischen Könige: er ahmte im Uebrigen in seinem Palaste den des Königs der Phäaken bei Homer nach — schon dies war barbarisch, — liess aber eine Ausnahme zu: in der Mitte des Gebäudes standen silberne und goldene Gefässe, gefüllt mit — Gerstensaft. Einen ähnlichen Eindruck macht es, wenn wir von den heldenmüthigen Numantinern lesen, dass sie aufs Aeusserste gebracht, im Begriff einen Ausfall auf Tod und Leben zu machen, sich vorher bei einem Schmause mit halbrohem Fleische füllen — also wie heutige Engländer — und mit der *indigena ex frumento potio* oder dem *succus triticus per artem confectus* begeistern (Flor. Epit. 1, 34 = 2, 18; ausführlicher Paul. Oros. 5, 7). Den Namen dieses spanischen Getränkes erfahren wir zuerst durch Plinius 22, 164: *ex iisdam (frugibus) fiunt et potus, zythum in Aegypto, caelia et cerea in Hispania.* — Auch die Ligurer, wohl ein Seitenzweig der Iberer oder ihr äusserster Vortrapp nach Osten, nähren sich bei Strabo 4, 6, 2, vom Ertrage der Heerden und trinken Gerstenwein. — Eine andere Reihe ursprünglich biertrinkender Völker im Südosten gehört schon in die grosse Gruppe der Indoeuropäer. Phryger und Thraker, auch sonst unter einander nahe verwandt, erscheinen schon bei Archilochus, also nach dem Jahr 700 vor Chr., als *βρῦτον* trinkend, Athen 10, p. 447 = Fragm. 32 Brgk:

ὥσπερ παρ᾽ αὐλῷ βρῦτον ἢ Θρῆϊξ ἀνὴρ
ἢ Φρὺξ ἔβρυζε· κύβδα δ᾽ ἦν πονευμένη.

Dasselbe Wort *βρῦτον* brauchten auch Aeschylus in seinem Lykurgos (Nauck, Fragm. trag. graec. p. 29) und Sophokles in seinem Triptolemos (Nauck l. l. p. 211). Hecatäus berichtete, die Päoner, ein Volk in Thrakien, tränken *βρῦτον* aus Gerste und *παραβίη* aus Hirse und dem beigemengten Würzkraut *κονύζη* (Athen. 10, p. 447 = Müll. fr. 123), und der etwas spätere Hellanicus hatte in seinen *Κτίσεις* die Notiz gegeben, *βρῦτον* werde auch aus Wurzeln bereitet, wie bei den Thrakern aus Gerste (Athen. l. l.). An die Phryger schliessen sich als nächstes Glied nach Osten die Armenier, und von dem Gebrauch des *οἶνος κρίθινος* auch bei diesen berichtet Xenophon, also ein Augenzeuge, ausführlich in der Anabasis 4, 5, 26 f. Die Zehntausend waren vom karduchischen Gebirge gekommen und rasteten in armenischen Dörfern, auf dem Wege zu den Chalybern. Ausser anderen Vorräthen fanden sie hier Kübel, *κρατῆρες*, mit Gerstenwein: die Gerste lag noch darin, bis an den Rand des Gefässes (*ἐνῆσαν δὲ καὶ αὐταὶ αἱ κριθαὶ ἰσοχειλεῖς*); zum Trinken dienten grössere und kleinere Rohrhalme, durch die der Trinker den Saft in den Mund sog; das Getränk war stark und berauschend (*πάνυ ἄκρατος*), wenn man nicht Wasser zugoss, im Uebrigen aber für den, der sich daran gewöhnt hatte (*συμμαθόντι*), sehr lieblich (*μαλὰ ἡδύ*). Wie die Eingeborenen — die der Heimath des Weines so nahe wohnten — diesen ihren Trank benannten, sagt Xenophon leider nicht: dass man aber den Biergenuss lernen muss, *συμμαθεῖν*, kann man noch heut zu Tage an Südländern beobachten, denen Anfangs der braune Trank widersteht, die aber nach einiger Gewöhnung oft leidenschaftliche Freunde desselben werden[46]. — Westlich und nördlich von den Thrakern, bei den ihnen cultur- und stammverwandten Illyriern und Pannoniern, finden wir das Bier unter dem Namen *sabaja*, *sabajum*, aber, da unsere Nachrichten darüber aus später Zeit stammen, nur noch als schlechtes Volksgetränk, während bei den Vornehmen, die schon lateinisch und griechisch sprachen, ohne Zweifel längst der Wein an die Stelle getreten war: Amm. Marcell. 26, 8, 2 (der Kaiser Valens belagert Chalcedon; von den Mauern rufen ihm die Belagerten Schimpfreden entgegen und nennen ihn einen Sabaiarius; der Autor fährt zur Erklärung dieses Wortes fort): *est autem sabaia ex ordeo vel frumento in liquorem conversis paupertinus in Illyrico potus.* Aehnlich der aus eben jener Gegend gebürtige h. Hieronymus, Comment. 7. in Isaiae cap. 19: *quod genus est potionis ex frugibus aquaque confectum ei vulgo in Dalmatiae Pannoniaeque provinciis gentili barbaroque sermone appellatur sabajum.* Die Pannonier schildert auch Cassius Dio, 49, 36, der sie kennen musste, da er selbst als Legat Dalmatien und dann Oberpannonien verwaltet hatte, als ein armseliges nordisches Volk in winterlichem Klima, das weder Oel noch Wein erzeugt und seine Gerste und seinen Hirse nicht bloss isst, sondern auch trinkt. Mehr als zwei Jahrhunderte später erhalten wir durch den merkwürdigen Bericht des Priscus, der im Jahr 448 nach Chr. mit der griechischen Gesandtschaft auf dem Wege zum Hunnenkönig Attila die pannonischen Ebenen durchstrich, ein anschauliches Bild des Landes, der Sitten, des Völkergemisches u. s. w. Statt Weizens erhielt die Gesandtschaft überall Hirse, statt des Weines den von den Eingeborenen so genannten Meth; auf den Antheil der Dienerschaft und des Gefolges aber fiel gleichfalls Hirse und ein aus Gerste bereitetes Getränk, von den Barbaren *κάμον* genannt (Müller Fragm. IV, p. 83). Welche Barbaren ihr Bier camum nennen, wird uns nicht gesagt; gewiss aber waren es nicht die Hunnen, denn das Wort ist älter, als die Ankunft dieser Horde in Europa. Bei Ulpian Dig. 33, 6, 9 (also am

Anfang des 3. Jahrh.) soll bei Vermächtnissen das camum nicht als Wein gerechnet werden, und im sog. Edictum Diocletiani vom Jahre 301 wird II. 11 (ed. Waddington) neben dem Maximalpreis verschiedener Lebensmittel auch der des camum vorgeschrieben. Das Wort scheint keltisch (s. Ducange s. v. camba 3) und konnte seit den Zeiten der grossen keltischen Wanderung in Pannonien heimisch geworden oder auch durch römische Soldaten dahin gebracht sein. — Auch im heutigen Ungarn also, in Illyrien und Thrakien, d. h. in der grösseren nördlichen Hälfte der türkisch-griechischen Halbinsel, in Phrygien, Armenien, Aegypten, in Portugal und Spanien bis an die Gebirge der genuesischen Küste — war einst das heute in jenen Ländern bei der Masse des Volkes fast unbekannte Bier im allgemeinen Gebrauch. Wenden wir uns zu den Völkern von Mittel- und Nordeuropa, den Kelten, Germanen, Litauern und Slaven — sämmtlich indoeuropäischen Blutes —, so erhalten wir den ältesten Bericht über Nahrung und Getränk der Erstgenannten durch Pytheas von Massilia, dessen Zeit zwar nicht ganz sicher ist, indessen mit Wahrscheinlichkeit bald nach Aristoteles angesetzt werden kann. Er erzählte nach Strabo 4, 5, 5 von den Völkern, die er bei seiner Küstenfahrt ins Nordmeer kennen gelernt hatte, »an Gartenfrüchten und Hausthieren (*καρπῶν τῶν ἡμέρων καὶ ζῴων*) sei bei ihnen gänzlicher oder fast gänzlicher Mangel, sie nährten sich von Hirse und anderen Kräutern und Beeren (*λαχάνοις καὶ καρποῖς*) und Wurzeln: diejenigen, die Getreide und Honig erzeugten, bereiteten sich daraus auch ihr Getränk« (also Bier und Meth). Den Winter der Scythen d. h. der Nordvölker überhaupt, die Pelzbekleidung, die Wohnungen unter der Erde, die langen Nächte, endlich auch das gegohrene Getränk statt des Weines schildert auch Vergil Georg. 3, 376, fast mit den Worten des späteren Tacitus:

Ipsi in defossis specubus secura sub alta
Otia agunt terra, congestaque robora totasque
Advolvere focis ulmos ignique dedere.
Hic noctem ludo ducunt, et pocula laeti
Fermento atque acidis imitantur vitea sorbis.
Talis Hyperboreo Septem subjecta trioni
Gens effrena virum Rhipaeo tunditur Euro,
Et pecudum fulvis velatur corpora saetis.

Insbesondere bei den Kelten des mittleren Frankreichs war zur Zeit des Posidonius (Anfang des ersten Jahrhunderts vor Chr.) das Bier unter dem Namen *κόρμα* noch das eigentliche Volksgetränk, während die oberen Klassen schon massaliotischen Wein tranken, Athen. 4,

p. 151: *παρὰ δὲ τοῖς ὑποδεεστέροις ζῦθος πύρινον μετὰ μέλιτος ἐσκευασμένον, παρὰ δὲ τοῖς πολλοῖς καθ' αὑτό· καλεῖται δὲ κόρμα, ἀπορροφοῦσι δὲ ἐκ τοῦ αὐτοῦ ποτηρίου κατὰ μικρόν, οὐ πλεῖον κυάθου· πυκνότερον δὲ τοῦτο ποιοῦσι· περιφέρει δὲ ὁ παῖς ἐπὶ τὰ δεξιὰ καί τὰ λαιά* — Letzteres etwa in heutiges Deutsch übersetzt: Aus demselben Fasse (*ἐκ τοῦ αὐτοῦ ποτηρίου*) wird fleissig (*πυκνότερον*) Seidel nach Seidel (*οὐ πλέον κυάθου*) gezapft und von dem Kellner (*ὁ παῖς*) rechts und links ausgetheilt. Bei den Späteren wird dann das keltische Bier nicht selten erwähnt: es erhielt sich in Nordfrankreich, Belgien, den britischen Inseln während des römischen Kaiserreiches bis zum Mittelalter und von da bis auf den heutigen Tag. Kaiser Julian, der es mit eigenen Augen gesehen und gewiss mit eigener Zunge gekostet hatte, der aber an der klassischen Denkart und Sitte hielt und sich gegen das Barbarische des Nordens wie gegen das Orientalische sträubte, verhöhnte den Pariser Pseudo-Bacchus in einem bekannten Epigramm:

Εἰς οἶνον ἀπὸ κριθῆς.

Τίς πόθεν εἶς Διόνυσε; μὰ γὰρ τὸν ἀληθέα Βάκχον
οὔ σ' ἐπιγιγνώσκω· τὸν Διὸς οἶδα μόνον.
κεῖνος νέκταρ ὄδωδε· σὺ δέ τράγον· ἦ ῥά σε Κελτοὶ
τῇ πενίῃ βοτρύων τεῦξαν ἀπ' ἀσταχύων.
Τῷ σε χρὴ καλέειν Δημήτριον, οὐ Διόνυσον,
πυρογενῆ μᾶλλον, καὶ βρόμον, οὐ Βρόμιον —

— das sich mit Weglassung der unübersetzbaren Wortspiele etwa so wiedergeben lässt:

Auf den Wein aus Gerste.

Du willst der Sohn des Zeus, willst Bacchus sein?
Was hat der Nektarduftende gemein
Mit dir, dem Bockigen? des Kelten Hand,
Dem keine Traube reift im kalten Land,
Hat aus des Ackers Früchten dich gebrannt.
So heisse denn auch Dionysos nicht,
Der ist geboren aus des Himmels Licht,
Der Feuergott, der Geistge, fröhlich Laute,
Du bist der Sohn des Malzes, der Gebraute.

Auch Ammianus Marcellinus kennt die Gallier als ein Trinkervolk, das sich in Ermangelung des Weins mit Surrogaten half, 15, 12, 4: *vini avidum genus, adfectans ad vini similitudinem multiplices potus* — also Cider und Bier. Der von Posidonius gebrauchte Name *κόρμα*, der bei Dioscorides 2, 110 in der Form *κοῦρμι* erscheint, ist mit regelrechtem Uebergang des *m* in *w* und *f* noch in den heutigen keltischen Sprachen lebendig (Zeuss[2] p. 115 und 821). Vielleicht ist das Wort dem Stamme nach identisch mit dem oben aus Plinius angeführten spanischen *cerea* (nur mit anderem Ableitungssuffix), wo dann die Wahl bliebe, das Wort und folglich auch die Sache aus Spanien zu den Kelten (wofür wir uns oben entschieden haben) oder mit den Kelten aus Gallien nach Keltiberien wandern zu lassen. Frühzeitig und allmählich immer häufiger erscheint die durch Derivation erweiterte Namensform *cervesia*, *cervisia* (wie *marcisia* von *marca* Ross), zuerst bei Plinius (in der o. a. Stelle am Schluss des Buches 22), dann in häufigem Gebrauch durch das ganze Mittelalter (s. Ducange s. v.) und noch in den heutigen romanischen Sprachen erhalten. Ein anderes sehr merkwürdiges keltisches Wort ist *brace* bei Plin. 18, 62, zuerst Name einer Getreideart, des Spelzes, dann übergehend in die Bedeutung Malz, Bierwürze, Bier selbst, in mannichfachen Formen, Ableitungen und Anwendungen, mit dem dazwischenspielenden Sinn von germinare, fermentari, im Mittellatein, in den nordromanischen und in den heutigen keltischen Sprachen reich entwickelt und auch ins Deutsche übergegangen (s. Diefenbach, O. E. p. 265ff., woselbst auch die bemerkenswerthe Form *bracisa*, analog der Bildung cervisia, cervesa, cervise; im Capitulare de villis 61 ist *bracii* offenbar Malz, nicht ein bierartiges Getränk: der judex soll die bracii zum Palatium schaffen und Leute, die es verstehen, mitkommen lassen, damit sie dort gutes Bier daraus brauen). Einen Beweis von der in der Sitte tief gewurzelten Kraft des Bieres bei den britischen Kelten liefert unter vielem Anderen die Lebensgeschichte der h. Brigitta: diese Heilige nämlich wiederholte das Wunder der Hochzeit zu Kana, doch so, dass sie den Durst der Bedürftigen zu stillen, das Wasser in Bier verwandelte (Acta SS. Febr. 1. Vita IV. S. Brigidae, cap. 10: *quodam die quidam leprosi sitientes de via cerevisiam anxie a. B. Brigida postulaverunt. Christi autem ancilla, videns quia tunc illico non poterat invenire cerevisiam, aquam ad balneum portatam benedixit, et in optimam cerevisiam conversa est a Deo, et abundanter sitientibus propinata est*); auch mehrte sie durch den blossen Blick ihrer Augen den vorhandenen Vorrath von Bier, Milch und Butter. — Auch die östlichen Nachbarn der Kelten, die Germanen, zeigen sich allmählich, je mehr sie aus dem Nebel hervortreten und je mehr sie sich dem Ackerbau zuwenden, als dem berauschenden Gerstensaft ergeben. Cäsar erwähnt das Bier noch nicht als germanisch, wohl aber anderthalb

Jahrhunderte später Tacitus, Germ. 23: *Potui humor ex hordeo aut frumento in quandam similitudinem vini corruptus*, während Plinius an den Stellen, wo er des Bieres mehr oder minder ausführlich gedenkt, über Germanien schweigt. Die gegen die gallischen Grenzen drängenden Deutschen am Niederrhein und im Quellgebiet der Donau mussten bald von den Kelten den Biergenuss überkommen; die an die Niederdonau gewanderten fanden bei der thrakischen und pannonischen Urbevölkerung den Trank aus Körnerfrüchten vor, den sie in ihren früheren Sitzen an der Ostsee vielleicht nicht gekannt hatten; von allem Ausländischen aber nehmen Barbaren überall nichts so gern und willig an, als Berauschungsmittel. Das deutsche Wort Bier hat Grimm nach Wackernagels Vorgange aus dem mittellateinischen *bibere*, das nordgermanische Ale (welches auch zu Finnen und Litauern übergegangen ist) aus dem lateinischen *oleum* abgeleitet. Diejenigen, die darüber erschrecken, sollten bedenken, dass das Bier ein Erzeugniss und ein Genuss des Ackerbauers ist und zu seiner, wenn auch rohen Herstellung eine Technik fordert, die nur bei vorherrschendem Ackerbau möglich ist; dass eine Zeit war, wo die Germanen als Hirtenstamm in Europa einwanderten und in den neuen Landstrichen umherzogen; dass sie in dem Augenblick, wo wir sie kennen lernen, erst im Begriffe sind, zu völlig sesshaftem Leben überzugehen; dass es folglich thöricht ist, das Bier und Biertrinken als urgermanisch oder als von Wesen und Begriff des Germanismus unzertrennlich anzusehen; dass, wenn der Genuss und die Bereitung des Bieres bei den Germanen allgemeine hervorstechende Sitte gewesen wäre, die Alten nicht so spärlich davon Meldung gethan und die Namen Bier und Ale uns nicht vorenthalten hätten, wie sie uns ja auch thrakische, spanische, keltische Benennungen der ihnen fremden und auffallenden Sache überliefert haben; dass endlich die nächsten Nachbarn der Germanen, die Preussen, zu Wulfstans und König Älfreds Zeit nur Meth und gegohrene Pferdemilch tranken, das Bier aber nicht kannten (Antiquités russes 2 p. 469: *cerevisia apud Estos non coquitur*) — was einen sichern Rückschluss auf die Germanen in ihrer früheren Bildungsepoche erlaubt. Auf jeden Fall würde das rohe *fermentum*, das in den *subterranei specus* der Deutschen des Tacitus getrunken wurde, dem heutigen phantasievollen Urenkel sehr ungeniessbar vorkommen: von allem Anderen abgesehen, erinnere man sich nur, dass der Hopfen erst in Folge der Völkerwanderung, wie es scheint, von Osten nach Deutschland gedrungen, obgleich jetzt vielfach verwildert ist, und dass die Beimischung dieser narkotischen Pflanze zum Bier erst im Mittelalter allmählich Sitte wurde. Der heil. Columbanus traf zwar um das Jahr 600 bei den Sueven einst eine cupa mit Bier gefüllt, die ungefähr 26 modii enthielt, und mit der sie ihrem Wodan ein Trankopfer bringen wollten (Grimm, DM² S. 49), und schon in der lex Alamann. 22 sollen die Knechte der Kirche richtig ihr Quantum Bier steuern, aber im weiteren Verlauf des Mittelalters war das Bier in Süddeutschland ganz oder fast ganz aus dem Gebrauch gekommen, unter denselben Modalitäten, wie etwa ehemals in Süd- und Mittelfrankreich, und Baiern durchgängig ein Weinland geworden (Wackernagel in Haupts Zeitschrift 6, 261ff.), bis in neuerer Zeit das norddeutsche Bier, unterstützt durch vervollkommnete Bereitungsmethoden, besonders durch die Kunst es haltbar zu machen, und durch Wohlfeilheit des Preises das verlorene Terrain von Neuem eroberte. Jetzt gilt das Bier, welches bei Beginn der europäischen Geschichte das vorzugsweise keltische Nationalgetränk gewesen war, für das Erkennungszeichen des Deutschen und deutscher Sitte: so rückt die Kulturgeschichte im Laufe langer Perioden von Land zu Land und von Volk zu Volk, und so leicht täuscht sich der, der nur die Gegenwart im Auge hat! Räumen wir indess ein, dass Malz d. h. das Geschmolzene, Erweichte, ein echt deutsches Wort ist (und also auch der allheilende Malzextract wenigstens zur Hälfte deutsch). Brauen dagegen, ahd. *briuwan*, ist ein Wort, über dessen Urgestalt und Herkunft sich nichts Sicheres aussagen lässt; es erinnert lebhaft an das thrakische *βρῦτον* (mit participialem t); das litauische *brůwėle* der Brauer steht vereinzelt und wird aus dem Deutschen stammen. Das gothische *leithus* (für sicera, berauschendes Getränk), in den übrigen deutschen Sprachen wiederkehrend, im jetzigen Neuhochdeutsch erst seit Kurzem erloschen, scheint eins und dasselbe mit altirischem *lind* (cerevisia), heut zu Tage je nach den Mundarten *linn, lionn, leann, llyn* (Stokes, Ir. gl. 221), so dass also *leithus* für *linthus* steht (wie *seiteins* für *sinteins*). Wohl ein Lehnwort aus dem Keltischen, zumal auch im Slavischen fehlend. — Weiter nach Osten haben die Litauer ihr *alus* Bier, wie gesagt, von ihren deutschen Nachbarn entlehnt (es stimmt ganz mit dem altn. *öl*, wie dieses vor Eintritt des Umlauts lautete), die Slaven aber ihr *pivo* ganz abstrakt aus dem Verbum *piti* trinken gebildet. Wir holen hier eine oben absichtlich übergangene Notiz des Aristoteles nach, der in der verloren gegangenen Schrift *περὶ μέθης* auch über die Wirkungen des Gerstenweines gesprochen und diesen als das sogenannte *πῖνον* bezeichnet hatte (*τὸ λεγόμενον πῖνον*, bei Athen. 10, p. 447). Den Namen (auch von Eustathius, Il. 11, 637. p. 871 erwähnt, aber in der Form *πίνος*) hatte Aristoteles ohne Zweifel aus dem Norden: er gleicht dem slavischen *pivo*, nur mit anderem Suffix; denn Meinekes Conjectur zu Fr. 43 des Hipponax, wonach schon dieser kleinasiatische Dichter das Wort gebraucht hätte, ist allzu unsicher. Eine dritte Ableitung ist das slavische *pirŭ*, Schmaus, Gelage, welches buchstäblich mit dem albanesischen Partic. pass. *pire* (als Substantiv: Getränk) von *pi* trinken zusammenfällt (v. Hahn, Albanesische Studien, 2, 76 und 3, 101). Wer das deutsche Bier mit diesem *pirŭ* und also mit *πίνειν*, *potus* u. s. w. identificirt, muss im deutschen Wort einen verdorbenen Anlaut statuiren, also die Grundlage der Vergleichung aufheben. Das altsl. *olŭ*, *olovina* sicera, neusl. *ol* cerevisia, walach. *olovin* idem hat denselben Ursprung wie das deutsche *ale*, *öl*. Ein anderes slavisches Wort *braga*, *braha*, *braja* (Maische, Schlampe, Trester, ein bierartiges gemeines Volksgetränk, litauisch *broga*) weist auf das keltische *brace* zurück. Da es in den germanischen Sprachen fehlt — ein Zeichen später und fremder Herkunft — und da es von den Litauern aus dem Slavischen entlehnt sein kann, vielleicht erst nach Einführung der Branntweinbrennerei, so mag es nach der Zeit zu den Slaven gelangt sein, wo keltische Stämme in den Südosten, nach Böhmen und Pannonien und in die Donaugegenden zurückgewandert waren. Von den beiden finnisch-estnischen Ausdrücken für das volksmässige Dünnbier, potus vilissimus ex hordeo: *kalja*, *kalli* und *taari*, *taar* erinnert der erstere an das spanische *caelia*, ohne dass wir uns erlauben, daraus für eine iberisch-finnische Verwandtschaft oder Berührung Schlüsse zu ziehen. In den lindenreichen Wäldern des europäischen Ostens, selbst noch hinter den slavischen Stämmen bei den Nomaden und Halbnomaden der Wolgagegenden, spielte indess der berauschende Honigtrank eine grössere Rolle und war gewiss daselbst älter, als das Bier. Ja man darf vermuthen, dass der Meth das Urgetränk der in Europa einwandernden Indogermanen war und sich im Osten des Welttheils wie so vieles andere, nur länger erhielt. In Griechenland, wo das Bier immer nur für barbarisch galt, taucht doch von einem der Weinzeit vorausgehenden Honigtranke hin und wieder eine verlorene Spur auf. Der Dichter Antimachus aus Kolophon liess in seiner Thebaïs, — deren Sagen in ein höheres Alter hinaufreichen, als die der Ilias, — den Adrast die schmausenden Helden mit einem Trank aus Wasser und unversehrtem Honig bewirthen, Athen. 11, p. 468:

Πάντα μάλ', ὅσσ' Ἄδρηστος ἐποιχόμενος ἐκέλευσεν,
ῥεξέμεν· ἐν μὲν ὕδωρ, ἐν δ' ἀσκηθὲς μέλι χεῦαν
ἀργυρέῳ κρητῆρι, περιφραδέως κερόωντες.

In dem Orphischen Fragment 49 (aus Porphyr. de antro Nympharum, Orph. ed. Hermann, p. 500) giebt die Nacht dem Zeus den Rath, den Vater Kronos, wenn er honigberauscht unter den Eichen liege, zu binden und zu entmannen:

Εὖτ' ἂν δή μιν ἴδηαι ὑπὸ δρυσὶν ὑψικόμοισιν
ἔργοισιν μεθύοντα μελισσάων ἐριβόμβων,
αὐτίκα μιν δῆσον —

wo also die Zeit des Kronos und des Waldlebens als methtrinkend gedacht ist. Die Taulantier, ein illyrisches Volk, verstanden es nach Aristot. de. mirab. auscult. 22 (21) aus Honig Wein zu machen: »nachdem der Honig aus den Waben gepresst worden u. s. w. (wir übergehen das weitere Verfahren), ergiebt sich ein weinartiges, liebliches und kräftiges Getränk (*οἰνῶδες καὶ ἄλλως ἡδὺ καὶ εὔτονον*); auch in Griechenland soll dasselbe Einigen gelungen sein, so dass sich das Produkt in nichts von altem Wein unterschied (*ὥστε μηδὲν διαφέρειν οἴνου παλαιοῦ*), nachher aber konnten sie trotz aller Bemühung die richtige Mischung nicht mehr finden.« Auf reiche Honiggewinnung in den Landstrichen jenseits des Ister deutet es vielleicht, wenn die Thraker zu Herodots Zeit berichteten, die genannte Gegend stecke voll von Bienen, die ein Vordringen dahin unmöglich machten (Herod. 5, 10; dasselbe wurde ehemals von der Lüneburger Heide geglaubt). Weiter wird der Meth direkt als skythisches Getränk bezeichnet, das die Skythen aus dem Honig der wilden in Felsen und Eichen wohnenden Bienen bereiten, Maxim. Tyr. 27, 6: *τοῖς δὲ* (unter den Skythen) *αἱ μέλιτται καθηδύνουσι τὸ πόμα, ἐπὶ πετρῶν καὶ δρυῶν διαπλάττουσαι τοὺς σίμβλους.* Hesychius: *μελίτιον· πόμα τι Σκυθικὸν μέλιτος ἑψομένου σὺν ὕδατι καὶ πόᾳ τινί.* Der byzantinische Gesandtschaftsattaché Priscus endlich giebt in der oben angeführten Stelle den in Pannonien einheimischen Namen *μέδος*, welcher sowohl mit dem altirischen *mid*, altcambrischen *med* (= sicera, Cormac p. 106. Zeuss[2] 136) und griechischen *μέθυ* — in den Landstrichen nördlich von Griechenland wurde die Aspirata als Media gesprochen —, als mit dem slav. *medŭ* zusammenfällt, welches letztere Wort nicht bloss Honig und Meth bedeutet, sondern auch, wie das griechische *μέθυ*, geradezu *vinum* übersetzt (*medarĭ* = *οἰνοχόος, pincerna; medvĭniza = cella vinaria* u. s. w.). Die heutigen Litauer unterscheiden *medùs* Honig von *midùs* Meth; in dem entsprechenden deutschen Wort ist die Bedeutung Honig ganz verloren, für welche gothisch das wahrscheinlich an der Niederdonau entlehnte *milith*, in den anderen Mundarten das räthselhafte Honig gilt. Auch heut zu Tage ist das Bier in slavischen Landen nicht das populäre, unentbehrliche, altüberlieferte Getränk; der Meth ist freilich auch in Gross- und Kleinrussland und in Polen mit jedem Jahre seltener geworden, hauptsächlich weil der Zucker die Bienenzucht zerstört hat; an seine Stelle ist die Erfindung der Hölle, der Branntwein, getreten, der das gegenwärtige Geschlecht decimirt und die Lebensquelle des künftigen vergiftet.

Die Geschichte der Butter geht der des Bieres parallel. Die Butter kann eine Kunst und Gewohnheit des Hirten genannt werden, wie das Bier die des Ackerbauers ist. Die Milch in Schläuchen musste beim Reiten oder auf dem Wagen — und alle Nordvölker zogen auf Wagen herum, mit denen sie gleich den Cimbern und Teutonen ihre Lager bildeten — leicht das in ihr enthaltene Fett als Butter ausscheiden, und ähnlich war die Wirkung, wenn die abgeschöpften fetteren Theile der Wärme des Ofens ausgesetzt wurden. Die so gesonderte Butter konnte zum Essen, zum Salben des Haares und zum Bestreichen der Wunden dienen. Griechen und Römer der guten Zeit wissen von Butter nichts; dass sie ihnen vor der Einführung des Olivenöls bekannt gewesen, dafür giebt es keine Spur oder Andeutung. Dennoch werden uns in ziemlich frühen Zeugnissen die Völker rund um die beiden klassischen Länder als butterbereitend geschildert und müssen dies Produkt also nach der Völkertrennung kennen gelernt haben. Schon der weitgereiste Solon gedenkt des durch Umrühren der Milch gewonnenen Fettes und braucht es als Bild für den Vortheil, den eigensüchtige Führer aus politischen Unruhen ziehen, Plut. Sol. 16:

οὔτ᾽ ἂν κατέσχε δῆμον οὔτ᾽ ἐπαύσατο,
πρὶν ἂν ταράξας πῖαρ ἐξέλῃ γάλα.

Noch vor Herodot berichtete dann Hecatäus von den Päonern am Strymon, denselben, die in Pfahldörfern wohnten und eine doppelte Art Bier brauten: »sie salben sich mit einem aus Milch gewonnenen Oel«, Athen. 10, p. 447: *ἀλείφονται δὲ ἐλαίῳ ἀπὸ γάλακτος.* Bei dem komischen Dichter Anaxandrides (blühte um die Mitte des 4. Jahrhunderts, etwa Ol. 101—108) sitzen an der Tafel des thrakischen Königs Kotys, der seine Tochter dem Iphikrates vermählte, strupphaarige butteressende Männer, Athen. 4, p. 131:

δειπνεῖν ἄνδρας βουτυροφάγας
αὐχμηροκόμας μυριοπληθεῖς.

Von einer skythischen Art, die Pferdemilch zu behandeln, hat Herodot 4, 2 gehört, aber in noch ganz unbestimmter Weise: nachdem er angegeben, die nomadischen Skythen blendeten ihre Sclaven, fährt er fort: sie setzen sie um die hohlen hölzernen Milchgefässe und lassen sie diese rühren (oder schwingen: *δονέουσι*); was dann sich oben ansetzt, *τὸ ἐπιστάμενον*, wird abgeschöpft und für höher geschätzt, das sich zu Boden Senkende, *τὸ ὑπιστάμενον*, gilt für geringer als Jenes. Näher beschreibt das Verfahren der auctor Hippocrat. de morbis 4, 20 (ed. Ermerins, II. p. 461), indem er zugleich das Wort *βούτυρον* — ohne Zweifel zum Behufe der Bedeutsamkeit in griechischem Munde mehr oder minder umgestaltet — als skythisches überliefert: die Skythen, sagt er, giessen Pferdemilch in hölzerne Gefässe und schütteln diese; dadurch sondern sich die Theile, und das Fett, welches sie Butter nennen, schwimmt oben, da es leicht ist: *καὶ τὸ μὲν πῖον, ὃ βούτυρον καλέουσι, ἐπιπολῆς διΐσταται ἐλαφρὸν ἐόν;* die schwereren Theile senken sich herab, werden herausgenommen, getrocknet und verdickt und heissen dann *ἱππάκη* (Pferdekäse, auch bei Aeschylus Fr. 192 Nauck, und bei Hippocrates de aëre u. s. w. genannt); in der Mitte ist der *ὀρρός* (Molken). Diese Kenntniss der Sache und des Namens stammte ohne Zweifel von den griechischen Kolonien an der pontischen Küste[47]). Trotzdem scheint Aristoteles den Gebrauch der Butter im Grossen und als Volkssitte nicht gekannt oder nicht beachtet zu haben; wenigstens kommt in der langen Auseinandersetzung über die Milch der Thiere, die wir Histor. animal. 3, 20 lesen, weder der Name noch die Gewinnung und Anwendung der Butter vor; höchstens deuten darauf die im Vorübergehen gesprochenen Worte: *ὑπάρχει δ' ἐν τῷ γάλακτι λιπαρότης, ἣ καὶ ἐν τοῖς πεπηγόσι γίνεται ἐλαιώδης.* Bei den Aerzten ist *βούτυρον*, butyrum, ein hin und wieder genanntes Medicament, aber noch Plinius 11, 239, ja sogar Galenus de alim. facult. 3, 15 halten für nöthig, ihren Lesern das Wort wie die Herkunft und den Gebrauch der Sache zu erklären. — Da die Thraker und Skythen Butter bereiteten, so dürfen wir das Gleiche bei den Phrygern voraussetzen. Wirklich findet sich bei Hippokrates ein Ausdruck *πικέριον*, der auf phrygische Butter hindeutet. Dies Wort nämlich, welches Galenus und Erotianus in ihren Glossaren zu Hippokrates als *βούτυρον* deuten, wird von dem Letzteren zugleich nach einer älteren Quelle für phrygisch erklärt, Erotian. s. v.: *ὅτι Θόας ὁ Ἰθακήσιος ἱστορεῖ παρὰ Φρυξὶ πικέριον καλεῖσθαι τὸ βούτυρον.* Es scheint wurzelverwandt mit *παχύς*, *pinguis.* —

Auch unter den täglichen Lieferungen für den persischen Hof sind *ἐλαίου ἀπὸ γάλακτος πέντε μάριες* aufgeführt (Polyaen. strat. 4, 3, 32) — eine sehr geringe Quantität verglichen mit den Ansätzen für die übrigen Bedürfnisse der königlichen Tafel. Auch steht die Butter mitten zwischen dem Sesam- und dem Terebinthenöl, während das Olivenöl in dem Verzeichniss charakteristischer Weise ganz fehlt. — Dass den Juden die Butter nicht unbekannt war, wenigstens zu einer gewissen Zeit, ist aus Sprichw. 30, 33 mit Sicherheit zu schliessen: »wenn man Milch stösset, so machet man Butter draus«; für die halbsemitische Insel Cypern scheint ein Gleiches aus der Glosse des Hesychius hervorzugehen: *ἔλφος· βούτυρον. Κύπριοι* (vgl. bei demselben: *ἔλπος· ἔλαιον, στέαρ*). Gesenius Monum. p. 389 deutet dies cyprische Wort aus dem Ṣemitischen, Joh. Schmidt sieht darin das sanscr. Neutrum *sarpis.* — Nach dem Periplus maris Erythraei (der unter den Kaisern Titus und Domitian geschrieben ist) kam Butter aus Indien in die Häfen des rothen Meeres, und das heisse Land wird reich an Reis, Baumwolle, Sesamöl und — Butter genannt (14 und 41); wie auch verwundete Elephanten daselbst durch eingegebene Butter (Strab. 15, 1, 43) oder durch Bestreichen der Wunde mit Butter (Ael. H. A. 13, 7) geheilt wurden. Auch in Arabien, im Lande des Königs Aretas, bekam das Heer des Aelius Gallus, wie Strabo 16, 4, 24 berichtet, nur Butter statt des Oeles. — Durch denselben Strabo hören wir, dass bei den Aethiopiern im äussersten Süden Butter und Fett die Stelle des Oeles vertrat, die Lusitanier im äussersten Westen statt des Oeles sich der Butter bedienten (an den schon oben citirten Stellen: 17, 2, 2 und 3, 3, 7). Sicher war diese indische, arabische, äthiopische und lusitanische Butter ein flüssiges Fett, wie auch die heutigen Beduinenaraber gierige Trinker von Butter sind, die sie aus der Milch ihrer Schafe und Ziegen abscheiden. — Am Fest der Rückkehr der erycinischen Aphrodite in Sicilien duftete die ganze Gegend um den Tempel nach Butter, zum Beweise, dass die Göttin wirklich aus Afrika wiedergekehrt sei, Athen. 9, p, 395: *ὄζει δὲ πᾶς ὁ τόπος τότε βουτύρου, ᾧ δὴ τεκμηρίῳ χρῶνται τῆς θείας ἐπανόδου.* Das Heiligthum auf dem Eryx gehörte ursprünglich den Elymern, einem Volke, dessen Herkunft streitig und in Sagen gehüllt ist. Mögen sie ein Rest des über die Inseln des westlichen Mittelmeeres verbreiteten iberischen Volksstammes oder wirklich von Asien eingewandert sein, — sie werden als Rinderhüter gedacht und verehrten einen entsprechenden Gott, dessen Gegenwart durch die Butter —

entweder als Leib- und Haarsalbe oder von den Pfannen dampfend — kund gethan wird (Klausen, Aeneas, 488: »von dem segnenden Schutz des Butas oder des Rinderfürsten Anchises zeugt dann der durch den ganzen Ort verbreitete Buttergeruch«). — Ganz allgemein aber heisst es dann bei Plinius 28, 133: *e lacte fit et butyrum, barbararum gentium lautissimus cibus et qui divites a plebe discernat.* Unter den *barbarae gentes* sind hier dem Gesichtskreis des Plinius nach hauptsächlich Germanen zu verstehen. Die Reichen erübrigten Butter, da sie die Milch ihrer grösseren Heerde nicht sogleich verzehrten, und der Genuss derselben unterschied folglich den Begüterten von dem Armen. Die bei Plinius gleich folgende Beschreibung der Bereitung sowohl der Butter als des Quark (oxygala) leidet übrigens an Confusion und ist wenig sachgemäss — ein Beweis mehr, wie fern diese Speise der klassischen Welt lag. An einer anderen Stelle hat Plinius die Notiz, auch die *gentes pacatae*, d. h. die schon policirten und halb romanisirten Stämme wendeten die Butter, wie Eier und Milch, zu künstlicherem Backwerk an, 18, 105: *quidam ex ovis aut lacte subigunt (panem), butyro vero gentes etiam pacatae, ad operis pistorii genera transeunte cura;* — also die Kuchenbäckerei trat auf, die bei Griechen und Römern wegen Mangels an Butter und beschränkter Anwendung der Hefe (die letztere ist gleichfalls ein nordischer Gebrauch) unentwickelt geblieben war. Merkwürdig genug ist es, dass das Wort Butter auf dem weiten Umwege vom Pontus Euxinus über Griechenland und Italien — zwei Länder, die das damit Benannte kaum kannten und wenig schätzten — zu den meisten Völkern des westlichen und des mittleren Europa gekommen ist. Vielleicht ist eine Spur seiner Herkunft in dem magyarischen *vaj*, lappischen *wuoj*, finnischen und estnischen *woi* (im Accusativ mit wieder hervortretendem Dental der Wurzel: *woid*), *woid-ma* salben, lapp. *wuoitet*, *wuoitas*, finn. *woitaa*, *woitelee* u. s. w. erhalten. Die Erfindung, die Butter durch starkes und wiederholtes Waschen, Kneten und Salzen so rein und fest zu machen, wie wir sie jetzt kennen, scheint von den nordgermanischen Stämmen ausgegangen. Noch jetzt besteht der Unterschied zwischen Nord- und Süddeutschland, dass in dem ersteren die Butter gesalzen wird (wie auch in Scandinavien und England), das letztere aber süsse Butter isst und die Speisen mit Schmalz, d. h. flüssiger Butter bereitet. Dieses Butterschmalz nennt der Alemanne (nicht der Schwabe) Anke (nach Grimm wurzelverwandt mit *ungere, unguere;* vielleicht gehört auch das altpreussische *auctan, aucte* und das keltische *imb* dahin, wenn in letzterem *b* aus *g* entstanden ist, Stokes, ir. glosses 784), auch wohl Schmutz; bei den Scandinaven heisst die Butter Schmeer (d. h. womit geschmiert wird, schwedisch *smör, smörja* u. s. w. wie ahd. *anchunsmëro, ancsmëro*). Auch Salbe mag in der Urzeit ein deutsches Wort dafür gewesen sein, wenigstens hat das entsprechende albanesische Wort *gjalpe* noch jetzt die Bedeutung Butter (alban. *gj* ist gleich *s*, vergl. *gjaschte* mit *sex*, *gjak* Blut mit *sanguis* u. s. w., Kuhns Zeitschrift 11, 235) und beiden entspricht vielleicht das oben genannte sanscr. *sarpis* mit der Bedeutung: zerlassene Butter. Die Slaven benennen die Butter mit demselben Wort wie das Oel: *maslo*, wörtlich Mittel zum Salben, also übereinstimmend mit den obigen germanischen Ausdrücken. Beide Völker, Germanen und Slaven, schmierten sich also das Haar mit flüssiger Butter, die dann, wenn sie ranzig geworden, nicht den besten Duft verbreitete, Sidon. Apoll. carm. 12, 6:

Quod Burgundio cantat esculentus,
Infundens acido comam butyro.

Dass auch die Kelten, wenigstens die Galater in Kleinasien, sich mit Butter salbten, die sich dem Geruchsinn merklich machte, geht aus einer Anekdote hervor, die Plutarch adv. Colot. 4, 5 erzählt: zu der Berronike (Berenice), der Frau des Deïtauros (Dejotarus), soll eine Lacedämonierin gekommen sein: als sie einander nahe standen, sollen sich beide augenblicklich und gleichzeitig abgewandt haben, indem der einen, wie es scheint, der Geruch der Salbe, *μύρον*, der anderen der der Butter zuwider war. — In entlegenen Dörfern nordischer Länder ist diese Sitte bei Weibern und Mädchen auch jetzt noch nicht ausgestorben, im Uebrigen aber ist sie durch die Pomade, ital. *pomata*, verdrängt worden, in der, wie der Name sagt, irgend eine duftende Frucht, *pomo*, beigemischt war. Ursprünglich diente sie zugleich als Haarfärbemittel und schied sich erst später aus demselben als reine Salbe aus. Die Erfindung scheint, wie die der Seife, eine altbelgische zu sein, denn Toilettenkünstler waren schon die alten Gallier, wie es ihre heutigen Pariser Nachkommen noch sind.

** Zu der Geschichte des Bieres ist zu bemerken, dass die germanischen Benennungen dieses Getränkes keinen berechtigten Anlass zu der Anschauung Hehns bieten, das Bier sei bei den Germanen verhältnissmässig jung und keltischen Ursprungs.

Das gothische *leithu*, ahd. *lîd*, ags. *lîd* kann lautgesetzlich nicht aus dem keltischen ir. *lind* (vgl. oben S. 151) entlehnt sein. Da das germanische Wort auch mit *poculum*, *fiala* erklärt wird (vgl. Schade, Ahd. W.), so liegt die Vergleichung desselben mit griech. ἄ-λεισ-ον (aus ἀ-λειτ-jον) Becher nahe. Ebenso wenig darf an Entlehnung des deutschen *bier* und nordgermanischen *ale* aus dem mlat. *bibere* und lat. *oleum* gedacht werden. Was das erstere betrifft (ahd. *bior*, ags. *beór*, altn. *bjórr*), so hat R. Kögel in Paul und Braunes B. IX S. 537 es an agls. *beó*, altn. *bygg* Gerste, Getreide angeknüpft, eine sachlich ansprechende Deutung („Gerstensaft"), die aber grosse Schwierigkeiten der Wortbildung darbietet. Neuerdings hat daher E. Kuhn (K. Z. XXXV S. 313) die germanischen Wörter als Entlehnung aus dem altsl. *pivo*, **pives-*, altpr. *piwis* Bier (eigentl. „Getränk": griech. πίνω etc.) aufgefasst. Bestätigt sich diese Erklärung (germ. *b* aus slav. *p*? vgl. etwa ahd. *bilih* aus slav. **pilchŭ*, altsl. *plŭchŭ* nach Palander Ahd. Thiernamen S. 68), so böte sie eine ansprechende Parallele zu der unten bei Besprechung des Hopfens hervorgehobenen Thatsache, dass dieser Zusatz des Bieres durch die Vermittlung slavischer Völker zu uns gekommen ist. Unser „bier" bezeichnete dann ursprünglich nur das gehopfte Getränk, während der urgermanische Ausdruck für den des Hopfens noch entbehrenden Trank in dem englischen *ale* erhalten wäre. Dieses (ags. *ealu*, gen. *ealoð*, altn. *öl*) führt auf einen nordeurop. Stamm *alut* Bier, aus dem auch lit. *alùs* (woher finn. *olut* nach W. Thomsen, Beröringer mellem de finske og de baltiske Sprog S. 157) und altsl. *olŭ* lautgesetzlich hervorgegangen sein können (vgl. J. Schmidt, Pluralbildungen S. 180), wenn sie nicht wie das slavische *mlato*, preuss. *piwa-maltan* (finn. *mallas*) Biermehl und vielleicht preuss. *dragios* Hefen (aus altn. *dregg*, **dragja*, vgl. G. Meyer, Et. W. S. 72) aus dem Germanischen entlehnt sind. Urverwandtschaft mit dem germ. *malz* zeigt aber čech. *mladina*, russ. *molodĭ* Bierwürze (Miklosich, Et. W. S. 200): altsl. *mladŭ* zart. Beiläufig nennen wir noch zwei angelsächsische Namen des Bieres: *coerin* und *swatan*, schott. *swats*, ersteres an die oben angeführten keltischen Wörter (S. 148) erinnernd, letzteres offenbar zu ags. *swête* süss gehörig, ähnlich wie im Slavischen der einheimische Name des Malzes *slad*, der in zahlreiche östliche Sprachen entlehnt ist, so viel wie süss bedeutet.

Ueber das keltische *brace* (oben S. 149) vgl. jetzt Holder, Altkeltischer Sprachschatz. Hier wird ein inschriftlich überlieferter Beiname des Mars *Braci-âca* als Gott des Malzes gedeutet. Ob mit diesem keltischen *brace* die oben (S. 152) genannten slavischen Wörter etwas zu thun haben (was Krek, Einleitung in die slav. Litg. 2. Aufl. S. 131 billigt, Miklosich, Et. W. abzulehnen scheint), ist sehr zweifelhaft.

Schliesslich sei auf eine lehrreiche Abhandlung über das ägyptische Bier verwiesen: Karl Wessely, Zythos und Zythera im 13. Jahresbericht d. K. K. Staatsgymnasiums in Hernals Wien 1887, in welcher interessante Mittheilungen über ägyptische Biersteuer und Fabrication in den letzten vorchristlichen Jahrhunderten gemacht werden. Der Ausdruck ζῦθος (oben S. 143) hat sich bis jetzt im Altägyptischen nirgends gefunden. Das Bier heisst hier *hekt*. Es ist uns daher wahrscheinlicher, dass ζῦθος (: ζέω, wie βρῦτον, lat. *defrûtum* : *brauen*) ein dem ägyptischen Griechisch eigenthümliches einheimisches Wort ist. Eine Abhandlung von Death, *The beer of the bible* London

1887 ist uns nicht zu Gesicht gekommen. Ueber *cervesia, camum, zythum* vgl. noch Blümner, Maximaltarif des Diocletian 1893 S. 69f.

Die Butter: Dass die Indogermanen schon vor ihrer Trennung es verstanden, die fetten Theile der Milch, um sie als Salbe zu benutzen, abzusondern, geht aus den beiden oben S. 157f. genannten Gleichungen (vgl. dazu scrt. *anjana* Salbe, *âjya* Opferbutter) gegenüber scrt. *sâra* geronnene Milch, griech. ὀρός, lat. *serum* Molken (davon zu trennen: altsl. *syrŭ* Käse = alb. *hirë* Molken, G. Meyer, Et. W. S. 152) und zend. *tûirinąm* = griech. τυρός Käse mit Sicherheit hervor. In der Heimath der Olive ging Griechen und Römern allmählich diese Kunst verloren. Doch ragt ein uralter sprachlicher Zeuge des einstigen Gebrauchs des Fettes zum Salben in die historischen Zeiten der Griechen: das griech. μύρον, mit der Nebenform σμύρον = Salbe. Unzweifelhaft steckt in diesem Wort zum Theil das entlehnte hebr. *môr*, aram. *murrâh* Saft der arabischen Myrrhe. Allein die orientalischen Formen erklären nicht das anlautende σ des Griechischen, und so ist es wahrscheinlich, dass σμύρον zunächst ein einheimisches Wort ist und dem ahd. *smero* Fett, Schmiere, goth. *smaírthra* Fett entspricht (vgl. auch Fick, Vergl. W. 4. Aufl. I, S. 575, Muss-Arnolt, Transactions XXIII, 119, Prellwitz Et. W. d. griech. Spr. s. v. μύρρα, Lewy Die semit. Fremdw. im Griech. S. 42; unbegründet ist Hirts Einwand im Anzeiger f. idg. Sprach- und Alterthumsk. VI S. 175).

Vom Pontus her mögen dann die Griechen aufs neue die Butterbereitung und dazu den Buttergenuss kennen gelernt haben; doch scheint es uns lautlich und sachlich wenig wahrscheinlich, dass in βούτυρον ein finnisches *woi* (oben S. 157) stecken soll; bedeutet doch letzteres ausschliesslich im Finnischen Butter, während es in allen anderen Sprachen dieses Stammes nur den Sinn von Fett hat, das doch die Griechen selbst kannten. Vielleicht ist βούτυρον »Kuhquark« nichts als eine ungeschickte Uebersetzung eines scythischen Ausdrucks (vgl. etwa ahd. *chuo-smero* = Butter), so dass ὃ βούτυρον καλέουσι (oben S. 155) nur bedeuten würde: ein Produkt, das sie mit einem Namen benennen, dem im Griechischen ein βούτυρον entsprechen würde. Die weiteren Schicksale von βούτυρον-*butyrum* s. bei Kluge, Et. W. 6. Aufl.

Goth. *milith* (oben S. 154) kann nur auf Urverwandtschaft mit griech. μέλι(τ) beruhen.

Eine neuere sachlich werthvolle Arbeit für die älteste Geschichte der Butter ist das Buch von B. Martiny, Kirne und Girbe (d. h. Stand- und Schwingbutterfass). Berlin 1894.

Indem wir hier die drei Urgewächse der frühesten höheren Civilisation, Wein, Oel und Feigen, verlassen, — womit könnten wir passender schliessen als mit der sinnvollen Parabel im neunten Kapitel des Buches der Richter? Wir setzen sie her, da das Buch, in dem sie steht, doch heut zu Tage wenig mehr gelesen wird. »Die Bäume gingen hin, dass sie einen König über sich salbeten, und sprachen zum Oelbaum: Sei unser König. Aber der Oelbaum antwortete ihnen: Soll ich meine Fettigkeit lassen, die beide, Götter und Menschen, an mir preisen, und hingehen, dass ich schwebe über den Bäumen? Da sprachen die Bäume zum Feigenbaum: Komm Du und sei unser König. Aber der Feigenbaum sprach zu ihnen: Soll ich meine Süssigkeit und meine gute Frucht lassen und hingehen, dass ich über den Bäumen schwebe? Da sprachen die Bäume zum Weinstock: Komm Du und sei unser König. Aber der Weinstock sprach zu ihnen: Soll ich meinen Most lassen, der Götter und Menschen fröhlich macht, dass ich über den Bäumen schwebe? Da sprachen alle Bäume zum Dornbusch: Komm Du und sei unser König. Und der Dornbusch sprach zu den Bäumen: Ist's wahr, dass ihr mich zum Könige salbet über Euch, so kommt und vertrauet Euch unter meinen Schatten, wo nicht, so gehe Feuer aus dem Dornbusch und verzehre die Cedern des Libanon.« Welch ein Bild syrischer Natur und semitischen Lebens! Jene ungeheuren Dornhecken und Stachelpflanzen der Wüste, die Acacien-Büsche, denen man nicht anders nahen kann, als mit langen, schneidenden und zusammenraffenden eisernen Stangen bewaffnet, — sie werden in der Sommergluth dürre wie Gerippe und werfen keinen Schatten, und wenn sie sich zufällig entzünden, dann geht der Brand verheerend, so weit der Horizont reicht, und ergreift die Fruchtbäume mit, die sich auf seinem Wege finden. So liefen die Feuer des Despotismus und der Eroberung über ganz Asien und verzehrten alles Privatglück, alle stille Kulturthätigkeit. Die furchtbare Majestät der Herrscher von Ninive und Babylon glühte erbarmungslos wie die Sonne im Sommer und brannte die Völker nieder, wie der Dornbusch die Cedern des Libanon; Oelbaum, Feigenbaum und Weinstock aber glichen dem Manne, der in begrenztem Kreise Werke des Friedens schafft und Wohlthaten spendet. Und bis auf den heutigen Tag sind Politik und Musik — im griechischen Sinne — feindliche Gegensätze geblieben: unser Dichter erfuhr es, als er unternahm, über den Bäumen zu schweben, und Wahrheit und Liebe, vor Allem aber die Poesie, die Götter und Menschen fröhlich macht, in seinem Innern zu versiegen drohte. Seitdem hasste er in der Revolution den flammenden Dornbusch, der die Gärten und Pflanzungen verheerte.

Der Flachs. Der Hanf.

(Linum usitatissimum.) *(Cannabis sativa.)*

In welcher Gegend der Erde der Flachs autochthon ist, ist eine noch nicht mit Sicherheit beantwortete, bei so vielen Kulturgewächsen wiederkehrende Frage. Da der dürre Felsboden der Länder um das Mittelmeer, die lange Sommergluth, die oft plötzlich niederstürzenden Regengüsse u. s. w. dem Flachse nicht zusagen, so hat man seine Heimath wohl in den kälteren und feuchteren Strichen des mittleren Europa gesucht. Allein Aegypten und Kolchis lehren, dass nicht die Wärme des Südens, nur die mangelnde Feuchtigkeit dem Gedeihen der Pflanze in den klassischen Ländern hinderlich ist. Wenn neuere Reisende den Flachs in Nordindien oder am Altai oder am Fusse des Kaukasus wild wachsend gefunden haben, wenn Grisebach, Spicilegium, 1. p. 118 vom Flachse sagt: *sponte crescit in Macedonia Thraciaque omni*, so liegt bei einer so alten Kulturpflanze die Möglichkeit nahe, dass sie auch da nur der Gefangenschaft des Menschen entschlüpft, d. h. nur verwildert sei. Von Wichtigkeit bei der Geschichte sowohl des Flachses, als des Hanfes, ist auch ihre doppelte Anwendung: die Benutzung der öligen Frucht zur Nahrung und die der Fasern des Stengels zu Stricken und Geweben: beide finden sich nicht immer gleichzeitig auf demselben Boden und bei demselben Volke, und es ist noch die Frage, welche von beiden den Anbau zuerst veranlasst hat. Das heutige Indien presst die Leinsaat zu Oel, verarbeitet aber die Pflanze selbst nicht; auch in Abyssinien dient sie nur zum Essen; Herodot erzählt 4, 73 ff. von den Skythen, wie sie bei Todtenbestattungen mit dem Dampf der auf glühende Steine geworfenen Hanfsaat sich reinigten und zugleich berauschten; dass sie aber die Benutzung des Hanfes zu Geweben nicht kannten, geht aus der Notiz hervor, die Herodot sogleich hinzufügt, die Thraker (also nicht die Skythen) verständen aus dieser Pflanze auch Kleider zu weben, die dem Linnen sehr ähnlich seien. Eben so finden wir bei den Griechen zeitig neben den Mohn- und Sesamkörnern auch die Leinsaat mit Honig eingekocht zum Gebäcke dienend: zuerst im siebenten Jahrhundert bei dem Lyriker Alcman, Fr. 74 Bergk.:

κλῖναι μὲν ἑπτὰ καὶ τόσαι τράπεσδαι
μακωνίδων ἄρτων ἐπιστέφοισαι
λίνῳ τε σασάμῳ τε.

Im peloponnesichen Kriege, als die Insel Sphakteria von den Athenern belagert wurde, brachten Taucher unter dem Wasser in Schläuchen Mohnsaat in Honig und zerstossene Leinsaat den Belagerten zu. Thucyd. 4, 26: *λίνου σπέρμα κεκομμένον.* Auch in Italien jenseits des Po gab es nach Plinius 19, in., einen *cibus rusticus ac praedulcis* aus Leinsaat, der aber jetzt nur noch bei Opfern vorkomme: nach der Oertlichkeit und dem Opfergebrauch zu schliessen wohl ein altkeltisches oder altligurisches Gericht. Reicher als die Geschichte der Leinsaat als Speise ist freilich die des Flachses als technischen Gewächses.

Die Linnenkultur geht in Aegypten und Vorderasien ins höchste Alterthum hinauf. Linnene Stoffe und Kleider, Tücher und Binden, Zelte und Netze, Taue und Segel sind bei den Aegyptern, den Phöniziern, im Alten Testament in allgemeinster Anwendung. Altägyptische Wandmalereien zeigen uns den ganzen Process der Bearbeitung des Flachses, das Rösten, Bläuen, Kämmen u. s. w. desselben (Wilkinson, III, p. 138. No. 356, p. 140. No. 357). Dass die Mumien in Leinwandbinden gewickelt sind, haben nach der entgegengesetzten Behauptung Rosellinis, der gegen zweihundert Mumien untersucht und nie anders als baumwollene Binden gefunden haben wollte (Monumenti, II. 1. p. 333 ff.), neuere auf die Anwendung des Mikroskops gestützte Forschungen unzweifelhaft festgestellt (Brugsch in der Allgemeinen Monatschrift 1854, August, S. 633)[48]). Bedenkt man die Länge der so verwendeten Leinwandstreifen und die natürliche Zahl der Todten — einen Leichnam in Wolle zu bestatten wäre ein Gräuel gewesen —, ferner die allgemeine Anwendung der Leinwand auch bei der Tracht der Lebenden und die Satzung, nach der die Priester nur reine linnene Unterkleider tragen (Herod. 2, 37 von den Aegyptern: *εἵματα δὲ λίνεα φορέουσι αἰεὶ νεόπλυτα, ἐπιτηδεύοντες τοῦτο μάλιστα,* und von den Priestern: *ἐσθῆτα δὲ φορέουσι οἱ ἱρέες λινέην μούνην .... ἄλλην δέ σφι ἐσθῆτα οὐκ ἔξεστι λαβεῖν*) und höchstens ausser dem Tempel einen wollenen Mantel überwerfen durften, endlich den Betrag der Ausfuhr, der zu jeder Zeit bedeutend war, so muss man über den Umfang und die Masse dieser Produktion in dem Nilthale erstaunen. Dass die ägyptische Linnenindustrie auch die feinsten und kunstreichsten Luxusgewebe lieferte, beweist nicht nur ihr Ruf im ganzen Alterthum, sondern auch der Befund mancher Mumienhüllen. So schenkte der König Amasis den Lacedämoniern und dem Tempel der Athene zu Lindos auf der Insel Rhodus je ein leinenes Panzerhemd mit eingewebten Thierbildern, mit Gold und

Baumwolle gestickt, von solcher Feinheit der Fäden, dass dreihundertsechzig derselben wieder einen Faden bildeten (Herod. 3, 47; 2, 182. Plin. 19, 12)[49]. — Dass die Phönizier frühe den Anwohnern der Küsten des Mittelmeeres linnene Kleider als Tauschwaaren zubrachten, geht aus der Identität des griechischen Wortes χιτών, κιθών mit dem phönizischen *kitonet*, *ketonet* Leinwand (Movers 3, 1, S. 97), so wie aus dem homerischen ὀθόνη (s. u.) hervor. Sie bezogen jenen Stoff ihrerseits, ausser aus Aegypten, besonders aus ihrem palästinensischen Hinterlande, wo nach den Zeugnissen des Alten Testaments der Flachs allgemein in den Häusern von der Hand der Frauen gesponnen und zu Kleidern, Gürteln, Schnüren, Lampendochten u. s. w. verarbeitet ward. Da in einzelnen wärmeren Gegenden Palästinas auch die Baumwollstaude, *gossypium herbaceum*, wuchs, so mögen auch hier, wie bei der ägyptischen Waare, Baumwollstoffe und feines Linnen in Sprache und Verkehr nicht immer unterschieden worden sein. Die Schiffe der Phönizier wurden nicht bloss von Rudern fortbewegt, sondern führten auch linnene Segel: woraus aber bestand das Tauwerk, das die Masten hielt und an dem die Segel hingen? Vielleicht aus ägyptischem Byblus, da der Flachs dazu zu schwach scheint. Als viele Jahrhunderte später Xerxes seine grosse Schiffbrücke über den Hellespont schlug, hatten die Aegypter die dazu nöthigen Seile aus Byblus, die Phönizier aus weissem Flachs, λευκόλινον, zu liefern, (Herod. 7, 25 und 34). Unter dem weissen Flachs verstand Salmasius (Plin. Exercitat. p. 538) bearbeiteten, *linum maceratum*, da der Flachs durch Rösten, Bläuen u. s. w. weiss wird, im Gegensatz zu dem rohen Flachs, *crudarium*, ὠμόλινον. Allein bei Seilen, an denen eine Brücke hängen soll, kommt es nicht auf Weisse und Zartheit, sondern vor Allem auf Haltbarkeit an. Λευκόλινον ist nichts anderes, als die λευκέα, λευκαία, die nach Athen. 5, p. 206 Hiero II zu den Tauen seines Prachtschiffes aus Spanien, ἐξ Ἰβηρίας, bezog, also Spartgras, *stipa tenacissima*, welche spanische Pflanze die Phönizier zu Xerxes' Zeit längst kennen und benutzen gelernt hatten. — Tiefer in den Continent hinein trugen auch die Babylonier lange linnene Kittel (Herod. 1, 195: ἐσθῆτι δὲ τοιῇδε χρέωνται, κιθῶνι ποδηνεκέϊ λινέῳ . . .); Strabo 16, 1, 7 zeichnet besonders die babylonische Stadt Borsippa als λινουργεῖον μέγα aus, und was für seine Zeit galt, wird bei der Stabilität des Orients in lokalen Gewerben auch für eine viel frühere richtig sein. — Weiter nach Norden blühte die Flachskultur in Kolchis d. h. in den sumpfigen Gegenden am südwestlichen Fuss des Kaukasus, in solcher Fülle und Vollkommenheit, dass

Herodot 2, 105 darin einen weiteren Grund sieht, die Kolcher und Aegypter für eines Stammes zu halten. Kolchisches Linnen hiess nach Herodot bei den Griechen sardonisches, *Σαρδονικόν*[50]); und war auch später noch ein Ausfuhrartikel von Ruf, Strab. 11, 2, 17: (Kolchis) *λίνον τε ποιεῖ πολὺ καὶ κάνναβιν καὶ κηρὸν καὶ πίτταν. ἡ δὲ λινουργία καὶ τεθρύληται· καὶ γὰρ εἰς τοὺς ἔξω τόπους ἐξεκόμιζον.* Zu allen Arten Netze, lehrt Xenophon de ven. 2, 4 dient phasianischer (d. h. kolchischer) oder karthagischer feiner Flachs (ähnl. Poll. 5, 26). Der ganze Orient wusste die Leinwand zugleich bunt zu färben, glänzend zu durchwirken, arabeskenartig oder in Form von Bildern mit Goldfäden u. s. w. zu sticken, und linnene Gewänder auf die angegebene Art verziert und wegen der höchsten Feinheit halb durchsichtig bildeten an den Höfen und im Harem der Könige und Satrapen die dem Mächtigen und Göttergleichen und seiner Umgebung zukommende Tracht. Wie in Aegypten hüllten sich auch in den vorderasiatischen Kulten, die Jehovareligion nicht ausgenommen, die Priester in zartes, weisses Linnen, Symbol des Lichtes und der Reinheit: Joseph. Ant. 3, 7, 2: *λίνεον ἔνδυμα διπλῆς φορεῖ σινδόνος βυσσίνης (ὁ ἱερεύς). Χεθομένη μὲν καλεῖται, λίνεον δὲ τοῦτο σημαίνει· χεθὸν γὰρ τὸ λίνον ἡμεῖς καλοῦμεν.* Nach Philo warf der Hohepriester, wenn er das Allerheiligste betrat, das bunte Gewand ab und legte das linnene von weissem Byssus gewebte an, de somn. 1, 37: *ὅταν εἰς τὰ ἐσωτάτω τῶν ἁγίων ὁ αὐτὸς οὗτος ἀρχιερεὺς εἰσίῃ, τὴν μὲν ποικίλην ἐσθῆτα ἀπαμφίσκεται, λινῆν δὲ ἑτέραν, βύσσου τῆς καθαρωτάτης πεποιημένην, ἀναλαμβάνει.* Diese ägyptisch-asiatische Kultussitte ging dann später auch in Europa auf die Pythagoreer, die Orphiker, die Isispriester, auf Betende und Büssende überhaupt über, wie Tibulls Delia sich bei solcher Gelegenheit in Leinwand hüllte, 1, 3, 29:

Ut mea votivas persolvens Delia voces
Ante sacras lino tecta fores sedeat,

ja erhielt sich als weisses Chorhemd, *alba sacerdotalis*, französ. *aube*, in der christlichen Kirche bis auf den heutigen Tag. — Auch buntgewirkte Segel und Flaggen aus Linnen mit Gold- und Purpurbesatz und eben solche Zeltdecken werden an den Schiffen und Barken der orientalischen Despoten gerühmt, von denen die griechischen Könige, wie so vieles Andere, auch diesen halbbarbarischen Luxus annahmen. Schon Theseus hatte, aus Kreta heimschiffend, zum Zeichen seiner Rettung ein purpurnes Segel aufgezogen (eine Wendung der Sage, welcher Simonides gefolgt war, Plut. Thes. 17), und so wagte es auch Alkibiades, als er nach der Verbannung triumphirend in seine Vaterstadt zurückkehrte, auf einer Trireme mit purpurnem Segel, ἱστίῳ ἁλουργῷ, in den Hafen einzufahren (Plut. Alc. 32 und Athen. 12. p. 535, beide nach Duris von Samos). Auch Kleopatras Schiff führte bei Actium ein solches Segel, mit dessen Hülfe sie gegen Ende der Schlacht eilig das Weite suchte. Eine weitere, in Asien gewiss seit alten Zeiten gebräuchliche Anwendung des Flachses war die zu linnenen Panzern, durch welche der scharfe Pfeil des Feindes und auf der Jagd der Zahn und die Kralle des Raubthieres, des Löwen und Pardels, abgestumpft wurde. Die Bemannung der phönizischen und philistäischen Schiffe im Kriegszuge des Xerxes trug linnene Panzer (Herod. 7, 89: ἐνδεδυκότες δὲ θώρηκας λινέους); ebenso die Assyrer (Herod. 7, 63); Abradatas, König der Susier, legt bei Xenophon, Cyrop. 6, 4, 2, den landesüblichen linnenen Harnisch an (θώρακα ὃς ἐπιχώριος ἦν αὐτοῖς); bei den Chalybern in Armenien fanden die Zehntausend dieselbe Art Kriegsbekleidung (Xen. Anab. 4, 7, 15); die Mossynöken, ein pontisches Volk, trugen Kittel bis über die Knie, von der Dicke wie die Leinwandsäcke, in welche man im damaligen Griechenland die Bettpolster beim Wegräumen oder auf Reisen zu stopfen pflegte (Xen. Anab. 5, 4, 13), und auch in den karthagischen Heeren, die aus sehr verschiedenen Söldnern bestanden, war der Leinwandpanzer ein gebräuchliches Waffenstück (Pausan. 6, 19, 7).

Dass nun ein durch ganz Asien von Alters her so allgemein verbreitetes Produkt den Griechen der epischen Zeit nicht unbekannt sein konnte, ergiebt sich von selbst. Es fragt sich nur, ob die bei Homer erwähnten linnenen Gewänder auf dem Wege des Handels eingeführt oder der Rohstoff daheim gewonnen und von den Frauen mit der Spindel und am Webstuhl zu Zeugen verarbeitet worden? Die ὀθόνη wenigstens, ein feines linnenes Frauenkleid von weisser Farbe[51]), war, wie der Name lehrt (Movers, 2, 3, S. 319), und der Zusammenhang der Stellen, in denen sie erscheint, wahrscheinlich macht, ein Erzeugniss asiatischer, nicht griechischer Kunstfertigkeit. Helena, die auch sonst mit semitisch-phrygischem Luxus umgebene Königin, die eben ein Gewand gewebt hat, doppelt und purpurn, in welchem die Kämpfe der Troer und der Achäer zu schauen waren, eilt aus dem Gemache, in weisse ὀθόναι gehüllt (Il. 3, 141). Auf dem Schilde des Achilleus sah man tanzende Jünglinge in χιτῶνες gekleidet, die Jungfrauen aber in zarte ὀθόναι gehüllt (Il. 18, 595). Bei den Phäaken, in dem Wunderschlosse, sitzen die Mägde webend und die Spindel drehend, gleich den Blättern der Pappel, gekleidet in dichtgewebte ὀθόναι, die von Oel triefen (Od. 7, 107), wo das Adjectiv καιροσέων, die von Aristarch (statt κροσσωτῶν, mit Troddeln versehen) eingeführte Lesart, zur Aufhellung der Natur des Stoffes nichts beiträgt, da es selbst dunkel ist. Auch die feinen Betttücher, für welche Homer den europäischen im Orient sich nirgends findenden Namen λίνον (mit kurzem Wurzelvokal) braucht, könnten immer noch fremder Herkunft sein. Zum wohlbereiteten Lager gehört ausser Vliessen und Wollstoffen auch der zarte Flaum des Linnens (Il. 9, 660), so bei dem Lager, das die Phäaken dem Odysseus auf dem Schiffe bereiten (Od. 13, 73) und mit dem sie ihn schlafend ans Land tragen (118). Aus welchem Stoffe die Segel der homerischen Schiffe bestanden, ergiebt sich aus der stehenden Formel der Odyssee: ἱστία λευκά: sie waren weiss und folglich von Leinwand, und wenn Kalypso dem Odysseus φάρεα, Tücher, bringt, damit er für sein frisch gezimmertes Fahrzeug Segel daraus mache (Od. 5, 258), so lehren die Beiwörter, mit denen kurz vorher das Gewand oder der Umwurf, φᾶρος, der Kalypso geschildert worden, dass auch dieses als linnenes Gewand zu denken ist (Od. 5, 230; danach wiederholt 10, 543). Zum Tauwerk dagegen konnte auch in der homerischen Schifffahrt der Flachs nicht dienen; woraus es hergestellt war, darüber geben glücklicher Weise Anzeigen des Textes selbst hinreichende Auskunft. Od. 12, 422 wird der Mast von den Wogen niedergebrochen; an dessen Spitze war das Tau, ἐπίτονος, umgeschlungen, welches aus Rindshaut verfertigt war (βοὸς ῥινοῖο τετευχώς) und das daher auch geradezu βοεύς genannt wird (Od. 2, 426 und in der Parallelstelle 15, 291, wo zugleich das Adjectiv ἐϋστρέπτοισι lehrt, dass ein solches Tau aus zusammengedrehten schmaleren Lederstreifen bestand). Neben den Riemen aus Ochsenhaut aber findet sich im zweiten Theil der Odyssee auch schon βύβλινος als Prädikat eines Schiffsseiles: unter der Vorhalle des Palastes liegt ein von einem Schiffe stammender Strang aus Byblus und Philoitios bindet damit die Ausgangsthür zu (21, 390). Wie nun solche Seile aus ägyptischem Bast den Griechen ohne Zweifel durch semitische Schiffer zugebracht waren, so konnten auch die Tücher der Kalypso und überhaupt das Segeltuch aus fremden Regionen auf dem Wege des Handels bezogen worden sein. Der obige Name λίνον dient aber wieder bei Homer auch für die Angelschnur, das Fischernetz und den Faden an der Spindel. Patroklus hat den Thestor mit dem Schwert in die Zähne getroffen und zieht ihn vom Wagen, wie der Angler den heiligen Fisch an der Leinschnur aus dem Wasser zieht (Il. 16, 406). Sarpedon ruft dem Hektor scheltend zu, er möge sich hüten, mit den Seinigen eine Beute des Feindes zu werden, gleichsam gefasst von den Maschen des allfangenden Leinnetzes (Il. 5, 487). An der Spindel zum Faden gezogen erscheint das *λίνον* in dem religiösen Bilde von dem zugesponnenen Lebensschicksal. Achilles wird dasjenige erdulden, was ihm die Schicksalsgöttin bei der Geburt mit dem Leinenfaden zugesponnen (Il. 20, 128; danach auch 24, 209; ähnlich auch Od. 7, 198). Bedenkt man, dass noch jetzt der rohe Flachs in ganzen Schiffsladungen in die Länder des Südens geht, um dort von Frauen und Mädchen im Freien, vor den Häusern, auf der Weide der Schafe und Ziegen an der Kunkel versponnen zu werden, so könnten auch die homerischen Weiber und nach ihrem Vorbild die Mören ägyptischen, palästinensischen oder kolchischen Flachs zu Fäden gedreht und zu Netzen gestrickt haben. Eine andere Frage wäre die, ob nicht *λίνον* in Europa ein sehr altes Wort ist, das über die Zeit des Flachses hinausgeht und nur den Faden und das daraus Gestrickte überhaupt bedeutet? Fischfang mit Angel und Netz ist eine sehr primitive Beschäftigung und Naturvölker wissen aus allerlei wildwachsenden Pflanzen, besonders denen aus dem Nesselgeschlecht, und aus dem Bast gewisser Bäume Fäden zu drehen und gewandartige Matten zu flechten. Warum sollten auch die Parzen bei Homer gerade den Lein und nicht lieber die Wolle des Schicksals abspinnen, wie sie doch später thun? (S. darüber unten.) Asiatische Waare mögen auch die Leinwand-Panzer gewesen sein, die an zwei Stellen des Schiffskatalogs erwähnt werden, Il. 2, 529 und 830. An der einen (die freilich ganz wie ein junges Einschiebsel aussieht) wird Ajax, Führer der Lokrer, *λινοθώρηξ* genannt, an der andern gleicher Weise Amphius, Sohn des Merops, einer der troischen Bundesgenossen. Dass der Letztere, ein halbbarbarischer Asiate, in der Tracht erscheint, wie die Chalyber des Xenophon, hat nichts Auffallendes; bei dem Führer der Lokrer hängt das Prädikat offenbar mit der Kampfweise dieses den Lelegern blutsverwandten Stammes zusammen: die Lokrer standen nicht Mann gegen Mann in der Schlacht, schwangen nicht den Speer und trugen nicht eherne Helme und Schilder, sondern führten Bogen und Schleuder, schossen aus der Ferne und deckten sich also zweckmässig durch leichtere gewebte oder gesteppte Kittel (Il. 13, 373ff.). Der linnene Harnisch wird von da an durch das ganze griechische Alterthum hin und wieder erwähnt. In dem um die Mitte des siebenten Jahrhunderts an die Aegier (nach Anderen an die Megarer) ergangenen sehr berühmt und sprichwörtlich gewordenen Orakel heissen die Argiver leinwandbepanzert, Anth. Pal. 14, 73:

Ἀργεῖοι λινοθώρηκες, κέντρα πτολέμοιο.

In einem Fragment des Alcäus (blühte um 600 vor Chr.) wird unter andern Kriegswaffen auch der θώραξ aus λίνον aufgeführt (Fr. 15 Bergk.); in Olympia lagen drei linnene Harnische, Weihgeschenke des Gelon und der Syrakuser nach ihren Siegen zu Lande und zu Wasser über die Karthager (Paus. 6, 19, 4), und auch sonst sah Pausanias Panzer dieser Art an heiligen Stätten aufgehängt, z. B. im Heiligthum des gryneischen Apollo (1, 21); Iphikrates gab den athenischen Kriegern, um sie beweglicher zu machen, linnene statt der frühern ehernen und Kettenpanzer (Corn. Nep. Iphicr. 1, 4: *pro sertis atque aeneis linteas dedit*). In der Gruppe der Aegineten trägt Teucer, des Ajax Bruder, über einem ärmellosen reich gefalteten Unterhemd den linnenen Harnisch mit doppelten πτέρυγες, dessen Enden nach vorn über beide Schultern fallen; auch Hercules hat über einem Untergewand mit gefältetem Saum den Linnenpanzer, aber nur e i n Ende hängt über die linke Schulter. Dass der Lokrer diese Art Rüstung erhielt, geschah nach homerischem Vorgang und nach der Sitte dieses gewissermassen vorhellenischen Stammes; bei Hercules, dem mit Keule und Bogen bewaffneten Helden, erscheint natürlicher Weise neben dem Fell des erlegten Thieres auch die älteste leichte Kriegstracht, noch nicht der Stahlpanzer und die dorisch-ritterliche πανοπλία. — Im Uebrigen herrscht das wollene Kleid bei den Griechen vor; die Leinwand gilt für üppig und weibisch, sowohl wenn sie weiss und glänzend wie Schnee, als wenn sie mit Farben, Bildern und Franzen geschmückt war. Die Ionier in Asien hatten das lange fliessende Kleid aus Leinwand von ihren karischen Unterthanen und reichen Nachbaren angenommen: schon bei Homer heissen sie Ἰάονες ἑλκεχίτωνες, wie die Troerinnen ἑλκεσίπεπλοι; von den Ioniern war dieselbe Tracht zu den blutsverwandten, frühe der orientalischen Civilisation geöffneten Athenern übergegangen. Herodot erzählt 5, 87 die angebliche Veranlassung zu dem Letzteren: da nach einem unglücklichen Kriegszuge gegen die Aegineten der einzige entronnene athenische Krieger von den wegen der Unglücksbotschaft und des Verlustes ihrer Männer wüthenden Weibern mit dem Dorn der Schnallen, die ihre Gewänder festhielten, erstochen worden, wurde zur Strafe dafür die weibliche Tracht durch Volksbeschluss geändert: die Frauen mussten das dorische, wollene, bloss umgeworfene Kleid ablegen und den ionischen oder, wie Herodot hinzusetzt, eigentlich altkarischen, ganz genähten und folglich keiner Spange bedürfenden linnenen *κιθών* annehmen. Später kam indess in Athen die ionische Leinwandtracht wieder ab: Thucydides berichtet in einer nicht ganz klaren und viel bestrittenen Stelle (1, 6), gegen die Zeit des peloponnesischen Krieges sei auch bei den Athenern das altgriechische wollene Gewand wieder Gebrauch geworden; nur unter der Klasse der reichern Bürger hätten die ältern am Hergebrachten hängenden Leute den gewohnten Prunk nicht aufgeben wollen. Seitdem trugen nur die Weiber noch Stoffe aus Flachs, deren feinere Sorten aus fremden Ländern eingeführt wurden. Bei Aeschylus Sept. 1038 trägt Antigone ein *βύσσινον πέπλωμα* und in Euripides' Bacchen 820 sind *βύσσινοι πέπλοι* soviel als Frauenkleider. Ueber einen Anbau der Pflanze selbst auf griechischem Boden liegt aus älterer Zeit kein bestimmtes Zeugniss vor. In den hesiodischen Gedichten ist nirgends vom Flachs die Rede; auch später sagt Theophrast nur einmal im Vorbeigehen, der Flachs verlange einen guten Boden (de caus. pl. 4, 5, 4); ganz spät berichtet Pausanias (6, 26, 4) von den Bewohnern der Landschaft Elis, sie säeten je nach der Beschaffenheit des Bodens Hanf, Lein und Byssos. Elis trägt nach Leake, Morea, 1, S. 12, noch heut zu Tage einigen Flachs, der aber nur ein grobes Produkt giebt. Jedenfalls nahm der Flachs zu keiner Zeit in der griechischen Bodenwirthschaft die hervorragende Stelle ein, wie in manchen Gegenden des asiatischen Continents.

Es konnte nicht fehlen, dass linnene Tücher, Kleider und Stoffe frühzeitig auch nach Italien hinübergebracht wurden. Freilich, wenn Diogenes von Laerte Recht hätte, so wäre zu Pythagoras' Zeit, also in der zweiten Hälfte des sechsten Jahrhunderts, die Leinwand in den grossgriechischen Städten noch unbekannt gewesen (8, 1, 19: *τὰ γὰρ λινᾶ οὔπω εἰς ἐκείνους ἀφῖκτο τοὺς τόπους*), daher der Meister, anders als seine spätern Nachfolger, gezwungen war, sich in reine weisse Wolle zu kleiden, — allein die Nachricht hat wenig Gewähr und besagt wohl nur, dass das ionische linnene Kleid bei den Krotoniaten, wie natürlich, nicht im Gebrauch war und Pythagoras in Kroton sich trug, wie alle Uebrigen. Das lateinische Wort *linum* stimmt in der Quantität nicht mit dem homerischen *λίνον* überein, wohl aber mit dem Gebrauch attischer Komiker und wanderte also, wenn es Lehnwort war, aus einer Gegend ein, deren Volkssprache jener attischen nahe stand. Aus früher Zeit hören wir von altrömischen Büchern auf Leinwand, *libri lintei*, auf deren Auctorität sich noch einzelne Annalisten berufen: dem Namen nach vermuthen wir, dass sie auf Bast geschrieben waren; an wirkliche Leinwand ist wohl deshalb schon nicht zu denken, weil die Alten nicht, wie wir, lange zusammengerollte, später zu verschneidende Stücke dieses Stoffes webten, sondern immer schon fertige, zu unmittelbarem Gebrauch bestimmte Kleider, Tücher u. s. w. Dass die vejentischen Etrusker nach der Mitte des fünften Jahrhunderts vor Chr. sich linnener Harnische bedienten, oder dass wenigstens ihr König, wenn er zu Pferde in die Schlacht zog, einen Thorax von Leinwand trug, geht aus Livius 4, 20 hervor: damals nämlich tödtete A. Cornelius Cossus den Vejenterkönig Tolumnius in der Schlacht und weihte dessen *thorax linteus* im Tempel des Jupiter Feretrius auf dem Kapitol, Kaiser Augustus aber, als er den genannten Tempel, der verfallen war, wieder herstellte, las noch die Weihinschrift auf dem thorax selbst, an dessen Echtheit also nicht zu zweifeln war. Dem Volk der Falisker, das den Vejentern blutsverwandt und benachbart war und an der erwähnten Schlacht Theil genommen hatte, schreibt der Dichter Silius Italicus linnene Tracht zu, als bei ihnen hergebracht, 4, 223:

Inductosque simul gentilia lina Faliscos.

Eine andere etruskische Stadt, Tarquinii, die gleichfalls nicht sehr fern lag, lieferte gegen Ende des zweiten punischen Krieges, als die Bundesgenossen *pro suis quisque facultatibus*, d. h. Jeder nach den Naturerzeugnissen oder der Industrie seines Landes zur römischen Flotte beisteuerten, Leinwand zu Segeln (Liv. 28, 45). Ja die ganze Gegend, wo der Tiberfluss durch buschige Wildniss dem Meere zuströmte, wird von Gratius Faliscus als Flachs tragend geschildert, 36:

et aprico Tuscorum stupea campo
Messis contiguum sorbens de flumine rorem,
Qua cultor Latii per opaca silentia Tibris
Labitur inque sinus magno venit ore marinos.
At contra nostris imbellia lina Faliscis.

Und nicht bloss feucht, setzen wir hinzu, war der Landstrich am untern Tiber und darum für die *stupea messis*, d. h. die Flachsernte geeignet, sondern auch Schauplatz eines sehr alten Handelsverkehrs. Dass die Samniter gegen Ende des vierten Jahrhunderts von der Leinwand schon ausgedehnten Gebrauch machten, wie sie auch an Gold und Silber nicht arm sein konnten, erhellt aus dem Bericht des Livius 9, 40: danach stellten sie ein doppeltes Heer auf, das eine mit vergoldeten, das andere mit silbergeschmückten Schildern, beide mit Büschen auf den Helmen; die goldene Schaar trug bunte, die silberne weisse leinene Tuniken; auch die bunten bestanden wohl aus gefärbter Leinwand, die vielleicht im fernen Osten gewebt war, wie ja auch der Besitz kostbarer Metalle auf Tauschverkehr mit dem Auslande hinweist. Noch bedeutungsvoller ist ein anderer Vorgang, von dem Livius 10, 38 erzählt und der die Aufmerksamkeit der Mythologen noch wenig erregt hat. Im Jahre 293 versammelten die Samniter bei Aquilonia mit Aufgebot aller Kräfte ein Heer von vierzigtausend Mann. Mitten im Lager war ein Raum von zweihundert Fuss nach allen Seiten mit Flechtwerk und Brettern umgeben und mit Leinwand bedeckt. Dort wurde nach verschollenem Brauch der Väter und dem Text eines alten liber linteus ein Opfer gebracht und dann die Edelsten des Volkes einer nach dem andern hereingeführt. Der Anblick des nach ungewohnter Form vollzogenen Opfers, der Altar mitten in dem ganz bedeckten Raum, die frisch geschlachteten Opferthiere ringsum, die mit gezückten Schwertern dastehenden Centurionen: Alles ergriff das Gemüth des Eintretenden, der sich mehr wie ein Schlachtopfer, als wie ein Opferer vorkam. Erst musste er schwören, nichts von dem zu verrathen, was er hier sehen oder hören würde, dann leistete er nach einer grausigen Formel, mit Anrufung des Verderbens auf sich, sein Haus und sein Geschlecht, einen Eid, durch den er sich verpflichtete, den Führern in die Schlacht zu folgen, nimmer aus der Schlacht zu fliehen und Jeden, den er fliehen sähe, augenblicklich zu tödten. Als Anfangs Einige sich weigerten, diesen Schwur zu leisten, wurden sie am Altar selbst niedergemacht, welcher Anblick darauf die Folgenden willig machte. Nachdem so der Adel durch den Eidschwur sich gebunden, befahl der Feldherr zehn von ihm Ernannten, sich Jeder einen Genossen zu erwählen, und dieser wieder dasselbe, bis so durch fortgehende Wahl ein Heerhaufe von sechszehn tausend Mann beisammen war. Diese Legion hiess die *legio linteata*, von der Umhüllung des Raumes, in welchem der Adel sich dem Siege oder Tode geweiht hatte. Sie erhielt hervorleuchtende Waffen und Helmbüsche, wurde aber trotz Allem von den Römern an einem blutigen Schlachttage völlig aufgerieben. Warum aber war der Raum, wo die Verschwörungshandlung vor sich ging, grade mit Leinwand überspannt und die Legion grade nach diesem Umstand linteata geheissen? Vielleicht wirkten hier pythagoreische religiöse Vorstellungen ein, von denen die Samniter, wie sich auch sonst beobachten lässt, nicht unberührt geblieben waren. — Als die Römer in die Erbschaft der Samniter und der Griechen eintraten, waren *vestes linteae*, wie im Orient und in Griechenland, eine kostbare üppige Tracht: Cicero in Verr. 5, 56 führt unter den Luxuswaaren des Orients, wie Purpur von Tyrus, Weihrauch, wohlriechende Essenzen, feine Weine, Gemmen und Perlen, auch leinene Kleider auf, etwa wie wir sagen: Diamanten und Spitzen. Dienende Knaben bei schwelgerischen Gastmählern trugen, um flüchtiger in der Bewegung zu sein, leichtes anschliessendes Linnen; die Reize schöner Libertinen wurden durch florartige, purpurfarbige, goldgestickte koische und amorgische Gewebe — zu denen auch der feinste Flachs diente, Poll. 7, 74 — mehr verrathen als verhüllt; reiche Magistrate und Cäsaren spannten, um das schauende Volk und Richter und Gerichtete vor der Sonne zu schützen, ein Leinwanddach über das Theater und das Forum. Bei dem Wechsel der Mode, über den schon frühe noch zur Zeit der Republik geklagt wird, erschienen neue Kleiderformen, Tücher, Binden u. s. w. aus linnenem Stoff: so der *supparus* (ursprünglich Name eines Segels und zwar eines kleinen oder Hülfssegels, dann ein Frauengewand, schon bei den Komikern, Novius (bei Ribbeck, Com. lat. reliq. p. 224):

Supparum purum Veliensem linteum,

Afranius (p. 154):

tace!
Puella non sum, supparo si induta sum;

nach Varro l. l. 5, 30 Spengel. ein oscisches Wort, das aber wohl aus dem Orient stammte; Paul. p. 311 Müller setzt es geradezu dem spätern *camisia*, Hemde, gleich), das *sudarium* (eine Art Handtuch oder Taschentuch, das von Leinwand gewesen sein muss, da Catullus es an zwei Stellen 12, 14 und 25, 7 von Saetabis in Spanien, dem berühmten Flachsbezirke, kommen lässt und Vatinius bei Quintilian 6, 3, 60 ein *candidum sudarium* führt; später *orarium* genannt und als solches zur christlichen Messkleidung gehörig) u. s. w. Linnene Fäden dienten zur Angelschnur, zum Verbinden der Briefe, dickgewebte Leinwandtücher zum Abreiben in den Bädern, als Tischdecken, letztere unter dem Namen *mantelia, mantela*, dazu bestimmt, den aus kostbarem Holz bestehenden Tisch gegen die Eindrücke der aufgetragenen Schüsseln zu schützen, Mart. 14, 138. *Mantele:*

Nobilius villosa tegant tibi lintea citrum;
Orbibus in nostris circulus esse potest.

Die Pflanze selbst aber wurde in dem Italien südlich von Rom — und dieser Theil der Halbinsel war in den ersten Zeiten der römischen Weltherrschaft der civilisirte, der gebende und empfangende, der Weg in die alte Welt, auf ihn gleichsam das Gesicht der Hauptstadt gerichtet — kaum oder nur in geringem Masse angebaut. Cato erwähnt des Flachses in seiner Landwirthschaft ganz und gar nicht, Varro nur flüchtig. Auch Columella legt auf diese Kultur kein Gewicht; einmal 2, 7, 1, zählt er unter Bohnen, Linsen, Erbsen und anderen Arten *legumina* auch den Flachs mit auf, woraus sich ergiebt, dass in Krautgärten wohl auch ein Stück Land zur Erzeugung von Leinsaat bestimmt wurde. Ein ganz anderer, weiter, über die griechisch-römische Welt hinausführender Blick aber öffnet sich in dem Kapitel, welches Plinius am Anfang des 19. Buches dem Flachse und seiner Kultur in der Welt widmet. Wir erkennen hier, dass, wenn die am Nil und im Herzen Asiens frühe blühende Linnenkultur bei ihrer Wanderung nach Europa in den warmen Gebirgslandschaften der beiden klassischen Halbinseln keine rechte Stätte fand, sie in den feuchten, nebligen Ebenen der Barbaren, auf humusreichem Waldboden, in den Ländern frischen Anbruchs sich bald üppig entfaltete. Schon Herodot 5, 12 lässt ein Mädchen vom Stamme der Päoner in Thrakien mit dem Flachs an der Spindel auftreten; am entgegengesetzten Ende Europas wird Spanien in früher und in später Zeit als leinproducirend gerühmt: in der Schlacht bei Cannä trugen die Iberer purpurverbrämte linnene Kittel nach Landessitte (*κατὰ τὰ πάτρια*, Polyb. 3, 114, 4 und nach ihm Liv. 22, 46: *Hispani linteis praetextis purpura tunicis*); die feinen Siebe aus Flachsfäden sind eine ursprünglich spanische Erfindung (Plin. 18, 108); die Emporiten treiben Leinwandindustrie (Strab. 3, 4, 9); das feine Produkt von Tarraco (dort mit dem phönizischen Worte *carbasus* benannt, welches selbst wieder für den indischen Namen der Baumwolle gehalten wird) und Saetabis stand in hohem Rufe und wird oft erwähnt, z. B. Sil. Ital. 3, 374:

Saetabis et telas Arabum sprevisse superba
Et Pelusiaco filum componere lino —

und wenn uns dies von Orten an der Küste des mittelländischen Meeres, die von frühe an mannichfachem Kultureinfluss geöffnet war, weniger wundert, so hören wir doch auch von dem Flachs der fernen Stadt Zoelae im Lande der rohen Asturer am Strande des atlantischen Oceans (Plin. 19, 10) und von den linnenen Harnischen der wilden und räuberischen Lusitanier im hintern Land (Strab. 3, 4, 6). Daher es von Spanien ganz allgemein heisst, Just. 44, 1, 6: *jam lini spartique vis* (in Hispania) *ingens*; Mel. 2, 6, 2: (Hispania) *adeo fertilis, ut, sicubi ob penuriam aquarum effeta et sui dissimilis est, linum tamen aut spartum alat.* In Italien selbst aber bilden alle die von der inneren Adria her zugänglichen Gegenden, die wasserreichen, von Flüssen und Kanälen durchschnittenen Ebenen, der Landstrich, den einst Etrusker, dann keltische Völker besetzt hielten, und das von entgegengesetzten Seiten daran stossende ligurische und venetische Gebiet von Alters her eine Zone der Flachskultur. Plinius kennt in Oberitalien Flachssorten, die nach den spanischen für die besten auf europäischem Boden galten, den von Faenza in der Romagna (*in Aemilia via Faventina,* noch heut zu Tage geschätzt), den von Retovium (bei dem heutigen Voghera) und den in der *regio Aliana* zwischen Po und Tessin (beide letztere auf altligurischem Boden). Eine in der Umgegend Ferrara's, also gleichfalls in der Romagna, gefundene, freilich verdächtige Inschrift (Orelli 1614) ist dem *Silvanus cannabifer et linifer* geweiht. Dass die Etrusker frühe Flachsbau trieben, ist schon oben erwähnt und bildet ein Symptom mehr für den Zusammenhang, der dies Volk mit dem Norden verknüpft, und für die Kulturscheide, die der Tiberfluss abgab. Jenseits der Alpen beschreibt Plinius ganz Gallien als Leinwand webend, besonders die Cadurci (Strab. 4, 3, 2: *παρὰ δὲ τοῖς Καδούρκοις λινουργίαι*), die Caleti, Ruteni, Bituriges, und die für die äussersten der Menschen geltenden Morini, d. h. die keltischen Bewohner der Niederlande, — so dass also belgischer Flachs und flämische Leinwand ihren Adel bis wenigstens zum ersten Jahrhundert nach Chr. hinaufdatiren können. Ein Denkmal davon bewahrt die italienische Sprache in dem Wort *renso*, feiner Flachs, von der Stadt Rheims, wo er bezogen wurde. Selbst bis zu den Germanen jenseits des Rheins, fährt Plinius fort, ist diese Kunstfertigkeit gedrungen; das germanische Weib kennt kein schöneres Kleid als das linnene; sie sitzen in unterirdischen Räumen und spinnen und weben dort (*id opus agunt*). Ungefähr dasselbe sagt Tacitus, Germ. 17: die Frauen kleiden sich wie die Männer, nur dass die ersteren häufiger sich in linnene Tücher hüllen, die sie mit Roth verzieren *(purpura variant).* — Finden wir so den Flachs bei allen Völkern Mittel-Europas unter den frühe ergriffenen, weil dem Boden und Himmel zusagenden Kulturzweigen, bei den Keltiberern am biscayischen Meerbusen, den Ligurern am obern Po, den Thraken, Kelten, Germanen, so lehrt zugleich das Wort Lein, dass ihnen Allen das Gewächs von den klassischen Völkern zugekommen war: dieser Name geht nämlich durch den ganzen Welttheil, von den Basken am Fuss der Pyrenäen durch alle keltischen und germanischen Völker bis zu den Litauern und Slaven, den Albanesen, Magyaren und Finnen, und findet sich in den Sprachen verschiedenster Herkunft wieder[52]). Bei den Barbaren aber wurde Leinwand nicht bloss allgemeines Lebensbedürfniss und fand mannichfache Anwendung, sondern gewann von dort auch Eingang in die Sitten der im Abscheiden begriffenen antiken Welt. Leinwand als Volkstracht ist nordischen Ursprungs. Wie der Gebrauch gestopfter, mit Leinwand überzogener Polster und Kissen aus Gallien, namentlich von den schon oben genannten Cadurci, nach Italien kam (*culcitae, tomenta*, bei Martialis *Leuconica* oder *Lingonica* genannt) — denn das frühere Alterthum bediente sich der *stramenta*, d. h. blosser Lagen von Decken und weichen Stoffen (Plin. 19, 13) — so ging auch das linnene Unterkleid, das eigentliche Hemde, das die Griechen und Römer in der Weise, wie die heutigen Europäer, nicht kannten, von den Barbaren aus, mit ihm der neue, zuerst bei dem heiligen Hieronymus vorkommende, gallische Name *camisia* (Zeuss[2] p. 787). Früher hatten höchstens die Weiber vornehmen Standes Leinwand unmittelbar am Körper getragen; Plinius bemerkt, in der Familie der Serraner sei auch zu seiner Zeit das Hemd als weibliches Kleidungsstück nicht üblich: ohne Zweifel in conservativer Anhänglichkeit an die ältere Sitte. Nicht mehr südlich-klassisch, schon nordisch-barbarisch war es, wenn der Kaiser Alexander Severus, wie ein Biograph Aelius Lampridius 40 berichtet, frische, weisse Leinwand liebte, weil sie nichts Rauhes habe (wie die Wolle), und die purpurgestreifte oder gar mit Goldfäden gestickte, also das orientalische Luxusgewand, verschmähte. Einige Decennien später schenkte Kaiser Aurelian schon dem populus Romanus weisse, mit Aermeln versehene Tuniken, die in verschiedenen Provinzen angefertigt waren, darunter auch ungefärbte linnene aus Afrika und Aegypten, Vopisc. Aur. 48. Aus dem Edictum Diocletiani vom Jahre 301, Cap. 17 und 18, ersehen wir, dass die altberühmten syrischen Leinwandfabriken schon grobe Zeuge für den gemeinen Mann und für Sclaven (*ἰς χρῆσιν τῶν ἰδιωτῶν ἤτοι φαμιλιαρικῶν*) lieferten, darunter *caracallae*, Leinwandmäntel gallischen Schnittes, mit Kaputze in Weise der noch heute geltenden Mönchstracht, *φασκίνια* oder *φασκεῖαι*, Binden, die Füsse zu umwickeln, an Stelle der heutigen Strümpfe, *σινδόνες κοιταρίαι*, Bettlaken, *τῦλαι* und *προςκεφάλαια* oder Matratzenüberzüge und Kissenbühren u. s. w., lauter im Laufe der Kaiserzeiten von Gallien her, wie wir glauben, bei den untern Volksklassen herrschend gewordene Bedürfnisse. Noch ein Jahrhundert später endlich sagt der h. Augustinus Sermon. 37, 6, schon geradezu und ganz allgemein: *interiora sunt enim linea vestimenta, lanea exteriora*, also: über Leinwandhemden trägt man Röcke von wollenem Tuch (der Kirchenvater findet desshalb, mit dem aberwitzigen Tiefsinn des Mittelalters, in der Wolle etwas Fleischliches, *carnale aliquid*, im Lein aber etwas Geistiges oder Geistliches, *spiritale*).

Weder Plinius noch Tacitus sagen uns, ob der rohe Flachs, der den germanischen Frauen zu ihren Leingeweben diente, wie die rothe Farbe, etwa aus Gallien eingeführt, oder der Anbau schon ins innere Land eingedrungen war, oder ob er sich auf die Rheingegenden, die an gallischer Kultur am frühesten Theil nahmen, beschränkte? Aus der Tracht der heiligen Phrophetinnen bei den Cimbern, welche Strabo 7, 2, 3 als grauhaarig, barfuss mit ehernen Gürteln und spangenbefestigten Mänteln aus feinem Flachs (*καρπασίνας ἐφαπτίδας ἐπιπεπορπημέναι*) schildert, lässt sich nicht etwa auf Flachsbau an der untern Elbe in so früher Zeit schliessen, da die Cimbern, wenn sie wirklich germanischen Stammes waren, vor ihrem Untergang durch die Römer weit in keltischen, ja in keltiberischen Landen umhergezogen und in jeder Beziehung nicht ohne keltische Beimischung geblieben waren. Paulus Diaconus 1, 20 berichtet aus der älteren, d. h. voritalischen Geschichte der Longobarden eine sagenhafte Begebenheit, die auf germanischen Flachsbau deuten könnte. Die Heruler, von den Longobarden besiegt, hielten auf der Flucht ein blühendes Leinfeld für einen See (Goethe, Italien. Reise, Palermo, 13. April 1787: »Man glaubt in den Gründen kleine Teiche zu sehen, so schön blaugrün liegen die Leinfelder unten«), stürzten sich hinein, als ob sie schwimmen wollten, und wurden so von den verfolgenden Siegern ereilt und niedergemacht. Allein die Scene dieser Sage ist die pannonische Theissgegend, wo die Flachskultur alt sein mochte, und ohnehin die vorausgesetzte Zeit eine späte, etwa das Jahr 500 nach Chr. Im Lauf der Völkerwanderung hatte sich indess das Leinkleid bei den aus ihren Sitzen aufgebrochenen Stämmen immer allgemeiner verbreitet und wird gegen Ende derselben ausdrücklich als gewöhnliche germanische Volkstracht genannt, Paul. Diac. 4, 23: *Vestimenta vero eis* (*Longobardis*) *erant laxa et maxime linea qualia Anglisaxones habere solent, ornata institis latioribus, vario colore contextis.* Als die Gothen unter Kaiser Valens über die Donau setzten, um in römisches Gebiet aufgenommen zu werden, da reizten ihre linnenen Gewebe mit troddelartigem Besatz die Habsucht der Griechen (Eunap. 6 ed. Bonn. p. 50). So tragen auch die Franken bei

Agathias 2, 5 theils lederne, theils linnene Hosen und die westgothischen Aeltesten bei Sidonius Apollinaris c. 7, 455 schmutziges Linnen und kurze Pelze. Nach dem monachus Sangallensis 1, 34 gehörte früher zu der Tracht der vornehmsten Franken ausser den rothen leinenen Hosen, *tibialia vel coxalia linea*, auch die *camisia clizana*, d. h. das Hemd aus Glanzleinwand; zu Karls des Grossen Zeit aber zogen die jungen Prinzen schon das gallische kurze gestreifte *sagum* vor, während der Kaiser selbst bei der väterlichen Tracht blieb, Einh. vit. 23: *vestitu patrio id est francisco utebatur. Ad corpus camisam lineam et feminalibus lineis induebatur.* Wenn die Germanen, die viele Jahrhunderte lang ruhige Anwohner des Meeres gewesen waren und Anfangs nur in leichten Kähnen (*lintres*, Tac. Ann. 11, 18) oder ausgehöhlten Baumstämmen (*singulis arboribus cavatis*, Plin. 16, 203) die benachbarten belgischen Küsten zu plündern gewagt hatten, plötzlich in weiten See- und Raubzügen als kühne Schiffer erscheinen, die Sachsen seit dem vierten, die Dänen seit dem sechsten, die Normannen seit Beginn des achten Jahrhunderts, so mag ausser der allmählichen Bekanntschaft mit dem Eisen und mit dem römischen Schiffsbau überhaupt (einen sprechenden Fall solcher Aneignung erzählt Eumenius in seinem Panegyricus an den Kaiser Constantius, cap. 12), vielleicht auch die steigende Verbreitung des Flachsbaues und die Gewinnung von Leinwand im Grossen zu Segeln ein Grund davon gewesen sein. Die Veneter wenigstens in der Betragne, die häufig zu den blutsverwandten Stämmen in Britannien hinüberschifften, hatten zu Cäsars Zeit, wie dieser ausführlich beschreibt (de bell. gall. 3, 13), Segel aus Thierfellen und Leder und eiserne Ankerketten, entweder, fügt Cäsar hinzu, weil sie den Gebrauch des Flachses nicht kannten, oder, was wahrscheinlicher ist, weil die Gewalt der Stürme dort so gross ist. Woraus bestanden aber die venetischen Segeltaue, die von der römischen Schiffsmannschaft mit scharfen Sicheln an langen Stangen zerschnitten wurden, so dass die feindlichen Schiffe unbeweglich wurden und sich ergeben mussten? Wohl auch aus ledernen Riemen, da Cäsar das Material nicht besonders bezeichnet; bedienten sich doch auch nicht bloss die homerischen Griechen, sondern auch die illyrischen Liburnen derselben bei ihren Schiffen (Varro bei Gellius 17, 3), wie auch bei den Normannen die Ankertaue aus dem Fell der Walthiere und Seehunde geschnitten (s. Ohtheres ersten Reisebericht bei König Älfred) und in Island noch bis in die neuere Zeit die Fischernetze aus Lederstreifen geflochten waren; wo es hänfene Taue gab, wären wohl auch die Segel aus Hanf gewebt worden. Zu Plinius Zeit webte ganz Gallien Segeltuch, das auch schon jenseit des Rheins Eingang gefunden hatte (dort also früher unbekannt war), 19, 8: *Galliae universae vela texunt, jam quidem et transrhenani hostes.* Die Suionen, also die Vorfahren der Normannen, kannten zu Tacitus Zeit, wie dieser Germ. 44 ausdrücklich sagt, den Gebrauch der Segel noch nicht, eben so wenig die Einrichtung geschlossener Ruderbänke; Vorder- und Hintertheil war bei ihren Schiffen nicht geschieden, so dass sie, ohne zu wenden, überall landen konnten — eine Einrichtung, die Germanicus auf seinem grossen unglücklichen Nordseezuge im Jahre 16 nach Chr. bei einem Theil seiner Schiffe nachahmte. Solche altnordische Kähne mochten zur Fahrt zwischen den Inseln und in den Belten und Fiorden geeignet sein; im Hochsommer setzten sie vielleicht von der Insel Gothland in den finnischen und rigaischen Meerbusen hinüber; aber erst mit der aus Süden gekommenen Technik des Segeltuchs und des Eisens kam der Muth zu den weiten Wikingerzügen. Das deutsche Wort Segel, ags. *segel*, altn. *segl*, im Germanischen dunkel und fremdartig, stammt wohl aus dem Keltischen (altirisch *seól*, *sóol*, mit unterdrücktem gutturalen Inlaut) oder direkt aus dem lateinischen *sagulum*. Litauer und Polen entlehnten wieder das deutsche Segel, litauisch *żėglÿs*, polnisch *żagiel*, die Böhmen halfen sich mit der Wendung: Stück Leinwand oder Windfang, die Südslaven brauchten Schoss für Segel, die Russen nahmen das griechische *φᾶρος* in der Form *parus* an — lauter späte Sprachprodukte. — Bei den Germanen wurden übrigens seit jenen Zeiten Gewebe aus Flachs für immer eine Lieblingskleidung. Der Südländer, mehr im Freien lebend, bedurfte zum Schutz gegen die wechselnde Temperatur der Umhüllung mit Wolle; der Germane, besonders der Nordgermane, im winterlichen Klima zur Gefangenschaft im Hause gezwungen, dabei mit angeborenem Sinn für Reinlichkeit begabt, zog das leichte glatte Linnen vor, das Abends und Nachts in der geheizten dumpfen Hütte sich kühl an den Leib legte, an dem jeder Fleck gleich sichtbar wurde, das häufig gewaschen werden konnte und immer weicher und schmiegsamer aus der Wäsche kam. Ganz dieselben Eigenschaften rühmt schon Plutarch de Isid. et Os. 4 an der Leinwand: sie gewährt, sagt er, ein glattes und immer reines Kleid, beschwert den Tragenden durch kein Gewicht, ist passend zu jeder Jahreszeit und beherbergt keine Läuse — in der That ist die letztgenannte Plage, an der die gepriesene Urzeit gewiss in einem Masse litt, von dem sich unsere

Idealisten nichts träumen lassen, ein Charakterzug aller pelztragenden Völker. In einer altnordischen Sage (die wir Weinhold, Altnordisches Leben, S. 160, entnehmen) wird ein Meermännlein von einem König gefangen: von Allem, was es im menschlichen Leben erfährt, gefällt ihm dreierlei am meisten: kalt Wasser für die Augen, Fleisch für die Zähne und Leinwand für den Leib. Dies ist aus dem Innersten germanischer Empfindung geschöpft. Die dämonische Frau Berchta und die gleichbedeutende Holla, die als spinnende Frau gedacht wird und der der Flachsbau angelegen ist (Grimm DM² S. 247), bezeugen gleichfalls als mythische Gegenbilder der fleissigen spinnenden Hausfrau den Werth, den das Volksgefühl auf dies Geschäft und auf dessen Produkt legt. Nicht bloss Silbergeräth, sondern auch Leinwand in Fülle ist in einer Zeit, in der es weder Werthpapiere noch Sparkassen gab, das Zeichen des Reichthums, der Stolz und die Vorliebe der Mutter und eine Mitgift für die Töchter. Mit treffendem Scherz behauptet Jean Paul irgendwo, wenn der Teufel eine deutsche Hausfrau verführen wollte, würde ihm das durch ein Geschenk von guter Leinwand noch am leichtesten gelingen. Alexis bei Goethe ruft aus:

> Doch nicht Schmuck und Juwelen allein verschafft Dein Geliebter,
> Was ein häusliches Weib freuet, das bringt er Dir auch —
> Köstlicher Leinwand Stücke. Du sitzest und nähest und kleidest
> Dich und mich und auch wohl noch ein Drittes darein,

und der Vater in Hermann und Dorothea meint:

> Nicht umsonst bereitet durch manche Jahre die Mutter
> Viele Leinwand der Tochter, von feinem und starkem Gewebe.

Dann neben andern trefflichen Eigenschaften hat die Leinwand auch die, aufbewahrt werden zu können und für künftige Zeiten unversehrt bereit zu liegen, während die Wolle mancherlei Feinde zu fürchten hat.

Auch den westlichen Slaven war ziemlich frühe im Mittelalter der Flachs und die Leinwand schon bekannt. Nach Helmold 1, 12 erhielt der Bischof von Aldenburg aus dem ganzen Lande der Wagrier und Obodriten von jedem Pflug vierzig Bündel Flachs als Zins — so dass also diese deutschen Grenznachbarn schon zur Zeit als das Bisthum Aldenburg noch bestand, Flachs auf ihren Feldern bauten. In der von Herzog Heinrich von Sachsen und Baiern für das Bisthum Ratzeburg ausgestellten Dotationsurkunde vom Jahre 1158 (Mecklenburger Urkundenbuch No. 65) wird bestimmt, es solle *de unco*, d. h. vom Haken Landes ein Topp (d. h. Zopf) Flachs, *toppus lini unus*, gegeben werden, dessen Anbau also schon gewöhnlich war. Derselbe Helmold berichtet von den Ranen auf der Insel Rügen, sie hätten (Anfang des 12. Jahrhunderts) noch kein gemünztes Geld, an dessen Stelle Leinwand als Tauschwerth diene, 1, 38, 7: *apud Ranos non habetur moneta nec est in comparandis rebus consuetudo numorum, sed quidquid in foro mercari volueris, panno lineo comparabis.* Ganz ebenso wird in altnordischen Gesetzbüchern nach Ellen Leinwand gerechnet, die bedeutend höher im Preise stand, als das einheimische grobe Tuch, das Wadmal. Weiter nach Osten erhielt sich die Leinwand noch lange als allgemeines Aequivalent, ja noch im 18. Jahrhundert wurde sie von kaukasischen Völkern als Durchgangszoll gefordert, Güldenstädts Reisen, herausgegeben von J. von Klaproth, Berlin 1815, S. 25: »Die Dugoren verlangten für jeden Mann meiner Begleitung fünf Hemden oder vierzig Ellen Leinewand und zwei Hemden für jedes Pferd als Zoll und noch für jeden Gehülfen, den ich zum Uebertragen nöthig haben würde, fünf Hemden: so stark war aber mein Vorrath von Leinwand nicht.« Mit dem geregelten Ackerbau drang die Flachskultur in das Innere des grossen osteuropäischen Flachlandes ein, wo der Pflanze der Ueberfluss an frischem Boden in der See- und Waldregion günstig entgegenkam. Ganze Bauerndörfer im Herzen Russlands legten sich auf Leinwandweberei und wussten ihren Handtüchern und Laken denselben rothen Rand zu geben, wie die Germanen des Tacitus. Segeltuch wurde seit Eröffnung des Landes ein bedeutender Ausfuhrartikel, bis die Baumwollfabrikation auftrat und den alteinheimischen Industriezweig tödtete. Besonders in den feuchten Ostseestrichen gedieh der Flachs, den wohl die deutschen Eroberer und Kolonisten dort einführten, wie in seinem eigentlichen Vaterlande, und rigaischer Lein und Werg und die von dort kommende Leinsaat ist Jahrhunderte lang eine in Westeuropa unter diesem Namen gesuchte Handelswaare gewesen.

Die Geschichte des Flachses bei den neueuropäischen Völkern bis zum industriellen neunzehnten Jahrhundert hinab zu verfolgen, überlassen wir dem historischen Theil der Technologie und Volkswirthschaft und wollen nur erwähnen, dass eine der wichtigsten Erfindungen, die des Papiers aus linnenen Lumpen, nur durch die allgemeine Verbreitung und Anwendung dieser Pflanze in Europa möglich war. Die Alten verfielen nicht darauf, da damals keine massenhaften Abfälle zu weiterer Verarbeitung aufforderten: hätten die Lumpen linnener Kleider, Betttücher, Tischdecken u. s. w. sich gehäuft, etwa wie die Scherben der Töpfe, die in Rom angeblich einen ganzen Berg gebildet haben, vielleicht wäre schon damals diese neue Art *libri lintei* aufgetreten, — da doch z. B. die Charpie aus altem Linnen den griechischen und römischen Wundärzten nicht unbekannt war. Mit dem Anbau der Baumwolle in Westasien hatte sich auch die Kenntniss des baumwollenen Papiers von China nach Samarkand, von da durch die Araber mit Beginn des achten christlichen Jahrhunderts nach Mekka, von Mekka nach Spanien verbreitet. In Spanien muss dann auch die Anwendung alter Leinwand statt baumwollener Lumpen zuerst versucht worden sein: interessant ist, dass schon seit dem 12. Jahrhundert die Ortschaft Xativa, das alte durch seinen Flachsbau bei den Römern berühmte Saetabis, unvergleichliches Papier lieferte, das in den Orient und Occident versandt wurde, s. Edrisis Geographie von Jaubert II. p. 37. Von Spanien gelangte dann diese Kunst allmählich weiter nach Frankreich, Burgund, Deutschland und Italien. (Ausführlich handelt darüber W. Wattenbach, das Schriftwesen im Mittelalter. Leipzig, 1871, S. 92ff.). Da aber das Linnenpapier wiederum die spätere Erfindung der Buchdruckerkunst erst fruchtbar machte, da auf der Wohlfeilheit und Zweckmässigkeit dieses Materials die allgemeine Anwendung der Schrift in Leben, Verkehr und Staat und damit die ganze neuere Kultur beruht, so steigt die Bedeutung der Leinpflanze in den Augen des Kulturhistorikers so hoch, dass er ihr in antiker Weise das Prädikat heilig oder göttlich geben möchte, das ihr die Alten, die sie nur halb kannten und nützten, beizulegen versäumt haben. Vergessen wir auch die Malerei auf Leinwand nicht, die erst im späteren Alterthum und auch da nur spärlich sich findet, sowie die Anwendung des Leinöls zur Malerei, die in den Niederlanden, der alten Heimath des Leinbaues, wenn auch nicht zu allererst erfunden, doch vervollkommnet und zu einem edlen neuen Kunstzweige erhoben worden ist. Der Orient mochte in alter Zeit feine Gewebe liefern und sie mit glänzenden Farben, wie sie in jenen Sonnenländern erzeugt werden und den Menschen gefallen, tränken und verzieren: unsere Batiste, brabanter Spitzen, flämischen Tafelzeuge, hervorgebracht unter Sturm und Nebel in den Umgebungen des Oceans, können sich mit jenen wohl messen. Auch wissen wir unsere weissen Kleider mit Laugenseife, einer gleichfalls altbelgischen Erfindung, wirklich zu waschen; Nausikaa und das frühere Alterthum verstand sie nur in fliessendem Wasser zu spülen, während die halb abergläubische, halb zweckmässige Technik der *fullones* in Rom nur mit Surrogaten operirte. Wie aber im Mittelalter das linnene Segel, »das sich für alle bemüht« (Goethe), die Ruderbänke entfernte und die daran geschmiedeten Sclaven befreite, so hat in neuester Zeit der Dampf das Segel mit seinen vielen Tauen, das immer noch so viel Hände forderte, immer mehr zur Seite gedrängt und die Zahl der dienenden Matrosen vermindert. Dann ist die Baumwolle gekommen, die die Alten nur aus der Ferne kannten, und hat tausend Fabriken in Bewegung gesetzt und Millionen Menschen bekleidet: ihr erster ernsthafter Zusammenstoss mit der Leinfaser führte zu der wichtigen Erfindung der mechanischen Flachsspindel. Wiederum trat eine Zeit der Baumwollennoth ein, wo der *king cotton* seiner Herrlichkeit entkleidet zu sein schien und Wolle und Flachs wieder den ersten Rang einnehmen wollten. Doch ging die Krisis wieder vorüber und, statt die Baumwolle fallen zu lassen, hat die europäische Arbeit angefangen, immer mehr aus dem Reichthum der Tropenländer und fremder Welttheile zu schöpfen und dort entdeckte neue Gespinnstpflanzen durch chemische und technische Wissenschaft nutzbar zu machen. Wir erinnern in dieser Beziehung nur an die Jute, das Chinagras und den neuseeländischen Flachs, Phormium tenax, und den bedeutenden Rang, den diese Stoffe schon in der heutigen Industrie einnehmen. In den klassischen Ländern, um zu unserem Ausgangspunkte zurückzukehren, hält sich die Flachskultur ungefähr auf der Stufe des Alterthums. In Griechenland ist sie fast null; die fluss- und kanalreichen Ebenen der Lombardei und Venetiens bringen geschätzte Sorten von Sommer- und Winterflachs hervor, der durch eigenthümliche, sorgfältige, vielleicht aus dem Alterthum stammende Behandlung ein sehr weisses und dauerhaftes Produkt giebt; auch Toskana, das alte Etruskerland, die Romagna und die Marken haben noch ziemlich viel Flachs; je weiter nach Süden, desto sporadischer wird der Anbau, und Samen- und Oelgewinnung der Hauptzweck. Im Ganzen ist auch das heutige Italien, trotz der zahlreichen Webstühle der Lombardei, im Punkte der Leinwand den nördlicher gelegenen Ländern, der im Nebel sich verbergenden Insel Hibernia, dem Lande der Bataver, dem Cheruskersitze Westphalen, dem Lygierlande Schlesien u. s. w., nicht ebenbürtig. Wie die Baumwolle erst durch ihre Verpflanzung nach Amerika ein Weltprodukt wurde, so auch der Flachs erst im Norden Europas, welcher für diese altägyptische und babylonische Pflanze das Colonialland bildete wie Amerika für jene ostindische.

---

* Mit der Frage nach der Herkunft des Leines haben sich Oswald Heer (Die Pflanzen der Pfahlbauten, Zürich 1865 p. 35 und Über den Flachs und die Flachskultur im Alterthum, Zürich 1872), sowie Alph. de Candolle (Géographie botanique raisonnée p. 833 und L'origine des plantes cultivées p. 95—102) besonders eingehend beschäftigt. Durch diese Untersuchungen hat sich zunächst ergeben, dass in Europa schon zu einer Zeit, wo nur Steininstrumente im Gebrauch waren, Flachs kultivirt wurde. Es wird dies durch die Funde, welche man in den Pfahlbauten von Robenhausen in der Schweiz und von Lagozza in der Lombardei gemacht hat, bewiesen. Diese Funde haben aber zugleich gezeigt, dass der damals in der Schweiz kultivirte Lein nicht der heutzutage überall angebaute einjährige Lein (*Linum usitatissimum* L.) war, sondern vielmehr das mit diesem sehr nahe verwandte, aber sowohl einjährig wie mehrjährig vorkommende, mit zahlreichen vom Grunde aus aufsteigenden Stengeln versehene *L. angustifolium* L., welches auch aufspringende Kapseln und kleinere Samen besitzt und von den Kanarischen Inseln durch das Mittelmeergebiet bis Palästina und zum Kaukasus verbreitet ist. Diese Art oder Stammform ist es auch, welche in Macedonien und Thracien wächst und von Grisebach (Spicil. Fl. rumel. p. 117) fälschlich als *L. usitatissimum* L. bezeichnet wurde. Der heutzutage allgemein in Europa kultivirte Lein (*Linum usitatissimum* L.) ist entweder einjährig (*annuum*) oder zweijährig (*hiemale* Winterlein); er unterscheidet sich von dem wildwachsend verbreiteten *L. angustifolium* L., welches wie oben bemerkt sowohl einjährig als mehrjährig vorkommt, hauptsächlich durch etwas grössere, geschlossen bleibende Kapseln, durch kahle, gewimperte Scheidewände derselben, durch grössere und etwas geschnäbelte Samen, Unterschiede, welche bei einer in Südfrankreich vorkommenden Pflanze, dem zwischen den beiden Hauptrassen in der Mitte stehenden *Linum ambiguum* Jordan, sich verwischen. Demnach ist die von De Candolle (L'origine des pl. cult. p. 96) ausgesprochene Ansicht, dass wir hier nur Rassen oder Formen einer Art vor uns haben, wohl berechtigt. Wie aber die oben angeführten prähistorischen und die historischen Funde beweisen, sind diese Rassen sehr alte. Während nämlich in den prähistorischen Pfahlbauten der Schweiz (Robenhausen, Wangen, Moosseedorf), Oberösterreichs (Mondsee) und Oberitaliens (Lagozza in der Provinz Mailand), ebenso in den der Bronzezeit angehörigen Fundstätten von Argar in Spanien nur das im Mittelmeergebiet wildwachsende *L. angustifolium* L. nachgewiesen werden konnte, haben die in den altägyptischen Gräbern gemachten Funde unzweifelhaft dargethan, dass in Aegypten schon 2400 bis 2200 Jahre vor Christus der jetzt bei uns kultivirte Flachs angebaut wurde, wie auch heute noch. Schon Al. Braun (Die Pflanzenreste des Aegyptischen Museums in Berlin, 1877 p. 4) hat dies dargethan; noch mehr geklärt wurde diese Sache durch Schweinfurth (Ber. d. Deutsch. bot. Gesellsch. I. (1883) p. 546, II. (1884) p. 360) und durch Fr. Körnicke (Ber. d. Deutsch. bot. Gesellsch. VI. (1888) p. 380—384). Letzterer zeigte nämlich, dass der in Dra Abu Negga (Theben, XII. Dynastie, 2400—2200 v. Chr.) gefundene Lein geschlossene Kapseln mit stark gewimperten Scheidewänden besass, welche etwas längere Samen enthielten als der heutzutage in Mitteleuropa kultivirte Flachs; er zeigte ferner, dass der beim

Assasif (Theben) von Schiaparelli gefundene Lein und der in einem Grabe zu Schech Ourna (Theben) gesammelte in der Grösse der Kapseln und Samen unseren mitteleuropäischen Lein etwas übertraf, dagegen hinter dem heute in Aegypten kultivirten, noch mehr hinter einzelnen italienischen und spanischen Sorten zurückstand. Diese Thatsachen beweisen, dass schon im alten Aegypten mindestens zwei Varietäten des Schliessleines existirten. Plinius (hist. nat. XIX, 1) berichtet sogar, wie Buschan angiebt, dass 4 Varietäten Flachs in Aegypten vorhanden waren. Da das mit sich öffnenden Kapseln versehene *L. angustifolium* in Aegypten nicht vorkommt, so ist nicht anzunehmen, dass der Schliesslein in Aegypten entstanden ist; vielmehr ist wahrscheinlich, dass der Schliesslein aus Asien nach Aegypten eingeführt wurde, zumal das *L. angustifolium* auch in Kleinasien und den Kaukasusländern vorkommt und Lein sogar in einem altchaldäischen Grab gefunden wurde (Maspero, Histoire ancienne des peuples de l'Orient, éd. 3., Paris 1878 p. 13).

** Dieselben Verse Homers, die wir oben (unter Oelbaum) anführten, um mit ihnen die Benutzung des Oels zu technischen Zwecken schon im homerischen Zeitalter zu erhärten, beweisen zugleich, dass man bereits in homerischer Zeit sich auf die Anfertigung linnener Stoffe verstand; denn nur bei solchen ist die hier gemeinte Appretur mit Oel üblich (vgl. die am angegebenen Ort angeführte Literatur; über καιροσέων, καιρουσσέων s. jetzt Studniczka, Beitr. z. Geschichte d. altgr. Tracht S. 48; Helbig, Homerisches Epos[2] S. 168; Blümner, Technologie und Terminologie I, S. 126). Nun könnte man ja freilich an und für sich bei solchen und ähnlichen Stellen immer noch an die Verarbeitung ausländischen, durch den Handel eingeführten Flachses denken, wie wenig passend es auch schiene, etwa Il. 20, 127 das »Walten der Schicksalgöttinnen« sich an einem »modernen Importartikel« vorzustellen (Helbig a. a. O. S. 171). Die Entscheidung darüber, ob man sich die Griechen bei dem Betreten ihrer neuen Heimath mit der Kenntniss des Flachses und den Anfängen der Flachsindustrie ausgerüstet denken soll, wird daher im wesentlichen davon abhängen, ob man die Ausführungen Hehns über griech. λίνον und seine Sippe (hier und namentlich Anm. 52) billigt, oder ob man zu der Ueberzeugung kommt, dass in den genannten Wörtern eine jener vorhistorischen, gemeineuropäischen Ackerbaugleichungen vorliegt, auf die wir schon oben S. 63 hingewiesen haben. Wir sind der Meinung, dass die letztere Annahme den Vorzug verdient.

Auf keinen Fall lässt sich seinem Consonanten und Vocal nach das griechische λίνον mit H. aus dem dakischen δόν Nessel ableiten; auch hat letzteres Wort nichts mit cymr. *dynad*, bret. *linad* zu thun, die auf eine Grundform **nenat-*, **ninat-* (ir. *nenaid* Nesseln) zurückgehn (vergl. Thurneysen bei P. v. Bradke, Ueber Methode und Ergebnisse der arischen Aw. S. 245). Eine ältere Bedeutung als Flachs lässt sich also für λίνον, neben dem λι-τ-ί, λῖ-τ-α liegen, nicht erweisen. Im Lateinischen heisst *līnum* Flachs, *linteum* Leinwand. Das Vorhandensein von Leinsamen und -Fasern in den zeitlich vor jede griechische Beeinflussung Italiens gehörenden Pfahldörfern der Poebne (vgl. W. Helbig, Die Italiker in der Poebne S. 16, 67) macht schon an sich das Vorhandensein eines alten Wortes für Flachs im

Lateinischen wahrscheinlich und die Annahme einer lautlich zwar möglichen Entlehnung von *līnum* aus λίνον (λῖνον) kulturhistorisch wenig ansprechend. *Līnum* aber von *linteum* zu trennen und letzteres mit ahd. *linta* Lindenbast (das vielmehr mit den meisten neueren Etymologen zu griech. ἐλάτη Fichte, Tanne, lit. *lentà* Brett, lat. *linter* Kahn zu stellen ist) zu vereinigen, ist sowohl an sich hart als auch besonders deswegen bedenklich, weil alle die Fälle, auf welche Hehn den Bedeutungswandel Bast, Nessel — Flachs, Hanf (Anm. 52) stützte, vor einer strengeren Auffassung der Lautgesetze unhaltbar sind. Ebenso wenig wie λίνον zu dakisch *dyn* gehört, kann lat. *līcium* mit lit. *lùnkas*, poln. *lyko* Bast oder griech. λεπτὰ ὑφάσματα, λεπτός mit slav. *lipa* Linde, lit. *lùpti* schälen, ahd. *louft*, *lôft* Baumrinde oder ahd. *flahs* (zu trennen von *fahs* Haarschopf = scrt. *pakshá* Flügel, J. Schmidt, Pluralbild. S. 148) mit lit. *plaũszas* Bast (zu trennen von *pláukas* Haar und vor allem von slav. *vlasŭ*) oder ahd. *haru* Flachs mit altsl. *kropiva* Nessel, alb. *kerp* (siehe dies unter Hanf) verglichen werden. Der behauptete Bedeutungsübergang lässt sich daher auf idg. Boden, wenn man von dem secundären lat. *tilia* Linde, frz. *teiller* Hanf brechen absieht, überhaupt nicht nachweisen. Nicht als ob er an sich nicht denkbar wäre — auf finnischem Gebiet ist er thatsächlich zu belegen (vgl. Ahlqvist, Kulturw. in den westf. Sprachen S. 43) —; aber in den idg. Sprachen, soweit wir sie verfolgen können, lag keine Veranlassung für ihn vor aus dem einfachen Grunde, weil schon in vorhistorischer Zeit sich eine feste Bezeichnung für den Lein gebildet hatte. — Aehnlich wie bei den Lateinern stehen die Dinge bei den Kelten. Wenn man auch die Möglichkeit einer Entlehnung von ir. *lín*, cymr. *llin*, corn. bret. *lin* Lein aus lat. *līnum* zugiebt (Stokes Urkeltischer Sprachschatz S. 249 hält sie für urverwandt mit dem lat. Wort), so bleiben doch noch cymr. *lliain*, corn. bret. *lien* Leinen, ir. *léne*, gen. *léned*, n. pl. *lenti* ‚camisia' übrig. Die Grundform der letztgenannten Sippe erblickt Rhys Revue celtique VII, 241 in **li-s-an*, das bei der Uebereinstimmung der Bedeutungen von griech. λί-τ-, λί-νον, *lī-num* (welche letzteren Rhys auf **li-s-no-n* zurückführen möchte) zu trennen zum mindesten gewaltsam erscheinen muss. Eine andere Erklärung für ir. *léne* schlägt freilich Strachan, The compensatory lengthening of vowels in Irish p. 8 vor (: *lacerna, lacinia*). — Auf germanischem Boden war schon in der Urzeit eine gemeinschaftliche Ableitung von *lin-* vorhanden: (goth. **lein-jô*), ags. *líne*, altn. *lína*, ahd. *līna* Leine, aus Lein verfertigt (griech. λίνεος leinen, λιναία Strick). Vgl. Kluge, Et. W.[6] unter Leine. Für das hohe Alter der Flachsindustrie bei den Germanen spricht auch der Umstand, dass das spätlat. *camisia* (oben S. 176) im Germanischen (ahd. *hamidi*), nicht im Keltischen wurzelt, durch dessen Vermittlung das Wort vielleicht erst zu den Romanen gedrungen ist (vgl. Kluge, Et. W.[6] unter Hemd, Thurneysen, Keltoromanisches S. 51). Dasselbe ist, wie ich in meinem Reallexikon u. Hose gezeigt habe, bei altgall. *brâca* (ahd. *bruoh* etc.) der Fall. — Litauisch *līnas* und slavisch *linŭ* können zur Entscheidung nichts beitragen; doch sei erwähnt, dass ein gemeinslavischer Name für die Leinwand (altsl. *platĭno*, nach Stokes a. a. O. S. 235 im Irischen wiederkehrend, vgl. ir. *dia loit find* zwei weisse Mäntel) besteht. — Zusammenfassend betonen wir also die hohe Wahrscheinlichkeit, dass schon in vorhistorischer Zeit in den Sprachen der europäischen Indogermanen Ableitungen von einer Wurzel *li* (scrt. *lī* sich anschmiegen, *lî-na-s* anliegend, vgl. auch griech. λεῖος glatt) vorhanden waren, welche Flachs und primitive Gewebe (vgl. Anm. 20) aus Flachs bezeichneten. Sehr wohl möglich ist, dass dieser urverwandte Kern dann später durch zahlreiche Entlehnungen, die mit verbesserten Arten des Gespinnstes wanderten, zugleich erweitert und verdunkelt wurde.

Nach alledem sind wir der Meinung, dass die Indogermanen Europas sich mit der Kenntniss des Flachsbaus und einer primitiven Linnenindustrie ausgerüstet in Europa verbreitet haben. Die jetzt allgemein anerkannte Thatsache (vgl. auch Buschan Vorgesch. Botanik S. 234ff.), dass der in den mitteleuropäischen Niederlassungen der Steinzeit angebaute Flachs das *linum angustifolium* (nicht das heutige *l. usitatissimum*) war, erklärt sich also wohl nicht mit Hehn (Anm. 52) aus einem verhältnissmässig späten Vordringen der Flachskultur aus dem Süden nach dem Norden, sondern daraus, dass die Indogermanen diese Flachsart aus ihren Kleinasien, Thracien und Macedonien (vgl. oben S. 184) benachbarten Stammsitzen, in denen sie zum Ackerbau übergegangen waren (vgl. oben S. 64), mitbrachten.

Störend ist bei dieser Ansicht nur der Umstand, dass bis jetzt jede Spur des Flachses und seiner Verarbeitung in der skandinavischen Steinzeit, die ethnisch doch aller Wahrscheinlichkeit nach auf germanischer Grundlage ruht, fehlt. Indessen darf man nicht vergessen, dass erst im Jahre 1894 (vgl. S. Müller Nordische Altertumskunde I, 205) durch unzweifelhaft nachgewiesene Getreidekörner der Beweis erbracht wurde, dass auch im Norden ein Landbau ähnlichen Umfangs wie im übrigen neolithischen Europa betrieben wurde. Jeder neue Fund kann hier also diese Lücke ausfüllen.

Wann in Europa das ursprünglich angebaute *l. angustifolium* durch das heutige *linum usitatissimum* verdrängt wurde, scheint nicht bekannt zu sein.

Dass die Griechen später auch auf dem Gebiete der Flachsindustrie in ihrem an dem Rohmaterial armen Lande bald unter den vollen Einfluss des Orients geriethen, bleibt natürlich bestehen. Zu den schon oben (S. 164) angeführten sprachlichen Belegen hierfür kommt vielleicht noch das homerische φᾶρος, das Studniczka (a. a. O. S. 89ff.) zusammen mit lat. *supparus* (vgl. *subscricus*) aus dem Aegyptischen, Helbig (Homerisches Epos[2] S. 195) nach S. Fraenkel aus dem Semitischen ableitet. Vgl. noch aus späterer Zeit griech. βύσσος aus hebr. *bûṣ* und griech. φώσσων grobe Leinwand = kopt. φωκ (hierogl. *pg, pk*). Dazu O. Schrader, Handelsgeschichte und Waarenkunde I, 191ff. (hier auch über σινδών). Für den Zusammenhang zwischen den semitischen Ländern und Aegypten auf dem Gebiet der Linnenindustrie von Bedeutung sind die Gleichungen hebr. *phêšet* (pun. φοιστ = *fist* in ζερα-φοιστ Diosc., vgl. Löw, Aram. Pflanzennamen S. 233, 406) = ägypt. *pešt* Flachs (Brugsch, Wb. Nachtrag S. 489, Ermann, Z. d. D. M. G. 46, 111) und hebr. *šêš* = ägypt. *šs, stn šs*, königliches *šêš* (Brugsch). Doch ist hervorzuheben, dass über die meisten der hier genannten Wörter, wie auch über andere in dieses Gebiet einschlagende, die Ansichten der Sachverständigen noch weit auseinandergehen. Eine vorzügliche Uebersicht über die hier in Frage kommende Litteratur giebt Muss-Arnolt, Transactions of the American Phil. Association XXIII, On Semitic words in Greek and Latin. Cap. V: Clothing and ornaments (vgl. dazu auch H. Lewy Die semit. Fremdw. im Griechischen S. 82ff.). Dass Linnen auch unter den Funden der mykenischen Periode vorkommt (vgl. Schliemann, Myc. S. 265, Studniczka, Mitth. d. Inst. 1887 S. 21 ff.), ist nicht verwunderlich. — Ein etymologisch noch nicht aufgeklärtes Wort ist das deutsche Segel (oben S. 179). Seine verschiedenen Deutungen sind in meinem Reallexikon u. Segel und Mast zusammengestellt worden.

Der Zwillingsbruder des Flachses, der Hanf, *Cannabis sativa*, gehört doch einer anderen Familie an, der der Urticeen, und hat sich auf anderen Wegen und viel später über die Welt verbreitet. Die Aegypter kannten ihn nicht — in der Umhüllung der Mumien hat sich keine Spur von Hanffasern gefunden, — ebenso wenig die Phönizier[53]), und auch das Alte Testament erwähnt seiner nirgends. Dass die Pflanze zu Herodots Zeiten in Griechenland unbekannt war, geht aus der schon oben angeführten Stelle dieses Geschichtsschreibers (4, 74) hervor, wo er sie seinen Lesern als eine neue beschreibt. Die Skythen aber bauten den Hanf an und reinigten und berauschten sich mittelst der Saat; er war also bei medopersischen Stämmen, gleichsam im Rücken der Vorderasiaten, im Gebrauch und stammte aus Bactrien und Sogdiana, den kaspischen und Aralgegenden, wo er noch jetzt mit Ueppigkeit wild wachsen soll (Humboldt, Ansichten der Natur, 3. Ausg., Th. 2, S. 64: »der aus Persien nach Europa eingeführte gemeine Hanf«). Auch der Gebrauch des Haschisch, d. h. die Betäubung durch einen Extract aus *Cannabis indica* findet ein Analogon schon bei den Skythen Herodots. Hesych. *κάνναβις· σκυθικὸν θυμίαμα ὃ τοιαύτην ἔχει δύναμιν ὥστε ἐξικμάζειν πάντα τὸν παρεστῶτα.* Die Thraker webten Kleider aus dieser Pflanze, die sie diesmal nicht aus Kleinasien — denn sonst wäre sie auch den Griechen bekannt gewesen —, sondern von ihren Nachbarn im Nordosten am Tyras und Borysthenes überkommen hatten. Vom Pontus und aus Thrakien wird denn auch dies vorzügliche Material zu Seilerarbeiten den Griechen zugekommen sein, wie noch heut zu Tage die griechische Seemacht ihren Hanfbedarf aus Russland bezieht. Unter dem unveränderten Namen *cannabis, cannabus* wanderte das Gewächs in verhältnissmässig später Zeit auch nach Sicilien und Italien. Als Hiero II. von Syrakus sein bei Athenäus 5, p. 206 beschriebenes ungeheures Prachtschiff baute, zu dem er von allen Ländern je das Beste in seiner Art kommen liess, wurden Hanf und Pech vom Flusse Rhodanus in Gallien bezogen. Dort also gedieh er besonders — war er von Italien aus dahin verpflanzt oder längs der grossen keltischen Völkerkette, die damals schon von

Gallien bis Pannonien und an den Hämus reichte, so weit vorgedrungen? — Von den römischen Schriftstellern ist der Satiriker Lucilius um 100 vor Chr. der älteste, der des Hanfes Erwähnung thut (Festus p. 356 Müller: *vidimus vinctum thomice cannabina*, mit einem hänfenen Strick). Cato nennt weder Flachs noch Hanf; das seit dem zweiten punischen Kriege aufgekommene spanische Spartum, *stipa tenacissima*, schränkte den Hanf ein, der nicht oft genannt und also wohl auch sparsam angebaut ward. An einzelnen fruchtbaren Stellen indess gedieh er üppig, so in dem berühmten Landstrich um Reate im Sabinerlande, wo er Baumeshöhe erreichte, Plin. 19, 174: *rosea agri Sabini arborum altitudinem aequat*. Der griechisch-römische Name für die Pflanze, der ursprünglich medisch gewesen sein wird, aber auch in der Sprache der alten Inder vorkommt[54]), geht zum Beweise ihrer Herkunft unverändert durch alle europäischen Sprachen, im Deutschen lautverschoben, ahd. *hanaf*, ags. *hänep*, altn. *hanpr*. Auch die deutschen Benennungen des männlichen und weiblichen Hanfes, Fimmel und Mäschel, sind lateinischen oder italienischen Ursprungs, Fimmel = *femella*, Mäschel = *masculus*, freilich mit umgekehrter Anwendung, denn der Fimmel ist gerade der männliche Hanf, der aber, weil er kürzer und schwächer ist, in der Vorstellung des Volkes als der weibliche erschien. Jetzt ist der Hanf durch ganz Europa ausgebreitet und spottet so sehr aller klimatischen Unterschiede, dass Ostindien und die russischen Häfen an der Ostsee, ja Archangel in der Nähe des Polarkreises in Betreff dieses Produktes in den englischen Markt sich theilen. Im heutigen Italien sind die Gegenden südlich vom unteren Po ein reicher Kulturbezirk für diese Pflanze, in welchem sie oft doppelte Manneshöhe erreicht; die Ernte wird theils im Lande selbst zu Tauen und Segeltuch verarbeitet, theils über das adriatische Meer ins Ausland verschifft. Der Betrieb auf Saat, der in Russland, wo während der langen und strengen griechischen Fasten das Hanföl allgemein zur Nahrung dient, eine Hauptstelle einnimmt, ist im Süden nicht gewöhnlich. Wir bemerken noch, dass der auf europäischen Märkten unter dem Namen Kantonhanf oder Manillahanf bekannte Faserstoff kein wirklicher Hanf ist, sondern aus dem Schaft einer tropischen Pflanze, einer Art Banane, gewonnen wird; er soll viel biegsamer, elastischer und leichter sein, als der gemeine Hanf, ferner auf dem Wasser schwimmen und im nassen Zustand, auf Reisen in den nördlichen Gegenden, nicht gefrieren, s. J. W. von Müller, Reisen in Mexico, I. 218 und Jagor, Reisen in den Philippinen, S. 245 ff.

---

* Der Hanf, *Cannabis sativa* L., findet sich sicher wild südlich vom Kaspischen Meer in Sümpfen und bei Lenkoran, sowie bei Astarte (Bunge nach Gay in Bull. de la soc. bot. de France 1860 p. 30); er wird auch häufig in Mittel- und Südrussland, sowie in Sibirien vom Ural bis Dahurien angetroffen; es ist somit erklärlich, dass gerade asiatische Völkerschaften, die Scythen und die Chinesen den Hanf kultivirten, während die Umwohner des Mittelmeeres Leinkultur betrieben.

** Was die Verbreitung des Hanfes und seiner Benennung in Europa betrifft, so können die nordeuropäischen Namen nicht direkt aus dem griech.-lat. *κάνναβις-cannabis* entlehnt sein. Vgl. in dieser Beziehnng über die germanischen ahd. *hanaf*, ags. *haenep*, nord. *hampr* Kluge, Et. W.[6] unter Hanf, über die slavischen altsl. *konoplja* u. s. w. Miklosich im Et. W. Es ist vielmehr anzunehmen, dass alle die genannten Ausdrücke unabhängig von einander aus einer gemeinsamen Quelle abstammen. Auf diese geht offenbar auch eine grössere Zahl der Namen des Hanfes aus ural-altaischen und turkotatarischen Sprachen zurück. In denselben lässt sich zunächst ein einfaches **kanna*, **ken* unterscheiden, das im čeremissischen *keńe, kińe* vorliegt. Hiermit würde auch das indische *çaṇa* übereinstimmen (vgl. noch osset. *san* Anm. 17). Als eine Erweiterung von oder Zusammensetzung mit diesem **kanna* stellt sich einerseits κάνναβις dar, das vielleicht auf *καννα-πις zurückzuführen ist (vgl. neben lat. *cannabis*: it. *canape*, rum. *canapa*, alb. *kanəp, kərp*). Es liegt nahe bei dem Bestandtheil -πις, -βις an die syrjänische und wotjakische Benennung des Hanfes, eigentlich der Nessel *pi̮š, puś* (Ahlqvist, Kulturw. S. 43) zu denken, die höchst auffälliger Weise im Angelsächsischen wiederkehrt (*cannabum haenep vel pis* Wright-Wülcker, Agl. a. O. E. Vocabularies I, 198[13]), falls hier nicht eine blosse Verstümmlung aus *cannapis* anzunehmen ist. Vgl. noch mokša-mordv. *kańtf*, ersa-mordv. *kańt*. Andererseits scheint das oben genannte **kana*, **ken* auch in den turko-tat. Namen des Hanfes *kin-dür, ken-dir*, čuvasch. *kan-dyr*) vorzuliegen. Hieraus stammt bulg. *kenevir* Leinwand, magy. *kender* Hanf (Miklosich, Türk. Elemente), aus lit. *kanāpis* und preuss. *konapios*: liv. *kanīp'* estn. *kanep* etc. (Thomsen, Beröringer etc. S. 177). Im Armenischen begegnet *kanapʿ*, *kanepʿ*, kurd. *kinif*, npers. *kanab*. »Woher«, fragt Hübschmann Arm. Gr. I, S. 165, »stammt das armenische Wort zunächst«? — Einen ganz anderen, aber schwerlich richtigen Weg schlägt zur Erklärung von griech. κάνναβις W. Tomaschek, Die alten Thraker (Wiener Sitzungsberichte 130) S. 13 ein. Nach ihm gehöre das Wort ursprünglich der Handelssprache der Karer und Phoenicier an, die den Stoff aus dem Norden bezogen hätten. Seine Bezeichnung könne von κάννα, hebr. *kannah*, assyr. *kanu* Rohr, Geflecht nicht getrennt werden. — In Europa ist aus alten Pflanzenglossaren (vgl. G. Goetz Thesaurus I, S. 174) noch eine höchst merkwürdige Bezeichnung unserer Pflanze in lat. *agrius*, *agre* zu nennen, die eigentlich „wild" (griech. ἄγριος) bedeutet. »Sollte dies«, meint v. Fischer-Benzon Altdeutsche Gartenflora S. 88, »daher kommen können, dass der Hanf auf wüsten Plätzen gesät wurde, ähnlich wie früher der Flachs in Mecklenburg, der sich mit den Rändern der Dorfstrassen und Wege begnügen musste«? Ueberhaupt sei der Hanf in

Deutschland selten gebaut worden, doch hätten sich in den Gärten von Fischern und Landleuten frühzeitig grössere mit Hanf bestellte Beete gefunden, von denen man die häuslichen Bedürfnisse an Hanffasern befriedigt habe.

Die aus dem Bisherigen hervorgehende Jugend des Hanfes in Europa bestätigt sich auch auf archäologischem Weg.

In den Schweizer Pfahlbauten fehlt er ebenso wie in denen der Poebne (Christ in Rütimeyers Fauna der Pfahlbauten S. 226, Kellers Berichte VII, 65) völlig. Nach G. Buschan Vorgesch. Botanik S. 116 sei er in dem ganzen mittleren und westlichen Europa zur jüngeren Stein- und Bronzezeit und auch wohl noch zur Eisenzeit unbekannt gewesen.

Lauch. Zwiebeln.

Neben den Nahrungspflanzen und dem Fleisch und der Milch der Jagd- und der gezähmten Thiere griffen schon die Urvölker mit Begierde nach anregenden Gewürzen, unter denen das Salz bis auf den heutigen Tag die erste Stelle einnimmt. Das Pflanzenreich bot mancherlei scharfe, beissende Säfte, auf deren Entdeckung der Zufall führte und die dann auf den Bergen eifrig gesucht wurden. Je nach ursprünglicher Anlage und dem Grade der Bildung wirkten solche Reizmittel freilich sehr verschieden auf die feineren oder roheren oder auch nur anders organisirten Geschmacksnerven der sich folgenden Menschengeschlechter. Das Silphium, das die älteren Griechen für die köstlichste Beigabe jeder Speise hielten, gerieth später in Vergessenheit, angeblich weil es nicht mehr aufzutreiben war, in der That, wie wir glauben, weil sich der Geschmack veränderte; denn bei starker Nachfrage wäre es entweder mehr im Innern Afrikas noch zu finden gewesen oder, wenn die Pflanze endemisch war, im Gebiet von Cyrene durch Anbau künstlich erzeugt worden. Das *laserpitium*, das die Römer Jahrhunderte nachher für einerlei mit dem griechischen Silphium hielten und aus Asien bezogen — obgleich nachbildende Dichter und alterthümelnde Literatoren dabei Cyrene zu nennen liebten — war wahrscheinlich *ferula asa foetida*, deren Beimischung die verschlemmte Zunge vornehmer Wüstlinge fremdartig reizte. Auch den Zwiebeln gegenüber reagirt noch jetzt die Volksempfindung sehr verschieden. Dem niedersächsischen Germanen ist der Knoblauch des Orientalen ganz unerträglich und der Zwiebelathem des Russen eine Scheidewand, die keine Gemeinschaft zulässt. Ja, man könnte nach diesem Kriterium die Völker in zwei grosse Gruppen theilen, in die der *allium*-Verehrer und der *allium*-Hasser, die nach der Weltgegend zugleich als die nordwestliche und die südöstliche oder in Europa als die des Mittelmeeres und die der Nord- und Ostsee zu bezeichnen wären.

Wenn es wahr ist, dass die in Rede stehenden Pflanzen ursprünglich im innern Asien zu Hause sind, auf dessen Steppen Botaniker sie wildwachsend gefunden haben wollen, dann hat sie schon in grauer Vorzeit Verkehr und Wanderung nach Südwesten weiter verbreitet, zum Beweise, wie sehr diese derbe Würze dem Naturmenschen begehrenswerth schien. Denn in Aegypten, dessen Sitten sich in einer Epoche festsetzten, als es vielleicht noch gar keine Indogermanen gab, finden wir Zwiebel und Knoblauch von jeher als Bestandtheile der allgemeinen Volksnahrung. Nach den Lauchgewächsen des Nilthales sehnen sich in der Wüste die Israeliten zurück, Num. 11, 5: »Wir gedenken — der Pheben, Lauch (*chazir*), Zwiebeln (*bezalim*) und Knoblauch (*schumim*).« Beim Bau der grossen Pyramide des Cheops, so erzählt Herodot 2, 125, wurden allein für die Rettig-, Zwiebel- und Knoblauchkost der Arbeiter 1600 Talente Silber aufgewandt, wie auf der Pyramide selbst in ägyptischen Schriftzeichen zu lesen stand. Da die Aegypter alle Dinge, auch das Einzelnste und das Greiflichste der realen Welt in das Dunkel der Religion versenkten, so konnte es nicht fehlen, dass diese Lieblingsgewächse auch als heilige und geweihte, als Götter mit Scheu verehrt und demgemäss von Priestern und Frommen nicht berührt wurden. Die Aegypter, sagt Plinius, schwören unter Anrufung des Knoblauchs und der Zwiebel, 19, 101: *Alium cepasque inter deos in jure jurando habet Aegyptus.* Juvenal spottet darüber, dass auf solche Art die Götter der Aegypter im Küchengarten wüchsen, 15, 9:

Porrum et caepe nefas violare ac frangere morsu.
O sanctas gentes, quibus haec nascuntur in hortis
Numina!

während der Christ Prudentius darüber entrüstet ist, contra Symmach. 2, 865:

Sunt qui quadriviis brevioribus ire parati
Vilia Niliacis venerantur oluscula in hortis,
Porrum et cepe Deos inponere nubibus ausi,
Alliaque et Serapin caeli super astra locare,

und Peristeph. 10, 259:

Adpone porris religiosas arulas,
Venerare acerbum cepe, mordax allium.

Für die Enthaltung der Priester vom Zwiebelgenuss führt Plutarch deren eigene Erklärung an, es geschehe, weil diese Pflanze nur bei abnehmendem Mond wachse, sucht aber seine eigenen vernünftigen Gründe geltend zu machen: in der That schicke sich die Zwiebel weder für fastende Büsser, noch für die, die fröhliche Feste begehen; den ersteren wecke sie Begierden, den anderen locke sie Thränen ins Auge (de Is. et Osir. 8). An einer anderen Stelle hat Plutarch, wie wir aus Gellius ersehen, unter Anführung desselben astro-phytologischen Motivs die Scheu gegen die Zwiebel auf die Priesterschaft von Pelusium, also auf den Lokalkultus der den semitischen und philistäischen Landen zunächst gelegenen und mit diesen durch Handel und Verkehr eng verbundenen Stadt beschränkt, 20, 8: *quod apud Plutarchum in quarto in Hesiodum commentario legi: „cepe tum revirescit et congerminat decedente luna, contra autem inarescit adulescente. Eam causam esse dicunt sacerdotes Aegyptii, cur Pelusiotae cepe non edant, quia solum olerum omnium contra lunae augmenta atque damna vices minuendi et augendi habeat contrarias* — und dies wird durch Lucian bestätigt (Jup. Tragoed. 42), während wir noch näher durch Sextus Empiricus erfahren, dass es der Dienst des Zeus Kasios bei Pelusium war, der die Zwiebel ausschloss, wie der der libyschen Aphrodite den Knoblauch (Pyrrh. hypot. 3, 24, p. 184). — In dem nahen Philistäa wird Zwiebelbau und also Zwiebelverbrauch durch die berühmte Zwiebel von Ascalon verbürgt, die schon Theophrast, h. pl. 7, 4, 7. 8, beschreibt und nach der bis auf den heutigen Tag die Schalotte, *échalotte, scalogno* (in Deutschland vom Volksmunde zu Aschlauch, Eschlauch germanisirt) benannt ist. Die kretische Zwiebel war der askalonischen ähnlich oder mit ihr eins und dasselbe (Theophr. 1. 1. 9.) — hatten die Philister diese Zwiebel auf ihren frühen Wanderungen und Seezügen von einer Küste zur anderen gebracht? Wie die libysche Aphrodite schloss auch die Mutter der Götter den Knoblauchesser von ihrem Tempel aus. Denn als der witzige und gottlose Philosoph Stilpo einst sich mit Knoblauch gesättigt und dann in dem genannten Heiligthum sich zum Schlaf niedergelegt hatte, erschien ihm die Göttin im Traum und sagte: du bist doch ein Philosoph und scheust dich nicht, das Gesetz zu übertreten? Worauf er antwortete: Gieb mir was Anderes zu essen und ich will mich des Knoblauchs enthalten (Athen. 10 p. 232). — Die Israeliten, seit sie im Wüstensande sich des ägyptischen Knoblauchs wehmüthig erinnerten, blieben alle Zeit unerschütterliche Freunde desselben, sowohl vor als nach der Zerstörung Jerusalems, wie einst daheim in Palästina, so in der Diaspora unter der Herrschaft des Talmuds und der Rabbinen. Es ist nicht unwahrscheinlich, dass die Sage von dem *foetor judaicus*, wegen dessen die Juden von allen Nationen alter und neuer Zeit verhöhnt und zurückgestossen wurden, von dem unter ihnen allgemein verbreiteten Genusse dieses streng riechenden Gewürzes zu allererst herrührte. Ein komischer Zug, den Ammianus Marcellinus aus dem Leben des Marcus Aurelius erzählt, beweist, dass schon damals die Juden in dem erwähnten bösen Rufe standen: als dieser Kaiser, der Sieger über die Markomannen und Quaden, auf einer Reise nach Aegypten durch Palästina kam, da wurde ihm Gestank und Lärm der Juden so lästig, dass er schmerzlich ausgerufen haben soll: o Markomannen, Quaden und Sarmaten! habe ich doch noch schlimmere Leute, als ihr, gefunden, 22, 5, 5: *Ille enim cum Palaestinam transiret, Aegyptum petens, foetentium Judaeorum et tumultuantium* (durch einander schreiend, etwa wie in den heutigen Börsenhallen oder den sprichwörtlich gewordenen Judenschulen) *saepe taedio percitus dolenter dicitur exclamasse: o Marcomanni, o Quadi, o Sarmatae: tandem alios vobis inertiores inveni.* (Wenn in Griechenland eine Abtheilung der Lokrer Ozolae d. h. die Stinkenden genannt wurden, so rührte dieser Beiname vermuthlich nicht von einem Nahrungsmittel, sondern von ihrer Kleidung her: sie trugen in alterthümlicher Weise Ziegenfelle und verbreiteten daher, wo sie erschienen, eine Art Juchtenduft.) — Aus dem Verzeichniss täglicher Lieferungen an das Oberküchenmeisteramt des persischen Hofes ersehen wir, dass der Verbrauch von Knoblauch und Zwiebeln an der Tafel des grossen Königs und seines Gesindes kein unbedeutender war: ausser Kümmel, Silphium u. s. w. ist als tägliches Bedürfniss ein Talent Gewicht Knoblauch, ein halbes Talent Zwiebeln, letztere von der scharfen Art, angesetzt (Polyaen. Strat. 4, 3, 32). Das hohe Alter der Zwiebel wird dann weiter durch Homer bestätigt, der diese Pflanze bereits unter dem Namen *κρόμυον* kennt, und zwar sowohl in der Ilias als in der Odyssee. In der ersten heisst die Zwiebel 11, 630, *ποτῷ ὄψον*, Beiessen zum Mischtrank, den die schönlockige Hekamede dem durstig aus der Schlacht heimgekehrten Nestor bereitet, in der andern, 19, 232, trägt Odysseus eine glänzende Tunika, fein wie das Häutchen um die trockene Zwiebel. Ebenso alt oder noch älter als diese homerischen Stellen ist möglicher Weise der Name der einst megarischen, später korinthischen Ortschaft *Κρομυών, Κρεμυών*, der offenbar von der dort angebauten Zwiebel abgeleitet ist. Megaris war auch in späteren Zeiten wegen des in der Landschaft wachsenden und von den Bewohnern reichlich verzehrten Knoblauchs berühmt oder berüchtigt: *ἡ γὰρ Μεγαρικὴ σκοροδοφόρος*, sagt der Scholiast zu Aristoph. Pac. 246, — und megarensische Thränen, *Μεγαρέων δάκρυα*, nannte ein Sprichwort (bei Suidas und Hesychius) erheuchelte oder Krokodilsthränen, wie derjenige vergiesst, der eine aufgeschnittene Zwiebel anblickt. In der ältesten Zeit, ehe das Ländchen ionisch und später dorisch wurde, war es von Karern und später Lelegern besetzt oder heimgesucht gewesen, und schon damals konnten von diesen schwärmenden Ankömmlingen orientalische *allium*-Arten eingeführt worden sein. Aus dem Namen des mythischen Stifters der Stadt, des Kromos, des Sohnes des Poseidon (bei Pausan. 2, 1, 3), lässt sich auf eine kürzere Urform des griechischen Wortes für Zwiebel schliessen, welches mit dem von der Schweiz bis nach Skandinavien hin verbreiteten *Ramser*, *Ramsel*, *Rams* (Schmeller 3, 92), *Allium ursinum L.*, wilder Knoblauch, Allermannsharnisch, Siegwurz, angelsächsisch *hramsa*, englisch *ramsen*, *ramson*, *buckrams*, irisch *creamh*, litauisch *kermuszė*, polnisch *trzemcha*, *trzemucha*, russisch *čeremša*, *čeremica*, *čeremučka* zusammengestellt werden darf. — Lateinisch *çepe*, *çaepa* hat offenbar sein Analogon in dem von Hesychius aufbewahrten arkadischen *κάπια* für Knoblauch (*κάπια· τὰ σκόροδα. Κερυνῆται*), die Annahme aber, dass in dem Worte der Begriff Kopf liege, *caepa capitata*, *κεφαλωτόν*, *κεφαλόρριζα* häufig bei Theophrast — diese Annahme führt in eine ferne Sprachperiode hinaus, wo *caput* und *κεφαλή* ihre Suffixe noch nicht entwickelt hatten. Und dennoch reichen die letzteren noch in die Zeit der europäischen Völkergemeinschaft hinauf: *caput* stimmt genau zu dem altnordischen *höfuth* für *hafuth* (das gothische *haubith* zeigt schon eine Ausartung), *κεφαλή* zu dem angelsächsischen *hafela*, *heafola* (wo die Aspiration im griechischen Wort wohl dem folgenden *l* ihr Dasein verdankt). Da indess, wie sich hieraus ergiebt, die Suffixe noch schwankten, so mochte zu derselben Zeit auch das unbekleidete Wort bei einzelnen Wanderstämmen, die das Alterthümliche bewahrten, noch fortdauern und, als der Kopflauch oder die Zwiebel vom Orient kam, auf diese angewandt worden sein. Die von Polybius 12, 6 berichtete Ursprungssage der italischen Lokrer zeigt deutlich, dass unter ihnen *κεφαλή* auch den Kopf der Zwiebel bedeuten konnte. Als sie zu allererst in Italien gelandet waren, gaben sie den Ureinwohnern, den Siculern, das eidliche Versprechen, in Frieden und Freundschaft mit ihnen das Land gemeinsam zu besitzen, so lange sie diese Erde betreten und ihre Köpfe auf den Schultern tragen würden. Sie hatten aber Erde in ihre Schuhe geschüttet und trugen Zwiebelköpfe, **σκορόδων κεφαλάς**, heimlich unter den Kleidern auf den Schultern; nachdem sie sich beider entledigt, waren sie frei vom Schwur und nahmen das Land für sich allein in Besitz. Und daher kam das Sprichwort *Λοκρῶν σύνθημα*[55]). Auch lateinisch wird in dem Zwiegespräch des Königs Numa mit dem Himmelsgotte bei Ov. Fast. 3, 339 *caput* und *cepa* als gleichbedeutend vorausgesetzt:

Caede caput, dixit. Cui rex, parebimus, inquit,
Caedenda est hortis eruta cepa meis.

Das griechische **σκόροδον, σκόρδον**, ist als »übel machend« erklärt und mit dem slavischen *skarędŭ* verglichen worden (Fick[2] S. 204); die lateinischen Namen *alium*, *allium* und *ulpicum* (schon bei Plautus und Cato) wissen wir nicht zu deuten — oder sollte in dem erstern, worauf das griechische *ἄγλις* führt, ein assimilirter g- oder c-Laut stecken? **Πράσον** hiess ursprünglich, wie das hebräische *chazir*, Kraut, Gemüse überhaupt; das davon abgeleitete *πρασιά* Gartenbeet braucht schon der Dichter, der in der Odyssee die Gärten des Alcinous beschrieb, und giebt ihm das Beiwort **κοσμητός** d. h. durch Kultur geschaffen, Vernunft und Zweck offen an sich tragend; ein attischer Demos hiess **Πρασιαί**, ebenso eine lakonische Stadt; in der Bedeutung Lauch ging das Wort zu den Lateinern über, in deren Munde es *porrum* lautete, und in weit späterer Zeit in der Form *prasŭ*, *prazŭ* zu den Slaven. Der durch Herodot berühmte See Prasias trägt seinen Namen wohl eben daher, woher in derselben Gegend der von Aeschylos und Thucydides **Βολβή** genannte See so hiess, nämlich von einer am Ufer wachsenden Zwiebelart, vielleicht der sogenannten Meerzwiebel, *scilla maritima*. Unter den andern griechischen Benennungen **κίδαλον** (bei Hesychius), **ἄγλις, γελγίς, αἱ γέλγεις, γελγιδοῦσθαι** (bei Theophrast), Gen. **γελγῖδος, γελγῖθος, βολβός, σκίλλα, γήθυον, γήτειον, γηθυλλίς** (schon bei Epicharmus) — nimmt die letzte, *γηθυλλίς*, ein besonderes Interesse in Anspruch, weil sich ein religiöser Brauch an sie knüpft und ihr daher ein relatives Alter verbürgt. Am Fest der Theoxenien in Delphi nämlich, das als eine Bewirthung sämmtlicher Götter durch Apollo gedacht war, erhielt derjenige, der die grösste *γηθυλλίς*, Lauchzwiebel, mitbrachte, einen Antheil von dem Opferschmause: der Grund war, weil Leto, da sie mit ihrem Sohn schwanger ging, Verlangen nach einer solchen *γηθυλλίς* getragen hatte. So erzählt Polemon, der Perieget, bei

Athen. 9, p. 372. Sollte *γήθυον, γηθυλλίς* ein Compositum aus *γῆ* und *θύω* sein können, mit der Bedeutung Erdrauch (so auch im Slavischen, woher das litauische *dimkas*, eine Zwiebelgattung), in späterer Sprache *κάπνιος, fumaria*? Lateinisch hiess das Wort *pallacana* (nach Plinius) — welches wie von *pallaca*, Kebsweib, abgeleitet aussieht.

Uebrigens waren im nachhomerischen Griechenland wie in Italien Zwiebelgewächse die allerbeliebteste, üblichste Nahrung des Volkes. Für Athen lehrt dies fast jede Scene des Aristophanes, so wie eine Menge gelegentlicher Aeusserungen anderer Autoren, Anekdoten, die erzählt werden, Redensarten, die daher entnommen sind u. s. w. Mit der steigenden Bildung und daraus fliessenden Milderung der Sitten und feinern Reizbarkeit der Nerven schlug dann bei den höheren Ständen die alte Vorliebe in Widerwillen um: Jemandem Zwiebeln anwünschen, bedeutete jetzt nichts Gutes, und Knoblauch geniessen und die entsprechende Atmosphäre verbreiten, verrieth den Mann aus dem niedrigsten Volke oder ward als ein Ueberbleibsel aus der rohen, bäuerischen Zeit der Väter angesehen. Als der lydische König Alyattes den weisen Bias von Priene einlud, zu ihm zu kommen, fertigte dieser den Einlader mit der kurzen Antwort ab: nach meinem Willen soll der König Zwiebeln essen d. h. Thränen vergiessen (Diog. Laert. Bias). Dieselbe Sage berichtet Plutarch von Pittakus von Mitylene, dem er noch eine Erweiterung in den Mund legt: der König sollte Zwiebeln essen und heisses Brot verschlingen (Sept. sap. conviv. 10). Dieselbe Redensart auch in Italien: in den Eumeniden des Varro hiess es (Riese, M. T. Varronis Sat. Menipp. reliquiae, fr. 28): *in somnis venit, jubet me cepam esse.* Der homerische Brauch, den Trunk durch den Genuss von Zwiebeln zu würzen, der sich mehr für Matrosen als für Könige zu schicken schien, erregte bei den Späteren Verwunderung (Plut. Symp. 4, 3, 8.) Doch half man sich mit Unterscheidung der süssen und der herben Zwiebel; die erstere, noch jetzt im Orient gebräuchlich, von milderem Geschmack und Geruch, kann ohne Unbequemlichkeit aus freier Hand genossen werden; nur die andere, *κρόμυον δριμύ*, verbreitete den *lacrimosus odor* und konnte von Ennius *cepe maestum*, von Varro und Lucilius *flebile cepe*, von letzterem die *talla* oder *tala* (Zwiebelhülse) *lacrimosa* genannt werden. Bei einem komischen Dichter setzen die Athener den Dioskuren Käse, Oliven und Lauch nach alter Sitte zum Frühmahl vor (Athen. 4, p. 137) — und dasselbe wendet Varro in mehr römischer Weise so, die Worte der Vorfahren hätten wohl nach

Knoblauch geduftet, um so edler sei aber der Hauch ihres Geistes gewesen, bei Non. Marc. 3, p. 201: *avi et atavi nostri, cum alium ac cepe eorum verba olerent, tamen optume animati erant.* Schon bei Plautus ist, wie bei Aristophanes, Knoblauchgeruch das Zeichen des Armen und erregt dem Edlen heftigen Ekel, Mostell. 1, 1, 38:

At te Jupiter
Dique omnes perdant: fu, oboluisti alium,

worauf später der Andere sagt:

Tu tibi istos habeas turtures, piscis, avis,
Sine me aliatum fungi fortunas meas —

und bei Naevius (in Apella, Prisc. 6, 11, p. 681) kam der Vers vor:

ut illum di ferant, qui primum holitor cepam protulit.

Bekannt ist die an Mäcenas gerichtete dritte Epode des Horaz, in der der nervös organisirte Dichter seinem ganzen Abscheu gegen den Knoblauch halb ernst, halb scherzend Luft macht. Hart ist das Eingeweide der Schnitter, ruft er aus, — deren Arbeit in der That bei der Sommerglut des Südens zu den allerschwersten gehört, die darum viel vertragen können, und die auch bei Vergil sich mit Knoblauch stärken, Ecl. 2, 10:

Thestylis et rapido fessis messoribus aestu
Alia serpyllumque herbas contundit olentis.

Mir scheint es, fährt er fort, ein Gift, das eine böse Hexe mir beigebracht hat! Gebt es künftig den Verbrechern statt des Schierlingsbechers! Es versengt mir die Glieder, wie die Sonne Apuliens, wie das Nessusgewand den Körper des Herkules! Sollte jemals, o Mäcenas, eine Laune dich verführen, von diesem Kraut zu geniessen, dann möge die Geliebte deinen Kuss abwehren und fern von deiner Umarmung an das unterste Ende des Lagers sich flüchten! — Der letztere Gedanke: »das Mädchen küsst dich nicht, wenn du Lauch gegessen hast« (man könnte in moderner Weise sagen: wenn du Tabak rauchest oder schnupfest, — aber die heutigen Damen — rauchen selbst!), dieser Gedanke kehrt bei griechischen und römischen Dichtern auch sonst wieder, z. B. bei Martial 1, 3, 18:

Fila Tarentini graviter redolentia porri
Edisti quotiens, oscula clusa dato —

und in einer Komödie des Alexis oder Antiphanes enthält sich der *πόρνος*, wenn er mit guten Gesellen speist, des Lauches, um dem Geliebten keinen unreinen Athem entgegenzubringen (Athen. 13,

p. 572). Umgekehrt that Niceratus seiner eifersüchtigen Frau wegen, bei Xenophon Symp. 4, 8: »Charmides sagte: Hochgeehrte Herren, der Niceratus hier liebt es, mit einem Zwiebelathem nach Hause zu kommen, damit seine Frau überzeugt sein könne, es habe Niemand es sich einfallen lassen, ihm einen Kuss zu geben.« Auch bei Aristophanes Thesmoph. 493 kaut die ungetreue Frau gegen Morgen Knoblauch, um dem von der Wache heimkehrenden Manne dadurch ihre Unschuld zu beweisen.

Nach einer anderen Seite hin schaffte der durchdringende Geruch und Geschmack der Zwiebel und dem Knoblauch auch abergläubische Heilkraft, besonders die Kraft, bösen Zauber zu brechen und eingeflösstes Gift unwirksam zu machen. Denn alles Starkriechende hat diese abwehrende, das Feindselige erstickende Macht, wie auch der dampfende Schwefel als *κακῶν ἄκος* die durch Mord befleckte Halle reinigt. Eine Schrift über die Heilkraft der *bulbi* wurde auf Pythagoras zurückgeführt, Plin. 19, 94: *unum de iis (bulbis) volumen condidit Pythagoras philosophus, colligens medicas vires,* und der Knoblauch war Bestandtheil vieler Arzneien, besonders bei dem Landvolk, ibid. 111: *alium ad multa ruris praecipue medicamenta prodesse creditur.* Derselbe Philosoph sollte gelehrt haben, eine an der Schwelle der Thür angebrachte Meerzwiebel wehre dem Uebel den Eintritt, Plin. 20, 101: *Pythagoras scillam in limine quoque ianuae suspensam malorum introitum pellere tradit,* und auf denselben Glauben zielt ein Fragment des Aristophanes (bei Suidas v. *αὔλειος*, mit Meinekes Correctur): *πρὸς τὸν στροφέα τῆς αὐλείας σχίνου κεφαλὴν κατορύττειν.* Da in der bei allen Griechen berühmten Stelle der Odyssee das Kraut *μῶλυ* — von den Göttern so benannt, mit schwarzer Wurzel und milchweisser Blüte, den Menschen schwer zu graben, den Göttern, die alles können, leicht zugänglich — den Odysseus stark macht, die Künste der Circe zu vereiteln, so wurden später in den verschiedenen Landschaften bald diese bald jene zu Gegenzauber dienende Kräuter und Wurzeln mit dem schon zur Zeit des Dichters der Abenteuer mit der Circe nur in der Göttersprache noch vorhandenen, nachher ganz verschollenen Namen *μῶλυ* bezeichnet, darunter auch die aus der Gattung *allium.* So wuchs in gewissen Gegenden Arkadiens, wie Theophrast in dem für die populäre d. h. älteste Heilmittellehre überaus wichtigen 15. Kapitel des 9. Buches seiner Pflanzengeschichte berichtet, ein Kraut *μῶλυ*, mit runder zwiebelförmiger Wurzel, mit Blättern, denen der Meerzwiebel ähnlich, als Gegengift und zur Abwehr von Zauber dienlich, sonst ganz zu

Homers Worten passend, nur im Widerspruch mit ihnen ganz leicht zu graben. Im Norden Kleinasiens und in der Pontusgegend, dem Gebiet der Gifte und Gegengifte, der Zauber und Gegenzauber, der blutstillenden und gegen Schlangenbiss feienden Wurzeln, an dessen Aberglauben und magischen Verrichtungen auch die Nachbarländer, Thessalien und Thrakien auf der einen, Kolchis auf der andern Seite Theil nahmen, in dem kleinasiatischen Galatien und in Kappadokien trug die Bergraute, *πήγανον ἄγριον, Ruta graveolens* oder *montana L.*, den homerischen Namen *μῶλυ* und diente ohne Zweifel zu Averruncationen (Dioscor. 3, 46). Diesen Namen hatten die griechischen Ansiedler des Pontus mit ihrem Homer in das gift- und zauberkundige Land mitgebracht, und in die kappadokische wie in die galatische Sprache war es mit anderen Gräcismen übergegangen. Denn wenn auch *μῶλυ* ursprünglich ein Fremdling war, — dass das vorauszusetzende Mutterwort sich nach so viel Jahrhunderten bei den eingewanderten Galatern und den fernen Kappadoken lebendig erhalten hätte, erscheint uns hundertmal minder wahrscheinlich, als dass, wie in anderen Fällen, auch hier Homer die gemeinsame Quelle war.

Die Germanen lernten die eigentliche Zwiebel oder Bolle von Italien aus kennen, wie diese Namen lehren (beide aus ital. *cipolla*, die aus dem spätlateinischen *cepulla*). Aber ein anderes merkwürdiges Wort geht nördlich der Alpen quer von West nach Ost durch die drei grossen Racen der Kelten, Germanen und Slaven, in der ursprünglichen Bedeutung *herba, herba succulenta*, dann in der determinirten *porrum, cepe, allium*. Altirisch *lus*, kymrisch *llysiau*, cornisch *les, herba, porrum* (*s* für älteres *x*, wie *dess* = *dexter*, *sess* = *sex*, *ess* = goth. *auhsa, auhsus*, der Ochse u. s. w.); altn. *laukr*, ags. *leác*, ahd. *louh* (also gothisch *lauks*); slav. *lukŭ*, lit. *lukai* plur. Dass hier nicht etwa Urverwandtschaft, sondern Entlehnung vorliegt, lehrt die gleiche Consonantenstufe im Deutschen und Slavischen; von wo aber ging das Wort aus, und in welcher Richtung wanderte es? Grimm Gr. 2, 22 leitet *laukr* vom gothischen *lukan claudere* ab (welches Verbum selbst sich ein wenig der Analogie entzieht) und erklärt: *ab aperiendo folia*; danach wäre das Wort bei den Deutschen entstanden und rechts und links von Slaven und Kelten erborgt worden — kulturhistorisch wenig glaublich. Da die Urbedeutung *herba* bei den Kelten am meisten erhalten geblieben, die enger fixirte *cepa, porrum* bei den Slaven, wie es scheint, die einzige ist; da die Kelten, wie in allen Zweigen kultivirten Lebens, so auch im Garten- und Gemüsebau den weiter östlich in halber Wildheit verbliebenen verwandten Stämmen um Jahrhunderte vorausgingen, so scheint uns der Lauch und der Name dafür eher aus Gallien an die Ostsee, als vom Ilmensee und oberen Dniepr, Gegenden, die die Slaven noch zu Tacitus Zeit als Räuber durchstreiften, zum Rhein und zu den Fruchtgefilden und Städten an der Sequana und dem Rhodanus gekommen zu sein. Das auslautende *s* des keltischen Wortes konnte von den Deutschen als Nominativzeichen empfunden und als solches weggelassen worden sein. Doch muss hier Alles, wie natürlich, nur Vermuthung bleiben. Die Alazonen und Kallipiden in der Nähe Olbias am schwarzen Meer bauten zu Herodots Zeit, 4, 17, *κρόμμυα καὶ σκόροδα*, doch waren diese halbhellenisirten Skythen den nachmaligen Slaven räumlich nicht näher, als sie es bald den heranziehenden Kelten wurden, geistig aber viel ferner. Bei den Thrakern war die Zwiebel altherkömmlich und unentbehrlich, wenn wir nämlich dem Komiker bei Athen. 4. p. 131, der die thrakischen Hochzeitsgebräuche schildert, trauen dürfen: dort erhalten bei der Vermählung des Iphikrates mit der Tochter des Königs Kotys die Neuvermählten ausser andern kostbaren Geschenken einen Krug Schnee, einen Keller Hirse und einen zwölf Ellen hohen Topf Zwiebeln:

χιόνος τε πρόχουν κέγχρων τε σιρὸν
βολβῶν τε χύτραν δωδεκάπηχυν.

Die thrakischen *βολβοί* gehörten wohl demselben Kulturkreise an, wie die *κρόμυα* des Homer, und haben mit dem des europäischen Nordens nichts zu thun. Als die Slaven später in die Wohnsitze der Thraker rückten, wurden sie die Erben des thrakischen Hirse und der thrakischen Zwiebel. Im germanischen Norden scheint der *laukr* magische Kraft gehabt zu haben, wie in Kleinasien und Griechenland. Er wird in den Trank geworfen, um diesen vor Verrath zu schützen, Lied von Sigurdrifa 8 (nach Simrocks Uebersetzung):

Die Füllung segne,
Vor Gefahr Dich zu schützen,
Und lege Lauch in den Trank.
So weiss ich wohl
Wird dir nimmer
Der Meth mit Meineid gemischt.

Als Helgi geboren war und Sigmundr, sein Vater, aus der Schlacht heimkehrte, da trug er edlen Lauch (*îtrlauk*), Erstes Lied von Helgi dem Hundingstödter, 7:

> Der König selbst
> Ging aus dem Schlachtlärm,
> Dem jungen Helden
> Edlen Lauch zu bringen.

Grimm DM² 1165 führt dazu die Völsungasaga Cap. 8 an und fügt hinzu: »es erhellt nicht, ob der König als heimkehrender Sieger Lauch trug, oder weil es Sitte war, beim Namengeben ihn zu tragen.« Da der Allermannsharnisch dem Namen gemäss den Mann beschützt und als Siegwurz, *allium victoriale*, den Sieg verleiht, so scheint die erstere Erklärung sich mehr zu empfehlen. — Unser Knoblauch ist verdorbene neuere Aussprache für Kloblauch, ahd. *chlopolouh*, *chlovolouh*, welches Grimm als gespaltenen, zerriebenen Lauch, von klieben, klauben, erklärt hat; dass das richtig ist, beweist das slavische *česnŭkŭ*, *česnĭcĭ*, welches von *česati pectere*, *radere* abgeleitet ist. Das angelsächsische *gârleác*, engl. *garlick*, altirisch *gairleog* (entlehnt), altn. *geirlaukr* besagt soviel als Spiesslauch. Ein in althochdeutschen Glossen vorkommendes *surio*, *surro* für *cepa*, *porrum*, und das litauische *swogũnas* Zwiebel, notiren wir, ohne eine Erklärung geben zu können. — Das Gegentheil von Knoblauch drückt das bäuerisch lateinische Wort *unio* bei Columella aus, d. h. die einfache einzige Zwiebel, aus dem das französische *oignon* entstanden ist — denn dass dies *unio* nicht lateinisch, sondern nur Wiedergabe einer altgallischen Benennung der Zwiebel wäre, wie Stokes Irish glosses Nr. 862 andeutet, kommt uns diesmal weniger wahrscheinlich vor. Das französische *cive*, *civette*, Schnittlauch, ist nichts als das lateinische *caepa*.

Im europäischen Süden ist heut zu Tage Zwiebel und Knoblauch ganz eben so gesucht und gemieden, wie zur Zeit des Aristophanes und Plautus. In Italien versäumt kein Bauer, wenn er irgend kann, etwas Knoblauch im Garten zu ziehen und ihm fleissig zuzusprechen, während der Gebildete sich dieser Würze zu enthalten oder vorsichtig zu bedienen pflegt. Dass Spanien ein noch ärgeres Knoblauchland ist, als Italien, ist bekannt; wir erinnern nur an die köstliche Scene im Don Quixote, wo der edle Ritter an der Heerstrasse eine Bäuerin heranreiten sieht, sie für die schöne Dulcinea von Toboso hält, in seiner Liebeshuldigung aber durch den stechenden Knoblauchsgeruch, der von dem vermeintlichen Edelfräulein ausgeht, etwas gestört wird und den unglücklichen Umstand durch die

Tücke der Zauberer erklärt, die ihn schon so lange verfolgen und nun auch den süssesten, lange ersehnten Moment seines Lebens durch solches Missgeschick verderben. — In Byzanz war der Zwiebelverbrauch, sogar an der Kaiserlichen Tafel, so stark, dass Liudprand, der Bischof von Cremona, der doch selbst ein Italiener war, dies Uebermass anstössig fand. »Der Beherrscher der Griechen, sagt er in seinem Gesandtschaftsbericht vom Jahre 968, trägt langes Haar, Schleppkleider, weite Aermel und eine Weiberhaube . . . . , nährt sich von Knoblauch, Zwiebeln und Lauch und säuft Badewasser« (d. h. mit Harz und Gips versetzten Wein). Und ein ander Mal: »Er befahl mir zu seiner Mahlzeit zu kommen, die tüchtig nach Knoblauch und Zwiebeln duftete und mit Oel und Fischlake besudelt war.« Ganz um dieselbe Zeit freilich machte ein Orientale, der Geograph Ibn-Hauqal, einer occidentalischen Stadt, der Hauptstadt von Sicilien, denselben schmählichen Vorwurf. In seiner Beschreibung von Palermo (ed. de Goeje S. 86 ff. und im Auszuge bei Jâqût) schreibt er den Einwohnern alle möglichen Laster und Thorheiten zu, nennt sie stumpf und gottlos, lau zu allem Guten, geneigt zu allem Bösen; die Wurzel dieses traurigen Zustandes, fügt er hinzu, ist die Gewohnheit, die bei ihnen herrscht, Morgens und Abends rohe Zwiebeln zu essen, wodurch ihr Hirn verstört und ihr Sinn abgestumpft wird. Man sieht dies an ihrem Benehmen, an ihrem Aussehen: sie trinken lieber stehendes, als fliessendes Wasser, scheuen sich vor keiner stinkenden Speise, sind schmutzig am Leibe, ihre Häuser sind unrein, in den prächtigsten Wohnungen laufen die Hühner herum u. s. w. Zur Erklärung dieser Stelle seines Vorgängers führt Jâqût das Zeugniss eines medicinischen Buches an, wonach die Zwiebel so sehr das Gehirn und die Sinne betäubt, dass nach deren Genuss der Esser übelriechendes Wasser nicht mehr als solches erkennt (bei M. Amari, Storia dei Musulmani di Sicilia, II, Firenze 1858, p. 307). Ob hier nicht der alte Glaube an die Wunderkraft der Zwiebel noch nachwirkt, nur dass sich, wie so oft, der behütende Zauber in den bethörenden umgesetzt hat?

*Die Pflanzen, um welche es sich hier handelt, sind folgende:

1. Knoblauch, *Allium sativum* L. Diese in Südeuropa häufig verwildert vorkommende Art ist wildwachsend mit Sicherheit nur aus den Thälern des Kauman und Chautan in der Songarei bekannt (Regel, Alliorum monographia, Petropolis 1875 S. 44); es muss daher die Pflanze von Centralasien aus durch die Kultur schon in sehr früher Zeit nach den Mittelmeerländern verbreitet worden sein, da sie in Aegypten schon vor der Auswanderung der

Israeliten eingebürgert war. Dies beweisen auch die Gräberfunde von Assassif zu Theben (Schweinfurth in Englers Bot. Jahrb. VIII (1886) S. 10) sowie von Dra-Abu-Negga, bestehend aus Bündeln von einigen Stielen. Auch in China wurde der Lauch seit langer Zeit als *Suan* kultivirt. Eine Varietät mit kugelig-eiförmigen Bulbillen wird als Rocambole (aus dem deutschen Rockenbolle gebildet) kultivirt. Viel häufiger wird aber als solche *Allium Scorodoprasum* L. gezogen, das in Russland von Finnland bis nach der Krim verbreitet ist.

2. Eschlauch, Schalotte, *Allium ascalonicum* L. Derselbe soll nach der Meinung Linné's und anderer Autoren aus Kleinasien stammen, indessen giebt es hierfür, wie Alph. de Candolle (L'origine des plantes cultivées S. 55) gezeigt hat, durchaus keine zuverlässigen Belege. Vielmehr gehört *A. ascalonicum* als Varietät zu *A. Cepa* L., welches schon im Alterthum in verschiedenen anderen Varietäten in Griechenland und in Aegypten in ausgedehntem Maasse kultivirt wurde. Neben vielen zweifelhaften Angaben über die Heimath des *Allium Cepa* L. (Zwiebel, Bolle) existiren einige zuverlässige. Die Pflanze wurde wild gefunden von Stokes in Beludschistan auf dem Chehil Tun, von Griffith in Afghanistan und von Thomson in Lahore (Aitchison, a catalogue of the plants of Punjab and Sindh 1869 p. 19), ferner in Khorassan (Herbar Boissier) und Kuldscha am Thianschan (Alb. Regel). Weniger verbürgt ist ihr wildes Vorkommen in Palästina. Jedenfalls ist das Verbreitungsgebiet so gelegen, dass die Pflanze gleichzeitig nach Indien, China, wo sie ebenfalls schon lange als Tsung kultivirt wird, und nach den Mittelmeerländern verbreitet werden konnte.

3. Porree, *Allium porrum* L. Dieser auch heute noch in Aegypten als Salat und Zuspeise beliebte Lauch, welchen Schweinfurth auch aus altägyptischen Gräbern angiebt, ist höchstwahrscheinlich eine Kulturvarietät des *Allium ampeloprasum* L., welches im Mittelmeergebiet, insbesondere dem nordafrikanischen sehr häufig ist, auch im Süden des Kaukasus vorkommt.

** Ueber die Kultur der Allium-Arten in Aegypten vgl. auch Woenig, Die Pflanzen im alten Aegypten[2] S. 192ff. Dazu Schweinfurth in d. Verh. d. Berl. Ges. für Anthropologie etc. 1891 S. 666, von dem die Kultur der Zwiebelgewächse in Aegypten wohl für ebenso alt wie die der Getreidearten gehalten wird. Die Nachricht des Herodot über die Inschrift der Cheopspyramide (oben S. 192) ist aber unglaubwürdig (vgl. Wiedemann, Herodots II. Buch S. 472). Ebensowenig wird eine göttliche Verehrung der Zwiebeln durch die Monumente bestätigt; doch dienen sie als Opfergabe. Bemerkenswerth ist die Uebereinstimmung von ägypt. *bassal, bussal* und hebr. *bĕṣâlîm* Zwiebel. — Ein anscheinend in die Urzeit der semitischen Völker zurückgehender Name des Knoblauchs ist hebr. *šûm*, arab. *ṯûm*, pun. σουμ (vgl. Löw, Aram. Pflanzenn. S. 393), assyr. *sumu* (?Schenkl im Bibellexicon). — Sprachliche Abhängigkeit der Griechen vom Orient lässt sich auf diesem Gebiete nicht nachweisen, da die Erklärung von griech. πράσον (ion. *κράσον) aus arab. *kurrâṯ*, armen. *χoürath* durch Lagarde (Armen. Stud. S. 160) unhaltbar ist (vgl. A. Müller in B. B. 1, 296 und Muss-Arnolt, Transactions XXIII, 105). Von Benennungen des Knoblauchs und der Zwiebel gehen über die Einzelsprachen hinaus neben dem oben S. 195 genannten κρόμυον (*κρομυσον) und seiner Sippe noch griech. σκόροδον = alb. *húdəre* Knoblauch (vgl. G. Meyer, Et. W. S. 154) und vielleicht griech. γελγίς neben βολβός = lat. *bulbus* (vgl. den Eigennamen *Bulbus*; das lat. Ackerbauwort ist dann wegen des *b* oskischen Ursprungs; anders Prellwitz, Et. W. der griech. Spr. S. 50 und H. Lewy, Semit. Fremdw. S. 32, der griech. γελγίς. γέλγιθες· αἱ τῶν σκορόδων κεφαλαί Hes. aus arab. *ǵalaǵa* Schädel, Kopf ableiten möchte). Auch für das Verhältniss von griech. πράσον: lat. *porrum*, beide Porree oder Lauch (*Allium Porrum L.*) nimmt man jetzt meist Urverwandtschaft an (vgl. Bartholomae Wochenschrift für klassische Phil. 1895 S. 596f. und K. Brugmann Grundriss I², 2 S. 744). — Die übrigen oben meist genannten Namen von *allium*-Arten bieten zum Theil noch ungelöste Schwierigkeiten. Ob griech. κάπια, lat. *cêpe* etwas mit den idg. Wörtern für Kopf (oben S. 195) zu thun hat, ist sehr zweifelhaft. Die letzteren sind so zu ordnen, dass die germanischen goth. *haubith*, ahd. *houbit*, ags. *héafod*, altn. *haufuth*, später *höfud* auf eine gemeinsame Grundform **kaupot-* zurückgehn, die sich mit lat. *caput* nur dann vermitteln lässt, falls man letzteres durch ein dem ags. *hafola* Kopf, scrt. *kapâla* Schädel entsprechendes Wort umgestaltet sein lässt (Kluge). Griech. κεφαλή wird fern zu halten und zu ahd. *gebal* Kopf zu stellen sein. Nimmt man arcad. κάπια als κάπια, so liegt die Ableitung von κῆπος, κᾶπος Garten nahe, „Gartenfrucht". Lat. *cêpe, caepa* wäre dann entlehnt aus ion. *κήπια. Fasst man hingegen κάπια als κάπια und vermuthet Urverwandtschaft mit *cêpe*, so machen die Vocalverhältnisse (lat. *ê, ae*: griech. α) dem Verständniss Schwierigkeiten. Nach Stokes Urkeltischer Sprachschatz S. 68 wären auch ir. *cainnen* Zwiebel, Lauch, cymr. *cenin* unter Annahme des Ausfalls eines intervocalischen *p* (*capi-*) hier anzureihen. Schliesslich könnte man für die Erklärung von κάπια auch noch an κάπυς ‚*fumus*', Hauch, Athem denken. Vgl. oben S. 197 und griech. θύμος eine Zwiebelart (= klr. *dýmki* eine Zwiebelgattung, altsl. *dymŭ* Rauch). Ganz dunkel ist griech. μοττό-, kypr. μοττοφαγία Knoblauchbreiesserei; Meister, Griech. Dial. III, 218. — Lat. *allium, alium* deutet man jetzt wohl richtig als »stinkendes« (lat. *hâlare, anhêlare*, altsl. *ąchati*, **on-s-ali*) Kraut. — Was die deutschen Knoblauch und Bolle anbetrifft, so wird ersteres so zu verstehen sein, dass in ahd. *chlobolouh* schon der erste Bestandtheil *chlobo-* (ags. *clufe*, engl. *clove*, vgl. Skeat *Et. Dict.*) früher »Knoblauch« bedeutete (vgl. *maul-tier, wint-spiel, damm-hirsch* etc.). Bolle ferner ist ein echtdeutsches Wort mit der Grundbedeutung „Knollenartiges" (ahd. *hirnibolla* Hirnschale). Ueber *lauch* Kluge, Et. W.⁵ Die älteste Entlehnung aus lat. *cêpa* ins Germanische ist ags. *cîpe* Zwiebel (vor 400, nach Hoops, Altengl. Pflanzennamen, Diss. Freiburg 1889, S. 75). Vgl. dazu ir. *-ciap* in *foll-chiap* ‚Lauch' und alb. *k'epɛ*. Weitere germanische Entlehnungen aus dem Lateinischen sind ags. *ynne, ynne-léac* aus lat. *ûnio*, das wohl weder aus dem Keltischen stammt, noch mit lat. *ûnus* (**oino-s*) etwas zu thun hat (vgl. oben S. 202), und ahd. *pforro*, ags. *porr* (alb. *por̃*) aus lat. *porrum*. Ahd. *surio, surro* (oben S. 202) könnte die „syrische" Pflanze (goth. *Saúr, Surus*') sein (vgl. *cepa Ascalonica*, unser Eschlauch).

Bei den Turko-Tataren gingen nach Vámbéry, Primitive Kultur S. 220 Zwiebel und Knoblauch als Nährpflanzen bis in die ältesten Zeiten zurück (*sogan*, das in höchst beachtenswerther Weise dem lit. *swogũnas* Zwiebel (oben S. 202) zu entsprechen scheint, und *sarimsak*), während die Westfinnen auf diesem Gebiet sich sprachlich ganz von ihren europäischen Nachbarn abhängig zeigen (Ahlqvist, Kulturwörter S. 40f.). — Ein Anbau von

Zwiebelgewächsen im vorhistorischen Europa hat sich unseres Wissens bis jetzt nicht nachweisen lassen. (Vgl. über die Geschichte der Zwiebelgewächse auch v. Fischer-Benzon Altdeutsche Gartenflora S. 137ff.)

Aus dem Orient stammen auch zwei andere Gewürzpflanzen, die wir hier gleich anschliessen, der Pfefferkümmel, *Cuminum Cyminum L.*, und der Senf, *Sinapis alba* und *nigra L.* Bei dem ersteren liegt dies in dem griechischen Wort *κύμινον* unmittelbar zu Tage. Das hebräische *kammon* muss in den übrigen semitischen Sprachen ähnlich gelautet haben: aus einer derselben stammt die griechische Form, die weiter das römische *cuminum* abgab, aus welchem letztern dann wieder alle europäischen Namen abgeleitet sind — nur dass die Deutschen sich die Endung etwas mundgerechter machten, die Polen mit Ausstossung des Vocals *kmin* sagten und daraus die Russen endlich mit Herstellung der beliebten Verbindung *tm* statt *km* ihr *tmin* schmiedeten. Der Weg, auf dem dies Gewürz wanderte, ist also der bei zahlreichen Kulturobjecten beobachtete und kulturgeschichtlich, sozusagen, normale. Theophrast berichtet, zum Gedeihen des Kümmels gehöre, bei der Saat Flüche und Lästerungen hören zu lassen (h. pl. 7, 3, 3 und 9, 8, 8). Diesem Aberglauben liesse sich vielleicht eine Deutung abgewinnen, aber auf die Herkunft der Pflanze fiele dadurch, so viel wir sehen, kein neues Licht. Nach Dioskorides 3, 61 war der äthiopische Kümmel der beste, der von Hippokrates der königliche genannt worden sei. In unserm jetzigen Hippokrates findet sich nichts von einem *κύμινον βασιλικόν*, und Dioskorides bezieht sich entweder auf eine jetzt verlorene Schrift, die unter dem grossen Namen des koischen Arztes ging, oder, was wahrscheinlicher ist, sein Gedächtniss war ihm hier untreu. Am persischen Hofe wurde allerdings nach der bereits angeführten Stelle des Polyaenus auch äthiopischer Kümmel verbraucht und zwar täglich sechs *καπέτιες*, welches persische Mass dem attischen *χοῖνιξ* gleich war. Nach dem äthiopischen Kümmel kam als nächstbeste Sorte der ägyptische; unter dem erstern würde also der oberägyptisch-nubische zu verstehen sein, wenn wir nicht vorzögen, an den vom rothen Meer zu denken: da ja Aethiopen auch in Indien gedacht wurden. Der Kümmel, fährt Dioskorides fort, wächst auch in dem kleinasiatischen Galatien und in Cilicien, sowie im Tarentinischen (durch Verpflanzung): in der That bezieht ihn auch das heutige Griechenland aus levantinischen Häfen, besonders aus Smyrna, und Apulien treibt starken Kümmelbau und lebhaften Handel mit dem geernteten Produkt. Innerhalb des römischen Reiches — so ergänzt

Plinius die Angaben des Dioskorides — gilt der Kümmel von Carpetanien im Herzen Spaniens für den besten, sonst der äthiopische und afrische oder auch der ägyptische, 19, 161: *in Carpetania nostri orbis maxume laudatur, alioqui aethiopico africoque palma est. quidam huic aegypticum praeferunt.* — Im ganzen Alterthum war übrigens der Kümmel als ein mildes, anregendes, wohlschmeckendes Gewürz beliebt. Bei einem Dichter der mittleren Komödie sind Kraut, Kümmel, Salz, Wasser und Oel die gewöhnlichsten Küchenrequisite, um einen Fisch anzurichten (Athen. 7, p. 293) und bei Plinius reizt der Kümmel einen verdrossenen Magen am angenehmsten, 160: *fastidiis cuminum amicissimum.* Wie das Salz ein Symbol der Freundschaft war, so auch Salz und Kümmel: *οἱ περὶ ἅλα καὶ κύμινον* sind soviel als vertraute Freunde (Plut. Symp. 5, 10, 1). Der Kümmel galt für ein hochstrebendes Kraut, *in sublime tendens*, wie schon Phythagoras anerkannt haben sollte, und besass die Kraft, rothe Wangen zu bleichen, daher *exsangue cuminum* bei Horaz und *pallentis grana cumini* bei Persius. Ehe der Pfeffer erfunden war oder in allgemeinen Gebrauch kam, spielten Samen, wie der römische Kümmel, der Schwarzkümmel, *Nigella sativa*, der Koriander, *κορίαννον*, u. s. w. natürlich eine wichtigere Rolle. Darunter heben wir den Schwarzkümmel hervor, weil er bei den Römern den orientalischen Namen *git*, *gith* führt und seinen Ursprung also an der Stirn trägt. Er kommt schon bei Plautus Rud. 5, 2, 39 vor, wenn anders die Stelle nicht verdorben ist; später wird er von Columella und Plinius als etwas Gewöhnliches genannt. Da er bei den Griechen anders heisst, Plin. 20, 182: *git ex Graecis alii melanthium, alii melaspermon vocant*, so kann er nicht über Griechenland nach Italien gekommen sein — von wo anders also in so früher Zeit, als vom karthagischen Afrika? In der That berichtet ein Zusatz zu Dioskorides 3, 64, die Afrer nannten das *κορίαννον* (d. h. Wanzensamen, Koriander) *γοίδ*. Lesen wir dies Wort nach spät griechischer Aussprache *gid*, so ist dieser Name derselbe, wie der römische für *Nigella sativa*, an den sich auch der althebräische *gad* für Koriander anschliesst. Ob dies *gad* ursprünglich semitisch oder selbst wieder entlehnt ist, kann uns hier gleichgültig sein; auch dass die Pflanzen verschieden sind, macht bei der Ungenauigkeit und Unbeständigkeit der Volks- und populären Handelssprache des Alterthums keine Schwierigkeit. — Der eigentliche in Mitteleuropa einheimische Kümmel, *Carum Carvi*, ist, wie bekannt, bis auf den heutigen Tag ein vielgebrauchtes, willkommenes Gewürz geblieben, das auf dem Brote, im Käse, Kohl u. s. w., besonders aber im Branntwein als Doppelkümmel auch den Hyperboreern gar sehr, oft nur allzusehr mundet.

* Der ägyptische Kümmel, *Cuminum Cyminum* L., ist wild nur aus Turkestan von den Ufern des Kisilkum bekannt, wo er von Lehmann gefunden wurde. Nach Aegypten ist er wahrscheinlich über Syrien eingeführt worden (Schweinfurth in Verh. d. Berliner anthropol. Gesellsch., Sitzg. vom 18. Juli 1891). Der eigentliche Kümmel, *Carum Carvi* L., ist von Europa bis zum Himalaya und durch Sibirien verbreitet.

** Zu beachten ist, dass griech. κύμινον erst bei Aristophanes auftritt, mithin die Uebernahme des semitischen (auch ins Armenische *čaman* gedrungenen) Wortes vielleicht erst in die Zeit nach den Perserkriegen fällt, in welcher ein sich stätig erhöhender Lebensgenuss die Aufmerksamkeit auf eine ganze Reihe bis dahin unbekannter Aromata und Gewürze des Orients lenkte. Freilich bezweifelt man neuerdings (kaum mit Recht) die Herleitung des griech. κύμινον aus dem semitischen hebr. *kammôn*, aram. *kamônâ*, pun. χαμάν mit Rücksicht auf die Verschiedenheit des Vocalismus beider Wörter. Vgl. Kretschmer, K. Z. 29, 440; dazu Muss-Arnolt, Transactions XXIII, 105, 117, der auch ein assyr. *kamanu* (F. Delitzsch Assyr. Handwörterbuch S. 336: *kamunu* ein Gartengewächs) nennt. Kretschmer möchte mit der semitischen Sippe vielmehr das griech. (σ)καμωνία vergleichen »eine Art Winde, aus deren Wurzel (wie auch aus dem Kümmel) ein abführender Saft bereitet wird« (?). — Der Feldkümmel (Mattkümmel, Wiesenkümmel, vgl. Pritzel und Jessen, Die deutschen Volksnamen der Pflanzen (S. 275) heisst mhd. *karbe*, *karve*, engl. *caraway*, entlehnt (unter Einwirkung von arab. *al-karavîa)* aus lat. *careum*, nach Plinius »aus Karien« (19, 164: *careum gentis suae nomine appellatum culinis principale)*. Diosc. κάρον. Doch wird *Carum Carvi* L. auch schlechthin Kümmel genannt. Eigene Ausdrücke für die in Europa einheimische Pflanze sind, wie es scheint, durch diese Entlehnungen ganz verdrängt worden, ein in der Kulturgeschichte typischer Vorgang. Graff bietet: *witesa (careola)*, Bock, Kräuterbuch (bei Pritzel-Jessen): Wistkimmel. — Ueber γοιδ Löw, Aram. Pflanzenn. S. 155.

Auch der Senf wird schon von den attischen Komikern als wohlbekannte beissende Substanz erwähnt, die zwar zu Thränen und Gesichtsverzerrung reizt, aber trefflich sich eignet, eine abgeschmackte Kost zu stärken und zu beleben. Die Attiker nannten ihn *νᾶπυ*, während der hellenistische Name *σίναπι*, *σίναπυ* und danach der lateinische *sinapi*, *sinape* oder *senapis* war. Die erstere Form, die auch in der Erweiterung *νάπειον* vorkommt, stimmt auffallend mit dem lateinischen *napus*, die Steckrübe, überein, mit welcher letztern die Senfstaude einige Aehnlichkeit hat und deren Namen sie annehmen oder der sie den ihrigen geben konnte. *Νᾶπυ* heisst der Senf bei allen Aelteren (z. B. Aristoph. Eq. 631) und auch Theophrast sagt nie anders, bis seit der macedonischen Zeit die um die Silbe *σι* längere Form auftaucht, zuerst bei einem Dichter der neueren Komödie, Athen. 9, pag. 404:

σίναπι τούτοις παρατίθημι καὶ ποιῶ
χυλοὺς ἐχομένους δριμύτητος, τὴν φύσιν
ἵνα διεγείρας πνευματῶ τὸν ἀέρα.

Der Verfasser dieser Verse wird im überlieferten Text Anthippus genannt; da ein solcher Name unerhört ist, so haben die Herausgeber dafür Anaxippus gesetzt, welcher Dichter zur Zeit des Antigonus und Demetrius Poliorcetes lebte. Noch älter indess wäre das abgeleitete Verbum **σιναπίζειν**, Athen. 9, 367: *τὸ θυγάτριόν τέ μου σεσινάπικε διὰ τῆς ξένης* — wenn die Worte in Ordnung sind und der Urheber derselben, Xenarchus, richtig zur mittleren Komödie gerechnet wird. Bei dem alexandrinischen Dichter Nicander ist der vollere Name häufig und seitdem das ältere **νᾶπυ** ausser Gebrauch und nur noch literarisch vorhanden. In Italien herrscht *sinapis, senapis* ausschliesslich (schon bei Ennius und Plautus), während *napus*, wie gesagt, nur die Kohlrübe bedeutet. In welchem Verhältniss beide Formen zu einander stehen — denn dass sie völlig unabhängig von einander und also der Gleichklang nur zufällig wäre, scheint doch nicht annehmbar — und wie die Vorsatzsilbe hinzutreten oder wegfallen konnte, darüber haben wir keine Meinung. In den Gesetzen der Sprache, aus der das Wort entnommen wurde, konnte diese Doppelform begründet sein, aber welches war die Sprache? In Athen galt für den besten Senf der von der Insel Cypern, **νᾶπυ Κύπρον**, wie wir aus den Versen des Eubulus bei Pollux 6, 67 und Athen. 1, 28 ersehen. Benfey, Griech. Wurzelwörterb. 1, 428, stellt eine Vermuthung auf, wonach das Wort ursprünglich sanskritisch, dann in persischem Munde umgestaltet, endlich noch mehr verwandelt zum griechischen **σίναπι** geworden wäre — der Sache nach nicht unmöglich, ob aber lautlich ohne Gewaltsamkeit? Aegyptische Wörter wie **σίλι** und **σέσελις**, **σάρι** (ägyptische Wasserpflanze) und **σίσαρον**, ferner **κόμμι, κίκι** oder **κῖκι**, **κῦφι**, **ἄμμι, στίμμι** oder **στίβι** u. s. w. lassen uns auch für **νᾶπυ** und **σίναπι** auf ägyptische Herkunft rathen. — Das ital. *mostarda*, franz. *moutarde* u. s. w. stammt von dem Most, *mustum*, mit dem der Senf angemacht wurde, der deutsche Senf aber wie der Essig, die Zwiebel, der Kümmel, das Oel und der Salat, wie Lattich, Endivie, Cichorie, Kresse, Sellerie, Petersilie, Fenchel, Anis und vieles Andere aus Italien.

* Der weisse Senf, *Sinapis alba* L., ist in Mittel- und Südeuropa verbreitet, doch ist die Pflanze in Norddeutschland nur kultivirt oder als Ruderal

pflanze verwildert anzutreffen; ihre eigentliche Heimath ist wahrscheinlich Südeuropa, zumal auch die ihr nahe verwandten Arten, *S. dissecta* Lag. und *S. hispida* Schousb. in Südspanien heimisch sind.

Der schwarze Senf, *Brassica nigra* (L.) Koch, findet sich in Mittel- und Südeuropa, in Gebüschen und an Gräben wildwachsend, fehlt nur in Norwegen, Schweden und Nordrussland.

** Eine altenglische Bezeichnung des Senfes *cedele* giebt Hoops über die ae. Pflanzennamen S. 75. Damit sind vielleicht das von Pictet Origines I, 296 genannte cymr. *cethw*, *cedw*, *ceddw*, sowie norddeutsche Namen für *Sinapis arvensis*, wie *kiddik*, *kidk* (Ostfriesland), *köddik* (Unterweser) bei Pritzel-Jessen S. 379 zu vergleichen. — Aus Südeuropa nennen wir noch das leider dunkle albanesisch-neugriechische *vruve*-βροῦβα, ἀγριοβροῦβα (G. Meyer, Et. W. S. 479) und alb. *l'inariδi* Sinapis alba (Heldreich, Nutzpflanzen S. 47, G. Meyer S. 246).

Linsen und Erbsen.

Nahe der Zeit nach schliessen sich an den ersten Anbau der mehlreichen Gräser auch die noch jetzt gebräuchlichen Hülsenfrüchte an, in manchen Gegenden den ersteren an Rang und Nutzen fast ebenbürtig, sei es zur Ernährung des Menschen oder als Thierfutter oder als Brach- und Zwischenfrucht, und auch darin jenen gleichkommend, dass ihre Körner — ein sehr wesentlicher Vorzug — nicht vergänglich sind, sondern sich lange aufbewahren und in die Ferne tragen lassen. Von der Bohne, als einem sehr alten Nahrungsmittel, ist an einer andern Stelle (Anmerk. 19) im Vorübergehen gesprochen; auch Linse und Erbse mussten in den Ländern, wo sie wild wuchsen, frühe unter den Kräutern des Feldes durch ihren essbaren Samen den Hirten bemerkbar werden; von da an war, als Noth und Beispiel dem schweifenden Leben immer engere Grenzen steckten, bis zur künstlichen Ausstreuung derselben nur ein Schritt. Wo aber wuchsen sie wild? und von wo ging folglich ihre Kultur aus? Da die Naturforscher bis jetzt darüber nichts Bestimmtes auszusagen wissen, so finden wir uns wieder auf die uralten Zeugnisse zurückgewiesen, die in den Sprachen niedergelegt sind und von den sich folgenden Menschengeschlechtern in unbewusstem Thun bis in die Zeiten weiter gerettet wurden, wo das historische Morgengrauen anbricht. Aber auch dort scheint diesmal nur ein vieldeutiges, unbestimmtes Orakel auf unsere Frage zu antworten. Erstlich sind die bezüglichen Namen zum Theil von so allgemeinem Charakter, dass sie sehr alt sein können, die Frucht aber, die sie benennen, jung; zweitens steigt mitten in der Freude, bei getrennten Völkern eine übereinstimmende individuelle Bezeichnung zu finden, der böse Zweifel auf, ob nicht Kulturunterricht ganz später Zeit d. h. Entlehnung das Wort weiter getragen; drittens entzieht sich auch in dem letzteren Falle, der immerhin belehrend sein würde, oft der Zusammenhang selbst unseren Blicken d. h. es bleibt oft fraglich, ob die Ueberlieferung von Nord nach Süd u. s. w. oder in umgekehrter Richtung geschehen sei. Nur so viel erkennen wir mit einiger Deutlichkeit, dass die Linse schon ein Besitz der vorindogermanischen Kultur und den europäischen Völkern von Südost her zugekommen ist, dass umgekehrt die Erbse — wir fassen unter diesem Namen alle verwandten Arten zusammen — dem Norden d. h. dem mittleren Asien angehört und sich von dort am Pontus vorüber den Weg nach Europa gebahnt hat.

Die Linse in Aegypten, namentlich bei dem semitischen Grenzort Pelusium und sonst im Nildelta, wo Phacussa oder Phacussae, die Linsenstadt, lag, ist vielfach bezeugt. Um die Pyramiden sah Strabo 17, 1, 34 die Abfälle von den behauenen Steinen in Gestalt kleiner, linsenförmiger Körnchen haufenweise liegen und die Leute behaupteten, dies seien versteinerte Reste der dort von den Arbeitern gehaltenen Mahlzeiten — woraus wenigstens erhellt, dass man sich jene ältesten Steinmetzen schon als linsenessend dachte. Dass die Frucht auch den alten Hebräern nicht fremd war, weiss Jeder aus der sogenannten biblischen Geschichte, mit der man seine früheste Jugend aufgezogen hat. Der Erzvater kochte einen Linsenbrei, und so köstlich war diese Speise, dass der ältere Sohn dem jüngeren dafür das Recht der Erstgeburt verkaufte. Und den David, da er in der Wüste weilte, versehen seine Freunde ausser anderen Lebensmitteln auch mit Linsen, 2. Sam. 17, 28: »brachten .... Weizen, Gersten, Mehl, Sangen (geröstete Aehren), Bohnen, Linsen, Grütz, Honig, Butter, Schaf und Rinder, Käse zu David und zu dem Volk, das bei ihm war, zu essen, denn sie gedachten, das Volk wird hungrig, müde und durstig sein in der Wüsten.« Der althebräische Name dafür *adaschim* ist noch der heutige bei den Arabern und auch von den Persern adoptirt worden (Ol. Celsius, Hierobot. 2, 103 ff.). Den Griechen, den Zöglingen der Semiten, konnte auch diese Frucht nicht lange verborgen bleiben. Zwar Homer erwähnt sie nicht; aber in Athen ist seit der Mitte des fünften Jahrhunderts das Linsenessen schon eine Sitte des niederen Volkes, deren sich der Begüterte und Gebildete enthält, und hat also bereits eine lange Geschichte hinter sich, z. B. Aristoph. Plut. 1004: »jetzt wo er reich geworden ist, mag er Linsen nicht mehr, früher, da er noch arm war, ass er was ihm vorkam.« »Nur keine Linsen, ruft eine Person bei dem Komiker Pherecrates (Athen. 4 p. 159), wer Linsen isst, riecht aus dem Munde.« Die Griechen nannten die Linse und das Gericht daraus *φακῆ*, die Pflanze und ihre Frucht *φακός* — mit einem dunklen Worte, das ganz einsam steht d. h. in keiner verwandten Sprache sein Analogon hat, auch nicht nach Italien weiter gewandert ist. Denn bei den Römern, wo schon der alte Cato in seiner Landwirthschaft Linsen säen und Linsen mit Essig behandeln lehrt und bei Todtenmählern den Verstorbenen Linsen und Salz vorgesetzt wurden (Plut. Crass. 19), trägt die Frucht den ganz abweichenden Namen *lens*, *lentis* — der also nicht aus griechischer Quelle stammt. Aus welcher aber? Wir haben nicht einmal eine Vermuthung darüber. Auch aus dem Lateinischen selbst bietet sich keine Ableitung. Ist, wie in dem ähnlich klingenden *lens*, *lendis*, nach lateinischer Weise ein Anfangs-c oder -g abgefallen? oder dürfen wir an *lentus*, *lenis* denken? Auf dem richtigen Wege gelangte die Linse weiter aus Italien über die Alpen nach Deutschland und zu Litauern und Slaven. Althochdeutsch *linsi*, mittelhd. *linse* aus dem Lateinischen; litauisch *lenszis*, slavisch *lęšta*, *leča*, *lešta*, *leća* u. s. w., magyarisch *lencse* u. s. w. — Alles nur das im barbarischen Munde nach Bedürfniss umgemodelte lateinische *lens*, *lentis*. Die Slaven haben daneben noch einen anderen Ausdruck: *sočivo*, *lens*, auch *legumen* überhaupt, *novella tritici grana*, *lupinus*, in den lebenden Sprachen gewöhnlich in verlängerter Form: russ. *čečevica*, *sočevica*, poln. *soczewica*, *soczka*, czech. *sočovice*. Damit vergleicht sich das altpreussische *lieutkekers* Linsen, *keckers* Erbsen. Wie das letztere, sind auch die assibilirten slavischen Formen nur ein Nachhall des lateinischen *cicer*, deutsch Kicher, italienisch *cece*, französisch *chiche*.

Unter den vielfachen Namen für die Erbse und ihre Arten ist der interessanteste, weil altbezeugte und noch heute in seinen Abkömmlingen lebende, das griechische *ἐρέβινϑος*. Es steht nämlich schon bei Homer und zwar neben der Bohne: Helenus, der Sohn des Priamus, hatte auf den Menelaus einen Pfeil abgeschossen, dieser aber sprang von der Rüstung ab, wie auf weiter Tenne im Wehen des Windes die dunklen Bohnen und die Erebinthen von der Wurfschaufel springend fliegen, Il. 13, 588 (nach Donner):

Wie von geplatteter Schaufel die Frucht der gesprenkelten Bohnen
Oder der Erbsen im Herbst auf räumiger Tenne dahin fliegt,
Unter dem Schwunge des Worflers vom sausenden Winde getragen:
So von dem Panzergewölbe des herrlichen Danaerfürsten
Prallte der bittere Pfeil und tauchte sich weit in die Ferne.

Ob hier die Kicher- oder die gemeine oder die Platterbse u. s. w. zu verstehen sei, lehrt die Stelle unmittelbar nicht; der um so viel Jahrhunderte spätere Theophrast freilich spricht, wenn er ἐρέβινθος sagt, sicher von der Kichererbse, da er die Schote für rund erklärt, h. pl. 8, 5, 2: στρογγυλόλοβα καθάπερ ὁ ἐρέβινθος. Aus dem Hiatus bei Homer aber und aus einigen bei Hesychius erhaltenen mit γ beginnenden Formen, in denen sich zugleich ein *l* dem *r* substituirt hat, erhellt, dass das Wort ursprünglich mit einem Digamma begann. Trennen wir das im älteren Griechisch häufige und, wie es scheint, deminutivische Suffix ινϑ- ab, so fällt ἐρέβινθος mit dem andern Erbsennamen ὄροβος zusammen. Da ferner auch das inlautende β nur ein verhärtetes Digamma ist, so wird die Urform des Wortes ϝορϝος gewesen sein (s. Legerlotz in Kuhns Zeitschrift 10, 379), die sich nicht weiter auflösen lässt, und in der uns ein Fremdwort aus Kleinasien vorliegen kann. Nach Kleinasien aber kann der ὄροβος oder ἐρέβινθος nicht aus den warmen Palmenländern nach Indien zu, denen Theophrast h. pl. 4, 4, 9 ausdrücklich sowohl den ἐρέβινθος als φακός abspricht, gekommen sein und eben so wenig aus dem syrisch-ägyptischen Kulturkreise, innerhalb dessen die Frucht nirgends erwähnt wird, folglich nur aus dem Gebiet des Pontus und des Kaukasus, das mit dem innern Asien in natürlichem Zusammenhange stand. Als die Kultur der Erbse von den Griechen nach Italien gebracht und den Römern bekannt wurde, war das anlautende Digamma in der Aussprache schon verschwunden, denn die Lateiner sagten *ervum, ervilia*, Festus: *ervum et ervilia a Graeco sunt dicta quia illi ervum* ὄροβος, *ervilium* ὀρόβινον *appellant*. Die lateinische Wortform liegt dann weiter der deutschen zu Grunde, noch ohne Ableitung im angelsächsischen *earfe*, plur. *earfan*, in den übrigen deutschen Sprachen mit *t* weiter gebildet, woraus sich in hochdeutscher Lautverschiebung das althochd. *arawîz*, *araweiz* und durch fernere Entstellung unser heutiges Erbse ergab. In seiner Geschichte der deutschen Sprache hatte Grimm die deutschen Wörter noch für entlehnt gehalten, S. 46 Anm.: »mit der Sache scheinen uns diese Namen von den Römern zugebracht«, bei Ausarbeitung des Wörterbuches aber, wo sein Sinn immer grüblerischer geworden war und das Einfache ihm nicht mehr genügte, schrieb er unter Erbeiss: »die Wurzel liegt völlig im Dunkel.« Wir halten uns, wie in andern Fällen, an den früheren Grimm, besonders an den unsterblichen Verfasser der Grammatik; indess, sehen wir genauer zu, so könnte vielleicht in der That nicht das lateinische *ervum*, sondern das griechische *ἐρέβινθος* die Quelle von *arawîz*, *ervet* u. s. w. und der Zeitpunkt, wo die Erbsen den Deutschen bekannt wurden, in die Jahrhunderte hinaufzurücken sein, in denen die Gothen und andere deutsche Völker an der unteren Donau unmittelbar mit griechischer Sprache oder mit Völkern griechischer Halbkultur zusammenstiessen. Wackernagel, die Umdeutschung fremder Wörter, Ausgabe 2, S. 18 drückt sich unbestimmt aus: »aus dem Griechischen und Lateinischen entlehnt *ἐρέβινθος* ahd. *arawîz araweiz*«; an einer anderen Stelle, S. 14, bemerkt er, das Hochdeutsche habe schon früher das griechische *th* als *t* genommen, weil sonst aus *ἐρέβινθος* nicht *arawîz* hätte werden können; dass der Anfangsvokal im Hochdeutschen ein *a* ist, erklärt er aus dem im gothischen *ai* vor *r* — denn nur so konnte Ulphilas das *ε* in *ἐρέβινθος* schreiben — doch noch hörbaren *a* (Beispiele davon S. 18). Die gothische Form des Wortes entgeht uns leider; nach *arawîz* rathen wir auf *airveits*: in *ἐρέβινθος* nämlich wurde das *b* schon wie *v*, das *th* in nordgriechischer Weise wie *d* gesprochen; aus diesem *d* ergab sich regelmässig ein goth. *t*, ahd. *z*; der Diphthong *ei* entstand aus Unterdrückung des *n*, wie *seiteins* aus *sinteins*, *peikabagms* aus *φίνιξ*, *φίνικος* (so wurde damals schon statt *φοίνιξ* ausgesprochen) u. s. w. Ein slavisches *revitovo zrĭno* für *ἐρέβινθος* (Mikl. p. 797) gleicht ganz dem supponirten goth. *airveits* und gr. *ἐρέβινθος*.

Neben *ὄροβος* und *ἐρέβινθος* besassen die Griechen noch eine alterthümliche Benennung für die gemeine Erbse: *πίσος*, *πισός*, *πίσον*, *πίσσον*. Dieses Wort bringen alle Etymologen in Verbindung mit dem Stamme, zu dem das lateinische *pinsere*, *pisere* stampfen gehört, und die Ableitung hat gewiss viel Wahrscheinlichkeit, für das Alter der Frucht ist aber damit nichts gewonnen. Sie ist damit nicht sowohl als mahlbare, wie Grimm will, bezeichnet — denn dass sie gemahlen werde, ist gerade bei der Erbse nicht von nöthen, — auch nicht als zu einem Brei verkochte, wie Curtius erklärt, — denn dieser Begriff liegt nicht in der Wurzel und dem daraus erwachsenen Wortstamme —, sondern als Körnerfrucht, aus runden Stückchen oder Kügelchen bestehend, wie sie beim Zermalmen und Zerstampfen sich ergeben und bei grobem Kies, Hagelschauern u. s. w. der Anschauung vorlagen: litauisch *pėska* Sand, (auch *smiltis*, begrifflich fast dasselbe), altslavisch *pěsŭkŭ*, Sand, auch *calculus*, russ. *pesok*, poln. *piasek* u. s. w. Das längst vorhandene Wort wurde also auf die Erbse angewandt und blieb an ihr haften. Dem Beispiel der Griechen folgten die Lateiner mit ihrem *pisum*, wenn sie das Wort nicht direkt entlehnten; es erhielt sich in den romanischen Sprachen und ging auch in die keltischen und ins Englische über, nicht aber zu den Germanen, vielleicht ein weiterer Wink, dass diese ihr Erbse schon früher, noch vor Beginn des mittelalterlichen Kultureinflusses von Süden und Westen gebildet hatten.

Aehnlich wie mit *πίσον* verhält es sich mit dem reduplicirten lateinischen *cicer*, dem nach Curtius no. 42[b] der Begriff des Harten, also kleiner harter Körperchen, zu Grunde liegt. Dasselbe Wort wäre das griechische *κέγχρος*, welches aber in die Bedeutung Hirse ausgewichen war und in dieser sich fixirte. Schwierigkeit macht nur der Umstand, dass die kurzen, dicken, an einem Ende etwas umgebogenen Schoten des *cicer arietinum*, *κριὸς ὀροβιαῖος*, wirklich einem Widderkopf ähnlich sehen — wodurch die Deutung nach einer anderen Seite abgelenkt wird. Wie die Zwiebeln und Linsen in Athen, bildeten Zwiebeln und Kichererbsen in Italien die frugale Mahlzeit der ärmeren Volksklasse, z. B. Horat. Sat. 1, 6, 144:

inde domum me
Ad porri et ciceris refero laganique catinum —

daher auch bei den Floralien Bohnen und Kichern unter das Volk ausgestreut wurden, das sie mit Gelächter aufzufangen suchte. Jedermann weiss, dass, wie Lentulus, Fabius, Piso nach den entsprechenden Körnern, so Cicero nach den Kichern benannt ist: wir erinnern hier nur deshalb daran, weil solche populäre Beinamen nur einer dem Volke altbekannten Speise oder Feldfrucht entnommen sein können. Das deutsche Kicher, preussische *keckers* verdient Erwähnung, weil es in eine Zeit weist, wo das *c* noch wie *k* gesprochen wurde; viel jünger ist die andere Form Zieser und wohl aus dem norditalienischen *sizer*, *sezer* entsprungen.

Andere griechische Ausdrücke, wie *ὦχρος*, *ἄρακος* oder *ἄραχος* und *λάθυρος* übergehen wir, weil sie für die Geschichte nichts ergeben, und halten uns nur noch bei einem slavischen Worte auf: altslavisch *grachŭ* in der Bedeutung *faba*, russisch *goroch*, polnisch *groch*, czechisch *hrách* die Erbse, slovenisch *grah*, *grahor*, *grahorica* die Wicke. Das neugriechische *γράχος* wird ein Lehnwort aus dem Slavischen sein, ebenso das albanesische *groše*, die Linse. Wohl aber muss *vicia cracca* bei Plinius dasselbe Wort sein, welches wieder auf das reduplicirte griechische *κάχληξ*, *κόχλαξ* Kiesel, Steinchen hinweist. Letzteres stellte sich slavisch als *grachŭ* dar, wie *χάλαζα* (für *χαλαδjα* und dies für *χλάδjα*) als *gradŭ*. Auch hier also würde der Name für die Körner der Hülsenfrüchte auf den Begriff *calculus* zurückzuführen sein, den die verschiedenen Völker, sei es zufolge angeborener gleicher Richtung der Phantasie oder nach dem Beispiel derer, von denen sie jene Körner erhielten, gleichmässig anwandten. Ein anderes altslavisches Wort für Erbse *slanutŭkŭ* (Mikl. s. v.) muss von *slana* Reif abgeleitet sein — bedeutete also ursprünglich Hagelkörner, Eistropfen.

Da die Wicke nur als grünes Futterkraut oder zur Nahrung der Tauben, Hühner u. s. w. in der späteren Zeit künstlicher Bodenwirthschaft angebaut wurde, so ist der Weg vom griechischen *βίκος*, *βικίον* zum lateinischen *vicia*, von diesem zu dem deutschen Wicke und weiter zum litauischen *wikė* u. s. w. der normale, den so viel Dinge und Namen gewandert sind.

---

* Bohne. Die heutzutage bei uns allgemein kultivirte Gartenbohne (*Phaseolus vulgaris* Savi) ist weder in Gräbern der alten Welt, noch in Pfahlbauten aufgefunden worden, noch sind im Mittelmeergebiet irgend welche nahe verwandte Formen derselben wildwachsend. Da aber andrerseits sich die Bohne in den altperuanischen Gräbern mit anderen ausschliesslich amerikanischen Samen zu Ancon bei Lima häufig findet (Wittmack in Verhandl. d. bot. Vereins d. Prov. Brandenburg XXI., Sitzungsberichte S. 176), da ferner Asa Gray und J. Hammond Tumbull (The American Journal of science XXV. (1883) S. 130) gezeigt haben, dass unsere Gartenbohne den nordamerikanischen Indianern, selbst denjenigen Canadas vor der Entdeckung Amerikas durch die Europäer bekannt war, da die gewöhnliche Bohne in nordamerikanischen Gräbern von Arizona gefunden wurde, da ferner alle verwandten grosssamigen Arten in Südamerika heimisch sind, so ist es wahrscheinlich, dass unsere Gartenbohne den Alten nicht bekannt war und erst nach der Entdeckung Amerikas nach Europa gelangte. Die Bohnen der Alten gehörten, wie Wittmack (Nachrichten aus dem Club der Landwirthe zu Berlin No. 115, 20. Juli 1881, p. 782) und Koernicke (Verhandl. d. naturhist. Ver. d. preuss. Rheinlandes u. Westfalens 1885, Corresp.-Blatt S. 136) dargethan haben, zu der im tropischen Afrika heimischen *Vigna sinensis* (L.) Endl. Obgleich diese Pflanze im tropischen Afrika heimisch ist, so ist sie wahrscheinlich doch, wie einige andere im tropischen Afrika heimischen Kulturpflanzen, erst über Indien nach Aegypten gelangt, da auch ein directer Verkehr Indiens mit Afrika auf dem Seewege bestand. (Vergl. Schwein-

furth, Aegyptens auswärtige Beziehungen hinsichtlich der Kulturgewächse in Verhandl. d. Berliner anthropolog. Gesellsch. Sitzg. vom 18. Juli 1891.) Die sogenannte Pferdebohne oder Saubohne, *Vicia faba* L., (*Faba vulgaris* Moench), welche heutzutage in Südeuropa und dem Mittelmeergebiet viel genossen wird, war bei den Aegyptern nicht beliebt, ja sogar verachtet; es sind nach Schweinfurth (Berichte d. deutsch bot. Gesellsch. II (1884) S. 362) auch erst 2 Samen der genannten Art in Gräbern aus der XII. Dynastie aufgefunden worden, in derselben kleinen Form, welche heutzutage viel in Aegypten gebaut wird. Reichlich fand Schliemann Bohnen in den Ruinen von Troja. Derselben neolithischen Periode gehören nach Buschan (Vorgeschichtliche Botanik S. 213) Bohnenfunde vom Monte Loffa in Italien, von El Garcel und Campos in Spanien, von der Aggtelek-Höhle und Lenggel in Ungarn; häufig findet sie sich in Pfahlbauten und an anderen Fundstätten der Bronze in der Schweiz, Frankreich, Spanien, Italien und Griechenland, sodann in deutschen und italienischen Fundstätten der Eisenperiode. Buschans genaue Studien an den zahlreichen Bohnenfunden haben ergeben, dass die aus dem östlichen Europa stammenden Bohnen kleiner und mehr rundlich, die aus dem westlichen Europa stammenden mehr länglich, flach und schmal sind. Diese sind es auch, welche eine grosse Uebereinstimmung mit den Samen der vom Mittelmeergebiet bei Nordpersien und Mesopotamien häufigen *Vicia narbonensis* L. zeigen und die Abstammung der *Vicia faba* von dieser Art höchst wahrscheinlich machen. Hingegen dürfte die kleinsamige Form aus Vorderasien oder Südosteuropa stammen.

Erbsen. Von den beiden gegenwärtig in Europa kultivirten Arten der Erbse wurde die gewöhnliche Gartenerbse mit kugeligem Samen, *Pisum sativum* L. in den Pfahlbauten der Bronzezeit in der Schweiz und Savoien gefunden (O. Heer, Die Pflanzen der Pfahlbauten S. 23 und Perrin, Études préhistorique sur la Savoie p. 22); sie war damals kleiner, als unsere jetzige Erbse. Ferner wurde sie von Schliemann und Virchow zusammen mit kleinen Saubohnen (*Vicia faba* L.) in Troja (Hissarlik) gefunden (Wittmack in Berichten der Deutsch. botan. Gesellschaft 1886 p. XXXI). Bis jetzt kennt man keinen Ort, wo die Gartenerbse mit Sicherheit wild wächst. Dagegen ist die graue Erbse, *Pisum arvense* L., welche durch eckige, braun und graugrün gescheckte Samen ausgezeichnet ist, weder in Pfahlbauten noch in Gräbern gefunden worden; doch will Unger Samen derselben in einem Luftziegel der aus der V. Dynastie (im 3. bis 4. Jahrtausend vor Christus) stammenden Ziegelpyramide von Daschûr gefunden haben. Sie wird im Orient und in Europa kultivirt und findet sich wildwachsend in Hecken und Gebirgswäldern Nord- und Mittel-Italiens; in Griechenland und Syrien kommt sie ausserhalb der Kulturen nur verwildert vor. Da die wenigen aus Fundstätten der neolithischen, Bronze- und Eisen-Periode stammenden Erbsen, wie Buschan gezeigt hat, eine allmähliche Grössenzunahme erkennen lassen, je jüngeren Alters sie sind, so ist es höchst wahrscheinlich, dass die Gartenerbse von dem *Pisum arvense* abstammt. Da die Erbse in Griechenland sicher schon zu Zeiten Homers angebaut war und die ältesten prähistorischen Funde aus der Schweiz (Pfahlbauten von Lüscherz, Moosseedorf) und aus Kleinasien (Hissarlik) stammen, so ist zu vermuthen, dass die Kultur der in der Schweiz gefundenen Erbsen im nördlichen Theil von Italien begonnen hat.

Linse. Die Linse (*Lens esculenta* Moench) wurde unter Todtenspeisen der XII. Dynastie von Mariette zu Dra-Abu-Negga gefunden und zwar conform mit einer kleinsamigen Varietät, welche auch heute im Grossen in Aegypten kultivirt wird. (Vergl. Schweinfurth in Ber. d. deutsch. bot. Ges. II. 362. Ferner fand sie Schliemann in der zweiten Stadt von Hissarlik. Derselben neolithischen Periode gehören die Linsenfunde aus Pfahlbauten und anderen Fundstätten in Ungarn, Deutschland, der Schweiz, Italien an (Vergl. Buschan, Vorgeschichtliche Botanik, S. 206). In dieselbe (Bronze-) Periode, wie der anfangs erwähnte aegyptische Fund, gehören nach Buschan die Linsen, welche Schliemann in grossen Thongefässen in Herakleia auf Kreta nachwies, ferner die aus den Pfahlbauten der Peterinsel (Schweiz) und von Bourget (Frankreich). Auch aus Fundstätten der Eisenperiode wurden Linsen mehrfach zu Tage gefördert. Das vergleichende Studium dieser Funde führte Buschan zu dem Ergebniss, dass alle vorgeschichtlichen Linsen weit kleiner sind, als die jetzt gebauten. Es ist wohl ziemlich sicher, dass die kultivirte Linse von der im Mittelmeergebiet und Orient auf Feldern häufig anzutreffenden Feldlinse abstammt und dass diese ursprünglich in Kleinasien heimisch war, da die zunächst verwandte Art, *Lens Schnittspahnii* Alefeld auf steinigen Plätzen von Kleinasien bis Afghanistan verbreitet ist.

** Die einzelnen Gattungen der Hülsenfrüchte werden sprachlich selbst in jüngeren Epochen nicht scharf unterschieden. So vereinigen sich in slav. *grachŭ* (aus **gorchŭ*, das sich mit κάχληξ, oben S. 216, nicht verbinden lässt) und seiner alb. Entlehnung *groš* die drei Bedeutungen Erbse, Linse, Bohne. Aus dem von lat. *faba* Bohne abgeleiteten *fabarium* stammt alb. *ϑíer̃ε, fier̃ε* Linse (G. Meyer, Et. W.) u. s. w. Das gleiche werden wir daher auch für die vorhistorische Zeit anzunehmen haben. In dieselbe gehen mit grösserer oder geringerer Sicherheit eine ganze Anzahl von Benennungen der Hülsenfrüchte zurück: 1. **keqro-*, aus welchem vielleicht mit entgegengesetzter Assimilation der Gutturale armen. *siseṙn*, lat. *cicer* (von κέγχρος oben S. 215 zu trennen), altpr. *keckers* und griech. (κε)κριός hervorgegangen sind; freilich macht bei dieser Annahme der Stammvocal des armenischen und lateinischen Wortes (*i*) Schwierigkeit (vgl. H. Hübschmann Armenische Grammatik I S. 490). 2. **lenth-*: griech. λάϑ-υρος eine Hülsenfrucht, lat. *lens, lentis* (vgl. lat. *rota*, scrt. *rathas*, lit. *rátas*), slav. *lęšta* aus **lentja* (vgl. über slav. *t* = *th* Archiv f. slav. Phil. XI, 387), ahd. *linsi, linsîn* (vgl. ahd. *flins:* πλίνϑος; doch ist auch Entlehnung des deutschen Wortes aus dem Lateinischen nicht ausgeschlossen, (vgl. zuletzt Kluge in Pauls Grundriss I² S. 339). 3. griech. φακός Linse, oben S. 212 = alb. *baϑε* Saubohne (G. Meyer, Et. W.); 4. lat. *faba* = altsl. *bobŭ*; 5. griech. πίσος = lat. *pîsum* (oben S. 214), für das aber auch Entlehnung aus dem Griechischen angenommen wird. Was die Reihe (oben S. 212 f.) griech. ἐρέβινϑος, ὄροβος — lat. *ervum* — ahd. *arawîz* betrifft, so ist jedenfalls soviel jetzt klar, dass dieselbe nicht auf Entlehnung des lat. Wortes aus dem Griechischen und des deutschen Wortes aus dem Lateinischen oder Griechischen beruhen kann. Einen urverwandten Kern erblicken die einen in *ervum* = *arawîz* (Fick, Vergl. W. I⁴, 364), andere in ἔρεβος, ὄροβος = *ervum* (**ergvo-m* oder

**eregvo-m, *erogvo-m)* und griech. ἄρακος Hülsenfrucht = *arawîz* (Sprachvergleichung und Urgeschichte[2] S. 426 f.). Aber auch wenn wir von dem vielerlei unklaren in der Terminologie der Hülsenfrüchte absehn, bleibt eine Anzahl sicher urverwandter Namen derselben (vgl. namentlich griech. φακός = alb. *baϑε* und lat. *faba* = altsl. *bobŭ*) übrig. Es liegt daher seitens der Sprache auch hier die Möglichkeit vor, dass Griechen und Römer bereits mit der Kultur der Hülsenfrüchte vertraut in der Balkan- resp. Apenninhalbinsel eingewandert seien. Welche Gattungen der Hülsenfrüchte alsdann freilich in proethnischer Zeit angebaut worden sind, lässt sich aus den angegebenen Gründen mit rein sprachlichen Mitteln nicht entscheiden. Hier müssen die prähistorische Archäologie, sowie historische und geographische Erwägungen eingreifen. Was wir in dieser Beziehung bis jetzt wissen, ist das folgende: 1. Da die heutige Gartenbohne *(Phaseolus vulgaris)* erst durch die Entdeckung Amerikas bei uns bekannt geworden ist, so ist für die prähistorische Zeit und das Alterthum vor allem der Anbau der sogenannten Saubohne *(Faba vulgaris)* anzunehmen. In neolithischen Ansiedlungen wurde sie, wie oben gezeigt ist, in Aegypten (in einem Grab der XII. Dynastie), in Kleinasien (im Burghügel von Hissarlik, II. Stadt), in Italien, Spanien und Ungarn nachgewiesen. Die Saubohne war ohne Zweifel ein wichtiges Nahrungsmittel schon der Urzeit und wurde daher mit Vorliebe auch zur Speisung der Todten (Todtenopfer) verwendet (vgl. L. v. Schröder in der Wiener Zeitschr. f. d. Kunde d. Morgenl. XV, 187 ff., der auch über die Frage des Alters der einzelnen Bohnenarten in Europa ausführlich handelt). Ausserdem wurde von den Griechen und Römern noch eine Dolichosart *(Dolichos melanophthalmos D. C.)* angebaut, die griech. δόλιχος (Theophr.), σμίλαξ κηπαία und φασίολος (Diosc.), lat. *phaselus, faseolus, phasiolus* hiess (vgl. v. Fischer-Benzon Altd. Gartenfl. S. 98). 2. Von Erbsenarten ist bis jetzt nur die Gartenerbse *(Pisum sativum L.)*, nicht die Felderbse *(Pisum arvense L.)*, in praehistorischen Schichten Europas, aus neolithischer Zeit in den Schweizer Pfahlbauten von Mooseedorf und Lüscherz nachweisbar. Auch in Hissarlik kommt sie vor. Doch wurde im Alterthum auch die Felderbse angebaut, wie z. B. die Hervorhebung ihrer unebenen und eckigen Samen durch Plinius XVIII, 123 ff. lehrt (vgl. v. Fischer-Benzon S. 95). Aehnlich steht es mit der Kichererbse *(Cicer arietinum L.)*, die ebenfalls bis jetzt in den Funden fehlt. Auch ob homerisch ἐρέβινθος sie bezeichne, ist ungewiss. Unverkennbar wird sie erst bei Columella genannt *(cicer—quod arietinum vocatur)*. Wahrscheinlich ist ihre Kultur von Italien nach dem Norden übergegangen, worauf die Entlehnung von lat. *cicer* in ahd. *chichhira*, mengl. *chiche* etc. hinweist. 3. Wichtig für die Richtung, in der Erbse und Linse sich in Alteuropa verbreitet haben, ist der schon von Hehn (oben S. 211 f.) hervorgehobene, durch die spätere Forschung bestätigte Umstand, dass die erstere höchstwahrscheinlich dem ägyptisch-semitischen Kulturkreis fehlt, dagegen im nördlichen Kleinasien (Hissarlik) vorkommt. — Weitere Namen von Hülsenfrüchten in Europa: griech. ὄσπρια (armen. *ospn, osbn* φακός?) und χέδροπα Hülsenfrüchte; neben ἐρέβινθος noch λέβ-ινθος (= lat. *leg-ūmen?*; aus dem griechischen λοβοί Schotenhülsen: kurd. *lobia*, armen. *loubiaj* Bohnen, Jaba-Justi S. 381) und γέλ-ινθος, γέρ-ιν-θος (: lit. *žìrnis* Erbse?); griech. ἔτνος Erbsen- oder Bohnenbrei; griech. δόλιχος eine an Stangen emporgerankte Bohnenart (s. o.); griech. κύαμος, πύανος: κυέω schwellen; slav. *sočivo* Linse (von lat. *cicer* u. s. w. oben S. 212 zu trennen): *sokŭ* Saft (nach Miklosich, Et. W.). *slanutŭkŭ* Erbse oben S. 216 = salzlose Frucht (nach ebendemselben); alb. *modulъ* Erbse = rum. *mazăre* (G. Meyer, Et. W. S. 284) u. s. w. Griech. βικίον wohl aus lat. *vicia* und nicht umgekehrt (oben S. 216).

Die westfinnischen Sprachen haben die Namen der Hülsenfrüchte aus dem litauischen *žirnis* Erbse und lett. *lēzas* Linsen, sowie aus russ. *bob* Bohne entlehnt. Letzteres Wort ist durch die Vermittlung der finnischen Sprachen wohl wieder ins Litauische *(pupà)* eingedrungen. Vgl. Thomsen, Beröringer S. 251, 195, 210 und Kretschmer Einleitung S. 146. Für Erbse haben ostfinnische Sprachen ein tatarisches Wort, von welchem ausgehend sie zuweilen die Bohne benennen. Vgl. Ahlqvist, Kulturwörter S. 37 ff.

Lorbeer und Myrte.

(Laurus nobilis, Myrtus communis L.)

In frühe Zeit fällt auch die Einführung der Myrte und des Lorbeers, — die eine der Aphrodite, die andere dem Apollo heilig, und beide, wie in Mignons Liede, so auch bei den Alten oft zusammengenannt, z. B. Verg. Ecl. 2, 54:

Et vos, o lauri, carpam, et te, proxima myrte:
Sic positae quoniam suavis miscetis odores,

ober bei Horaz, Od. 3, 4, 18, wo die Tauben das schlafende Dichterkind mit Lorbeer und Myrte bedecken:

ut premerer sacra
Lauroque collataque myrto.

Beide gelangten im Gefolge wandernder religiöser Kulte von Ort zu Ort weiter ins griechische Land und wurden um die entsprechenden Heiligthümer angepflanzt. Die Myrte, ihres balsamischen Duftes wegen so benannt, kam aus eben der Gegend, von wo die orientalische Naturgöttin, die Aphrodite, stammte. In Lydien jenseits des Hermos in der Stadt Temnos hatte schon Pelops, des Tantalos Sohn, der Aphrodite aus lebendiger Myrte ein Bild gemacht, damit die Göttin ihm bei Bewerbung um die Hippodamia günstig sei (Pausan. 5, 13, 4). In Cypern, dem Sitze der Astarte ward des Priester-Königs Cinyras Tochter, die Myrrha, nachdem sie mit dem Vater in blutschänderischem Umgang gelebt, um sie nach der Entdeckung vor der Verfolgung desselben zu retten, in einen Myrtenbaum verwandelt, aus dem nach vollendeter Zeit Adonis geboren wurde (Serv. ad V. Aen.

5, 72). Dasselbe erzählte der Epiker Panyasis, nur hiess bei ihm der Vater Theias und war ein assyrischer (d. h. syrischer) König, die Tochter aber ward in den Myrrhenbaum, Smyrna, die arabische Myrte, verwandelt (Apollod. 3, 14, 4). Auch bei Hyginus (Fab. 58) ist Cinyras, ihr Vater, ein assyrischer König. Bei dem Fest der Hellotien, das in Kreta und Korinth, Stätten altsemitischer Religionsübung, der Mondgöttin Europa gefeiert wurde, ward auch ein ungeheuerer Myrtenkranz mit aufgeführt, Hellotis genannt, nach dem gleich oder ähnlich lautenden Namen der Göttin selbst (Et. Magn., Athen. 15, p. 678 und Schol. zu Pind. Ol. 13, 39). Auch die Namen der Amazonen, der Priesterinnen der kleinasiatischen Mondgöttin Myrina, deren Grabhügel schon in der Ilias erwähnt wird, Smyrna, nach der die Stadt des Namens benannt sein sollte, u. s. w. weisen auf die mit dem Dienst der Göttin verknüpften Räucherungen, Salbungen und Bekränzungen mit Myrrhen und Myrten. Als die drei uralten, der Insel Cythere gegenüberliegenden Städte, Side, nach der Tochter des Danaus genannt, Etis und Aphrodisias, beide von Aeneas, dem Sohne der Aphrodite, gegründet, sich zu gemeinsamer Anlage einer neuen Stadt Böä, *Βοιαί*, vereinigten, da zeigte ihnen ein Hase (ein aphrodisisches Thier), der sich in einem Myrtenbusch verbarg, den passenden Ort dazu an; die Myrte ward zu einem Götterbilde geweiht und bestand noch zu Pausanias Zeit, unter dem Namen der Artemis Soteira (Pausan. 3, 22, 9). Polycharmus aus Naukratis erzählte in seiner Schrift über die Aphrodite, in der dreiundzwanzigsten Olympiade habe Herostratus auf einer Kaufmannsfahrt in Paphos in Cypern ein kleines Bild der Aphrodite erworben und sei darauf nach Naukratis unter Segel gegangen; nicht weit von der ägyptischen Küste habe ihn plötzlich ein Sturm überfallen, so dass die Schiffsleute zum Bilde der Aphrodite sich wandten und die Göttin um Rettung anflehten; diese, die den Naukratiten hold war, habe darauf das ganze Schiff plötzlich mit grünen Myrtenzweigen und süssem Duft erfüllt — wie im homerischen Hymnus auf Dionysos dieser das Schiff der den Gott verkennenden Seeleute ganz mit Weinlaub und Epheu füllt —, zugleich sei die Sonne wieder erschienen und die Fahrenden seien glücklich in den ersehnten Hafen eingelaufen; da habe Herostratus sowohl das Bild, als alle die Myrtenzweige im Tempel der Aphrodite als Weihgeschenk niedergelegt und im Heiligthum selbst ein Mahl gegeben, bei dem die Gäste Myrtenkränze trugen, und solche Kränze seien seitdem naukratische genannt worden (wörtlich aus Polycharmus bei Athen. 15, p. 675).

Da dies in der 23. Ol. geschehen sein soll, also vor der Gründung des Delta-Emporiums, das den griechischen Namen Naukratis trug, so bestand hier also schon früher eine Seestation mit Aphroditekultus, wie denn die unterägyptische Küste seit uralter Zeit mit Syrien, Phönizien und Cypern durch Schifffahrt und Wanderung verbunden war und mit diesen Ländern in religiöser Wechselwirkung stand. Als im Verlaufe der Zeit die Aphrodite aus einer unter barbarischer Form angeschauten und mit zuchtlosen Bräuchen verehrten Naturpotenz bei den Griechen immer mehr zur Personification weiblicher Schönheit und des Liebesgenusses geworden war, da fehlte auch nirgends im uferreichen Lande bei Tempeln, in Gärten und bald auch im Freien an den Felsenküsten der Myrtenstrauch, wegen seines lieblichen Duftes, der freundlichen Gestalt seiner unverwelklichen immergrünen Blätter, der weissrothen Blüthen und gewürzhaften Beeren allgemein beliebt und reichlich zu Schmuck und Kränzen verwandt, auch bei Gelegenheiten, wo Aphrodite nicht unmittelbar waltete. Nur der strengen Hera und der Artemis war begreiflicher Weise die Myrte verhasst und von ihrem Dienst ausgeschlossen, und in den seltenen Fällen, wo wir die keusche Artemis mit dem bräutlichen Gewächs in Verbindung gebracht finden, da mag, wie bei der obigen Artemis Soteira in Böä, die Verwandlung der bewaffneten Aschera von Askalon, der Göttin von Cythere, in eine griechische Gestalt nur eine andere Richtung genommen haben. — Auch der Lorbeer ward wegen des scharfen aromatischen Geruchs und Geschmacks seiner immergrünen Blätter und Beeren frühe ein Götterbaum. Der starke Duft seiner Zweige verscheuchte Moder und Verwesung, und derjenige Gott, der aus einer Personification der die Seuche sendenden und also auch von ihr wieder befreienden Sonnenglut allmählich zum ernsten Gott der Sühne für sittliche Befleckung und Erkrankung geworden war, Apollo, der Leto Sohn, Apollo Katharsios, erwählte sich diesen Baum als Zeichen und magisches Mittel der von ihm ausgehenden Reinigungen. Zwar im ersten Buch der Ilias, wo das Heer der Achäer sich entsündigt (*ἀπελυμαίνοντο*) und die *λύματα* ins Meer geworfen werden, ist von dem Lorbeer nicht die Rede, aber in der Sage von Orestes, dem von den Erinyen umgetriebenen und dann durch Apollo von Wahn und Schuld geheilten Muttermörder, hat auch der Lorbeer, der Baum der Sühne, seine Stelle. Als Orestes in Trözen in einem eigenen Gebäude, *σκηνή* des Orestes genannt, da den Befleckten kein Bürger in sein Haus aufnehmen wollte, vom Mutterblute gesühnt worden war und die *καθάρσια* in die Erde vergraben waren, sprosste von ihnen ein Lorbeerbaum auf, der noch zu Pausanias Zeit vor der σκηνή zu sehen war (Pausan. 2, 31, 11). Apollo selbst, da er den Python erlegt hatte, bedurfte der Sühne des vergossenen Blutes: auf Geheiss des Zeus (κατὰ πρόσταγμα τοῦ Διός) eilte er — wie die Thessaler erzählten — nach der thessalischen Hestiäotis in das Thal Tempe, kränzte sich dort mit dem Lorbeer neben dem Altare, nahm einen Zweig des Baumes in die Hand und zog auf der pythischen Strasse als herrlicher Orakelfürst in Delphi ein (Ael. V. H. 3, 1). Diesen mythischen Vorgang wiederholen die Delphier alle acht Jahre in einer eigenen heiligen Darstellung: ein delphischer Edelknabe zog, wie einst der Gott, mit der Theorie der Daphnephoren zu dem Altare im Thal Tempe, brach sich den Sühnzweig von dem Baume und kehrte auf dem vom Mythus bezeichneten heiligen Wege von einer apollinischen Kultstätte zur anderen zum delphischen Tempel zurück (O. Müller, Dorier, 2. Ausgabe, 1, 204 ff.). Griechenland bedeckte sich, je dichter die apollinischen Heiligthümer in allen Landschaften ausgestreut waren, um so mehr mit gepflanzten, duftenden, immergrünen Lorbeerwäldchen. Weil der Baum einmal dem Gotte gehörte, nahm er auch Theil an dessen übrigen göttlichen Neigungen und Verrichtungen. Der Lorbeerstab (αἴσακος) verlieh dem Seher und Weissager die Kraft, das Verborgene zu schauen; Apollo selbst gab seine Orakel vom Lorbeer her (Hom. hymn. in Apoll. 396) und im Allerheiligsten um und an dem Dreifuss, von dem die Pythia weissagte, schlangen sich Lorbeerzweige. Die Tochter des Sehers Tiresias, die Manto, wurde von Andern auch Daphne, der Lorbeer, genannt: als die Epigonen Theben eingenommen hatten, weihten sie diese Daphne nach Delphi und dort weissagte sie seitdem die Zukunft, Homer aber entlehnte manchen ihrer Sprüche und verwob sie in seinen epischen Gesang (Diod. 4, 66). Und da die Dichter auch Seher sind und Apollo, der Musenfürst, sie erfüllt, so wurde der Lorbeerzweig und der Kranz aus Lorbeerblättern auch das Abzeichen der Sänger, das die musische Begeisterung weckende Zaubermittel. So gaben die Musen dem Hesiodus, wie er selbst rühmt, den helikonischen Lorbeer in die Hand, auf dass er mit Götterstimme das Zukünftige und das Vergangene verkünde (Theog. 30). Bei apollinischen Festzügen, Opfern, Wettspielen, Anrufungen und Besprengungen, Abwendungen von Uebel und Krankheit an Menschen und Pflanzen u. s. w. dienten Lorbeerreiser als nirgends zu missendes Wahrzeichen der Gegenwart des Gottes. Gediehen diese an einer günstigen Stelle besonders gut, dann bildete sich bald die Fabel, hier sei die Daphne ursprünglich entstanden und geboren worden: so erzählten die Arkader, Daphne sei die Tochter ihres Flusses Ladon und der Erde gewesen und dort in einen Lorbeerbaum verwandelt worden (Serv. ad V. Aen. 2, 513. Pausan. 8, 20, 2.). Nach Python aber war der Lorbeer von Thessalien übertragen worden, wie die Sage in mancherlei Wendungen übereinstimmend berichtet: der Kranz der Sieger in den pythischen Spielen war Anfangs aus Tempe beschafft (Argum. Pind. Pyth.) oder bestand aus Eichenlaub, da der Lorbeer dort noch fehlte (Ov. Met. 1, 449) u. s. w. Der Scholiast zu Nic. Alex. 198 sagt geradezu: *Θεσσαλικῆς, διότι πρῶτον ἐκεῖ εὑρέθη τὸ φυτόν.* Der Lorbeer war also ein thessalisches Gewächs: weiter führt vorläufig die Spur nicht.

Begeben wir uns auf italischen Boden, so waren diesem sowohl Aphrodite als Apollo ursprünglich fremd. Erst die griechischen Ansiedelungen brachten beide Gottheiten und mit ihr die Myrte und den Lorbeer in die westliche Halbinsel. Die Vorstellungen der campanischen Griechen von des Aeneas, des Sohnes der dardanischen Aphrodite, Wanderfahrt und Niederlassung in Italien, der weite Ruhm und Einfluss des von den Phöniziern gegründeten, dann von den Griechen übernommenen Heiligthums der Venus Urania in Eryx auf Sicilien, die von dort ausgehenden neuen Stiftungen, dies Alles konnte nicht verfehlen, wie den Kultus der Göttin, so auch ihr Lieblingssymbol unter den Bewohnern des Westens zu verbreiten. Zu allererst sollte die Myrte in diesen Gegenden auf der Insel der Circe, dem Vorgebirge südlich von den pontinischen Sümpfen, am Grabe des Elpenor, des jugendlichen Gefährten des Odysseus, der wein- und schlaftrunken vom Dache gestürzt war (Od. 10, 552ff.), erschienen sein, Theophr. h. pl. 5, 8, 3 und nach ihm Plin. 15, 119: *primum Circeis in Elpenoris tumulo visa traditur Graecumque ei nomen remanet quo peregrinam esse adparet.* In den grossgriechischen Städten war auch Apollo ein viel verehrter Gott, dem die fromme Hand der Tempelstifter und der ihn mit Opfern und Gebet Angehenden seinen Baum zu pflanzen gewiss nicht unterliess. In Rhegium sollte Orestes vom Mutterblute gesühnt worden sein, wie in Athen und Trözen; er gründete dort dem Apollo einen Tempel, aus dessen geweihtem Hain die Rheginer, wenn sie nach Delphi pilgerten, den Lorbeer mitzunehmen pflegten (Varro bei Prob. Verg. Ecl. Prooem.); Münzen der Brettier, von Nola u. s. w. zeigen den Apollokopf mit Lorbeerkranz (Mommsen, Römisches Münzwesen, S. 130, 165 u. s. w.); in Cumä, der Heimath der sibyllinischen Sprüche, stand der Tempel des weissagenden Gottes auf der Burghöhe über dem Meere; von dort her ergoss sich griechische Bildung nach Cicero's Ausdruck nicht als dünnes Bächlein, sondern in vollem Strom über die Barbaren und trug ihnen vor Allem die Verehrung der reinsten griechischen Göttergestalt und deren Attribute zu. Der Lorbeer fand bald seine Stelle in den zahlreichen dem Apolloglauben wahlverwandten Lustrations- und Sühnungsgebräuchen der latinisch-sabinischen Religion, in dem Dienst der Laren, in der Feier der Palilien und Poplifugien, bei Triumphzügen siegreicher Heere und Feldherren — denn er reinigte von dem im Kriege vergossenen Blute, wie die Myrte, das Symbol der Vereinigung und des Glückes, denjenigen schmückt, der den Feldzug ohne Schwertschlag beendigt hat —, und ward auch nach dieser reinigenden Kraft benannt[56]). So konnte um 300 vor Chr. Theophrast (an dem so eben angeführten Orte) schon sagen, die latinische Ebene sei reich an Lorbeer- und Myrtenbäumen und die Berge an Tannen und Fichten. Anderthalb Jahrhunderte später finden wir bei Cato drei Lorbeerarten genannt, *laurus Cypria, Delphica, silvatica,* von welchen Namen die beiden ersten sich selbst erklären, der letzte aber wohl auf *Viburnum Tinus L.* geht (Plin. 15, 128: *tinus; hanc silvestrem laurum aliqui intelligunt),* wie auch die wilde Myrte, *μυρσίνη ἀγρία* des Dioskorides, nichts ist als der Mäusedorn, *Ruscus aculeatus L.* Dass der Lorbeer nicht etwa in Italien einheimisch war, beweist auch die Analogie der Insel Corsica, wo die ursprüngliche Wildniss sich bis in die historische Zeit erhielt und an welcher Italien daher, wie immer Continente an gegenüberliegenden Inseln, ein Spiegelbild seiner eigenen Vorzeit hatte: auf Corsica wuchs keine Art Lorbeer, gedieh aber später nach der Einführung ganz wohl, Plin. 15, 132: *notatum antiquis nullum genus laurus in Corsica fuisse, quod nunc satum et ibi provenit.* In Italien war der Lorbeer immer ein Tempel- und Gartenbaum, und der nordische Wallfahrer, der von hesperischen Lorbeerwäldern träumt, wird sich in dieser Hinsicht sehr getäuscht finden. Auch in Griechenland ist *laurus nobilis* im wilden Zustande meistens nur ein grösserer Strauch, wächst aber wohl unter günstigen Umständen zu einem stattlichen Baum heran. Fraas (Synopsis plantarum florae class. p. 288) fand ihn im südlichen Griechenland selten, erst im nördlichen, namentlich im phthiotischen Thessalien, waldähnlich versammelt und Haine bildend, »wenigstens in der Nähe von Klöstern, die sich ihre Zucht angelegen sein lassen.« Zur Zeit Hesiod's muss der Baum in Böotien am Helikon schon nicht ungewöhnlich gewesen sein, da der Dichter (Op. et d. 435, also in einer der echtesten Partien des Gedichts) die Vorschrift giebt, die Deichsel des Pfluges aus Lorbeer- oder Ulmenholz zu machen, als dem Wurmfrass nicht ausgesetzt. Auch die Höhle des Cyclopen in der Odyssee ist schon in Lorbeer versteckt, 9, 182:

> Sahn wir am Ufersaum in der Nähe des Meeres die Höhle,
> Hoch und von Lorbeerbäumen umwölbt.

Der Baum kam, wie wir vermuthen, aus Kleinasien nach Europa hinüber, wohl als Begleiter einer lustrirenden Religion, sei es mit wandernden Thrakern oder Karern oder Kretern u. s. w. Von dem Seher Branchus, dem mythischen Stifter des Branchiden-Orakels bei Milet, welches die ionischen Einwanderer als karisches Institut schon vorfanden, berichtet die Sage, er habe bei einer Pest in Milet die Milesier mit Lorbeerzweigen besprengt und gereinigt (Clem. Alex. Strom. 5 p. 570 B. ed. Paris. 1629. fol.). Eine andere Erwähnung des Lorbeers in der Argonautensage führt auf den thrakischen Bosporus. Dort wohnte in der Vorzeit das mythische Volk der Bebryker, nach Strabo thrakischen Stammes, deren König Amykos, Sohn des Poseidon, sich mit Polydeukes in einen für ihn tödtlichen Faustkampf einliess — wie Apollonius Rhodius am Anfang des zweiten Buches der Argonautica ausführlich erzählt. Die Helden kränzten sich nach dem Siege mit dem Laube eines am Ufer wachsenden Lorbeers, an dem sie ihr Schiff mit Seilen befestigt hatten, und sangen zu Orpheus Leier den Hymnus (v. 159). Dazu bemerkt der Scholiast nach dem einen von zwei älteren Autoren, die jenes Lokal in ihren Schriften behandelt hatten: es stehe dort wirklich ein hoher Lorbeerbaum an einem noch bewohnten Orte, der Amykos heisse, fünf Stadien vom Chalcedonischen Nymphäum entfernt; nach dem andern: es befinde sich dort ein Heroon des Amykos mit einem Lorbeer, und wer von demselben ein Reis breche, verfalle in Schmähungen (*εἰς λοιδορίαν ἀνίστησι*). Nach Plinius wuchs der Lorbeer seit Bestattung des Amycus auf dessen Grabe und hiess der unvernünftige, weil, wenn ein Reis davon aufs Schiff gebracht wurde, sogleich Zank entstand, bis es wieder weggeworfen wurde, 16, 239: *in eodem tractu portus Amyci est Bebryce rege interfecto clarus: ejus tumulus a supremo die lauro tegitur quam insanam vocant, quoniam si quid ex ea decerptum inferatur navibus, jurgia fiunt, donec abiciatur.* Der Lorbeer hat auch hier die Bedeutung der Sühne nach geschehener Tödtung: dass er aber zu bösen Reden verführt, und *insana* oder *δάφνη μαινομένη* heisst (bei Arrian. peripl. Ponti Eux. und Steph.

Byz.) kommt daher, weil er auf dem Grabe oder beim Sacellum des prahlerischen, streitsüchtigen Riesen wuchs. Noch weiter nach Nordosten bei Panticapäum (dem heutigen Kertsch in der Krim) hatte man, wie Theophrast h. pl. 4, 5, 3 berichtet, Myrte und Lorbeer anzupflanzen versucht, zum Zwecke priesterlicher Verrichtungen (πρὸς τὰς ἱερωσύνας, nämlich des Apollo und der in Panticapäum vielverehrten Aphrodite), aber der Versuch misslang, offenbar der skythischen Winter wegen. Plinius wiederholt diese Nachricht, mischt aber seltsamer Weise den König Mithridates ein, 18, 137: *circa Bosporum Cimmerium in Panticapaeo urbe omni modo laboravit Mithridates rex et ceteri incolae, sacrorum certe causa, laurum myrtumque habere: non contigit.* Hing diese Anpflanzung — falls Plinius nicht aus irgend einem Missverständniss, wie ihm dies nicht selten begegnet, den Mithridates herbeigezogen hat[57]) — mit der Religion des pontischen Königs, der vom persischen Stamme war, zusammen, so wird auch von den Persern selbst erwähnt, sie bedienten sich bei gewissen heiligen Handlungen der Myrten und Lorbeerreiser, die sich also doch in ihrem Lande finden mussten (Herod. 1, 132. Strab. 15, 3, 14). Die uferliebende Myrte *(amantis litora myrtos, litora myrtetis laetissima)* und auch der Lorbeer sind Gewächse eines milden, von Extremen freien Himmelsstrichs. Die Myrte ist in dieser Beziehung wie auch Theophrast h. pl. 4, 5, 3 bemerkt, noch zärtlicher als der Lorbeer. Die erstere verbreitete sich, wenn wir uns nicht täuschen, von Südosten her über die Felsenufer des mittelländischen Meeres; der andere, häufig nicht bloss in Cilicien, wo er fast bis an die berühmten cilicischen Thore reicht, in dem apollinischen Lycien, an den Gestaden Kleinasiens bis Troas hinauf, sondern auch am Südrande der Propontis und des Pontus bis Georgien, wo er aufhört (s. Tchihatscheff, Asie mineure, botanique II. p. 445 und die daselbst angeführten Werke von Sestini, Grisebach und Koch), ward zuerst in den Norden der hellenischen Halbinsel und weiter nach Süden und Westen getragen, ohne indess in Europa im freien Stande, sowohl was die Zahl als die Pracht der Exemplare betrifft, so fröhlich zu gedeihen, wie in Vorderasien.

Die Frage, ob das geringere Abbild der Myrte, der immergrüne Buchsbaum, der südeuropäischen Flora ursprünglich angehört, werden alle Botaniker unbedenklich mit Ja beantworten: dem Historiker ist die Sache noch nicht so ausgemacht. Beim ersten Blick muss auffallen, dass die lateinische Benennung *buxus* (oder in der ältern, volksmässigen Form *buxum*) von den Griechen, bei denen das Gewächs πύξος heisst, entlehnt ist — denn an eine Urverwandtschaft beider Wörter wird Niemand denken wollen — und dass also ein in Italien einheimischer Strauch oder Baum einen fremden Namen trägt. Das Holz des *buxus* wurde seit dem frühen Alterthum wegen seiner Härte, Dichtigkeit, Schwere, unvergänglichen Dauer und wegen der fehlerlosen Glätte der daraus gefertigten Platten hochgeschätzt: es war das nordische und abendländische Ebenholz; es diente zu Werkzeugen aller Art, zu Cithern und Flöten, Schmuckkästchen, Tafeln, Thürpfosten, Götterbildern, wie auch heut zu Tage die Holzschneidekunst es nicht entbehren kann; Grundes genug das Bäumchen zu verbreiten, welches nach Theophrast h. pl. 3, 6, 1 zu den εὐαυξῆ gehört d. h. zu solchen Gewächsen, die sich leicht vermehren, und also, nachdem es in einer dunkeln Periode, aus der es keine Urkunden giebt, von Menschen weiter getragen worden, in historischen Zeiten leicht sich auf dem neuen Boden als freigeboren darstellte. Wenn es aber von Asien herübergekommen war, — in welcher Gegend dieses Festlandes lag der Punkt, von dem seine Wanderung ausging? Theophrast in dem wunderbaren Abschnitt seiner Pflanzengeschichte, wo er das Bild einer Pflanzengeographie entwirft, die schon das ungeheure Reich Alexanders des Grossen und einen Theil der Welt darüber hinaus umfasst, wir meinen die ersten Kapitel des vierten Buches —, rechnet 4, 5, 1 die πύξος unter die φιλοψυχρα d. h. unter die Gewächse nicht des warmen, sondern des kalten Himmelsstrichs, und im vorhergehenden Kapitel hatte er berichtet, der griechische Epheu lasse sich in den babylonischen Gärten wegen der übergrossen Milde des Klimas gar nicht, der Buchsbaum und die Linde aber nur mit grosser Schwierigkeit ziehen (4, 4, 1). Aehnlich äussert er sich de caus. pl. 2, 3, 3: in den heissen Ländern, wo die Dattelpalme gedeiht, kommen Buchsbaum und Linde schwer fort. Der Buchsbaum war also kein Gewächs des warmen semitischen Landstrichs, und der im Alten Testament Jes. 41, 19. 60, 13 und in etwas anderer Form Ezech. 27, 6 genannte Baum kann schon aus diesem Grunde nicht *Buxus* sein, wie Bochart und nach ihm Celsius wollten. Aber auf den Gebirgen des pontischen Kleinasiens wucherte der Baum in unermesslicher Fülle, und erreichte in Höhe und Dicke ein Wachsthum, wie nirgends in Griechenland. Dort in Paphlagonien, bei der Stadt Amastris, war besonders das Cytorusgebirge, welches nahe an das schwarze Meer herantritt, wegen seiner Buxuswaldung berühmt (Theophr. 3, 15, 5, Strab. 12, 3, 10, Catull. 4, 13:

Amastri Pontica et Cytore buxifer,

Verg. Georg 2, 437:

Et juvat undantem buxo spectare Cytorum —

und wie es hiess: Eulen nach Athen oder Fische in den Hellespont tragen, und wie wir sagen: Holz in den Wald tragen, so galt nach Eustathius ad Il. 1, 206 auch das Sprüchwort: Du hast Buchsbaum auf den Cytorus gebracht, πύξον εἰς Κύτωρον ἤγαγες). Zu dem Cytorus fügt Plinius noch das Berecyntus-Gebirge in Phrygien am Flusse Sangarius, 16, 71: *buxus . . . Cytoriis montibus pluruma et Berecyntio tractu*. Ebenso die Dichter: Verg. Aen. 9, 619:

buxusque vocat Berecyntia matris
Idaeae.

Ovid. ex Pont. 1, 1, 45:

pro sistro phrygiique foramine buxi.

Da nun die Paphlagonier schon bei Homer Bundesgenossen der Troer sind und von den dortigen Henetern die Maulthiere stammten, so erklärt sich, dass schon das Epos, obgleich in einem seiner jüngsten Theile, dem 24. Buch der Ilias, dem alten Priamus einen maulthierbespannten Wagen giebt mit einem aus Buxus gearbeiteten schön verzierten Joche (v. 268). Noch im Mittelalter heisst es bei Marco Polo, 1, Cap. 4: In der Provinz Georgien bestehen alle Wälder aus Buchsbaum — wozu der neueste Herausgeber H. Yule die Notiz fügt: Buchsbaumholz fand sich in den abchasischen Wäldern so reichlich und bildete einen so wichtigen genuesischen Handelsartikel, dass die Bai von Bambor, nordwestlich von Suchum Kale, über welche dieser Handel ging, den Namen Chao de Bux (cavo di Bussi) erhielt. Auch auf dem macedonischen Olympus wuchs der Buchsbaum schon zu Theophrasts Zeit, aber verkümmert, niedrig, knotenreich und darum den Technikern nicht nutzbar (Theophr. h. pl. 3, 15, 5. 5, 7, 7). In dem mehr südlichen Griechenland, dem Gebiet des heutigen Königreichs, ist *Buxus sempervirens* ungewöhnlich; von dem Westlande aber und insbesondere von der Insel Kyrnos hat Theophrast gehört, dort wachse der höchste und schönste Buchsbaum, der jeden anderen an Länge und Dicke übertreffe, und davon habe der dortige Honig seinen üblen Geruch (h. pl. 3, 15, 3). Den Griechen, die einen Theil der Küsten Italiens, Galliens und Spaniens schon frühe mit Kolonien besetzt hatten, blieb doch das Innere der genannten Länder lange und bis in die jüngste Epoche fast unbekannt, und noch zu Theophrasts Zeit ruht ein Schleier darüber, der den Schriftstellern des Mutterlandes nur momentane einzelne Blicke gestattet. Besonders Corsica war damals noch ein halb mythisches Land, auf welches nach der uralten Anschauung der Identität des äussersten Westens mit dem äussersten Osten gewohnheitsmässig die Naturgaben des Pontus, in diesem Fall das gepriesene Holz des Buchsbaums übertragen werden konnten. Denn auch im Pontus hatte der Honig seinen widrigen Geruch von dem Buchsbaum (Aristot. de mir. auscult. 18, wiederholt von Aelian n. a. 5, 42), und noch ein so später Schriftsteller wie Diodor (oder vielmehr der sicilische Geschichtsschreiber Timaeus, welchen Diodor hier ausschrieb) berichtet 5, 14 über Corsica wie über ein Phantasieland, in dem tugendhafte und gerechte Menschen leben, gleich den Abiern und Hyperboreern, und die einfachen Sitten der Hirtenwelt herrschen. Sei es nun, dass auf diese Art die Phantasie in die gefürchteten dichten Wälder der Insel den Buchsbaum nur hineinschaute, oder dass wirklich die jetzt den balearischen Inseln eigenthümliche, früher vielleicht weiter über die atlantisch-iberische Welt, wie Korkbaum und Speiseeiche, verbreitete Art, die die Botaniker *Buxus balearica* nennen, auch auf Corsica sich fand — auf jeden Fall gehört der Zusammenhang zwischen dem bitteren Honig und dem Buchsbaum der Insel in das Reich der Fabel, ja jene Eigenschaft des Honigs selbst ist nur von der gleichen des pontischen abgeleitet. Dass aber wenigstens an der italischen Küste und zwar bei dem heutigen Policastro in Kalabrien im fünften Jahrhundert vor Chr., zwei bis dreihundert Jahre nach der ersten Ankunft der Griechen in jenen Gegenden, der Buchsbaum wuchs, geht aus dem Namen der Stadt *Πυξοῦς*, bei den Italern *Buxentum*, hervor: dieser von Mikythos, Tyrannen von Messana, Ol. 78, 2 oder 467 vor Chr. gegründete Ort war ohne Zweifel nach dem in der Umgegend vorgefundenen Buxus benannt. Bei den späteren Römern diente der lebendige Strauch, wie noch heute, zu Einfassung von Gängen und Beeten und wurde nach dem Geschmack der damaligen Gartenkunst von der Hand der *topiarii* und *viridarii* zu mannigfachen Gestalten, Thierbildern, sogar Buchstaben zugeschnitten, worüber der jüngere Plinius in der Schilderung seiner tuscischen Villa, Ep. 5, 6, uns ein belehrendes Document hinterlassen hat. Ein so allgemein verwendetes Gewächs und ein so gesuchtes Holz musste sich nach und nach in passenden Localitäten Dasein und Raum schaffen. Der ältere Plinius wiederholt nach seiner Art die Angaben, die er bei Theophrast fand, darunter auch die vom corsischen Buchsbaum; Einiges aber fügt er auch selbständig oder aus anderen Quellen hinzu, was über die damalige Verbreitung des Baumes Licht giebt, 16, 70 (wir geben hier den Text nach Detlefsen):

tria ejus genera: gallicum quod in metas emittitur amplitudine proceriores; oleastrum in omni usu damnatum gravem praefert odorem; tertium genus nostras vocant, e silvestri, ut credo, mitigatum satu, diffusius et densitate parietum, virens semper ac tonsile. Buxus Pyrenaeis ac Cytoriis montibus plurima (u. s. w., s. o.). Die gallische Art halten wir für die balearische, die edler, höher und gegen die nordische Kälte empfindlicher ist, als die gemeine, und eben dahin mag der Buchsbaum der Pyrenäen gehört haben: die beiden anderen unterschieden sich nach Plinius eigener Andeutung nur wie Verwilderung und Kultur. In den achtzehn Jahrhunderten seit Plinius hat sich der Buchsbaum an den Küsten Frankreichs, Englands, ja Irlands in völliger Freiheit angesiedelt; da ihn dorthin sicher erst menschlicher Verkehr gebracht hat, so wird es nicht unvernünftig sein, für eine viel frühere Zeit eine ähnliche Wanderung von Kappadocien in das europäische Mittelmeergebiet anzunehmen.

Dass die europäische Benennung des Baumes in allen Sprachen aus der lateinischen stammt, kann nicht verwundern; interessanter aber ist, wie seit dem Mittelalter das beliebte Material allem ursprünglich daraus Gefertigten den Namen lieh. So im Deutschen Büchse (in allen Bedeutungen, auch in der des Feuergewehrs): französisch *boîte* die Schachtel, *boîter* hinken (d. h. aus der Pfanne, *boîte*, bringen oder gerathen); *boisseau* der Scheffel, englisch *bushel; boussole* der Kompass, spanisch *bruxula; buisson* der Strauch, ital. *buscione; buste*, ital. *busto* die Büste (nach Diez); slavisch *pušika, puška* die Kanone, *puškarĭ* der Kanonier, magyarisch *puska* (aus dem deutschen *buhsa, puhsa)* und manches Andere[58]).

---

* **Lorbeer.** Für den Lorbeer, *Laurus nobilis* L., liegen ähnliche paläontologische Thatsachen vor, wie für den Weinstock, welche die prähistorische Existenz dieser Pflanze in Italien und Südfrankreich beweisen. Im Travertin um Fiano Romano, am rechten Tiberufer, wurden in den obersten weissen Schichten Blätter des Lorbeer gefunden (Clerici, Il travertino di Fiano Romano, Boll. del R. Com. geol. d'Italia ser. II vol. VIII., Roma 1877 p. 99—121), desgleichen am Fuss des Quirinals in einer Tiefe von 20—31,5 m (Clerici, sulla natura geologica di terreni incontrati nella fondazione del palazzo della Banca nazionale in Roma, Boll. del R. Com. geol. ser. II vol. VII., Roma 1886 p. 369—377). Ferner wurde der Lorbeer constatirt in den Travertinschichten zu Jano bei Florenz (Ristori, Filliti dei Travertini toscani, P. V. Pisa vol. V. 1885—87, p. 114—115). Endlich existirte er auch zur pliocenen Zeit nordwestlich von Bologna, woselbst er fossil in den Argille turchine von Mongardino gefunden wurde (Cavara, le sabbie marnose plioceniche di Mongardino e i loro fossili, Boll. soc. geol.

ital. V. 1886, p. 265—275). In Frankreich fand man die Blätter des Lorbeers zusammen mit denen der Feige und denen von Eichen im Départément l'Hérault in quaternären Tuffen des Vis-Thales (Boulay, Notice sur la flore des tufs quaternaires de la vallée de la Vis, Annales de la Soc. des sc. de Bruxelles, 1887 p. 186—199; Annal. géol. univ. t. IV. p. 901). Desgleichen wurde der Lorbeer in den Tuffen von Montpellier, Aygelades, des Arcs, im Pliocen von Meximieux und von Valentine bei Marseille nachgewiesen. Auch der heut noch auf den Kanaren wildwachsende *Laurus canariensis* L. wurde in quartären Tuffen der Provence, Liparis und Toscanas gefunden. Diese fossilen Funde haben durchaus nichts Befremdendes, weil in den vorangehenden Perioden der Tertiärzeit die Lorbeergewächse auch in Mitteleuropa reichlich vertreten waren, mit Sicherheit in der Schweiz bei Oeningen und sogar im Samlande existirten. Durch die während der Glacialperide in Mitteleuropa herrschenden Verhältnisse konnte wohl das Areal des Lorbeers im nördlichen Theil des Mediterrangebietes eingeschränkt, sicher aber nicht die Pflanze aus Europa verdrängt werden; zudem konnte der Lorbeer bei der Verbreitungsfähigkeit seiner fleischigen Früchte sich mit dem Rückgange der Vergletscherung der Alpenländer auch wiederum im nördlichen Mittelmeergebiet ansiedeln. Heutzutage ist der Lorbeer sicher wild in der immergrünen Region der Küstenländer Kleinasiens, im nördlichen Kleinasien bis an die Südostecke des schwarzen Meeres (Imeretien, Colchis der Alten) und im Küstengebiet von Syrien. Auf der Krim findet er sich nur bei dem Dorf Alupka häufig um Ruinen und ist vielleicht dort nicht wirklich einheimisch. Häufig ist er im südlichen Thracien und Macedonien, in vielen Theilen Griechenlands (selten in Attica) und auf den griechischen Inseln. In Istrien findet sich der Lorbeer strauchartig stellenweise in Menge an Waldrändern und in Gebüschen bis zu 100 m Höhe, und bei Abbazia ist es vorzugsweise der Rest eines alten Lorbeerwaldes, welcher dem kleinen Küstenstrich einen so südlichen Charakter verleiht; auch in Dalmatien wird der Lorbeer mehrfach wild angetroffen, namentlich aber auf den Inseln Brazza und Lesina. In Italien ist der Lorbeer sicher wild in den wärmeren Theilen und auf den Inseln, so namentlich auch in den Wäldern Sardiniens. Nordwärts reicht in Italien der Lorbeer bis in das Gelände des Gardasees; im Gebiet von Brescia und Verona ist er stellenweise so häufig, dass man ihn auch dort für heimisch halten möchte. In Spanien ist der Lorbeerbaum unzweifelhaft wild in den schattigen Uferwäldern von Algesiras, wo er bis zu 600 m Höhe aufsteigt und sich nach Willkomm zu Bäumen von 16 bis 22 m Höhe entwickelt. Auch in Portugal ist er sicher spontan. In Marokko ist der Lorbeer nach Ball (Spicileg. florae marpccanae p. 655) wahrscheinlich wild bei Tetuan am Fuss des Berges Beni Hosmar. Sehr verbreitet findet er sich in dem Küstengebiet von Algier und bildet stellenweise geradezu undurchdringliche Wälder mit einigen anderen immergrünen Gehölzen. Schliesslich sei noch erwähnt, dass der Lorbeer kultivirt auch noch im westlichen Frankreich und südlichen England aushält; dies beweist, dass er durch die Verhältnisse der Glacialzeit nicht aus Europa verdrängt werden konnte. Mag also auch der Kultus des Lorbeers von Kleinasien nach Europa gelangt sein, so ist doch sicher der Baum selbst schon lange vor der Einführung seiner Verehrung in Südeuropa heimisch gewesen; ja die Geschichte der Lorbeergewächse spricht viel mehr dafür, dass der Lorbeer vom westlichen Europa nach Osten vorgedrungen ist und in Vorderasien seine Grenze gefunden hat.

Myrte. Betreffs der Myrte (*Myrtus communis* L.) ist nicht absolut sicher, dass sie schon zur Tertiärperiode in Südeuropa existirte, da die bei St. George auf Madera und im Quartär von Montpellier fossil gefundenen und als *Myrtus communis* angesprochenen Blätter, desgleichen die bei Gaville in Toscana gefundenen Blätter des *Myrtus Veneris* Gaud. auch noch andere Deutungen zulassen. Es ist aber die Myrte in allen Macchien des Mittelmeergebietes und gerade an den von der Kultur am wenigsten berührten Stellen so verbreitet, dass über ihr Indigenat in Europa bei einem Botaniker kein Zweifel aufkommen kann. In Vorderasien ist die Myrte weiter verbreitet, als der Lorbeer, sie findet sich auch im inneren Anatolien, am Libanon, in Mesopotamien bei Habebschi um 1300 m, im südwestlichen, südlichen und östlichen Persien, sowie in Afghanistan und Beludschistan. Sie fehlt auf der Krim. Auf der Balkanhalbinsel findet die in Griechenland sehr häufige Myrte ihre Nordgrenze in Macedonien, Albanien und in Dalmatien, wo sie auf sonnigen felsigen Abhängen verbreitet ist; besonders häufig ist sie auch noch auf den dalmatinischen Inseln. Ebenso ist sie verbreitet in Istrien in den Macchien der Westküste überall von Stignano bis Promontore, auch auf beiden Brioni, San Girolamo und den Inseln bei Veruda (Freyn, Flora von Süd-Istrien in Abhandl. der K. K. zool.-bot. Gesellsch. in Wien 1877, p. 337 (99). Sie kommt auch noch an warmen Felsen bei Triest und Duino vor; wächst aber nicht mehr wild in Südtirol, obgleich sie angepflanzt noch in der Nähe von Bozen aushält. In Italien und auf den italienischen Inseln ist die Myrte in den Macchien so verbreitet, dass jeder Zweifel an ihrem Indigenat zurückzuweisen ist; ebenso ist die Myrte sicher in Südfrankreich in der Gegend von Montpellier und Narbonne heimisch. Auf der iberischen Halbinsel gehört die Myrte zu den charakteristischen Sträuchern der in den Küstenstrichen noch vorhandenen immergrünen Gehölze. Von Galizien im nördlichen Spanien geht sie durch Portugal und vom südlichen Catalonien über Valencia bis Granada. Häufig findet sich die Myrte auf Madera, fehlt dagegen auf Teneriffa. Verbreitet ist sie endlich auch im Küstengebiet Nordafrikas, sie kommt im nördlichen Marokko vor und in Algier gehört sie zu den gemeinsten Gehölzen der stellenweise noch in ursprünglicher Dichtigkeit erhaltenen immergrünen Macchien.

Buchsbaum. Der Buchsbaum, *Buxus sempervirens* L., ist nebst der grossblättrigen *B. balearica* Lam. in Europa der einzige Vertreter der nur 27 Arten zählenden Familie der *Buxaceae*; die 19 Arten zählende Gattung *Buxus* ist sehr formenreich auf den westindischen Inseln und hat ausserdem Vertreter auf Madagascar, Socotra und in Asien von Kleinasien bis Japan. Unser gewöhnlicher Buchsbaum war schon in der Tertiärperiode in Europa heimisch; man hat ihn fossil gefunden in Tuffen von La Celle bei Paris in Gesellschaft der *Ficus Carica* (Saporta in Bull. soc. géol. de France ser. III vol. 2 (1873—74) p. 442), in den Tuffen von Montpellier und in einer nur wenig abweichenden Form im Pliocen von Meximieux. Auch in Italien kommt er fossil vor in den vulkanischen Tuffen von Peperino auf der via

Flaminia, 6 Kilometer von Rom, sowie im Travertin am Fiano Romano am rechten Ufer der Tiber (Clerici, Il travertino di Fiano romano, in Boll. dell. R. Com. geol. d'Italia, ser. II vol. VIII (1881). Gegenwärtig ist der Buchsbaum als wildwachsender Strauch oder als Bäumchen weit verbreitet. An das Vorkommen der im nordwestlichen Himalaya von 1300—2600 m wachsenden und vielleicht nur als Varietät des gewöhnlichen Buchsbaumes anzusehenden *B. Wallichiana* Baill. schliesst sich zunächst ein Fundort in Afghanistan an; dort wächst er bei Kabul um 1300 m Höhe. Sodann wurde er im nordöstlichen Persien, bei Siaret, in Ghilan und im persischen Talysch angetroffen, im letzteren bisweilen in kleinen Beständen bis zu 1000 m Höhe. Die Daten über sein Vorkommen im Gelände des Kaukasus wurden sehr sorgfältig von Köppen (Geogr. Verbreitung der Holzgewächse des europäischen Russland und des Kaukasus II, S. 1—4) zusammengestellt. Hiernach ist in der Küstenzone des westlichen Transkaukasiens bis 1300 m Höhe und nordwärts bis zum Fluss Psesuape verbreitet. An der Küste des schwarzen Meeres selbst finden sich in Folge der schonungslosen Verwerthung des kostbaren Buchsbaumholzes nur noch kleine Bestände als Unterholz unter Eschen, Buchen, Eichen etc., auf der zweiten Terasse, um 800 m dagegen ist er noch häufig und entwickelt bisweilen Stämme von 6—7 dcm Durchmesser. Im östlichen Kaukasus und auch nördlich desselben findet sich der Buchsbaum ebenfalls mehrfach, aber meist in der Nähe früherer Kulturstätten; er wird daher von Einzelnen als dort verwildert angesehen. Ueber das Vorkommen des Buchsbaums in Kleinasien wissen wir wenig, wir haben nur Angaben über sein Vorkommen in Karien und Bithynien; sodann finden wir ihn wieder bei Constantinopel, in Macedonien, auf dem thessalischen Olymp und im Pindus, dann an trockenen Abhängen bei Gornja Voda in Albanien und auf den dalmatinischen Inseln, besonders auf Arbe. Ferner kommt er in Istrien auf steinigen Hügeln, stellenweise dichte Gebüsche bildend, vor, sodann im österreichischen Littorale. Häufiger findet er sich dann im mittleren und nördlichen Italien von der Kastanienregion und Eichenregion bis in die subalpine Region, desgleichen in Südtirol, wo er vom Gardasee zerstreut bis zur Region des Knieholzes aufsteigt, in der Westschweiz, den Seealpen und der Dauphiné, wo er oft in ausserordentlicher, jeden Gedanken an Einschleppung zurückweisender Häufigkeit ganze Bergabhänge bedeckt und eine charakteristische Formation bildet. Ebenso verhält er sich in den Pyrenäen und auch in Catalonien, seltener ist er in Castilien und Valencia; im südwestlichen Spanien (Granada und Malaga) tritt an seine Stelle *Buxus balearica* Willd., während in Algier eine schmalblättrige Varietät des *Buxus sempervirens* angegeben wird. Bemerkenswerth ist auch noch das reichliche Vorkommen des Buchsbaums auf Kalkhügeln bei Belfort und im Elsass, in Oberbaden, im Moselthal von Bernkastel bis Alken, endlich in den Ardennen und in der englischen Grafschaft Surrey. Diese lückenhafte Verbreitung des Buchsbaums könnte leicht zu der Annahme veranlassen, dass der Buchsbaum an diesen Orten verwildert sei; aber es ist wohl zu berücksichtigen, dass auch manche andere Pflanzen in Westeuropa, wo die Kultur die ursprüngliche Flora im höchsten Grade eingeschränkt hat, nur zerstreut vorkommen. Sodann spricht auch das fossile Vorkommen von *Buxus* in der Gegend von Paris für eine ehemalige weitere Verbreitung dieses Strauches.

** Die sprachliche Erklärung der hier in Betracht kommenden Ausdrücke δάφνη-*laurus*, μύρτος (*murtus*), πύξος (*buxus*) hat bisher leider nur geringe Fortschritte gemacht. Weder wissen wir die thessalischen Formen δαύχνα etc. (vgl. Anm. 56 und Meister, Griech. Dialecte I, 301) zu deuten, noch erkennen wir, in welchem Verhältniss hierzu das gemeingriech. δάφνη steht. Nach G. Meyer, Griech. Gramm.[3] S. 192 wäre von dem αυ des Thessalischen als dem ursprünglichen Laut auszugehn. Lat. *laurus* ist wohl sicher nicht von lat. *luo, lavo* (vgl. Anm. 56) abzuleiten, da nicht abzusehen ist, wie eine so primitive Bildung noch in der verhältnissmässig späten Zeit hätte entstehen sollen, in welcher man den Lorbeer als Sühnebaum auffassen lernte. Dagegen liegt die Annahme eines Zusammenhangs mit dem kleinasiatischen δαφεία (Anm. 56) doch sehr nahe. Μύρτος hat mit dem orientalischen Namen des Balsamodendron Myrrha (Anm. 56), so sehr Myrrhe und Myrte auch in der Sagenwelt ineinander fliessen (vgl. auch Baudissin, Studien zur semitischen Religionsgeschichte II, 200), kaum etwas zu thun (vgl. A. Müller in Bezzenb. B. I, 293). Ebenso sind Myrte und Myrrhe in den orientalischen Sprachen ganz verschieden benannt. Letztere wird als *σμύρα zuerst, was Athenäus III, 242 ausdrücklich hervorhebt, bei Archilochos genannt: ἐσμυρισμένας κόμας καὶ στῆθος, ὡς ἂν καὶ γέρων ἠράσσατο (Bergk 30). Daneben liegen bei demselben Dichter das schon früher (vgl. unten) bezeugte μυρσίνη Myrte: ἔχουσα θαλλὸν μυρσίνης ἐτέρπετο ῥοδῆς τε καλὸν ἄνθος, ἡ δέ οἱ κόμη ὤμους κατεσκίαζε καὶ μετάφρενα (29), sowie μύρτον Myrtenbeere: διέξ τὸ μύρτον (164, 165) und μύρον Salbe: οὐκ ἂν μύροισι γραῦσ' ἐοῦσ' ἠλείφετο (31). Μυρσίνη und μύρτος, woraus armen. *murt.* pers. *mûrd* (Lagarde, Armen. Stud., Hübschmann, Armen. Gr. I, 197) entlehnt sein dürften, werden mit μυρίκη dem Namen der Tamariske schon in der Ilias zusammenhängen. Ueber μύρον oben S. 160. Πύξος endlich wird von den Etymologen theils zu πτύσσω (so Anm. 58), theils zu πεύκη Fichte, theils zu πυκνός dicht, fest gezogen, ohne dass sich etwas bestimmtes bis jetzt sagen liesse. Sicher ist jedenfalls, dass alle eben besprochenen Wörter nichts mit den westsemitischen Bezeichnungen des Lorbeers, der Myrte und des Buchsbaums (vgl. Löw, Aram. Pflanzennamen S. 299, 50, 63) zu thun haben. Auch eine Verbindung des griech. δαύχνα, δάφνη mit dem assyrischen *daprânu, duprânû*, nach Delitzsch Assyr. Wörterbuch S. 226/27, ein Baum, nach F. Hommel, Beilage zur allg. Z. 1895 No. 197, S. 2, der Lorbeer lässt sich bis jetzt lautlich nicht erweisen. Sind die in Rede stehenden Pflanzen, wie von unserem botanischen Gewährsmann angenommen wird, wirklich seit Urzeiten im Süden Europas heimisch, so wird man auch mit der Möglichkeit rechnen müssen, dass aborigine Benennungen derselben von den Griechen oder Römern übernommen wurden, in welchem Falle dann alle unsere etymologischen Künste scheitern würden.

Bestehen bleibt die Thatsache, dass lat. *murtus* und *buxus* aus dem Griechischen entlehnt sind. Dass aber hieraus nicht gefolgert zu werden braucht, auch die Pflanzen selbst seien von Griechenland nach Italien gewandert, haben wir schon gesehen und wird noch aus weiteren Beispielen hervorgehen. Wie die Entlehnung von lat. *oliva* aus griech. ἐλαία sich nur auf die Uebernahme der Oelbaumkultur durch die Römer aus Griechenland beziehen wird, so steht nichts der Annahme entgegen, lat. *murtus* sei deshalb aus dem Griechischen entlehnt, weil bei den Griechen die Myrte der Baum der Aphrodite war und es infolge dessen auch bei den Römern wurde, und lat. *buxus* sei deshalb aus dem Griechischen übernommen, weil die Römer von den Griechen die hervorragende Verwendung des Buchsbaumholzes in der Technik des Drechslers und Zimmermanns (vgl. darüber Blümner, Terminologie und Technologie II, 252—254 und Das Maximalt. d. Diocl. S. 134 f.) erfuhren. Vgl. zu S. 231 noch alb. *bošt* Spindel, Achse, schon bei Hippokrates πύξινοι ἄτρακτοι (G. Meyer, Et. W.).

Dasselbe würde von dem griech. πύξος gelten, wenn sich etwa herausstellen sollte, dass dasselbe doch ein fremder Bestandtheil der griechischen Sprache wäre. Köppen, Holzgewächse II, 9 erinnert hierfür an das kaukasische *bsa* Buchsbaum. Auf die Uebernahme eines Fremdwortes hätte der Umstand von Einfluss sein können, dass die Griechen, wie auch Neumann-Partsch, Physikalische Geographie S. 390, 391 hervorheben, in der Drechslerei wohl weniger das klein und krüppelig bleibende Buchsbaumholz des Pindos und Olympos als vielmehr überwiegend ausländisches Material verwendeten.

Ueber die Entlehnung des lat. *buxus* nach dem Norden handelt ausführlich J. Hoops, Ueber die altengl. Pflanzennamen, Diss. Freiburg. S. 81 ff.

Fragen wir schliesslich nach der Zeit der ersten Ueberlieferung unserer drei Kulturpflanzen δάφνη, μύρτος, πύξος in Europa, so ergiebt sich aus vorstehendem S. 226 und S. 229, dass δάφνη und πύξος schon der Sprache Homers eigen sind. Bei μυρσίνη-μύρτος ist dies allerdings nicht der Fall. Doch setzt neben Archilochos (S. 235) schon der homerische Hymnus εἰς Ἑρμῆν die Bekanntschaft mit der Myrte voraus:

συμμίσγων μυρίκας καὶ μυρσινοειδέας ὄζους (81)

und Ilias 2, 616 wird man den Ortsnamen Μύρσινος in Elis (später Μυρτοῦντιον) nicht von dem Namen der Myrte trennen wollen.

Fassen wir zusammen, so können wir in Sprache und Ueberlieferung keinen durchschlagenden Grund finden, aus welchem Lorbeer, Myrte und Buchsbaum in Griechenland und Italien als Fremdlinge zu betrachten seien, es sei denn, dass man sich für die spätere Einführung der Myrte in Italien auf das oben S. 224 angeführte Zeugniss des Plinius beruft. Allein, während es nach den Worten Hehns scheinen könnte, als ob bereits Theophrast 5, 8, 3 von einer Verpflanzung der Myrte aus Griechenland nach Italien spräche, heisst es an der angegebenen Stelle nur: »Das Gebiet der Latiner ist durchgehends wasserreich. Das ebene Land erzeugt Lorbeer, Myrte und herrliche Buchen . . . . . Das kirkäische Vorgebirge ist sehr hoch, dicht bewachsen, und trägt Eichen, viel Lorbeer und Myrten. Die Eingeborenen sagen, dass dort Kirke gewohnt, und zeigen das Grab Elpenors, woraus solche Myrten hervorwachsen, wie man sie zu Kränzen nimmt; die anderen Myrten sind gross« (K. Sprengel). Das übrige ist also Zuthat des Plinius, die ganz wie ein Schluss aus *murtus* = μύρτος aussieht. — Hinsichtlich des Buchsbaums sei noch auf eine merkwürdige Uebereinstimmung seiner Nomenclatur in Ost und West aufmerksam gemacht. Im kaukasischen Russisch heisst der Buchsbaum *pal'ma, kawkassaja pal'ma* kaukasische Palme, *pal'mowoje derewo* Palmbaum, Namen, die davon herrühren, dass der Buchsbaum im Kaukasus am Palm-Sonntag, wie im Norden die Weiden, benutzt wird. Sowohl die christlichen Grusier wie muselmännische Völkerschaften Transkaukasiens brachten und bringen dieser Holzart religiöse Verehrung entgegen, woraus sich die Anpflanzung des Buchsbaums um

Kirchen, Gebethäuser und Kirchhöfe erklärt (Köppen, Geogr. Verbreitung der Holzgewächse etc. II, 1 ff.). Dieselben Namen wie im Kaukasus kehren nun merkwürdiger Weise in Deutschland und zwar an ganz entgegengesetzten Stellen wieder. Pritzel-Jessen, Deutsche Volksnamen der Pflanzen S. 71 haben Palm (Schweiz, Ostfriesland, Eifel) und Palmenberg (Eifel). S. darüber auch mein Reallexikon u. Dattelpalme. — Kaukasische, persische und armenische Namen des Buchsbaums giebt Köppen a. a. O. II, 8 f.

Der Granatapfelbaum.

(Punica Granatum L.)

Religiöser Verkehr hat in alter Zeit auch den schönen Granatbaum nach Europa gebracht, dessen purpurne Blüte im glänzenden Laube und rothwangige, kernreiche Frucht die Phantasie symbolisch denkender Völker Vorderasiens von Anbeginn lebhaft ergreifen musste. In der Odyssee sind an zwei schon früher behandelten Stellen unter den Früchten im Garten des Phäakenkönigs und unter denen, die den phrygischen Tantalus durch ihren Anblick quälen, auch Granatäpfel, *ῥοιαί*, welcher Name allein schon für die Herkunft des Gewächses aus semitischem Sprach- und Kulturkreise entscheidendes Zeugniss ablegt[59]). Im syrisch-phönizischen Götterdienst war der Baum von so hervorragender Bedeutung, dass der Name des Granatapfels, Rimmon, mit dem des Sonnengottes, Hadad-Rimmon, zusammenfällt (Movers, Phönizier, 1, 196 ff.). In Cypern hatte Aphrodite selbst den Baum gepflanzt (nach dem Komiker Eriphus bei Athen. 3, p. 84); er war dem Adonis geweiht und in die phrygischen theogonischen Mythen vielfach verwebt. Der Apfel, den der troische Paris der Aphrodite, der Landesgöttin, im Streite mit den eindringenden Kulten der Athene und Hera als Preis zuerkannte, war ohne Zweifel ursprünglich als Granatapfel gedacht. Eine zweite griechische Benennung der Frucht und des Baumes, *σίδη*, stammte, wie *ῥοιά* aus Syrien, so vermuthlich aus Kleinasien und mag karisch oder phrygisch u. s. w. gewesen sein. Literarisch erscheint das Wort zuerst in dem von Plutarch (Symp. 5, 8, 2) aufbewahrten Verse des Empedokles (v. 220. Stein.):

οὕνεκεν ὀψίγονοί τε σίδαι καὶ ὑπέρφλοα μῆλα,

also in der Mitte des fünften Jahrhunderts. Die Schriften des Hippokrates, in denen das Wort gleichfalls wiederholt vorkommt, gewähren zwar keine sichere Zeitbestimmung, wohl aber Aufklärung über

Localität und Mundart, in denen es gebräuchlich war. Die Böoter sagten σίδη, die Athener ῥοά: Athenäus erzählt nach Agatharchides (14. p. 650 f.), einst hätten die Böoter und Athener um ein Grenzland, Namens Σίδαι, gestritten: da habe Epaminondas plötzlich einen Granatapfel hervorgeholt und gefragt: wie nennt ihr das? Als darauf die Athener erwiderten: ῥοά, rief Epaminondas: wir aber σίδη, und blieb auf solche Art Sieger im Streit. In viel ältere Zeit, als diese Erwähnungen, führen die Namen von Ortschaften, die von der σίδη entlehnt sind. An der lakonischen Küste lag eine Stadt Side, nach einer Tochter des Danaus benannt, im politischen Verein mit den beiden auf Troas hinweisenden Orten Etis und Aphrodisias (s. oben bei der Myrte); in der Landschaft Troas selbst nennt Strabo (13, 1, 11 und 42) eine Stadt Sidene am Granikus nebst gleichnamigem Gebiet; ein anderes lykisches Sidene erwähnt Stephanus von Byzanz nach Xanthus; ein Flecken bei Korinth oder ein Hafenort in Megaris Σιδοῦς trug besonders schöne μῆλα (Nicand. in seinen Heteröumena und andere Gewährsmänner bei Athen. 3. p. 82), worunter dem Namen des Ortes nach ursprünglich oder vorzüglich Granatäpfel zu verstehen waren; Dörfer mit demselben Namen kennt Stephanus von Byzanz an der kleinasiatischen Küste bei Klazomenä und bei Erythrä; eine Stadt Σιδοῦσσα in Ionien kam bei Hecatäus in seiner Umschiffung Asiens vor und wird auch später noch erwähnt. Side in Pamphylien, welches auf seinen Münzen einen Granatapfel zeigt, lag zwar dem syrischen Süden schon nahe, war aber eine Gründung des äolischen Kyme (Strab. 14, 4, 2: Σίδη, Κυμαίων ἄποικος). Auch im innersten Pontus endlich lag in der glücklichen Landschaft Sidene, also dem Granatenlande, die hochgelegene Küstenstadt Side (Strab. 12, 3, 16). Eine ältere, auch von Kallimachos (in lavacr. Pall. 28) gebrauchte Wortform σίβδη statt σίδη — älter, weil die letztere aus der ersteren, nicht aber jene aus dieser entstehen konnte — führt direct nach Karien, Steph. Byz.: Σίβδα, πόλις Καρίας. — Wie in Asien, dient der Baum und seine Frucht denn auch in Griechenland in den entsprechenden Kulten zum Ausdruck dunkler Vorstellungen von Zeugung und Befruchtung und wiederum von Tod und Vernichtung. Eine phrygische Färbung trug die thebanische Legende, nach welcher am Grabe des Eteokles ein von den Erinyen gepflanzter Granatbaum wuchs, aus dem, wenn man eine Frucht brach, Blut floss (Philostr. Imag. 2, 29), oder jene andere, nach welcher beim Grabmal des Menoikeus, der beim Anzug des Polynices, einem delphischen Orakelspruch gehorchend, sich selbst den Tod gegeben hatte, eine Granate aufgesprosst war, deren reife Früchte innerlich wie von Blut geröthet waren (Paus. 9, 25, 1). Auf der bildgeschmückten Lade des Kypselos im Heräum zu Olympia, deren Anfertigung in das erste Jahrhundert der Olympiadenrechnung fällt und die noch Pausanias an Ort und Stelle fand und genau beschrieben hat, sah man den Gott Dionysos in einer Höhle liegend, um ihn herum aber Weinstöcke, Apfel- und Granatbäume wachsend (Paus. 5, 19, 1). Das im Heräum zwischen Argos und Mykene von Polyklet gearbeitete Bild der Göttin hielt in der einen Hand das Scepter mit dem Kukuk, in der anderen den Granatapfel — was dieser letztere bedeutet, fügt Pausanias bei Beschreibung des Werkes (2, 17) hinzu, verschweige ich, da es nicht auszusprechen ist. Er bedeutete aber eben die Erdgöttin als die vom Himmel befruchtete und unendlich hervorbringende, wie der Kukuk die regnerische Frühlingszeit, in der jene Befruchtung vor sich geht. Besonders im Mythus von dem Pluto und der Proserpina erscheint der Granatapfel als bedeutungsvolles Attribut: schon der homerische Hymnus auf die Demeter berichtet, wie Persephone in der Unterwelt einen Kern der Frucht (ῥοιῆς κόκκον, μελιηδέ' ἐδωδήν) zu kosten gezwungen worden, d. h. mit dem Aïdoneus sich geschlechtlich verbunden habe und ihm dadurch verfallen sei. Da die Granate überall in mystischer Weise auf das Naturleben deutet, so konnte sie der Pallas Athene, der sittlichen, geistigen Göttin, der Göttin des Staates und der Stadt Athen, nicht angehören. Um so auffallender musste es sein, wenn von dem Bilde der ungeflügelten Athena Nike am Aufgang zur Burg in Athen berichtet wird, es habe in der Linken den Helm, in der Rechten einen Granatapfel getragen (Harpocration unter *Νίκη Ἀθηνᾶ*), und wir stimmen daher gern O. Benndorf bei, der dies Bild von dem oben genannten Side in Pamphylien ableitet (Festschrift zur fünfzigjährigen Gründungsfeier des archäologischen Institutes in Rom, Wien 1879, 4°). Danach hat es Kimon als Denkmal des Doppelsieges am Eurymedon gestiftet und zum Zeugniss dessen die Pallas von Side, der dem Eurymedon nahe gelegenen Stadt, durch Kalamis nachbilden lassen. So war hier die Göttin nur zugewandert und ihr Granatapfel nur das Zeichen der asiatischen Gegend, aus der sie kam und in der eben die Asiaten überwunden worden waren.

Wie bei der argivischen Hera, so wird auch in dem abgeleiteten Herakult der achäischen Städte in Italien, besonders der ihnen gemeinsamen Hera Lakinia bei Kroton, das Symbol des Granatapfels und also auch bei Tempeln und in Gärten der Baum selbst nicht gefehlt haben. Darauf deutete hin, was von der Siegesstatue des Milon von Kroton in Olympia berichtet wird: dieser grossgriechische Athlet, der schon um das Jahr 520 vor Chr. lebte, war als Priester der Hera dargestellt und trug als solcher in der linken Hand einen Granatapfel (Philostr. vit. Apoll. 4, 28, woselbst der Satz aufgestellt ist: ἡ ῥοὰ δὲ μόνη φυτῶν τῇ Ἥρᾳ φύεται). Weiter muss der Verkehr der Römer mit den campanischen Griechen, der die erycinische Aphrodite und die vom troischen Ida stammenden sibyllinischen Bücher nach Rom brachte, auch die Kunde der Granatfrucht, dieses häufigen Symboles, und des Baumes, auf dem sie wuchs, vermittelt haben. In der That finden wir den Granatzweig in einer der ältesten Partieen des römischen Priesterrituals erwähnt: die Gattin des *flamen Dialis*, die *Flaminica*, die in Tracht und Sitte ein Abbild der römischen Matrone aus der Urzeit darstellte, trug auf dem Haupte einen Granatenzweig, *arculum*, *inarculum*, dessen Enden mit einem Faden weisser Wolle an einander geknüpft waren, offenbar zum Zeichen ehelicher Fruchtbarkeit — wie das Haupt ihres Gatten mit einem Oelzweig am *apex* geschmückt war. Hier wird die Granate nicht jüngeren Datums sein, als die Olive, die, wie wir sahen, zur Zeit der Tarquinier in Italien auftrat. »Granatäpfel von Thon sind zugleich mit sonstigen Früchten ähnlicher Votivbestimmung aus unteritalischen, hauptsächlich nolanischen Gräbern — zahlreich vorhanden« (Gerhard, Denkm. und Forsch. 1850, n. 14. 15). Um so mehr dürfen wir uns wundern, in Italien keine der beiden griechischen Benennungen der Frucht, sondern bloss den allgemeinen Ausdruck *malum* mit dem specificirenden Adjectiv *punicum* oder *granatum* zu finden, z. B. Columella 12, 42, 1: *mala dulcia granata quae Punica vocantur*. Aus welcher Zeit stammt der Beisatz *punicum?* Aus jenem frühen Alterthum, in dem der von Polybius aufbewahrte Handels- und Schiffahrtsvertrag mit Karthago abgeschlossen ward? Schon deshalb nicht, weil die nahe Verbindung mit den Griechen in Cumä, Velia u. s. w. in noch ältere Zeit fällt und der Name der Punier selbst ein aus griechischem Munde entlehnter ist. Wie das Wort μῆλον bei den Griechen selbst nicht bloss die eigentlichen Aepfel, sondern auch die Quitten, Granaten u. s. w. umfasst, so genügte den italischen Naturkindern auch der allgemeine Begriff *malum*, der erforderlichen Falles durch ein beschreibendes Epitheton näher bestimmt wurde. Als dann den Römern der Reichthum an Granatbäumen in den Kolonien der Karthager und endlich in Afrika selbst zu Gesicht kam und der Handel ihnen die süssesten, blutrothen, scheinbar kernlosen, d. h. weichkernigen Früchte aus Süden in Menge zuführte, da mag sich der Beiname punisch festgesetzt haben, in dem zugleich ein Anklang an die Farbe lag. Denn dem Wortlaut nach kann *malum punicum* auch als *malum puniceum* *φοινικοῦν μᾶλον*, der Purpurapfel, verstanden werden. Auf dem afrikanischen Boden, wohin der Baum gerades Wegs von Kanaan, seiner Heimath, gebracht war, gediehen die feinsten Sorten. Zwar wenn Plinius 13, 112 den Granatapfel geradezu den Gegenden um Karthago zuspricht: *circa Carthaginem Punicum malum cognomine sibi vindicat* (Afrika), so ist dies, wie der Zusatz *cognomine* lehrt, nur ein Schluss aus dem Namen, keine historische oder naturgeschichtliche Beobachtung; aber dass Afrika in dieser Hinsicht bei den Römern berühmt war, leidet keinen Zweifel. Martialis begleitet die Zusendung eines Korbes mit Obst mit den Worten: »hier keine afrikanischen Granaten ohne Kern, sondern inländische Früchte aus meinem Garten, 13, 42:

Non tibi de Libycis tuberes aut apyrina ramis,
De Nomentanis sed damus arboribus.

Direkt bestätigt dies das an den Flavianus Myrmecius gerichtete kleine Gedicht des Rufus Festus Avienus (bei Wernsdorf, Poetae lat. min. 5, p. 1296), der in der zweiten Hälfte des vierten Jahrhunderts lebte und Afrika selbst gesehen hatte. Er bittet den genannten Freund, wenn dessen Schiff aus Afrika ankommen sollte, ihm einige dort gewachsene Granatäpfel zuzuschicken. Nicht dass mein eigener Garten, fügt er hinzu, keine Früchte der Art trüge, aber sie sind sauer und herb und nicht mit dem Nektar zu vergleichen, wie ihn die warme Sonne Afrikas erzeugt, v. 25:

Nec tantum miseri videar possessor agelli,
Ut genus hoc arbos nullo mihi floreat horto:
Nascitur et multis onerat sua brachia pomis,
Sed gravis austerum fert succus ad ora saporem.
Illa autem Libycas quae se sustollit ad auras,
Mitescit meliore solo coelique tepentis
Nutrimenta trahens succo se nectaris implet.

In den Paradiesen der Vandalen in Afrika, von denen Luxorius spricht (Anthologia vet. Lat. et epigr. poem. ed. H. Meyer, epigr. 343), fehlt ohne Zweifel der liebliche Baum nicht, den auch die Araber, die Freunde schöner Blüten und erfrischender Fruchtsäfte, mit Vorliebe pflegten. Der Name des Granatapfels und des Granatbaumes bei den Portugiesen ist noch heut zu Tage der arabische, *roma, romeira* (also wie *malum punicum* bei den Römern); von demselben arabischen Wort stammt der italienische und französische Name der Schnellwage, *romano*, *romaine*, da das Gegengewicht bei arabischen Wagen in Form eines Granatapfels gebildet zu sein pflegte; auch die von den Mauren im zehnten Jahrhundert gegründete Stadt Granada, das Damaskus des Westens, sollte von der Granate den Namen haben, deren Bild in das Wappen der Stadt überging und noch jetzt alle Strassen und öffentlichen Gebäude schmückt (Murphy, The history of the mahometan empire in Spain, p. 188). In Italien ist bei den scriptores rei rusticae, von Cato an, der Baum schon gewöhnlich; Plinius in der Kaiserzeit weiss mannigfache Sorten, mit vielfacher Anwendung, aufzuzählen. Das heutige Griechenland und Italien haben schon wilde Granatäpfelbäume, d. h. verwilderte, strauchförmige, dornige an Hecken, deren Früchte aber ungeniessbar sind; auch die kultivirten erreichen die Grösse und den köstlichen Geschmack nicht, der von den Granatäpfeln in dem asiatischen Paradiesklima des Baumes gerühmt wird (s. darüber den trefflichen Excurs von Ritter, Erdkunde Band XI.). Auch dient in Italien die prächtige rothe Frucht mehr zur Augenweide, zum Schmuck der Tafel, als zum eigentlichen Genuss. Im Spätherbst, wo sie reift (vergl. oben *ὀψίγονοι σίδαι* im Verse des Empedokles), ist mit der heissen Jahreszeit auch das Verlangen nach Erquickung durch säuerlichen Fruchtsaft vorüber. Hauptsächlich die Citrone, kann man sagen, hat dem Granatapfel den Platz geraubt, den er bei den Alten behauptete. Noch jetzt aber nach so vielen Jahrhunderten verknüpft das Volk in Griechenland mit der Granate die Vorstellung reichen Segens und der unzählbaren Menge[60]) und die purpurfarbene Blüte ist als Geschenk ein Zeichen feuriger Liebe. Dass das Wort *punicum* nirgends in den neurömischen Sprachen erhalten ist (die Italiener sagen: *melagrano*, *granato* u. s. w.), beweist, dass es nie ganz volksmässig gewesen ist.

---

* Die Gattung *Punica*, von der man lange Zeit nur eine Art, den im Mediterrangebiet jetzt allgemein kultivirten Granatapfelbaum kannte, von der aber neuerdings eine zweite Art, *P. protopunica* Balfour fil. auf der Insel Socotra entdeckt wurde, ist schon gegen das Ende der Tertiärperiode in Europa heimisch gewesen; Blätter und Blütenknospen einer von unserer jetzt lebenden *P. Granatum* L. etwas abweichenden Art, *P. Planchoni* Saporta, werden in den für die Geschichte der europäischen Pflanzenwelt so wichtigen pliocänen Ablagerungen von Meximieux (Département Ain) gefunden; dagegen ist die echte Granate fossil noch nicht nachgewiesen. Wild findet sich sicher *P. Gra-*

natum in Felsspalten der Kalkgebirge Avroman und Schahu im persischen Kurdistan, sowie in Beludschistan, Afghanistan und im nordwestlichen Indien. Es fehlt nicht an Angaben über das Vorkommen der Granate von Persien bis zum schwarzen Meer, doch ist über die Beschaffenheit der Standorte wenig gesagt und darum schwer zu entscheiden, ob sie seit längerer Zeit wild ist oder erst nach Einführung der Kultur verwilderte. In Griechenland und auf den Inseln des griechischen Archipels wächst sie nach Boissier wild; auch in Montenegro, der Czrnagora und in der Herzegowina findet sich die Granate mehrfach in Felsspalten unkultivirter Gegenden, so dass sie daselbst möglicherweise wild ist. Dagegen ist sie in Dalmatien meist nur in Hecken anzutreffen und daher hier wahrscheinlich erst nach ihrer Einführung in die Kultur verwildert. Auch im österreichischen Küstenland kommt die Granate ausserhalb der Gärten vor, so bei Duino, ist aber dort wohl ebenso wenig ursprünglich wild, wie in Südtirol, wo sie noch bei Bozen an vielen südlichen Abhängen und Felsen, aber meist unweit menschlicher Wohnungen, angetroffen wird. In Italien kommt die Granate zerstreut in Gebüschen und Hecken vor, jedoch auch meistens in der Nähe von Ortschaften. Im mediterranen Spanien ist die Granate durch die Kultur ungemein verbreitet; obgleich sie auch vielfach als Strauch an unkultivirten Orten Granadas angetroffen wird, so scheint mir doch mit Rücksicht auf die früher noch ausgedehntere Kultur der Araber ihr Indigenat in Spanien zweifelhaft. Auch in Marokko und Algier findet sich die Granate meist nur in der Nähe von Ortschaften und ist daher wahrscheinlich als verwildert anzusehen. Demnach ist sicher die Granate in Vorderasien und einem Theil der Balkanhalbinsel heimisch, ihre Verbreitung in Italien und den westlichen Theilen des Mittelmeergebietes aber wahrscheinlich erst in historischen Zeiten nach Einführung ihrer Kultur erfolgt.

** Die Annahme, dass griech. ῥοιά, ῥοά aus dem west-semitischen hebr. *rimmôn*, arab. *rummân* (amh. *rŭmân*) Granatapfel entlehnt sei, darf jetzt wohl als aufgegeben gelten, da, wie schon A. Müller, B. B. I, 296 bemerkt, »die ganze Aehnlichkeit im gleichen Anfangsbuchstaben beruht« und der Anm. 59 nach Benfey angenommene Lautübergang unerweislich ist. Auch der Ansatz einer Grundform **ribbôn*, durch welche O. Keller, Lat. Volksetym. S. 193 das semitische Wort dem griechischen zu nähern versucht, ist willkürlich und führt, selbst wenn richtig, nicht weiter. Vgl. jetzt auch Muss-Arnolt, Transactions XXIII, 110 f. Es liegt daher nahe, nach einer einheimischen Etymologie des griech. Wortes zu suchen. Pott II^{2}, 1, 964, III^{2}, 1022 hielt einen Zusammenhang zwischen ῥοιά und dem idg. Wort für *rot* griech. ἐ-ρυθ-ρός (vgl. ahd. *rotes apholes* = *mali punici*) für möglich. Lautlich wahrscheinlicher wäre die von Fick I^{3}, 225 (aber nicht I^{4}, 151) versuchte Ableitung von ῥέω (»zerfliessende Frucht«). Eine Unterstützung würde diese Annahme, die auch von H. Lewy, Die semit. Fremdw. im Griech. S. 25 gebilligt wird (er deutet »die in reicher Fülle sich ergiessende Frucht«), scheinbar in dem von Hesych überlieferten ῥόδια Granaten finden, das man zu ῥύδην überflüssig, ῥυδόν stellen könnte. Doch wäre es auch möglich, in ῥόδια eine Nebenform von ῥόδον, ῥόδιος

Rose zu erblicken, wie im Südslavischen (serb. *šipak*) die Bedeutungen Granatapfel und Rosenstrauch mit einander wechseln. Am wahrscheinlichsten ist aber das hesychische ῥόδια nichts anderes als ῥοίδια (so jetzt auch G. Meyer, Griech. Gr.[3] S. 238); hierzu im Neugriechischen ῥοΐδια, die Früchte der ῥοϊδηά, während die sauren Früchte einer anderen Varietät ξινόροδα genannt werden (Heldreich, Die Nutzpflanzen Griechenlands S. 64). Ist ῥοιά ein echt griechisches Wort, so wird es zunächst den nach den Botanikern (oben S. 243) auf der Balkanhalbinsel einheimischen wilden Granatbaum bezeichnet haben, und dann auf die edle Granate übertragen worden sein, deren Kultur, wie die der Feige, nach Hehn erst zur Zeit des Ausklingens der homerischen Dichtung aufgekommen wäre.

Mehr nach Entlehnung sieht, schon in Folge des Schwankens der Schreibung, der zweite, später überlieferte Name des Granatapfelbaums σίβδη, σίδη aus, mit dem auch das Anm. 59 genannte ξίμβαι (über ξ = σ in Fremdwörtern G. Meyer, Idg. F. I, 328) zu verbinden sein dürfte. Das ebendaselbst zur Erklärung angezogene np. *sêb*, kurd. *siw* bedeutet allerdings nur Apfel; der Granatbaum heisst in den neuiranischen Sprachen pers. *nâr*, kurd. *enâr* u. s. w. (Pott, Lassens Z. f. d. Kunde des Morgenl. VII, 106, Köppen, Holzgewächse I, 421) = armen. *nuṙn* (nach Lagarde, Armen. Stud. S. 115, während Hübschmann, Arm. Gr. I, 207 nur einen zufälligen Anklang beider Wörter annimmt). In Europa scheint mit σίβδη, σίδη irgendwie das alb. *šegə* Granatapfel zusammenzuhangen (G. Meyer, Et. W.). Ein ägyptisches *shidchi* ‚Granatapfelwein' wird von F. Hommel Beilage z. allg. Zeit. 1895, Nr. 197, S. 4 genannt. Sicher dem Orient entstammt das zuerst von Dioskorides für die Blüte des wilden Granatbaums gebrauchte βαλαύστιον, das nach Löw und Nöldeke (vgl. Lewy a. a. O. S. 25) dem syrischen *bâlas* entspricht.

Italien hat, worauf der Name *malum punicum* doch in erster Linie hinweist, die Kultur des Granatapfelbaums, wie wohl in diesem Falle auch den Baum selbst (oben S. 243), von Afrika her empfangen, wodurch sich für die Geschichte des Granatbaums ein neues Analogon zu der des Feigenbaums ergiebt. Auch in Aegypten ist die Kultur des Baumes, nach dessen Früchten sich die Israeliten in der Wüste zurücksehnten (Mos. 4, 20, 5), wie die Denkmäler (vgl. Woenig a. a. O. S. 323) beweisen, uralt. Als ägyptischen Namen giebt F. Hommel (Aufsätze und Abh. arabistisch-semitischen Inhalts S. 98) nach Brugsch *'inrhamiā, 'inhmn, 'inhm'ni* (kopt. *erman, herman)* an, der nach ihm mit dem westsemitischen Namen des Granatapfelbaums in Zusammenhang stünde. Es würde dies, wenn richtig, mit der Ansicht Schweinfurths, Verhandlungen 1891, S. 658 übereinstimmen, nach welcher der Granatapfelbaum nach Aegypten in sehr früher Zeit aus dem südlichen Arabien, wiederum ebenso wie die Feige (oben S. 102), gekommen wäre.

Ueber Hadad-Rimmon (oben S. 237) vgl. Baudissin, Studien zur semitischen Religionsgeschichte II, 187, 215, Hommel a. a. O. S. 98 und Muss-Arnolt, Transactions XXIII, 110. Der Zusammenhang des Gottes- und des Pflanzennamens wird vielfach, auch von Sayce in der Academy 46, S. 283, bestritten.

Vgl. über die Geschichte des Granatapfelbaums jetzt auch G. Buschan, Vorgesch. Botanik S. 155 ff.

Der Quittenbaum.

(Pyrus Cydonia L. Cydonia vulgaris.)

Unter den Aepfeln sind, wie oben gesagt, im früheren Alterthum neben den Granaten auch Quitten zu verstehen, die wir aus diesem Grunde sogleich hier anschliessen. Die *χρύσεα μῆλα* der Hesperiden und der Atalante waren idealisirte Quitten, und der der Aphrodite geweihte, in Mädchen- und Liebesspielen aller Art und zu bräutlichen Gaben dienende Apfel war gleichfalls kein anderer als der duftende Quittenapfel. Seine Farbe, wie die der rothen Granate, machte überall, wo er zuerst erschien, lebhaften Eindruck auf den Naturmenschen. Roh konnte er nicht genossen werden, aber in Wein, Most, Oel und besonders Honig eingemacht, gab er diesen Stoffen einen feinen Duft und Geschmack. Der griechische Name, cydonischer Apfel, *μῆλον Κυδώνιον*, wirft einiges willkommene Licht auf die Geschichte des Baumes. Danach kam er den Griechen zunächst aus Kreta und zwar aus dem Gebiete der Kydonen, die an der Nordwestküste am Flusse Jardanus wohnten und, mochten sie nun semitischen Stammes sein oder nicht, doch zu den ältesten halb-mythischen Bewohnern der Insel gehörten. Ihre Stadt war die *mater urbium* des Landes, und dass die Quitte gerade nach ihr benannt war, deutet auf ein frühes Zeitalter ihrer Einführung sowohl als ihrer Weiterverbreitung zu den Griechen. Ihre älteste urkundliche Erwähnung findet sich, wenn *κοδύμαλον*, worin ein Anklang an *μᾶλον Κυδώνιον* nicht verkannt werden kann, so viel als Quitte ist, bei dem aus Lydien gebürtigen Alcman (Fr. 90 Bergk.), also in der Mitte des siebenten Jahrhunderts; bald darauf, um 600 vor Chr., wird sie in der Helena des Siculers Stesichorus genannt (Fr. 27 Bergk.):

Πολλὰ μὲν Κυδώνια μᾶλα ποτερρίπτουν ποτὶ δίφρον ἄνακτι.

Etwa um dieselbe Zeit verordnete Solon in einem Gesetz, bei Hochzeiten solle die Braut, ehe sie das Brautgemach betrete, einen cydonischen Apfel essen, offenbar um sich symbolisch damit dem Dienst der Aphrodite zu weihen (Plut. Conj. Praecept. 1 und Quaest. Rom. 65, der übrigens dies solonische Gesetz, durch welches nur ein attischer Brauch sanctionirt wurde, rationalistisch erklärt). Gleichzeitig wird der Baum auch von den italiotischen Griechen kultivirt worden sein: Ibykus aus Rhegium, also ein geborener Italiot, erwähnt um die Mitte des 6. Jahrhunderts der cydonischen Apfelbäume in bewässerten

Gärten (Fr. 1, 1: *Κυδώνιαι μηλίδες*). Auf die umwohnenden Barbaren verfehlten die goldenen Aepfel ihren Reiz gewiss nicht. Dass die Frucht in Italien alt war, lehrt, ausser der populären Latinisirung im Volksmunde: *mala cotonea* statt *cydonia*, auch eine sprechende Stelle bei Properz (3, 13, 27), wo der Dichter die Einfachheit der frühern Zeit mit der später herrschenden Ueppigkeit vergleicht: sonst, sagt er, schenkte die ländliche Jugend sich Quitten, vom Baum herabgeschüttelt, und volle Körbe mit Brombeeren, jetzt müssen es Levkoien und leuchtende Lilien sein u. s. w. Columella und Plinius kennen schon mehrere Arten, darunter die Quittenbirne, *malum strutheum*, wörtlich Sperlingsapfel, die schon bei Cato erwähnt wird und also gleichfalls älter als der dritte punische Krieg ist. Wie zu Plinius Zeit, werden noch jetzt in Italien die Quitten in Zimmern aufgestellt, um diese mit angenehmem Duft zu erfüllen, und den Zuckerbäckern dienen sie zu der *cotognata*, franz. *cotignac*, wie im Alterthum zum *μηλόμελι* oder *κυδωνόμελι*. Die *melimela*, wörtlich Honigäpfel, bei Varro de r. r. 1, 59, 1: *quae antea mustea vocabant, nunc melimela appellant*, bei Horaz Sat. 2, 8, 31:

post hoc me docuit melimela rubere minorem
ad lunam delecta —

und an mehreren Stellen des Martial, werden von neueren Auslegern als besonders süsse Aepfel gedeutet; dass sie aber eine zum Einkochen in Most und später in Honig vorzüglich geeignete Varietät Quitten waren, bezeugt nicht nur der Schol. Cruq. ausdrücklich, sondern lehrt auch das spanische *membrillo*, das portugiesische *marmelo*, Quitte, Quittenmus, von welchem letzteren das allgemein europäische Wort Marmelade abgeleitet ist. Schon zu Galenus' Zeit kam solche spanische Marmelade nach Rom (de aliment. facult. 2, 23. VI. p. 603 Kühn). Im Uebrigen ist der Baum im heutigen Italien nicht sehr häufig und gewiss seltener als bei den Alten, die noch keine Ananas und keine Apfelsinen kannten. Im Orient dagegen und in ganz Osteuropa, der Weltgegend eingemachter Früchte und des Zuckerwerks, ist das Mittelalter hindurch und bis auf die neueste Zeit die Quitte ein beliebter, in Bazaren feilgebotener Genuss müssiger Menschen geblieben, wovon die Menge der zum Theil verstümmelten Namen derselben bei den Völkern slavischen Stammes ein lebendiges Bild giebt (s. Miklosich, Fremdwörter, S. 89, darunter auch persische und türkische, wie *pigva*, *aiva*, *armud* u. s. w.).

* *Cydonia vulgaris* Pers. (*Pyrus Cydonia* L.) wächst mit Sicherheit wild im Kaukasus, namentlich in Transkaukasien bis zu 1300 m Höhe, sodann in Armenien, Kleinasien und den Kaspischen Provinzen Persiens Talysch und Asterabad. Ob der Quittenbaum in Griechenland und Thracien wild ist, ist zweifelhaft; über sein ursprüngliches Vorkommen in Creta existiren keine Angaben neuerer Schriftsteller. Im übrigen Südeuropa und in wärmeren Theilen Mitteleuropas kommt die Quitte wohl hier und da verwildert vor, ist aber daselbst kaum einheimisch und auch nicht in grösserer Menge als Bestandtheil einzelner Pflanzengemeinschaften anzutreffen.

** Der Baum scheint dem ägyptisch-semitischen Kulturkreis ursprünglich gefehlt zu haben. Neuere aramäische Namen bei Löw, a. a. O. S. 144. — Eine gemeinsame Benennung bieten die neuiranischen Dialecte kurd. *beh*, pehl. *bé*, buchar. *bihir*, pers. *beh* (vgl. Pott in Lassens Z. f. d. K. d. M. VII, 106 und Köppen, Holzgewächse I, 419 (in Beiträge z. Kenntniss des russischen Reiches II. Folge, V. Band), die keine Beziehung zu Europa zeigen. — Theophrast, h. pl. 2, 2, 5 gebraucht die Bezeichnung κυδώνιος von dem wilden resp. verwilderten Quittenbaum, während er die Früchte des zahmen στρούθια (vgl. oben S. 246) nennt (weil ihnen die Sperlinge nachstellen?) — Die lateinische Form *cotonea* wird auf einer Vermischung mit Namen der Feige beruhn, die auch in russ. *pigva* Quitte (das also nicht, wie Hehn nach einer früheren Aeusserung Miklosich's vermuthete, orientalisch ist) = ahd. *fîga* hervortritt. Vgl. κοδώνεα· σῦκα χειμερινά Hesychius und lat. *cotana, cottana* kleine Feigen (oben S. 100). Ins Deutsche sind beide Formen *cotonea* und *cydonia* übergegangen: ahd. *cozzana, cottana* und *chutina* (altengl. *cod-, godæppel*). Alb. *ftua-oi* aus lat. *cotôneum* (G. Meyer, Et. W. S. 113). Im Slavischen scheint das Wort (*gdunje* etc.) theilweis die Bedeutung Birne angenommen zu haben. Vgl. Miklosich, Et. W. S. 61.

Sehr abweichend von Hehn, aber kaum richtig, wird die Geschichte des Quittenbaums von Koch, Bäume und Sträucher S. 174—176 dargestellt. Vgl. auch Neumann und Partsch, Physikalische Geographie S. 428 f. und v. Fischer-Benzon, Altd. Gartenflora S. 146 f., wo ein spätes griech.-lat. *coronopus* »Krähenfuss« für die Frucht der Quitte genannt wird.

Rose und Lilie.

(*Rosa gallica, centifolia. Lilium candidum L.*)

Wie die Früchte mit dem köstlichen goldenen oder röthlichen Mark, so erschienen auch die Blumen des Orients — dort von weichlich civilisirten, nur für ihre Despoten und Religionsbräuche lebenden Menschen angepflanzt, veredelt und zu Salben und Wassern verarbeitet — den Hirten, Kriegern und Ackerbauern des Westens lockend und wunderbar. Rosen und Lilien waren schon zur Zeit des Epos zu den Griechen gelangt, Anfangs wohl nur dem Rufe nach, als etwas unbestimmt Herrliches der Blumenwelt, von dessen Farbe und Gestalt erzählt wurde, in Form duftenden Oeles, dann auch allmählich die Pflanzen selbst mit ihren Blüten. Homer und Hesiod nennen die Morgenröthe rosenfingrig, in einem homerischen Hymnus heisst sie auch rosenarmig, wie auch in der Theogonie zwei rosenarmige Töchter des Nereus vorkommen; Aphrodite salbt den Leichnam des Hektor mit rosenduftendem Oel; Hektor will die lilienzarte Haut des Ajax mit seinem Speer zerfleischen; die Stimme der Cicaden und in der Theogonie die der Musen heisst eine Lilienstimme. Dies sind lauter vergleichende Bezeichnungen, die sich auf eine möglicher Weise ferne Sache beziehen, wie denn auch schon jener alte Forscher bei Gellius N. A. 14, 6, 3 die Frage aufwarf, warum Homer das Rosenöl gekannt, die Rose selbst aber nicht gekannt habe *(quapropter rosam non norit, oleum ex rosa norit)*. Die Blumen selbst erscheinen in dem Hymnus auf die Demeter, dieser ehrwürdigen Urkunde des alteleusinischen Demeterdienstes (von Welcker, Gr. Götterlehre 2, S. 546, in Ol. 30 oder in die Mitte des 7. Jahrhunderts gesetzt), aber immer noch in fremdartigem Phantasie-Scheine: Proserpina spielt auf der Wiese mit ihren Gefährtinnen und pflückt Rosen (die Rose also als Blume einer idealen Wiese, nicht vom Strauch gebrochen und nicht mit Dornen bewehrt) und ausser Krokos und Violen und Iris und Hyakinthos auch den Narkissos, eine neugeschaffene Wunderblume, bei deren Anblick Götter und Menschen staunen, die sich mit hundert Häuptern aus der Wurzel erhebt, deren Duft Himmel, Meer und Erde erfreut — offenbar Verherrlichung des in den Mysterien gebräuchlichen Symbols der Narcisse, die, wie der Name bezeugt, ursprünglich nur berauschende, exotische Blumendüfte überhaupt repräsentirte. An einer späteren Stelle desselben Hymnus erzählt Proserpina ihrer Mutter, wie sie auf der reizenden Wiese gespielt und

Kelche der Rosen und Lilien auch, ein Wunder zu schauen,

gepflückt — wo der Zusatz *θαῦμα ἰδέσθαι* das Ferne und Fabelhafte oder Seltene dieser herrlichen Blumen ausdrückt. Unter den Namen der Nymphen, der Gespielinnen Proserpina's auf der Wiese, finden sich auch zwei oder drei, die der Rose entnommen sind: *Ῥόδεια*, *Ῥοδόπη* (die Rosige), *Ὠκυρόη καλυκῶπις* (Okyroe mit dem Gesicht wie der Kelch einer Rose; dasselbe Adjectiv auch im Hymnus an die Aphrodite zur Bezeichnung einer Nymphe). In einem Fragment des um ein Menschenalter älteren Archilochus, dessen Welt aber eine weitere war, als die jener eleusinischen Tempelpoesie, und ausser den Inseln auch Thrakien und Lydien umfasst, tritt der Rosenstrauch selbst mit seinen Blüten auf und zwar letztere neben Myrtenzweigen als Schmuck des Mädchens, ohne Zweifel der Neobule, der Geliebten des Dichters, Fr. 29. Bergk:

ἔχουσα θαλλὸν μυρσίνης ἐτέρπετο
ῥοδῆς τε καλὸν ἄνθος.

Hundert Jahre später war die Rose ein Liebling der Dichterin Sappho, von der sie häufig gepriesen und verherrlicht und als Gleichniss schöner Mädchen gebraucht wurde (Philostr. Ep. 73). Von da an finden wir Rosen und Lilien unter dem Fest- und Blumenschmuck liebenden Volke der Griechen eingebürgert, überall verbreitet und in Leben und Sitte verflochten. Von wo aber waren beide Blumen gekommen? In welcher Gegend des Orients, unter welcher seiner Völkergruppen war die auch in Europa einheimische Rosa gallica, die Stammform der Centifolie, zur süssduftenden, sechzig- oder hundertblättrigen erzogen worden?

Dass die Rosen den Verfassern der Apokryphen des Alten Testaments nicht unbekannt sind, darf nicht Wunder nehmen, da diese Schriften in griechische Zeit fallen, aber auch in den älteren Theilen der Bibel würde, wenn wir Luthers Uebersetzung folgen wollten, die Rose erwähnt werden, z. B. bei dem Propheten Hosea (er lebte im 8. Jahrh.) 14, 6: Ich will Israel wie ein Thau sein, dass er soll blühen wie eine Rose, oder an mehreren Stellen des Hohen Liedes, z. B. 2, 1: Ich bin eine Blume zu Saron und eine Rose im Thal, 2: wie eine Rose unter den Dornen, so ist meine Freundin unter den Töchtern u. s. w. Allein Luther hat hier, der Auslegung der Rabbinen folgend, das hebräische *susan*, *susannah* falsch mit Rose übersetzt: es bedeutete vielmehr κρίνον nach der Uebertragung der Septuaginta d. h. Lilie und zwar nicht sowohl *Lilium candidum*, griechisch λείριον, als die farbige Feuerlilie, *Lilium chalcedonicum* und *bulbiferum* (Plinius: *est et rubens lilium quod Graeci κρίνον vocant*) oder noch wahrscheinlicher eine Art der gleichfalls glockenförmigen Kaiserkrone, *fritillaria*. Die edle Gartenrose war also den Griechen früher bekannt als den alten Hebräern und ist somit keine semitische Kulturpflanze. Bestätigt wird dies durch die Abwesenheit der Rose auf den Bildwerken des alten Aegyptens, auf denen sonst die Blumenzierde nicht fehlt: auch Herodot erwähnt in seinen Schilderungen ägyptischer Sitten nur der Lotosblume und rosenähnlicher κρίνεα, von welchen letzteren dasselbe gilt, was von den

Lilien der Hebräer (Herod. 2, 92: ‚*φύεται ἐν τῷ ὕδατι κρίνεα πολλὰ* — von den Aegyptern *λωτός* genannt: *ἔστι δὲ καὶ ἄλλα κρίνεα ῥόδοισι ἐμφερέα*[61]). Sind wir somit in Betreff beider Blumen auf Centralasien gewiesen, so kommt uns hier die Sprache hülfreich entgegen, die so oft die Tiefen der Vorwelt erschliesst, bis zu denen keine historische Kunde reicht. Das griechische *ῥόδον*, in älterer Form *βρόδον* (noch Sappho schrieb das Wort mit dem Digamma), die Rose, und *λείριον*, die Lilie sind ursprünglich iranische Wörter[62]), und aus Medien also, über Armenien und Phrygien kamen Benennung und Sache den Griechen zu. Das heisse heitere Persien ist noch jetzt ein Blumenland. Ueber Teheran sagt Ritter, Erdkunde, 8, 610: »die Rose gedeiht hier zu einer Vollkommenheit, wie in keiner Gegend der Welt, nirgend wird sie wie hier gepflanzt und hochgeschätzt; Gärten und Höfe sind mit Rosen überfüllt, alle Säle mit Rosentöpfen besetzt, jedes Bad mit Rosen bestreut, die von den immer wieder sich füllenden Rosenbüschen stets ersetzt und erneut werden. Selbst das Kalium (die Rauchtabak-Wasserflasche) wird mit der hundertblättrigen Rose für den ärmsten Raucher in Persien geschmückt, so dass Rosenduft Alles umweht.« Auch die Rosen von Schiras in Süd-Persien sind wenigstens aus Hafis' Gedichten Jedermann bekannt. Zu Herodots Zeit hatten die Babylonier den Gebrauch der Rosen bereits von ihren medisch-persischen Ueberwindern angenommen: jeder Babylonier, sagt er 1, 195, trägt auf seinem Stock das Bild entweder eines Apfels oder einer Rose oder eines *κρίνου* oder eines Adlers oder irgend eines anderen Gegenstandes. Nach Griechenland aber wanderte die Blume über Phrygien, Thrakien und Macedonien ein, wie unverkennbare Spuren in sagenhaften Nachrichten der Alten selbst verrathen. Das nyseische Gefilde, auf dem Persephone nach dem homerischen Hymnus Rosen und Lilien pflückt, ist nach Ilias 6, 133 in Thrakien zu denken, und der Name einer ihrer Gespielinnen, Rhodope, ist zugleich der des thrakischen Gebirges, in welches jene Nymphe verwandelt sein sollte. Nach Herodot 8, 138 lagen am Fuss des Bermionberges in Macedonien (an welchem nach Strabo 7. Excerpt. Vat. 25 die Briger wohnten, die in Asien Phryger genannt wurden) die sogenannten Gärten des Midas, des Sohnes des Gordias: dort sprossten von selbst die sechzigblättrigen Rosen, deren Duft schöner war, als der aller anderen. Noch deutlicher, nur mit Anwendung der gelehrten Terminologie seiner Zeit und Schule, drückt sich der alexandrinische Dichter Nicander aus, im zweiten Buch seiner Georgika (bei Athen. 15. p. 683): Midas von Odonien (Edonien,

Landschaft in Thrakien), nachdem er die Herrschaft von Asis (in Kleinasien) verlassen, erzog zuerst in emathischen Gärten (Emathia, Landschaft in Macedonien) die Rosen, die mit sechzig Blumenblättern umsäumt sind. Man bemerke hier die altbabylonische Zahl sechzig, die allein schon auf Herkunft aus Asien weist. Nach Macedonien, in die Gegend von Philippi setzt auch Theophrast (h. pl. 6, 6,4) die reich gefüllten Rosen, die er schon *ἑκατοντάφυλλα*, Centifolien, nennt: die Einwohner sollten sie vom nahe gelegenen gold- und silberreichen Berge Pangäus (*τὸ Παγγαῖον*) beziehen. In dieselbe Gegend weist ein Fragment der Sappho, also ein altes und gewichtiges Zeugniss, Fr. 68 Bergk:

οὐ γὰρ πεδέχεις βρόδων
τῶν ἐκ Πιερίας.

Auch aus Mythen, die sich sofort an die neuen Blumen knüpfen, klingt der phrygische Naturdienst wieder. Die Rose ist der Aphrodite geweiht, sie ist auch die Blume des Dionysos; sie ist zugleich das Symbol der Liebe und des Todes; wie sie entstand, als Attis, der phrygische Adonis, starb, wird verschieden erzählt: bald schuf sie Aphrodite aus dem Blut des Adonis (Serv. ad. V. Aen. 5, 72), bald ritzte sich die Göttin selbst, als sie von dem Tode ihres Lieblings hörte, und durch Dornen herbei eilte, den Fuss, und ihr Blut verwandelte die weisse in die rothe (Geopon. 11, 17), bald — und dies scheint die eigentlich phrygische Form des Mythus — erwächst die Blume von selbst aus dem Blut des Adonis, wie in ähnlichem Falle Granat und Mandelbaum, Bion 1, 64:

Soviel Thränen vergiesst die paphische Göttin als Tropfen
Blutes Adonis: am Boden da werden sie alle zu Blumen,
Rosen erwachsen dem Blut, Anemonen den Thränen der Göttin.

Von der Lilie, der *rosa Junonis*, wurde gefabelt, sie sei aus der Milch der Hera entstanden, als diese schlafend den Herakles säugte (Geopon. 11, 19); mit der Aphrodite war die Lilie der reinen unbefleckten Farbe wegen in Streit: um die keusche Blume zu beschämen, setzte die Göttin ihr das gelbe Pistill ein, welches an den brünstigen Esel erinnerte (Nic. Alexiph. 406 ff., id. apud Athen. l. l.).

Nach Italien kam die orientalische Gartenrose frühe mit den griechischen Kolonien, wie die populäre Verwandlung des Namens in das lateinische *rosa* beweist, und mit ihr wohl auch die Lilie, *lilium*[63]); von Italien gingen beide unter demselben Namen in alle Welt aus, doch je weiter nach Norden, desto mehr von der Kraft und Süssigkeit des Duftes einbüssend, der sie in ihrer ursprünglichen

Heimath umweht. Unter dem italienischen Himmel gedieh indess die Rose noch herrlich, sie blühte den grössten Theil des Jahres je nach den Varietäten, von denen die campanische die früheste, die von Präneste die späteste sein sollte (Plin. 21, 20); Campanien brachte Centifolien hervor; von den Rosen um Pästum rühmte man, sie blühten zweimal im Jahr. Schon bei Plautus ist *rosa*, *mea rosa* eine liebkosende Anrede; schon Cicero nennt die Rose, wo er ein Leben voll Ueppigkeit bezeichnen will, z. B. de fin. 2, 20: *M. Regulum clamat virtus beatiorem fuisse quam potantem in rosa Thorium.* Zwar mag es orientalische Ausschweifung gewesen sein, wenn Kleopatra den Antonius von Cilicien in Speisezimmern bewirthete, deren Boden eine Elle hoch mit Rosen bedeckt war (Athen. 4, p. 148); zwar war es von Verres, dem Proprätor in Sicilien, Nachahmung der bithynischen Könige, wenn er sich auf Rosenkissen in der Sänfte tragen liess und dabei ein mit Rosen gefülltes Spitzennetz an die Nase hielt (Cic. in Verr. 5, 11, 27: *lectica octophoro ferebatur, in qua pulvinus erat perlucidus, Melitensis, rosa fartus: ipse autem coronam habebat unam in capite, alteram in collo, reticulumque ad naris sibi admovebat, tenuissimo lino, minutis maculis, plenum rosae)*, aber ein Blick in die lyrischen und elegischen Dichter lehrt, wie auch in Italien die Rose überall in den Liebes- und Lebensgenuss verflochten ist: der Tisch der Schmausenden ist ganz unter Rosen verborgen, Liebende liegen auf Rosen, der Boden ist mit Rosen bestreut, das Haupt der Tänzerin, der Flötenspielerin, des weinschenkenden Knaben mit einem Rosenkranz umwunden. Der Trinker bekränzt sich selbst, er bekränzt den Becher mit Rosen. Sinnentaumel und Rosen sind unzertrennbar: unter zahlreichen Stellen der Dichter nur die eine des Martial, 10, 19, 19:

cum furit Lyaeus,
Cum regnat rosa, cum madent capilli.

Und dass die Rose hinwiederum auch eine Blume der Gräber war, dass man den Todten Rosen mit Thränen spendete, ist eine sehr alte, psychologisch nahe liegende und auch in Italien gewöhnliche, durch zahlreiche Grabinschriften (Orelli-Henzen, inscriptt., T. 3, ind. s. v. *rosa*) bestätigte Sitte und Vorstellung. Denn die aus dem Blute des sterbenden Naturgottes entstandene Rose ist ebenso schön als flüchtig (Hor. Od. 2, 3, 13: *nimium breves flores amoenae rosae*; 1, 36, 16: *breve lilium*; »bist du an einer Rose vorübergegangen, so suche sie nicht wieder«, sagt das griechische Sprichwort: *ῥόδον παρελθὼν μηκέτι ζήτει πάλιν*, und das italienische: *non v'ha rosa di cento giorni);* sie stellt höchste Lebensfülle dar, aber momentan: wegen der ersteren Eigenschaft ist sie wie Wein und Blut den Todten, den lechzenden Schattenwesen, erwünscht. Auch zu Essenzen, Wassern und Salben wurde die Rose viel verarbeitet, so wie sie auch in der Arzneikunst als Rosenwein und Rosenwasser, ja nach den Berichten der Alten sogar in der Küche reicher Schlemmer Anwendung fand. Kein Wunder, dass in und ausserhalb der Stadt Rosengärten häufig waren, und deren Ertrag, sowie die der Lilienbeete, von stationären und wandernden Blumenhändlern feilgeboten wurde. Varro räth schon in der republikanischen Zeit als vortheilhaft an, wenn man in der Nähe der Stadt ein Grundstück besitze, Veilchen- und Rosengärten anzulegen, 1, 16, 3: *itaque sub urbe colere hortos late expedit, sic violaria ac rosaria,* wie er auch 1, 35, 1 die Jahreszeit bestimmt, wo es passend sei, *serere lilium.* Aber auch in weiterem Kreise bis nach Campanium und Pästum hin sorgten Blumenanlagen für das Bedürfniss der reichen, ungeheuren Hauptstadt (Martial 9, 61). In der Kaiserzeit, wo die Ausschweifung in der vornehmen Welt und bei Hofe immer höher stieg und die Sitten sich orientalisirten, wurde auch im Punkt der Blumen sinnlos verschwendet. Im Sommer Rosen zu haben, war jetzt schon zu gemein, man suchte sie im Winter, bei Beginn des Frühlings. Leben diejenigen nicht widernatürlich, klagt der Philosoph Seneca, die im Winter nach Rosen verlangen, ep. 122, 8: *non vivunt contra naturam qui hieme concupiscunt rosam?,* und Macrobius (Sat. 7, 5, 32) stellt als parallele Forderungen des Luxus zusammen: *aestivae nives et hibernae rosae.* Man bezog daher zur Winterzeit Rosen zu Schiff aus dem wärmeren Aegypten, wie Martial 6, 80 beweist, und trieb Rosen und Lilien in Rom selbst unter Glas, wie wir aus demselben Dichter ersehen, 4, 22, 5:

Condita sic puro numerantur lilia vitro,
Sic prohibet tenuis gemma latere rosas.

In all dem waren die Orientalen vorangegangen. Von Antiochus dem Grossen, einem echten griechisch-antiochischen Despoten, erzählt Florus Ep. 2, 8, 9, er habe nach Eröffnung des Krieges mit den Römern und Einnahme der Inseln goldgestickte seidene Zelte am Euripus, der ein fliessendes Wasser ist, aufgestellt, dann *sub ipso freti murmure, quum inter fluenta tibiis fidibusque concineret, collatis undique, quamvis per hiemem, rosis, ne non aliquo ducem genere agere videretur, virginum puerorumque delectus habebat* — die Römer trieben ihn, *jam sua luxuria debellatum,* wie Florus mit Recht hinzusetzt, schnell nach Hause zurück. Die späteren Kaiser in Rom aber gaben ihm nichts nach. Ueber L. Aelius Verus berichtet sein Biograph Ael. Spartianus, 5, er habe eine neue Art Bett erfunden, ganz von einem feinen Netz umgeben, ausgestopft mit Rosenblättern, denen das Weisse genommen war, und mit einer Decke von Lilienblättern. Auch bei Tische lag er, wie einige überliefern, auf Polstern, von Rosen und Lilien, und zwar gereinigten. Noch ärger ist, was Aelius Lampridius 9 und 11 von Heliogabalus erzählt. Dieser aus Syrien stammende Kaiser liess nicht nur Alles in seinem Palaste mit Rosen-, Lilien-, Violen-, Hyacinthen- und Narcissenteppichen belegen, über die er wandelte, sondern bei Gastmählern lagen seine Gäste auf beweglichen Polstern so in Blumen vergraben, dass einige, wahrscheinlich schwer vom Wein, sich nicht mehr emporarbeiten konnten und in Violen und anderen Blumen erstickten.

Im Mittelalter, wo so viel Kulturen zu Grunde gingen, blieben doch Rose und Lilie, beide verhältnissmässig leicht zu erziehen und durch Duft und Farbe auch dem rohen Menschen imponirend, in den Gärten gewöhnlich. Die Dichter des Mittelalters, denen nicht viel Farben zu Gebote stehen, verwenden Rosen und Lilien reichlich in ihren Schilderungen; dem Christenthum dienten beide zu beliebten Symbolen: die heilige Jungfrau in ihrer Anmuth und Milde erschien als Rose, die himmlische Reinheit ward in der Lilie angeschaut; gothische Kirchen schmückten sich mit steinernen mystischen Rosen, auf Bildern der Verkündigung pflegt der Engel den Lilienstengel zu tragen, mitunter — und dies ist charakteristisch — die Kelche *ohne* Staubfäden. Auch in die Wappensprache jener bildlich denkenden Zeit gingen beide Blumen über: bekannt sind die (angeblich aus Lanzenspitzen hervorgegangenen) drei Lilien im königlichen Wappen von Frankreich, die auch der Jungfrau von Orleans bei ihrer Erhebung in den Adelstand verliehen wurden, so wie die feindlichen Zeichen der rothen und weissen Rose in den Kämpfen der Königsgeschlechter von England. Unter den unzählig vielen Einzelheiten, die sich aus Sitte, Kunst und Religion des Mittelalters in Bezug auf dies Thema sammeln liessen, wollen wir nur zweier Züge gedenken, die beide im Grunde aus derselben Wurzel abzuleiten sind: der päpstlichen sogenannten *goldenen Rose* und der mythischen Figur der *Russalken* bei einem Theil der Slaven. Am vierten Fastensonntage, dem Sonntage Lätare, der in den Frühling fällt, weihte der Papst, weiss angethan, in Gegenwart des Cardinalcollegiums, in einer mit

Rosen geschmückten Kapelle, am Altare eine goldene Rose, die hernach als segenbringend Fürsten und Fürstinnen, auch Kirchen und Städten verschenkt wurde. Er tauchte sie in Balsam, bestreute sie mit Weihrauch, besprengte sie mit Weihwasser und betete indess zu Christus als der Blume des Feldes und Lilie des Thales. Kurz vor der Reformation erhielt Kurfürst Friedrich der Weise von Sachsen die goldene Rose, in unseren Tagen die unglückliche Kaiserin Charlotte von Mexiko und die fromme Königin Isabella II. von Spanien. Nachrichten über diesen Gebrauch gehen bis in das eilfte Jahrhundert, in die Zeit Leo des XI., hinauf, aber die Anfänge desselben knüpfen sich offenbar an die altrömischen Vorstellungen von der Rose als Blume des Lebens wie der Vergänglichkeit, die in der Hand des Ueberwinders sowohl seine Glorie und Freude als seine Sterblichkeit und Demuth bedeutet. — Ueberaus interessant sind die slavischen Russalken als lebendiger Beweis, wie in einer noch im Naturdienst gefangenen Volksseele aus kleinen Umständen, Namensklängen, allgemeinen Begriffen, auswärtigem Kultureinfluss mythische Personificationen sich bilden. Rosenfeste, *rosaria, rosalia,* wurden noch im spätesten Rom an verschiedenen Tagen des Mai und Juni gefeiert und bestanden in Schmückung der Gräber mit Rosen und in gemeinsamen Mahlzeiten, bei denen den Theilnehmern Rosen, die Gabe der Jahreszeit, gereicht wurden. Auch in der illyrischen Halbinsel und an der Donau waren bei dem romanisirten Landvolke solche Frühlings- oder Sommerfeste unter dem lateinischen Namen *ῥουσάλια* gebräuchlich, hier ohne Zweifel als Fortsetzung der bei den thrakischen Stämmen längst hergebrachten sommerlichen Dionysosfeier und der an diese geknüpften Rosenlust (s. W. Tomaschek, Ueber Brumalia und Rosalia, in den Sitzungsberichten der Wiener Akademie 1868). In der christlichen Zeit trat das gleichfalls in den Mai fallende Pfingstfest in die Erbschaft der Rosalien ein: es hiess *pascha rosata* oder *rosarum* (im römischen Volksmunde noch heute: *pasqua rosa* oder durch Missverständniss *pasqua rugiada*) und am Pfingstsonntage, der sogenannten *domenica de rosa,* wurden Rosen von der Höhe der Kirche auf den Boden herabgelassen. Als darauf im sechsten Jahrhundert slavische Völkerschwärme die Landstriche an der mittleren und unteren Donau und im Osten und Süden der Karpathen besetzten und zwischen Heidenthum und Christenthum schwankend und getheilt waren, da fiel auf natürliche Weise das christliche Pfingst- oder Rosenfest mit der heidnisch-barbarischen Frühlingsfeier zusammen. Bei den Slovenen, Serben, Weiss- und Kleinrussen und bei den Slowaken hiess das Pfingstfest oder ein um die gleiche Zeit begangenes fröhliches Naturfest *rusalija* (ähnlich bei Walachen und Albanesen); aus dem Feste entwickelte sich dann bei den Weiss- und einem Theil der Kleinrussen die Vorstellung überirdischer weiblicher Wesen, die um diese Zeit Feld und Wald beleben, der Rusalky, des mythischen Gegenbildes der herumschwärmenden, lachenden, Kränze windenden und das selbsterdachte Orakel befragenden slavischen Mädchen. Diesen historischen Ursprung des Russalkenglaubens aus dem lateinischen *rosa* hat zuerst Miklosich dargethan (in den Sitzungsberichten der Wiener Akademie vom Jahr 1864), während noch Schaffarik in einer eigenen Abhandlung die Wurzeln desselben im tiefsten Alterthum und in den Abgründen des Slavismus suchte und Andere, die in der Nationalbegeisterung stärker als in der wissenschaftlichen Kritik waren, den Volksglauben mit mannigfachen poetisch-romantischen Flittern eigener Erfindung aufstutzten. Auch in Deutschland mischte sich übrigens in die alten Vorstellungen vom Kampfe des Winters und Sommers die südländische Rose und das italische Rosenfest (s. Uhland, der Rosengarten von Worms, in der Germania 6, 307ff.); wie die Slaven diese Form des Festes und Einkleidung des Mythus von der Niederdonau empfingen, so die Germanen aus dem keltisch-römischen Tirol und überhaupt aus Wälschland.

In der neueren Zeit hat die Gartenkunst unzählige Varietäten der Rose geschaffen, in allen Formen und Farben, mit eigenen Phantasienamen belegt[64]). Es kamen auch Zeiten, wo die Rose von anderen, zum Theil aus fernen Ländern eingeführten Blumen verdrängt wurde, den Dahlien, Camelien, Azalien u. s. w. Aber bei allem Wechsel der Mode wird sich die Rose als Königin der Blumen immer wieder herstellen. Nördlich von den Alpen, besonders in England, mag die Kunst sie in einzelnen Fällen veredeln und vervollkommnen; doch wird sie dort nie so in das Leben verwebt sein und fast das ganze Jahr hindurch in Villen und an allen Mauern blühen, wie unter dem Himmel von Neapel. Im Orient, so weit er nicht ganz in Barbarei verfallen ist, hat sich die Pflege der Rosen wohl erhalten: in der Poesie ist die Rose immer gefeiert und die Liebe zwischen ihr und der Nachtigall besungen worden; noch jetzt werden auf weiten Rosenfeldern die Blätter gesammelt, die zur Bereitung der köstlichen Rosenessenz und des beliebten Rosen-Zuckerwerks dienen. Der alte Busbequius im 16. Jahrhundert erzählt im ersten seiner Briefe aus Konstantinopel, die Türken duldeten nicht, dass ein Rosenblatt auf der Erde liege, denn sie glaubten, die Rose sei aus Muhammeds Schweisstropfen entstanden — die alte, nicht erloschene, nur islamisirte und ins Prosaische übertragene Adonissage. Auf dem angeblichen Grabe Ali's bei Messar, in der Nähe des heutigen Belch und alten Bactra, sah Vámbéry (Reise in Mittelasien, Deutsche Ausgabe, S. 188) die wunderwirkenden rothen Rosen (*güli surch*), die ihm in der That an Geruch und Farbe allen anderen vorzugehen schienen, und die, weil sie nach der islamitischen Lokalsage nirgends anderswo gedeihen sollen, auch nirgends angepflanzt worden sind.

Mit der Rose und weissen Lilie pflegt bei den Alten, wie schon aus einigen der obigen Citate hervorgeht, als Schmuck der Gärten und angenehme Zierde die Viole zusammen genannt zu werden. Ihre Geschichte läuft der der Rose parallel. Auch sie stammt als Gartenblume und in ihren veredelten Formen aus Kleinasien; Homer erwähnt sie in vergleichenden Adjektiven, wie *ἰοδνεφής, ἰοειδής, ἰόεις*, die auf die schwarze Farbe, nicht auf den Duft gehen; einmal auch in der Odyssee bei Beschreibung der wunderbaren, selbst die Götter zum Staunen bewegenden Natur um die Höhle der Kalypso: dort wächst sie auf weicher Wiese neben dem Eppich (»eine üble Standortsgesellschaft«, Fraas Synops. 114); *ἴον* bedeutet eben noch jede oder irgend eine dunkelblühende Blume, duftend oder nicht. Später unterschied man von den schwarzen die hellen, farbigen Violen (Pind. Ol. 6, 55) und verstand unter den letzteren durchgängig die Levkoje, *Matthiola incana*, und den Goldlack, *Cheiranthus cheiri*. Das lateinische *viola* stammt wohl aus dem Griechischen und demgemäss auch die Kultur dieser Blumen aus Griechenland, welches dieselbe selbst, wie gesagt, dem gegenüberliegenden Asien verdankt.

---

* Rose und Lilie, Viole, Goldlack. Die zuerst im westlichen Asien und im südlichen Europa kultivirten Edelrosen sind vorzugsweise Kulturformen der in diesem Gebiet verbreiteten *Rosa gallica* L.; eine durch niedrige Stengel ausgezeichnete Varietät derselben, *R. pumila* Linn. fil., ist auch noch in Süd- und Mitteldeutschland zerstreut wild anzutreffen. Auch die *R. centifolia* L. (Centifolie) gehört dem Formenkreis der *R. gallica* an; sie ist im Wesentlichen eine Form, deren Staubblätter in Blumenblätter umgewandelt sind. Die Damascener Rose, *R. damascena* Mill., dagegen ist wahrscheinlich ein Bastard der *R. gallica* L. und der gewöhnlichen Hundsrose, *R. canina* L. Das Gleiche gilt von *Rosa alba* L. Zu letzterer gehören die heutzutage in Ostrumelien in so grosser Ausdehnung kultivirten bulgarischen Oelrosen, während in Ostindien meistens die Damascener Rose und in Südfrankreich *Rosa gallica* var. *provincialis* als Oelrose kultivirt wird. Endlich kommt als Oelrose auch noch die in Nordafrika, Abyssinien und Nordindien heimische

Rosa moschata Mill. in Betracht, von welcher Dr. Dieck vermuthet, dass sie das im Alterthum so geschätzte Rosenöl von Kyrene geliefert habe. Die im Mittelmeergebiet verbreitete *R. sempervirens* L. hat als Oelrose keine Bedeutung; von ihr stammen aber die kletternden Ayrshire-Rosen ab. Die Bengalrosen, Theerosen, indischen Monatsrosen etc. stammen von der asiatischen *Rosa indica* L. ab; sie alle haben nur als Ziersträucher Bedeutung, so dass also die gerühmten Rosen des Alterthums nur in die Formenkreise der *Rosa gallica* und *R. moschata* gehören.

Die weisse Lilie, *Lilium candidum* L., ist in den Gebirgen Griechenlands und Kleinasiens verbreitet, aber meist in der Nähe menschlicher Wohnungen; Boissier glaubt, dass sie im Libanon wirklich wildwachsend vorkomme.

Der Levkoje, *Matthiola incana* L., ist eine an den felsigen Küsten des Mittelmeeres weit verbreitete Pflanze, welche man von den Kanarischen Inseln entlang an Portugal, Spanien, Südfrankreich, Italien bis Griechenland und Cypern verfolgen kann. Von dem Vorkommen der Pflanze an den Küsten Kleinasiens ist mir nichts bekannt.

Der Goldlack, *Cheiranthus Cheiri* L., findet sich ebenfalls als Felsenpflanze in Griechenland und dem ganzen südlichen Europa zerstreut, auch im westlichen Europa, ist aber aus Kleinasien nicht bekannt.

** Dass griech. *Ϝρόδον* eine alte, vorhomerische Entlehnung aus iranischem Gebiet (vgl. awestisch *vareδâ-* Pflanze, np. *gul* Pflanze κατ' ἐξοχήν, Rose, woraus einerseits armen. *vard*, andererseits arab. *ward*, aram. *vardâh*, kopt. *vert* entlehnt wurden) sei, und dass aus einem griech. ῥοδία, ῥοδέα (*ῥοδza) wiederum das lat. *rosa* hervorging, wird man auch heute noch als die wahrscheinlichere Annahme gelten lassen müssen. In neuester Zeit sind für dieselbe, was das griech. ῥόδον anbetrifft, G. Meyer Griech. Gramm.^{3} S. 237, und hinsichtlich des lat. *rosa* K. Brugmann Grundriss I^2, 2 S. 684 eingetreten. Doch fehlt es nicht an abweichenden Anschauungen. So erblickt A. Fick in der 4. Auflage seines Vergl. Wörterbuchs S. 556 in ῥόδον einen einheimischen Pflanzennamen, den er mit griech. ῥάδαμνος junger Zweig und ῥίζα Wurzel verbindet, Wörter, die semasiologisch doch recht fern von ῥόδον liegen. Auch ist, wenn an derselben Stelle armen. *vard* zur Vergleichung herangezogen wird, nicht bedacht, dass dieses Wort bei Urverwandtschaft mit ῥόδον **vart*, nicht *vard* lauten müsste (vgl. armen. *sirt* = griech. καρδία). Aehnlich wie Fick urtheilt Mikkola B. B. XXII S. 244, wo auch ein lit. *radästai* Rosenstrauch beigebracht und mit diesem sowohl ῥόδον wie *rosa* (**rod-s-a*) verglichen wird. Bemerkt sei noch, dass im heutigen Armenisch *vardeni*, das auch in kaukasischen Dialekten vorkommt, die *Rosa centifolia L.* meint, während für *Rosa canina* etc. andere Namen bestehen (vgl. Köppen, Holzgewächse I, 345).

Mit grösserem Recht wie für griech. ῥόδον ist neuerdings die iranische Herkunft des griech. λείριον stark in Zweifel gezogen worden, und zwar durch Lagarde, Mittheilungen II, S. 21ff. Dieser sagt: »Alle persischen Wörter, welche ein *L* enthalten, müssen mit Vorsicht behandelt werden, da *L*, welches in einzelnen Gegenden Erans ganz oder fast ganz verschwindet, entweder die es enthaltende Vocabel der Herkunft aus der Fremde verdächtigt, oder darauf hinweist, dass sie starke Umbildungen erfahren hat. Stammte das Wort *lâla* nicht aus Persien, sondern wäre es nur dorthin verschleppt, so dürfte Herr Hehn nicht um seinetwillen die Heimath der Lilie in Persien suchen: wäre *lâla* eine Verstümmlung eines ursprünglich ganz anders lautenden Wortes, so könnte ein aus *lâla* entstandenes λείριον erst verhältnissmässig spät sein: aber λείριον ist alt.« Ferner weist Lagarde darauf hin, dass npers. *lâla* jede »wildwachsende Blume« bezeichne. »Wanderte aber die Lilie aus Persien nach Griechenland, so that sie dies schwerlich unter dem ganz allgemeinen Namen »wildwachsende Blume«. Endlich macht er auf die Schwierigkeiten aufmerksam, den Vocalismus von npers. *lâla* und griech. λείριον mit einander zu vermitteln. Auch Bartholomae in der Wochenschrift für klassische Philologie 1895 No. 22 S. 598 hebt hervor: „Wenn das np. *lâlah* Lilie, Tulpe echtpersisch ist, so führt *âl* aller Wahrscheinlichkeit nach auf älteres (uriran.) *ard* oder *arz*. Ist das richtig, so kann das schon bei Pindar (richtiger: Homer, vgl. λειριόεις) vorkommende λείριον nicht aus dem Iranischen entlehnt sein, weil jenes *âl* sich erst wesentlich später eingestellt hat." Lagarde selbst leitet das griechische Wort aus dem Aegyptischen (kopt. 'ρηρε, ῥηρι, ‚ἄνθος', ‚κρίνον') ab, eine Erklärung, welche darin eine Stütze findet, dass der in ganz Vorderasien verbreitete Name der Lilie ebenfalls im Aegyptischen wurzelt: syr. *šōšanetâ*, hebr. *šôšannâh*, arab. *sausan*, *sûsan*, armen. *šušan*, pers. *sûsan* (daraus altsl. *sosonŭ* Lilie), dazu *Etymologicum magnum:* Σοῦσα ἡ πόλις ἀπὸ τῶν περιπεφυκότων κρίνων· σοῦσα γὰρ τὰ λείρια καλεῖται (vgl. Lagarde, Ges. Abh. S. 227), alle aus ägypt. *seschen* Lotus; vgl. Erman, Z. d. D. M. G. 46, 117, der dazu bemerkt: »Die sem. Worte sind entlehnt zu einer Zeit, als das ägypt. Wort schon wie im kopt. *šôšen* lautete.« Das ägypt. Wort bedeutet *Lotus Nymphaea L.* = griech. λωτός, das bis jetzt im Aegyptischen aber nicht nachgewiesen ist. Ueber den Sinn der semitischen Wörter gehen die Ausleger vielfach auseinander. Nach Lagarde hätte das hebräische Wort im alten Testament in der Sprache der Architekten den Sinn von Lotus gehabt, im Volke aber sei der ägyptische Name des Lotus auf lilium chalcedonicum oder eine buntblühende Liliacee übertragen worden. Nach Riehm im Bibellexikon hätte es sowohl die weisse Gartenlilie wie auch verwandte wildwachsende Pflanzen bezeichnet. — Griech. κρίνον ist dunkel. (Prellwitz, Etym. W. d. griech. Spr. vergleicht goth. *hrains*, wie er auch λείριον: λειρός mager, bleich stellt.) Vgl. zur Geschichte der Rosenkultur in sachlicher Beziehung noch v. Fischer-Benzon Altdeutsche Gartenflora S. 34 ff.

Der Safran.

(Crocus sativus L.)

Eine frühe berühmte Blume, der Rose an Rang gleich, sie an technischem Nutzen noch übertreffend, war auch der orientalische Safran, *Crocus sativus*, — der vornehme und erlauchte Verwandte des europäischen bescheidenen Frühlingscrocus, *Crocus vernus*. Ausser seinem Dufte, der das orientalische und später auch das europäische Alterthum entzückte, gab die Narbe seiner Blüte auch eine dauernde gelbe Farbe, und Gewänder, Säume, Schleier, Schuhe, mit dieser getränkt, erschienen dem Auge der ältesten asiatischen Kultur- und Religionsgründer so herrlich, wie der Purpur, sowohl an sich, als zum Ausdruck des Lichtes und der Majestät — denn Wirklichkeit und Symbol scheidet der gebundene Geist jener träumenden Zeiten noch nicht. Krokus- und Purpurgewand, thatlose Apathie, Aermel am Kleide und Binden um das Haupt bilden die Lust der Phryger, Verg. Aen. 9, 614:

Vobis picta croco et fulgenti murice vestis,
Desidiae cordi; juvat indulgere choreis
Et tunicae manicas et habent ridimicula mitrae.

Zu der Tracht der Perserkönige, die der älteren babylonisch-medischen nachgeahmt war, gehört die safrangelbe Fussbekleidung: in den Persern des Aeschylus (v. 657 ff.) ruft der Chor den todten Darius aus der Unterwelt mit den beschwörenden Worten empor: Erscheine, erscheine, alter Herrscher, komme mit der krokusgetränkten Eumaris an den Füssen, mit der königlichen Tiara auf dem Haupt. (Ueber die Verbreitung dieser Pflanze durch Asien s. Ritter, Erdkunde, Band 18, S. 736 ff.) Den Abglanz orientalischer Heiligung des lichten, reinen Safrangelb zeigen die ältesten mythisch-poetischen Vorstellungen der Griechen. Iason, der Argonaute, als er in Kolchis sich anschickte mit den feuerspeienden Stieren den Acker zu pflügen, warf das safranfarbige Gewand, mit dem er bekleidet war, ab (Pind. Pyth. 4, 232). Bacchus, der orientalische Gott, trägt den κροκωτός, das Safrankleid, und eben so die taumelnden Theilnehmer an den Freudenfesten, die ihm geweiht sind. Der neugeborene Herakles ist bei Pindar in krokusgelbe Windeln gehüllt (Nem. 1, 37). Besonders aber Göttinnen, Nymphen, Königinnen, Jungfrauen werden mit dem safrangelben oder mit Safran gezierten Kleide gedacht. Der Pallas Athene sticken die attischen Jungfrauen das buntdurchwirkte Krokusgewand, Eur. Hec. 466:

Schönthronige Pallas, soll
Einst wohl ich in dieser Stadt
Auf dem Krokosgewande dein
Rossegespann und den Wagen
Bilden im Kunstgewebe mit
Blumengefärbtem Faden?

Antigone in der Verzweiflung über der Brüder und der Mutter Tod lässt die krokosfarbene Stolis fallen, in der sie im Glücke und als

Königstochter prangte (Eur. Phoen. 1491), ebenso Iphigenia bei der Opferung in Aulis (Aesch. Agam. 239). Venus kleidet die Medea in ihr (der Göttin) krokusgewebtes Kleid, Valer. Flacc. 8, 234:

Ipsa suas illi (Medeae) croceo subtemine vestes
Induit.

Die an den Fels geschmiedete Andromeda (oder vielmehr Mnesilochus, der als solche verkleidet ist) hat den κροκόεις angelegt (Aristoph. Thesm. 1044). Helena hat von ihrer Mutter Leda die goldgestickte Palla und den mit Krokus umsäumten Schleier zum Geschenk erhalten und mit nach Mycenä gebracht, Verg. Aen. 1, 648:

Ferre jubet pallum signis auroque rigentem
Et circumtextum croceo velamen acantho,
Ornatus Argivae Helenae, quos illa Mycenis,
Pergama quum peteret inconcessosque Hymenaeos,
Extulerat, matris Ledae mirabile donum.

Die Eos im Epos ist durchgängig **κροκόπεπλος**, bei Hesiodus die Flussnymphe Telesto und die Enyo, die Tochter des Phorkys und der Keto, und ebenso die Musen bei Alcman fr. 85: **Μῶσαι κροκόπεπλοι.** Auch das Haar der Jungfrauen des Mythus wird als krokusfarben angeschaut, so das der Ariadne auf Naxos, Ov. Art. am. 1, 530:

nuda pedem, croceas inreligata comas,

und das der schönen Töchter des Keleos, die mit aufgeschürztem Gewande zum Brunnen eilen, an dem die Demeter sitzt, Hymn. in Cerer. 177:

doch um die Schultern
Flatterte rings das Haar, der Blume des Krokos vergleichbar.

Die Bekanntschaft mit der Safranfarbe geht also bei den Griechen in die Zeit der Ausbildung des Heroenmythus hinauf; dass sie aus orientalischer Quelle stammte, würde, wenn dies sonst zweifelhaft sein könnte, das Wort κρόκος selbst lehren. Die althebräische Form desselben war *karkôm*, wie wir aus dem Hohenliede 4, 14 sehen; in andern semitischen Dialecten, z. B. in der Sprache der Cilicier, mag sie anders, doch ähnlich gelautet haben. Denn in Cilicien fand sich ein Vorgebirge **Κώρυκος**, und nicht weit davon die corycische Höhle, wo in einer Thalniederung der schönste echte Safran wuchs (Strab. 14, 5, 5), und dass Berg und Gefilde von dem Krokos benannt sind, ist eine naheliegende Vermuthung. Ob dem semitischen Worte vielleicht ein indisches zu Grunde liegt, das durch uralten Verkehr herübergebracht sein könnte, ist für Griechenland gleichgültig, welches die gelben oder mit Gelb gestickten Kleider als kostbare Waare zunächst aus semitischen Händen empfangen hatte. Dies war schon in und vor der epischen Zeit geschehen; eine andere Frage aber ist, ob die homerischen Sänger die Blume selbst schon mit Augen erblickt hatten? Als Zeus und Hera auf dem Ida sich vereinigten, sprosste der Krokos, wie Lotos und Hyakinthos, aus der Erde, Il. 14, 347:

Ihnen gebar frisch grünenden Rasen die heilige Erde,
Lotos, besprengt mit Thau, auch Krokos und auch Hyakinthos,
Dicht zur weichlichen Streu, die vom Boden sie schwellend emporhob —

aber das ideale Frühlings-Brautbett des Himmels und der Erde schmückt der Dichter mit dem Herrlichsten, von dem er in Nähe und Ferne gehört. Auch sonst wachsen Krokusblumen auf den mythischen Wiesen, den Schauplätzen der Göttergeschichte, so bei dem Raube der Proserpina, Hom. h. in Cerer. 6:

Rosen sich pflückend und Krokos und liebliche Veilchen auf zarter Wiese —

425:

Spielten und lasen uns liebliche Blumen daselbst mit den Händen,
Bald Hyakinthos und Iris und bald den freundlichen Krokos,
Kelche der Rosen und Lilien auch, ein Wunder zu schauen,
Auch den, gleich dem Krokos, die Erde gebar, den Narkissos.

Wie hier in Proserpina, ist auch Creusa, die Tochter des Erechtheus, beschäftigt, goldene Krokusblüten in ihren Schooss zu lesen, da sie von dem schimmernden Gotte Apollo überrascht wird, Eurip. Ion. 887:

Da erschienst du mit goldenem Haar
Schimmernd, als ich zur Blumenzier
Sammelte mir ins Gewand
Goldleuchtende Krokosblüten.

Und ebenso die Gefährtinnen der Europa, als sich ihr Zeus in Stiergestalt nahte, Mosch. 1, 86:

Sie wetteifernd lasen sich grade des goldenen Krokos
Duftendes Haar.

Wenn Pan auf weicher Wiese mit den Nymphen singend streift, dann blüht Krokos und Hyakinthos unter dem mannigfachen Rasen, Hom. h. in Pan. 25:

Auf dem Teppich der Wiese, da wo Hyakinthos und Krokos
Duftend sich drängen und blühn in verworrener Fülle der Gräser.

Als die Phantasie diese Scenen erfand, war die Aufmerksamkeit schwerlich schon auf die einheimischen Krokus-Arten gelenkt; überall ist der ferne asiatische Safran gedacht, von dem die Sage erzählte. Auch in dem herrlichen Triumphliede des Sophokles auf Kolonos schob sich der begeisterten Anschauung des Dichters statt des wirklichen Frühlingsblümchens, das dort wuchs, der als goldstrahlend gedachte *Crocus sativus* des Morgenlandes unter, O. C. 681:

Und in schönem Geringel blüht
Ewig unter des Himmels Thau Narkissos,
Der altheilige Kranz der zwei
Grossen Göttinnen; golden glänzt
Krokos; nimmer versiegen die
Schlummerlosen Gewässer.

Theophrast aber unterscheidet schon genau den wilden, *ὀρεινός*, nicht duftenden d. h. *Crocus vernus*, von dem kultivirten, *ἥμερος*, und duftenden (h. pl. 6, 8, 3). Den ersten nennt er auch den weissen, eine dritte Art den dornigen, die beide duftlos sind (7, 7, 4). Doch büsste die Blume in dem kälteren Europa einen Theil ihres Aromas ein, denn sie artet leicht aus (6, 6, 5); unter allen von Griechen bewohnten Landschaften aber trug der Krokus von Cyrene am afrikanischen Strande den Preis davon (de caus. pl. 6, 18, 3). Auch in den römischen Gärten finden wir neben Rosen, Lilien und Violen auch den Krokus; Varro 1, 35, 1 giebt an, wann *lilium* und *crocus* zu stecken, und wie Rosenbüsche und *violaria* zu behandeln sind. Doch war die Blume fremd und sie erziehen ein Triumph der Acclimatisationskunst: wir sehen dies aus Columella, der sie mit der *casia*, dem Weihrauch, der Myrrhe zusammenstellt, 3, 8, 4: *quippe compluribus locis urbis jam casiam frondentem conspicimus, jam tuream plantam, florentesque hortos myrrha et croco.* Nach Plinius 21, 31 lohnt es sich nicht, in Italien Safran anzupflanzen; *serere in Italia minime expedit,* doch wird auch wieder der sicilische gerühmt und mit dem italischen verglichen, den es also doch geben musste. Auf jeden Fall konnte den starken Verbrauch die einheimische Produktion nicht decken, und der sonnigere Orient musste Massen von Safran, theils roh, theils in Gestalt von Wassern, Salben, Arzneien, gefärbten Stoffen ins römische Italien senden. Wo der vorzüglichste wuchs, darüber waren die Meinungen getheilt; Theophrast hatte den cyrenäischen besonders hervorgehoben, Vergil den des lydischen Tmolus-Gebirges, Georg. 1, 56:

nonne vides croceos ut Tmolus odores,
India mittit ebur?

Sonst galt allgemein der cilicische, namentlich der vom Berge Corycus, für den edelsten, so auch bei Dioscorides 1, 25, der für den nächst besten den lycischen vom Berge Olympus, für den dritten den von der äolischen Stadt Aegae in Kleinasien erklärt. Plinius 21, 31 weist nach dem cilicischen und lycischen dem von Centuripae in Sicilien, einer Stadt am Fusse des Aetna, den dritten Rang an. In den Zeiten römischen Reichthums und sinnloser Anwendung desselben wurden, wie Rosenblätter, so auch Krokusdüfte und Krokusblumen verschwendet, wovon in den scriptores historiae Augustae Beispiele zu finden sind. Wenn schon Lucretius zur Zeit der Republik den Gebrauch kennt, die Theater des Wohlgeruchs wegen mit Safranwasser zu besprengen 2, 416:

et cum scena croco Cilici perfusa recens est,

und nach Sallustius bei Macrob. Sat. 3, 13, 9 Metellus Pius durch ein Gastmahl gefeiert wurde, bei dem der Speisesaal wie ein Tempel ausgestattet und der Boden mit Krokus bestreut war: *simul croco sparsa humus et alia in modum templi celeberrimi,* — so ist nicht zu verwundern, wenn zur Kaiserzeit die Statuen im Theater von Krokussaft flossen, Lucan. 9, 809:

Atque solet pariter totis se effundere signis
Corycii pressura croci: sic omnia membra
Emisere simul rutilum pro sanguine virus —

oder wenn es von Hadrian heisst, Ael. Spart. 19: *in honorem Trajani balsama et crocum per gradus theatri fluere jussit,* und Heliogabalus, der verkörperte Orient auf dem römischen Thron, in Teichen sich badete, deren Wasser durch Safran duftend gemacht war, oder seine Gäste auf Polstern von Krokusblättern niedersitzen liess. Auch die Kochkunst und Medicin machte von dem Safran reichlichen Gebrauch. Er bildete eine beliebte Würze in Speisen und Getränken und war gegen alle Uebel heilsam. Es gab wenig componirte Recepte, in deren Zusammensetzung dieser Bestandtheil fehlte (J. F. Hertodt, Crocologia s. curiosa croci enucleatio. Jenae 1670, 8°). Die hohen Ehren, die das Alterthum dem Safran zuerkannt hatte, mussten in dem kindisch abhängigen Mittelalter unverkürzt bleiben, ja sich noch steigern. So ging die Sage, unter Eduard III. habe ein Pilger aus dem gelobten Lande in einem ausgehöhlten Stocke eine Saffranzwiebel nach England gebracht (Beckmann, Beyträge, 2, 80), — offenbar weil das Köstlichste auf Erden nur in tiefem Geheimniss und unter Lebensgefahr zu gewinnen ist; mit der Seide hatte es ja eine ähnliche Bewandtniss gehabt. In Wirklichkeit waren es die Araber, die neben so vielem Andern auch diese Kultur nach Europa brachten; ihnen gelang, was das Alterthum entweder vergeblich unternommen oder bei dem offenen Verkehr mit dem Orient nicht ernstlich versucht hatte. Von jener Zeit und aus Spanien stammen die Safranfelder am Mittelmeer, wie auch seitdem der arabische Name Safran, ital. *zafferano*, span. *azafran* u. s. w. den alten griechisch-römischen *crocus*, der freilich anderthalb oder zwei Jahrtausende früher auch von den Grenzen Arabiens gekommen war, verdrängt hat. Nur darin haben sich die Zeiten geändert, dass die jetzigen Menschen gegen das Aroma dieser Blume gleichgültig geworden sind: weder gilt der Duft und Geschmack für so reizend, wie er früheren Geschlechtern schien: ja Manche weisen ihn ganz ab; noch bedürfen wir dieser Blütengriffel ausschliesslich, um den Geweben und dem Leder den Glanz hochgelber Farbe zu geben; und dies Alles nicht bloss in Europa, sondern, was merkwürdig ist, auch im Orient selbst. Dieser Rückgang des Safrans in Asien beweist, dass auch in jener unbeweglichen, ganz von unabänderlichen Naturbedingungen gebundenen Weltgegend in langen Zeiträumen langsame Abweichungen vor sich gehen und die Nerven eine andere Stimmung gewinnen.

Wir fügen noch anhangsweise hinzu, dass eine ähnliche, doch minder edle Farbepflanze, der Saflor, *Carthamus tinctorius*, ein Distelgewächs, das in Ostindien zu Hause ist, schon den Griechen über Aegypten bekannt geworden war. Der griechische Name *κνῆκος* entspricht einigermassen dem indischen (s. Benfey, Wurzelwörterbuch, unter diesem Wort) und stammte ohne Zweifel aus der angegebenen vermittelnden Gegend. Schon Aristoteles und Theophrast kennen das Wort; Theokrit braucht es adjectivisch in der Bedeutung fahl, gelblich (wo es dann die Grammatiker *κνηκός* betont haben wollen). Theophrast unterscheidet h. pl. 6, 4, 5, schon die *ἀγρία* und die *ἥμερος*, von der Anwendung zur Färberei aber spricht er nicht, die doch allein die Verbreitung bewirkt haben kann. Im heutigen Aegypten werden die Samen gegessen, in Italien dienten sie als Lab zur Milch. Erst die Araber aber lehrten den Anbau im Grossen und die Benutzung zur Roth- und Gelbfärbung, und von ihnen stammt denn auch der Name, ital. *asforo*, *asfiori*, *zaffron*, deutsch Saflor, engl. *safflow*, *zaffer* u. s. w.

---

* Der in Südeuropa und England, namentlich in Spanien kultivirte Safrancrocus, *Crocus sativus* L., ist mit keiner der wildwachsenden Formen vollkommen identisch; er ist stets steril, wenn er nicht mit dem Pollen einer wilden Form befruchtet wird. Wildwachsend findet sich *Crocus sativus* L. auf den Bergen bei Smyrna, auf Creta, den Cykladen und um Athen, in einer anderen Varietät auch in Taurien, Thracien und Dalmatien.

** Zu griech. κρόκος etc. vgl. noch das ebenfalls aus dem Semitischen entlehnte armen. *k'rk'um* Safran (Hübschmann, Z. d. D. M. G. 46, 254). — Griech. κνῆκος, κνηκνός wird ein einheimisches Wort mit der Bedeutung gelb sein = scrt. *kâncana* golden (Fick, Vgl. W.[4] I, 19). Das von Benfey (oben S. 265) angezogene scrt. *kuñkuma* Safran ist wohl fernzuhalten, hingegen bringt Muss-Arnolt, Transactions XXIII S. 116, nach Oppert ein assyr. *karkuma* (?). Auch pers. *karkum*. Vgl. noch Löw, Aram. Pflanzennamen S. 215—220.

Die Dattelpalme.

(Phoenix dactylifera L.)

Die Dattelpalme ist nach Ritter der echte »Repräsentant der subtropischen Zone ohne Regenniederschlag in der Alten Welt«, einer Zone, als deren Mittelpunkt etwa Babylon, die palmenreiche Hauptstadt der semitischen Völker, angesehen werden kann. Am besten gedeiht sie nach Link, Urwelt 1, 347, zwischen dem 19. bis 35. Grad nördlicher Breite; südwärts vom Ausfluss des Indus und eben so in der Landschaft Darfur unter 13. bis 15. Grad der Breite ist sie bereits verschwunden; nach Norden bedarf sie, um geniessbare Früchte zu tragen, einer mittleren Jahreswärme von 21 bis 23 ° C. Sie verlangt Sandboden und liebt den sengenden Hauch der Wüste; aber als Gegensatz ist Befeuchtung ihren durstigen Wurzeln unentbehrlich. Der König der Oasen, sagt der Araber, taucht seine Füsse in Wasser und sein Haupt in das Feuer des Himmels. Kein Sturm bricht oder entwurzelt die Dattelpalme, denn ihr Stamm besteht aus den verflochtenen Fasern der Blattstiele, und die durch einander geschlungenen Wurzeladern binden sie an den Boden. Sie wird 50 und mehr Fuss hoch, sie wächst langsam, ist mit 100 Jahren in ihrer vollen Kraft, von da an nimmt sie ab. Durch das Schirmdach der säuselnden geneigten Blätter dringt kein Sonnenstrahl; drunten weht es lieblich, auch das Wasser fehlt nicht; Gemüse und kleinere Fruchtbäume gedeihen noch auf dem Boden. Alle Ortschaften, alle Einzelhütten der Araber bergen sich in Palmenhainen, und mit Freude sieht der Reisende am Wüstenhorizont die dunkeln Kronen auftauchen, gewiss, dort bewohnte Stätten und gastfreundliche Aufnahme zu finden. »Ehret die Dattelpalme, soll der Prophet gelehrt haben, denn sie ist eure Muhme von Vaters Seite« (Kazwini bei S. de Sacy, Chrestomathie arabe, 3 p. 378) und »sie ist aus demselben Stoffe geschaffen, wie Adam und der einzige Baum, der künstlich befruchtet wird.« Im heutigen Arabien bildet die Dattel das Brod, das eigentliche tägliche Brod des Landes und zugleich den wichtigsten Handelsartikel (nach Palgrave, Reise in Arabien, 1, 46 der deutschen Ausgabe). Aber nicht von Anbeginn ist der Baum in vollem Masse das gewesen, was er jetzt ist. Erst die Pflege der Menschenhand hat ihn so veredelt, dass seine Früchte süss und essbar wurden und ganze Völkerstämme jetzt von ihm fast ausschliesslich leben können. Die ältesten Nachrichten kennen die Dattelpalme noch nicht als Fruchtbaum (s. die Ausführung bei Ritter, Erdkunde, 13, 771 ff.). Es war in den Ebenen am unteren Euphrat und Tigris, im Paradiesklima des Baumes, wo, wie Ritter urtheilt, die Kunst der Dattelveredelung von den babylonischen Nabatäern zuerst erfunden und geübt wurde. Dort zog sich meilenweit eine ununterbrochene fruchttragende Palmenwaldung fort; dort befriedigte der Baum fast alle Lebensbedürfnisse; es gab nach Strabo 16, 1, 14 einen persischen, nach Plut. Symp. 8, 4, 5 einen babylonischen Hymnus, in welchem 360 Arten, von ihm Nutzen zu ziehen, aufgezählt waren (die mystisch-astrologische Zahl, die uns schon bei den Aegyptern begegnet ist, und die z. B. bei den 360 Frauen des Perserkönigs, *regiae pellices*, die den Macedoniern in die Hände fielen, Curt. 3, 8, wiederkehrt). Von dort wurde die fruchttragende Dattelpalme nach Jericho, Phönizien, zum ailanitischen Golf am rothen Meer u. s. w. verbreitet. Man kann dies merkwürdige Factum der Kulturgeschichte nur mit jener andern Thatsache in Parallele stellen, dass das Kameel erst seit dem dritten Jahrhundert nach Chr. in Afrika eingeführt worden — welches Thier doch für die libyschen Wüsten wie geschaffen scheint und den unzugänglichen Welttheil fremden Völkern, ihrem Handel, ihrer Religion erst geöffnet hat (s. Waitz, Anthropologie 1, 410, der sich auf Reinaud im Institut von 1857 p. 136 beruft; auch nach Brugsch fehlt das Kameel gänzlich auf den ägyptischen Monumenten, histoire d'Égypte, p. 25: *nous remarquons que le chameau, l'animal le plus utile aujourd'hui en Égypte, ne se rencontre jamais sur les monuments)*[65]). Kameel und Dattelpalme, zwei innerlich verwandte und denselben Existenzbedingungen unterworfene Geschöpfe, gehören dem Oasenvolke der Semiten, dem Volke der bitteren Mühsal und der träumerischen Musse, nicht nur ursprünglich an, sondern sind auch von ihm, so zu sagen, geschaffen worden: es hat das erstere gezähmt und verbreitet und der andern den nährenden Fruchthonig entlockt und so durch beides eine ganze Erdgegend bewohnbar gemacht.

Von einer Uebertragung der Dattelpalme nach Europa in dem Sinne, wie der Weinstock, der Oel- und Kirschbaum dort eine zweite Heimath fanden, kann nach den oben angegebenen klimatischen Bedingungen, von denen sie abhängt, nicht die Rede sein. Sie wurde am nördlichen Ufersaume des mittelländischen Meeres angepflanzt, aber trug keine reifen Früchte mehr; sie schmückte reizend und fremdartig die Landschaft und lieh ihr einen flüchtigen Schimmer der jenseits gelegenen orientalischen Sonnenländer; der nordische Gebirgsbewohner, der in die Küstenländer hinabstieg, staunte sie als eine wunderbare Naturgestalt an, aber er konnte nicht, wie der Orientale, sorglos sein Dasein an sie knüpfen und in ihrem Schatten Märchen ersinnen und anhören: eine schwerere Arbeit war ihm unter dem rauheren europäischen Himmel auferlegt. Zwar ist alle Baumzucht, wenn sie auch nachdenkliche, zusammenhängende Thätigkeit voraussetzt und entwickelt, eine leichtere, in gewissem Sinne humanere Beschäftigung: aber von dem Leben unter der Dattelpalme gilt dies in allzu hohem Grade, und der Mensch, dem sie fast ohne sein Zuthun Alles gewährt, bleibt ewig in düsterem Fatalismus gebunden, und unter der würdevollen Ruhe, die ihn selten verlässt, schlummert eine heisse tigerartige Leidenschaft.

Von wem den Griechen die Kenntniss des wunderbaren Baumes zugekommen war, lehrt uns gleich an der Schwelle der Name, den er bei ihnen führt. Wie *φοίνιξ* Scharlach die aus Phönizien stammende Farbe, *φοίνιξ*, *φοινίκιον* ein phönizisches musikalisches Instrument, so bezeichnete *φοίνιξ* Dattelpalme den aus Phönizien herrührenden Baum[66]), der als charakteristisches Produkt und zugleich Symbol des Landes auf phönizischen, später karthagischen, in Sicilien geschlagenen Münzen wiederkehrt. Die Ilias weiss von der Palme nichts, die an der anatolischen Küste ganz ebenso, wie im eigentlichen Griechenland ein Fremdling ist; aber Odyss. 6, 162, in der ältesten und schönsten Partie dieses Epos, wird der Palme auf Delos gedacht, in Worten, aus denen die Bewunderung spricht, die das neu erschienene fremdartige Pflanzengebilde bei den Griechen der epischen Zeit erregte. Odysseus hat sich am Meeresstrande der Nausikaa genähert und spricht zu ihr schmeichelnd und um Hülfe flehend:

Denn noch nirgends sah ich, wie Dich, der Sterblichen einen,
Sei es Weib oder Mann, und Bewunderung fasst mich beim Anblick.
Also auf Delos erblickt' ich einst mit Augen der Palme
Jung aufstrebenden Spross am Altar des Phöbus Apollon.

Denn dorthin auch war ich gelangt mit vielen Genossen
Auf der Fahrt, die mir schwer zum Unheil sollte gereichen.
So nun jene erblickend, erstaunt ich lang' im Gemüthe,
Denn nicht trägt ein solches Gewächs sonst irgend die Erde.
So auch Dich, o Jungfrau, schau ich bewundernd und fürchte
Flehend die Knie zu berühren, und schmerzliche Trauer befängt mich.

Der weitgewanderte Odysseus also hatte sonst nirgends auf Erden einen Baum (δόρυ — in dieser alterthümlichen Bedeutung nur an dieser einen Stelle, sonst bei Homer immer Balken, Speer; wohl mit Bezug auf den graden, zweiglosen, oben in einer Krone endigenden Schaft), wie den Spross des Phönix (φοίνικος ἔρνος) gesehen, und er vergleicht die schlanke Bildung des letzteren mit der Gestalt der königlichen Jungfrau, ganz wie der Sänger des Hohen Liedes, 7, 8: »Dein Wuchs gleicht der Palme und Deine Brüste den Datteltrauben«, und wie Königstöchter im Alten Testament den Namen *Tamar*, Dattelpalme, tragen. Auch der homerische Hymnus auf den delischen Apollo, der bei einer delischen Festversammlung gesungen worden sein mag, versäumt nicht die Palme zu nennen, die der Stolz der Insel war; an ihrem Fuss, den Stamm mit den Armen umfassend, 117: ἀμφὶ δὲ φοίνικι βάλε πήχεε, gebiert Leto ihren herrlichen Sohn. Je besuchter die Insel als apollinischer Wallfahrtsort und als Emporium wurde, desto höher stieg der Ruhm der delischen Palme, zumal da er auch in der Odyssee einen Widerhall gefunden hatte[67]). Palmblätter dienten später bei den vier grossen Festen als Siegeszeichen, theils in Gestalt von Kränzen auf dem Haupt theils als Zweig in den Händen: zur Erklärung dieser Sitte, die schon Pindar kennt (s. Boeckh zu Pind. Fr. p. 578), berichtete der Mythus, Theseus habe, von Kreta zurückkehrend, in Delos zu Ehren Apollos ein Kampfspiel gefeiert und die Sieger mit Zweigen der Palme geschmückt, und dies sei dann auf die übrigen Spiele übergegangen (Plut. Thes. 21. Sympos. 8, 4, 3. Pausan, 8, 48, 2). Wir deuten dies so, dass nicht bloss die Palme als Attribut des Licht- und Sonnengottes Apollon, sondern der Palmzweig als Symbol des Sieges, und der Siegesfreude über Kreta und Delos aus dem Kultur- und religiösen Vorstellungskreise der Semiten gekommen war, denn auch bei diesen dienten Palmen als Zeichen des Lobes und Sieges und festlicher Freude (z. B. am jüdischen Laubhüttenfest), und Theseus personificirt die Fahrten und Thaten der attischen Ionier zwischen Kreta und Athen und erscheint als ein eifriger Jünger auch der semitischen Aphrodite. Statt des Theseus nannte eine auf anderem Lokal erwachsene Legende den Herakles: dieser hatte aus der Unterwelt wiederkehrend zuerst die Palme erblickt und sich mit ihren Zweigen bekränzt, Philargyr. ad V. G. 2, 67: *quia Hercules cum ab inferis rediret hanc primus arborem dicitur contemplatus esse et se inde coronasse, conveniente colore arboris illi eventui quo e tenebris in lucem commeavit* — wo im Herakles der orientalische Sonnengott, dem die Palme als Baum des Lichts angehört, nicht zu verkennen ist. Damals hatte der arkadische Held Iasios als erster Ueberwinder im Wettrennen von Herakles die Siegespalme erhalten, und Pausanias 8, 48, 1 sah sein Bild in der Stadt Tegea, wie er in der Linken ein Ross führte und in der Rechten den Palmzweig hielt. Schon in der Mitte des siebenten Jahrhunderts vor Chr. stiftete der Tyrann Kypselos, der Herrscher im halborientalischen Korinth, eine eherne Palme als Weihgeschenk in Delphi, woselbst die natürliche Palme nicht wuchs: die unten am Stamme angebrachten Frösche und Wasserschlangen machten den späteren Mythologen und Hodegeten viel Kopfzerbrechens (Plut. Conv. sept. sap. 21. de Pyth. oracc. 12); wahrscheinlich hatte der Künstler in naturalistischer Weise nur ausdrücken wollen, dass die Palme, das Kind der Wüste, doch ohne im Boden verborgenes oder aus der Tiefe hervorbrechendes Wasser nicht leben kann, brakiges Wasser aber allem Uebrigen vorzieht — worüber ihm in Korinth wohl Kunde zugekommen sein konnte. Wie Kypselos, weihten auch die Athener zu Ehren ihres Doppelsieges am Eurymedon, vielleicht um damit das Land zu bezeichnen, in welchem dieser Sieg erfochten war, eine eherne Palme in Delphi (Paus. 10, 15, 3) und später eine gleiche durch Nikias in Delos (Plut. Nic. 3, 5); Palmbäume sieht man auf Münzen von Ephesus, von Hierapytna und Priansus auf Kreta, von Karystos auf Euböa (s. Mionnet unter diesen Städten) und auf Vasengemälden als Attribut der Leto und des Apollo oder auch den Palmzweig als dem Sieger am Ziele winkend (z. B. vor einem brausend daher-sprengenden Viergespann bei Millin 1, pl. 24). Dass auch das argivische Nemea schon zu Pindars Zeit seine Palme besass, geht aus dem von Dionysius de comp. verb. 22 aufbewahrten Anfang des in Athen gesungenen Frühlings-Dithyrambus dieses Dichters hervor, v. 12:

Im Argeischen Nemea bleibt dem Seher nicht verborgen
Der Palme Spross, wenn der Horen Gemach sich öffnet
Und den duftenden Frühling empfinden die nektarischen Pflanzen —

wo die homerische Formel *φοίνικος ἔρνος* nichts anderes bedeutet als Palmbaum (Hesych. *φοίνικος ἔρνος· περιφραστικῶς τὸν φοίνικα*), der Seher, *μάντις*, aber wohl nur der priesterliche Wächter ist, der den geweihten Baum beobachtet und pflegt. Auch zu Aulis vor dem Tempel der dortigen Artemis fand Pausanias 9, 19, 5 Palmbäume stehen, die keine so schönen Datteln gaben, wie die von Palästina, aber immer süssere, als die in Ionien erzeugten. So hatten sich denn im Laufe der Zeiten trotz des pythagoreischen Verbots *μηδὲ φοίνικα φυτεύειν*, keinen Dattelbaum zu pflanzen, Plut. de Is. et Os. 10 (weil Zweige dieses Baumes das Siegeszeichen abgaben, ein solches aber den Pythagoreern gottlos schien) hin und wieder in Griechenland die Umgebungen der Heiligthümer und Ortschaften mit einzelnen oder Gruppen jener babylonisch-libyschen Wunderbäume geschmückt, zum Staunen Jedes, der sie zum ersten Male sah.

Wenden wir uns zu den Schicksalen der Palme in Sicilien und Italien, so müssen wir vor Allem die Dattelpalme, *Phoenix dactylifera*, und die Zwergpalme, *Chamaerops humilis*, genau unterscheiden — letztere ein in Spanien, Sicilien und auch Unteritalien auf heissem Boden wucherndes, meist verkrüppeltes, blaugrünes Gesträuch, dessen junge Blattsprossen, Wurzeln und Früchte gegessen, und aus dessen fächerförmigen Blättern Kehrbesen verfertigt, Stricke gedreht und Körbe, Matten u. s. w. geflochten werden. In Folge des gleichen Namens *palma* sind häufig Notizen der Alten, die sich auf die Zwergpalme bezogen, irrig für die Geschichte der Dattelpalme benutzt worden. Schon Theophrast sondert beide Arten aufs Bestimmteste, h. pl. 2, 6, 11: »die sog. Zwergpalmen (*οἱ χαμαιρριφεῖς καλούμενοι*) sind von den Dattelpalmen verschieden, obgleich sie denselben Namen tragen: sie leben nach Entfernung des Gehirns fort (die schmackhaften Blätterknospen, während die Dattelpalme abstirbt, wenn man ihr das *cerebrum*, den Gipfeltrieb, nimmt) und abgehauen schlagen sie aus der Wurzel wieder aus (dies sind die *caeduae palmarum silvae, germinantes rursus ab radice succisae* des Plinius, die Dattelpalme treibt nicht wieder aus der Wurzel). Sie unterscheiden sich auch durch die Frucht und die Blätter: letztere sind breit und zart (sie sind denen der Fächerpalme nicht unähnlich), weshalb man auch Körbe und Matten aus ihnen flicht (wie noch heut zu Tage). Die Zwergpalmen sind häufig in Kreta, aber noch mehr in Sicilien.« Von den Wurzeln und Trieben dieser sicilischen Küstenpalme nährten sich die Matrosen der von ihrem Führer verlassenen Flotte bei Cic. Verr. II, 5, 87: *posteaquam paulum provecta classis est et Pachynum quinto die denique appulsa: nautae coacti fame radices palmarum agrestium, quarum erat in illis locis, sicut in magna parte Siciliae, multitudo, colligebant et his miseri perditique alebantur.* Wenn Vergil Aen. 3, 705 sagt: *palmosa Selinus*, so dachte er an die Zwergpalme, die noch jetzt die Küstensteppe um die Ruinen dieser Stadt bei Castelvetrano weit und breit überzieht. Von derselben Palme kamen die Kehrwische, mit denen der musivische Fussboden gereinigt wird, bei Horaz Sat. 2, 4, 83:

Ten' lapides varios lutulenta radere palma,

und bei Martial 14, 82:

In pretio scopas testatur palma fuisse.

Zu den Stricken, Seilen und Matten, die Varro 1, 22, 1 aus Hanf, Flachs, Rohr, Palmen und Binsen bereiten lässt, ebenso zu den Palmmatten, mit denen Columellas Oheim in der Provinz Bätica zur Zeit der Hundstage seine Weinreben bedeckte (Col. 5, 5, 15), dienten die Blätter der einheimischen Zwergpalme. *Palma campestris* bei Colum. 3, 1, 2 ist offenbar *Chamaerops humilis*, und eben dahin gehört die *regio palmae foecunda* bei demselben 11, 2, 90. Das Verbum *palmare*, Colum. 11, 2, 96: *caeterum palmare id est materias alligare* — kann weder von *palma*, die flache Hand, mit der sich nichts anbinden lässt, noch von *palmes, palmitis*, gebildet sein, sondern nur von *palma*, die Zwergpalme. Selbst die *planta palmarum* bei dem späteren Palladius 5, 5, 2, *quam cephalonem vocamus*, und die den dürren Boden, der sonst keine Frucht trägt, von selbst überdeckt 11, 12, 2: *constat autem locum prope nullis utilem fructibus in quo palmae sponte nascuntur* — kann keine andere sein, als die *Chamaerops humilis*, die noch jetzt in Italien *cefaglione* heisst (von ἐγκέφαλος, die essbaren obersten jungen Sprossen). Auch die Insel Palmaria, jetzt Palmarola, hiess so von dem Palmengesträuch, mit dem sie ursprünglich bewachsen war. — Aber auch die Dattelpalme oder die Palme als wirklicher Baum tritt uns in Italien ziemlich frühe entgegen. Zwar wenn erzählt wurde, Rhea Silvia, die Mutter des Romulus und Remus, habe im Traume am Altar der Vesta zwei Palmbäume aufwachsen sehen, von denen der eine grössere den ganzen Erdkreis beschattete und zugleich den Himmel mit dem Gipfel berührte, Ov. Fast 3. 31:

Inde duae pariter, visu mirabile, palmae
Surgunt. Ex illis altera major erat
Et gravibus ramis totum protexerat orbem
Contigeratque sua sidera summa coma —

so konnte diese griechische Dichtung erst entstehen, als Rom schon mächtig und an Siegen reich war, und das Vorbild gab der Weinstock ab, der aus dem Schooss der Mandane, der Tochter des Astyages, emporwuchs und ganz Asien überdeckte, oder jener Oelkranz, den Xerxes im Traum sah und dessen Zweige über die ganze Erde reichten, Herod. 7, 19. Aber auch in Roms früherer Zeit, da es noch klein war und sein Name nicht weit reichte, war schon die *tunica palmata*, die die Römer mit den übrigen Abzeichen obrigkeitlicher Herrlichkeit von den Etruskern überkommen hatten, mit den Blattformen der orientalischen Dattelpalme gestickt. Palmzweige als Siegespreis in den römischen Spielen kamen, wie Livius 10, 47 ausdrücklich berichtet, zuerst im Jahr der Stadt 459 oder 293 vor Chr. vor, in Nachahmung griechischer Sitte: *translato e Graecia more*. Hieraus, wie aus der Palmstickerei wäre freilich noch nicht mit Sicherheit zu schliessen, dass die Palmbäume selbst schon in Italien wuchsen: die zu den Siegespreisen nöthigen Blätter konnten zu Schiff nach Italien kommen, wie noch heut zu Tage der Seehandel denselben Artikel für jüdische und christliche Feste liefert, und dies um so leichter, als Palmblätter lange grün bleiben und nicht welken. Aber um dieselbe Zeit im Jahre 291 vor Chr., geschah folgendes Wunder im Hain des Apollo zu Antium: die Römer hatten aus Anlass einer Pest die Schlange des Aesculap aus Epidauros geholt und landeten mit ihr in der genannten Stadt; die Schlange, die bis dahin den Abgesandten klug und willig gefolgt war und deren Absichten errathen hatte, schlüpfte aus dem Schiff, ringelte sich um die dort stehende hohe Palme und kehrte nach drei Tagen ruhig in das Schiff zurück, welches dann den Tiber hinauf nach Rom fuhr u. s. w. (Val. Max. 1, 8, 2). Man mag über diesen Vorgang denken, wie man wolle: die Existenz eines Palmbaumes in Antium muss als Anknüpfungspunkt für die Sage vorausgesetzt werden und hat in einem Hafen mit lebhaftem Verkehr und Apollodienst nichts Unwahrscheinliches. Das Prodigium, welches Livius 24, 10 unter dem Jahr 214 berichtet: *in Apulia palmam viridem arsisse*, konnte nicht geschehen, wenn damals in Apulien nicht wenigstens eine Palme vorhanden war. Wie in Antium standen wohl auch bei den griechischen Städten in Unteritalien Dattelpalmen hin und wieder an der schönen Küste als Begleiterinnen apollinischer Heiligthümer. Zu Varros Zeit fehlte es an diesen Bäumen in Italien nicht, wie aus seiner Bemerkung hervorgeht, der Palmbaum bringe in Judäa reife Datteln hervor, in Italien vermöge er es nicht, 2, 1, 27: *non scitis palmulas* (Aldina richtiger: *palmas*) *caryotas in Syria parere in Judaea, in Italia non posse?* und bei Plinius im ersten Kaiserjahrhundert ist der Baum schon in Italien gemein, 13, 26: *Sunt quidem et in Europa volgoque Italia, sed steriles.* Von wem aber war er ursprünglich in Italien eingeführt worden? Wenn nach Livius die Palmen als Siegerschmuck in den römischen Spielen aus Griechenland stammten, wenn auch die etruskische Palmenstickerei, wie Otfried Müller, Etrusker 1, 373, urtheilt, ein Ausfluss griechischer Sitte war — woher dann der ungriechische Name *palma?* Das Wort ist aus dem Lateinischen nicht zu erklären, wie sollte auch ein so fremder exotischer Baum einheimisch benannt worden sein? *Palma* muss aus dem semitischen *tamar, tomer* entstellt (wie aus *ταώς* der Pfau *pavus, pavo* wurde), oder es muss einer semitischen Sprache in der der Anlaut wie *p* klang nachgesprochen worden sein. Letztere Annahme findet in dem biblischen *Tadmor* und der entsprechenden griechisch-lateinischen Benennung *Palmyra, Palmira* (zuerst bei Plinius und Josephus), wobei an keine Uebersetzung zu denken ist, einigen Anhalt[68]). Noch vor den Griechen also oder vielmehr, so zu sagen an ihnen vorbei, zu einer Zeit, in deren Seeverkehr uns der von Polybius aufbewahrte Schiffahrtstraktat einen Blick eröffnet, müssen entweder tuskische oder lateinische Schiffer den Baum an libyschen, sicilischen, sardinischen Küsten erblickt und seinen Namen erfahren oder punische Kauffahrer Zweige desselben, *termites, σπάδικες*[69]), an die italische Küste gebracht haben, sei es als Wunder des Südens, wie auch unsere Schiffer Papageien und Kokosnüsse bringen, sei es zum Schmuck religiöser Feste oder als Zeichen der Huldigung für einheimische Fürsten und Oberhäupter. So könnten auch die Etrusker, wie die Namen, so auch den Gebrauch der Palmblätter als Insignien der Herrscherwürde ohne griechische Vermittelung direkt von den Puniern gelernt haben. An die Frucht der Palme als Handelsartikel ist nach dem gleich Anfangs Bemerkten in jener älteren Zeit noch nicht zu denken. Das dem Semitischen entlehnte Wort *δάκτυλος, dactylus*, welches mit Finger nichts zu thun hat, wie *palma* nichts mit der Hand, kommt erst spät vor (bei Artemidor. 5, 89, zur Zeit der Antonine, und unter den Lateinern, bei dem wahrscheinlich noch viel jüngeren Apicius, denn bei Plinius 13, 46 sind die *dactyli* nur eine bestimmte Sorte unter vielen andern), ist aber in alle romanischen Sprachen (ital. *dattero*, span. *datil*, franz. *datte*) und von diesen auch in die germanischen übergegangen. Aelter ist eine andere, gleichfalls nur einer besonderen nussförmigen Art Datteln zustehende später verallgemeinerte Benennung *καρυωτός, καρυῶτις*, lat. *caryota, caryotis*, häufig im ersten

Jahrhundert der Kaiserzeit, zu allererst bei Varro 2, 1, 27, dann bei Strabo und Scribonius Largus. Entsprechend dem griechischen φοῖνιξ die Dattel sagten die Dichter auch *palma* für die Frucht, z. B. Ov. Fast. 1, 185:

quid vult palma sibi rugosaque carica dixi,

wie auch das verkleinerte *palmula* denselben Begriff ausdrückte, schon bei Varro 1, 67. Doch gingen alle diese Ausdrücke wieder verloren, und Dattel wurde der allgemein übliche Name in der westeuropäischen Handelssprache.

Da der in die Erde gesteckte Dattelkern bald keimt, so ist es leicht, Palmen zu erziehen und zu vervielfältigen. Trüge der Baum in Europa Frucht, wie im afrikanischen Dattellande, gewiss würden dann an zahlreichen Stellen der drei ins mittelländische Meer auslaufenden europäischen Halbinseln Palmenwälder rauschen, und gewiss hätten auch dann die Menschen Sorge getragen, beide Geschlechter des Baumes neben einander zu pflanzen und der natürlichen Befruchtung, wie im Orient, künstlich zu Hülfe zu kommen. Als nach dem Untergang der antiken Welt Barbarei über jene Gegenden hereinbrach und der Sinn für Anmuth des Lebens erloschen war, da starben auch die Palmbäume allmählich ab, die etwa aus dem Alterthum sich noch erhalten hatten: sie brachten nichts ein, und neben der Sehnsucht ins Jenseits und der Selbstqual herrschte nur noch der grobe gierige Eigennutz. So weit dann die Araber an den Küsten des Mittelmeers sich niederliessen, ward auch die Palme wieder sichtbar. In Spanien pflanzte um das Jahr 756 der christlichen Aera der Kalif Abdorrahman I in einem Garten bei Cordova mit eigener Hand die erste Dattelpalme, von der alle übrigen im heutigen Spanien abstammen sollen (Conde, historia de la dominacion de los Arabes en España, part. 2, cap. 9), und betrachtete sie oft in sehnsüchtiger Erinnerung an die arabische Heimath, von der sie beide, der Kalif und der Baum, so fern waren. Aehnlich thaten die Saracenen in Sicilien und Kalabrien, doch hatte dieser Orientalismus auf europäischem Boden nur flüchtigen Bestand. Bis in die neuere Zeit waren einzelne Exemplare wie zufällig stehen geblieben, zur Freude und Ueberraschung der Reisenden von Norden, durch welche die Anwohner erst auf den malerischen vegetativen Schmuck, den sie an dem Baum besassen, aufmerksam gemacht wurden. Wie in so Vielem, war unterdess auch in dem Symbol der Palmen die christliche Kirche der Bildersprache des Heidenthums und Judenthums treu geblieben, und dieselben Zweige, die bei den Festen des

Osiris in Aegypten, bei feierlichen Einzügen der Könige und Kriegshelden in Jerusalem, bei den olympischen Spielen und auf dem Kleide römischer Imperatoren ein Zeichen der Siegesfreude gewesen waren, wurden auch in Rom am Palmsonntage vom Haupte der Christenheit geweiht und an alle Kirchen der ewigen Stadt vertheilt. Dies gab Veranlassung zur Anlage des grössten Palmenhaines, den das jetzige Italien besitzt, des von Bordighera, an der herrlichen Uferstrasse, die von Genua nach Nizza führt, zwischen S. Remo und Ventimiglia, unter fast 44 Gr. nördl. Breite. Die Einwohner dieses Städtchens haben seit alter Zeit (angeblich seit Errichtung des Obelisken auf dem St. Petersplatze) das durch Gewohnheit geheiligte Vorrecht, zum Osterfest Palmen nach Rom zu liefern, und diese Industrie schuf allmählich die über mehrere Meilen sich hinziehende Pflanzung, die über 4000 Stämme zählen soll. Um die theueren und besonders geschätzten weissen Palmen zu erzielen, werden vom Hochsommer an die Kronen oben zusammengebunden, so dass die innersten Blätter, vom Licht unberührt, kein Chlorophyll erzeugen können und dann ein Bild nicht bloss des Sieges, wie die grünen, sondern zugleich der himmlischen Reinheit abgeben — ein ächt christlicher Gedanke, auf den die Alten nicht verfielen. Der Reisende, der um die genannte Zeit die Riviera di Ponente durchzieht, sieht dann die Palmengipfel in Gestalt riesiger Tulpenknospen sich erheben und begreift Anfangs nicht, was die Verstümmelung des schönen Baumes bezweckt. Von Bordighera aus hat sich die Palme in einzelnen Exemplaren längs dieser ganzen Küste verbreitet; in Rom bildet die Palme vor S. Pietro in vinculis das Studium der Maler, die an biblischen Scenen arbeiten; wer Capri besucht hat, kennt die Palme im Garten von Michele Pagano; in der villa nazionale von Neapel sind jetzt einige prächtige Exemplare der Umgegend vereinigt, die an dunklen Sommerabenden, von dem bleichen Licht der weissen Gasflammen getroffen, über den Klängen des Orchesters und den Köpfen der ruhenden und auf- und abwandelnden Menge geisterhaft schweben. Häufiger, mit der zunehmenden Kraft der Sonne, wird der Baum nach Calabrien zu und in Sicilien und Sardinien. In der Umgegend des calabrischen Reggio sollen ehedem ganze Wälder von Dattelpalmen sich erhoben haben, die entweder von den Arabern selbst, als sie von dieser Küste verdrängt wurden, oder von den Christen als Nachlass der Ungläubigen zerstört wurden (G. Vom Rath, ein Ausflug nach Calabrien, Bonn 1871, S. 15). Auch südlich von Palermo soll durch die Könige aus dem Hause Anjou, als diese im 14. Jahrhundert die Insel Sicilien wieder zu unterwerfen suchten, eine ganze Palmenwaldung ausgerottet worden sein (Theob. Fischer, Beiträge zur physischen Geographie der Mittelmeerländer, Leipzig 1877, S. 146f.). Wie zu Bordighera in Italien, steht in Südspanien, zu Elche südwestlich von Alicante nach der Grenze des heissen Murcia hin, zwischen 39 und 40 Gr. nördl. Br., ein berühmter Palmenwald, 60000 Stämme stark, der nicht bloss Blätter in die Hand frommer Waller, sondern auch süsse Früchte zum Genuss für Knaben und Mädchen bietet. Die Araber wurden besiegt, die Moriscos ausgetrieben und vertilgt, der Wald von Elche, obgleich ursprünglich von ungläubiger Hand gepflanzt, blieb stehen, ein Zeichen von Glaubensschwäche selbst bei den Zöglingen Loyolas. Im äussersten Westen mitten im Ocean, auf den Inseln der Glückseligen fanden die ersten Entdecker schon fruchtbare Dattelpalmen vor: wenigstens berichtete der numidische König Juba, dessen Aussage uns Plinius 6, 205 aufbewahrt hat, *hanc* (Canariam) *et palmetis caryotas ferentibus ac nuce pinea* (von Pinus Canariensis) *abundare.* Waren von dem gegenüberliegenden Afrika etwa Dattelkerne durch die Wellen hinübergespült worden und so die genannten Bäume auf jener Insel aufgegangen? In der entgegengesetzten Weltrichtung hatten die früheren Araber sogar am Südufer des kaspischen Meeres noch eine ergiebige Dattelzucht getrieben, so dass das kalte Reich der Russen hier seine Grenzen bis fast an die subtropische Zone der Dattelpalme vorgerückt hat; wenn aus jener Zeit nur noch einzelne Epigonen ohne Fruchtertrag übrig geblieben sind, so scheint v. Baer, der zuerst auf ihr Vorkommen aufmerksam gemacht hat, mehr geneigt, den Untergang dieser Kultur auf eine Abkühlung des Klimas, als auf die Indolenz der jetzigen Bewohner zurückzuführen (s. v. Baer im Bülletin der Petersburger Akademie, 1860: »Dattelpalmen an den Ufern des Kaspischen Meeres, sonst und jetzt«).

Es ist nach den paläontologischen Befunden nicht zu bezweifeln, dass im älteren und mittleren Tertiär Mittel- und Südeuropas Palmen aus der Gattung *Phoenix* existirt haben. Da nun die Dattelpalme, *Phoenix dactylifera* L., von allen Arten gegenwärtig am weitesten nach Norden reicht, so ist es nicht unwahrscheinlich, dass diese ausgestorbenen südeuropäischen *Phoenix* mit der Dattelpalme näher verwandt, wenn auch nicht identisch waren. Es ist höchst wahrscheinlich, dass schon in vorhistorischen Zeiten das Areal der Dattelpalme sich von Nordafrika bis nach dem Pendschab erstreckte. Wenn aber auch die Kanaren als ursprüngliche Heimath der Dattelpalme angeführt werden, so ist darauf zu erwidern, dass die Palme, welche auf jenen Inseln an natürlichen Standorten (z. B. in der Caldera di Bandama von Gran Canaria, im Barranco Guignigada von Canaria, im Barranco Carmen von Palma sah ich sie selbst) vorkommt, nicht *Ph. dactylifera* L., sondern die durch dicken kräftigen Stamm, viel dichtere Krone, bogenförmig herabhängende Blätter mit breiteren Fiedern, bandförmigem Stiel des weiblichen Blütenstandes und durch kleine goldgelbe, im reifen Zustande zur Not essbare aber mit sehr dünnem Fleisch versehene Früchte ausgezeichnete, auf den Kanaren endemische *Ph. canariensis* Chabaud ist, welche auch jetzt an der Riviera und überhaupt in Oberitalien viel angepflanzt und reichlich vermehrt wird, um als widerstandsfähige Decorationspflanze in alle Welt versendet zu werden. Diese Art wächst auf felsigem Terrain und bedarf keineswegs in solchem Grade der Bodenfeuchtigkeit, wie die *Ph. dactylifera* L., welche andrerseits feuchte Luft schlecht verträgt und daher auch in unseren Gewächshäusern nicht gedeihen will. Letztere Art ist zwar auf den Kanaren auch schon vor der Ankunft der Spanier cultivirt gewesen, wie einzelne heut noch stehende Exemplare (z. B. die 30 m hohe Dattelpalme im Garten der Marqueses de Sauzal in Villa Orotava) beweisen. Ob die von Plinius (Hist. nat. lib. VI cap. 37) erwähnten Palmen der Kanaren („hanc [Canariam] et palmetis caryotas ferentibus . . . abundare") Dattelpalmen gewesen sind, ist mehr als unwahrscheinlich; es dürfte sich diese Stelle auf die wilde *Ph. canariensis* Chabaud (= *Ph. Jubae* (Webb.) Christ) beziehen; aber es ist wohl wahrscheinlich, dass die Berber die Dattelpalme von Afrika nach den Kanaren gebracht haben. Wenn nun, wie auch der beste Kenner der Gattung *Phoenix* Prof. Beccari im III. Bd. seiner Malesia S. 359 annimmt, die von Th. Fischer in seiner Schrift über die Dattelpalme (Petermanns Mittheilungen, Ergänzungsheft Nr. 64) und auch von anderen vertretene Ansicht, dass *Ph. dactylifera* von *Ph. canariensis* abstamme, nicht haltbar ist, so fragt es sich, an welche andere Art sie sich näher anschliesst. Hierbei kommt einerseits die im tropischen Afrika verbreitete *Ph. reclinata* Jacq. (= *Ph. spinosa* Thonning) und anderseits die in Vorderindien verbreitete *Ph. silvestris* Roxb. in Betracht. Es ist nun sicher, dass die Dattelpalme durch ihre länglichen stumpfen männlichen Blüten der genannten indischen Art näher steht, als der afrikanischen *Ph. reclinata* und dies hat auch zu der Vermuthung Veranlassung gegeben, dass die Dattelpalme eine von *Ph. silvestris* abstammende Kulturpflanze sei. Es ist aber wegen der eigenartigen physiologischen Bedürfnisse der Dattelpalme (etwas feuchter Boden, trockene Luft) anzunehmen, dass sie im afrikanisch-indischen Wüstengebiet entstanden sei. Schon Boissier (Flora orientalis V. S. 47) giebt zu, dass die Dattelpalme, wenn nicht im inneren Nordafrika, sich vielleicht auch im südlichen Persien und Beludschistan wild finden könne. Bonavia (The Date palm, in Gardener's Chronicle XXIV (1885) p. 178—211) nimmt an, dass sie in Arabien heimisch und von dort nach der Sahara eingewandert sei. Dagegen betrachtet sie Grisebach (Vegetation der Erde) als einen indigenen Bürger der Sahara, wie auch Schweinfurth, der aber *Ph. reclinata* als Stammpflanze annimmt. Gegenüber diesen verschiedenen Meinungen vertritt nun Beccari die Ansicht, dass *Ph. dactylifera* eine selbständige Art sei, welche mit der auf grössere Regenmengen angewiesenen *Ph. reclinata* wahrscheinlich einen gemeinsamen Ursprung gehabt habe, dass daher ihr Heimathland dem der *Ph. reclinata* zunächst liegen müsse und wahrscheinlich im Westen des Indus, im südlichen Persien oder am persischen Golf in Arabien gewesen sei. Dass die Dattelpalme noch wild existiere, hält er für ausgeschlossen, weil sie so verändert sei, dass sie nur unter dem Schutze der Menschen sich entwickeln könne. Schliesslich spricht er sich auch für die Ansicht Playfair's (Esparto and Datepalm in Tunis, Gardeners Chronicle, XXV (1886) p. 731) aus, wonach die Dattel der Lotus der Alten und die Lotophagen die Araber seien.

Sehr interessante Mittheilungen über die Kultur der Dattelpalmen enthält ein Vortrag von Prof. Schweinfurth, abgedruckt in der „Gartenflora“ 1901, S. 506—522.

** Der Ausgangspunkt der Dattelpalmenkultur, wenn derselbe überhaupt ein einheitlicher war, steht noch nicht hinlänglich fest; sicher aber ist, dass die ältesten Nachrichten, welche von dem Baume berichten, auch seine Kultur bereits kennen. Ueber die Dattelpalme in Aegypten vgl. Woenig, Die Pflanzen im alten Aegypten S. 304ff. Nach ihm wäre es nicht zu gewagt, den Beginn der Dattelpalmenkultur in die X. und XI. Dynastie zu verlegen; er vermuthet, dass es der Handelsverkehr zwischen Aegypten und dem Lande Punt (südliches Arabien) war, welcher die Kultur nach Aegypten brachte. Ein Landschaftsbild aus der genannten Gegend in der Tempelhalle von Der-el-Baharie zeigt uns ein auf Pfählen errichtetes Dorf zwischen Dattelpalmen und Weihrauchbäumen. Doch zeigen die ägyptischen Namen *am* für den Baum, *baner* (nach Dümichen), *ba'unirit, ba'unit, baune* (nach F. Hommel) für die Dattel keine sichere Beziehung zum Semitischen. Auch hält Schweinfurth, Aegyptens auswärtige Beziehungen hinsichtlich der Kulturgewächse (Verh. d. Berl. Gesellschaft für Anthropologie 1891 S. 656) einen in Afrika einheimischen Ursprung der ägyptischen Dattelkultur nicht für ausgeschlossen. — Auch der Bekanntschaft der Aegypter mit dem Kameel wird man ein beträchtlich höheres Alter zuschreiben müssen, als oben S. 267 geschieht. Bereits in einem Papyrus aus dem XIV. Jahrhundert wird das Thier mit seinem semitischen Namen genannt, und der russische Forscher Golenischeff hat unter den aus der XI. Dynastie stammenden Felseninschriften im Wadi-Hammamat unter sieben Abbildungen von Straussen, Antilopen und Stieren auch eine Abbildung des Kameels gefunden. Vgl. F. Hommel, Namen der Säugethiere S. 215 und Schweinfurth a. a. O. S. 651 Anm. 1.

Ueber die Palme auf den assyrischen Monumenten handelt eingehend E. Schrader in den Monatsberichten der kgl. preuss. Akad. d. W. zu Berlin Mai 1881. Nach ihm sind die hier genannten Musuḳḳanbäume mit der Palme identisch. »Das Musuḳḳanholz wird bei Bauten in Niniveh und Babylon verwendet und erscheint, wenn es Tributgegenstand ist, lediglich als solcher eines besiegten babylonischen, näher südbabylonischen Machthabers. Ein Hain von Musuḳḳanbäumen wird vom Assyrerkönig vor der südbabylonischen Stadt *Sapî'* vernichtet, durch Umhauen der Stämme. Dagegen erscheint das Musuḳḳanholz niemals als ein Tributgegenstand westlicher syrisch-palästinischer Völker und wird niemals als ein in Westasien, von den Assyrern etwa auf dem Libanon und Amanus gefällter Baum bezeichnet.« Auch in dem heiligen Baum auf den babylonisch-assyrischen Denkmälern (vgl. den Anhang) erblickt E. Schrader die Dattelpalme. Das Wort *musuḳḳan* deutet er aus dem Sumerisch-Akkadischen und erklärt er als »himmelhäuptig«, wie auch hebr. *tâmar* »die schlanke, hochgewachsene« sei. Anderer Ansicht darüber ist F. Delitzsch in seinem Assyrischen Handwörterbuch S. 420. Nach ihm ist *musukkannu* eine jüngere Form für das ältere *mis-má-kan-na*, d. i. Mis-Holz von Makan. Noch anders urtheilt F. Hommel in der Beilage zur Allg. Z. 1895 No. 197. S. 4. Ihm zufolge stehe es durch die ältesten sumerischen Inschriften fest, dass die Dattelpalme aus Arabien nach Babylonien eingeführt wurde. „Der uralte König Ur-channa (nach anderen irrig Ur-Nina) sagt in einer seiner Weihinschriften: „Aus dem Lande Magan (d. i. Ostarabien) den *ugin*-Baum habe ich gebracht.“ Das ist aber derselbe Baum, den die Babylonier und Assyrer *musukkan* (aus *mus* = Baum und *ugin*) und mit volksetymologischer Umformung *mismakan* (d. i. Baum von Magan) später nannten, und in welchem schon der englische Assyriologe George Smith die Dattelpalme richtig erkannt hatte. Deutlicher kann die Einführung aus Arabien nicht ausgesprochen sein.“ Beide letztgenannte Forscher nehmen also in *musukkan, mismakan* eine direkte oder indirekte Beziehung zum Lande Makan an, hinsichtlich dessen es freilich ungewiss zu sein scheint, ob es mehr mit dem östlichen Arabien (so nach F. Hommel), oder mehr mit dem südlichen Babylonien (vgl. z. B. E. Meyer Geschichte des Alterthums I § 129, 133) identisch ist.

Was das griech. φοίνιξ betrifft, so wird die Deutung desselben als »Phönicier« (vgl. χάλυψ Stahl, eigentl. der Chalyber), d. h. als »der Baum, der seine eigentliche Heimath im fernen Süd-Osten hat«, richtig sein. Ein Zusammenhang mit den oben genannten ägyptischen Namen der Dattelpalme, den F. Hommel a. a. O. für wahrscheinlich hält, ist kaum anzunehmen. Bemerkenswerth sind noch die Hesychischen Glossen σοῦκλαι· φοινικοβάλανοι und σουκ(λ)η-βάλανος· τὸ αὐτὸ Φοίνικες, die man seit alters in Verbindung mit aram. *diqlâ* Palme (s. u.) zu bringen versucht; vgl. M. Schmidt zu den angegeb. Glossen. Dass die Palme auf den mykenischen Kunstdenkmälern überaus häufig ist, ist bekannt. Ueber die Verbreitung des Baumes im alten Griechenland vgl. noch Neumann-Partsch, Physik. Geogr. S. 411. — Schwierig ist die Entscheidung über das lat. *palma*. Auf jeden Fall ist der Gedanke an einen Zusammenhang mit dem Städtenamen *Tadmor*-Παλμόρα (oben S. 274 und Anm. 68) aufzugeben. Nöldeke in den Göttinger Gel. Anzeigen 1881 S. 1229 äussert sich darüber folgendermassen: »Die von Salomo gegründete Stadt ist nach dem echten Text 1. Kön. 9, 18 Tamar in Juda; die Lesart Tadmor 2. Chron. 8, 4 beruht auf einer Textänderung, welche lieber die berühmt gewordene Handelsstadt als einen obskuren Ort von dem sagenhaft verherrlichten König ableiten wollte. Bei Tadmor-Palmyra kennt allerdings Abulfidâ Dattelpalmen, und noch heute sind dort einige; aber eine ergiebige Dattelkultur ist da schwerlich je betrieben. Nun wäre es immerhin denkbar, dass auf dem Kriegszuge des Antonius, bei dem uns zuerst der Name Παλμόρα entgegentritt (Appian *b. c.* 5, 9), der Anblick der Palmen bei jener Stadt auf italische Soldaten, die eben die trostlose Wüste durchwandert hatten, einen solchen Eindruck gemacht hätte, dass sie den Namen Tadmor nach ihrem heimischen *palma* in Palmyra abänderten (so dass also ziemlich das umgekehrte Verhältniss vorläge, als wie es von H. angenommen wird). Aber sehr wahrscheinlich ist das doch eben nicht. Bei einem solchen Namen einer asiatischen Stadt wird man lieber annehmen, dass er zuerst von Griechen gebraucht sei, zumal das griech. υ darin vorkommt; und dann hat er keinen Zusammenhang mit der Palme. Der Stadtname Tadmor selbst kann aber mit *tâmar* Palme absolut nichts zu thun haben, und an die Ableitung des lat. *palma* von einem angeblich »semitischen« *tadmar*, das »Palme« bedeuten soll, ist nicht zu denken.« Nöldeke selbst theilt die ältere (vgl. Fischer a. a. O. S. 278) Ansicht, nach welcher das lat. *palma* Dattelpalme identisch ist mit der gleichlautenden Benennung der in Südeuropa einheimischen Zwergpalme (*Chamaerops humilis*), die, wie sie z. B. H. Masius, Die gesammten Naturw. III, 161 beschreibt, »bald einen 10—15 Fuss hohen Stamm treibt, bald fast ohne Stamm mit 20—30 Fuss hohen fächerförmigen Blättern erscheint.« Und wer die am eben genannten Orte (S. 24/25) einander gegenüber gestellten Abbildungen der Dattelpalme und der Zwergpalme mit einander vergleicht, wird dieser Anschauung nur beipflichten können. *Palma* ist dann die ursprüngliche Benennung der in Italien einheimischen *Chamaerops humilis* und später von der Zwergpalme auf die Dattelpalme nach der Aehnlichkeit übertragen worden. Ob das sehr späte δάκτυλοι-*dactyli* Datteln aus dem aramäischen *daqual, diqlâ* die Palme (arab. eine Sorte Datteln) entlehnt ist, oder einfach »Finger« bedeutet, wie Nöldeke will (vgl. Plinius 13, 9 § 46 *dactyli: praelonga gracilitate curvati interim*), und nach ihm im Gegensatz zu Lagarde, Mitthl. II, 356 auch Muss-Arnolt a. a. O. S. 107 anzunehmen geneigt ist, mag dahin gestellt sein. — Im heutigen Griechenland stammen nach Heldreich, Die Nutzpflanzen Griechenlands S. 10, die meisten älteren Palmen aus der Türkenzeit her, da dieses Volk die Palmen liebt und gern anpflanzt. Damit stimmt überein, dass unser Baum im Neugriechischen türkisch benannt ist, κουρμαδηό, ein Wort, das auch im Albanesischen wiederkehrt. In Kreta haben sich die älteren φοινικηά und βαηά (spätgriechisch βαΐς vgl. Anm. 69) erhalten. Der Palmsonntag heisst ἑορτὴ τῶν βαΐων oder kurz τὰ βάϊα, und da man sich an diesem Fest statt der Palmblätter der Lorbeerzweige bedient, so hat der Lorbeer neben seiner eigentlichen Bezeichnung δάφνη auch die Bezeichnung ἡ βαϊηά angenommen, ein interessantes Beispiel, von welch zufälligen Umständen oft der Bedeutungswandel der Wörter abhängt. — Schliesslich sei auf das merkwürdige gothische *peikabagms* = Dattelpalme hingewiesen, dessen erster Bestandtheil (mit φοίνιξ oben S. 214 nicht vereinbar) neuerdings als eine durch Kelten vermittelte Entlehnung aus lat. *ficus* Feige angesehen wird (vgl. R. Much Deutsche Stammsitze § 33).

Cypresse.

(Cupressus sempervirens L.)

Nach A. v. Humboldt, Kosmos 2, 132, der sich auf Edrisi beruft, scheinen die Gebirge von Busih westlich von Herath die ursprüngliche Heimath der Cypresse zu sein. Auf der Westseite des

Industhales, in den Plateaulandschaften von Kabul und Afghanistan, wo der Baum zu riesigen Grössen emporwächst, besonders aber in dem genannten Busih oder Bushank, Fuscheng, findet auch Ritter, auf Ibn-Hauqual und Edrisi gestützt, das wahre Vaterland der Berg-Cypresse (Erdkunde, Band XI: »die asiatiche Verbreitung der Cypresse«). Von diesem seinem Ursitz wanderte der Baum im Gefolge des iranischen Lichtdienstes weiter nach Westen. In der schlanken, obeliskenartigen, zum Himmel aufstrebenden Gestalt der Cypresse schaute die Zendreligion das Bild der heiligen Feuerflamme; nach dem Schâh-Nâmeh stammte sie aus dem Paradiese, Zoroaster selbst hatte sie zuerst auf Erden gepflanzt, sie ward die Zeugin für Ormuzd und dessen reines Wort und prangte durch ganz Iran in alten ehrwürdigen Exemplaren vor den Feuertempeln, in den Höfen der Paläste, im Mittelpunkt der medopersischen Baumgärten oder Paradiese. Frühzeitig, mit den ältesten assyrisch-babylonischen Eroberungszügen, war sie in die Länder des aramäisch-kanaanitischen Stammes gelangt, auf den Libanos, auf die nach der Cypresse benannte Insel Cypern[70]), und ward auch hier ein heiliger Baum, in welchem eine Naturgöttin gegenwärtig war, dieselbe, deren uralten verlassenen Tempel mit der geweihten Cypresse Vergil uns im troischen Gebiete zeigt, Aen. 2, 713:

Est urbe egressis tumulus templumque vetustum
Desertae Cereris juxtaque antiqua cupressus
Religione patrum multos servata per annos —

und die er wie hier Ceres, so an einer andern Stelle Diana nennt, Aen. 3, 680:

Aeriae quercus aut coniferae cyparissi
Constiterunt, silva alta Jovis lucusve Dianae.

Mit der religiösen Bedeutung, dieselbe theils erhöhend, theils durchkreuzend, verschmolz eigenthümlich der technisch-praktische Werth, den die Cypresse bei den Phöniziern gewann und später durch das ganze griechische und römische Alterthum behielt. Das Cypressenholz, hart, duftend, in der Flamme mit angenehmem Geruch verbrennend, galt zugleich für unvergänglich und unzerstörbar. Plat. de legg. 5, p. 741: die Landloose der Bürger sollen in den Tempeln auf cypressenen Gedenktafeln für die Nachwelt, *εἰς τὸν ἔπειτα χρόνον*, verzeichnet werden. Theophr. h. pl. 5, 4, 2: von Natur unverweslich ist die Cypresse, Ceder (folgen noch eine Anzahl Hölzer): von diesen scheint das Cypressenholz am meisten Dauer zu haben, *χρονιώτατα δοκεῖ τὰ κυπαρίττινα εἶναι.* Martial. 6, 73, 7 (das Bild des Priapus spricht):

> *Sed mihi perpetua nunquam moritura cupresso*
> *Phidiaca rigeat mentula digna manu.*

Cypressenstämme wurden zum Bau der phönizischen Handelsschiffe allen übrigen vorgezogen; wie schon die Arche Noäh aus Cypressenholz bestanden haben sollte, so baute noch Alexander der Grosse seine Euphratflotte aus diesem edlen Material, das er zum Theil quer über Land in fertig gezimmerten Stücken aus Phönizien und Cypern bezog (Strab. 16, 1, 11 und Arr. 7, 19, 3), so wie Antigonus zu der seinigen im Kriege gegen die wider ihn verbündeten Mitfeldherren die prachtvollen Cedern und Cypressen des Libanon fällen liess (Diod. 19, 58). Das Cypressenholz wurde zu kostbaren Kisten, zu Thüren der Tempel, z. B. zu denen des ephesischen Dianentempels (Theophr. h. pl. 5, 4, 2) u. s. w. verarbeitet; es war im Bezirk des delphischen Tempels bei dem *μέλαθρον* verwendet worden, in welchem Arkesilas den Wagen weihte, mit dem er in den pythischen Spielen gesiegt hatte (Pind. Pyth. 5, 51); es diente zu Särgen Verstorbener, denen es eine lange Dauer versprach. Als z. B. in Athen zu Anfang des peloponnesischen Krieges jene öffentliche Bestattung der für das Vaterland Gefallenen gefeiert ward, bei welcher Perikles seine berühmte Rede zur Verherrlichung Athens hielt, da umschlossen Schreine aus Cypressenholz, *λάρνακες κυπαρίσσιναι*, je einer für jede Phyle, die in die Erde zu bergenden Gebeine (Thuc. 2, 34). Auf dem schon erwähnten prachtvollen Getreideschiff Hiero des zweiten von Syrakus, diesem Great Eastern des Alterthums, dessen Bau Archimedes als Ober-Ingenieur leitete, bestanden Wände und Dach des Aphrodisiums aus Cypressenholz, die Thür aus Elfenbein und Thujaholz. Besonders aber zu Idolen der Götter — und deren waren in grossen und kleinen Heiligthümern eine Unzahl über ganz Griechenland zerstreut — wurde gern duftendes, der Zeit und den Würmern widerstehendes Cypressenholz genommen: wie man sich das Scepter des Zeus aus diesem Holz bestehend dachte (Diog. Laert. 8, 1, 8 (10), Jambl. de vit. Pyth. 155), so schien es auch für *ξόανα* d. h. hölzerne Götterbilder (neben Eben-, Cedern-, Eichen-, Taxus- und Lotosholz, Pausan. 8, 17, 2. Theophr. h. pl. 5, 3, 7) ein besonders würdiger Stoff. Der komische Dichter Hermippus, der im Beginn des peloponnesischen Krieges blühte, nennt in einer uns erhaltenen merkwürdigen Stelle, die den Handel des mittelländischen Meeres in parodischen homerischen Hexametern schildert, unter den Artikeln, die zur See nach Athen kamen, auch kretisches Cypressenholz zu Statuen der Götter, Meineke Fr. com. gr. 2, 1, p. 407:

doch aus Kreta, der schönen, Cypressen zu Bildern der Götter —

und Xenophon erzählt, wie er nach der Rückkehr aus Asien bei Olympia einen kleinen Tempel der ephesischen Artemis und darin das Bild der Göttin aus Cypressenholz gestiftet habe (Anab. 5, 3, 12). Auch die älteste Athletenstatue, die Pausanias in Olympia sah, die des Aegineten Praxidamas, vor Ol. 59 (c. 540 vor Chr.), bestand aus Cypressenholz und hatte sich besser erhalten, als eine andere, etwas spätere, die aus Feigenholz gearbeitet war (Paus. 6, 18, 7). Nicht anders in Italien. Plinius spricht von einem sehr alten Idol des Vejovis auf der arx in Rom, das aus Cypressenholz bestand (Plin. 16, 216), und Livius erzählt, wie im Jahre 207 vor Chr. zwei aus diesem Stoff gearbeitete Bilder der Juno Regina in feierlicher Prozession in den aventinischen Tempel der Göttin gebracht wurden (Liv. 27, 37). Was vor Zerstörung durch Würmer und Insekten bewahrt bleiben sollte, wurde auch bei den Römern in cypressene Kästchen eingeschlossen z. B. Manuscripte bei Horaz, ad Pis. 332: *carmina — levi servanda cupresso.*

Kein Wunder nun, dass einen religiös so hoch verehrten und technisch so nützlichen Baum die Phönizier und Philister schon in ältester Zeit überall verbreiteten, wo sie sich niederliessen und wo das Klima es erlaubte. In Kreta, dieser frühe semitischen Insel, gedieh die Cypresse so mächtig und stieg so hoch die Gebirge hinan (Theophr. h. pl. 4, 1, 3), dass diese Insel für das ursprüngliche Vaterland derselben gehalten werden konnte, Plin. 16, 141: *huic patria insula Creta.* Der homerische Schiffskatalog kennt bereits auf dem griechischen Festlande zwei nach der Cypresse benannte Oertlichkeiten, die eine in Phocis auf dem Parnas, Il. 2, 519:

Die Kyparissos umher und die felsige Pytho bewohnten,

die andere in Triphylien, im Gebiet des Nestor, Il. 2, 593:

Auch die Kyparisseïs und Amphigeneia bestellten.

Auch an der lakonischen Küste, einem frühen Schauplatz phönizischer Einwirkungen, lag eine Hafenstadt *Κυπαρισσία*, wie denselben oder einen ähnlichen Namen auch eine messenische Ortschaft trug; in beiden Städten ward eine *Ἀθηνᾶ Κυπαρισσία* verehrt, in der wir eine griechisch benannte semitische Gottheit vermuthen dürfen. Wandert man an der Hand des Pausanias durch das spätere Griechenland, so trifft man hin und wieder auf Cypressenhaine, in denen, was wohl zu beachten ist, meist Dämonen asiatischer Herkunft verehrt werden, so auf der Burg von Phlius die Ganymeda, eine dem Dionysos wesensverwandte, in keinem Bilde verehrte Göttin, sonst auch Dia genannt (Strab. 8, 6, 24), die Löserin der Bande, an deren Cypresse befreite Gefangene ihre Fesseln aufhingen (Paus. 2, 13, 3), oder im Kraneion, einem Cypressenhain bei Korinth, die Heiligthümer des Bellerophontes und der Aphrodite Melainis (Paus. 2, 2, 4), oder die himmelhohen Cypressen von Psophis in Arkadien, die am Grabe des Alcmäon standen und von den Einwohnern Jungfrauen geheissen und nicht angetastet wurden (Paus. 8, 24)[71]. Dass die Cypresse aus semitischen Landen nach Griechenland eingewandert war, wird schon durch den Namen *κυπάρισσος* (im älteren Hebräisch *gofer*, 1. Mos. 6, 14) ausser Zweifel gesetzt. Vielleicht bildete, wie so oft, die Insel Kreta dabei eine Zwischenstation: darauf deutet wenigstens eine von Serv. ad. Aen. 3, 680 aufbehaltene Version des Mythus von der Verwandlung des Kyparissos in einen Cypressenbaum: danach war dieser Jüngling ein Kretenser, wurde von Apollo oder vom Zephyr geliebt, flüchtete, um seine Keuschheit zu bewahren, zum Flusse Orontes und zum *mons Casius* (woselbst Baal als Himmelsgott thronte, ein alter den Aramäern und Philistäern gemeinsamer Kultus) und wurde dort in den nach ihm benannten Baum verwandelt. Was die Zeit dieser Einführung betrifft, so kennt die Ilias, oder wenigstens das Stück derselben, welches unter dem Namen *κατάλογος τῶν νεῶν* ein abgesondertes Ganze bildet, bereits, wie so eben erwähnt, zwei nach der Cypresse benannte griechische Städte, deren Gründung also das Dasein des Baumes schon voraussetzt. In der Odyssee und zwar dem ältesten, ächtesten Kern derselben, wächst der duftende Cypressenbaum schon in dem Park um die Höhle der Kalypso, 5, 63:

> Ringsher breitete sich frischgrünender Wald um die Grotte,
> Eller und Pappel und auch die balsamreiche Cypresse —

und in dem zweiten Theil der Odyssee, der auf Ithaka spielt, erscheint das Cypressenholz wenigstens als Baumaterial, entweder eingeführt oder an Ort und Stelle gewonnen: Odysseus lehnt sich, in Bettlergestalt auf der Schwelle seines Palastes sitzend, an die Thürpfosten aus Cypressenholz, die der Zimmermann einst kundig geglättet und nach dem Richtmasse gefügt hatte (17, 340). In dem beschränkteren Kreise des Hesiodus ist von der Cypresse nirgends die Rede.

Da die Cypresse kein Fruchtbaum ist (Schwätzer wurden gern

mit den fruchtlosen Cypressen verglichen), und da ihre religiöse Bedeutung bei den Griechen keine sehr ausgebreitete war, so fällt ihre Versetzung nach Italien schwerlich in die Zeit der ersten Colonisation. Zwar spricht Plinius (16, 236) von einer Cypresse im Volcanal in Rom, die zu Ende der Regierungszeit Neros zusammenbrach und eben so alt, wie die Stadt gewesen sein sollte, aber wer besass damals die Mittel, jenes Alter zu berechnen? Glaublicher sagt derselbe Schriftsteller an einer anderen Stelle, die Cypresse sei ein in Italien fremder Baum, dessen Acclimatisation schwierig gewesen, daher auch Cato so umständlich über ihn handle, 16, 139: *cupressus advena et difficillime nascentium fuit, ut de qua verbosius saepiusque quam de omnibus aliis prodiderit Cato.* In Theokrits Idyllen, die auf dem wärmeren Boden Siciliens spielen, ist ein Jahrhundert vor Cato die Cypresse schon ein öfters erwähnter und gepriesener Baum, z. B. 11, 45, wo der verliebte Polyphemos die Galathea in seine Höhle lockt, die von Lorbeeren und schlanken Cypressen *ῥαδιναὶ κυπάρισσοι*, umwachsen ist. Von Sicilien scheint der Baum über Tarent ins innere Italien gelangt zu sein, wie aus Catos Bezeichnung tarentinische Cypresse (151, 2) hervorgeht, Plin. 16, 141: *Cato Tarentinam eam appellat, credo quod primum eo venerit.* Dies wird in der Zeit nach der Unterwerfung Tarents geschehen sein, wo der hellenisirende Einfluss der Stadt auf das neue römische Gebiet mächtig war, und wo zugleich der Geschmack an Villen, Parks, Grabmälern, die Freude an der Schönheit der Bäume als solcher den Römern allmälig aufzugehen begann. Dass auch der Nutzen, den die Cypresse als bei Tischlern und Schnitzlern im Preise stehendes Holz brachte, dem praktischen Volke bald einleuchtete, erhellt aus der Nachricht des Plinius, die Alten hätten eine Cypressenpflanzung die Aussteuer für die Tochter zu nennen gepflegt, 16, 141: *quaestiosissima in satus ratione silva volgoque dotem filiae antiqui plantaria appellabant:* man pflanzte die Bäume etwa bei Geburt einer Tochter und mit ihr wuchsen sie in die Höhe, als lebendiges Kapital, zugleich ihr Bild und Gleichniss[72]). Auch um die Grenzen des fundus zu bezeichnen, wurden ausser anderen Bäumen Reihen von Cypressen gepflanzt (Varro 1, 15, der aber zu diesem Zweck die Ulmen vorzieht). Als dann das römische Reich Afrika und Asien umfasste, verbreitete sich auch die düstere immergrüne Cypresse in orientalischer Weise als Symbol der chthonischen Gottheiten (Plin. 16, 139: *Diti sacra et ideo funebri signo ad domus posita)*, zunächst natürlich bei den Vornehmen, die sich bald die mystische Zeichensprache des Morgenlandes aneigneten, Lucan. 3, 442:

Et non plebejos luctus testata cupressus.

Bei den Dichtern des augusteischen Zeitalters ist die Cypresse als Baum der Trauer, mit dessen Zweigen Leichenaltar und Scheiterhaufen besteckt werden und der gern in Gegensatz zum Genuss der heiteren Gegenwart gestellt wird, schon gewöhnlich, z. B. Horaz Od. 2, 14, 22:

neque harum, quas colis, arborum
Te praeter invisas cupressos
Ulla brevem dominum sequetur —

oder Ovid. Trist, 3, 13, 21:

Funeris ara mihi ferali cincta cupresso
Convenit et structis flamma parata rogis.

Bei Vergil errichtet Aeneas dem Polydorus einen Altar mit schwarzen Binden und Cypressenzweigen umwunden, Aen. 3, 64:

stant manibus arae,
Caeruleis maestae vittis atraque cupresso —

wie auch am Scheiterhaufen des Misenus Cypressen angebracht sind, 6, 215:

Ingentem struxere pyram: cui frondibus atris
Intexunt latera et feralis ante cupressos
Constituunt decorantque super fulgentibus armis.

Seit jener Zeit ist der herrliche Baum, der neben der Pinie die eigentliche Charaktergestalt der südeuropäischen Landschaft bildet, in Italien eingebürgert. Wo die Cypresse beginnt, da beginnt das Reich der Formen, der ideale Stil, da ist klassischer Boden. Eigentliche Cypressenhaine, *cupresseta*, sind in Italien indess nicht zu finden: die Cypresse steht meist einsam oder in kleinen Gruppen, oder sie zieht in ebenso düsterer als anmuthiger Säulenreihe dahin. Wie in der Ebene von Neapel der Blick besonders häufig auf Pinien fällt, so im Arnothal auf Cypressen. Ueber die Alpen geht der Baum nicht hinaus. So mächtig und schlank übrigens einzelne Exemplare hin und wieder in Italien erscheinen mögen, z. B. in der Villa Este bei Tivoli, der Baum erreicht in diesem fremden Lande doch nicht die Majestät, wie im Orient, wo nach Ritters Worten »balsamisch duftende, ewig grüne, unvergängliche Haine solcher Pyramidengestalten« über die weissen Gräber der Gläubigen ihre schimmernde lichte Dämmerung verbreiten, z. B. in Scutari bei Konstantinopel oder noch schöner in Smyrna oder Brussa, und im Angesicht des

Todes doch das Gefühl des ewig sich erneuenden, emporstrebenden, unerschöpflichen Lebens erwecken.

Eine Abart der pyramidalen Cypresse, *Cupressus horizontalis*, mit nicht aufstrebenden, sondern sich seitwärts ausbreitenden Zweigen ist in Italien und Griechenland selten, in den wärmeren Oertlichkeiten von Kleinasien häufiger. Ein herrliches Exemplar dieser Spezies, die Cypresse des heil. Elias, findet sich in dem Prachtwerk: die Insel Rhodos von A. Berg, Braunschweig 1862, Beschreibender Theil S. 146, abgebildet.

---

* Die Cypresse, welche bekanntlich in zwei Varietäten (*Cupressus pyramidalis* Targ. Torz. und *C. horizontalis* Mill.) durch das ganze Mediterrangebiet kultivirt wird, ist auf den Gebirgen des nördlichen Persiens, und Ciliciens wildwachsend gefunden worden, namentlich aber im Libanon von 1000—1600 m, auf den Bergen von Cypern, Rhodos und Melos, sowie auch auf Creta wo sie zwischen 600 und 1400 m eine charakteristische Region bildet.

** Gegen die Annahme, griech. κυπάρισσος sei aus hebr. *gofer* entlehnt, hat man eingewendet, dass das semitische Wort — ein ἅπαξ λεγόμενον, Gen. VI, 14, das ein Material bezeichnet, aus welchem die Arche gebaut ward — in seiner näheren Bedeutung ganz unsicher sei, und dass sonst semitische, ins Griechische aufgenommene Lehnwörter nicht in ihrem Lautbestand (κυπάρισσος : *gofer*) vermehrt würden. Dazu sei die gewöhnliche Bezeichnung der Cypresse im Semitischen sicher nicht *gofer*, sondern hebr. *běrôš* (s. u.). Vgl. A. Müller in Bezzenbergers Beiträgen I, S. 290 und S. Fraenkel bei E. Ries *Quae res et vocabula a gentibus semiticis in Graeciam pervenerint. Diss. Vratislaviae* 1890, S. 32. Andererseits hat Lagarde zu verschiedenen Malen (vgl. die Literatur bei Muss-Arnolt, Transactions XXIII, 109) nachzuweisen versucht dass *gofer* an der angegebenen Stelle nichts als eine gelehrte und missverständliche Abkürzung aus dem öfter überlieferten *gŏfrît* Harz, Pech, Schwefel sei, und dass an dieses vollere Wort das griech. κυπάριττος anzuknüpfen sei, wobei freilich der Bedeutungswandel unklar bleibt (vgl. auch Lewy Semit. Fremdw. S. 33). — Wenig wahrscheinlich ist es, dass die Insel Cypern von der Cypresse ihren Namen haben sollte. Sie heisst bei den Aegyptern *Asebi* (E. Meyer, Gesch. d. Altert. I, § 191), bei den Assyrern *mât Jatnana* (E. Schrader, Keilinschr. u. Geschichtsf. S. 242 ff.), bei den Hebräern *Kitîm* (nach Kition). So müsste die Benennung Κύπρος von griechischen Schiffern herrühren, denen aber der Baum doch eben κυπάρισσος hiess.

Hingegen sind zwei andere Benennungen der Cypresse mit Sicherheit aus dem Orient nach Europa eingewandert freilich erst spät und auf nicht immer klaren Wegen. Diese beiden Reihen sind: sum.-akkad. *šur-man*, assyr. *šurmênu*, eine cypressenartige Conifere (von den assyrischen Königen auf dem Libanon gefällt, vgl. E. Schrader Berl. Monatsberichte 1881 S. 419 ff.), syr. *šurbînâ*, pers.

sarv, pehl. *sarw*, kurd. *selbi*, *selvi* (vgl. *Selvi-stan*, älter *Sarvi-stan*, Jaba-Justi S. 244), armen. *saroy*, (? vgl. Lagarde, Armen. Stud. S. 133 und Ges. Abh. S. 79 sowie Hübschmann, Armen. Gr. I, S. 237), türk. *selvi*, alb. *selvî'* Cypresse (G. Meyer, Et. W. S. 381), bulg. *selvija*, ngr. σελβίνι (Miklosich, Türk. Elem.) und assyr. *burâšu* (E. Schrader a. a. O.), hebr. *bĕrôš*, aram. *berâtâ*, *berôtâ* (Löw, Pflanzenn. S. 82), arab. *brot*, griech. βράθυ (spät) Sevenbaum, lat. *bratus*, eine Cypressenart Vorderasiens (Plinius). Armenisch heisst die Cypresse auch *noć*, *nóči*, pers. *nôǰ*, *nôž*, *nôz* (Lagarde, Armen. Stud. S. 144, Hübschmann, Arm. Gr. I, S. 207).

Im Ganzen wird das ursprüngliche Verbreitungsgebiet der Cypresse ein weiteres gewesen sein, als es oben von H. angenommen wird. Vgl. auch Anm. 70. Namentlich muss es seit ältester Zeit, wie schon die Sprachvergleichung lehrt (vgl. oben assyr. *burâšu* u. s. w.), die semitischen Lande mit umfasst haben. Dass der Baum hierher an der Hand des zoroastrischen Lichtkultus aus iranischen Gegenden erst eingewandert sei, lässt sich durch nichts beweisen. Auf semitischem Boden ist die Cypresse seit Alters der heilige Baum der Aphrodite-Astarte, auf die sich wohl ohne Zweifel der Göttername Βηρούθ bei Philo Byblius = Ba'ălat Bĕrût, Göttin der Cypresse bezieht (vgl. Baudissin, Studien zur semitischen Religionsgeschichte, 2. Band, »Heilige Bäume« S. 186, 187, 196). Hingegen sind die Nachrichten über die Verehrung der Cypresse bei den Persern (vgl. dieselben in Ritters Erdkunde Bd. XI) verhältnissmässig späte, und die Sprache (vgl. oben pers. *sarv* u. s. w.) könnte eher auf eine umgekehrte Richtung der Wanderung des Cypressendienstes hinweisen. Nach den Botanikern (siehe auch Köppen, Holzgewächse II, S. 389 ff.) hätten auch die Inseln des ägäischen Meers mit zu dem ursprünglichen Verbreitungsgebiet der Cypresse gehört. Von hier wäre dann der Kult des Baumes, und in diesem Falle auch der Baum selbst, durch orientalische zumeist an den Kult der Aphrodite-Astarte anknüpfende Beziehungen in westlicher Richtung über das Mittelmeergebiet verbreitet worden (s. auch den Abschnitt über die Taube).

Platane.

(Platanus orientalis L.)

Der Ruhm des Platanenbaumes erfüllt das ganze Alterthum, das Morgenland wie das Abendland, und klingt noch heute aus den Berichten älterer und neuerer Reisenden wieder. Was kann in den dürren Felsenlabyrinthen südlicher Sonnenländer erwünschter sein, ja mehr zu Andacht und Bewunderung stimmen, als der Baum, der mit herrlichem hellem Laube an grünlich-grauem Stamme, mit schwebenden, breiten, tiefausgezackten Blättern murmelnde Quellen und Bäche beschattet und noch heute den Ankömmling empfängt, wie er vor Jahrhunderten die Voreltern empfangen und mit Kühlung erquickt hat? Welche Aussicht ist köstlicher, als die von verbrannten Bergzinnen auf eine Platanengruppe tief unten, die Verkündigerin eines Quells im feuchten Thalgrunde, wo der Wanderer losbinden, sein Thier tränken, seinen eigenen Durst stillen und im Schatten ausruhen kann? Mit welchem Entzücken beschreibt der platonische Socrates jene Platane in der Nähe Athens, unter der er sich mit Phädrus zum Gespräch lagert, das eiskalte Wässerlein an ihrem Fuss, den Blütenduft von oben, die wehende Kühlung, den Chor der Cicaden, den weichen Rasen — in Worten von so süsser Fülle, dass das gekünstelte rhetorische Compliment, das ihnen später Cicero machte, uns recht abgeschmackt erscheint, de orat. 1, 7: *illa* (platanus), *cujus umbram secutus est Socrates, quae mihi videtur non tam ipsa aquula quae describitur, quam Platonis oratione crevisse.* Kleinasien und die griechische Halbinsel, sonst von Menschenhand so schmählich verwüstet, weisen doch noch immer einzelne Platanen von riesenhafter Grösse und hohem Alter auf. Weit und breit berühmt ist die ungeheure Platane von Vostizza, dem alten Aigion in Achaja, deren Stamm, eine Elle vom Boden, über vierzig Fuss im Umfange misst; der Baum hat noch seine vollständige Krone und »würde vielleicht noch Jahrhunderte leben, wenn man nicht während der Revolution den unten zum Theil hohlen Stamm zur Küche benutzt und ihn bei dieser Gelegenheit angezündet hätte, so dass das Feuer bis oben hinaus brannte« (Fürst Pückler, Südöstlicher Bildersaal, 2, 127). Jeder, der Konstantinopel besucht hat, kennt die Platanen von Bujukdere, genannt die sieben Brüder, aneinander gewachsen, durch Alter und die Feuer der Hirten ausgehöhlt, aber noch immer majestätisch und herrlich. Stackelberg (der Apollotempel von Bassä, S. 14 Anm.) sah in der Nähe des Tempels eine Platane, deren Stamm einen Umfang von 48 Fuss hatte, während die in demselben befindliche Höhlung einem Schäfer für seine ganze Heerde als Hürde diente. Der Verfasser von »Morgenland und Abendland« berichtet (2, S. 131 der zweiten Aufl.) von Stanchio auf der Insel Cos: »Vor der Moschee steht eine Platane, uralt und herrlich, dreissig Fuss im Umfang, und ringsum gestützt und getragen von antiken Marmor- und Granitsäulen, denen man keine schönere Ruhestätte anweisen könnte.« Von demselben Baume sagt der Fürst Pückler, die Rückkehr, 3, 164: »Mein erster Gang am folgenden Tage war nach der berühmten Platane, die für den kolossalsten Baum dieser Gattung im Orient gilt. Der Umfang ihres Stammes misst zwar nur fünfunddreissig Fuss, aber ihre Aeste beschatten den ganzen kleinen

Marktplatz von Stanchio. Sie werden von Marmorsäulen gestützt, die man früher aus dem Tempel Aesculaps entnommen hat, und die jetzt an ihrer Spitze meist schon von der Rinde der ungeheuren Aeste wie mit einer dicken Wulst überwachsen sind und sich so völlig mit ihnen amalgamirt haben. Zwei Sarkophage am Fusse des Baumes dienen als Wasserbehälter.« Bei dem in der arkadischen Gebirgswildniss liegenden Höhenkloster Megaspeläon steht die Platane, an der der heilige Lucas das wunderthätige Bild der Mutter Gottes malte: »ihr hohler aber frischer Stamm umschliesst die Kapelle der Panagia Plataniotissa, die so geräumig ist, dass zehn Menschen darin Platz haben« (Ulrichs, Reisen und Forschungen in Griechenland, 1, 51; s. auch Ross, Königsreisen, 1, 169 ff.). Nach Dodwell, A classical and topographical tour through Greece, 1, 121, sind noch jetzt die Bazars oder Marktplätze der meisten griechischen Städte von Platanen beschattet, ganz wie einst die Agora von Athen durch Cimon mit Bäumen derselben Gattung bepflanzt worden war (Plut. Cim. 13, 11). Schon die Alten bewunderten einzelne alte, besonders umfangreiche und ehrwürdige Exemplare. So erzählt Theophrast, h. pl. 1, 7, 1, von einer Platane in der Nähe der Wasserleitung im Lyceum bei Athen, die, obgleich sie noch jung war, doch schon Wurzeln von drei und dreissig Ellen Längen getrieben hatte. Auch Pausanias weiss auf seiner Wanderung hin und wieder von gewaltigen, an die Fabelwelt geknüpften Individuen dieser Bäume zu berichten. So sah er bei Pharä in Achaja am Flusse Pieros Platanen von solcher Grösse, dass man in der Höhlung der Stämme einen Schmaus halten und nach Belieben auch darin schlafen konnte (7, 22, 1) und bei Kaphyä in Arkadien die hohe und herrliche Menelais d. h. die Platane des Menelaus, die dieser Held selbst, wie die Urwohner sagten, vor der Abfahrt nach Troja an der Quelle gepflanzt hatte (8, 23, 3). Nach Theophrast, h. pl. 4, 13, 2, war der Baum von Kaphyä vielmehr von Agamemnon gepflanzt worden, auf den auch die Platane am kastalischen Quell in Delphi zurückgeführt wurde. Nimmt man dazu die Platane der Helena bei Theokrit 18, 43 ff., so sieht man, wie die Sage diesen Baum, der als Schatten- und Wonnebaum immer den Königen, überhaupt den Hohen und Reichen gehörte, gern mit den Pelopiden, als dem eigentlichen Herrschergeschlechte, in Verbindung brachte. Als unter ihrer Führung die Helden in Aulis sich zur Abfahrt rüsteten, da brachten sie am Quell unter einer Platane das Opfer, Il. 2, 307:

Unter der schönen Platane, wo blinkendes Wasser hervorquoll, und dort ward ihnen in den Zweigen des Baumes das Zeichen, welches Kalchas auf zehnjährige Dauer des Zuges deutete. Griechenland hatte den Baum und die Freude an ihm (sie drückt sich in dem Adjectiv schön, *καλῇ*, aus) aus Asien überkommen, wo die Platane, wie die Cypresse, von Alters her bei den baumliebenden Iraniern und den vorder-iranischen Stämmen Kleinasiens in religiöser Verehrung stand. Bekannt ist die schöne Episode im Kriegszuge des Xerxes gegen Hellas, die uns Herodot 7, 31 und Aelian V. H. 2, 14, aufbewahrt haben: der König kam auf dem Wege nach Sardis in Lydien zu einer Platane, deren Schönheit sein Gemüth so ergriff, dass er sie, wie ein Liebender die Geliebte, beschenkte, ihre Zweige mit Goldketten und Armbändern umwand und einen immerwährenden Wächter für sie bestellte. Hamilton, Reisen in Kleinasien, deutsche Uebersetzung 1, 470, zog ganz in derselben Gegend an dem halbverrotteten Stamme einer der riesigsten Platanen vorüber, die er jemals gesehen, und deutet an, es könne vielleicht noch die nämliche sein, die einst von Xerxes bewundert wurde. In derselben Landschaft wurde auch die hohe Platane des Marsyas gezeigt, an der der Gott Apollo seinen unglücklichen Gegner aufgeknüpft hatte, Plin. 16, 240: *regionem Aulocrenen diximus, per quam ab Apamia in Phrygiam itur; ibi platanus ostenditur, ex qua pependerit Marsyas victus ab Apolline, quae jam tum magnitudine electa est.* Einen der grössten Bäume der Art beschreibt derselbe Plinius 12, 9 als in Lykien befindlich, wo er ohne Zweifel gleichfalls durch den Mythus geheiligt war: er stand, wie immer, an einer Quelle, *fontis gelidi socia amoenitate*, und die Weite seiner Höhlung betrug 81 Fuss, obgleich die Krone noch so kräftig grünte, dass sie ein breites undurchdringliches Schattendach bildete; der Consul Licinius Mutianus, als er in dieser Platane mit achtzehn Gästen gespeist und nach dem Schmause geruht, gestand, das sie ihm eine schönere Umgebung gewährt habe, als die gold- und bildgeschmückten Marmorsäle Roms bieten konnten. Bei Homer erscheint die Platane nur an der einen so eben erwähnten Stelle, die möglicher Weise jüngeren Datums ist; wenigstens dem Dichter der herrlichen Stelle Od. 17, 204ff., wo der pappelbeschattete Quell in der Nähe der Stadt Ithaka beschrieben wird, kann der Baum schwerlich bekannt gewesen sein. Nach Homer findet sich zuerst wieder bei Theognis ein Platanenhain in Lakonien erwähnt (unter der Form *πλατανιστοῦς*) und auch dieser Hain stand an einem kalten Wasser, mit dem ein Winzer seine Reben tränkte (v. 879—884). Die Phönizier hatten die Platane nicht nach Griechenland gebracht, denn sie ist kein semitischer Baum; zwar stand bei Gortyn auf Kreta die angeblich immergrüne Platane, unter welcher Zeus mit der Europa sich vermählt hatte (Theophr. h. pl. 1, 9, 5), allein in dem Europadienst von Gortyn muss das phönizische Element mit lykisch-karischem sich durchdrungen haben (Movers, 2, 2, S. 80). Denn auch den Karern war die Platane, wie den Lykiern, ein heiliger Baum: nach Herodot 5, 119 stand bei Labraynda ein ausgedehnter, dem einheimischen Zeus Stratios geweihter Platanenhain, in dessen Schutz sich die von den Persern geschlagenen Karer zurückzogen (ein iranischer Zug in dem sonst semitischen Charakter der karischen Religion). Als eigentliches Heimathland der Platane möchten nach Grisebach, Vegetation der Erde, 1, 310, die Gebirge der vorderasiatischen Steppen gelten dürfen, wo die Platane am Taurus bis über 5000 Fuss ansteigt. Dass die Griechen den Baum nicht aus semitischem, sondern aus phrygisch-lykischem oder überhaupt iranischem Kulturkreise empfangen hatten, beweist auch der Name desselben (*πλατάνιστος* bei Homer, Theognis und Herodot, *πλάτανος* bei den Attikern); an phönizischen Ueberlieferungen haftete auch der phönizische Name; *πλατάνιστος* aber — der breitblätterige oder weitschattende Baum — ist entweder innerhalb der griechischen Sprache selbst gebildet worden (*πλατύς* breit u. s. w.) oder, was uns wahrscheinlicher ist, lautete schon in dem verwandten iranischen Idiom ähnlich (zendisch *frath* ausbreiten, *perethu* breit, von der Wohnung, den Wolken, der Erde, Justi Handbuch S. 191. Die spätern persischen Namen des Baumes, *dulb*, *dulbar* und *tschinâr*, *tschanâl* sind auch in die neueren semitischen Sprachen übergegangen, die sich also darin von iranischer Kultur abhängig zeigen, P. de Lagarde, Ges. Abhandlungen S. 31). Eine schöne Abbildung der orientalischen Platane findet sich in der Ausgabe des Marco Polo von H. Yule, London 1871, 1, 120.

Ueber die Verbreitung des Platanenbaumes weiter in den europäischen Westen haben wir ein gewichtiges Zeugniss des Theophrast, h. pl. 4, 5, 6: »In den Landschaften um das adriatische Meer soll die Platane nicht vorkommen, ausser um das Heiligthum des Diomedes (d. h. auf der Diomedes-Insel, einer der jetzt sogenannten Tremiti-Inseln, nördlich vom Garganos-Vorgebirge), in Italien soll sie selten sein, obgleich es dem Lande an grösseren Gewässern nicht fehlt; diejenigen Platanen wenigstens, die der ältere Dionysius in Rhegium in seinen Baumgarten gepflanzt hatte und die jetzt im Gymnasium stehen, wollen trotz aller Pflege nicht recht gedeihen.«

Diese Nachricht wiederholt Plinius 12, 6, erweitert sie aber, wir wissen nicht ob aus andern Quellen oder bloss durch Interpretation der ihm vorliegenden Stelle des Theophrast, dahin, dass der Baum zuerst ins adriatische Meer nach dem Grabe des Diomedes auf der nach diesem Helden benannten Insel, dann nach Sicilien und frühzeitig, *inter primas*, nach Italien gebracht worden sei — worauf die Geschichte von der Anpflanzung des Dionysius in Rhegium folgt. Bei den römischen Grossen des letzten Jahrhunderts der Republik ist Anpflanzung von Platanen ein vornehmer Zeitvertreib, gleich den Fischteichen und andern kostspieligen Anlagen in Villen und Gärten, während geringe Leute natürlich lieber einen Fruchtbaum setzten, der etwas tragen und einbringen konnte. Dass es den Platanen gut thue, mit Wein statt mit Wasser begossen zu werden, war ein der reichen Aristrokratie willkommener Aberglaube, da er dem Hange nach exclusivem Luxus entgegenkam. Von dem berühmten Redner Hortensius, dem Zeitgenossen des Cicero, wird berichtet (Macrob. Sat. 3, 13, 3), er habe einmal bei einer Gerichtsverhandlung den Cicero gebeten, mit ihm die Reihe im Reden zu tauschen, da er nothwendig auf seine Villa bei Tusculum müsse, um seine Platane eigenhändig mit Wein zu begiessen. Wie einst Menelaus und Agamemnon und später Dionysius und wie die persischen Könige, die *μεγάλοι βασιλεῖς*, so pflanzte auch der grosse Cäsar am Guadalquivir eine Platane, von der wir durch einen Hymnus des Martial wissen; ihr Wachsthum war in den Augen des Dichters ein Sinnbild der unvergänglichen Herrlichkeit des Dictators und seines Hauses, 9, 61:

O dilecta deis, o magni Caesaris arbor,
Ne metuas ferrum sacrilegosque focos.
Perpetuos sperare licet tibi frondis honores:
Non Pompejanae te posuere manus.

Im dichten Schatten dieses aristokratischen Baumes am kühlen Quell dem Genusse der Ruhe und des Weines sich hingeben, ist auch bei den Dichtern, den Freunden des Hofes, Lieblingssitte. Verg. G. 4, 146:

Jamque ministrantem platanum potantibus umbram.

Hor. Od. 2, 11, 13:

Cur non sub alta vel platano vel hac
Pinu jacentes — — potamus uncti?

Bei Ovid, Met. 10, 95, heisst die Platane *genialis* d. h. ein wonniger der Pflege des Genius oder dem Lebensgenuss dienender Baum. Indess regt sich in echt römischer Weise auch wieder das Gewissen, den heiligen Boden, die fruchtspendende Erde durch einen blossen Schönheitsbaum, der keinen Nutzen brachte, zu entweihen — etwa wie man den Kindern verbietet, mit Brot zu spielen. Daher die Ausdrücke: *platanus vidua, sterilis, caelebs*, z. B. Hor. Od. 2, 15:

Jam pauca aratro jugera regiae
Moles relinquent, undique latius
Extenta visentur Lucrino
Stagna lacu platanusque caelebs
Evincet ulmos —

welche letztere nämlich Weinreben zu tragen geeignet sind, oder die Klage des Nussbaumes bei Ovid, Nuc. 17:

At postquam platanis, sterilem praebentibus umbram,
Uberior quavis arbore venit honos:
Nos quoque frugiferae, si nux modo ponor in illis,
Coepimus in patulas luxuriare comas.

Plinius drückt dies Gefühl in directen Worten aus, 12, 6: *quis non jure miretur arborem umbrae gratia tantum ex alieno petitum orbe? Platanus — jam ad Morinos usque pervecta ac tributarium etiam detinens solum, ut gentes vectigal et pro umbra pendant.* Dass übrigens die echte Platane, *Platanus orientalis*, bei den Morinern am belgisch-französischen Seestrande angepflanzt worden sei und daselbst ausgedauert habe, ist nicht glaublich: es wird ein ähnlicher Schattenbaum gewesen sein, der nordische Ahorn, *Acer platanoïdes*, von Plinius selbst 16, 66 der gallische oder weisse Ahorn genannt, für welchen Baum eine merkwürdige gleichartige Benennung durch die Sprachen der Kelten, Germanen, Slaven und — Thraker geht[73]). Aus noch weiterer Ferne, als die Platane der Alten, und auch nur um des Schattens willen ist der gewöhnlichen Meinung nach der amerikanische Ahornbaum, *Platanus occidentalis*, zu uns gebracht worden, der jetzt in Mitteleuropa vielfach zu Baumgängen verwandt wird; Andere wollen in ihm nur eine Abart der orientalischen finden. Nach den Beobachtungen von Theobald Fischer, Beiträge 150ff., ist indess die erstere Annahme bei weitem wahrscheinlicher.

---

* Das Geschlecht der Platanen besass in der Tertiärperiode eine viel ausgedehntere Verbreitung, als in der Gegenwart; so waren *P. Guillelmae* (Lesquereux) Heer zur Zeit der mittleren und oberen Tertiär von Grönland durch Nordamerika und das nordöstliche Asien, *P. aceroides* (Goeppert) Heer von Grönland und Spitzbergen durch Europa, Nordamerika und Nordasien verbreitet, neben ihnen existirten namentlich in Nordamerika eine Anzahl anderer

mehr lokalisirter Formen. Von der letztgenannten Art dürften die in Nordamerika heimische, in Mittel- und Südeuropa jetzt allgemein kultivirte *P. occidentalis* L., sowie *P. orientalis* L. abstammen. Diese letztere findet sich wild im Himalaya, in Afghanistan, dem südlichen Persien, in Imeretien und Gurien, in Paphlagonien, auf dem Libanon und Cypern, ferner im westlichen und südlichen Anatolien unterhalb der Cedernregion bis zu 1600 m, häufig in Bithynien bis zu 800 m, desgleichen in Thracien, Macedonien und Griechenland; sie kommt daselbst in Wäldern und an Gebirgsbächen vor, an Standorten, bei denen an eine Einschleppung der Pflanze nicht zu denken ist. Aber auch auf Sicilien und in Unteritalien ist die Platane wildwachsend.

** Dass πλατάνιστος, πλάτανος aus dem Iranischen oder aus einer kleinasiatischen Sprache entlehnt sei, lässt sich durch nichts wahrscheinlich machen. Es ist sicherlich eine echt griechische Ableitung von πλατύς breit. Lat. *platanus* ist aus dem Griechischen entlehnt. Dies weist im Zusammenhang mit den obigen geschichtlichen und botanischen Nachrichten darauf hin, dass der Baum in Italien sich hauptsächlich durch Kultur, die von den griechischen Kolonien ausging, verbreitete, während der Annahme, dass er in Griechenland einheimisch sei, nichts im Wege steht. Vgl. Neumann-Partsch, Physikalische Geographie S. 387f., Köppen, Holzgewächse II, 68ff., Muss-Arnolt, Transactions XXIII, p. 110.

Die Pinie.

(Pinus pinea L.)

Die Geschichte des Pinienbaumes ist aus dem Grunde schwierig, weil die Alten, wo sie der zapfentragenden Nadelbäume erwähnen, die Arten derselben nicht strenge zu sondern pflegen und also der Deutung und Vermuthung ein freies Feld lassen. Immerhin können zwei Gruppen dieser Bäume mit hinreichender Sicherheit unterschieden werden, die eine, ἐλάτη genannt, *Pinus picea L.*, die andere mit dem Doppelnamen πίτυς und πεύκη, unter der die Pinie, wo sie überhaupt vorkommt, mitbegriffen sein muss. Homer kennt schon alle drei Benennungen; ἐλάτη ist ihm ein hoher, zum Himmel strebender Baum, οὐρανομήκης, περιμήκετος, ὑψηλή, also die Tanne; dass er aber unter seiner πίτυς die Pinie, *Pinus pinea*, den Baum mit dem reizenden Schirmdach und den essbaren, mandelartigen Früchten verstanden hat, wie Fraas, Synopsis p. 263, annimmt, geht aus den drei oder vielmehr zwei Stellen, in denen das Wort vorkommt, nicht hervor. Il. 13, 389 ff. und gleichlautend 16, 482 ff. heisst es von dem in der Schlacht fallenden Helden:

Aber er stürzte dahin, wie der Eichbaum oder die Pappel
Oder die Fichte, die schlanke (βλωθρή), von Zimmerern hoch im Gebirge
Mit scharfschneidendem Beile gefällt zum Baue des Schiffes.

Hier führt das Prädikat *βλωθρός*, hochaufgeschossen, und die Verbindung mit Eiche und Silberpappel weit natürlicher auf *Pinus Laricio* oder auch auf die sonst *ἐλάτη* genannte *Pinus picea*, als auf den nüssetragenden Pinienbaum, wie denn auch Odysseus, Od. 5, 239, auf der Insel der Kalypso sein Schiff aus Ellern, Pappeln und Tannen *ἐλάτη*, baut. Ganz ebenso verhält es sich mit der anderen Stelle, Od. 9, 186 ff., wo um die Höhle des Cyclopen eine Hürde für Schafe und Ziegen aus Steinen und

Aus langstämmigen (μακρῇσιν) Fichten und hochumwipfelten Eichen —

gebaut ist. *Πίτυς* und *πεύκη* sind nur verschiedene Formen desselben Wortes, welchem die Bedeutung: harzreicher Baum, Pechbaum zu Grunde zu liegen scheint. Je nach den Landschaften mag bald diese, bald jene Benennung für ein und dieselbe Species, oder umgekehrt dieselbe Benennung für verschiedene Arten im Gebrauch gewesen sein — wie denn Theophrast h. pl. 3, 9, 4 ausdrücklich sagt, was er *πεύκη* nenne, heisse bei den Arkadern *πίτυς*. Standort, Boden, Klima, Altersstadium brachten gewiss auch damals schon Varietäten hervor. Die ausführliche Darstellung bei Theophrast (in dem so eben angeführten 9. Kapitel des dritten Buches seiner Pflanzengeschichte) ist doch nicht bestimmt genug, um in unserem Sinne eine feste Synonymik der Nadelhölzer möglich zu machen. In der dort vorkommenden *πεύκη ἥμερος*, die mit der *πεύκη ἡ κωνοφόρος*, 2, 2, 6, identisch zu sein scheint, erkennt man die Pinie, da jenes Adjectiv die von Menschenhand der Früchte oder des Schattens wegen gepflanzten, veredelten Bäume zu bezeichnen pflegt, und *κῶνοι*, Zapfen, auch sonst als der specifische Ausdruck für die essbare Pinienfrucht auftritt; aber nichts sagt uns zunächst, ob die zahme Kiefer ihren wilden Repräsentanten in den griechischen Bergen hatte, oder ob sie ein fremder Baum und im letztern Falle wann und wo sie eingeführt war. Sehen wir auf die Namen für die Nüsse selbst, so ist uns ein solcher angeblich schon aus einem Gedicht des Solon aufbewahrt: Phrynich. p. 396, ed. Lob.: *ἔτι γὰρ νῦν κόκκωνα λέγουσι οἱ πολλοὶ ὀρθῶς. καὶ γὰρ Σόλων ἐν τοῖς ποιήμασι οὕτω χρῆται·*

Κόκκωνας ἄλλος, ἄτερος δὲ σήσαμα.

Daraus geht nur hervor, dass *κόκκωνες*, die bei Solon auch Granatkerne oder sonst eine Beere bezeichnen konnten, in der spätesten Zeit als Pinienkerne gedeutet wurden. Dasselbe ist der Fall mit dem verwandten Wort *κόκκαλος* bei Hippokrates, von welchem Galenus, XV. p. 848 Kühn, erklärend bemerkt, es sei dasselbe, was sonst *κῶνος* genannt worden sei, bei den neueren Aerzten aber *στρόβιλος* heisse. Dass ein ähnlicher Ausdruck in späterer Zeit im Munde des Volkes lebte, beweist auch der neugriechische Name für die Pinie *κουκουναριά*. Eine frühere Benennung war *κῶνος*, eine spätere *στρόβιλος*, Galen. XIII. p. 10 Kühn: *οὓς νῦν ἅπαντες Ἕλληνες ὀνομάζουσι στροβίλους, τὸ πάλαι δὲ παρὰ τοῖς Ἀττικοῖς ἐκαλοῦντο κῶνοι*. In der attischen Inschrift bei Böckh, Staatshaushalt 2, 356 (der zweiten Ausg.), die vielleicht in das zweite Jahrhundert vor Chr. gehört, kommen in der That unter anderem Naschwerk auch *κῶνοι* vor, aber ob sie in Griechenland gewachsen oder von auswärts gekommen waren, wie z. B. die Datteln und die ägyptischen Bohnen, erfahren wir nicht. Pseudo-Herodot. vit. Hom. 20 sagt von der Pinienfrucht: Einige nannten sie *στρόβιλος*, Andere *κῶνος*. Die Benennung *στρόβιλος* tritt zuerst bei Aristoteles oder bei Theophrast auf (Lobeck zu der obigen Stelle des Phrynichus). Wenn in der so eben erwähnten Inschrift ausser *κῶνοι* auch *πυρῆνες* erwähnt werden, so deutet Boeckh die ersteren gewiss richtig als Pignolen mit der Schale, die letztern als geschälte (und zugleich gedörrte, weil sie sich sonst nicht halten); das Wort *πυρήν*, welches in älterer Zeit ganz allgemein den Kern der Früchte, z. B. der Weinbeere oder der Olive (Herodot 2, 92), bedeutet hatte, erfuhr also dieselbe Entwickelung der Bedeutung, wie *κόκκων*, *κόκκαλος*, *κόκκος*. Einen andern sonst nicht vorkommenden und von der Härte der Umhüllung entnommenen Ausdruck *ὀστρακίς* brauchte der athenische Arzt Mnesitheus, wie wir aus Athen. 2. p. 57 erfahren. Dioskorides im ersten Jahrhundert nach Chr. hat die abstractere Benennung *πιτυΐς*, 1, 87: *πιτυΐδες δὲ καλοῦνται ὁ καρπὸς τῶν πιτύων καὶ τῆς πεύκης ὁ εὑρισκόμενος ἐν τοῖς κώνοις* — also die Kerne selbst, die in den Nüssen stecken. Hält man alle diese Zeugnisse zusammen, so ergiebt sich als Resultat, dass, je weiter in der Zeit hinab, desto deutlicher die Pinie hervortritt, desto bestimmter allgemeine Namen auf die Pinienfrucht sich fixiren und desto gewöhnlicher die letztere als Naschwerk im gemeinen Leben erscheint. Bei den attischen Komikern geschieht der Pignolen keine Erwähnung. In Sicilien kennt Theokrit die Piniennüsse bereits als beliebten Leckerbissen: 5, 45 ff. wird ein angenehmer

Ruhesitz beschrieben, wo Quellen frischen Wassers sprudeln, die Vögel zwitschern, die Schatten der Bäume Kühlung verbreiten und die Pinie von oben ihre Nüsse abwirft:

βάλλει δὲ καὶ ἁ πίτυς ὕψοθε κώνοις —

(in der That öffnet der Pinienzapfen, nachdem er vier Jahre festverschlossen am Baume gehangen, von selbst die Schuppen und lässt dann die Nüsse herabfallen, die dann nur aufgeklopft zu werden brauchen). Auf dem italienischen Festland treffen wir die Pinie auch bei Cato, der die Kerne säen lehrt, 48, 3: *nuces pineas ad eundem modum, nisi tanquam alium serito.* Plinius 15, 35 beginnt seine Aufzählung der Baumfrüchte schon mit vier Sorten essbarer Zapfenkerne, vier verschiedenen Arten Bäume angehörig, darunter auch die *Picea sativa* und der Pinaster, dessen Nüsse »die Trauriner in Honig einkochten und dann *aquicelos* nannten«. Wenn der jüngere Plinius in seinem berühmten zweiten Briefe an Tacitus den aus dem Vesuv aufsteigenden Rauch mit einer *pinus* vergleicht, 6, 20: *nubes oriebatur, cujus similitudinem et formam non alia arbor magis quam pinus expresserit,* so erkennen wir deutlich unsere Pinie mit der gewölbten Laubkrone auf schlankem, oben in Aeste sich theilendem Stamme. Von den Dichtern wird sie bei Schilderungen ländlicher Paradiese mitaufgeführt; sie war kein Wald-, sondern ein Gartenbaum und also gewiss fremder Herkunft. Verg. Ecl. 7, 65:

Fraxinus in silvis pulcherrima, pinus in hortis,
Populus in fluviis, abies in montibus altis.

Ovid. Art. am. 3, 687:

Est prope purpureos collis florentis Hymetti
Fons sacer et viridi cespite mollis humus.
Silva nemus non alta facit; tegit arbutus herbam;
Ros maris et lauri nigraque myrtus olent.
Nec densum foliis buxum fragilesque myricae
Nec tenues cytisi cultaque pinus abest.

Petron. sat. 131:

Nobilis aestivas platanus diffuderat umbras
Et baccis redimita daphne tremulaeque cupressus
Et circumtonsae trepidanti vertice pinus —

wo das Bild der unten zweiglosen, *circumtonsa,* oben ein flüsterndes Schirmdach tragenden Pinie deutlich wiedergegeben ist. Martial warnt den Wanderer davor, sich unter die Pinie zu setzen, denn ihre schweren Zapfen könnten ihm auf den Kopf fallen, 13. 25 *nuces pineae:*

> *Poma sumus Cybelae, procul hinc discede, viator,*
> *Ne cadat in miserum nostra ruina caput.*

Die Pinie steigt nicht auf die hohen Gebirge, entfernt sich auch nicht von den Vorbergen und Ufern des mittelländischen Meeres, für uns ein Beweis mehr, dass sie in Italien, ja auch in Griechenland eingewandert ist; denn was ursprünglich in diesen Ländern, über die doch auch schneidende Nordhauche hinwehen, einheimisch war, besitzt auch die Kraft, mit Hülfe pflegender Kultur die Alpen zu übersteigen und einzelne begünstigte Localitäten Mitteleuropas zu betreten. Der Pinie ist aber bereits die Gegend von Turin zu kalt. Wir wissen nicht, ob und in welcher Landschaft Asiens sie etwa noch wild vorkommt. Nach Fiedler wächst sie im heutigen Griechenland nur hin und wieder und meist einzeln; was an Kiefernüssen auf den grösseren Bazars feilgeboten wird, kommt meistens aus Russland von *Pinus Cembra L.* Nach Grisebach, Spicilegium II, 347, findet sich die Pinie, vermischt mit *Pinus Laricio*, als hoher Wald auf dem nördlichen Ufer der Halbinsel Hajion-Oros (die in den Berg Athos ausläuft). — Im heutigen Italien bildet die Pinie den malerischen Schmuck der Villen und Gärten, z. B. in Rom; besonders häufig ist sie neuerdings, wie schon früher bemerkt, in der reichen Campagna von Neapel angepflanzt, über der weit und breit ihre reizenden grünen Laubkugeln schweben. Hin und wieder trifft man die Pinie auch in zusammenhängenden Beständen, nirgends so ausgedehnt, als in der berühmten Pineta von Ravenna. Dieser Pinienwald, dem das sumpfumgebene Ravenna nach der allgemeinen Meinung seine gesunde Luft verdankt, erstreckt sich auf altem Meeresboden in einer Breite von einer Stunde und in einer Länge von mehr als sechs geographischen Meilen dem Ufer entlang. Schön ist er von Karl Witte beschrieben, Alpinisches und Transalpinisches, Berlin 1858, S. 308: »Statt der Einförmigkeit eines schwebenden Baldachins, die man sonst an ihm gewohnt ist, entwickelt der Baum hier in so viel hundert uralter und kräftiger Exemplare die mannigfachsten, oft wunderbar verschränkten und knorrigen Gestalten. Unter dem Dache der Pinien aber, auf dem feuchten fruchtbaren Boden hin, wuchert ein üppiges Wachsthum von niederen Gesträuchen und Schlingpflanzen in buntester Fülle. Schon ein Schriftsteller des vorigen Jahrhunderts zählte fast dreihundert Pflanzenarten in dieser Pineta. Dazwischen singt und summt und zwitschert es von unzähligen Vögeln und anderem fliegenden Gethier; oben durch die Pinienzweige aber flüstert ohne Unterlass der Windeshauch vom nahen Meere.« Ueber den Ertrag an Früchten und die Art der Einsammlung und Reinigung s. ebendaselbst S. 309f. Die Pineta giebt jährlich etwa 9000 preussische Scheffel Pinienkerne, die leeren harzigen Zapfen bilden das schönste Material für Kaminfeuer. Da der Wald von Ravenna zum grössten Theil auf neugebildetem Boden steht, der zur Römerzeit noch Meer war, so kann er erst im Mittelalter, nicht vor den Zeiten des Procopius, angelegt worden sein. Wohl aber war jenes ganze Territorium schon frühe reich an Pinien, Sil. Ital. 8, 595:

et undique sollers
Arva coronantem nutrire Faventia pinum.

Das von Ravenna nicht weit abstehende Faenza pflegte also zu Silius' Zeit schon die Pinie, die die Saatfelder krönt. Dass Augustus wegen dieses Baumes Ravenna zu einem der beiden Standorte seiner Flotte erhoben haben sollte, glauben wir nicht, da Schiffswerft und Flottenstation zweierlei sind und bei Wahl der letzteren ganz andere militärisch-politische Gründe entscheiden. Jordanis 57: *(Theodoricus) transacto Pado amne ad Ravennam, regiam urbem, castra componit tertio fere milliario loco qui appellatur Pineta.* Zur Zeit des Einbruchs der Ostgothen gab es also schon einen Ort Pineta bei Ravenna, der aber nordwestlich von der Stadt gelegen zu haben scheint und also mit der heutigen Pineta nicht zusammenfällt (Palmann, Geschichte der Völkerwanderung, II, 489f.). Der Wald wurde zum Schutze Ravennas gegen das Meer zu der Zeit angelegt, wo durch ganz Norditalien im Kampfe mit der Natur Kanäle, Dämme und andere Wunderwerke der technischen Kunst ausgeführt wurden. Dante kennt und preist ihn bereits und benennt ihn nach Chiassi (dem alten Hafen, Classis, von Ravenna), ebenso Boccaccio. Er gehörte sonst mehreren Kirchen und Klöstern und bildete dann bis zur Entstehung des Königreichs Italien ein Eigenthum der apostolischen Kammer: diese trat ihn im Jahre 1860 durch Vertrag (oder Scheinvertrag) an die Kanoniker des Lateran ab, die ihrerseits ihre Rechte auf eine Privatperson übertrugen. Beide Kontrakte wurden von den italienischen Gerichten für nichtig erklärt, da wegen Wechsels der Landessouveränetät die päpstliche Kammer nicht mehr als Eigenthümerin angesehen werden konnte. Indess liess sich die italienische Regierung zu einem Abkommen herbei, vermöge dessen gegen eine verhältnissmässig geringe Abfindungssumme die Pineta, deren Kapitalwerth auf 4—5 Millionen Franken geschätzt wird, in die Hand der neuen Regierung überging (heftige Debatten darüber im Florentiner Parlament, März 1866). Uebrigens haben nach altem Brauch die Bürger von Ravenna ausgedehnte Nutzungsrechte an dem Walde; ja man beschwerte sich, dass der leichte Erwerb, zu dem er Gelegenheit bietet, der Faulheit Vorschub leiste und müssiges Gesindel aus weitem Umkreise herbeiziehe. Dennoch gilt die Pineta für das Heiligthum Ravennas, das die Stadt und ihr Gebiet gegen giftige Dünste und die Meeresströmungen schützt und demgemäss hochgehalten und gepflegt wird.

---

* Die Pinie ist nach der Ansicht fast aller Floristen der Mittelmeerländer ein in den Küstenstrichen des Mittelmeers heimischer Baum. Nach Karl Koch (Linneae 1849 p. 298) und Köppen wächst sie völlig wild am Fluss Tschoroch unweit Artevin im Gebiet von Batum; sie ist ferner häufig in Gurien, wo sie aber nur in der Nähe von Ruinen angetroffen wird; an der Südküste der Krim ist sie eingeführt. Im Küstengebiet von Anatolien und Syrien wird sie als wild angesehen. Dass sie im Peloponnes heimisch sei, wird von Heldreich nicht bezweifelt, dagegen ist sie nach dessen Ansicht in Creta wohl nicht spontan. In Italien ist die Pinie an den Küsten und in der Ebene häufig, zwar vielfach angepflanzt, aber doch wohl auch ursprünglich wild. Sehr verbreitet ist die Pinie als einheimischer Baum durch Spanien mit Ausnahme der nordwestlichen Provinzen; sie bildet namentlich ausgedehnte Wälder zwischen Sevilla und Huelva, sowie zwischen Huelva und Ayamonte, ferner in der Provinz Segovia, sowie in den castilischen Ebenen zwischen Peñaranda, Avila und Labajos. Auch auf Madeira kommt die Pinie, allerdings nur vereinzelt und wahrscheinlich angepflanzt bis zu einer Höhe von 600 m vor. In Algier ist die Pinie nach Letourneux nicht wild, aber stellenweise verwildert; auch in Tunis kommt sie nicht spontan vor.

** Griech. πίτυς und πεύκη (oben S. 297) sind verschiedene Wörter, von denen letzteres zu ahd. *fiuhta* und lit. *puszìs* Fichte, ersteres zu scrt. *pîta-dru*, *pîta-dâru*, *pîtu-dâru*, Pamird. *pit*, lat. *pîtu-îta* Schnupfen, eigentl. zähe Feuchtigkeit gehört. Hierher wird auch lat. *pînus* zu stellen sein, sei es, dass dasselbe aus **pit-snu-s* oder *pî-nu-s* (vgl. scrt. *pî-na-s* feist) entstanden ist. Dass die Griechen und Römer, als sie im Süden die *Pinus pinea* kennen lernten, den neuen Baum zunächst mit unter die alten Benennungen längst bekannter Coniferenarten unterordneten, hat um so weniger auffallendes, als uns ein specieller älterer Name der *Pinus pinea* überhaupt nicht, weder im Orient noch im Occident, bekannt ist. Das allmähliche Hervortreten besonderer Benennungen für die Pinie und ihre Früchte erinnert in mancher Beziehung an die Geschichte der Kastanie und ihrer Namen (s. dieselbe unten), ohne dass es hier wie dort nöthig wäre, aus dieser sich nach und nach verfeinernden Terminologie Schlüsse auf ein ursprüngliches Unbekanntsein beider Bäume in Griechenland oder Italien zu ziehen. Ausführlich handeln über die antike Nomenclatur der Kiefernarten Neumann und Partsch, Physikalische Geographie S. 366 Anm. 2. Gegen die botanische Argumentation Hehns (oben S. 300) bezüglich des späteren Bekanntwerdens der Pinie in den Mittelmeerländern vgl. auch Grisebach, Gött. Gel. Anzeigen 1872 S. 1766 ff. Zu ngr. *κουκουναριά* vgl. noch alb. *kukunare* Pinie (G. Meyer, Et. W. S. 211). — Wohlerhaltene Zapfen von *Pinus pinea* nennt Woenig (a. a. O. S. 362) unter den Pflanzenresten ausländischer Gewächse in ägyptischen Gräbern.

Das Rohr.

(Arundo donax L.)

Der nordische Reisende staunt, wenn er jenseits der Alpen ein dichtes, hochwallendes, im Winde rauschendes Rohrfeld sieht, dessen schwankende, in Blätter gekleidete, knotenreiche Halme, oft bis zu einem Zoll Dicke, weit über seinen Kopf reichen. In fetten, befeuchteten Gründen, längs den Dämmen, an den Ufern der Flüsse und Kanäle, aber auch auf trockenen Feldern werden die Wurzelknollen (*oculi* bei den Alten) in tiefe Gräben gelegt, die aufgeschossenen Rohre im Herbste geschnitten und die übrig bleibenden Stöcke angezündet, damit die Asche den Boden für die neuen Triebe des künftigen Jahres dünge. Oft sieht man dann von höhern Punkten, z. B. auf Abend-Spaziergängen von einem der sieben Hügel Roms, Feuer und Rauch in der Ferne wunderbar über die Ebene ziehen. Dies Riesengras ersetzt nicht nur im waldlosen Süden das fehlende Holz zur Feuerung, sondern es stützt auch die Weinreben, umzäunt die Aecker und Gärten, dient zu Lauben, Spalieren, Gipsdecken der Zimmer, zum Trocknen der Wäsche, zu Angel- und Leimruthen, zu Spulen der Weber und zu hundertfältigem anderem Gebrauch. Wie schon im Alterthum, so ist noch jetzt ein Stück Rohr die leichte Spindel des Hirtenmädchens, mit der sie, ohne an ihr schwer zu tragen, auf Felsenpfaden den Zickeln und Lämmern nachspringt; wie im Alterthum, schneidet noch jetzt der Hirtenbursche aus dem Rohrhalme sich seine Schalmei, die *tibia*, *fistula*, *syrinx*. Zwar geschrieben wird auch im Süden nicht mehr mit dem Rohre, aber das Tintenfass heisst noch immer *calamajo*, wie die Magnetnadel *calamita* und das Brenneisen *calamistro*, und die Knaben reiten noch immer auf dem langen Rohrhalme umher, wie die Buben zu Horatius' Zeiten, Sat. 2, 3, 248: *equitare in arundine longa.* Auch diese Kulturpflanze, die mit dem europäischen Sumpfrohr, *Phragmites communis*, nicht zu verwechseln ist (s. Zeitschrift für allgemeine Erdkunde, Neue Folge, Band 13: »Die Grasvegetation Italiens, nach Parlatores Flora italiana bearbeitet von Dr. C. Bolle«, S. 298), stammt aus dem wärmeren Asien und verlässt auch jetzt nicht den Bezirk des Mittelmeeres. Schon in homerischer Zeit brachten die Phönizier mancherlei aus *Arundo donax* Gefertigtes herüber — wie wir aus einigen Namen schliessen, die schon die epische Sprache kennt. Das dem Semitischen entnommene κάννη, ursprünglich κάνη (Renan, histoire des langues sémitiques, édit. 1, p. 192, 193 und Benfey unter diesem Wort), das wieder die Römer den Griechen entlehnten (*canna* früher *cana*, wie *canalis* beweist), gab nämlich das homerische κάνεον, κάνειον Brotkorb, und den κάννη, d. h. Kamm oder Spule am Webstuhl und das Querholz am Schilde, das entweder die Handhabe zu befestigen oder den Schild selbst auszuspannen diente. Der Brotkorb, später auch in der erweiterten Form κάνασιρον, κάνιστρον, aus dem beim Mahl den Gästen das Brot vertheilt wird, war aus gespaltenem Rohr geflochten und mag ein phönizischer Handelsartikel gewesen sein. Die κανόνες am Schilde mussten stark und zugleich leicht sein: beide Eigenschaften sind die Hauptvorzüge eines guten Schildes und beide besass gerade das asiatische Rohr. Die Wage, deren sich die Kaufleute bedienten, wenn sie am Strande ihre Waaren ausbreiteten und den Kauflustigen zuwogen, wird ein gleichschwebendes Rohr gewesen sein[74]), eben so das Mass und das Richtscheit ein grader Rohrstab, denn in beiden Bedeutungen finden wir das Wort κανών später wieder. Die cyclopischen Mauern von Mycenä waren mit dem Kanon und dem Steinmeissel gefügt, Eurip. Herc. fur. 944:

τὰ Κυκλώπων βάθρα
φοίνικι κανόνι καὶ τύκοις ἡρμοσμένα,

wo das Adjectiv φοίνιξ roth — denn phönizisch kann es ja wohl nicht bedeuten — beweist, dass der Dichter sich unter κανών bereits eine Richtschnur gedacht hat, die beim Abschnellen eine farbige gerade Linie zurücklässt. Auch Matten und Decken aus κάννα geflochten kommen frühe vor, schon in einem Fragment des Hipponax bei Pollux 10, 183. Das Wort κάννα, κάννη selbst ist im griechischen Alterthum selten und wo es erscheint, hat es die Bedeutung des aus Rohr Geflochtenen, nicht der Pflanze selbst. Wann kam die letztere also nach Griechenland, und wie allgemein wurde sie angebaut? Das Rohrdickicht, in welchem Menelaus und Odysseus die Nacht hindurch vor Troja im Hinterhalt lagen, Od. 14, 174, mag aus gewöhnlichem

Sumpfrohr bestanden haben; aber waren nicht die δόνακες καλάμοιο an der Phorminx des Hermes, Hymn. in Merc. 47, aus edlem asiatischem Rohr geschnitten? Das letztere liesse sich noch am ehesten bei dem Pfeil voraussetzen, mit welchem Paris, Il. 11, 584, den Eurypylus im Schenkel traf, so dass das Rohr abbrach, denn hier kam es auf einen leichten und doch kräftigen Schaft an: aber die Pfeile konnten eingeführt und das Material ein fremdes sei. Auch die ausführliche Erörterung über die Arten des Rohres bei Theophrast h. pl. 4, 11, ist nicht präcis genug, um *Arundo donax* mit Sicherheit in einer derselben wiederzuerkennen. Indess wenn er am Schluss des Kapitels hinzufügt, alles Rohr wachse schöner, wenn es nach dem Schnitt abgebrannt werde, so muss er doch wohl eine wirkliche Rohrpflanzung oder wenigstens ein Geröhricht, das von Menschenhand gepflegt wurde, im Auge gehabt haben. Deutlicher bezeichnet Dioskorides das echte asiatische Rohr, wenn er 1, 114 sagt: »eine Art des Rohres ist dick und hohl, wächst an Flüssen und wird *donax*, von Einigen auch cyprisches Rohr genannt« — von welcher Insel es also bezogen wurde oder ursprünglich gekommen war. Eine weitere Uebergangsstation mag die Insel Kreta gewesen sein, deren Einwohner schon bei Pindar τοξοφόροι sind und treffliche im ganzen Alterthum berühmte Pfeile führen. Cnidus an der karischen Küste heisst bei Catull 36, 13 *arundinosa;* im eigentlichen Griechenland eignete sich keine Oertlichkeit mehr zur Aufnahme des fremden Rohres, als die Ufer des kopaischen Sees in Böotien und der in denselben mündenden Flüsse, eine Gegend, die frühe dem orientalischen Einfluss geöffnet war. Das später dort wachsende Flötenrohr, κάλαμος αὐλητικός, kann wohl nur *Arundo donax* gewesen sein, aus der sich noch heute die griechischen Hirten ihre Syrinx schneiden (Fraas, Synops. 298, denkt an eine andere seltenere Rohrspecies, *Saccharum Ravennae L.*). Vielleicht waren auf sicilischem Boden die Rohrhalme, mit denen Dionysius der ältere Nachts das achradinische Thor in Syrakus anzündete, und die er aus den nahen Sümpfen hatte holen lassen, Diod. 13, 113, von Menschenhand gezogen worden — wie noch jetzt am Anapus *Arundo donax* üppig gedeiht. In Italien giebt schon Cato 6, 3 Anweisung, an Flussufern und feuchten Stellen ein *arundinetum* anzulegen, eben so seine Nachfolger Varro, Columella, Plinius u. s. w., und zwar sind die Methoden, das Einlegen der Wurzelstöcke, das Abbrennen, die Benutzung zu Hürden, zum Häuserbau, zur Stütze der Weinstöcke u. s. w. ganz die heutigen. Wie in Griechenland erscheint aber auch in Italien das Wort *canna* erst spät, ja es ist der Name für das dünnere und schwächere gemeine Rohr im Gegensatz zu der eigentlichen *arundo*. Der älteste Schriftsteller, bei dem es vorkommt, scheint Vitruvius zu sein, welcher 7, 3 die Wände zum Behuf der Stuckatur mit *cannae* benageln lehrt. Ovid, der eine Vorliebe für das Wort *canna* hat, dessen sich seine poetischen Zeitgenossen enthalten, unterscheidet die kleinere *canna* von der langen *arundo*, Met. 8, 337:

longa parvae sub arundine cannae,

und Columella berichtet ausdrücklich, das Volk nenne das ausgeartete Rohr *canna*, 7, 9, 7: *tanquam scirpi juncique et degeneris arundinis quam vulgus cannam vocant*, und meint, durch Alter werde der Wuchs des Rohres so dicht, dass die Halme schlank würden, wie die der *canna* 4, 32, 3: . . . . *ut gracilis et cannae similis arundo prodeat.* Vitruv in dem so eben angeführten Kapitel räth für den Fall, dass *arundo graeca* nicht zur Hand sei, als Surrogat dünnes Sumpfrohr zu nehmen: *sin autem arundinis graecae copia non erit, de paludibus tenues colligantur*, und nennt also *Arundo donax* noch immer nach dem Lande, aus dem es zunächst stammte. Bei Palladius endlich in der spätesten Kaiserzeit ist der vulgäre Ausdruck schon ganz so, wie noch heute, für Rohr überhaupt herrschend, 1, 13: *postea palustrem cannam vel hanc crassiorem. quae in usu est . . . subnectemus.* Dass das Wort in Italien viel älter als Vitruv ist, bezeugt die schon oben erwähnte Ableitung *canalis;* auch der berühmte Flecken Cannae am Aufidus in Apulien wird von dem dort wachsenden Rohr den Namen gehabt haben, wie von demselben Umstand die äolische Stadt *Κάναι* in Kleinasien. Die neueren europäischen Sprachen besitzen dann noch weitere Anwendungen und Ab leitungen des Wortes, denen man die mannigfache Geschichte, deren Niederschlag sie sind, nicht ansieht: Kanne und Kannengiesser, Knaster, Canon, Kanone, kanonisches Recht, Kaneel (Zimmt), *chanoine* und *chanoinesse*, *chéneau* (Dachrinne), engl. *channel* (der Kanal zwischen England und Frankreich) u. s. w., alle in letzter Instanz auf das hebräische *kaneh* oder dessen phönizischen Repräsentanten zurückgehend.

---

* *Arundo donax* L. ist im ganzen Mittelmeergebiet als wildwachsende Pflanze verbreitet; denn sie findet sich nicht bloss an Gräben und in Hecken angepflanzt, sondern auch an Flussufern, oft schwer zu durchdringende Dickichte bildend. Es spricht zwar der italienische Florist Parlatore die Vermuthung aus, dass die Pflanze vielleicht früher kultivirt worden sei und sich in Folge der Kultur verbreitet habe; an dem Indigenat zweifelt er haupt-

sächlich deshalb, weil die Pflanze auch da, wo sie massenhaft vorkommt, nur sparsam blüht. Indessen scheint mir dieser Grund nicht stichhaltig; denn die in Europa weit verbreiteten Wasserlinsen blühen auch äusserst selten. Vielmehr möchte ich einen Grund für das seltene Blühen der *Arundo donax* L. in der starken vegetativen Vermehrung der Pflanze suchen; auch vermuthe ich, dass die Pflanze aus älteren Perioden stammt und bei der allmählichen Herabsetzung der mittleren Temperatur des Mediterrangebietes im Blühen und Fruchttragen zurückgegangen ist. Für ihr Indigenat im ganzen Mittelmeergebiet scheint mir auch der Umstand zu sprechen, dass eine sehr nahestehende Art, *A. Plinii* Turr. von Spanien bis Griechenland und Constantinopel verbreitet, aber nicht aus Kleinasien bekannt ist.

** Die griechisch-lateinischen Wörter *κάννη-canna* lassen sich jetzt nicht nur bis in das Semitische, sondern weiter bis in das Sumerisch-Akkadische verfolgen. Hier heisst das Rohr *gin*, woraus babylonisch-assyrisch *qanû* u. s. w. entlehnt sind. »Die Häufigkeit des Schilfrohrs,« sagt F. Hommel, Die Semiten S. 407, »das besonders an den Strichen am Meer und den Ufern der Flüsse und Kanäle vorkam und bei dem ursprünglichen sumpfigen Charakter des Landes natürlich hier von Anfang an einen günstigen Boden hatte, geht schon daraus hervor, dass eines der gewöhnlichsten altbabylonischen Schriftzeichen, das für *gi*, seitwärts umgelegt das klare und deutliche Bild einer solchen Wasserpflanze ergiebt, deren Name im Sumerischen eben *gi* (ältere Form *gin*) war.« Ist die *Arundo donax* wirklich in Griechenland und Italien einheimisch, so wird sich die sprachliche Entlehnung auch hier aus der kulturhistorischen Bedeutung des Rohres erklären, die im Orient aufkam. Das semitische Wort muss lange vor Homer nach Griechenland gekommen sein, wie die mehrfachen Ableitungen von demselben in der homerischen Sprache (oben S. 304) beweisen. —

Eine den Cyperaceen oder Halbgräsern angehörende, also der *Arundo donax* nur halb verwandte Pflanze, die Papyrusstaude, übertrifft diese durch tausendjährigen Ruhm und reizende Schönheit der Erscheinung. Dass sie auch nach Europa gekommen ist, weiss Jeder, der das alte Syrakus auf der Insel Sicilien besucht hat. Dort ist ein Nebenarm des Anapus, der zu der fabelberühmten Quelle der Cyane (jetzt Testa di Pisima) führt, von beiden Seiten mit Papyrusschilf bewachsen, der unmittelbar aus dem nicht tiefen, klaren, leise rinnenden Gewässer aufsteigt. Besonders an einer Stelle, wo sich das Flüsschen zu einem seeartigen Becken ausdehnt, dem sogenannten Camerone, wird die Scene märchenhaft und ganz tropisch: die riesenhaften, zwölf bis sechzehn oder gar achtzehn Fuss hohen Stauden mit ihren anmuthig geneigten Kronenbüscheln umschliessen von allen

Seiten wie ein dichter Wald die Spiegelfläche, auf der ihr Bild ruhig schwimmt und an der ihre Wurzeln und Stengel ewig trinken. Im alten Aegypten wuchs diese Pflanze, wie allbekannt, in ungeheurer Menge und wurde zu mannigfachen Zwecken verwendet, die Wurzeln zur Nahrung, der Bast zu Stricken, Körben, Matten, Flusskähnen, die feinen Häute zu Schreibpapier. Die Griechen bezogen ihr Byblos-Material aus dem Nilthale und benannten ihre Bibeln oder Bücher, Schriften und Briefe nach dem Namen desselben. Merkwürdig genug ist es, dass die Papyrusstaude im heutigen Aegypten ganz ausgestorben ist — denn wenn einzelne Reisende sie gesehen haben wollten, so war höchst wahrscheinlich Verwechslung im Spiel — und dass die Pflanze erst am weissen Nil und Gazellenflusse wieder vorkommt und zwar in ungeheurer Menge. Sie ging in Aegypten unter, wohin sie wohl aus den oberen Gegenden eingeführt war und theilte darin das Schicksal der im Alterthum vielgenannten ägyptischen Bohne (*κύαμος Αἰγύπτιος*, Nymphaea Nelumbo L.) — zum Beweise, dass die Kultur, wie sie ein Land oder ganze Welttheile bereichert, so auch unter veränderten Umständen ihre Gaben wieder zurücknimmt. Beiden Gewächsen ward die Concurrenz anderer Pflanzen und neuer Erfindungen verderblich, die des Pergaments und besonders des Lumpenpapiers, des Hanfes und Spartgrases, mehlreicherer Früchte u. s. w. In Griechenland selbst hat sich nie eine Spur einer Papyruspflanzung gefunden: um so räthselhafter schien ihr Auftreten in Sicilien, bis die Untersuchungen des Florentiner Botanikers P. Parlatore in den Schriften der Pariser Akademie (*Mémoires présentés par divers savants etc. Sciences mathém. et physiques* T. 12. 1854. p. 469 *et suiv.*) die Geschichte des sicilischen Papyrus aufklärten. Parlatore unterscheidet zunächst zwei Arten der Pflanze, die jetzt verschwundene ägyptische, die aber in Mumienresten und noch lebend in Nubien und Abyssinien vorhanden sei, und die er *Cyperus papyrus* nennt, und die sicilische, viel höher wachsende, oben in einen ausgebreiteten Büschel, nicht in einen Kelch ausgehende, die aus Syrien stammt und der er daher den Namen *Cyperus syriacus* giebt. Diese Unterscheidung hat wenig Glück gemacht, zumal Syrien seinen Papyrus doch nur durch Verpflanzung aus Aegypten besitzt, historisch sicher aber ist, dass die Alten von keiner Papyrusstaude in Sicilien wissen, und dass sie damals auf der Insel noch fehlte. Vielmehr brachten sie die Araber kurz vor dem 10. Jahrhundert aus Syrien dahin: Ibn-Hauqal, der 977—978 schrieb, nennt sie zuerst; Hugo Falcandus bei Muratori Scriptt. t. 7 (gegen Ende des 12. Jahrhunderts) kennt sie gleichfalls in Sicilien. Zuerst mag sie an dem Flüsschen bei Palermo, dem danach benannten Papireto, angepflanzt worden sein: dort wuchs sie reichlich bis zum Jahre 1591, wo auf Veranlassung des damaligen Vicekönigs wegen der vom Papireto ausgehenden Malaria die ganze Gegend trocken gelegt wurde und damit auch der Papyrushain verschwand. Aber noch jetzt heisst jene Oertlichkeit *piano del papireto* und in dem dort angelegten öffentlichen Garten wird auch die Papyrusstaude gepflegt. Nach Syrakus muss sie erst um die Mitte des 17. Jahrhunderts versetzt worden sein, denn ein zuverlässiger Autor vom Jahr 1624 kennt sie daselbst noch nicht, wohl aber ein anderer vom Jahr 1674. Jetzt findet sie sich, ausser am Anapus, hin und wieder im südlichen und östlichen Theil der Insel wild und in den Gärten der reichen Aristokratie mit Vorliebe cultivirt. Die Exemplare in den europäischen Gewächshäusern scheinen alle aus Sicilien zu stammen. Hätten die Araber ihre Herrschaft auch auf Griechenland ausgedehnt und daselbst, wie in Palermo, einen glänzenden Hof gegründet, so würden wir an dem einen oder dem andern Flusse dieses warmen und der syrischen Küste näheren Landes vielleicht auch dem herrlichen Uferschmuck begegnen, wie einst am Papireto und jetzt am Anapo.

---

* Die Annahme Parlatore's, dass der sicilianische Papyrus nicht zu *Cyperus papyrus* L. gehöre und von einer syrischen Art, *C. syriacus* Parl. abstamme, ist auch botanisch nicht begründet. In Syrien kommt kein Papyrus vor und die sicilianische Papyrusstaude weicht von der afrikanischen nur durch etwas mehr rundliche Halme ab.

** Für πάπυρος fehlt es bis jetzt an einer genügenden Deutung. Den Versuch zu einer solchen hat Lagarde, Mittheilungen II, 260 f. gemacht, indem er das griechische Wort in Zusammenhang mit dem Städtchen *Bûra*, einem Küstenorte des Bezirks von Damiette, bringt, die ein Hauptausfuhrort des Papyrus gewesen sei. Doch kennen wir den alten Namen des Platzes nicht. — Zu βύβλος vergl. Anm. 28 und Muss-Arnolt, Transactions XXIII, 125.

Cucurbitaceen.

Die Früchte dieser Familie, die zu den grössten, zu den wahren Riesen des Pflanzenreichs gehören, stammen alle aus Asien, die meisten aus Südasien, speciell aus Indien. In einigen Arten frühe in den Ländern der alten Kulturwelt verbreitet, bilden sie noch jetzt die Lieblinge der südlichen, besonders aber der östlichen Völker. Durch eine dichte Schale gedeckt, die die Ausdünstung der inneren Feuchtigkeit verhütet, sammeln sie während der Monate, wo der Sonnenbrand Alles versengt, einen reichlichen immer kühlen Saft an, mit dem sie dann den durstigen Esser erquicken. Je nach den Arten ist freilich Menge und Geschmack desselben sehr verschieden; bald zerfliesst das Fleisch der Frucht fast zu Wasser und träufelt beim Essen in dicken Tropfen von Hand und Mund, wie bei der orientalischen Wassermelone, bald bildet es eine aromatische, süsse, duftende Masse, wie bei der Zuckermelone; während die eben genannten Arten im Zustand völliger Reife, nach Entfernung der Saat, genossen werden, dient die Gurke heut zu Tage nur unreif mitsammt der Saat und meistens eingemacht oder mit beissenden Zuthaten versehen zur Nahrung; der Kürbiss aber ist nicht, wie seine Verwandten, roh, sondern nur gekocht oder gebraten essbar. Zu der oft ungeheuren Grösse der Früchte stehen die schwachen Stengel und Ranken nicht im Verhältniss, daher die ersteren ruhig auf der Erde liegend anschwellen und ihre Reife erwarten, nicht etwa, wie die Kokosnüsse oder andere Baumfrüchte, lockend von oben herabhängen und endlich zur Verbreitung des Samens auf den Boden niederfallen. Dies setzte schon die Alten in Verwunderung. So nannte Matron, der lustige Paröde, den Kürbiss »den Sohn der hehren Erde«, was Homer von dem Titanen Tityos gesagt hatte, und wenn der Letztere bei Homer auf dem Boden liegt und neun Plethren bedeckt, so lag der Kürbiss des Matron im Gartenbeet und reichte über neun Tische weg, Athen. 3 p. 73:

Auch den Kürbiss sah ich, den Sohn der gewaltigen Erde,
Liegend unter dem Kraut; er lag neun Tische bedeckend.

So wächst und wächst bei Callimachus der Kürbiss im thauigen Beet δροσερῷ ἐνὶ χώρῳ, d. h. nicht am luftigen Zweige, Athen. ibid.) und ist daher ἡδύγαιος, wie Heraklides von Tarent bei Athenaeus ebenda sagt, und so windet sich bei Vergil die Gurke durch das Gras, allmählich zur Bauchform anschwellend, G. 4, 121:

tortusque per herbam
Cresceret in ventrem cucumis.

Bei keiner Art Früchte sind die Abweichungen, Uebergänge und Ausartungen so gross, als bei den Cucurbitaceen. Vielleicht liegt die Ursache in demselben strotzenden und daher leicht abirrenden Bildungstriebe, der auch den erstaunlichen Umfang einiger derselben erzeugt. Da nun schon im Alterthum die Grenze zwischen den Arten in der Anschauung des Volkes oft unbestimmt schwankte und die gebräuchlichen Namen, von vieldeutiger Allgemeinheit, je nach Zeit und Gegend und Umständen Verschiedenes bezeichneten, so ist es jetzt ausserordentlich schwer, ja unmöglich, die Angaben der Alten mit unserer Kenntniss der Sache zu vereinigen und im gegegebenen Falle mit Sicherheit zu unterscheiden, ob ein Kürbiss und welcher oder eine Gurkenart und welche gemeint sei.

Das älteste Zeugniss für die Existenz der Kürbissfrüchte im Orient oder eigentlich in Aegypten findet sich im 4. Buch Mosis 11, 5. Dort erinnern sich die Israeliten, durch die wasserlose Wüste wandernd, sehnsüchtig der in Aegypten genossenen Früchte: »Wir gedenken der Fische, die wir in Aegypten umsonst assen, und der Kürbiss, Pfeben, Lauch, Zwiebeln und Knoblauch.« Was hier Luther mit Kürbiss und Pfeben wiedergiebt, wird von neueren Auslegern seit Celsius, Hierobotanicon I, 356 und II, 247, wahrscheinlicher durch Gurken und Melonen gedeutet, da die beiden hebräischen Ausdrücke, *kischuim* und *abattichim*, bis auf den heutigen Tag bei den semitischen Völkern in dem angegebenen Sinne gebräuchlich sind. Bei der Gurke wird dabei an die ägyptische *Cucumis chate L.* gedacht, eine grosse, längliche Frucht, die noch jetzt unter diesem Namen in der Levante allgemein frisch verzehrt wird, nachdem sie zur Reife gelangt und dann in Geschmack und Wirkung einigermassen der Melone ähnlich geworden ist. Doch wäre immer möglich, dass seit jener frühen Zeit bei Syrern, Arabern und Juden die Namen von einer Art auf die andere übergingen und, während die eine verschwand und die andere neu auftrat, doch die Bezeichnung dieselbe blieb, s. unten.

In der epischen Poesie der Griechen, bei Homer und Hesiod, findet sich weder eine der für diese Früchte später üblichen Benennungen, noch eine Andeutung, die auf Kenntniss derselben zu jener Zeit schliessen liesse. Eine solche könnte in dem Namen der Stadt Sicyon liegen d. h. die Gurkenstadt, doch geht derselbe in kein hohes Alterthum hinauf. Zwar kennt ihn schon die Ilias an zwei Stellen, im Schiffskatalog v. 572 und bei den Leichenspielen zu Ehren des Patroklus 23, 299, aber der erstgenannte Vers ist auch aus anderen Gründen als späteres Einschiebsel verdächtig, und die letzterwähnte Partie trägt ganz den Charakter einer nachmaligen rhapsodischen Erweiterung. Der frühere Name Sicyons war Mekone, die Mohnstadt, und so heisst die Stadt noch in der hesiodischen Theogonie; als der Vater des Sikyon nennt der Mythus den Marathon d. h. den Fenchelmann. Danach trug die fruchtbare Ebene von Sicyon, die Asopia längs dem unteren Laufe des Asopus, zuerst Mohn (ein uraltes mit dem Getreide als Unkraut aus Asien gekommenes Gewächs mit schöner Blume und essbarem Samen) und Fenchel (eine einheimische Doldenpflanze, schon frühe von den ältesten Bewohnern des Landes als Gewürz aufgefunden und seitdem durch alle Jahrhunderte hindurch hochgehalten), dann erst in weiterer Folge die aus dem Morgenlande über See eingeführten Gurken (oder Kürbisse). Bei einer Neugründung erhielt die Stadt dann auch nach dieser Kultur ihren neuen Namen. Bestände für uns nicht die lange traurige Lücke, die in der griechischen Literatur das älteste Epos von Pindar und Aeschylos trennt, so würden wir den Zeitpunkt, in dem die Griechen Kleinasiens und des europäischen Mutterlandes sich zuerst mit Gurken und Kürbissen befassten, vielleicht genauer präcisiren können. Aber weder die Elegiker und Lyriker sind uns erhalten, noch Archilochus, der vielberühmte zweite Homer, dessen Werke noch in der christlichen Zeit vorhanden waren und erst dem Vertilgungseifer der Kirche und ihrer Bischöfe erlagen. Jetzt wissen wir durch einen Zufall nur, dass Alcäus einmal das Wort *σίκυς* brauchte, das also zu seiner Zeit schon bestand, Athen. 3, p. 73: *Ἀλκαῖος δὲ „δάκῃ, φησί, τῶν σικύων“ ἀπὸ εὐθείας τῆς σίκυς.* Aber was dachte sich der Dichter unter *σίκυς?* Das Wort mit wechselnder Endung ist, wie wir glauben, eine Neben- und Scheideform von *σῦκον* die Feige (s. Anmerkung 36) mit vertauschtem oder dissimilirtem Vokal; wie bei der Feige, war es auch bei der Gurke und dem Kürbiss, der *praegnans cucurbita*, zunächst die strotzende Zeugungskraft, der Samenreichthum, woran Sinn und Blick des Natursohnes haftete. Für Kürbiss setzte sich später ein anderer Ausdruck fest: *κολόκυνδα, κολοκύντη*, wie wir aus dem Ausspruch des Phanias, eines Schülers des Aristoteles, sehen, Athen. 2, p. 68: *κολοκύντη δὲ ὠμὴ μὲν ἄβρωτός· ἑφθὴ δὲ καὶ ὀπτὴ βρωτὴ* — denn nicht anders als gekocht oder gebraten geniessbar zu sein, kann nur auf den Kürbiss gehen. Die Anschauung, die diesem Namen zu Grunde liegt, ist übrigens derjenigen, die zu der Benennung *σίκυς, σίκυος, σικύα* führte, analog: die Frucht wurde nach ihrer kolossalen Grösse so benannt (*κολοσσός* für *κολόκιος* mit der häufigen Ableitungssilbe *υντ, υνθ;* eine andere Form desselben Wortes enthält der Beiname der in Sicyon verehrten *Κολοκασία Ἀθηνᾶ*, der Kürbiss-Göttin, bei Athen. 3, p. 72, worunter später die sog. ägyptische Bohne, eine gleichfalls durch den Wuchertrieb und die Grösse der Blätter auffallende Pflanze, verstanden wurde). Eben dahin deutet das Sprüchwort: gesunder als ein Kürbiss, das schon Epicharmus brauchte (Athen. 2, p. 59) und später Diphilus, Com. gr. fr. 4, 420: »in sieben Tagen stelle ich ihn dir entweder als Kürbiss oder als Lilie« d. h. entweder strotzend von Gesundheit oder bleich und todt als ein Bild der Vergänglichkeit. Dass die *κολοκύντη* als etwas Neues und Ausserordentliches gleichsam in die bekannte Naturordnung nicht passte, sieht man aus dem lächerlichen Streit der akademischen Philosophen im Gymnasium bei dem Komiker Epikrates, Athen. 2, p. 59: dort ist die Frage aufgeworfen, was die *κολοκύντη* für eine Pflanze sei; die Denker beugen sich nieder und versinken in tiefes Sinnen; plötzlich sagt Einer, es sei ein rundes Gemüse, ein Anderer, es sei ein Kraut, ein Dritter, es sei ein Baum (*λάχανόν τις ἔφη στρογγύλον εἶναι, ποίαν δ'ἄλλος, δένδρον δ'ἕτερος*); da unterbricht sie drastisch ein anwesender sicilischer Arzt, worauf Plato mit unerschüttertem Ernst die Untersuchung fortführt. Besonders merkwürdig aber ist, dass die *κολοκύντη* noch in späterer Zeit hin und wieder *Ἰνδική*, die indische Frucht genannt wird, mit dem ausdrücklichen Beifügen, sie heisse so, weil sie aus Indien stamme (Athen. 2, p. 59). Ein dritter, noch späterer Ausdruck ist *πέπων*, eigentlich das Adjektiv reif, welches dann ohne hinzugefügtes *σίκυος* diejenige Frucht bezeichnete, die zur Reife kommen musste, um zur Nahrung zu dienen. Der Name schloss also nur solche Gurken aus, die im ersten zarten Stadium genossen wurden, während diejenigen Sorten, die bei der Reife einen melonenartigen Wohlgeschmack erreichten und nach orientalischer Weise frisch aus dem Garten gegessen wurden, eben so wohl *πέπονες* heissen konnten.

Alle bisher erwähnten und auch die nicht angeführten Stellen der Alten lassen sich ohne Zwang auf Gurke und Kürbiss deuten, keine einzige mit Sicherheit auf die eigentliche Melone. Nirgends wird die honiggleiche Süssigkeit (eingekochter Melonensaft dient den Orientalen noch jetzt an Stelle des Zuckers), nirgends das auf der Zunge schmelzende, den köstlichsten Baumfrüchten ebenbürtige Mark, die goldgelbe oder auch zartweisse Farbe, der ambrosische, die Verkaufshalle, ja den Markt erfüllende Duft hervorgehoben. Erst unter den späteren römischen Kaisern erkennen wir in der von den scriptores historiae Augustae *melo* genannten Frucht, die, wie Pfirsiche u. s. w., zu den Delicien gerechnet wird, ohne Schwierigkeit unsere Zuckermelone. Plin. 19, 67 berichtet, in Campanien sei zufällig eine Gurke entstanden, *mali cotonei effigie* (die Farbe des Quittenapfels mit eingeschlossen), die dann durch Saat weiter vermehrt worden; das Wunderbare dieser *melopepones* sei ausser der Gestalt und dem Dufte, dass sie sich nach der Reife sogleich vom Stengel ablösten. Hier hören wir zum ersten Mal von dem Duft, *odor*, dieser Früchte sprechen; der griechische Ausdruck entstand in dem griechischen Campanien (μῆλον die Quitte) und wurde später nach Verbreitung der Frucht im Volksmunde zu *melo* abgekürzt — wie sie auch Palladius nennt. Bei Galenus ist das Wort μηλοπέπων schon häufig. Dass die Melone durch ein Naturspiel in Campanien aus der *cucumis* entstanden sei, wird Niemand glaublich finden; woher also kam sie? Nach Alph. Decandolle géographie botanique p. 907, wäre die Melone ursprünglich ein Produkt der Tartarei und des Kaukasus. Unter der ersteren kann wohl nur das alte Bactrien und Sogdiana, die Oasen am Oxus und Jaxartes gemeint sein, und von dorther also wäre die Frucht im Laufe des ersten christlichen Jahrhunderts in die Gärten Neapels gebracht worden. Zwar ist über die letztere Thatsache keine positive historische Nachricht aufbehalten worden, aber diese Art Früchte sind leicht durch die Saat in die weiteste Ferne zu übertragen, und die ersten Versuche konnten unbemerkt bleiben oder in Vergessenheit gerathen. Marco Polo sagt von der Landschaft westlich von Balkh, 1, 26: »hier wachsen die besten Melonen der Welt. Man schneidet sie in die Runde in Streifen und lässt sie an der Sonne trocknen. So gedörrt sind sie süsser als Honig und gehen als Handelswaare über alles Land.« Dasselbe rühmt Ibn Batuta von den Melonen von Kharizm, Pariser Ausgabe, 3, 15, und Vámbéry von denen von Chiwa: »Für Melonen hat Chiwa keinen Rivalen, nicht nur in Asien, sondern in der ganzen Welt. Kein Europäer kann sich einen Begriff machen von dem süssen würzigen Wohlgeschmack dieser köstlichen Frucht. Sie schmilzt im Munde und mit Brot gegessen ist sie die lieblichste und erquicklichste Speise, die die Natur bietet.« Auch Persien ist ein vorzügliches Melonenland, in welchem die feinsten Sorten erzogen, mit äusserster angeerbter Sorgfalt behandelt und aufs Höchste geschätzt werden. Der Varietäten sind dort unzählige, und sie wechseln von Dorf zu Dorf; darunter einige von weitverbreitetem, verdientem Ruhme. Zu den wichtigsten Lebensbedürfnissen der persischen Städte, berichtet E. Polak, gehören auch die Melonen: in den Preistarifen steht gleich hinter Brot, Reis, Fleisch, Käse, Butter und Eis der Marktpreis der Melonen. Sie sind dort so süss, dass der Perser über den Unverstand der Europäer lacht, die ihre Melonen mit Zucker essen. Das Alles scheint dafür zu sprechen, dass die Zuckermelone eine in jenen Gegenden einheimische Frucht ist; dem Ausländer aber ist, wie Polak hinzusetzt, ihr Genuss gefährlich, zum Theil auch dem Inländer, in so fern Unmässigkeit in diesem Punkt auch bei diesem, obgleich häufig begangen, doch sich sogleich bestraft.

Die lateinischen Bezeichnungen für Gurke und Kürbiss, *cucumis* und *cucurbita*, geben den Eindruck strotzenden Wachsthums, den diese Früchte auch dort auf die Volksempfindung gemacht hatten, durch die Reduplication wieder; zugleich steht *cucurbita* so nahe zu *corbis*, Korb, Gefäss, *corbita* das Lastschiff, *corbitare* einladen, und eben so *cucumis*, gen. *cucumis* und *cucumeris*, zu *cumera*, *cumerum*, bedecktes Gefäss, Truhe, dass es schwer ist, den Zusammenhang zwischen beiden abzuweisen. Kürbissschalen dienten von jeher zu Gefässen und dienen unter dem Namen Calebassen dazu noch jetzt: erblickten die italischen Strandbewohner zuerst solche grüne Schalen und Töpfe in den Händen gelandeter Schiffer, ehe sie die Frucht selbst zu essen und später auch zu pflanzen Gelegenheit hatten? Colum. 11, 3, 49: *nam sunt* (cucurbitae) *ad usum vasorum satis idoneae*. Plin. 19, 71: *nuper in balnearum usum venere urceorum vice, jampridem vero etiam cadorum ad vina condenda* — also Kürbissflaschen zur Aufbewahrung des Weines. (Nach Fick, Beiträge 7, 383, wäre *cucurbita* mit *κύρβις* drehbare Säule, *κορυφή* Gipfel d. h. Wirbel und goth. *hvairban*, altn. *hverfa* zusammenzustellen und also so viel als rund gedreht). Sonderbar stimmen zu dem lateinischen *cucumis* und *cucurbita* die Glossen des Hesychius: *κύκνον· τὸν σικυόν*, und *κυκύϊζα· γλυκεῖα κολόκυνθα*. Leider erfahren wir nicht, wo das Wort *κύκνος* gebräuchlich war, oder welcher Schriftsteller es gebraucht hatte; wie die jüngeren Sprachen aus *cucurbita* durch Lautentstellung neue Wörter geschaffen haben, lehrt der Artikel *cucuzza* bei Diez.

Im frühen Mittelalter trat in Byzanz ein neuer Name für Gurke auf, der aus dem Orient gekommen war und sich im Laufe der Zeit weit über Europa von Volk zu Volk verbreitete. Es war dies *ἀγγούριον*, *ἄγγουρον*, *ἀγγούριν*, ein persisch-aramäisches Wort, zu dessen Bildung der Anklang an *ἀγγεῖον* Gefäss vielleicht mitgewirkt hat. Neben *ἀγγούρια* sagte man auch *τετράγγουρα*, entweder um damit eine viermal schwerere oder eine viereckig gestaltete Sorte zu bezeichnen, oder nach Salmasius' gar nicht verwerflicher Vermuthung als Verstümmelung und Umdeutung von *κιτράγγυλον*, ital. *citriuolo*, franz. *citrouille*, von *citreum*. Ueber die Zeit, wann dieser neue

Name auftrat, sagt E. Meyer, Geschichte der Botanik, 3, 361: »In den Geoponicis heissen die Gurken noch wie vor Alters *σικύα*; erst Suidas erklärt diesen zu seiner Zeit ausser Gebrauch gekommenen Namen durch *τὰ τετράγγουρα*, und einen Unterschied zwischen Angurien und Tetrangurien macht erst Michael Psellus.« Indess, wenn der Arzt Aëtius Amidenus, der unter Justinian lebte, das neue Wort schon brauchte, so muss es bedeutend älter sein, als die Sammlung der Geoponica und Suidas. Die damit bezeichneten Gurken scheinen dieselben Sorten gewesen zu sein, deren wir uns jetzt zu unseren Salaten und zum Einmachen bedienen; was das Alterthum an Gurken besass, war nach allem Obigen eine grosse, jetzt in Europa nicht mehr angebaute Art, die zur Erfrischung gegessen und je nach dem Stadium der Reife auch gesotten und gebraten wurde. Von Byzanz kam die Gurke, wie der Name bezeugt, zu den Slaven, russisch *ogurec*, poln. *ogórek* u. s. w. und ward bei den Völkern dieser Race, so wie bei den unmittelbar hinter ihnen wohnenden Stämmen tatarischer und mongolischer Abkunft, zu dem allgemeinsten, mit grosser Vorliebe genossenen Nahrungsmittel. Ohne Gurken kann z. B. der Gross- und Kleinrusse nicht leben; in Salzwasser eingemacht verzehrt er sie den ganzen Winter und schlägt sich mit ihrer Hülfe durch die langen, strengen Fasten der orientalischen Kirche durch. Von den Slaven kam die Agurke, später mit abgefallenem Vokal Gurke, wie gleichfalls der Name lehrt, zu den Deutschen, aber erst in neuerer Zeit, denn die Spuren des Wortes gehen nur bis in das siebzehnte Jahrhundert hinauf (s. Grimm, Wörterbuch, unter Agurke, und Weigand unter Gurke). Ethnographisch beachtenswerth ist der Umstand, dass die sogenannte »saure Gurke« nur in den Theilen Deutschlands üblich geworden ist, die ehemals von Slaven bewohnt waren und sich erst nachmals germanisirt haben. Uebrigens soll die kleine, grünliche, wohlschmeckende slavische Gurke, wie sie in ganz Russland gemein ist, nach Deutschland versetzt ausarten: sie bedarf also wohl eines excessiven Klimas.

Gleichfalls erst ein Ankömmling des Mittelalters ist die saftreiche Wassermelone, *Cucumis Citrullus*, denn dass sie der *pepo* der Alten sei, wie Manche angenommen haben, lässt sich nicht erweisen. Italienisch trägt sie den byzantinischen Namen *anguria* (in manchen Gegenden *cocomero* aus *cucumis*), französisch den arabischen *pastèque*. Sie ist jenseits der Alpen beliebt, da sie in der entsprechenden Jahreszeit ein erfrischendes Labsal bietet, und überall sieht man dann die blutrothen Halbfrüchte mit den glänzend schwarzen Kernen auf den

Märkten und an den Strassenecken aufgethürmt und die Tische, wo sie schnittweise für geringe Kupfermünze feil sind, von durstigen Bauern, Soldaten u. s. w. umdrängt. Sie reift grade in der grössten Hitze des Augustmonats und ist um so süsser und saftiger, je heisser und trockener der Jahrgang gewesen. Ungleich wichtiger aber ist sie im Haushalt des orientalischen Lebens und bei den Halborientalen des europäischen Südostens. Die glühenden Sommer und strengen Lüfte begünstigen dort das Gedeihen der einjährigen Pflanze. Sie wird auf weiten Feldern gebaut und zur bestimmten Zeit in ganzen Wagenladungen in die Städte gebracht, wo Jung und Alt sich mit Leidenschaft dem Genusse hingiebt. Die Wassermelone geht durch ganz Vorderasien, Persien, die Kaukasusländer bis zur Niederdonau, Ungarn, der Wallachei (vergl. schon Plin. 19, 65: *cucumeres . . . placent grandissimi Moesiae*), besonders aber den humusreichen trockenen Ebenen des südlichen Russlands und den angrenzenden asiatischen halb Steppen- halb Gartenländern. Mindestens zwei Monat im Jahr lebt der russische Steppenbewohner nur von Arbusen — dies ist der tatarisch-slavische Name der Frucht — mit ein wenig Brot. Ist der nordische Reisende in seinem unförmlichen »Tarantas« allmählig bis in jene Gegend gerollt, dann lehrt ihn ein Blick auf die Melonenfelder und die gewöhnlich danebenstehenden hochragenden, ursprünglich aus Amerika stammenden Sonnenblumen, *Helianthus annuus*, deren Samen ein beliebtes Oel abgeben, dass er die Schwelle des Orients bereits überschritten hat. In den Kaukasusländern, die so überschwenglich reich an dem herrlichsten Obst, an Trauben und Nüssen sind, verschmäht der Eingeborene, er sei welcher Race er wolle, neben dem Saft der Wassermelone, der dem Deutschen wie Gurkenwasser mit ein wenig Zucker schmeckt, jeden andern Leckerbissen. Auf die Herkunft der Frucht wirft der neupersische Name *hindevâne* d. h. indische Frucht ein helles Licht; woher sie nach Griechenland, Russland und Polen kam, lehrt die tatarische Bezeichnung *charpuz*, *karpus* gegenüber dem neugriechischen *καρπούσια*, slavischen *arbuz*. (Die Variante *arbuz* und *karpus* erinnert an *ὀστέον* und slav. *kostĭ*, *Ὕπανις* und *Kuban* und an den alanischen Namen *Aspar* und dessen deutsche Form *Gaspar*, hochd. *Kaspar*, s. Zeuss, die Deutschen, S. 461 Anm.). Sie wanderte also nach Persien ein, als die Verbindung mit Indien neu eröffnet war, sei es zur Zeit der arabischen oder der mongolischen Herrschaft, nach Griechenland durch die Türken, nach Russland von den tatarischen Reichen Astrachan und Kasan; in Kleinrussland waren wohl die Kosakenhorden am

Dniepr die Verbreiter. Das polnische *kawon* Wassermelone ist gleichfalls ein orientalisches Wort (asiatische Benennungen der Früchte dieser Familie finden sich gesammelt und untersucht von Pott in der Zeitschrift für Kunde des Morgenl. 7, 151 ff.). Das altslavische *tykva*, der Kürbiss, haben wir schon früher (bei der Feige) an das griechische *σικύα* angelehnt; das altsl. *dynja*, Melone, erklärt Miklosich aus dem Verbum *dąti dunąti flare*, also die aufgeblasene Frucht; poln. *banja*, Wassermelone, scheint eins und dasselbe mit *banja*, Gefäss, Wanne; beides letztere, wie man sieht, eine der Auffassung der alten Griechen und Römer ganz verwandte Namensgebung. Alt- und südslavisch (auch albanesisch) *krastavĭcĭ cucumis* erklärt sich aus *krastavŭ scabidus, scaber*, also die rauhe Frucht, alt- und südslavisch *lubŭ*, *Cucurbita Citrullus*, wohl aus *lŭbŭ calva*, Hirnschädel. Die deutschen Wörter Kürbiss, Pfebe, Melone stammen aus dem Lateinischen und die damit bezeichneten Naturobjecte aus Italien, also nicht etwa aus Ungarn und dem byzantinischen Reiche.

---

* Von den kultivirten Cucurbitaceen sind mehrere in der alten Welt heimisch; einige stammen aber höchstwahrscheinlich aus Amerika. Die Wassermelone (*Citrullus vulgaris* Schrad.) ist im südlichen Afrika heimisch, wo die Früchte nicht nur von Menschen, sondern auch von fleischfressenden Thieren aufgesucht werden. (Vergl. Pax in Engler und Prantl, natürl. Pflanzenfamilien IV, 5, S. 27.) Von Südafrika ist sie nach Aegypten und dem Orient schon in den ältesten Zeiten gelangt und noch in vorchristlicher Zeit über Südeuropa und Asien verbreitet worden. Die Melone (*Cucumis melo* L., zu welcher *Cucumis chate* L. als wilde Stammform gehört) ist im südlichen Asien und im tropischen Afrika heimisch, wo sie von vielen Reisenden gesammelt wurde; in denselben Gebieten kommen auch zahlreiche verwandte Arten vor. Nach Schweinfurth ist *C. melo* L. var. *chate* Forskål von den Aegyptern selbst zur Kulturpflanze gemacht worden. Die Gurke (*Cucumis sativus* L.) stammt höchstwahrscheinlich aus Ostindien, von wo sie sich rasch nach Westen verbreitet haben muss. Ebenfalls in den Tropen der alten Welt heimisch sind die Flaschenkürbisse oder Calebassen (*Lagenaria vulgaris* Ser.). Dagegen sind die echten Kürbisse, von denen *Cucurbita pepo* L. heute auch im gemässigten Europa kultivirt wird, höchst wahrscheinlich in Amerika heimisch; denn alle verwandten, nicht kultivirten Arten sind dort angetroffen worden, und Samen der in den Tropen vielfach angebauten *C. maxima* und *C. moschata* Duchartre wurden unter den aus altperuanischen Gräbern von Ancon stammenden Pflanzenresten von Wittmack nachgewiesen (Ber. d. deutsch. bot. Gesellsch. IV. (1886) p. XXXIV), während in altägyptischen Gräbern keine Kürbisskerne gefunden worden sind. Auch haben Asa Gray und Hammond Trumbull (The American Journal of science XXV. 1883 S. 130 ff.) aus zahlreichen Stellen der ältesten Reisebeschreibungen

und aus eingehenden Vergleichungen der Indianersprachen die amerikanische Heimath der Kürbisse bewiesen.

** Einige Namen von Cucurbitaceen scheinen über die Einzelsprachen hinauszugehn. So sahen wir schon oben (S. 100 f.) σεκούα, σικύα, σίκυς mit H. (oben S. 312 u. Anm. 36) als Nebenform von σῦκον Feige an und stellten es zu altsl. *tyky* Kürbiss, ein Verhältniss, das aber natürlich nicht auf Entlehnung, sondern nur auf Urverwandtschaft beruhen kann. Die versuchte Ableitung von σίκυς aus hebr. *qiššu'îm* (vgl. Lagarde, Armen. Stud. S. 134) ist abzuweisen, da eine Umstellung von *qiššuîm* zu σίκυς, wie sie Lagarde annimmt, unglaublich ist. Vgl. auch Muss-Arnolt, Transactions XXIII, S. 111. — Eine wichtige lautlich freilich noch nicht völlig sicher gestellte Gleichung ist ferner lat. *cucurbita*, scrt. *carbhaṭa*, *cirbhaṭi*, *cirbhiṭâ* Gurke (Fick, Vergl. W. I⁴ S. 25), wozu vielleicht weiter ags. *hverfette* Kürbiss zu stellen ist. Welche Art von Cucurbitaceen mit diesen Wörtern ursprünglich aber gemeint war, und ob wir an eine wilde oder angebaute Gattung zu denken haben, lässt sich nicht sagen. Zu bemerken ist jedenfalls, dass keine einzige Cucurbitaceenart bis jetzt im prähistorischen Europa nachgewiesen werden konnte. Ebenso wird sich wohl kaum, namentlich in Folge des Fehlens älterer Abbildungen auf Münzen u. dergl., je mit völliger Bestimmtheit der genaue Sinn der klassischen Benennungen ermitteln lassen. In dem alten Aegypten wurden nach Massgabe der Funde oder Abbildungen bereits in den ersten Kulturepochen gebaut: *Citrullus vulgaris* Schrad. (Wassermelone), *Cucumis melo* L. (Melone), *Cucumis chate* L. (ägyptische Gurke) und *Lagenaria vulgaris* L. (Flaschenkürbiss); vgl. Woenig a. a. O. S. 201 und A. Braun, Z. f. Ethnologie 1877 S. 303 f. Auch das im 4. Buch Mosis (oben S. 311) genannte *ăbaṭṭiḥîm* bedeutete nach Massgabe des arab. *battîch* Wassermelone und wird in der Septuaginta mit πέπονες übersetzt. Auch im Aramäischen bezeichnet das Wort zunächst Wassermelone, während für Zuckermelone der griechische Ausdruck (μηλοπέπων) gebraucht wird. Vgl. Löw, Aram. Pflanzenn. S. 352. Dies zusammengehalten mit den obigen botanischen Ausführungen würde zweierlei wahrscheinlich machen, einmal dass die echten Kürbisse den Alten noch fremd waren, und zweitens dass die Wassermelone nicht erst im Mittelalter in den Mittelmeerländern erschien. Die Richtigkeit des ersteren Satzes ist neuerdings auch durch v. Fischer-Benzon ausführlich erwiesen worden (vgl. Altdeutsche Gartenflora S. 89 ff.), woraus sich ergiebt, dass der im Alterthum gebaute Kürbiss nur der Flaschenkürbiss *(Lagenaria vulgaris L.)* gewesen sein kann.

Die letztere Ansicht wird ausser von Fischer-Benzon auch von H. Blümner (Maximaltarif des Diocletian S. 88) vertreten, der namentlich darauf hinweist, dass verschiedene Angaben in der Beschreibung der πέπονες, die Hervorhebung ihres Wasserreichthums und gewisser Gefahren für die Verdauung, nur auf die Wassermelonen passen. Als Plinianische Terminologie ergiebt sich aus allem mit einiger Sicherheit: *cucurbita* als Flaschenkürbiss, *cucumis* als Gurke, *pepo* als Wassermelone, *melo-pepo* als Melone (v. Fischer-Benzon S. 94).

Zu den einzelnen Benennungen der Cucurbitaceen ist noch folgendes zu bemerken: Ob κολοκύντη (der Flaschenkürbiss) nur der Kolossale bedeutet, ist zweifelhaft. Andere (vgl. Prellwitz, Et. W. S. 157) trennen κολο-κύντη und vergleichen einerseits κολό-κυμα grosse Woge und ziehen andererseits -κύνθη, -κύντη: κυέω (vgl. auch *cu-cu-mis*, griech. κύ-κυ-ον· τὸν σικυόν Hes.). Pott in Lassens Z. f. d. K. d. M. VII, 152 denkt für κολοκ-ύντη an kurd. *kalak* ‚*melon*‘, das bei Jaba-Justi zu scrt. *kâliñda* gestellt wird. Nach Euthydemus bei Athenaeus II, p. 58 f. wären die κολοκύνται bei den Cnidiern „indische“ genannt werden, weil ihr Samen aus Indien gekommen sei. — Was das byzantinische ἀγγούριν Gurke betrifft, so leugnet Karl Foy in Bezzenbergers Beiträgen VI, 226 den behaupteten orientalischen Ursprung desselben. Ἄγουρος und ἄγγουρον, ἀγγούρι, ἀγγούριν seien dieselben Wörter, ἄγουρος aber (= ἄωρος) sei das gewöhnliche Wort für unreif, so dass ἀγγούρι die unreif genossene Art des σίκυος bezeichne, während vulg. πεπόνι die reif genossene Art benenne. Das indirect daraus hervorgegangene deutsche *gurke* lässt sich übrigens schon kurz nach 1500 im Deutschen nachweisen (vgl. Kluge, Et. W⁶). — Zu den zahlreichen ost- und südosteuropäischen Namen der Melone füge noch alb. *bostán* Melonenfeld (*kokomare* Melone), auch neugriechisch, bulgarisch, serbisch, rumänisch, aus türk. *bostan* Gemüsegarten (G. Meyer, Et. W. S. 42). — H. Vámbéry (Primitive Kultur S. 217) ist der Ansicht, dass nur die Zuckermelone (*ḳavun*, *ḳabun*) in der Urheimath der Turko-Tataren einheimisch gewesen sei, dass hingegen die Wassermelone, wie die Entlehnung des türkischen *ḳarpuz* oder *charbuz* aus pers. *xerbuz* (wörtlich »Eselsgurke«, P. Horn, Grundr. d. np. Etymologie S. 105) zeige, aus Persien stamme. Der wechselnde Anlaut des Wortes in den slavischen Sprachen, z. B. poln. *harbuz*, *garbuz*, *arbuz*, *karpuz* (Miklosich, Türk. Elem. S. 92) wird auf das verschiedene Hören des fremden Lautes zurückzuführen sein und findet ein Analogon weder in altsl. *kostĭ*: griech. ὀστέον (oben S. 317), die ganz von einander zu trennen sind, noch in deutsch Gaspar, Kaspar gegenüber dem alanischen Namen Aspar, Wörter, von denen das erstere nichts anderes als der Name des ersten der heiligen drei Könige (vgl. R. Much Z. f. d. österreichischen Gymnasien 1896 S. 607) ist. — Altsl. *dynja* ‚*pepo*‘ scheint Miklosich, Et. W. S. 55 jetzt von *dunąti* blasen zu trennen. Bulg., serb. *lubenica* Wassermelone möchte eher zu dem Stamme *lub-* (Miklosich, Et. W. S. 175) gehören, der die Bedeutungen Rinde, Gefäss von Baumrinde, Körbchen aus Baumrinde u. s. w. entwickelt. — Nach dem Norden übergegangen ist das lat. *pepo* in einer doppelten Form, einmal als ahd. *pĕpano*, *bĕbano*, mhd. *bĕben* (neben *pfĕben*), das andere Mal als *pĕthemo*, *pfĕdamo*, mhd. *pfedem* (vgl. F. Kluge in Pauls Grundriss I², 342). Ganz gewöhnlich ist ferner der Ausdruck „Erdäpfel“ für die einzelnen Cucurbitaceenarten. Ein später mittelalterlicher, zuerst bei Albertus Magnus bezeugter Ausdruck für dieselben, namentlich für die Gurke, ist auch *citrulus*, eigentl. kleine Zitrone (vgl. von Fischer-Benzon a. a. O., s. auch den Anhang dieses Werkes). — Zum Schluss geben wir nach Heldreich, Die Nutzpflanzen Griechenlands S. 49, die neugriechische und »pelasgische« (albanesische) Terminologie der Cucurbitaceen: *Lagenaria vulgaris* oder Flaschenkürbis ἡ νεροκολοκυθιά (ἡ φλῶσκα oder τὸ φλασκί und ἡ κοῦπα die aus den trocknen Früchten verfertigten Trinkgefässe), alb. *kavké* (vgl. oben türk. *kavun?*), *Cucumis melo* L. oder Zuckermelone τὰ πεπόνια, alb. *piéper* (μποστάνια Melonenfelder), *Cucumis sativus* L. oder Gurken τὰ ἀγγούρια, alb. *kratsavéts* (s. oben S. 318), *Citrullus vulgaris* Schrad. oder Wassermelonen τὰ καρπούζια und τὰ χυμονικά, alb. *χimiko, Cucurbita pepo* ἡ κολοκυθιά, der Kürbiss τὸ κολοκύθι, alb. *kúnkuλ, kungul* (aus *cucumis* nach *trangul*, τετράγγουρον).

Der Haushahn.

Der Haushahn ist in Vorderasien und in Europa viel jünger, als man denken sollte. Die semitischen Kulturvölker können ihn nicht gekannt haben, da das Alte Testament seiner nirgends erwähnt. Er fehlt auch auf den ägyptischen Denkmälern, deren Bildwerke uns im Uebrigen das Detail des Haushalts der Nilthalbewohner so anschaulich vor Augen stellen: wir sehen dort Scharen von zahmen Gänsen, wie sie von der Weide heimgetrieben, sie selbst und ihre Eier sorgfältig gezählt werden u. s. w., nirgends aber Hühner, und wenn Aristoteles sagt, die Eier würden in Aegypten auch künstlich ausgebrütet, indem man sie in Mist vergrabe (hist. anim. 6, 2, 3), und Aehnliches auch Diodor 1, 74 berichtet, so wird diese Industrie entweder nur an Gänsen und Enten geübt — welcher Vermuthung Aristoteles nicht widerspricht, da er nur ganz allgemein von Vogeleiern redet, oder gehört in die Zeit nach der persischen Eroberung, — wie Diodor selbst anzudeuten scheint, da er seine Erzählung von den Brutöfen mit den Worten einleitet, Vieles in Betreff der Züchtung und Wartung der Thiere hätten die Aegypter von den Vorfahren überkommen, Vieles aber hätten sie dazu erfunden und darunter als das Wunderbarste die künstliche Ausbrütung der Eier. Der Haushahn stammt ursprünglich aus Indien, wo sein Vorfahr, der Bankiva-Hahn, noch jetzt von Hinterindien und den indischen Inseln bis nach Kaschmir hin lebt, und verbreitete sich erst mit den medisch-persischen Eroberungszügen weiter nach Westen. Der Samier Menodotus behauptete in seiner Schrift über den Tempel der samischen Hera, wie der Hahn von der Landschaft Persis aus, so habe sich der Pfau von dem genannten Heiligthum aus über die umliegenden Gegenden verbreitet (Athen. 14 p. 655). In der Zoroaster-Religion waren Hund und Hahn heilige Thiere, der eine als der treue Hüter des Hauses und der Heerden, der andere als Verkündiger des Morgens und als Symbol des Lichts und der Sonne. Der Hahn ist vorzüglich dem Çraosha geweiht, dem himmlischen Wächter, der, vom Feuer geweckt, selbst wiederum den Hahn weckt: dieser vertreibt dann durch sein Krähen die Daêvas, die bösen Geister der Finsterniss, besonders den Dämon des Schlafes, die gelbe, langhändige Bûshyāçta. Im 18. Fargard des Vendidâd heisst es § 34 ff. (nach Spiegels Uebersetzung): »Darauf entgegnete Ahura-mazda: der Vogel, der den Namen Parôdars führt, o heiliger Zarathustra, den die übelredenden Menschen mit dem Namen Kahrkatâç belegen, dieser Vogel erhebt seine Stimme bei jeder göttlichen Morgenröthe.« (Ebenso 18, 51 ff.). Ormuzd hatte den Vogel also selbt dem Zoroaster empfohlen. Eine Stelle des Bundehesch im 14. Abschnitt lautet (übersetzt von Grotefend in Lassens Zeitschr. 4 S. 51): »Halka der Hahn ist den Dews und Zauberern feind. Er unterstützt den Hund, wie im Gesetze steht: Unter den Weltgeschöpfen, die Darudsch plagen, vereinigen Hahn und Hund ihre Kräfte. Er soll Wache halten über die Welt, gleich als wäre kein Hund zur Beschützung der Heerden (oder Häuser) da. Wenn der Hund mit dem Hahn gegen Darudsch streitet, so entkräften sie ihn, der sonst Menschen und Vieh peinigt. Daher heisst es: durch ihn werden alle Feinde des Guten überwunden; seine Stimme zerstört das Böse« oder nach der Uebersetzung Windischmann's (Zoroastrische Studien, S. 95): »Der Hahn ist zur Vertilgung der Devs und Zauberer geschaffen; mit dem Hund sind sie Gehülfen, wie gesagt ist in der Din: von den irdischen Geschöpfen sind diese zum Schlagen der Drukh's zusammen Gehülfen, Hahn und Hund.« Wo sich ein persischer Mann niederliess, da sorgte er gewiss so sicher für einen Hahn, als er die Frühgebete und Reinigungen vor und bei Sonnenaufgang nicht unterliess. So weit die Grenzen der persischen Herrschaft reichten, fand ohne Zweifel das so zahme und nützliche, so leicht übertragbare und zugleich in Gestalt und Sitten so eigenthümliche Thier in den Höfen und Haushaltungen der Menschen, auch der Andersgläubigen, leichten Eingang und willige Aufnahme. Auf dem sogenannten Harpyien-Monument der Akropolis von Xanthus in Lykien, das sich jetzt in London befindet, wird einer sitzenden Göttergestalt ein Hahn als Geschenk oder Opfer dargebracht. Stammte dies Grabdenkmal, wie Welker in seiner Ausgabe von O. Müllers Archäologie der Kunst annimmt, wirklich aus der Zeit vor Ol. 58, 3 d. h. vor der Einnahme der Stadt Xanthus durch die Perser, so wäre der Hahn den Lykiern in der That vor der Ausbreitung der persischen Macht bekannt gewesen. Allein der archaistische Stil der dort dargestellten Scenen, der in Griechenland vielleicht auf eine mehr oder minder bestimmte Epoche führen würde, bildet für Lykien, dessen Kunstentwicklung uns unbekannt ist, kein irgendwie sicheres chronologisches Merkmal. Die Akropolis wurde vor der Einnahme durch den persischen Feldherrn von den Einwohnern selbst durch Feuer vernichtet und dabei gingen, wie man glauben muss, auch die daselbst vorhandenen Denkmäler mit zu Grunde, und dass zur Zeit der persischen Herrschaft, die nur eine Art Oberhoheit war und die Lykier in relativer Unabhängigkeit beliess, kein solches Grabmonument errichtet werden konnte, ist gewiss eine grundlose Behauptung. Ginge die Bekanntschaft mit dem Haushahn in Lykien weit in die vorpersische Zeit hinauf, dann würde die griechische Welt sicher an dieser Kenntniss Theil genommen haben. Aber auf griechischem Boden zeigt sich bei Homer und Hesiod und in den Fragmenten der älteren Dichter von Hahn und Henne keine Spur. Und doch müsste der bei Nacht die Stunden abrufende Prophet (unter Menschen, die noch keine Uhr besassen), der vornehm stolzirende, lächerlich krähende, blinzelnde Sänger (Herr *Chanteclers*), der von seinem Hühnerharem umgebene, höchst eifersüchtige Sultan (*salax gallus*), der hitzige, eitle, mit Kamm, Troddel und Sporn bewaffnete Kämpfer, die ihr Eierlegen durch schluchzendes Gackern der Welt verkündende Henne (Frau Kratzefuss), überhaupt diese ganze heitere Parodie menschlicher Familie und ritterlicher Sitte ein häufiger Gegenstand der Besprechung und Vergleichung bei den Dichtern sein, wenn Bekanntschaft damit stattgefunden hätte. Auch war es schon den Alten nicht entgangen, dass Homer, wenn er auch die Eigennamen *Ἀλέκτωρ* und *Ἀλεκτρύων* habe, doch das Thier, das eben so benannt wurde, nicht zu kennen scheine, Eustath. ad. Il. 17, 602, p. 1120, 13: »aber des Thieres Name, sagen die Alten, werde bei Homer nirgends gelesen« (ähnlich p. 1479, 41). Die älteste Erwähnung ist die bei Theognis, einem Dichter der zweiten Hälfte des 6. Jahrhunderts, der ohne Zweifel die Unterwerfung der Ionier durch Harpagus und die Besetzung von Samos durch die Perser (im J. 522) erlebte und schon die nahe Besorgniss vor einem Kriege mit den gewaltigen Medern ausspricht, v. 863, 864:

ἑσπερίη τ᾽ ἔξειμι καὶ ὀρθρίη αὖτις ἔσειμι,
ἦμος ἀλεκτρυόνων φθόγγος ἐγειρομένων

— obgleich die Zumischung so mancher fremden Bestandtheile in unserer Sammlung der Gedichte des Theognis jeder darauf gebauten Zeitbestimmung viel von ihrer Sicherheit nimmt. Aus der Batrachomyomachie, wo der Hahn gleichfalls vorkommt, ist bei dem Zustand des Textes und dem vermuthlich jungen Ursprung dieses Werkes natürlich noch viel weniger zu schliessen. Zu der Zeit des Theognis würde es stimmen, wenn der berühmte Athlet, Milon von Kroton, wirklich von der *gemma alectoria* d. h. dem im Magen des Hahnes gefundenen angeblichen Edelsteine als Amulet zur Erringung des Sieges Gebrauch gemacht hätte (Plin. 27, 144): allein dieser Aberglaube wurde von den Späteren nur auf Milon übertragen, dessen Leben von einer Menge Legenden umsponnen ist. Aber bei Epicharmus, der um die Zeit der Perserkriege blühte, bei Simonides, Aeschylus und Pindar finden wir den Hahn unter dem stolzen Namen *ἀλέκτωρ* schon als gewohnten Genossen des Menschen. Der Kampf der Hähne desselben Hofes mit einander wird frühe von den Dichtern als Gleichniss und Vorbild auf den Streit der Menschen bezogen. In den Eumeniden des Aeschylus (v. 848 ed. Herm.) warnt Athene vor dem Bürgerkrieg, als dem Kampf der Hähne gleichend (nach Otfr. Müllers Uebersetzung):

Noch auch vergäll' ihr Herz wie eines Hahnes Sinn,
Und pflanze Kriegslust meinen Bürgern in den Geist,
Die innern Zwist schafft, Trutz und Gegentrutz erzeugt.
Jenseits der Marken wüthe Krieg, vom Heerde fern,
Wo hohe Sehnsucht nach dem Ruhm sich offenbart;
Den Kampf des Vogels auf dem Hof wünsch ich hinweg.

Eben so vergleicht Pindar im 12. olympischen Liede den ruhmlosen Sieg in der Vaterstadt mit dem des Hahnes daheim auf dem Hofe (in der Epode): *ἐνδομάχας ἅτ' ἀλέκτωρ*. Auch Themistokles soll den Muth seines Heeres einst durch den Hinweis auf zwei kämpfende Hähne belebt haben, die bloss für den Siegerruhm, nicht für Heerd und Götter ihr Leben einsetzen (Ael. V. H. 2, 28). Wenn man die späteren öffentlichen und künstlichen Hahnengefechte, die sehr beliebt wurden und in zahlreichen Bildwerken des Alterthums dargestellt sind (O. Jahn, Archäologische Beiträge, S. 437 ff.), von dieser Rede des Themistokles ableitete, so erhellt daraus wenigstens, dass man sich diese Wettkämpfe nicht älter dachte, als die persischen Kriege. Bei den Komikern, bei denen wir mehr die Sprache des Lebens vernehmen, heisst der Hahn immer noch der persische Vogel: Gratinus bei Athen 9, p. 374:

ὥσπερ ὁ περσικὸς ὥραν πᾶσαν καναχῶν ὀλόφωνος ἀλέκτωρ.

Aristoph. av. 483:

αὐτίκα δ' ὑμῖν πρῶτ' ἐπιδείξω τὸν ἀλεκτρυόν', ὡς ἐτυράννει,
ἦρχέ τε Περσῶν πρῶτον πάντων, Δαρείου καὶ Μεγαβάζου,
ὥστε καλεῖται Περσικὸς ὄρνις ἀπὸ τῆς ἀρχῆς ἔτ' ἐκείνης.

v. 707:

ὁ μὲν ὄρτυγα δοὺς, ὁ δὲ πορφυρίων', ὁ δὲ χῆν', ὁ δὲ Περσικὸν ὄρνιν.

(Nach Aussage des Scholiasten verstanden hier einige unter dem persischen Vogel den Pfauen: aber die Zusammenstellung mit Wachtel, Wasserhuhn und Gans spricht mehr für das bescheidene Huhn, als für den kostbaren Pfau).

v. 883:

ὄρνις ἀφ' ἡμῶν τοῦ γένους τοῦ Περσικοῦ,
ὅσπερ λέγεται δεινότατος εἶναι πανταχοῦ
Ἄρεως νεοττός.

An einer anderen Stelle desselben Stückes (v. 276) führt der Hahn den komischen Namen Μῆδος, der Meder, und Peithetairos wundert sich wie er als Meder ohne Kameel herbeigekommen sei. An zwei Stellen des Tragikers Ion, die Athenäus (4, p. 185) erhalten hat, lässt die Flöte als Hahn das lydische Lied erklingen:

ἐπὶ δ' αὐλὸς ἀλέκτωρ λύδιον ὕμνον ἀχέων

(nach Meineckes Emendation), und die Hirtenpfeife heisst der Hahn vom Berge Ida in Phrygien:

προθεῖ (Mein. ῥοθεῖ) δέ τοι σῦριγξ Ἰδαῖος ἀλέκτωρ.

Woher aber das Wort ἀλέκτωρ, ἀλεκτρυών selbst, das ein so eminent griechisches Gepräge trägt? Es muss in Ionien, als die dortigen Städte nach dem Sturz des Crösus unter persische Botmässigkeit fielen und wie den Besatzungen, so auch dem Kultus des Siegers und dessen heiligen Thieren ihre Thore öffneten, entstanden, oder vielmehr, vielleicht mit Anklang an das iranische *halka*, *alka*, erfunden worden sein. Der wunderbare, lichtverkündende Sonnenvogel, der den priesterlichen Namen Parôdars führte, wurde in einer aus dem Traume des Mythus halb erwachten und der epischen Sprache wie der epischen Sage schon in beginnender Reflexion sich gegenüberstellenden Zeit mit dem auf den Sonnengott hinweisenden gleichfalls mystisch-bedeutungsvollen Worte ἀλέκτωρ genannt. Die Namen ἠλέκτωρ Ὑπερίων (die strahlend wandelnde Sonne), ἤλεκτρον (glänzendes Metall, sonnenfarbiger Bernstein), Ἠλέκτρα (Göttin des wiederspiegelnden Wasserglanzes), Ἠλεκτρύων, Sohn des Perseus, die elektrischen Inseln, das elektrische Thor in Theben u. s. w., und auch die Formen mit anlautendem α: Ἀλεκτρύων, Ἀλέκτωρ waren aus Homer und dem Heroenmythus jedem gebildeten Frommen lebendig und geläufig, wie auch noch Empedokles in dem Verse, in dem er die vier Elemente aufzählt, das Feuer hieratisch ἠλέκτωρ nennt:

ἠλέκτωρ τε χθών τε καὶ οὐρανὸς ἠδὲ θάλασσα.

Mit der Zeit freilich, als der ursprüngliche Sinn des alten Wortes im allgemeinen Gefühl erloschen war, wurde es in populärer Deutung als Zusammensetzung mit λέκτρον aufgefasst, entweder als Lagergenosse, wie Sophokles ἀλέκτωρ für ἄλοχος Gattin gebrauchte (fr. 766 Nauck), oder als der Lagerlose, nicht Schlummernde, was auf den Hahn gut zu passen schien. Dass aber der neue Name in den beiden Formen ἀλέκτωρ und ἀλεκτρυών auftrat — von denen die erstere sich als die poetisch-edle isolirte, die andere dem täglichen Gebrauche zufiel —, ist ein sprechender Beleg dafür, dass er nach dem Vorbild jener mythischen Heroennamen gebildet ist. Auch dass zu Aristophanes' Zeit die Sprache noch keine feste Form des Femininums zu dem Masculinum ἀλεκτρυών gebildet hatte, so dass der Dichter diejenigen verlacht, die sich des Ausdrucks ἀλεκτρύαινα bedienten (Nub. 658 ff.), bestätigt die Neuheit des Namens und der Sache, da gerade bei diesem Hausthiere die fixe Unterscheidung beider Geschlechter ein dringendes sprachliches Bedürfniss ist; erst Aristoteles braucht die weibliche Form ἀλεκτορίς neutral in der Weise unseres Huhn für die Gattung. Der Volksmund mag sich, ehe ἀλεκτρυών von oben herab durchdrang, mancherlei Benennungen gebildet haben, von denen persischer Vogel eine ist, die übrigen aber, wie natürlich, auf literarischem Wege nicht bis zu uns gelangt sind. — Da der Hahn in einer jüngeren Epoche erschien, wo die mythische Produktion schon im Absterben begriffen war, so konnte er keine hervorragende religiöse Bedeutung erlangen. Als Kampfhahn war er natürlich dem Ares und auch der Pallas Athene heilig; Plutarch Marcell. 22 erzählt, in Sparta sei nach vollbrachtem Feldzuge eine zwiefache Art Opfer Brauch gewesen: wer seine Sache mit List und Ueberredung geführt, opferte ein Rind; wer durch Kampf seine Absicht erreicht, einen Hahn. Als die Sonne verkündend oder bedeutend war der Hahn in Olympia, von der Hand des Onatas gebildet, auf dem Schilde des Idomeneus zu sehen, der ein Enkel der Pasiphae und also Abkömmling des Sonnengottes war (Pausan. 5, 25, 5); Plutarch spricht (de Pythiae oracc. 12) von einem Bilde des Apollo, der auf der Hand einen Hahn trug, also als Sonnengott gedacht war; auf Münzen von Phaestus in Kreta hält ein jugendlicher Gott, offenbar Personification der Sonne, mit der Rechten einen auf seinem Schoss sitzenden Hahn (Welcker, Gr. Götterl. 2, 244). Dass der Hahn dem Heilgotte Asklepius geopfert wurde, ist aus dem Schlusse von Platos Phädon allgemein bekannt. Der Hahnenaberglaube in dem Felsenstädtchen Methana zwischen Epidaurus und Trözen, von welchem Pausanias (2, 34, 3) erzählt, hängt gleichfalls mit dem Dienst des Asklepios in jener Gegend zusammen:

um die bösen Wirkungen des *Λίψ*, des Südostwindes, auf die Reben zu verhüten, zertheilten dort zwei Männer einen Hahn, liefen jeder mit der Hälfte des Thieres von entgegengesetzter Seite um die Weinberge herum und begruben das Thier an der Stelle, wo sie zusammentrafen. Das bei dem berühmten Beilager des Ares und der Aphrodite der Wächter Alektryon eingeschlafen, den Tag zu melden vergessen und dafür von Ares in einen Hahn verwandelt worden, erklärt Eustathius, der an der betreffenden Stelle der Odyssee (p. 1598 ex.) diese auch von Lucian (Somnium seu gallus p. 292 f. ed. Bip.) erwähnte Fabel erzählt, selbst für eine spätere Erdichtung. Bald nach ihrem Erscheinen in Griechenland werden Hühnerfamilien zu Schiffe — nichts ist leichter als diese Thiere zu Schiffe mit sich zu führen — auch nach Sicilien und Unteritalien gekommen und wie in Griechenland von Haus zu Haus gewandert sein. Dass die Sybariten keinen Hahn geduldet, um nicht im Schlaf gestört zu werden, ist eine von den spät erfundenen Anekdoten, an denen der Witz sich übte; ihre Stadt wurde übrigens schon 510 oder 511 vor Chr. zerstört, als der Hahn noch gar nicht in Italien oder daselbst noch sehr jung war. Auf den Münzen von Himera in Sicilien sieht man den Hahn, zuweilen auf der Rückseite die Henne, vielleicht als Attribut des Asklepios, der in den Heilquellen der Stadt waltete. Auch was sonst auf Münzen und auf Vasen alten und ältesten Stils in Griechenland wie in Sicilien und Italien an Darstellungen des Haushahns sich findet, geht über die von uns angegebene Epoche (zweite Hälfte des 6. Jahrhunderts) nicht hinaus.

Die Römer, die den Vogel direkt oder durch Vermittelung von einer dieser griechischen Städte empfingen, benutzten ihn mit echt römischer religiöser List zur Weissagung im Kriege: da nämlich kein Augur das römische Heer begleitete und folglich *auspicia ex avibus* nicht möglich waren, schuf man sich den Ausweg, zahme Hühner im Käfig mitzuführen und mittelst ihrer sog. *auspicia ex tripudiis* anzustellen: frassen die Thiere mit Begierde von dem vorgeworfenen Brei und zwar so, dass Stücke desselben aus dem Schnabel wieder auf die Erde fielen, so war dies ein *tripudium solistimum* d. h. ein günstiges Zeichen für die bevorstehende Unternehmung; der umgekehrte Fall ward als Warnung und Abmahnung angesehen. Natürlich hatte dabei der *pullarius*, je nachdem er seinen Thieren zu fressen gegeben hatte oder nicht, den Erfolg ganz in seiner Hand. Dass die Sitte jüngeren Ursprungs war (Cic. de divin. 2, 35: *quo antiquissimos augures non esse usos, argumento est, quod decretum collegii vetus habemus, omnem avem tripudium facere posse)*, geht auch aus der verhältnissmässig kritischen Auffassung hervor, die sie in einer religiös bereits herabgestimmten Epoche erfuhr. Jener Feldherr im ersten punischen Kriege, P. Claudius Pulcher, von dem Cicero erzählt (de nat. deor. 2, 3, 7), liess die heiligen Hühner, weil sie das vorgeworfene Futter verschmähten, ins Wasser werfen; wenn sie nicht fressen wollten, rief er, so möchten sie saufen; büsste die Lästerung freilich mit dem Verlust der Flotte. Cicero selbst aber drückt sich nicht sehr respectvoll über das Hühnerorakel aus — er nennt es ein *auspicium coactum et expressum* — und Plinius 10, 49 ist ironisch erstaunt, dass die wichtigsten Staatsgeschäfte, die entscheidenden Schlachten und Siege von Hühnern gelenkt und die Weltbeherrscher wieder von Hühnern beherrscht würden. In Catos ländlicher Oekonomie spielen die Hühner noch keine grosse Rolle — er lehrt nur an einer Stelle, wie Hühner und Gänse gestopft würden —, aus der ausführlichen Unterweisung aber, die Varro 3, 9 und Columella 8, 2 ff. über die Behandlung und Pflege derselben geben, ersieht man, wie entwickelt und verbreitet die Hühnerzucht zur Zeit dieser Schriftsteller in Italien schon war. Grössere edlere Varietäten des asiatischen Haushahnes, besonders Kampfhähne, wurden aus verschiedenen durch besondere Zucht und Race sich auszeichnenden Orten Griechenlands bezogen. In früherer Zeit war die Insel Delos in dieser Hinsicht berühmt gewesen: Cicero erzählt (Acad. 2, 18), die Delier hätten beim Anblicke eines Eies die Henne angeben können, von der es gelegt worden (was übrigens nicht so schwer ist, denn das Sprichwort: so ähnlich wie ein Ei dem andern — trifft nicht ganz zu); jetzt standen die tanagräischen, rhodischen, chalcidischen Hähne als stark und schön in besonderem Ruf. Varro, Columella und Plinius erwähnen auch der grossen sogenannten melischen Hühner, *gallinae melicae*, die nach dem Erstgenannten, der auch ein Sprachforscher war, wiewohl nicht immer ein glücklicher, eigentlich *medicae*, medische Hühner, heissen sollten. Wir entnehmen daraus die Thatsache, dass noch in römischer Zeit Medien, woher die Hühner zuerst nach Europa gekommen waren, frisches Blut nachlieferte; die Form *melicae* könnte aber eben deshalb richtig sein und das altbaktrische *meregha avis*, persische *murgh*, kurdische *mrishk*, ossetische *margh gallina* wiedergeben, welches dann auch die Urform zu dem griechischen, durch Volksetymologie entstellten *μελεαγρίς* wäre.

Auf welchen Wegen sich das Geschlecht der Haushühner zu den Barbaren im mittleren und nördlichen Europa verbreitete, darüber giebt es natürlich keine direkten historischen Zeugnisse. Diese Verbreitung konnte geraden Weges von Asien zu den stammverwandten Völkern der südrussischen Steppen und des Ostabhangs der Karpathen gehen, deren Religion der der übrigen iranischen Stämme folgte und die in einigen ihrer Glieder schon zu Herodots Zeit Ackerbau trieben, oder durch die griechischen Kolonien am schwarzen Meer, deren Einfluss sich bekanntlich weit erstreckte, oder von Thrakien zu den Stämmen an der Donau, oder von Italien aus auf den alten Handelswegen über die Alpen, oder über Massilia in die Rhone- und Rheingegenden, oder endlich auf mehreren dieser Wege zugleich. Je mehr ein Volk vom nomadischen Hirtenleben zur festen Ansiedelung überzugehen sich anschickte, desto leichter musste dies den geschlossenen Hof belebende, körnerfressende, von Fuchs und Wiesel verfolgte Hausgeflügel bei ihnen Aufnahme, bleibende Stätte und Gedeihen finden. Cäsar traf um die Mitte des ersten Jahrhunderts vor Chr. die Henne schon bei den Britannen (de b. gall. 5, 12), indess vielleicht nur bei den gallisch gebildeten, den Boden bestellenden Stämmen in der Nähe der Südküste. Befragen wir die Sprachen, so ergeben sich einige nicht uninteressante Resultate. Wir sehen Reihen von Benennungen von Volk zu Volk gehen, in verschiedenen sich kreuzenden Richtungen, die auf die Sitze und den Verkehr dieser Völker ein dämmerndes Licht werfen. Zwar gestatten auch manche andere Kulturbegriffe ähnliche Schlüsse, selten aber mit einem verhältnissmässig so festen chronologischen Anhalt. Da der Hahn nicht vor der zweiten Hälfte des 6. Jahrhunderts vor Chr. in Griechenland erschien, so werden wir seine Ankunft im innern Europa nicht vor das fünfte Jahrhundert setzen dürfen. Was in dem civilisirten Griechenland schnell von Statten ging, konnte im barbarischen Norden nur langsam, allmählich und stufenweise sich vollziehen. Um die genannte Zeit müssen

1. die Germanen schon ein abgesondertes Ganze gebildet haben, da sie den Vogel mit einem eigenen, nur ihnen angehörenden Namen: *hana* bezeichnen; sie müssen

2. auf engem abgeschlossenen Raum zusammengewohnt haben, da alle germanischen Stämme diesen Namen gleichmässig besitzen; sie zerfielen folglich noch nicht in einen scandinavischen und einen continentalen Zweig oder nach anderer Ansicht in Ost- und Westgermanen;

3. die Deutschen müssen unmittelbare Nachbarn der Finnen gewesen sein, da das gothische Wort sich finnisch (nicht aber litauisch u. s. w.) wiederfindet;

4. die deutsche Lautverschiebung kann noch nicht eingetreten gewesen sein, da das deutsche *hana* bei den Finnen *kana* lautet:

5. der bildende Trieb war in der Sprache der Deutschen jener Zeit noch so naturalistisch fein und rege, dass er mit den geringsten Lautmitteln für das männliche und weibliche Thier und das Junge besondere Benennungen schuf, etwa wie solche für Stier, Kuh und Kalb schon bestanden. Aus dem gothischen *hana*, ahd. *hano*, ags. *hona*, altn. *hani* — welches selbst sehr alterthümliche Gestalt zeigt, da es durch keinen andern Behelf, als das bei Nominalstämmen so häufige *n*, gebildet ist — ward ein epicönisches Neutrum ahd. *huon*, in der Bedeutung *pullus*, später in der des nhd. Huhn, also gothisch *hôn*, und zur Bezeichnung des weiblichen Genus vermittelst eines *j* ahd. *henna*, also gothisch *hanjô*, abgeleitet — zwei ungemein primitive Bildungen;

6. Slaven und Litauer müssen bereits von einander gesondert gewesen sein, da sie den Hahn abweichend benennen;

7. das Volk der Slaven muss schon auf dem ursprünglichen Boden in die spätere nordost-südliche und die westliche Gruppe zerfallen sein, da *pietlŭ gallus* nur bei der ersteren, *kogut*, *kohut idem* vorzugsweise bei der letzteren erscheint, während das erstere Wort zugleich in der Bedeutung (der Sänger), nicht in der Etymologie mit dem litauischen und vielleicht mit dem germanischen zusammenstimmt;

8. die Slaven müssen nach ihrer Trennung von den Litauern in einem, auch durch andere Indicien sich verrathenden Zusammenhang mit medopersischen Stämmen (Skythen, Sauromaten, Alanen) gestanden haben, da das gemeinslavische *kurŭ*, *kura gallus*, *gallina*, zugleich persisch ist: *churu*, *churûh*, *churûs;*

9. das *tik*, *tyuk gallina* der Magyaren stimmt genau zu dem kurdischen *dik gallus* (bei Lerch, Forschungen II. 130. 122), welches selbst wieder arabisch ist; erhielten sie es, wie ihr Wort für den Begriff tausend, direkt von einem iranischen Volke, damals als sie noch jenseits der Wolga im Lande der heutigen Baschkiren sassen?

10. Eine seltsame Kette von Namen geht vom Kanal bis zum innersten Winkel der Ostsee oder vom französischen (nicht provençalischen) und aremorischen *coq* bis zum finnischen *kukko* und zu

anderen finnischen Stämmen, während ein ähnliches Wort (Küchlein) in etwas veränderter Bedeutung bei Niederdeutschen, Angelsachsen und Scandinaviern (nicht bei Hochdeutschen) herrscht, also auf dem angegebenen Parallel am Boden haftete;

11. keine Spur weist direkt nach Italien, sondern alle führen mehr oder minder deutlich nach dem Südosten des Welttheils, was nur bei iranischen, nie bei semitischen Kulturerwerbungen der Fall ist. Wäre uns das Alt-Thrakische und Alt-Illyrische oder Pannonische erhalten, so würden die Namensanklänge, die das Griechische gewährt, vielleicht zur vollen Identität werden;

12. das altbaktrische *kahrka* Huhn (zu erschliessen aus *kahrkâça* der Geier d. h. der Hühnerfresser) stimmt unmittelbar zusammen mit dem altirischen *cerc gallina*, Glosse bei Zeuss 2 p. 782: *cerc-dae, gallinaceus.* Dazwischen liegt das ossetische *kjark gallina* und die Glosse des Hesychius: *κέρκος· ἀλεκτρυών* (welche Benennung irgendwo auf der Hämus-Halbinsel Brauch gewesen sein muss), so wie vielleicht gothisch *hruk gallicinium*, mit dem dazu gehörigen Verbum *hrukjan.* Das Wort geht also quer durch das europäische Festland vom Pontus bis an den Kanal und jenseits desselben und stammt aus der Zeit, wo keltische Stämme von Gallien bis zum schwarzen Meer theils sich tummelten, theils sich bereits gelagert hatten. Die litauischen und slavischen Verba *karkti, karkati, krokati* bedeuten mehr krächzen, schnarren, und gehen, wie *graculus*, altn. *krâka, κρώζειν, crocire, crocitare* und eine Menge anklingender Ausdrücke auf das Genus *corvus;*

13. es war natürlich, dass mit dem Thier und seinem Namen auch die religiösen Begriffe, die daran sich knüpften, von Land zu Land wanderten. Die Redensart: den rothen Hahn aufs Dach setzen, nennt statt des Elementes den Vogel, der ihm geweiht und in der Anschauung verwandt war. Eine in dem Volumen decretorum des Bischofs Burchard von Worms (bei Panzer, Bayerische Sagen und Bräuche, I, S. 310) enthaltene Stelle, wonach es gefährlich ist, vor dem Hahnenruf Nachts das Haus zu verlassen, *eo quod immundi spiritus ante gallicinium plus ad nocendum potestatis habent, quam post, et gallus suo cantu plus valeat eos repellere et sedare quam illa divina mens, quae est in homine sua fide et crucis signaculo* — diese Stelle klingt wie ein direkter Bericht über den Glauben der alten Perser an die von ihnen Daêvas genannten *immundi spiritus* und an die Kraft des Hahnes, dieselben durch seine Stimme zu verscheuchen. Noch in Shakespeares Hamlet (Act 1, Scene 1) sagt

Horatio ganz ähnlich: »Ich habe gehört, dass der Hahn, der die Trompete des Morgens ist, mit heller Stimme den Gott des Tages weckt und dass bei seinem warnenden Ruf all die Geister, die in Wasser oder Feuer, in Luft oder Erde schweifen und irren, jeder an seinen Ort zurückschlüpfen.« Demselben Vorstellungskreise gehört es an, wenn der Vogel des Lichts bei Nacht der Nachtgöttin geopfert wird, Ov. Fast. 1, 455:

Nocte deae noctis cristatus caeditur ales.

Auch die slavischen Pommern verehrten den Hahn und fielen anbetend vor ihm nieder (die Citate bei Panzer a. a. O. S. 317); bei den Litauern werden Hahn und Henne der Erdgöttin geschlachtet (Matth. Praetorius, Deliciae prussicae, herausgeg. von W. Pierson, Berlin, 1871, S. 62), eben so bei Einsegnung der Häuser zuerst ins Haus gelassen: »diese werden gehegt und nicht geschlachtet noch gegessen, aber darum nicht vor Götter gehalten« (S. 37). In dem altindischen Gesetzbuch war das Essen von Hühnerfleisch nicht erlaubt (Lassen, Ind. Alterth. 1, 297), und auch die Mysten in Eleusis enthielten sich dieser Vögel, die der chthonischen Göttin, der Persephone, und der Demeter geweiht waren (Porphyr. de abst. 4, 16): in überraschender Weise berichtet Cäsar (a. a. O.) von den Britannen: *leporem et gallinam et anserem gustare fas non putant* —, die also mit dem Thier und seinem Namen auch die Scheu vor seiner Göttlichkeit mit übernommen hatten. Wie die Römer, wo keine wilden Vögel und Vogelschauer zur Hand waren, mit zahmen Hühnern sich halfen, so opferten auf Seeland die heidnischen Dänen alle neun Jahre neben Menschen, Pferden und Hunden auch Hähne, weil die Raubvögel nicht zu beschaffen waren, Thietmar von Merseburg bei Pertz Scriptt. III p. 739: *nonaginta et novem homines et totidem equos cum canibus et gallis pro accipitribus oblatis immolant* — was ihnen vielleicht kluge Sclaven aus dem Süden vor Alters an die Hand gegeben hatten. Wie ferner bei Plutarch de Is. et Osir. 61 Anubis sowohl über die Oberwelt, *τὰ ἄνω*, als unter dem Namen Hermanubis über die Unterwelt, *τὰ κάτω*, waltet und ihm in der ersteren Eigenschaft ein weisser, in der anderen ein safrangelber, gleichsam schwefelfarbiger, Hahn geopfert wird, so singt in der Völuspa, dem ältesten Theil der Edda, der goldkammige Hahn, Symbol des Lichtes, bei den Asen, der schwarzrothe, dämonische in der Unterwelt, in den Sälen der Hel (Völ. 35), und so unterscheiden die Volkssagen auch sonst zwischen dem weissen, rothen und schwarzen Hahn (s. Reinhold Köhler in der Germania XI, S. 85ff.). Die Russen unter Sviatosláv bringen nächtliche Todtenopfer bei Dorostolum am Ister, indem sie Säuglinge und Hähne erwürgen und sie dann in die Wogen des Stromes versenken (Leo Diac. 9, 6); auch bei der Bestattung des russischen Häuptlings, deren Verlauf uns Ibn-Foszlan (bei Frähn) ausführlich schildert, werden Hahn und Henne geschlachtet und dann zu dem Todten in das Schiff geworfen. Wenn es wahr ist, was in der Zeitschr. für d. Mythologie II. S. 327f. deducirt wird, dass der Hahn dem Donar, Thunar, Thôrr eigenthümlich gehört, so würde dieser deutsche Gott sich dem Çraosha oder einer entsprechenden Gestalt der vermittelnden Völker substituirt haben. Da die nordischen Stämme zur Zeit, wo dies neue, seltsame Hausthier bei ihnen erschien, noch in ganz elementarem Bewusstsein befangen lagen und das Gemüth sich der Eindrücke, die es erfuhr, nur in ahnender Bildersprache entäussern konnte, so wird ein mannigfacher Hahnenaberglaube seitdem auch spontan bei ihnen Wurzeln gefasst und sich ausgebreitet haben. Die Mythenvergleicher aber, die die wirkliche oder angebliche Uebereinstimmung von mythischen Vorstellungen, Namen, Sprüchen, Märchen, Zauberformeln, Gebräuchen u. s. w. der alten und neuen europäischen und asiatischen Völker zum Aufbau einer reichen und phantasievollen Urmythologie des indoeuropäischen Stammvolkes benutzen, sollten, wie sich auch hierbei wiederum ergiebt, drei Momente bei jedem Schritte sich gegenwärtig halten: erstens dass, so weit der Blick reicht, eine ungeheuere Kultur- und Religionsentlehnung Statt gefunden hat, zweitens dass dieselben Umstände und Lebensstufen auf den verschiedensten Punkten zu sehr verschiedener Zeit parallele Anregungen hervorriefen, drittens dass in gewissen Grenzen auch dem Zufall sein Recht werden muss.

Statt die Geschichte des Hahnes durch das Mittelalter zu verfolgen und durch alle fünf Welttheile zu begleiten, denn dies nützliche Hausthier ist selbst bis zu den Negern im innersten Afrika gedrungen, schliessen wir lieber mit den Worten des alten würdigen Thomas Hyde (*Veterum Persarum et Parthorum et Medorum religionis historia.* Ed. II. Oxonii 1760. 4°. p. 22): *Usque hodie gallinis adeo scatet Media, ut eo fere solo cibo et earum ovis (una cum carne ovina) excipiantur nostrates ibi peregrinantes. Ab illa regione jam utilissima haec avis per totum orbem multiplicatur. Hocque novisse juvat: nam rebus alienigenis longo tempôris tractu apud nos factis tamquam indigenis, unde primum venerint tandem igno-*

ratur; quod de multis plantis et arboribus verum et de animalibus haud paucis — Worte, die wir diesem ganzen Buche als Motto hätten voranstellen können [75]).

** Näheres über den iranischen Haushahn siehe jetzt bei W. Geiger, Ostiranische Kultur S. 365 ff. Frühzeitig scheint die Verehrung des Haushahns auch in Babylonien bekannt gewesen zu sein. Layard erhielt bei Babylon eine Gemme, auf dessen unterer Fläche ein geflügelter Priester oder eine Gottheit eingeschnitten ist, die in einer betenden Stellung vor einem Hahne auf einem Altar steht. Ein ganz ähnlicher Gegenstand findet sich auf einem Cylinder im britischen Museum, ein Priester in Opferkleidung, der an einem Tische steht, vor einem grösseren Altar und einem kleineren, auf dem sich ein Hahn befindet. Beidemal erscheint der Hahn von Osten, und über beiden Abbildungen schwebt ein Halbmond, vielleicht als Zeichen der schwindenden Nacht (vgl. Layard, Ninive und Babylon, übersetzt von Zenker S. 410, 411). Merkwürdig ist, dass, obgleich sonst das Haushuhn im alten Aegypten allerdings keine Rolle spielt, doch die Hieroglyphe *u* das deutliche Bild eines Hühnchens zeigt, was doch auf eine sehr alte Bekanntschaft mit dem Thiere hinzuweisen scheint (vgl. A. Wiedemann, Herodots II. Buch S. 545).

Eine sichere Deutung des griech. ἀλέκτωρ, ἀλεκτρυών ist noch nicht gefunden. Das späte *alka, halka* des Pehlewi (F. Justi, Bundehesch S. 272) ist bei der Erklärung fern zu halten (vgl. unten). Man hat das griechische Wort als Bernsteinvogel (ἤλεκτρον) deuten wollen, weil die ältesten auf griechischen Münzen gefundenen Hahnentypen, die Hühner von Himera in Sicilien (erstes Viertel des V. Jahrh.) und von Dardanos an den Dardanellen (vor d. Mitte des V. Jahrh.) eine grosse Uebereinstimmung mit dem Gallus Sonnerati in Nordindien zeigen sollen. Die eigenthümlichen glänzend-gelben hornartigen Gebilde an den Federn des Halses liessen sich aber mit Bernsteinschmuck vergleichen (s. Imhoof-Blumer und O. Keller, Thier- und Pflanzenbilder S. 35). Eine andere, aber äusserst gewaltsame Erklärung hat O. Keller (Lateinische Volksetymologie S. 195 f.) versucht. Am wahrscheinlichsten ist die neuerdings von P. Kretschmer (K. Z. XXIII, 560 ff.) gegebene Erklärung des griech. ἀλέκτωρ, ἀλεκτρυών, denen sich erst später ein ἀλεκτρύαινα Henne, ἀλεκτορίς Huhn zugesellt. Hiernach wären die genannten Wörter identisch mit den gleichlautenden Eigennamen des homerischen Epos, Alektor und Alektryon, die zu ἀλέξω, ἀλεξητήρ, ἀλκτήρ wehre ab, Kämpfer gehören. Man habe den Hahn seinem streitbaren Charakter entsprechend mit einem aus dem Epos in doppelter Form bekannten heroischen Namen benannt. Aehnlich sei Μέμνων ein Name des Esels, Καλλίας des Affen, Κερδώ des Fuchses, und genau entsprächen die Schicksale des frz. *renard* Fuchs aus Reinhart, der volksthümlichen Benennung des Thieres im altgermanischen Thierepos.

Was den Norden Europas betrifft, so wird die Anschaunng Hehn's von dem verhältnissmässig späten Auftreten des Haushahns daselbst durch den Umstand bestätigt, dass Ueberreste des Thieres bis jetzt prähistorisch nicht nachweisbar waren. Zu den auf S. 329—332 gezogenen sprachlichen Schlüssen ist folgendes zu bemerken:

Zu 4. Das finnische *kana* wird nicht vor der Lautverschiebung aus dem Germanischen entlehnt sein; es scheint vielmehr, dass das anlautende *k* nur Lautsubstitution für germ. *h*, *χ* ist (vgl. W. Thomsen, Ueber den Einfl. d. germ. Spr. S. 66). Zu 5. Es ist nicht wahrscheinlich, dass zu der Zeit, in welcher das Haushuhn bei den Germanen bekannt wurde, ihre Sprache noch einen Ablaut wie *hana*: **hôn* bilden konnte. Glaublicher ist, dass diese Wörter (vgl. ἠϊ-κανός und *ci-cônia*) zur Bezeichnung eines wilden Vogels uralt waren und dann auf den Haushahn übertragen wurden. Zu 7. Gegenüber dem Auseinandergehn der slavischen Sprachen in der Benennung des Haushahns fällt die Uebereinstimmung seiner Terminologie in den germanischen und keltischen (ir. *cailech*, cymr. *ceiliog*, corn. *chelioc*) Mundarten auf. Vielleicht darf man hieraus schliessen, dass das Thier eher im Westen und in der Mitte als im Osten unseres Erdtheils auftrat. Zu 8. In den angegebenen Zusammenhang scheinen auch die finnischen Ausdrücke wotjakisch *kurek*, syrj. *kurök* u. s. w. (Ahlqvist S. 20) zu gehören. Uebrigens ist die Entlehnung des slavischen Worts, das Archiv für slav. Spr. XI, 394 gleich lat. *corvus* gesetzt wird, aus dem Iranischen zweifelhaft. Auch P. Horn, Grundriss d. np. Etym. S. 106 scheint dieselbe nicht anzuerkennen. Vgl. daselbst auch kurd. *korôs* etc. Sicher aus dem Persischen entlehnt ist serb. *oroz* Hahn (Miklosich, Türk. Elem. S. 74). Zu 9. Das magyarische *tyuk* schliesst sich zunächst an das ostjakische *tavaχ* Huhn, dann an das turko-tat. *tavok*, *tauq* an (vgl. Donner, Vgl. W. d. f. Spr. I, S. 116). Ferner stellt sich hierzu kaukas. hürk. *daghwa*, woraus das kurdisch-arabische Wort wohl stammt (Tomaschek, Z. f. östr. Gymn. 1875 S. 524). Vgl. auch kurd *mami*, *mamir* zu kaukasisch laz. *mamuli* (Jaba-Justi S. 406) und das oben genannte *alka* des Pehlewi zu kaukas. *heleko*, *helk*, *alkuz* (Klaproth, Asia polyglotta S. 135). Zu 12. Hinzuzufügen ist Pamird. *körk*, afgh. *čirk*, kurd. *kurk*, *kêrge*, zu streichen got. *hrûk*, welches lautgesetzlich entweder zu griech. κραυγή oder zu κράζω, κρώζω gehört, vgl. auch altn. *hrókr* Seerabe, altengl. *hrôc* Mandelkrähe, ahd. *hruoh* Krähe (Kluge in Paul u. Braunes B. VI, 377). Dass die Benennungen von *gallus* und *corvus* in einander übergehn, zeigt auch das Verhältniss von *krähen: krähe*, engl. *crow* krähen: *crow* Krähe. Aehnlich wird der unter 10. genannte Lautcomplex *kuko-* auch zur Bezeichnung des Kukuks verwendet. Uebrigens können sowohl die Ableitungen von *kerk* wie von *kuku- kuko-* (vgl. Fick, Vergl. W. 4. Aufl. S. 384, 21) schon idg. Vögelnamen gewesen sein, die später auf den Haushahn übertragen wurden. Vgl. über die Geschichte des Haushahns neuerdings E. Hahn, Die Hausthiere S. 291 ff. (mehr in naturgeschichtlicher Beziehung) und mein Reallexicon u. *Hahn*, *Huhn*.

Die Taube.

Schon Homer erwähnt nicht selten der Tauben unter dem Namen πέλειαι, πελειάδες; aber nichts lässt vermuthen, dass er die Haustaube darunter verstanden habe. Die Tauben sind ihm das Bild des

Flüchtigen und Furchtsamen: so entzieht sich Artemis der Hera, die ihr den Köcher geraubt hat, Il. 21, 493:

Weinend aber entfloh sie zur Seite sofort, wie die Taube,
Die vom Habicht verfolgt in den Spalt des zerklüfteten Felsens
Schlüpft — nicht wars ihr beschieden des Räubers Beute zu werden.

Hector flieht vor Achilles, wie eine scheue Taube vor dem Falken, Il. 22, 139, wo das Gleichniss folgendermassen ausgemalt wird:

Wie im Gebirge der Falk, der geschwindeste unter den Vögeln,
Leicht im Schwunge des Flugs der schüchternen Taube sich nachstürzt;
Seitwärts flüchtet sie bang; dicht hinter ihr stürmt er beständig
Nach mit hellem Geschrei und brennt vor Begier sie zu fangen.

Daher auch das Adjectiv *τρήρων*, scheu, flüchtig, das Homer dem Namen der Tauben gern hinzufügt, wie Aeschylus Sept. 292 *πάντρομος πελειάς*, die ganz zitternde Taube, sagt. Auch als der schnellste Vogel erscheint die Taube in dem Sagenkreise von den Argonauten. Das Schiff Argo war, wie der Name sagt, wunderbar schnell, und wenn die Taube zwischen den zusammenschlagenden Felsen hindurchflog, durfte auch das Fahrzeug, das die Helden trug, unverletzt hindurchzusegeln hoffen. Daher vorher mit ihr die Probe gemacht werden soll, Apoll. Rh. Argon. 2, 328:

Macht vor Allem zuerst den Versuch mit dem Vogel, der Taube,
Lasst sie zuvor vom Schiff ausfliegen.

Aus der Argonautensage stammt denn auch in der Odyssee die Warnung der Circe vor den glatten Felsen, 12, 59:

Rechtshin sind zwei Felsen und hängen herüber, an diese
Donnert die mächtige Woge der bläulichen Amphitrite:
Die sind irrende Felsen genannt von den seligen Göttern.
Da fliegt selbst kein Vogel vorbei, ja schüchterne Tauben
Nicht einmal, die dem Vater, dem Zeus, Ambrosia bringen;
Auch von diesen sogar raubt allzeit eine die Felswand,
Und eine andere sendet, die Zahl zu ergänzen, der Vater.

So verderblich also sind diese Felsen, dass selbst die geschwinden Tauben ihnen nicht immer entgehen und Vater Zeus, dem sie Ambrosia bringen — sie schwingen sich als *διιπέτεις* durch die Himmelsbläue —, die verlorenen durch andere ersetzen muss. Auch bei den Tragikern ist die Taube schnell wie der Sturmwind und wie die Wuth oder die Rache, Soph. O. C. 1081:

εἴθ' ἀελλαία ταχύρρωστος πελειὰς
αἰθερίας νεφέλας
κύρσαιμι.

Eurip. Bacch. 1090 (die Mänaden stürzen auf den Pentheus):

ἦξαν πελείας ὠκύτητ' οὐχ ἥσσονες.

Noch schneller freilich ist der Habicht oder Falke, der der schnellste aller Vögel ist — da er ja auf die Tauben Jagd macht — und nur das Wunderschiff der Phäaken, das den schlummenden Odysseus nach Ithaka brachte, übertrifft ihn an Flüchtigkeit, Od. 13, 86:

Rastlos lief es und sicher dahin: kein kreisender Habicht
Flöge den Lauf ihm nach, der geschwindeste unter den Vögeln;
So hineilend und leicht durchschnitt es die Wogen des Meeres.

Griechenland war in Fels und Wald so reich an Tauben, Ringel-, Felsen-, Turteltauben, dass ihre Rolle in Gedicht und Sage nicht auffallen kann. Der Schiffskatalog bezeichnet das böotische Thisbe (Il. 2, 502) und das lacedämonische Messe (582) als πολυτρήρων, taubenreich, ebenso Aeschylus die Insel Salamis als πελειοθρέμμων, taubennährend (Pers. 309 Dindorf.). Drosseln und Tauben werden in Netzen oder Schlingen gefangen, die im Gebüsch aufgestellt sind, Od. 22, 468:

Wie bisweilen ein Zug breitschwingiger Drosseln und Tauben
Sich in der Schlinge verfängt, die aufgestellt im Gebüsch ist,
Wann sie zum Nest heimeilen; ein trauriges Lager empfängt sie —

und es kann daher nicht auffallen, wenn im 23. Buch der Ilias Achilles bei den Leichenspielen des Patroklus eine lebendige, an die Spitze eines Mastbaumes gebundene Taube als Ziel aufstellt: Teukros, der gefeierte Bogenschütze, schiesst zuerst, aber er vergisst, dem Apollo sein Gelübde zu thun, und trifft nur die Schnur; die befreite Taube strebt kreisend zum Himmel auf; da ergreift Meriones schnell den Bogen, betet, und holt den flüchtigen Vogel mit dem Pfeil vom Himmel herunter (Il. 23, 850 ff.). Daher die Taube auch das mythische Bild des der Fesseln sich entledigenden Gefangenen und Flüchtlings ist: die drei Töchter des Anius auf Delos, die Oino, Spermo und Elais, die Alles, was sie berührten, in Wein, Korn und Oel verwandelten und desshalb Oinotropoi genannt wurden, sollten von Agamemnon in Fesseln geschlagen und mit Gewalt nach Troja geschleppt werden, da verwandelten sie sich in Tauben und flogen davon (Ov. Metam. 13, 650 ff.). Dass endlich die Taube auch ein dämonischer weissagerischer Vogel ist, beweist das Orakel von Dodona: dort thaten Ringeltauben vom Gipfel der heiligen Eiche in ihrem Fluge und Girren, dem Geräusch ihrer Flügel, ihrem Kommen und Gehen, Aufsteigen und Niederstürzen die Zukunft und den Willen des Zeus kund, wie ja Vögelorakel auch in dem gegenüberliegenden, in Vielem dem epirotischen Lande so verwandten Italien ein uralter Brauch waren und wie die Veneter den Dohlen Kuchen auf dem Felde hinzustellen pflegten, damit sie die Saat verschonten (Theopompus bei Müller Fr. 143).

An allen angeführten Stellen des Epos wird die Taube *πέλεια* genannt (im Plural auch *πελειάδες*); nur einmal kommt bei Homer das später übliche *φάσσα* vor und zwar als erster Bestandtheil des Adj. *φασσοφόνος*, taubenmordend, Prädikat des Habichts (Il. 15, 237). Ein dritter Ausdruck, *φάψ*, Gen. *φαβός*, findet sich zuerst bei Aeschylus, fragm. 206 Nauck.:

σιτουμένην δύστηνον ἀθλίαν φάβα,
μέσακτα πλευρὰ πρὸς πτύοις πεπλεγμένην —

also die vom Korn naschende, unglückliche Taube, der mit der Worfschaufel die Knochen zerschmettert werden. Die spätere wissenschaftliche Zoologie (bei Aristoteles, Anim. hist. 5, 13, 2) unterscheidet mit diesen Namen die besonderen Arten Tauben und fügt noch *οἰνάς* (wörtlich: die Weintaube) und *τρυγών* (die Turteltaube, vom Girren, *τρύζω*, benannt, zuerst bei Aristophanes in den Vögeln) hinzu: in der Urzeit gingen diese Benennungen wohl ohne Unterschied je nach der Landschaft oder nach einer der Eigenschaften des Thiers, die grade in das Bewusstsein des Redenden fiel, auf das Geschlecht der wilden Tauben überhaupt, denn die dodonäische *πέλεια*, die in den Bäumen wohnte, *Columba Palumbus*, kann unmöglich mit der *πέλεια*, die bei Homer in einen Felsspalt schlüpft, *Columba livia*, dieselbe gewesen sein. Der eigentliche Name für die Haustaube, und damit diese selbst, tritt erst in der spätern attischen Sprache auf, zuerst bei Sophokles (Fr. 781 Nauck., wo sie deutlich als *οἰκέτις* und *ἐφέστιος* bezeichnet ist), dann bei den Komikern und bei Plato: *περιστερός*, *περιστερά*, Täuberich, Taube, *περιστεριδεύς*, *περιστερίδιον*, *περιστέριον* Täubchen, *περιστερεών*, der Taubenschlag — neue Wörter, die der dorische Dialect, der fortfuhr *πελειάς* zu sagen, gar nicht annahm (Sophron bei Athen. 9, p. 394). Woher nun kam den Griechen in so später Zeit dies freundliche Hausthier, das gegen das Ende des 5. Jahrhunderts vor Chr. in Athen schon ganz gewöhnlich ist? und war die zahme Taube etwa identisch mit einer der in Griechenland lebenden wilden Arten? — Sehen wir uns zur Beantwortung dieser Fragen zuerst, wie gewöhnlich, in der semitischen Welt um.

Dass in den syrischen Städten die Taube der dort unter verschiedenen Namen verehrten weiblichen Naturgottheit, die die

Griechen Aphrodite nennen, heilig war und bei ihren Tempeln in dichten Schaaren gehegt wurde, ist eine von den verschiedensten alten Schriftstellern bezeugte Thatsache. Xenophon, als er im Heere des jüngeren Cyrus mit andern griechischen Söldnern Syrien durchzog, fand, dass die Einwohner die Fische und die Tauben als göttliche Wesen verehrten und ihnen kein Leid anzuthun wagten, Anab. 1, 4, 9: »welche (die Fische) die Syrer für Götter hielten und ihnen kein Leids anthaten, so wenig als den Tauben.« Nach Pseudo-Lucian. de Syria dea 54 waren in Hierapolis oder Bambyce die Tauben so heilig, dass Niemand eine derselben auch nur zu berühren wagte; wenn dies Jemandem wider Willen widerfuhr, dann trug er für den ganzen Tag den Fluch des Verbrechens; daher auch, fügt der Verfasser hinzu, die Tauben mit den Menschen ganz als Genossen leben, in deren Häuser eintreten und weit und breit den Erdboden einnehmen. Ganz dasselbe berichtet der Jude Philo (bei Euseb. praep. evang. 8, 14) von Askalon, dem Ursitz der *'Αφροδίτη Οὐρανίη* oder der Astaroth: »ich fand dort, sagt er wörtlich, eine unzählige Menge Tauben auf den Strassen und in jedem Hause, und als ich nach der Ursache fragte, erwiderte man mir, es bestehe ein altes religiöses Verbot, die Tauben zu fangen und zu profanem Gebrauch zu verwenden. Dadurch ist das Thier so zahm geworden, dass es nicht bloss unter dem Dache lebt, sondern ein Tischgenosse des Menschen ist und dreisten Muthwillen treibt.« Die Tauben der paphischen Göttin auf Cypern, die *Paphiae columbae*, die im Tempel ein- und ausflogen, ja sich selbst auf das Bild der Göttin setzten, sind so bekannt, selbst aus Münzen und Gemmen, dass es der Anführung eines besonderen Zeugnisses nicht bedarf. Da nun die Astarte von Askalon in sehr alter Zeit nach Kythera und Lacedämon, überhaupt die semitische Aphrodite nach Korinth und an die verschiedensten Punkte der griechischen Küste verpflanzt wurde und Cypern schon frühe das Ziel griechischer Seefahrten und Niederlassungen war, so musste, wie man denken sollte, auch die Taube, das Symbol und der Liebling der Göttin, mit ihr selbst und eben so frühe nach Griechenland gekommen und bei ihren Heiligthümern Gegenstand der Zucht und Pflege geworden sein. Davon aber giebt es durchaus keine Ueberlieferung. In dem homerischen Hymnus auf Aphrodite finden sich die Tauben nicht erwähnt: die Göttin betritt ihren duftenden Tempel auf der Insel Cypern, sie wird von den Chariten mit dem unsterblichen Oel gesalbt, mit herrlichen Gewändern bekleidet und mit goldenem Geschmeide geschmückt und schwingt sich dann, Cypern verlassend, hoch durch die Wolken nach dem quellenreichen Ida. Und auch am Schlusse des Hymnus heisst es bloss: sie entschwebte zum wehenden Himmel: ἤϊξε πρὸς οὐρανὸν ἠνεμόεντα. Auch in den kleineren Hymnen V und IX bezieht sich keines der der Göttin gegebenen Prädikate auf ihre Tauben; sie heisst χρυσοστέφανος, ἰοστέφανος, ἑλικοβλέφαρος, γλυκυμείλιχος, Σαλαμῖνος ἐϋκτιμένης μεδέουσα καὶ πάσης Κύπρου, ἣ πάσης Κύπρου κρήδεμνα λέλογχεν εἰναλίης u. s. w. In der uns durch Dionysius von Halikarnassus de compos. verb. erhaltenen Ode der Sappho, die mit den Worten beginnt:

Ποικιλόθρον' ἀθάνατ' Ἀφρόδιτα,

wird der Wagen der Göttin nicht von Tauben oder Schwänen, sondern von schnellen Sperlingen durch den Himmel gezogen (fr. 1. Bergk.):

καλοὶ δὲ σ' ἆγον
ὤκεες στροῦθοι περὶ γᾶς μελαίνας
πύκνα δινεῦντες πτέρ' ἀπ' ὠράνω αἴθερος
διὰ μέσσω.

Von einer Erwähnung der Tauben bei derselben Sappho berichtet das Scholion zu Pindar Pyth. 1, 10: bei Pindar nämlich sitzt der Adler auf dem Scepter des Zeus, die Flügel sinken lassend: ὠκεῖαν πτέρυγ' ἀμφοτέρωθεν χαλάξαις; umgekehrt, sagt der Scholiast, äussert sich die Sappho über die Tauben:

Ταῖσι δὲ ψῦχρος μὲν ἔγεντο θῦμος,
πὰρ δ' ἴεισι τὰ πτέρα (fr. 16 Bergk.)

Wir wissen weder, mit welchem Worte hier die Tauben bezeichnet waren, noch ob sie als Attribut eines Gottes oder einer Göttin vorkamen; da ihnen ein kaltes Gemüth zugeschrieben wird, können nur die wilden, nicht die kyprischen gemeint gewesen sein. In der ganzen übrigen Lyrik bis auf Pindar hinab — so weit sie uns in Bruchstücken und Nachrichten erhalten ist — fehlt die Taube durchaus.

Dies späte Erscheinen des nachher in Kunst, Religion und Leben so verbreiteten Vogels hat seinen Grund offenbar in dem gleichen Vorgang in Syrien, Palästina und Cypern. Auch dort geht die zahme Taube nicht in frühes Alterthum hinauf, sondern wurde erst Symbol der Astarte und Aschera, als in Folge von Eroberungszügen und Handelsverkehr der Dienst dieser Göttinnen mit dem der wesensgleichen centralasiatischen Semiramis verschmolz. Semiramis war als Taube gedacht und bedeutete so viel als Taube, Diodor 2, 4: »Semiramis ist in der Sprache der Syrer so nach den Tauben benannt, die seit jener Zeit von allen Bewohnern Syriens als Göttinnen verehrt werden.« Hesych. *Σεμίραμις· περιστερὰ ὄρειος Ἑλληνιστί.* Sie wurde in Askalon von ihrer Mutter, der Fischgöttin Derketo, gleich nach der Geburt ausgesetzt, von Tauben genährt, vom Hirten Simmas, der sie nach seinem Namen benannte, auferzogen; dann trat sie in Ninive als herrliche Kriegerin auf und verwandelte sich zuletzt in eine Taube und flog mit Tauben davon (Diod. 2, 20 nach Ktesias). Nach Hygin. fab. 197 fiel vom Himmel ein ungeheures Ei in den Euphrat; Fische wälzten es an das Ufer, Tauben brüteten es aus, und es ging die Venus daraus hervor, die später die dea Syria genannt wurde; daher die Syrer auch Fische und Tauben für heilig halten und nicht essen. Der Taubendienst kam also vom Euphrat nach Vorderasien, ebenso die Anschauung der Naturgöttin als Taube. Im Alten Testament findet sich die erste einigermassen sichere Erwähnung der zahmen Taube bei Pseudo-Jesaias 60, 8: »Wer sind die, welche fliegen wie die Wolken und wie die Tauben zu ihren Fenstern (Gittern d. h. zum Taubenschlage)?« Diese Partie des Jesaias ist in der Epoche des Exils geschrieben, und um diese Zeit, nach den babylonischen Eroberungszügen, mag sich auch die Aneignung der Taubenzucht in Vorderasien und die Aufnahme des zärtlichen Vogels in den syrisch-phönizischen Kultus und als Tempelbewohner schrittweise vollzogen haben. Sollten die Taubengleichnisse in dem Hohen Liede nicht anders als von zahmen Tauben verstanden werden können — was wir dahin gestellt sein lassen —, dann könnte auch dies Gedicht, dessen Zeitalter ungewiss ist, nicht höher hinaufgerückt werden. (Nach H. Grätz, das Salomonische Hohelied, Wien 1871, fiele es erst in die macedonisch-griechische Zeit, nach S. J. Kämpf, das Hohelied, Prag 1877, in die vorexilische Epoche und zwar weil die Stimmung darin eine freudige ist!) Auch auf der späteren Königsburg in Jerusalem, die im allgemeinen Brande unterging, waren nach Josephus b. j. 5, 4, 4 »viele Thürme zahmer Tauben«.

Von den syrischen Küsten, doch auf einem Umwege, kam dann die Haustaube mit dem Beginn des fünften Jahrhunderts auch den Griechen zu — wie uns ein merkwürdiges Zeugniss belehrt, das nur richtig verstanden werden muss. Charon von Lampsakus, der Vorgänger des Herodot, berichtete in seinen *Περσικά*, zu der Zeit, wo die persische Seemacht unter Mardonius bei Umschiffung des

Vorgebirges Athos zu Grunde ging, also zwei Jahre vor der Schlacht bei Marathon, seien zuerst in Griechenland die weissen Tauben erschienen, die bis dahin unbekannt waren (Athen. 9. p. 394). Was ist hier unter weissen Tauben gemeint? Nichts anderes als Haus- und Tempeltauben edler Race, wie die wilden als schwarze, graue, aschfarbene, fahle gedacht und danach genannt werden, und zwar nicht bloss bei den Griechen, sondern auch in den Sprachen der urverwandten europäischen Völker. Den Tauben von Dodona legt Herodot ausdrücklich schwarze Farbe bei, 2, 55 und 57, wenn er auch das schwarze Gefieder, sowie das ganze Taubenorakel, bereits in der Weise der jüngeren Zeit rationalistisch deutet. Den Namen des Vogels *πέλεια* erklärten schon die Alten aus dem Adjectiv *πελός, πελιός, πελλός, πολιός* grau (womit einverstanden ist Pott, Zeitschr. 6, 282); dasselbe Wort ist das lateinische *palumbus* oder *palumbes*, auch *palumba*, dessen erweiterte Form aus dem ursprünglich auf das *l* folgenden *v* mit hinzutretender Nasalirung entstand, wie in *pallidus, pullus* das doppelte *l* aus Assimilation. Ganz so stammt das czechische (auch polnische und russische) *siwák*, die wilde Taube, aus *siwý* = *caesius, glaucus*, das gleichbedeutende russische *sizjak* aus *sizyi* bläulich, das französische *biset*, die Holztaube, aus *bis* schwärzlich. Nicht anders ist auch das deutsche Taube, goth. *dubo*, ags. *dûfe*, altn. *dûfa* mit dem Adjectiv *daubs*, taub, stumm, blind, düster, dunkelfarbig, zusammenzustellen, für welche letztere Bedeutung das Keltische willkommene Bestätigung bietet: altirisch *dubh niger, dub atramentum, Dubis* der Schwarzbach (Zeuss[2] p. 14). Im Gegensatz dazu wird die asiatische, der Aphrodite geweihte Taube wegen ihres zart weissen, in hellen Farben schillernden Gefieders durchgängig die weisse, *λευκή*, *alba*, *candida* genannt. Der Komiker Alexis bei Athen. 9, p. 395:

λευκὸς Ἀφροδίτης εἰμὶ γὰρ περιστερός.

Catull. 29, 9:

ut albulus columbus aut Adoneus.

Tibull. 1, 7, 16:

Quid referam, ut volitet crebras intacta per urbes
Alba Palaestino sancta columba viro.

Ovid. Metam. 2, 536 (vom Raben, der früher schneeweiss war wie die Taube):

Nam fuit haec quondam niveis argentea pennis
Ales, ut aequaret totas sine labe columbas.

Martial. 8, 28 (der Dichter richtet das Epigramm an eine ihm geschenkte Toga und rühmt die Reinheit ihrer weissen Farbe durch Vergleichung mit der Lilie, der Ligusterblüte, dem Elfenbein, dem Schwan, der paphischen Taube und der Perle), v. 11:

Lilia tu vincis nec adhuc delapsa ligustra
Et Tiburtino monte quod albet ebur.
Spartanus tibi cedet olor Paphiaeque columbae,
Cedet Erythraeis eruta gemma vadis.

Apulej. Met. 6, 6, p. 175: *de multis quae circa cubiculum dominae stabulant procedunt quatuor candidae columbae et hilaris incessibus picta colla torquentes jugum gemmeum subeunt susceptaque domina laetae subvolant.* Sil. Ital. 3, 677 lässt im Anschluss an Herodot und zugleich einigermassen im Widerspruch mit ihm, also vielleicht nach Pindar, der in seinem Päan an den dodonäischen Zeus derselben Stiftungssage erwähnt hatte, ursprünglich zwei Tauben aus dem Schoss der Thebe ausfliegen: die eine schwingt sich nach Chaonien und weissagt auf dem Wipfel der Eiche von Dodona; die andere, weiss mit weissen Flügeln (jene erste war also schwarz oder grau) strebt über das Meer nach Afrika und gründet als Vogel der Cythere das ammonische Orakel:

Nam cui dona Jovis non divulgata per orbem,
In gremio Thebes geminas sedisse columbas?
Quarum Chaonias pennis quae contigit oras,
Implet fatidico Dodonida murmure quercum.
At quae Carpathium super aequor vecta per auras
In Libyen niveis tranavit concolor alis,
Hanc sedem templo Cytherēïa condidit ales.

Die λευκαὶ περιστεραί des Charon von Lampsakus waren also zahme Tauben, die beim Schiffbruch der persischen Flotte am Athos von den scheiternden Fahrzeugen sich ans Land gerettet haben mochten und den Einwohnern in die Hände fielen. Da die Perser nach Herodot 1, 18 die assyrisch-babylonischen λευκὰς περιστεράς — auch Herodot nennt sie λευκαί — als der Sonne feindlich verabscheuten und in ihrem Lande nicht duldeten, so werden es phönizische, cyprische, cilicische Schiffer gewesen sein, die mit Idolen ihrer Göttin auch die Tauben derselben mit sich führten. Ein halbes Jahrhundert später ist unter den Athenern, die mit Thrakien in lebhaftem politischen und Handelsverkehr standen, die Taube unter dem Namen περιστερά, der vielleicht auch aus jener nördlichen Gegend stammt, ein verbreitetes Hausthier und wird, wie im Orient, zu schnellen

Botschaften gebraucht, Pherecr. bei Ath. 9, p. 395 (Meinecke, fr. com. gr. II, 1, 266):

ἀπόπεμψον ἀγγέλλοντα τὸν περιστερόν.

Der um dieselbe Zeit lebende Aeginet Taurosthenes sandte seinem Vater von Olympia aus durch eine Taube Botschaft von seinem Siege, die noch an demselben Tage nach Aegina gelangte, Ael. V. H. 9, 2. Müller, Aegin. p. 142 Anm. Dass von nun an die Tauben der Aphrodite untrennbar gehörten, dass sie in deren Heiligthümern gehegt, ihr als Geschenk dargebracht wurden, in Wirklichkeit und in Marmor, dass Tauben unter Liebenden eine bedeutungsvolle Gabe bildeten, das Alles ist aus bildlichen Darstellungen und Erwähnungen der Dichter allbekannt.

Italien machte mit der Haustaube wohl durch Vermittelung des Tempels von Eryx in Sicilien zuerst Bekanntschaft. Auf diesem Berge, einem alten phönizischen und karthagischen Cultussitze, wohnten Schaaren weisser und farbiger, schmeichlerischer, girrender Tauben, der dort verehrten grossen Göttin geweiht und an deren Festen theilnehmend. Zog die Göttin am Tage der *Ἀναγώγια* fort nach Afrika, dann verschwanden mit ihr auch ihre Tauben; erschien nach neun Tagen die erste Taube wieder, dann war auch die Göttin nahe, und es brach das lärmende Freudenfest der *Καταγώγια* an (Athen. 9. p. 394. Ael. N. A. 4, 2). In der traurigen Zwischenzeit der neun Tage mochten die Tauben wohl in ihren Kammern verschlossen gehalten werden. Vom Eryx stammen denn auch die *Σικελικαὶ περιστεραί*, die in Theophrast Charakteren V. der Selbstgefällige neben Affen sich anschafft. Den Vogel nannten die sicilischen Griechen, als sie ihn zuerst erblickten, *κόλυμβος*, *κολυμβί* (vergl. *κολυμβάω*), wie wir aus dem lateinischen *columba*, *columbus* schliessen. Schwärzlich nämlich war die die Uferklippen, Felsenzinnen und Kronen hoher Bäume bewohnende wilde Taube im Gegensatz zu den Wasser und Schwimmvögeln, welche letztere die weissen hiessen: z. B. ahd. *alpiz*, ags. *älfet*, altn. *âlft*, sl. *lebedĭ*, identisch mit lat. *albus*, gr. *ἀλφός*. Das griechische *κόλυμβος* (gebildet wie *κόρυμβος* und *palumbus*) hat sein Analogon im litauischen *gulbě* der Schwan, altir. *gall idem* (Cormac p. 84) und da es also den weissen Wasservogel bedeutet, so lag es nahe, auch den weissen Vogel der Aphrodite so zu benennen, die ja selbst eine pelagische Göttin ist und deshalb auch den Schwan liebte. In Italien wurde der schöne Vogel erst allmählig näher bekannt und seine Zucht zur allgemeinen Sitte. Wir brauchten sonst, sagt Varro, ohne Unterschied *columbae* von den Männchen und Weibchen, erst später, da der Vogel in unseren Häusern gewöhnlich ward, lernten wir den *columbus* von der *columba* unterscheiden, de l. l. 9, 38. Spengel: *Nam et cum omnes mares et feminae dicerentur columbae, quod non erant in eo usu domestico quo nunc, contra propter domesticos usus quod internovimus, appellatur mas columbus, femina columba.* Aus den scriptores rei rusticae, zuerst aus Varro, 3, 7, ersehen wir, dass auch eine Art der einheimischen Taube, das *genus saxatile*, also die Felsentaube, italienisch *sassajuolo*, in den Villen zu einer Art halber Zähmung gebracht war: diese Tauben bewohnten die höchsten Thürme und Zinnen des Landhauses, kamen und gingen und suchten im Uebrigen ihr Futter frei im Lande. Die andere Art, fügt Varro hinzu, ist zahmer und lebt nur von dem innerhalb des Hauses gereichten Futter: sie ist hauptsächlich von weisser Farbe, während jene wilde Taube gemischten Gefieders, ganz ohne Weiss ist. Diese völlig domesticirte weisse Taube — offenbar die aus Babylonien stammende kypriotisch-syrische — wurde dann auch mit der einheimischen grauen Art zusammengebracht und eine Mischung erzeugt, *miscellum tertium genus*, von der in den grossen Taubenhäusern *περιστερεών* oder *περιστεροτροφεῖον* genannt, oft bis auf 5000 Stück versammelt waren (Varro l. l.). Den Unterschied beider Arten, der *κατοικίδιοι* oder Haustauben und der *βοσκάδες*, *ἄγριαι* oder Feldtauben, kennt auch Galenus, der noch hinzusetzt, bei ihm zu Hause d. h. in der Gegend von Pergamum in Kleinasien erbaue man auf dem Lande Thürme zum Anlocken und Unterhalten der letztgenannten (*de compositione medicamentorum per genera*, II. 10, T. XIII. p. 514 Kühn). Diese Halbzucht der wilden Taube mochte nicht bloss in Kleinasien, sondern im Orient überhaupt und in Aegypten sehr alt sein. Wenn das mosaische Gesetz Vorschriften über Taubenopfer giebt, die Hebräer aber sonst wilde Thiere nicht opfern, so müssen in dem taubenreichen Kanaan solche Anstalten zur Anlockung der *columba livia* und auch der Turteltaube frühzeitig bestanden haben. Auch in der Sage von Noah und seinem Kasten scheinen die Taube, welche wiederkehrt, und der Rabe, welcher ausbleibt, nicht bloss den Gegensatz der Farbe, sondern auch den der Zahmheit und Wildheit ausdrücken zu sollen. Eben so in Aegypten. Zwar bei der Krönungsscene, die Wilkinson hat abbilden lassen (Second series, pl. 76), können die vier Tauben, die als Symbol weitreichender Herrschaft nach den vier Weltgegenden ausfliegen, der Natur der Sache nach nur wilde gewesen sein, die der Bande entledigt das Weite suchen, aber das von Brugsch (die ägyptische Gräberwelt, S. 14) beschriebene Wirthschaftsbild enthält wirklich Tauben, die gefüttert werden. Man bemerke übrigens, dass die beigefügten Inschriften sagen sollen: »die Gans wird gefüttert,« »die Ente erhält zu fressen,« »die Taube holt sich Futter« — welcher letztere Ausdruck auf die ebenso schüchterne, als gierige Feldtaube trefflich passt. Aber die Taube der Semiramis, die von Askalon und unsere Farben- und Racentaube — verschieden von den sogenannten Feldflüchtern — kann in so alter Zeit in Aegypten nicht vorhanden gewesen sein, da sie dann auch in der asiatisch-europäischen Kulturwelt nicht so spät erschienen wäre.

Von Italien ging mit der Macht und Kultur des römischen Reiches die Haustaube über ganz Europa aus. Die keltischen Namen für dieselbe (altirisch *colum*, wälsch und altkornisch *colom*, bretonisch *koulm*, *klom*) sind dem Lateinischen entlehnt, eben so die slavischen (*goląbĭ* u. s. w.). Dem Christenthum diente ihr Bild frühe zum Ausdruck der neuen Religion und der damit verbundenen Seelenstimmung; die Taube war ein reiner, frommer Vogel, einfältig und ohne Falsch; in ihrer Gestalt stieg der heilige Geist nieder; beim Tode des Gläubigen schwang sich die Seele als Taube zum Himmel. Man sieht sie in den ältesten christlichen Katakomben häufig abgebildet, und in den Heiligenlegenden des Mittelalters ist sie das sichtbare Zeichen der Einwirkung des Geistes von oben. Als der Frankenkönig Chlodwig sich in Rheims taufen liess, da brachte eine Taube dem h. Remigius — wie Hincmar im Leben des Heiligen erzählt — das Oelfläschchen zur Salbung vom Himmel herab. Es war seit den Zeiten der Kirchenväter ein allgemeiner Glaube, dass die Taube keine Galle habe; daher z. B. bei Walther von der Vogelweide 19, 13 Lachm.:

rôs âne dorn, ein tûbe sunder gallen.

Der Papst verschenkte, wie die Rose, so auch das Bild der Taube. Den europäischen Naturvölkern war die graue Taube, wie sie in der Wildniss lebt, ein düsterer vorbedeutender Vogel, vielleicht auch ein Leichen- und Trauervogel gewesen (Grimm, DM.[2] S. 1087f. und daselbst die Stelle aus Paulus Diaconus 5, 34): ihr trat jetzt, wie dem Heidenthum das Christenthum, die anmuthige und zärtliche, mit dem Menschen lebende und aus der Hand des Menschen ihre Speise nehmende, weisse, fremdländische Taube gegenüber. Im Westen war indess die Taube immer auch ein Hausvogel, dessen Mist und Federn verwandt wurden und der wie Gans, Ente und Huhn zum Essen diente; in den Gemeinden der anatolischen Kirche aber bildete sie in Anknüpfung an altorientalische Vorstellungen einen Gegenstand religiöser Verehrung und abergläubischer Skrupel. In Moskau und den übrigen Städten des weiten Russlands werden überall Schaaren von Tauben von den Kaufleuten unterhalten und genährt, und einen der heiligen Vögel zu tödten, zu rupfen und zu essen wäre eine Art Schändung des Heiligen und würde dem Thäter übel bekommen — ganz wie einst zur Zeit Xenophons und Philos in Hierapolis und Askalon. In dem halbgriechischen Venedig bewohnen noch jetzt Schwärme von Tauben die Kuppeln der Markuskirche und das Dach des Dogenpalastes, treiben, von Niemandem gekränkt, auf dem Markusplatze ihr Wesen und erhalten zur bestimmten Stunde auf öffentliche Kosten ihr Futter gestreut. Die neueuropäische Taubenzucht theilt sich zwar noch in die beiden varronischen Zweige, aber die Arten und Varietäten der eigentlichen Haustaube, der sogenannten Racen- oder Farbentaube, haben sich in Folge der Züchtung und des umfassenden Weltverkehrs ins Unübersehbare vermehrt, wie jeder zoologische Garten und jede Taubenausstellung beweist. Im Orient werden noch jetzt, wie ältere und neuere Reisende berichten, ungeheure Taubenhäuser unterhalten, deren Hauptwerth in der Erzeugung des für die Gartenkultur unschätzbaren Taubenmistes besteht: sie mögen noch dieselbe *columba livia* enthalten und noch die Form und Grösse haben, wie die, deren Galenus an der o. a. Stelle erwähnt und die wir in Aegypten und Palästina voraussetzten. Auch bei Moscheen und Heiligthümern, in Mekka und anderswo, unterhalten die Muhammedaner gern Tauben, die ihnen, wie den orientalischen Christen, fromme, dem Reiche Gottes angehörende Vögel sind: eine Taube war es gewesen, die dem Propheten Alles ins Ohr flüsterte, was sie gesehen und erspäht hatte. Zu keiner Zeit aber, weder im Westen noch im Osten, hat die Taube im wirthschaftlichen Leben der Menschen die Bedeutung erreicht wie das Haushuhn[76]).

** Der Glaube, dass der Taube, der schwarzen, wilden Taube, die Gabe der Weissagung innewohnt, kehrt auch auf arischem Gebiet wieder. Schon im Rigveda kündet der Vogel Verderben an und wird als Bote der *Nirriti*, des Genius des Verderbens, und des Yama, des Todtengottes bezeichnet (Rgv. X, 165). Die Veranlassung zu dieser wohl bereits indogermanischen Auffassung der Taube mag theils in ihrem schwarz-grauen Gefieder, theils in ihrer klagenden, auch auf anderen Völkergebieten bemerkten Stimme gelegen haben, wie es schon in sumerischen Busspsalmen (vgl. F. Hommel, Die Semiten S. 321) heisst: »Wie eine Taube klagt er« oder »wie eine Taube klage ich und zergehe in Seufzen«. — Dem Verhältniss von griech. πέλεια Taube zu πελιός schwärzlich, womit sich lat. *palumbus* (alb. *pelúm*, daneben *palaré* vgl. G. Meyer, Et. W. S. 331) wegen seiner abweichenden und auffallenden Wortbildung (Anlehnung an *col-umba?*) nur schwer vereinigen lässt, entspricht ferner das von scrt. *kapôta*, npers. *kapûtar* Taube: npers. *kabûd* blau (vgl. Anm. 76), osset. *aχsinak* Taube: ostiran. *aχšaena* blauschwarz (Hübschmann, Osset. Spr. S. 26, Z. d. d. M. G. 38, 427), lit. *karszulis* Taube: scrt. *kṛšṇa* schwarz (Feist in Paul und Braunes B. XV, 548). Umgekehrt heisst die Taube die »weisse« auch in armen. *aλauni:* lat. *albus*, griech. ἀλφός, osset. *balon*, *balan:* lit. *bálti* weiss werden, griech. φαλός (Bugge in Kuhns Z. 32, 1). Als Entlehnung aus lat. *columba* darf wohl auch ags. *culufre*, engl. *culver* gelten; das Verhältniss von *columba* selbst einerseits zu slav. *goląbĭ*, andererseits zu lit. *gulbē* Schwan ist noch nicht genügend aufgeklärt. Wichtig dafür sind auch die Formen altpr. *golimban* blau, klruss. *holub* (Miklosich, Et. W.). Vgl. über alle diese Wörter neuerdings Holthausen I. F. X, 112.

Die Annahme Hehns (oben S. 340), dass in der vorderasiatisch-griechischen Welt die Taube erst verhältnissmässig spät Symbol der Astarte-Aphrodite geworden sei, wird sich neueren Funden gegenüber schwer halten lassen. In dem dritten Grabe von Mykenae wurden zwei Goldbleche entdeckt, die das Bildniss weiblicher Gottheiten enthalten, auf deren Haupte eine Taube sitzt. In dem einen Fall fliegen ausserdem von jedem Arme eine Taube aus. Es kann nicht bezweifelt werden, dass wir in der Gottheit Astarte-Aphrodite zu erblicken haben. Fünf andere Goldbleche aus dem III. und V. Grabe stellen ein von Tauben umgebenes Gebäude dar, das an den Aphroditetempel von Paphos erinnern soll (vgl. W. Helbig, Homerisches Epos 2. Aufl. S. 33, Schuchhardt, Schliemanns Ausgrabungen S. 226). Auf einem elfenbeinernen Spiegelgriff (vgl. Tsountas and Manatt The Mycenaean age S. 187) sind zwei weibliche Gestalten dargestellt, von denen jede eine Taube mit ausgebreiteten Flügeln und ausgestrecktem Halse auf dem Arme hält. — Eine schöne Bestätigung der Benutzung des Taubenmotivs in der bildenden Kunst, auf welche die Beschreibung des Bechers des Nestor (Il. 11, 632 ff.: δοιαὶ δὲ πελειάδες ἀμφὶς ἕκαστον χρύσειαι νεμέθοντο) hinwies, ist durch den Fund eines mykenischen Goldbechers (Helbig, Homerisches Epos S. 371) gegeben. Der diesen Kunstwerken zu Grunde liegende Gedanke, dass Tauben vertraulich sich dem Becher des Menschen nahen, scheint auch mehr auf ein gezähmtes, denn auf ein wildes Thier hinzuweisen. — In Griechenland muss, worauf zahlreiche Münzen deuten, Sikyon eine Hauptstätte der Taubenzucht und des Aphroditekultus gewesen sein (Imhoof-Keller S. 33). — In den semitischen Ländern scheint schon in der vorsemitisch-sumerischen Kultur die Taube in einem gewissen Verhältniss zum Menschen gestanden zu haben (»Die Krankheit des Hauptes fliege davon, wie eine Taube zu ihrem Schlage«, F. Hommel, Die Semiten S. 401, 402). Auch in dem keilinschriftlichen Sintfluthbericht (E. Schrader, Die Keilinschriften und das alte Testament 2. Aufl. S. 63) erscheint Taube (**samâmu-summatu*) und Rabe ganz wie in der Bibel. — Ueber die Taube bei Griechen und Römern vgl. jetzt auch Lorentz, Die Taube im Alterthum, Progr. Wurzen 1886, über die Geschichte des Vogels im allgemeinen E. Hahn Die Hausthiere S. 331 ff. und mein Reallexicon unter Taube.

An die beiden im Obigen behandelten, zu historischer Zeit aus Asien nach Griechenland versetzten Hausvögel schliessen sich drei andere an, gleichfalls Fremdlinge auf dem naturarmen europäischen Boden, gleichfalls zur Griechenzeit herübergebracht, um das auf höheren Stufen der Civilisation sich regende Bedürfniss nach Erweiterung und Bereicherung der Anschauung zu befriedigen: der Pfau, das Perlhuhn, der Fasan.

Der Pfau.

Noch weniger als die Taube war der Pfau unmittelbar nutzbar, aber noch mehr geeignet, durch die Pracht seines Gefieders, das er stolz auszubreiten verstand, der schauenden Menge zur Augenweide zu dienen und den Glanz reicher Häuser und Höfe zu erhöhen. Er galt für den schönsten aller Vögel, Varr. 3, 6, 2: *huic (pavoni) enim natura formae e volucribus dedit palmam;* Columell. 8, 11, 1: *harum autem decor avium etiam exteros, nedum dominos oblectat.* Der Weg seiner Einführung zu den Kulturvölkern des Alterthums lässt sich im Allgemeinen, wenigstens nach den Haupt-Haltepunkten, noch erkennen. Er stammte aus dem fernen Wunderlande Indien und gehörte, wie das blanke Gold, die blitzenden Edelsteine, das weisse Elfenbein und das schwarze Ebenholz zu dessen angestaunten und begehrten Herrlichkeiten. Alexander der Grosse fand dort die Pfauen in wildem Zustande in einem Walde voll unbekannter Bäume, Curt. 9, 2: *Hinc per deserta ventum est ad flumen Hydraotim. junctum erat flumini nemus, opacum arboribus alibi inusitatis agrestiumque pavonum multitudine frequens*, und bedrohte, von der Schönheit der Vögel betroffen, Jeden, der sie zum Opfer schlachten wollte, mit den schwersten Strafen, Aelian. N. A. 5, 21: *καὶ τοῦ κάλλους θαυμάσας ἠπείλησε τῷ καταθύσαντι ταὼν ἀπειλὰς βαρυτάτας.* Dort also lebte der Vogel frei in den Wäldern, und von dort gelangte er auf dem Wege des phönizischen Seehandels in das Gebiet des Mittelmeers, wie nicht bloss ein bestimmtes, auf den Anfang des zehnten Jahrhunderts weisendes Zeugniss lehrt, sondern auch die Vergleichung der Namen bestätigt. König Salomos in den edomitischen Häfen ausgerüstete Schiffe brachten von der Fahrt nach und von Ophir neben andern Kostbarkeiten auch Pfauen mit (1. Könige 10, 22), die im hebräischen Text den Namen *tukkijîm* führen. Dieses

Wort ist, wie zuerst Benary, dann Benfey, Griech. Wurzelwörterb. 2, 236 erkannt hat (dem dann Lassen, Indische Alterthumskunde 1, 538 folgte, ohne Neues hinzuzufügen; Ritter, Erdkunde 14, 402ff. beruht auf Lassen), nichts anderes, als das Sanscritwort *çikhî*, welches alttamulisch *togei* lautet. An der Küste Malabar also lag Ophir, oder von dort kamen jene kostbaren Waaren nach Ophir, wenn letzteres nur ein vermittelnder Stapelplatz war, — und neben bunten Papageien und lächerlichen Affen ward auch der Pfau nicht unwürdig befunden, dem Hofe des weisen Königs Unterhaltung und den Schein des Ausserordentlichen zu geben. Eine ferne Seltenheit muss der Vogel indess noch lange geblieben sein; er war theuer zu beschaffen, vielleicht noch nicht ganz gezähmt oder schwer im neuen Klima zu erhalten und zu vermehren. Wir schliessen dies aus der Langsamkeit seiner Verbreitung nach Westen und der Schwierigkeit, die seine Zucht und Hütung noch gegen Ende des fünften Jahrhunderts in Athen machte. Dass die Griechen ihn aus dem semitischen Vorderasien erhalten hatten, lehrt schon der Name, den er bei ihnen führt: ταώς (mit schwankender grammatischer Form; die Attiker sprachen in sonst ganz ungewöhnlicher Weise, aber der ursprünglichen Gestalt des Wortes näher, die zweite Silbe mit Aspiration: ταῶς). Der erste Punkt auf griechischem Boden, wo Pfauen gehalten wurden, könnte das Heräum von Samos gewesen sein, da nach der Legende des genannten Tempels die Pfauen dort zuerst entstanden und von dort als dem Ausgangspunkt den andern Ländern zugeführt sein sollten (Menodotus von Samos in der schon oben im Abschnitt vom Haushahn aus Athen. 14. p. 655 angeführten Stelle). Was den Pfau zum Liebling der Hera machte, war der Augenglanz seines Gefieders; denn die Augen sind Sterne, und Hera war auch die Himmelsgöttin, nicht bloss im abgeleiteten samischen, sondern auch im ursprünglichen argivischen Cultus. Hier floss der Bach Asterion, also der Sternenbach, dessen drei Töchter die Ammen der Hera gewesen waren; am Ufer dieses Flusses wuchs das Kraut Asterion, also das Sternenkraut, welches der Göttin dargebracht wurde (Pausan. 2, 17, 2). Der Pfau, der Sternenvogel, schloss sich so, nachdem er bekannt geworden, dem Herakultus ganz natürlich an. Ein sich von selbst ergebender Mythus war es denn auch, dass der allschauende Argus, der die Mondgöttin Io zu bewachen hatte, nach seiner Tödtung durch den Argeiphontes sich in den Pfau verwandelte (Schol. Aristoph. Av. 102) oder dass der Pfau aus dem purpurnen Blut des Getödteten mit blumenreichen Fittigen hervorging und seine Schwingen entfaltete, wie das Seeschiff seine Ruder (Mosch. 2, 58) oder dass die Juno die hundert Augen des Wächters auf die Federn des Vogels setzte, Ovid. Met. 1, 722:

Excipit hos (oculos) *volucrisque suae Saturnia pennis*
Collocat et gemmis caudam stellantibus implet.

Der Pfau war also an der Kultusstätte selbst entstanden, nicht aus Indien gekommen, aber in »unvordenkliche Zeit,« wie Movers will, dürfen wir desshalb seine Aufnahme in den Heradienst nicht setzen. Dass bestehenden religiösen Gebräuchen eine anfangslose Dauer zugeschrieben wird, liegt in der Natur solcher Institute und der an dieselben sich knüpfenden Sage. Als der spätere samische Tempel, den Herodot für den grössten aller griechischen seiner Zeit erklärt, vollendet war, da schenkte vielleicht ein reicher Verehrer, ein Kaufmann, der nach Syrien und bis ins rothe Meer handelte, oder ein in einem syrischen oder ägyptischen Hafenplatz angesiedelter frommer Samier dem Tempel das erste Paar; ging dieses etwa zu Grunde, dann bemühte sich die Priesterschaft um ein neues, das endlich beschafft wurde und glücklich ausdauerte und sich fortpflanzte; das Naturwunder zog dann immer neue Wallfahrer an und trug dazu bei, das Ansehen des Tempels und dessen Einkünfte zu mehren; und so stolz war die Insel zuletzt auf diesen Besitz, dass sie den Pfau auf ihre Münzen setzte (Athen. a. a. O.; Mionnet unter den Münzen von Samos). Zu Polykrates' Zeit wird der Vogel indess auf Samos noch nicht vorhanden gewesen sein: hätten die Dichter Ibykus und Anakreon, die am Hofe des Tyrannen lebten, den Pfau mit Augen gesehen, so hätten sie desselben in ihren Gedichten doch wohl erwähnt und Spätere, wie Athenäus, nicht unterlassen, diese Stellen zu citiren und für uns aufzubewahren[77]). Auch nach Athen würde dann der Ruf des Vogels und der Vogel selbst wohl früher gedrungen sein. In Athen nämlich finden wir ihn erst nach Mitte des fünften Jahrhunderts und zwar als höchste Merkwürdigkeit und Gegenstand äusserster Bewunderung. Vielleicht gab der Abfall der Samier von der athenischen Hegemonie in Ol. 84, 4 oder 440 a. Chr. und der Feldzug, den Perikles zur Züchtigung der Insel unternahm und mit Unterwerfung derselben beschloss, den Siegern Gelegenheit, auch Pfauen vom Heräon nach Athen zu entführen, obgleich Thucydides 1, 117 nur von Auslieferung der Schiffe und Bezahlung der Kriegskosten spricht. Wie das neugierige, schaulustige athenische Volk durch die Erscheinung des glänzenden Vogels aufgeregt wurde, und wie sich die Begierde, ihn zu sehen und zu besitzen, durch den hohen Preis und die Schwierigkeit der Zucht und Vermehrung nur steigerte, dies Bild malen uns in einzelnen treffenden Zügen die bei Athenäus 14. p. 654. 655 aufbewahrten Stellen der Komiker und die Inhaltsangaben eines *λόγος* des Redners Antiphon über die Pfauen (ibid. und bei Aelian. N. A. 5, 21). Aus der letzteren Schrift ersehen wir z. B., dass es in Athen einen reichen Vogelzüchter gab, Namens Demos, Sohn des Pyrilampes, — reich, denn er stellte eine nach Cypern bestimmte Triere und besass vom Grosskönig eine goldene Trinkschale als *σύμβολον,* vielleicht weil er dem Monarchen einen Pfauen überreicht hatte (Lysias de bonis Aristophanis 19, 25ff.)? Dieser Demos wurde seiner Pfauen wegen von Neugierigen überlaufen, selbst aus fernen Landschaften, wie Lacedämon und Thessalien. Jeder wollte die Vögel schauen und bewundern und womöglich Eier von ihnen sich verschaffen. Jeden Monat einmal, am Tage des Neumondes, wurden Alle zugelassen, an den anderen Tagen Niemand. »Und das, setzt Antiphon hinzu, geht nun schon mehr als dreissig Jahr so fort«[78]). In der That war auch schon der Vater, Pyrilampes, Besitzer einer *ὀρνιθοτροφία* und sollte seinem Freunde, dem grossen Perikles, bei dessen Liebeshändeln Vorschub geleistet haben, indem er den Weibern, die Perikles zu gewinnen wünschte, unbemerkt Pfauen zuwandte (Plut. Pericl. 13, 13). Die Vögel in der Stadt zu verbreiten, führt Antiphon fort, geht nicht an, weil sie dem Besitzer davonfliegen; wollte sie Jemand stutzen, so würde er ihnen alle Schönheit nehmen, denn diese besteht in den Federn, nicht in dem Körper. Daher sie lange eine Seltenheit blieben und ein Paar 10,000 Drachmen (*δραχμῶν μυρίων*, nach anderer Lesart *χιλίων*) kostete. »Ist es nicht Wahnsinn, hiess es bei Anaxandrides, einem Dichter der mittleren Komödie, Pfauen im Hause zu ziehen und Summen dafür aufzuwenden, die zum Ankauf von Kunstwerken ausreichen würden?« Und in einer Komödie des Eupolis kamen die Worte vor: »So viel Geld zu verthun! Hätte ich Hasenmilch und Pfauen, wahrhaftig ich würde das nicht verzehren!« Die Komiker unterliessen nicht, den Werth, der auf den Besitz von Pfauen gelegt wurde, aus deren Seltenheit zu erklären (Eubulus bei Athen. 9. p. 397), denn an sich sind Pfauen und nichtige Possen an Gehalt einander gleich, wie eine Stelle des Strattis sagte. Im Laufe des vierten Jahrhunderts mussten die Pfauen von Athen aus, der, wenn auch nicht mehr politisch, doch im Punkte der Sitten und des Geschmackes noch immer hegemonischen Stadt, sich mehr und mehr unter den Griechen verbreiten. »Sonst — sagt der Komiker Antiphanes ohne Zweifel übertreibend —

war es etwas Grosses, auch nur ein Paar Pfauen zu besitzen, jetzt sind sie häufiger als die Wachteln!« Nach Alexander dem Grossen drang mit der griechischen Herrschaft und Colonisation auch der Pfau in die Städte und Gärten des inneren Asiens. Zwar wird auch Babylonien reich an schönfarbigen Pfauen genannt (Diod. 2, 53) und dass ein Naturobjekt, welches schon König Salamo aus der Ferne bezog, auch in dem verwandten, durch Krieg und Handel mit den semitischen Küstenländern am Mittelmeer vielfach verbundenen Babylon bekannt und dann häufig geworden, hätte an sich nichts Unwahrscheinliches; aber der Umstand, dass die asiatischen Pfauennamen alle dem Griechischen entlehnt sind (Pott in Lassens Zeitschr. 4, S. 28, Paul de Lagarde, Gesammelte Abhandlungen, 227. 35ff.), spricht dafür, dass erst die griechische Herrschaft — durch Rückwanderung, die auch sonst noch beobachtet werden kann — den Vogel in dem weiten Continent populär machte. Dass Suidas *μηδικὸς ὄρνις* mit Pfau glossirt und Clemens von Alexandrien den Pfauen an zwei Stellen das Prädikat *Μῆδος, μηδικός* giebt, will eben so wenig sagen, als wenn wir den aus Amerika stammenden Mais Türkischen Weizen oder den gleichfalls amerikanischen Truthahn Kalkutischen Hahn (d. h. Hahn von Calicut) nennen.

Die Griechen hatten den Pfau *tawôs, tawôn, tahôs* genannt: die Römer nannten ihn abweichend *pâvus* oder *pâvo, pâvonis*. Dieses Eintreten eines *p* statt des *t* erinnert an das gleiche bei *tadmor — palma*, welches wir durch eine vorausgesetzte Differenz semitischer Mundarten zu erklären suchten. Wäre auch hier der Vogel aus phönizisch-karthagischen Händen direkt den italisch redenden Stämmen überliefert worden? Die Notiz bei Eustathius (Il. 22, p. 1257. 30): »der Pfau war bei den Bewohnern Libyens heilig und wer ihn schädigte, wurde bestraft« — ist zu vereinzelt und bei einem so späten Schriftsteller ohne Gewicht; von Pfauen in Afrika weiss die Naturgeschichte nichts und eben so wenig die Religionsgeschichte von solchen beim Tempel des Ammon oder der karthagischen Juno. Adler und Pfau auf den Münzen von Leptis magna, auf die sich Movers beruft, sind nichts als Apotheosen des Augustus und der Livia oder Julia, die demgemäss als Jupiter und als Juno erscheinen sollten (Müller, Numismat. de l'anc. Afrique II. p. 13). Die Möglichkeit indess, dass, wie *ebur, barrus, palma*, so auch dies Produkt der Ophirfahrten aus Karthago, Sardinien, Sicilien unmittelbar an die italische Küste gelangt sei, lässt sich nicht verneinen. Pfauenfedern, aus ihnen zusammengebundene Büschel und Wedel, mit ihnen besetzte Hüte, sind wie Glas- und Bernsteinperlen ein bei Kindervölkern beliebter Absatzartikel, für den sie ihre Schafe und Felle gern hingeben. Wenn Ennius fingirte, Homer sei ihm im Traume erschienen und habe ihm eröffnet, er (Homer) erinnere sich in einen Pfau verwandelt gewesen zu sein (Vahlen, Enn. poes. reliquiae p. 6. Charis. ed. Keil. 96: *memini me fieri pavum*), so war dies ohne Zweifel eine pythagoreische Vorstellung, die sich der Dichter in Tarent angeeignet hatte: als Symbol des sternetragenden Firmamentes und der Erd- und Himmelsgöttin war gerade der Pfau würdig befunden worden, Homers Seele aufzunehmen, der ja auch für einen Samier galt, wie der Meister Pythagoras einer war. Auch als römisches Cognomen tritt *Pavus, Pavo*, wie andere Vogelnamen, schon zur Zeit der Republik auf und die Sache kann daher in Italien nicht neu gewesen sein: so der Fircellius Pavo bei Varro de r. r. 3, 2, 2, der auch, wenn Reatinus nicht dabei stünde, durch Fircellius (fircus = hircus) sich als Sabiner verrathen würde, und P. Pavus Tuditanus in der 14. Sat. des Lucilius (ed. L. Müller. p. 64):

Publiu' Pavo' Tuditanus mihi quaestor Hibera
In terra fuit, lucifugus, nebulo, id genu' sane.

Bei den späteren Römern musste ein Thier, das schon in Athen der Ueppigkeit gedient hatte, in um so höherem Masse in Aufnahme kommen, als der römische Luxus und Reichthum den attischen hinter sich liess. Zuerst sollte der Redner Hortensius, der Zeitgenosse des Cicero, der auch in andern Dingen den Reihen römischer Ausschweifung eröffnet, den Pfau gebraten auf die Tafel gebracht haben und zwar bei dem prächtigen Antrittsmahl, das er bei seiner Ernennung zum Augur gab (Varr. de r. r. 3, 6, 6). Obgleich das Pfauenfleisch, wenigstens das der älteren Thiere, ziemlich ungeniessbar ist, so fand das gegebene Beispiel doch bald allgemeine Nachfolge. Schon Cicero schreibt in einem Briefe: Ich habe mir eine Kühnheit erlaubt und sogar dem Hirtius ein Diner gegeben — doch ohne Pfauenbraten (Ad famil. 9, 20, 3: *sed vide audaciam: etiam Hirtio cenam dedi, sine pavone tamen*), und Horaz wirft seinen Zeitgenossen vor: wird ein Pfau aufgetragen und daneben ein Huhn, da greift Alles nach dem Pfau — und warum das? weil der seltene Vogel Goldes werth ist und ein prächtiges Gefieder ausbreitet, als wenn dadurch dem Geschmack geholfen werde, Sat. 2, 2, 23:

Vix tamen eripiam, posito pavone, velis quin
Hoc potius quam gallina tergere palatum,
Corruptus vanis rerum, quia veneat auro
Rara avis et picta pandat spectacula cauda,
Tamquam ad rem adtineat quidquam —,

welchem horazischen *quia* als eigentliches Motiv das stolze Bewusstsein im Besitz grenzenloser Mittel zu sein und Sonne, Mond und Sterne in die Luft verpuffen zu können, und der daraus hervorgehende Selbstgenuss zu Grunde lag. Auch zu Fliegenwedeln dienten an reichen Tafeln Pfauenschweife, wie goldenes Geschirr und Becher mit geschnittenen Steinen, Mart. 14, 67. Muscarium pavonium:

Lambere quae turpes prohibet tua prandia muscas,
Alitis eximiae cauda superba fuit.

Da so der Pfau in allgemeinem Begehr stand, so wurde die Zucht dieses Vogels in ganzen Heerden Gegenstand landwirthschaftlicher Industrie, die Anfangs nicht ohne Schwierigkeit war. Die kleinen Eilande um Italien herum wurden zu Pfaueninseln eingerichtet, wohl nach griechischem Vorgange; so hatte schon zu Varros Zeit (3, 6, 2) M. Piso die Insel Planasia, jetzt Pianosa, mit seinen Pfauen besetzt. Die Vortheile solcher seeumgebenen Pfauengärten setzt Columella 8, 11 auseinander: der Pfau, der weder hoch noch längere Zeit zu fliegen vermag, kann über die Insel nicht hinaus, lebt aber auf dieser in völliger Freiheit und sucht sich den grössten Theil seines Futters selbst; die Pfauenhennen erziehen in der Freiheit ihre Jungen mit naturgemässer Sorgfalt; kein Wächter ist erforderlich, kein Dieb und kein schädliches Thier ist zu fürchten; der Aufseher hat nur nöthig, zur bestimmten Stunde die Heerde um das Wirthschaftsgebäude zu versammeln, den herbeieilenden Thieren etwas Futter zu streuen und sie dabei zu überzählen. Da solcher Inseln aber doch nur eine beschränkte Zahl war, so wurden denn auch auf dem Festlande Pfauenparks mit grossen Kosten angelegt. Die ganze Einrichtung, die dabei zu beobachtende Vorsicht und die mannigfachen Operationen einer solchen Züchtung beschreiben uns die Alten gleichfalls ausführlich. Zu Athenäus' Zeit (gegen Ende des zweiten Jahrhunderts nach Chr.) war Rom so voll Pfauen, dass diese nach des Komikers Antiphanes prophetischem Ausspruch wirklich gemeiner waren, als die Wachteln, während gleichzeitig der indische Handel über das rothe Meer und wohl auch zu Lande über Neu-Persien immer neue Exemplare aus dem Vaterlande des Thieres selbst lieferte. In dem Gespräch des Lucian Navigium seu vota 23. wünscht sich der eine der Redenden, Adimantus, wenn er plötzlich reich würde, für seine Tafel ausser andern Leckerbissen aus fernen Ländern auch einen *ταὼς ἐξ Ἰνδίας*, der also damals aus jener Gegend noch bezogen wurde.

In sämmtlichen europäischen Sprachen beginnt der Name des Pfauen mit dem lateinischen p, nicht dem griechischen t, zum deutlichen Beweise, dass der Vogel von der Apenninenhalbinsel, nicht aus Griechenland oder dem Orient in das barbarische Europa gekommen ist. Wie die Taube, nahm das Christenthum auch den Pfau in seine Symbolik auf, theils als Bild der Auferstehung, weil nach der märchenhaften Naturgeschichte der Zeit das Pfauenfleisch unverweslich sein sollte (August. de Civ. Dei 21, 4: *quis enim nisi Deus creator omnium dedit carni pavonis mortui ne putresceret?* der Kirchenvater will lächerlicher Weise bei einem von ihm selbst angestellten Versuche die Sache bestätigt gefunden haben), theils zum Ausdruck himmlischer Herrlichkeit, wegen der Pracht seines Aeussern. In letzterer Beziehung erinnern wir nur an die Pfauenfedern in den Flügeln der Engel auf Hans Memlings berühmtem Bilde des jüngsten Gerichts in Danzig. Das Misstrauen gegen alle sinnliche Schönheit, das der christlichen negativen Weltansicht eigen war, schärfte den Blick dann auch wieder für die Unvollkommenheiten des schmuckreichen Geschöpfes, z. B. in Freidanks Bescheidenheit, 43, S. 142. Grimm:

der phâwe diebes sliche hât,
tiuwels stimme, und engels wât.

und gern wies man im Sinne christlicher Moral auf seine nackten hässlichen Füsse hin, als eine beschämende Mahnung zur Demuth. Auf den schleichenden Diebsgang ging wohl auch der Name Petitpas, den der Pfau im französischen Renart führt. Im Uebrigen sagte die Pfauenfeder dem barbarischen Geschmacke ganz so zu, wie eingesetzte Edelsteine und wie überhaupt alles Schimmernde und Hervorstechende. Pfauenfedern prangten auf dem Haupte des Ritters, wie in Gestalt von Kränzen um den Hals des Fräuleins, Petr. Crescentius im Kapitel de pavonibus: *pennae puellis pro sertis et aliis ornamentis aptae*, und wenn z. B. im Parcival die prächtige Kleidung des kranken Königs Amfortas (225, Lachmann) oder die majestätische Tracht der furchtbaren Kundrie la Sorcière (313) oder die des Königs Gramoflanz (605) beschrieben wird, da fehlt nirgends unter andern kostbaren Gewandstücken der *pfaewîn* oder *phawîn huot*. Dass solche Pfauenhüte aus England kamen, lehren die obengenannten und noch andere Dichterstellen, und dort müssen auch die das Material dazu liefernden Thiere gezüchtet worden sein. Schon Karl der Grosse hatte befohlen, auf seinen Gütern ausser andern Vögeln auch Pfauen und Fasanen zu halten (Capitulare de villis 40), und diese Sitte pflanzte sich wohl auf den Schlössern des normannischen

Adels in England fort. Auch der Gebrauch, bei Prunkmahlzeiten einen gebratenen Pfauen im ganzen Schmuck seines Gefieders auf den Tisch zu bringen, war seit dem Alterthum nicht verloren gegangen und erhielt sich bis ins 16. Jahrhundert hinein. Gewöhnlich trug ihn die Dame selbst unter Trompetenschall auf goldener oder silbener Schüssel feierlich auf und der Herr zerlegte ihn, wie im Lanzelot König Artus dies seinen an der Tafel versammelten Rittern thut. Ueber die auf den gebratenen Pfau von französischen Rittern abgelegten halb wahnsinnigen Gelübde, die sogenannten voeux du pân, in denen es immer Einer dem Andern zuvorzuthun suchte, s. Legrand d'Aussy, Histoire de la vie privée des Français, Paris 1782, p. 299 ff. und Grimm RA. S. 901, der die Sitte von den altnordischen Gelübden auf den Eber ableitet. Gegen die Zeit der Renaissance begann dieser Pfauen-Enthusiasmus zu erkalten, und der Vogel trat allmählig in die bescheidenere Stellung zurück, die er heutiges Tages einnimmt. Er verschwand von der Tafel, mit manchem anderen inhaltslosen Prunk, an dem sich der rohere Sinn ergötzte, und wenn der Wilde sich mit vorgefundenen Naturgegenständen, wie Vogelfedern und Glimmerblättchen, unmittelbar behängt, so verschmäht der gebildete Geschmack allen nicht von der mildernden und ausgleichenden Hand der Kunst umgewandelten und dem Reich des Elementaren enthobenen Schmuck. In Parks mag auch jetzt noch wohl unter anderem Gethier ein Pfau stolziren, obgleich seine hässliche Stimme und der Schade, den er anrichtet, nicht im Verhältniss zu dem Vergnügen steht, das sein Anblick gewährt: die Pfauenfedern aber sind immer weiter nach Osten, zu Orientalen, Tataren, russischen Kutschern, Chinesen, die sie zur Auszeichnung der höchsten Rangstufen benutzen, u. s. w., gedrängt worden und stehen nur noch einem blau und roth tätowirten Häuptling gut, wenn er sie als glänzenden Schurz um die Weichen gürtet.

** Ungelöste Schwierigkeiten bereitet noch immer das lat. *pâvus*, *pâvo* gegenüber ταώς und den orientalischen Wörtern; denn es ist uns weder ein semitischer noch italischer Dialekt bekannt, in dem eine Vertauschung eines anlautenden *t* mit *p* stattfinden könnte, und die Berufung auf das selbst anders zu erklärende *palma* (s. oben S. 280 f.) führt nicht weiter. O. Keller, Lat. Volksetym. S. 51 denkt an volksetymologische Anlehnung an *paupulare*, welches das Schreien des Pfauen bezeichnen soll(?). Das früher mit lat. *pâvo* verglichene armen. *hav* Vogel, Huhn (armen. *siramarg* Pfau) wird jetzt von Hübschmann, Armen. Gr. 1, 237 davon getrennt und zu lat. *avis* Vogel gestellt.

— An den Pfau, der *liuvels stimme* hat, erinnert es, dass das in den Orient zurückwandernde ταώς im kurdischen *teous* (Jaba-Justi S. 274) den Teufel bezeichnet, wie denn von der Sekte der Jezidi oder Teufelsanbeter der Böse als *Melek Taus* König Pfauhahn verehrt wird (vgl. Layard, *Ninive and its remains*, deutsche Ausg. S. 158).

Das Perlhuhn.

Das Perlhuhn, Numida meleagris L., wird für unsere Kenntniss zuerst von Sophokles erwähnt, der in seiner Tragödie Meleagros gesagt hatte, das Electron fliesse jenseit Indien aus den Thränen der den Tod des Meleager beweinenden Vögel dieses Namens, Plin. 37, 38: *Hic* (Sophocles) *ultra Indiam fluere dixit* (electrum) *e lacrimis meleagridum avium Meleagrum deflentium.* Dass die Schwestern des Meleager bei dem Tode ihrer Mutter und ihres Bruders und dem Untergang ihres Hauses in Vögel verwandelt worden, mochte eine sehr alte Sage sein, da der Mythus in seiner Sprache das unerträgliche Leid der Unglücklichen durch eine Verwandlung in Vögel auszudrücken pflegt (s. Feuerbach in den annali dell' instituto T. 15. 1843 über die Meleagerstatue des Berliner Museums); merkwürdig aber ist: dass schon zu Sophokles' Zeit diese Vögel nicht als irgend ein einheimisches, sondern als ein fernes, fabelhaftes Geschlecht bestimmt waren und das Elektron in einem über Indien hinaus liegenden Phantasielande erzeugen sollten. Nimmt man die andere Sage hinzu, dass die Meleagriden auf den elektrischen Inseln am Ausfluss des Eridanus — den Aeschylus zu den Iberern, dem äussersten Westvolke, verlegte — leben sollten (Strab. 5, 1, 9), eben da, wo Phaeton, herabgestürzt war und von den Pappeln, in die seine Schwestern, die Heliaden, verwandelt waren, das kostbare goldgelbe Harz niederträufelt, — so bestätigt sich die Vermuthung, dass der Haushahn, ἀλέκτωρ, nach der Sonne und dem Sonnenstein, dem Bernstein, diesen Namen erhalten hatte: die Perlhühner, als die nächsten Verwandten des Haushuhns, waren gleichfalls Sonnenkinder und wurden tief im Morgenlande, wo die Sonne sich vom Lager erhebt, und tief im Westen, wo sie untertaucht, oder vielmehr an dem Punkte gedacht, wo Osten und Westen jenseits Indien zusammenstossen. Schon geographisch genauer, obgleich immer noch halb mythisch, berichtete Mnaseas (bei Plin. 37, 38), es sei in Afrika eine Gegend Sicyon, wo ein See durch den Fluss Crathis in den atlantischen Ocean abfliesse: dort lebten die Vögel, die *meleagrides* und *penelopae* (eine bunte, gleichfalls fremdländische Entenart) genannt wurden, und dort entstehe auch das Elektron. Ganz dieselbe Gegend, doch mit andern Ortsnamen und mit Weglassung der fabelhaften Erzeugung des Bernsteins, wird dann in dem Periplus des Scylax von Caryanda 112 als einziger Ort bezeichnet, wo sich *μελεαγρίδες* fänden: wenn man zu den Säulen des Hercules hinausschifft und Afrika immer zur Linken behält, so öffnet sich bis zum Cap des Hermes ein weiter Golf mit Namen Kotes (*Κώτης*); in der Mitte dieses Golfes liegt die Stadt Pontion (*Ποντίων*) und ein grosser rohrumgebener See, Kephesias (*Κηφησιάς*) genannt; dort leben die Vögel *μελεαγρίδες* und sonst nirgends, ausser wohin sie von dort hinübergebracht sind. In der That ist das nordwestliche Afrika, die Gegend von Sierra Leone, des grünen Vorgebirges u. s. w. reich an Perlhühnern, aber sie fehlen auch im Osten des Welttheils nicht. Nach Strabo 16, 4, 5 und Diodor 3, 29 war eine Insel des rothen Meeres von Perlhühnern bewohnt; Kapitän Speke fand auf seiner von Zanzibar aus zur Entdeckung der Nilquellen unternommenen Reise, dass »das Perlhuhn der häufigste aller jagdbaren Vögel« war (S. 13 der deutschen Uebersetzung), ja selbst von Arabien sagt Niebuhr: »Perlhühner sind daselbst zwar wild, aber in Tehâma an der bergichten Gegend so häufig, dass die Knaben sie mit Steinen werfen und nach der Stadt zum Verkaufe bringen« (Beschreibung von Arabien, Kopenhagen 1772, S. 168). Ueber den Weg, auf dem diese Vögel, sei es vom Westen oder vom Osten Afrikas, zuerst nach Griechenland gelangt und warum sie gerade nach Meleager benannt worden, ist uns nichts Bestimmtes aufbewahrt. Vielleicht dachten sich diejenigen unter den Griechen, die diesen schönen, dem Haushahn verwandten, mit Perlen oder Thränen über und über besäten Vogel zuerst mit Augen erblickten, auch den blühenden, starken, dem Mutterfluch erlegenen Jüngling als den scheidenden Sonnengott, der vom Winter getödtet worden, und daher seine Schwestern alle in Sonnenvögel verwandelt. Wenn Menodotus von Samos in der schon oben zweimal von uns angezogenen Notiz Aetolien als Ausgangspunkt der Meleagriden angiebt, so enthält dies Zeugniss nichts als einen Schluss aus dem Namen und ist daher historisch werthlos. Nach dem Schüler des Aristoteles, Clytus von Milet, aus dessen Geschichte von Milet Athenäus 14, p. 655 die betreffende Stelle des ersten Buches wörtlich anführt, wurden auf der kleinen, von den Milesiern kolonisirten Insel Leros um den Tempel der Parthenos d. h. der Artemis, die bei den Leriern den Namen Iokallis geführt zu haben scheint, ὄρνιθες μελεαγρίδες gehalten, d. h., wie aus der nachfolgenden ausführlichen Beschreibung hervorgeht, afrikanische Perlhühner. Wie sie dahin gekommen und warum sie der jungfräulichen Göttin geweiht waren, wird nicht gesagt. Da die Perlhühner noch tapferer und streitsüchtiger sind, als der indische Haushahn, so schaute die mythische Phantasie in diesen Vögeln wohl die kriegerischen Amazonen, die Hierodulen der spröden Artemis: sie waren die Genossinnen der Iokallis gewesen, *συνήθεις Ἰοκαλλίδος τῆς ἐν Λέρῳ Παρθένου, ἣν τιμῶσι δαιμονίως* (Suid. und Phot. v. *Μελεαγρίδες*). Die Lerier wissen wohl, sagt Ael. N. A. 4, 42, warum derjenige, der die Gottheit, besonders aber die Artemis verehrt, sich des Fleisches dieser Vögel enthält. Kein Raubvogel, behauptete die dortige fromme Sage, wagte es mit gebogenen Krallen die lerischen heiligen Hühner anzugreifen (Ister bei Ael. N. A. 5, 27). Die Iokallis mochte wohl einerlei sein mit der arkadischen Nymphe Kallisto, der Tochter der *Ἄρτεμις Καλλίστη*, die zusammen mit Io auch auf der Burg von Athen stand (Pausan. 1, 25, 1); vielleicht erklärt sich dadurch die sonst unerhörte Nachricht des Suidas von Perlhühnern auf der Akropolis: *Μελεαγρίδες. ὄρνεα ἅπερ ἐνέμοντο ἐν τῇ Ἀκροπόλει.* Italien, welches dem westafrikanischen Ausgangspunkte derselben schon näher lag, mochte sie wohl ohne Vermittelung der Griechen durch die Schifffahrt des Westens, vielleicht erst zur Zeit der punischen Kriege erhalten haben, darauf deuten wenigstens die lateinischen Namen: *Numidicae, Africae aves, gallinae Africanae* bei Varro, *Afra avis* bei Horaz und Juvenal, *Libycae volucres* und *Numidicae guttatae* bei Martial u. s. w. Als man die damit bezeichneten Hühner mit den griechischen μελεαγρίδες vergleichen konnte, musste die Identität in die Augen springen, Varr. 3, 9, 18: *gallinae Africanae sunt grandes, variae, gibberae, quas μελεαγρίδας appellant Graeci. Hae novissimae in triclinium ganearium introierunt e culina, propter fastidium hominum. Veneunt propter penuriam magno.* Die Perlhühner waren also zu Varros Zeit immer noch selten, folglich theuer in Italien; sie kamen schon auf die Speisetische, weil die Römer Alles in den Mund stecken mussten und, je neuer und kostbarer ein Gericht war, um so gieriger darnach trachteten; von einer religiösen Scheu oder Einführung in eine Phantasiewelt zeigt sich keine Spur. Mit dem Untergang des römischen Reiches verschwand auch dieser Ziervogel aus dem Bereiche europäischen Lebens — denn das Mittelalter kannte ihn, so viel wir wissen, nicht —, um nach tausend

Jahren mit der Wiedergeburt der antiken Kultur und den Entdeckungen der Portugiesen längs der Küste Afrikas sich den Europäern wieder zu zeigen. Er ward von den nächsten Nachbarn Numidiens, den Portugiesen und Spaniern, auch nach Amerika hinübergebracht und fand dort am entgegengesetzten Ufer des atlantischen Oceans eine ihm so zusagende Natur, dass er in den Wäldern Mittelamerikas jetzt in grossen Schaaren förmlich verwildert sein soll.

Der Fasan.

Dass der Fasan oder Vogel vom mythusberühmten Flusse Phasis in dem nach Morgen gelegenen Zauberlande Kolchis, zu dem einst in der uralten Wunderzeit die göttergleichen Heroen auf der schnellen Argo geschifft, — in demselben Jahrhundert bei den Griechen erschienen ist, wie der *ἀλέκτωρ* und die *μελεαγρίς*, geht nicht ohne Wahrscheinlichkeit aus diesem seinem Namen hervor. Er ist ihm von Menschen gegeben, die noch die Welt nicht anders fassten, als in mythischer Verwandlung, und die dennoch mit dem Mythus schon spielten. In den Wäldern Hyrkaniens, südlich vom kaspischen Meer, mag der Vogel ursprünglich zu Hause sein und von dort den griechischen Ansiedlern am schwarzen Meer und weiter den europäischen Griechen bekannt geworden sein. In der Literatur finden wir ihn vor Aristophanes nicht. Denn dass Solon dem Krösus, als dieser sich ihm einst in seiner ganzen königlichen Herrlichkeit zeigte, zur Beschämung gesagt habe, Hähne, Fasanen und Pfauen seien weit schöner, weil von der Natur selbst geschmückt (Diog. Laert. Sol. 51) — dies im Sinne der späteren Zeit erdachte moralische Geschichtchen wird Niemand historisch nehmen wollen, wie wir auch beim Hahn und beim Pfauen davon keinen Gebrauch gemacht haben. Die Verse des Aristophanes aber, Nub. 108:

οὐκ ἂν μὰ τὸν Διόνυσον, εἰ δοίης γέ μοι
τοὺς φασιανοὺς οὓς τρέφει Λεωγόρας —

constatiren zur Zeit des Dichters den Fasanen als kostbaren Luxusvogel in Athen. Zwar wollten hier einige Grammatiker nicht Vögel, sondern Pferde vom Phasis verstanden wissen, allein diese Erklärung scheint nur eine zum Besten der Theorie, nach welcher die attische Sprache nicht *φασιανός*, sondern *φασιανικός* gesagt haben sollte, erdachte Auskunft. An einer anderen Stelle desselben Komikers,

Av. 68, kommt allerdings *Φασιανικός* als Beiwort zu einem erfundenen lächerlichen Vogelnamen vor: nachdem Euelpides sich für einen libyschen Vogel, Hypodedios, ausgegeben, fügt Peithetairos hinzu, er sei ein phasianischer Epikechodos:

Ἐπικεχοδὼς ἔγωγε Φασιανικός —

mit offenbarer Hindeutung auf den also den Zuschauern schon wohlbekannten kolchischen Vogel. Aristoteles in seiner Thiergeschichte spricht von dem Fasan hin und wieder in einer Weise, die schliessen lässt, dass der Vogel ihm und seinen Lesern keine ungewöhnliche Erscheinung war. Einige weitere historisch-geographische Aufklärung giebt uns dann eine Stelle aus den Schriften des ägyptischen Königs Ptolemäus Euergetes II oder Physkon, die uns bei Athenäus 14. p. 654 aufbewahrt ist. In seinen Denkwürdigkeiten über den Palast von Alexandrien nämlich sagte dieser König da, wo er auf die dort gehaltenen Thiere zu reden kam, von den Fasanen: »diese Vögel, die man *τέταροι* nennt, wurden nicht bloss aus Medien eingeführt, sondern auch durch Züchtung so vermehrt, dass sie auch zur Speise dienten, denn ihr Fleisch soll köstlich sein« (der Text ist zwar verdorben, aber der Sinn nicht zweifelhaft). Wir ersehen hieraus, dass die Fasanen auch nach Alexandrien aus Medien d. h. den südkaspischen Landen kamen, und dass ihr eigentlicher Name *τέιαροι* war oder wie Athenäus an einer anderen Stelle (9. p. 387) nach älteren Glossatoren das Wort schreibt: *τατύραι*. So hiessen sie in medischer Sprache wie das heutige persische *tedzrev* der Fasan und das gleichbedeutende, eben daher stammende altslavische *tetrevĭ, teterevĭ, tetrja, teterę* bestätigt. Das Wort zieht sich durch den Osten Europas von Volk zu Volk fort und bezeichnet dort, da der Fasan fehlt, einen der grossen einheimischen Vögel, Trappe, Auerhahn, Birkhahn, neuerdings auch Truthahn. Russisch *teterev, teterja*, polnisch *cietrzew*, czechisch *tetřev*, litauisch *teterwa, tytaras*, preussisch *tatarwis*, lettisch *tettera, tetteris*, estnisch *tedder*, finnisch *tetri*, schwedisch *tjäder*, dänisch *tuir*, angeblich auch altnordisch *thidr, thidhr* (das Schneehuhn). In das Scandinavische kam das Wort, welches den germanischen Sprachen fehlt, aus dem Finnischen (etwa wie der Name des Fuchses: altn. *refr*, schwedisch *räf*, dänisch *räv*), in dieses aus dem Litauisch-Lettischen: entnahmen es die Litauer und die Slaven von ihren einstigen Nachbarn im Süden, den scythisch-sarmatischen Medern? Gründe und Umstände der Entlehnung lassen sich mancherlei denken: Knechtschaft und Unterwerfung, Jagd-, Religions-, Marktverkehr, Thiermärchen, die mit sammt den

Namen weiter erzählt werden u. s. w. Auch das griechische *τετράων* (Hesych. *ὄρνις ποιός*), *τέτραξ* (bei Epicharmus und Aristophanes), *τέτριξ* (bei Aristoteles), *τετράδων* (bei Alcäus), *τετραῖον* (lakonisch) ist schwerlich einheimisch, sondern aus Asien herübergekommen, aus ähnlichem Anlass, wie die Lateiner ihr *tetrao* aus dem Griechischen erborgten. — Bei der ins Ungeheuere getriebenen Zucht der Vögel in den römischen Aviarien und Parks fehlte auf römischen Gasttafeln der *phasianus*, auch *tetrao* genannt, natürlich nicht, spielte vielmehr, wie sich denken lässt, eine Hauptrolle; in dem Edict Diocletians hat der gemästete und der wilde Fasan, *phasianus pastus* und *agrestis*, sowie die Fasanenhenne, ihren besonderen, von oben anbefohlenen Marktpreis; auf Karls des Grossen Villen sollen, wie der Kaiser anordnet, auch Fasanen gehalten werden, und so hat sich der schöne, auf reichen Tafeln gesuchte Vogel das ganze Mittelalter hindurch nicht bloss in fürstlichen Fasanerien erhalten, sondern lebt jetzt in manchen Gegenden, z. B. des österreichischen Kaiserstaats, im Zustande vollkommener Freiheit, so dass ihm Europa, wohin ihn einst die menschliche Hand nicht ohne Schwierigkeit hinüberbrachte, zum zweiten Vaterlande geworden ist. Die beiden prächtigen Abarten des gemeinen westasiatischen Fasans, der Silber- und der Goldfasan, die man jetzt in Parks der Vornehmen und in Thiergärten bewundert, wurden in Folge der Entdeckung des Seeweges nach Ostindien von ihrem Vaterlande China her bekannt und in einzelnen Exemplaren nach Europa gebracht. (Dass sie schon früher in Kolchis gewesen, will Dureau de la Malle, Annales des sc. naturelles, XVIII. p. 279 aus den Worten des Plinius 10, 132 schliessen: *phasianae in Colchis geminas ex pluma auris submittunt subriguntque.*) Den wunderbar geschmückten Goldfasan hielt Cuvier für den alle 500 Jahr erscheinenden heiligen Sonnenvogel der Aegypter, den Phönix — in euhemeristischer grober Materialisirung eines mythischen Symbols oder einer kosmogonisch-periodologischen Phantasie, wie wir ihr von Rationalisten und Naturforschern im Felde der Wunderdeutung der Urgeschichte u. s. w. oft genug begegnen.

** Die auf S. 362 f. besprochene Wortsippe geht wahrscheinlicher auf einen uridg. Vogelnamen **tetero-*, **tetervo-* zurück (Fick, Vgl. W. I[4] S. 58), zu dem auch scrt. *tittiri* Rebhuhn gehört, und der dann in den Einzelsprachen auf verschiedene, aber ähnliche Vögel übertragen wurde. So ist auch altn. *thidurr* Auerhahn nicht aus dem Finnischen entlehnt, sondern mit **tetero-* als urverwandt zu verknüpfen. Daneben mögen Entlehnungen wie griech. τατύρας, τέταρος hergehn. Finnisches *tetri* entstammt zwar dem Litauischen; daneben liegen aber perm. *tar*, votjak. *tur*, die wie ein reduplicationsloses idg. **te-tero-* aussehn (vgl. W. Thomsen, Beröringer mellem de finske og de baltiske Sprog S. 231 f.)

Während die Zahl der Säugethiere, die der Mensch gezähmt und sich als Hausgenossen zugesellt hat, in historischer Zeit nur um ein Geringes sich vermehrte, haben sich in relativ später Epoche, wie aus dem Obigen erhellt, die Gehöfte und Niederlassungen der Menschen mit mannichfachem zahmem Hausgeflügel belebt und bevölkert, darunter das wichtigste von allem, das Haushuhn. Zucht des Geflügels und Rindviehzucht stehen in einem gewissen Gegensatz zu einander: nicht wo weite, von reichlichen Niederschlägen befruchtete Ebenen in unabsehbaren Saatfeldern und grünen Wiesen sich dehnen und dichte Wälder und Forsten sich anschliessen, sondern im sonnigen, auf und absteigenden Gebiet der kleinen Gartenkultur, wo Hof an Hof stösst, und Hecke an Hecke sich reiht, da picken und flattern die geflügelten Geschöpfe um den an und neben seinem Hause hantierenden Menschen und bilden im System seiner Wirthschaft eine nicht zu unterschätzende Quelle des Unterhalts und der Einnahme. In Europa sind daher ihrem Wohnorte und ihrer Tradition nach die romanischen Völker die vögelessenden und vögelerziehenden; die Germanen nähren sich mehr von dem Fleisch und der Milch ihrer Rinder. Frankreich besitzt nach einem mässigen Anschlag über 100 Millionen Hühner und führt jährlich über 400 Millionen Hühnereier nach England aus; in südlichen Ländern ist das einzige Fleisch, das der Reisende oft Monate lang zu kosten bekommt und das der einheimische Bauer an Festtagen sich erlaubt, ein gebratenes oder mit Reis oder Polenta gekochtes Huhn.

In viel höheres Alterthum, als das der bisher genannten Vögel, geht die Zähmung der Gans und Ente hinauf; auch sind beide nicht aus Asien eingeführt, sondern stammen von den einheimischen wilden Arten. Der Name der Ente gehört den verwandten Völkern gleichmässig an: sanscr. *âti* (für *anti*), lat. *anas*, *anatis*, griech. *νῆσσα* (wohl aus *νῆτια*), ahd. *anut*, ags. *ened*, altn. *önd*, altkornisch *hoet* (mit müssigem *h* und unterdrücktem Nasal), kambrisch *hwyad*, litauisch *ántis*, kirchenslavisch *ąty*, *ątę*, *ątica*, *ątuca*, russisch *utka*, serbisch *utva* u. s. w., und auch der der Gans geht über die ganze indoeuropäische Gruppe vom altirischen *geidh*, *géd*, auch *goss* (mit unterdrücktem Nasal) im äussersten Westen bis zum sanskritischen *hansas, hansî* im äussersten Osten. Die Gans darum für ein bereits gezähmtes Hausthier des Urvolks vor der Epoche der Wanderungen zu halten, wäre ein voreiliger Schluss: sie konnte ein gesuchtes Jagdthier an Seen, Strömen und wasserreichen Niederungen sein, wie sie es noch jetzt bei Nomaden und Halbnomaden in Mittelasien ist. So lange sie häufig und leicht zu erlangen war, regte sich kein Bedürfniss, sie in der Gefangenschaft künstlich aufzuziehen, und war die darauf gerichtete Bemühung zwecklos, und so lange die Lebensart eine unstäte blieb, passte ein Vogel, der dreissig Tage zum Brüten und eine entsprechende Zeit zum Aufziehen seiner Jungen braucht, nicht wohl zum Haushalt der Weidevölker. Als sich aber an den Ufern der Seen relativ feste Niederlassungen gebildet, konnten junge Thiere leicht von Knaben aus den Nestern genommen und dann mit gebrochenen Flügeln aufgezogen werden; starben diese weg, so wurde der Versuch wiederholt, bis er endlich gelang, zumal die Wildgans verhältnissmässig zu den am leichtesten zähmbaren unter den Vögeln gehört. Da sie im Süden Europas nicht brütet, sondern im Herbst mit bereits erwachsenen Jungen in das Gebiet des Mittelmeers fliegt, so ist dieser Vorgang im mittleren Europa leichter denkbar, als in den klassischen Ländern, und da es den letztern an Wasserspiegeln fehlt, so ist sie dort überhaupt nicht so häufig und zugänglich, als in den Gegenden am Ausfluss des Rheins, in Mecklenburg, Pommern und Scandinavien. Bei den Griechen galt die Gans für einen lieblichen Vogel, dessen Schönheit bewundert wurde und der zu Geschenken an geliebte Knaben u. s. w. diente (s. Jahn, Leipziger Berichte, 1848, S. 51 ff.). Schon Penelope bei Homer, in der herrlichen Stelle, wo sie ihrem unbekannten in Bettlergestalt ihr gegenübersitzenden Gemahl ihren Traum erzählt, besitzt eine kleine Heerde von 20 Gänsen, an denen sie ihre Freude hat; sie erscheinen dort als Hausthiere, die weniger um des Nutzens willen, den sie bringen, als wegen der Lust des Anblicks, den sie gewähren, von der Herrin des Hofes gehalten werden. So hat auch Gudrun in der Edda ihre Gänse auf dem Hofe und diese schrieen hell auf als ihre Herrin am Leichnam Sigurds laut jammerte, erstes Lied von Gudrun 16 (nach Simrock):

Und hell auf schrien
Im Hofe die Gänse,
Die zieren Vögel,
Die Gudrun zog.

Zugleich sind die Gänse nach griechischer Vorstellung wachsame Hüterinnen des Hauses: auf dem Grabe einer guten Hausfrau war unter anderen Emblemen eine Gans abgebildet, um die Wachsamkeit der Verstorbenen auszudrücken, Anth. Pal. 7, 425, 7:

χὰν δὲ δόμων φυλακᾶς μελεδήμονα.

Bei den Römern wurden sorgfältig die ganz weissen Gänse ausgewählt und zur Zucht verwandt, so dass sich mit der Zeit eine weisse und zahmere Abart bildete, die sich von der grauen Wildgans und ihren direkten Abkömmlingen merklich unterschied. Wie noch im heutigen Italien, war auch im alten die Gans in der kleinen Landwirthschaft nicht so verbreitet, wie im Norden: theils fehlte es an dem nöthigen Wasser, theils wurde der Schade gefürchtet, den das mit den Halsmuskeln und dem kräftigen Schnabel die jungen Pflanzen abzupfende und die Weide verunreinigende Thier anzustiften pflegt, aber in den grossen Chenoboskien der Unternehmer und Villenbesitzer schnatterten zahlreiche Schaaren dieser Vögel; dabei ward durch Zwangsfutter die übergrosse Leber erzeugt, nach der den Schwelgern der Mund wässerte, — eine künstliche Krankheit zum Dank für die Rettung des Kapitols. Die Benutzung der Gänsefedern zu Kissen war dem eigentlichen Alterthume fremd: erst die späteren Römer lernten diesen Gebrauch von Kelten und Germanen. Zu Plinius' Zeit wurden ganze Heerden von Gänsen aus Belgien nach Italien getrieben, namentlich aus dem Gebiet der Morini, die an den belgischen Küsten sassen; auch die zarten weissen Federn, die von dorther kamen, waren berühmt und sollten einer Art angehören, die den Namen *gantae* führte (der dentale Auslaut des Wortes ist specifisch keltisch, findet sich indess in dem angrenzenden niederdeutschen Mundarten, sowie im ahd. *ganzo*, der Gänserich). Es war kein Hausvogel, sondern eine Art wilde Gans, und die von ihr gewonnenen Federn standen in so hohem Preis, dass auf den entfernten römischen Militärstationen oft ganze Cohorten auseinandergingen, um dieser Jagd obzuliegen. Die so gestopften Kissen waren eine Neuerung, zu der die echten Römer bedenklich den Kopf schüttelten: wir sind jetzt, fügt Plinius hinzu, zu dem Grade von Weichlichkeit gelangt, dass sogar Männer ohne eine solche Vorrichtung ihr Haupt nicht niederlegen können (Plin. 10, 54). Bis auf den heutigen Tag sind Federbetten eine mehr nordische Sitte geblieben, die dem wärmeren Süden nicht zusagt. Ein anderer Gebrauch der Gänsefeder, der zum Schreiben, war dem Alterthum gleichfalls unbekannt: die Schreibfeder tritt genau mit Einbruch des eigentlichen Mittelalters auf, zu allererst zur Zeit des Ostgothen Theoderich bei dem Anonymus Valesii, s. Beckmann, Beyträge 4, 289, Isid. Orig. 6, 14: *in-*

strumenta sunt scribendi calamus et penna). Jetzt ist sie durch die Stahlfeder verdrängt, so dass sich für dieses Werkzeug drei grosse Perioden ergeben: die älteste, die von den Anfängen des Schreibens bei den Aegyptern bis zum Untergange des römischen Reiches geht, die des gespaltenen Rohrs, welches Thucydides und Tacitus in der Hand führten; — die andere, die des Gänsekiels, mit der Dante und Voltaire, Goethe, Hegel und Humboldt geschrieben haben; endlich die im 19. Jahrhundert beginnende der Stahlfeder, mit der Leitartikel und Feuilletons hingeworfen werden, um noch nass in der Werkstatt gesetzt und mit Dampfkraft gedruckt zu werden. Die Perioden dieses Schreibewerkzeuges fallen, wie man sieht, mit denen des Materials, auf welches geschrieben wurde und wird, nicht zusammen.[1]

Das Alterthum hatte in Domestication der Vögel nach verschiedenen Seiten hin Wege eröffnet, die seitdem nicht wieder betreten worden sind, und Resultate erreicht, die die heutige Welt wieder hat fallen lassen. In Aegypten war, wie die Monumente lehren, ein grosser Wasservogel, der in unbestimmter Weise Reiher genannt wird, zum zahmen Genossen des Menschen geworden, in Rom der Kranich, der Storch, der Schwan, von kleinerem Gevögel der turdus, die perdix, coturnix u. s. w. Gegenstand der Zucht und Fütterung und auf den Tafeln ein von der Mode bald empfohlener und geforderter, bald wieder verschmähter Braten. Man sehe bei Horaz, um nur diesen Dichter zu nennen, die Stellen: Sat. II. 2, 49 und 8, 87. Noch in den leges barbarorum, wie l. Sal. 7, 8 (wenigstens in der späteren Redaktion) und l. Alam. 99, 17 ff., werden dem vorgefundenen Stande römischer Landhäuser gemäss auch Schwäne, Störche, Kraniche und andere Vögel, deren Namen schwer zu deuten sind, zum Hausgeflügel gerechnet und Strafen auf deren Entwendung gesetzt. Die Kirche verbot aber den Genuss z. B. von Störchen (wie auch von Bibern, Hasen und Pferden); Papst Zacharias schreibt am 4. Nov. 751 an den heiligen Bonifacius: *in primis volatilibus, id est de graculis et corniculis atque ciconiis. Quae omnino cavendae sunt ab esu Christianorum. Etiam et fibri et lepores et equi silvatici multo amplius vitandi.* Das spätere Mittelalter beschränkte sich daher auf Gänse, Enten und Hühner und überliess es der Jagd, die in den ungeheuren, wenig bevölkerten Waldstrecken Mitteleuropas ein ergiebiges Revier fand, die Küche mit Wildpret zu versorgen. In Italien hatte zur Zeit der Römer von reicher Jagdbeute nicht die Rede sein können, und das Hochwild, von dem die germanischen Wälder belebt waren, sowie das Federvieh der Moore des Nordens nach Italien zu schaffen, wurde durch die Entfernung und das warme Klima verhindert. So sahen sich die Römer auf künstliche Zucht delikater Wildvögel angewiesen, die denn auch in oft kolossalen Anstalten der Art betrieben wurde und auf verschiedenen Stufen zu mehr oder minder erreichter Zähmung führte. Diese Versuche sind, wie gesagt, von der neueren Thierzucht nicht wiederholt worden, und wenn auch in Europa die Wildniss immer weiter gerückt ist, so führen jetzt die Eisenbahnen die erlegten Jagdthiere der fernsten Einöden blitzschnell den grossen Consumtionscentren zu: der Markt von Paris bezieht seine Rebhühner schon aus Algier und dem nördlichen Russland. Die Varietäten des einmal bestehenden Hausgeflügels, besonders der Hühner und Tauben, haben sich dagegen im heutigen Europa, bei der immer umfassenderen und beschleunigteren Weltverbindung, ins Unendliche vermehrt, und die vortheilhafteren und schöneren unter ihnen verdrängen allmählich die aus dem Alterthum zu uns übergegangenen Racen.

** Ir. *géd* ist von der Reihe scrt. *hansa* u. s. w. zu trennen; es wird von Stokes Urkeltischer Sprachschatz S. 119 zusammen mit cymr. *gwyddê* auf eine Grundform **gegdâ* (vgl. auch ir. *gigrann* Gans) zurückgeführt. — Unter den vom Stamme *ghan-s* gebildeten Formen, zu denen als urverwandt auch altir. *géis* Schwan gehört, ist slav. *gąsi* aus dem Germanischen, ir. *goss* wahrscheinlich aus dem Angelsächsischen entlehnt. Ueber die mit dem von Plinius genannten *ganta* zusammenhängenden germanischen und romanischen Formen vgl. Kluge Et. W.[6] u. Gans und Gänserich. — Merkwürdig ist, dass der indogermanische Name des Thieres, scrt. *hansa*, griech. χήν, lat. *anser* u. s. w. auch in anderen Sprachgebieten vorzukommen scheint: so im turk. tat. *kaz* (woraus nach Hübschmann Osset. Spr. S. 123 osset. *γâz*) und im sumerischen *guz*, *gaz*, *waz*, *us* (vgl. über diese Wörter F. Hommel Beil. z. allg. Z. No. 197 S. 3). — Finnisches *hanhi* entstammt dem Litauischen (W. Thomsen Beröringer S. 247. Armen. *sag* ist dunkel. — Was den idg. Namen der Ente anbetrifft, so sind altc. *hoet* etc. (Zeuss, Gramm. celt.[2] p. 1074) mit demselben nicht zu vereinen. — Im Südosten Europas gelten für Gans oder Ente Benennungen mit *bat-*, *pat-*: alb. *patɛ*, bulg. *patka* (aber auch span. *pato*, *pata*) u. s. w., die wahrscheinlich asiatisch sind: pers. *bat* Ente u. s. w. (Miklosich, T. E. S. 22, G. Meyer, Et. W. S. 324, P. Horn, Grundriss d. np. Et. S. 51). Neugr. gilt πάππια Ente. — Ausführlich handelt über die Gans im Alterthum O. Keller, Thiere des klassischen A. Innsbruck 1887 S. 286 ff. Vgl. auch E. Hahn Die Hausthiere S. 274 u. 286 und mein Reallexikon u. Gans und Ente.

Eine gezähmte Vögelklasse, von der das frühere Alterthum nur als Wunder aus der Ferne gehört hatte, trat mit der Herrschaft der Barbaren in ganz Europa auf und ist seit dem Anbruch der neueren Bildung langsam wieder verschwunden — wir meinen die zur Jagd auf andere Vögel abgerichteten Raubvögel, Geier, Habichte, Falken, die Lieblinge des Ritters, die so stolz auf seiner Faust sassen, in denen er sein eigenes Ebenbild erkannte und denen er oft eine leidenschaftliche Zuneigung zuwandte. Jacob Grimm hat der Falkenjagd in seiner Geschichte der deutschen Sprache ein eigenes Kapitel gewidmet, in welchem er durch Sammlung von Stellen aus Schriftstellern und Dichtern des Mittelalters die herrschende Vorliebe für diese Art Jagd ins Licht setzt und die letztere zugleich als nationale Sitte in das höchste vorhistorische Alterthum des germanischen Stammes zurückverlegt. Allein, wie es seiner Phantasie auch sonst begegnet, spät Erborgtes und nachmals Erlerntes, das auf dem neuen Boden oft am üppigsten wuchert, wenn es auf dem alten schon im Absterben begriffen ist, als ein in den Tiefen der Jahrhunderte schattenhaft sich Bewegendes und von dort an das Licht Aufsteigendes ahnungsvoll zu schauen, — so auch hier. Die Falkenjagd ist keine deutsche Uebung, vielmehr den Deutschen von den Kelten zugekommen und nicht einmal in sehr früher Zeit. Die Jagd als Kunst, in verfeinerter und berechneter Ausbildung, ist ein keltischer Nationalzug, der sich durch den Bestand eines reichen und mächtigen Adels in dem zu Cäsars Zeit schon hoch civilisirten, mit Strassen, Städten, Brücken, Zöllen u. s. w. versehenen und doch noch frischen und waldreichen Gallien leicht erklärt. Schon die Römer lernten von den Kelten die Hetzjagd im freien Felde, die *chasse au courre*, im Gegensatz zu der Birsch (mit Spürhund, Armbrust und Bolzen, im Walde; das deutsche Wort Birsch, birschen vom altfranzösischen *berser*), und entlehnten daher den *canis gallicus* (schon bei Ovid und Martial, erhalten im heutigen spanischen *galgo*), den *canis vertragus*, im heutigen Deutsch durch Volksetymologie in Windhund entstellt, s. die Geschichte des interessanten Wortes bei Zeuss [2] p. 145, Diefenbach O. E. 330 und Glück in Fleckeisens Jahrbb. 1864 S. 597) und *segusius* (eine besondere Art Jagdhund, benannt nach einem gallischen Stamme an der Loire). Beide letzteren Ausdrücke kommen schon in den deutschen Gesetzbüchern vor, und wenn der Falke als Haus und Jagdthier eben da erwähnt wird, so beweist dies also nichts für einen altgermanischen Ursprung. Deutlich aber weist der Name des eigentlichen deutschen Jagdvogels, des Habichts, auf seine Herkunft aus Gallien: altirisch heisst er *seboce*, und so oder ähnlich muss er in der ältesten keltischen Sprache gelautet haben. In dem einen der beiden Zweige des Keltischen, dem Britischen, dem sich auch das Idiom der Gallier des Festlandes anschloss, verwandelte sich aber in einer Anzahl Wörter das *s* in *h*: aus *seboce* wurde im kambrisch-kornischen Munde *hebauc*, und in dieser secundären Gestalt ging das Wort zu den Deutschen über: *hapuh*, altn. *haukr* u. s. w. Die Germanen der ältesten Zeit kämpften gegen den Bären und Wolf und erlegten den Auer- und Bisonochsen, den Elch und Schelch und den Eber: die Falkenbeize aber lernten sie später von jenseits des Rheines und der Donau her kennen. Auch lässt sich nicht behaupten, dass die letztere jemals in Deutschland volksmässig gewesen sei. Sie war die Lust des Edlen hoch zu Ross, seiner Dame und des Jagdgesindes: der Bauer trieb sie nicht, er staunte die adelige fremdländische Kunst an, wie er die Waffen und Kampfmanieren der Ritter bewunderte und deren romanische Namen allmählig nachsprechen lernte. Eine andere Frage aber ist, ob die keltischen Völker, die die germanische Welt von Westen und Süden her ein- und abschlossen, die Jagd mit abgerichteten Stossvögeln etwa selbst erfunden oder sie nur ausgebildet, und im letzteren Falle von welcher Seite sie sie ursprünglich empfangen hatten? Die älteste Nachricht über Jagd mit Raubvögeln findet sich bei Aristoteles H. A. 9, 36, 4 (das neunte Buch rührt zwar in seiner jetzigen Gestalt schwerlich von Aristoteles her, aber die Stelle findet sich schon bei Antigonus Carystius, unter dem zweiten und dritten Ptolemäer, im Auszuge wiederholt): »In der Gegend von Thrakien, welche ehemals Kedreipolis hiess (*ἐν δὲ Θρᾴκῃ τῇ καλουμένῃ ποτὲ Κεδρειπόλει*), werden in einem Sumpfe die kleinen Vögel von den Menschen in Gemeinschaft mit den Habichten gejagt: die Menschen schlagen mit Stöcken an das Rohr und Buschwerk, damit die Vögel auffliegen, die Habichte aber erscheinen von oben her und verfolgen sie und die erschreckten Vögel fliegen wieder zur Erde hinab, worauf sie die Menschen mit Stöcken schlagen und ergreifen und den Habichten einen Theil von der Beute gewähren, sie werfen ihnen nämlich einige Vögel entgegen und diese werden von den Habichten aufgefangen.« Statt der *Θρᾴκη ἡ καλουμένη ποτὲ Κεδρείπολις* wird in der Schrift de mirab. auscultat. 118 die *Θρᾴκη ἡ ὑπὲρ Ἀμφίπολιν* genannt, und in dieser Gestalt ist die Notiz auf Plinius 10, 23 übergegangen. Gewisse Thraker also bedienten sich der gezähmten Raubvögel, *ἱέρακες*, um in einer Sumpfgegend die aufgejagten Vögel wieder zur Erde zurückzuscheuchen, wo sie von den Jägern mit Stöcken erlegt wurden: der Raubvogel fasst das gejagte Thier nicht selbst, erhält aber von der Beute seinen Antheil. (Letzteres ganz nach der Sitte der späteren Falkenjäger.)

Der Jude Philo lässt in seinem verloren gegangenen, aber in der armenischen Uebersetzung erhaltenen Dialog: *de ratione quam habere etiam bruta animalia dicebat Alexander* (Opera ed. Richter, T. 8, § 37) seinen Gegner ganz dieselbe aristotelische Angabe wiederholen und zwar mit dem Zusatz: »mir schien die Geschichte von den thrakischen Habichten unglaublich, bis ich mehrere Eingeborene, darunter einen völlig redlichen, befragte, die mir alle die Sache bestätigten.« War dies thrakische Erfindung? Wir wissen es nicht, denn wenn auch von Aehnlichem in Indien berichtet wird (schon von Ktesias bei Photius und ausführlicher bei Aelian N. A. 4, 26, s. Müller Fr. Ctesiae 11 hinter seiner Ausgabe des Herodot; die Inder jagen Hasen und Füchse mit Raubvögeln; die Zähmung der letzteren ist ganz die der späteren Falkoniere, die Thiere bekommen ihr Theil) und die Aegypter einen Raubvogel, den ἀστερίας, so zahm gemacht hatten, dass er der menschlichen Stimme gehorsam war (Ael. N. A. 5, 36), so liegt zwischen beiden Ländern und Thrakien ganz Westasien und von einer so auffallenden Jagdart bei den Völkern des letztgenannten Ländergebietes hätten uns die Griechen wohl Meldung gethan, wenn sie daselbst üblich gewesen wäre. Ktesias erzählte von ihr als einer Merkwürdigkeit Indiens: am persischen Hofe, an dem er lebte, muss sie also unbekannt gewesen sein. Dass sie bei einem der das sogenannte Kleinasien bewohnenden Völker, der Nachbarn und Verkehrsgenossen der Thraker, gangbar gewesen, ist bei dem Stillschweigen der Griechen gleichfalls nicht anzunehmen. Da aber die von Ktesias ausführlich beschriebene Abrichtungsweise mit der späteren europäischen so genau zusammenstimmt, so mag irgend ein Zusammenhang, den wir nicht mehr aufweisen können, von dem diese Jagd betreibenden in irgend einem Grenzgebirge Indiens hausenden Stamme (Ktesias spricht von Gebirgshasen, die so gejagt werden) bis nach Thrakien reichen — wo die Zwischenglieder etwa Chorasmier und Massageten, Sarmaten und Scythen waren? Layard, Niniveh und Babylon, übersetzt von Zenker, Leipzig s. a. enthält S. 369 Anm. die Notiz: »Auf einem Basrelief in Khorsabad, welches ich bei meinem letzten Besuche daselbst sah, war, wie es schien, ein Falkonirer mit dem Falken auf der Faust abgebildet.« Leider macht der Zuzatz »wie es schien« die Sache unsicher; aber wenn die Herrschaft der grossen Euphrat- und Tigris-Reiche zu Zeiten bis an die Grenzen Indiens reichte, mochte eine dort gebräuchliche Jagdart auch einmal in der Hauptstadt an einer der Wände des Königspalastes dargestellt worden sein. — Aus Thrakien konnten die Kelten, die auf zahlreichen Kriegs- und Wanderzügen die Hämushalbinsel heimsuchten, die nicht leichte Kunst der Abrichtung von Raubvögeln zur Jagd sich geholt haben. Auf einer gewissen Lebensstufe eignen sich die Völker von ihren Nachbaren nichts bereitwilliger an, als neue und leichtere Arten dem Jagdthier beizukommen, das den Gegenstand ihrer Begierde bildet. Diejenigen Kelten wenigstens, die Italien überzogen und Rom verbrannten, können die Falkenjagd noch nicht gekannt haben, da sich bei den älteren Römern keine Spur einer solchen findet. Erst in den Jahrhunderten der Kaiserzeit tauchen hin und wieder Andeutungen derselben auf, aber in sehr unbestimmter Weise, bis plötzlich in den letzten Zeiten der Völkerwanderung und bald nachher die Sache im Munde aller Schriftsteller ist und als allgemein üblich vorausgesetzt wird. In dem Epigramm des Martial 14, 216. Accipiter:

Praedo fuit volucrum, famulus nunc aucupis: idem
Decipit et captas non sibi maeret aves —

scheint ein ganz deutlicher Hinweis auf Verwendung des Habichts zur Jagd zu liegen, aber gleichzeitig berichtet Plinius von der neuerdings ergangenen, höchst wunderbaren Sage, in der Gegend von Eriza in Asien (dies Eriza war eine Stadt in Karien an den Grenzen Lykiens und Phrygiens) jage ein gewisser Craterus Monoceros mit Hülfe von Raben, die für ihn das Wild aufspürten und trieben und, wenn er ausziehe, gesellten sich auch wilde Raben dazu 10, 124: *nec non et recens fama Crateri Monocerotis cognomine in Erizena regione Asiae corvorum opera venantis eo quod devehebat in silvas eos insidentis corniculis umerisque; illi vestigabant agebantque eo perducta cousuetudine ut exeuntem sic comitarentur et feri.* Aus der zweiten Hälfte des folgenden Jahrhunderts scheint eine Stelle bei Apulejus (Apologia s. de magia lib. 34. p. 44 ed. Krueger.) auf Jagd mit Habichten hinzudeuten: wäre es nicht absurd, so ungefähr drückt sich der Autor aus, mit missbräuchlicher Anwendung des Gleichklangs den Fisch accipiter zum Vogelfang brauchen zu wollen: *quam si dicas . . . . aucupandis volantibus piscem accipitrem (quaesitum)*, aber der Schluss aus den Worten wird hinfällig, wenn man das unmittelbar Folgende hinzuzieht: *aut venandis apris piscem apriculum.* Denn wie konnten Eber mit Hülfe eines Ferkels gejagt werden? Höchstens bei Wölfen konnte es zur Anlockung verwandt werden. Vielleicht liegt in folgender Beschreibung einer Art Falkenjagd in der Paraphrase von Oppian. de aucup. 3, 5 die Erklärung des obigen Epigramms von Martial und der Worte des Apulejus: »eine angenehme Jagd ist es, wenn man einen Falken, ἱέρακα, mitbringt und diesen unter einen Busch legt; die kleinen Vögel οἱ στρουθοί, erschrecken, suchen sich im Laube zu verbergen, schauen aber immer auf den Falken, von der Angst gebannt, wie wenn ein Wanderer plötzlich einen Räuber erblickt und, starr vom Schreck, sich nicht von der Stelle bewegt; der Vogelsteller zieht die Vögel so mit aller Musse vom Baume herab.« Hier haben wir den Anfang einer noch sehr unvollkommenen Jagd mit Raubvögeln, und an nichts Anderes dachten, wie gesagt, vielleicht Martialis und Apulejus. Aber bei Julius Firmicus Maternus, bei Prosper Aquitanus, Sidonius Apollinaris u. s. w. im vierten und fünften Jahrhundert ist die Falkenjagd eine ausgebildete, beliebte und verbreitete Kunst, die ohne Zweifel von den Barbaren herrührte. Schon in der halb fabelhaften Urgeschichte der Sachsen bei Widukind tritt ein Jäger mit dem Habicht auf, 1, 10: aus der belagerten Stadt Scheidungen an der Unstrut, die durch die Verheissung des Friedens in Sicherheit gewiegt war, ging ein Thüringer mit einem Habicht hinaus und suchte über dem Ufer des genannten Flusses Nahrung; als er den Vogel hatte steigen lassen, nahm ihn Einer von den Sachsen am jenseitigen Ufer alsbald in Empfang und weigerte sich ihn herauszugeben; Jener aber sprach: gieb ihn heraus, so will ich dir ein wichtiges Geheimniss verrathen; die Mittheilung des Geheimnisses aber führte zum Untergang der Stadt — lauter in Märchen nicht ungewöhnliche Motive. Während des Mittelalters stand diese Jagd im ganzen feudalen Europa in Blüte (der grosse Kaiser Friedrich II. schrieb selbst ein Buch de arte venandi cum avibus) und wanderte von Deutschland und von Byzanz nach dem Osten des Welttheils und zu den Völkern Asiens an die Höfe der Grossfürsten und Czaren, der Emire, Scheikhs, Chagane und Schahs, bis zu den Nomaden der Steppe und den Beduinen der Wüste. Marco Polo fand sie in den Residenzen der mongolischen Fürsten bis nach China hin, ebenso neuere Reisende des 17. und 18. Jahrhunderts in den Ländern des Islams. In Europa gerieth sie in demselben Maasse, wie das Schiessgewehr sich ausbreitete und vervollkommnete, in Verfall und endlich in Vergessenheit, wobei es charakteristisch ist, dass die Namen der neuen durch die Luft treffenden mörderischen Waffen so häufig von den Stossvögeln entnommen sind, an deren Stelle sie traten (vgl. *falconetto; moschetto,* die Muskete, eigentlich der Sperber; *terzeruolo,* eigentlich das Männchen des Habichts; *sagro,* ein Geschütz, eigentlich der Sakerfalke). In Frankreich gingen bis zur Revolution bei feierlichen Aufzügen des Hofes die königlichen Falkoniere voran, oder vielmehr Leute, die deren Abzeichen trugen, denn in Wirklichkeit gab es keine *fauconnerie du Roi* mehr. In England soll noch jetzt bei einem oder zwei Landlords in ehrwürdiger Tradition ein Falkenstaat aufrecht erhalten und die dazu nöthigen abgerichteten Thiere aus Belgien bezogen werden. In Asien aber ist die Falkenjagd bis auf den heutigen Tag in vielen Gegenden eine eifrig betriebene Lieblingsbeschäftigung [79]).

** Der Ausgangspunkt der Falkenjagd ist in dem vorhergehenden kaum richtig bestimmt worden. Dass den Kelten in älterer Zeit die Jagd mit Vögeln bekannt gewesen sei, dafür fehlt jedes Zeugniss. Erst im X. Jahrh. zeigen wallisische Rechtsquellen (vgl. Baist in seinem für den ganzen folgenden Abschnitt bedeutungsvollen Aufsatz Falco, Z. f. D. A. 27, 55) die Jagd mit Habicht, Falke und Sperber, die sich durch nichts wesentliches von der Jagdweise des früheren Mittelalters unterscheidet. Namentlich aber hat R. Thurneysen, Kelto-Romanisches S. 23 ff. den überzeugenden Nachweis geführt, dass acymr. *hebauc* und altir. *sebocc* nicht die Quelle von, sondern Entlehnungen und Umbildungen aus ags. *heafoc* sind. — Wenden wir uns vom Westen Europas in die slavisch-byzantinische Welt, so weist jedenfalls die Sprache darauf hin, dass die Jagdweise des europäischen Ostens nicht vom Westen her, sondern durch den Orient beeinflusst wurde. Schon in sehr früher Zeit ist das türkische *karagu, kergu* Sperber in sämmtliche slavische Sprachen eingedrungen: altsl. *kraguj*, bulg. *kargo*, nsl. *kragulj*, russ. (lautlich auffallend) *kraguj* u. s. w. (vgl. Miklosich, Türk. Elem. S. 91). Ebendahin gehört vielleicht auch kurd. *kvrǵhó* nom d'une petite espèce de faucon (vgl. Jaba-Justi S. 308), wie auch kurd. *doγán* faucon dem türk. *tughan* entstammt (Jaba-Justi S. 277). Aus dem Russischen ist noch *saryčŭ* Falco Buteo = nordtürk. *sareća* Jagdfalke zu nennen (Miklosich, T. E.).

Unter den byzantinischen Ausdrücken für Jagdvögel, die Hammer-Purgstall, Falknerklee S. XVII zusammenstellt, sind neben ἱέραξ Habicht, πετρίτης Edel-, Tauben-, Wanderfalke und ὀξυπτέριον Sperber drei orientalischen Ursprungs: nämlich ζάγανος aus türk. *zagén* Weihe (Zenker 480, 1) oder aus arab.-pers. *šâhîn*, Pamird. *šâin*, kurd. *šîn* Königsfalke, συγκούριον aus pers. *sonkur* Gerfalke und τζουράκιον Sorrak, *Falco candicans* wohl aus pers. *čargh*, Pamird. *tsâr, tsârgh*. Allerdings sind diese Namen spät überliefert, doch brauchen sie desshalb nicht späten Ursprungs zu sein, und keinesfalls sieht man ein, wie sie sich in der byzantinischen Fachliteratur festsetzen konnten, wenn die Byzantiner die Lehrmeister der Asiaten auf dem Gebiete der Falkenjagd waren. Hammer-Purgstall S. XIX hält es daher für selbstverständlich, dass die Griechen ihre Kenntniss der Falknerei von den Persern erhielten, die ihrerseits Schüler der Türken waren, in deren Stammland, Turkistan, die edelsten Falken- und Habichtsarten einheimisch seien. Ueber das Alter der Falkenjagd bei Turko-Tataren vgl. auch Vámbéry, Primitive Kultur S. 100. Dass die Falkenjagd im Orient uralt ist, geht ferner aus assyrischen Keilinschriften hervor (vgl. o. S. 371), die aus der Mitte des 7. vorchristlichen Jahrhunderts stammen. Der Falke heisst in ihnen *surdû*, sumer. *sur-da*. Von ihm wird u. a. gesagt: „Wenn ein Falke auf die Jagd geht und von der rechten Seite des Königs auf die linke fliegt, wird der König, wohin er geht, siegreich sein" oder: „Wenn ein Falke jagt und seine Beute im Schnabel zerknickt und vor den König fliegt, wird der König seinen Feind vertreiben." Andere Namen des Jagdvogels scheinen *buṣu* und *iṣṣur ḫurri* gewesen zu sein: „Fahre wie ein Falke (*iṣṣur ḫurri*) aus deinem Verstecke hervor", womit vielleicht dieselbe Art der Jagd gemeint ist, die Aristoteles (oben S. 370) von den Thrakern meldet. „Recken mit Falkenkörpern" werden bereits in der kuthäischen Schöpfungslegende aus der Zeit der ersten babylonischen Dynastie (ca. 2000 v. Chr.) genannt (vgl. näheres bei B. Meissner Falkenjagden bei den Babyloniern und Assyrern in den Beiträgen zur Assyriologie und semitischen Sprachw. herausg. von F. Delitzsch und P. Haupt S. 418ff.)

Unter den romanischen Völkern tritt nach den Ausführungen H.'s die neue Jagdweise im Anfang des IV. nachchristlichen Jahrhunderts auf, und allmählich erscheint eine Reihe neuer Benennungen von Falkoniden, über deren Ursprung viel gestritten worden ist. Sicher deutscher Herkunft ist it. *sparaviere*, frz. *épervier* aus ahd. *sparawâri* Sperber. Für deutsch halten wir auch mit Baist a. a. O. S. 59 und Z. f. frz. Spr. u. Lit. XIII, 186 it. *gerfalco*, span. *gerifalte*, prov. *girfalc*, frz. *gerfaut*: altn. *geirfalki* Sperfalke, *Falco islandicus*, da uns die Ableitung von *gyrus*, *gyrare*, also vom Kreisen des Vogels, sowohl an sich zu abstract erscheint, wie sie auch nach Baist's Angaben sachlich unrichtig ist. Uebrigens ist auch unser *geier* nicht von *gyrus*, sondern von *gier*, *gierig* abzuleiten; vgl. scrt. *gṛdhra* gierig und Geier. Deutsch ist ferner it. *smerlo*, prov. *esmirle*, it. *smeriglione* u. s. w. Schmerl (Baist, Z. f. D. A. 27, 60) und die Benennung eines wesentlichen Bestandtheils der Falkenjagd, der Lockspeise it. *logoro*, frz. *leurre*: mhd. *luoder*. Unter diesen Umständen spricht von vornherein eine gewisse Wahrscheinlichkeit dafür, dass auch das mlat., zuerst bei Julius Firmicus Maternus erscheinende *falco*, it. *falcone*, frz. *faucon* (auch alb. *fal'kue*, *fekua* Adler, G. Meyer, Et. W. S. 98): ahd. *falcho*, altn. *falki* germanischen Ursprungs ist. Demnach wäre die alte Ableitung von *falx* Sichel, die wiederum zu reflektirend und sachlich bedenklich ist (vgl. Baist, a. a. O. S. 57), zu verwerfen, wie auch griech. ἅρπη: ἁρπάζω raube und nicht: ἅρπη Sichel gehört. Baist leitet ahd. *falcho* von *fallen* ab (»der Habicht fängt seine Beute, der Falke stürzt sich auf dieselbe«: *accipitres praedas persequuntur, falcones ab alto feruntur)* und beruft sich, was die Suffixbildung anbetrifft (Z. f. frz. Spr. u. Lit. XIII, 186 Anm.) auf Vögelnamen wie *storch, kranich, ahaks, lerche, habuh, belche*. Auch an Zusammenhang mit ahd. *falo* fahl hat man gedacht. Auf jeden Fall spricht aber für die deutsche Herkunft des Wortes *falco* seine Verwendung als Eigenname im Ahd., Ags., Langob. und Westgotischen (Baist. a. a. O.). — Die Romanen haben also, darauf führt die Sprachbetrachtung mit grosser Deutlichkeit, im III. oder IV. Jahrhundert die Sitte, mit Vögeln zu jagen, von den germanischen, in ihre Grenzen einbrechenden Schaaren kennen gelernt. Da nun weder Caesar, noch Plinius, noch Tacitus, noch sonst jemand von altgermanischer Falkenjagd zu berichten wissen, so ist es wahrscheinlich, dass unsere Vorfahren diese neue Kunst nicht allzulange vor dem Beginne des IV. Jahrhunderts bei sich ausgebildet oder von aussenher übernommen haben.

Es ergeben sich also für Europa bis jetzt zwei Entstehungsheerde des Jagdsports mit Vögeln: für die slavisch-griechische Welt Turko-Tataren nebst Persern und Arabern, für die romanischen Völker die Germanen etwa des III. Jahrhunderts. Ob diese beiden Ausgangspunkte der neuen Jagdweise unter sich irgendwie zusammenhängen, bleibt eine offene Frage. Unmöglich scheint es uns nicht, dass mit den ersten Wehen der Völkerwanderung die Anregung zu der Falkenjagd, deren hohes Alter im Orient durch die obigen Ausführungen erhärtet wird, und dessen Ursprünge man eher in der unendlichen Steppe des Ostens als in dem begrenzten Waldgebiet unseres deutschen Vaterlands wird suchen wollen, zu ostgermanischen Stämmen kam, die die neue Gewohnheit dann nach dem romanischen Süden trugen.

In späterer Zeit ist der Osten alsdann die Quelle eines erneuten Aufschwungs der Falkenjagd geworden. Von den Arabern lernte Europa den Gebrauch der Haube kennen. Einen interessanten sprachlichen Beleg für den gleichen Kultureinfluss bietet mlat. *sacer*, it. *sagro*, frz., span. *sacre*, mhd. *sackers* der Sackerfalk. Die Meinung, dass diese verhältnissmässig spät bezeugte Sippe nichts sei als das lat. *sacer* heilig, eine Uebersetzung von ἱέραξ, kann jetzt wohl als allgemein aufgegeben gelten (vgl. Lagarde, Mittheilungen II, 252, Baist a. d. o. a. Orten S. 62 und 189). Auch ist ahd. *wîe* zu trennen von *wîho* heilig, und auch in ἱέραξ ist, wie Hesychs βείρακες (**wei-r-ak*: ahd. *wîe*; Wurzel *wi, wei* jagen, vergl. Kluge, Et. W.) zeigt, ἱερός = scrt. *ishira* erst volksetymologisch hereingetragen worden. Die oben genannte Sippe ist vielmehr eine Entlehnung aus dem alt-arab. *ṣaqr*. Ob dieses wieder aus türk. *tschakir* (Hammer-Purgstall S. XIX) entstellt sein kann, vermögen wir nicht zu entscheiden. Slavisch *sokolŭ* und lit. *sākalas* sind fern zu halten. Weitere Namen von Jagdvögeln vgl. Anm. 79.

Der Pflaumenbaum.

(Prunus domestica L., Prunus insititia L.)

Der Pflaumenbaum, *prunus*, wird nur einmal bei Cato 133 genannt, während er in der Parallelstelle 51 übergangen ist. Von allgemeiner Kultur in den Gärten und einer dabei sich ergebenden Mannigfaltigkeit der Sorten konnte also damals noch nicht die Rede sein. Den Dichtern der goldenen Zeit dagegen ist die Frucht schon ganz geläufig, Verg. Ecl. 2, 53:

Addam cerea pruna; honos erit huic quoque pomo.

Was *cerea pruna* sind, erklärt Ovid. Met. 13, 817:

Prunaque, non solum nigro liventia succo,
Verum etiam generosa novasque imitantia ceras.

Auch das Pfropfen der edlen Pflaume auf den Schlehdorn ist allgemein, Verg. G. 4, 145:

spinos jam pruna ferentis.

Auf Horazens Villa waren Pflaumen auf Dornen zu sehen, Ep. 1, 16, 8:

quid? si rubicunda benigne
Corna vepres et pruna ferunt?

Columella kennt drei Sorten: *cereolum, Damasci, onychinum*, Plinius aber eine verwirrende Menge von Varietäten, 15, 41: *Ingens postea turba prunorum* — folgt die Aufzählung einiger derselben. *In peregrinis arboribus dicta sunt Damascena a Syriae Damasco cognominata, jam pridem in Italia nascentia. — Simul dici possunt populares eorum myxae, quae et ipsae nunc coeperunt Romae nasci insitae sorbis.* Diese Damascener-Pflaume, als die alleredelste, gab bei den Byzantinern und Neugriechen den Namen für Kulturpflaume überhaupt her; der Name *prunus* ging mit dem Baum und der Frucht von Italien aus durch alle Länder West- und Mitteleuropas. Die Römer hatten ihrerseits den Namen von den Griechen entlehnt; *προῦμνον* aber galt nach Galenus eigentlich für die Frucht des wilden Baumes, 6, p. 619 Kühn: *ὅ τε τῶν ἀγριοκοκκυμήλων, ἃ προῦμνα παῤ ἡμῖν* (d. h. im nordwestlichen Kleinasien) *καλοῦσι*, fand aber dann auch, wie in ähnlichen Fällen auch sonst geschah, auf die edle *Prunus domestica* Anwendung, z. B. bei Dioscor. 1, 174. Sonst hiess bei den Griechen die Frucht der letzteren *κοκκύμηλον* (die erste Hälfte ein orientalisches Wort, s. Pott in Lassens Zeitschrift 7, 109), die Schlehenpflaume *βράβυλον*. Das älteste Zeugniss für den ersteren Namen ist in einem Citat des Pollux 1, 232 aus Archilochus, also aus dem Anfang des siebenten Jahrhunderts, enthalten, dann in einem Fragment des Hipponax aus der Mitte des sechsten Jahrhunderts, Fr. 81. Bergk.:

στέφανον εἶχον κοκκυμήλων καὶ μίνθης.

In der Abhandlung über die Pflaumen bei Athenäus 2, p. 49 ff. wird nach dem Peripatetiker Clearchus berichtet, die Rhodier und die Sikelioten nennten auch die Pflaumen *βράβυλα*, und nach dem Glossator Seleukus, *βράβυλα, ἦλα, κοκκύμηλα, μάδρυα* seien dasselbe. Der Sprachgebrauch des Theokrit bestätigt diese Angabe nicht: von den zwei Stellen dieses Dichters, in denen das Wort *βράβυλον* vorkommt, wird in der einen, 12, 3, die Ankunft der Geliebten so süss genannt, wie der Frühling im Gegensatz zum Winter, und das *μῆλον* im Vergleich mit dem *βράβυλον*: hier kann unter den letzteren schwerlich die köstliche Pflaume verstanden werden, vielmehr wird *μῆλον* nur als kürzerer Ausdruck für *κοκκύμηλον* zu nehmen sein. In der anderen Stelle 7, 146 werden bei Schilderung eines Lustortes Birnen, Aepfel und *βράβυλα* zusammen genannt, und es steht nichts entgegen, sie auch hier als die einheimischen Schlehenpflaumen zu fassen. Die heutigen romanischen Sprachen verwenden für die Schlehe das Verkleinerungswort der Pflaume: *prugnola, prunelle*; das englische *bullace* Schlehe soll aus dem Keltischen stammen (s. Schuchardt in K. Zeitschr. 20, 1871, S. 249); dem deutschen Schlehe, ahd. *slêha*, mhd. *slêhe* entspricht buchstäblich das slavische *sliva* in der Bedeutung Pflaume; dem französischen *crèque* oder vielleicht direkt dem lat. *graecum* ist das deutsche Krieche, niederdeutsche Kreke nachgebildet (Grimm, Wörterb. 5, 2206), auch altpreussisch *krichaytos*; Zwetsche, welches slavischen Klang hat, aber in den slavischen Sprachen nicht vorkommt, ist nach Schmeller 4, 310 aus *δαμασκηνόν* entstellt, wie die Engländer aus demselben griechischen Wort ihr *damsin, damson* gemacht haben. Das italienische *susina*, spanische *endrina*, vielleicht nach Orten oder Menschen benannt, stimmen wenigstens in der Endung mit dem Namen bei Plinius: *onychina, malina* u. s. w. überein. Die Mirabelle, italienisch *mirabella*, führt Diez 1, 280 auf *μυροβάλανος* zurück, welches griechische Wort ursprünglich eine indische, zur Bereitung einer Salbe dienende Frucht bedeutete, dann aber auf eine einheimische Art kleiner gelblicher Pflaumen angewandt wurde. Das in Tyrol gebräuchliche *Zeiber* (s. Schöpf, Tyrolisches Idiotikon) lautet bei den benachbarten Slowenen *cibara*. Von den obigen Glossen *ἦλα, μάδρυα*, zu denen man noch *ὀξύμαλα* und *βάδρυα* hinzufügen kann (Nauck zu Arist. Byz. p. 118), ist nur *ἦλα* allenfalls aus orientalischen, zur iranischen Familie gehörenden Sprachen zu erklären (Pott a. a. O. S. 108).

Die gegen den nordischen Winter abgehärtete *Prunus insititia* mit runden Früchten mag in Europa ursprünglich heimisch sein, aber in ihrer veredelten Gestalt stammt sie, wie die echte Pflaume, aus Asien. Bei den Alten wird die eine von der anderen um so weniger genau unterschieden, als auch die erstere unter der Hand der Kultur die feinsten Früchte lieferte und noch liefert, z. B. die *Reine-Claude*. Wie schon der letztere Name andeutet, ist auch in diesem Zweige der Obstbaumzucht Frankreich das eigentlich klassische Land, sei es in Folge des Klimas oder der industriellen Bemühung seiner Bewohner. Geht man weiter nach Süden, zu den Küsten des mittelländischen Meeres hinab, so scheint auch die Pflaume viel von ihrem köstlichen

Aroma zu verlieren. Die europäische Gegend aber, wo die Pflaumenzucht im Grossen betrieben wird und als integrirender Factor der Bodenproduction auftritt, ist das österreichisch-türkische Grenzland (s. darüber G. Thoemmel, Geschichtliche, politische und topographisch-statistische Beschreibung des Vilajet Bosnien, Wien 1867, und F. Kanitz, Serbien, Wien 1868). Dort begegnet man ganzen Wäldern von Zwetschenbäumen, ihre Früchte bilden 4 bis 6 Wochen hindurch frisch gepflückt die Hauptnahrung der Bevölkerung und werden in gedörrtem Zustande massenhaft nach Deutschland, ja bis nach Amerika hin, ausgeführt. Schweine und Pflaumen sind fast die einzigen Aequivalente, mit denen diese Länder ihren Bedarf vom Auslande, von dem sie in allen Stücken abhängig sind, bezahlen. Die Hauptanwendung aber, die von dem reichen Ertrage der Frucht gemacht wird, ist die zu Pflaumenbranntwein, der beliebten *slivovica*. Obgleich von diesem Artikel ungeheure Mengen an Ort und Stelle verbraucht werden, — denn wozu besässen jene Racen eine tiefere Prädestination, als zum Genuss von Raki? —, so ist auch die Ausfuhr noch bedeutend. Wie alt diese Kultur dort ist und ob sie vielleicht über die Zeit der slavischen Einwanderung hinausgeht, ist uns unbekannt. Aus Beeren, an denen der Nordosten reich ist, ein Getränke zu machen, ist ein altslavischer oder osteuropäischer Nationalzug, der schon von Herodot in seiner Beschreibung des hinterskythischen Landes angedeutet wird.

---

* Die in Kultur befindlichen Pflaumen stellen nicht eine Art dar, sondern sind von verschiedenen Stammarten abzuleiten. Die Kriecherpflaume (*Prunus insititia* L.) ist sicher in den Kaukasusländern und Kleinasien heimisch; aber sie findet sich auch in Nordafrika, sowie in ganz Süd- und Mitteleuropa in Wäldern vielfach zerstreut, so dass sie mit grosser Wahrscheinlichkeit als dort einheimisch anzusehen ist. Dagegen stammt die Kirschpflaume, *Prunus cerasifera* Ehrh., von der in Turkestan und überhaupt in Vorderasien heimischen und in Persien angebauten (Inst. XV. 1887. 2, S. 105) *P. divaricata* Ledeb. ab. Die Zwetsche (*P. oeconomica* Borkhausen) und andere Formen gehören zu *P. domestica* L., welche im Kaukasus sowohl diesseits wie jenseits des Gebirges bei 1300 m, ferner auf dem Talysch und dem Elbrus sehr verbreitet ist (Köppen, Geographische Verbreitung der Holzgewächse des europäischen Russlands I, 261); diese Art wurde schon zu Catos Zeiten von den Römern kultivirt. Ob die Reneclode (*P. italica* Borkhausen) eine selbständige Art darstellt, ist nicht bekannt. Andere kultivirte Pflaumen sind höchstwahrscheinlich durch Bastardirung der genannten Arten entstanden. Jedenfalls spricht der Umstand, dass die meisten Pflaumenarten in Vorderasien heimisch sind, dafür, dass die Kultur der

Pflaumen sich im Orient entwickelt hat, wenn auch vielleicht die Kriecherpflaume schon vorher von den Europäern genossen wurde. Für letzteres spricht der Umstand, dass Heer Kerne dieser Pflaume in den Pfahlbauten von Robenhausen nachweisen konnte und dass solche auch in Pfahlbauten am Gardasee aufgefunden wurden.

** Der deutsche Ausdruck *krieche* kann, wie auch Kluge, Et. W.[6] hervorhebt, nicht identisch mit ahd. *chriah,* mhd. *kriech* Grieche sein; denn erstens ist ein mlat. *graeca* in der Bedeutung Pflaumenschlehe nicht vorhanden, und zweitens: wie hätten die Deutschen den bei ihnen einheimischen Baum »ohne auswärtigen Vorgang« als »griechischen« bezeichnen sollen? Wohl aber könnte ahd. *chriah* u. s. w. einen ursprünglichen Namen des Baumes volksetymologisch umgestaltet haben. Es fehlt nämlich nicht an Formen, welche auf einen ursprünglich kurzen Wurzelvocal des Wortes hinweisen: ahd. *crichboum Gl. florent.* Graff III, 120, mnd. *krike, kreke,* schwed. *krikon,* nhd. schlesisch *krichele, kricheln,* waldek., Ostfriesland-Altmark *krekenbaum* u. s. w. (vgl. Pritzel u. Jessen, Deutsche Volksnamen der Pflanzen S. 315). Weisen diese Formen auf ein germanisches *krik-, krek-,* vorgermanisches *greg-* hin, so lässt sich letzteres ohne Schwierigkeit mit griech. βράβ-υλος vermitteln, so dass also die *Prunus insititia* auch sprachlich sich als einheimisch in Europa erwiese. Eine zweite urverwandte Bezeichnung einer Pflaumenart lässt sich vielleicht aus lit. *slywà,* altsl. *sliva,* dessen Beziehungen zu ahd. *slêha* (oben S. 378) noch nicht aufgeklärt sind, = lat. *lividus,* eigentl. schlehenfarbig (vgl. nsl. *sliv,* bläulich), dann bläulich, blau erschliessen (vgl. mein Reallexikon u. Blau), wobei zu bemerken ist, dass Kerne sowohl der *Prunus insititia L.* wie auch der eigentlichen Schlehe (*Prunus spinosa L.*) und der Traubenkirsche (*Prunus Padus L.*) ausser in der Schweiz (s. o.) auch in neolithischen Stationen Oesterreichs und Italiens gefunden worden sind (vgl. G. Buschan, Vorgesch. Botanik S. 181). Urkeltisch: ir. *draigen, draighin* gl. prunus, cymr. *draen* spinus, spina, sentis. — Was die übrigen Pflaumennamen, zunächst die des Griechischen anbetrifft, so dürfte κοκκύμηλον kaum etwas anderes als *κοκκό-μηλον, wörtlich »Kernobst« (κόκκος) sein. Neugriechisch heisst *Prunus insititia* κορομηλιά (alb. *korombil'é*) und πουρνελιά (Heldreich, Die Nutzpflanzen Griechenlands S. 68). — Die schon von H. zur Erklärung von ἦλα herangezogenen iranischen Wörter lauten pers. *âlu,* kurd. *alou.* Geht man von einem idg. Stamm *êl-* aus, so könnte mit demselben auch der deutsche Name der *Prunus Padus*: *ale, ahlbaum, Ahlkirschen* u. s. w. (Pritzel-Jessen a. a. O. S. 316, Köppen a. a. O. I, 262) zusammenhängen. — Griech μάδρυα wird im Archiv für slavische Philol. 13, 424 zu altsl. *modrŭ* blau gezogen, wie auch wahrscheinlich die alb. *kúmbulë* Pflaume, *kulumbrî* Schlehe und das rum. *porumbé* Schlehe von der blauschwarzen Farbe der wilden Taube her (*columba, palumbes*) benannt sind. Vgl. G. Meyer, Et. W. S. 212/13. — Vgl. noch kurd. *chilour* aus armen. *slôr* Jaba-Justi S. 260 und neuere orientalische Namen bei Köppen, a. a. O. — It. *susina* hat man von *sucus* »die saftige« abzuleiten versucht (Körting, Wörterbuch). — Der keltische Ursprung von engl. *bullace* wird wohl mit Recht bezweifelt von James A. H. Murray (A new English dictionary). — Was die germanischen, gewöhnlich als aus dem lat.

prûnus, prûnum entlehnt angesehenen Pflaumennamen ahd. *phrûma, pflûmo,* ags. *plûme* anbetrifft, so macht ihr *m* dem *n* der lateinischen Formen gegenüber Schwierigkeiten. J. Schmidt, Kritik der Sonantentheorie S. 111 ist daher geneigt, die germanischen Benennungen unserer Kulturpflanze durch thrakische oder illyrische Vermittlung direkt auf griech. προῦμνον zurückzuführen, und zwar umso mehr, als die nördlichen Gegenden der Balkanhalbinsel noch heute ein Hauptsitz der Pflaumenkultur seien (vgl. o. S. 379).

Der Maulbeerbaum.

(Morus nigra L.)

Dieser medisch-pontische Baum fand seiner blutrothen, angenehm säuerlich-süssen Früchte wegen ziemlich frühe Verbreitung nach Westen. Er erreicht eine ansehnliche Höhe und trägt ein dunkles Laub, das im Frühling spät hervorbricht. Letztere Eigenschaft verschaffte ihm, wie Plinius 16, 102 sagt, den Beinamen *sapientissima arborum*, d. h. der vorsichtige Baum, der sich erst hervorwagt, wenn kein Frühlingsfrost mehr zu fürchten ist. Die Beeren, der Himbeere an Gestalt ähnlich, im eigentlichen Vaterlande oft einen Zoll gross, munden nur und sind nur gesund, wenn sie die völlige Reife haben, dann aber müssen sie rasch verzehrt werden, weil der Saft bald in Gährung geräth und zu Essig wird. Man pflückt sie daher frühmorgens und kauft und geniesst sie, ehe die Hitze des Tages sie verdorben hat, auf den Fruchtmärkten heutiger südlicher Städte, wie einst in Italien zu Horaz' Zeiten, Sat. 2, 4, 21:

Ille salubris
Aestates peraget qui nigris prandia moris
Finiet, ante gravem quae legerit arbore solem.

Die dunkelrothe Färbung war das Merkmal, das den Alten an ihnen besonders auffiel. Wie Horaz, so nennt sie auch Martial schwarz, 8, 64, 7:

sit moro coma nigrior caduco;

bei Vergil sind sie blutig, Ecl. 6, 22:

Sanguineis frontem moris et tempora fingit;

so auch bei Columella, 10, 401:

cumulataque moris
candida sanguineo manat fiscella cruore;

Sullas Gesicht war von grellem Roth mit weissen Flecken untermischt, so dass ein Spötter in Athen dichtete, es sei wie eine Maulbeere, mit Mehl bestreut, Plut. Sull. 2:

Συκάμινον ἔσθ' ὁ Σύλλας, ἀλφίτῳ πεπασμένον.

Elephanten, denen vor der Schlacht der Rüssel mit Maulbeeren bestrichen war, sollten dadurch kampfgierig werden, offenbar wegen der Aehnlichkeit des Saftes mit dem Blute (1. Maccab. 6, 34 nach Luther: »da liess der König . . . . die Elephanten mit rothem Wein und Maulbeersaft bespritzen, sie anzubringen und zu erzürnen«). Ueppige Weiber und lustige Leute, die Mummenschanz trieben, bemalten sich Schläfe und Wangen mit Maulbeersaft, und dem Weine, den sie dazu tranken, war vielleicht auch, wenn er zu blass gewesen war, ein Zusatz von demselben Saft gegeben worden, um ihn dunkelroth zu machen (*μέλας οἶνος*, wie *μέλαν αἷμα*) — wie noch jetzt im Süden Praxis ist.

Fragen wir, wann der Maulbeerbaum aus seinem asiatischen Vaterlande zuerst in Europa erschienen, so verweisen uns einige beiläufig aufbewahrte Dichterstellen auf die Zeit der attischen Tragiker, andere ein Jahrhundert später auf die der mittleren und neuen Komödie. Nur dass die Verwechselung mit der Sykomore, dem ägyptischen Maulbeerfeigenbaum, und andererseits mit dem Brombeer- und Himbeerstrauch einige Unsicherheit in die Deutung der Zeugnisse bringt. Die Sykomore nämlich, ein weitschattender Baum mit feigenähnlichen Früchten ursprünglich in Aegypten zu Haus, aber auch in semitischen Landen, wo der Boden es erlaubte, in Palästina und Cypern vielfach angepflanzt, war auch den Griechen aus ihrem Verkehr mit jener Erdgegend nicht unbekannt geblieben; der Baum empfahl sich nicht bloss durch die Kühlung, die sein Laub gewährte, sondern auch durch die Früchte, die eine Nahrung des niederen Volks bildeten, und durch das sehr geschätzte Holz, das eben so fest als leicht sein sollte. In den heiligen Schriften der Hebräer erscheint die Sykomore nur in den beiden Pluralformen: *schikmim* und *schikmot*, und vergleicht man dazu die beiden griechischen Benennungen, die frühere *συκάμινος*, und die spätere *συκόμορος*, *συκομωρέα*, so ist augenfällig, dass sie jenen hebräischen oder vielmehr den entsprechenden syrischen oder niederägyptischen nachgebildet sind. Diesem Sykomorenbaum erschien nun der eigentliche Maulbeerbaum mit Recht oder mit Unrecht sehr ähnlich und entlieh ihm auch seinen Namen. Theophr. h. pl. 4, 2, 1: »der Maulbeerbaum kommt der dortigen Sykomore sehr nahe, denn er hat ein ähnliches Blatt, gleicht ihm auch in der Grösse und der ganzen Gestalt.« Wiederholt von Plinius, 13, 56: *Arbor (ficus Aegyptia) moro similis folio, magnitudine, adspectu.* Ebenso Dioscorides, 1, 181: *τοῖς φύλλοις ἐοικὸς μορέᾳ.* Daher sagt Diodor 1, 34 geradezu: es giebt zwei Arten Sykaminen, die einen tragen Maulbeeren, die andern Früchte wie Feigen. Andererseits waren die Früchte des Maulbeerbaumes denen des Brombeerstrauches, *βάτος*, sehr ähnlich, und der uralte Name des letzteren *μόρα*, *μῶρα*, *mora* konnte leicht auch auf die ersteren angewandt werden, Athen. 2. p. 51: *συκάμινα ἃ καλοῦσιν ἔνιοι μόρα . .. Δημήτριος δὲ Ἰξίων τὰ αὐτὰ συκάμινα καὶ μόρα.* Phanias, der Eresier, der Schüler des Aristoteles, wollte den Namen *μόρον* auf die Frucht der wilden *συκάμινος* d. h. auf die Brombeere beschränkt wissen, die auch sehr süss sei (Athen. ibid.), aber die Uebertragung hatte schon zu weit um sich gegriffen. Ja die Alexandriner brauchten, wie Athenäus eben dort berichtet, ausschliesslich *μόρα* für Maulbeeren, vermuthlich weil *συκάμινα* für die bei ihnen häufigen Früchte der ägyptischen Sykomore schon seine feste Verwendung gefunden hatte. Selbst der Ausdruck *βάτια*, der doch wörtlich die Beeren des Dornstrauchs bedeutet, wurde hin und wieder auf die Maulbeeren angewandt. Bekk. Anecd. gr. 224, 23: *βάτια· σωκαμίνου ὁ καρπὸς ὑπὸ Σαλαμινίων.* Wenn nun berichtet wird, Aeschylus habe in seiner Tragödie »die Phryger« von Hektor gesagt, er sei reifer gewesen, als die *μόρα*, Athen. 2 p. 51:

ἀνὴρ ἐκεῖνος ἦν πεπαίτερος μόρων,

so sind wir nicht sicher, ob der Dichter hier in der That, wie die Späteren annahmen, an Maulbeeren gedacht und diese ihm also bekannt gewesen, oder ob er nicht vielmehr die einheimischen Brombeeren im Sinne gehabt? Bedenkt man, dass die Maulbeere vor der völligen Reife ungeniessbar ist, dann aber auch unverweilt gepflückt und verzehrt werden muss, so kann das Erstere allerdings wahrscheinlicher sein und besser auf Hektors vollzogenes Geschick passen. Aber dasselbe Wort *μόρον* hatte Aeschylus noch bei einer andern Gelegenheit gebraucht, in den Kreterinnen, und zwar vom Brombeerstrauch, *κατὰ τῆς βάτου*, Athen. ibid.:

Λευκοῖς τε γὰρ μόροισι καὶ μελαγχίμοις
καὶ μιλτοπρέπτοις βρίθεται ταὐτοῦ χρόνου.

Hier würde der Wechsel der Farbe an den Früchten vom Weiss durch das Röthliche bis zum Schwarzen in der That auf Maulbeeren rathen lassen (Plin. 15, 97: *moris . . . trini colores, candidus primo, mox rubens, maturis niger*, cf. Theophr. de caus. pl. 6, 6, 4), wenn nicht Athenäus, der die Stelle excerpirte und den Zusammenhang doch gekannt haben muss, grade die *βάτος* als den Gegenstand der Rede angäbe. Eben so unbestimmt als diese Stellen des Aeschylus ist die des Sophokles aus einer verlorenen Tragödie, Bekk. Anecd. gr. 361, 20 (Nauck, Fr. Soph. n ° 362):

> *πρῶτον μὲν ὄψει λευκὸν ἀνθοῦντα σιάχυν,*
> *ἔπειτα φοινίξαντα γογγύλον μόρον,*
> *ἔπειτα γῆρας λαμβάνεις Αἰγύπτιον.*

Ausser manchen Bedenken, die diese Verse erwecken, worunter das unerträgliche *ὁ μόρος* für *τὸ μόρον*, welches freilich Eustathius sich gefallen liess, erscheint das Beiwort *γογγύλος* rund weder für die Brombeere noch für die Maulbeere passend. Ein dritter Zeuge aus älterer Zeit für das Wort *μόρα*, welches mehr der dorischen Mundart angehörte, ist Epicharmus, Phot. Lex. v. *συκάμινα· τὰ δὲ μόρα, Δώριον μᾶλλον· καὶ Ἐπίχαρμος· μόρων νέον τὸ φυτόν*. Muss auch hier die eigentliche Bedeutung zweifelhaft bleiben, so findet sich bei den jüngeren Komikern die Maulbeere deutlich und unverkennbar, Eubulus (blühte nach Suidas Ol. 101, muss aber bis zu Demosthenes' Zeit gelebt haben) bei Athen. 13, p. 557:

> *οὐδ' ὥσπερ ὑμεῖς συκαμίνῳ τὰς γνάθους*
> *κεχριμέναι.*

Philippides (zwischen Ol. 118 und 122, Freund des Königs Lysimachus) bei Phot. l. l.:

> *τοῖς συκαμίνοις δ' ἀντὶ τοῦ φύκους ὅλον*
> *τὸ πρόσωπον —*

denn statt der Schminke kann zum Färben des Gesichts nur der rothe Maulbeersaft dienen. Theophrast unterscheidet in seiner genaueren Sprache die *συκάμινος* oder den Maulbeerbaum von der *συκάμινος Αἰγυπτία* oder der Sykomore, und ebenso sicher ist der erstere unter dem Namen *μορέα* in den von Athenäus 2. p. 51 aufbewahrten Versen aus den *Γεωργικά* des Nicander zu erkennen:

> *καὶ μορέης ἢ παισὶ πέλει μείλιγμα νέοισι,*
> *πρῶτον ἐπαγγέλλουσα βροτοῖς ἡδεῖαν ὀπώρην.*
>
> Und des Maulbeerbaumes mit den jugendbeglückenden Früchten,
> Der den Menschen zuerst die Fruchtzeit kündigt, die süsse.

In der That ist *Morus nigra* wie mit ihrem Laube im Frühling die späteste, so mit ihren Früchten der Wonne der Jugend im Sommer die erste. Zu Galenus' Zeit endlich war *μόρον* schon der allein gebräuchliche Ausdruck und *συκάμινον* nichts als eine klassische Antiquität: »ich will lieber, bemerkt er de aliment. facult. 2, 11, *μόρον* sagen, wie es allen geläufig ist, als *συκάμινον*, wie die Attiker vor 600 Jahren sich ausdrückten; thöricht derjenige, dem es mehr auf sogenannte korrekte Sprache, als auf Gesundheit des Lebens ankommt.« Um so auffallender ist, dass die Neugriechen zwar auch *μορεά*, daneben aber auch *συκαμηνεά* sagen sollen.

Bei dem Uebergange des Baumes nach Italien war die Benennung *συκάμινος* schon verloren gegangen: er trug fortan, wie der Brombeer- und Himbeerstrauch, nur *Mora*. War *μόρον* oder *μῶρον* ein dorischss Wort und brauchte es Epicharmus in Sicilien, so wird Name und Sache von Grossgriechenland aus zu den Lateinern gekommen sein. Der Name in so fern, als das Beispiel der Griechen die lateinisch Redenden vermochte, das in ihrer Sprache gewiss alte Wort *morum* auf die neue Beere anzuwenden. Wo Verwechselung möglich war, da mochte man sagen Beere vom Baume, *morum celsae arboris*, und für Maulbeerbaum *morus celsa*, worauf wenigstens das italienische *gelso* führt. Bei den Dichtern wird die Frucht nicht selten erwähnt; Ovid erzählt uns im vierten Buche seiner Metamorphosen, woher die rothe Farbe der Beeren stammt, nämlich vom Blute des Pyramus, als dieser sich wegen der Thisbe unter dem Baume den Tod gab — eine ganz kleinasiatische, auch bei andern Pflanzen wiederkehrende Sage, die diesmal Babylon zum Schauplatz gewählt hatte und darin eine Erinnerung an die Herkunft des Baumes aus dem tieferen Osten bewahrte. Sehr zärtlich war der Baum nicht, denn er hat seitdem die Alpen überstiegen und gedeiht nicht bloss in Frankreich, sondern auch in England und Deutschland, ja in Skandinavien, obgleich es wohl vorkommt, dass er in härteren Wintern erfriert. Wichtiger als durch seine Früchte wurde er ein Jahrtausend später durch sein Laub; er machte die Einwanderung der ostindischen Seidenraupe möglich. Die ersten Pflanzer, die nach den schwarzen Beeren begehrten, ahnten nicht, dass die rauhen Blättter einst durch eine mannigfache Metamorphose vermittelst einen kleinen Thierchens sich in ein kostbares, weiches, glänzendes Gewebe verwandeln würden. Die Römer hatten zwar die serischen Gewänder allmählich kennen gelernt und wogen sie mit Gold auf, aber dass diese wunderbaren Fäden nur versponnene Maulbeerblätter seien, kam auch ihnen nicht in den Sinn. Im weiteren Verlauf der Zeiten freilich trat *Morus nigra* das Amt, die Seidenraupe zu füttern, an einen andern noch spätern Ankömmling aus dem centralen und östlichen Asien ab, an die *Morus alba*, einen Schwesterbaum von kleinerm Wuchse, glatteren und zarteren Blättern und weissen honigsüssen Früchten, der gegen Ende des Mittelalters in Europa erschien. Die persischen Provinzen am kaspischen Meere, in Europa Italien und Frankreich, die Hauptseidenländer des Westens, sind jetzt in den Bezirken, wo diese Industrie blüht, über und über mit beschnittenen und berupften weissen Maulbeerbäumen bedeckt; nur hin und wieder steht der Maulbeerbaum der Alten noch angepflanzt da und dient nur in zurückgebliebenen und abgelegenen Gegenden mit seinem Laube zur Ernährung der spinnenden Raupe und zur Erzeugung einer gröberen, minder edlen Seide. Eine noch dienlichere Art *Morus*, als der gewöhnliche weisse Maulbeerbaum, die *Morus alba multicaulis*, ist in neuerer Zeit aus Manilla, wohin sie aus China gekommen war, in Europa eingeführt worden und soll, richtig behandelt, gut gedeihen[89]).

---

* Der schwarze Maulbeerbaum ist unzweifelhaft wild im südlichen Transkaukasien, z. B. in Karabagh und Talysch; ob er auch in den persischen Provinzen Ghilan und Masenderan, wo er öfters verwildert vorkommt, heimisch ist, ist nicht ganz sicher. (Vergl. Köppen, a. a. O. II. 15.) Zu Zeiten der Römer wurde er auch aus Syrien nach Aegypten eingeführt. Der in Südeuropa und auch in Mitteleuropa so häufig kultivirte weissfrüchtige Maulbeerbaum (*Morus alba* L.) ist in China und dem nördlichen Ostindien heimisch.

** Die Gleichung griech. μόρον, μῶρον = lat. *môrum* (S. 385) setzt sich in ir. *merenn* Maulbeere etc. (vgl. Stokes Urkeltischer Sprachschatz S. 212) und in armen. *mor, mori, moreni* βάτος, Brombeere fort. Hübschmann Armen. Gr. I, 394 rechnet freilich den armenischen Ausdruck zu den »Armenischen Lehnwörtern unsicherer Herkunft.« — Derselbe Bedeutungsübergang von Brombeere in Maulbeere kehrt im dak. μαντεία, *mantia* Brombeere in seinem Verhältniss zu alb. *man*, scut. *mand* Maulbeerbaum (G. Meyer, Et. W. S. 257) wieder. Vielleicht ist auch eine Beziehung zwischer dak. μαντεία und griech. βάτος denkbar. — Von anderen Benennungen des Maulbeerbaumes nennen wir noch das seltsame gothische *baíra-bagms*, was man neuerdings aus lat. *pirus* Birnbaum zu erklären versucht hat, wobei eine allerdings starke Verwechslung der beiden Bäume angenommen wird. Im Altslovenischen begegnen die Ausdrücke *črŭničije (: črŭnŭ* schwarz), *jagodičije (: jagoda* Beere) und *šelkovica (: šelkŭ* Seide).

Die *Morus alba* wird durch den Ausdruck *tut* bezeichnet. Dieser beherrscht die ganze Balkanhalbinsel (türk. *dûd*, alb. *dudε*, Du Cange: τοὺτ καὶ τία τὰ μόρα, rum. *dud*. auch russ. *tut*, serb. *dud*) und lässt sich durch die iranisch-armenischen Länder (pers. *tût*, kurd. *tou*, armen. *t'ut'*, auch aram. *tûtâ'*) bis ins Indische verfolgen, wo *tûd* nach B. R. wie *tûla* die Baumwollenstaude und den Maulbeerbaum bezeichnet.

Mandeln. Walnüsse. Kastanien.

In der römischen Kaiserzeit wusste man die drei in der Ueberschrift genannten Früchte, als *juglandes*, Walnüsse, *amygdalae*, Mandeln, und *nuces castaneae*, Kastanien, genau zu unterscheiden: je weiter man aber in der Zeit hinaufgeht, desto mehr verwirren sich die Namen. So lange die Bäume selbst, deren Ansehen und Natur so verschieden ist, dass sie gar nicht mit einander zu verwechseln sind, nicht allgemein bekant waren, und nur der Seehandel jene Schalenfrüchte in Säcken oder Thonfässern auf den Markt z. B. den von Athen, brachte, griff man bei der Benennung zu den einheimischen Wörtern Nuss oder Eichel und fügte wechselnde Beinamen hinzu, die von der Beschaffenheit der Schale oder von dem Lande, wo die Frucht angeblich wuchs, oder von dem Handelshafen, der sie geliefert hatte, hergenommen waren. So schwankend aber blieb der Gebrauch, dass z. B. der populäre Name Jupiters Eichel, *Διὸς βάλανος*, der in Griechenland in den meisten Fällen die Kastanie bezeichnete, in der entsprechenden lateinischen Form *juglans* die Bedeutung Walnuss hat. Am frühesten trat die Mandel auf, die unter dem Namen *ἀμυγδάλη* bei den attischen Komikern schon gewöhnlich ist; die Namen der Walnuss, der Kastanie und einiger edlern Arten der Haselnuss laufen aber noch lange durch einander. Hält man die Hauptstellen zusammen, so ergiebt sich wenigstens eine unzweifelhafte pflanzengeographische Thatsache, nämlich die Herkunft aller dieser Früchte aus dem mittleren Kleinasien, besonders aber aus den Pontusgegenden und zwar in verhältnissmässig später Zeit. Dorthin weisen alle Namen: Hermippus ap. Athen. 1, p. 28:

Τὰς δὲ Διὸς βαλάνους καὶ ἀμύγδαλα σιγαλόεντα
Παφλαγόνες παρέχουσι· τὰ γάρ τ' ἀναθήματα δαιτός.

Plin. 15, 93 von den Kastanien: *Sardibus hae provenere primum: ideo apud Graecos Sardianos balanos appellant.* Dioscor. 1, 145: *αἱ Σαρδιαναὶ βάλανοι, ἃς τινες λόπιμα, ἢ κάστανα καλοῦσιν, ἢ μότα, ἢ Διὸς βάλανοι.* Galen. 6, p. 778 Kühn.: *οἵ γε μὴν ἐμοὶ πολῖται, καθάπερ οὖν καὶ ἄλλοι τῶν ἐν Ἀσίᾳ, Σαρδιανάς τε καὶ λευκῆνας ὀνομάζουσιν αὐτὰς* (die Kastanien) *ἀπὸ τῶν χωρίων, ἐν οἷς πλεῖσται γεννῶνται* (also wo sie am häufigsten sind, nicht etwa wo eine besonders feine Sorte wächst). *τὸ μὲν οὖν ἕτερον τῶν ὀνομάτων τούτων εὔδηλόν ἐστιν ἀπὸ τίνος γέγονε· λευκῆναι δὲ ἀπὸ χωρίου τινὸς ἐν τῷ ὄρει τῇ Ἴδῃ τὴν προσωνυμίαν ἐσχήκασιν.* Amphilochus ap. Athen. 2.

p. 54: *ὅπου δὲ γίνεται τὰ κάρυα τὰ Σινωπικά, ταῦτα δένδρα ἐκάλουν ἄμωτα* (was oben Dioscorides *μότα* nannte — beide Formen schwer deutbar und vielleicht verdorben). Strab. 12, 3, 12: *ἡ δὲ Σινωπῖτις καὶ σφένδαμνον ἔχει καὶ ὀροκάρυον, ἐξ ὧν τὰς τραπέζας τέμνουσιν.* Theophr. h. pl. 3, 15, 1: *ἡ δὲ Ἡρακλεωτικὴ καρύα* — folgt die Beschreibung, die auf die Haselnuss passt. Inschrift bei Boeckh, Staatshaushalt 2, 356: *Περσικὰς ξηρὰς καὶ ἀμυγδάλας καὶ Ἡρακλεωτικὰ κάρυα καὶ κώνους καὶ κασιάναια.* Macrob. Sat. 3, 18, 7: *nux castanea .... vocatur et Heracleotica. Nam vir doctus Oppius in libro quem fecit de silvestribus arboribus sic ait: Heracleotica haec nux, quam quidam castaneam vocant.* Diocles ap. Athen. 2, p. 53: *τὰ δὲ Ἡρακλεωτικὰ καλούμενα καὶ Διὸς βάλανοι τρέφει μὲν οὐχ ὁμοίως τοῖς ἀμυγδάλοις, ἔχει δέ τι κεγχρῶδες.*

Nüsse also, oder Eicheln, benannt nach Sardes in Lydien, nach einer Gegend am Idagebirge, nach Sinope und Heraklea, den beiden Hafenstädten am schwarzen Meere, und bezogen aus Paphlagonien, der Landschaft an demselben Meere. Ganz gewöhnlich ist aber auch die direkte Benennung pontische Nüsse, meistens aber nicht ausschliesslich, für eine grössere Art Haselnüsse gebraucht, so wie persische oder königliche, weil sie aus einer Gegend stammten, die den persischen Königen unterworfen war. Plin. 15, 88: *In Asiam Graeciamque e Ponto venere ideoque Ponticae nuces vocantur.* Idem 87: *Et has (juglandes) e Perside regibus translatas indicio sunt Graeca nomina; optimum quippe genus earum Persicon atque basilicon vocant, et haec fuere prima nomina.* Diosc. 1, 179: *τὰ δὲ πόντικα, ἃ ἔνιοι λεπτοκάρυα καλοῦσιν.* Idem 1, 178: *Κάρυα βασιλικὰ καλοῦσιν.* Athen. 2. p. 53: *Ὅτι ποντικῶν καλουμένων καρύων, ἃ λόπιμά τινες ὀνομάζουσι, μνημονεύει Νίκανδρος. Ἑρμῶναξ δὲ καὶ Τιμαχίδας ἐν γλώσσαις Διὸς βάλανόν φησι καλεῖσθαι τὸ πόντικον κάρυον.*

Woher aber stammte der Name Kastanie, und wann taucht er zuerst auf? Xenophon kam mit den Zehntausend auch zu den Mosynöken, einem pontischen Volke, und fand bei ihnen viel breite Nüsse aufgespeichert — sie dienten also zur Volksnahrung —, die von den Spätern, s. Poll. On. 1, 232, für Kastanien gehalten worden sind, Anab. 5, 4, 28: *κάρυα δὲ ἐπὶ τῶν ἀνωγαίων ἦν πολλὰ τὰ πλατέα, οὐκ ἔχοντα διαφυὴν οὐδεμίαν* — viel wahrscheinlicher aber eine grosse Art *corylus* waren, wie sie jene Gegenden hervorbringen; auf jeden Fall aber kennt er den Namen Kastanie noch nicht. Derselbe würde zuerst bei Theophrast h. pl. 4, 8, 11 erscheinen: *ἐμφερὴς τῷ Κασταναϊκῷ καρύῳ*, wenn die Lesart sicher wäre und die vier Worte, da sie dem sonstigen Gebrauch des Theophrast widersprechen, nicht ganz wie ein späteres Glossem aussähen. Erst der Dichter Nikander im zweiten Jahrhundert vor Chr. spricht deutlich von der Nuss, die das Land Kastanis erzeugt, Alexiph. 271:

δυςλεπέος καρύοιο, τὸ Κασταvὶς ἔτρεφεν αἶα.

Aber wo lag die Gegend Kastanis? der Scholiast belehrt uns: *πόλις Θεσσαλίας, ὅθεν τὰ καστάνια ἀπὸ τῆς Καστανίδος γῆς*, und ähnlich drückt sich das Etymologicum M. s. v. *Καστανέα* aus. In der That gab es an der thessalischen Küste am Fuss des Pelion in der Landschaft Magnesia einen kleinen Hafen oder nach Strabo ein Dorf, *κώμη*, des Namens *Κασθαναίη, Κασταναία* zuerst bei Herodot 7, 183 und 188 erwähnt; auch sagt Theophrast h. pl. 4, 5, 4, es wüchsen in Magnesia und auf Euböa, welche Insel der Landschaft Magnesia gegenüber lag, viel Euböische Nüsse d. h. Kastanien. Von diesem wenig bekannten Flecken also hätte die Kastanie ihren Namen? oder suchte man in der Verlegenheit nicht vielmehr nur irgend einen geographischen Namen, um den der Frucht damit zu erklären? Auch fügt der Scholiast noch eine zweite Deutung hinzu, die an sich viel grössere Wahrscheinlichkeit hätte: *ἢ Καστανὶς πόλις Πόντου, ὅπου πλεονάζει τὸ καστάνιον* — wenn sich nur sonst von einer pontischen Stadt oder Gegend dieses Namens eine Spur fände. Oder taucht hier jenes räthselhafte *Κασταμών* südwestlich von Sinope auf, das wir in byzantinischer Zeit als einen bedeutenden Ort kennen lernen, ohne dass die Alten seiner erwähnten (Ritter, Erdkunde, 18, 414 ff.)? Jene Inschrift bei Boeckh, in der dieser Gelehrte keine römischen Spuren fand, kann wegen des darin vorkommenden Namens *καστάναια* wenigstens nicht weit von der römischen Zeit abliegen. Dass auch in verschiedenen orientalischen Sprachen die Namen *glans regia*, *Διὸς βάλανος* oder *juglans* für die Kastanie vorkommen (Pott in der Zeitschr. für Kunde des Morgenl. 7, 110 ff.), würde bedeutungsvoll sein, wenn nicht Benennungen wie *bendak*, *pandek* für *nux Pontica*, arabisch *mitkon* für *malum Medicum* bewiesen, dass auch abendländische Fruchtnamen den Rückweg in den Orient fanden. Nicht in den semitischen, wohl aber, wie wir glauben, in iranischen Idiomen, besonders im Altarmenischen, würden Kenner dieser Sprachen vielleicht den Ursprung und eine Erklärung des Namens Kastanie entdecken können. — In Italien nennt Cato gegen die Mitte des zweiten Jahrhunderts vor Chr. weder *juglandes*, noch Kastanien, noch Mandeln. An einer Stelle aber, 8, 2, giebt er die Vorschrift: *nuces calvas avel-*

lanas praenestinas et graecas, haec facito uti serantur. Hier sind unter *nuces avellanae* die aus Campanien stammenden, dorthin von den griechischen Küstenstädten verpflanzten edlern Haselnüsse, unsere Lamberts- d. h. lombardischen Nüsse zu verstehen, die den Griechen selbst aus dem Pontus zugekommen waren; aber wie sind *nuces calvae* und *graecae* zu deuten? Ernst Meyer, Geschichte der Botanik, 1, 344, vermuthet in der *nux graeca* die Kastanie, befindet sich damit aber im Widerspruch mit dem Gebrauch der Spätern, die durchgängig unter *nux graeca* die Mandel verstehen. Bei Columella heisst der Baum *amygdala*, die Frucht *nux graeca*; Plinius 15, 90 sagt ausdrücklich: *haec arbor* (der Mandelbaum) *an fuerit in Italia Catonis aetate dubitatur, quoniam graecas nominat*, und ebenso in Macrob. Sat. 3, 18, 8: *nux graeca haec est quae et amygdale dicitur, sed et Thasia eadem nux vocatur. Testis est Cloatius in Ordinatorum Graecorum libro quarto, cum sic ait: Nux graeca amygdale.* Ist also Catos *nux graeca*, wie nicht zu bezweifeln, die Mandel, so hätte man bei der *nux calva* die Wahl zwischen der Walnuss und der Kastanie. Vergleicht man die vier Sorten Kastanien bei dem Scholiasten zu Nicandr. Alex. 271: τῶν δὲ καστάνων τὸ μὲν Σαρδιανὸν, τὸ δὲ λόπιμον, τὸ δὲ μαλακὸν, τὸ δὲ γυμνόλοπον, — so könnte *calvus* wohl einerlei sein mit γυμνόλοπος, nacktschalig, und *nux calva* folglich die Kastanie bedeuten. Einen ähnlichen unbestimmten Ausdruck, *mollusca nux*, hatte Plautus gebraucht, Macrob. Sat. 3, 18, 9: *Plautus in Calceolo sic ejus meminit:*

molluscam nucem
Super ejus dixit impendere tegulas.

Ecce Plautus nominat quidem, sed quae sit nux mollusca, non exprimit. Hält man diese Bezeichnung zu dem obigen μαλακόν beim Scholiasten des Nicander und zu Vergils *castaneae molles* (Ecl. 1, 82; *molles* = weichschalig, nicht, wie man gewollt hat, wohlschmeckend), so wird man nicht anstehen, auch hier den das Dach beschattenden Kastanienbaum vorauszusetzen. Auf jeden Fall kann bei dem Mangel fester Namen an eine allgemeine Kultur dieser Bäume in Italien zu Plautus' und Catos Zeit nicht gedacht werden. Die Walnüsse finden sich unter dem Namen *juglandes* schon mehrmals bei Varro und einmal bei Cicero — da wo er erzählt, der Tyrann Dionysius der ältere habe sich von seinen Töchtern den Bart mit glühenden Nussschalen abbrennen lassen, Tusc. 5, 20, 28 —, der Kastanien erwähnt zuerst Vergil, in der so eben angeführten Stelle und Ecl. 2, 52:

Castaneaeque nuces mea quas amaryllis amabat,

der *amygdala* Ovid, Art. amat. 3, 183:

Nec glandes, Amarylli, tuae nec amygdala desunt,

die *amygdala amara* und *dulcia* finden sich so bezeichnet zuerst bei *Scribonius Largus* in dessen *compositiones medicamentorum* vor der Mitte des ersten Jahrhunderts nach Chr. Von da an waren die Bäume sowohl als die Namen in Italien so eingebürgert wie noch heut zu Tage die *noci, mandorle, castagne.* In allen Gärten stehen die Mandelbäumchen bei mildem Wetter schon im Januar, sonst aber im Februar und März, ehe noch die Blätter hervorgekommen sind, in ihrem schneeigen Blütenschmuck da, die Nussbäume beschatten mit ihrem dichten aromatischen Laube die Wege selbst in Deutschland, und die Kastanien haben in Italien, Spanien und einem Theile Frankreichs sogar zu wirklichen Wäldern sich vermehrt, die je nach der geographischen Breite in höhern oder tiefern Zonen die Berge, z. B. in prachtvollen Exemplaren den Kegel des Aetna, umgürten. So sehr sind die Früchte der letzteren zur allgemeinen Volksnahrung geworden, dass man in Frankreich die Trägheit der Korsen ihren Kastanien zugeschrieben und deshalb den Untergang dieser Bäume gewünscht hat — wie die Banane den Tropenmenschen faul macht. In der That — besitzt eine korsische Familie nur zwei Dutzend Kastanienbäume, dazu eine Heerde Ziegen, die das ganze Jahr hindurch frei weidet, so sind alle Bedürfnisse gedeckt, und der Wunsch des Vaters und jedes der Söhne geht nur noch auf Erwerb eines Sümmchens, um damit eine — Flinte zu kaufen. Auch im rauhen italienischen Apennin lebt der Gebirgsbewohner, da wo der Ackerbau unmöglich oder unergiebig geworden ist, einen grossen Theil des Jahres von Kastanien und Kastanienmehl und geräth in grosse Noth, wenn einmal in einem ungünstigen Jahr die Ernte spärlich ausfällt. Ausser den Früchten giebt der Kastanienbaum in der heissen Zeit auch Schatten und Kühlung und das Holz dient nicht bloss zur Feuerung, sondern auch zu Werkzeugen und Geräthen jeder Art. So gehört dieser Baum zu den allerwichtigsten Erwerbungen der Kultur, die uns das Alterthum hinterlassen hat. Auf die Botaniker pflegt freilich die Kastanie in Südeuropa den Eindruck eines dort von Urbeginn einheimischen Gewächses zu machen. So lässt z. B. Link, der ein vorzüglicher Kenner des europäischen Südens gewesen sein soll, die ersten Menschengeschlechter in Europa, noch vor der Epoche des Hirtenlebens, von dieser Frucht sich hauptsächlich nähren (die Urwelt und das Alterthum, 1, 355—361). Allein dem widerspricht schon der Umstand, dass weder die Griechen noch die Römer für den Kastanienbaum und seine Frucht einen individuellen Namen haben. Vielmehr waren Himmel und Boden in den Gebirgen Süd- und zum Theil Mitteleuropas für diesen Baum so günstig, dass er sich rasch verbreitete, der Hand des Menschen sich entzog und in weiten Strecken zum Waldbaume wurde. Der Fall ist durchaus nicht der einzige dieser Art. So wurden nach der Eroberung Teneriffas durch die Spanier am Ende des 15. Jahrhunderts Kastanien auf dieser Insel angepflanzt und »bilden dort jetzt einen Wald, der fast nur durch europäische Blumen, die er beschützt, seinen europäischen Ursprung verräth« (L. v. Buch, Ueber die Flora auf den kanarischen Inseln, Abhandl. der Berliner Akademie, 1816—1817, S. 351.) Man vergesse nicht, dass seit der vorausgesetzten Einführung dieses Baumes zweitausend Jahr und mehr verflossen sind. Nach eben so langer Zeit wird Amerika in noch grösserem Massstabe ähnliche Erscheinungen bieten. Auch würden die Griechen, wenn sie in ihrem Lande den Kastanienbaum vorgefunden hätten, seiner Frucht gewiss in ihren kulturgeschichtlichen Sagen erwähnen. Wir hören aber immer nur von den Eicheln der *δρῦς*, der Speiseeiche, und die ersten Menschen, wie die wilden Arkader in ihren Bergen und Wäldern, werden immer nur als Eichelesser, *βαλανηφάγοι*, bezeichnet, selbst durch Göttermund, Orakel bei Herod. 1, 66:

πολλοὶ ἐν Ἀρκαδίῃ βαλανηφάγοι ἄνδρες ἔασιν.

Würde Hesiodus in der schönen Stelle der Werke und Tage, wo er das Gedeihen preist, das Friede und Recht über die Menschen bringen, 232:

Ihnen gewährt viel Nahrung die Erd', im Gebirge die Eiche
Trägt hoch oben die Eicheln und mehr zur Mitte die Bienen,
Reichlich beschwert sich das Schaf zur Schur mit wolligem Vliesse —

würde er die Kastanien vergessen haben, wenn sie damals schon in den Bergen wuchsen und ihre süsse Frucht den Menschen spendeten? Würden sich dann die lateinischen Dichter, wenn sie das goldene Zeitalter schilderten, nur auf Arbutusfrüchte, Erdbeeren, Cornelkirschen, Brombeeren und Eicheln beschränken, z. B. Ov. Met. 1, 103:

Contentique cibis nullo cogente creatis
Arbuteos fetus montanaque fraga legebant,
Cornaque et in duris haerentia mora rubetis
Et quae deciderant patula Jovis arbore glandes —?

Dass aber die Gegenden südlich vom Kaukasus und der Nordrand von Kleinasien alle Arten Nüsse und Kastanien in höchster Fülle und Vollkommenheit hervorbringen, darüber sind ältere wie neuere Reisende einstimmig. Kolenati sah in Armenien Haselnussbäume, deren

Stamm zwei bis drei Fuss Durchmesser hatte; Wutzer, Reise in den Orient, III, 151, traf auf dem Wege von Nicäa nach Brussa Platanen und Kastanien, deren Grösse ihn in Erstaunen setzte: »beide Bäume bilden die Riesen der Vegetation Westasiens, in welcher die Platane den ersten, die Kastanie den zweiten Platz einnimmt. — Es war die Zeit der Kastanienernte, weshalb denn zahlreiche mit Säcken beladene Esel umherstanden, um die Früchte aufzunehmen, welche Männer und Knaben von den hohen Bäumen herabholten, während Frauen sie aufhoben und verpackten. Die glühenden Sonnenstrahlen bemühten sich vergebens, das gewaltige Laubdach zu durchdringen.« Von diesen Gegenden kamen die Kastanien auf dem Landwege über Thrakien, Makedonien und Thessalien nach Euböa, nach welcher Insel sie in Athen zu Theophrasts Zeit euböische Nüsse hiessen. Heut zu Tage sind die griechischen Kastanien klein und meist mit der den Kern umgebenden bittern Schale durch- und verwachsen und daher nicht angenehm zu essen (nach Fiedler). Die besten durch Kultur veredelten Kastanien liefert von den europäischen Ländern jetzt das südliche Frankreich[81]).

Die wilde oder sogenannte Rosskastanie, *Aesculus hippocastanum* L., gehört zu den Gewächsen, deren Verbreitung Europa den Türken verdankt. Der schöne, schattige, im Frühling unter den ersten sich belaubende Baum kam gegen Ende des sechszehnten Jahrhunderts über Wien aus Konstantinopel und wurde bald in Gärten und auf öffentlichen Spaziergängen beliebt — man erinnere sich nur der Kastanien des Tuileriengartens und unter ihnen des berühmten Napoleon-Baumes. Die aufrecht stehende stolz prangende Blüte entsprach, wie die Tulpe, dem türkischen Geschmack; der prosaische Name Rosskastanie soll von der türkischen Gewohnheit stammen, den Husten der Pferde mit der Frucht des Baumes zu curiren.

---

* Die Mandel (*Prunus Amygdalus* Stokes, *Amygdalus communis* L.) wächst sicher wild in Afghanisten, wo sie von Atchison gefunden wurde, ferner weiter nordöstlich im oberen Zarafshanthal und im Tschotkalgebirge, wo sie um 1000—1300 m zweifellos wild vorkommt (Capus nach Köppen a. a. O. I. 240), Nach Medwedew soll der Mandelbaum auch in den südlichen und östlichen Provinzen Transkaukasiens wild wachsen. Ferner giebt ihn Boissier von Aderbidshan, Kurdistan und Mesopotamien an. Zu bemerken ist noch, dass sowohl die bitteren, wie die süssen Mandeln wild gefunden werden.

Die Walnuss (*Juglans regia* L.) kommt sowohl in Asien wie in Südeuropa spontan vor. Ob der Baum in Nordchina wild ist, kann bezweifelt werden, da er nach Bretschneider (On the study and value of chinese botanical works, 16) dorthin von Tibet eingeführt sein soll. Sicher wild ist er aber im nordwestlichen Himalaya und in Sikkim, dann in Beludschistan und im östlichen Afghanistan, wo er nach Atchison von 2200—2800 m angetroffen wird, sodann im westlichen Tianshan ziemlich häufig von 1000—1600 m in Nordpersien, Transkaukasien, Armenien, Kleinasien und auch in Griechenland, wo er zusammen mit der Rosskastanie in Epirus unzweifelhaft wild vorkommt (Th. von Heldreich in Verh. d. bot. Ver. d. Prov. Brandenburg XXI (1889) S. 147—150) und auch im Banat (Heuffel in Verh. d. zool. bot. Gesellsch. in Wien 1858 p. 194). Die Floristen von Italien und Spanien halten die Walnuss nicht für einheimisch, doch schein ihr Indigenat auch westlich der Balkanhalbinsel nicht unwahrscheinlich, da in quaternären Tuffen der Provence sich schon Blattreste finden, welche für *Juglans regia* gehalten werden. Auch existirte vor der Glacialperiode eine nahe verwandte Art der *Juglans regia*, die *Juglans acuminata* A. Braun in Süd- und Mitteleuropa, sowie in Grönland und auf Sacchalin. Früchte der *Juglans regia* werden nach Buschan in dem aus der Eisenzeit stammenden Pfahlbau von Fontanellato bei Parma sowie in mittelalterlichen Stationen Südfrankreichs gefunden. —

Wenn auch das Areal der essbaren Kastanie (*Castanea vulgaris* Lam.) durch die Kultur sehr erweitert worden ist, so ist doch schon die ursprüngliche Verbreitung eine sehr ausgedehnte gewesen. In der Tertiärperiode war die Gattung *Castanea* von Grönland durch ganz Nordamerika bis Texas und in Europa von dem Samlande bis zum Mittelmeer, ebenso in Japan und Sacchalin verbreitet. Die fossilen Reste stehen theils der europäischen *Castanea vulgaris*, theils den asiatischen und amerikanischen Formen nahe, so dass ein gewisser genetischer Zusammenhang zwischen allen unzweifelhaft ist. Das Vorkommen der *Castanea* in Südeuropa ist ein derartiges, dass selbst, wenn eine Einwanderung stattgefunden hat, dieselbe jedenfalls in vorhistorischer Zeit ohne Zuthun der Menschen vor sich ging. Mit Sicherheit findet sich die europäische Form der *Castanea vesca* (es giebt ausserdem noch eine japanische und eine amerikanische) im westlichen Transkaukasien, meist bis zu etwa 1000 m, bisweilen auch höher in Gesellschaft des Weinstocks und der Rothbuche, sowie der Eichen, im südlichen Kleinasien scheint sie nicht einheimisch zu sein, dagegen ist sie in der montanen und subalpinen Region des westlichen und nördlichen Anatoliens, in Thracien, Macedonien und ganz Griechenland wild. Wie von Heldreich hervorhebt, hat schon Theophrast (Hist. plant. III. 2. 3. 4. III. 3, 1) darauf hingewiesen, dass die Kastanie und der Nussbaum in Griechenland sowohl im kultivirten, als auch im wilden Zustande vorkommen und namentlich die Gebirgsgegenden lieben. Die Kastanie ist auf der Balkanhalbinsel auch weiter nördlich bis Croatien verbreitet, ja selbst in Ungarn findet sie sich noch häufig in fast wildem Zustande. Sodann verläuft die Nordgrenze ihrer spontanen Verbreitung über Steiermark, Kärnthen, Südtirol, durch die Schweiz längs der Ränder des Jura nach der Dauphiné und den Sevennen. Im südwestlichen Deutschland und in den Vogesen, wo die Kastanie auch grosse Waldbestände bildet, ist sie sicher ebenso durch die Kultur verbreitet, wie in Mähren und Böhmen. Dagegen ist es kaum wahrscheinlich, dass die Kastanie am Südabhang der Alpen, in den Apenninen, in Südfrankreich und auf der iberischen Halbinsel, wo sie an den Gebirgshängen ganz charakteristische ausgedehnte Regionen bildet, eine solche Ausdehnung nur in Folge der Kultur gewonnen habe. — Die Rosskastanie (*Aesculus Hippocastanum* L.) ist ein in den Gebirgen von Nordgriechenland, Thessalien und Epirus, unterhalb der Tannenregion um 1000 bis 1300 m wildwachsender Baum, wie Th. von Heldreich, der ausgezeichnete Kenner der Flora Griechenlands, in Verh. d. bot. Ver. d. Prov. Brandenburg XXI. S. 139—147 nachgewiesen hat. Der Baum wird nach seiner Aussage von den Gebirgsbewohnern als wilde Kastanie (Ἀγρία Καστανηά) der zahmen Kastanie (Ἥμερη Καστανεά) gegenübergestellt. Wahrscheinlich ist der Baum von hier aus durch die Türken oder durch die Byzantiner nach Konstantinopel gebracht worden.

** Griech. ἀμυγδάλη kann wohl sicher als Lehnwort gelten; doch ist seine Quelle noch nicht nachgewiesen. Keinesfalls hat das Wort etwas mit hebr. *'êm gĕdôlâh* = »grosse Mutter« = Cybele zu thun, aus deren Blut der zuerst aus dem Winterschlaf erwachende Mandelbaum entstanden sei, wie Movers I, 578, 586 und nach ihm Hehn (vgl. Anm. 81) glaubten. Vgl. Muss-Arnolt, Semitic words in Greek and Latin, Transactions of the American Philological Association XXIII, S. 106 f. Aus ἀμυγδάλη ging unter volksetymologischer Anlehnung an *mandere* und *amarus* das lat. *amandula, amandola* (zuerst in der Medicina Plinii, vgl. auch die Glossen des C. Gl. L. bei G. Goetz Thesaurus I, 58) mit seiner romanischen Nachkommenschaft hervor.

Eingehender ist über die schwierige Geschichte der Kastanie und des Walnussbaums zu handeln. Zunächst hat sich die Vermuthung H.'s (oben S. 389) bestätigt, nach welcher griech. καστάναιον, κάστανον im Armenischen wurzele. Hier hat das Wort in der That Lagarde (Armen. Stud., ausführlicher Mittheilungen III, 206. ff.) in der Gestalt von *kask* Kastanie, *kaskeni* Kastanienbaum (allerdings äusserst selten, vgl. Hübschmann Arm. Gr. I, 166, 394) nachgewiesen. Im Griechischen begegnet der Ausdruck zuerst in dem scheinbar von einem Ortsnamen abgeleiteten κασταναϊκὸν κάρυον des Theophrast (oben S. 389); denn ein genügender Grund, warum diese Lesart unsicher sein sollte, ist mir nicht bekannt. Es gab also im IV. Jahrhundert in Griechenland eine armenische Bezeichnung der Kastanie. Sollte der herodoteische Ortsname Κασθαναίη, was sich nicht entscheiden lässt, mit dem Baumnamen zusammenhängen, so würde das Wort in entsprechend höhere Zeit hinaufrücken. Derselbe Theophrast kennt aber auch einen einheimischen Namen der Kastanie Διὸς βάλανος, und giebt uns über dieselbe wichtige, von H. übersehene Nachrichten, auf welche schon oben (vgl. S. 394) hingewiesen ist. Es heisst nämlich bei Theophrast, Hist. plant. III, 2. 3 u. 4 und III, 3, 1 nach Sprengels Uebersetzung: »Gedrängter und krummer und härter werden alle diese Theile und die ganze Natur, so dass hierin der hauptsächlichste Unterschied der wilden nnd zahmen Gewächse liegt. Daher nennt man unter den angebauten solche wild, bei denen sich dieses zuträgt wie bei der Fichte und Cypresse, entweder überhaupt oder bloss bei den männlichen. So verhält es sich auch mit dem Nuss- und Kastanienbaum (καρύα, Διὸς βάλανος). Dann lieben auch die wilden Bäume die bergigen und die kalten Plätze und man kann diese Eigenschaft benutzen, um die Wildheit der Bäume und übrigen Gewächse daraus zu erkennen ..... So sind folgendes Berggewächse, die in Ebenen nicht fortkommen. In Macedonien die Tanne u. s. w. ..... der Nussbaum, die Kastanie (καρύα, Διὸς βάλανος), die Ulme u. s. w.« Giebt man zu, dass Διὸς βάλανος hier die Kastanie bedeutet (und welcher Grund wäre daran zu zweifeln?), so folgt, dass bereits Theophrast einen Unterschied zwischen wilden und zahmen Kastanien machte, und selbst wenn man die ersteren als verwildert deuten wollte, müsste man doch die Bekanntschaft der Griechen mit der Kastanie in weit höhere Zeit hinaufrücken, als von H. zugestanden wird; denn es musste doch eine nicht geringe Weile vergangen sein, in welcher etwa eingeführte zahme Kastanien hätten verwildern können. Ich möchte aber die Zweifel an dem von den Naturforschern behaupteten Indigenat des Baumes in Griechenland (vgl. auch schon Grisebach in den Götting. Gel. Anzeigen vom Jahre 1872) überhaupt für unberechtigt halten, da die sprachlichen und sonstigen Thatsachen wohl in Einklang mit demselben zu bringen sind. Und zwar stelle ich mir den sprachlichen Entwickelungsgang etwa folgendermassen vor: Das griech. βάλανος (= lat. *glans*, lit. *gìlė*, altsl. *želądĭ*, armen. *kaɫin*) hatte in der nördlicheren Urheimat der Hellenen nur die Eichel bezeichnet. In dem neuen Vaterland aber, in Hellas, wurde das alte Wort allmählig auf eine ganze Reihe ähnlicher Früchte anderer Bäume übertragen, die man hier zuerst kennen lernte, auf Datteln, Mandeln, verschiedene Arten Nüsse, und auf Kastanien (vgl. die Stellen bei H. Stephanus). Warum sollte nun, was aus späterer Zeit sicher bezeugt ist (vgl. auch oben S. 387), nicht schon in der ältesten stattgefunden haben und Eichel und Kastanie unter dem Namen βάλανος zusammengefasst worden sein? Ein Bedürfniss aber, beide Früchte und die sie tragenden Bäume von einander zu unterscheiden, mochte für den griechischen Volksmund um so weniger vorliegen, als einerseits eine griechische Eichenart (*Quercus aegilops* L.), die Knoppereiche, eine essbare und noch jetzt vom Landvolk gegessene Eichel hervorbrachte (vgl. Neumann-Partsch, Physikalische Geographie Griechenlands S. 379 f.), andererseits die wilden griechischen Kastanien keinen besonderen Wohlgeschmack gehabt zu haben scheinen, wie denn auch noch heute »die wild genannten Kastanien Griechenlands selten gegessen werden; desto berühmter sind dafür aber die kretischen (Κρητικὰ κάστανα)« Fraas, Synopsis S. 247. Dass die Ἀρκάδες βαλανηφάγοι, wie Koch, Bäume und Sträucher S. 46 behauptet, Kastanienesser gewesen seien, glaube auch ich nicht, schon weil gerade Arkadien nicht reich an Kastanien ist (Neumann-Partsch, a. a. O. S. 382). Βάλανος bezeichnete eben beides, Eichel und Kastanie, und je nach den Verhältnissen der einzelnen Landschaften mochte bald diese bald jene Bedeutung hervortreten. Da lenkte sich die Aufmerksamkeit, zunächst nur durch Handelsbeziehungen, auf die besseren und reicheren Früchte der pontischen Länder. Das armenische Wort καστάνιον bürgerte sich ein (dass es eine verhältnissmässig junge Bezeichnung war, zeigt auch Athenäus II, p. 52 b: κάρυα ἐκάλουν .... καὶ τὰ νῦν καστάνεια), Σαρδιαναί, Εὐβοϊκαὶ βάλνοι und ähnliches kamen auf. Jetzt mochte sich auch das Bedürfniss nach einer schärferen

Bezeichnung des einheimischen Baumes regen, und aus der Collectivbezeichnung βάλανοι hob man die Διὸς βάλανοι Kastanien hervor. Und noch ein anderer Versuch, eine deutlichere einheimische Benennung der nunmehr auch angebauten Kastanie zu gewinnen, ist hier zu verzeichnen. Er betrifft das griech. φηγός. Dieses Wort hatte, wie lat. *fāgus* = nhd. *buche* zeigt, im Urland der Griechen die Rothbuche (*Fagus silvatica* L.) bezeichnet. In Griechenland verschwindet dieser Baum, je mehr man vom Pindus in der Osthälfte Griechenlands, also der eigentlichen Trägerin griechischer Kultur, südwärts vorschreitet (vgl. Kiepert, Lehrbuch der alten Geographie S. 236, genauer Neumann-Partsch, a. a. O. S. 383; westlicher kommt der Baum noch in Aetolien vor, vgl. Heldreich bei Virchow im Corresp.-Bl. d. Anthrop. Ges. 1893 S. 76). Das Wort war also, so zu sagen, herrenlos geworden, und nur soviel musste den Griechen, denen die wirkliche oder vermeintliche Ableitung von φαγεῖν lebendig blieb, klar sein, dass es eine Cupulifere mit essbaren Früchten bezeichnete. An zwei Stellen der griechischen Literatur nun (vgl. Koch, Bäume und Sträuche S. 47), die nicht allzuweit auseinander liegen, scheint es in der That, als ob unter φηγός nichts anderes als die Kastanie verstanden werden könnte. Die eine steht in Platos Staat (II, p. 372). Es ist von der Nahrung der Bürger einer neugegründeten Stadt die Rede. Glaucon wendet ein, dass die Zukost noch fehle. Socrates zählt diese und den Nachtisch auf. Es werden Feigen, Erbsen und Bohnen genannt. Dann heisst es: μύρτα καὶ φηγοὺς σποδιοῦσι πρὸς τὸ πῦρ »Sie werden auch Myrtenbeeren und φηγούς am Feuer rösten«. Ist anzunehmen, dass man zu Platons Zeit in bürgerlichen Kreisen Eicheln zum Nachtisch am Feuer röstete? Noch überzeugender scheint die zweite Stelle im Frieden des Aristophanes (V. 1137). Soldaten kommen nach Haus und singen: »Ich bin froh, dass ich den Helm los bin und den Käse und die Zwiebeln — wir würden sagen die Erbswurst —, ich mag keine Schlachten, ich will am Feuer mit lieben Freunden das dürrste Holz, das im Sommer gefällt ward, verbrennen, auf den Kohlen Erbsen kochen und τὴν φηγὸν ἐμπυρεύων, die φηγός rösten.« Hier ist so deutlich von einem Gegensatz der besseren Friedens- und der schmalen Lagerkost die Rede, dass man auch hier kaum an geröstete Eicheln denken kann. Doch kommt φηγός in dem Sinne von Kastanie nicht auf, vielleicht dass es durch die neuen Ausdrücke Διὸς βάλανος und καστάναιον wieder verdrängt wurde.

Was die Walnuss anbelangt, so hängt die Entscheidung über ihr Indigenat in Hellas, wie auch Neumann-Partsch (a. a. O. S. 386) hervorheben, für den Historiker im wesentlichen davon ab, ob man in den oben angeführten Stellen des Theophrast (III, 2, 3, 4; III, 3, 1) mit Sicherheit καρύα, von der dasselbe wie von der Διὸς βάλανος ausgesagt wird, als Walnuss fassen darf, oder ob es mit Koch a. a. O. S. 54 als Bezeichnung der Haselnuss zu gelten hat. Indessen spricht für die erstere Auffassung einerseits der heutige Sprachgebrauch (ngr. καρυδηά, καρύδια Walnussbaum, im Griechisch der Glossen des C. Gl. L. καρυοδένδρον, vgl. G. Goetz Theaurus s. v. *nucarius*), andererseits der Umstand, dass Theophrast für die Haselnuss, welche III, 15, 1, 2 nach Sprengel, Fraas, wie auch nach Hehn (oben S. 388) unzweideutig beschrieben wird, die Bezeichnung Ἡρακλεωτικὴ καρύα gebraucht, während der spätere deutlichere Name für Walnuss κάρυον βασιλικόν (vgl. Blümner, Maximaltarif des Diocletian S. 92) war. Nun kann ja die Benennung Herakleotische Nuss für einen in

Europa einheimischen Strauch allerdings wunderlich aussehn. Indessen scheint es nach der Schilderung, welche Fraas, Synopsis S. 247 von der Verbreitung der Haselnuss in Griechenland entwirft, dass dieselbe gegen Süden immer seltner wird, womit der Verlust des europäischen Namens derselben (lat. *corylus*, ir. *coll*, ahd. *hasal*), welchen die Griechen erlitten, zusammenhängen könnte. Es wäre also möglich, dass die Griechen auf ihre seltenen einheimischen Haselnüsse erst wieder durch die pontischen Nüsse aufmerksam gemacht wurden und erstere nach letzteren benannten (daher Ἡρακλεωτικὴ καρύα). Auch scheint in dem Hesychischen ἄρυα· τὰ ἡρακλεωτικὰ κάρυα ein einheimischer Name der Haselnuss erhalten, welcher sich einerseits mit dem alb. *arë* Nuss, Nussbaum (*h* in *harë* ohne etymologische Bedeutung), andererseits mit altsl. *orěchŭ* u. s. w. Nuss deckt (G. Meyer, Et. W. S. 17). — Zum Schluss notiren wir eine albanesisch-slavische Bezeichnung der Haselnuss: alb. *l'aiθí*, altsl. *lěska*, lit. *lazdà*, altpr. *laxde* (**laks-*, alb. **l'akθí*; vgl. G. Meyer a. a. O. S. 234) und machen auf eine pontisch-semitische Entsprechung in der Benennung der *Juglans regia* aufmerksam: armen. *əngoiz*, osset. *ängozä*, georg. *nigozi*, hebr. *'ěgôz* u. s. w., über die zuletzt Hübschmann, Z. d. D. M. G. 46 (1892) S. 236 und Armen. Gr. I S. 393 gehandelt hat. Da der Baum nach der Ansicht der Botaniker in den semitischen Ländern nicht einheimisch zu sein scheint (vgl. oben S. 394), so ist der Ausgangspunkt dieser Reihe in Kleinasien oder in persischen Landen zu suchen. Tomaschek, Centralas. stud. II, 58 stellt den Ptolemäischen Ortsnamen Νίγουζα in Atropatene hierher. — Wir haben uns im Vorstehenden im wesentlichen auf die Darstellung der Verhältnisse der Balkanhalbinsel beschränkt, weil die italischen für die Frage des Indigenats der Kastanie und der Walnuss in Europa uns nicht ausschlaggebend zu sein scheinen.

Zu der Geschichte der hier behandelten Pflanzen vgl. noch J. Murr Beiträge zur Kenntniss der altclassischen Botanik im 39ten Programm des k. k. Staatsgymnasiums in Innsbruck 1888, zu der der Rosskastanie noch Lagarde, Mittheilungen III, 213f.

Der Kirschbaum.

(Prunus cerasus L.)

Dass die Kirschen, die Lust der Knaben und der Vögel, von dem reichen Lucullus, dem Sieger über Mithridates, nach Europa gebracht worden, das weiss auch jeder Knabe aus der römischen Geschichte, obgleich ihm vor dem vollen Korbe mit den süssen rothen Beeren die Sache so gleichgültig ist, wie dem naschenden Sperling auf dem Baum. In der That melden von Plinius an verschiedene Gewährsmänner, dass nach Zerstörung der Stadt Cerasus, die an der pontischen Küste zwischen Sinope und Trapezunt lag, der römische Feldherr, L. Lucullus, aus der Umgegend derselben den Kirschbaum nach Italien verpflanzt habe — jedenfalls eine kostbarere und länger dauernde Kriegsbeute, als das sechs Fuss hohe goldene Kolossalbild des Mithridates und der gemmenbesetzte Schild und die vielen goldenen und silbernen Gefässe, mit denen Lucullus seinen Triumph zierte. Wo Plinius seine Angabe her hat, wissen wir nicht; Plutarch im Leben des Lucullus, der doch eine Menge Einzelheiten gesammelt hat, schweigt über die durch seinen Helden geschehene Einführung einer neuen Obstgattung. Indessen stimmt mit der Nachricht des Erstern gut überein, dass die Kirsche bei Cato ganz fehlt, bei Varro nur einmal genannt wird und bei den Spätern häufig ist. Eine völlig neue Entdeckung war die Frucht freilich auch zu Lucullus' Zeit nicht. Erstens wird bei Athenäus 2, p. 51 eine Stelle aus den Schriften des Diphilus von Siphnus, eines Zeitgenossen des Königs Lysimachus, dessen Reich sich auch über Vorderasien erstreckte, angeführt, in der die diätetischen Eigenschaften der Kirschen, *τὰ κεράσια*, erörtert werden, mit dem Beifügen, die rötheren und die milesischen verdienten den Vorzug. Zweitens besass auch Italien einen einheimischen Verwandten des Baumes, *Prunus avium* L., der bei den Alten von dem Cornelkirschenbaum, *Cornus mascula* L., nicht unterschieden wird, dessen Früchte aber in Europa bisher nicht veredelt waren und sich dort vielleicht auch nicht veredeln liessen. Daher Servius ad Verg. G. 2, 18 ganz richtig bemerkt: *hoc autem etiam ante Lucullum erat in Italia, sed durum, et cornum appellabatur.* Diese wilde Süsskirsche, zusammen mit der Kornellenkirsche und dem Hartriegel, wird bei Theophrast h. pl. 3, 12 unter dem Namen der männlichen und weiblichen *κράνεια* beschrieben: die männliche hat sehr hartes Holz, die weibliche weicheres; die Bewohner des troischen Idagebirges sagen von der weiblichen, sie trage Frucht; diese letztere ist essbar, süss und duftend; die Macedonier dagegen behaupten, beide Geschlechter seien fruchttragend, die weibliche Frucht aber nicht essbar. Solche auf kleinasiatischem Boden am Idagebirge und bei Milet zur Zeit des Königs Lysimachus bereits veredelte Süsskirschen mögen auch die *κεράσια* des Diphilus Siphnius, — diejenigen aber, die Lucullus im Reiche Pontus kennen lernte und mit denen er Italien beschenkte, eine edlere, grössere, saftreichere Art Sauerkirsche gewesen sein. Beide Hauptarten wurden, nachdem diese Frucht einmal bekannt und beliebt geworden, rasch vermehrt, aus Asien, das sich bald darauf völlig aufschloss, vielfach bezogen, auf die einheimischen wilden Bäume gepfropft und eine Menge Varietäten, darunter die allerköstlichsten und feinsten, erzeugt. Ein besonderer Vorzug der Kirsche war es, dass sie so frühe, schon mitten im Sommer, reifte und in der heissen Zeit ihren erfrischenden Saft spendete, wenn die übrigen Früchte noch im Rückstande waren. Als aus dem Pontus, einer Gegend mit harten Wintern, stammend und in gemeinern Arten sogar im südlichen Europa einheimisch, konnte dieser Fruchtbaum auch durch das ganze mittlere Europa, bis in den Norden des Welttheils hinein, weiter wandern. Wirklich war die Kirsche zu Plinius' Zeit, hundert zwanzig Jahr, nachdem sie zuerst in Italien erschienen, schon über den Ocean nach Britannien gegangen (Plin. 15, 102); sie wuchs an den Ufern des Rheins; in Belgien gab man der nach Lusitanien benannten Sorte den Vorzug, in welchem letzteren Lande sie also gleichfalls vorkam und schon eine eigene Spielart gebildet hatte. Ja, in den Alpen und jenseits der Alpen in den ehemaligen Barbarenländern trägt der Baum aromatischere Früchte als an den Gestaden des Mittelmeers, wo ihm unter Einwirkung der See das Klima zu gleichmässig milde ist, Plin. 104: *septentrione frigidisque gaudet.* Tyrol, die Schweiz, der Oberrhein sind jetzt ein reicher Kirschenbezirk, in welchem es dem Baume besonders wohl ist. Wie in der Schweiz aus dem Ueberfluss dieser Ernte das bekannte Kirschwasser destillirt wird, so in Dalmatien, Triest, Venedig aus der *marasca* d. h. der Sauerkirsche der *maraschino rosolio*, der an Feinheit seine ungarisch-serbische Nachbarin, die Pflaumen-Slivovica, übertrifft.

Entsprechend den beiden europäischen Hauptarten der Kirsche, der süssen und der sauern, gehen durch die europäischen Sprachen zwei Hauptnamen für diese Frucht. Das lateinische *cerasus*, griechische *κέρασος, κερασέ̕ς*, ist, wie zuerst Casaubonus einsah, nicht von der sinopischen Kolonie *Κερασοῦς* hergenommen, sondern die Stadt vielmehr nach dem Namen des dort wachsenden Baumes benannt. *Κέρασος* scheint nur die kleinasiatische Form für das eigentlich griechische *κράνεια* (schon homerisch), lat. *cornus*, welche Wörter mit *κέρας* und *cornu* genau verwandt sind und den Baum nach der hornartigen Härte des Holzes, die es zu Wurfspeeren besonders geeignet machte, bezeichnen. Man beachte die Schilderung des Theophrast, h. pl. 3, 12, 1: »das Holz der *κράνεια* ist ohne Mark und ganz fest, an Dichtigkeit und Stärke dem Horne ähnlich; das der weiblichen *κράνεια* aber hat ein inneres Mark und ist weicher und ausgehöhlt und taugt daher nicht zu Speeren.« Im homerischen Hymnus an den Hermes 460 erhält der Speer das Prädikat *κρανέϊον*, ja ἡ *κράνεια* hiess später ohne Weiteres die Lanze. (Da merkwürdiger Weise auch im Litauischen *ragótinė* der Speer von *rãgas* Horn abgeleitet ist, so muss der Speer aus dem Hornbaum oder dem Hartriegel eine sehr alte europäische Waffe sein. Auch der deutsche Hornung, lit. *ragùtis*, ist nach der in diesem Monat festgefrorenen Erde so benannt). Theophrast kennt auch den Namen *κέρασος*, h. pl. 3, 13; 4, 15, 1; 9, 1, 2; aber aus seiner Beschreibung geht hervor, dass er einen Waldbaum meinte, dessen Bast zu Stricken verwendet, dessen bohnengrosse rothe Früchte mit weichem Kern aber, wie es scheint, nicht essbar waren. Bei den Griechen am Pontus hiess die edle Kirsche, die ja gleichfalls ein Baum mit rothen Früchten war, *κέρασος*, und von da ging der Name mit dem Baume nach Italien über, von Italien ins transalpinische Europa. Die romanischen Sprachen bildeten ihr Wort, wie gewöhnlich, aus dem Adjectiv *ceraseus* (die Formen bei Diez, 1, 129); das deutsche Kirsche ist nicht aus dem Romanischen, sondern unmittelbar aus dem Lateinischen genommen, folglich zur Zeit der Völkerwanderung oder bald nachher; das slavische *črješnja* wurde seit der Einwanderung der Slaven in das Donaugebiet aus dem Deutschen entlehnt (wie auch das aus dem deutschen Pluralzeichen entstandene *n* lehrt — gleich dem deutschen Feminium aus dem lat. *cerasa*, Wackernagel, Umdeutschung, S. 42), das magyarische *tseresznye* wieder aus dem Slavischen; das byzantinische *κέρασος* ging in das Türkische, Persische, Kurdische u. s. w. über. — Dunkler ist die Herkunft des andern durch ganz Europa verbreiteten Namens der Kirsche, besonders der sauren: ital. *visciola*, altfranz. *guisne*, jetzt *guigne*, span. *guinda;* deutsch Weichsel, ahd. *wîhsela*; slav. *višnja, višnĭ*, lit. *wyszně*, neugr. *βίσηνον*, *βίσινον* (auch (walachisch, albanesich, türkisch) — lauter Formen desselben Wortes, ohne regelmässige Lautvertretung. Liesse sich irgend ein Begriffszusammenhang zwischen den Kirschen und den Beeren der Mistel aufweisen, oder vielmehr, — da ein solcher wohl herzustellen wäre —, versicherte uns irgend ein Factum, dass er reell geltend geworden, so wäre nicht bloss durch das griech. *ἰξός* (mit Digamma), lat. *viscus, viscum*, eine Erklärung des Wortes gefunden, sondern auch die naturgemässe Herkunft der Frucht aus Italien durch den Namen bestätigt. Will man das deutsche Wort an die Spitze stellen, wozu der französische und spanische Anlaut *gu* einladet, so ist zunächst der inlautende Guttural als jüngeres Element zu entfernen: er fand sich vor *sl*, wie im Flussnamen Weichsel (*Vistula, Visula*, slav. *Visla*) ein, während im niederdeutschen Wispelbaum (Vogelkirsche, Bremisches Wörterb.) durch Einfügung eines *p* ein deutscher Klang hervorgebracht wurde[82]): In einem Fragment des Komikers Amphis wird die Frucht der *κράνεια* oder des Cornelkirschenbaumes *μέσπιλον* genannt, Mein. fr. com. gr. 3, 318:

ὁ συκάμινος συκάμιν, ὁρᾷς, φορεῖ,
ὁ πρῖνος ἀκύλους, ὁ κόμαρος μιμαίκυλα,
κράνεια μέσπιλα.

Wir wissen nicht, ob dies auf eine Spur führen kann.

---

* *Prunus Cerasus* L. Der Sauer-Kirschbaum (Weichsel) kommt wildwachsend wahrscheinlich nur in Transkaukasien vor, findet sich aber verwildert in manchen Gegenden Süd- und Mitteldeutschlands. Nach Grisebach soll er auch in der Kastanienregion des bithynischen Olymp und nach Carl Koch in den Wäldern Anatoliens vorkommen. Der Vogelkirschbaum (*Prunus avium* L.) dagegen hat eine viel weitere Verbreitung. Er findet sich wild im südlichen Turkestan bei Schirabad, im nördlichen Persien in den Provinzen Ghilan und Siaret, im Talysch und auf beiden Seiten des Kaukasus von 500 bis 1600 m, ferner in den Wäldern der pontischen Gebirge oberhalb Cerasunt und Trapezunt, in Gebirgswäldern des Peloponnes und Nordgriechenlands. Aber auch sonst ist er in Europa sowohl in der Ebene, wie in den Gebirgen derart verbreitet, dass an seinem Indigenat in Europa nicht gut gezweifelt werden kann. Er fehlt im nördlichen Europa zwar in den baltischen Provinzen und in Ostpreussen, bildet aber selbst noch in Norwegen grössere Bestände, so im Kirchspiel Urnes im Bergenstift. Auch hat man in Torfmooren von Bohuslän Reste der Vogelkirsche gefunden, ebenso Steinkerne in den Pfahlbauten von Robenhausen in der Schweiz (O. Heer, Die Pflanzen der Pfahlbauten S. 26), sogar zwei Formen, wie sie auch bei unseren jetzigen Süsskirschen sich finden, nur etwas kleiner. Damit ist unwiderleglich dargethan, dass die Süsskirsche vor den historischen Zeiten in Europa heimisch war.

** Dass *κερ-ασός* als eine (kleinasiatische) Nebenform etymologisch mit griech. *κρά-νεια*, lat. *cor-nu-s* zu verbinden sei, wird man als wahrscheinlich betrachten dürfen. Auch altpr. *kirno* Strauch, lit. *kìrna* Strauchband und der altlitauische Name des Kirschengottes *Kirnis* (vgl. Lasicius De diis Samagitarum S. 47: *cerasos arcis alicuius secundum lacum sitae curat etc.*) sind hierher zu stellen. Dagegen ist griech. *κέρας* = scrt. *çiras* Horn wohl fern zu halten, da die baltischen Wörter sonst im Anlaut lautgesetzlich einen Sibilanten (= scrt. *ç*) zeigen müssten. Auch wird man das Holz des Kirschbaums kaum als hornartig bezeichnen können (vgl. v. Fischer-Benzon Altd. Gartenflora S. 150). Die nordkleinasiatischen Formen, armen. *keras*, kurd. *ghilas*, *keras* (vgl. Jaba-Justi S. 374), sind wohl als Rückentlehnungen aus griech. *κερασός* aufzufassen vgl. Hübschmann, Armen. Gr. I, 356) —. Eine nordeuropäische Gleichung für *Cornus mascula* ist russ. *derenŭ* u. s. w. (Miklosich, Et. W. S. 42) = ahd. *tirnpauma*, nhd. in zahlreichen Umgestaltungen, wie *dernlein*, *dierlein* etc. (Pritzel-Jessen S. 111). Alb. *ϑanъ* Kornelkirschenbaum (G. Meyer, Et. W. S. 88). — Für die Geschichte des deutschen Wortes *Kirsche* von Wichtigkeit ist, dass ahd. *kirsa* nicht unmittelbar aus lat. *cerasum*, sondern aus einer Zwischenform **ceresia* (ceresium, κεράσιον C. Gl. L. III, 358, 80) hervorgegangen ist, die auch den romanischen Wörtern zu Grunde liegt. Kluge (Et. W. 6. Aufl.) setzt die Entlehnung des Wortes vor das 7. Jahrhundert, da anlautendes *c* noch als *k* erscheint. Im slavischen altsl. *črěšĭnja* ist *n* nicht deutsches Pluralzeichen, sondern gehört zum Suffix (**črěša-ĭnja*). Alb. *k'erší* aus *cerasium*, **cerasînum*. — Welche Art von Kirschen es war, die Lucullus in Italien einführte, ob, wie von H. angenommen, eine Sauerkirsche, oder wie De Candolle (S. 260 der deutschen Ausgabe), Karl Koch (Bäume und Sträucher S. 196 ff.) und Köppen (I, 281) glauben, eine veredelte Art der Süsskirsche, ist schwer zu entscheiden. Immerhin dürfte letzteres, wie jetzt auch v. Fischer-Benzon a. a. O. und G. Buschan, Vorgesch. Botanik S. 179 annehmen, das wahrscheinlichere sein. Denn einmal war nach dem obigen eben nur *Prunus avium L.*, die Süss- oder Vogelkirsche, deren Kerne ausser in der Schweiz, auch in neolithischen Stationen Oesterreichs und Italiens gefunden worden sind (vgl. G. Buschan a. a. O. S. 180), in vorhistorischer Zeit bei den mittel- und südeuropäischen Völkern wildwachsend verbreitet, so dass nur für diese Art die Vorbedingungen einer schnellen und weiten Verbreitung durch die Kultur gegeben waren, das andre Mal weist aber auch die Beschreibung des κερασός bei Theophrast (nach v. Fischer-Benzon S. 149) und die Hervorhebung des Umstands bei Dioskorides I, 157 (nach G. Buschan S. 179), dass der pontische κερασία-Baum Gummi ausschwitze, mit ziemlicher Deutlichkeit auf die Süsskirsche hin. Trat die Sauerkirsche in Europa etwa erst mit der Sippe Weichsel u. s. w. auf? Als die Quelle derselben sieht G. Meyer, Alb. W. S. 474 das gr. βύσσινος, fem. βυσσινιά *cramoisi, pourpre, écarlate* an, dessen ursprüngliche Bedeutung ein roth gefärbter Seidenstoff (βύσσος Seide) gewesen sei. Die Bezeichnung wäre dann von Byzanz ausgegangen und westwärts gewandert. Hierzu würde die Bemerkung Th. v. Heldreichs, Die Nutzpflanzen Griechenlands S. 69 stimmen: »Man hat mehrere an Farbe und Grösse verschiedene Spielarten (der βυσσινηά); die geschätzeste ist die sogenannte grosse Weichsel von Konstantinopel — τὸ πολίτικο βύσσινο. Freilich möchte v. Fischer-Benzon S. 151 eine sichere Erwähnung der Sauerkirsche schon in Vergils Georgicis II, 17 finden:

Pullulat ab radice aliis densissima silva
ut cerasis ulmisque,

womit die der Ulme und Weichsel eigenthümlichen Wurzelausläufer gemeint seien. Nach demselben Gelehrten tritt eine unzweideutige Erwähnung der Sauerkirsche in Deutschland erst bei Albertus Magnus (12./13. Jahrh.) unter dem Namen *amarena, amarella* (unser »Ammer«) auf.

Arbutus. Medica. Cytisus.

Dem heissen, gebirgigen Süden sind die blumenreichen Wiesen des Nordens und die grünen Matten der Hochalpen versagt: ihre Stelle vertritt die immergrüne Strauchvegetation, die, nachdem der Wald längst der Kultur gewichen, die Vorberge, die felsigen Küsten, die Ränder der Schluchten und Wasserrinnen bekleidet. Von einem der schönsten Bäumchen dieser Region, dem Erdbeerbaum, *Arbutus Unedo* L., wissen wir nicht, ob er immer da gewesen oder mit den Menschen von Südosten her eingewandert. Mit lorbeerartigen Blättern, den Erdbeeren ähnlichen, erst grünen, dann allmählig gelb und roth sich färbenden Früchten, die er wie der Citronenbaum gleichzeitig mit den Blüten an seinen Zweigen trägt, mit ewig sich erneuerndem Laube, dessen gleichmässiges Schwinden und Spriessen schon Theophrast h. pl. 1, 9, 3 richtig beobachtet hat, — geht der Baum über das mittlere Italien nicht gern nach Norden hinaus, entwickelt aber, wie Juba bei Plinius 15, 99 übertreibend behauptet, in Arabien einen Wuchs von 50 Ellen. Varro indess 2, 1, 4 rechnet die Arbutusfrucht, wie Eicheln, Brombeeren und *poma* (Aepfel oder Beeren), zu den Nahrungsmitteln der Urwelt, also zu den Früchten, die die jungfräuliche Erde selbst darbot: *quae inviolata ultro ferret terra*, und die folglich nicht erst die Kultur erzogen und verbreitet hat. Und eben so thut Ovid in der oben S. 392 aus dem ersten Buch der Metamorphosen angeführten Stelle. Jetzt gilt die Frucht sowohl in Griechenland als in Italien für ungesund und betäubend, und man überlässt sie den Vögeln, für die sie den gesuchtesten Leckerbissen bildet; dies populäre Vorurtheil theilten schon die Spätern unter den Alten, so bereits Dioscorides 1, 175. Theophrast (s. unten) nennt sie ohne Vorbehalt essbar; nach Galen. de alim. fac. 2, 38 pflegten Landleute sie zu geniessen: *τὰ μιμαίκυλα ἐσθίουσι συνήθως οἱ κατὰ τοὺς ἀγρούς*, und heut zu Tage ist sie von Nordländern oft ohne Schaden gegessen worden (z. B. Petter, Dalmatien, Gotha 1857, 1, S. 76: »ich habe mit meiner Familie die schönen rothen Beeren des Erdbeerbaumes oft genossen, mit Wein, Zucker und Zimmt zubereitet, wie man es in meiner Heimath mit den Erdbeeren macht, aber keine betäubenden Eigenschaften wahrgenommen«). — Die Verschiedenheit der Benennung bei Griechen und Römern erlaubt übrigens den Schluss, dass in dem Lande, wo der griechische und der italische Urstamm sich trennten, um verschiedene Wanderrichtungen einzuschlagen, der

Erdbeerbaum nicht wuchs. Das lateinische *arbutus, arbutum* schliesst sich sichtlich an *arbos, árbustum* an; das griechische *κόμαρος* erklärt Benfey durch gewunden, kriechend, was aber zu der Natur des Baumes nicht passt; nach Fick[2] 33 wäre es ein uralter indoeuropäischer Pflanzenname. Der Name der Frucht *μιμαίκυλον* (mit Varianten der Schreibart) kommt zuerst bei Aristophanes vor, Athen. 2. p. 50 (nach Meinekes Correctur):

ἐν τοῖς ὄρεσιν δ' αὐτομάτ' αὐταῖς τὰ μιμαίκυλ' ἐφύετο πολλά,

dann auch bei Theophr. h. pl. 3, 16, 4: *ἡ δὲ κόμαρος, ἡ τὸ μεμαίκυλον φέρουσα τὸ ἐδώδιμον* — nach Benfey 1, 219 eine Zusammensetzung von *μιμ-* mit *ἄκυλος* die essbare Eichel. Wir deuten lieber Winterfrucht (*μαιμάσσω, μαιμάκτης, μαιμακτήρια*), Lucret. 5, 940:

quae nunc hiberno tempore cernis
Arbuta puniceo fieri matura colore.

Auch *Arbutus andrachne* L., *ἀνδράχλη*, war den Alten bekannt — wohl so viel als der Strauch, der eine gute Kohle, *ἄνθραξ*, giebt.

In jenen immergrünen saltus fand die Heerde des Ackerbauers zur Noth eine genügende Nahrung; da dieselben aber nicht überall nahe lagen, mussten die Alten darauf verfallen, das Laub der im Garten gepflanzten Bäume abzustreifen und neben der theuren Korn- und Mehlnahrung zur Fütterung der Hausthiere zu verwenden. Esel und Ziegen hatten, so zu sagen, Anleitung dazu gegeben; der Esel verzehrte Alles, was abseits wuchs, es mochte noch so stachlicht, hart und klebrig sein, und die Ziege ging mit Vorliebe den jungen Blättern der Sträucher und Bäumchen nach. So wurden die Zweige, die bei Schneitelung des Oelbaumes und des Weinstockes abfielen, den Thieren vorgeworfen und im Herbste das welke Laub gesammelt und zum Unterhalt des Viehs benutzt. Da dies nicht ausreichte, so erfolgte der weitere Schritt, die Ränder der Aecker und die Gräben und Wege einfach und doppelt mit Reihen von Bäumen zu bepflanzen, die zugleich Holz zur Feuerung und zu ländlichen Werkzeugen und ihr Laub zur Nahrung des Viehes und zur Streu abgaben. So führte die südliche Form des Ackerbaues zu Laubfütterung und Forstgärtnerei. Schon Cato 30 ertheilt die dem Ohr des nordischen Landwirthes seltsam klingende Vorschrift: Gieb dem Ochsen Laub von Ulmen, Pappeln, Eichen und Feigenbäumen, so lange du davon hast; den Schafen gieb grünes Baumlaub, so lange du solches hast u. s. w., und 54, 2 wiederholt er: Hast du kein Heu, so gieb dem Ochsen Eichen- und Epheublätter. Auch bei den spätern landwirthschaftlichen Schriftstellern wird diese Art Fütterung so oft erwähnt und vorausgesetzt, dass sich an ihrer Allgemeinheit nicht zweifeln lässt. An diesem Punkte sehen wir besonders deutlich, wie sehr die südlich-antike Bodenwirthschaft von der neuern in nordischen Breiten sich unterschied und noch unterscheidet; die letztere, die grösseren Raum hat, nimmt die Gaben aus der Hand der Natur mehr direkt entgegen, die erste verdankt Alles sich selbst und lebt wie in einer zweiten, selbstgeschaffenen Welt, von der aus gesehen die rohe Natur in unabsehbar weiter Ferne liegt. Auch die Alten aber mussten bemerken, dass nicht jedes Baumlaub geeignet war, den Pflugstier kräftig, das Schlachtvieh fett, die Milchkuh ergiebig zu machen, und dies gab Anlass, Futterpflanzen, die diesem Zwecke besser entsprachen, aus dem Orient einzuführen. Eine solche Erwerbung waren die *medica* oder Luzerne und der *cytisus*, die Cato beide noch nicht kennt, Varro aber erwähnt und die also in der Zwischenzeit von der Mitte des zweiten Jahrhunderts vor Chr. bis nach der Mitte des ersten Jahrhunderts in Italien verbreitet wurden. Die *μηδικὴ πόα* oder *μηδική*, lat. *medica*, *Medicago sativa* L., stammte, wie der Name sagt, aus Medien, aus den wohlbewässerten, mit üppigem Pflanzenwuchs und saftigen Triften gesegneten Landschaften südöstlich vom Kaukasus, *ὑπὸ ταῖς Κασπίοις πύλαις*, die Strabo als so reizend schildert und denen er ausdrücklich die gepriesene Staude zuweist, 11, 13, 7: *καὶ τὴν βοτάνην δὲ τὴν μάλιστα τρέφουσαν τοὺς ἵππους ἀπὸ τοῦ πλεονάζειν ἐνταῦθα ἰδίως Μηδικὴν καλοῦμεν.* Besonders den Pferden sollte ihr Genuss zuträglich sein, und den Rosse züchtenden und das Ross verehrenden Persern wird denn auch ihre Verbreitung zugeschrieben, in genauerer Angabe den Kriegszügen des Königs Darius, Plin. 18, 144: *Medica externa etiam Graeciae est, ut a Medis advecta per bella Persarum quae Darius intulit.* Eine schöne Bestätigung dieser Nachrichten giebt der Name des Luzernerklees bei den Persern *aspest*, wörtlich so viel als Pferdefutter (Nöldeke in ZDMG. 32, 408), so wie die hohe Steuer, die der sasanidische König Chosroes I. (Chosrau, um die Mitte des 6. christlichen Jahrhunderts) auf die Kultur dieser Pflanze legte (Nöldeke, Geschichte der Perser und Araber zur Zeit der Sasaniden, aus der arabischen Chronik des Tabari übersetzt, Leyden 1879, S. 244 Anm.: »bei der fiskalischen Behandlung der Luzerne muss man sich die ungeheure Bedeutung der Pferdezucht im eigentlichen Irân vergegenwärtigen«). Unter den griechischen Schriftstellern erscheint die Luzerne zuerst bei Aristophanes und zwar gleichfalls als Pferdefutter,

Eq. 606: ἤσθιον δὲ (οἱ ἵπποι) τοὺς παγούρους ἀντὶ ποίας μηδικῆς. Aristoteles erwähnt sie wiederholt, aber in Betreff ihres Nutzens in ziemlich abfälliger Weise: zwar sollte sie den Bienen zuträglich sein, hist. anim. 9, 40: φυτεύειν δὲ συμφέρει περὶ τὰ σμήνη . . . . πόαν Μηδικήν, aber ihr erster Schnitt ist untauglich, 8, 8: τῆς δὲ πόας τῆς Μηδικῆς ἡ πρωτόκουρος φαύλη, und sie entzieht den Thieren die Milch, besonders den Wiederkäuern, 3, 21: τῆς δὲ τροφῆς ἡ μὲν σβέννυσι τὸ γάλα, καὶ μάλιστα τοῖς μηρυκάζουσιν. In Italien war das Urtheil in so fern ein anderes, als wenigstens die Schafe durch Fütterung mit der Medica reicheren Ertrag an Milch geben sollten. Varr. 2, 2, 19: *maxime amicum cytisum et medica, nam et pingues facit facillime (oves) et genit lac.* Im folgenden Jahrhundert ist Columella über diese Futterpflanze des Lobes voll, 2, 10, 25: *ex iis (pabulorum generibus), quae placet, eximia est herba Medica. quod cum semel seritur, decem annis durat; quod per annum deinde recte quater, interdum etiam sexies demetitur; quod agrum stercorat; quod omne emaciatum armentum ex ea pinguescit; quod aegrotanti pecori remedium est; quod jugerum ejus toto anno tribus equis abunde sufficit.* Da sie also perennirend ist, bis zu sechs Mal im Jahre gemäht werden kann, den Acker nicht erschöpft, sondern befruchtet, das gesunde Vieh fett macht, das kranke heilt und von einem Morgen Medica drei Pferde das ganze Jahr erhalten werden können — wie sollte sie nicht eifrig angebaut worden sein, besonders in den verbrannten, im Sommer wasserlosen Gebirgsgegenden, wo noch für das kletternde Schaf, nicht aber für das Pferd und den Ochsen genügende frische Nahrung sich fand. Die Staude, die, weil sie die Wurzeln sehr tief treibt, die Trockenheit nicht scheut, wird auch jetzt noch in Italien angebaut, doch viel seltener, als im Alterthum; die Namen, die ihr ausser *medica* je nach den Landschaften gegeben werden, *erba spagna, fieno d'Ungheria*, scheinen auf eine abermalige Einführung in neuerer Zeit zu deuten. Das spanische *mielga* ist nur eine Entstellung aus *medica*, das gleichfalls spanische *alfalfa* stammt aus dem Arabischen, ist aber vielleicht eine andere Pflanze. Das französische *luzerne*, das auch in die deutsche Sprache übergegangen ist, provençalische *lauzerdo* ist etymologisch dunkel, denn die Herkunft aus dem Schweizer Kanton Lucern oder dem piemontesischen Oertchen und Flüsschen *Luzerna* oder *Luserne* wird, so viel wir wissen, durch kein historisches Zeugniss belegt. Der, wie es scheint, von Belgien ausgegangene Kleebau mag in Nordeuropa der *Medicago sativa* hinderlich gewesen sein. — Der *cytisus*, *Medicago arborea* L., ist ein Strauch, dessen Laub als den Hausthieren erwünscht und heilsam von Dichtern und technischen Schriftstellern des Alterthums einstimmig gepriesen wird. Wie der Maulbeerbaum in den Seidebezirken und der Theestrauch in China, ward er nur seiner Blätter wegen gebaut und musste sich gefallen lassen, derselben in regelmässigen Fristen grausam beraubt zu werden. Man köpfte ihn und zog ihn niedrig und benutzte also vorzugsweise den immer erneuten Stockausschlag. Nicht bloss dem eigentlichen Vieh, auch den Hühnern und Bienen war er zuträglich und die specifische Wirkung auf Vermehrung der Milch so augenfällig, dass selbst säugenden menschlichen Müttern ein Decoct aus Cytisusblättern mit Wein eingegeben und das Kind dadurch gestärkt und sein Wuchs befördert wurde. Acht Monat lieferte der Baum den Thieren grünes Futter, den Rest des Jahres noch gute Nahrung in getrockneter Gestalt. Dabei sollte diese Kultur nur geringe Kosten machen, die Pflanze selbst mit dem magersten Boden sich begnügen und gegen alle Witterung und die Unbilden excessiven Klimas unempfindlich sein. So etwa drücken sich Columella 5, 12 und Plinius 13, 130 ff. aus, wobei der letztere noch hinzusetzt, es sei um so mehr zu verwundern, dass der Cytisus in Italien nicht noch häufiger sei. Zu allererst sollte der Strauch auf der Insel Kythnos, einer der Cykladen, aufgetreten, von dort auf die übrigen Inseln, dann auf das griechische Festland und nach Italien übergegangen sein. Ob er auch nach Kythnos von anderswo gekommen, darüber fehlte die Nachricht; in wie frühe Zeit die erste Benutzung und die Verbreitung fiel, wird nicht gemeldet. Das Wort *κύτισος* kommt in einer der pseudo-hippokrateischen Schriften (*de victus ratione* 2, 54. T. III, p. 447 *Ermerins*) vor, deren Zeit wir nicht bestimmen können, dann mit Sicherheit bei den komischen Dichtern Cratinus (in dem Fragment, das die Blumen, die zu Kränzen dienen, aufzählt) und Eupolis (in dem berühmten Ziegenchor). Aristoteles und Theophrast nennen den Cytisus, ein Athener Amphilochus hatte über ihn und die Medica eine eigene Schrift geschrieben (Plin. 18, 144 und jetzt auch 13, 130. Schol. Nic. Ther. 617), aber wann er lebte, wissen wir nicht. Wenn auch aus Democritus ein Ausspruch über den Cytisus angeführt wird, so führt dies auf kein höheres Alter, denn die landwirthschaftlichen Schriften, die unter dem Namen des berühmten Philosophen gingen, waren spätere Fälschungen. Ob nicht die Insel Kythnos durch eine Art etymologischer Sage zur ersten Heimat dieses Strauches oder seiner Kultur geworden ist? Das griechische *κύτισος* (lateinisch auch als Neutrum *cytisum*, aus dem Accusativ *κύτισος*) sieht wie ein einheimisches Wort aus und mag mit *κότινος* der wilde Oelbaum und lat. *cotinus*, *Rhus cotinus* L., verwandt sein; es könnte auch aus einer der Sprachen oder Mundarten Kleinasiens stammen, etwa wie *κέρασος* im Verhältniss zu *κράνεια* und *cornus*. In der neueren Landwirthschaft spielt der Strauch, so viel uns bekannt ist, keine Rolle mehr, bildet aber eine Zierpflanze unserer Gärten. In den Lobsprüchen, die ihm die Römer ertheilten, darin dem Vorgang der Griechen folgend, drückt sich wohl nur die Freude an dem neuerfundenen Futterbau überhaupt und dessen überraschend wohlthätigem und nachhaltigem Einfluss auf das Gedeihen der ganzen Wirthschaft aus.

---

* Dass *Arbutus Unedo* L. im Mittelmeergebiet seine ausgedehnte Verbreitung durch die Kultur erhalten haben könnte, wird jeder Botaniker, der diesen Strauch oder Baum in den ursprünglichen Macchien Griechenlands, Dalmatiens, Italiens, Corsicas, Spaniens mit anderen immergrünen Sträuchern vereinigt gesehen hat, als völlig unmöglich zurückweisen, dagegen ist sein Vorkommen bei Killarney in Irland wohl auf Einschleppung zurückzuführen.

Die Luzerne, Medica (*Medicago sativa* L.) ist vom südwestlichen Russland durch Asien bis zur Mongolei, bis zum Tibet und Vorderindien als einheimische Pflanze verbreitet, während die ihr nahestehende und wohl nur als Varietät anzusehende *M. falcata* L. von Mittel- und Südeuropa bis zum nördlichen Sibirien und Centralasien heimisch ist. Ueber Arabien gelangte *Medicago sativa* als Kulturpflanze auch nach Aegypten. *Medicago arborea* L. (Cytisus) ist im Mittelmeergebiet nicht sehr allgemein verbreitet; er findet sich in Kleinasien nur um Smyrna, sodann auf der Insel Rhodos, auf den kleinen Cykladen, in Griechenland auf dem Lykabetos, sodann in Unteritalien; in Spanien kommt er nur verwildert vor.

** Lat. *arbutus* hängt vielleicht nicht mit *arbor* zusammen, sondern gehört zu ahd. *ërlberi* Erdbeere (Fröhde in Bezzenbergers Beitr. 17), das seinerseits wahrscheinlich keine Zusammensetzung mit Erde, sondern mit alts. *erda* Bienenkraut, Melisse ist (doch vgl. O. Böhtlingk I. F. VII, 272). Griech. κόμαρος, κάμορος, κάμαρος, ngr. κουμαρηά (κουκουμαρηά), κούμαρα (vgl. G. Meyer, Et. W. S. 194), wird von Fick, Vergl. W. I[4], 383 zu ahd. *hemera* Nieswurz, altsl. *čemerĭ* Gift, *čemerica* ‚*helleborus*', kleinruss. *čemer* ‚*nausea*' u. s. w. (Miklosisch, Et. W. S. 31) gestellt, so dass der griechische Name des Erdbeerbaums sich vielleicht auf die oben angedeuteten Wirkungen der Pflanze bezieht. Griech. μιμαίκυλον und ἀνδράχλη sind dunkel. Als albanesischen Namen des *arbutus* nennt Heldreich a. a. O. S. 39 *mareζε*, *marεζε*, nach G. Meyer a. a. O. aus κουμαριά entstanden. Die Früchte heissen *kukumatšé*. — Einen zweiten iranischen Namen der Luzerne (neben pehl. *aspast*, pers. *uspust*) nennt Tomaschek, Centr. St. II, 61: pers. *bédah*, Pamird. *bedá*: *pi* fett sein. Nach ihm wird in den sinischen Annalen die Luzerne, als ein wichtiges

Erzeugniss central-asiatischer Gegenden bezeichnet. Den Namen Luzerne, Lüserne, schwedische Luzerne kennen Pritzel und Jessen (Deutsche Volksn. d. Pfl. S. 231 f.) in Kärnthen, Bern, Graubündten, Württemberg, Pommern; daneben begegnen Ausdrücke wie burgundisch Gras, ewiger Klee, Medisch Kraut, Sichelklee und ähnliche. — Griech κύτισος ist dunkel. — Andere Futterkräuter der Alten, wie den Bockshorn-Klee *(Trigonella foenum Graecum* L.), τῆλις oder βούκερας, die Lupine *(Lupinus hirsutus* und *angustifolius* L.), θέρμος behandeln Neumann-Partsch, a. a. O. S. 404 ff.

Der Oleander.

(Nerium Oleander L.)

Der Oleander oder Lorbeerrosenbaum schmückt jetzt in Griechenland und Italien nicht bloss die Gärten, sondern begleitet auch die Wege und die trockenen Betten der Flüsse mit seinen rosenartigen, lieblich duftenden Blüten und dem fahlen Glanze seiner länglichen immergrünen Blätter. Wie so manche andere Pflanze dieser Gegenden schwebt er mitten inne zwischen dem Kultur- und dem wilden Stande d. h. einmal herübergebracht, wusste er sich selbst zu helfen und nahm den Schein eines freien Naturkindes an. So fand ihn schon Plinius; auf den ersten Blick mochte er das Bäumchen für eingeboren in Italien halten, aber als er sich auf den Namen besann, der ein griechischer ist, *rhododendron*, Rosenbaum, oder *rhododaphne*, Rosenlorbeer, erkannte er wohl, dass er einen Fremdling zunächst aus Griechenland vor sich hatte, 16, 79: *rhododendron, ut nomine adparet, a Graecis venit; alii nerium vocarunt, alii rhododaphnen, sempiternum fronde, rosae similitudine, caulibus fruticosum; jumentis caprisque et ovibus venenum est, idem homini contra serpentium venena remedio.* Auch der Zeitgenosse des Plinius, der Arzt Dioscorides kennt und beschreibt den Strauch genau, der als giftig zugleich einen wirksamen Arzneistoff und, wie der eigentliche Lorbeer und vorzüglich die Raute, ein Heilmittel gegen Schlangenbiss abgab, 4, 82: »*νήριον*, oder *ῥοδοδάφνη*, oder *ῥοδόδενδρον*. Ein bekannter Strauch, der längere und dickere Blätter hat, als der Mandelbaum« — (folgt die weitere Beschreibung, dann:) »er wächst in Paradiesen und in Ufergegenden und an den Flüssen, seine Blüten und Blätter wirken schädlich auf Hunde und Esel und Maulthiere und die meisten Vierfüssler, den Menschen aber sind sie, mit Wein getrunken, heilsam gegen den Biss von Thieren, besonders wenn man Raute hinzumengt; kleinere Thiere aber, wie Ziegen und Schafe, sterben, wenn sie einen Aufguss davon trinken.« Dass der Oleander den Thieren verderblich sei, war eine allgemeine Meinung, die noch jetzt herrscht. Palladius 1, 35, 9 erwähnt selbst eines Mittels die Mäuse damit zu vertilgen, indem man nämlich deren Gänge und Löcher mit Blättern dieses Baumes verstopft, und die bei Lucian in der lächerlichen Geschichte vom verwandelten Esel, der hungrig in einen Garten bricht, Asin. 17, ausgedrückte Furcht vor den dort wachsenden Oleandern liegt noch dem heut zu Tage in Süditalien gebräuchlichen Namen *amazza l'asino*, Eselmörder, als Volksmeinung zu Grunde. In der römischen Kaiserzeit also ist der Rosenlorbeer bei den Aerzten und im gemeinen Leben so häufig und bekannt, wie noch jetzt. Sehen wir uns bei den älteren Griechen um, aus deren Sprache die Namen desselben stammen, so treffen wir nirgends eine Spur von dem doch so auffälligen Gewächse an. In Theophrasts beiden botanischen Werken findet sich in der langen Reihe der von ihm beobachteten oder auch nur vorübergehend erwähnten Pflanzen keine, die auf den Oleander passte, denn der auf Lesbos und anderswo wachsende, *εὐώνυμος* genannte Baum h. pl. 3, 18, 13, der zwar auch den Schafen und Ziegen tödtlich ist, aber Blüten trägt wie das weisse Veilchen, die nach Mord *φόνον*, riechen, (was Plinius 13, 118 übersetzt: *pestem denuntians*), ist kein anderer als *Evonymus latifolius*, der Spindelbaum. Eben so wenig stossen wir bei Aristoteles oder einem Komiker oder sonst einem der früheren Prosaiker oder Dichter auf eine dahin zu beziehende Notiz. Der andere griechische, zuerst bei Plinius und Dioscorides auftretende Name *νήριον* könnte uns verführen, der Pflanze dennoch ein hohes Alterthum in Griechenland beizulegen; schliesst sich derselbe nämlich an das tragische *ναρός*, *νηρός* fliessend, an Nereus, den Wassergott, und die Nereiden, die Göttinnen des feuchten Elements, und sagt er also soviel als Wasserpflanze aus, so muss er jener frühen Periode der Sprachbildung angehören, aus der diese alterthümlichen Wort- und Fabelzeugen in die jüngere Welt herabgestiegen waren. Allein, wenn der Oleander es auch liebt, die Rinnen der Bäche und die kiesigen Schluchten, in denen sich vorübergehend, oft nur einige Stunden lang, die wilden Wasser hinabstürzen, von beiden Seiten in langen blühenden Reihen zu verfolgen, so ist er doch keine eigentliche Wasserpflanze und ersteigt auch die Berge; und sollte die liebliche Blume mit ihrem Mandelduft, wenn sie schon so frühe Griechenlands Landschaften zierte, oder das den Ziegen und Eseln todbringende Laub nirgends in Literatur und Mythus einen Widerhall gefunden haben? Von einem späteren Schriftsteller, der in der zweiten Hälfte des ersten christlichen Jahrhunderts lebte, und allerlei Sagen, persönliche Vorfälle und wunderbare Züge sammelte, dem Ptolemäus Chennus aus Alexandrien (auszugsweise erhalten in des Photius Bibliothek), erfahren wir, eine Rhododaphne sei auf dem Grabe des Amycus gewachsen und wer davon genoss, sei zum Faustkampf angeregt worden (p. 148 b. Bekk.). Es ist derselbe Amycus und dasselbe Grab, von denen schon früher bei dem Lorbeer die Rede gewesen. Was dort dem Lorbeer zugeschrieben wurde, die Kraft die Sinne zu verwirren und zu Streit zu verführen, das wird hier dem Oleander beigelegt; aber wie alt ist diese Variante, und aus welcher trüben Quelle mag Ptolemäus sie abgeleitet haben? — Bei all dem ist nicht unwahrscheinlich, dass der Baum aus Kleinasien und speziell der Pontusgegend, dem Vaterland der Gifte, und Gegengifte nach Griechenland herüberwanderte. Dort lebten z. B. die Sanni, ein Volk, dessen Honig betäubende Kraft hatte: man suchte die Ursache davon in den Blüten der Oleanderbüsche wovon dort alle Wälder voll waren, Plin. 21, 23, 45: *aliud genus in eodem Ponti situ, gente Sannorum, mellis quod ab insania quam gignit maenomenon vocant. Id existumatur contrahi flore rhododendri quo scatent silvae; gensque ea, cum ceram in tributa Romanis praestent, mel, quoniam exitiale est, non pendit*[83]). Noch jetzt wuchert der Oleander in ganz Kleinasien an den Bächen und auf den Bergen; mehr nach Süden, in dem Gebiet der semitischen Race, trägt er bei den Arabern den sichtlich aus dem griechischen δάφνη abgeleiteten Namen *difleh*, *defle*, *difna*, ist also nicht vor der Bekanntschaft mit den Griechen dort eingeführt worden.

Nach Allem kann der Oleander erst in der Zeit zwischen Theophrast und etwa den letzten Zeiten der römischen Republik nach Griechenland gekommen sein, nach Italien entsprechend später. Die älteste literarische Erwähnung wäre die in dem Vergilischen Culex, v. 402:

Laurus item Phoebi surgens decus; hic rhododaphne —

wenn wir sicher sein könnten, dass dieses Gedicht wirklich ein Jugendwerk dessen ist, dem es zugeschrieben ward[84]). Sehen wir davon ab, so erscheint der Name zuerst ein Jahrhundert später bei Scribonius Largus, während er bei Celsus noch fehlt; bald darauf ist das Gewächs, wie schon bemerkt, Jedermann in Italien bekannt:

zuerst war es in den Gärten (Dioscorides: *ἐν παραδείσοις*) der Zierde wegen angepflanzt worden, dann verbreitete es sich auch im freien Lande um so schneller, als Ziege und Esel, die Feinde aller jungen Bäumchen, die nichts aufkommen zu lassen pflegen, es verschonten, und von da an leuchten die hellrothen Oleanderrosen, vermischt mit den sanften blauen Blüten des *Vitex Agnus*, wie gewundene röthliche Bandstreifen an beiden Ufern der vom Gebirge herabkommenden Wasserrinnen Südeuropas. Das Volk in Italien aber verwandelte das ihm schwierige griechische Wort *rododendron*, unter Anlehnung an *laurus*, allmählig in das heutige *oleandro*, *leandro*, das in allen Sprachen und auch in der wissenschaftlichen Botanik gilt; nur die Neugriechen sagen gewöhnlich *πικροδάφνη* oder bittrer Lorbeer.

---

* Die Gattung *Nerium*, deren bekanntester Vertreter *N. Oleander* L. ist, existirte in Europa schon während der jüngeren Kreideperiode und zwar war sie damals, wie auch noch während der Tertiärperiode in Mitteleuropa ebenso wie in Südeuropa anzutreffen. Schon in der jüngsten Tertiärperiode existirte eine unserem jetzigen Oleander verwandte Pflanze in Südfrankreich (Meximieux und Valentine). Auf Grund dieser Thatsache ist es ganz unmöglich, dass der Oleander erst in historischen Zeiten nach Europa gelangt ist, nur ist seine Nordgrenze in Folge der Glacialperiode weiter nach Süden verschoben worden. Wer jemals das Glück gehabt hat, die weithin von rothblühenden Oleanderbüschen eingefassten Gebirgsbäche der Sierra Morena in Spanien zu sehen oder wer in den Wüsten Algiers dichte Oleanderbüsche als Wahrzeichen eines zeitweise Wasser führenden Oueds leuchten sah, wird schwerlich auf den Gedanken kommen, dass dieser Strauch durch den Menschen in jene Gebiete eingeschleppt sei. Er ist hier ebenso heimisch wie in Griechenland, Kleinasien und Syrien.

** Auch wenn der Oleander keine eigentliche Wasserpflanze ist, so konnte er doch nach seiner in die Augen fallenden Eigenschaft, die Läufe der Bäche zu begleiten, die von allen Beobachtern hervorgehoben wird, νήριον benannt sein, wenn dies nämlich zu νηρός gehört. An einer volksthümlichen griechischen Benennung des Oleanders würde es also nicht fehlen. Doch bleibt, wenn man von dem Indigenat der Pflanze im ganzen Mittelmeergebiet ausgeht, die Thatsache bestehen, die dann kaum erklärbar wäre, dass die Alten bis auf Plinius und Dioscorides eine so charakteristische Pflanze der südlichen Landschaft nicht genannt hätten.

Sicher ist wohl, dass der Oleander nicht aus dem pontischen Gebirge nach Griechenland gekommen ist, da nach den überzeugenden Ausführungen Kochs (Bäume und Sträucher S. 117 ff.), der den Pontus gerade mit Rücksicht auf diese Fragen bereist und durchforscht hat, *Nerium Oleander* L. wild hier überhaupt nicht vorkommt. Nach ihm stamme unsere Pflanze aus dem iberischen Westen und sei erst im 15. oder 16. Jahrhundert nach Italien und Griechenland gekommen. Neumann-Partsch (Physikalische Geographie S. 396) stimmen ihm in ersterem Punkte zu, halten aber an der Identität des νήριον des Dioscorides mit unserem Oleander fest, während Koch in ersterem *Rhododendron ponticum*, die pontische Alpenrose, erkannt hatte. Nach Neumann-Partsch wäre also der Oleander ebenfalls von Spanien, aber vor Dioscorides und Plinius in Griechenland eingewandert. — Als auf Kreta geltenden Namen des *Nerium Oleander* nennt Heldreich, die Nutzpflanzen Griechenlands S. 31 σφάκα.

Die Pistazie.

(Pistacia vera L.)

Die köstliche Pistaziennuss, die auch in nordischen Ländern den Zuckerbäckern und Glaciers zu einem ihrer feinsten Ingredienzen dient, wächst auf einem kleinen Baume mit gewürzhaft duftenden Blättern aus der Familie der Terebinthaceen. Sie gleicht an Grösse einer Haselnuss, ist länglich-dreikantig gestaltet und schliesst einen grünen, eng anliegenden, mandelartigen Kern ein. Das Vaterland des Baumes ist das wärmere Mittelasien, sein Name scheint persisch[85]). Im semitischen Syrien war er, wenn die Deutung nicht trügt, frühe zur Zeit der Erzväter, und dann wieder ganz spät, als im Abendlande schon die römische Republik ins Kaiserthum umschlug, wegen seiner Früchte hochgeschätzt. Aber da die älteren Griechen von Pistazien nichts wissen, kann der Handel dieselben in jener früheren Zeit noch nicht den europäischen Küsten zugeführt haben. Erst nachdem Alexander der Grosse das Herz des Welttheils aufgeschlossen hatte, taucht von dorther die erste Kunde von dem Baume und seinen Nüssen auf, die die Einen der Mandel, die Anderen der Pignole vergleichen, und erst in der ersten Hälfte des ersten Jahrhunderts nach Chr., wird uns berichtet, brachte ein Römer die Pflanze selbst aus Syrien nach Italien hinüber und gleichzeitig ein anderer nach Spanien.

Als die Brüder Josephs, von der Hungersnoth gedrängt, zum zweiten Mal nach Aegypten zogen, nahmen sie kostbare Geschenke mit, den Vezir des Pharao, in dem sie ihren Bruder nicht vermutheten, damit günstig zu stimmen. Unter den erlesenen Landesfrüchten, die bei dieser Gelegenheit, Genesis 43, 11, aufgeführt werden, stehen neben Mandeln auch *batnim* d. h. nach der Uebersetzung der Septuaginta, der Vulgata, der arabischen und syrischen: Terebinthenbeeren; da diese aber, wenn sie auch in manchen Gegenden gegessen werden, doch in keinem Falle zu den Leckerbissen gehörten, die des Mitnehmens und Darbringens werth gewesen wären, so suchte zuerst Bochart Geogr. sacra II, 1, 10 den Beweis zu führen, es seien vielmehr Pistazien gemeint. Olaus Celsius im Hierobotanicon 1, 24 stimmte ihm bei und seitdem scheint die Sache ausgemacht zu sein. Ein Umstand aber bleibt dabei bedenklich: dass nämlich seit Jakobs und Josephs Zeiten der Baum wie verschollen ist, die Griechen ihn nicht kennen und erst Theophrast, offenbar in Folge von Alexanders Zügen, nicht von Syrien, sondern von Baktrien her von dieser neuen wunderbaren Art Terebinthus durch Hörensagen Kenntniss hat. So kann man sich der Vermuthung nicht erwehren, ob nicht erst die persische oder gar erst die griechisch-syrische Herrschaft den Baum in die Gegend der von den syrischen Königen neu gegründeten Stadt Beroea, Berroea, des heutigen Aleppo (J. Oppert, Expédition scientif. en Mésopotamie, 1, p. 39), gebracht habe. Die Stelle des Theophrast lautet, h. pl. 4, 4, 7: »Man sagt aber, dass es eine Terebinthe gebe oder nach Andern einen der Terebinthe ähnlichen Baum, bei dem zwar Blatt und Aeste und alles Uebrige terebinthenartig sei, nur die Frucht eine andere, denn die letztere gleiche der Mandel. Diese Terebinthe komme in Baktrien vor und trage Nüsse wie die Mandeln und diesen an Aussehen ähnlich, nur dass die Schale nicht rauh sei, an Geschmack aber und zum Genusse weit vorzüglicher als die Mandeln, daher sie auch bei den Eingeborenen mehr im Gebrauch seien« (wiederholt von Plinius 12, 25). Die Beschreibung ist richtig, obgleich sie bloss auf einem *φασὶ δ᾽εἶναι* ruht, der Name aber fehlt noch. Dieser erscheint erst bei Nicander im folgenden Jahrhundert, aber die Pflanze wächst auch bei diesem Dichter noch am indischen Strome des Choaspes, des Flusses von Susa, Theriac. 890:

> Und wie viel nur dort an des brausend wilden Choaspes
> Indischem Strom gleich Mandeln Pistazien tragen die Aeste.

Der erste, der der syrischen Pistazien erwähnt, ist dann, wieder ein Jahrhundert später, der Stoiker und Geschichtsschreiber Posidonius aus Apamea in Syrien, also ein Kind des Landes selbst, bei Athen. 14. p. 649: »In Arabien und Syrien wächst auch die Persea und die sogenannte Pistazie (*τὸ καλούμενον βιστάκιον*, also ein noch neuer Name), welche eine traubenförmige Frucht trägt, weissschalig und lang, ähnlich den Thränen (*τοῖς δακρύοις* — so auch bei Müller, Fragm. 6; die früheren Herausgeber haben hier *ἀμυγδάλοις* oder *καρύοις* vermuthet), diese sitzen wie die Weinbeeren über einander; innerlich sind sie grünlich und stehen den Pinienkernen an Geschmack zwar nach, haben aber schöneren Duft.« Die Späteren wissen Alle, dass Syrien und namentlich Aleppo diese Frucht in höchster Vollkommenheit hervorbringt, so Dioscorides 1, 177: *πιστάκια τὰ μὲν γεννώμενα ἐν Συρίᾳ, ὅμοια στροβίλοις, εὐστόμαχα.* Plin. 13, 51: *Syria — peculiaris habet arbores: in nucum genere pistacia nota.* Galen. de simpl. medic. temperamentis et facult. 8, 21 (Tom. 12 Kühn.): *πιστάκιον. ἐν Συρίᾳ πλεῖστον γεννᾶται τοῦτο τὸ φυτόν.* Idem de aliment. facult. 2, 30 (T. 6 Kühn.): *περὶ πιστακίων. Γεννᾶται καὶ κατὰ τὴν μεγάλην Ἀλεξάνδρειαν* (der Baum war also schon noch Aegypten verpflanzt), *πολὺ πλείω δ' ἐν Βεῤῥοίᾳ τῆς Συρίας.* Nach Europa und zwar nach Italien versetzte den Baum Vitellius, nach Spanien zu derselben Zeit der römische Ritter Flaccus Pompejus, Plin. 15, 91: *haec autem (pistacia) idem Vitellius in Italiam primus intulit simulque in Hispaniam Flaccus Pompejus eques Romanus qui cum eo militabat*; L. Vitellius, der nachher Censor wurde, war zur Zeit des Kaisers Tiberius Legat in Syrien gewesen und hatte seine Anwesenheit in jener Provinz dazu benutzt, mancherlei Gartenfrüchte von dort auf sein Landgut bei der Stadt Alba zu versetzen — wie Plinius kurz vorher 15, 83 berichtet hatte. Ob die Pistazien am letztgenannten Orte gediehen, wird uns nicht gesagt; da aber die Stadt Alba nicht weit vom Fuciner See, dem vor Kurzem abgeleiteten lago di Celano, also mitten im rauhen marsischen Gebirge liegt (der See fror, als er noch bestand, mitunter zu) und es noch heut zu Tage der Pistazie in Nord- und Mittelitalien zu kalt ist, so wird wohl auch L. Vitellius an diesem Theil seiner Pflanzung wenig Freude gehabt haben. In Calabrien und Sicilien liess sich der Baum eher naturalisiren; dort liefert er jetzt Früchte zur Ausfuhr, die indess für nicht so gewürzhaft gelten, wie die orientalischen. Da die Pistazie, wie alle Terebinthaceen, eine diöcische Pflanze ist, so sichert auch bei ihr, wie bei der Dattelpalme, die Hand des Gärtners die Befruchtung, indem er die Blütenrispe des männlichen Baumes künstlich mit der des weiblichen in Berührung bringt. Sehr gewöhnlich ist es, den gemeinen Terpentinbaum mit einem Pistazienreis zu veredeln. Ob die sicilischen Pistazien übrigens aus der Zeit des L. Vitellius und überhaupt aus der Römerzeit oder erst aus der Epoche der arabischen Herrschaft stammen, könnte fraglich erscheinen, zumal da der sicilische Name *fastuca* dem arabischen gleicht, wenn nicht Palladius in seinen

Büchern *de re rustica* wiederholt über Pflanzung und Kultur der Pistazien Unterricht gäbe. Palladius besass, wie er selbst berichtet, 4, 10, 16, Güter in Sardinien, und auf dieser warmen Insel konnte allerdings der zärtliche medisch-syrische Baum theilweise seine ursprüngliche Heimat wiederfinden. Wäre der Orient nicht im Gartenbau, wie in allem Uebrigen, so tief in Barbarei versunken, die Pistazienzucht könnte dort unter Völkern, die dem Sorbetto und allen Süssigkeiten leidenschaftlich zugethan sind, für den Pflanzer gewinnreich werden. Noch immer ist der Pistazienhain von Aleppo weit und breit berühmt; von Persien berichtet Polak (Persien, 2, S. 47): »Pistazien ziehen ausschliesslich die Bewohner von Kaswin und Damgan und zwar in unübertrefflicher Qualität.« Dort also ist auch der erste Ausgangspunkt des Baumes zu suchen.

Zu den Charakterpflanzen der Mittelmeerflora gehören die nahen und entfernteren Verwandten der Pistazie: *Pistacia Lentiscus*, der sog. Mastixbaum, der mehr in Form von immergrünen Gebüschen in der süditalischen Küstenregion häufig ist, dort aber keinen Mastix und aus seinen Beeren auch nur ein herbes, höchstens zum Brennen dienliches Oel giebt; *Pistacia Terebinthus*, der Terpentinbaum, der in Italien oft seine Blätter abwirft und nur ganz im Süden als immergrüner Strauch auftritt, in Europa keinen Terpentin liefert, auch keine essbaren Beeren trägt; *Rhus Cotinus*, der Perrückenbaum (warum er so heisst, weiss Jeder, der den Baum nach der Blüte und die einem verwirrten Haarschopf ähnlichen Rückstände derselben gesehen hat); endlich *Rhus Coriaria*, der eigentliche Sumach, dessen Blätter in getrocknetem und gepudertem Zustand den vorzüglichsten Gerbestoff für feine farbige Lederarbeiten aus Ziegenfellen für Saffian, Corduan, Maroquin abgeben, jetzt in Sicilien allgemein angebaut und einer der wichtigsten Exportartikel der Insel.

Ob diese Bäume oder Sträucher, alle balsamisch immergrün, gerbstoffhaltig, der Schmuck südlicher Felsenufer, von Urbeginn zu der europäischen Flora gehört haben oder gleich der Myrte erst an der Hand des Menschen von Asien eingewandert und dann verwildert sind, erscheint zweifelhaft. In Europa halten sie sich an dem warmen südlichen Rande des Welttheils und wagen sich nicht weit nach Norden, wie doch echt italienische Gewächse zu thun pflegen; sie erscheinen in Strauchgestalt, während ihre Brüder in Asien zu stattlichen Bäumen aufwachsen; sie liefern kein balsamisches Harz, keine essbaren Früchte, kein duftendes Oel, oder nur in dem Masse, als sie sich dem wärmeren Asien nähern; zu ihrer Einführung konnten ihre medicinischen Kräfte, ihr technischer Nutzen, der aromatische Duft und Geschmack ihres Harzes und ihrer Beeren, endlich auch religiöser Wahn das Motiv abgeben. Unter ihnen ist der Sumach technisch am wichtigsten, die Terebinthe historisch am interessantesten. Der Terpentinbaum weist uns in die älteste Zeit nach Persien. Die Perser sind Terebinthenesser: als Astyages, König der Meder, auf dem Throne sitzend, erblicken musste, wie die Seinigen von den Schaaren des Cyrus geschlagen wurden, da rief er: wehe! wie tapfer sind diese terebinthenessenden Perser! Nicol. Damasc. ed. Müller. 66, 59. p. 404: *οἴ μοι τοὺς τερμινθοφάγους Πέρσας, οἷα ἀριστεύουσι.* Ael. V. H. 3, 39, die Arkader assen Eicheln, die Perser aber Terebinthen: *βαλάνους Ἀρκάδες ... δεῖπνον εἶχον ..., τέρμινθον δὲ καὶ κάρδαμον Πέρσαι.* Unter den für die Tafel der persischen Könige täglich zu liefernden Artikeln, deren Betrag neben anderen Gesetzen auf einer ehernen Säule im Palast eingegraben stand, findet sich auch Terebinthenöl, Polyaen. Strat. 4, 3, 32: *ἐλαίου ἀπὸ τερμίνθου πέντε μάρεις*, das also auch der König zur Speise nicht missen wollte. Die Jugend der Perser wurde angehalten, im freien Felde zu leben und sich von Terebinthen, Eicheln und wilden Birnen zu nähren, Strab. 15, 3, 18: *καὶ καρποῖς ἀγρίοις χρῆσθαι, τερμίνθῳ, δρυοβαλάνοις, ἀχράδι.* Terebinthen wuchsen auf dem Paropamisus: Als Alexander nach Bactriana zog, kam er durch eine furchtbare Bergwüste, sie war ganz baumlos, Terebinthengebüsch ausgenommen, Strab. 15, 2, 10: *πλὴν τερμίνθου θαμνώδους ὀλίγης* (hier *Pistacia vera* zu verstehen, wie Sprengel zu Dioscorides und nach ihm Ritter wollen, ist kein Grund). Zu Dioscorides' Zeit lieferte der Baum vorzugsweise in der Region, die den Wohnplatz der semitischen Völker bildet, das hochgeschätzte Terpentinharz, 1, 91: »das Harz dieses Baumes kommt aus dem peträischen Arabien; er wächst aber auch in Judäa und Syrien und Cypern und Libyen und auf den Cycladen«, und schon früher hatte Theophrast die hohen mächtigen Terebinthusbäume der Umgegend von Damascus mit dem niedrigen Terebinthengebüsch des Idagebirges und Macedoniens in Contrast gesetzt, h. pl. 3, 15, 3: »die Terebinthe ist am Idagebirge und in Macedonien klein, strauchartig, gewunden, bei Damascus in Syrien aber hoch, zahlreich und stattlich: dort sagt man, ist ein Berg ganz voll von Terebinthen, neben welchen nichts Anderes wächst (dasselbe bei Plinius 13, 54). Im Alten Testament hat der Baum religiöse Bedeutung und zwar um so mehr, je älter die Zeit ist, um die es sich handelt. Die beerentragende Terebinthe ist, wie die eicheltragende Eiche, von der sie nicht immer zu unterscheiden ist, der Urbaum, unter dem die Erscheinung des Göttlichen empfangen und der Altar errichtet und das Opfer dargebracht wird. Abraham erhob seine Hütte und kam und wohnte bei den Terebinthen Mamre, die zu Hebron sind, und baute daselbst dem Herrn einen Altar (Genes. 13, 18). Und dort ward ihm die Erscheinung des Herren und dessen Verheissung (Genes. 18). Die Stätte, wo der Baum des Abraham gestanden hatte, war noch lange Jahrhunderte geweiht: die dortige Terebinthe sollte so alt sein, wie die Welt, Joseph. de bell. jud. 4, 9, 7: »man zeigt aber sechs Stadien von der Stadt eine sehr grosse Terebinthe, die seit Erschaffung der Welt dastehen soll.« Euseb. demonstrat. evang. 5, 9: »daher wird bis auf den heutigen Tag der Ort von den Umwohnern als ein heiliger verehrt wegen der daselbst dem Abraham gewordenen Erscheinung, und auch die Terebinthe ist noch dort zu sehen.« Auch die ferner Wohnenden, Phönizier und Araber, kamen dort zusammen, spendeten Wein, schlachteten Opferthiere, schütteten Gaben in die Quelle, und wie gewöhnlich war mit dem religiösen Dienst Handel und Wandel, Waaren- und Marktverkehr verbunden. Wegen des Gräuels solcher Baum- und Quellvergötterung befahl Kaiser Constantin der Grosse, auf Andringen seiner Mutter, der heiligen Helena, den Altar zu zertrümmern, die Bildsäulen zu verbrennen und eine christliche Kapelle an die Stelle zu setzen (Sozomen. h. e. 2, 3). Eine andere heilige Terebinthe war die des Jacob zu Sichem (Genes. 35, 4), unter der zu Josuas Zeit die Bundeslade stand und von Josua ein steinerner Altar errichtet wurde (Jos. 24, 26); dort versammelten sich noch zur Zeit der Richter alle Männer von Sichem und machten Abimelech zum Könige (Richter 9, 6). Auch zu Gideon kam der Engel des Herrn unter einer Terebinthe zu Ophra und Gideon baute daselbst einen neuen Altar, nachdem er die Aschera der Midianiter umgehauen hatte (Richter 6, 11 ff.). Todte wurden unter Terebinthen begraben, Genes. 35, 8: Da starb Debora, der Rebecca Amme, und ward begraben unter Beth El, unter der Eichen (Terebinthe), und ward genennet die Klageiche. In späterer Zeit, da der Jehovakultus geistiger geworden war, ist es den Propheten besonders anstössig, dass den kanaanitischen Heiden die Bäume, darunter die Terebinthen, heilig sind, z. B. Hos. 4, 13: Oben auf den Bergen opfern sie und auf den Hügeln räuchern sie, unter den Eichen, Pappeln und Terebinthen, denn die haben feine Schatten. Ezech. 6, 13: dass ihr erfahren sollet, Ich sei der Herr, wenn ihre Erschlagenen unter ihren Götzen liegen werden, um ihren Altar her, oben auf allen Bergen, und unter allen grünen Bäumen und unter allen dicken Eichen (Terebinthen). Gerade diese Verehrung aber mochte frühzeitig dazu beigetragen haben, dass der Baum sich an die Küsten Europas verbreitete. Lieferte er indess schon in Asien nur geringe Mengen des kostbaren, heilkräftigen reinen Terpentins, so büsste er in Europa mit der Höhe des Wuchses auch die Kraft, diesen auszuscheiden, gänzlich ein; einige griechische Inseln, wie Chios, etwa ausgenommen. Was man schon bei den Römern und auch jetzt noch unter Terpentin versteht, wird von *Pinus Picea* und dem Lärchenbaum, *larix*, gewonnen und kommt dem echten Terpentin natürlich nicht gleich. Das Geigenharz, Kolophonium genannt, trug diesen Namen schon im Alterthum, *Κολοφωνία πίσσα*, weil es, wie Dioscor. 1, 93 berichtet, ehemals aus dem kleinasiatischen Kolophon bezogen wurde.

Der Mastixbaum, *σχῖνος*, wird unter diesem Namen zuerst bei Herodot 4, 177 genannt. Das Harz des Baumes, *μαστίχη*, hatte seinen Namen von der Sitte, es zu kauen (*μαστάζω* kauen, *μάσταξ* Mund), wie aus dem Holze auch beliebte Zahnstocher gemacht wurden. Die Einwohner der Insel Chios, wo viel Mastix gewonnen wird, kauen noch jetzt beständig dieses Harz, womit sie nicht bloss einen angenehmen Athem zu gewinnen, sondern auch ihrer Gesundheit zu dienen glauben. Es gehört dieser Gebrauch, wie das Betelkauen, mit zu dem System des orientalischen Müssiggangs, kann sich indess neben dem amerikanischen, in der ganzen Welt gemein gewordenen Tabakrauchen immer noch mit Ehren sehen lassen. Der lateinische Name *lentiscus*, eine Ableitung von *lentus*, ist entweder von der zähen, klebrigen Beschaffenheit des Harzes oder von der Biegsamkeit der Aeste, die als Reitgerten beliebt sind, hergenommen.

Der Perrückenbaum, *Rhus Cotinus*, findet sich bei Theophrast h. pl. 3, 16, 6 unter dem Namen *κοκκυγέα* (so ist der Text nach Plin. 13, 121 und Hesych. v. *κεκοκκυγωμένην* sicher festzustellen) erwähnt. Dass dieser Baum, der zum Rothfärben diente, eins ist mit *Rhus Cotinus* L., geht aus dem Zusatz des Theophrast hervor: *ἴδιον δὲ ἔχει τὸ ἐκπαπποῦσθαι τὸν καρπόν. Πάππος* ist nämlich eben jenes grosse röthliche Gefieder der Fruchtrispen, von dem der Baum seinen deutschen Namen hat.

Der Sumach, *Rhus Coriaria*, wird unter dem Namen *ῥοῦς* sehr frühzeitig, nämlich schon von Solon, also am Anfang des 6. Jahrhunderts, genannt, Phot. p. 491, 21: *ῥοῦν· τὸ ἥδυσμα. Σόλων.* Die

Beeren bildeten also ein Gewürz, *ἥδυσμα*, das die Speisen schmackhaft machte, wie Myrtenbeeren oder wie jetzt der Pfeffer und die Citrone. Dioscor. 1, 147: *ῥοῦς ὁ ἐπὶ τὰ ὄψα, ὃν ἔνιοι ἐρυθρὸν καλοῦσι, καρπός ἐστι τῆς καλουμένης βυρσοδεψικῆς ῥοός. Ἐρυθρός* ist ein häufiger Beiname dieser Frucht, und vielleicht liegt dieselbe Wurzel dem Namen *ῥοῦς* zu Grunde, der entweder auf griechischem Boden oder in einer verwandten kleinasiatischen Sprache danach gebildet wurde. Dann würde der Sinn mit dem von *κοκκυγέα* zusammentreffen, wie auch beide Bäume sich nahe stehen. Schon die Alten brauchten die Blätter des Gewächses, das nach seinem Vaterlande Syrien bei Celsus und Scribonius Largus *rhus syriacus* heisst, als Gerberlohe; dass es aber in Sicilien, wo es jetzt das beste Produkt giebt, erst seit der arabischen oder mittelgriechischen Zeit angebaut wird, verräth der Name *sommaco*, Sumach, der dem arabischen *sommâq* und byzantinischen *σουμάκι* bei Du Cange ganz gleich ist. Für die Kultur des Sumach sind übrigens die Inseln Sardinien und Sicilien, so wie manche Provinzen der pyrenäischen Halbinsel wie geschaffen, denn gleich dem Opuntiencactus zieht er steriles Steingeröll und dürren Felsengrund jedem anderen Boden vor und findet darum in jener Erdgegend einen fast unbeschränkten Verbreitungsraum. Auch hat der Anbau seit einem Menschenalter reissende Fortschritte gemacht: im Jahre 1875 führte der Hafen Palermo Sumach zum Werthe von mehr als 17 Millionen Lire aus (nach Theobald Fischer, Beiträge, S. 124).

Unter dem Räucherwerk des wärmeren Asiens, den *θυμιάματα* und *ἀρώματα*, wird von den Alten häufig auch des Styraxharzes gedacht, welches die Phönizier zu Herodots Zeit nach Griechenland ausführten, Herod. 3, 107: *τὴν στύρακα . . . τὴν ἐς Ἕλληνας Φοίνικες ἐξάγουσι.* Vielleicht aber hatten diesen syrischen Baum die Phönizier frühe auch um ihre europäischen Niederlassungen anzupflanzen gesucht. Zwar Theophrast, da wo er die lange Reihe asiatischer aromatischer Substanzen aufführt, darunter auch die *στύραξ*, h. pl. 9, 7, 3: *οἷς μὲν οὖν εἰς τὰ ἀρώματα χρῶνται, σχεδὸν τάδε ἐστὶ κασία κινάμωμον . . . στύραξ, ἶρις* u. s. w. fügt gleich hinzu, mit Ausnahme der Iris gehöre nichts davon Europa selbst an: *ἐκ γὰρ αὐτῆς Εὐρώπης οὐδέν ἐστιν ἔξω τῆς ἴριδος.* Aber bei der böotischen Stadt Haliartus, in einer Landschaft, an die sich Ueberlieferungen früher phönizischer Kultur und religiösen Verkehrs mit der Insel Kreta knüpfen, wuchsen nicht weit von der Quelle *Κισσοῦσα*, in der die Ammen den neugeborenen Bacchus abgewaschen hatten, Styraxbäume,

Plut. Lys. 28, 7: *οἱ δὲ Κρήσιοι στύρακες οὐ πρόσω περιπεφύκασιν*, und die Haliartier bestätigten damit, dass Rhadamanthys bei ihnen gewohnt habe, und wussten auch sein Grab noch aufzuzeigen. Von Kreta kam auch später noch Styrax, doch wurde dieser natürlich nicht für den besten gehalten, Plin. 12, 25, 55: *styrax laudatur . . . ex Pisidia, Sidone, Cypro, Creta minume* — wenn die Lesart richtig ist. Die Bäumchen von Haliartus lieferten wohl gar keinen Ertrag, aber zu Lanzenschäften mochte ihr Holz wohl dienen. Die latinisirte Form *storax* beweist übrigens, dass dies bei Opfern beliebte Räucherwerk frühe nach Italien kam, ganz wie wir dies aus der lateinischen Benennung des Quittenbaums schlossen, dem den Alten zufolge der Styraxbaum ähnlich sehen sollte.

---

* Die Pistazie, der Terpentin-, Mastix- und Perrückenbaum, sowie der Sumach gehören der Familie der *Anacardiaceae* an, deren Arten alle durch einen mehr oder minder grossen Harzreichthum ausgezeichnet sind.

Ueber das ursprüngliche Vorkommen der im ganzen Mittelmeergebiet kultivirten echten Pistazie (*Pistacia vera* L.) giebt uns Köppen (Geographische Verbreitung der Holzgewächse des europäischen Russlands etc. S. 164 ff.) ausführlich Aufschluss. Am Zarafshan, auf den Bergen im Osten von Pendshakend, fast unter 40° n. Br. legte der Reisende Al. Lehmann 1841 eine Strecke von 50 Werst meist durch Pistaziengehölz zurück und neuerdings wurde sie dort auch von Capus als wildwachsend constatirt; sie findet sich ferner im Tschotkalthal und im nördöstlichen Winkel Kokans um 1100—1200 m, sodann im Gebirge Baïsson. Häufig kommt sie in Hissar vor, endlich in Baktrien und Syrien.

Der Mastixstrauch (*Pistacia Lentiscus* L.) ist als Bestandtheil immergrüner Macchien im ganzen Mediterrangebiet von Syrien und Palästina bis nach den kanarischen Inseln, auch in Nordafrika sicher endemisch. Hierfür ist auch der Umstand von Bedeutung, dass in Südfrankreich zwei fossile Formen, *P. oligocenica* Marion und *P. narbonensis* Marion, gefunden wurden, welche der jetzt lebenden *P. Lentiscus* nahestehen.

Der Terpentinbaum (*Pistacia Terebinthus* L.) ist ebenfalls durch das ganze Mediterrangebiet verbreitet, er entfernt sich mehr von den Küsten als die vorige Art und wird z. B. in Tyrol nordwärts noch bei Bozen, in Frankreich bei Capdenac angetroffen. An das Areal dieser Art schliesst sich im Osten dasjenige der naheverwandten *P. Khinjuk* Stocks an, welche in den Steppengebieten Vorderasiens und des westlichen Himalaya auch im mittleren Aegypten, östlich vom Nil in der Wüste vorkommt. Andere nahestehende Arten sind *P. mutica* Fisch. et Mey., im östlichen Mediterrangebiet von Konstantinopel und Kleinasien bis Afghanistan, sowie *P. atlantica* Desf. von den Kanaren durch das vordere afrikanische Mediterrangebiet bis Cypern. Endlich wird der Endemismus des Terebinthentypus im südlichen Europa durch das Vorkommen einer der *P. Terebinthus* nahestehenden Art (*P. miocenica* Saporta) im Tertiär Südfrankreichs dargethan.

Der Sumach (*Rhus Coriaria* L.) ist nicht bloss im ganzen Mittelmeergebiet, sondern auch in Makaronesien heimisch.

** Wenn hebr. *boṭnîm* Pistazien sind, so ist die Frucht auf semitischem Boden sehr alt, da das Wort sich auch im Assyrischen (*buṭnu*) findet; vgl. E. Schrader, Monatsb. d. Ak. d. W. zu Berlin 1881 S. 419 und F. Delitzsch Assyr. Handw. S. 171. Dass *bôṭnim* so zu übersetzen sei, vertritt auch Wetzstein in den Nachträgen zu Löw's Aram. Pflanzennamen S. 420: »Wenn die Terebinthe im Alten Testament *'elah* heisst, so wird *b-ṭ-n* in der Bibelsprache nicht die Terebinthe oder deren Frucht sein, sondern gewiss nur die Pistazie, und wenn die Araber *botum* und *botm* jetzt von der Terebinthe gebrauchen, so ist das eine Uebertragung von Verwandtem auf Verwandtes. Und warum soll die Pistazie kein »Landesprodukt« sein (gegenüber Löw a. a. O. S. 69), wenn sie sich noch in vorzüglicher Qualität 8 Std. nördlich von Damaskus in Mâlûlâ findet? Noch heute sind die grössten Pistazien eine Lieblingsnäscherei der vornehmen Harems-Damen in Aegypten und Syrien. Dagegen ist die Frucht der Terebinthe nicht essbar, weil niemand den erbsengrossen harten Kern knacken wird, um den linsengrossen Inhalt herauszuholen. Die Früchte der Terebinthe sind in Palästina werthlos; nur die ärmsten Bauern mahlen sie auf der Handmühle, um Brennöl gratis zu haben.« Das griech. πιστάκιον ist, worauf schon die Unsicherheit des Anlauts (ψιστάκιον, φιττάκιον, βιστάκιον, πιστάκιον, lat. *psittacium*, ngr. φιττάκια, vgl. H. Blümner, Maximaltarif d. Diocletian S. 94) hinweist, sicher ein Fremdwort, und zwar wird das Original doch wohl (vgl. Anm. 85) in pers. *pista, pistan* Pistazienwald vorliegen (kurd. *fystiq*, arab. *fustaq*, armen. *fstoül*, alb. *fəstḱ*, altsl. *pistikŭ* u. s. w., Miklosich, Türk. Elem. S. 61).

Viel ungewisser ist, ob das griech. τερέβινθος, dessen ältere Form τέρμινθος, τρέμιθος lautete (vgl. auch das kyprische Τρεμιθοῦς, nach der Terebinthe benannt, sowie it. *trementina*), als Fremdwort zu gelten hat. Jedenfalls findet es weder im Semitischen noch im Iranischen eine Anknüpfung. Das Anm. 85 genannte kurd. *dariben* ist *dar-i-ben* zu trennen, vgl. *dar-i-zeitún* Oelbaum, *dar-i-fiki* Feigenbaum u. s. w. (Jaba-Justi S. 170), so dass für den Begriff Terebinthe nur die Laute *ben*, bei Lerch *beńk* übrig bleiben. Geht man von τέρμινθος als von einer echt griechisch Form aus, so könnte dieselbe durch das anklingende und suffixgleiche ἐρέβινθος verstümmelt worden sein, zumal die Erbse eine gewisse Aehnlichkeit mit der Frucht der Terebinthe hat. Neugr. κοκκορετσιά »Beerenharz«, alb. *kokoréts i traśə* die Früchte der Terebinthe (Heldreich a. a. O. S. 59, G. Meyer a. a. O. S. 195). Die öligen Früchte auf Chios τζίκουδα. Ueber die Terebinthen bei den Israeliten vgl. Wetzstein im Vorwort zu Kochs Bäumen und Sträuchern, sowie Riehm im Bibellexicon. — Griech. σχῖνος, alb. *śkind*. Heldreich 60) und μαστίχη (daraus kurd. *mstékki*, ngr. μαστίχι, alb. *mastih*), sowie lat. *lentiscus* sind einheimische Wörter. Wie lat. *lentiscus*, dessen Zweige als Reitgerten beliebt waren, mit lat. *lentus* (oben S. 420) zu verbinden ist, so stellt sich vielleicht μαστίχη: μάστιξ, μάστις Peitsche (vgl. mein Reallexikon u. Peitsche). Ausführlich wird die Gewinnung des Harzes in den Mastixdörfern von Chios — τὰ μαστιχόχωρα — von Heldreich S. 60 beschrieben. Der alb. Name der Früchte ist *kokorēls i holt.* Griech. ῥοῦς lässt sich mit ῥούσιος aus *ῥουθ-ιο-ς braunroth vereinigen. Man hätte von einer ursprünglichen Deklination *ῥουθ-ς, *ῥουθ-ός auszugehn, die in Folge des Nominativs ῥοῦς in die Annlogie von ῥοῦς : ῥέω überging. Die ältere Form des Genitivs von ῥοῦς Sumach war aber ῥοῦ, nicht ῥοός (vgl. Lobeck, Phrynichus S. 87). Das Lateinische hat neben *rhus*, *rhois* die populäre Entstellung *ros*, *roris* (Keller, Lat. Volksetymologie S. 61). Bei diesem Wort, sowie bei lat. *terebinthus* aus τερέβινθος wird sich die Entlehnung seitens der Römer aus dem technischen Gebrauch der beiden Pflanzen erklären, den man von den Griechen lernte. Im Neugriechischen heisst der Sumach von seiner Verwendung in der Gerberei βυρσηά (: βύρσα). — Bezeichnend für die Aehnlichkeit, welche man zwischen Styrax und Quittenbaum fand (oben S. 422), ist der neugr. Name des ersteren ἡ ἀγρία κυδωνηά (Heldreich 38).

Pfirsich, Aprikose.

(Amygdalus Persica L., Prunus Armeniaca L.)

Beide Bäume stammten, wie ihre Namen lehren, aus dem inneren Asien, noch jenseits des Kirschenlandes, und wurden im ersten Jahrhundert der Kaiserherrschaft in Italien bekannt. Weder Cato, Varro, Cicero oder sonst ein Schriftsteller der republikanischen Zeit, noch ein Dichter des augusteischen Alters weiss etwas von ihnen, und eben so wenig die älteren Griechen, so weit sie uns erhalten sind. Erst als sich die römische Staatsmacht seit Mithridates' Untergang theils direkt, theils mittelbar bis zu den Thälern Armeniens und an den Südrand des kaspischen Meeres erstreckte und zwischen ihr und dem Partherreiche die Grenze ungewiss schwankte und die Beziehungen in Krieg und Frieden hin- und hergingen, da schlossen sich allmählig auch die Naturschätze dieser fremdartigen, fruchtreichen Gegenden auf und wurden theilweise nach Italien hinübergeleitet. Die Citrone, »die schwer ruht als ein goldener Ball«, konnte, ehe der Baum selbst von einem Europäer erblickt war, im Abendland bewundert werden — schneidet sich doch jetzt der bärtige Kaufmann in Archangel, der nächste Nachbar des ewigen Polareises, frische Citronenscheiben in seinen chinesischen Thee —; nicht so die weichliche Aprikose und der schmelzende Pfirsich, denn, nach Plinius' Wort, *non aliud fugacius*. Indess, gegen die Mitte des ersten Jahrhunderts nach Chr. hatten gewerbsame Gärtner diese Fruchtbäume in Italien angepflanzt und liessen sich die ersten gewonnenen persischen Aepfel und armenischen Pflaumen theuer bezahlen. S. Plin. 15, cap. 11—13, S. 10—13. Dass die Namen Anfangs schwankten und erst später constant wurden, war bei so seltenen, unbekannten, aristokratischen Früchten, die dem Blick und der Zunge der Menge erst nach und nach vertraut wurden, und bei dem Mangel an sicherer naturwissenschaftlicher Systematik nicht zu verwundern; doch ist gerade hier die Geschichte der Namen zugleich die der betreffenden Frucht und ausserdem lehrreich für die Art, wie solche Namen überhaupt im Volksmunde entstehen. Anfangs wusste man nur, dass der Pfirsich und auch die Aprikose hinter dem im engeren Sinne so genannten Asien ihre Heimat hatten, und man nannte sie demgemäss persische Früchte, die Aprikosen, die der Pflaume ähnlich und verwandt sind, auch Früchte aus Armenien. Der Name persisch gab Verwechselungen mit der ägyptischen Persea, wohl auch mit dem medischen Apfel oder der Citrone, und die Späteren hatten die abergläubischen oder unrichtigen Vorstellungen zu widerlegen, die durch solche Irrung veranlasst waren. Weiter fanden sich Abarten ein, deren besondere Eigenschaften durch sprechende Beinamen hervorgehoben wurden; so sagten die Obstzüchter von der feinsten Art Pfirsiche *duracina*, weil diese eine stärkere Haut oder ein festeres Fleisch hatten, von einer andern frühe reifenden Art *praecoqua*, *praecocia*. Letzterer Name, ein auch sonst vielfach angewandter, technischer Gärtnerausdruck, dessen erster Bestandtheil dem griechischen *πρωΐ*, deutschen früh, genau entspricht, musste aber besonders auf den Aprikosenbaum, der nicht bloss gleich der Mandel zeitig blüht und also *πρωϊανϑής* ist, sondern auch seine Früchte als *πρωΐκαρπος*, *hâtif*, *hâtiveau*, zeitig reift, Anwendung finden und blieb zuletzt als Appellativum völlig auf ihm haften. So konnte schon Dioscorides 1, 165 sagen: *τὰ δὲ μικρότερα καλούμενα ἀρμενιακὰ, ῥωμαϊστὶ δὲ πραικόκια.* Von den Römern aber entlehnten ferner die Griechen die so in Italien fixirten Namen — denn im Umschwung der Zeiten war die Bewegung schon eine rückläufige geworden, und orientalische Naturprodukte gingen schon von Westen nach Griechenland — und theilten sie wieder dem Orient mit, der das damit Bezeichnete ursprünglich besessen hatte, aber desselben nicht bewusst geworden war. Die Pfirsiche, deren beste Sorte, wie so eben bemerkt, die Härtlinge, *duracina*, gewesen waren, hiessen jetzt mittelgriechisch und neugriechisch *ῥοδάκινα*, der Baum *ῥοδακινιά*, *ῥοδακινέα*, nach Salmasius' wahrscheinlicher Vermuthung nichts als eine Umstellung des lat. *duracina*, *δωρακινά*, zu welcher in dem Anklang an *ῥόδον* die Rose eine Verführung lag. *Praecoqua*, *πραικόκια* verwandelte sich in mittelgriechischem Munde in *πρεκύκκιον*, *προκόκκια*, *βερέκεκκον*, *βερίκωκον*, *βερύκοκκον*, *βερίκουκα*, *βερίκοκα*, und da man in der zweiten Hälfte des Wortes das griechische *κόκκος*, Kern, Beere, oder *κόκκυξ*, der Kukuk, zu hören glaubte, auch in *κοκκόμηλα*, *μῆλον κόκκυγος*, den alten Namen der Pflaume (Langkavel, Botanik der späteren Griechen, S. 5). Aus einer dieser entstellten Formen bildeten die Araber dann mit dem Artikel ihr *albarqûq*, und als dies sorbettoschlürfende, nach Erfrischung schmachtende Volk in Spanien, auf den Inseln des Mittelmeeres und in Süditalien seine Gärten anlegte und gleichzeitig in den Häfen seine Waaren ausschiffte, da ging auch dieses Wort in seiner arabischen Form in den Mund der Abendländer zurück und vollendete so seinen westöstlichen Kreislauf: ital. *albercocco*, *albicocco*, *bacocco*, span. *albaricoque*, daraus französ. *abricot*, aus diesen wieder deutsch Aprikose u. s. w. Auch *armeniacum* hat sich in dem jetzigen ital. *meliaca*, *muliaca* erhalten, wie das alte *persicum* in den heutigen Formen *persica*, *pesca*, *pêche*, Pfirsich, slavisch je nach den Mundarten *breskva*, *praskva*, *broskvina*, magyar. *baraczk* u. s. w.

Schon zu Plinius und Columellas Zeit war eine Art Pfirsich der gallische genannt, Plin. 15, 39: *nationum habent cognomen gallica et asiatica.* Colum. 10, 409:

> *Quin etiam ejusdem gentis de nomine dicta*
> *Exiguo properant mitescere Persica malo.*
> *Tempestiva madent, quae maxima Gallia donat;*
> *Frigoribus pigro veniunt Asiatica foetu.*

Da es auffallend ist, dass schon damals, in jener Jugendzeit der Frucht, Gallien eine Abart erzeugt hätte, so könnte man an Gallograecia in Kleinasien denken; doch wurde von diesem Lande schwerlich kurzweg *gallicus*, vielmehr *galaticus*, gesagt. Der Pfirsich ist eine Frucht, die leicht abändert, und war also in der Provence schon eine grosse Art Früh-Pfirsich erzeugt worden, die in Italien nach dieser Herkunft benannt wurde. Jetzt ist die Frucht in unzählige Abarten und Spielarten auseinandergegangen, von denen wir nur der sog. Nectarinen, *pescanoci*, erwähnen wollen, entstanden, wie die Alten fabelten, durch Impfung des Pfirsichs auf den Walnussbaum. Von den populären Aprikosennamen ist der interessanteste das neapolitanische *crisuommolo*, dem das griechische *χρυσόμηλον*, goldener Apfel, zu Grunde liegt. *Chrysomela* war nach Plinius ursprünglich Name einer Art Quitten: als diese Frucht selten und die Aprikose häufig und beliebt wurde, ging die poetische Benennung bei den phantasievollen Neapolitanern auf die letzte, und zwar auf die sogenannte Mandelaprikose, über.

---

* Der Pfirsichbaum (*Prunus Persica* (L.) Sieb. et Zucc., *Amygdalus Persica* L.) hat seine Heimat höchstwahrscheinlich in China, wo seit den ältesten Zeiten viele Varietäten kultivirt werden und auch eine wildwachsende Pflanze dieses Typus *P. Davidiana* (Carr.) auf den Gebirgen in der Umgebung von Peking, sowie in den Provinzen Schensi und Kansu vorkommt. Es wird aber auch von Royle angegeben, dass der Pfirsich im südlichen Himalaya, bei Mussuri wild wächst. Endlich berichtet Buhse, dass der Baum in der persischen Provinz Ghilan wild vorkomme. In Transkaukasien scheint der Baum seit langer Zeit verwildert zu sein, wenn er nicht auch dort wirklich einheimisch ist (vgl. Köppen a. a. O. I. S. 255). In Aegypten wurde der Pfirsich sowie die Aprikose in der griechisch-römischen Periode eingeführt (Schweinfurth in Verh. d. Berlin. anthropolog. Gesellsch. Sitzg. vom 18. Juli 1891). Auch ist erwähnenswerth, dass, wie Comes (Illustrazione delle piante rappresentate nei dipinti pompejani, p. 14) erwähnt, bildliche Darstellungen der Pfirsiche sich auf pompejanischen Wandgemälden finden.

Die Aprikose (*Prunus Armeniaca* L.) ist nicht in Armenien heimisch, wird auch dort nur selten kultivirt; ebenso ist sie in Transkaukasien wahrscheinlich nicht zu Hause, obgleich sie dort häufiger auch ausserhalb der Kultur angetroffen wird. Dagegen kommt der Baum in Turkestan wild vor, im Gebiet von Wjernoje und im transilischen Alatau, am See Iskander-Kul, in Ferghana in den Thälern des Pskem und Ablatun um 1300 bis 2200 m (Capus nach Köppen a. a. O. I S. 259). In der Songarei beobachtete Przewalski am Juldus ganze Haine wilder Aprikosen; ferner findet sich der Baum im Himalaya, in der südlichen Mandschurei, im nördlichen China auf den Gebirgen um Peking, in der südöstlichen Mongolei und in Daurien an den Flüssen Ingoda und Schilka.

** Im Jahre 128 v. Chr. wurden in Folge der langjährigen Entdeckungsreise eines kühnen Generals Tschang-kiën die Länder am Oxus und Jaxartes den Chinesen bekannt. Seit dieser Zeit entspann sich zwischen China und dem Volke der Ansi, in denen man mit grosser Wahrscheinlichkeit die Parther vermuthet, ein lebhafter Handelsverkehr, der das ganze erste Jahrhundert v. Chr. andauerte. Den weiteren Waarenaustausch übernahmen die Kaufleute der Ansi, die ihr eigenes Land, sowie auch die angrenzenden Distrikte Vorderasiens, Persien, Syrien, Mesopotamien u. s. w. mit chinesischen Gütern versorgten (vgl. F. Freiherr von Richthofen, China I, Berlin 1877 S. 448 ff.). Vielleicht darf man annehmen, dass unter der Gunst dieser Verhältnisse das Verbreitungsgebiet beider Bäume, namentlich aber das der Aprikose sich weiter westwärts ausgedehnt habe. In den Pamirdialekten, dem äussersten Posten idg. Zunge gegen Hochasien, heisst die Aprikose *čerí*, *tsírah* = tibetisch *čúli* (Tomaschek, Centralas. Stud. II S. 59). — Was die europäischen Namen des Pfirsichs und der Aprikose anbetrifft, so äussert Wetzstein in Kochs Bäumen und Sträuchern, Vorrede S. 17 f. über das lat. *duracina* (arabisch in Damascus *durâķîna*, in Syrien *durâķ*) eine von der H.'schen abweichende Meinung: »In der durch die Köstlichkeit ihrer Baumfrüchte und Trauben noch heute berühmten persischen Provinz Chûzistân (der alten Susiana), deren Westgrenze der vereinigte Euphrat und Tigris ist, liegt eine ehemals bedeutende Stadt *Durâķ*, und von dieser wird die *duracina* den Namen haben. In dieser Annahme bestärkt mich der Umstand, dass die Römer auch eine *uva duracina* (doch ebenso auch Kirschen dieses Namens Plin. XV, 103) hatten, die gleichfalls nach jener Stadt benannt sein wird, denn sie ist ohne Zweifel identisch mit der oben erwähnten, durch die Grösse und Härte ihrer Beeren merkwürdigen, im Spätherbst reifenden *Ḥilwâni*-Traube, welche von der Stadt *Ḥilwân* den Namen hat. *Ḥ.* liegt aber ebenso wie *Durâķ* in *Chûzistân*.« Da lat. *duracinus*, als Ableitung von *dûrus*, in der angenommenen Bedeutung »ausdauernd« (»Härtling«) ausser in der Anwendung auf die genannten Früche nicht vorkommt (vgl. jetzt auch G. Goetz Thes. I, 369 s. v. *Duracinum*), so ist diese Erklärung wohl zu beachten. Zu lat. *persicum* gehört noch alb. *pješkɛ* (G. Meyer, Et. W. S. 342). — Unser Aprikose war ursprünglich niederdeutsch, aus den Niederlanden hervorgegangen. In Oberdeutschland galten andere Ausdrücke wie österreichisch-bair. *marille*, schweiz. *barelleli*, *barillen* u. s. w., die man bei Pritzel und Jessen S. 311 und bei F. Kluge, Et. W. zusammengestellt und besprochen findet. Den Südosten unseres Erdtheils (Bulgarisch, Serbisch, Albanesisch, Rumänisch, Griechisch) beherrschen zwei türkisch-persische Ausdrücke *zérdéli* (parsi *zard-âlu* gelbe Pflaume, kurd. *zerdale*; über pers. *âlu* oben S. 380) und türk. *kajsɛ* (vgl. Miklosich, Türk. El. S. 86 u. 188). Vgl. auch H. Blümner, Der Maximaltarif Diocletians S. 95. Asiatische Namen bei Köppen a. a. O. I. S. 256, 260.

Blickt man auf die lange Reihe von fruchttragenden Bäumen zurück, mit denen Italien zur Zeit seiner höchsten Macht und Blüte sich bereichert hatte — edlere Aepfel und Birnen, Feigen und Granaten, Quitten und Mandeln, Kirschen, Pfirsiche, Maulbeeren, Pflaumen, Pistazien u. s. w. —, so staunt man nicht über die Aussage Varros, Italien sei ein grosser Obstgarten, 1, 2, 6: *non arboribus consita Italia est, ut tota pomarium videatur?* und die Schilderung des Lucretius: 5, 1376:

ut nunc esse vides vario distincta lepore
omnia, quae pomis intersita dulcibus ornant
arbustisque tenent felicibus opsita circum.

Diese Umwandlung hatte dieselbe Zeit gebraucht, wie die Erhebung Roms zum Centrum von Italien und Italiens zur Herrscherin der Welt. Die älteren Griechen kennen die Halbinsel noch als ein Land, das im Vergleich mit ihrem eigenen und mit dem Orient einen nordischen primitiven Charakter trug und dessen Produktion hauptsächlich in Getreide, Holz, Vieh bestand. Der Komiker Hermippus, der in der ersten Zeit des peloponnesischen Krieges dichtete, weiss unter den Ausfuhrartikeln Italiens nur Graupen und Ochsenrippen zu nennen, Athen. 1, p. 27:

ἐκ δ' αὖτ' Ἰταλίας χόνδρον καὶ πλευρὰ βόεια.

Alcibiades bei Thucydides 6, 90, da wo er den Lacedämoniern die Vortheile eines Zuges nach Sicilien und Grossgriechenland darstellt, beruft sich auf den Reichthum Italiens an Schiffsbauholz und Korn. Anderthalb Jahrhunderte später rechnet Theophrast, h. pl. 4, 5, 5 Italien zu den wenigen Ländern, wo ναυπηγήσιμος ὕλη, d. h. Schiffsbauholz, vorkomme. Als Hiero II. von Syrakus sein von uns wiederholt erwähntes riesenhaftes Getreideschiff von Stapel gelassen hatte, da fand sich ein Baum, der zum Hauptmast dienen konnte, nur in Italien im brettischen Gebirge, Athen. 5, p. 208 (also im Sila-Walde, der aus Laricio-Kiefern besteht; da ein Sauhirt der Auffinder war, müssen diese auch mit Eichen oder Buchen untermischt gewesen sein: der Wald wird von Dion. Hal. 20 fr. 15 Kiessl. ausführlich geschildert.) Von ungeheuren, unwirthlichen Wäldern hören wir auch durch die römische Ueberlieferung. Den ciminischen Wald bei dem heutigen Viterbo, nördlich von der römischen Campagna, im Süden des etruskischen Gebietes, beschreibt Livius unter dem Jahr 308, also nach der Zeit Alexanders des Grossen, als so schrecklich, wie nur die von den Römern später betretenen Wälder Germaniens, 9, 36: *silva erat Ciminia magis tum invia atque horrenda, quam nuper fuere Germanici saltus, nulli ad eam diem ne mercatorum quidem adita.* Und ähnliche Farben braucht Florus 1, 12 (17): *Ciminius interim saltus in medio, ante invius plane quasi Caledonius vel Hercynius, adeo tum terrori erat, ut senatus consuli denuntiaret, ne tantum periculi ingredi auderet.* Als der Prätor C. Manlius zu Anfang des zweiten punischen Krieges zum Entsatze des von den Bojern bedrängten Mutina herbeirückte, wurde sein Heer in den unwegsamen Wäldern fast aufgerieben, Liv. 21, 25: *silvae tunc circa viam erant, plerisque incultis* u. s. w. Noch übler erging es dem Praetor L. Postumius in der silva Litana, Liv. 23, 24, von dessen Heere in dem genannten Walde fast kein Mann übrig blieb. An die Stelle solcher Wildnisse und ihrer Holz- und Pech-, Jagd- und Weideerträge war jetzt eine Waldung orientalischer Obstbäume, an Stelle der Fleisch- und Breinahrung der Alten der orientalisch-südliche Genuss an erfrischendem Fruchtsaft getreten. Die Vermittler dieser

Umwandlung waren grossen Theils selbst Asiaten d. h. Sclaven und Freigelassene, die von dorther gebürtig waren, Syrer, Juden, Phönizier, Cilicier. Italien wimmelte von ihnen, lange vor Juvenal, der sich bildlich beklagt, es sei so weit gekommen, dass der syrische Orontes sich in den Tiber ergiesse, 3, 62:

Jam pridem Syrus in Tiberim defluxit Orontes.

Die semitischen Sclaven waren durch Arbeitsamkeit, Ausdauer und leidende Ergebung Ideale dieses Standes und für denselben wie geschaffen, Cic. de prov. consul. 5, 10: *Judaeis et Syris, nationibus natis servituti.* Schon Plautus kennt sie als *genus patientissimum*, Trinumm. 2, 4, 141:

Tum autem Surorum, genus quod patientissumumst
Hominum, nemo exstat qui ibi sex mensis vixerit.

Das rauhe Kriegshandwerk war nicht ihre Sache; von den Soldaten des Königs Antiochus sagt der Legat T. Quinctius bei Liv. 35, 49: *Syros omnes esse: haud paullo mancipiorum melius, propter servilia ingenia, quam militum genus*, und ganz ebenso drückt sich der Consul M'. Acilius vor der Schlacht mit dem König aus: *hic Syri et Asiatici Graeci sunt, levissima genera hominum et servituti nata.* Gartenkunst aber und Freude an dem stillen, liebevollen Geschäft der Erziehung und Pflege von Pflanzen war ein Erbtheil des aramäischen Stammes von Alters her, oder vielmehr das Ergebniss einer langen, überalten Kultur und des Bodens, auf dem diese sich entwickelt hatte, Plin. 20, 33: *Syria in hortis operosissima est: indeque proverbium Graecis: Multa Syrorum olera.* Wenn die römischen Aristokraten aus jenen östlichen Provinzen nach Ablauf ihres Jahres heimkehrten und manche schöne Frucht, die dort auf ihre Tafel gekommen war, nach Italien und auf ihre Villen zu versetzen wünschten, da boten sich ihnen erfahrene Gärtner in Menge dar, die beim Transport und der Anpflanzung behülflich waren und zur Belohnung die Freiheit erhielten oder wenigstens eine milde Behandlung erfuhren. Die gleiche Geschicklichkeit der den Syrern benachbarten und stammverwandten Cilicier war in Aller Munde, seitdem Vergil in der schönen, vielbewunderten Episode des vierten Buches seiner Georgica den Garten des corycischen Greises bei Tarent und die von ihm auf ganz sterilem Boden erzielte Fülle des Gemüses und der Früchte gepriesen hatte. Wenn einige Grammatiker den Corycius senex des Dichters so verstehen wollten, dass mit diesem Beinamen eben nur die Meisterschaft oder die Art und Weise des Gärtners, nicht seine Herkunft, bezeichnet werde, so setzt die Möglichkeit dieser Deutung eben einen auch abgesehen von Vergil bestehenden allgemeinen Ruhm cilicischer Gartenkunst voraus.

Die syrischen Sclaven brachten aber neben anderen sinnlichen Verführungsdiensten des Orients auch das orientalische Raffinement in Behandlung der Thiere und Pflanzen mit. Wie die Entmannung, die Circumcision und die Bastarderzeugung, war dort auch die Zustutzung der Bäume und die Vermischung der Fruchtarten durch Impfen und Pfropfen von frühe an üblich. Die geflissentlich erzeugten Monstrositäten, die sorgfältig bewahrten Naturspiele, die Künsteleien mit der Kraft des Wachsthums, dies Alles war freilich nur derselbe Trieb in seiner Ausartung, der die Olive und den Dattelbaum ursprünglich fruchttragend gemacht und die Caprification der Feige, die Füllung der Rosen, Violen u. s. w. erfunden hatte. In den Gärten Italiens — von Cato an, der cap. 52 und 133 schon lehrt, am lebendigen Baum selbst vermittelst durchbrochener erdegefüllter Töpfe oder Körbe künstliche Wurzeln und einen neuen Baum zu erzeugen, und selbstzufrieden hinzusetzt: *hoc modo quod genus vis propagabis*, und *eo modo quod vis genus arborum facere poteris*, bis zu dem *opus topiarium* der Späteren, wo durch Bescheeren, Bekleidung mit Epheu u. s. w. die Bäume in Thiergestalten u. s. w. verwandelt wurden, suchte nicht sowohl das reine Naturgefühl Ausdruck, als sich die List daran übte, die Natur, die ewig schaffende, auf fremden wunderbaren Wegen zu Formen und Zwecken zu verführen, die sie nicht gewollt hatte. Die hohen Bäume wurden in Zwerggestalt, die zarten Früchte in Riesengrösse hervorgebracht, und was in Wirklichkeit sich nicht leisten liess, das wurde wenigstens in dem allgemeinen Volksglauben, bei praktischen Gärtnern, wie bei denkenden Naturbetrachtern, als vollbracht und möglich vorgestellt. Die allmählige Steigerung darin liegt in der Reihe der Schriftsteller über diesen Gegenstand deutlich vor. Varro 1, 40, 5 meint noch, Apfel- und Birnbaum liessen sich gegenseitig auf einander pfropfen, nicht aber ein Birnenreis auf einen Eichbaum. Bei Vergil aber trägt schon der Erdbeerbaum Nüsse, die Platane Aepfel, die Kastanie Bucheckern, die Esche Birnen und die Ulme Eicheln, G. 2, 69:

Inseritur vero et nucis arbutus horrida foetu;
Et steriles platani malos gessere valentis;
Castaneae fagus ornusque incanuit albo
Flore piri glandemque sues fregere sub ulmis.

Columella thut erst 5, 11, 12 den Ausspruch die Insition sei nur bei ähnlicher Rinde beider Bäume möglich, dann aber tadelt er wieder die Alten, die die Möglichkeit des Gelingens auf gleichartige Bäume beschränkt hätten, vielmehr könne jedes beliebige Reis auf jeden beliebigen Baum gebracht werden — worauf die Beschreibung eines Kunstgriffes folgt, aus einem Feigenbaum einen Olivenzweig hervorwachsen zu lassen. Plinius 17, 120 will einen Baum gesehen haben, der an seinen verschiedenen Aesten Nüsse, Oliven (*bacae*), Weintrauben, Birnen, Feigen, Granaten, Aepfelsorten zugleich trug. Bei Palladius endlich, der seinen Büchern de re rustica ein eigenes Gedicht in elegischem Versmass de insitionibus hinzufügt, und in der Sammlung der Geoponica ist kaum ein Baum, von dem nicht ausgesagt würde, er könnte die und die fremden Früchte zu tragen gezwungen werden. Plinius ist über diese Virtuosität, die Natur zu irren und zu missbrauchen, wie über einen Frevel erschrocken 1, 5, 57: *pars haec vitae jampridem venit ad columen, expertis cuncta hominibus ..... Nec quicquam amplius excogitari potest; nullum certe pomum novom diu jam invenitur. Neque omnia insita misceri fas est.* Plinius war zwar nur ein Compilator, der bei der Last der Geschäfte und des ungeheuren Materials nicht immer genau sein konnte, und dessen Ausdruck manierirt und daher oft dunkel ist, aber es bricht doch nicht selten bei ihm ein grosser Sinn durch, und im gegenwärtigen Fall das tragische Gefühl, eines beschlossenen, nach allen Seiten und bis auf den Grund seines Inhalts erschöpften Lebens. Italien, will er sagen, hat alle Pflanzen des Erdkreises in sich versammelt und an ihnen mit Aufwand alles Witzes alle Bildungs- und Triebkraft der Natur versucht — was steht noch bevor, was kann noch kommen, als das Nichts? Und es kam in der That das tausendjährige Mittelalter, und in Syrien war der Mann schon aufgestanden, dessen Lehre sich wie ein fremder tödtender Stoff durch alle Adern der griechisch-römischen Welt goss, der wahre *ex ossibus ultor* nicht bloss für den Brand Karthagos, der syrischen Kolonie. So weit die alte Religion noch hielt, widersetzte sie sich auch dem Spiel mit der organischen Natur: Bäume, die zweierlei Aeste trugen, brachten Irrung in den Ritus von Beschwörung und Sühnung der Blitze, und dieser Scrupel mag Manchen von solchen Versuchen abgeschreckt haben. In demselben Sinne hatte schon das mosaische Gesetz verboten, natürlich Geschiedenes zu paaren, Bastarde zu erzielen, Kleider zugleich aus Wolle und Lein gewebt zu tragen, Ochsen und Esel zusammen vor den Pflug zu spannen und den Acker mit zweierlei Saat zu besäen (Levit. 19, 19). Indess, diese eifrige Bemühung des Pfropfens, Impfens und Inoculirens, so aberwitzig sie sein mochte, wenn sie über die Grenzen des Natürlichen hinaus wollte, trug doch dazu bei, die Mannichfaltigkeit und Vollkommenheit der einst fremden, jetzt eingebürgerten Früchte immer weiter zu steigern. Das Obst, die ursprüngliche, des Feuers nicht bedürftige Nahrung des Menschen, der nur in den Himmelsstrichen sich schön entwickelt, wo die Baumfrüchte gedeihen, veredelte und verbreitete sich nicht nur durch ganz Italien, und wurde bis auf den heutigen Tag auch in der Familie des Armen ein nothwendiger Bestandtheil des täglichen Mahles, sondern ging hoch über die Alpen in das mittlere und westliche Europa hinüber, wo das Klima bei entsprechender Einsicht und Thätigkeit des Kulturmenschen diese Zucht noch erlaubte, ja begünstigte. Frankreichs Boden und Himmel erzeugt jetzt das allerfeinste Obst, England hat auch in diesem Zweige die Kultur aufs höchste getrieben, und dem Beispiel beider Länder folgt in einiger Entfernung Deutschland nach. Letzteres Land hielt Tacitus für schon zu kalt zum Obstbau, obgleich für Getreidebau noch geeignet, Germ. 5: *terra . . . satis ferax, frugiferarum arborum impatiens*, und die Einwohner nährten sich von wilden Beeren, frischem Wildpret und saurer Milch, 23: *cibi simplices; agrestia poma, recens fera et lac concretum;* in der That trägt der Norden Deutschlands auch heut zu Tage in offenen Gärten keine italienischen Feigen, Mandeln und Pfirsiche. In dem Donaugebiet befinden sich die meisten Arten noch sehr wohl und die Einfuhr frischen und trockenen Obstes von dort (und besonders von Böhmen) in das deutsche Reich betrug schon vor einigen Jahren gegen 300,000 Centner zum Werth von mindestens 9 Millionen Mark. Je weiter nach Nordosten in die Region des excessiven Klimas mit harten Wintern und Frühlingsfrösten, desto mehr verkümmert der Fruchtbaum, und in den Dörfern des eigentlichen Moskowien fällt es den Bauern nicht ein, einen Baum zu pflanzen oder im Herbst eine fröhliche Aepfel- oder Birnenernte halten zu wollen. Das heutige Europa hat die Versuche aufgegeben, Nüsse auf Eichen zu pfropfen und dergleichen; es veredelt auch den Wein nicht mehr durch Impfen, wie doch Cato that; es operirt durch zweckmässige Wahl und Pflege und sucht für den jedesmaligen Standort die ihm zusagende Frucht. Dass die Namen der mitteleuropäischen Früchte aus Italien stammen, haben wir bei der Besprechung jeder einzelnen gesehen; dasselbe tritt grösstentheils bei den Benennungen der Veredlungsmanipulation ein. Das in der lex Salica vorkommende *inpotus* für Pfropfreis, das französ. *ente, enter*, provençalisch *entar*, ahd. *im-*

piton, mhd. *impfeten*, ndl. *enten*, nhd. impfen, gehen alle auf das griechische *ἔμφυτος*, *ἐμφυτεύειν* zurück; fasst man das Gebiet ins Auge, in welchem dieser Ausdruck herrscht — er kommt unter den italienischen Mundarten in der von Piemont, Parma, Modena vor, s. Diez —, so wird glaublich, dass die damit bezeichnete Erfindung den keltischen Bewohnern des westlichen Oberitaliens, der Rhonegegend und durch diese den Landschaften am Ober- und Unterrhein von einer griechischen Seestadt zugekommen ist — wobei Jedem zunächst Massilia einfallen muss. Eine griechische Quelle scheint auch dem französchen *greffe* Pfropfreis, *greffer* pfropfen, zu Grunde zu liegen, s. Diez unter diesem Wort. Der andere deutsche Ausdruck pfropfen, Pfropfreis führt dagegen direkt auf Italien und ins Lateinische: *propago*; ein dritter: pelzen stammt vom provençal. *empeltar* welches selbst von *pellis*, der Haut d. h. der Rinde des Baumes gebildet ist. Nicht minder interessant aber als diese lebendigen Zeugen des Kultureinflusses vom klassischen Süden her ist das einheimische Wort, welches Ulfilas an mehreren Stellen im eilften Kapitel des Römerbriefes für das griechische *ἐγκεντρίζειν* braucht: *intrisgan*, *intrusgjan*. Es fehlt in allen übrigen deutschen Mundarten, findet sich aber auf slavischem Gebiet wieder und gehört also zu der Zahl merkwürdiger Eroberungen der ostgermanischen Sprachen aus dem Slavischen. Die Bedeutung war spalten und mit der Präposition in: einspalten, in einen Spalt senken. Im Slavischen, wo dieser Stamm mannigfach verzweigt ist, entwickelt sich aus der Vorstellung spalten, platzen, die des Krachens, ferner die des Blitzes als spaltenden Donnerkeils: nsl. *trěsnoti*, russ. *tresnuti findi*, *rumpi*, russ. *treščati* platzen, *treščina* Spalt, altsl. *trěska sarmentum*, *trěskŭ fulmen*, *trěsnąti percutere*, bulg. *trěsk* Span, croat. *triskati* einschlagen, *trěskati strepitum edere* u. s. w. Litauisch scheint *trūkis* ein Riss, eine Spalte, *trúkti* platzen (mit langem Vocal, Nesselmann S. 118) dasselbe Wort zu sein. Ob auch das griechische *τέρχνος*, *τρέχνος* Ast, Zweig dahin gehört? Den nämlichen Bedeutungsübergang von spalten zu pfropfen zeigt ein anderer slavisch-litauischer Stamm: *cěpati*, *cěpiti findere*, *cěp surculus insertus*, *cěpina segmentum*, lit. *cziěpyti* pfropfen, *cziěpas* Pfropfling u. s. w. (Noch andere auf die Veredlung der Obstbäume sich beziehende, grösstentheils secundäre Benennungen, gesammelt von Pott in den Beiträgen von Kuhn und Schleicher, II, S. 401 ff.)

** Neben ahd. *impitôn* sind besonders die kürzeren Formen ahd. *impfôn*, ags. *impian* zu beachten, die auf ein erschlossenes lat. **impuare* = griech. ἐμφύω einpflanzen zurückzugehen scheinen. Andere führen indessen die ganze Sippe auf lat. *imputare* zurück mit einer ursprünglichen Bedeutung »einschneiden«, dann »ins Kerbholz schneiden«, »auf Rechnung setzen« (vgl. lat. *putare*, *amputare* beschneiden, it. *potare*, span. *podar*, woraus fränk. *possen*, ndl., nhd. *poten* pfropfen). Vgl. Kluge, Et. W.[6] und Körting, Lat.-rom. W. Franz. *greffe* (oben S. 434) geht zwar auf γραφίον-*graphium* zurück, hat aber die Bedeutung Pfropfreis offenbar erst innerhalb des Französischen (von der griffelartigen Gestalt des Reises) entwickelt. — Die Ableitung des goth. *intrisgan*, *intrusgjan* aus dem slavischen Stamm *trěsk-* (Miklosich, Et. W. S. 361) dürfte kaum aufrecht zu erhalten sein. Von lautlichen Schwierigkeiten abgesehn, fehlt im Slavischen dem Worte jede Beziehung auf die Gartenbaukunst. Miklosich ordnet seine Bedeutungen so: »schallen, schlagen, bersten«. Freilich vermögen wir eine sichere Erklärung des gothischen Ausdrucks nicht zu geben (lit. *dreskiù* reissen, einreissen??). Slav. *cěpati* etc. vgl. bei Miklosich unter *skep-*.

Agrumi.

Der Phantasie des Nordländers, der sich, wie alle hyperboreischen Völker seit mehr als zweitausend Jahren, nach dem schönen Süden sehnt, schweben vor Allem die Hesperidenbäume mit den goldenen Früchten vor, die er unter seinem Nebelhimmel nur in Papier gewickelt aus der Hand des Schiffers oder des Kaufmanns erhält. Und in der That, welcher Gartenbaum könnte der Orange an Schönheit und Adel den Rang streitig machen! Hoch und stattlich, wo das Klima mild und der Boden üppig genug ist, mit glänzendem, dunklem, immergrünem Laube, mit lilienartig duftenden weissen Blüten, die das ganze Jahr hindurch hervorbrechen, mit erst grünlichen, dann allmählig golden schimmernden Früchten, deren Schale, mit flüchtigem Oel gefüllt, aromatisch duftet, deren Geschmack je nach den Varietäten von balsamischer Bitterkeit und der strengsten, aber feinsten Säure bis zum süssesten Nektar aufsteigt, mit festem, dichtem Holze und einer Lebensdauer, die die des Menschen bei weitem übertrifft — in welchem anderen Baume des Südens wäre so die Kraft der Sonne und der sanfte Hauch der Lüfte und der lichte Glanz des Himmels zusammengefasst und vegetativ dargestellt, als in den Aurantiaceen! An den Citronenhain in der Nähe von Poros im Peloponnes, an die Agrumi von Messina am Fusse des Aetna und dem gegenüberliegenden Reggio in Calabrien, an die Gärten von Sorrento bei Neapel und die zauberischen Pomeranzenwälder von Milis auf der Insel Sardinien denkt jeder Reisende, der das Glück gehabt, sie zu sehen, immerfort mit Entzücken zurück. Der Agrumiwald von Poros zieht sich etwa eine Stunde in die Länge und in die Breite den sanften Abhang des Gebirges in die Ebene hinab und gewährt von seinem erhöhten Rande zugleich eine herrliche Aussicht über Land und Meer und die gethürmten Felsgipfel; reiche Quellen, die aus den Bergen kommen, bewässern ihn in mannichfach vertheilten Rinnsalen; die Bäume stehen licht, doch so, dass sich die Zweige gegenseitig berühren; die Zahl der Stämme beträgt 30,000 (nach Ross, Königsreisen II, S. 7; bei Fiedler, Reise I, S. 282, steht 2000, wohl durch Druckfehler statt 20,000). Ueber die Orangen von Milis giebt Alfred Meissner, Durch Sardinien, S. 183 folgenden kurzen, aber schönen Bericht. »Es giebt der Orangengärten um Milis herum über dreihundert; die grössten gehören dem Domkapitel von Oristano und dem Marquis von Boyl an. Ich liess mich zuerst in den einen, dann in den andern führen. Beides sind kleine Wälder, einzig aus Pomeranzenbäumen gebildet. In der freien Natur hat der Baum seine steife Kugelform verloren, er streckt und reckt seine Aeste nach allen Seiten, und in seiner Krone leuchten die goldenen Aepfel, die silbernen Blüten. Man wandelt unter einem ununterbrochenen, schattenden, schimmernden Laubdach. Eine dicke Schicht herabgefallener Orangeblüten deckt den Boden, kleine Bächlein sind an den mächtigen schwarzen Wurzeln vorübergeleitet, ihr Gemurmel vereinigt sich mit dem Gesange der Vögel, die in den Zweigen wohnen. Man kann in diesem Haine der Hesperiden frei umhergehen, die Zweige bei Seite biegen, die dem Wanderer ihre Blüten ins Gesicht schlagen, und, von einem Duft ohne Gleichen berauscht, sich in den Schatten von Orangen strecken, die so mächtig wie Waldbäume sind. — Der gesammte, den verschiedenen Besitzern gehörige Orangenwald von Milis soll 500,000 Bäume zählen. Er giebt in einem Durchschnittsjahre zwölf Millionen Stück solch goldener Aepfel ab« (nach einem Gewährsmann bei La Marmora 60 Millionen, wohl übertrieben). »Im Garten des erzbischöflichen Kapitels ist ein Baum, der allein jährlich über 5000 Früchte tragen soll. Mehrere Bäume dort sind, wie mir der Gärtner, ein Geistlicher, sagte, nachweisbar über sieben Jahrhunderte alt. Der Urvater von allen steht im Garten des Marchese von Boyl. Er ist so stark, dass ein Mann ihn mit ausgebreiteten Armen nicht umspannen kann; seine Krone ist majestätisch, wie die einer Eiche. Der Gang durch den Orangenwald von Milis schien mir allein schon die Reise nach Sardinien zu lohnen. In einem Pavillon im höchstgelegenen Garten sitzend, sah ich die herrlichste der Campagnen sich meilenweit ausdehnen, das Abendroth lieh dem freundlichen Bilde eine zauberische Beleuchtung.« Aehnlich ist das Urtheil des Freiherrn von Maltzan, der die Vega von Milis ausführlich schildert (Reise auf der Insel Sardinien, Leipzig 1869, S. 246 ff.). Das reizende Puerto de Soller auf der Insel Mallorca soll dem sardinischen Milis an Schönheit und Fülle dieser Kultur nicht nachstehen. Dort verbindet sie sich mit dem Terrassenbau an heissen schuttreichen Felswänden, über die die Winterbäche herabstürzen; während die fast senkrechten Bergzinnen ringsum glühen, hat doch die Sonne Raum, in das Thalbecken zu dringen, und ein Flüsschen entsendet seine Wasserfäden nach allen Seiten hin durch Rinnen und über Aquäducte in die Gärten. Die jährliche Ausfuhr aus dem Hafen von Soller betrug nach Pagenstecher (die Insel Mallorca, Leipzig 1867, S. 97 ff.) über 50 Millionen ausserordentlich süsser Orangen, die damals an Bord der Schiffe etwa eine Million Franken werth waren; nach M. Willkomm (über Südfrüchte, in der Sammlung wissenschaftlicher Vorträge von Virchow und Holtzendorff, Heft 266 und 267, Berlin 1877) wäre der Werth an Ort und Stelle gegen 4 Millionen Franken. Leider hat in den letzten Jahren die Gummikrankheit unter den Orangen von Mallorca bedrohliche Fortschritte gemacht.

Indess, dies Alles sind doch nur Oasen in dem südlichen Europa, welches weit entfernt ist, ein eigentliches Orangenland zu sein. Der Tourist muss schon eigens darauf ausgehen, wenn er an einzelnen Punkten dem momentanen Genuss oder der magischen Täuschung einer freien Hesperidenwaldung sich hingeben will. In Griechenland wird die Agrumikultur weder in nennenswerthem Umfang betrieben, noch sind die gewonnenen Südfrüchte von sonderlicher Güte, vielmehr bald dickschalig und saftlos, bald sauer oder bitter u. s. w.; in Oberitalien sind die im Sommer so reizenden sogenannten *giardini* am Westufer des Gardasees, der riviera di Salo, doch nur an Mauern gelehnt und werden bei Eintritt der rauhen Jahreszeit mit einem Ziegeldach und bretternen Seitenwänden verwahrt; durch ganz Ober- und Mittelitalien trifft man die Limone in den Gärten zwar häufig, aber immer in grossen thönernen Kübeln; auch in dem warmen Sicilien fürchtet der Baum die Dürre des Sommers und die Stürme des Winters und fehlt darum an der ganzen West- und Südküste der Insel, mit Ausnahme weniger begünstigter Flecke. Und wie diese Naturarmuth geeignet ist, den erwartungsvollen Wanderer zu enttäuschen, so auch die historische Jugend des Baumes in Europa, der den Alten in ihrer besten Zeit ganz unbekannt, in der späteren Zeit nur halb bekannt war. Die goldenen Aepfel, die Herkules dem Atlas abnahm, und jene anderen aphrodisischen, durch welche Atalante im Wettlauf mit ihrem schönen Freier sich aufhalten liess, waren keine *mala citria*, wie die Alten später annahmen, noch weniger Apfelsinen, wie Neuere öfter geträumt haben, sondern zur Zeit der Einführung dieser orientalischen Naturmythen nur als wirkliche, wenn auch idealisirte Aepfel, Quitten oder Granaten gedacht. Erst als Alexander der Grosse durch seine Kriegszüge und die Errichtung eines griechischen Reichs im Herzen Asiens den Schleier gehoben hatte, der das Innere dieses Welttheils deckte, hörten die europäischen Griechen von einem Wunderbaum mit goldenen Früchten in Persien und Medien. Damals schrieb Theophrast bei Abfassung seiner Pflanzengeschichte die berühmte Stelle nieder, in der er von diesem Baum Nachricht gab und die ein halbes Jahrtausend lang wiederholt, nachgeahmt und als Quelle benutzt wurde, 4, 4, 2: der Osten und Süden besitzt ihm ganz eigenthümliche Thiere und Pflanzen, wie Medien und Persien neben vielem Andern den sogenannten medischen oder persischen Apfel, *οἷον ἥ τε Μηδία χώρα καὶ Περσὶς ἄλλα τε ἔχει πλείω καὶ τὸ μῆλον τὸ μηδικὸν ἢ τὸ περσικὸν καλούμενον.* Er hat Blätter wie die Andrachle und spitze Stacheln; der Apfel wird nicht gegessen, duftet aber schön, wie auch die Blätter; unter Kleider gelegt, schützt er diese gegen Motten; wenn Jemand Gift bekommen hat, giebt er ein wirksames Gegengift ab; wenn man ihn kocht und das Fleisch, *τὸ ἔσωθεν*, in den Mund ausdrückt und hinunterschluckt, verbessert er den Athem; man steckt die Kerne im Frühling auf wohlbearbeiteten Gartenbeeten, die alle vier oder fünf Tage gewässert werden; sind die Pflanzen herangewachsen, so werden sie wieder im Frühling auf einen zarten, feuchten, nicht allzuleichten Boden, *εἰς χωρίον μαλακὸν καὶ ἔφυδρον καὶ οὐ λίαν λεπτόν*, versetzt; der Baum trägt das ganze Jahr hindurch und prangt gleichzeitig mit Blüten, mit unreifen und mit reifen Früchten (dasselbe auch de c. pl. 1, 11, 1 und 1, 18, 5); von den Blüten sind diejenigen, die in der Mitte eine Art Spindel, *ἠλακάτην*, tragen, fruchtbar, die anderen nicht (dasselbe auch 1, 13, 4); man zieht den Baum auch in durchlöcherten thönernen Gefässen, *σπείρεται δὲ καὶ εἰς ὄστρακα διατετρημένα*, wie die Palmen; dieser Baum wächst, wie gesagt, in Persis und Medien, *περὶ τὴν Περσίδα καὶ τὴν Μηδίαν.* An dieser sehr sorgfältigen, obgleich aus der Ferne entworfenen Schilderung fällt nur auf, dass die Frucht selbst nach Grösse, Gestalt, Farbe und innerer Beschaffenheit nicht näher beschrieben wird. Waren etwa medische Aepfel schon nach Athen gekommen und den Lesern des Theophrast nicht unbekannt? Wirklich scheint uns ein aufbehaltenes Fragment des der sog. mittleren Komödie angehörenden Dichters Antiphanes sich dahin deuten zu lassen, Athen. 3, p. 84 (nach Meineke's Redaction):

καὶ περὶ μὲν ὄψου γ' ἠλίθων τὸ καὶ λέγειν
ὥσπερ πρὸς ἀπλήστους· ἀλλὰ ταυτὶ λάμβανε
παρθένε τὰ μῆλα. B. καλά γε. Δ. καλὰ δῆτ' ὦ θεοί·
νεωστὶ γὰρ τὸ σπέρμα τοῦτ' ἀφιγμένον
εἰς τὰς Ἀθήνας ἐστὶ παρὰ τοῦ βασιλέως.
B. παρ' Ἑσπερίδων ᾤμην γε. A. νὴ τὴν Φωσφόρον
φασὶν τὰ χρυσᾶ μῆλα ταῦτ' εἶναι. B. τρία
μόνον ἐστίν. A. ὀλίγον τὸ καλόν ἐστι πανταχοῦ
καὶ τίμιον.

Die Lebenszeit des Antiphanes steht nicht ganz fest: nach Suidas wäre er im Jahre 328 vor Chr. gestorben, also gerade zur Zeit von Alexanders Zügen in Asien: in einem andern Fragment des Dichters wird aber der König Seleukos erwähnt, wonach er beträchtlich länger gelebt haben müsste; doch könnte dies letztere Fragment dem jüngeren Haupte der mittleren Komödie, dem Amphis, angehören und dem Antiphanes durch Verwechslung mit diesem zugeschrieben worden sein. Da in unserer Stelle die Früchte, *τὸ σπέρμα τοῦτο*, vom *Βασιλεύς* gekommen sind und zwar neulich, *νεωστί*, so ist der letztere und sein Reich also als noch bestehend gedacht; da ferner während Alexanders Vordringen ein häufiger Verkehr zwischen dem Heere und der Heimat stattfand, Verstärkungen und Kriegsmaterial von Europa dorthin, von dort Kranke und Beutestücke zurück nach Europa gingen, so mögen während dieser Zeit auch persische Aepfel ihren Weg nach Athen gefunden haben, so gut wie noch jetzt Apfelsinen von Sicilien bis in die Hauptstadt von Sibirien dringen. Selten und neu sind sie noch, mit Bewunderung werden sie angeschaut, mit den Hesperidenäpfeln verglichen; der Geber besitzt nur drei, denn, sagt er, das Schöne ist überall eben so rar als gesucht. Aber nach Gründung der griechischen Königreiche im innern Asien konnte es nicht fehlen, dass die Hesperidenfrucht häufig auf dem europäischen Markt erschien; doch essbar war sie nicht, und so wundervoll ihr Aeusseres schien, so abscheulich der Zunge ihr Saft. Der Glaube an ihre von Theophrast zuerst verkündigten Eigenschaften, die giftzerstörende,

Ungeziefer vertilgende Kraft und die Reinigung des Athems wurde eine auch im Abendlande allgemein herrschende Phantasie. Vergil in seiner Schilderung des Baumes und der Frucht, Georg. 2, 126:

Media fert tristis succos tardumque saporem
Felicis mali: quo non praesentius ullum,
Pocula si quando saevae infecere novercae u. s. w.

ist ganz von Theophrast abhängig, dessen Worte er nur poetisch umsetzt: glücklich nennt er den medischen Apfel, weil er den guten Mächten dient und den Geschöpfen des bösen Gottes, Gift, Gewürm, unreinem Athem entgegen wirkt; aber sein Saft ist *tristis* d. h. stechend, (wie Ennius den Saft *triste* genannt hatte, s. o), und sein Geschmack *tardus* d. h. lange haftend. Dass direkte Versuche die in der Frucht liegende antidotische Lebenskraft unwiderleglich bestätigen, brachte die Natur des Wunderwahns mit sich, dem, wenn er tief gewurzelt war, die Erfolge niemals gefehlt haben (Marc. 9, 23: »alle ding sind müglich dem der da gläubet«). So wird bei dem fingirten Gastmahl des Athenäus 3, p. 84 nach beglaubigten Aussagen erzählt, dass in Aegypten Verbrecher, die zufällig von einer solchen Frucht gekostet hatten, wilden Thieren und giftigen Schlangen vorgeworfen wurden und unversehrt blieben: dass man darauf von zwei Verbrechern dem einen dies Gegengift auf seinem letzten Gange mitgegeben, dem andern nicht, und der letztere auf der Stelle vom Schlangenbiss getödtet worden, der erstere ohne Schaden davongekommen sei; dass dieser Versuch dann häufig und immer mit demselben Erfolge wiederholt worden sei. Als die Deipnosophisten des Athenäus dies hörten, griffen sie fleissig nach den aufgetischten medischen Aepfeln, nicht des Geschmackes wegen, dürfen wir hinzusetzen, und wohl unter Gesichterschneiden. Die zweite Eigenschaft der Frucht, dass sie verderbliches Ungeziefer abwehrte, gab zu dem lateinischen Namen *citrus, malum citreum* u. s. w. Veranlassung. Das griechische *κέδρος*, mit welchem die duftenden unzerstörbaren Coniferen-Hölzer, Wachholderarten, Cedern, Thuja articulata u. s. w., die nicht nur selbst den Würmern widerstanden, sondern auch die Kleider vor denselben bewahrten, bezeichnet wurden, — dies *κέδρος* war in Italien durch populäre Entstellung zu *citrus* geworden (wie *mala cotonea* für *κυδώνια*, *Euretice* für *Eurydice, taeda* für *δᾷδα* und manches Andere). *Citrus* bedeutete insbesondere das aus Afrika seit alter Zeit eingeführte Holz des Lebensbaumes *Thuja articulata*, aus dessen Masern in der späteren Epoche des Luxus und Reichthums kostbare Tischplatten gefertigt wurden, das aber mit seinem aromatischen Dufte auch die Motte, den Erbfeind der wolletragenden Völker des Alterthums, von den Kleiderkisten fern hielt, Plin. 13, 86: *libros citratos fuisse; propterea arbitrarier tineas non tetigisse.* Auf diese Sitte, die wollenen Tuniken durch Harz oder Splitter der Thuja oder südlicher Wachholderspecies vor der Zerstörung zu sichern, bezieht sich vielleicht der schon von Nävius in seinem Epos vom ersten punischen Kriege gebrauchte Ausdruck *citrosa vestis*, d. h. das citrusduftende Kleid (Macrob. Sat. 3, 19, 4), obgleich Festus p. 42 Müller und Isidorus darunter ein wie die Citrusmasern geflammtes verstanden wissen wollen. Da nun der goldene medische Apfel gleichfalls und zu dem gleichen Zweck in die Kleiderladen gelegt wurde — und diese Sitte erhielt sich, wie wir aus Athenäus ersehen, bis zu den Zeiten der Grossväter, d. h. bis in den Anfang des zweiten Jahrh. nach Chr. —, auch der Duft der Schale einigermassen dem des Cederharzes analog ist, so wurde er in der Vorstellung des Volkes zur Frucht des Citrusbaumes und im gemeinen Leben später auch bei den Gebildeten, ja bei den Griechen danach benannt. Dioscorides 1, 166 sagt noch: *τὰ δὲ μηδικὰ λεγόμενα ἢ περσικὰ κεδρόμηλα, ῥωμαϊστὶ δὲ κίτρια,* aber Galenus de aliment. facult 2, 37 lacht schon über diejenigen seiner Collegen, die aus gelehrter Affectation sich des allgemein verständlichen *κίτριον* enthalten und statt dessen *τὸ μηδικὸν μῆλον* sagen. Der Zeitgenosse des Galenus, der Afrikaner Apulejus, der eine Schrift de arboribus geschrieben hatte, tadelte darin, wie Servius zu der oben angeführten Stelle des Vergil berichtet, die Gewohnheit, den Baum mit dem medischen Apfel als *citrus* zu bezeichnen, da beide ganz verschieden seien: *hanc plerique citrum volunt, quod negat Apulejus in libris quos de arboribus scripsit et docet longe aliud esse genus arboris.* Aber der Name war in der Sprache des Volkes herrschend geworden und konnte in einer Zeit, deren Signatur gerade die Reaction des Populären gegen die Bildung war, nicht mehr ausgerottet werden.

Seit wann aber darf man annehmen, dass der Baum selbst in Italien gezogen wurde, und welche Art des Genus *citrus* war es, welcher die einst in Athen, dann in Italien und nach Juba von Mauritanien auch in Libyen als Hesperidenäpfel angeschaute Frucht angehörte?

Hätten die älteren unter den griechischen und römischen Schriftstellern den Baum schon in Europa mit Augen gesehen, sie hätten sich nicht so lange ausschliesslich an die Beschreibung des Theophrast gehalten, und noch viel weniger hätte der Name *citrus* für ihn aufkommen können. Plinius giebt ganz die Schilderung des Theophrast wieder, dann setzt er hinzu 12, 16: *temptavere gentes transferre ad sese propter remedi praestantiam fictilibus in vasis, dato per cavernas radicibus spiramento . . . ., sed nisi apud Medos et in Perside nasci noluit.* Also Versuche waren bereits gemacht worden, aber wie es mit ersten Versuchen oft geht, vergebliche; man hatte Bäumchen in thönernen durchlöcherten Kübeln reisen lassen, sie waren aber ausserhalb Mediens und Persiens nicht fortgekommen, oder hatten wenigstens keine Früchte angesetzt, 16, 135: *fastidit . . . nata Assyria malus alibi ferre.* Ohne diese ausdrücklichen Zeugnisse könnte eine andere Stelle des Plinius für die entgegengesetzte Meinung benutzt werden, 13, 103: *alia est arbor eodem nomine* (*arbor citri*), *malum ferens execratum aliquis odore et amaritudine, aliis expetitum, domus etiam decorans, nec dicenda verbosius.* Hier sind die drei letzten Worte durch die schon früher von dem Autor nach Theophrast gegebene Beschreibung motivirt, die drei vorhergehenden: *domus etiam decorans* erklären sich durch die im Text eben beendigte ausführliche Besprechung der aus dem afrikanischen Citrusholz gearbeiteten Prachttische. In wie fern aber schmückte, wie jener afrikanische so auch dieser medische Baum die Häuser? Stand er in Kübeln unter den Säulen der Halle und war er also doch, der obigen Versicherung zuwider, auch ausserhalb Mediens lebensfähig? Oder zierte er die Wohnungen der Reichen nur durch seine Früchte, die etwa als *κειμήλια* auf Tischen und Gesimsen prangten und die Dämonen des Verderbens als *felicia mala* abhielten? Ein oder anderthalb Jahrhunderte nach Plinius wenigstens muss der Baum schon ein wirklicher Schmuck der Villen und Gärten wirklich begünstigter Landschaften gewesen sein. Florentinus, der im ersten Drittel des dritten christlichen Jahrhunderts gelebt haben wird und dessen Werk zwar verloren gegangen ist, aber dem Inhalte nach zum grossen Theil in der Sammlung der Geoponika des Cassianus Bassus sich wiederfindet, schildert 10, 7 die Kultur der *κιτρέαι* ganz nach dem Bild der heut zu Tage in Oberitalien z. B. in den *giardini* des Gardasees, gebräuchlichen; man zieht sie an der Südseite von West nach Ost laufender Mauern, bedeckt sie im Winter mit Matten, *ψιάθοις*, u. s. w. Reiche Leute, fügt Florentinus hinzu, die Aufwand machen können, pflanzen sie unter Säulengängen, die der Sonne geöffnet sind, an die Mauer, begiessen sie reichlich, lassen die Sonnenglut auf sie wirken und bedecken sie, wenn der Winter naht. Also doch nur Treibhauskultur. Bei Palladius, der im vierten oder vielleicht erst im fünften Jahrhundert lebte, wachsen Citronenbäume auf Sardinien und bei Neapel, also in warmen, durch Seeluft gemilderten Gegenden auf fettem reichlich bewässerten Boden, Winter und Sommer unter freiem Himmel, und die bisher nur traditionellen, halb sagenhaften Vorstellungen konnten jetzt an der Wirklichkeit gemessen und berichtigt werden. So fand sich z. B. dass der Baum wirklich, wie schon Theophrast angegeben hatte, immerfort Blüten und Früchte hervorbrachte, *continua foecunditate*, 4, 10, 16: *Asserit Martialis (Gargilius Martialis*, Mitte des dritten Jahrhunderts) *apud Assyrios pomis hanc arborem nunquam* (in den Handschriften steht: *non) carere: quod ego in Sardinia et in territorio Neapolitano in fundis meis comperi (quibus solum et coelum tepidum est et humor exundans) per gradus quosdam sibi semper poma succedere, cum maturis se acerba substituant, acerborum vero aetatem florentia consequantur, orbem quendam continuae foecunditatis sibi ministrante natura.* So war denn im Lauf der ersten christlichen Jahrhunderte der immergrüne Baum, der die goldenen Aepfel trug, wirklich in Italien naturalisirt worden, erst in Kübeln mit zweifelhaftem Erfolge, dann durch Mauern gegen Norden, im Winter durch Bedeckung geschützt, endlich in erlesenen Paradiesen auch völlig im Freien, und damit durch ein weiteres Beispiel bewiesen, dass die Kaiserjahrhunderte, diese Epoche unrettbaren, beschleunigten Verfalls, doch auch in manchen Zweigen menschlichen Schaffens, die weniger den Blick auf sich zu ziehen pflegen, wie in Austauch und technischer Verwerthung der Naturobjecte der verschiedensten Länder, eine aufwärts gerichtete Entwickelung zeigen. Fragen wir, welche Art der Aurantiaceen wir uns unter dem medischen Apfel und der *arbor citri* zu denken haben, so lässt sich mit Sicherheit antworten: die Citronat-Citrone, *Citrus medica Cedra*, und zwar aus mehreren Gründen. Erstlich heisst diese dickschalige, oft kopfgrosse Frucht, mit verhältnissmässig geringem saurem, bei einer Abart auch süsslichem Fleische oder Safte, noch jetzt in Italien *cedro*; dann findet sich in der persischen Provinz Gilân, einem Theil des alten Mediens, der Citronatbaum noch ganz mit dem Habitus, den Theophrast beschreibt, namentlich mit häufigen scharfen Stacheln bewaffnet (s. Gmelin Reise durch Russland zur Untersuchung der drei Naturreiche, Theil 3, St. Petersburg 1744, S. 108, wo Theophrast nicht genannt, aber die Beschreibung des *citrus spinosus* völlig mit dem Bilde zusammenfällt, das der Griffel des alten Meisters entworfen); drittens passen die gelegentlichen Aeusserungen der Alten über die Gestalt, Zusammensetzung und Essbarkeit des medischen Apfels nur auf diese Citrone; Dioscorides nennt sie ἐπίμηκες, länglich, und ἐρρυτιδωμένον, runzlich (s. die Abbildung bei Gmelin); die Frucht wird mit Wein, mit Honig eingekocht, sie ist essbar und ist es nicht; sie ist so gross, dass bei Apicius jede einzelne in einem besonderen Topf eingemacht wird, 1, 21: *in vas citrium mitte, gypso suspende* (wo andere eine Art Kürbiss verstehen wollten); wenn sie noch unreif ist, umgiebt man sie mit einer thönernen Hülle, in die sie hineinwächst und deren Gestalt sie annimmt; das Fleisch d. h. die weisse, dicke, beinahe den ganzen Raum einnehmende Schale wird als Hauptbestandtheil mit aufgezählt, τὴν οἷον σάρκα bei Galen. de alim. fac. 2, 37 — lauter für die *Citrus medica Cedra* treffende Züge; endlich tragen alle übrigen Arten der Hesperidenfrucht Namen, die jeden Zweifel über das spätere Zeitalter, in welchem sie eingeführt wurden, ausschliessen. Die Limone — die wir deutsch fälschlich Citrone nennen —, eine kleinere, mehr oder minder rundliche Frucht mit dünner aromatischer Schale und reichem saurem Saft heisst so nach dem arabischen *limûn*: dies stammt aus dem Persischen; letzteres entlehnte das Wort aus dem Indischen — womit Herkunft, Weg und Zeitpunkt genugsam angedeutet sind. Zur Zeit Karls des Grossen wuchs an den Ufern des Comersees, über welchem damals ein Hauptweg von Italien nach Norden in das Bisthum Chur und das Rheinthal führte, ausser Oliven, Granaten, Lorbeer, Myrten auch der persische Apfel, *citreon* genannt, Paulus Diaconus in laude Larii laci (Haupt, Berichte der Kgl. Sächsischen Gesellschaft der Wissenschaften, phil.-hist. Klasse, 1850, 1, 6; Dümmler, Gedichte aus dem Hofkreise Karls des Grossen, in der Zeitschrift für deutsches Alterthum, 12, 1865, S. 451; neuerdings auch bei Dahn, Paulus Diaconus, p. 97) 15:

Vincit odore suo delatum Perside malum;
Citreon has omnes vincit odore suo —

er besiegt sie alle mit seinem Duft und diese Eigenschaft wie sein Name kennzeichnet ihn als dickschalige *Citrus medica Cedra.* Als zwei Jahrhunderte später, um das Jahr 1000, der Fürst von Salerno von Arabern in seiner Stadt belagert wurde und und vierzig zufällig aus dem heiligen Lande heimkehrende Normannen ihn befreit hatten, schickte er in die Normandie Gesandte und mit ihnen *poma cedrina, amigdalas quoque et deauratas nuces* — um die Normannen zu bewegen, in ein so schönes Land zu kommen und es vertheidigen zu helfen (Chronica Montis Cassiniensis bei Pertz Scr. 7 p. 642; in der altfranzösischen Uebersetzung des Amatus von Montecassino herausgegeben von Champollion-Figeac, 1, 19, sind die *poma cedrina* durch *citre* wiedergegeben). Um diese Zeit also wächst auch in Unteritalien immer noch die Citronate der Alten. Auch als Jacobus de Vitriaco, Bischof von Accon, nachher von Tusculum und Kardinal, der im Jahre 1240 in Rom starb, die Naturwunder des heiligen Landes beschrieb, kann der Limonenbaum noch nicht in Europa gewesen sein, denn er führt ihn ausdrücklich unter den in Europa fremden palästinensischen Pflanzen auf, Bongarsii Acta Dei per Francos, Hanoviae 1611, p. 1099 (hist. hierosolymit. 1, cap. 85): *sunt praeterea aliae arbores fructus acidos pontici* (mittellateinisch für *austerus*, s. Du C.) *videlicet saporis, ex se procreantes, quos appellant limones: quorum succo in aestate cum carnibus et piscibus libentissime utuntur, eo quod sit frigidus et exsiccans palatum et provocans appetitum.* Auch die Pompelmuse, franz. *pamplemousse*, von den Italienern *pomo di paradiso* oder *d'Adamo* genannt, fand Jacobus unter dem letzteren Namen in Palästina: *sunt ibi aliae arbores poma pulcherrima et citrina ex se producentes, in quibus quasi morsus hominis cum dentibus manifeste apparet et idcirco poma Adam ab omnibus appellantur.* Es sind dieselben Früchte, die noch jetzt die Juden aller Länder nach Levit. 23, 40 zu ihrem Laubhüttenfest brauchen und die bloss zu diesem Zweck in mehreren Gegenden Italiens gebaut werden. Die Kreuzfahrer also oder Handelsleute der italienischen Seestädte oder die Araber bei ihren Kriegszügen und Niederlassungen auf den Inseln und Küsten des Mittelländischen Meeres brachten die Limonen hinüber, deren intensive Fruchtsäure in Europa wie im Orient eine beliebte belebende Beigabe zu vielen Speisen bildete, unreines, übel schmeckendes Wasser trinkbar machte und mit dem zugleich bekannter werdenden Zucker die köstliche, viel begehrte *limonata* abgab. Der Epoche der Araber verdankt Europa auch die Pomeranze, *citrus Aurantium amarum*, ital. *arancio, melarancio*, franz. *orange*. Ursprünglich war auch dieser Baum mit der glühend rothgoldenen, bitter aromatischen Frucht und den wundervoll duftenden Blüten aus Indien, seiner Heimat, nach Persien gekommen, persisch *nâreng̃*, von dort zu den Arabern, arabisch *nârang̃*, und weiter nach Europa, byzantinisch *νεράντζιον*. In der kleinen Abhandlung, die Silvestre de Sacy der Geschichte der Aurantiaceen bei den Arabern widmet (in seiner Ausgabe der Beschreibung Aegyptens von Abd-

Allatif, Paris 1810, p. 115), findet sich aus Makrisi folgendes wichtige historische Zeugniss des Masudi angeführt: *Makrizi dit: «Masoudi rapporte dans son histoire* (statt dessen conjecturirt de Sacy mit einer ganz leichten Veränderung des arabischen Wortes: *en parlant de l'orange*), *que le citron rond* (die Pomeranze) *a été apporté de l'Inde postérieurement à l'an 300 de l'hégire* (August 912 der christlichen Aera); *qu'il fut d'abord semé dans l'Oman. De là, ajoute-t-il, il fut porté à Basra en Irak et en Syrie, et il devint très commun dans les maisons des habitants de Tarse et autres villes frontières de la Syrie, à Antioche, sur les côtes de Syrie, dans la Palestine et en Égypte. On ne le connaissait point auparavant. Mais il perdit beaucoup de l'odeur suave et de la belle couleur qu'il avait dans l'Inde, parcequ'il n'avait plus ni le même climat, ni la même terre, ni tout ce qui est particulier à ce pays.«* Bei dem weiteren Uebergange nach Europa musste sie natürlich noch mehr von dem süssen Dufte und der schönen Farbe verlieren, die der Araber schon in Westasien an ihr vermisste. In einigen italienischen Mundarten und im Spanischen ist das anlautende *n* des arabischen Wortes noch erhalten; dem französischen *orange* gab der hineinspielende Begriff von *or*, *aurum* seine etwas abweichende Form: in *orange* liegt schon das Goethe'sche Goldorange. Schon Jacobus de Vitriaco hat das Wort in französischer Gestalt: *in parvis autem arboribus quaedam crescunt alia poma citrina, minoris quantitatis frigida et acidi seu pontici saporis, quae poma Orenges ab indigenis nuncupantur.* Albertus Magnus in seinem Buche de Vegetabilibus, welches kurz vor 1256, also nicht sehr lange nach Iac. de Vitriaco geschrieben ist, tadelt 6, 53 diejenigen, die für die *cedrus* (den Citronenbaum der Alten, *quae arbor facit poma crocea oblonga, magna, quae fere figuram praetendunt cucumeris et habent in se grana acetosa)* den Namen *arangus* brauchen: *sed tamen arangus pomum habet breve et rotundum et caro ejus est mollis* u. s. w. Nach Amari, storia dei Musulmani de Sicilia, vol. 2, Firenze 1858, p. 445 wäre die in einem Diplom von 1094 (bei Pirro, Sicilia Sacra, p. 770) vorkommende via de Arangeriis in der Nähe von Patti — ein Orangenweg, also der Name und die Frucht schon vor den Kreuzzügen durch die Araber auf die Insel Sicilien gekommen.

Noch weit jünger ist in Europa die süsse Pomeranze, *Citrus Aurantium dulce.* Auch hier liegt in der deutschen Benennung Apfelsine, d. h. chinesischer Apfel und in der italienischen *portogallo* die

Geschichte und der Weg des Baumes ausgesprochen. Erst die Portugiesen brachten ihn nach Ausbreitung ihrer Schiffahrt in den Meeren des östlichen Asien aus dem südlichen China nach Europa, angeblich im Jahre 1548, und der europäische Urbaum stand noch lange zu Lissabon im Hause des Grafen St. Laurent. Der Jesuit Le Comte, der lange in China gelebt hatte, berichtet darüber in seinen Nouveaux mémoires sur l'état présent de la Chine, 2e édition, Paris 1679, T. 1, p. 173: *On les nomme en France Orange de la Chine parceque celles que nous vîmes pour la première fois en avaient été apportées. Le premier et unique oranger, duquel on dit qu'elles sont toutes venues, se conserve encore à Lisbonne dans la maison du Comte S. Laurent et c'est aux Portugais que nous sommes redevables d'un si excellent fruit.* Noch Ferrarius (Hesperides, Romae 1646, fol.) nennt die Apfelsine *aurantium Olysiponense*, Orange von Lissabon, und fügt p. 425 hinzu, sie sei von dort nach Rom *ad Pios et Barberinos hortos* geschickt worden. Das Letztere ist nur ein Compliment für den Papst Urban VIII. Barberini, unter dem der Jesuit Ferrari sein Werk verfasste; die Gärten der Pier können aber nur die der beiden Päpste Pius IV und Pius V. sein, die von 1555 bis 1572 den päpstlichen Stuhl einnahmen. Die köstliche Frucht verschaffte dem Baum bald Verbreitung um die Küsten des mittelländischen Meeres bis tief nach Westasien hinein, und nicht bloss die Italiener, auch die Neugriechen sagen *πορτογαλεά*, die Albanesen *protokale*, ja selbst die Kurden *portoghal* (Pott, Zeitschr. für Kunde des Morgenl. 7, 113), während im Norden die Russen, die Grenznachbarn der Chinesen, den deutschen Namen Appelsin angenommen haben — lauter Anzeichen der vollbrachten Umwälzung im Weltverkehr, der nicht mehr wie zur Zeit des Hellenismus und der römischen Kaiser und später der islamitischen Araber quer durch Asien von Ost nach West ging, sondern seit Vasco de Gama die umgekehrte Richtung genommen und sich den Ocean zum Schauplatz gemacht hatte. Auch nach Amerika brachten Portugiesen und Spanier den Baum, der in den tropischen Gegenden der Neuen Welt wunderbar gedieh. Eine neue Varietät, die sogenannten Mandarinen, *Citrus madurensis*, kleiner, süsser, gewürzhafter als die Apfelsinen, trat im 19. Jahrhundert auf und erwirbt sich mit jedem Jahr ein grösseres Terrain; nach Sicilien sollen die Mandarinen von Malta gekommen sein. Zu Abweichungen ist dies ganze Fruchtgeschlecht überhaupt sehr geneigt, und Oertlichkeit, Impfung und Behandlung haben unzählige Spielarten hervorgebracht. Solche künstlich zu erzeugen, war sonst der Stolz der

Gärtner, als von den Tuilerien und später von Versailles aus neben Oper, Ballet, Vergoldung und Porzellan auch der Besitz weitläufiger Orangerien mit kugelig beschnittenen Bäumen in prachtvollen Kübeln und Kasten, die im Sommer lange Alleen bildeten, zum kostbaren Erforderniss aller Hofhaltungen, ja der Herrenhäuser des reichsunmittelbaren Landadels geworden war. Später verwandelten sich bei steigender Bildung die Orangerien in mehr botanische Treibhäuser, und als der ästhetische Humanismus auch den mittleren Ständen den dumpfen, theologischen Kerker geöffnet hatte, da zog der junge Schwärmer, den Hofgärten und ihren Schneckengesimsen den Rücken kehrend und Mignon nachsingend, in das Land, wo unter azurnem Himmel die Goldorange in dunklem Laube glühte und in reiner Form die dorische Säule aufstieg. Doch musste er lange wandern, ehe er einen Hesperidenhain betrat, und auch da war Alles in prosaischer Weise auf Ertrag, Benutzung und Absatz berechnet; die Citronen wurden zerquetscht und der abfliessende trübe Saft in hölzerne Fässer gegossen; die Blüten wurden unbarmherzig abgeschüttelt, damit aus ihnen kölnisches Wasser, *eau de Cologne*, bereitet werde; der Zuckerbäcker versott die Früchte für den Markt von London, Hamburg, Bergen in Norwegen und Archangel am Eispol; der Destillateur fabricirte Bergamottöl aus den Schalen. Auch war damals, als Pästum seine Tempel errichtete, die Tauromenier im Theater sassen und Pindar, Aeschylus und Plato von den Herrschern von Syrakus als Gäste aufgenommen wurden, weit und breit kein blühender Citronenbaum zu sehen, ja jene alten Helden, Künstler und Denker hatten nie von einem solchen auch nur gehört. Erst die Villen, in denen die Humanisten des fünfzehnten Jahrhunderts und die Mitglieder der platonischen Akademie wandelten, waren mit Pomeranzen geschmückt, und süsse Orangen brachen erst die schwarzen Väter Jesuiten aus den immergrünen Zweigen und überreichten sie den lächelnden Hofdamen in Puder und Reifrock zur Erfrischung für die schönen, lechzenden, geschminkten Lippen[86]).

---

* Dass die heutzutage dem Mittelmeergebiet einen ganz besonderen Reiz verleihenden und den Wohlstand der Bevölkerung erheblich erhöhenden Agrumi aus Ostindien stammen, ist allgemein bekannt. Es sei hier nur kurz auf die engere Heimat der einzelnen Arten und Varietäten hingewiesen.

Der Citrone, *Citrus medica* Risso, sind auch die saure Limone und die süsse Limone als Varietäten zuzurechnen. Während die süsse Limone nur in den Nilghiris wildwachsend angetroffen wurde, kommen die Hauptform und die saure Limone an mehreren Stellen vor, am Fusse des Himalaya, von

Garwal bis Sikkim, in Chittagong und Burma, sowie in den westlichen Ghats und den Satpuragebirgen. Die Einführung der Citrone nach Aegypten erfolgte zur römischen Kaiserzeit, die der Pomeranze dagegen in der Zeit der arabischen Chalifen.

Die Pomeranze und die Apfelsine sind Varietäten derselben Art, *Citrus Aurantium* L. Die herbschmeckende Pomeranze wurde von Sir Joseph Hooker im Süden des Himalaya, von Garwal bis Sikkim und Khasia wildwachsend constatirt. Dagegen liegen keine zuverlässigen Angaben über das spontane Vorkommen der Apfelsine oder süssen Orange in Indien vor; viel wahrscheinlicher stammt sie aus Cochinchina und dem südlichen China, da die Chinesen dieselbe als einheimisch betrachten und auch auf den Inseln des indischen Archipels die süsse Orange als aus China stammend angesehen wurde.

Die Mandarine *(Citrus nobilis* Loureiro) ist in Cochinchina und wahrscheinlich in den angrenzenden Provinzen Chinas heimisch.

Die Pumpelmus (*Citrus decumana* L.) wird von einzelnen (Bonavia) als im malayischen Archipel entstandene Varietät der Apfelsine angesehen, von andern auf *C. hystrix* DC., welche auf den Inseln des indischen Archipels und auf Timor heimisch zu sein scheint, zurückgeführt.

Ausführlicheres über die Agrumi findet man noch bei A. De Candolle, l'origine des plantes cultivées, p. 139—149.

Der Johannisbrodbaum.

(Ceratonia Siliqua L.).

Der Johannisbrodbaum ist ein immergrüner, nicht sehr hoher, aber schattenreicher, mächtig ausgebreiteter Baum, der am liebsten in der Nähe des Meeres die heissen, sonneerwärmten Felsenwände, die ihm zum Schutz gegen kalte Nordwinde dienen, mit seinen Wurzeln umklammert. Er wächst langsam, trägt erst nach zwanzig Jahren und dauert Jahrhunderte lang. Seine Früchte — braune, flache, einen Zoll breite, einen halben, ja einen ganzen Fuss lange, horn- oder sichelförmig gekrümmte Schoten, mit glänzend dunklen, bohnenartigen Samen und süssem, nahrhaftem Fleisch, das sogenannte Johannisbrod — werden von Thieren und Menschen gegessen und bilden einen namhaften Handelsartikel. So lange sie nicht ganz reif sind und ihre braune Farbe noch nicht angenommen haben, gelten sie für schädlich, ja giftig, nachher aber nähren sich Schweine, Pferde und Esel von ihnen, und auch der Schweinehirt und der Eseltreiber verschmäht sie nicht, nachdem er sie sich vorher geröstet oder gebacken. Soll der Baum nicht bloss Schatten gewähren, sondern auch reichlich Früchte tragen, dann muss er von Zeit zu Zeit beschnitten werden, wie der Weinstock und der Oelbaum. Seine nördliche Grenze fällt ungefähr mit der der Citronen und Orangen zusammen. Das Johannisbrod wird weit im Orient verführt und fehlt bis tief in Russland auf keinem Volksmarkt unter den feilgebotenen Leckerbissen; auch in Oberitalien sieht man es im Winter viel, es kostet wenig, und besonders die Knaben stopfen es sich gern in den Mund. Im alten Griechenland wuchs der Baum nicht, aber die süssen Hörnchen kamen, vom Orient eingeführt, auf den Markt. Man nannte sie ägyptische Feigen, aber missbräuchlich, denn in Aegypten war, wie Theophrast mit Nachdruck versichert, die *κερωνία* gerade nicht zu finden, h. pl. 4, 2, 4: *ὁ δὲ καρπὸς ἔλλοβος ὃν καλοῦσί τινες αἰγύπτιον σῦκον διημαρτηκότες· οὐ γίνεται γὰρ ὅλος περὶ Αἴγυπτον ἀλλ' ἐν Συρίᾳ καὶ ἐν Ἰωνίᾳ δὲ καὶ περὶ Κνίδον καὶ Ῥόδον.* Es war also ein Gewächs Syriens und Ioniens, das sich bis Knidos im südwestlichen Kleinasien und bis Rhodus verbreitet hatte. Im Uebrigen beschreibt Theophrast den Baum richtig und genau, aber er beschreibt ihn eben und zwar ausführlich, zum Beweise, dass seine Leser selbst ihn nicht kannten und täglich beobachten konnten. Auch Strabo kennt ihn nicht in Aegypten, wohl aber in Aethiopien oder dem Lande, wo Meroe liegt, 17, 2, 2: *πλεονάζει δὲ τῶν φυτῶν ὅ τε φοίνιξ καὶ ἡ περσέα καὶ ἔβενος καὶ κερατία.* Schon Theophrast hatte auf eine unfreundliche Wirkung der Blüte hingewiesen: *ἄνθος ἔκλευκον ἔχον καί τι βαρύτητος*, er hätte hinzusetzen können: auch der unreifen Schoten; Galenus dehnt die Schädlichkeit auch auf die reifen Früchte aus und meint, es wäre besser, sie würden aus dem Orient, wo sie wachsen, lieber gar nicht nach Europa gebracht, de aliment. fac. 2, 33: *ὥστ' ἄμεινον ἦν αὐτὰ μηδὲ κομίζεσθαι πρὸς ἡμᾶς ἐκ τῶν ἀνατολικῶν χωρίων ἐν οἷς γεννᾶται.* Das eigentliche Vaterland des Baumes war das an Fruchtbäumen so gesegnete Kanaan: da er geimpft werden muss, um essbare Früchte zu spenden, so war er also auch, wie Olive und Dattelpalme, ein Produkt menschlicher, insbesondere semitischer Kunst und Mühe. Einst, wie jetzt, bildeten die süssen Schoten in Palästina eine gemeine Speise. Der Täufer Johannes hatte damit in der Wüste sein Leben gefristet, und noch den Reisenden neuerer Zeit wurde der angebliche Baum gezeigt, der den Vorläufer des Messias mit seinem Johannisbrod genährt hatte. In der Parabel im 15. Kapitel des Lucas begehrt der verlorene Sohn, der zum Hüter der Schweineheerde herabgesunken ist, seinen Hunger mit den Hörnchen, *ἀπὸ* τῶν κερατίων, die die Schweine frassen, zu stillen, aber Niemand gab sie ihm. Auch der Name des kleinen Gold- und Diamantengewichts, des Karats, der von den Bohnen der Johannisbrodschote, κεράτια, genommen ist (schon bei Isidor *cerates*, später von den Arabern adoptirt und durch sie den Sprachen aller Länder mitgetheilt, — wofür auch *siliqua* gesagt ward), beweist, wie verbreitet und alltäglich die Frucht im griechischen Orient war. Bei den römischen Schriftstellern finden wir einige Stellen, die auf schon damals versuchte Anpflanzung im Abendlande hindeuten. Nach Columella 7, 9, 6 sollen die Schweine im Walde ausser von anderen wildwachsenden Früchten auch von *graecae siliquae* sich nähren. Da zu Columellas Zeit unmöglich Johannisbrodbäume einen Bestandtheil europäischer *nemora* ausmachen konnten, so mag die Notiz aus irgend einem griechisch-orientalischen Schriftsteller über Landwirthschaft stammen. An einer anderen Stelle giebt Columella den Rath, den Baum im Herbst zu säen, 5, 10, 20: *siliquam graecam quam quidam κεράτιον vocant et Persicum ante brumam per auctumnum serito.* Auch dies ist wohl nur eine aufgenommene fremde Wirthschaftsregel; Plinius wiederholt sie mit denselben Worten (17, 136), entweder aus Columella oder aus der gemeinsamen Quelle; im Uebrigen nennt er die Frucht *praedulces siliquae* (15, 95) oder *siliquae syriacae* (23, 151) und behandelt sie nicht als einheimische. *Syriacae* heissen die Schoten auch bei Scribonius Largus ein Menschenalter früher; wo sonst *siliquae* als Speise des Armen und Genügsamen vorkommen, ist kein Grund, etwas Anderes als das Nächste, d. h. als Bohnen oder Erbsen darunter zu verstehen. Bei Galenus gegen Ende des zweiten Jahrhunderts ist, wie wir soeben gesehen haben, das Johannisbrod durchaus nur Gegenstand der Einfuhr aus dem Orient. Palladius aber in den letzten Zeiten des Römerreichs lehrt ausführlich den Baum fortpflanzen und spricht auch von seinen eigenen Erfahrungen dabei, 3, 25, 27: *siliqua Februario mense seritur et Novembri et semine et plantis: amat loca maritima, calida, sicca, campestrica: tamen ut ego expertus sum, in locis calidis foecundior fiet, si adjuvetur humore: potest et taleis poni* u. s. w. Da diese Stelle in einigen Handschriften fehlt, auch der fleissige Benutzer des Palladius, Petrus Crescentius, über den Baum schweigt, so bleibt Zweifel, ob wir nicht am Ende ein nachmaliges Einschiebsel vor uns haben. Sollte aber auch die Naturalisation des Baumes zur Zeit der Römer begonnen haben, so lehren doch die arabischen Namen: ital. *carrobo, carruba*, span. *garrobo, algarrobo*, portug. *alfarroba*, französ. *caroube*, *carouge*, dass erst die Araber entweder die erloschene Kultur von Neuem aufnahmen oder der noch vorhandenen die heutige Verbreitung gaben. In der südlichen Hälfte der italienischen Halbinsel sind jetzt die Carroben häufiger und die Ernte reichlicher, als derjenige Reisende voraussetzt, der bloss die gewöhnliche Strasse der Touristen gewandert ist und den syrischen Baum etwa nur an der Felsenstrasse bei Amalfi gesehen hat. Sicilien, die arabische Insel, erzeugt und verschifft viel Johannisbrod; auch auf Sardinien fehlen die Ceratonien nicht und man pflanzt sie gern in Feldgegenden einzeln zur Mittagsrast; die reichsten Bäume dieser Art aber stehen am apulischen Gargano, diesem in malerischer, naturwissenschaftlicher, auch botanischer Hinsicht so merkwürdigen, aber auch so selten besuchten, massigen, isolirten, zum Meer abstürzenden Kalkstein-Vorgebirge. Im heutigen Griechenland finden sich Carrobenbäume hin und wieder auf dem Festlande und auf den Inseln zerstreut, darunter einige von ehrwürdigem Alter, wie derjenige, unter dem Fiedler, Reise, 1, 224, auf dem skironischen Wege sein Mittagsmahl hielt und dessen Stamm einige Fuss Durchmesser hatte. In Kleinasien, Syrien u. s. w. geniesst der Baum auch religiöse Verehrung, und zwar bei Muselmännern wie bei Christen. Er ist dem heiligen Georg geweiht und Kapellen unter oder in seinen Zweigen sind gewöhnlich. Wie bei allen Kulturgewächsen haben sich auch bei diesem Varietäten gebildet, die sich durch grössere oder geringere Süssigkeit und Haltbarkeit und durch Form und Grösse der Schoten unterscheiden. Im Orient, wo die Frucht noch mehr Zucker entwickeln mag, und zuweilen auch in Europa presst man aus den Schoten auch eine Art Honig, mit dem andere Früchte eingemacht werden, und wirft die Rückstände den Schweinen vor. Auch das harte Holz wird geschätzt und die Rinde dient zum Gerben.

---

* Der Johannisbrodbaum *(Ceratonia Siliqua* L.), der im ganzen Mittelmeergebiet, namentlich auch in ausgedehntem Maasse in Spanien cultivirt wird, ist im östlichen Mediterrangebiet heimisch. Das südlichste spontane Vorkommen ist in Yemen, wo Deflers den Baum in Schluchten des Saborgebirges bei Tâez um 1400 m in mächtigen Exemplaren mit Stämmen von 1—2 m Umfang vorfand; der Baum soll in der ganzen mittleren Region der Gebirge verbreitet sein. Nächstdem ist *Ceratonia* als wahrscheinlich wildwachsend constatirt worden in Palästina und auf Cypern, im südlichen und östlichen Anatolien, auf den griechischen Inseln und in den wärmeren Theilen Griechenlands. Ferner ist er gegenwärtig so gut wie wild in Cyrenaika, Algier und Sicilien; in Aegypten kommt er nicht vor und hat wahrscheinlich

auch nie daselbst existirt. Zu bemerken ist noch, dass an den oligocenen Ablagerungen von Aix eine fossile *Ceratonia vetusta* Saporta, aus den tertiären Ablagerungen von Oeningen eine *Ceratonia emarginata* A. Braun beschrieben wurde. Da aber von diesen Arten nur Fiederblättchen bekannt sind, die allerdings denen des Johannisbrodbaums recht ähnlich sind, so ist die ehemalige Existenz des Baumes im westlichen Mediterrangebiet und noch weiter nördlich nicht ganz zweifellos.

** In Palästina, wo der Johannisbrodbaum auch nach H. einheimisch ist, ist derselbe aus dem alten Testament nicht nachweisbar (im neuen nur Lucas 15, 16), ein Beweis, wie vorsichtig man mit Schlüssen *e silentio* der Denkmäler sein muss. So sind die Nachrichten des Theophrast überhaupt die ältesten. Nach ihm (4, 2, 4) beschränkt sich übrigens der Ausdruck κερωνία auf die Ionier, während sonst κερατεία galt.

Bezüglich des Vorkommens des Johannisbrodbaums in Aegypten gehen die Meinungen auseinander. Vgl. K. Sprengel, Theophrasts Naturg. II, 129; De Candolle, Der Ursprung der Kulturpflanzen S. 424; Woenig, Die Pflanzen im alten Aegypten S. 344; Neumann-Partsch, Die physik. Geogr. Griechenlands S. 432.

In dem Gleichniss des Lucas-Evangeliums übersetzt Ulfilas das griechische κεράτιον mit *haúrn* (*jah gaírnida sad itan haúrnê* þôei *matitêdun sveina*). Im Albanesischen heisst der Baum *tsotšobanuze* (= türk. *k'etši bujnuzu* »Ziegenhorn«; vgl. G. Meyer, Et. W. S. 449), im Neugriechischen ξυλοκερατεά. Dem arabischen *charrûb* entspricht aram. *chârûbâ'* (Löw, Aram. Pflanzennamen S. 176).

Das Kaninchen.

(*Lepus Cuniculus L.*)

Von Spanien her lernten die Römer ein dem Hasen verwandtes Hausthier kennen, das den Griechen im Osten des Mittelmeeres nicht zu Gesicht gekommen war: das Kaninchen. Es war, wie das Spartgras und die Korkeiche, Spanien eigenthümlich und eng an den iberischen Volksstamm geknüpft, mit dem es über Afrika nach dem westlichen Europa gekommen sein mag. Es trug bei den Römern den Namen *cuniculus*, ein Wort, dessen Stamm möglicher Weise der iberischen Zunge angehört und nur mit lateinischer Endung versehen ist[87]). Mit demselben Ausdruck bezeichneten die Römer schon seit Cicero und Cäsar auch unterirdische Gänge, und es war Streit, ob diese nach dem Thier oder umgekehrt das Thier nach jenen benannt sei; die Alten entschieden sich meist für Letzteres, aus keinem anderen

Grunde, als weil ihnen die Sache und also auch das Wort in dieser Bedeutung häufiger aufstiess, als das halb unbekannte Thierchen, — während wir die erstere Annahme für natürlicher halten, wenn auch die römischen Sapeurs und Mineurs ihre Kunst nicht gerade den Kaninchen abgelernt haben, wie Martialis meint, 13, 60:

Gaudet in effossis habitare cuniculus antris:
Monstravit tacitas hostibus ille vias.

In der Literatur kommt das Kaninchen zuerst bei Polybius vor, also um die Mitte des zweiten Jahrhunderts vor Chr., in der nach dem Lateinischen gebildeten Form κύνικλος, 12, 3: auf Corsica giebt es keine wilden Thiere πλὴν ἀλωπέκων καὶ κυνίκλων καὶ προβάτων ἀγρίων (Moufflons). Bei Athenaeus 9, p. 400 lautet die von Polybius gebrauchte Form κούνικλος, dem Lateinischen nicht gerade näher, da das *u* in *cuniculus* kurz ist. Auch bei dem Geschichtsschreiber und Philosophen Posidonius von Apamea in der ersten Hälfte des ersten Jahrhunderts vor Chr. kam das Wort vor. Catullus kennt Spanien als ein kaninchenreiches Land oder als ein Land reich an Kaninchengängen 37, 18: *Tu cuniculosae Celtiberiae fili Egnati.* Ausführlicher verbreiten sich darauf über das Thier, seine Ansiedelung und Verbreitung und die Art es zu fangen, Varro 3, 12, 6, Strabo an zwei Stellen des dritten Buches 2, 6 und 5, 2, endlich Plinius 8, 217 ff. Die Iberer müssen besondere Liebhaber dieser Zucht und des Kaninchenfleisches gewesen sein: sie hatten das Thier auch auf die spanisch-italischen Inseln, auf denen sie vor Alters angesessen waren, mit übers Meer gebracht, nicht bloss nach Corsica, wie wir soeben von Polybius gehört haben, sondern auch auf die balearischen Inseln. Für den grössten Leckerbissen galt bei ihnen der noch nicht geborene Fötus oder das noch säugende Thierchen, welches ganz und gar, ohne ausgeweidet zu werden, verzehrt wurde; solche noch erst werdende oder eben auf die Welt gekommene Kaninchen hiessen *laurices*, mit einem wohl gleichfalls iberischen Namen. Aber die grosse Fruchtbarkeit, die dem Hasengeschlecht eigen ist — ein Kaninchen kann sechs bis sieben Mal im Jahre vier bis zwölf Junge werfen und beginnt dieses Geschäft schon einige Monate nach der Geburt — machte das Thier zu einer wahren Landplage auf dem spanischen Festlande wie auf den Inseln; es überzog mit seinen Gängen und Höhlen den Kulturboden, nagte die Wurzeln und Sprossen weg und untergrub Bäume, ja sogar die Wohnungen der Menschen. Nach Strabo sollten die Bewohner der Γυμνησίαι d. h. Mallorcas und Minorcas einst zu den Römern Abgesandte geschickt haben mit der Bitte, ihnen ein anderes Land zum Wohnplatz anzuweisen, da sie sich gegen die Menge Kaninchen nicht mehr halten könnten. Als gewiss berichtet Plinius, sie hätten den Kaiser Augustus um militärische Hilfe angegangen, da sie allein mit den Thieren nicht fertig werden könnten. Und nicht bloss durch ganz Spanien herrschte diese Noth, sondern erstreckte sich auch bis Massilia — vielleicht ein Fingerzeig mehr für die ethnographische Stellung der Liguren, die vor der Ankunft der Kelten von Norden den ganzen Küstenstrich, an dem Marseille liegt, bewohnt hatten. Die Iberer hatten indess in einem anderen halb wilden, halb domestizirten Thiere, das sie aus Afrika bezogen hatten, einen wirksamen Feind und Vernichter des Kaninchens und höchst eifrigen Jagdgenossen kennen und anstellen gelernt, das Frettchen, eine Art Iltis, lateinisch *viverra* (lit. *waiwaras*, das Männchen vom Iltis und Marder, lit. *wowerē*, preuss. *vevare*, slav. *věverica*, das Eichhorn), span. *huron*, ital. *furetto*, französisch *furet*. Es kroch in die Kaninchenhöhle und trieb die Bewohner zum Ausgang hinaus, wo der Jäger sie auffing und erlegte. Die Griechen benannten das Frettchen mit dem allgemeinen Ausdruck *γαλῆ*, dem sie zu näherer Bestimmung das Prädikat *Ταρτησσία* hinzufügten. Schon Herodot weiss von solchen tartessischen d. h. spanischen Wieseln, er sagt: 4, 192 bei naturhistorischer Beschreibung der Nordküste von Afrika, es lebten dort unter Silphiumsstauden *γαλέαι*, den tartessischen ganz ähnlich — welche letztere also im fünften Jahrhundert vor Chr. schon in Spanien zur Jagd üblich waren. Dass schon zur Zeit der Republik Kaninchen auch von den Römern in sogenannten Leporarien gehalten wurden, sehen wir aus Varro; an der Tafel des Athenäus hat einer der Sprechenden auf der Fahrt von Dicäarchia, dem heutigen Pozzuoli, nach Neapel die kleine Insel an der äussersten Landspitze, also das heutige Nisida, von wenig Menschen und viel Kaninchen bewohnt gesehen (Athen. l. l.) — was auch noch heut zu Tage von den italienischen Inseln im Verhältniss zum Festlande gilt. Immer aber ward das Thierchen bei den Römern als charakteristisches Merkmal des Landes Spanien betrachtet, wir sehen dies z. B. aus Gold- und Silbermünzen des Kaisers Hadrian, wo auf dem Revers mit der Legende Hispania vor einer liegenden weiblichen Figur, die einen Olivenzweig hält und den linken Arm auf den Felsen Calpe stützt, ein Kaninchen abgebildet ist (H. Cohen, Description historique des . . , médailles impériales, T. 2, Paris 1859, Adrien n° 270—276).

Heut zu Tage haben sich die niedlichen, so eigenthümlichen

Thierchen mit dem wohlschmeckenden Fleische über einen grossen Theil Europas ausgebreitet, sind aber besonders in Frankreich und Belgien unter dem Namen *lapin* (nach Diez für *clapin*, Volksausdruck: der Ducker) eine häufige und beliebte Speise. Dies muss schon zu der Zeit, die Gregor v. Tours beschreibt, der Fall gewesen sein, denn 5, 4 berichtet er von Roccolenus: *erant enim dies sanctae Quadragesimae in qua fetus cuniculorum* (also die oben genannten *laurices*) *saepe comedit.* Bei Petrus Crescentius, dem Zeitgenossen Dantes, wohnt das Kaninchen in dem zusammenhängenden Strich Landes von Spanien durch die Provence bis in die Lombardei, 9, 80: *quod in Hispania et in Provincia et in partibus Lombardiae, sibi cohaerentibus, nascitur* — also immer noch auf iberischem Urboden. Jetzt ist es nicht bloss dem Provençalen, sondern auch dem Pariser wohlbekannt, und hat nicht bloss die Inseln des westlichen Mittelmeers, sondern auch die des östlichen oder griechischen überzogen und mit seinen Gängen durchlöchert. In Frankreich, England und den Niederlanden ist es zugleich durch Züchtung und Kreuzung wesentlich verwandelt und veredelt worden, sowohl was Zartheit des Fleisches, Grösse, Fruchtbarkeit, Abhärtung gegen das Klima, als die seidengleiche Weichheit des Haares betrifft[88]).

Die Katze.

Der Hund ist ein uralter Begleiter des Menschen, ja gewiss das früheste und erste von allen Thieren, die der Mensch sich zugesellt hat, — wer, der es nicht weiss, sollte glauben, dass die lächerliche Feindin des Hundes, die Katze, die jetzt fast in keinem Hause fehlt, so weit civilisirte und halbcivilisirte Menschen leben, eine ganz junge Erwerbung der Kultur ist? Freilich die Bewohner des Nilthales müssen wir dabei ausnehmen. Dass das geheimnissvolle, mit seinem Thun in die Nacht der Zeiten hinabreichende, ebenso anziehende als abstossende Volk der Aegypter die Katzen in Menge erzog, sie heilig hielt, sie nach dem Tode einbalsamirte, melden nicht bloss die Alten, wie Herodot und Diodor, sondern bestätigen auch die Denkmäler und Ueberreste (man sehe z. B. den Hymnus auf die Sonnenkatze auf einer Stele, übersetzt von Brugsch in der Zeitschrift der DMG. 10, 683). Diodor 1, 83 erzählt einen Vorgang, dessen

Augenzeuge er selber war und der, wie er hinzusetzt, die tiefe religiöse Scheu der Aegypter vor der Heiligkeit dieses Thieres offenbar machte. Es war die Zeit, wo die grösste Furcht vor Roms Uebermacht herrschte und Alles gethan wurde, um den einzelnen Römern, die sich gerade im Lande befanden, zu Willen zu sein und jeden Streit mit ihnen zu verhüten. Da geschah es, dass ein Römer, ohne es zu wollen, eine Katze tödtete; sogleich rottete sich das Volk zusammen, der Aufstand richtete sich gegen das Haus, in dem die That verübt war; keine Bemühung des Königs Ptolemäus und seiner Beamten, keine Furcht vor Rom und den Römern vermochte das Leben des Verbrechers zu retten. Die gezähmte Art war die *Felis maniculata* Ruepp. (Dr. Hartmann in der Zeitschrift für ägyptische Sprache 1864, S. 11.) Das Verschlossene und Stumme, daher Ahnungsreiche, das nach Hegel alle Thiere haben, ist in der Katze und deren eigenthümlichen, gleichsam mystischen Sitten und Neigungen besonders fühlbar. Sie hat noch jetzt für den, der sie gewähren lässt und sie aufmerksam beobachtet, etwas Aegyptisches, das die Vorliebe der Einen, den Widerwillen der Anderen weckt. Dies Thier so vollkommen zu zähmen und an den Menschen zu gewöhnen — denn die Hauskatze verwildert nicht und kehrt immer wieder zum Hause zurück — konnte nur dem Aegypter gelingen und war die Arbeit von Jahrhunderten. Nur wenn viele, sehr viele Generationen des Thieres auf dieselbe behutsame, pflegende, liebevolle Art behandelt wurden und in der langen Zeit jede Erfahrung eines verursachten Schmerzes oder zugefügten Leides aus dem Gedächtniss der scheuen Creatur ausgelöscht war, konnte aus der wilden Katze, deren Geschlecht von allen am wenigsten auf Zähmung angelegt scheint, unsere jetzige anschmiegende Hauskatze werden. Religiöser Aberglaube hat hier, wie so oft, das Unglaubliche geleistet und auch einmal der Kultur gedient, statt sie aufzuhalten. Nach Fr. Lenormant, die Anfänge der Kultur, 1, Jena 1875, S. 242 f., käme übrigens die Katze erst seit der 12. Dynastie auf ägyptischen Bildwerken vor: wenn dies richtig ist, dann würde das Verdienst der ersten Zähmung den Bewohnern der oberen Nilländer gehören und Aegypten das begonnene Werk nur fortgesetzt haben. Ein Glück war es, dass die Weiterverbreitung der ägyptischen Katze noch zur Zeit des römischen Reiches, ehe das ascetische Christenthum in die Tiefe drang, und vor dem Einbruch des islamitischen Sturmes statt fand; sonst hätte mit der Vernichtung des gesammten alten Aegyptens und der Vertilgung seiner religiösen Vorstellungen und Sitten auch die dieses Hausthieres erfolgen und vielleicht nicht wieder gut gemacht werden können. Ist doch manches Thier, das einst dem Menschen diente, diesem Schicksal verfallen, so vor Allen der afrikanische Elephant, der Hannibals Krieger trug, durch Schnee und Eis über die Alpen stieg und jetzt nur noch in den Wildnissen des innern Afrika von grausamen Jägern erlegt und langsam ausgerottet wird.

Die Griechen und Römer litten nicht selten unter der Plage ungeheurer Vermehrung der Mäuse, und hin und wieder werden uns Geschichten überliefert von wunderbarer Rettung einer Gegend vor den Mäusen oder von geschehener Auswanderung wegen Unmöglichkeit, sich dieser Nagethierchen zu erwehren. Als Hausdiebin kennt die Maus schon die voreuropäische Sprache, denn dieser Name, der sich in Griechenland und Italien und an der Elbe wie am Indus wiederfindet, stammt bekanntlich von einem Verbum mit der Bedeutung stehlen. Als Feinde der Maus — und sie hat deren viele — mussten auch frühzeitig die das Haus des Menschen umschleichenden Thiere, das Wiesel mit seinen Unterarten[89]), Iltis, Marder, wilde Katze, beobachtet werden; einige davon wurden desshalb gehegt und nicht verfolgt und traten in eine Art Gemeinschaft mit den Menschen; Wiesel und Marder lassen sich zähmen und ehe die Katze eingeführt war, geschah dies viel häufiger als jetzt. Doch litt unter diesen Räubern auch wieder das Federvieh, besonders dessen junge Brut, und man suchte sie dann wieder abzuhalten und machte ihnen den Krieg. Griechisch lauteten die Namen *γαλέη*, *κτίς*, *ἰκτίς*, gen. *ἰκτῖδος*, *αἰέλουρος* oder *αἴλουρος*, lateinisch *mustela*, *mustella*, *felis* oder *feles*, *melis*. Genau unterschieden wurden die Thiere nicht, und auch die Benennungen schwanken, wie im Volksmunde, so auch in der Literatur. An keiner Stelle aber, wo wir auf einen dieser Namen stossen, sind wir gezwungen, ihn auf die gezähmte Hauskatze zu deuten. Besonders das Wiesel, *γαλέη*, *mustela*, wird als Gegenstand der Furcht für die Maus und übermächtige Feindin mit derselben so zusammengenannt, wie wir Katze und Maus in Fabeln, Redensarten und Spielen zu verbinden pflegen. Zwei Wesen, sagt die Maus am Anfang der Batrachomyomachie zum Frosche, fürchte ich vor Allem auf der ganzen Erde, den Habicht, *κίρκος*, und das Wiesel, *γαλέη*, die meinem Geschlecht viel des Leides gebracht haben, dann auch die schmerzensreiche, verhängnissvolle, trügerische Falle, am am meisten aber doch das Wiesel, das das stärkste ist, und mir selbst in meine Löcher spürend nachkriecht. In den Wespen des Aristophanes erwidert auf die Aufforderung des Einen: erzähle mir eine Hausgeschichte, der Andere: o, damit kann ich dienen; also es war einmal ein Mäusel und ein Wiesel, *οὕτω ποτ' ἦν μῦς καὶ γαλῆ* — wie man bei uns den Kindern vorträgt: es war einmal ein Kätzchen und ein Mäuschen. Auch in einem Stück des Plautus hat vor den Füssen des Redenden das Wiesel eine Maus gefangen, Stich. 3, 460:

spectatum hoc mihist:
Mustella murem ut abstulit praeter pedes.

Die ägyptische Hauskatze wird von den griechischen Berichterstattern *αἴλουρος* genannt; wo das Wort, das überhaupt nicht häufig vorkommt, auf ein griechisches Thier angewandt wird, hindert nichts, an den Marder oder die Wildkatze zu denken. In der Stelle des in Alexandrien dichtenden Kallimachus in Cerer. 111 könnte auf den ersten Blick die Wahrscheinlichkeit für die ägyptische Katze sprechen; Erysichthon hat im Heisshunger Alles im Hause verzehrt, die Kuh, das kriegerische Ross,

καὶ τὰν αἴλουρον, τὰν ἔτρεμε θηρία κικκά —,

wozu der Schol. die Erklärung fügt: *τὸν ἰδίως λεγόμενον κάττον.* Aber dass die kleinen Thiere die *αἴλουρος* fürchten, ist noch charakteristischer für den Hausmarder als für die zwar auch räuberische aber doch auch schmeichlerische, weichliche Hauskatze, der also der Dichter wohl ein anderes Epitheton gegeben hätte. Aehnlich steht es mit einem Verse der gleichfalls in Alexandrien spielenden fünfzehnten Idylle des Theokrit. Dort schildert die ungeduldige Hausfrau eine säumige Magd mit den Worten:

πάλιν αἱ γαλέαι μαλακῶς χρῄζοντι καθεύδειν;

wollen die Wiesel wieder weich schlummern? Hier könnte der Dichter, da wir uns, wie gesagt, in Alexandrien befinden, in der That an ägyptische Hauskatzen gedacht haben, doch werden auch zahme Wiesel oder Marder ein weiches Lager nicht verschmäht haben. In einem Fragment des komischen Dichters Anaxandrides bei Athen. 7 p. 300 verhöhnt der Redende einen Aegypter wegen der ägyptischen Sitten, die er nach dem Vorgange Herodots als den griechischen grade entgegengesetzt schildert: wenn du, sagt er unter Anderem, eine Katze leiden siehst, so weinst du, ich aber schlage sie am liebsten todt und zieh ihr das Fell ab:

Τὸν αἰέλουρον κακὸν ἔχοντ' ἐὰν ἴδῃς
Κλάεις, ἐγὼ δ' ἥδιστ' ἀποκτείνας δέρω —

wo der Grieche *sein* griechisches, jenem ägyptischen entsprechendes Thier im Sinne haben konnte. Das lateinische *mustela* passt genau auf das Wiesel, aber auch *felis* ist nirgends die zahme Katze, sondern sei es der Iltis und Marder, oder die Wildkatze. Die landwirthschaftlichen Schriftsteller Varro und Columella lehren die Entenhäuser und Hasenparks so anlegen, dass keine *feles* und *meles* Eingang finden können — wobei sie unmöglich an Hauskatzen gedacht haben können. Die Art, wie Horaz Sat. 2, 6, 79 die bekannte Fabel von der Land- und Stadtmaus erzählt, beweist augenscheinlich, dass zu des Dichters Zeit in den Häusern der Hauptstadt noch keine Katzen gehalten wurden: »Eine Stadtmaus machte der Feldmaus einen Besuch und wurde von dieser nach Kräften bewirthet, mit Erbsen, Haferkörnern, wilden Beeren und Stückchen Speck. Der verwöhnte Gast aber verschmähte die gemeine Kost und sprach: Was nützt es dir hier in Feld und Wald einsam und fern von den Menschen zu leben? Komm, folge mir in die Stadt, da giebt es bessere Bissen. Beide brachen auf, es war tiefe Nacht, krochen durch ein Loch der Mauer und schlichen in das städtische Haus. Da standen noch die Schüsseln und Körbe vom Gastmahl des vorigen Abends, sie liessen sich's schmecken und ruhten auf purpurnen Teppichen. Da plötzlich — sehen sie die Katze herbeischleichen und retten sich kaum aus äusserster Todesnoth? Ganz und gar nicht, sondern die Thüren öffnen sich mit Geräusch, lautes Hundegebell erschüttert das Haus, beide Mäuse laufen ängstlich hin und her und fürchten sich fast zu Tode. Da sagte die Feldmaus: ich danke schön für dies schwelgerische Leben; da gefällt mir mein Loch in der Erde, wo ich sicher und ungestört bin, mehr, wenn es da auch nur Erbsen zu nagen giebt.« — Hier würde ein neuer Fabeldichter statt des Motivs der Bedienten, die frühmorgens zur Reinigung des Speisesaales eintreten, unfehlbar der Katze ihre Rolle angewiesen und auch von den bellenden Hunden nichts erwähnt haben. — Bei Plinius findet sich einige Bekanntschaft mit den Eigenheiten der Katze, *felis*, aber als zahme Hausfreundin der Menschen stellt auch er sie nicht dar, 10, 202: *Feles quidem quo silentio, quam levibus vestigiis obrepunt avibus! quam occulte speculatae in musculos exsiliunt! excrementa sua effossa obruunt terra intelligentes odorem illum indicem sui esse.* Richtige Beobachtungen, die aber an der europäischen wilden Katze sich ganz ebenso machen liessen, wie die entsprechenden am Fuchs und anderen Thieren der Wälder und Berge. Ein pompejanisches Mosaikbild, jetzt im Museo nazionale in Neapel, zeigt eine Katze, »die eine Wachtel zerreisst«, — aber das luchsartige, etwas gestreifte Fell, sowie der Ausdruck des Kopfes deuten mehr auf die wilde Katze, wenn auch eine ähnliche Bildung hin und wieder bei der jetzigen Hauskatze vorkommen mag. Auch die bei Mazois II, t. 55 abgebildete Katze ist zwar ein katzenartiges Thier, aber unmöglich eine Hauskatze; auch sagt der Herausgeber selbst: *un chat représenté avec assez peu de naturel.* Bei den Aufgrabungen in Pompeji haben sich nirgends die Reste einer Katze gezeigt, s. das Ausland 1872, n⁰ 7, Zur älteren Geschichte des Vesuv, S. 167: Pferde, Hunde, Ziegen und Hausthiere wurden verschüttet und ihre Reste sind wieder aufgefunden worden; »merkwürdiger Weise waren aber alle Katzen schon bei Zeiten verschwunden.« Die Merkwürdigkeit hört auf, wenn es in der Stadt eben noch keine Katzen gab. Auch die Thierchen auf frühen tarentinischen und rheginischen Münzen, die von einigen für Katzen genommen worden sind, können bei ihrer Kleinheit und Unbestimmtheit auf jede andere Art gedeutet werden — wie Jeder zugeben wird, der solche Münzen in der Hand gehabt hat. — Sehen wir uns in der Literatur der Fabel um, so gewährt uns diese leider keinen sichern chronologischen Anhalt. In den im Volksmunde in alter Zeit lebenden äsopischen Fabeln, so weit sie uns in Bruchstücken und Andeutungen bei den Schriftstellern der klassischen Zeit erhalten sind, tritt nirgends die Katze auf. Bei Babrios, dessen Zeitalter streitig ist, erscheint in zwei Fabeln der *αἴλουρος*, beide Mal deutlich als Marder, der dem Hühnervolk nachstellt: in Fabel 17 hängt sich der *αἴλουρος* als Sack (ὡς *θύλακός τις,* als Beutel von Marderfell) am Pflock auf, wird aber vom Hahn an dem noch dran sitzenden Gebiss erkannt, in Fabel 121 ist die Henne krank und der *αἴλουρος* schleicht theilnehmend herbei, worauf jene sagt: geh nur fort, das ist die beste Art, meinen Tod zu verhüten. Als Feindin der Maus sieht auch Babrios das Wiesel an: Fabel 32, wo das Wiesel in eine schöne Frau verwandelt wird und bei der Hochzeit sich durch Verfolgung einer Maus verräth, beweist dies unwidersprechlich (wir sagen dagegen: die Katze lässt das Mausen nicht), ebenso Fabel 31, wo die Wiesel, *γαλαῖ*, und die Mäuse Krieg führen. In den Fabeln des Phädrus ist das Verhältniss ganz dasselbe. Auch da führen, 4, 6, die Mäuse und die Wiesel Krieg und ein vom Menschen gefangenes Wiesel ruft, 1, 22, aus: schone mich, *quae tibi molestis muribus purgo domum.* Aber bei Palladius, als die Tage des weströmischen Reiches bereits gezählt waren, erkennen wir unsere Hauskatze unter dem nur für dies neue Hausthier geltenden Namen *catus*, der seitdem von Italien aus, wie das ägyptische Thier selbst, zu allen Völkern gewandert ist, nicht bloss zu allen europäischen, Basken, Finnen, Albanesen und Neugriechen mit eingeschlossen, sondern auch weithin in den Orient zu Asiaten des verschiedensten Stammes[90]). Die Worte des Palladius lauten 4, 9, 4: *Contra talpas prodest catos* (in anderen Handschriften *cattos) frequenter habere in mediis carduetis* (Artischockengärten). *mustelas habent plerique mansuetas* (die also damals noch häufiger waren). *aliqui foramina carum* (oder *corum) rubrica et succo agrestis cucumeris impleverunt. nonnulli juxta cubilia talparum plures cavernas aperiunt, ut illae territae fugiant solis admissu. plerique laqueos in aditu earum (eorum) setis pendentibus ponunt.* Unter *talpae* verstand Palladius, der schon romanische Neigungen zeigt, an dieser Stelle, wie wir glauben, die Maus, nicht den Maulwurf, italienisch *topo masc.* die Maus (aus *talpa*); die Variante *eorum* könnte in diesem Falle schon von dem Verfasser selbst herrühren, wie ja auch Vergil das Wort *talpa* männlich gebraucht hatte. Nach Palladius finden wir das Wort wieder bei dem griechisch schreibenden Kirchenhistoriker Evagrius Scholasticus, 4, 23: *αἴλουρον, ἣν κάτταν ἡ συνήθεια λέγει.* Evagrius lebte in Epiphania in Cölesyrien und führte seine Geschichte bis zum Jahre 594; gegen das Jahr 600 also war der Ausdruck *κάττα* in Vorderasien schon ein gewöhnlicher. Das *συνήθεια* des Evagrius drückt im äussersten Westen der ungefähr gleichzeitige oder nur wenig spätere Isidorus durch *vulgus* aus, 12, 2, 38: *hunc* (*murionem) vulgus catum a captura vocant.* Auch sonst kommt das Wort in diesen Zeiten und mit jedem Menschenalter häufiger vor, s. Ducange. Es war eine in Italien gebildete Volksbenennung: das Thierchen, das Junge, wie man für Gans das Vögelchen, *auca*, für Schaf *la pecora* u. s. w. sagte. Wenigstens ist dies immer noch die wahrscheinlichste Herleitung. Ob aber nicht eine besondere Veranlassung vorlag, dass jetzt gerade ein ägyptisches Thier, an das die Griechen und Römer bisher nicht gedacht hatten, in den Häusern gewöhnlicher wurde, als früher? Die Geschichte schweigt davon, doch drängt sich folgende Vermuthung auf. Zur Zeit der Völkerwanderung überzog von Asien her ein bis dahin unbekanntes gefrässiges Nagethier, die Ratte, *mus rattus*, die Keller, Speicher und Wohnungen der europäischen Welt. Der Zeitpunkt ihres Erscheinens und die Richtung ihres Weges ist nicht überliefert, aber der Name Ratte findet sich schon in frühen althochdeutschen Glossaren, sowie in dem angelsächsischen des Älfric in England und ist also bedeutend älter, als Albertus Magnus, bei dem dies Thier von Naturforschern signalisirt worden ist. Zog es im Gefolge der Völkerströme in Europa ein, ward es im Herzen Asiens durch den Aufbruch türkischer Völker, z. B. der Hunnen, mitbeunruhigt? Als es den Osten Europas erreichte, müssen die Slaven sich bereits in Stämme gesondert haben, denn sie benennen es ungleich: der Pole sagt *szczur* (gleich ahd. *scëro* die Schermaus, der Maulwurf, also wie *talpa* = Maus), der Russe *krysa*, die Donauslaven wieder anders. Der deutsche Name Ratte, Ratz, ahd. *rato*, wird ein anlautendes *h* verloren haben und mit dem altslavischen *krŭtŭ*, russischen *krot*, der Maulwurf, lit. *kertùs*, die Spitzmaus, identisch sein. Altirisch hiess die Ratte fränkische Maus (Stokes, ir. gl. 248), sie war den Iren also vom Frankenlande zugekommen. Eine zweite, noch furchtbarere Invasion der Art hat Europa seit dem ersten Drittel des achtzehnten Jahrhunderts erlebt: da erschien die grosse Wanderratte, *Mus decumanus*, an der unteren Wolga, überzog mit allmähligem, oft eigensinnigem Vorrücken eine Stadt und Gegend nach der anderen, verbreitete sich mit Fluss- und Seeschiffen — denn sie hat eine Vorliebe für Wasserfahrten — und in den Revolutionskriegen mit den Magazinen der österreichischen und russischen Armeen über Deutschland und den Westen Europas und hat seit lange nicht bloss von Paris und London Besitz genommen (vielleicht zu Schiffe direkt von Ostindien), sondern im Wege des Handels auch die neue Welt jenseits des atlantischen Oceans erreicht, überall ihre schwächere Vorgängerin, die Hausratte des Mittelalters, ausrottend (s. v. Middendorff, Sibirische Reise, IV, S. 887 ff.). Auch die kleine, niedliche, naschhafte Hausmaus muss einst so aus dem südlichen Asien zu uns herübergekommen sein — fiel ihre Ankunft etwa mit dem Einbruch der Indoeuropäer zusammen? Noch andere Thiere, die dem Alterthum unbekannt waren, scheinen mit der Völkerwanderung oder mit dem Eindringen von Kultur und Strassen in den dunklen Osten Europas in den Gesichtskreis der Kulturvölker des Westens getreten zu sein, so der Dachs und der Hamster. Der Name des ersteren verbreitete sich von den Germanen her über das romanische Gebiet, dem das Thier bis dahin fremd gewesen zu sein scheint; der des letzteren, in Italien unbekannt, in Frankreich roh aus dem Deutschen herübergenommen: *le hamster*, von den Germanen einem slavischen Worte nachgesprochen, deutet auf einen von Osten gekommenen Erdbewohner, dem die Lichtung der Wälder durch den Ackerbau den Weg bahnte[91].

Den Germanen kam die Katze zu einer Zeit zu, wo die mythische Produktion, wenn auch geschwächt, doch nicht ganz erloschen war[92]). Die Katze wurde das Lieblingsthier der Freya, der Liebesgöttin, vielleicht in Vertretung des Wiesels. Grimm DM² 634: »der Freya Wagen war mit zwei Katzen bespannt. Katze und Wiesel galten für kluge, zauberkundige Thiere, die man zu schonen Ursache hat.« Im späteren Mittelalter verwandeln sich Hexen und Zauberinnen in Katzen, wozu das schleichende, nachtwandlerische Wesen, das dunkle Fell, die im Finstern unheimlich glühenden Augen des Thieres auch ohne Erinnerung an das Heidenthum Anlass geben konnten. Die märkische Sage bei Kuhn n⁰ 143a mag statt aller übrigen der Art dienen: »Am letzten April war ein Müllergesell noch spät Abends in einer Mühle beschäftigt, da kommt eine schwarze Katze zur Mühle hinein; er versetzt ihr einen Schlag auf den Vorderfuss, dass sie schreiend davonläuft. Andern Morgen, als er in das Haus des Müllers kommt, bemerkt er, dass dessen Frau mit gequetschtem Arm im Bett liegt, und erfährt, dass sie das seit gestern Abend habe, Niemand wisse woher. Da hat er denn gemerkt, dass die Müllerfrau eine Hexe war, und dass sie am vorigen Abend als Katze zum Blocksberg gewesen sein müsse.« Dass auch vornehme Weiber und Fürstinnen schon im eilften Jahrhundert Lieblingskatzen im Schoss hielten und mit Leckerbissen fütterten, beweist das Beispiel der Gemahlin des Kaisers Constantin Monomachus bei Tzetzes, Chil. 5, 522:

ὥσπερ γαλῆν κατοίκιον, γαλῆν τῶν μυοκτόνων
ἡ Μονομάχου σύζυγος ἡμῶν τοῦ στεφηφόρου u. s. w.

Noch jetzt ist das Thier im europäischen Osten und Süden und bei Morgenländern beliebter, als bei den Völkern germanischer Abkunft, in Russland giebt es keinen Kaufladen, an dessen Schwelle nicht eine wohlgenährte Katze im Halbschlummer blinzelnd läge. Auch in Frankreich ist die Katze die gern gesehene Freundin des Hauses und der Familien, und in Italien herrscht eine allgemeine Vorliebe für das feine, reinliche, graziöse Thier. »In mancher Kirche von Venedig bis Rom, erzählt Fridolin Hoffmann (Bilder römischen Lebens, Münster 1871), sah ich wohlgenährte Sakristei-Kater auf den Balustraden der Seitenaltäre oder selbst auf der Communionbank sitzen; sogar der Gottesdienst stört die Thiere nicht in ihrer Behaglichkeit. Ruhig schreiten sie mitunter hin, während der Klänge der Orgel, über den vordern hohen Theil der Kniebänke, und die Leute sind sogar so artig, ihre Hände mit dem Gebetbuch zu lüften, um den Spaziergänger ungehindert vorbeizulassen. Angesichts solcher Bevorzugung ist es also nicht zu verwundern, wenn selbst in sehr anständigen Wirthshäusern auf einmal eine oder zwei Katzen sich neben uns auf einem Sessel oder einer gepolsterten Bank niederlassen, behäbig spinnen oder sich mit der Schnauze seitwärts magnetisch reiben. Wie einzelne Menschen von diesem Thier in unbegreiflicher Weise angezogen werden, dafür ist der Berner Tagelöhner Gottfried Mind, der Katzen-Rafael, ein Beispiel. Er war als Knabe, wie später als Mann, stumpf für Alles und fast blödsinnig, nur das Leben und Treiben der Katzen beobachtete er mit Verständniss und Liebe und stellte es in Aquarellbildern meisterhaft dar (er starb 1814).

** Vor mehreren Jahren ist in Bubastis, *pe-Bast* »dem Ort der Bast«, der katzenköpfigen Göttin, welcher das Thier heilig war, ein Katzenfriedhof von ungeheurer Ausdehnung entdeckt worden. Hier traten auch unzählige Bronzestatuetten von Katzen in allen möglichen Stellungen zu Tage. Desgleichen wurden an zahlreichen anderen Orten Aegyptens Ueberreste der Katze, die in Aegypten theils begraben, theils mumificirt wurde, aufgefunden (worüber A. Wiedemann, Herodots II. Buch S. 283 ff.). Die Skelette dieser ägyptischen Katze wurden in der Berliner Gesellschaft für Anthropologie, Ethnologie und Urgeschichte (vgl. Verh. derselben 1889 S. 458 ff. und 552 ff.) der Gegenstand einer sehr eingehenden Discussion, an welcher sich R. Virchow, R. Hartmann, A. Nehring, H. Brugsch und W. Schwarz betheiligten. Es waren hier also der Naturforscher wie der Aegyptologe und der Mythenforscher vertreten. Zunächst sei aus dem Mittheilungen H. Brugsch's hervorgehoben, dass die Katze in Aegypten nicht erst unter der XII. Dynastie (oben S. 457) erscheint, sondern bereits in den »Inschriften der neu geöffneten Pyramiden aus der Zeit der V. und VI. Dynastie (angeblich unter der Bezeichnung *miu*, weiblich *miu-t*) vorkommt.« R. Virchow fasst die Hauptergebnisse seiner Untersuchungen in folgenden vier Sätzen zusammen: 1. Von den von Herrn Naville (dem Entdecker jenes Katzenfriedhofs in Bubastis) für Herrn Virchow gesammelten Knochen aus »Katzengräbern« von Bubastis gehört die grosse Mehrzahl zweifellos Wildkatzen und Ichneumonen an. Dagegen ist kein einziger Knochen von *Felis domestica* mit Sicherheit constatirt worden. 2. Die alten Wandgemälde lehren, dass gezähmte Wildkatzen und Ichneumonen von den Aegyptern als Jagdthiere, ähnlich wie Löwen und Leoparden, benutzt wurden. 3. Es ist ein strenger Unterschied zwischen bloss gezähmten und wirklich domesticirten Thieren zu machen. 4. Die altägyptischen Katzen waren gezähmte Wildkatzen. Für die Annahme einer wirklichen Domestication derselben fehlen vorläufig die Thatsachen. — Virchow bestreitet demnach auch die ägyptische Herkunft unserer Hauskatze, die vielleicht aus Asien oder gar aus Europa stamme, und glaubt namentlich durch die Ergebnisse seiner Forschung die Thatsache zu erklären, dass die Hauskatze im Abendland so spät erscheint, was bei der engen Verbindung Aegyptens mit dem Abendlande sonst nicht begreiflich wäre. Sicher ist jedenfalls, dass die gezähmte Wildkatze in dem alten Aegypten als Jagdgenosse des Menschen eine sehr bedeutende Rolle spielte. Mehrere Gemälde aus Theben stellen die *Felis maniculata* auf der Geflügeljagd in den Papyrus- und Lotossümpfen des Nils dar (vgl. Hartmann a. a. O. S. 555), und es ist daher ein echt ägyptisches Motiv, wenn auf einer Dolchklinge aus Mykenae die Katze in eben dieser Eigenschaft, von Papyruspflanzen umgeben dargestellt wird (vgl. Mittlg. des Instituts v. Athen VII. T. 8). Sollten auf den Münzen von Taras und Rhegion aus dem Ende des V. Jahrh. v. Chr. (vgl. oben S. 461 und Imhoof-Keller S. 7) wirklich Katzen abgebildet sein, so würde vielleicht ebenfalls an jene Verwendung des Thieres als Jagdgenosse des Menschen zu denken sein.

Eine gewisse Vermittlung zwischen der Anschauung Virchow's und der oben von H. vorgetragenen stellen die Ausführungen A. Nehring's dar (a. a. O. S. 558 ff.). Nach ihm stammen die jetzt in Europa vorkommenden Hauskatzen theils aus Asien, theils und zwar hauptsächlich aus Nordost-Afrika, eben von der *Felis maniculata* Rüpp. ab. Diese sei nach Europa eingeführt worden und habe in vielen Gegenden, namentlich in Deutschland Kreuzungen mit der europäischen Wildkatze erlitten; denn es sei unrichtig (oben S. 457), dass die Hauskatze nicht verwildere, im Gegentheil habe dieselbe eine grosse Neigung zur Rückkehr in den Naturzustand. Daneben seien in Aegypten noch andere grössere und stärkere Katzen-Species abgerichtet worden; aber eine dauernde Domestication sei nur bei der *Felis maniculata* gelungen. Hinsichtlich der Katzen von Bubastis, deren Alter weit zurückgehe, giebt er die Ansicht Virchow's zu. Für die späteren Fundorte wie Beni-Hassan und Siut nimmt er jedoch an, dass hier die Katze in einem mehr oder weniger vorgeschrittenen Zustand der Domestication gelebt habe. Auch ist nach F. Lenormant Zoologie historique. Sur les animaux employés par les anciens Égyptiens à la chasse et à la guerre (Comptes rendus des sciences T. LXXI S. 66) auf ägyptischen Bildwerken bereits der häusliche Kampf von Katzen mit »Ratten« (oder sind es nicht vielmehr Mäuse? sonst wäre in Aegypten die Anwesenheit der Ratte viel früher als in Europa bezeugt) wiederholt dargestellt.

Um das späte Auftreten der Hauskatze in Europa zu erklären, bliebe dann nur die Berufung auf die grosse Heiligkeit des Thieres, die dem Export im Wege stand, übrig.

Ueber das erste Erscheinen der Hauskatze in den klassischen Ländern hat K. Sittl in Wölfflin's Archiv V. 133 ff. gehandelt. Er möchte sogar in der oben S. 462 angeführten Stelle des Palladius noch nicht die zahme Hauskatze erblicken, sondern deutet die *catti* vielmehr auf Frettchen, die die spanischen Bauern benutzt hätten, um Maulwürfe (*talpa*) auszugraben. Sicher ist jedenfalls, dass *cattus, catta* auf römischem Boden auch für wilde katzenähnlichen Thiere gebraucht wurde (vgl. Sittl a. a. O. S. 134). In den lateinischen Glossen (vgl. G. Goetz Thesaurus I, 190) werden diese Wörter mit αἴλουρος, αἰλουρίς, ἰχνεύμων, einmal auch mit ags. *merth* (Marder) wiedergegeben. Bezeichnend hierfür ist auch ein neben *cattus* = Katze liegendes zweites *cattus* (vgl. Du Cange II[2]), welches ein Kriegswerkzeug, eine Art von Laufganghütten bezeichnete, unter derem Schutze man sich den feindlichen Mauern näherte. Diese Kriegsmaschine findet sich schon bei dem Kriegsschriftsteller Vegetius, der auch sonst Barbarismen zeigt (*burgus, drungus*), erwähnt. Es heisst lib IV, cap. 15 nach der wahrscheinlichsten Lesart: *vineas dixerunt veteres, quas nunc militari barbaricoque usu cattos vocant.* Demnach hätten diese Laufganghütten schon im IV. Jahrhundert *catti* gehiessen, wobei man natürlich auch eher an ein wildes Thier (vgl. *cuniculus* und *musculus*), als an unsere zahme Hauskatze denken wird. Die erste sichere Spur der Hauskatze findet Sittl erst in der Biographie des Papstes Gregors des Grossen von dem Diacon Johannes (um 600): *Nihil in mundo habebat praeter unam cattam, quam blandiens crebro quasi cohabitatricem in suis gremiis refovebat.* Von nicht geringerer Bedeutung ist aber eine zweite ungefähr derselben Zeit angehörige Stelle aus des Euagrius Historia ecclesiae VI Cap. 23 (vgl. oben S. 462). Hier wird von dem Säulenheiligen Symeon folgendes erzählt: ἀνήχθη δὲ κατὰ τὸν κίονα ἐξ αἰτίας τοιᾶσδε. ἔτι σμικρὸν κομιδῆ τὴν ἡλικίαν ἄγων, κουρίζων τε καὶ ἀλλόμενος ἀνὰ τὰς κολωνὰς τοῦ ὄρους περιῄει. καὶ περιτυχὼν πάρδῳ τῷ θηρίῳ τὴν ζώνην περὶ αὐχένα βάλλει, καὶ ἐκ ῥυτῆρος ἦγε, τῆς φύσεως ἐπιλαθόμενον, καὶ ἀνὰ τὸ οἰκεῖον ἤγαγε φροντιστήριον. ὅπερ ἑωρακὼς ὁ τοῦτον μαθητεύων αὐτὸς ἐπὶ τοῦ κίονος ἑστώς, ἐπυνθάνετο τί ἂν εἴη τοῦτο. ὁ δὲ ἔφη α ἴ λ ο υ ρ ο ν ε ἶ ν α ι, ἣν κ ά τ τ α ν ἡ σ υ ν ή θ ε ι α λ έ γ ε ι. ἐντεῦθεν τεκμηράμενος πηλίκος ἔσται τὴν ἀρετήν, ἐπὶ τοῦ κίονος ἀνήγαγεν. Der fromme Knabe führte also den Panther wie ein zahmes Hauskätzchen an einem Halsband umher und bezeichnet das Thier als einen αἴλουρος, den man für gewöhnlich (*vulgo*) κάττα nenne, woraus wir zugleich lernen, dass der letztere Ausdruck mehr in den unteren Schichten als in der guten Sprache lebte.

Wo aber ist nun der Ausgangspunkt des Wortes *cattus* zu suchen? Die oben S. 462 angeführte Deutung ist nicht annehmbar, da die an dieser Stelle angenommene Entstehung von *cattus* aus *catulus* lautgeschichtlich unmöglich ist. Wohl aber dürfte *cattus, catta* in den nordeuropäischen Sprachen wurzeln. Hier ist zunächst ein urkeltisches **kattâ*, **katto-s* anzusetzen, aus dem die historischen Formen altir. *cat*, cymr. *cath*, corn. *kat*, bret. *caz* durch alte Lautwandlungen hervorgegangen sind, und auch sonst fehlt es nicht an Anzeichen für das uralte Vorhandensein dieses Wortes auf keltischem Boden (vgl. Thurneysen Kelto-Romanisches S. 62, Stokes Urkeltischer Sprachschatz S. 67). Dieselbe Sippe kehrt, wie ahd. *kazza*, mhd. *katze*, mnd., mndl. altfries. *katte*, altn. *köttr*, schwed. *katt, katta*, dän. *kat*, ags. *catte* (vgl. Palander Althochdeutsche Tiernamen S. 52) zeigen, in allen germanischen Mundarten mit Ausnahme des Gothischen wieder, wo es, da Katzen in der Bibel nicht vorkommen, naturgemäss nicht belegbar ist. Dazu weisen mittelengl. *chitte*, nhd. *kitze*, nord. *ketlingr*, die in Ablautsverhältniss zu *chazza* zu stehen scheinen, und die uralte ahd. Maskulinbildung *chataro* (vgl. F. Kluge in Paul und Br. B. XIV, 585) sehr alterthümliche, kaum auf Entlehnung hindeutende Bildungen auf.

Dies zusammengenommen mit den obigen Ausführungen über *cattus* »Laufganghütte« (*usu barbarico*) macht es wahrscheinlich, dass *cattus, catta* Katze im Lateinischen ein keltisch-germanisches Lehnwort ist, das, wie der Name des Marders (Bezzenbergers B. XV. S. 130), des Dachses, des Bibers (*biber*) — vgl. aus früherer Zeit *alces, urus, vison* und ferner die oben S. 375 besprochenen Ausdrücke der Falkenjagd — auf romanischen Boden überging und hier allmählich zur deutlicheren Benennung der mehr und mehr bekannt werdenden Hauskatze benutzt wurde. Natürlich hatte das Wort im Norden von Haus aus die wilde Katze oder ein anderes katzenartiges Thier benannt, und mit Recht hat W. Schwartz (a. a. O. S. 462) darauf hingewiesen, dass die oben S. 464 genannten mythologischen Vorstellungen der Germanen zunächst an einem solchen hafteten. — Vgl. noch B. Placzek, Wiesel und Katze (Sonderabdr. a. d. XXVI. B. d. Verh. d. naturf. Vereins in Brünn) 1888 und E. Hahn Die Hausthiere S. 237 ff.

Was das ahd. *rato, ratta*, mhd. *ratze* betrifft, das aus den slavo-lit. Wörtern (oben S. 463) nicht abgeleitet werden kann, so ist eine sichere Erklärung noch nicht gefunden. Nach Ascoli (vgl. Palander a. a. O. S. 74) wäre von den romanischen Formen ital. *ratto* (nach A. aus lat. *rapidus* schnell, flink), span. ptg. *rato*, frz. *rat* auszugehen, so dass Wort und Thier aus Italien stammten. Ueber die keltischen Wörter bret. *raz*, mtlir. *rata*, neuir. gäl. *radân* vgl. Thurneysen, Kelto-Rom. S. 75. In den romanischen Sprachen begegnet ausser frz. *rat*, it. *ratto*, venetianisch *pantegána*, friaul. *pantiane*, das Ascoli als Fettwanst, O. Keller, Lat. Volksetymologie S. 318 als »pontische Maus« deutet.

Ueber das Alter des Hamsters in Europa besitzen wir jetzt eine besondere Arbeit A. Nehrings: Ueber pleistocäne Hamster-Reste aus Mittel- und Westeuropa (Jahrbuch d. K. K. geol. Reichsanstalt 1893, 43. Band, 2. Heft). Hiernach erstreckt sich das heutige Verbreitungsgebiet des gemeinen Hamsters von den Vogesen und den östlichen Theilen Belgiens durch Deutschland, Oesterreich-Ungarn, das mittlere und südliche Russland bis in das südliche Westsibirien hinein. »In Deutschland liebt der gemeine Hamster gewisse Distrikte, z. B. die Provinz Sachsen und die angrenzenden Theile des Herzogthums Braunschweig, soweit sie unbewaldet sind. In anderen Gegenden Deutschlands kommt er nur selten vor, wie z. B. in Oberschwaben, in noch anderen z. B. in Westfalen, Provinz Posen, West- und Ostpreussen fehlt er vollständig. Die nordischen Länder Europas (Dänemark, Skandinavien, Nordrussland) werden von dem Hamster nicht bewohnt; ebenso fehlt er heutzutage westlich und südwestlich von der oben angegebenen Grenze, also in Holland, dem grössten Theil von Belgien, in Frankreich.« Auch in Südeuropa kommt der Hamster nicht vor. Auf seinem heutigen Verbreitungsgebiet aber ist das zu den sesshaft lebenden Nagern gehörige Thier nach Ausweis seiner fossilen Reste schon während der Quartär- oder Diluvial-Zeit heimisch gewesen, ja es hat in der Pleistocänzeit eine weitere Verbreitung nach Westen und Südwesten (Frankreich, Schweiz, Oberitalien) als gegenwärtig gehabt. Die Ansicht Hehns von dem sehr späten Eindringen des Hamsters in Europa (oben S. 463) wird daher von N. als unrichtig zurückgewiesen und angenommen, dass der gemeine Hamster schon im Laufe der jüngeren Pleistocänzeit aus Osteuropa nach Mittel- und Westeuropa vorgedrungen sei. Der Einwurf, dass der Hamster wie Frankreich, so auch unser Vaterland (etwa während der grössten Ausbreitung der germanischen Urwälder) gänzlich verlassen haben und erst in historischer Zeit aus dem Osten zurückgekehrt sein könne, wird von Nehring (Tundren u. Steppen, Berlin 1890 S. 201) mit Berufung auf zahlreiche subfossile, der Zeit des germanischen Urwalds angehörige Hamsterreste zurückgewiesen.

Mit den angeführten naturwissenschaftlichen Thatsachen stimmt es überein, dass ein griechischer und lateinischer Name des Hamsters nicht existirt, dass die Franzosen das Thier *marmotte d'Allemagne* nennen, und dass im Althochdeutschen, Altpreussischen, Litauischen und Slavischen eigene, wenn auch dunkle Namen des Thieres vorhanden sind. Vgl. dieselben Anm. 91. Was das ahd. *hamastro, hamistro* betrifft, so ist zu betonen, dass dasselbe in der älteren Zeit ausschliesslich *curculio*, Kornwurm bedeutet (vgl. Graff, Ahd. Sprchsch. IV.). Darf man hieraus folgern, dass dies die älteste und einzige Bedeutung von ahd. *hamastro* war, die auf den Hamster erst übertragen wurde, als das Thier in Folge der Ausrodung der Wälder und der Zunahme des Ackerbaues an Bedeutung gewann, so würde ein Zusammenhang des deutschen Wortes mit den slavischen Wörtern (Anm. 91) sehr unwahrscheinlich sein.

Auch der Dachs existirte, nach einer brieflichen Mittheilung A. Nehring's, in Mittel- und Westeuropa schon seit der ältesten Diluvialzeit. Die Namen des Thieres vgl. Anm. 91.

Der Büffel.

In Folge der Völkerwanderung vermehrte sich auch die Familie der Rinder, dieses Urthieres der aus der Wildheit sich erhebenden Menschen, um einen aus dem fernen Süden gekommenen Verwandten, den schwarzen, tückisch blickenden, mit mächtiger Zugkraft begabten Büffel. Er lebt jetzt in den feuchten, heissen Malaria-Ebenen Italiens, in deren Schlamm ihm wohl ist und deren giftige Dünste er nicht fürchtet: in den toskanischen Maremmen, in den Niederungen der Tibermündung, in den pontinischen Sümpfen, bei Pästum, in der Basilicata, in den Landes der Gascogne, in manchen Gegenden Ungarns u. s. w. Gleich ungeheuren Schweinen wälzen sich die pontinischen Büffel in dem baumhohen Schilfe, beim Geräusch des Wagens stillhaltend und den vorüberziehenden Reisenden dumm anstierend, oder stecken, gesichert vor den Stichen der Bremsen, bis an die Nüstern im Schlamme der Sümpfe. Der Büffel wird benutzt wie das gemeine Rind, zieht den schweren Pflug, den hochgethürmten Erntewagen, den gewaltigen, mit Steinen beladenen zweirädrigen Karren, liefert Milch und sehr geschätzten Käse (die in Neapel sogenannten *muzzarelli*) und nach dem Tode das grobe Fell zu dem schwersten derben Leder. Auch im Morgenlande fand Niebuhr dies Thier sehr verbreitet, Beschreibung von Arabien, Kopenhagen 1772, S. 165: »Den Büffelochsen findet man in den Morgenländern fast in allen sumpfigen Gegenden und bei grossen Flüssen und daselbst gemeiniglich in grösserer Menge als das gemeine Hornvieh. Die Büffelkühe geben mehr Milch und die Büffelochsen sind zur Arbeit wenigstens eben so geschickt als die gemeinen. Ich sah Büffel in Aegypten, auf der Insel Bombay, bei Surat, am Euphrat, Tigris, Orontes, zu Scanderone u. s. w. Ich erinnere mich nicht, sie in Arabien gefunden zu haben, und da ist für dieses Thier auch zu wenig Wasser. Das Fleisch der Büffelochsen schmeckte mir nicht so gut als anderes Ochsenfleisch. Es ist härter und grobfäsriger.« Während der unaufhaltsame Kulturprocess die königlichen eigenwilligen, wüthenden Bewohner der europäischen Wälder, den Ur und den Bison, bis auf einen geringen Rest vertilgt hat, brachte das Völkergedränge diesen Fremdling von den Grenzen Ostindiens bis an die Südküsten Italiens. Dort in Arachosien, nach dem heutigen Kabul zu, kennt Aristoteles einen wilden Ochsen, der der Beschreibung des Meisters nach kein anderer, als unser heutiger Büffel gewesen ist, anim. 2, 1 (II, 4): *ἐν Ἀραχώταις, οὗπερ καὶ οἱ βόες οἱ ἄγριοι· διαφέρουσι δ' οἱ ἄγριοι τῶν ἡμέρων ὅσον περ οἱ ὗες οἱ ἄγριοι πρὸς τοὺς ἡμέρους· μέλανές τε γάρ εἰσι καὶ ἰσχυροὶ τῷ εἴδει καὶ ἐπίγρυποι, τὰ δὲ κέρατα ἐξυπτιάζοντα ἔχουσι μᾶλλον.* Von dort her müssen sich in den folgenden Jahrhunderten die Büffel weiter durch Asien verbreitet haben; in Italien zeigten sie sich zuerst gegen das Jahr 600 nach Chr. unter der Regierung des longobardischen Königs Agilulf, Paul. Diac. 4, 11: *tunc primum caballi silvatici et bubali in Italiam delati Italiae populis miracula fuerunt*[93]). Wir müssen dem longobardischen Mönche für diese Nachricht dankbar sein, denn wie selten lassen sich die Geschichtsschreiber, die mit Kriegszügen und Thronstreitigkeiten alle Hände voll zu thun haben, herab, uns einen kulturhistorischen Brocken zuzuwerfen, — hätten aber doch etwas nähere Auskunft gewünscht. Waren diese *bubali* etwa die *uri* und *bisontes* der europäischen Wälder? Schwerlich, denn diese mussten doch schon viel und oft in Italien gesehen worden sein und hätten weder bei Römern noch bei Longobarden Verwunderung erregt. Wenn es aber wirkliche Büffel waren, — woher und auf welchem Wege kamen diese Bewohner warmer Landstriche in das ferne, kalte Europa? Zu Schiffe konnten sie nicht eingeführt sein. Da sie in Gesellschaft wilder Pferde erschienen, so scheint uns wahrscheinlich, dass sie ein Geschenk des Chans der Awaren an den Longobardenkönig waren; denn dies Nomadenvolk türkischen Stammes, das damals an der Donau hauste und in furchtbaren Verheerungszügen das römische Reich heimsuchte, stand mit dem longobardischen Hofe in freundlichen Beziehungen. Schickte König Agilulf dem Chan der Awaren Schiffsbaumeister, die ihm die Fahrzeuge zur Eroberung einer Insel in Thrakien stellten, so konnte Jener wohl Produkte aus dem Herzen Asiens als Gegengabe bieten. So sind die schwarzen, nackten, schwerwandelnden Büffel, die in so charakteristisch asiatischer Weise von flüchtigen Hirten zu Pferde mit der langen Pike im Steigbügel umkreist und in Ordnung gehalten werden, noch lebendige Zeugen jener furchtbaren Zeiten, wo die unermessliche östliche Landmasse, mit der die Halbinsel Europa ohne andere Schutzwehr als die Entfernung zusammenhängt, ihre Horden ausspie, um wo möglich alle Menschlichkeit, das Werk und den Gewinn langer veredelnder Arbeit, bis auf die Wurzel zu vertilgen. Dass die ganzen und halben Nomaden, die sich in dem schönen, fruchtbaren, einst hochkultivirten Pannonien wechselweise lagerten und verdrängten, neue Rindviehracen mitbrachten und vielleicht vortheilhaftere, als das Alterthum sie aus der Ueberlieferung der Vorwelt besass, lag in der Natur der Dinge; eben so dass diese auch in Italien einwanderten und ihren Stamm daselbst behaupteten, nachdem die Völkerwoge, die sie herbeigetragen hatte, längst abgeflossen war. Die dreifache Race der südrussischen Steppen, einer klassischen Rindviehgegend, ist ein Niederschlag von eben so viel Nomaden-Einbrüchen. Der sogenannte ukrainische oder podolische oder ungarische Ochs, gross, grauweiss, hochbeinig, langgehörnt, reich an Talg und Fleisch, das Zugthier der Lastwagen und Frachtfuhren, die die Steppe oft hunderte von Wersten weit durchziehen, findet seinen Verwandten in der südlich vom Po durch Mittelitalien herrschenden grossen weisslichen Art mit den langen von einander abstehenden Hörnern, die auch nach Spanien und Algier übergegangen ist. Da schon Varro sagt 2, 5, 10: *albi in Italia non tam frequentes, quam qui in Thracia ad μέλανα κόλπον, ubi alio colore pauci*, so könnte dies das skythische Vieh gewesen sein, gekommen mit den iranischen Weidevölkern und durch Gothen oder Longobarden nach Italien verschlagen. Eben daher würde die euböische Race stammen, die gleichfalls weiss war, Ael. h. a. 12, 36: *καὶ ἐν Εὐβοίᾳ δὲ οἱ βόες λευκοὶ τίκτονται σχεδὸν πάντες, ἔνθεν τοι καὶ ἀργίβοιον ἐκάλουν οἱ ποιηταὶ τὴν Εὔβοιαν*, denn Euböa stand frühe mit Thrakien und überhaupt dem Norden in Verbindung. Indess ist das skythische Vieh bei Herodot *κόλον* und bei Hippokrates *κέρεος ἄτερ* und gleicht also dem kleinen germanischen, dem nach Tacitus die Glorie der Stirne fehlt. Vielleicht also ist der zweite südrussische Schlag, das kleinere, rothe, eigentliche Steppenvieh, ein Abkömmling jener altskythischen Heerden, während die dritte Race, das sogenannte kalmükische Vieh, wie der Name sagt, die tatarischen oder gar erst die mongolischen Horden in den Westen begleitet hat. Im Italien des Varro war die gallische (also mit den Galliern eingezogene?) Race vorzüglich zur Feldarbeit geeignet, in dem des Plinius galt das kleine, unansehnliche Alpenvieh für das milchreichste, 8, 179: *plurimum lactis Alpinis quibus minumum corporis,* wie auch bei Columella 6, 24, 5 die Altinischen Kühe im Veneterlande *humilis staturae, lactis abundantes* waren. Noch zu des Ostgothen Theodorich Zeit war das tyrolische Vieh klein aber kräftig; als die Alemannen, von dem Frankenkönig Chlodwig aufs Haupt geschlagen, auf gothischem Gebiet Schutz suchten und zum Theil in Italien angesiedelt werden sollten, da waren die Rinder der Flüchtlinge von der langen eiligen Wanderung ermüdet und konnten nicht weiter, und der König befahl den norischen Provincialen, die grossen alemannischen Thiere gegen ihre kleinen einzutauschen, womit beiden Theilen geholfen sein werde, Cassiod. Varr. 3, 50: *Provincialibus Noricis Theodor. R. . . . . . . decrevimus, ut Alamannorum boves, qui videntur pretiosiores propter corporis granditatem, sed itineris longinquitate defecti sunt, commutari vobiscum liceat, minores quidem membris, sed idoneos ad labores: ut et illorum profectio sanioribus animalibus adjuvetur et vestri agri armentis grandioribus instruantur. Itaque fit ut illi acquirant viribus robustos, vos forma conspicuos.* Der grosse alemannische Schlag konnte von den gallisch-römischen Ansiedlern innerhalb des *limes* herrühren, deren Städte und Höfe die Alemannen erst beraubt und verheert und dann in Besitz genommen hatten. Das hornlose Vieh ist jetzt in Deutschland überall durch die Kultur ausgerottet, findet sich aber noch in Skandinavien, von wo es durch den Verkehr des Mittelalters auch in die Gegenden am weissen Meer gekommen ist. Das älteste europäische Rind mag zur Zeit der Römer noch in dem ligurischen erhalten gewesen sein, welches für schwächlich und elend galt (Varro nennt die dortigen Ochsen *nugatorii*), und dessen Reste wir vielleicht noch aus dem Grunde der Pfahlbauten ans Licht schaffen. In den Rindviehracen, deren Vertheilung und Ankunft in Europa ist noch viel zu untersuchen und vielleicht zu — finden. Dass unser zahmer Ochse von dem Auerochsen der Urzeit stammt, leidet keinen Zweifel, aber die Zähmung geschah schwerlich auf europäischem Boden.

** Ueber das Rind der Pfahlbauten vgl. Rütimeyer, Die Fauna der Pfahlbauten S. 130 ff. Einen Ueberblick über den gegenwärtigen Stand der naturwissenschaftlichen, den Ursprung der Rindviehracen betreffenden Fragen erhält man durch A. Otto, Zur Geschichte der ältesten Hausthiere, Breslau 1890 S, 61 ff. Ein Anlass, auf diese Dinge hier einzugehen, liegt nicht vor. Von historischem Standpunkt handelt über Auerochs, Urusstier und Büffel O. Keller, Thiere des klassischen Alterthums, Innsbruck 1887 S. 53—65.

Der Hopfen.

(Humulus Lupulus L.)

Der grosse Linné behauptete im Jahre 1766 (in einer der in die Amoenitates academicae aufgenommenen Dissertationen, T. 7, diss. 148: *necessitas historiae naturalis Rossiae*, § 11) unter anderen Küchengewächsen, wie *Spinacea oleracea*, *Atriplex hortensis*, *Artemisia dracunculus* u. s. w., sei auch der Hopfen zur Zeit der Völkerwanderung hinten weit aus Russland in das eigentliche Europa eingewandert: *ignotae fuere veteribus et introductae seculis barbaris, dum Gothi nostrates occupabant Italiam, qui sine dubio secum attulere in Italiam plantas suas oleraceas et culinares* Dass der Hopfen jetzt an Hecken und in Wäldern wild wächst, wäre keine Instanz gegen diese Vermuthung: ein soviel angebautes Gewächs, vorausgesetzt, dass Klima und Boden ihm sonst zusagten, konnte als Flüchtling den Weg leicht auch in solche Gegenden finden, wo es vorher nie von Menschenhand angepflanzt worden. Gewiss sind nur folgende drei Sätze: 1) dass die Alten nie von einer ähnlichen Pflanze gehört hatten, deren Blüten einen angenehmen Zusatz zum Biere geben; 2) dass die Denkmäler des frühesten Mittelalters, in denen das Bier und die Produkte südlicher Gärten oft genannt werden, nirgends bei solcher Gelegenheit des später so unentbehrlichen Hopfens Erwähnung thun; endlich 3) dass in manchen Ländern Europas, wie England und Schweden, der Gebrauch, Hopfen zum Biere zu thun, erst gegen Ausgang des Mittelalters oder gar erst im Laufe des 16. Jahrhunderts auftritt und allmählig allgemeiner wird.

In der lex salica und in den Verordnungen Karls des Grossen suchen wir vergeblich nach einer Andeutung dieser Pflanze und ihres Anbaues; eben so wenig nennt sie kurz vor der Mitte des 9. Jahrhunderts der Oberdeutsche Walafridus Strabo in seinem *hortulus*.

Um dieselbe Zeit aber tauchen aus anderen Gegenden die ersten Spuren derselben auf. In einem Schenkungsbriefe des Königs Pipin, Vaters Karls des Grossen, vom 17. Jahr seiner Regierung an die Abtei St. Denys (bei Doublet, histoire de l'abbaye de S. Denys, Paris 1625, 4°, p. 699) vergiebt der König dem Stifte *Humlonarias cum integritate*, worin man das mittellateinische *humlo* der Hopfen finden kann; indess ist dies dort ein Eigenname neben vielen anderen, den eine Oertlichkeit oder ein Besitzthum führt, und die Lautähnlichkeit ist vielleicht nur zufällig. Aber in dem Polyptychon des Irmino, Abtes von St. Germains-des-Prés, das in den ersten Jahren des 9. Jahrhunderts, noch vor dem Ableben Karls des Grossen aufgesetzt ist, werden häufig Zinsabgaben von Hopfen erwähnt, der in dem Text *humolo, humelo, umlo,* zwei Mal auch *fumlo*, genannt wird (s. Guérard, Polyptyque de l'abbé Irminon, Paris 1844, 4°, 1, 2, p. 714). Nur wenige Jahre später werden in den Statuten des Abtes Adalhardus von Corvey vom Jahre 822 (bei d'Achery, Spicilegium, Paris 1723, fol., T. I., Statuta antiqua abbatiae S. Petri Corbeiensis, lib. 1, cap. 7, p. 589) die Müller von der Arbeit mit Malz und Hopfen oder von der Lieferung des letzteren befreit: *et ideo nolumus ut (molinarius) ullum alium servitium nec cum carro nec cum caballo nec manibus operando nec arando nec seminando nec messes vel prata colligendo nec braces faciendo nec humlonem nec ligna solvendo nec quidquam ad opus dominicum faciat.* In den Urkunden des Stifts Freisingen (bei Meichelbeck, Historia Frising. I, Pars instrumentaria) kommen schon zur Zeit Ludwigs des Deutschen in der Mitte und der zweiten Hälfte des 9. Jahrhunderts nicht selten Hopfengärten, humularia, vor, die also auch in jener oberdeutschen Gegend schon Brauch geworden waren. In den folgenden Jahrhunderten wird der Hopfenbau immer allgemeiner in Deutschland, und je weiter in der Zeit, desto häufiger erscheint die Steuer an Hopfen in Zinsbüchern und der Hopfengarten unter den Bestandtheilen der durch Kauf oder Schenkung in andere Hand übergehenden Grundstücke. Die Pflanze ist der Aebtissin Hildegard, dem Albertus Magnus bekannt, ihr Anbau so verbreitet, dass er dem Sachsenspiegel, Schwabenspiegel u. s. w. Anlass zu ausdrücklichen Rechtsbestimmungen giebt. Auch in den Gegenden mit slavischer Bevölkerung, Schlesien, Brandenburg, Mecklenburg, ist seit der Zeit, wo sie uns näher bekannt werden, die Hopfenabgabe ganz gebräuchlich, wie eine flüchtige Durchsicht der einschlagenden Urkundenbücher lehrt. Nach Stenzel, Geschichte Schlesiens, 1, 301, findet sich die erste Erwähnung, dass

Hopfen in Schlesien angebaut wurde, im Jahre 1224. In Folge der Beimischung dieses bitteren Aromas wurden die Biere haltbarer, konnten weit verfahren werden und bildeten allmählig den Gegenstand lebhaften Binnenhandels zwischen den Braustätten und entlegenen Consumtionsbezirken. Besonders Flandern und Norddeutschland enthielt solche wegen des Hopfenbieres berühmte und durch Bierhandel sich bereichernde Städte. Unter den ersteren ragte z. B. Gent hervor, dessen bürgerliche Bierbrauer, die beiden Arteveldt, Vater und Sohn, es mit Königen aufnahmen, unter den letzteren z. B. Eimbeck; der baierische Name Bockbier, eine Verstümmelung aus Eimbeck-Bier, erhält noch das Andenken daran (Schmeller, 1, 151 f., der noch von einer lächerlichen Fortzeugung des Irrthums berichtet: »als Gegenstück zu diesem stärker stossenden Bock ging, besonders aus den Bräuhäusern der Jesuiten, die etwas sanftmüthigere Gaiss hervor.«) Wie spät verhältnissmässig der Hopfen aus Deutschland in die Nachbarländer gekommen, lehren die Belege und Ausführungen bei Beckmann, Beyträge 5, 222, nach England z. B. nicht vor Heinrich VIII. und Eduard VI. Von Alters her waren andere Zusätze üblich gewesen, Eichenrinde, Baumblätter, bittere Wurzeln, wilde Kräuter mancherlei Art, in Schweden z. B. die Schafgarbe, *Achillea millefolium*, oder die Pflanze, die dort Pors, in Deutschland Porsch, Porst, Post, *Ledum palustre*, genannt wird. Dass schon zu Hecatäus' Zeit die Päonier in Thrakien eine Art Bier mit Zusatz von κονύζη brauten, ist bei früherer Gelegenheit bemerkt worden (S. 145); aber was die Päonier in so hohem Alterthum unter *conyza* verstanden — für die spätere Zeit deutet man diesen Namen als *Erigeron viscosum*, *Inula viscosa* oder *graveolens* u. s. w. — lässt sich natürlich nicht mehr ausmachen.

War aber die Pflanze wirklich erst durch die Völkerwanderung ins westliche Europa gekommen, und wo wurde sie zuerst zur Würze des Bieres verwandt? Da die Geschichte uns die Antwort versagt, so sind wir auch diesmal genöthigt, mit Gegenüberstellung der Namen in den verschiedenen Sprachen uns zu helfen. Aber auch diese scheinen uns diesmal nur necken und in die Irre führen zu wollen. Halbe Uebereinstimmungen, mögliche Uebergänge locken zur Verknüpfung an; Unsicherheit gebietet, dieselbe wieder fallen zu lassen; entschliesst man sich, einen Ausgangspunkt zu fixiren, so spinnt sich von daher der Faden leidlich fort, aber eben so wohl liesse sich auch das letzte Glied zum ersten machen und der Wanderung und Entwickelung des Wortes die umgekehrte Richtung geben.

Die einfachste Form, die man desshalb versucht ist, an die Spitze zu stellen, ist das niederdeutsche und niederländische *hoppe, hop* der Hopfen. Es kommt schon in den Glossen des Junius bei Nyerup, Symbolae ad lit. teuton. antiquior., vor, die von Graff ins achte bis neunte Jahrhundert gesetzt werden: *hoppe timalus* (verschrieben oder verlesen statt *humalus?*), *feldhoppe bradigalo (bryonia?* wofür merkwürdiger Weise bei Dioscor. 4, 182 ein dakisches *πριαδήλα*). Dass dies *hoppe*, wie Weigand im Wörterbuch vermuthet, selbst erst aus mittellat. *hupa* entstanden sei, hat keine Wahrscheinlichkeit; *hupa* findet sich nach Du Cange nur in einer Quelle, die selbst dem Boden der Niederlande angehört, und ist schwerlich mehr als Latinisirung des deutschen Wortes. Eine Etymologie liesse sich in dem Verbum hüpfen, hoppen, finden; aber eine von Ast zu Ast springende Pflanze statt einer rankenden scheint keine natürliche Vorstellung und Benennung. Doch welches auch seine Herkunft sei, aus diesem *hoppe* entstand eine Verkleinerungsform mit hinzutretendem *l*, aus der sich das französische *houblon* für *houbelon*, so wie das mittellat. *hubalus* (bei Kleinmaryn, Juvavia, Diplomatischer Anhang, S. 309; *duos modios hubali*) erklärt. Weiter in Italien, wo die Pflanze weder angebaut noch gebraucht wurde, verwuchs der fremde Name mit dem Artikel zu dem italienischen *lupolo, luppolo*, aus welchem Vulgärwort dann im spätern Mittellatein das gerade bei italienischen Schriftstellern auftretende *lupulus* der Hopfen entstand. Bei der Abhängigkeit der mittelalterlichen Botanik von der gleichsam mit kanonischem Ansehen bekleideten griechisch-römischen Literatur suchte man nach einem ähnlich klingenden Pflanzennamen bei den Alten und fand ihn auch glücklich bei Plinius 21, 86: *secuntur herbae sponte nascentes quibus pleraeque gentium utuntur in cibis .... In Italia paucissimas novimus, fraga, tamnum, ruscum, batim marinam, batim hortensiam, quam aliqui asparagum gallicum vocant, praeter has pastinacam pratensem, lupum salictarium, eaque verius oblectamenta quam cibos.* Also: wildwachsende, zur Speise dienende Pflanzen giebt es in Italien wenige, darunter auch ein im Weidengebüsch wachsender *lupus*; doch gewähren sie mehr eine Art Naschwerk oder Delikatesse, als eine Nahrung. Vielleicht ist dies derselbe *lupus*, den Martial 9, 26, 6 erwähnt:

Appetitur posito vilis oliva lupo —

d. h. wenn uns *lupus* vorgesetzt wird, verlangen wir nach der gemeinen Olive; der *lupus* war also eine nicht geschätzte Würze der Tafel. Dass er eine rankende Pflanze gewesen, ist nicht gesagt, und wenn der Name sich nicht zum mittellateinischen *lupulus* halten liesse, würde Niemand auf den Hopfen gerathen haben. — Bei dem leichten Uebergange des *b*, *p* in *m*, zumal vor folgendem *l*, entwickelte sich aber aus *hupa*, *hubalus*, *hubelo* auch ein mittellateinisches *humlo humulus* und dies ist seit dem Ende des achten Jahrhunderts der gewöhnlichste und am weitesten verbreitete Ausdruck, der mit dem Hopfen selbst nach Norden und Osten wanderte. Altnordisch wurde daraus *humall*, finnisch und estnisch *humala*, *humal*, bei allen Slaven *chmeli*, *chmèlĭ*, magyarisch *komló*, neugriechisch *χουμέλι*, walachisch *hemeju* u. s. w. So würde das Wort selbst in seinen Transformationen auf Ausgang der Sitte vom Niederrhein weisen; die deutschen Franken oder schon die keltischen Belgier wären die Erfinder des bitteren Trankes und Linnés Hypothese ergäbe sich als grundlos.

Wie aber, wenn vielmehr das slavische *chmelĭ* das Grundwort, der Ahnherr aller übrigen Namen wäre? könnte es nicht in slavischer Lautbildung (ch für s) das griechische *σμίλαξ*, *σμῖλος* sein, welches zwar nicht unser Hopfen, aber doch eine rankende Pflanze ist (bei Theophrast *ἐπαλλόκαυλος* und *βοτρυώδης*, von Hesychius erklärt: *κιττοειδὲς φυτὸν ἑλισσόμενον· ἕρπει δὲ ἀεὶ πρὸς τὸ ὕψος*, bei Diodor 20, 41 mit dem Epheu zusammengestellt: *κιττῷ καὶ σμίλακι*) und zugleich eine rauhe (*σμίλαξ τραχεῖα* bei Dioskorides)? Beachtenswerth ist die allgemeine Bedeutung Berauschung, Trunkenheit, und in den abgeleiteten Formen sich berauschen, trinken u. s. w., die das Wort bei den Slaven hat. Diese Bedeutung ist sehr alt, wie aus einer merkwürdigen Stelle des Zonaras vom Jahre 1120 hervorgeht (in den not. ad. canon. Apostol. 3 bei Beveregius. Pand. can. t. 1. p. 2): *σικέρα δέ ἐστι πᾶν τὸ ἄνευ οἴνου μέθην ἐκποιοῦν, οἷά εἰσιν ἃ ἐπιτηδεύουσιν ἄνθρωποι, ὡς λεγομένη χουμέλη, καὶ ὅσα ὁμῶς σκευάζονται.* Hier ist also *humeli* ein Trank, der ohne Wein Berauschung bewirkt, wie dasselbe slavische Wort auch heute noch auf den Branntwein und die Wirkungen desselben angewandt wird. Auf eine noch ältere Zeit, als die des Zonaras, deutet eine sprichwörtliche Formel bei dem Chronisten Nestor. Als Wladimir im Jahr 6493 (d. h. 985 nach Chr.) gegen die Bolgaren an der Wolga, welche Stiefel trugen, gezogen war und sie besiegt hatte, rieth ihm Dobrynja: Lassen wir die Stiefelträger, von denen wir keinen Tribut erzwingen werden, und wenden wir uns gegen die Bastschuhträger. Da machte Wladimir Frieden mit den Bolgaren, den diese so lange zu halten versprachen, »bis der Stein beginnen wird oben zu schwimmen, das Hopfenblatt aber zu Boden zu sinken.« Auch in den russischen Hochzeitsgebräuchen hat der Hopfen seine Stelle, jetzt wie im 15. Jahrhundert, und gewiss noch früher: als Helena, die Tochter Iwans III. Wassiljewitsch, in Wilna mit dem Grossfürsten Alexander von Litauen getraut wurde, flochten ihr die Bojarinnen in der Kirche zur Mutter Gottes den Haarzopf los, setzten ihr die Kika (Kopfputz in Gestalt einer Elster) aufs Haupt und überschütteten sie mit Hopfen (s. Karamsin, Band 6). Auch hier bedeutete der Hopfen Berauschung, Fröhlichkeit, Fülle des Guten. Brachten somit die Slaven ihr Gewächs nach Deutschland und wurde der slavische Name desselben von den Deutschen adoptirt, so ergab sich daraus das lateinische *humulus* und in weiterer Umgestaltung die Formen mit *b* und *p*.

Nach einer dritten Ableitung könnte der *lupus* des Plinius und Martials sein *l*, welches als Artikel genommen wurde, in Frankreich verloren haben und dann durch Anlehnung an Hüpfen (wie aus *upupa* durch Volksetymologie niederdeutsch der Hophop, hochdeutsch der Wiedehopf entstand) zu *hoppe* geworden sein. Schon Ducange war der Meinung, *humulus* sei eine aus *lupulus* hervorgegangene jüngere Form. Zur Bestätigung liesse sich anführen, das *lupus*, eben dieses Namens wegen, eine bittere Pflanze gewesen sein muss, wie auch *lupinus*, die Wolfsbohne, nach eben dieser Eigenschaft benannt ist und schon in Aegypten dem Biere zugesetzt wurde (s. die Verse des Columella auf S. 144).

Was man auch für das Wahrscheinlichste halten mag, — dass Hopfen, *humulus* und *chmeli* nur Varietäten desselben Wortes sind, entstanden durch Uebertragung von Mund zu Mund, lässt sich nicht wohl leugnen. Das Mittelalter verbreitete die Pflanze und schuf damit erst das eigentliche neueuropäische Bier, welches von dem der Urzeit, das aus Stierhörnern getrunken wurde, sich weit unterscheidet. Jetzt sind auf dem Kontinent bekanntlich Böhmen und das baierische Franken, ausserhalb desselben besonders England, auch jenseits des Oceans Amerika die Länder, wo nicht bloss der meiste, sondern auch der feinste Hopfen erzeugt wird; der Osten Europas, von wo diese nordische Weinrebe vielleicht herstammt, bringt nur verhältnissmässig wenigen und diesen von gröberer Qualität hervor. Auch hier also würde sich der Fall wiederholen, dass eine Pflanze auf neuem Boden, unter menschlicher Pflege edlere Eigenschaften entwickelt, die ihr im wilden Stande und in ihrem natürlichen Vaterlande abgehen[94]).

* Der Hopfen (*Humulus Lupulus* L.) ist mit Sicherheit aus tertiären Ablagerungen nicht bekannt; es sind nur Bracteen eines Fruchtstandes mit kleiner Frucht im Pliocän von Meximieux gefunden worden, welche Saporta unter dem Namen *Humulus palaeolupulus* beschrieben hat; doch sind diese Gebilde nicht charakteristisch genug, um jeden Zweifel auszuschliessen. Der Hopfen ist aber als Bewohner der Gebüsche und Wälder an Flussufern und durch seine nüsschenartige Früchte von jeher für die Verbreitung so befähigt gewesen, dass kein Grund vorliegt, seine Verbreitung in Europa erst von der Einführung der Kultur her zu datiren. Er findet sich im ganzen gemässigten Asien und Europa ebenso wie auch in Nordamerika; er fehlt jedoch in den arktischen Gebieten, so in Europa im nördlichen Norwegen, Lappland und dem nördlichen Finnland, über 65° n. Br. geht er in Europa nur wenig hinaus.

** Die Namen des Hopfens in Europa zerfallen in vier Gruppen: 1. ahd. *hopfo*, ndl. *hoppe* zusammen mit dem wohl sicher hieraus entlehnten frz. *houblon* (vgl. Körting, Lat.-Roman. W.). Die Herkunft des deutschen Wortes ist dunkel. Hinsichtlich der von Grimm vorgeschlagenen Ableitung aus ahd. *hiufo*, ags. *héope* Dornstrauch könnte man an die Ausdrücke Dorn-, Bruch-, Buschhopfen erinnern, die Pritzel-Jessen (a. a. O.) überliefern. 2. Slavisch *chmelĭ* zusammen mit den auf S. 477 angeführten Wörtern, mlat. *humlo, humulus* u. s. w. Ein Zusammenhang zwischen Gruppe 1 und 2 lässt sich lautlich nicht erweisen. Was slav. *chmelĭ* betrifft, auf dessen frühes Vorhandensein auf slavischem Gebiet die Bedeutungsentwickelung des Wortes hinweist (z. B. poln. *pochmiel* Rausch, oben S. 477), so sind die Akten über seine Herkunft noch nicht geschlossen. Die Schwierigkeit der Entscheidung hängt mit unserer noch lückenhaften Kenntniss der Geschichte des anlautenden *ch, h* zusammen, über die zuletzt G. Meyer, Sitzungsber. d. Kaiserl. Ak. d. W. Wien. Phil.-hist. Kl. 1891 S. 45 ff. ausführlich gehandelt hat. Ist altsl. *chmelĭ* mit griech. σμῖλαξ zu verbinden, so könnte, wie dies auch Benfey, Gött. Gel. Anz. 1875 S. 212 ff. (Ueber ein Schriftchen Der Hopfen, seine Herkunft und Benennung) annimmt, dieses Verhältniss nur so erklärt werden, dass man ein proethnisches **smilo-* in der Bedeutung »rankende Pflanze« ansetzt, welches die Slaven auf den Hopfen, die Griechen auf *Smilax aspera* (genau von Theophrast 3, 18, 11 u. 12 beschrieben) anwendeten. Für slav. *chmelĭ* würde so nur folgen, dass es ein altes und echtslavisches Wort ist. Im übrigen haben beide Pflanzen, ausser dass sie, wie der Wein, die Bohnen und zahlreiche andere Pflanzen, rankende Gewächse sind, nichts mit einander gemein. Auch ist für die Lautverbindung *sm* bis jetzt der Uebergang in slav. *chm* nicht nachgewiesen. Vgl. im Gegentheil: altsl. *smĕja sę* lache = scrt. *smayatê* und altsl. *smykati sę* kriechen = ahd. *smiegen* (Brugmann, Grundriss I, 440). Eine andere Ableitung versucht A. Fick in der vierten Auflage seines Vergleichenden Wörterbuchs I, 401, indem er slav. *chmelĭ* aus ahd. *uochumil, uo-chumilo, uoqemilo* ‚*racemus, acinus*' (vgl. auch Anm. 27) entlehnt sein lässt. Doch auch hier widersetzen sich die Laute, da slav. *ch* auf dem Wege der Entlehnung wohl aus germanischem *h*, nicht aber aus ahd. *ch, q* hervorgehen kann. Die geringste Schwierigkeit nach dieser Seite macht eine dritte zuerst von Tomaschek (Z. f. ö. Gymn. 1875 S. 527) gegebene Erklärung, der aber auch Miklosich, Et. W. S. 87 beizustimmen scheint. Hiernach ist slav. *chmelĭ* aus östlichen, finnischen oder türkischen Sprachen entlehnt. Die betreffenden Formen lauten finn. *humala*, estn. *humal*, *umal*, wot. *umala*, liv. *umâl*, lapp. *hombel*, mordv. *komlă*, čer. *humlá*, ung. *komló*, vog. *qumlch*, tat. *χomlak*, čuv. *χumlâ*. Ein Theil derselben, die westfinnischen Wörter, ist allerdings zweifellos erst aus dem Nordgermanischen übernommen (vgl. Thomsen, Ueber den Einfluss der germ. Sprachen S. 136); doch gilt dies nicht von den übrigen, deren wechselnder Anlaut *χ*, *h*, *k* sich wohl in dem slavischen *ch*, *h* widerspiegeln könnte, das der gewöhnliche Vertreter ebenso des griechischen χ, wie des germanischen *h* ist (vgl. G. Meyer a. o. a. O.). Wir halten es also nach Lage der Dinge für das wahrscheinlichste, dass slav. *chmelĭ* ein ostasiatisches Wort ist und dann von slavischem Boden aus ins Nordgermanische, Mittellateinische, in die Sprachen der Balkanhalbinsel u. s. w. eingewandert ist. Es würde hieraus folgen, dass, wenn nicht der Hopfen selbst, so doch seine Kultur oder die Erfindung, ihn als Würze dem Biere beizusetzen, die gleichen Wege gewandert sind. Ebenso wie die auf Pfählen angesiedelten Päonier (oben S. 145, 475), konnte irgend ein ostasiatisches Volk frühzeitig darauf verfallen sein, eine neue Pflanze ihrem Rauschtrank zuzusetzen. — 3. Merkwürdig ist, dass mitten in diese unter 2. geschilderte ungeheure Sippe das Litauische mit einer besonderen und einheimischen Benennung des Hopfens eingestreut ist: *apwynỹs*, *apyniaĭ*, offenbar ursprünglich nichts anderes als Rankengewächs bedeutend. Auch als neugriechische Benennung des *Humulus Lupulus* L., der in Gebirgsgegenden wie z. B. bei Lebadia und Euböa, in Arkadien und am Malevô wild wachse, giebt Heldreich, die Nutzpflanzen Griechenlands S. 21 nicht das oben genannte χουμέλι, sondern ἀγριόκλημα »wilde Rebe«. — 4. It. *luppolo*, mlat. *lupulus*, das von dem lat. *lupus salictarius* (oben S. 476) zu trennen, mir ebenso wie Benfey (a. o. a. O. S. 212) gewaltsam erscheint. Die jungen Hopfentriebe werden, wie De Candolle S. 201 bemerkt, ebenso oder ähnlich wie der Spargel, der an derselben Stelle von Plinius genannt wird, genossen.

Ueberblickt man diese vier Punkte, so steht nichts der Ansicht im Wege, welche auch von De Candolle und Grisebach (bei Benfey a. a. O.) getheilt wird, dass der Hopfen in Europa schon lange bevor er in Kultur genommen wurde, verbreitet und benannt war (lat. *lupus*, mlat. *lupulus*, lit. *apwynỹs*, ahd. *hopfo*). Für die Geschichte seiner Kultur und seiner Benutzung zum Biere sind einerseits die Entlehnungdes germanischen Wortes ins Romanische, andererseits die oben geschilderten Geschicke des slavischen *chmelĭ* von Wichtigkeit. In dieselbe Richtung wiese es, wenn neuerdings mit Recht (vgl. oben S. 159) ahd. *bior*, ags. *beór*, altn. *bjórr* als eine Entlehnung aus altsl. *pivo*, altpr. *piwis* Bier aufgefasst wird. In agls. *calu* etc. läge dann der ältere Ausdruck für das ungehopfte, in *beór* etc. der jüngere für das gehopfte Bier vor. — Von neueren Arbeiten über den Hopfen nennen wir: Ueber die geographische Verbreitung des Hopfens im Alterthum 1882 von C. O. Čech und Geschichtliches über den Hopfen von Prof. Dr. R. Braungart in Weihenstephan. Sonderabdruck aus »Wochenschrift für Brauerei 1891, Nr. 13 u. 14« Berlin 1891. Vgl. auch Buschan im Ausland 1891, 31.

Wir haben im Vorigen die Schwelle des Mittelalters schon überschritten und es ziemt sich, an diesem Wendepunkte einige allgemeine Rück- und Vorblicke zu thun.

Das Resultat des langen Assimilationsprocesses, dessen einzelne Momente wir uns zu vergegenwärtigen versucht haben, war die Homogenität der Bodenkultur in allen Uferländern des Mittelmeeres. Diese Gleichartigkeit stellte sich auch äusserlich in der Einheit des römischen Reiches dar, welches in seinem wesentlichen Bestande eine Zusammenfassung der um dies innere Seebecken gelagerten Landschaften war. Der gartenartige Anbau und die wichtigsten Kulturgewächse dieses Gebietes waren semitischer Abkunft und, wie das Christenthum, von dem südöstlichen Winkel desselben ausgegangen. Die einst barbarischen Länder Griechenland, Italien, Provence, Spanien, Waldgegenden mit groben Rohprodukten, stellten jetzt das Bild einer blühenden, in mancher Beziehung auch ausgearteten Kultur im Kleinen, mit Gartenmesser und Hacke, Wasserleitungen und Cisternen, gegrabenen Weihern, berupften Bäumen und umgitterten Vogelhäusern dar — wie in Kanaan und Cilicien. Das Sommerlaub und die schwellenden Umrisse der nordischen Pflanzenwelt waren der starren Zeichnung einer plastisch regungslosen, immergrünen, dunkel gefärbten Vegetation gewichen. Cypressen, Lorbeeren, Pinien, Myrtenbüsche, Granat- und Erdbeerbäumchen u. s. w. umstanden die Gehöfte der Menschen oder bekleideten verwildert die Felsen und Vorgebirge der Küste. Griechenland und Italien gingen aus der Hand der Geschichte als wesentlich immergrüne Länder hervor, ohne Sommerregen, mit Bewässerung als erster Bedingung des Gedeihens und dringendster Sorge des Pflanzers. Sie hatten sich im Laufe des Alterthums orientalisirt, und selbst die Dattelpalme fehlte nicht, als lebendige Zeugin dieser merkwürdigen Metamorphose.

Indess, neben der semitischen Strömung läuft ein anderer, der Zeit nach späterer Kultureinfluss, von den Ländern im Süden des Kaukasus aus. Wir können beide integrirende Bestandtheile der Kulturflora des Mittelmeeres als den syrischen und den armenischen unterscheiden — die Namen Syrien und Armenien in weiterem Sinne genommen. Die armenischen Bäume, fruchtreicher und üppiger als die Urvegetation des südlichen Europa, ertragen doch die Winterkälte leichter, als die Abkömmlinge Syriens, und sind wir über die Herkunft einer dieser Pflanzen im Zweifel, so brauchen wir nur zuzusehen, ob sie sich strenge südlich der Alpen und etwa der Cevennen hält oder jene klimatische Scheidewand, wenn auch in spärlichen und verkümmerten Repräsentanten, an der Hand der Kultur noch übersteigt. Dass die Pinie nicht aus Kleinasien stammen kann, lehrt uns ihre Abwesenheit in Deutschland, ja in Frankreich; dass der Weinstock den südkaspischen Ländern angehört, aber von den Syrern uns zugebracht ist, erkennen wir an der Haltung dieses Rankengewächses in Europa: nur in Südeuropa spendet die Rebe reichlich und natürlich, breitet sich behaglich aus, führt, so zusagen ein sorgloses Leben, aber sie lässt sich noch in Schlesien ziehen, sie hat sich hie und da in deutsche Wälder verirrt, und liefert auf ihr zusagendem Boden, wie in der Champagne, in geschützten Thälern, wie am Rhein, an vulkanischen Hügeln, wie in Ungarn, mit Beihülfe der Kultur noch edle Früchte. Die Feige ist ein semitischer Baum, vor allem aber ist es die Olive, die Herrscherin des inneren Meeres, die von Byblus und Gaza, nicht etwa von Cyzicus und Sinope aus, ihr mittelgrosses, streng begrenztes Reich gegründet hat. Pontisch und kaspisch dagegen im eminenten Sinne sind die Nussbäume, sowohl die eigentlichen, als die Kastanien. Die Letzteren ersteigen die Gebirge der hesperischen Halbinseln in dichten ausgebreiteten Beständen, ohne den frischen Hauch der Höhe zu fürchten, und haben die Buchen vor sich her auf die obersten Abhänge gedrängt, doch auch im westlichen Mitteldeutschland begleitet der Walnussbaum die Wege und sammeln sich die Kastanien zu bescheidenen Wäldchen. Mit einsichtsvoller Naturfreude hat Josephus diese Gesellung verschiedener Bäume aus ungleichen klimatischen Zonen in der mediterranen Flora geschildert, zunächst mit Bezug auf die Gegend um den See Genezareth, de bell. jud. 3, 10, 8: »Die Traube und die Feige, die Könige unter den Früchten reifen dort fast ununterbrochen; neben den Feigen- und Oelbäumen, denen eine sanftere Luft zusagt, stehen in unermesslicher Fülle die Nussbäume, die die winterlichsten sind (d. h. aus dem Norden stammen), und die Dattelpalmen, die heissesten, die sich von der Glut nähren. Und es ist, als hätte die Natur ihren Ehrgeiz darein gesetzt, hier die Fruchtgewächse streitender Himmelsstriche mit einander wetteifern zu lassen.« Etwas Aehnliches rühmt Columella von Italien: nachdem er angeführt, wie auch manche Duft- und Balsampflanzen heisser Länder vermocht worden, in Rom Laub und Blüte zu tragen, fährt er fort, 3, 9, 5: *his tamen exemplis nimirum admonemur, curae mortalium obsequentissimam esse*

Italiam quae paene totius orbis fruges adhibito studio colonorum ferre didicerit. — Dass auch manche Gewächse, die im Rücken Armeniens und Syriens im heissen Persien, ja ursprünglich im tropischen Indien lebten, in Südeuropa naturalisirt werden konnten, dafür gab unter manchem Anderen die Orange das leuchtendste Beispiel, und wie aus dem Indus- und Gangeslande etwa sechshundert Jahre vor Chr. Geburt eins der nützlichsten Hausthiere, der Haushahn, gekommen war, so etwa sechshundert Jahre nach Chr., gleichsam zum Beweise, dass die Bewegung des Austausches noch nicht völlig ruhte, der arachosische Ochse oder der Büffel.

Im ersten Jahrhundert vor Chr. hatte das weite Reich, dessen Mittelpunkt Italien war, d. h. das geographische Gebiet der antiken Kulturperiode, seine Vollendung erreicht; es umfasste als ein grosses orientalisches Kolonialland das Mittelmeer von allen Seiten. Die Grenzprovinzen am Euphrat nach Osten, an Rhein und Donau nach Norden bildeten zu äusserst liegende schwankende Erwerbungen, mit anderem Charakter, Beiwerke, schon zu weit von der Binnensee entfernt, um welche die klassische Welt gruppirt war. Innerhalb dieser natürlichen Schranken und der entsprechenden festen und spröden Gestalt der Sitten und des Lebens aber begann diese Kultur in sich selbst zu ersticken. Während der ersten Jahrhunderte der christlichen Aera vollzieht sich sichtlich ein unaufhaltsamer beschleunigter Process des Verfalls, der, wie eine rettungslose Krankheit, endlich zur Auflösung führte. Es ist leicht, diese auf den ersten Blick räthselhafte Erscheinung, die von Aussen keine zwingenden Gründe hatte, mit dem Altern und dem Tode des organischen Individuums zu vergleichen; aber da Völker und Epochen keine Pflanzen oder Thiere sind, so sagt das beliebte Bild über den Vorgang selbst und die dabei wirkenden reellen Ursachen unmittelbar nichts aus. Vielleicht lagen einige der letzteren in Folgendem.

Ein Grundfehler und der eigentlich schadhafte Punkt der antiken Civilisation war die unwirthschaftliche Construction der Gesellschaft und des Staates und die damit zusammenhängende Abwesenheit realistisch-technischen Sinnes bei den Menschen. Während der römischen Kaiserzeit wurde die Welt immer ärmer, daher immer muthloser und gedrückter. Die Steuern stiegen von Regierung zu Regierung, warfen aber immer nicht das Nöthige ab und liessen sich immer schwerer, zuletzt als unerschwinglich gar nicht mehr eintreiben. Man half sich, indem man sie zu möglichst hohem Satze Generalpächtern in die Hand gab: welche *publicani* sich dann wieder durch erbarmungslose Aussaugung schadlos hielten, wie in Frankreich vor der Revolution. In den Städten mussten einzelne reiche, mit hervorragenden Ehrenämtern bekleidete Bürger für die Gemeinde haften und wurden mit ihrem Vermögen die Beute des Fiskus. In der Noth griffen die Kaiser zu Verschlechterung der Münze — das Papiergeld mit Zwangskurs war noch nicht erfunden —, was nur zur Folge hatte, dass alle Preise in die Höhe gingen und das Leben immer theurer wurde. Letzteres wurde dann dem Eigennutz und bösen Willen der Verkäufer und Händler zugeschrieben und demgemäss z. B. vom Kaiser Diocletian das berühmte Edict erlassen, nach welchem die Maximalpreise aller Lebensmittel, Rohstoffe, Arbeitslöhne und gewöhnlichen Manufacte von Staatswegen normirt waren, ein schlagendes Beweisstück für die Rohheit nationalökonomischer Begriffe — die übrigens in dem sog. Gesetz des Maximum von 1793 genau sich wiederholt. Anders als auf Symptome zu curiren, vielmehr den gesteigerten Anforderungen des Staates durch Entfesselung der Produktion und freie wirthschaftliche Bewegung zu begegnen, fiel Niemandem ein. Zwar hatten die Römer Strassen und Brücken gebaut, die noch jetzt unsere Bewunderung erregen, aber diese dienten mehr dem Glanz und der Grösse der Weltherrscher und der Leichtigkeit militärischer und administrativer Verbindung, als den Zwecken des Handels und Verkehrs. Sie waren durch Binnenzölle gesperrt, und diese wieder in den Händen der Staatspächter, mit allen Uebelständen und vexatorischen Praktiken dieses Systems. Ausfuhr- und Einfuhrverbote an den Grenzen, widernatürliche Getreidegesetze u. s. w. hemmten die Circulation der Güter und also die Vermehrung des Kapitals und Reichthums. Dazu kamen die Staats- und Regierungsmonopole, deren Zahl immer zunahm, und die kaiserlichen Fabriken, die nur scheinbar vortheilhaft arbeiteten. Der unersättlichen Habgier des Soldatenstaates, der, von Anfang an militärisch construirt, sich in fast immerwährendem Kriegszustand befand, konnte keine Produktion der ackerbauenden und fabricirenden Bevölkerung genügen; was die Abgaben übrig liessen, wurde durch die Einquartirung und die Naturalverpflegung der Truppen verzehrt. Die Soldaten, denen schon gegen Ende der Republik gewaltsam und willkürlich Aecker in Italien zugetheilt waren, spielten seitdem die grosse Rolle. Sie waren meist unverehelicht, verschwelgten auf grobe Weise, was sie im Kriege zusammengebracht, waren faul zur Arbeit und zu Uebergriffen geneigt[95]). Bei dem unentwickelten Zustande des Finanz- und Rechnungswesens und der Unbekanntschaft mit den natürlichen Gesetzen, die es regeln, konnte auch der Geldhandel und der leichte Umlauf der Kapitalien kein Element zunehmenden Reichthums bilden. Der Zinsfuss stieg auf eine unerhörte Höhe, und die Verbote, die dem Wucher steuern sollten, machten das Uebel nur schlimmer. Wie der Zins überhaupt im Alterthum für verächtlich, ja für unerlaubt galt, so blieb auch das Prinzip der Arbeitstheilung unbegriffen. Schon Cato und Varro warnen geradezu vor derselben: der Erstere will, der Landwirth solle möglichst wenig kaufen, 2, 5: *patrem familias vendacem, non emacem esse oportet*; der Andere giebt die Vorschrift, was auf dem Landgute vom Gesinde selbst gemacht werden könne, solle nicht von auswärts gekauft werden, 1, 22, 1: *quae nasci in fundo ac fieri a domesticis poterunt, eorum ne quid ematur.* Die Arbeit zu Hause also wurde nicht als ausgegebenes Geld gerechnet; auch unterhielten die grösseren Wirthschaften ihre eigenen Schmiede, Zimmerleute, Schuster, Bötticher u. s. w. selbst, wogegen in den Städten der arbeitende Bürger- und Handwerkerstand fehlte. Kein Wunder, dass die Technik des Handwerks unvollkommen blieb, welcher ohnehin in dem Naturell der Alten keine verwandte Richtung entgegenkam. Die natürliche Realität der Dinge unbefangen beobachten, sich ihrer zweck- und werkmässig bedienen, sich durch solches Rüstzeug befreien, ist kein antiker Charakterzug. Die Alten lebten im Traume religiöser Phantasie in idealem Schein, beherrscht vom Hange künstlerischer Darstellung, befangen im Zauber des Schönen, als ein adeliges Geschlecht. Sehen wir uns in den pompejanischen Resten die Geräthe, die Werkzeuge u. s. w. an, wie schön und edel sind sie gezeichnet, obgleich vielleicht von Sklavenhand gearbeitet, aber auch meistens wie kindlich! Was uns daran durch rationelle Technik erfreut, war nicht Ergebniss nüchterner Beobachtung und verständiger Berechnung, sondern alte Tradition, bei der es blieb und die als solche von Menschenalter zu Menschenalter sinken musste. Und mit der Technik sank auch der Geschmack, die Grazie und Reinheit der Formen und der Adel des Gedankens. Denn beide sind nicht absolut getrennt: was die Technik gewinnt, kommt auch dem Geiste zu Gute; jede Erweiterung ihrer Schranken, die der erstern gelingt, gestattet auch dem letztern den Flug in eine bisher unbekannte Welt. Hätten die Alten z. B. ihre dürftigen musikalischen Instrumente mannigfacher entwickeln und etwa die Orgel und die Geige — die erst mit den Arabern auftrat — erfinden können, es ist kein Zweifel, dass auch ihre Musik selbst eine neue

Seele gewonnen hätte. Wie stationär die mechanischen Künste bei den Römern blieben und wie fern ihnen die Natur als Object verständiger Forschung lag, lehrt insbesondere die Geschichte der römischen Seefahrt und des römischen Ackerbaues. Umfang und Grenzen des grossen Reiches boten Anlass genug, sich auf der hohen See zu versuchen. Die Weltherrscher waren in Besitz der iberischen, lusitanischen und mauritanischen Küsten, aber die nahe gelegenen canarischen Inseln musste Plinius nach den Aufzeichnungen des Königs Juba beschreiben: römischen Schiffern oder Handelsleuten war es nicht eingefallen, sich so weit zu wagen. Die Insel Hibernia, an der vielleicht schon Pytheas drei Jahrhunderte vor Chr. gelandet war, blieb den Römern wie im Halbnebel zur Seite liegen; sie verbarg sich hinter dem schwierigen biscayischen Meerbusen und dem stürmischen, klippenreichen irisch-englischen Kanal. Die römischen Schiffe waren und blieben Küstenfahrer, die mit herannahendem Winter die Häfen aufsuchten und die umbrausten Vorgebirge fürchteten. Winde, Wellen und Jahreszeiten wurden mythisch angeschaut: der Schnabel des Schiffes war zierlich und künstlerisch geschnitzt, das Schiff selbst aber unvollkommen konstruirt. Vom rothen Meer ging ein alter lebhafter Handelsverkehr nach Indien, und Strabo erfuhr, dass aus dem dortigen Hafen Myos Hormos jährlich 120 Schiffe nach diesem Lande ausliefen: aber weder das indische Zahlensystem, noch die Magnetnadel gelangte von dort in den römischen Westen, der, in den eigenen engen Kreis gebannt, gegen das Neue unempfindlich war und vom Orient nicht, wie später in der Epoche der Araber, Bereicherung und Anregung erfuhr. Nach Nordosten, am Pontus Euxinus, stand es wie am rothen Meer. Die Römer besassen eine Anzahl befestigter Plätze an den Ufern des Pontus, aber der Handel, der über jene Gegenden ging, lag in den Händen der Asiaten und die Geographie des kaspischen Meeres erfuhr keinerlei Fortschritt. Wie ganz anders thätig bewiesen sich dort im Mittelalter die Genuesen, Bürger einer kleinen Stadt, denen nicht, wie dem *civis romanus*, die Furcht und das Ansehen des römischen Namens schützend zur Seite stand. Als sie sich in der Krim festgesetzt hatten, da befuhren sie auch mit eigenen Schiffen das kaspische Meer und ihre Kaufleute waren zahlreich in Tauris in Persien angesessen — und so fand sie ein anderer Italiener, der Venetianer Marco Polo, als er dort vorbeikam, um den ganzen ungeheuren Welttheil zu durchziehen und diesen dann, als der Herodot des Mittelalters, zu beschreiben. Zu dem Einen wie zu dem Andern fehlte dem Römer der offene Sinn für die fremde Welt: wo er nicht mehr erobern konnte und die von ihm geschaffenen politischen, sozialen, rechtlichen und militärischen Formen in regelmässigen Linien wie ein festes Mauerwerk hinstellen konnte, da lockte ihn kein Begehr, da war die Luft nicht mehr, in der er athmete und lebte. — Der römischen Seefahrt glich der römische Ackerbau; auch in ihm regte sich kein Trieb der Entwickelung. Die Werkzeuge waren und blieben die durch Ueberlieferung gegebenen unvollkommenen, die Methoden die hergebrachten, höchstens um neue eben so unwissenschaftliche vermehrt, die ein Gemisch von bloss praktischen, wirklichen oder vermeintlichen Erfahrungen und abergläubischer Phantastik darstellten. Düngung und Fruchtwechsel waren bekannt, aber nicht nach Gebühr gewürdigt und nicht in ihren Consequenzen entwickelt. Der Boden versagte zuletzt, Aecker verwandelten sich in Weidegrund, Hungersnoth war häufig und Getreidezufuhr eine Hauptsorge der Regierung; Italien trug durchschnittlich nur das vierte Korn (Dureau de la Malle, Économie politique des Romains II, S. 121 ff.). Der eigentliche Grund des steigenden Misserfolgs lag in der Höhe der Arbeitskosten, diese aber beruhten in dem volkswirthschaftlich-technischen Ungeschick und der Gleichgültigkeit gegen reelle Naturkenntniss.

Zu den Gründen, die den Untergang der antiken Gesellschaft herbeiführten, hat man sich gewöhnt, vorzugsweise die Sklaverei zu rechnen. Gewiss ist diese mit der höchsten industriellen Entwicklung unverträglich, aber auf manchen Bildungsstufen — ganz abgesehen von der Racenanlage und den daher rührenden verwickelten politischen und socialen Problemen — ist sie ein natürliches, unter Umständen sogar wohlthätiges Institut. Sie bestand auch bei den Barbaren, die dem antiken Leben ein Ende machten, sie währte in dem germanisch-romanischen Europa ungeschwächt fort und löste sich dort im Fortgang der wirthschaftlichen Kultur durch verschiedene Zwischenstufen allmählig und natürlich von selbst auf. In Rom unterschied sich das Sklaven- und Colonenwesen in den meisten Beziehungen nur dem Namen nach von der strengen Gesindeordnung und der feudalen Gutsverfassung moderner europäischer Länder bis vor nicht langer Zeit. Ja, im Sklavenstande lag oft noch ein geschützter Rest des Volksvermögens: der Sklave konnte wenigstens nicht vom Pfluge weggerissen und in das Lager der Legionen geschleppt werden, während die freie Bevölkerung durch Conscription decimirt wurde und sich nur allmählig durch die häufigen Freilassungen ergänzte. Auch in Rom hätte sich, wenn im Uebrigen die Zeiten nicht so trostlos rückläufig gewesen wären, die Sklaverei vor dem Wachsthum der wirthschaftlichen und politischen Kräfte nicht auf immer halten können.

Ein Ausdruck dieses allgemeinen Elends war die unaufhaltsame Verbreitung der neuen visionären Religion vom Orient her, die dem verzweifelnden Geschlecht einen rettenden Ausweg in das Innere des Gemüthes zeigte. Das Christenthum, indem es »das Herz im Tiefsten löste« und alles Wesentliche in das Innere verlegte, untergrub aber eben dadurch die Grundlagen selbst, auf denen die alte Welt ruhte. Der Christ, dem die Armen die Seligen und der Tod ein Gewinn war, blieb kalt gegen Erwerb und Vermehrung irdischer Güter: sein Sinn stand in einer anderen, durch Entzückung geschauten Welt, und er sammelte Schätze im Himmel. Bekannt ist, dass bei dem allgemeinen Sinken geistiger Produktion doch die Jurisprudenz, dieser Kern und Stamm römischen Wesens, sich nicht bloss erhielt, sondern weiter gedieh: aber in der zahlreichen Reihe auf einander folgender Juristen ist kaum ein Christ; was konnte diesem an der Ordnung der Verhältnisse dieser kurzen Pilgerschaft liegen? nicht um Rechtsansprüche festzustellen, sondern am Heile der Seele zu schaffen, war ihm dies zeitliche Dasein gegeben. Auch die Erkenntniss der Natur, ja Wissenschaft jeder Art liess ihn gleichgültig; im Glauben besass er alle Wahrheit; ohnehin stand der Untergang dieser gegenwärtigen Dinge jeden Tag zu erwarten. Auch im römischen Feldlager befand sich der Bekenner der neuen Religion dem Feinde mit ganz anderen Gefühlen gegenüber, als der echte Römer der alten Zeit: der Sieg brachte ihm keine Freude, und Tod und Niederlage befreite ihn von irdischer Trübsal oder diente ihm zur heilsamen Prüfung. Sein wahrer Feind war der Heide und dessen Schönheitssinn und Selbstgenügsamkeit. So verloren Recht und Krieg, die Grundpfeiler Roms, vor dem Hauch des neuen christlichen Geistes ihren Halt und ihre tragende Kraft.

Eine andere, langsam wirkende Zerstörung, mit der durch das Christenthum in der Wurzel identisch, war durch das Racengemisch, den Eindrang orientalischen Blutes in die Bevölkerung des Abendlandes gegeben. Das römische Reich befasste in der einen und allgemeinen politischen Form einen sehr verschiedenartigen Inhalt von sehr ungleichem Kulturwerth. Rom war ein Pandämonium theils unreifer und roher, theils durch uralte Tradition verhärteter, tief in Banden liegender Volksgeister. So unbeugsam der römische Staat diese dunkeln Naturkräfte der Norm des Verstandes unterwarf, so sicher ging er allmählig an deren geheimer Arbeit zu Grunde. Der sich beschleunigende Verfall war nur eine Folge der Umbildung der Race. Eingeborene Afrikas und Aegyptens, Orientalen jeder Art, europäische und asiatische Griechen, spanische Iberer, Illyrier und Thraker überschwemmten Italien, kreuzten sich unter einander, bemächtigten sich der Organe des Staates, der Erziehung, der Literatur, ja bestiegen nicht selten sogar den Thron der Imperatoren. Schon seit Ciceros und Cäsars Zeit füllten sich alle Städte, darunter Rom selbst, mit Beschnittenen, die sich unter einander verstanden und, so sinnlos, so allem Menschlichen abgekehrt, ihre Meinungen den Römern erschienen, doch in der Hartnäckigkeit ihrer Anlage unbemerkt das allgemeine Bewusstsein umwandelten. Die jüdischen Gemeinden waren es, die dem Christenthum zunächst die Wege bahnten und dessen Keime in allen Provinzen, wie in den entfernteren Quartieren der Hauptstadt ausstreuten. Wer behaupten wolle, nicht die Germanen, sondern die Juden hätten das römische Reich zerstört, der würde in dieser Schroffheit der Worte zwar zu viel sagen, dennoch aber der Wahrheit näher kommen, als es Unkundigen scheinen möchte. »O wäre Judäa nimmer,« so klagt Rutilius Numatianus in seinem Itinerarium, »von Pompejus und Titus bezwungen worden! Von daher kommt jetzt weit und breit der Stoff der Ansteckung und die einst Besiegten werfen den Siegern das Joch über den Nacken!«

Nach einer anderen, helleren Seite hin öffneten sich die Schranken der antiken Kultur durch den Eintritt Nordwest- und Mitteleuropas in die Geschichte der Menschheit. Diesen Durchbruch bewirkte zuerst der grosse Cäsar, indem er Gallien und Belgien eroberte und Britannien und Germanien betrat. In jenen neuen Gebieten wehte schon der Athem des Oceans, und ungeheure Wälder mit riesigem Baumwuchs beschatteten den jungfräulichen, noch nicht angebrochenen Boden. Häufige Nebel und Regen erhielten das Land auch im Sommer noch feucht; die Bäume liessen das Laub im Herbste fallen, im Winter gefroren die sumpfigen Gründe und konnten betreten werden. Im Gegensatz zu den engen Landschaften der durch Gebirge getheilten südeuropäischen Halbinseln und der gedrängten Baumzucht des Ostens und Südens streckten sich die nordischen Flächen in ungeheurer barbarischer Weite nach allen Seiten fort, und das Leben trug das Gepräge dieser grösseren Verhältnisse, wie im Ocean die Woge breiter ist, als im geschlossenen Meere. Wo der Acker gebaut wurde, wie in gallischen Landen, da wuchs das Korn in unabsehbaren Auen, daran grenzte überall die Waldregion, die Heimat der grossen Raub- und Jagdthiere, je weiter östlich vom Rhein, desto seltener durch sporadische Kulturflecke unterbrochen. Die Civilisation stand in den Anfängen, besonders bei Briten, Belgen und Germanen; sie war bei den Galliern schon weiter vorgerückt, aber im Vergleich mit Italien, der Erbin Griechenlands und des Orients, immer noch im Stande der Kindheit. Dennoch hatte die mitteleuropäische oder transalpinische Technik des Lebens, so unentwickelt sie war, vor der griechisch-römischen manche Vortheile voraus, die durch Klima, Vegetation, Boden, überhaupt durch den ganz anders gearteten natürlichen Ausgangspunkt von selbst sich ergaben. Eine ganze Reihe von Erfindungen liessen sich aufzählen, die von Gallien den Römern zukamen, aber von diesen, die bereits abgeschlossen hatten, mehr notirt, als in lebendigen Gebrauch verwandelt wurden; wir führen beispielsweise nur an: den Räderpflug, den *rheda* genannten Wagen, die Seife, das linnene Hemd, die Mergeldüngung. In religiösen, sittlichen und Rechtsbegriffen fanden die Römer bei Briten und Germanen ihre eigene, längst vergessene Jugendzeit wieder: sie, die Römer, hatten diesen Urstand in langer Stufenfolge zu einem ins Einzelne ausgeführten, überall von feinem Verstande und reicher Erfahrung des Menschenlebens durchdrungenen, fest gestalteten und mannigfach vermittelten Systeme entwickelt; aber dieser unschätzbare Kulturgewinn war conventionell erstarrt und ward als Fessel empfunden: bei den Germanen waltete noch das unmittelbare, rohe, aber frische Naturgefühl, und tiefdenkende Römer, wie Tacitus, sehnten sich nach diesen Anfängen des Lebens, die sie mit unverkennbarer Vorliebe schildern und von denen sie in wohlthuender Täuschung wie von Freiheit angeweht wurden. Um sich dies Verhältniss des alten Kulturvolks zu den nordischen Waldbewohnern klar zu machen, halte man etwa die lyrischen und epischen Volkslieder der Germanen zu den Tragödien des Seneca: die ersteren sind elementarer, aber von dunkler Poesie durchweht, die anderen gehören einer höheren Kunstgattung an (zu der das ganze Mittelalter sich nicht erheben konnte), tragen das Gepräge formaler Bildung, aber der Geist ist entwichen: dort ein Ueberschuss der Phantasie und des Gefühls über die Darstellung, hier frostige Verwendung fertiger, einst beseelter, jetzt hohler Formen. In einem ähnlichen, nur noch härteren, oft mit staunender Sympathie wahrgenommenen Gegensatze hatten sich Jahrhunderte früher die Griechen zu den Pontusgegenden befunden, die so arm und elend und doch wieder so reich waren:

die griechische Schiffahrt brachte Wein und Oel dahin, das Doppelsymbol der antiken Kultur, und was sonst civilisirtes Leben zu bieten hat, Strab. 11, 2, 3: *ὅσα τῆς ἡμέρου διαίτης οἰκεῖα*, und holte von dort Getreide, Thierhäute, Vieh, Honig und Wachs, gesalzene Fische und — kräftige Menschenleiber zum Behufe des Dienstes und der Arbeit, Polyb. 4, 38: *τὸ τῶν εἰς τὰς δουλείας ἀγομένων σωμάτων πλῆθος οἱ κατὰ τὸν Πόντον ἡμῖν τόποι παρασκευάζουσι δαψιλέστατον καὶ χρησιμώτατον ὁμολογουμένως.* Schon frühe hatten die Griechen in jenem Norden ein Geschlecht der gerechtesten Männer geschaut, und selbst ein weiser Philosoph, Anacharsis, der weitgewanderte Urheber wohlthätiger Erfindungen, hatte dort seine Heimat. Griechen hatten sich im Herzen des Skythenlandes niedergelassen, wie römische Händler in der Hauptstadt des Maroboduus. Doch ging aus dem Contact der Hellenen und der Ackerbauer und Nomaden im Norden des Pontus keine neue Schöpfung, noch viel weniger ein neues Zeitalter hervor: eine Völkerwelle nach der anderen spülte dort das unmittelbar Vorhergegangene wieder fort; Türkenstämme ritten aus den Wildnissen Asiens hervor, Menschen und Saaten niederstampfend; Slaven von Norden ergossen sich über das Donauland bis zum adriatischen Meer und tief in die griechische Halbinsel hinein; ihnen folgend drängte sich noch ganz zuletzt ein finnischer Stamm vom Ural her mitten zwischen sie hinein und behauptete das schöne, einst von gebildeten Menschen edler Rasse bewohnte, jetzt zur Pferdeweide gewordene Pannonien. Anders im Westen. Dort bildeten Italien, Spanien, Gallien, die britischen Inseln, Germanien nach dem politischen Falle Roms immer noch ein innerlich zusammengehaltenes Ganze, die europäische Völkergemeinde, deren idealer Mittelpunkt die ewige Stadt war. Diesem Schauplatz des Mittelalters lag das byzantinische Reich im Osten so gegenüber, wie einst Asien den Griechen: cultivirter in vieler Beziehung, aber unfrei und tief entartet, von Barbaren umlagert. In dem Wechselverkehr des Nordens und Südens oder der Germanen und Roms besteht der Hauptinhalt der Geschichte des europäischen Mittelalters. Von Deutschland waren die Schaaren ausgegangen, die den stolzen militärisch-administrativen Bau des Imperatorenreiches in Trümmer geschlagen hatten: sie wirkten als Befreier, weil sie Einzelleben an Stelle der wie mit ehernen Klammern festgefügten Einheit gesetzt hatten. Umgekehrt hatte Deutschland schon vor der Völkerwanderung sich der Verführungen südlicher Kultur nicht erwehren können und erfuhr nun während des Mittelalters den unaufhaltsamen allmählig alle Adern durchdringenden Process der Romanisirung an sich: seine Wälder wurden ausgerodet (Caroli M. Capit. II. de 813 § 19: *et plantent vineas, faciant pomaria, et ubicunque invenient utiles ullos homines, detur illis silva ad extirpandum),* Ansiedelungen, bald auch Städte gegründet und die Sitten, die Regierungs- und Rechtsnormen, die das Alterthum erfunden hatte, auf den neuen Boden angewandt. Ein wichtiger Mittelpunkt der hin- und hergehenden Kulturbewegung war Belgien. Zur Zeit Cäsars wohnten dort noch kriegerische, in derber Naturfrische verbliebene Kelten, den Germanen ähnlich, von diesen bedrängt, später mit ihnen sich mischend: den Germanen nachher ein Vorbild weitergeschrittener Civilisation, des Ackerbaues, der Industrie, der Freiheit, den alten Römerlanden eine Quelle der Jugend. Belgien, Nordostfrankreich und das Rheinland zu beiden Seiten des Stromes schienen bestimmt, ein eigenes Reich mit individuellem Gepräge zu werden, ein Zwischenglied beider Hälften Europas; doch vollzog sich dieser Ansatz nicht, und jene Gegend blieb ein schwankender Grenzstrich bald dem einen, bald dem andern Theile zufallend. Flandrische Kolonisten aber waren es, die in Deutschland die höheren Formen des Ackerbaues lehrten; von Burgund ging die Tuch- und Leinwandweberei aus; dort (in St. Denys, Rheims u. s. w.) ward die gothische Architektur erfunden und war eine dichte Saat von Städten mit Kathedralen, eine mächtiger als die andere, ausgestreut; dort gingen die Fabeln von Reineke Fuchs um und erwachte zuerst die fanatisch-phantastische Idee der Kreuzzüge; dort hatte die modernste Kunst, die Musik, ihre Geburtsstätte und wurde die Oelmalerei, wenn nicht erfunden, so doch angewandt, und vervollkommnet. Aber während Deutschland mit den Mitteln antiker Kultur erzogen und gebildet wurde, erweiterte es seinerseits den Bezirk Europas durch unermüdlich fortgesetzte Kolonisation nach Osten — eine der grössten, nicht genug zu beachtenden Erscheinungen des Mittelalters. Im Süden ging diese germanische Expansion von dem Stamme der Baiern aus, dem Laufe der Donau nach; im Norden von den Sachsen, quer über die Elbe, die Oder, die Weichsel, bis hoch an den Küsten der Ostsee hinauf; in jenen deutsch gewordenen Landen erhielten die Nibelungen wenigstens ihre letzte Fassung und schwang sich die Pflanzstadt Wien zum Kaisersitz auf, in diesen trat Copernicus auf und wurden nach Jahrhunderten Kant, Winckelmann, Fichte und Humboldt geboren; und während dadurch im Süden das Reich des heiligen Stephan in den Kreis der neueuropäischen Civilisation gezogen wurde, wurde im Norden auch das weite Gebiet der Piasten und Jagellonen dem geistigen Leben des Westens geöffnet.

Hatten Germanen das weströmische Reich, Türken und Slaven die nördliche Hälfte des griechischen Gebietes überflutet, so brach seit dem 7. Jahrhundert, um den Untergang der alten Welt vollständig zu machen, der Arabersturm über Syrien und das noch blühende Nordgestade Afrikas los. In der ersten Wuth des Islam war die Zerstörung furchtbar und ist bis auf den heutigen Tag noch nicht wieder gut gemacht — »keimt ein Glaube neu,« so wird die Arbeit vieler vergangener Geschlechter »wie ein böses Unkraut ausgerauft« —, aber nachdem der erste fanatische Paroxysmus verflogen, vermehrten die Araber das aus dem Alterthum vererbte Kulturkapital durch werthvolle Beiträge: den Kompass, die sogenannten arabischen Zahlen, die Anfänge der Chemie und Pharmacie, der Kaufmanns- und Hafenpraxis, manche neue Bodengewächse u. s. w. Die arabische Kultur selbst verschwand freilich wie eine Episode, aber das von ihr Zugebrachte wurde im Abendlande weiter entwickelt und als die italienischen Seestädte aufblühten und Banken und Wechselgeschäfte einrichteten, und als das Schiesspulver und das Linnen-Papier erfunden waren und allgemeiner angewendet wurden, da war nach langen Jahrhunderten der Barbarei und des Aberglaubens ein Punkt der Umkehr erreicht, von dem an das Leben wieder aufzusteigen begann. Hätten schon dia Römer die beiden letztgenannten Erfindungen machen können, vielleicht wäre die ungeheure Unterbrechung stetigen Kulturganges, die wir das Mittelalter nennen, vermieden worden. Vor dem Schiesspulver wären vielleicht die Hunnen in ihre Steppen zurückgeflohen und das Papier hätte möglicher Weise den Untergang der griechisch-römischen Literatur — denn was wir besitzen, sind nur kümmerliche zerstreute Reste — verhütet. Im fünfzehnten Jahrhundert war Italien bereits wieder so erstarkt, dass der Humanismus, sowohl der literarische, als der sittliche und politische da anknüpfen konnte, wo das Alterthum in seiner Erschöpfung den Faden hatte fallen lassen. Die Welt öffnete sich dem wieder sehend gewordenen Auge, der Mensch empfand wieder Freude an dem Dasein in dieser Natur und begann nach Erkenntniss ihrer Gesetze und ihres geheimnissvollen Innern sich zu sehnen. Mit der Magnetnadel bewaffnet, segelten kühne Schiffer von Lusitanien und Iberien aus nach Amerika, Ostindien und China: vor den Blicken breitete sich in tausendfacher Fülle der Naturwunder die neue Welt aus, die einst Seneca jenseits der Meere geahnt hatte — denn mehr als die Ahnung war den Römern nicht beschieden. Mathematik, Physik, Mechanik, Astronomie, Anatomie, Botanik regten sich mit jugendlichem Eifer; die Kirche bewachte sie misstrauisch, konnte sie aber nicht mehr ersticken; mit Hülfe von Messer und Wage, Schmelztiegel und Retorte, Hebel und Pumpe, Thermometer und Barometer, Teleskop und Mikroskop, Pendel, Logarithmen und Infinitesimalrechnung bereitete sich die immer vollere und umfassendere Befreiung der Menschheit vor. Was die moderne Welt von der alten unterscheidet, ist Naturwissenschaft, Technik und Nationalökonomie.

Wenden wir uns nach diesen allgemeinen Betrachtungen wieder zu unserem näheren Thema, so lehrt die Namengebung in der deutschen Sprache, dass von der Epoche der Völkerwanderung an bis tief in die mitleren Zeiten hinein Alles, was der deutsche Garten trug und ein grosser Theil der Feldverrichtungen aus Italien und Gallien oder Südfrankreich eingeführt war. So weit das Klima es erlaubte, wurde durch eine fortgesetzte Kulturwanderung angeeignet, was Italien entweder ursprüglich besessen, oder selbst in früheren Jahrhunderten aus Griechenland und Asien bezogen hatte. Nicht bloss die Baumfrüchte, Birnen, Pflaumen, Kirschen, Maulbeeren, die Trauben und alle Manipulationen der Kelterung und Weingewinnung, dazu auch der Keller (*cella*), die Tonne und die Kufe, die Flasche, die Kanne, der Becher, der Kelch, der Krug (ein keltisches Wort, Zeuss[2]) 151. 778), die Kumme (*cucuma*), der Kumpen, Kumpf (*cymbium*), der Kessel (*catinus*), der Tiegel (*tegula*), sondern auch Blumen, Gemüse, Küchen- und Apothekergewächse, wie Kohl (*caulis*), Kabes, Kappes (*caputium*), Erbse (*ervum*), Wicke (*vicia*), Linse (*lens*), Petersilie, Zwiebel, Kümmel, Beete (slavisch *sveklŭ* entstellt aus *σεῦτλον*), Rettich (den die Römer selbst erst unter den ersten Kaisern aus Syrien als *radix Syria* bezogen hatten), Meerrettich (entstellt aus *armoracia*), Münze (*mentha*), Koriander, Kerbel, Liebstöckel (*libisticum* statt *ligusticum*), Lavendel, Melisse, Polei (*pulegium*), Fenchel, Anis, Karde, Lattich (*lactuca*), Spargel und vieles Andere, sind lateinisch benannt; die Sichel ist das lateinische *secula*, Flegel — *flagellum*, Mergel — *marga*, *margila*, Speicher — *spicarium;* lateinisch sind Butter und Käse, Pferd und Zelter, die Masse: Meile, Centner, Pfund, Mutt (*modius*), Scheffel (*scaphum*, *scapilus*), Seidel (*situla*) u. s. w. Wie die italienische oder gallische Villa mit allem Zubehör, den Gewächsen, Thieren und nöthigen Werkzeugen und Arbeiten auf deutschen Boden versetzt wurde, davon giebt Karls des

Grossen *capitulare de villis* und das *specimen breviarii rerum fiscalium* ein deutliches Bild. In Italien selbst hatte sich trotz der Völkerwanderung und der chaotischen Auflösung die Zahl der angebauten Gewächse und der gebräuchlichen Hausthiere in Allgemeinen nicht verringert: so zähe ist das Privatleben, und so unermüdlich geht in den kleinen Kreisen desselben der Zerstörung die Heilung und Wiederherstellung zur Seite. In den tausend Jahren des Mittelalters bis zur Entdeckung Amerikas ist kein gezähmtes Thier mehr zu verzeichnen; es blieb bei dem alten Bestande trotz der Bewegungen im inneren Asien, der grossen arabischen Herrschaft vom Indus bis zum Tajo und der Einbrüche der Türken und Mongolen. Wohl aber bereicherten die eben genannten Weltbegebenheiten die Kulturflora des Westens um einige integrirende Glieder, unter denen wir uns, wie billig, zunächst zu den Früchten des Ackers wenden.

** Bezüglich einiger der auf S. 494 genannten, für Entlehnungen aus dem Lateinischen angesehenen Wörter dürfte jetzt eine andere Anschauung herrschen: Ueber Tonne vgl. Anm. 34; Krug, wenn es ein keltisches Wort ist, ist dann doch nicht »lateinisch benannt«; statt dessen goth. *aúrkeis* aus lat. *urceus;* Erbse vgl. oben S. 218; Linse an derselben Stelle; Meerrettich ist wohl eher eine Uebersetzung von als eine Entlehnung aus lat. *armoracia* (vgl. näheres in meinem Reallexicon u. Meerrettich und bei R. Much in der Z. f. d. österreich. Gymn. 1896 S. 608).

Der Reis.

(Oryza sativa L.)

Der Reis, eine Pflanze fetter, wasserreicher Niederungen in tropischem und subtropischem Klima, wurde von Alters her in Indien überall gebaut. Im Mündungslande des Indus musste die sumpfige Natur des Bodens dieser Art Getreide besonders zusagen, aber auch auf trockenen und höher gelegenen Strecken konnte die Aussaat so geregelt werden, dass die zu bestimmten Zeiten eintretenden tropischen Regen der aufschiessenden Frucht zu Hülfe kamen. Obgleich an eigentlichen Nahrungsstoffen hinter dem Weizen zurückstehend, war und ist der Reis doch mehr als dieser die allgemeine Volksnahrung nicht bloss im eigentlichen Indien, sondern auch bei den Bewohnern der Halbinsel jenseits des Ganges, Südchinas und der Inseln des indischen Meeres, bis im äussersten Osten die Sagopalme an die Stelle dieser Grasart tritt. Reisfelder fehlen in dem bezeichneten Gebiet nur da, wo im rauheren Gebirge die Wärme nicht mehr ausreicht oder die Monsunregen ausbleiben und künstliche Bewässerung nicht möglich ist. Eine eigentliche Brodfrucht ist der Reis in so fern nicht, als er selten gemahlen und verbacken wird; er bildet als Lieblingsspeise eine kernige, weiche, aus gequollenen Körnern bestehende, wohl auch mit Fett getränkte Grütze, die die alten griechischen Berichterstatter mit ihrem Wort *χόνδρος*, Graupenbrei, die Lateiner mit *alica* bezeichneten. Auch die Kunst aus Reis ein alkoholhaltiges Getränk, den Arrac, wie aus dem Saft des Zuckerrohrs den Rum, zu bereiten, ist eine altindische, denn schon die Griechen haben davon gehört, Strab. 15, 1, 53: *οἰνόν τε γὰρ οὐ πίνειν* (*τοὺς Ἰνδούς*), *ἀλλ' ἐν θυσίαις μόνον, πίνειν δ' ἀπ' ὀρύζης ἀντὶ κριθίνων συντιθέντας· καὶ σιτία δὲ τὸ πλέον ὄρυζαν εἶναι ῥοφητήν.* Aelian. de nat. anim. 13, 8: *τῷ δὲ εἰς πόλεμον ἀθλοῦντι* (*ἐλέφαντι*) *οἶνος μὲν, οὐ μὴν ὁ τῶν ἀμπέλων· ἐπεὶ τὸν μὲν ἐξ ὀρύζης χειρουργοῦσι, τὸν δὲ ἐκ καλάμου.* Freilich darf man sich darunter noch nicht jenes stark destillirte Wasser denken, was wir heut zu Tage Arrac und Rum nennen, sondern nach den Worten der Alten eine Art Bier oder Wein. Der Sanskritname des Reises war *vrîhi* (noch nicht im Rig-, wohl aber im Atharvaveda); bei Uebergang in die iranischen Sprachen musste dies Wort den Lautgesetzen gemäss zu *brîzi* werden; aus dieser altpersischen Form machten die Griechen ihr *ὄρυζα*, *ὄρυζον*, welches letztere Wort dann durch Vermittelung des Lateinischen der bei allen neueuropäischen Völkern vorhandenen Benennung zu Grunde liegt.

Die erste Bekanntschaft mit dem Reis machte das Abendland durch die Feldzüge Alexanders des Grossen, obgleich einzelne, allerdings unbestimmte Spuren schon auf die Mitte des fünften Jahrhunderts weisen. Nach einer Notiz des Athenäus nämlich hatte Sophokles in seinem Triptolemos von einem *ὀρίνδης ἄρτος* gesprochen, den die Späteren entweder als Brod aus Reis oder aus einem in Aethiopien einheimischen sesamähnlichen Korne deuteten, 3. p. 110: *ὀρίνδου δ' ἄρτου μέμνηται Σοφοκλῆς ἐν Τριπτολέμῳ, ἤτοι τοῦ ἐξ ὀρύζης γενομένου ἢ ἀπὸ τοῦ ἐν Αἰθιοπίᾳ γινομένου σπέρματος, ὅ ἐστιν ὅμοιον σησάμῳ.* Pollux, 6, 73 erklärt ungefähr ebenso, lässt aber den Reis weg: *ὡς ὀρίνδην τινὰ ἄρτον Αἰθίοπες τὸν ἐξ ὀρινδίου γινόμενον ὅ ἐστι σπέρμα ἐπιχώριον, ὅμοιον σησάμῳ.* Auch Hesychius stellt die Aethiopier an die Spitze: *ὀρίνδην· ἄρτον παρὰ Αἰθίοψι· καὶ σπέρμα παραπλήσιον σησάμῳ, ὅπερ ἕψοντες σιτοῦν-*

ται. τινὲς δὲ ὄρυζαν, während Phrynichus in Bekk. Anecd. 1. p. 54 ganz kurz sagt: ὀρίνδα· ἣν οἱ πολλοὶ ὄρυζαν καλοῦσιν. Hätte Sophokles selbst schon an jener Stelle des Triptolemus den ὀρίνδης ἄρτος mit den Aethiopern in Verbindung gebracht, so könnte er an die Aethiopen Homers, die nach Sonnenaufgang hin wohnen, oder an die Αἰθίοπες οἱ ἐκ τῆς Ἀσίης seines Freundes Herodot d. h. eben an die Anwohner des unteren Indus und der angrenzenden Küste gedacht haben, und beide Deutungen würden zusammenfallen. Die Namensform ὀρίνδα, ὀρίνδιον stimmt merkwürdiger Weise in der Nasalisirung, hinter welcher das ζ in δ überging, mit dem armenischen *brinz*, neupersischen *birinǵ*, *biranǵ* überein. Herodot selbst, der ja auch schon von der auf Bäumen wachsenden Wolle gehört hat, erwähnt einer Abtheilung der Inder, die sich von einer wildwachsenden Pflanze nähre, deren Körner von der Grösse eines Hirsekorns in einer Hülse steckten und mit der letzteren gekocht und so gegessen werden, 3, 100: καὶ αὐτοῖσι ἐστὶ ὅσον κέγχρος τὸ μέγαθος ἐν κάλυκι, αὐτόματον ἐκ τῆς γῆς γινόμενον, τὸ συλλέγοντες αὐτῇ κάλυκι ἕψουσί τε καὶ σιτέονται. Auch dies kann als Reis gedeutet werden; die Fehler der Beschreibung, z. B. dass der Reis, der zu Herodots Zeit längst eine Kulturfrucht war, als αὐτόματον bezeichnet wird, erklären sich durch das trübende Medium der Ferne, durch welches damals noch jenes äusserste Wunderland geschaut werden musste; einen Namen der Frucht scheint Herodot nicht erfahren zu haben, wogegen sein ἕψουσι richtiger ist, als das Brod des Sophokles. Mit der Eroberung Asiens durch die Macedonier trat, wie so vieles Andere, so auch der indische Reis vollständig in den Gesichtskreis der Griechen. Gleich Theophrast beschreibt die Pflanze und ihren Gebrauch genau, h. pl. 4, 4, 10: μάλιστα δὲ σπείρουσι τὸ καλούμενον ὄρυζον ἐξ οὗ τὸ ἕψημα. Τοῦτο δὲ ὅμοιον τῇ ζειᾷ καὶ περιπτισθὲν οἷον χόνδρος, εὔπεπτον δὲ, τὴν ὄψιν πεφυκὸς ὅμοιον ταῖς αἴραις καὶ τὸν πολὺν χρόνον ἐν ὕδατι, ἀποχεῖται δὲ οὐκ εἰς στάχυν, ἀλλ' οἷον φόβην ὥσπερ ὁ κέγχρος καὶ ὁ ἔλυμος. Noch merkwürdiger aber ist die Nachricht des Aristobulus, der ein Begleiter Alexanders auf dessen Heerzügen in Asien gewesen war und in hohem Alter eine Geschichte des grossen Königs, verbunden mit einer Naturschilderung der durchzogenen Länder verfasste, bei Strab. 15, 1, 18: τὴν δ' ὄρυζάν φησιν ὁ Ἀριστόβουλος ἑστάναι ἐν ὕδατι κλειστῷ, πρασιὰς δ' εἶναι τὰς ἐχούσας αὐτήν· ὕψος δὲ τοῦ φυτοῦ τετράπηχυ, πολυσταχύ τε καὶ πολύκαρπον· θερίζεσθαι δὲ περὶ δύσιν Πληϊάδος καὶ πτίσσεσθαι ὡς τὰς ζειάς· φύεσθαι δὲ καὶ ἐν τῇ Βακτριανῇ καὶ Βα-

βυλωνίᾳ καὶ Σουσίδι· καὶ ἡ κάτω δὲ Συρία φύει. Μέγιλλος δὲ τὴν ὄρυζαν σπείρεσθαι μὲν πρὸ τῶν ὄμβρων φησὶν, ἀρδείας δὲ καὶ φυτείας δεῖσθαι, ἀπὸ τῶν κλειστῶν ποτιζομένην ὑδάτων. Hier also wird nicht bloss die Kulturart in geschlossenen, überschwemmten Beeten überraschend richtig beschrieben, sondern schon Bactriana (also die Gegend am oberen Oxus), Babylonien und Susis (also schon die untern Euphrat- und Tigrisländer, semitisches Gebiet) als reisbauend dargestellt. Bestätigt wird die letztere Angabe durch Diodor, der bei Erzählung der Kämpfe zwischen Eumenes und Seleukus den ersteren wegen Getreidemangels seine Truppen in Susiana mit Reis, Sesam und Datteln nähren lässt, mit welchen Produkten die genannte Gegend ungemein gesegnet sei, 19, 13: *Εὐμένης δὲ διαβὰς τὸν Τίγριν καὶ παραγενόμενος εἰς τὴν Σουσιανὴν, εἰς τρία μέρη διεῖλε τὴν δύναμιν, διὰ τὴν τοῦ σίτου σπάνιν. ἐπιπορευόμενος δὲ τὴν χώραν κατὰ μέρος σίτου μὲν παντελῶς ἐσπάνιζεν, ὄρυζαν δὲ καὶ σήσαμον καὶ φοίνικα διέδωκε τοῖς στρατιώταις, δαψιλῶς ἐχούσης τῆς χώρας τοὺς τοιούτους καρπούς.* Noch unter der Perserherrschaft und wohl in Folge derselben war also die Reiskultur vom Indus bis zum Oxus und Euphrat vorgedrungen, und von dort stammte denn auch der Name *ὄρυζα.* Die Worte: *καὶ ἡ κάτω δὲ Συρία φύει* scheinen ein Zusatz des Strabo selbst zu sein, zu dessen Zeit also auch Niedersyrien schon in den Kreis dieser Kultur einzutreten begann. Wer der gleichfalls angeführte Megillus war, und zu welcher Zeit er lebte, wissen wir zwar nicht, auch ist der Text des Strabo hier verdorben, aber so viel deutlich, dass auch Megillus von der Art, den Reis zu bauen, eine richtige Vorstellung hatte. Ein dritter Berichterstatter, der Zeit nach dem Theophrast und Aristobulus nahe stehend, Megasthenes (er war Agent des Königs Seleukus in den östlichen Landen, gegen das Jahr 300 vor Chr.), hat auch gesehen, wie der Reis an indischen Höfen gegessen wurde, und an solchen Mahlzeiten ohne Zweifel selbst Theil genommen: jeder der Gäste bekommt einen Tisch, in Form eines Behälters oder Untersatzes; dieser trägt eine goldene Schüssel; in die Schüssel wird gekochter Reis, in Art unseres Graupenbreis, gethan und dann mit vielen Zusätzen indischer Fabrikation gemengt, Athen. 4. p. 153: *Μεγασθένης δ' ἐν τῇ δευτέρᾳ τῶν Ἰνδικῶν· Τοῖς Ἰνδοῖς φησιν ἐν τῷ δείπνῳ παρατίθεσθαι ἑκάστῳ τράπεζαν· ταύτην δ' εἶναι ὁμοίαν ταῖς ἐγγυθήκαις καὶ ἐπιτίθεσθαι ἐπ' αὐτῇ τρυβλίον χρυσοῦν, εἰς ὃ ἐμβαλεῖν αὐτοὺς πρῶτον μὲν τὴν ὄρυζαν ἑφθὴν, ὡς ἄν τις ἑψήσειε χόνδρον· ἔπειτα ὄψα πολλὰ κεχειρουργημένα ταῖς Ἰνδικαῖς σκευασίαις.* Also schon ganz der überall im jetzigen Orient gebräuchliche, je nach den Gegenden verschieden bereitete Pilav. Seit der Gründung des ägyptisch-griechischen Reiches musste ein lebhafter Handel, wie mit anderen indischen Erzeugnissen, so auch mit Reis über das persische und rothe Meer zu den dortigen Häfen gehen. Für die römische Zeit sehen wir dies aus dem Periplus maris rubri des sog. Arrian, der diesen Artikel mehr als einmal unter den Produkten der von den Schiffern besuchten Küsten aufführt, z. B. 14: *ἐξαρτίζεται δὲ συνήθως καὶ ἀπὸ τῶν ἔσω τόπων, τῆς Ἀριακῆς καὶ Βαρυγάζων, εἰς τὰ αὐτὰ τὰ τοῦ πέραν ἐμπόρια γένη προχωροῦντα ἀπὸ τῶν τόπων, σῖτος καὶ ὄρυζα* u. s. w. (Vergl. auch 31, 37 und 41.) Der Reis diente seitdem den griechisch-römischen Aerzten zu einem schleimigen Getränk und wird als dazu bestimmt hin und wieder angeführt; dass er zur Zeit des Horaz noch theuer war — in der That musste die Ferne, aus der er kam, und die Leichtigkeit des Verderbens, der er ausgesetzt war, den Preis erhöhen — erhellt aus Sat. 2, 3, 155, wo einem Geizhals eine solche Reistisane verschrieben wird und er vor dem Preis erschrickt:

agedum, sume hoc ptisanarium oryzae.
Quanti emtae? Parvo. Quanti erga? Octussibus. Eheu.

Zu einer gewöhnlichen Speise diente der Reis noch nicht, — bei Apicius kommt nur einmal der *sucus oryzae* als Ingredienz vor, 2, 51 ed. Schuch., — noch viel weniger wurde zur Zeit der Alten irgendwo im Abendlande der Versuch gemacht, die Pflanze anzubauen.

Das letztgenannte Verdienst gebührt den spanischen Arabern. Längst seit alter Zeit durch den indisch-äthiopischen Handel, der durch ihre Hände ging, mit diesem Getreide bekannt und schon an dessen Genuss gewöhnt, hatten die Araber nach Eroberung Aegyptens den Reisbau im Nildelta, dessen natürliche Beschaffenheit sich trefflich dazu eignete, und in den Oasen einheimisch gemacht. Bei ihrem Bestreben, die neugewonnenen Länder nach dem Bilde derer, aus denen sie kamen, einzurichten, mussten die Mauren auch in Spanien darauf verfallen, die bewässerten Niederungen mit dem Lieblingskorne zu bestellen, das noch jetzt den Orientalen so werth ist. Dazu boten sich ausser den Flussbecken der Guadiana und des Guadalquivir besonders die fetten Marschgründe der Provinz Valencia, und hier gewannen die Araber, ohnehin Meister in der Kunst der Bewässerung und des Kanalbaues, bald die gewünschten Ernten, deren Ueberfluss der Handel sogar den Küsten des europäischen Auslandes zuführte. Nach der allmähligen Eroberung der maurischen Königreiche durch die Christen gingen die arabischen Reisfelder in die

Hand der letzteren über, und hierin das Werk der Ungläubigen fortzusetzen, verbot glücklicher Weise die Religion nicht. Als gegen Ende des fünfzehnten und zu Anfang des sechszehnten Jahrhunderts, wo die Welt wie neu werden wollte und über Alles, was aus Afrika, Ostindien und Amerika kam oder was von daher berichtet wurde, nicht aus dem Staunen fiel, die spanische Macht sich in Neapel, dann in Mailand festsetzte, indess die italienische Seefahrt nach und von der Levante noch blühte, da wurde auch der Reisbau entweder direkt aus Spanien oder nach dem Beispiel der Spanier aus Aegypten nach Italien verpflanzt, zunächst natürlich an den Punkten, wo Kanalisation und Ueberschwemmung von alter Zeit her gebräuchlich war, im Mailändischen und Venetianischen. Es schien damit für den Landmann eine Quelle des Reichthums geöffnet, und Alles warf sich mit Eifer auf die neue Kultur, etwa wie zur Zeit des amerikanischen Bürgerkrieges in Süditalien auf die der Baumwolle. Wiesen und Weizenfelder wichen weit und breit den Reisbeeten und vom Mündungslande der Alpenflüsse, des Po, der Etsch u. s. w., von den Niederungen bei Mantua, Ravenna, Ferrara u. s. w., verbreitete sich der Reisbau, der in der That einträglicher war, als die gewöhnliche Körnerfrucht, auch in die oberen Gegenden, in die Romagna, nach Piemont u. s. w. Bald aber wurde man inne, dass dadurch das ganze Land in einen künstlichen Sumpf verwandelt wurde und Malaria und Fieber überhand nahmen. So gross nun in jenem südlichen Lande die Gewinnsucht ist, so gross auch die aus vielfacher Erfahrung geschöpfte Furcht vor böser Luft und den Wirkungen stehenden Wassers. Es begann das Gegenstreben sämmtlicher Regierungen, das sich schon seit der ersten Hälfte des sechszehnten bis in das laufende neunzehnte Jahrhundert in einer Reihe von Verboten und gesetzlichen Einschränkungen kund that. Ueberall wurde eine Entfernung von so und so viel Meilen festgesetzt, innerhalb welcher die Reisfelder sich von jeder grösseren und kleineren Stadt abseits halten mussten. Dann folgten noch strengere Verordnungen, nach denen nur solche Ländereien mit Reis bestellt werden sollten, die wegen ihrer sumpfigen Beschaffenheit keines anderen Anbaues fähig wären, und in deren Nähe kein bewohntes Haus läge und keine befahrene Strasse vorüberführe. Eine besondere Aufsichtsbehörde, ohne deren Erlaubniss kein Reiskorn gesteckt werden durfte, wachte über Aufrechterhaltung der gesetzlichen Bestimmungen. Obgleich diese im Interesse der öffentlichen Gesundheit erlassenen Beschränkungen immer noch in Kraft sind, hält sich der Reisbau in Venetien und der Lombardei doch in blühendem Stande und liefert einen bedeutenden Ueberschuss zur Ausfuhr. Die Kultur selbst erfordert viel Aufwand von Arbeit und Sorge, sowohl bei der ersten Einrichtung und Bestellung der wagerechten, mit Damm und Graben umzogenen Beete und der späteren Zu- und Ablassung des Wassers, als bei der Ernte und dem Dreschen, Stampfen, Reinigen des Kornes; zudem wirkt das Wühlen und Waten in Schlamm und Wasser, das Jäten u. s. w. nicht günstig auf die Gesundheit der Arbeiter und Arbeiterinnen und ihrer Kinder. In Süditalien, wo das Klima noch wärmer und die Gefahr noch grösser ist, war die Verfolgung der Obrigkeit in demselben Masse lebhafter, so dass dort der Reisbau, so wie er überhand nehmen wollte, immer wieder erstickt wurde und jetzt sich auf einzelne unbewohnte Punkte beschränkt. Der Ertrag der ganzen Halbinsel an Reis wird auf mehr als 2 Millionen Hectoliter im Werth von etwa 70 bis 100 Millionen Lire geschätzt. In Spanien soll diese altarabische Kultur sehr gesunken sein, wohl auch in Folge sanitätspolizeilicher Verbote; aus Südfrankreich ist sie verschwunden, in der europäischen Türkei sah Busbequius im 16. Jahrhundert Reisfelder bei Philippopel, epist. 1: *fuimus Philippopoli, vidimus in locis palustribus et aquosis orizam instar tritici crescentem.* So vorzüglich übrigens die Qualität des südeuropäischen Reises im Allgemeinen ist, so wenig fällt der Handel damit ins Gewicht gegen die Massen, die Ostindien, Java, besonders aber Amerika auf den Markt bringen. Wie nämlich mit dem Zucker und Kaffee und der Baumwolle geschah, so auch mit dem Reis: erst die Versetzung in die neue Welt hat ihn zu einem Weltprodukt gemacht. Die südlichen Staaten der Union, Florida, Mississippi, Alabama, Louisiana, Georgien, besonders aber Südcarolina erzeugen jetzt Reis für Millionen an Ausfuhrwerth und trotz der grossen Entfernung halten die Preise die Concurrenz mit den italienischen aus. Europa war für diese Frucht die Haltestation, wohin sie die Araber, die alten Zwischenhändler des Ostens und Westens brachten, und von wo Andere sie weiter nach Neu-Indien jenseits des Oceans schafften.

Ein noch wichtigeres Gegengeschenk hat übrigens Amerika der alten Welt durch seinen Mais, *Zea Maïs L.*, gemacht, der jetzt einen grossen Theil von Südeuropa und der Levante nährt und bis nach China und Japan und ins tiefste Herz von Afrika zu Negerstämmen, die nie einen Europäer gesehen haben, gedrungen ist. Schon Columbus fand diese Saatfrucht in Hispaniola vor, und schon damals wurde sie durch ganz Amerika angebaut, so weit nur Ackerbau herrschte und das Klima es erlaubte. Seit dem Anfang des 16. Jahrhunderts wurden Körner davon in spanischen und italienischen, auch französischen, deutschen und englischen Gärten gesteckt und die Pflanze bald auch im Grossen auf Feldern gezogen. Die Venetianer verbreiteten sie im Orient; sie siedelte sich unter dem Namen *Kukuruz* in der Türkei, den Donauländern, Ungarn an, und gab auch dort eine Lieblingsspeise ab (z. B. als Mamaliga bei den Walachen, zu welcher der Branntwein aus Zwetschen, die sog. *Tschuka*, nicht fehlen darf); nach Deutschland kam sie als türkischer Weizen oder Wälschkorn aus Italien. »Unser Germania,« sagt Hieronymus Bock (Tragus), New Kreüterbuch, Strasburg 1539 fol. 2; 21 wird bald *felix Arabia* heissen, dieweil wir so viel fremder Gewächs von Tag zu Tag aus fremden Landen in unsern Grund gewöhnen, unter welchen das gross Welschkorn nit das geringst ist.« In Norditalien ist jetzt die Polenta d. h. der Maisbrei die gewöhnliche Kost des Landmannes und der Maisbau wetteifert besonders in den fruchtbaren Flächen des nördlichen Theiles der Halbinsel mit der Weizenkultur. Liefert die letztere auch ein edleres Korn und feineres Mehl, sowie eine gesundere Nahrung, so steht sie dem ersteren doch an Ergiebigkeit nach und hat ihm deshalb Schritt für Schritt vom besten Boden abtreten müssen[96]).

Leichter als den Reis muss es gewesen sein, den Mohrhirse, *Sorghum vulgare L.*, die *dhorra* und *dochn* der Araber, aus Ostindien nach Europa zu bringen, denn schon kurz vor Plinius war er in Italien erschienen, 18, 55: *milium intra hos decem annos ex India in Italiam invectum est, nigrum colore, amplum grano, harundineum culmo. adolescit ad pedes altitudine septem, praegrandibus comis (culmis): jubas (phobas) vocant: omnium frugum fertilissimum. ex uno grano sextari terni gignuntur. seri debet in umidis.* Die Beschreibung ist zutreffend und an der Identität nicht zu zweifeln; auch mit der Angabe, dass der Sorgho das fruchtbarste aller Körner sei, hat es seine Richtigkeit. Leider steht der Gehalt bei diesem Getreide nicht im Verhältniss zu seiner Ergiebigkeit und da es sich auch durch Farbe und Geschmack nicht sehr empfiehlt, so mag der Anbau nachher wieder aufgegeben worden sein[97]). Wenigstens hören wir nach Plinius nichts wieder von der Dhorra, und erst die Araber verbreiteten dies in den Gegenden um das rothe Meer bis zu den Schwarzen im inneren Afrika gewöhnliche Saatkorn zum zweiten Male über die Länder am Mittelmeer. Petrus de Crescentiis-(um 1300 nach Chr. oder gleich nachher) kennt es genau unter dem Namen *milica* (auch heut zu Tage *melga, melica*, in anderen Gegenden *saggina*, *sorgo* genannt) und beschreibt die Anwendung desselben als Thierfutter, in Theuerungsjahren als Beimischung zu anderem Mehl, zu technischen Zwecken u. s. w. ganz in heutiger Weise, lib. 3 de milica (der Basler Quartausgabe von 1538): *Melegaria competunt ad claudenda tuguria et vias in tempore luti sternendas et competunt igni et clibanis faciendis, cum fuerint exsiccata, et plantis salicum involvendis, ne excorientur a bestiis et ne sole urantur aestivo. Semen milicae bonus cibus et porcis est bobus et equis dari potest et homines eo tempore neccessitatis utuntur et cum aliis granis et pane in praecipue rusticis.* Die verschiedenen Arten und Varitäten dieser Frucht kommen auch im jetzigen Italien vor, doch ist ihr Anbau überhaupt beschränkt: sie dient grün als Futterkraut oder in Körnergestalt zur Schweinemast, denn den Vögeln ist sie schädlich, oder endlich mit ihren Rispen, je nach der Grösse, zu Bürsten oder Besen, oder endlich mit den Halmen zu den geflochtenen Wänden der einfachen Bauernhütten. Wie der Roggen ein zu nordisches, ist der Mohrenhirse ein zu südliches, ein Negerkorn, und beide, ohnehin wegen ihres schwärzlichen Mehles verachtet, streifen nach Italien nur hinüber, zum gegenseitigen Erstaunen, wo sie zusammentreffen.

---

* Der Reis *(Oryza sativa)* ist nach Hooker fil. (Flora of British India VII. p 92) wild in den Sümpfen von Rajpootana, Sikkim, Bengalen, Khasia, Central-Indien, den Circars und Pegu. Dieser Reis ähnelt in allen wesentlichen Merkmalen einer häufig kultivirten begrannten Varietät. Nach Loureiro (Flora cochinch. I. p. 267) soll er auch in den Sümpfen Cochinchinas wild wachsen, auch von den Chinesen, bei denen der Reis schon im Jahre 2800 vor Christus eine verbreitete Kulturpflanze war, wird derselbe als eine einheimische Pflanze angesehen. Sodann soll er auch im tropischen Nord-Australien nach F. v. Müller (Bentham Flora australiensis VII. p. 550) wirklich wild vorkommen. *Oryza punctata* Kotschy aus Kordofan ist kaum von *O. sativa* verschieden, dagegen dürfte eine im Gebiet von Bahr el Ghazal von Schweinfurth in grossen Beständen wildwachsend gefundene Reispflanze eine von *Oryza sativa* verschiedene Art darstellen.

Der Mais *(Zea Mays* L.) wird schon lange als eine aus Amerika nach der alten Welt eingeführte Pflanze angesehen; hierfür sprechen einerseits die verwandtschaftlichen Beziehungen des Maises zu einigen anderen amerikanischen Gattungen *(Euchlaena* und *Tripsanum)*, anderseits der Umstand, dass in den peruanischen Gräbern von Ancon und in denen von Arizona Mais gefunden wurde. Noch war aber irgend welches spontanes Vorkommen von Mais unbekannt. Neuerdings erst ist eine wildwachsende Maisart in Mexiko konstatirt worden. Zuerst (1869) von Rözl im Staate Guerero beobachtet, wurde sie auch im südlichen Theil von Coyote bei Moro Leon nördlich vom Cuitzco-See gefunden. Die Pflanze ist von den in Kultur befindlichen Formen verschieden und wird daher zunächst als eigene Art mit dem Namen *Zea canina* Watson bezeichnet. Doch muss sie dem Kulturmais ziemlich ähnlich sein, da die Einwohner des mexikanischen Districtes von Moro Leon diesen Coyote-Mais für die Stammpflanze der Kultursorten halten; auch ist nicht ausgeschlossen, dass diese Maispflanze eine verwilderte Sorte ist.

Der Mohrhirse oder der Sorgho *Andropogon sorghum* (L.) Brotero ist jetzt in allen wärmeren Ländern angebaut und zwar hauptsächlich in den Unterarten *saccharatus*, *eu-sorghum* und *cernuus* mit zahlreichen Varietäten. Die besten Kenner der Getreidearten, Körnicke und E. Hackel, sind der Ansicht, dass alle diese Unterarten und Varietäten, welche in der Form des Blütenstandes, sowie in Gestalt, Grösse und Farbe der Früchte auffallende Verschiedenheiten zeigen, von dem über alle wärmeren Theile der Erde verbreiteten *Andropogon halepensis* (L.) Brot. (*A. arundinaceus* Scop.) abstammen. (Man vgl. Koernicke in Koernicke und Werner, Handbuch des Getreidebaus, I. 294 ff. und Hackel's Abhandlung: Die kultivirten Sorghum-Arten und ihre Abstammung in Engler's Botanischen Jahrb. VII, S. 115 ff.). Wahrscheinlich hat die Kultur ihren Anfang in Afrika genommen, wo die Durrah die wichtigste Brotpflanze ist, und vielleicht auch in Ostindien.

Der Buchweizen.

(Polygonum Fagopyrum L.)

Gleichsam zum Ersatz für den dem Süden gewährten Mais erhielt zu derselben Zeit, oder nur ein wenig früher der Norden Europas aus dem Innern Asiens ein der civilisirten Welt bis dahin unbekanntes Korn, den Buchweizen. Ihr Vaterland hat diese dikotyledone Pflanze — denn sie ist keine Grasart, wie die übrigen Cerealien — in Nordchina, Südsibirien und den Steppen Turkestans und muss sich mit den Völkern, die aus jenen unermesslichen Weiten aufbrachen, weiter nach Westen in Bewegung gesetzt haben. Wie Plano Carpini, Rubruquis und vor Allen Marco Polo zum ersten Male, seit es ein Europa in geschichtlichem Sinne gab, den Weg zu jenen Einöden mit Glutsommern und Eiswintern und den barbarischen Hofhaltungen schlitzäugiger gelber Menschen sich bahnten, so kamen in umgekehrter Richtung neben dem unsäglichen Unheil, das jene fürchterlichen Racen brachten, auch einzelne Sitten, Fertigkeiten, Pflanzen, die für Bereicherung gelten konnten, aus Asien erst zu den östlichen Grenzen der civilisirten Völker, dann zu diesen selbst in langsamem Vorschreiten hinüber. Marco Polo selbst, der den echten Rhabarber in dessen Vaterlande mit Augen sah, und über diese ferne, wunderbare Wurzel berichtet, schweigt über den Buchweizen. Aber die ersten botanischen Schriftsteller seit dem Beginn des sechzehnten Jahrhunderts kennen dies Saatkorn bereits als ein seit Menschengedenken aus der Fremde eingeführtes. Joh. Ruellius, dessen Werk de stirpium natura zuerst 1536 in Paris herauskam, hat p. 324 (der Basler Ausgabe 1537 fol.) die Notiz: *hanc (frugem) quoniam avorum nostrorum aetate e Graecia vel Asia venerit, turcicum frumentum nominant,* und gleich darauf: *jam agri plerique in Gallia hac fruge rubent.* Noch älter wäre die Aussage des jüngeren Champier in seiner Schrift de re cibria libari XXII, Jo. Bruyerino Campegio Lugdun. authore, Lugduni 1560. 8°, wenn seine Behauptung in der Widmung an den Kanzler Michel l'Hôpital, er habe sein Buch *annos abhinc triginta plus minusve,* also um das Jahr 1530, geschrieben, buchstäblich und mit Ausschluss jedes späteren Zusatzes zu verstehen wäre. Dort heisst es lib. 5, cap. 23, p. 374: *serunt praeterea gallici rustici frugem aliam non ita pridem e Graecia Asiave aliove orbe ad nos invectam* — folgt die Beschreibung des Buchweizens und dann: *vulgus turcicum frumentum nominat.* Die Worte stimmen fast wörtlich mit denen des Ruellius überein, welcher letztere das Manuscript des Bruyerinus Campegius noch vor dem Druck benutzt haben könnte. Der Ausdruck *avorum nostrorum aetate* führt für Frankreich auf das Ende des 15. Jahrhunderts und für Deutschland entsprechend früher, etwa auf die Mitte oder die erste Hälfte desselben. Ueber den Weg der Einwanderung erfahren wir nichts bestimmtes. Die Benennung *turcicum frumentum,* statt deren sich frühe die andere: *blé sarrazin, grano saraceno* einstellte, weist nur ganz unbestimmt auf die asiatische, über die christliche Welt hinausliegende Heidenschaft hin. Daher Leonhart Fuchs, de historia stirpium, Basileae 1542 fol., p. 824 ganz richtig sagt: *e Graecia autem et Asia in Germaniam venit, unde turcicum frumentum appellatum est: Asiam enim universam hodie immanissimus Turca occupat.* Nord- und Süddeutschland nennen dies Korn verschieden und haben es also nicht auf gleichem Wege überkommen. Der niederdeutsche Name Buchweizen ist, wie man sieht, an Ort und Stelle gegeben und bezieht sich auf die Aehnlichkeit der Körner mit den Bucheckern; das niederländische *boekweyt* ging in der Form *bouquette, bucail* u. s. w. in das benachbarte nordöstliche Frankreich über, welches schon den Buchweizen aus Brabant bekommen hat. Schon die plattdeutschen Bibeln, die von Cöln (nach 1470), die Lübecker von 1594 u. s. w. setzen Jes. 28, 25 *boekwete* für das Wort, welches Luther später mit Spelt übertrug und die vorlutherischen hochdeutschen Bibeln mit Wicken wiedergaben. Die älteste Erwähnung des norddeutschen Buchweizens fände sich nach Pritzel (Sitzungsberichte der Gesellschaft naturforschender Freunde zu Berlin Mai 1866) in Originalregistern des mecklenburgischen Amtes Gadebusch vom Jahre 1436. Der andere, in Süddeutschland übliche Ausdruck Heidenkorn (jetzt durch Umdeutung gewöhnlich Heidekorn, als wäre es ein auf Heidegrund wachsendes Korn), der sich schon in Glossensammlungen der zweiten Hälfte des 15. Jahrhunderts findet (so bei Diefenbach glossar. lat. germ. s. v. cicer, im Anzeiger für Kunde deutscher Vorzeit 6, 438 als Verdeutschung für *medica* u. s. w.), sagt dasselbe aus, was czechisch *pohanka, pohanina*, poln. *poganka*, magyar. *pohánka* — ein von den Heiden gekommenes Getreide; da aber andere slavische Sprachen derselben Weltgegend auch *ajda, hajda, hajdina* sagen, welches offenbar ein Lehnwort aus dem Deutschen ist, so bleibt Zweifel, ob nicht das czechische *pohanka* auch nur ein übersetztes Heidenkorn ist. Ein dritter deutscher Name Taterkorn, Tatelkorn ist soviel als *frumentum Tatarorum* und hat sein Analogon im czechischen und kleinrussischen *tatarka*, magyar. *tatárka*, finnischen *tattari*, estnischen *tatri*. Hierin läge ein deutlicher Wink, von welchem Volke Osteuropa diese Frucht bezogen hätte, nämlich den Tataren, unter welchem Namen sowohl die Stämme mongolischer Race, als die eigentlichen Wolga- und Krimtataren verstanden wurden; aber dass die Russen diesen Namen nicht kennen, muss bedenklich machen, und es scheint uns daher wahrscheinlich, dass damit Zigeunerkorn ausgedrückt werden sollte, da diese wandernden Horden den Namen Tatern oder das Heidenvolk führten und zum Theil noch führen und auf ihren Zügen, mit denen sie gerade im 15. Jahrhundert das westliche Europa überfluteten, diese Saat verbreiten mochten (s. C. Hopf, die Einwanderung der Zigeuner in Europa, Gotha 1870). Das russische *greča, grečucha, grečicha*, kleinruss. *hrečka*, poln. *gryka*, lit. plur. *grìkai*, auch in deutschen Mundarten *Grücken* (walachisch *hrišk*, magyar. *haricsha*) bedeutet griechisches Getreide d. h. ein von Süden gekommenes, fremdes, in demselben Sinne, den das Beiwort wälsch bei den Deutschen hatte. Daneben gilt in Russland, in den

Gegenden an der Unterwolga ein *dikuša*, so viel als wildes Korn, d. h. entweder wildwachsendes, oder von den Wilden, den jenseitigen Nomadenstämmen angebautes oder von ihnen bezogenes Korn, wofür auch das tatarische Wort *kurluk* gebraucht wird. Pallas sah auf seinen Reisen häufig, wie diese Nomaden bei ihren flüchtigen Ackerbauversuchen den tatarischen Buchweizen, *polygonum tataricum*, theils anbauten, theils sich seiner als eines Unkrautes nicht erwehren konnten. Nach Linde (in seinem Wörterbuch unter *gryka*) fände sich Wort und Sache in polnischen Inventarien nicht vor der Regierung des Königs Sigismund August, also nicht vor der zweiten Hälfte des 16. Jahrhunderts. Doch mag die *gryka* bis dahin nur seltener gewesen sein, als später, und ihre Erwähnung nur spärlicher. Alles in Allem genommen, waren es die Türken- und Mongolenstämme, die dies neue Korn in die Gegend des schwarzen Meeres brachten, von wo es dann (wenn man die Zigeuner aus dem Spiel lassen will) der Seehandel über Venedig und Antwerpen weiter nach Deutschland und Frankreich und beziehungsweise nach den Niederlanden trug; dass es von den Slaven den Deutschen übermittelt worden, dafür spricht, wie wir gesehen haben, kein sicheres Anzeichen in der Namengebung. Es empfahl sich durch den angenehmen Geschmack und die kurze Vegetationsperiode, letzteres zugleich eine Bestätigung seiner Herkunft aus dem strengen hochasiatischen Himmelsstrich. Jetzt ist das weite Russland, seiner geographischen und kulturhistorischen Stellung gemäss, ein vorzügliches Erzeugungsland dieser Feldfrucht und die aus ihr bereitete Grütze, die sogenannte *kaša*, die aus dem Mehl derselben gebackenen Vorfasten-Kuchen u. s. w. eine unentbehrliche, nationale, dem Volke nicht wie so vieles Andere aus Europa aufgedrängte Kost und Sitte. Auch in Norddeutschland, z. B. in Holstein, hängt der gemeine Mann von Alters her an seiner Grütze aus Buchweizen, der selbst in den Niederlanden einen wichtigen ländlichen Artikel bildet. Im Süden wird das Heidekorn seltener und verschwindet am Mittelmeer ganz; aber in den rauheren österreichischen und tyroler Alpen, wo der Mais nicht mehr trägt, stösst man häufig im Herbst nach der Ernte auf die artig aussehenden Felder mit den rothen Stengeln und weissen Blüten des Heidekorns. Es heisst dort Plent (aus polenta, s. Schöpf, Tirolisches Idiotikon) und das Gericht daraus Sterz.

---

* Der Buchweizen *(Fagopyrum esculentum* Moench) findet sich, wie Maximowicz festgestellt hat, wildwachsend an den Ufern des Amur, in Dahurien

und am Baikalsee. Eine zweite, gegen Kälte weniger empfindliche Art (*Fagopyrum tataricum* (L.) Gärtner) wächst in der Tartarei und in Sibirien bis nach Dahurien; aber nicht im Amurland.

Schon im Vorhergehenden ist bei Besprechung mancher einzelnen asiatischen Kulturpflanze, z. B. der Citrone und Pomeranze, der Dattelpalme, des Safrans, des Mohrhirse, der Ceratonia Siliqua u. s. w. bemerkt worden, dass, wenn ihre erste Einwanderung auch schon in die Zeit des Alterthums fiel, sie doch erst durch die Araber ein bleibender Besitz der Küsten des Mittelmeers geworden sind. Die Araber nahmen das Werk des Alterthums kräftig auf und gaben der Bewegung einen neuen mächtigen Impuls. Es war eine Zeit, wo das innere Meer ein arabischer See heissen konnte. Zwar Konstantinopel zu erobern, gelang diesem kriegerischen Kulturvolke nicht, obgleich dies vielleicht nicht zum Schaden der versunkenen Hauptstadt gewesen wäre und auch sich an der Loire, also im kalten Mitteleuropa, festzusetzen, war wider die Natur und konnte, welches auch der Ausgang der gegen Karl Martell gelieferten Schlacht war, nicht von Bestand sein, — aber in Aegypten und ganz Nordafrika, in Spanien, auf Sardinien und den Balearen, in Sicilien, Kalabrien, Apulien, an den Küsten der Levante, geboten Araber, bauten den Boden und beluden Schiffe, und an glänzenden Höfen der Kalifen und ihrer Statthalter blühten in einer Epoche allgemeiner Barbarei die Künste und humane Sitte. Ja, der Trieb, die Vegetation Asiens nach Europa zu versetzen, wirkte noch tiefer und in weiterem Umfang, als jemals zur Zeit der Römer, deren Macht doch auch bis ins Innere Asiens gereicht hatte. Durch die Araber kamen ostindische Produkte, von denen das spätere Alterthum nur gehört, oder die es durch den Handel als kostbare Waare empfangen hatte, lebend und leibhaftig an das Mittelmeer. Zwar den Pfefferstrauch zu verpflanzen, ging nicht an, und vom Kaffee war noch nichts zu hören, aber die Seidenraupe wurde in Spanien und Sicilien angesiedelt, und maurische Seidenzeuge aus Palermo dienten dem Herrn der Christenheit zum prachtvollen Krönungs- und Kaisergewand, an stillen Wassern rauschten Papyrusdickichte, und die Baumwolle und das Zuckerrohr versuchten in den wärmsten Lagen auf europäischem Boden zu gedeihen — letzteres ein Ereigniss von unberechenbarer Wichtigkeit. Denn wenn auch der Anbau des Zuckers und der Baumwolle in Europa selbst keinen nennenswerthen Umfang gewinnen konnte — erst in Folge der amerikanischen Krisis stieg der Ertrag der letzteren in

Süditalien auf etwa 100,000 Ballen —, so ward er doch Anlass zu der ungeheuren Produktion jener ostindischen Gewächse in Westindien, zu der entsprechenden Consumption bei allen Völkern der Erde und dem beide vermittelnden, die Oceane und alle Häfen belebenden Welthandel. Wer heut zu Tage nach einem Besuche Pompejis aus dem Thor dieser verschütteten Stadt tritt, an deren Wänden flüchtig gezeichnete Landschaften von der schon damals gelungenen Aneignung so mancher subtropischen Bäume Zeugniss geben, der kann an den Baumwollfeldern, die sich durch die Gegend hinziehen, sich vergegenwärtigen, wie die Epoche der Mauren dem Alterthum in dieser Hinsicht ebenbürtig ist. Gleich den Namen *zucchero* und *cotone*, belegen dies noch andere aus dem Arabischen stammende oder durch das Arabische vermittelte Bezeichnungen, z. B. *melia azedarach*, ein über alle Gestade des Mittelmeeres verbreiteter Baum, *lazzeruolo*, der Azerolenbaum, mit essbaren Früchten, *gesmino*, *gelsomino*, der echte Jasmin, der in dem genannten Bezirk fast schon verwildert ist, u. s. w.[98]).

Als die Araber zerfielen und allmählich unterlagen, war unterdess im Zeitalter der Kreuzzüge der Seehandel der italienischen Städte aufgeblüht: Venedig und Genua beherrschten die Märkte der Levante und unterwarfen sich Inseln und Territorien. Auch diese Verbindung wandte Europa einen Theil des Reichthums jener gesegneten morgenländischen Gebiete zu, und selbst als die Türken immer weiter erobernd vordrangen, schlug auch dies der Weltkultur zum Gewinn aus.

Denn die Türken waren kein bloss zerstörendes Volk, wie die Mongolen, sondern führten Europa aus der Besonderheit ihres ursprünglichen Heimatlandes und ihres daran geknüpften Naturells manches Neue, Unerhörte zu, das die Schranken der gewohnten Sitte und den Kreis der Vorstellungen erweiterte. So waren sie Freunde der Bäume, besonders der Blumen. In den kurzen heftigen Sommern Turkestans erblühen auf trockenen, fast ununterbrochen von dem Licht der Sonne getroffenen Heiden zahlreiche, farbige, stolze Blumen, und diese begehrte der Türke auch nach seiner Wanderung in den Südwesten in seinen Gärten zu schauen und gesellte ihnen aus den vielen in seiner Hand vereinigten Ländern noch andere bisher unbekannte hinzu. So wurde Stambul und das Türkenreich überhaupt das Bezugsland für eine neue prächtige Gartenflora, die auf zwei Hauptwegen, über Wien und über Venedig, in Europa einwanderte. Die berühmteste und wegen ihrer weiteren Schicksale merkwürdigste dieser türkischen Blumen war die Tulpe, so in Italien nach dem persischen *dulbend* oder Turban genannt, das Staunen und die Bewunderung der damals noch sehr naiven Kinder des Westens. Das Wesentliche der Geschichte dieses stolz blühenden, leicht Spielarten bildenden Zwiebelgewächses hat J. Beckmann in seinen Beyträgen 1, 233 ff. und 2, 548 ff. mit gewohnter Gründlichkeit erzählt. Conrad Gesner, der Linné des 16. Jahrhunderts, sah die erste Tulpe im Jahr 1559 in Augsburg im Garten eines der dortigen Patricier; für das Jahr 1565 sind blühende Tulpen auch im Garten der reichen Fugger bezeugt. Die Saat jener ersten sollte aus Konstantinopel oder, wie Andere sagten, aus Kappadocien gekommen sein; nach Clusius war Kaffa in der Krim ihr Vaterland, mit anderen Worten die krimischen Tataren, die Stammgenossen der Türken, hatten sie mitgebracht und angepflanzt und lieferten die Zwiebeln. Während die Italiener eine andere Art direkt bezogen und ihr, wie gesagt, auch deren Namen *tulipano* gegeben hatten, sollte der Kaiserliche Gesandte Busbeck, der sich allerdings mit dieser Blume viel befasste, die erste deutsche Tulpe nach Prag gebracht haben. Aus Wien erhielt sie Nord-Europa, namentlich England; die grössten Liebhaber aber fand die Blume an den unterdess frei und reich gewordenen, phantasielos gebliebenen Holländern. In Holland erwachte der Wetteifer, immer neue, seltene, wunderliche Abarten und Farbenmischungen zu erzeugen und führte endlich in der ersten Hälfte des 17. Jahrhunderts zu dem weltbekannten Tulpenschwindel, dem Kauf und Verkauf auf Zeit von nie dagewesenen Exemplaren, mit Entrichtung bloss der Differenz zwischen dem vereinbarten und dem am Verfalltage notirten Preise, einem »Windhandel«, der das Vorspiel bildete zu den ein Jahrhundert später zu Paris in der rue Quincampoix sich abwickelnden Scenen und zu dem offen und versteckt getriebenen Glücksspiel unserer Börsen. Die Geschichte sagt nicht, ob es vielleicht schon damals speculative Kinder Israels waren, die in Amsterdam, Harlem und Rotterdam für eine Phantasie-Tulpe den Preis eines Hauses oder Landgutes bezahlten, und ob sie schliesslich die einzig gewinnenden waren, indess allen übrigen Spielern der erträumte Reichthum in der Hand zerfloss. — Andere Blumen und Ziergewächse, die Europa dem Halbmond verdankt, sind der jetzt allgemein verbreitete, lieblich duftende Syringenstrauch, *Syringa vulgaris*, italienisch und spanisch *lilac*, französ. *lilas* — ein orientalischer Name —, durch Busbequius aus

Stambul herübergebracht; der *Hibiscus syriacus* mit den prachtvollen rosenartigen Blüten; die aromatisch duftende orientalische Hyacinthe, *Hyacinthus orientalis*, aus Bagdad und Aleppo nach Venedig und Italien gebracht, später die Nebenbuhlerin der Tulpe auf den Blumenbeeten der Holländer und, wie diese, in unzähligen Farben und Abarten erzeugt; die Kaiserkrone, *Fritillaria imperialis*, eine persische Blume, die die Europäer in den Gärten Konstantinopels kennen lernten; die Gartenranunkel, *Ranunculus asiaticus*, die Lieblingsblume Mahomed des vierten, die dieser in allen Formen aus den Provinzen seines weiten Reiches in den Gärten seiner Hauptstadt versammelte, und die dann von dort nach Italien und weiter nach Deutschland und den Niederlanden wanderte. Bei der einmal erwachten Blumenlust kamen dann zu diesen und anderen türkischen Blumen noch andere aus anderen Gegenden, so die schöne Balsamine, *Impatiens balsamina*, noch jetzt überall in Italien blühend, im 16. Jahrhundert von den Portugiesen aus Ostindien gebracht, und die in Italien selbständig aufgetretene Nelke, ital. *garofolo*, *garofano*, französisch *œillet*, das Aeuglein, genannt, *Dianthus caryophyllus*, die Blume der italienischen Renaissance — denn in der Epoche des Aufblühens der Städte und des Handels hatte das Auge des Menschen sie in dem südlichen Italien wild gefunden und seine Kunst und Pflege ihr gesteigerten würzhaften Duft, Blätterfülle und alle Abstufungen der Farbe abgelockt. Noch jetzt ist sie,

Im schönen Kreis der Blätter Drang,
Und Wohlgeruch das Leben lang
Und alle tausend Farben —,

obgleich von den Alten nicht beachtet, der besondere Liebling des Volkes jenseits der Alpen. — Dass aber nicht bloss Blumen, sondern auch Bäume durch die Türken über die Welt verbreitet sind, beweist der von uns an anderer Stelle bereits erwähnte schöne Kastanienbaum mit den pyramidalen Blüten und dem dichten Schatten schon im Frühling, *Aesculus Hippocastanum*, aus dem Vaterlande der Türken stammend; der Kirschlorbeer, in der zweiten Hälfte des 16. Jahrhunderts aus Trapezunt, wo ihn Pierre Belon zuerst sah, durch Clusius nach Wien übertragen; endlich die reizende, zarte, süss duftende *Albizzia Julibrissin*, deren italienischer landschaftlicher Name *gaggia di Constantinopoli* verräth, an welchem Punkte sie zuerst den Boden Europas betreten hat. — Von dem Buchweizen als einem türkisch-mongolischen, aus Hochasien mitgebrachten Korn ist bereits die Rede gewesen.

---

* Die Geschichte der Tulpen hat nach Hehn's Tode mehrere Botaniker zu eingehenden Studien angeregt, so namentlich E. Levier (I tulipani di Firenze ed il Darwinismo. Rassegna settimanale Vol. II No. 17, Roma 1878; L'origine des Tulipes de la Savoie et de l'Italie. Archives italiennes de biologie. V. Paris 1884; Les tulipes de l'Europe. Bull. soc. sc. nat. de Neufchatel XII (1884); Neotulipes, Paléotulipes, in Malpighia VII, Genova 1894 p. 404) und H. Graf Solms-Laubach (Weizen und Tulpe und deren Geschichte, Arthur Felix, Leipzig 1899). Nach diesen Untersuchungen steht fest, dass *T. Clusiana* 1606 aus Constantinopel nach Florenz kam und von hier aus vielfach in Südwest-Europa verschleppt wurde. Dagegen war *T. oculus solis* St. Amans lange nur aus Nordeuropa, namentlich aus den holländischen Gärten bekannt und verbreitete sich im vorigen Jahrhundert in Frankreich und Italien. Wahrscheinlich stammt sie von *Tulipa Dammanniana* Host im Pontus ab. *Tulipa saxatilis* Sieb. von Kreta scheint auch schon lange in den Gärten Westeuropas und Italiens kultivirt worden zu sein. — Ende des 16. Jahrhunderts fand der Kaiserliche Gesandte in Constantinopel, A. de Busbeque, die Tulpen in Türkischen Gärten, woselbst wahrscheinlich schon starke Hybridisation stattgefunden hatte, bereits in grosser Mannigfaltigkeit vor und brachte sie nach dem Abendland, wo im 17. Jahrhundert sehr rasch zahllose neue Formen durch Knospenvariation entstanden. Diese werden als *Tulipa Gesneriana* L. zusammengefasst. Aus den verwilderten Kulturpflanzen sind an einzelnen Stellen wie bei Florenz, Bologna und St. Jean de Maurienne, durch extreme Variabilität neue Formen entstanden, welche vegetativ sich vermehrend oft Jahrzehnte lang constant bleiben.

Doch was bedeuten diese verspäteten Ankömmlinge aus dem Orient gegen den ungeheuren Umtausch, der mit der Entdeckung Amerikas begann? Amerika, sagt Kohl sehr schön in seiner Geschichte der Entdeckung Amerikas, Bremen 1861, S. 412, tauchte auf, wie ein unserem Planeten angehängter neuer Stern. Was Amerikas Tropen und gemässigte Zone lieferten, war nicht ein Nachtrag, von Phöniziern, Kleinasiaten, Griechen und Römern nur zufällig versäumt, sondern Gaben und Erzeugnisse einer ganz neuen Welt — und es begann die zweite grosse Periode der Geschichte, die des Verkehrs beider Hemisphären, da die erste nur die Entwickelung der einen aus sich und in sich gewesen war. Wir stehen noch am Anfang dieser Epoche, die der grosse Genuese eröffnet hat, und Transplantation und Acclimatisation sind bis jetzt nur das zufällige Geleite des Handels und der Schiffahrt gewesen. Dennoch führt schon jetzt jeder Spaziergang durch europäische Parks und Gärten, jede Fahrt auf Landwegen und Eisenbahnen an amerikanischen Gewächsen vorüber: die *Vitis Labrusca*, der sogenannte wilde Wein, aus Nordamerika, bekleidet Säulen und Wände, rothglühend im Herbste, doch keinen Traubensaft spendend, wie die morgenländische Schwester vom Kaukasus und Demavend; neben ihr klettert mit hochgelben Blüten die peruanische Kapuzinerkresse, *Tropaeolum majus*, empor; die Pyramidalpappel, *Populus dilatata*, zieht wie ein grüner Säulengang oder paarweise in Procession an der Heerstrasse fort, am Mississippi einheimisch, für uns zunächst aus Italien gekommen und daher lombardische Pappel genannt, der einzige Baum, der in unserem Norden Gestalt hat und daher auch von den Gemüthsschwärmern der romantischen Zeit und Schule verachtet und verfolgt; breiten, dichten Schatten wirft die amerikanische Platane, *Platanus occidentalis;* Hecken nordamerikanischer Acacien, *Robinia Pseudacacia*, umgeben die öffentlichen Spaziergänge, in denen *Pinus Strobus*, die Weymouthskiefer, *Bignonia Catalpa*, der Tulpenbaum, *Liriodendron tulipiferum* jenseits der Alpen die jetzt allverbreitete herrliche Magnolie, *Magnolia grandiflora*, die aus dem tropischen Amerika stammende, süssen Veilchenduft verbreitende *Acacia Farnesiana*, der australische *Eucalyptus globulus*, mit dem man jetzt die römische Campagna bepflanzen will, der japanische Ligusterbaum, der gleichfalls japanische schöne Mispelbaum mit den duftenden Blüten im Herbst und den goldenen Fruchtbüscheln im Frühling (*Eriobothrya japonica*, eine jetzt in Süditalien und Sicilien wichtige Kulturpflanze), der zarte Pfefferbaum, *Schinus Molle*, der prächtige Korallenbaum, *Erythrina Corallodendron* u. s. w, den Eintretenden empfangen. Für den Weizen und das Rind und das Pferd — Geschenke von unschätzbarem Werth — haben wir den Truthahn, den Mais, die Kartoffel, den Opuntiencactus, *Opuntia Ficus indica*, zurückerhalten. Was die Kartoffel im Norden ist — auch für diese Frucht ist, wie der Name lehrt, Italien das Mittelland gewesen —, weiss Jeder, weniger dass die Opuntienfeige für die Wüsten und Felsen des Mittelmeeres fast dieselbe Bedeutung hat, wie jenes Knollengewächs für die Heiden des Nordens. An allen Küsten jenes Südens, vom Atlas und der Sierra Morena am Aetna vorbei bis zum Taurus und Sinai, hat diese südamerikanische, blaugraue, stachlichte, in sonderbarer Vegetation ein fleischiges Stengelglied aus dem Ende des anderen hervortreibende Pflanze die dürrsten, unfruchtbarsten Felswände und Steingründe überzogen und sie so durch die Humusbildung der Kultur wiedergegeben. Man pflanzt sie auf den Lavafeldern des Aetna, um diese rascher urbar zu machen; ihre Stacheln hüten das Feld, von den Blättern nährt sich das Vieh, und die saftigen Früchte bilden vier Monate gegen den Herbst jeden Jahres die Nahrung und Erfrischung der ganzen Bevölkerung. Neben ihr wuchert ihre Gefährtin und physiognomische Verwandte, die Aloe, *Agave americana*, mit der riesengrossen grünen Blätterrosette und dem aus dieser baum- oder kandelaberartig aufsteigenden Blütenschaft; beide zusammen haben den Typus der mediterranen Landschaft, die längst vom Orient her ihr strenges, stilles Kolorit erhalten hatte, durch ein völlig einstimmendes Element wesentlich ergänzt. Die Kartoffel hat sich bei den Südländern nicht beliebt gemacht[99]), wohl aber eine andere, der Kartoffel nahe verwandte, ursprünglich giftige amerikanische Frucht, die Tomate, auch pomi d'oro genannt, *Solanum Lycopersicum*, deren gelbrother säuerlicher Saft die italienischen Schüsseln zu färben pflegt und überall in der italienischen Küche, wo es nur möglich ist, angebracht wird.

Damit dem Bilde des Wechselverkehrs mit der neuen Welt sein Schatten nicht fehle, ist auch noch des Tabaks zu erwähnen. Wie die Europäer nicht bloss die wohlthätigen Resultate einer dreitausendjährigen Kultur nach dem jungfräulichen Lande hinüberleiteten, sondern mit ihren Schiffen im Süden auch Neger und Jesuiten, im Norden auch die Pocken und den Branntwein landeten, so verdanken wir Amerika nicht nur die Kartoffel und die edlen Metalle und das Beispiel republikanischer Freiheit: es hat uns auch das genannte narkotische Giftkraut überliefert, das jetzt ganz unvertilglich scheint. Dass ein barbarischer Gebrauch der Indianer, den Rauch der trockenen Blätter einer betäubenden Pflanze durch ein Rohr oder eine zusammengedrehte Rolle in den Mund zu leiten und dann wieder auszustossen oder dieselben Blätter in gepulvertem Zustande in die Nase zu stopfen, von den Rothhäuten zu weissen, gelben und schwarzen Menschen auf der ganzen Erde hat übergehen und bei allen sich so tief einwurzeln können, ist eine Thatsache, die viel zu denken giebt. Wie in Europa der Arme, der Verbrecher um ein Stückchen Geld zu — Tabak bettelt, so gewinnt der Reisende oder Kaufmann auch den Neger im inneren Afrika, den Samojeden, Malaien u. s. w. durch nichts so leicht als durch eine Gabe Tabak. Türken, Araber und Perser hauchen den Rauch dieses Krautes stillsitzend vor sich her, als ein Bild ihres eigenen unnützen, apathischen, träumerischen Lebens[100]). Hunderte von Millionen sind seit zwei Jahrhunderten auf diese hässliche Gewohnheit verwandt worden, die aufgehäuft oder productiv angelegt alle Völker hätten wohlhabend machen können, und noch jetzt sind viele Tausende von Morgen oder Hectaren des kostbaren Erdbodens, der Weizen oder Wein hätte tragen können, mit dieser Species giftigen Nachtschattens bestellt. Aehnlicher Erscheinungen werden die kommenden Jahrhunderte vielleicht noch mehr bringen. Denn wie die Hellenen als ein Adel der Menschheit rings von Barbaren umgeben lebten, von abergläubischen Aegyptern, knechtischen Asiaten, trunksüchtigen Thrakern u. s. w., so auch bisher die Europäer, umringt von farbigen, untergeordneten Rassen. Der die Erde immer dichter umspannende Verkehr wird den weissen Mann in immer nähere Gemeinschaft und Berührung mit jenen Massen bringen und diese Kreuzung vielleicht die Mutter mancher bestialischen Ausgeburt werden. Der Veredelungsprocess der Menschheit wird auch dann seinen Fortgang nehmen und auch diese ungeheure Aufgabe wird gelöst werden, aber in wie langen Zeiträumen, über welche barbarischen Zwischenstufen, unter wie viel Opfern, Rückfällen und Trümmern!

Schluss.

Die vorstehenden Skizzen tragen in mehr als einer Hinsicht, auch abgesehen von den Unterlassungsfehlern, die der Verfasser begangen haben wird, und deren Folgen er auf sich nehmen muss, den Charakter des Fragmentarischen und der Vereinzelung an sich. Zunächst ist die Bodenkultur, die Garten- und Hauswirthschaft nur der Theil eines Ganzen, ein blosser Ausschnitt aus der allseitig sich vollziehenden Bildungsgeschichte der Menschheit. Dennoch spiegelt sich auch wieder im Einzelnen das Allgemeine, und wie die Kulturpflanzen von Volk zu Volk, von Ost nach West, von Süd nach Nord gewandert sind, so in derselben Richtung und Zeit auch die Freiheit und Kultur selbst in jeder Gestalt. Aus Indien und Persien, aus Syrien und Armenien stammen unsere Feld- und Baumfrüchte, eben daher auch unsere Märchen und Sagen, unsere religiösen Systeme, alle primitiven Erfindungen und grundlegenden technischen Künste. Griechenland und Italien führten uns die Nähr- und Nutzpflanzen zu, mit denen wir im mittleren und nördlicheren Europa unsere Wohnstätten umgeben, und eben diese Länder lehrten uns in eben dieser Reihenfolge edlere Sitte, tieferes Denken, ideale Kunst, humane Zwecke und die höheren Formen politischer und socialer Gemeinschaft. Was die Pflanzengeschichte bezeugt, würde auch von der Kulturgeschichte im umfassenden Sinne nicht anders ausgesagt werden. Auch die letztere ist nur eine Geschichte des Verkehrs, und wie der einzelne Mensch nur in der Gesellschaft seine Bestimmung, d. h. die höchste Entwickelung seiner Anlagen erreicht, so sind auch die Völker in demselben Masse, wie sie zur Bildung sich erheben, nur Schüler und Erben anderer umwohnender, überlegener Völker. Die grösste Vaterlandsliebe zeigten daher zu allen Zeiten diejenigen nationalen Führer, die nicht die heimische Eigenart am hartnäckigsten festhielten, sondern am offensten und bereitwilligsten auf die Lehren der Fremde und den früher und anderswo erreichten Kulturgewinn eingingen.

Wie die Pflanzen und Hausthiere von Hand zu Hand gingen, davon enthält dieses Buch eine Anzahl monographischer Umrisse; eine andere, jene erst ergänzende Aufgabe wäre es, festzustellen, welche seiner eigenen wilden Pflanzen das Abendland auf die gleiche Weise zur Kultur erhoben hat, sei es direkt oder nach dem Vorbild des Ostens und Südens. Einiges davon ist im Vorhergehenden gelegentlich angedeutet worden, das Uebrige muss einer eigenen Untersuchung überlassen bleiben. So wächst oder wuchs der Kohl, jetzt eines der nützlichsten und verbreitetsten Gemüse, ohne Zweifel in Europa wild; wann und wo aber fing man an, ihn in Gärten zu versetzen, ihn umzubilden und immer schmackhafter zu machen, und unzählige Varietäten, eine immer zarter, beliebter und von dem Grundtypus entfernter, als die andere, zu erziehen? Manches ist darüber in einer unermesslichen Literatur zerstreut; Vieles muss dunkel bleiben; Einiges lehren die Namen, wie sie noch jetzt gangbar sind oder es früher waren. Wo der Savoyer und Wirsing-Kohl herstammt, ist in diesen Beinamen ausgesprochen, denn auch letzteres ist nichts als das oberitalienische *verza* d. h. grüner Kohl; dass überhaupt Italien uns lehrte, Kohl zu essen und zu pflanzen, sagt das Wort Kohl, aus *caulis*, eben so Kabes, slavisch *kapus*, *kapusta*, aus *caputium*, *capuccio*, unmittelbar aus; auch der Kohlrabi, der Raps und Rübsen tragen lateinisch-italienische Namen, *caulorapa*, *caulus rapi* und *rapicium* und sind jungen Datums in Deutschland; der zarte, seltsam gebildete Blumenkohl stammt aus dem Morgenlande und kam über Venedig und Antwerpen nach Europa, nach Deutschland erst kurz vor Beginn des dreissigjährigen Krieges; das Sauerkraut mag eine tatarische, von den Slaven adoptirte Erfindung sein, die sich vom Slavenlande weiter nach Nieder- und Oberdeutschland verbreitete. Wie der Kohl ist auch die Artischocke eine in Europa einheimische, veredelte Distel; europäisch sind auch die Rübe und die Möhre, *Daucus Carota* L. Wenn der Apfelbaum in unseren Wäldern ursprünglich wild wuchs, so sind doch die edlen Bäume unserer Gärten nicht gerade Abkömmlinge von ihm, sondern stammen von Zweigen, die über die Alpen gebracht und auf den einheimischen Stamm gepfropft wurden — ein Gleichniss für viele ähnliche, jetzt verdunkelte Besitztitel auf geistigem Gebiet[101]). Im Allgemeinen hat Europa auch von dem, was es von Natur besass, nur Weniges aus eigenem Impuls aus der Wildniss gehoben und durch Erziehung nutzbar gemacht; es musste dazu am Mittelmeer aus Asien, in seinen mittleren Gegenden durch den Süden angeregt werden, in dem alle Quellen unserer Bildung liegen.

Jahrhunderte, ja Jahrtausende lang haben die Kulturpflanzen unter künstlichen Bedingungen mit dem Menschen gelebt, und die Frage liegt nahe, inwiefern sie dadurch ihre Natur verändert haben? Der Mensch sorgt durch einseitige Wahl und berechnete Pflege für Häufung bestimmter organischer Richtungen und Ausweichungen; daraus gingen Abarten hervor, aus diesen wieder andere; wenn die Zwischenglieder als minder kulturmässig sich verloren, so sind wir verlegen, in dem Gartengewächs den Wildling, von dem es stammt, wiederzuerkennen. Dies ist ein Thema, das die Naturforscher jetzt vielfach beschäftigt, bei dessen Behandlung ihnen aber grössere Bekanntschaft mit der Geschichte, der Literatur und Sprache der Alten, ihren bildlichen Denkmälern u. s. w. von Nutzen sein würde. Noch bedeutungsvoller erscheint dieselbe Frage in ihrer Anwendung auf die Hausthiere. Doch da dieselbe jetzt seit Darwin bei den Naturforschern auf der Tagesordnung steht, so beschränken wir uns auf folgende den Zusammenhang des physiologischen Problems mit der menschlichen Geschichte betreffende Bemerkungen.

Es ist eine, wie uns dünkt, unbestreitbare Thatsache, dass nicht bloss angeborene, sondern auch individuell erworbene Charaktere sich vererben, mit anderen Worten, dass Schicksale und Erfahrungen früherer Generationen mit den jüngeren als feste Naturanlage wiedergeboren werden. Was die Vorfahren erst gelernt hatten, oft mit Widerwillen und unter Sträuben, das erscheint in den Nachkommen als gegebenes Naturell; was dort Resultat war, wird hier Ausgangspunkt. Und je längere Zeit ein Zustand bei den Voreltern durch die Gewalt der Umstände aufrecht erhalten worden, desto sicherer erscheint er als Erwerb der Enkel. Psychische Regungen bewirken leibliche Veränderungen: indem die letzteren auf die Nachkommenschaft übergehen, rufen sie mit Nothwendigkeit auch die ersteren wieder hervor, die dann als geistige Richtung und Fertigkeit, als Mitgift der Geburt, unmittelbarer Stammcharakter vorgefunden werden.

Was wir Geschichte nennen, ist nichts als diese langsame leiblich-geistige Umwandlung der jüngeren Geschlechter nach den Eindrücken, die die älteren erfahren haben, — ebenso der sogenannte Zeitgeist nichts als das in den Kindern bewusstlos wirkende Gemeingefühl der von den Vätern und Grossvätern erlebten Schicksale. Könnten wir bei plötzlich eintretenden, scheinbar unvermittelten neuen Geschichtsepochen, deren Ideenreichthum und unerwarteter Durchbruch uns überrascht, die stillen Vorbereitungen in den nächstvorhergehenden Geschlechtern übersehen, alles Wunderbare würde sich verlieren. Bei der Langsamkeit der physiologischen Metamorphose ist ein Sprung nirgends und bei keinem Volke je möglich gewesen. Wird eine Rasse plötzlich durch eine geschichtliche Constellation unter eine Civilisation geworfen, für die sie durch ihre früheren Schicksale nicht befähigt ist, dann entsteht ein Chaos von Scheinkultur, Rückfällen, disparaten Trieben, barbarischem Raffinement, Rohheit und Siechthum, bis nach Jahrhunderten eines stürmischen Processes sich endlich Alles ins Gleichgewicht gesetzt hat. So ging es z. B. den Germanen auf römischem Boden: sie, die noch kaum die Anfänge des Ackerbaues sich angeeignet hatten, sollten in ummauerten Städten wohnen, der Ordnung eines auf verwickelte Lebensverhältnisse und die feinsten Bedürfnisse berechneten Rechtes sich fügen, in die spitzfindigen Distinctionen der durch die Kirchenväter allseitig abgesteckten Dogmatik und in den symbolischen, altorientalischen Pomp des Rituals sich finden! Hatten sie vorher ein Jahrtausend lang nur an kriegerischen Zügen Freude gefunden und in der Stille der Wälder an einem ganz allgemeinen und daher ganz primitiven Naturkultus, der grausame Opfer nicht ausschloss, sich genügt, so war wieder ein Jahrtausend eines neuen Lebens nöthig, ehe an die Stelle der Körperbeschaffenheit jener ersten Periode und der in ihr wurzelnden Neigungen neue Nerven, Muskelfasern, Gehirnfiebern, anders gestaltete Blutkörperchen und damit auch andere Seelenregungen traten. Den Uebergang vom umherschweifenden Jagdleben zur Zähmung und Weide der Thiere, ebenso von der nomadischen Freiheit zur Ansässigkeit können wir uns daher nicht langsam und schwierig genug denken. Die Noth musste gross sein, ehe der Hirt sich entschloss, den Weidegrund aufzugraben, Körner hineinzustreuen, deren Wachsthum abzuwarten, den Ertrag ein Jahr lang aufzubewahren und so an eine bestimmte Stelle der Welt wie ein Knecht und ein Gefangener sich zu fesseln. Fiel der Drang der Umstände weg, so wandte er sich sicherlich wie ein Befreiter wieder zum Wanderleben, der inneren Stimme folgend. Nicht anders empfand auch der Jäger die Viehzucht als Knechtschaft. Mit Pfeil und Bogen, mit dem geschärften Stein am Ende des hölzernen Speeres durchstreifte er frei die Wälder, und die Anfertigung dieser Waffen war seine einzige Arbeit und Sorge. War es ihm geglückt einen wilden Stier zu erlegen, dann war Tage lang ein schwelgerisches Freudenfest für ihn. Diesen selben Stier oder die Wildkuh einzufangen, aufzusparen, an Nachfolge zu gewöhnen, das Kalb aufzuziehen, die Heerde auf der Weide zu bewachen, die Kuh zu vermögen sich ruhig melken zu lassen — welch eine Reihe umständlicher, einengender, regelmässiger Verrichtungen! Um sie zu unternehmen, musste die Jagd ganz unergiebig geworden und nach keiner Seite eine Flucht in die Weite möglich sein. Sowie sich eine Zuflucht öffnete, war der Rückfall in das freie Jägerleben unausbleiblich [102]). Je länger aber die neue Lebensart zwangsweise aufrecht erhalten blieb, desto mehr wurde sie Naturell: in den Urenkeln begann der alte Trieb nach Freiheit allmählich zu erlöschen und Kulturempfindung schlug Wurzel. — Dass das Alles nicht bloss Phantasie ist, sondern wirklich so vorging und noch vorgeht, lässt sich deutlich an den Thieren beobachten. Auch bei diesen werden Erfahrungen der Voreltern zum Instinkt der Nachkommen. Weidendes Vieh rührt die Pflanzen nicht an, die ihm tödtlich oder schädlich sind; bringt man es in ein entferntes Land, in einen andern Welttheil, wo unbekannte Kräuter wachsen, da weiss es nicht zu unterscheiden und siecht oder stirbt an dem genossenen Gift. Vögel haben eine unmittelbare Angst vor dem sie verfolgenden Raubvogel, weil frühere Generationen von diesem Feinde bedrängt worden und ihm in einzelnen Fällen entgangen sind. Wo der Mensch auf sie Jagd macht, fürchten sie den Menschen aufs Aeusserste; wo er aus irgend einem Grunde sie schont, da sind sie zutraulich und dreist, auch ohne individuelle Erfahrung und ohne das Beispiel der Eltern. Hunde, die längere Zeit hindurch von irgend einem Volke zu einer bestimmten Art Jagd gebraucht worden, werden mit ausgesprochenem Naturtriebe gerade für diese Jagd geboren; junge Schäferhunde deren Vorfahren Jahrhunderte lang zur Bewachung der Heerden angehalten worden, bringen eine unverkennbare Neigung und Geschicklichkeit zum Wächteramt mit zur Welt. Wo die Ochsen der Landessitte nach nicht zum Ziehen gebraucht werden, da hält es schwer, den jungen Abkömmling ins Joch zu spannen; umgekehrt, wo dies schon früher der Fall war. Ebenso lassen sich Kühe, deren weibliche Ascendenten nicht gemolken worden, nur schwer dazu bewegen, beim Melken stille zu halten. Die Haustaube, haben wir gesehen, wurde so vollkommen gezähmt, weil sie Jahrhunderte lang ein geheiligter Vogel war, den Niemand anrührte; der Haushahn, weil er bei Persern, britischen Kelten, Slaven, Ungarn u. s. w. dem Lichtgott geweiht und unverletzlich war; die Katze, weil ägyptischer Aberglaube, verbunden mit ägyptischer Geduld, lange Zeiten hindurch das scheue Raubthier schonte und pflegte. Die Summe der Erfahrungen aller einzelnen Individuen wurde endlich zur veränderten Natur. Die Anwendung von diesem Allem auf den Menschen ergiebt sich von selbst. Auch bei diesem ist der Humanisirungsprocess ein langsamer, das Werk der Zeit, und auch hier ist der Erfolg nur sicher, wenn dieselben günstigen Einflüsse hinreichend lange gewirkt haben. Tausend Jahre der Knechtschaft bei einem Volke sind z. B. nicht durch einen einmaligen Emancipationsact auszulöschen, eine an andere Lebensbedingungen geknüpfte Rasse nicht über Nacht durch Erlass europäischer Gesetze zu einem Gliede der civilisirten Familie zu machen. Je weiter ursprünglich der Abstand, um so länger die nöthige Reihe von Geschlechtern und die stille Arbeit der Umwandlung — so lang, dass man oft an der Möglichkeit der Lösung der Aufgabe überhaupt verzweifeln möchte. Den code Napoléon bei irgend einer barbarischen oder halbbarbarischen Rasse einführen, den Soldaten europäische Uniformen und Exerciermeister geben, Gasröhren legen, eine Eisenbahn durch das Land ziehen und beide durch europäische Angestellte besorgen lassen, französisch abgefasste diplomatische Noten überreichen, die von einem im Hintergrunde versteckten europäischen Sekretär geschrieben worden: dies Alles ist so leicht, wie jeder andere Anputz durch äussere Farbe, aber nur die unreife, abstrakte Denkart der Menge wird dies für einen grossen Gewinn halten. Eher könnte, da das stille Wachsthum von innen und von unten dadurch gestört wird, nur eine ewige Impotenz die Wirkung sein.

Wir haben gesehen, wie die Flora der italischen Halbinsel im Laufe der Geschichte immer mehr den südlichen Charakter angenommen hat. Als die ersten Griechen in Unteritalien landeten, bestand die Waldung noch vorherrschend aus laubabwerfenden Bäumen, die Buchen reichten tiefer hinab, als jetzt, wo sie auf die höchsten Gebirgsregionen beschränkt sind. Jahrhunderte später erblickt man auf den Landschaften an den Wänden Pompejis schon lauter immergrüne Bäume, *Laurus nobilis*, den Oelbaum, die Cypresse, den Oleander; in den letzten Kaiserzeiten und im Mittelalter finden sich die Limonen- und Pomeranzenbäume ein, seit der Enddeckung Amerikas die Magnolien, die Agaven und die indischen Feigen. Es kann keine Frage sein, dass diese Umwandlung hauptsächlich durch Menschenhand geschehen ist: ob aber in Ländern, wo, wie in den südeuropäischen Halbinseln zwei Vegetationstypen zusammenstossen, der subtropische, immergrüne, und der der gemässigten Zone, nicht der Zug und Trieb der Natur selbst das Bemühen der Menschen unterstützte? Ob jene mehr südlichen Pflanzen mit lederartigem Blatt, kräftiger Rinde und mannichfacher Bewaffnung nicht im sogenannten Kampf ums Dasein durch härteres Leben den Sieg davontrugen, d. h. allmählich bis dahin vordrangen, wo erst mit dem Apennin, dann mit den Alpen der jetzigen mediterranen Flora ein Grenzwall gesetzt ist? Auch Deutschland, Frankreich, England haben sich zu historischer Zeit bedeutend im südlichen Sinne umgestaltet; dass aber nordische Kulturgewächse umgekehrt über die Berge gestiegen wären und sich über Nord-, dann über Süditalien ausgebreitet hätten, davon erhalten die zwei bis drei Jahrtausende, über welche unsere geschichtliche Kunde reicht, kein Zeugniss. Ist es mit dem Menschen nicht ebenso, und siegt nicht stets der dunkelhaarige über den blonden? Liegt in der Natur des letzteren nicht das Streben, sich der des ersteren anzunähern? Von welcher Complexion das Urvolk der Indogermanen gewesen, wissen wir unmittelbar nicht. In der Epoche, wo wir es kennen lernen, ist es längst in Zweige gespalten, deren Haar-, Haut- und Augenfarbe zwei verschiedene Typen zeigt. Asiaten, Griechen, Römer sind schwarz, Kelten und Germanen blondlockig, blauäugig, hellfarbig; die ersteren dabei von kürzerer Statur, mit lebhaften Gesten, kundige, kluge, braune Zwerge: Kelten und Germanen hochaufgeschossene, rothwangige Riesengestalten mit wallendem Haar (s. die Belege bei Zeuss, Die Deutschen, S. 49 ff., zu denen sich noch die Stelle des Amm. Marcell. 15, 12 fügen lässt: *celsioris staturae et candidi paene Galli sunt omnes et rutili)* [103]). Wie noch jetzt den Südländern, erschien auch dem Griechen das blonde Haar als besonders schön und edel und er theilte es gern den Jünglingen und Frauen seines idealen Helden- und Götterkreises zu. Nördlich von Griechenland, in Osteuropa, dem Schauplatz früher Völkermischung, finden wir zwar auch die helle oder röthliche Haut- und Haarfarbe hin und wieder hervorgehoben, aber lange nicht mit solcher Entschiedenheit, wie im Westen. Zwar die Budinen schildert Herodot als ein Volk *γλαυκόν τε πᾶν ἰσχυρῶς καὶ πυρρόν*, aber sie zeichneten sich eben dadurch vor den übrigen Stämmen aus. Die Slaven nennt nachher Procopius ὑπερυθροί, weder hell noch dunkel, sondern etwas ins Blonde fallend; Ammianus giebt den iranischen Alanen mässig blondes Haar — *crinibus mediocriter flavis.* Auch das Haar der Thraker und Skythen unterschied sich von dem griechischen durch eine Abweichung ins Helle und so erklärt sich, dass sie mitunter ausdrücklich als weiss, roth, weichhaarig bezeichnet werden, in den meisten Fällen aber ihre Gleichartigkeit mit den Griechen stillschweigend vorausgesetzt wird. Umgekehrt gelten die Aegypter für besonders schwarz, dabei wollhaarig, also dem Negertypus sich nähernd (sie sind bei Herodot μελάγχροες und οὐλότριχες, bei Aeschylus ἄνδρες μελαγχίμοις γυίοισι), ebenso die Kolcher (vorsemitische Autochthonen, bei Pindar κελαινῶπες) — so dass wir uns die Griechen selbst zwar als südlich braun, doch nicht vom tiefsten Schwarz zu denken haben. In welchem von beiden Typen aber, dem dunkeln oder hellen, dürfen wir mit grösserer Wahrscheinlichkeit das Abbild der Urzeit erkennen? Alles spricht dafür dass diejenigen Stämme, die in historischer Isolirung am wenigsten von der ursprünglichen Lebensweise sich entfernt hatten, nämlich die nordischen, auch die leiblichen Stammeszeichen am treuesten bewahrt hatten. Wo sie seitdem der südlichen Natur und Lebensform sich genähert oder mit der dunkleren Rasse sich gemischt haben, da hat allemal die letztere die Oberhand gewonnen. Die Gallier der späteren Römerzeit sind schon weniger blond als die Germanen; daher die ersteren, um bei Caligulas Triumphzug Germanen darstellen zu können, sich färben müssen, während doch ihre Stammverwandten auf der britischen Insel, die Caledonier, noch so rothhaarig sind und so gestreckte Glieder besitzen, dass Tacitus sie desshalb für Germanen ansehen will. In ganz Gallien ging in Contakt mit den Römern der nordische Typus in den italischen über; wer erkennt in den nervigen, sehnigen, braunen, gewandten, kurzgewachsenen Bewohnern des heutigen Frankreich die hohen, grobknochigen Albinos-Naturen der alten Kelten, die, wie Cäsar bemerkt, den Römer wegen seiner Kleinheit verachteten? Süddeutschland oder die Landschaften längs dem Alpenabhang, der Donau, dem Oberrhein, ja dem Main, u. s. w. trägt jetzt mindestens kastanienbraunes Haar und ist dem romanischen Typus verwandt; in Norddeutschland, an der Nord- und Ostsee, gleichen bei Weitem nicht alle Individuen mehr dem von den Römern gezeichneten Bilde. Goethe, den wir uns gern als Archegeten seines Volkes denken, hatte braune Augen und braunes

Haar und auch Wilhelm Meister, sein Ebenbild, war nicht blond (Buch 5, Kapitel 6); Dorothea, Hermanns Geliebte, hatte schwarze Augen (6. Gesang) — freilich stammte sie von der Grenze Frankreichs. Bei Mischehen z. B. zwischen Juden oder Griechen und Germanen zeigt sich in dem Habitus der Nachkommenschaft die grössere Energie der südlichen Complexion, die geringere Widerstandskraft der nordischen. Kein Wunder, dass von den Gothen, Longobarden u. s. w. in Italien, von den Franken, Burgunden, Westgothen in Frankreich und Spanien so wenig in der äusseren Erscheinung der Menschen mehr zu erblicken ist. Die Walachen sind als Resultat der buntesten nordsüdlichen Mischung ein sehr dunkelhaariger, braungefärbter Menschenschlag. Sei es nun in diesen, wie in vielen anderen von uns übergangenen Fällen mehr die Nahrung, also der Stoffwechsel, oder die gebildetere Sitte überhaupt oder endlich Vermischung, was diesen Uebergang der Incarnation bewirkt hat, immer ist der Process jenem anderen analog, durch welchen seit den ältesten Zeiten auf dem Wege der Natur, hauptsächlich und unbestreitbar aber auf dem der humanen Kultur die Vegetationsformen des Südostens in den Westen und Norden vordrangen und dort eine andere, immergrüne, idealere Landschaft schufen und den Gruppen und Bildern menschlicher Ansiedelung andere, lichtvollere, bestimmtere, reinere Umrisse gaben.

ANMERKUNGEN.*)

1. S. 1.

B. Seemann, Narrative of the voyage of H. M. S. Herald during the years 1845—51 etc. London 1853. Vol. II p. 268 und 275. — Diese wegen ihres objectiven Charakters höchst schätzenswerthe Reise ist auch ins Deutsche übersetzt worden.

2. S. 15.

Die Eibe, *Taxus baccata*, war schon im Alterthum als giftig gefürchtet, darum ein dämonischer, den Todesgöttern geweihter Baum. Als Catuvolcus, ein König der Eburonen, an seiner Lage verzweifelte, nahm er sich durch Taxusgift das Leben, Caes. de b. g. 6, 31, 2: *Catuvolcus, rex dimidiae partis Eburonum . . . taxo, cujus magna in Gallia Germaniaque copia est, se exanimavit.* Wie bei den Alten wurde auch im Mittelalter die Eibe gern auf Leichenfeldern gepflanzt, und da der Baum sich zugleich durch eine ausserordentlich lange Lebensdauer auszeichnet, so finden sich an solchen Orten auch jetzt noch, besonders in England und Irland, uralte herrliche Exemplare. Er war nach Cäsars soeben angeführten Worten in Mitteleuropa überaus häufig, aber die Schönheit seines Holzes, die es den Drechslern und Schnitzlern so werth machte, wie es später das des Buchsbaums war, führte in ganzen Gegenden zu seiner Ausrottung. Besonders aber zu Bogen verwandte es die Urzeit, die darin Bescheid wusste, so ausschliesslich, dass z. B. das altnordische *ýr* geradezu *arcus* bedeutet (wie μελίη, die Esche, bei Homer die Lanze ist) und die *y*-Rune die Form eines Bogens hat. So steht auch das griechische τόξον der Bogen in naher Verwandtschaft mit dem lat. *taxus* und zwar in der Weise, dass beide Wörter zu der indog. Wurzel *teks* künstlich verfertigen gehören, aus der auch scrt. *takshan* der Zimmermann, griech. τέκτων der Künstler, altsl. *tesati* hauen u. s. w. hervorgegangen sind. — Das erstgenannte altn. *ýr* etc. geht, lautlich noch nicht völlig aufgeklärt, durch die Reihe der Völker von Westen nach Osten, doch so, dass die Bedeutung Eibe in der letztgenannten Weltgegend mit dem Gewächs selbst allmählich erlischt: ir. *éo*, kymr. *yw*, corn.

---

*) Bemerkung des Herausgebers: Nicht mehr Haltbares der früheren Auflagen ist, soweit es sich nicht auf den bisherigen Gang der Untersuchung (S. 1 bis 523) bezog, gestrichen oder überarbeitet worden. Ueberarbeitete Stellen sind am Rand durch Sternchen (***) bezeichnet, Zusätze des Herausgebers in eckige Klammern ([ ]) eingeschlossen worden.

hiven, bret. *ivin*, ahd. *îva* (neben *iha*), ags. *iv* (neben *eoh*) — aus dem Germanischen stammen mlat. *îvus*, franz. *if*, span. u. portug. *iva* —, altpreussisch *invis* die Eibe, lit. *jëwà* der Faulbaum, lett. *eva*, slav. *iva* die Weide. Neben altir. *éo* begegnet noch *ibhar, ibar, jubar*, welches noch heut zu Tage *taxus* und *arcus* bedeutet und nach Zeuss[2] 88 dem Namen der oben erwähnten Ebūronen zu Grunde liegt. Litauisch heisst der Eibenbaum *ëglius* oder *oglus*, welches dem slavischen *jelĭ* oder *jela* die Tanne gleich ist. Im Heimathlande der Slaven zwischen den Quellen des Dniepr und der Wolga wuchs der Taxusbaum nicht mehr (wie auch die Buche nicht), und so weichen in ihrer Sprache die Namen *iva* und *tisŭ, tisa* u. s. w. in die Bedeutung *salix* und *pinus* aus. Doch führte frühzeitig der Handelsverkehr Eibenholz, daraus gefertigte Eimer, Bogen u. s. w. aus den Rheingegenden an die Ostsee, wo der Baum seltener wurde, von da zu den Aisten und Wenden, wo er ganz aufhörte. — Dass übrigens neben dem eibenen auch der hörnerne Bogen im Gebrauch war, lehren Zeugnisse des früheren Alterthums und des fernen Ostens. So wendet in der Odyssee Odysseus seinen Bogen hin und her, um zu sehen, ob ihm in der langen Abwesenheit die Würmer nicht das Horn durchbohrt haben, und so besitzt in der Ilias der Troer Pandarus einen Bogen, den ihm der κεραοξόος τέκτων aus den Hörnern eines wilden Steinbocks verfertigt hat. Auch die Ungarn werden uns bei ihrem Erscheinen im Abendlande als mit Hornbogen bewaffnet geschildert; auf ihren Rennern sitzend und die Zähne bleckend, sandten sie von diesen Bogen ihre sichern, auch vergifteten Pfeile ab. Im Nibelungenliede heisst daher einer von Etzels Mannen nicht ohne Bedeutung Hornboge. [Wie griech. τόξον, lat. *taxus* zu W. *teks*, so scheint griech. σμῖλος, μῖλος der Taxusbaum, σμίλη das Schnitzmesser etc. zu einer Wurzel *smei* künstlich verfertigen zu gehören, aus der unser *schmieden, geschmeide* hervorgegangen ist. Ngr. ἥμερο ἔλατο Eibe (Heldreich, Nutzpflanzen S. 14). Gegenstände aus dem Holz des Baumes, wie Bogen, Messer, Kämme, Fassungen von Feuersteinsägen u. s. w wurden schon in den ältesten Pfahlbauten der Schweiz und Oesterreichs gefunden. — Die Ostgrenze der Eibe wird genau von Köppen, Holzgewächse II, S. 378 (Beiträge z. Kenntniss des russ. Reiches, 3. F. VI) geschildert: »Der Eibenbaum findet sich bei uns wildwachsend nur im äussersten Westen und Süden. Die Grenzlinie seiner Verbreitung verläuft von den Alands-Inseln (etwa unter dem 60° n. Br.), durch den westlichen Theil Estlands und Livlands, steil nach Süden, ferner durch das Gouvernement Grodno, Wolynien, Podolien, und Bessarabien (?). Jenseits der Steppe wächst er in den Gebirgen der Krim und des Kaukasus.« Hierbei ist das Vorbandensein eines gemeinsl. *tisŭ* Eibe sehr auffallend; denn von einem »Ausweichen der Bedeutung« (vgl. oben) kann man bei diesem Wort nur hinsichtlich des serb. *tis* Lärche sprechen. Vgl. Miklosich, Et. W. Dieses slav. *tisŭ* lässt sich übrigens seines Vocales wegen nicht mit τόξον-*taxus* verbinden. Vielleicht vereinigt es sich mit ahd. *dihs-ala*, wenn man die Deichsel als aus Eibenholz gefertigt auffasst, wie etwa das Joch des homerischen Wagens πύξινος aus Buchsbaum ist. — Dass die Buche in dem Urland der Slaven nicht vorkam, beweist die Entlehnung des deutschen Wortes in das Slavische (*buky*). Die Finnen nennen den Baum *saksan tammi*, deutsche Eiche, letzteres, *tammi*, wohl ein einheimisches Wort (mordv. *tumo*). — Zu *eibe* in der Bedeutung Bogen vgl. noch schwäb. *eip* Armbrust und früh nhd. Eibenschütze, Kluge, Et. W. 6. Auflage.]

3. S. 15.

Ein Bild dieser frühesten Wagen geben uns noch heut zu Tage die Karren der Nogaier, die sogenannten Arba's. Räder und Achse drehen sich zusammen; da sie nie mit Fett oder Theer geschmiert werden, so bewegen sie sich mit einem widrigen, weit durch die Steppe hörbaren Aechzen. Die Nogaier sind stolz auf dies Gekreische und sagen: wir sind keine Diebe, man hört uns schon von Weitem (J. von Blaramberg, Erinnerungen, I, Berlin 1872, S. 101). Aehnliche Wagen, denen man die Herkunft aus ältester Zeit ansieht, haben sich auch sonst noch erhalten. Als die Oesterreicher im Herbst 1878 in Bosnien einrückten, schrieb ein Augenzeuge von dort: »Kein bosnischer Bauer hat einen Wagen, an welchem auch nur ein Loth Eisen ist. Räder, Achsen, Nägel — Alles von Holz Ein Reif, ein Beschlag sind unbekannte Dinge; ein sechsspänniger, bosnischer Bauernwagen macht ein Geschrei, das einem auf eine halbe Meile durch Mark und Bein geht. Dass man ein Wagenrad schmieren könne, darauf ist der Bosniak noch nicht verfallen.« — Gewiss glichen die Wagen der Cimbern bei Verona im Jahre 101 vor Chr. den jetzigen bosnischen auf ein Haar.

4. S. 15.

Das Schaf ist ein altes Kulturthier, aber die Kunst es zu scheeren war den frühern Menschengeschlechtern unbekannt; vielmehr wurde die Wolle mit den Händen abgerissen. Noch im neunzehnten Jahrhundert fand C. J. Graba (Tagebuch, geführt auf einer Reise nach Farö im Jahre 1828, Hamburg 1830) auf den entlegenen Faröern diese Sitte in Kraft: nachdem er S. 200ff. das dabei beobachtete Verfahren ausführlich beschrieben, fügt er hinzu: »Dies sieht grausamer aus, als es ist, denn nur diejenige Wolle, welche fast von selbst ausfällt, wird abgerissen, die übrige bleibt sitzen und wird vierzehn Tage später genommen.« In Italien war selbst zu Varros und Plinius Zeit das Ausrupfen noch nicht ganz abgekommen, Plin. 8, 73: *oves non ubique tondentur, durat quibusdam in locis vellendi mos;* nach Varro de r. r. 2, 11, 9 liessen diejenigen, die die ältere Methode beibehalten hatten, die Thiere drei Tage lang hungern, damit die Wolle sich leichter ablöse. Ja Varro weiss sogar nach einem öffentlichen Document den Zeitpunkt anzugeben, wo aus Sicilien die ersten Schafscheerer (natürlich mit den nöthigen künstlichen Scheeren) nach Italien kamen, 2, 11, 10: *omnino tonsores in Italia primum venisse ex Sicilia dicunt post R. c. a. CCCCLIIII, ut scriptum in publico Ardeae in literis exstat, eosque adduxisse P. Ticinium Menam.* Sie kamen aus Sicilien, d. h. die Griechen war auch hierin die Lehrer. Ob in der epischen Zeit das Schaf schon geschoren oder ihm die Wolle noch ausgerupft wurde, könnte nach der einen homerischen Stelle, die darauf Bezug nimmt, fraglich scheinen, Il. 12, 415:

ὡς δ' ὅτε ποιμὴν ῥεῖα φέρει πόκον ἄρσενος οἰὸς,
χειρὶ λαβὼν ἑτέρῃ, ὀλίγον δέ μιν ἄχθος ἐπείγει.

Also: Hector hob den schweren Stein so leicht auf, wie der Schäfer — entweder das geschorene Vliess oder das Bündel ausgerupfter Wolle. Aber das Wort πόκος spricht für die zweite der beiden Deutungen; denn das demselben zu Grunde liegende Verbum πέκω, πέξαι, ἐπέχθη und bei Theokrit 5, 98:

ἀλλ' ἐγὼ ἐς χλαῖναν μαλακὸν πόκον, ὁππόκα πεξῶ
τὰν οἶν τὰν πελλάν, Κρατίδᾳ δωρήσομαι αὐτός —

ist der specifische Ausdruck für *carpere lanam* im Gegensatz zu κείρειν, καρῆναι scheeren, abschneiden. (Neben πέκω das sinn-, aber wohl nicht lautverwandte πείκω bei Hesiod. Op. ed. d. 775: ὄϊς πείκειν. In der Odyssee 18, 314 ruft Odysseus den Mägden zu: Gehet ins Haus zu Eurer Herrin und unterhaltet sie; dreht bei ihr sitzend die Spindel oder zupfet die Wolle mit den Händen: ἢ εἴρια πείκετε χερσίν). — Dem Rupfen und Zupfen liegt zugleich das Kämmen nahe (πεκτεῖν, *pectere, pecten*), welches mit dem Scheeren nichts gemein hat. Diese Urbedeutung von πέκειν wird aufs schönste durch das identische litauische Verbum *pèszti* (*sz* = *k*) bestätigt, welches noch heut zu Tage raufen, rupfen bezeichnet. Nicht anders ist slavisch *runo* das Vliess aus *rúvati* rupfen gebildet; dass auch *vellus* nach *vellere* so benannt sei, hielt Varro, der mehrmals darauf zurückkommt, für unzweifelhaft; Neuere freilich trennen beide Wörter, indem sie *vellus* zu goth. *vulla*, lit. *wìlna* u. s. w., *vellere* aber zum gothischen *vilvan* rauben (d. h. eigentlich zerren) stellen. Varro de l. l. 5, 8 führt auch die Meinung Einiger an, die *Velia*, der Nebenhügel des Palatin, habe diesen Namen von der Gewohnheit der palatinischen Hirten ihren Schafen an jenem Orte die Wolle auszuraufen — woraus wir wenigstens ersehen, dass man sich jene ältesten Schäfer nicht mit der Scheere in der Hand dachte. — Mit der Wolle der Schafe ging es, wie mit dem menschlichen Haar zu Zeiten der Trauer. Dass Verzweifelnde es sich ausrauften, war bei der leidenschaftlichen Geberdensprache des Südens und des Alterthums in der Natur gegründet und so braucht in solchem Falle Homer das Verbum τίλλειν, τίλλεσθαι, welches ein eigentliches Ausraufen besagt; dass in späterer Zeit, wo das Haar nicht mehr der Stolz des Mannes war, Trauernde sich das Haupt und den Bart schoren, war bloss ein conventionelles Zeichen und so erscheint in andern Partien des Epos und in der spätern Dichtersprache statt jenes Ausdrucks der andere: κείρειν, κείρεσθαι. — Wie frühe im Orient die Sitte, das Schaf zu scheeren, sich einfand, wissen wir nicht genau; auf jeden Fall geschah dies füher, als in Griechenland. Da schon in den ältesten Theilen der Bibel die Abnahme der Wolle als ein ländliches Freudenfest erscheint, so hat dies neuern Auslegern Anlass gegeben, an eine gemeinsame, zu bestimmter Frist vorgenommene Schur zu denken. Sehr bündig freilich ist dieser Schluss nicht. Man erwäge auch, dass die Schafherden der Patriarchen nicht ausschliesslich oder vorzugsweise wegen des Wollertrages gehalten wurden, dass das Schaf vielmehr neben der Milch hauptsächlich dazu bestimmt war, geschlachtet und gegessen zu werden und sein Fell zur Kleidung und zum Ruhelager abzugeben.

5. S. 15.

Siehe des Verfassers Schrift: Das Salz. Eine kulturhistorische Studie. Berlin 1873. Reichhaltiger ist das Buch von M. J. Schleiden: Das Salz. Seine Geschichte, seine Symbolik und seine Bedeutung im Menschenleben. Eine monographische Skizze. Leipzig 1875, das den Gegenstand von allen Seiten zu fassen sucht.

Wir benutzen diese Gelegenheit einige kurze Nachträge zu unserer soeben genannten Studie zu geben.

Nach einem Aufsatz von R. Ludwig in dem Archiv für Hessische Geschichte und Alterthumskunde, Band XI, Darmstadt 1867, S. 46ff, war das Bad Nauheim zwischen Frankfurt und Giessen eine altkeltische Saline. Man hat dort ausser keltischen Silbermünzen und Broncegefässen keltischen Ursprungs auch thönerne Töpfe zum Salzsieden gefunden. Welchem keltischen Volke gehörte dies Salzwerk an? Vielleicht den Bojern, da die Helvetier in ihrer frühern Zeit möglicher Weise bis an den Main wohnten, doch diesen Fluss schwerlich überschritten haben. Oder wurde auch hier mitten im germanischen Lande ein Siedwerk von Kelten zwangsweise oder für Lohn betrieben? — Den Namen der Ἀλαυνοί bei Ptolemäus aus dem keltischen *haloin* zu deuten, wie wir S. 33 mit Zeuss gethan haben, ist desshalb bedenklich, weil die Verwandlung des *s* in *h* in früherer Zeit nur sporadisch auftritt und erst gegen Ende der römischen Herrschaft allgemein wird. Wohl aber könnte im Namen der keltischen Salassi, die in den höchsten Alpen sassen, der Begriff des Salzes stecken; dann würde auch, was Appian Illyr. 17 von ihnen erzählt (sie hätten sich den Römern wegen Mangels an Salz ergeben müssen; später, als sie wieder abgefallen waren, hätten sie zum Behuf der Vertheidigung eine Menge Salz in ihren Bergen aufgespeichert), eine sagenhafte, zu dem Namen in irgend einer Beziehung stehende Motivirung enthalten. — Was S. 49 über den Ursprung des Namens Heilsbronn vermuthet worden, wird durch das in Zeitschr. für deutsches Alterthum, Neue Folge, Band VI, S. 153ff. Angeführte widerlegt. — Die Saline Salzungen an der Werra kommt schon in einem Diplom Karls des Grossen vom Jahr 775 vor (bei Wenck, Hessische Landesgeschichte, Band 3, Urkundenbuch Nr. 5): *ad Salsunga super fluvium Uuisera . . . . ubi patellas ad sale facere ponuntur.* — Der Fluss Halys [῞Αλυς, Ἅλυς), den zuerst Herodot nennt und der nach Strabo 12, 3, 12 nach den Salzquellen benannt ist, an denen er vorüberfliesst, hat die griechische Form seines Namens von den hellenischen Ansiedlern an der pontischen Küste. Da aber auch im Armenischen, das schon nach Europa weist, und in welchem *s* im Anlaut vor Vocalen wie im Griechischen schwindet, αλ = *sal* begegnet, so kann der Name des Flusses auch ein phrygisch-armenischer sein. [Vgl. neuerdings Bugge in Kuhns Zeitschrift 32, 81.] — *Harinc, herinc* wird von Müllenhoff auf unmittelbar treffende Weise aus dem Deutschen als Heerfisch, in Schwärmen ankommender Fisch gedeutet (V. Rose im Hermes VIII, 1874 S. 226). Damit fällt ein Theil der Schwierigkeiten weg, es bleibt aber das altn. *sîld*, lit. *silkė*, slav. *seldĭ*, das nur Salzfisch bedeuten kann. Auch wie das Problem von Saale = Salzfluss, Hall = Salzwerk anders gelöst werden soll, als durch Annahme keltischer Lautform für das letztere, sehen wir noch immer nicht ein. [Einige Richtigstellungen hierzu habe ich in einem Nachwort zu dem zweiten unveränderten Abdruck der Hehnschen Schrift: Das Salz (Berlin 1901) gegeben. Von diesen kommen die folgenden hier in Betracht: 1) Ahd. *hâring*, ags. *hæring* können wegen der Länge ihres Stammvokals kaum zu goth. *harjis*, ahd. *heri* Heer gehören. Wahrscheinlich ist von einem germanischen Stamm **hêro-* = sert. *çârá* = bunt, scheckig, altsl. *sěrŭ* graublau auszugehen, so dass der Häring, wie andere Fische (vgl. z. B. ahd. *forhana* Forelle: griech. περκνός bunt), nach seiner Färbung benannt wäre. 2. Altn. *sîld* geht auf eine Grundform **sîlid-* oder **sîthl-* zurück und kann daher keinesfalls mit goth. *salt* Salz, altn. *saltr* salzig zusammenhängen. 3) Die auf deutschem Boden begegnenden Wörter *hal*, *halhûs* etc. werden von allen neueren Etymologen (Kluge, Paul, Heyne u. s. w.) nicht aus dem Keltischen abgeleitet, sondern mit unserm „Halle“ = porticus identificiert. Doch dürfte diese ganze Frage einer erneuten Erwägung werth sein. — In sachlicher Beziehung sei noch darauf hingewiesen, dass auf dem diesjährigen (1901) Anthropologenkongress zu Metz gezeigt wurde, wie in prähistorischer Zeit das Salz auch durch Verflüchtigung der Soole mittelst durch Feuer erwärmter Steine gewonnen wurde. Solche Steine sind ausser in dem Briquetagegebiet bei Metz auch bei Halle a. S. gefunden worden.]

6. S. 16.

Diese unterirdischen Wohnungen finden sich in den verschiedenen Gegenden: es sind die οἶκοι ὕπαντροι καὶ κατάσκιοι der Saken bei Aelian, die von Xenophon beschriebenen οἰκίαι κατάγειοι der Armenier, die *demersae in humum sedes* und *specus aut subfossa* der Satarchen bei Mela, die *defossi specus* der Skythen. die *subterranei specus* der Germanen, die gegen die Kälte von oben mit Mist bedeckt waren, ahd. und mhd. *tunc*, woher unser Dung, Dünger, *screona* in der lex Salica, altfranzösisch *escregne* u. s. w. (s. Wackernagel bei Binding, Geschichte des burgundisch-romanischen Königreichs, 1, S. 333, der das Wort für deutsch hält und mit dem ags. *scräf antrum* zusammenstellt [neuere denken vielmehr an ahd. *scranna* Bank]). Griechische Ausdrücke für solche Erdhöhlen sind γύπη, γυπάριον (bei Hesychius und Suidas, Aristoph. Equ. 790, altslavisch *župište, župilište = cumulus, sepulcrum*, polnisch *župa = salis fodina*), φωλεός, τὰ φωλεά (auch in der Form γωλεός), τρώγλη, wovon der Volksname der Troglodyten am arabischen Meerbusen und am Kaukasus u. s. w. Allmählig hob sich das Rasendach und die Höhle unter dem Hause diente nur noch zur Winterwohnung und zum Aufenthalt der Weiber. Doch hat sich jene älteste Sitte noch hin und wieder bis auf den heutigen Tag erhalten, und der Fremdling, der sich einem solchen Dorfe nähert, hält die kaum erhobenen Dächer für natürliche Aufschüttungen des Bodens. Wo in Russland Erdarbeiten vorgenommen werden, z. B. bei Führung einer Eisenbahn, da ist das erste der Bau solcher Höhlen: ein trichterförmiges Loch, Stufen zur Seite, darüber Baumstämme mit Rasen belegt und die Wohnung ist fertig. Die walachischen Bauernhütten, die sog. *bordeitz*, haben einen schräg geneigten Eingang; im Innern findet sich zuweilen, doch selten, ein Fenster, das mit einem Stück Papier verklebt ist und nur wenig Licht einlässt. Gegen Ende des Herbstes werden alle Ritzen verstopft, Thüren von Flechtwerk angebracht und unterirdische Ställe gegraben (s. darüber das unterrichtende Buch von C. Allard, La Bulgarie orientale, Paris 1864). Der Mangel an Lüftung macht diese troglodytischen Behausungen zu einem ganz unerträglichen Aufenthalt; die darin herrschende stinkende und erstickende Atmosphäre treibt selbst die stumpfen Bewohner zuweilen in die Winterkälte hinaus. Dazu die entsetzliche Flohnoth, über die alle Reisenden, hier wie durch ganz Sibirien klagen. Die Flöhe zwingen buchstäblich auch den Eingeborenen, wenn die Jahreszeit es irgend erlaubt, draussen zu schlafen, die Hauptursache der häufigen Wechselfieber. Die Insekten besetzen die unterirdische Wand oft so dicht, dass diese wie mit einem schwarzen Schimmer überzogen erscheint. In den primitiven Zeiten und mehr nach Norden hin, wo die Winter lang sind (z. B. in Scandinavien, ehe die südliche Kultur bis dahin drang), mussten die gleichen Umstände in demselben oder in erhöhtem Masse wirken, und wer sich die Vorzeit vergegenwärtigen will, wird gut thun, diese Züge des Bildes nicht ausser

Acht zu lassen. Und hier sei es uns erlaubt, noch einer andern Wohlthat der Kultur zu gedenken. Die sibirischen Reisenden, von Pallas und Humboldt bis auf die neuesten herab, sind einstimmig in Schilderung der Qualen, die ihnen die im Sommer die Luft erfüllenden und Menschen und Thiere anfallenden Mücken, Schnaken, Kanker, Stechfliegen, Bremsen u. s. w. bereiteten (z. B. von Middendorff, Sibirische Reise, Band 4, S. 830 ff.). Sich gegen diese Blutsauger zu vertheidigen, ist unmöglich; es giebt nur ein Mittel gegen sie: ihnen den Boden der Existenz entziehen, d. h. Entsumpfung und Entwaldung. Deutschland war vor der Römerzeit in dieser Beziehung sicher dem heutigen Sibirien ganz gleich (Middendorff a. a. O.: »Es kann keinem Zweifel unterliegen, dass unsere Altvordern auch im Kerne Europas denselben Qualen ausgesetzt gewesen seien, welche den Reisenden in allen Urgegenden so unausstehlich peinigen.« »Den Zweifler daran, ob die Kultur der Menschheit wirklich zum Vortheil gereicht habe, schicke man in die Urnatur zu den Moskitos.« »Die Moskitoplage ist offenbar die Hauptursache der Wanderungen der Rennthiere und des Rothwildes«). Zwar wird die Haut der alten Deutschen gegen Insektenstiche innerhalb und ausserhalb des Hauses viel abgehärteter gewesen sein als die des jetzigen gebildeten Europäers, aber wo die Haut unempfindlich ist, da ist es auch Geist und Seele. [Sicherer als mit altsl. *župa*, über das Miklosich, Etym. Wörterbuch S 413, vergleicht sich γύπα, das neben unterirdischer Wohnung auch Hütte, Gemach bedeutet, mit altn. *kofi* Hütte, ags. *cofa* Gemach, mhd. *kobe* Stall, unserem *kofen*, *koben*.]

7. S. 16.

Dass die germanische Sitte, den Schädel des erlegten Feindes zum Trinkgefäss zu machen, nicht etwa von den skythischen oder später den türkischen Nachbarn im Osten stamme, wird durch den gleichen Gebrauch bei den Kelten in früher, vorgermanischer Zeit bewiesen. Die Bojer in Oberitalien verfahren so mit dem Kopfe des gefallenen römischen Konsuls Postumius, Liv. 23, 24: *purgato inde capite, ut mos iis est, calvam auro caelavere idque sacrum vas iis erat, quo sollemnibus libarent poculumque idem sacerdoti esset ac templi antistibus*, und von der Vorzeit der keltischen Scordisker in Illyrien braucht Amm. Marc. 27, 4 die Worte: *humanum sanguinem in ossibus capitum cavis bibentes avidius.*

8. S. 16.

Der Brauch, Greise aus der Welt zu schaffen, herrschte bei Germanen des Festlandes und Scandinaviens, bei Wenden, Litauern und — Römern, s. Grimm RA., Cap. 4 am Schluss des ersten Bandes. Auch von iranischen Völkern wird Aehnliches berichtet, so von den Bactrern (Strab. 11, 11, 3), von den Kaspiern (11, 11, 8), den Massageten (11, 8, 6) u. s. w. [Dasselbe gilt von dem vedischen Alterthum, Zimmer, Altind. Leben S. 328, doch vgl. dazu O. Böhtlingk in den Berichten der phil.-hist. Kl. der Kgl. sächsischen Ges. d. W. z. Leipzig, Sitzung vom 15. Dez. 1900.] Das Greisenalter, γῆρας, ist unerträglich und selbst die Götter hassen es, hymn. in Ven. 247:

οὐλόμενον, καματηρόν, ὅ τε στυγέουσι θεοί περ.

Der Greis selbst wünscht sich hinweg und bittet die Seinigen ihn abzuthun. Naturvölker sind nicht sentimental, wie auch heutige Bauern nicht, und der

Tod eines Verwandten, der Gedanke des eigenen Todes lässt sie gleichgültig. Was Herodot 5, 4 von dem thrakischen Volke der Trauser erzählt, sie beklagten das Neugeborene, da ihm die Leiden des Lebens noch bevorstünden, und priesen den Tod als Befreiung von denselben, und was Theognis v. 425ff., sowie Euripides in der berühmten Stelle aus dem Kresphontes ausdrückte (Nauck, Euripidis fragmenta, Lipsiae 1869, no. 452):

ἐχρῆν γὰρ ἡμᾶς σύλλογον ποιουμένους
τὸν φύντα θρηνεῖν εἰς ὅσ' ἔρχεται κακά,
τὸν δ' αὖ θανόντα καὶ πόνων πεπαυμένον
χαίροντας εὐφημοῦντας ἐκπέμπειν δόμων —

— dies ist im Grunde die Anschauung aller Völker auf einer gewissen Entwickelungsstufe der erwachten Reflexion. Ein Schritt weiter ist es dann, sich mit einem bessern Leben jenseits des Todes zu trösten, unter Wegdenkung aller Schranken der Endlichkeit, wie die Geten thaten, die Herodot οἱ ἀθανατίζοντες nennt.

9. S. 16.

Die Sitte der Menschenopfer und grausamer Todtenbestattung blickt bei allen indoeuropäischen Stämmen unheimlich aus dem Dunkel ihrer Vorzeit hervor und schwindet wie jeder religiöse Wahn nur allmählig je nach der erreichten Stufe der Menschlichkeit oder der Berührung mit gereifteren Völkern. Was die Griechen und Römer betrifft, so beziehen wir uns in dieser Hinsicht auf die reichhaltigen Sammlungen in der Schrift von E. v. Lasaulx: die Sühnopfer der Griechen und Römer (in den Studien des klassischen Alterthums, Regensburg 1854, 4°, S. 233ff) und auf Welcker, Gr. Götterlehre, 2, S. 769ff. Auch für die nordischen Völker liegen zahlreiche Zeugnisse vor, die, je weiter von Westen nach Nordosten, in immer spätere Zeit hinabreichen. Als Alexander der Grosse gegen die Taulantier, ein illyrisches Volk, und ihre Nachbaren anrückte, schlachteten diese, bevor sie die Waffen erhoben, drei Knaben und ebenso viel Mädchen und drei schwarze Widder (Arrian. 1, 5, 11). Die keltischen Skordisker opfern die gefangenen Feinde ihren barbarischen Göttern, Amm. Marc. 27, 4: *Scordisci, saevi quondam et truces, hostiis captivorum Bellonae litantes et Marti* . . . Eben so thun die Galater in Kleinasien; der Proconsul Cn. Manlius sagt in seiner Rede im Senat, Liv. 38, 47, die umwohnenden Völker seien von ihren Verheerungszügen betroffen worden, *quum vix redimendi captivos copia esset et mactatas humanas hostias immolatosque liberos suos audirent.* Von den Galliern im eigentlichen Gallien berichtet Cäsar anderthalb Jahrhunderte später, de b. g. 6, 16: *Qui sunt affecti gravioribus morbis quique in proeliis periculisque versantur, aut pro victimis homines immolant aut se immolaturos vovent administrisque ad ea sacrificia druidibus utuntur, quod, pro vita hominis nisi hominis vita reddatur, non posse deorum immortalium numen placari arbitrantur publiceque ejusdem generis habent instituta sacrificia,* und Mela bestätigt dies mit dem Ausdruck des Schauders, 3, 2, 3: *gentes superbae, superstitiosae, aliquando etiam immanes adeo, ut hominem optimam et gratissimam Diis victimam caederent.* Denselben mordsüchtigen Glauben finden wir bei den Germanen, Tac. Germ. 9: *Deorum maxime Mercurium colunt, cui certis diebus humanis quoque hostiis litare fas habent:* 39: *stato tempore in silvam . . . coeunt caesoque publice homine celebrant barbari ritus horrenda primordia.* Jord. 5:

34*

Quem Martem Gothi semper asperrima placavere cultura (nam victimae ejus mortes fuere captorum), opinantes, bellorum praesulem apte humani sanguinis effusione placandum. Procop. de b. g. 2, 15: τῶν δὲ ἱερείων σφίσι τὸ κάλλιστον ἄνθρωπός ἐστιν, ὅνπερ ἂν δοριάλωτον ποιήσαιντο πρῶτον· τοῦτον γὰρ τῷ Ἄρει θύουσιν, ἐπεὶ θεὸν αὐτὸν νομίζουσι μέγιστον εἶναι (οἱ Θουλῖται). Als die Römer unter Germanicus das Schlachtfeld betraten, auf dem die Legionen des Varus von den Barbaren umzingelt worden waren, da lagen noch die Glieder der Pferde umher, auf Baumstämmen staken deren Köpfe, in den nahen Hainen standen noch die Altäre, an denen die Kriegstribunen und obersten Centurionen geschlachtet worden; einige Ueberlebende zeigten die Stätten der Galgen, an denen die Soldaten aufgehängt, die Gruben, in denen die Leichname verscharrt worden waren u. s. w. (Tac. Ann. 1, 61). Nach der wüthenden Schlacht zwischen Chatten und Hermunduren, von der bei Tacitus Ann. 13, 57 die Rede ist und in welcher die Ersteren unterlagen, wurde alles lebend Ergriffene nach den Worten des Geschichtsschreibers der Vernichtung geweiht, *occisioni dantur.* Aus dem Zucken der Muskelfasern, dem Sprudeln des Blutes im Opferkessel, der Lage der Eingeweide wurde sogleich von den Wahrsagerinnen das kommende Schicksal gedeutet. So bei den Cimbern, Strab. 7, 2, 3: »In Begleitung ihrer Weiber befanden sich heilige Prophetinnen, grauhaarig, weiss angethan, in linnenen spangenbefestigten Umwürfen, mit ehernem Gürtel, barfüssig; diese ergriffen mit dem Schwert in der Hand die Gefangenen im Lager, führten sie in der Opferverhüllung zu einem grossen etwa zwanzig Amphoren fassenden ehernen Kessel, stiegen die Stufen hinan, die zu ihm hinaufführten, und schnitten hinübergebeugt jedem Gefangenen die Kehle ab: aus dem in den Kessel hinabströmenden Blute weissagten sie, während Andere die Leiber aufschnitten und aus den Eingeweiden den Sieg verkündigten.« Auch bei den Scandinaviern waren Menschenopfer im grossen Stil im Schwange. Die Dänen feierten alle neun Jahr, wie Thietmar von Merseburg berichtet, in ihrer Hauptstadt Lethra ein grosses Opferfest, bei dem neunundneunzig Menschen und ebenso viel Pferde geschlachtet wurden; dies thaten sie, wie Thietmar erläutert, um sich vor den Rachegöttern von aller Schuld zu reinigen: *putantes, hos eisdem erga inferos servituros et commissa crimina apud eosdem placaturos.* Dieselbe Bedeutung eines stellvertretenden Sühnopfers hatte wohl auch das ganz ähnliche grosse Fest, das die Schweden nach Adam von Bremen 4, 27, alle neun Jahre in Upsala begingen: dort wurden von allem Männlichen neun Köpfe dargebracht, die Körper aber im nahen Hain an Bäumen aufgehängt und der Verwesung überlassen und Menschen und Hunde hingen dort zusammen — das Scholion 137 setzt noch berichtigend oder ergänzend hinzu: »neun Tage lang opfern sie jeden Tag einen Menschen nebst anderen Geschöpfen, so dass es in neun Tagen 72 Geschöpfe werden; dies Opfer findet um die Frühlingsnachtgleiche statt.« In schweren Landesnöthen oder zum Ausdruck besonderen Dankes wurden den Göttern auch ausserordentlicher Weise Menschenleben dargebracht, wie die altnordische Sagengeschichte lehrt (Grimm DM, Kapitel Gottesdienst). Auf der gegenüberliegenden Küste der Ostsee, in Estland, d. h. bei den Preussen, sah es nicht anders aus, Adam. Br. de situ Daniae 224: *Dracones adorant cum volucribus, quibus etiam vivos libant homines, quos a mercatoribus emunt, diligenter omnino probatos, ne maculam in corpore habeant.* — Ebenso allgemein, wie diese religiöse Sitte, war die andere, ihr verwandte, am Scheiterhaufen Verstorbener Frauen, Knechte, Gefangene, Pferde abzuschlachten. Achilleus im 23. Buch der Ilias opfert dem Schatten des Patroklos Rosse, Hunde und zwölf junge Trojaner, die er sich selbst zu diesem Zweck lebend gefangen hat, und auf seinem eigenen Grabe wird später die Polyxena geopfert, wie in der Ἰλίου πέρσις des Arctinus zu lesen stand. Bei den Galliern wurden noch kurz vor Cäsars Zeit Knechte und Schützlinge, die dem Herrn besonders lieb gewesen waren, mit ihm verbrannt, de b. g. 6, 19: *paulo supra hanc memoriam servi et clientes, quos ab iis dilectos esse constabat, justis funeribus confectis una cremabantur,* und Verwandte sprangen auf den brennenden Holzstoss, um sich mit dem Todten zu vereinigen, Mela 3, 2, 3: *olim — erant qui se in rogos suorum, velut una victuri, libenter immitterent.* Bei gewissen Thrakern drängten sich die Frauen des Verstorbenen zu der Ehre, an seiner Gruft geschlachtet zu werden — wie Herodot 5, 5 erzählt: diejenige, der es gelingt, so für die geliebteste erachtet zu werden, wird von Allen gepriesen und mit dem Manne begraben, die übrigen aber bejammern ihr Loos und tragen grosse Schande. Dasselbe in noch ausführlicherer Schilderung berichtet Mela 2, 2, 4 als allgemein thrakische Sitte. Bei den Herulern (und also wohl auch den ihnen näher verwandten Nachbarvölkern an der Ostsee) erhängt sich die Frau am Grabe ihres Gatten mit einer Schlinge: die dies unterlassen wollte, würde sich ewiger Schmach und zugleich dem Hasse der Verwandten ihres verstorbenen Mannes aussetzen (Procop. de b. g. 2, 14). Bekannt sind die grausamen Begräbnisse der Skythen bei Herodot 4, 71 und 72: wenn der König gestorben ist, wird eine der Beischläferinnen erdrosselt und mitbegraben, ebenso der Mundschenk und der Koch, und der Marschalk und der Leibkoch und der Bote und die Pferde u. s. w., ums Jahr aber werden ebenso fünfzig Diener, die der König aus der Zahl seiner Unterthanen sich gewählt hatte — denn gekaufte giebt es bei ihnen nicht —, erwürgt und ebenso fünfzig der schönsten Pferde. Auch bei den Slaven wird die Frau mit dem verstorbenen Manne verbrannt, wie der h. Bonifacius und später Thietmar übereinstimmend melden, Brief des Bonifacius und anderer Bischöfe an den König Aethilbald von Mercia (zwischen den Jahren 744 und 747, bei Jaffé, Monumenta Moguntina p. 172): *Winedi, quod est foedissimum et deterrimum genus hominum, tam magno zelo matrimonii amorem mutuum observant, ut mulier, viro propio mortuo, vivere recuset. Et laudabilis mulier inter illos esse judicatur, quia propria manu sibi mortem intulit et in una strue pariter ardeat cum viro suo;* Thietmar von Merseburg 8, 2 von den Polen: *In tempore patris sui* (d. h. des Vaters von Boleslav Chrabry), *cum is jam gentilis esset, unaquaeque mulier post viri exequias sui igne cremati decollata subsequitur.* Auch die Preussen gaben dem Todten Pferde, Knechte und Mägde, Jagdhunde u. s. w. mit, Petrus von Dusburg 3, 5 (Scriptores rerum prussicarum I p. 54): *unde contingebat quod cum nobilibus mortuis arma, equi, servi et ancillae, vestes, canes venatici et aves rappaces et alia quae spectant ad militiam urerentur,* und sie müssen bei ihrer Bekehrung versprechen, dass sie bei Todtenbestattungen in Zukunft keine Pferde oder Menschen mehr mitverbrennen oder mitbegraben wollen, Dreger Cod. Pomeran. diplom. no. 191, vom Jahre 1249, Friedensvergleich zwischen dem deutschen Orden und den Preussen: *promiserunt quod ipsi et heredes eorum in mortuis comburendis vel subterrandis cum equis sive hominibus vel cum armis seu vestibus vel quibuscumque aliis preciosis rebus vel etiam in aliis quibuscumque ritus gentilium de cetero non servabunt.* Aber Gedimin, der Grossfürst des mehr östlich gelegenen Litauen, wo sich das Heidenthum und überhaupt die europäische Vorzeit am längsten erhielt, wurde noch gegen das Jahr 1341, also zur Zeit Petrarcas und der beginnenden Renaissance, folgendermassen bestattet (Stryjkowski, Kronika polska, Ende des XI. Buches): »Es wurde ein Scheiterhaufe von Fichtenholz errichtet und darauf der Leichnam gelegt, in den Kleidern, die der Lebende am meisten geliebt hatte, mit dem Säbel, dem Speer, dem Köcher und Bogen. Dann wurden je zwei Falken und Jagdhunde, ein gesatteltes lebendiges Pferd und der getreueste Lieblingsdiener unter Wehklagen der umstehenden Kriegerschaar mitverbrannt. In die Flamme wurden Luchs- und Bärenkrallen geworfen, sowie ein Theil der dem Feinde abgenommenen Beute; endlich auch drei gefangene deutsche Ritter lebendig verbrannt. Nachdem die Flamme erloschen war, wurde die Asche und das Gebein des Fürsten, des Dieners, des Pferdes, der Hunde u. s. w. gesammelt und in einem Grabe an der Stelle, wo die Flüsschen Wilna und Wilia zusammenfliessen, niedergelegt und mit Erde bedeckt.« Ueber den Leichenbrauch der scandinavischen Germanen belehrt uns die Edda im dritten Lied von Sigurd dem Fafnirstödter: Brunhild giebt sich nach Sigurds Ermordung selbst den Tod und ordnet sterbend an (nach Simrocks Uebersetzung):

Dem Hunengebieter
Brennt zur Seite
Meine Knechte mit kostbaren
Ketten geschmückt:
Zwei zu Häupten
Und zu den Füssen,
Dazu zwei Hunde
Und der Habichte zwei.
Also ist Alles
Eben vertheilt.

Dies war das Todtengefolge für Sigurd, für sich selbst verlangt sie:

Ihm folgen mit mir
Der Mägde fünf,
Dazu acht Knechte
Edeln Geschlechts,
Meine Milchbrüder
Mit mir erwachsen,
Die seinem Kinde
Budli geschenkt.

Wie es die Ost-Scandinavier hielten, die unter dem Namen Russen den Osten Europas als Krieger, Räuber und Herrscher durchzogen und unterwarfen, ersehen wir aus zwei Meldungen, die eine eines Byzantiners, die andere eines Arabers, beide um so wichtiger, als sie dem zehnten Jahrhundert angehören, bis wohin unsere übrigen Quellen nicht reichen. Leo Diac. ed. Hase 9, 6 p. 92: Die Russen unter Swietoslav in Dorostolum eingeschlossen, liefern den Griechen auf dem Felde vor den Mauern häufige Gefechte. Einst, als wieder ein solcher Kampf stattgefunden hat, in welchem Ikmor, der zweite im Range nach Swietoslav, getödtet worden, sammeln die Barbaren Nachts bei Vollmond die Leichname und verbrennen sie auf Scheiterhaufen, während auf denselben zugleich nach väterlicher Sitte (κατὰ τὸν πάτριον νόμον) die meisten der Kriegsgefangenen, Männer und Weiber, geschlachtet werden. Sie bringen dazu auch Todtenopfer (ἐναγισμούς), indem sie auf der Donau Säuglinge und Hähne erwürgen und sie dann im Strom versenken. Noch ausführlicher ist die Beschreibung, die der Araber Ibn-Foszlan bei Frähn S. 13 ff. von einem russischen Leichenbegängniss giebt, dem er im Jahre 921 oder 922 als Augenzeuge beiwohnte. Ein Häuptling war gestorben und eins seiner Mädchen, das sich meldete, starb mit ihm. Der Todte ward auf dem Schiff in halbsitzender Stellung auf einem Ruhebett niedergelegt, ein Hund in zwei Theile zerschnitten und ins Schiff geworfen, alle Waffen des Todten ihm beigegeben, zwei Pferde zerhauen und die Stücke ins Schiff geworfen, eben so zwei Ochsen u. s. w. Während das Mädchen von den Männern mit einem Strick erdrosselt wurde, stach ihr gleichzeitig ein altes Weib, das sie den Todesengel nennen, mit einem Messer ins Herz, drauf wurden beide Leichname mit den Beigaben verbrannt. Während des Abschlachtens machten die Männer mit ihren Schilden ein Getöse, um das Todesgeschrei des Mädchens zu übertönen, welches andere Mädchen in ähnlichem Falle hätte abgeneigt machen können, sich mit ihrem Herrn wiederzuvereinigen. Vor dem Tode hatte sie ihre beiden Armbänder abgezogen und sie dem Todesengel gegeben (der Araber nennt dies alte Weib einen »Teufel mit finstrem, grimmigen Blick«, s. oben die grauhaarigen Prophetinnen der Cimbern), eben so ihre beiden Beinringe und sie zwei ihr dienenden Mädchen, den Töchtern der alten Mörderin, gereicht u. s. w. Wir übergehen die übrigen Einzelheiten, die diesen Bericht zu einem der kostbarsten Denkmale des frühen nordischen Alterthums machen. J. Grimm freilich (in seiner Schrift über Leichenverbrennung) geht widerwillig an dieser Erzählung vorbei, die ihm seine Kreise stört: der Schöpfer der deutschen Alterthumskunde war trotz Allem ein Zögling der romantischen Zeit und sein Absehen, im Gegensatz zum achtzehnten Jahrhundert, hauptsächlich darauf gerichtet, in der nationalen Vorzeit die Züge tiefen Sinnes aufzudecken. — Die obigen Belegstellen liessen sich noch vermehren, doch reichen die gegebenen hin, die Allgemeinheit dieser Sitte und ihr hohes Alterthum zu beweisen. Wenn wir heut zu Tage die Stein- oder Erdgrüfte der europäischen Urzeit aufwühlen und ihren Moder auseinanderschütten, so pflegen wir nicht daran zu denken, wie viel Gräuel, wie viel Angst und Entsetzen vergangener Tage hier an jedem Stäubchen haften! Nichts aber führt tiefer ein in die Gemüthsart jener frühen Menschengeschlechter und die finstre Gefangenschaft ihres Geistes, als das Bild dieser Frauen, die wetteifernd sich zum Feuertode drängen müssen, der Diener, die zu Dutzenden dem Herrn mitgegeben, der zappelnden Gefangenen, die im düstern Walde oder über dem grossen Kessel geschlachtet werden. In Gallien war der Mord bei Leichenbegängnissen schon vor der Ankunft der Römer ausser Uebung gekommen — durch die Macht zunehmender Bildung —, aber die religiösen Menschenopfer mussten erst durch strenge Verbote der römischen Kaiser ausgerottet werden, Suet. Claud. 25: *Druidarum religionem apud Gallos dirae immanitatis . . . . penitus abolevit.* In fesselnder Weise malt uns Tacitus die Scene bei Eroberung der Insel Mona an der britannischen Küste (des heutigen Anglesea), in deren heiligem Hain die Gefangenen bluteten, ganz wie im Heiligthum der Nerthus oder im Teutoburger-Walde nach der Varus-Schlacht: das Ufer war mit einer bewaffneten Menge dicht besetzt, weibliche Furien, in die Farbe des Todes gekleidet, mit fliegendem Haar, schwangen hin- und herstreifend die Fackel in den Händen, die Druiden heulten mit erhobenen Armen zum Himmel auf — Alles vergebens, die Römer erzwangen die Landung und fällten die geweihten Bäume, die Zeugen blutiger Mysterien seit Jahrhunderten, Ann. 14, 30: *excisique luci, saevis superstitionibus sacri, nam cruore captivo adolere aras et hominum fibris consulere deos fas habebant.* Dass die blutigen Begräbnisse in Gallien von selbst abkamen, die religiösen Menschenopfer aber nur der Gewalt wichen, beweist, wie viel leichter das populäre Herkommen bei steigendem Lichte sich auflöst, als der Wahnwitz der durch einen festen Priesterstand bewachten Glaubenssatzung. Bei den Germanen, Litauern, Wenden war es erst das Christenthum, das der letztern ein Ende machte: wenn man sich bisweilen versucht fühlt, den plötzlichen Abbruch der organischen Entwickelung naturfrischer Völker durch die Bekehrung zum semitischen Christenthum zu bedauern, so darf man sich nur solcher Züge des heidnischen Lebens erinnern, um sich mit dessen unvermitteltem Untergang zu versöhnen. — Wir fügen noch hinzu, dass auch jedes erste Beginnen, jede Unternehmung und Gründung Menschenblut verlangte, als Bürgschaft des Erfolgs oder der Dauer, ebenso jedes Geheimniss, denn nur der Tod ist völlig stumm. Als die Sachsen sich gezwungen sahen, die Westküste Galliens zu verlassen und nach Hause zu schiffen, da wurde der Sitte gemäss jeder zehnte Gefangene grausam umgebracht und dann erst der Anker gelichtet, Sidon. Apoll. Ep. 8, 6: *mos est remeaturis decimum quemque captorum per aequales et cruciarias poenas, plus ob hoc tristi quod superstitioso ritu, necare.* Die schon zum Christenthum bekehrten Franken machten unter ihrem König Theudebert einen Zug nach Italien, um das Gothenreich unter Witigis zu bekriegen: im Begriff, den Po bei Pavia zu überschreiten und also den eigentlichen Krieg zu beginnen, opferten sie die dort vorgefundenen Kinder und Weiber der Gothen und warfen die Leichname in den Strom — als Erstlingsspenden der Unternehmung, Procop. de bell. goth. 2, 25: παῖδάς τε καὶ γυναῖκας τῶν Γότθων, οὕσπερ ἐνταῦθα εὗρον, ἱέρευόν τε καὶ αὐτῶν τὰ σώματα ἐς τὸν ποταμὸν ἀκροθίνια τοῦ πολέμου ἐρρίπτουν. Bei Aufbau von Vesten und Brücken wird ein Lebendiges vermauert (Grimm DM.[2] S. 1095 ff.), bei Anlage von Städten durch einen niedergemetzelten oder lebendig vergrabenen Menschen dem Boden Festigkeit und Sicherheit gegeben. Als z. B. Seleucus Nicator die Stadt Antiochia am Orontes gründete, da wurde grade in der Mitte der Anlage und des Flusses durch den Oberpriester eine Jungfrau, κόρη παρθένος, geschlachtet und diese als das Glück der Stadt angesehen (Joh. Malalas 8 p. 256 ed. Oxon.). So wurde an der Stätte, wo Moskau 1147 angelegt werden sollte, der Besitzer des Ortes, Kutschko, in einem Teich ersäuft, ebenso Krakau (nach der Ursprungsage bei Kadlubek) auf dem Felsen des von den beiden Söhnen des Krakus getödteten Drachen gegründet, nachdem der jüngere Bruder den ältern umgebracht, wie Romulus den Remus u. s. w. Wo Schätze niedergelegt werden, wo im Allerheiligsten eine Handlung vorgeht, von der Niemand berichten darf, da müssen die dienenden Arbeiter sterben. Der Wagen und die Kleider und das Bild der Nerthus, der Mutter Erde, wurde in einem verborgenen See gewaschen und drauf die Knechte, die dabei behülflich gewesen, in eben dem See ersäuft. Als König Alarich in Unteritalien plötzlich gestorben war, leiteten seine Gothen einen Fluss ab, begruben den Todten in den Boden und liessen das Wasser wieder drüber strömen; damit aber Niemand die Stätte wieder auffinde, wurden die dabei gebrauchten Gefangenen umgebracht, Jord. 29: *collecto captivorum agmine sepulturae locum effodiunt . . . ne a quoquam quandoque locus cognosceretur fossores omnes interemerunt.* Lange vorher hatte Decebalus, der König der Daker, seine Schätze in ganz ähnlicher Weise vor dem Kaiser Trajan zu hüten gesucht, wie Cassius Dio 68, 14 erzählt: er grub den Fluss Sargetias, der an seiner Königsburg vorüberfloss, ab, versenkte sein Gold und Silber in den Boden und leitete dann den Fluss wieder drüber, verbarg auch seine prächtigen Gewänder, die von der Feuchtigkeit hätten leiden können, in einer Höhle und liess dann die Kriegsgefangenen, von denen beide Arbeiten ausgeführt waren, tödten, damit Keiner davon etwas verrathen könne. Es half ihm freilich nichts, denn, wie Dio weiter berichtet, wurde der Vertraute des Königs, Bikilis, von den Römern gefangen und brachte das Geschehene an den Tag. Den Inhalt der Schatzhäuser in Kriegsnöthen vor dem Feinde zu bergen, war überhaupt bei allen alten Völkern die ewige Sorge und gewiss verdanken wir diesem Umstand manchen antiquarischen Fund, den wir gemacht haben oder in Zukunft noch machen werden.

Wir haben uns bei allem Obigen auf die indoeuropäischen Völker beschränkt; dass die geschilderte Sitte aber auch über den Kreis derselben hinausgeht, lehrt z. B. folgende Stelle des Livius, Epit. 49: *exstant tres orationes ejus (Servii Sulpicii Galbae) — una in qua Lusitanos propter sese castra habentes caesos fatetur, quod compertum habuerit, equo atque homine suo ritu immolatis, per speciem pacis adoriri exercitum suum in animo habuisse.* Also auch die Lusitaner, ein iberisches Volk, opferten bei Beginn einer kriegerischen Unternehmung einen Menschen und ein Pferd!

Um dies düstere Kapitel mit einem heiteren Zuge zu beschliessen, wollen wir noch an einen Vorgang aus der jüngsten Geschichte erinnern. Als Friedrich Wilhelm, der letzte Kurfürst von Hessen, gestorben war (in Prag, Januar 1874), zogen die acht isabellfarbigen Pferde, die er so sehr geliebt hatte, den Leichenwagen, sowohl in Prag, als später bei der Bestattung in Kassel — und sollten, einer Zeitungsnachricht zufolge, nach diesem letzten Dienst erschossen, also ihm in die himmlischen Gefilde mitgegeben werden, wie auch den Königen der Skythen ihre Pferde nachgeschickt wurden.

10. S. 16.

Unter den zahlreichen Belegen für das Looswerfen der alten Völker wollen wir hier nur des ergreifenden Vorfalls erwähnen, von dem Cäsar de b. g. gegen Ende des ersten Buches berichtet. Cäsar hatte zwei Abgesandte in das Lager des Ariovistus geschickt, um dessen Vorschläge engegenzunehmen, den ihm nahe befreundeten Cajus Valerius Procillus, einen durch Tugend und Bildung ausgezeichneten jungen Mann, der zugleich der gallischen Sprache kundig war, und den M. Metius, der mit Ariovistus auf dem Fusse der Gastfreundschaft stand. Kaum aber hatte Ariovistus die beiden Römer erblickt, als er laut ausrief: Ihr seid Spione, ihnen das Wort abschnitt und sie in Ketten werfen liess. Es folgte die Schlacht, die mit der Flucht der

Germanen endigte; bei der Verfolgung stiess Cäsar selbst auf den dreifach gefesselten Valerius Procillus und entriss ihn den Händen der ihn mitschleppenden Wächter. Der Befreite erzählte, wie nur der Zufall ihn gerettet habe: dreimal sei vor seinen Augen das Loos darüber geworfen worden, ob er sogleich zu verbrennen oder für spätere Gelegenheit aufzusparen sei; dreimal sei ihm das Loos günstig gewesen und so sei er noch am Leben. Cäsar war, wie er selbst sagt, über den eben errungenen Sieg nicht höher erfreut, als über diese Rettung, und der erstere wäre ihm verdüstert worden, wenn sein theurer Freund unter den Händen der Barbaren geblieben wäre. Auch M. Metius ward aufgefunden und Cäsar wieder zugeführt.

11. S. 17.

Πόλις und *populus* gehen auf den Begriff Fülle, Menge zurück, *thiuda* (woher unser deutsch, Deutschland), auch in den italischen Sprachen und im Keltischen und Litauischen lebendig, ist aus der Wurzel *tu* = *crescere, tumere* erwachsen, das deutsche Leute, slav. *ljudŭ populus*, altpreussisch *ludis* der Herr, der Wirth, der Mensch, lettisch *laudis* Leute, Volk hat seinen Boden in dem noch vorhandenen gothischen Verbum *liudan* = *pullulare*, das slavische *narodŭ genus, populus, homines, mundus* in *roditi generare, parere* u. s. w. Wir lassen uns hier auf dies reiche Thema, das uns zu weit führen würde, nicht ein, und wollen nur des altberühmten Namens der Gothen gedenken, aus dem der Naturgeist der ältesten Zeiten vernehmlich spricht. Denn dass dieser Name aus dem Verbum *giutan*, giessen, griech. χέω, lat. *fundo* zu erklären ist, leidet keinen Zweifel. Die Gothen sind *effusi, profusi*, wie die Menschen überhaupt, wie die Blätter des Waldes, die der Wind herabstreut und der Frühling hervortreibt, wie das Gewimmel der Fische und die Keime des Lebens überall. Jes. Sir. 14, 19: »Gleichwie die grünen Blätter auf einem schönen Baum etliche wieder wachsen, also gehets mit den Leuten auch, etliche sterben, etliche werden geboren.« Homer Il. 6, 146:

So wie der Blätter Geschlecht, so sind die Geschlechter der Menschen.
Blätter ja schüttet (χέει) zur Erde der Sturm jetzt, andere sprossen
Neu im grünenden Wald und wieder gebiert sich der Frühling:
Also der Menschen Geschlecht, dies treibt und das andere verschwindet.

Sollte ich mit dir, sagt Apollo Il. 21, 462ff. zu dem Erderschütterer, der armen Sterblichen wegen kämpfen, die den Blättern gleichen und bald blühen, bald vergehen?

Die Kikonen zogen heran, wie Blätter, Od. 9, 51:

Zahllos kamen sie nun, wie Blätter und Blüten im Frühling,

ebenso die Achäer, wie Blätter oder Sandkörner, Il. 2, 800:

Denn wie die Blätter des Waldes, wie Sand an des Meeres Gestaden
Ziehn sie daher in der Ebene.

Homer sagt φύλλων χύσις, Hesiod. Op. et d. 421:

ὕλη, φύλλα δ'ἔραζε χέει,

und Pindar von der Saat, Pyth. 4, 42:

ἐν τᾷδ' ἄφθιτον νάσῳ κέχυται Λιβύας
εὐρυχόρου σπέρμα πρὶν ὥρας.

Dasselbe Verbum bei Homer vom Gedränge der Menschen und Thiere, so Il. 5, 141 von den Schafen, die fliehend sich drängen (κέχυνται), Il. 16, 259 von den Myrmidonen, die unter Patroklus' Führung wie ein Wespenschwarm sich ergiessen (ἐξεχέοντο), Il. 2, 465 von dem achäischen Volk, das auf die Ebene um den Scamander heranrückt (προχέοντο), Il. 15, 360 von den Troern, die zum Kampfe herbeiströmen (προχέοντο), Il. 19, 222 von der Fülle der Halme, die das Erz in der Schlacht niederstreut (ἔχευεν), Od. 22, 387 von den Fischen, die schnappend am Gestade übereinander wimmeln (κέχυνται) u. s. w. Bei Aristoteles Hist. an. 5, 9, 32 sind χυτοὶ ἰχθύες Zugfische, die sich schwärmend drängen und mit Netzen gefangen werden; Hesychius hat ein reduplicirtes κοχύ mit der Bedeutung viel, reichlich, der Scholiast zu Theokrit 2, 107 ein sonst unbekanntes Substantiv κοχύς = reichliche Strömung. Noch näher zum lateinischen oder gothischen Worte stehen κοχυδέω reichlich fliessen (bei Theokrit), χύδην reichlich, haufenweise, χυδαΐζω, χυδαῖος, χυδαϊστί, χυδαιόω, χυδαιότης — Alles vom Volksmässigen, daher Gemeinen und Gewöhnlichen. Dass auch lat. *fundo* von der zeugenden Kraft der Erde gebraucht wird, lehren Stellen, wie Lucret. 5, 917:

tempore quo primum tellus animalia fudit,

Cic. *terra fruges fundit*, Verg. *fundit victum tellus, fundit humus flores* u. s. w. Grade so heisst altnordisch *gjóta parere, proceare, got* oder *gota fetura piscium*, während die Bedeutung giessen in dieser Mundart fast erloschen ist. So sind die Gothen des Festlandes, die *Gutos* oder *Gutans*, und die scandinavischen *Gautar* und *Gotar* nichts als die Ergossenen, d. h. die Erzeugten, die aus dem Schosse der Erde Geborenen, die Fülle der Lebendigen (wie die Welt gothisch *manaseths*, d. h. Menschensaat heisst), ein Name der viel alterthümlicher ist als die stolzen Composita, mit denen sich keltische, auch germanische Völker in jüngerer historischer Zeit schmückten. In der litauisch-slavischen Sprache ist *giutan* spurlos verloren und wird durch slav. *lijati, liti fundere*, lit. *lëti fundere, lëtas fusus, lýti pluere, lytùs* oder *lëtus pluvia* ersetzt. Es liegt nahe, den Namen Litauens und der Litauer: *Lëtuwà, Lëtùwis* aus diesem Wortstamm zu deuten, wie den der Gothen, ihrer Nachbarn und Kulturverwandten, aus *giutan*. [Alle Deutungsversuche des Gothennamens finden sich gesammelt und besprochen in der Schrift A. Erdmanns, Om folknamnen Götar och Goter. Ant. tidskr. f. Sverige 11, 4.].

12. S. 17.

[Die im Text vorgetragene Deutung des Völkernamens Britten (Βρεττανοί) ist unsicher, da cymr. *breith*, später *brith* bunt, gefleckt dem altirischen *mrecht, brecht* entspricht, was auf ursprüngliches κτ, nicht ττ im Inlaut weist. Picti (Pictones, Pictavi) begegnet nur in lateinischen Quellen. Im keltischen Sprachschatz liesse sich ir. *cicht* ‚*a carver or engraver*' vergleichen; s. Windisch, Ersch und Gruber, Artikel Kelten p. 140, 136.]

13. S. 17.

Benfey meinte [mit Rücksicht auf die Gleichung sert. *sahasra*, zend. *hazanra*, griech. χίλλιοι, χίλιοι], die übrigen europäischen Völker hätten auf der Wanderung, wie überhaupt ihre alte Kultur, so auch ihre gemeinsame Bezeichnung der Zahl tausend eingebüsst und sie sich nachmals wieder neu schaffen müssen. Dies ist aber wider die Natur der menschlichen Seele. Ein Volk, das in neue Sitze rückt, kann mancherlei Naturobjecte der früheren

Heimat aus dem Gedächtniss verlieren, hat es aber einmal die Fähigkeit gewonnen, den Begriff tausend zu denken, so kann es von dieser Stufe psychischer Entwickelung auf keine Weise wieder zurücktreten. Die Vorstellung einer Vielheit wie tausend fällt dem Naturmenschen überhaupt gar nicht so leicht, wie man jetzt wohl glaubt, und dass die einwandernden Indoeuropäer sich dieselbe noch nicht zu bilden wussten, ist gar nicht so wunderbar. Die Finnen lernten erst von den Slaven hundert denken und sagen, und zehntausend nennt der gemeine Russe noch jetzt *tma*, d. h. Dunkelheit. [Immerhin bleibt bei der Auffassung Hehns die oben genannte gräcoarische Gleichung, die natürlich nicht auf Entlehnung beruhen kann, zu erklären übrig.]

14. S. 51.

Seit unser das Pferd behandelnder Abschnitt geschrieben wurde, sind zwei für dies Thema wichtige Schriften erschienen, deren Inhalt mit unserer Ausführung im Allgemeinen nicht im Widerspruch steht, vielmehr von einem Nachbargebiete aus, dem der Archäologie, manche Bestätigung bietet. Wir meinen die von L. Stephani publicirte Silbervase von Nicopol, die der Herausgeber in das 4. Jahrhundert vor Chr., also in die beste Zeit der griechischen Kunst setzt, und die von Wl. Stassoff beschriebene Grabkammer von Kertsch (Chambre sépulcrale avec fresques découverte en 1872 près de Kertsch, St. Pétersbourg 1875. gr. 4°). Da der scharfsinnige und belesene Verfasser der letztern Schrift sich zugleich während seiner Arbeit der Unterstützung des berühmten Reisenden und Hippologen A. v. Middendorff zu erfreuen hatte, auch auf die Vase von Nicopol gebührend Bezug nimmt, so glauben wir uns den Dank des Lesers zu verdienen, wenn wir hier einen gedrängten Auszug dessen geben, was sich den genannten beiden Forschern für die Geschichte des Pferdes auf archäologischem Wege ergeben hat. Wir fügen unsererseits kurze Bemerkungen in Klammern hinzu und verweisen im Uebrigen auf das Werk selbst.

Die Denkmäler des orientalischen und klassischen Alterthums zeigen uns drei Typen von Pferden: das Steppenpferd, das Halbzugpferd (mehr zum Ziehen als zum Reiten geeignet, demi-cheval de trait) und das Reitpferd (cheval de selle). Auf der Vase von Nicopol sind die beiden ersten dieser Typen getreu dargestellt: das Pferd des Hüters der Heerde ist ein gesatteltes reines Steppenpferd und den jetzigen kalmükischen Pferden ähnlich: die Pferde der Heerde selbst gehören nicht mehr der Urrace der Steppe an, sondern sind schon mehr Zug- als Sattelpferde und weisen auf fruchtbare Niederungen als ihre Heimat hin. Sie sind den assyrischen Pferden an den Wänden von Khorsabad verwandt: das assyrische Pferd ist auch ein halbes Zugpferd, das auf Gegenden von noch reicherem Graswuchs deutet. (Dass das skythische veredelte Pferd von dem assyrischen abzuleiten sei, scheint uns nicht annehmbar: ihre Aehnlichkeit erklärt sich wohl durch die gleiche Herkunft aus Medien.) Ein älterer assyrischer Schlag, den wir aus den ninivitischen Abbildungen kennen lernen, nähert sich dem griechischen archäischen Pferde auf Vasenbildern. Letzteres wird so beschrieben: sehr feine Beine, starkes Kreuz, langer runder Hals; Uebergang des Halses zur Brust hirschartig, das Haar des Schweifes, der Mähne, der Stirn kurz, der Schweif abstehend. Dieselben Merkmale finden sich bei dem ägyptischen Pferde und das griechische hat sich unter ägyptischem Einfluss gebildet (historisch kaum möglich; beide werden in nicht sehr verschiedener Zeit aus derselben Gegend, d. h. aus Vorderasien herübergekommen sein). — Den genannten zwei Typen steht der dritte Schlag gegenüber, das reine Reitpferd auf den Denkmälern der Sasaniden und den römischen, z. B. den Basreliefs der Trajanssäule. Es ist nicht hoch von Wuchs, hat einen kürzern Leib und niedrige Beine, ist kräftig, muskulös, sehr breit, mit nicht langem Halse; es muss sich aus dem arabischen entwickelt haben; sein Vorfahr zeigt sich auf den Bildwerken von Persepolis; von diesem oder seinen Blutsverwandten hat das sasanidische und das römische Pferd seine Gedrungenheit und die edle Bildung des Hauptes. (Als das persische, dann das macedonisch-griechische, endlich das römische Weltreich einen allgemeinen Verkehr und Austausch möglich gemacht hatten, verbreitete sich ein immer schönerer Pferdeschlag in immer weiteren Kreisen, vom Euphrat bis zum Tiber und vom Tigris bis zum Nil. Daher die Gleichartigkeit der Race auf späteren Darstellungen des iranischen Ostens und des europäischen Westens. Dieselben Zeiten und Umstände sind es auch, die das arabische Pferd geschaffen haben, welches seitdem das edelste wurde, wie es früher das medische gewesen war.) Auf den Fresken der Grabkammer zu Kertsch, die dem Zeitraum zwischen dem Anfang des 2. und dem Ende des 4. Jahrhunderts nach Chr. anzugehören scheinen und denen alles Griechische oder Römische fehlt, finden wir die Bewohner von Panticapaeum im Besitz des edleren arabischen Pferdes, nur das Thier auf Tafel 6 gleicht einigermassen dem primitiven Schlag der Steppe; zugleich zeigt alles Beiwerk, Schmuck, Waffen, Geräthe, Tracht, iranischen Charakter — ein schöner Beweis mehr für den Satz, dass wir uns die Urbevölkerung an den Küsten des schwarzen und asowschen Meeres, unter der die Griechen sich ansiedelten, als iranischen Blutes zu denken haben, das erst später dem türkischen wich oder sich mit ihm mischte.

Bei all dem ist natürlich vorausgesetzt, dass die Urheber der Zeichnungen und Reliefs, die wir miteinander vergleichen, naturalistisch verfuhren und den ihnen in der Natur vorliegenden Gegenstand wirklich in seiner Lebendigkeit erfassten oder erfassen wollten. Wie aber, wenn sie in einer religiös und künstlerisch gebundenen Epoche nur den starren Ausdrucksformen eines gegebenen Stiles folgten? Oder in einer freieren dem Gesetze idealer Schönheit, wie es ihnen vorschwebte? Die Menschen auf den ältesten griechischen Bildern sehen wie die Aegypter aus — sollen wir daraus schliessen, dass die Natur den alten Griechen ägyptische Gesichter gegeben hatte oder gar, dass die Griechen von den Aegyptern abstammten? Man sieht, auch die Kunstgeschichte hat hier ein Wort mitzusprechen, aber nur um die Untersuchung nach Daten der uns erhaltenen Abbildungen noch unsicherer und verwickelter zu machen.

So viel über das genannte Werk. Im Uebrigen kann es dem Verfasser nicht einfallen, durch seine mehr historische Darstellung den Gegenstand für erschöpft oder alle einschlagenden Fragen für erledigt zu halten. Doch glaubt er die hauptsächlichen Gesichtspunkte geltend gemacht, die wichtigsten Zeugnisse vorgelegt und letztere nach ersteren geordnet zu haben. Manches an sich Interessante, wie die Castration, die von osteuropäischen Völkern, den Skythen, Sarmaten u. s. w. ausging, Strab. 7, 4, 8, oder der Hufbeschlag, der dem Alterthum unbekannt, erst bei den Byzantinern seit dem 9. Jahrhundert sicher bezeugt ist, Beckmann, Beyträge 3, 122 — wurde übergangen, weil es für die Urgeschichte nicht von Belang schien.

15. S. 56.

Die Wortform Πελασγοί selbst ist noch nicht befriedigend erklärt, aber der Sinn scheint der im Text angegebene. Strab. 7, Exc. 1. und 2.: φασὶ δὲ καὶ κατὰ τὴν τῶν Μολοττῶν καὶ Θεσπρωτῶν γλῶτταν τὰς γραίας πελίας καλεῖσθαι καὶ τοὺς γέροντας πελίους. Dasselbe gleich darauf mit dem Zusatz: καθάπερ καὶ παρὰ Μακεδόσι πελιγόνας· γοῦν καλοῦσιν ἐκεῖνοι τοὺς ἐν τιμαῖς, καθὰ παρὰ Λάκωσι καὶ Μασσαλιώταις τοὺς γέροντας. Dazu albanesisch *plak* = *senex*, *vetus*. Bei Aeschylus nennt sich Pelasgus selbst den Sohn des erdgeborenen Palächthon, Suppl. 250:

Τοῦ γηγενοῦς γάρ εἰμ' ἐγὼ Παλαίχθονος
ἶνις Πελασγός, τῆσδε γῆς ἀρχηγέτης.

Bei Homer δῖοι Πελασγοί = die altehrwürdigen. [Vgl. noch Hesych: πελείους· Κῷοι καὶ Ἠπειρῶται τοὺς γέροντας καὶ τὰς πρεσβύτιδας und πελλᾶς· πρεσβύτης. Umgekehrt freilich erklärt Holm, Griech. Gesch. I, 71 die Vorstellung der Griechen von den Pelasgern als ältester Menschen aus der volksthümlichen Deutung der Πελασγοί aus πάλαι, πελειος erst hervorgegangen. Nach J. Baunack Studia Nicolaitana S. 51 wären die Πελασγοί aus *Πελασι-γοι: πέλα, φέλα Fels die »Berggeborenen«(?). Vgl. über die Pelasgerfrage zu der oben S. 65 ang. Lit. noch E. Meyer, Geschichte des Alterthums II § 36 (Forschungen I): »Aber in Wirklichkeit hat das Urvolk der Pelasger niemals existirt; leibhafte Pelasger hat es nur in Thessalien gegeben, in der fruchtbaren Peneiosebene, die bis in die späteste Zeit ihren Namen bewahrt hat, und nicht der mindeste Grund liegt vor, diese Pelasger für etwas anderes zu halten als für einen griechischen Volksstamm.«]

16. S. 56.

Neuere Philologen (z. B. Deimling, Die Leleger, Leipzig 1862) halten die lelegischen Völker und Völkchen für frühe Einwanderer aus Kleinasien: dann dürften sie aber nicht für Griechen und nahe Verwandte der Pelasger-Hellenen ausgegeben werden. Wenn sie dies aber nach Religion und Sprache doch waren, so können sie keinen anderen Ausgangspunkt gehabt haben, als die europäischen Indogermanen überhaupt und die Gräcoitaler insbesondere. Kleinasien war im Norden von westlichen Ausläufern des grossen iranischen Stammes, die schon den Uebergang nach Europa bildeten, den Armeniern und den diesen nach dem ausdrücklichen Zeugniss des Eudoxus und des Strabo sprach- und stammverwandten Phrygern [vgl. Anm. 17], im Südosten von Zweigen der semitischen Familie, in der Mitte von Bluts- und Kulturmischlingen beider besetzt. Von der Donau herabdringende Thraker mögen früher über den Hellespont und an die Südküste der Propontis, Pelasger und Leleger auf einer der zahlreich hinüberführenden Insel-Brücken an den Rand des gegenüberliegenden Continents gelangt sein. Sie wurden dann im Norden von lydischen und phrygischen Elementen durchsetzt, im Süden von den Semiten verschlungen oder beherrscht. Umgekehrt gingen auch Karer — ein Volk, das sich zu Herodots Zeit für autochthon in Kleinasien hielt — auf die Inseln hinüber, wo sie die Leleger zu Sclaven machten, und betraten hin und wieder Punkte des Festlandes, z. B. Epidaurus. In derselben ost-westlichen Richtung setzten auch phrygische Stämme nach Thrakien hinüber und brachten orientalische Kultur, so weit sie ihnen damals zugekommen war, nach Europa mit. Herodot erwähnt einmal (7, 20) im Vorbeigehen eines grossen vor der troischen Zeit erfolgten Zuges der Myser und Teukrer über den Bosporus, wobei sie alle Thraker sollten unterworfen haben und bis an den adriatischen Meerbusen und nach Süden bis an den Fluss Peneus vorgedrungen sein, und ein neuerer Gelehrter (Giseke, Thrakisch-pelasgische Stämme der Balkanhalbinsel, Leipzig 1858) hat auf diese Nachricht ein ganzes Buch gebaut und einen grossen Theil der griechischen Urgeschichte darnach construirt. Die beiden Meerengen, die die Propontis einschliessen, mögen öfter Zeugen solcher Züge und Gegenzüge gewesen sein; auch die Päoner am Strymon mögen der Rest eines solchen sein, obgleich die Angabe der beiden päonischen Männer bei Herodot (5, 12. 13), sie seien Abkömmlinge der troischen Teukrer, vielleicht nur ein Nachklang aus der Ilias ist, in der die Päoner Bundesgenossen der Troer sind, und obgleich die Sitten des päonischen Mädchens dem Darius gerade als ganz unasiatisch auffallen; aber die grosse Wanderung, die Griechenland und Italien ihre gleichartige Bevölkerung gab, und die weiterhin auch die Kelten, und mehr nach Norden auch die Germanen, Litauer und Slaven in sich begreift, geschah gewiss nicht von Kleinasien aus. [Ueber die Lelegerfrage vgl. jetzt auch E. Meyer, Geschichte d. Alterthums II § 38.]

17. S. 57.

So dankbar wir dem verstorbenen v. Hahn für seine Mittheilungen aus dem Gebiet der albanesischen Sprache und Sitte sein müssen, so wenig annehmbar sind die urgeschichtlichen Speculationen, die er hinzufügt. — Der Versuch, die altlykischen Inschriften aus dem heutigen Albanesischen zu erklären und dies letztere Idiom zu einem speciell iranischen zu stempeln (O. Blau in der Zeitschrift der DMG. XVII, 649), ist mit zu dürftigen Mitteln unternommen, als dass er nicht gänzlich hätte scheitern sollen. Man darf sich daher verwundern, wenn Justi (in der Vorrede zu seinem Handbuch der Zendsprache S. X) geneigt ist, auf eine so luftige Hypothese einzugehen und das Albanesische »für einen Ausläufer der arischen Sprachen und speciell für einen Nachkommen des Lykischen« gelten zu lassen.

Dass die Thraker rein und geradezu ein iranischer Stamm gewesen, wie P. de Lagarde, Gesammelte Abhandlungen, S. 281, und nach ihm Roesler (Dacier und Romänen in den Sitzungsberichten der Wiener Akademie, 1866, S. 81) zu behaupten Anstalt machen, — diese Meinung hat bis jetzt noch nichts für sich. Die einzige thrakische Glosse, die unverkennbar iranisches Gepräge hat, ist der Name des angeblich thrakischen Stammes der Saraparai oder Kopfabschneider bei Strabo 11, 14, 14, aber dieses wilde Volk wohnte tief in Asien, über Armenien, in der Nähe der Guranier und Meder, und führte diesen Beinamen dort. Man sehe sich nur die Worte des Strabo an: φασὶ δὲ (also nur: man sagt) καὶ Θρᾳκῶν τινας, τοὺς προσαγορευομένους (bei den umwohnenden Völkern?) Σαραπάρας, οἷον κεφαλοτόμους, οἰκῆσαι ὑπὲρ τῆς Ἀρμενίας, πλησίον Γουρανίων καὶ Μήδων, θηριώδεις ἀνθρώπους καὶ ἀπειθεῖς, ὀρεινούς, περισκυθιστάς τε καὶ ἀποκεφαλιστάς. Wenn das thrakische βρίζα wirklich mit *vrîhi* Reis zusammenhängt, so ist es ein Fremdwort, das den weiten Weg von Indien über Iran und Kleinasien zu den Thrakern zurückgelegt hat, und beweist also gar nichts. Der thrakische Dämon Zalmoxis, Zamolxis, berichtet Porphyrius im Leben des Pythagoras, sei deshalb so genannt worden, weil über ihn gleich nach der Geburt ein Bärenfell geworfen worden: τὴν γὰρ δορὰν Θρᾷκες ζαλμὸν καλοῦσιν. Soll hier ὄλξις Bär bedeuten, so würde dies zwar mit arischen, aber nicht weniger mit europäischen Wörtern zusammenstimmen: gr. ἄρκτος, lat. *ursus* für *urctus*. Ziehen wir das μ zur zweiten Hälfte hinzu: μόξις, so bietet sich das litauische *meszkà*, slav. *mečka*, der Bär Da man aber Fellbär für Bärenfell nicht sagen kann, so will P. de Lagarde ζαλ-μοξις als das b r a u n e Fell deuten: allein auch dabei ergiebt sich nichts specifisch Iranisches: μοξις hätte auf europäischem Boden sein Analogon im slavischen *méchŭ*, das Fell, und die Slaven sind keine Iranier, ζαλ ist gleichfalls in Europa ganz gewöhnlich, z. B. lit. *żălias* grün, *żélti* grünen, *żolẽ* Gras, slav. *zelije* Kraut, *zelenŭ* grün u. s. w. Aber die ganze Deutung b r a u n e s F e l l leidet an zwei wesentlichen Fehlern: e r s t e n s kann kein Gott oder Mensch einfach Fell genannt werden, und nur das ist wahrscheinlich und im Sinne der nordischen Völker, dass die Thraker ihren Gott in B ä r e n g e s t a l t oder in ein Bärenfell g e h ü l l t sich dachten und demgemäss benannten; z w e i t e n s heisst das Wort, welches den ersten Theil des Compositums bilden soll, nie braun oder gelbschwärzlich, sondern immer grün, grüngelblich und passt daher nicht zur Bärenhaut. Aus Zamolxis ist also für den Iranismus der Thraker nichts zu gewinnen, und Porphyrius hat entweder, wie die Alten seit Herodot gewohnt waren, sein ζαλμός für Fell aus dem Namen des Zalmoxis selbst gebildet, oder ζαλμός entspricht, wenn die Angabe richtig ist, etwa dem griechischen χλαμύς (wie Fick vermuthet hat), in welchem letzteren Fall die zweite Hälte des Wortes etwa dem lat. *pelle a m i c t u s* oder *pelli t u s* Aehnliches aussagen muss. — Im Gegentheil sind die Beziehungen der Thraker und der ihnen nahe verwandten Daken und Geten — sie sprachen alle eine und dieselbe Sprache, wie Strabo ausdrücklich bezeugt — zu den Völkern des Nordens mannigfache. Grimm hat bei Verfolgung seiner unglücklichen Hypothese manche verwandte Züge zwischen Geten und G e r m a n e n aufgewiesen; dass zwischen getischer und s l a v i s c h e r Z u n g e Analogien walten, hat Müllenhoff (Artikel Geten in der Encyclopädie von Ersch und Gruber) scharfsinnig erkannt. — Je länger und aufmerksamer man Thraker und Illyrier anblickt, desto mehr befestigt sich die Ueberzeugung, dass dieser Doppelstamm, dessen eine Hälfte Herodot für das zahlreichste Volk nach den Indern hielt, wie geographisch so auch ethnologisch, religiös und sprachlich eine Centralstellung einnahm, von der aus nicht bloss zu den Iraniern, sondern nach Nord und Süd, West und Ost des Welttheils verbindende Adern ausliefen.

[Jetzt sind wir, fast ausschliesslich durch das Verdienst G. Meyers (vgl. namentlich Bezzenbergers Beiträge VIII, S. 185—195, Essays und Studien I, 3, Etymologisches Wörterbuch des Albanesischen 1891 und Lautlehre der idg. Bestandtheile d. Albanesischen, Sitzungsb. d. Kais. Ak. d. W. 125. Band, Jahrgang 1891) über die Stellung des Albanesischen im Kreise der idg. Sprachen besser aufgeklärt. Dasselbe bildet einen selbständigen Zweig innerhalb der europäischen Gruppe der idg. Sprachen. Es hat, vielleicht mit einer Ausnahme, der doppelten Vertretung von anlautendem *s* vor Vocalen durch *s* (*š*) und *h* (*ch*), die es aber in Europa auch mit dem Slavischen theilen würde (vgl. Sitzungsberichte S. 56), keine näheren Beziehungen zu seiner Nachbarin, dem Griechischen, sondern lehnt sich in der Behandlung der aspirirten Medien (idg. *gh*, griech. χ = alb. *g*) sowie in der Verwandlung des idg. *o* in *a* an die nordeuropäischen Sprachen überhaupt, und in der Behandlung der Gutturalreihen (palatales *k* = griech. κ = alb. *s*) an das Lituslavische im besondern an. Auch der Wortschatz des Albanesischen scheint besonders häufig Berührungen mit den nordeuropäischen Sprachen zu zeigen.

Dass die Albanesen wirklich Illyrier waren, dürfte aus einer Reihe von Orts- und Völkernamen hervorgehen, die aus dem Albanesischen deutbar sind. Schon V. Hehn hatte auf alb. *mal'* der Berg und *di* zwei hingewiesen, die bereits Niebuhr (Vorträge über alte Länder- und Völkerkunde Berlin 1851, S. 305) mit dem Namen der alt-illyrischen Stadt *Dimallum*, die auf einem zweigipfligen Berge lag, verglichen hatte. Vielleicht gehört zu alb. *mal'* auch rum. *mal* Ufer, Küste und die *Dacia maluensis* = *Dacia ripensis*, aus den nordeuropäischen Sprachen lett. *mala* Rand, Ufer und irisch *mala ‚supercilium'* (G. Meyer, Et. W. S. 257). Der Landschaftsname *Delmatia*, *Dalmatia* mit der Hauptstadt *Delminium* ist wahrscheinlich von alb. *del'me*, *del'e* Schaf abgeleitet, und der Völkername Dardaner dürfte um so eher Beziehung zu alb. *darδε* Birnbaum haben, wenn, was freilich zweifelhaft ist, die Ἀχαιοί und die *Ingvaeones* mit Recht von ἀχράς, ἔγχος, ὄγχνη = *darδε* abgeleitet werden (G. Meyer, Et. W. S. 63. 61, Johansson, Bezzenb. Beitr. 18, 28). In Istrien gab es nach Strabo S. 314 eine Sumpfgegend, die Λούγεον hiess. Diese Bezeichnung erklärt sich aus alb. *ligatε* Lache, Pfütze, das mit dem lat. Suffix -*âtum* aus einem alt-illyrischen **luga* abgeleitet ist = lit. *liūgas* Morast, altsl. *luža* Sumpf (G. Meyer, Idg. Forschungen I, 323). Der Stadtname *Tergeste* Triest wird von demselben Forscher ansprechend aus einem illyrischen **terga* Markt = altsl. *trŭgŭ* Markt (vgl. Torgau abgeleitet) u. s. w.

Auch zwei vereinzelte venetische und messapische Wörter lassen sich aus dem Albanesischen erklären: so das von Columella überlieferte *ceva* Kuh aus alb. *kâ*, *ka-u*, altsl. *krava*, lit. *kárwė* Kuh und messap. βρέντιον (davon *Brundisium*) aus alb. Stamm *brin-* Horn, *bri*,*ni*, *briu* (G. Meyer, Et. W. S. 164 und 48). Bereits V. Hehn hatte richtig beobachtet: »Das albanesische *l'opε*, *l'opa* die Kuh geht in den Alpen weit nach Westen, durch die Schweiz bis in die romanischen Dialekte am Genfersee (Bridel, Glossaire du patois de la Suisse romande Lausanne 1866, p. 266) — war es ein venetisches Wort, das die erobernden Kelten bei den Alpenbewohnern vorfanden und das sich, wie es mit Namen menschlicher Urbeschäftigung, zumal im Hochgebirge, zu geschehen pflegt, bis auf den heutigen Tag erhielt?«

Ein ganz ähnliches Wort ist alb. *mεs*, best. *mεzi*, männliches Füllen von Pferd und Esel, das im Rumänischen, Grödnerischen, Italienischen, Sardinischen, Trientinischen, ja im Bairischen und Rheinländischen wiederkehrt. Es geht auf ein illyrisches **manza-* zurück, das dem Beinamen des Jupiter bei den messapischen Sallentinern, *Menzana*, zu Grunde liegt, dem ein Pferd geopfert wurde (G. Meyer, Et. W. S. 276). S. auch S. 53.

Eine starke Verbreitung der Veneter gegen Westen nimmt auch Pauli in seinem Buche: Die Veneter und ihre Schriftdenkmäler Leipzig 1891 an. Dieser sammelt in demselben die auf dem Gebiete der Veneter gefundenen

Inschriften und sucht sie scharfsinnig zu deuten. Ist freilich diese Deutung richtig, bedeutet z. B. *εχο* = lat. *ego*, altsl. *azŭ* ich oder *-χnos* = lat. *genus*, so könnte das Venetische dieser Denkmäler mit dem Albanesischen, nach dem oben über die Gutturalverhältnisse dieser Sprache bemerkten, kaum demselben Sprachstamm angehören (vgl. G. Meyer in d. Berliner Philol. Wochenschrift vom 27. Februar und 5. März 1892 und R. Thurneysen in der Wochenschrift f. klass. Phil. vom 16. März 1892).

Leider gestatten die überaus dürftigen Reste des Thrakischen, die von Lagarde, Ges. Abhandlungen, S. 278ff. und später von W. Tomaschek in den Sitzungsberichten der Wiener Akademie (B. 130) zusammengestellt und von A. Fick, Spracheinheit S. 278ff., von W. Tomaschek a. a. O., von G. Meyer in Bezzenbergers B. XX, 116ff. und von andern untersucht worden sind, nicht, über die Stellung dieser Sprachen ein so sicheres Urtheil wie über die des Albanesischen abzugeben. Dass das Thrakische keine arische Sprache war, zeigt das in ihm reichlich entwickelte *e* und *l*. Idg. *o* scheint, wie im Germanischen und Litauischen, zu *a* geworden zu sein, worauf die Ortsnamen auf *-para* (πόρος), *-dama* (δόμος) hindeuten (anders Kretschmer a. u. a. O. S. 220). Dass das *a* in diesen Wörtern den arischen Charakter des Thrakischen beweise, nimmt Carl Pauli, Altit. Forschungen II, 1, 23 mit Unrecht an. Die idg. aspirirten Mediae sind zu Mediae herabgesunken (vgl. das thrakisch-phrygische βρῦτον Bier gegenüber lat. *defrūtum*; ir. *bruthe* Brühe). Wie diese Eigenschaft scheint es auch die Verwandlung der palatalen Gutturalreihe in Zischlaute mit dem Lituslavischen und Albanesischen zu theilen, vgl. oben ζαλμός : χλαμύς, ferner ζίλαι Wein: griech. χάλις, ζειρά Wildschur (zu den ζειραὶ ποικίλαι der Thraker bei Herodot VII, 75 vgl. die Sitte der Germanen: *eligunt feras et detracta velamina spargunt maculis pellibusque beluarum* Tac. Germ. 17), das ich zu altsl. *zvěrĭ* Wild stellen möchte, *-dizos* : τεῖχος, zend. *daêza-*, ζετραία Topf: χύτρα. Leider fehlt ein sicheres Beispiel für die Tenuis. Auf der einen Seite hat Fick thrak. κῆμος Hülsenfrucht mit scrt. *çamî* eine Bohnenart verglichen, auf der anderen heissen im Thrakischen die Trunkenen σανάπαι, ein Wort, dessen erster Bestandtheil im indischen *çaṇa* Hanf (aus Hanfsamen gemachtes Getränk), osset. *sanna*, *san* Wein zu stecken scheint. Da aber auch im Scythischen σανάπτιν vorkommt, so wird das Wort ein iranisches Lehnwort sein, wie es deren im Thrakischen offenbar mehrere gab. Vgl. das oben genannte σαραπάραι, während thrak. ἀγούρους = ἐφήβους nicht mit A. Fick zu altiran. *aghru* unvermählt zu stellen ist, sondern nichts als das mittel- und neugriech. ἄωρος sein dürfte. Nordische Lauterscheinung zeigt wiederum Στρύμων, nhd. *strom*, altsl. *o-strovŭ* Insel, Wurzel *srev*. — Ueber Zamolxis, die Geten und Daker vgl. jetzt auch Müllenhoffs Deutsche Alterthumskunde III, S. 125ff., wo die oben genannte Abhandlung aus Ersch und Grubers Encyklopädie mit einer Reihe von Verbesserungen abgedruckt ist.

Wenden wir uns hinüber nach Kleinasien, so hielt Hehn den Norden desselben »von Ausläufern des grossen i r a n i s c h e n Stammes« besetzt, »die schon den Uebergang nach Europa bildeten« (vgl. Anm. 16 und sonst). Jetzt wissen wir, vor allem durch die Untersuchungen H. Hübschmanns (Kuhns Zeitschrift 23, Armenische Studien I, 1883 u. s. w.), dass sicherlich das Armenische, trotz seines Reichthums an iranischem Lehngut, seinem Lautcharakter nach (reiche Entwicklung des *e*, *o*, *l*) zu der europäischen Abtheilung des idg. Sprachstammes gehört, und innerhalb derselben durch die Behandlung der Gutturale sich wiederum am engsten dem Slavolettischen anschliesst. Auch der Wortschatz zeigt in seinen ursprünglichen Bestandtheilen europäischen Charakter (*aλ* Salz, *arôr* Pflug, *meλr* Honig, *jukn* Fisch). In gleicher Stellung scheint sich das Phrygische zu befinden (Hübschmann a. a. O.), namentlich wenn die Deutungen ζέλκια Gemüse (altsl. *zelije* ‚olera'), ζευμά Quelle (griech. χεῦμα), σέμου (= τούτῳ) = altsl. *semu*, goth. *himma* (Fick, Bezzenbergers Beitr. 14, 50) richtig sind. Ueber Karer (Georg Meyer, Bezzenb. Beitr. 10), Lyder, Mysier, Lycier sind die Akten noch nicht geschlossen. Bei der Dürftigkeit der Glossen und den Schwierigkeiten, welche die wenigen Inschriften, sowie die Orts- und Personennamenforschung bieten, ist auf sichere Ergebnisse auch kaum zu hoffen. Oefters scheint bei den Ortsnamen die echte Gestalt neben einer iranisirten zu bestehen, wie dies kürzlich G. Meyer (Idg. Forsch. I, 327—29) an zwei Fällen, Σάρδεις und Ἄσπενδος wahrscheinlich zu machen versucht hat. E. Meyer, Geschichte des Alterthums I, S. 299ff. fasst, im wesentlichen auf die Nachrichten der Alten gestützt, alle Westkleinasiaten zu einer Einheit zusammen. Nimmt man dazu die antike Ueberlieferung, dass die Phryger, der Hauptstamm der Westkleinasiaten, aus Thrakien eingewandert, und von den Phrygern wieder die Armenier abzuleiten seien, und vergleicht man oben die sprachlichen Bemerkungen über das Thrakische und Illyrische, so wird man bei dem gegenwärtigen Zustand unseres Wissens immerhin als das wahrscheinlichste annehmen können, dass die Armenier und Westkleinasiaten zusammen mit den Illyro-Thrakern eine zusammengehörige Gruppe der europäischen Abtheilung des idg. Sprachstamms bilden und in derselben am nächsten zu den Litu-Slaven gehören. Eine Berührung dieser Gruppe mit Iraniern fand an einer doppelten Stelle statt: einmal nördlich des Pontus durch Thraker und Skythen, das andre Mal südlich des Schwarzen Meeres durch die Armenier, die freilich, ursprünglich nur in dem Quellgebiet des Euphrat und Tigris bis an die Halysquellen ansässig, in der ältesten Zeit von iranischen Landen durch das weder indogermanische noch semitische Volk der Ἀλαρόδιοι (assyr. *Urartu*) getrennt gewesen zu sein scheinen (E. Meyer, Geschichte des Alterthums I, § 247f.).

Im Grossen und Ganzen stimmt mit dieser Darstellung auch P. Kretschmer überein, der in seiner Einleitung in die griechische Sprache (1896) zuletzt die nordbalkanischen und kleinasiatischen Völkerverhältnisse ausführlich behandelt hat, nur dass er den in Betracht kommenden Sprachen mehr geographische Mittelstellungen zwischen Ost und West, Nord und Süd anweisen möchte, eine Auffassung, für deren Begründung freilich das zu Gebote stehende Material kaum hinreicht. So zeige das Thrakisch-Phrygische, das er als eine Einheit zusammenfasst, partielle Uebereinstimmungen im Norden mit dem Iranischen (Skythischen), im Westen mit dem Illyrischen, im Süden mit dem Griechischen. Das Illyrisch-Albanesische hänge einerseits mit dem Lituslavischen, andererseits aber auch durch das Messapische mit dem Nordgriechischen und Italisch-Keltischen zusammen. In dem Venetischen erblickt er einen illyrischen, aber vom Albanesischen und Messapischen, namentlich auf lautlichem Gebiet, stark abweichenden Dialekt. Unter den kleinasiatischen Sprachen erkennt er nur den Phrygern (nebst Armeniern) indogermanische Abkunft zu. Die übrigen Kleinasiaten bilden in 2 Gruppen, einer westlichen (Karer, Lyder, Myser) und einer östlichen (Lykier, Pisider, Isaurer, Lykaonier, Kilikier und Kappadokier) eine unter sich zusammenhängende nichtindogermanische Völkerschicht, die einstmals auch über die griechische Inselwelt verbreitet gewesen sei.]

18. S. 59.

Wir haben im Texte bei einer Materie, die überhaupt nur schwankende Vermuthungen gestattet, und bei der sich nur nach dem allgemeinen Eindruck urtheilen lässt, den der Eine so, der Andere anders empfängt, eine Art Ackerbau vor dem Ende der Wanderungen zugestanden, neigen uns aber persönlich mehr der entgegengesetzten Ansicht zu Die gewöhnliche Annahme ist, dass zwar das indoeuropäische Urvolk noch nicht ackerbauend gewesen sei — da die entsprechenden Ausdrücke im Sanscrit nicht mit Sicherheit aufgewiesen werden können —, dass aber Benennungen wie *arare*, *molere* u. s. w., die bei europäischen Gliedern desselben sich wiederfinden, die Existenz eines ackerbauenden europäischen Muttervolkes beweisen. Dabei ist zuvörderst zu bemerken, dass diejenigen, die dies behaupten und zugleich über die frühere oder spätere Abtrennung des einen und des andern Völkerzweiges von dem gemeinsamen Ausgangspunkte, z. B. des keltischen oder des slavodeutschen u. s. w., Betrachtungen anstellen und darüber Stammbäume aufnehmen, sich einer offenbaren Inconsequenz schuldig machen. Denn sind nicht alle europäischen Stämme als ein ungetrenntes Ganzes und zu gleicher Zeit in Europa eingewandert, so kann auch *ἄροτρον*, slavisch *radlo* u. s. w. nur entweder von dem einen zum andern übergegangen, oder von den einzelnen, vielleicht in sehr verschiedener Zeit, analog gebildet worden sein. Man bedenke, dass in jener frühen Epoche die Sprachen sich noch sehr nahe standen und dass, wenn eine Technik, ein Werkzeug u. s. w. von dem Nachbarvolke übernommen wurde, der Name, den es bei diesem hatte, leicht und schnell in die Lautart der eigenen Sprache übertragen werden konnte. Wenn z. B. ein Verbum *molere* in der Bedeutung zerreiben, zerstückeln, ein anderes *serere* in der Bedeutung streuen in allen Sprachen der bisherigen Hirtenstämme bestand und der eine von dem andern allmählig die Kunst des Säens und des Mahlens lernte, so musste er auch von den verschiedenen Wortstämmen ähnlicher, allgemeinerer Bedeutung gerade denjenigen für die neue Verrichtung individuell fixiren, mit dem der lehrende Theil dieselbe bezeichnete. Die Gleichheit der Ausdrücke beweist also nur, dass z. B. die Kenntniss des Pfluges innerhalb der indoeuropäischen Familie in Europa von Glied zu Glied sich weiter verbreitet hat, und dass nicht etwa der eine Theil sie südöstlich aus Asien, durch Vermittelung der Semiten aus Aegypten, der andere südwestlich von den Iberern an den Pyrenäen und am Rhonefluss, ein dritter von einem dritten unbekannten Urvolke u. s. w. erhalten hat. Auch die Zusätze, mit denen A. Fick (die ehemalige Spracheinheit der Indogermanen Europas, S. 289ff.) die hergebrachten Beweismittel zu vermehren versucht hat, können dies Verhältniss nicht ändern. Wer mit den alten Wörtern neue Kulturbegriffe verbindet, wird freilich in der Zeit der frühesten Anfänge ohne Mühe unser heutiges Leben wiederfinden. Was soll aber z. B. *lira* die Furche beweisen? Dies Wort bedeutet in den germanischen Sprachen Geleise, Spur und dies war offenbar der eigentliche und ursprüngliche Sinn desselben, —

der noch im lateinischen *delirare*, von der Spur abirren, durchblickt. Nach dem Uebergang zum Ackerbau, vielleicht in sehr verschiedener Zeit, verwandten die Litauer und die Slaven das vorhandene Wort zur Bezeichnung des Ackerbeetes, die Lateiner zu der der Furche, während die Deutschen bei der Bedeutung Spur verblieben. Noch weniger wollen Wörter wie *culmus, stipula, pinsere* u. s. w. sagen. Der Halm braucht ja nicht gerade Getreidehalm bedeutet zu haben, das slav. *stĭblo* heisst Stengel und hat viel Verwandte, das deutsche Stoppel ist eine späte Entlehnung aus dem Mittellatein; *pinsere* hatte den Sinn von zerstampfen überhaupt: als das Korn nicht mehr nach urältester Sitte unmittelbar aus der gerösteten Aehre gegessen, sondern vorher durch Stampfen aus der Umhüllung befreit und zu einer Art Grütze oder rohen Mehles verkleinert wurde, da bot sich das vorhandene Verbum von selbst zur Benennung dieser Verrichtung oder wanderte mit der letztern von Gegend zu Gegend. Noch in historischer Zeit hatten sich die nordeuropäischen Völker kaum die nothdürftigen Anfänge des Ackerbaues angeeignet. Die Kelten im Innern der britischen und irischen Insel, wie sie Strabo, Tacitus, Cassius Dio u. s. w. uns schildern, oder die Wenden des Tacitus, die die Wälder Osteuropas *latrociniis pererrant*, als fleissige Feldbauer uns zu denken, ist unmöglich. Von dem alten Germanien sagt Fick S. 289: »es muss ein wohlbebautes Land gewesen sein — denn ohne intensive Bodenbestellung hätte Deutschland gar nicht diese gewaltigen Völkermassen entsenden können, die das römische Reich in Trümmer schlugen.« Dass dieser oft gehörte Satz falsch ist, hat Roscher in seiner von uns in Anmerkung 28 angeführten Schrift unwiderleglich dargethan. Gerade der umgekehrte Schluss ist richtig: je höher die Lebensform, die ein Volk erreicht hat, desto geringer der Prozentsatz, den es zu kriegerischen Zügen verwendet; bei noch unstäten Völkern wandert und kämpft jeder erwachsene Mann. Hätten die Deutschen emsig den Boden bestellt, dann wären sie überhaupt nicht ausgezogen, das römische Reich in Trümmer zu schlagen, vielmehr würde ihr Land, wie Gallien, römische Provinz geworden sein [vgl. hierzu oben p. 63f.].

Wir fügen im Folgenden einige zerstreute Beiträge zu der alten Ackerbau-Sprache hinzu, welche letztere, vollständig und vor Allem kritisch aufgestellt, eine nicht zu verachtende Ergänzung zu den Untersuchungen der Naturforscher über Herkunft und Vaterland der Getreidearten u. s. w. abgeben würde.

Gothisch *hvaiteis* der Weizen ist das weisse Korn, also wie aus dem Prädikat hervorgeht, eine spätere Art, deren Name die Kenntniss eines schwärzeren Getreides voraussetzt. Der Weizen geht nicht so hoch in den Norden hinauf, wie andere Cerealien, und ist in Mitteleuropa erst spät erschienen und daselbst erst allmählig acclimatisirt worden. Das litauische *kwëtŷs*, plur. *kwëcziaĩ*, preuss. *gaydis* findet sich nicht bei den Slaven, ist also aufgenommen worden, als beide Zweige sich bereits von einander getrennt hatten. Da nun auch in keltischen Sprachen weiss und Weizen auf dieselbe Wurzel zurückgehen (bretonisch *gwenn* weiss, *gwiniz* Weizen u. s. w. aus altgallischem *vindos* = weiss z. B. im Namen *Vindobona*, welchem wieder *cvind* zu Grunde liegt), so folgt, dass dies Getreide seinen Weg von Gallien zu den Deutschen, von diesen zu den Litauern (Aestyern) nahm [doch s. u.]. — Das griechische ἄλφι, ἄλφιτον, Gerstengraupen, wörtlich gleichfalls so viel als weisses

Korn, mag seinen Namen von einer neuen, ein reineres Produkt ergebenden Art des Schrotens bekommen haben. — Griechisch πυρός Weizen, schon homerisch, findet sich im altslavischen *pyro*, Weizen, Erbsen, Linsen und im litauischen *purai*, Winterweizen (dialectisch) wieder. Die erste und älteste Bedeutung ist in den nordischen Sprachen erhalten: russisch *pyrei*, czechisch *pyr* u. s. w. Quecke, preussisch *pure* Trespe, angelsächsisch *fyrs lolium, ruscus*, engl. *furz, furze*. Es war also die Benennung für eine Grasart, die später auf den Weizen und andere Körner angewandt wurde. Die Thraker und die Σκύθαι γεωργοί mögen den von ihnen gebauten und in unterirdischen Gruben aufbewahrten Weizen so genannt haben. — Das slavische *žito* Getreide ist eine klare Bildung von *ži-ti* leben (mit unterdrücktem *v*); das schon homerische σῖτος wäre damit nur zu vereinigen, wenn es ein Fremdwort vom mysisch-thrakischen Norden wäre, was gar nicht unmöglich ist.

Ist der Weizen ein südliches Korn, so ist umgekehrt der Haber ein nördliches. Bei den Alten galt er für ein Unkraut, das sich unter das Korn mischte oder in welches das Korn sich verwandelte, in beiden Fällen den Ertrag mindernd oder aufhebend. Theophr. h. pl. 8, 9, 2: ὁ δ' αἰγίλωψ καὶ ὁ βρόμος, ὥσπερ ἄγρ' ἄττα καὶ ἀνήμερα. Cat. de re rust. 37, 5: *Frumenta face bis sarias runcesque avenamque destringas.* Cic. de fin. 5, 30, 9: *ne seges quidem igitur spicis uberibus et crebris, si avenam uspiam videris.* Verg. Georg. 1, 154:

Infelix lolium et steriles dominantur avenae.

Ovid. Fast. 1, 691:

Et careant loliis oculos vitiantibus agri
Nec sterilis culto surgat avena loco.

Plin. 18, 149: *Primum omnium frumenti vitium avena est: et hordeum in eam degenerat.* Indess lernte man später von der *avena fatua* auch eine fruchttragende Art Haber unterscheiden. Plinius a. a. O. meint, wie das edle Korn sich in Haber verwandele, so gehe dieser auch in eine Art Getreide über, *frumenti instar*, und fügt hinzu, die Germanen säeten sogar Haber und lebten ausschliesslich von dieser Art Muss oder Grütze: *quippe quum Germaniae populi serant eam neque alia pulte vivant.* Dasselbe wird noch im Mittelalter von den britischen Kelten gemeldet, Girald. Cambr. descr. 40: *totus propemodum populus armentis pascitur et avenis, lacte, caseo et butyro; carne plenius, pane parcius vesci solet.* Noch jetzt nährt sich der Schotte von seinem Habermuss und geschmalzter Haberbrei ist ein Lieblingsgericht schwäbischer und alemannischer Bauern. Auch die späteren Griechen kannten den Haber wenigstens als Viehfutter: Galen. de alimentorum facultatibus 1, 14: in Asien, besonders in Mysien ist der Haber sehr häufig: τροφὴ δ' ἐστὶν ὑποζυγίων, οὐκ ἀνθρώπων, εἰ μή ποτε ἄρα λιμώττοντες ἐσχάτως ἀναγκασθεῖεν ἐκ τούτου τοῦ σπέρματος ἀρτοποιεῖσθαι. Was die Namen dieser Frucht betrifft, so hat Grimm (Gesch. d. d. Spr. 66) die schöne Entdeckung gemacht, dass sie zwar alle verschieden, aber alle vom Schaf oder Bock hergenommen sind, »sei es, fügt er hinzu, dass das Thier dem Haber (vielleicht einem ähnlichen Unkraut) nachstellt oder vormals damit gefüttert wurde.« Das letztere aber ist unrichtig und der Grund liegt wo anders. Im Gegensatz zu *ficus*, dem fruchttragenden Feigenbaum, ist *caprificus*, der Bocksfeigenbaum, der wilde, unfruchtbare, welchen letztern die Messenier τράγος Bock nannten (nach Pausanias 4, 20, 1).

Τραγᾶν wurde von Weinstöcken gebraucht, wenn sie keine Frucht trugen, Suid. s. v.: καὶ τραγᾶν φασι τοὺς ἀμπέλους, ὅταν μὴ καρπὸν φέρωσιν. Theophrast leitet diese Unfruchtbarkeit von zu üppigem Wachsthum ab, de caus. pl. 5, 9, 10: ἐξ ὑπερβολῆς δὲ καὶ τὸ τραγᾶν τῆς ἀμπέλου, καὶ ὅσοις ἄλλοις ἀκαρπεῖν συμβαίνει διὰ τὴν εὐβλαστείαν. Dahin gehört auch *capreolus* der Rebschoss, italienisch *capriuolo*, sowie das veraltete *hirquitallus*, *hirquitallire* (gleichsam einen geilen Bockszweig treiben, später nur von Knaben gesagt, die, in die Pubertät tretend, ihre Stimme verändern). Wenn ein Weizenfeld, sagt Theophrast h. pl. 8, 7, 5, ganz nieder- und zusammengetreten ist, z. B. durch den Marsch eines darüber weggegangenen Heeres, so wachsen im nächsten Jahre nur kleine Aehren und solche, die man ἄρνες, Lämmer, Widder, nennt (d. h. unfruchtbare, verkümmerte). Den schon von Grimm angeführten griechischen Pflanzennamen αἰγίλωψ Schwindelhaber, αἰγίπυρος (bei Theokrit mit kurzem *υ*, dennoch offenbar von πυρός Weizen, nicht von πῦρ) und βρόμος Haber (welches sich mit βρῶμος Bocksgeruch, βρωμώδης, βρομώδης, bockig riechend, berührt, obgleich später die Grammatiker beide Wörter auf die angegebene Art durch kurzen und langen Vocal unterscheiden wollten) lässt sich noch κολόκυνθα αἰγός (für *cucurbita silvatica* bei Dioscor. 4, 175) und αἶρα Lolch, ἐξαιροῦσθαι sich in Lolch verwandeln (verglichen mit lat. *aries*, lit. *ėras*) hinzufügen. Aus all dem geht hervor, dass, wenn der Haber das Bockskraut genannt wurde, er damit als das nichtige und leere, als das getreideähnliche Unkraut bezeichnet wurde; die Benennung setzt die Bekanntschaft mit der Kornfrucht schon voraus, und obgleich die Species erst im Norden zur Menschennahrung diente, so muss sie mitsammt ihrem Namen doch von Süden, vielleicht über Thrakien, gekommen sein.

Der Roggen, der die Nordgrenze der beiden klassischen Länder nur streift, galt bei den späteren Römern, als sie ihn kennen gelernt hatten, für ein hässlich schwarzes, unschmackhaftes und unverdauliches Korn. Noch jetzt ist er den romanischen Nationen verhasst, und Goethe bemerkt mit Recht (Campagne in Frankreich, 24. Sept. 1782): »Weiss und schwarz Brot ist eigentlich das Schibolet, das Feldgeschrei zwischen Deutschen und Franzosen.« Wo die Mädchen schwarz sind, da ist das Brot weiss, und umgekehrt:

Soldatentrost.

Nein hier hat es keine Noth,
Schwarze Mädchen, weisses Brot.
Morgen in ein ander Städchen,
Schwarzes Brot und weisse Mädchen. (Goethe.)

Unter *frumentum*, Getreide, versteht der Romane vorzugsweise Weizen (*formento, froment*), unter Korn der Norddeutsche vorzugsweise Roggen, wie der Schwede Gerste. Indess in den Alpen, also in einer kalten Gegend, bauten die Tauriner, ein ligurischer Volkszweig, Roggen, den sie *asia* nannten (Plin. 18, 141); lateinisch finden wir zuerst bei Plinius den Namen *secale*, im ed. Diocl. *sicale* (etwa so viel als Sichelkorn?), der jetzt durch die romanischen Sprachen, das Walachische mit eingeschlossen, hindurchgeht und auch in keltische Sprachen, ins Albanesische und Neugriechische vorgedrungen ist (alban. *thékere*, walach. *secáre*, neugr. σίκαλι), mit auffallendem Zurückweichen des Accents auf die erste Silbe: ital. *ségola, ségala*, franz. *seigle* u. s. w. Dies war der Name innerhalb der Grenzen des römischen Kaiserreichs; bei den hyperboreischen Völkern, in der eigentlichen Roggengegend, finden wir eine andere weitverbreitete Benennung: ahd. *rocco*, altn. *rugr*, ags. *ryge*, preuss. *rugis*, lit. *rugys* (Plur. *rugiai*, russ. *rož*, czech. *rež* u. s. w., magyar. *rosz*; bei den Westfinnen dasselbe Wort mit dem alterthümlicheren *g*, *k*, bei den Ostfinnen, Tataren u. s. w. mit der slavischen Assibilation. Die letztere Erscheinung, wie andererseits die Uebereinstimmung zwischen Germanen, Litauern und baltischen Finnen beruht auf Entlehnung und Wanderung des Wortes, welchem Volke aber gehört es ursprünglich an? Benfey (Griech. Wurzellexicon, 2, 125) meinte, Roggen sei Rothkorn und vom Slavenland zu den Deutschen gekommen; allein die Wörter, die roth, rosten u. s. w. bedeuten, haben im Slavischen ein wurzelhaftes *d*, aus welchem, nicht aus *g*, das mit dem Schein der Aehnlichkeit täuschende *ž* entstanden ist. Das vereinzelte cambrische *rhygen*, *rhyg* Roggen mag, wie die lautliche Uebereinstimmung lehrt, aus dem Angelsächsischen stammen, das ebenso vereinzelte französisch-mundartliche *riguet* (in der Dauphiné, s. de Belloguet, ethnogénie gauloise, 1, p. 148) durch die Völkerwanderung dahin versprengt worden sein. Eine andere bedeutsame Namensform aber überliefert uns Galenus de alim. facult 1, 13 (VI. p. 514 Kühn) aus Makedonien und Tkrakien. Er fand dort eine Art Korn, die ein übelriechendes schwarzes Mehl gab, offenbar Roggen, von den Eingeborenen angebaut und mit dem einheimischen Wort βρίζα benannt. Das ζ der zweiten Silbe ist leicht als ein palatales *g* zu erkennen, das in dieser Verwandlung bei den Slaven wiederkehrt und bei den Skythen, einem iranischen Stamme, wohl auch vorauszusetzen ist. Ist nun das *v* vor dem *r* weiter nach Norden verloren gegangen — eine häufige Erscheinung — und dürfen wir zur Erklärung des Wortes nach Wurzeln suchen, die mit *vr* anlauten? Oder ist βρίζα eins mit dem griechischen ὄρυζα Reis, welches die Griechen durch persische Vermittelung aus Indien (sanscr. *vrîhi*) erhielten? Aber welchem Volke gehörte dann die Verdunkelung des Vocals zu dem tiefern *u* und die Verwandlung des *h* in *g* mit ganz verschiedener Lautverschiebung an, da doch die Germanen nordwestlich und westlich von Thrakern, Skythen und Slaven wohnten und also in der Reihe der Empfänger die letzten waren? Oder sollen wir annehmen, dass sie das Wort schon zu einer Zeit erhielten, wo bei jenen vermittelnden Völkern die Assibilirung der Kehllaute noch nicht eingetreten war? — De Candolle, Géographie botanique, p. 938 hält die Gegend zwischen den Alpen und dem schwarzen Meer, also das Gebiet des heutigen österreichischen Kaiserstaates, für die Heimat des Roggens, freilich aus Gründen, die nicht sehr schwer wiegen. Ueber die Herkunft der Getreidearten überhaupt verweisen wir auf Humboldt, Ansichten der Natur, 3. Ausgabe, Stuttgart 1871, I, S. 206ff.: mehr als dort enthalten ist, lässt sich über diesen Gegenstand vorläufig nicht sagen.

[Zu den im bisherigen genannten europäischen Namen der vier Getreidearten fügen wir zunächst einige Berichtigungen und Ergänzungen hinzu: Weizen. Die oben S. 549 genannten Ausdrücke für diese Getreideart stimmen zwar in sofern überein, dass sie dieselbe als die »weisse« bezeichnen (goth. *hvaiteis*, woraus das litauische Wort entlehnt ist: *hveits*, bret. *gwiniz*: *gwenn*, altpr. *gaydis*: *gaylis*, lit. *gai-drùs*, vgl. auch alb. *bard* Weizen und weiss), hängen aber nicht etymologisch unter einander zusammen; an goth. *hveits* = scrt. *çvêtas* möchte G. Meyer (Sitzungsberichte S. 51) auch das griech. σῖτος anknüpfen, unter der Annahme, dass σῖτος, das mit slav. *žito* natürlich nichts zu thun hat, dennoch wie H. oben S. 550 vermuthete, ein Fremdwort aus dem Norden, vielleicht aus dem Illyrischen sei; altir. *tuirend*, von Bugge in Kuhns Z. 32, 45 nach Pictet mit arm. *çorean* verglichen; griech. ἰμαλιά, ἰμαλίς: lat. *simila, similago*; γανδόμην (Hesych), entlehnt aus npers. *gendum*, Pamird. *ghidîm* (vgl. P. Horn Grundriss d. np. Et. S. 209); Spelt: griech. ὄλυρα: scrt. *urvarâ* Saatfeld; lat. *ador*: goth. *atisk* Saatfeld; ahd. *spelza*, niederd. *spelt*, wenn nicht aus dem Romanischen entlehnt: lat. *pollen* feines Mehl aus **spold-ĕn* (vgl. auch πόλτος, *polenta, puls*); griech. ἀλείατα, ἄλευρον: ἀλέω, lat. *trîticum: tero*, altsl. *pišeno*: scrt. *pish* zerreiben, alle drei = »Mahlfrucht«; Gerste: alb. *el-p-bi* = griech. ἄλφι. Was den Hafer betrifft, so giebt es eine anscheinend über die historische Zeit hinausweisende Gleichung lat. *avena*, altsl. *ovĭsŭ*, lit. *awiz'à* (preuss. *vyse, wisge*), die Fick zu scrt. *avasa* Nahrung stellt(?). Die Grimm'sche Annahme, dass alle Bezeichnungen des Hafers mit Wörtern für Bock oder Schaf zusammenhingen, bedarf in jedem Falle einer starken Einschränkung. Das ahd. *habaro* hat wegen der altschwedischen Nebenform *hagre* und aus anderen Gründen (Kluge Et. W.[5]) nichts mit altn. *hafr* = κάπρος, *caper* zu thun. Daraus folgt, dass auch das finnische aus *hagre* entlehnte *kakra* und das aus *hafr* entlehnte westf. *kauris* (Thomsen, Ueber den Einfluss der germ. Sprachen auf die finnisch-lappischen S. 138, 140) von einander zu trennen sind. Das gemeinkeltische ir. *coirce*, welsch *ceirch* Hafer ist kaum mit ir. *cáera, cáerach* zu verbinden, sondern eher mit der germanischen Bezeichnung des Hafers (vgl. auch Zupitza Gutturale S. 32) zu vergleichen, und aus dem späten βρῶμος Gestank (Lobeck Phrynichus 156) ein Wort für Bock zu folgern, scheint mir auch nicht anzugehen. Jedenfalls könnte man, wenn man sich an die Quantität der Vocale (ο : ω) einmal nicht stösst, für βρόμος Hafer ebensowohl an hom. βρώμη Speise, βορά, βιβρ-ώσκω etc. denken. So bleiben als sichere Beispiele der Ableitung der Benennungen des Hafers vom Bock lediglich die Zusammensetzungen mit αἴξ übrig, die eben den Schwindelhaber im Gegensatz zu dem Fruchthaber benennen. Auch für αἶρα Unkraut im Weizen, Lolch (vgl. scrt. *êrakâ* eine Grasart) ist an Zusammenhang mit lat. *aries* kaum zu denken. — Hinsichtlich der Kultur des Hafers ist Körnicke in seinem Buch: Die Arten und Varietäten des Getreides (Handbuch des Getreidebaues von Fr. Körnicke und H. Werner I Bonn 1885) im Gegensatz zu Hehn und C. Hausskneeht (Mittlg. d. geogr. Gesellschaft in Jena 3 (1884) S. 233), der den Saathafer erst durch die Römer aus Deutschland nach Südeuropa gekommen sein lässt, der Meinung, dass der Hafer im Süden schon vor Theophrast angebaut wurde. Von Interesse ist in dieser Beziehung ein Rezept des griechischen Arztes Dieuches aus dem IV. vorchristlichen Jahrhundert über die Herstellung der Polenta (ἄλφιτον), in welchem der βρόμος scheinbar auf völlig gleiche Stufe mit der κριθή gestellt wird, so dass an Wildhafer kaum zu denken ist: γίνεται δὲ ἄλφιτον καὶ ἀπὸ τοῦ βρόμου. φρύγεται δὲ σὺν τῷ ἀχύρῳ πᾶν. ἀποπτήσσεταί τε καὶ τρίβεται καὶ ἐρύκεται καθάπερ καὶ τὸ κρίθινον ἄλφιτον. τοῦτο τὸ ἄλφιτον κρεῖττον καὶ ἀφυσώτερόν ἐστι τοῦ κριθίνου (XXI. *veter. et clar. medic. Graec. varia opuscula. ed. F. de Matthaei Mosquae* 1808 p. 39) Neugriechisch heisst der Hafer βρώμη, auf Kreta τάϊ (Heldreich, Nutzpflanzen S. 4), alb. *tëršërë*, was G. Meyer Et. W. S. 430 aus lat. **trimensanum* von *trimense* erklärt.

Die nordeuropäische Benennung des Roggens ist eine Entlehnung aus dem thrakischen βρίζα, das aus einer Grundform wie **vrugjâ* (vgl. G. Meyer in Bezzenbergers Beiträgen XX, 121 und H. Hirt in den Beiträgen z. Gesch. d. d. Spr. und Lit. XXII, 235) entstanden ist. Neben lat. *secale, sicale* (Grundform der romanischen Sprachen: *sēcăle*) begegnet im Edictum Diocletianum noch der Ausdruck *centenum*, dessen Erklärung man bei H. Blümner a. a. O. S. 63 nachsehen möge.

Ueber die Herkunft der Getreidearten wissen wir heute kaum mehr als zu Humboldts Zeit. Körnicke, der letzte, der sich mit dieser Frage eingehender beschäftigt hat, äussert sich hierüber in dem schon genannten Buch S. 19, wie folgt: »Der Anbau der Getreide ist weit älter, als unsere historischen Nachrichten und Denkmäler reichen. Schon damals war ihre erste Kultur der Sage verfallen, und wo wir Reste derselben finden, wie bei den ägyptischen Mumien, da sind es schon hochgebildete Kulturformen.«

»Das Vaterland der einzelnen Arten lässt sich nicht sicher feststellen, auch da nicht, wo wir die Stammform kennen, da diese jetzt meist weit verbreitet ist. Am engsten lässt sich der Kreis für die Gerste begrenzen, wenn wir aus der heutigen Verbreitung der wilden Pflanze einen Schluss ziehen dürfen« . . . . »Als muthmassliche Heimath halte ich: Vorderasien für die Gerste, das Einkorn (und den Weizen? — vgl. über Körnicke's Ansicht auch Ascherson im Archiv f. Anthrop. XIX S. 134 —); Centralasien für den Roggen und Hafer; Südasien für die Rispen- und Kolbenhirse; Afrika für die Mohrhirse, den Reis . . . .«

Am weitesten in die Urgeschichte Europas gehen nach Ausweis der Funde Weizen und Gerste zurück, die beide, also auch der Weizen, schon in den Ueberresten der jüngeren Steinzeit des hohen Nordens auftreten, während Hafer und Roggen, und zwar sehr vereinzelt, erst mit der Bronce erscheinen. Die beiden letzteren Getreidearten sind auch dem ägyptisch semitischen Kulturkreis fremd.]

Der alte Name für den primitiven Hakenpflug, der aus einem spitzen, gekrümmten Stück Holz bestand, ist litauisch *szakà* Ast, Zinke, Zacke, Ende am Hirschgeweih, dem das gothische *hoha* Pflug, ahd. *huohili* (vgl. auch scrt. *çâkhâ* Ast) entspricht. Hierher (vgl. scrt. *çañku* Pfahl) auch ir. *cecht* Pflug. Das altsl. *soha* Knüttel, čechisch *socha* Gabelstange, poln. *socha* Pflugsech, klrussisch *posošćyna* Grundsteuer nach der Zahl der Pflüge (Miklosich Et. W. S. 313) lässt sich damit nicht vereinigen. Es wird zu scrt. *ças* schneiden, *çâsa* Schneide, Schlachtmesser gehören, wie ahd. *seh* Pflug und alb. *šat* Karst (G. Meyer Et. W. S. 400) sich zu *secare* stellen. Dass auch das griech. γύης, mit dem sich vielleicht lat. *bûris, bûra* vermitteln lässt, zu allererst weiter nichts als ein gekrümmtes Stück Holz bedeutete, lehren die verwandten Wörter τὰ γυῖα die Knie, später Glieder überhaupt, γυιός verkrümmt, γυιόω lähmen, γύαλον Krümmung, Ἀμφιγυήεις der auf beiden Füssen hinkende oder verkrümmte Hephaistos (nicht richtig gedeutet bei Welcker Gr. Götterl. 1, 633) u. s. w. In eine ganz andere Bedeutungssphäre weist franz. *soc* Pflugschar, entlehnt aus dem Keltischen: altir. *socc*, neuir. gäl. *soc*, cymr. *swch*, corn. *soch*, bret. *sou'ch, so'ch* Pflugschar und — Schweinsschnauze (Thurneysen Kelto-romanisches S. 112). Wir haben es also mit einer metaphorischen Bezeichnung zu thun, wie sie ähnlich im indischen *vṛka* Wolf und Pflug und in den Benennungen des leichten Pflugs wie Schweinsnase und *pigs nose* im Deutschen und Englischen vorliegt (vgl. J. Grimm, Gesch. d. d. Spr. I, 58).

Zu dem slavisch-deutschen Kulturkreise gehören goth. *hlaifs* das Brot und *quairnus* die Mühle, der Mühlstein. *Hlaifs, hlaibs* (in allen deutschen Mundarten), litauisch *klēpas,* lettisch *klaips,* slavisch *chlěbŭ* (in allen slavischen Sprachen), ist dasselbe mit latein. *libum* (»unzweifelhaft« statt *clibum*, Corssen Kritische Nachträge zur lateinischen Formenlehre S. 36) und griech. κλίβανον, κρίβανον. Dass das Wort und also die Kunst des Brotbackens, die überall eine späte ist, von den Deutschen zu den Slaven gekommen ist, beweist der in germanischer Weise verschobene Anlaut; die Litauer, denen die Kehlaspirata fehlt, setzten, wie in ähnlichen Fällen, die entsprechende Tennis dafür. Die Urbedeutung war die eines im Ofen in rundlicher Form aus Teig gebackenen Brotkuchens, im Gegensatz zu dem älteren durch Kochen gebildeten Brei oder der Grütze. In Griechenland war das Wort sehr alt, denn schon Alkman brauchte κριβανωτός, κριβάνη, κρίβανον für πλακοῦς (Fragm. 22 Bergk. mit den dazu angeführten Worten des Athenäus), mag aber auch dahin aus Kleinasien eingewandert sein (Alkman war selbst in Sardes geboren). Von Griechenland oder Italien pflanzte es sich durch Vermittelung der dazwischenliegenden Völker zu den Deutschen fort, die es weiter den Litauern und Slaven übergaben. *Libum* halten wir für entlehnt aus dem Griechischen, wie *puls* (πόλτος, schon bei Alkman), *massa* (μᾶζα), *placenta* (πλακοῦντα) u. s. w. Dass man später sagte, ein Laib Brot, altn. *ost-hleifr* ein Brot Käse, war der häufige Begriffs-Uebergang, wie im Italienischen und Französischen *pane di zucchero, pain de sucre,* in Salinen ein Brot Salz u. s. w. Wie *hlaifs* nach dem Ofen, war das weitgewanderte ital. *focaccia,* das schon Isidor kennt und welches alt- und mittelhochdeutsch, serbisch, bulgarisch, russisch, magyarisch, walachisch, türkisch, neugriechisch wiederkehrt, nach dem *focus* benannt, d. h. ein in der heissen Asche des Heerdes gar gebackener Brotkuchen (s. Diez, Wörterb s. v., und Miklosich, Fremdwörter S. 118). In dem deutschen Brot liegt, wie wir glauben, der Begriff des gesäuerten Brotes, des ἄρτος ζυμίτης, wie es bei dem Gastmahl, das der thrakische König Seuthes dem Xenophon gab (Anab. 7, 3), mit dem Fleische zussmmengeheftet, den Gästen vorgesetzt wurde. [Indessen lässt sich die von H. angenommene, auf seiner Gesammtanschauung von dem Ursprung des Ackerbaus beruhende Entlehnungsreihe κλίβανος-*libum-hlaifs* nicht aufrecht erhalten. Κρίβανος, κλίβανος der Ofen, in dem Gerste geröstet wird, und das darin bereitete Gebäck ist von *libum* zu trennen und gehört offenbar zu κριμνός · ἡ κριθή (Hesych) aus *κριβνος. Wenn *libum* und *hlaifs* etwas mit einander zu thun haben, so kann das Verhältniss nur auf Urverwandtschaft beruhen, worüber Näheres in meinem Reallexicon u. Brot. Uebrigens giebt es alte europäische Gleichungen für den Begriff des Backens: griech. ἀρτο-κόπος brotbackend = lit. *kepù, kèpti* backen und griech. φώγω = ags. *bacan,* so dass das Vorhandensein primitiver, zwiebackartiger Brote, wie sie in den Schweizer Pfahlbauten gefunden worden sind, innerhalb der ureuropäischen Kultur wohl denkbar wäre. Solche vorhistorischen Brote müssen wir uns in jedem Falle noch ohne Sauerteig vorstellen, dessen Bekanntschaft in Europa eine verhältnissmässig späte ist. Wahrscheinlich war sie sogar dem homerischen Zeitalter noch fremd. Die germanischen Sprachen zerfallen in der Benennung des Sauerteigs in zwei Gruppen: goth. *beist* und ahd. *deismo,* ags. *dhoesma*. Vgl. näheres bei O. Benndorf Altgriechisches Brot, in Eranos Vindobonensis.] — *Quairnus* die Handmühle (in allen deutschen Sprachen), lit. *gìrna* der Mühlstein, Plur. *gìrnos* die Mühle, slav. *žrŭnŭvŭ* (in allen slavischen Sprachen), auch altirisch *broon*, *bróo*, *bró* (wo *b* für *g*) [armen. *erkan* = scrt. *grâvan* Pressstein des Somas; die Wurzel wahrscheinlich in scrt. *guru*, lat. *in-gruo*, lit. *griuwù* erhalten]. Jene ursprüngliche Handmühle zu drehen, war, wie die Führung des Hakens, die schwere Arbeit der Sclaven, an denen es den rohen kriegsgierigen Hirtenvölkern nie gefehlt haben kann: auch für diesen Frohndienst giebt es ein, wenigstens seiner Stammsilbe (slav. *rab*, *rob* Knecht) nach gemeinsames deutsch-slavisches Wort: goth. *arbaiths*, slav. *rabota* [eigentl. also πόνος δουλοπρεπής Herod. I, 126]. Knechte und Mägde, indem sie sitzend den oberen Stein der Mühle drehten, sangen dazu Mahllieder: die uralte Sitte, bei jeder Arbeit, die dies erlaubt, zu singen, herrscht bis auf den heutigen Tag bei Russen, Beduinen u. s. w. Die jetzigen Benennungen Mühle, Müller, sind im Deutschen, wie in den übrigen europäischen Sprachen, nicht von dem einheimischen Verbum *malan* u. s. w. abgeleitet, sondern aus dem Lateinischen erborgt und verbreiteten sich mit den Wassermühlen und überhaupt den verbesserten mechanischen Einrichtungen zur Zerreibung und Reinigung des Getreides von Italien über Europa. Das Mehl, wie es die Handmühle der ältesten Zeit lieferte, war unrein und mit Erde gemischt und knisterte zwischen den Zähnen: so findet es der Europäer noch jetzt bei den entfernten Barbaren in abgelegenen Gegenden.

Der eigentliche Pflug — mehrfach gegliedert, mit eiserner Schar, in noch weiterer Entwickelung mit Rädern — ward erst ein Bedürfniss, als im Laufe der Jahrhunderte der Boden freier von Wurzeln und Steinen ward und der Ackerbau seinen nomadischen, accessorischen Charakter verlor. Aus dieser Zeit, wo die nordöstlichen Völker aus ihren Wäldern und von ihren Weideplätzen nach Südwesten theils vorgedrungen waren, theils von dorther Bildungselemente aller Art empfingen, stammt der germanisch-slavische Ausdruck Pflug, slav. *plugŭ*. Die Geschichte dieses Wortes lässt sich ziemlich übersehen. Bei Plinius 18, 172 findet sich die Nachricht: *id non pridem inventum in Raetia Galliae, ut duas adderent, tali rotulas, quod genus vocant plaumorati*. Unter den Bewohnern des zu Gallien gehörenden Rhätiens werden wir subalpine Ackerbauer ursprünglich keltischen Stammes verstehen, in der gegebenen Benennung aber, obgleich die Lesart nicht sicher [Baist in Wölfflins Archiv III, 285 liest ansprechend für *plaumorati ploum Raeti*] und die Wortform dunkel ist, die älteste Erwähnung des späteren Pfluges finden dürfen. Die Angelsachsen, die im 5. Jahrhundert nach Britannien übersetzten, hatten das Wort noch nicht, welches erst im 11. Jahrhundert auf ihrer Insel sich einstellt. Aber in der Mitte des 7. Jahrhunderts steht bereits im longobardischen Gesetz, ed. Roth. 288 (293): *de plovum. Si quis plovum (plobum) aut aratrum* u. s. w. Aus Deutschland kam das Wort dann zu den Slaven, als auch diese — wie immer hinter und nach den Germanen — den höheren Formen des Ackerbaues sich zuwandten. In jetziger Zeit finden wir bei den Kleinrussen den Pflug, bei den Grossrussen noch den Haken im Gebrauch. Wie zähe aber Naturvölker sind, deren Sittlichkeit in Ueberlieferung, deren ganzes Denken in religiösem Aberglauben besteht, und wie schwer es hält, sie auch nur um eine Kulturstufe aufwärts zu heben, lehrt z. B. folgende

Nachricht bei Herberstein, Rerum moscoviticarum commentarii, de Lithuania: »die Litauer bearbeiten ihr Land, obgleich dies nicht sandig ist, sondern ein fettes Erdreich hat, nur mit hölzernen, nicht mit eisernen Pflügen. Wenn sie zum Ackern aufs Feld gehen, pflegen sie mehrere Pflughölzer mitzunehmen, damit, wenn das eine zerbricht, das andere gleich zur Hand sei (denselben Rath giebt der alte Hesiodus: εἴ χ' ἕτερόν γ' ἄξαις, ἕτερόν κ' ἐπὶ βουσὶ βάλοιο). Einer von den über die Provinz gesetzten Statthaltern wollte ihnen eine bessere Methode beibringen und liess eine grosse Menge eiserner Pflüge kommen. Da aber in den nächsten Jahren die Ernte nicht einschlug, schrieben sie dies den eisernen Werkzeugen zu, ein Aufruhr stand zu befürchten und der Statthalter sah sich genöthigt, seine Pflüge zurückzuziehen und die alte rohe Art der Feldbestellung wieder zu gestatten.« [Das rhätische Wort lebt vielleicht in dem *piò* oberitalienischer Mundarten fort. Die slavische Wortform findet sich noch im Albanesischen *pl'uar* und *pl'ug*, sowie im Rumänischen *plugu*. Wie freilich mit jenem rhätisch-keltischen *ploum* germ. *pflug* lautlich zusammenhängen sollte, sieht man nicht ein. Eine Ableitung des germanischen Wortes versucht Fick, Vgl. W.[4] I, S. 412, indem er altn. *plógr*: griech. γλῶσσα, γλῶχες, γλωχῖνες stellt.]

In der Sprache der Griechen und Römer herrscht in den Getreidenamen grosse gegenseitige Verschiedenheit. Man vergleiche σῖτος, πυρός, ζειά, τίφη, ὄλυρα, ἄλφιτα, ἀλείατα, χίδρα, χόνδρος, κρίμνον, πίτυρα, κάχρυς u. s. w. mit *triticum*, *ador* (Adj. *adoreus* für *adoseus*), *far* (Gen. *farris* für *faresis*, *farina* für *farrina*, *farrago*), *panicum*, *siligo*, *pollen*, *alica*, *acus* (Gen. *aceris* für *acesis*), *palea*, *furfur* u. s. w. Ebenso in den Werkzeugen und Verrichtungen, z. B. die Theile des Pfluges: ἱστοβοεύς, ἐχέτλη, γύης, ὕννις, ἔλυμα verglichen mit *temo*, *stiva*, *bura*, *vomer*; oder λικμός, λικμητήρ, πτύον Worfschaufel (beide homerisch), λίκνον Getreideschwinge (Hymn. in Merc. 21, 63 in der Bedeutung Wiege), ἀλωή (homerisch), ὅλμος Mörser zum Zerstampfen der Körner, ὕπερος Stössel (beide Hesiod. Op. et d. 423:

ὅλμον μὲν τριπόδην τάμνειν, ὕπερον δὲ τρίπηχυν)

und dagegen *vannus*, *evallere*, *area*, *pila*, *pilum* u. s. w. Die lateinischen Ausdrücke *sarire* oder *sarrire*, *runcare*, *strigare*, *lira*, *porca*, *elix*, *colliciae*, *metere*, *messis*, *rallum*, *rastrum*, *ligo*, *occa*, *irpex*, *crates* u. s. w. fehlen im Griechischen entweder ganz oder in dieser speciellen Form und Bedeutung. Lateinisch *sarpere*, *sarmentum* stimmt zum griechischen ἅρπη (auch zum slavischen *srŭpŭ*), deutet aber auf ein Werkzeug, das über die Ackerbauzeit hinausliegen kann; wie sich σεμίδαλις und *simila*, *similago* zu einander verhalten, ist dunkel; πτίσσειν mag gleich *pinsere* sein, beweist aber wenig; dass ἄρτος und *panis* (in älterer Form *pane*) nicht übereinstimmen, ist bei einer so späten Erfindung nicht zu verwundern [vgl. hierzu oben S. 63]. Aus dem Ackermass die ursprüngliche Identität gräcoitalischer Bodenkultur deduciren zu wollen, scheint uns vergeblich. Zwar wird angegeben, der *vorsus* der Osker und Umbrer, von 100 Fuss im Quadrat, entspreche dem griechischen Plethron (Mommsen, die unterital. Dialekte S. 260 f.), allein das griechische Plethron war, wie der Fuss und das Stadion, babylonischer Herkunft, und die ursprüngliche Länge des oskisch-umbrischen *vorsus* kennen wir nicht. Soll sie mit der des griechischen Plethron identisch gewesen sein, so kann dies Mass nur von den Griechen oder aus derselben orientalischen Quelle stammen. Soll die Uebereinstimmung aber nur in der gleichen Eintheilung in 100 Fuss bestehen, so ist klar, dass dieselbe bei Völkern, in deren Sprachen das Decimalsystem herrscht, gar nichts sagen will. Auch das gallische *candetum* war, wie schon der Name lehrt, nach der Zahl hundert gemessen. Viel bedeutsamer ist die Differenz der römischen Bodeneintheilung von der griechischen. Der römische *actus* beträgt 120 Fuss, die *acnua* 120 Fuss im Quadrat (Varro de r. r. 1, 10, 2), eine Messung nach dem Duodecimalsystem, die eben so etruskisch und vielleicht auch iberisch war. Auch auf den Tafeln von Heraklea am Siris enthält das dort gebräuchliche Landmass, der σχοῖνος, 30 ὀρέγματα zu 4 Fuss, also 120 Fuss (Corp. Inscr. III n° 5774. 5775).

19. S. 59.

Wenn μελίνη, *milium* Honigfrucht ausdrückte (Plin. 22, 131: *Panicum Diocles medicus mel frugum appellavit*), so wäre damit gesagt: süsse Frucht der Aehren, milde Pflanzennahrung überhaupt im Gegensatz zur blutigen Fleischnahrung des Nomaden. Man erinnere sich der homerischen Ausdrücke: σίτου τε γλυκεροῖο, σιτοῖο μελίφρονος, μελιηδέα oder μελίφρονα πυρόν, λωτοῖο μελιηδέα καρπόν, τρώγειν ἄγρωστιν μελιηδέα. Dann aber müsste das lit. *malnos* ein Lehnwort sein, da diese Sprache nicht zu dem Kreise derjenigen gehört, die den Honig mit den Formen auf *l* bezeichnen. Hirse — wir unterscheiden im Folgenden *milium* nicht von *panicum* oder κέγχρος von ἔλυμος — ist die Speise der iberischen Völker im äussersten Westen und der Kelten. In Aquitanien — dem von Iberern bewohnten Lande zwischen Pyrenäen und Garonne — wächst, wie Strabo 4, 2, 1 versichert, fast nur Hirse. Plin. 18, 101: *Panico et Galliae quidem, praecipue Aquitania utitur. Sed et Circumpadana Italia addita faba sine qua nihil conficiunt.* Pytheas (bei Strab. 4, 5, 5) fand, dass die Völker der von ihm besuchten (keltischen) Küste sich von Hirse, von anderen Gemüsen (λαχάνοις, Bohnen?) und Wurzeln (Rüben?) nährten. Als Cäsar Massilia belagerte, fristeten die Einwohner ihr Leben mit altem Hirse und verdorbener Gerste, die seit lange in den Stadtmagazinen aufbewahrt waren, de bello civ. 2, 22: *panico enim vetere atque ordeo corrupto omnes alebantur, quod ad hujusmodi casus antiquitus paratum in publicum contulerant.* Von dem gallischen Italien berichtet Polybins, der es mit eigenen Augen gesehen hatte, dass dort ein überschwenglicher Reichthum an beiden Arten Hirse sei, 2, 15, 2: Ἐλύμου γε μὴν καὶ κέγχρου τελέως ὑπερβάλλουσα δαψίλεια γίγνεται παρ' αὐτοῖς, eben so Strabo, es sei als wohl bewässert reich an Hirse und könne, da diese Frucht nie versage, auch nie Hunger leiden, 5, 1, 12: ἔστι δὲ καὶ κεγχροφόρος διαφερόντως διὰ τὴν εὐυδρίαν· τοῦτο δε λιμοῦ μέγιστόν ἐστιν ἄκος· πρὸς ἅπαντας γὰρ καιροὺς ἀέρων ἀντέχει καὶ οὐδέποτ' ἐπιλείπειν δύναται, κἂν τοῦ ἄλλου σίτου γένηται σπάνις, und noch ganz spät, in den letzten Zeiten des gothischen Reichs in Italien, ergeht bei einer Hungersnoth der Befehl, aus den Magazinen von Ticinum und Dertona Panicum für einen geringen Preis unter das Volk auszutheilen (Cassiod. Var. 12, 27). Weiter im Osten säten die Alazonen, ein skythisches Volk am Hypanis, Weizen, Zwiebeln, Knoblauch, Bohnen und Hirse (Herod. 4, 17). In Thrakien marschirten die mit Xenophon zurückgekehrten Zehntausend längs dem Pontus nach Salmydessus durch das Gebiet der Hirseesser, Μελινοφάγοι, und enthielten zu Demosthenes' Zeit die unterirdischen Granarien Hirse und ὄλυρα (Demosth. de Chersoneso

p. 100 ex. Phil. 4, 16). Plin. 18, 100 erklärt Hirsebrei für die Hauptnahrung der Sarmaten: *Sarmatarum quoque gentes hac maxume pulte aluntur*, und Panicum für die Lieblingsspeise der pontischen Völker, 101: *Ponticae gentes nullum panico praeferunt cibum.* Die Mäoten und Sarmaten nähren sich von Hirse, wie die Athener von Feigen und Andere von Anderem, Ael. V. H. 3,39: βαλάνους Ἀρκάδες, Ἀργεῖοι δ' ἀπίους, Ἀθηναῖοι δὲ σῦκα, Τιρίνθιοι δὲ ἀχράδας δεῖπνον εἶχον, Ἰνδοὶ καλάμους, Καρμανοὶ φοίνικας, κέγχρον δὲ Μαιῶται καὶ Σαυρομάται, τέρμινθον δὲ καὶ κάρδαμον Πέρσαι. In Pannonien war nach Cassius Dio 49, 36, der selbst dort gewesen war, Hirse und Gerste die Volksnahrung, und Priscus wurde auf der Gesandtschaftsreise zu Attila ausschliesslich mit dieser Frucht bewirthet (Müller, Fragm. 4. p. 83). Die Japoden, ein keltisch-illyrisches Mischvolk auf dem Gebirge der illyrischen Küste, lebten von Spelt und Hirse, Strab. 7, 5, 4: ζειᾷ καὶ κέγχρῳ τὰ πολλὰ τρεφόμενον. Bei den klassischen Völkern trat der Hirse, wenn sie ihn etwa vor der Trennung in Pannonien und Illyrien gekannt hatten, vor andern Cerealien in den Hintergrund, nur die Lacedämonier, conservativ in Allem, werden als Hirsebrei-Esser genannt (Hesych. ἔλυμος· σπέρμα ὃ ἕψοντες οἱ Λάκωνες ἐσθίουσιν). Germanen, Litauer und Slaven wohnten schon zu nördlich, als dass ursprünglicher Hirsebau bei ihnen vorauszusetzen wäre. Auch benennen sie die Frucht ganz verschieden, ahd. *hirsi*, slav. *proso*, lit. *sóros* plur. von *sóra* Hirsekorn. Als die Slaven in die Donaugegend rückten, wurde auch der Hirse bei ihnen ein beliebtes Korn, was er bei den Germanen nie gewesen ist; im heutigen Oberitalien ist er durch den Reis und den Mais aus seinen alten Rechten verdrängt worden. — Dass die Bohne (lat. *faba*, slav. *bobŭ*, preuss. *babo*, lit. *pupà*, altirisch *seib*, wo s für f, kambrisch *ffa* für *fab*; über das deutsche Bohne s. Grimm im Wörterbuch) sich zum Hirse gesellt, geht aus den eben angeführten Stellen hervor; in Betreff der Rübe (gr. ῥάπυς, lat. *râpa, râpum,* altn. *rofa,* slav. *rěpa,* lit. *rópė*) fügen wir noch die Nachricht des Plinius 18, 127 hinzu: *A vino atque messe tertius hic* (die Rübe) *Transpadanis fructus.* Das hohe Alter der Bohne, und zwar der Ackerbohne, *Vicia Faba L.*, die unter dem Namen κύαμος (welches sich zu der Nebenform πύανος, πύαμος verhält, wie das altlateinische, sabinische und faliskische *haba* zu *faba*, Mommsen, Unterit. Dial. S. 358f.) schon in der Ilias (13, 589) erwähnt wird, liesse sich noch aus manchen Anzeichen, z. B. der Rolle, die sie in den Sacralalterthümern spielt, wahrscheinlich machen (Pfund, de antiquissima apud Italos fabae cultura ac religione, Berol. 1845); dass sie aber dennoch jünger ist, als die genügsame, in der Asche verbrannter Waldung besonders gedeihende Rübe, scheint aus der Sprache der Westfinnen hervorzugehen, in der die Bohne (finnisch *papu*, estnisch *ubba*), wie fast alle Kulturobjecte, indoeuropäisch benannt ist, die Rübe aber ihren eigenen Ausdruck hat (finn. *nauris*, estn. *naris, nairis,* weps. und karelisch *nagris*) [Richtiger als die Deutung »Honigfrucht« scheint für μελίνη die Ableitung von *molere*, »Mahlfrucht« zu sein, bei welcher auch die litauische Form *(malnos: málti)* ihre Erklärung findet. Ebenso weisen andere Benennungen des Hirse auf die uralte Bedeutung dieser Getreideart als Kulturpflanze hin: lit. *sóra*: *sė́ti* säen, lat. *panicum* (woher mhd. *pfenich*, altndd. *penik*): *panis*, *pasci*, wie denn thatsächlich nach Columella und Plinius in Italien aus Hirse auch Brot gebacken wurde, ahd. *hirsi*, *hirso*: griech. κορέσσαι sättigen, lat. *sili-cernium* Totenmahl u. a. (vgl. Vf. Sprachvergleichung u. Urgeschichte[2] S. 424 Anm.

Reallexicon S. 374, H. Osthoff Etym. Parerga S. 65). Das dunkle slav. *proso* kehrt im preuss. *prassan* wieder. Griech. κέγχρος Hirse gehört zu κάχρυς Gerste, wie auch np. *zurd* eine Art Hirse wahrscheinlich sich mit κριθή, *hordeum* verbindet (vgl. P. Horn Grundriss der np. Etymologie S. 146). In den Pamirdialekten begegnet der Ausdruck *pinjdânâ* Fünfkorn = Hirse (ebend. S. 118). Scrt. *dûrvâ* Hirse: lit. *dirwà* Furche; eine Art Weizen ist mittelnd. *terwe*, *tarwe*. In Deutschland wird Hirsenbau schon im *Capitulare Caroli Magni de villis imp.* 44 und 62 erwähnt. Namentlich in Süddeutschland und Oesterreich wird die Frucht schlechtweg Brei (Braün, Breien, Brey, Breyn, Brein), auch wohl Grütze genannt. Mit Weizen und Gerste geht der Hirse (*Panicum miliaceum* und *italicum*) im Süden wie im Norden bis in die jüngere Steinzeit zurück, ist aber im Gegensatz zu jenen Getreidearten, wie es scheint, dem ägyptisch-semitischen Kulturkreis fremd (vgl. Woenig, Die Pflanzen im alten Aegypten S. 174). — In der Reihe *faba-bobŭ* etc. sind die angeführten keltischen Wörter Entlehnung aus dem Lateinischen. Unser Bohne lässt sich bis jetzt mit *faba* nicht vermitteln. Näheres über die Hülsenfrüchte siehe oben S. 218f. In den angeführten idg. Benennungen der Rübe macht namentlich der Vocalismus des slavischen *rěpa* Schwierigkeit. G. Meyer (Et. W. S. 363) hält eine Entlehnung des slavischen Wortes aus dem Lateinischen durch Vermittlung des albanesischen *repe* nicht für unmöglich. Das griech. ῥάπυς tritt erst bei Athenäus auf. Früher bezeugte Angehörige der Sippe *râpum* sind ῥαφανός, auch ῥεφανός, ῥαφανίς (Grdf. *răph-*), die aber andere Brassica-Arten bezeichnen, wie der eigentliche Rübenbau dem griechischen Alterthum überhaupt fremd gewesen zu sein scheint. Mit ῥαφανός vergleicht Stokes Urkeltischer Sprachschatz S. 19 cymr. *erfin napus*, bret. *iruinenn navet* (**arbîno-*). Unser Runkel, Runkelrübe, freilich erst neuhochdeutsch bezeugt, könnte aus *hrunkel* entstanden sein und dann dem griech. κράμβη (lat. *crambe*) Kohlrübe entsprechen.]

20. S. 62.

Die Töpferscheibe sollte vom Skythen Anacharsis, nach Theophrast von dem Korinthier Hyperbios erfunden worden sein (Schol. zu Pind. Ol. 13, 27); Da nun Korinth ein Hauptsitz phönizischer Kultur war, so könnte in dem Letzteren ein Wink über die Herkunft dieser Kunst bei den Griechen liegen aber die Angabe hat, wie fast Alles in den Schriften περὶ εὑρημάτων, geringen historischen Werth. Der Tyrann Kritias preist den κέραμος, den Sohn der Scheibe, der Erde und des Ofens, als Erfinder seiner Vaterstadt, Athen, Fragm. 1, 12 Bergk.:

τὸν δὲ τροχοῦ γαίης τε καμίνου τ' ἔκγονον εὗρεν,
κλεινότατον κέραμον, χρήσιμον οἰκονόμον,
ἡ τὸ καλὸν Μαραθῶνι καταστήσασα τρόπαιον.

Auch gab es einen attischen Demos Κεραμεῖς, dessen Angehörige dem Heros Keramos Opfer brachten. Da ein im Töpferofen gebranntes und ein ungebranntes, ein aus freier Hand gearbeitetes und ein gedrehtes Thongefäss sich auf den ersten Blick unterscheiden, so müssen wir uns über diesen Punkt auf die Forschung der Aufgrabungsarchäologen beziehen. [Diesen zufolge tritt der Töpferofen und die Töpferscheibe im Norden Europas erst in der altgallischen, vorrömischen La-Tène-Periode auf, vgl. mein Reallexikon S. 868.]

Für das Weben scheint es alte Sprachzeugnisse zu geben, die auf eine Ausübung dieser Kunst vór der Völkertrennung und den Wanderzügen deuten würden: griech. ὑφαίνω, deutsch weben, lat. *texere*, slav. *tŭkati* u. s. w. Wüssten wir nur gewiss, dass diese Wörter in der Urzeit nicht auf das kunstreiche Stricken, Flechten und Nähen, sondern auf das Drehen des Fadens an der Spindel und auf das eigentliche Weben am Webstuhl gingen! Beim Flechten von Matten aus Lindenbast mit Lang- und Querstreifen, einer beinernen Nadel, an die das Band befestigt war, oder einem Röhrknochen, durch den es lief u. s. w., konnten sich Ausdrücke ergeben, die auf das spätere Aufzug, Einschlag u. s. w. leicht Anwendung fanden. Noch heut zu Tage wird bei conservativen Völkchen in abgelegenen Winkeln Europas das Weben in Weise dieses ursprünglichen Strickens oder Flechtens betrieben. So fand es C. J. Graba im Jahre 1828 bei den Bewohnern der Faröer und neuerdings Franz Maurer bei den Bosniaken, Reise durch Bosnien, S. 266: »Man webt ohne Schiffchen aus freier Hand, indem der Einschlagsfaden mittelst einer langen hölzernen Nadel (nach Art der Netzstricknadeln) durch die parallel aufgespannten Haltefäden (das sog. Geschirr) hindurchgeführt und dann mit einem durchgezogenen Stocke festgedrückt wird.« Wer dem Urvolke die Kenntniss der Weberei zuschreibt, sollte nicht vergessen, dass diese Kunstfertigkeit von sehr rohen Anfängen durch viele Stufen bis zur Vollendung in historischer Zeit sich entwickelt hat. Wie leicht schiebt sich der Phantasie des Sprachvergleichers ein jetziger Webstuhl, ein hindurchfliegendes Schiffchen u. s. w. unter! Im Uebrigen sind im Griechischen und Lateinischen die Wörter, mit denen Spindel und Webstuhl und die Verrichtungen damit bezeichnet werden, sehr ungleich. Auf der einen Seite: ἄτρακτος, ἠλακάτη, κλώθω, ἤτριον, κανών, μίτος (Hom. Il. 23, 760:

ὡς ὅτε τίς τε γυναικὸς ἐϋζώνοιο
στήθεός ἐστι κανών, ὅντ' εὖ μάλα χερσὶ τανύσσῃ,
πηνίον ἐξέλκουσα παρὲκ μίτον, ἀγχόθι δ' ἴσχει
στήθεος),

κερκίς, κρέκειν (bei Sappho Fr. 90 Brgk.: κρέκην τὸν ἴστον), κρόκη, Accusativ κρόκα (Hes. Op. et d. 538:

στήμονι δ' ἐν παύρῳ πολλὴν κρόκα μηρύσασθαι),

ἱστός, στήμων (lat. *stamen* vermuthlich dorisches Lehnwort), σπάθη (lat. *spatha* ein spätes Lehnwort), ἀντίον (bei Aristophanes), ἀγνῦθες (Gewichtssteine); auf der andern: *colus, fusus, filum, glomus, jugum, radius, tela, trama, licium* u. s. w. Die slavische Webersprache hat manches Bemerkenswerthe: *krosno* Webstuhl, Gewebe (gleich dem griechischen κρέκειν, κρόκη, mit der slavischen Verwandlung des *k* in *s*), *ątŭkŭ* Einschlag (= albanes. *indi* und griech. ἀντίον, wie das vorige vermuthlich entlehnt), *nitĭ* Faden (gehört zu νέω, νήθω u. s. w.), *navoĭ* liciatorium, *pręsti* nere, *prędeno* tela, *pręslica* fusus, *prędivo* filum, *vratilo, vreteno* (ganz wie lat. *verticillus*), *brŭdo*, russ. *berdo*, südslav. *brdo* pecten textorius, licium u. s. w. Dass diese Ausdrücke nicht sehr alt sein können, beweist ihre Abwesenheit im Litauischen, welches selbständige Benennungen hat: *ūdis* das Gewebe, *áusti* weben, *szeiwà* das Weberschiffchen, *gijà* Weberfaden, Masche (*nýtis* bedeutet den Schaft am Webstuhl), *stāklės* der Webstuhl (ein Plurale t., slav. *stanŭ*), *wërpti* spinnen, *warpstė*, Spule, Spindel, *drōbė* die Leinwand u. s. w. Das altslav. *kądělĭ* ist vielleicht nur eine Entstellung des deutschen Kunkel, welches selbst wieder auf das lateinische *colus* zurückgeht. Man sieht an Allem, dass wir uns hier auf einem jüngeren Boden befinden. [Indessen lässt sich slav. *krosno* in seinem Verhältniss zu griech. κρόκη nicht als Entlehnung aus letzterem auffassen, und slav. *ą-tŭkŭ* (:*tŭkati* weben) hat nichts mit alb. *indi*, griech. ἀντίον zu thun. Die beiden letztgenannten Wörter bilden vielmehr zusammen mit alb. *ent* weben, griech. ἄττομαι, διάζομαι, scrt. *atka* gewobenes Gewand, iran. *adhka* eine neue wichtige Gleichung für den urzeitlichen Begriff des Webens (vgl. jetzt auch G. Meyer Berliner Phil. W. 1891 S. 517 No. 18). Lit. *áusti*, *ūdis* hat seine Entsprechung im russ. dial. *uslo* Gewebe (Miklosich Et. W. S. 372), und die slavischen Wörter *brŭdo*, *berdo* etc. scheinen ihr Grundverbum in φάραι· ὑφαίνειν (Hesych) zu finden. — Immerhin wird man mit Rücksicht auf Reihen wie ὑφαίνω — ahd. *weban* und scrt. *vâ*, *váyati*, dessen Sippe, zu der auch das oben genannte *navoĭ* gehört, Sprachvergleichung und Urgeschichte, 2. Aufl. S. 477, Reallexikon S. 938 zusammengestellt ist, sagen dürfen, dass schon in der Urzeit die Weberei der Indogermanen soweit entwickelt gewesen sein muss, dass eine Differenzirung ihrer Benennung von derjenigen der verwandten Kunst des Flechtens (scrt. *praçna* Geflecht, griech. πλέκω, lat. *plecto*, ahd. *flihtu*, altsl. *plesti*) nöthig war. Dass diese Entwicklung in der Erfindung eines wenn auch primitiven Webstuhls bestand, wird man glaublich finden, auch wenn man auf die übereinstimmenden Bildungen aus der Wurzel *sthâ*: scrt. *sthavi* Weber, griech. ἱστός Webstuhl, στήμων Aufzug, lat. *stamen* (das nicht entlehnt zu sein braucht), lit. *stáklės*, slav. *stanŭ* kein sonderliches Gewicht legt. Anders über altsl. *kądělĭ* urtheilt Miklosich Et. W. S. 127.]

21. S. 62.

Dass Griechen und Lateiner und respective Litauer und Slaven das Gold unter sich abweichend benennen, ist ein zwingender Beweis für die späte Erscheinung dieses Metalles in Europa. Das lateinische *aurum* Gold, *aurora* Morgenröte u. s. w. lautete ursprünglich *ausum*, *ausosa*; der etruskische Sonnengott *Usil* lässt vermuthen, dass auch die Etrusker das Gold ähnlich, wie die Latiner, benannten; denselben Namen finden wir am entgegengesetzten Ende Europas, preussisch *ausis*, litauisch *áuksas* (mit der im Litauischen häufigen Verstärkung durch *k* vor *s*); wie anders gelangte der italische Name an das hochnordische Meer, als auf dem Wege des Bernsteinhandels, der auf der heiligen Strasse der Etrusker, von den Heliaden und dem Eridanus im innern Winkel des adriatischen Busens zu den Haffen und Nehrungen Preussens ging? Die Letten brauchen statt dessen das slavische Wort *selts*; sie wohnten also schon damals abseits, wo sich kein Bernstein mehr fand und wohin die italischen Einflüsse nicht reichten. Später als die Preussen haben die Kelten das Gold von Italien her empfangen, nämlich zu einer Zeit, wo im Wort *aurum* das *s* schon in *r* übergegangen war; altirisch *ór*, in den jüngeren Dialekten *our*, *eur*, *owr*, — so grosse Freude dieser Volksstamm auch später an dem glänzenden Goldschmucke hatte. Slaven und Germanen haben ein gemeinsames Wort: goth. *gulth*, slav. *zlato*, welches später Herkunft ist, da es den Litauern fehlt, und nicht nach Italien, sondern nach Südosten in die iranische Welt weist. Das griechische χρυσός, dass sich diesen Formen allerdings anreihen lässt, wurde von Pott schon vor länger als einem

Menschenalter für entlehnt aus dem Phönizischen erklärt und auch Renan ist dieser Ansicht, zu Max Müllers Mythologie comparée p. 36: »χρυσός *me paraît le sémitique kharous, qui aurait passé en Grèce par le commerce des Phéniciens, comme le mot* μέταλλον.« In der That haben neuere Inschriftenfunde [Siehe A. Bloch. Neue Beitr. z. e. Glossar d. phönizischen Inschriften] gelehrt, dass das im Hebräischen nur poetische *charûs* bei den Phöniziern der gewöhnliche Ausdruck für Gold war. Das Gold bahnte sich erst allmählig den Weg in die Wildnisse Europas und des turanischen Asiens, worauf dann die erwachte Gier darauf führte, auch den heimischen Boden nach dem verborgenen Schatze umzuwühlen und auszuwaschen. Die westlichen Finnen benennen das Gold mit dem deutschen Worte; die Wolga- und Uralstämme, darunter auch die Magyaren, brauchen lauter iranische (massagetische, Herod. 1, 215) Namen, so jung und trügerisch ist die Sage von dem Sitze des Goldes in jenem hohen Nordosten. —

Auch bei dem Silber scheiden sich die europäischen Völker nach Gruppen: Germanen, Litauer und Slaven haben einen Ausdruck dafür, Griechen und Römer einen andern, welcher letztere ganz wie ein Nachhall aus Asien klingt, während jener erstere (goth. *silubr*, slav. *srebro*, preuss. *siraplis*) lebhaft an das homerische Ἀλύβη am Pontus (für Ἀλύβη und dies für Σαλύβη?), ὅθεν ἀργύρου ἐστὶ γενέθλη, erinnert. Seltsam ist es, dass die Syrer und dann die Perser ihre alten Namen des Silbers ganz oder theilweise aufgaben und dafür das griechische ἄσημος (ungemünzt) in der Form *sêm, sîm* annahmen. [Entgegen der Annahme Hehns, dass das Gold der idg. Urzeit unbekannt gewesen sei, hat zuerst Fick die Gleichung scrt. *hâṭaka* = goth. *gulth*, slav. *zlato* aufgestellt. Doch halten wir das indische Wort, welches nach dem Petersburger Wörterbuch zunächst Volk und Land *Hâṭaka* und dann erst Gold vom Lande *H.* bezeichnete, für ungeeignet zu etymologischen Zwecken. Das slavisch-germanische Wort weist zwar insofern »in die iranische Welt«, als es von derselben Wurzel wie iran. *zaranya*, scrt. *hiraṇya*, auch vielleicht phrygisch γλουρός gebildet ist; doch sieht man nicht, wie das iranische Wort auf die Entstehung des slavisch-germanischen von Einfluss hätte sein können. Die Entlehnung des italischen *ausom* (so auch Kretschmer Einleitung S. 150) in das Litauische (*áuksas*) würde wesentlich an Wahrscheinlichkeit gewinnen, wenn es gelänge anders als nur mit Berufung auf etr. *Usil* nachzuweisen, dass die Etrusker ähnlich wie die Italer das Gold benannt hätten; denn die Römer selbst kamen mit dem samländischen Bernstein erst durch die bekannte Reise des römischen Ritters unter Nero (Plin. *hist. nat.* 37, 3, 45) in direkte Berührung. In dieser Zeit lautete aber das Wort natürlich nirgends mehr *ausum*. Doch ist das etrurische Wort für Gold noch unbekannt. Deecke (brieflich) verweist auf etr. Eigennamen wie *auslu, auzrenas*, W. Tomaschek (Litbl. f. or. Phil. I, 126) möchte an illyro-venetische Ortsnamen wie *Ausuco, Ausancala* anknüpfen. Uebrigens sind Goldfunde in Ostpreussen sehr spät und sehr selten (vgl. Bezzenberger, Deutsche Litteraturz. 1892 S. 1488). — Für das Silber scheint es eine idg. Gleichung: scrt. *rajata*, zend. *erezata*, armen. *arcath*, lat. *argentum*, altir. *argat* zu geben. Da aber das indische Wort in der ältesten Zeit noch einfach weisslich bedeutete, so ist es sehr wohl möglich, dass dies überhaupt die Bedeutung der indog. Sippe war. Die Benennung des silberreichen Armenien konnte dann massgebend für die Auswahl gerade dieses Stammes bei Indern und Iraniern, das lateinische Wort vorbildlich für die Kelten (vgl. jetzt auch R. Much Z. f. deutsches Alterthum 42 S. 164) sein. Die Albanesen haben sowohl ihr Wort für Gold (*âr*) wie das für Silber (*argant*) aus dem Lateinischen. Leider dunkel ist thrakisch σκάρκη· ἀργύρια (Hesych)].

22. S. 62.

Da die Kenntniss des Metalles in den Combinationen über die sogenannten Pfahlbauten einen hauptsächlichen Eintheilungsgrund abzugeben pflegt, so benutzen wir den gegebenen Anlass, um dieser Reste alten Menschendaseins, auf die wir noch hin und wieder werden zurückkommen müssen, in einigen Worten zu gedenken. Da ist nun zuvörderst zu sagen, dass es nicht gut thut, die Urgeschichte der europäischen Menschheit nach isolirten Gesichtspunkten ergründen zu wollen: haltlose Phantasien sind die Folge. Aber die Gräberforscher mit ihren drei Zeitaltern wussten oft wenig von alter Ethnographie und überlieferter Geschichte; den reinen Ethnologen mit ihren Menschenracen fehlte das Licht der comparativen Sprachforschung; Sprachvergleicher haben nicht immer die Thatsachen und Möglichkeiten der Kulturgeschichte in Rechnung gezogen; theologisirende Urhistoriker geben sich nicht die Mühe oder konnten sich nicht entschliessen, das Gewicht der Urkunden, auf deren Text sie sich bezogen, vorher historisch-kritisch festzustellen. Was nun die Wohnungen auf Pfählen in Seen und Sümpfen betrifft, so ist es nicht wahr, dass die Geschichte gänzlich über sie schweigt. Hippokrates de aëre, locis etc. 22. p. 268 Ermerins berichtet von den Kolchiern, sie hätten ihre Wohnungen von Holz und Rohr mitten in den Wassern errichtet: τά τε οἰκήματα ξύλινα καὶ καλάμινα ἐν τοῖσι ὕδασι μεμηχανημένα. Diese Kolchier sind das von Andern Μοσύνοικοι genannte Volk, das eben nach seinen hölzernen Thürmen (μόσυνοι, μόσυνες, auch mit doppeltem σ) so geheissen war. Freilich, welcher Völkerfamilie die Kolchier angehörten, ist ungewiss. Dass aber auch indoeuropäischen Stämmen diese Bauart nicht fremd war, lehrt der merkwürdige Bericht des Herodot 5, 16 über das Volk der Päoner in Thrakien, eine Stelle, die der Welt mehr als zweitausend Jahre vorlag, ehe bei Meilen im Zürchersee zum allgemeinen ungeheuren Staunen alte Pfähle nebst einer »Kulturschicht« entdeckt wurden. Die Päoner, erzählt der Vater der Geschichte, wohnen auf Pfählen im See Prasias; wer eine Frau nimmt — und sie verheirathen sich mit mehr als einer —, hat drei Pfähle einzurammen, zu denen ein naher Bergwald das Material liefert; die Pfähle tragen ein Verdeck; auf diesem hat Jeder seine Hütte (καλύβη), Fallthüren öffnen sich gegen den See, eine schmale Brücke führt zum Lande; die kleinen Kinder werden am Fusse angebunden, um nicht ins Wasser zu fallen; Pferde und Hausthiere werden mit Fischen gefüttert, denn der See ist so fischreich, dass man durch die Fallthür nur einen Eimer herabzulassen braucht, um ihn mit Fischen gefüllt wieder heraufzuziehen (offenbar wegen der reichlichen Nahrung, die die Abfälle gewährten). Da die Thraker auch sonst in ihren Sitten sich vielfach zum Norden stellen, warum sollten nicht um dieselbe Zeit auch die Seen im innern Europa auf ähnliche Weise bewohnt worden sein? um so mehr, da zu einer Zeit, wo Europa fast nur ein grosser Wald war, Flüsse und Seen natürliche Wege und Haltepunkte abgaben, solche Wasserbauten mit leicht abgebrochenem Zugang aber den damaligen Menschen dieselbe Sicherheit gewährten, wie den heutigen etwa die Festungen Mantua und Comorn. Gewiss waren die sehr alten Städte Spina und Atria im Mündungslande des Po, sowie die Wohnstätten der Veneter, die mitten in Sümpfen und Wassern sich erhoben (Strab. 5, 1, 5: τῶν δὲ πόλεων αἱ μὲν νησίζουσι, αἱ δ' ἐκ μέρους κλύζονται), in ähnlicher Weise auf Pfählen erbaut. Ein Bild davon giebt uns Ravenna in völlig heller historischer Zeit. Ravenna war ganz von Holz gebaut und von Wasser durchströmt, und der Verkehr in der Stadt geschah durch Brückenübergänge und Gondeln (Strab. l. l. 6: ξυλοπαγὴς ὅλη καὶ διάρρυτος, γεφύραις καὶ πορθμείοις ὁδευομένη); alle Gebäude aber ruhten auf Pfahlwerk (Vitruv. 2, 9, 11: *est autem maxime id considerare Ravennae, quod ibi omnia opera et publica et privata sub fundamentis ejus generis habent palos* — nämlich von Erlenholz, welches unter der Erde von unvergänglicher Dauer war: die Gebäude selbst bestanden aus Lärchenholz, das den Po hinabkam und dem Feuer Widerstand leisten sollte). Wie Ravenna war auch Altinum nichts als ein veredeltes Pfahldorf, und dieselbe Kunst und Sitte ist es, die später in den Lagunen an der Brentamündung erst kleine Ansiedelungen, dann das prächtige Venedig entstehen liess. Cäsar fand das Ufer der Themse mit spitzen Pfählen verwahrt und Pfähle eben der Art im Flusse steckend und von Wasser bedeckt (de b. g. 5, 18: *ejusdemque generis sub aqua defixae sudes flumine tegebantur*). Dass nun unter den Resten dieser den verschiedensten Punkten des indoeuropäischen Gebietes angehörenden Bauten sich auch solche finden, die nur steinerne Werkzeuge enthalten, ist nicht zu verwundern. Die einwandernden Hirten kannten das Metall (in Gestalt des Kupfers), wie die Gleichung sanskr. *ayas*, zend. *ayanh*, lat. *aes*, goth. *aiz*, altirisch *îarn* für *îsarn* beweist, aber dass sie es nicht zu Werkzeugen verarbeiteten, sondern sich der Steinwaffen bedienten, kann nicht zweifelhaft sein und wird unter vielem Anderen durch Wörter wie *hamar* und *sahs* (Grimm DM² 165) bestätigt. Je nach ihrer Stellung in der Völkerreihe erhielten darauf die einzelnen Stämme früher oder später von Süden her bronzene, d. h. durch Mischung von Kupfer und Zinn gehärtete Messer und Schwerter, aber dass diese Umwandlung plötzlich geschehen sei, wäre eine aller Erfahrung und der Natur widersprechende Annahme. Es dauerte gewiss Jahrhunderte lang, ehe in Krieg und Jagd, bei Fällung und Spaltung der Baumstämme, beim Schlachten der Thiere u. s. w. die steinerne Axt der Concurrenz des bronzenen Messers wich und endlich ganz ausser Gebrauch kam. Gewohnheit, ererbte Fertigkeit und Uebung, das Beispiel der Vorfahren, Mythus und religiöser Aberglaube, die natürliche Stumpfheit entlegener Naturvölker, dies Alles entschied für das Stein- und Beingeräth, und die einzelnen broncenen Schwerter, die in das innere Land drangen, werden lange Zeit nichts als Schmuck und Spielzeug der Häuptlinge gewesen sein. Als Cäsar in Britannien landete, fand er eherne oder eiserne Gewichtsstangen statt Geldes in Gebrauch (5, 12: *utuntur aut aere aut taleis ferreis ad certum pondus examinatis pro nummo*), also eine für das gallische Festland, das längst schon Münzen prägte, vorübergegangene Epoche in Kraft; die Insel, reich an Metallen, auch an Zinn, erhielt dennoch ihr Erz nur durch Einfuhr (*aere utuntur importato*), und die Stämme im Innern, die meistens keinen Ackerbau trieben, von Fleisch und Milch sich nährten und mit Fellen bekleidet waren, werden vom Metall wohl noch gar keinen Gebrauch gemacht haben. Im germanischen und slavischen Norden reicht das Steinalter bis tief in die eigentlich historische Zeit hinein, ja berührt sich in einzelnen Fällen sogar mit der Epoche des Schiesspulvers. Nach all dem scheint die Vermuthung nicht zu gewagt, dass die Bewohner auch derjenigen Schweizer Pfahlbauten, die bisher nur Steingeräth, dabei aber Beschäftigung mit Ackerbau ergeben haben, keltischen und speciell helvetischen Stammes, die der Pfahldörfer in der Emilia Umbrer, entweder selbständige oder von Etruskern unterjochte, die der mecklenburgischen Seebauten Gothen u. s. w. gewesen seien. Das einzige Neue, das die Aufdeckung der Pfahldörfer geliefert hat, d. h. der einzige Umstand, den die bisherige Geschichte allein vielleicht nicht mit solcher Bestimmtheit hätte constatiren können, ist die Priorität des Ackerbaues vor den Metallen und zwar eines schon vorgeschrittenen Ackerbaues mit mehreren Varietäten Gerste und Weizen, zierlich in Bündel gebundenem geernteten Flachs, Baumfrüchten u. s. w. Wenn hier keine Beobachtungsfehler vorliegen und wenn nicht etwa spätere Funde das bisherige Resultat wieder umwerfen, so wäre damit erwiesen, dass die Metallurgie der Kulturwelt des Mittelmeers erst sehr spät in die Gegend des Bodensees gedrungen ist, jedenfalls später als die feste Ansässigkeit und der Korn- und Flachsbau. Eine bedeutungsvolle Sage bei Plinius 12, 5 scheint ausdrücken zu wollen, die Schmiedekunst sei den Galliern aus Italien zugekommen und zwar gleichzeitig mit der Kenntniss des Weines und Oeles oder nicht lange vor dem grossen Bellovesus- und Sigovesuszuge: ein helvetischer Bürger Helico (offenbar ein Repräsentativname) hielt sich der Schmiedekunst wegen — *fabrilem ob artem* — in Rom auf und brachte von dort eine getrocknete Feige und Weintraube, sowie eine Quantität besten Weines und Oeles in die Heimat mit, und dies bewog die Gallier, die Alpen zu übersteigen und in Italien einzubrechen. Da dieser Einbruch gegen das Jahr 400 vor Chr. erfolgte (Zeuss, Die Deutschen S. 165; Contzen, Die Wanderungen der Kelten S. 102 ff.; der früheren Datirung des Livius, dem Otfr. Müller und M. Duncker, Origines germanicae p. 14 ff., Glauben schenken wollten, steht als entscheidende Instanz Herodot entgegen, der noch von keinen Kelten in Italien weiss), so würde die Einfuhr italischen Metallwerks in das vorausgehende Jahrhundert fallen, seit etwa hundert Jahren nach der Gründung Massilias; die kornbauende Steinzeit läge darüber hinaus. Wir wissen nicht, was sich historisch und kulturgeschichtlich dagegen einwenden liesse. Die Kelten wurden übrigens, als sie nach ihrem grossen kriegerischen Wanderzuge nach Osten feste Wohnsitze längs den Alpen gewonnen hatten, Meister in der Metallarbeit; sie waren die schmiedenden Zwerge, die die Germanen und den ganzen Norden mit Schwertern, Kesseln u. s. w. versorgten. Das norische Eisen wurde berühmt und es ist nicht auffallend, wenn deutsche Wörter, wie Eisen (goth. *eisarn* mit dem keltischen Suffix *arna*, s. Schleicher in Hildebrands Jahrbüchern 1, S. 410) oder Beil (altirisch *biail*, altcornisch *bahell*, Zeuss[2] p. 1061) oder ahd. *gêr* der Speer, folglich gothisch *gais* (die keltischen Γαισάται = Speerträger, Zeuss[2] 53) oder Brünne (gothisch *brunjo*, slav. *brŭnja*, aus altirisch *bruinne* = Brust, Bauch, Zeuss[2] 1058, *brú*, Gen. *bronn*, Stokes ir. gl. no 647 [doch vgl. jetzt Urkeltischer Sprachschatz S. 184, 186], wie *Panzer*, ital. *panciera*, aus *pantex* Wanst) der Entlehnung aus dem Keltischen verdächtig sind. Nichts wandert so leicht, wie Waffen und Waffennamen.

[Nach Ansicht der Prähistoriker ist für die steinzeitliche Schicht der Schweizer Pfahlbauten ein wesentlich höheres Alter anzusetzen, als von Hehn vorausgesetzt wird. Auch der indogermanische Charakter ihrer ältesten Bewohner steht noch nicht fest, doch ist er nicht unwahrscheinlich, da die in den ältesten Pfahlbauten hervortretende Kultur sich im wesentlichen in der oben im Text S. 63 näher bezeichneten ureuropäischen Kulturperiode wiederfindet. Auf der damals erreichten Stufe der Gesittung blieben naturgemäss die Völker diesseits der Alpen Jahrhunderte stehen, als bereits längst Griechen und Italer in den Bannkreis des Orients getreten waren. Weniger wahrscheinlich dürfte es sein, keltische Indogermanen als Insassen der Schweizer Pfahlbauten wie der Stationen von Mosseedorf, Wangen, Wauwyl zu betrachten, da nach den Forschungen K. Müllenhoffs im I. und II. Band der deutschen Alterthumskunde die Kelten ihre Sitze am Mittelrhein in südlicher und südöstlicher Richtung zu spät für diese Annahme verliessen. In Sonderheit sind die Helvetier, wie auch Kaspar Zeuss, Die Deutschen und die Nachbarstämme S. 171, 222 annimmt, wahrscheinlich erst vom rechten Rheinufer in die Schweiz eingewandert (Tacitus Germ. 28). Hingegen hat die Annahme, dass die Pfahlbauten der Emilia von Italikern bewohnt gewesen seien, durch W. Helbigs Buch, Die Italiker in der Poebne 1879 eine erwünschte Bestätigung erhalten.

Die angeführten keltisch-germanischen Entsprechungen gehen in so frühe Zeit zurück, dass deutliche Kriterien für die Annahme der Entlehnung fast ganz fehlen. Ahd. *bîhal*, altn. *bîlda* ist von altir. *biáil* Beil wahrscheinlich zu trennen. Vgl. im übrigen H. d'Arbois de Jubainville, Les témoignages linguistiques de la civilisation commune aux Celtes et aux Germains (Revue Archéologique 3. Série XVII, 1891). Das im Text genannte χαλκός hat seine Entsprechungen im lit. *geležìs*, altpr. *gelso*, altslav. *želězo* Eisen, während für μέταλλον eine sichere Erklärung noch aussteht. Ausführliches über die idg. Nutz- wie Edelmetalle siehe Sprachvergleichung und Urgeschichte 2. Aufl. Abh. III und mein Reallexikon passim.]

23. S. 66.

Auch in der schönen Stelle des Euripides Bacch. 274 ff. werden die Gaben der Demeter und des Bacchus oder Brot und Wein als die ersten Güter des Menschengeschlechts gepriesen.

24. S. 67.

Auf die Stelle Il. 7, 467 ff., wo Euneos, d. h. der Wohlschiffende, der Sohn des Iason, von der thrakischen Insel Lemnos zum achäischen Lager weinbeladene Schiffe sendet, die Erz und Eisen, Felle, Ochsen und Sclaven gegen den οἶνος eintauschen, während die beiden Atriden abgesondert tausend Mass μέθυ erhalten — auf diese Stelle ist wenig zu bauen, da sie den jüngern Ursprung an der Stirn trägt. Das Wort ἀνδράποδον gehört der attischen Prosa an, Euneos, der Iasonide, stammt aus Il. 23, 747 u. s. w. Der Unterschied zwischen οἶνος und μέθυ ist also gleichfalls nichtig.

25. S. 68.

Maron selbst ist nichts als eine mythische Personification der kikonischen Stadt Ismaros, welche mit Wegfall des σ vor μ und erweiterndem Suffixe auch *Maroneia* hiess, während ein nahe gelegener See den Namen Ismaris trug (Herod. 7, 109). Der Sohn des thrakischen Eumolpus — *culturam vitium et arborum (invenit) Eumolpus Atheniensis*, Plin. 7, 199 — hiess Ismarus oder Immaradus mit assimilirtem Anlaut und genealogischem Suffixe. Die Reihe Ismaros, Ismaris, Immaradus, Maron, Maroneia enthält interessante Winke für thrakische und speciell kikonische Lautverhältnisse und Gesetze der Wortbildung.

26. S. 69.

So deuten wir βουπλήξ hier, nicht als Stachelstab zum Antreiben der Ochsen. Das Beil, die uralte Waffe, die aus der steinernen Axt stammt und noch deren Form zeigt, dient in Kriegsscenen immer als Attribut der Barbaren (Annali dell' instituto arch. 1863 p. 339, 340). Bei Homer ist es als Waffe selten; im 15. Buch der Ilias bekämpfen sich Troer und Achäer freilich auch

ὀξέσι δὴ πελέκεσσι καὶ ἀξίνῃσι (v. 711),

aber unmittelbar am Schiffe, das Hector schon fasst und anzuzünden hofft, also Leib an Leib, wie auf Zimmerholz und Opferthiere auf einander zuhauend. Einmal führt auch der Trojaner Pisander einen Streich mit der ἀξίνη gegen Menelaus, wird aber von diesem mit dem Schwert getödtet (Il. 13, 611).

27. S. 69.

Es ist nicht allzukühn, Semele als thrakisches Wort in der Bedeutung Erde, Erdgöttin zu fassen. Der Stamm, zu dem griech. χαμαί u. s. w., lat. *humus* u. s. w. gehört, erscheint zendisch, litauisch und slavisch mit assibilirtem Anlaut. Ebenso finden wir das thrakische und phrygische Sabos, Sabazios, die macedonischen Σαυάδαι bei Hesychius u. s. w. in dem Beinamen des Dionysos Ὕης oder Ὑεύς, der Feuchte, feuchtbringende, dessen Ammen auch die Hyaden sind, wieder. Es giebt einen Sabazios Hyes, und auch die Semele ward von Pherecydes Hye genannt. *Sabos* und Ὕης stimmen buchstäblich überein. [Zu Semele »Erdgöttin« stellt P. Kretschmer, Aus der Anomia Berlin 1890 S. 17ff. auch phryg. ζέμελεν ‚βάρβαρον ἀνδράποδον' (inschr. *zemelo*); vgl. dazu G. Meyer, Sitzungsberichte S. 21. — Eine andere Ableitung für Σεμέλη (Ζεμέλα) empfiehlt Fick, Vergl. W.[4] I. S. 402, indem er ahd. *uo-chumil ‚racemus, acinus'* vergleicht(?). Die Gleichstellung von *Sabos* und Ὕης scheint uns wenig glaublich. Wir denken für letzteres an den oben S. 93 genannten Namen des wilden Weins ὀϊής, vgl. ὄός und ὀιός, über Sabazios vgl. Kretschmer Einleitung S. 195 und mein Reallexikon S. 89.]

28. S. 70.

Ebendahin würde der βίβλινος οἶνος bei Hesiod. Op. et d. 589, führen, insofern er bald von Thrakien, bald von Naxos abgeleitet wird, Steph. Byz.: Βιβλίνη, χώρα Θρᾴκης· ἀπὸ ταύτης ὁ Βίβλινος οἶνος. οἱ δὲ ἀπὸ Βιβλίας ἀμπέλου, Σῆμος δ' ὁ Δήλιος τὸν Νάξιόν φησιν, ἐπειδὴ Νάξου ποταμὸς Βίβλος. Stammt der Name von der phönizischen Stadt Byblus (phönizisch Gybl d. h. Höhe, althebr. Gobel, die Stadt der Gibliter), wie in dem Verse des Archestratus bei Athen. 1, p. 28 angedeutet ist:

Τὸν δ' ἀπὸ Φοινίκης ἱρᾶς, τὸν βόβλινον, αἰνῶ,

so sind die Varianten βόβλινος und βίβλινος gleich richtig, da der phönizische

Vokal auf die eine und die andere Art wiedergegeben werden kann; nicht weit liegt auch die nasalirte Form βίμβλινος (bei Hesychius) ab. Merkwürdig ist, dass dieser Wein uns später auf sicilischem und unteritalischem Boden begegnet: er kam bei Epicharmus vor, Theokrit erwähnt seiner (14, 15), der Geschichtsschreiber Hippys von Rhegium erzählte, er sei von Italien nach Syrakus verpflanzt worden (Athen. 1, p. 31); endlich findet er sich auf der ersten der beiden herakleotischen Tafeln, wenn die dort vorkommenden Ausdrücke ἁ βοβλία und τὰν βοβλίναν μασχάλαν von Mazochi, dem Herausgeber und Erklärer der Inschrift, richtig als »biblische Weinpflanzung« gedeutet sind (das C. I. III. no. 5774 und 5775 stimmt ihm bei: *recte videtur Mazochius a vitis genere ex Byblo Phoenicia repetendo derivare, unde etiam* βόβλινος οἶνος). Dass diese Benennung indess in ein so hohes, längst verschollenes Alterthum hinaufgehe und eine Erinnerung an die Kolonien der Byblier enthalte, die die frühesten aller phönizischen waren, kommt uns nicht wahrscheinlich vor. Weniger phantastisch möchte es sein, an den Byblusstoff zu denken, da Homer dasselbe Adjectiv βύβλινος kennt; er legt es Od. 21, 391 einem Schiffsseil bei, welches also aus Papyrus-Bast gedreht war. Es fragt sich nur, wie eine Art Wein danach heissen konnte. Wurden die Beeren auf Byblus Matten gedörrt und dann erst gekeltert, so dass sie eine Art Strohwein, *vinum passum*, gaben? Oder rankten sich die Reben an Byblus-Stricken fort, wie zu Varros Zeit in der Gegend von Brundisium in Italien? Auf Letzteres würden die Worte des Hippys von Rhegium führen, Athen. 1, p. 31: Ἱππίας (so heisst er an dieser Stelle) δὲ ὁ Ῥηγῖνος τὴν εἱλεόν καλουμένην ἄμπελον Βιβλίαν φησὶ καλεῖσθαι. Oder wurden sie mit Byblus-Bändern an die Stützen angebunden, so dass die Trauben sich freier entwickeln konnten? — Grotefend in den Annali dell' inst. VII p. 275 und nach ihm Göttling zu der o. a. Stelle des Hesiod leiteten auch den etruskischen Namen des Bacchus Fufluns von βύβλινος ab; Corssen, Sprache der Etrusker 1, 314 lehnt diese Zusammenstellung ab, da griechischem und lateinischem b im Anlaut p, niemals f entspreche. — Welche Bewandtniss es mit dem von Homer an zwei Stellen (Il. 11, 638. Od. 10, 235) genannten, zum Weinbrei oder Mischtrank dienenden pramneischen Wein eigentlich hatte, und ob dieser Name eine Art Rebe oder Bereitungsart oder eine Gegend und welche bezeichne, wussten die späteren Erklärer offenbar ebenso wenig, als was der βίβλινος οἶνος eigentlich sei, obgleich es an Vermuthungen und Behauptungen nicht fehlte (s. besonders Athen. 1, p 30) und der pramneische oder pramnische Wein auch in der nachhomerischen Zeit hin und wieder erwähnt wird, z. B. von dem Komiker Ephippus:

φιλῶ γε πράμνιον οἶνον λέσβιον

(Athen. 1, p. 28). Erinnert man sich des thrakischen oder eigentlich päonischen aus Hirse mit Zusatz von κονύζη gebrauten Mischtrankes παραβίη, dessen Hecatäus Erwähnung that, so wird man von der Vermuthung beschlichen, das Adjectiv pramneisch stelle nur eine andere Form desselben thrakischen oder phrygischen Wortes dar. [? — Ueber griech. Βύβλος, βύβλος = phön. *Gûbēl*, assyr. *Gubla* siehe jetzt Muss-Arnolt, Transactions XXIII. S. 125.]

29. S. 71.

Gehörte οἶνος, *vinum*, wie zuerst Pott aufgestellt hat, in eine Reihe mit *viere, vîtis, vîtex, vîmen, vitta,* ἰτέα, ἴτυς u. s. w., so hätten die Griechen und

Lateiner aus einer einheimischen Wurzel, die winden, ranken bedeutete, vermittelst eines participialen *n* ihre Benennung des Weines gebildet. Allein da 1. das Getränk sowohl durch die mannigfache technische Procedur, deren Ergebniss es ist, als durch Wirkung und Eigenschaften zu weit von der Pflanze absteht, um nach deren rankender Natur benannt zu werden; 2. bei Uebertragung dieser Kultur von Volk zu Volk zuerst das fertige Produkt eingeführt und mit dem fremden Namen benannt, nachher erst der Anbau selbst gelehrt wird — wo sich dann leicht jüngere Wörter wie οἴνη, οἰνάς, οἴναρον u. s. w. ergeben; 3. die nahe Uebereinstimmung des semitischen Wortes nur durch Entlehnung von Seiten der Griechen, die mit der Sache auch den Namen empfingen, ihre Erklärung findet; — so wird mehr als wahrscheinlich, dass *vinum* nur zufällig an *vitis* anklingt, jenes ein Fremdwort, dieses ein einheimisches mit der Bedeutung: »biegsames Gewächs« ist (s. unten Anmerkung 52). Auch die Germanen entlehnten das Wort Wein, benannten aber die Rebe deutsch (ahd. *repa*). — Curtius no. 594 sagt: »Warum die Frucht der Ranke nicht selbst ursprünglich Ranke genannt sein sollte, ist nicht abzusehen. Das litauische Wort bietet die schlagendste Analogie« (nämlich *apwynỹs* Hopfenranke, Plur. *apwyniaĩ* Hopfen). Schlagend wäre die Analogie, wenn in irgend einer Sprache das Bier nach der stachlichten Natur der Aehre benannt wäre: so aber ist jener litauische Bedeutungsübergang ungefähr derselbe wie in *awižà*, Haberkorn, Plur. *ãwižos* Haber und wie in hundert ähnlichen Fällen. Man erwäge nur, dass *vinum* ja nicht von *vitis* abgeleitet ist, wo die Sache denkbar wäre, sondern unmittelbar aus einer Wurzel mit der Bedeutung flechten, biegsam sein stammen soll — denn der Begriff ranken ist nur untergeschoben, um die beliebte Etymologie scheinbar zu machen, und wird schon durch das griechische ἰτέα, die Weide, ein zähes, zu Flechtwerk dienendes Holz, widerlegt [vgl. hierzu oben S. 93 f.].

Auch Mommsen hält unter Anlehnung an eine angebliche sanskritische Verwandtschaft für wahrscheinlich, dass das in Italien einziehende Urvolk den Weinstock schon mitgebracht habe (an mehreren Stellen seiner Römischen Geschichte, besonders 1, 173 f. der zweiten Auflage). Allein, da der Weinbau den höchsten Grad von Ansässigkeit voraussetzt, so ist er mit den Sitten einer wandernden Horde nicht vereinbar. Völkerwanderungen in Masse sind auf der Stufe kriegerischen Hirtenlebens natürlich, bei ausgebildetem Ackerbau mit Bodeneigenthum und festen Häusern nur unter ganz besonderen Umständen und in höchst seltenen Fällen möglich, bei Baumzucht und Weinbau ganz undenkbar. Man sehe die Briten oder die Germanen des Cäsar, ihre Rindviehzucht, ihren beginnenden, halb nomadischen Ackerbau, ihre aus Milch und Fleisch bestehende Nahrung, ihre Bekleidung mit Fellen u. s. w. Glaubt man, sie hätten Weinbau treiben können, der so viel Sorge für die Zukunft, so viel Vermittelungen der Kultur in sich schliesst? Sie, die wahrscheinlich nur Sommerkorn bauten, da die Wintersaat schon einen zu feinen Plan und eine zu weite Berechnung voraussetzt (Roscher, Ansichten der Volkswirthschaft, Leipzig und Heidelberg 1861: Ueber die Landwirthschaft der ältesten Deutschen, S. 75 ff. — v. Sybel, Kleine historische Schriften 1863, S. 35 ff.), sie hätten sich mit Rebstöcklingen befassen können, die erst nach Jahren die ersten Beeren tragen? Nun stand aber das in Italien einbrechende Wandervolk gewiss auf keiner höheren Lebensstufe, als die Germanen der ältesten Geschichte, eher auf einer niedrigeren; sie kamen mit Rindern, Schweinen und steinernen Aexten, aber sicherlich nicht mit dem Weinstock. Der Unterschied in der Entwickelung der grossen Völkergruppen Europas besteht nur in dem früheren oder späteren Eintreten in bestimmte Phasen der Kultur: die Griechen wurden vom Orient aus angeregt, die Italer von den Griechen; die Kelten wandten sich zum Acker-, Städte-, Wege- und Brückenbau um Jahrhunderte später, als die graeco-italischen Stämme, von denen sie mancherlei lernten; wieder um Jahrhunderte später die Germanen, die unterdess die civilisirende Einwirkung der Kelten erfahren hatten; noch später im Rücken der Germanen die Slaven unter fortwährendem Bildungseinfluss des germanischen Westens. Der Unterschied des Naturells und des Klimas versteht sich hierbei von selbst, aber gerade das Klima gebietet ein allmähliges Aufsteigen des Weinstocks von Südosten und verbietet die Herabkunft desselben von jenseit der Alpen. Dass vom Gesichtspunkt römischer Quellen und Traditionen der Weinbau in Italien als sehr alt erscheint, geben wir zu, nur fragt sich, wie alt? Die Zeit griechischer Einwirkung ist für die Feststellung des römischen Rituals und überhaupt für Italien — von Rom aus gesehen — immer noch eine sehr alte, eine Urzeit. Wenn z. B. der Stammgott der Sabiner, Sancus, als Winzer, *vitisator*, mit der gebogenen Sichel gedacht wurde, so wollten dieselben Sabiner doch auch von Sabus dem Lacedämonier abstammen!

30. S. 73.

Der griechische Ausdruck κάμαξ (schon bei Homer und Hesiod) bedeutete nur die leichte, rohrartige Ruthe oder Stange, an die die Reben sich klammerten oder die von Baum zu Baum gezogen wurde: der Weinberg auf dem Schilde des Herakles bei Hesiod (v. 897) schwingt sich mit Blättern und κάμακες hin und her:

σειόμενος φύλλοισι καὶ ἀργυρέῃσι κάμαξι,

und das ἑστήκει in dem entsprechenden Verse der Ilias 18, 563:

ἑστήκει δὲ κάμαξι διαμπερὲς ἀργυρέῃσιν —

will wohl nur sagen, dass Rohrstützen in durchlaufenden Reihen eingesteckt waren und die Reben hielten. Auch die jüngere Benennung χάραξ (wovon nach Diez das französiche *échalas*), eigentlich ein zugespitzter Steckling, wird ursprünglich im Sinne von Rohr oder Ruthe gebraucht: die χάρακες z. B., die die fünf reichen Corcyräer bei Thucydides 3, 70 aus dem Hain des Zeus und des Alkinoos geschnitten haben sollten, können nur Ruthen gewesen sein, da die Schuldigen für jedes Stück einen Stater bezahlen sollten und die Strafe übermässig hart schien, aus einem geweihten Hain aber nicht viele Pfähle unbemerkt gehauen werden konnten. Der eigentlich griechische Ausdruck für Weinpfahl wäre πηδός oder πηδόν (entsprechend dem lateinischen *pedare vineam, pedamentum, pedum* der Hirtenstab u. s. w., nur mit gesteigertem Wurzelvocal, buchstäblich = goth. *fotus*), aber dies Wort kam zu keiner Entwickelung: es erscheint bei Homer in der Bedeutung Fussende des Ruders; in der Stelle Il. 5, 838, wo von der buchenen Wagenachse die Rede ist, gab es eine alte Lesart πήδινος statt φήγινος (s. Eustath. zu der Stelle) und bei Theophrast h. pl. 5, 7, 6 hat Schneider nach Handschriften πηδός für den Baum, der zu Wagenachsen und Pflugbäumen dient, wiederhergestellt

(s. Schneid. zu Theophr. h. pl. 4, 1, 3). — Sind die Oenotrer von den Weinpfählen benannt, so führt der Name der in Italien ältesten Traube, der *vitis Aminaea* oder *Aminea,* seltsamer Weise zu den Peucetiern, dem Brudervolk der Oenotrer. Philargyr. ad Verg. G. 2, 97: *Aristoteles in Politiis scribit Amineos Thessalios fuisse, qui suae regionis vites in Italiam transtulerint, atque illis inde nomen impositum.* Dazu die Glosse des Hesychius: ἡ γὰρ Πευκετία Ἀμιναία λέγεται. Auch nach Macrobius Sat. 3, 20, 7 war die amineische Traube nach einer Gegend benannt: *Aminea, scilicet e regione, nam Aminei fuerunt ubi nunc Falernum est.* Galenus verlegt an zwei Stellen seiner Schriften den amineischen Wein, den er wässerig, ὑδατώδης, und leicht, λεπτός, nennt, in die Umgegend Neapels, de methodo medendi 12, 4: ὅ τε Νεαπολίτης ὁ Ἀμιναῖος, ἐν τοῖς περὶ Νεάπολιν χωρίοις γενόμενος, de antid. 1, 3: ὅ τε ἐν Νεαπόλει κατὰ τοὺς ὑποκειμένους αὐτῇ λόφους, Ἀμιναῖος μὲν ὀνομαζόμενος κ. τ. λ. Danach besserte Voss in der soeben angeführten Stelle des Macrobius Salernum statt Falernum (worin ihm Val. Rose, Aristot. pseudepigr. p. 467 beizustimmen scheint) und verstand unter dem Peucetien des Hesychius das Land der Picentiner südöstlich von Neapel. Allein die amineische Traube war gerade in dem eigentlichen Campanien recht zu Hause. Wenn Varro die *vitis Aminea* auch *Scantiana* nennt (de r. r. 1, 58, Plin. 14, 47), so ist dies Wort doch von der *silva Scantia* abgeleitet, die eben in Campanien lag. In alter wie in neuer Zeit wurde die Rebe in Campanien hoch an Bäumen gezogen, und eine *vitis arbustiva* war gerade die amineische. Letzteres geht aus den Beschreibungen bei Columella 3, 2, 8—14 und Plinius 14, 21 ff. und aus den Vorschriften der Geoponica 4, 1, 3. 5, 17, 2. 5, 27, 2 deutlich genug hervor. So konnte die amineische Traube der Gegend, in der zu Galenus' Zeit der amineische Wein wuchs, ursprünglich angehören. Die Peucetier freilich, das Fichtenvolk, dachte man sich später anderswo, allein dieser Name ist ein Appellativum, mit dem der Begriff von Wald und Bäumen verknüpft wurde, und an Wäldern fehlte es Campanien auch zu Ciceros Zeit nicht, wie ausser der soeben erwähnten *Scantia* die *silva Gallinaria* am Fluss Volturnus beweist, ein noch jetzt vorhandener, aus Fichten bestehender Wald. Die thessalische Herkunft besagt wohl weiter nichts, als dass diese Traube in die älteste Zeit der griechischen Ansiedelung hinaufging. — Liest man bei Hesychius μόργιον· εἶδος ἀμπέλου und erinnert sich der von Cato *Murgentinum* genannten Rebenart, so treten auch die Morgeten zum Weinbau in Beziehung. In den zahlreichen Benennungen für Traubensorten steckt überhaupt noch manches Alterthum. Dem Namen der *visula* z. B. liegt wohl das griechiche οἶσος, οἰσός, οἶσον, οἰσύα (das Adjectiv οἰσύϊνος schon homerisch) zu Grunde, französisch *osier,* bretonisch *oazil.* Sollte die *spionia* oder *spinea,* die an den Pomündungen heimisch war, auf das griechische ψίνομαι, ψινάς zurückzuführen sein, da an die altberühmte Stadt Spina zu denken allzukühn wäre? — Merwürdig ist, wie die Verschiedenheit in Anpflanzung und Erziehung der Reben je nach der Landschaft vom frühen Alterthum bis auf den heutigen Tag sich erhalten hat. Die Provence zieht ihren Wein noch jetzt, wie die Phokäer es gewohnt waren; die ähnliche catalonische Methode stammt von den messaliotischen Pflanzstädten; in Toskana und in der Campagne von Neapel, vom Volturno südlich, wächst der Wein an hohen Ulmen und Pappeln empor, in der Lombardei schlingt er sich an Massholderbäumchen (*opulus* gleich *populus* in keltischer Aus sprache [?], mit unterdrücktem anlautenden *p*, wie *athir* = *pater*. *iasg* = *piscis* u. s. w.) in Guirlanden *(rumpi, traduces)* fort, in den Alpenthälern bildet er weite, säulengetragene Lauben — Alles wie zur Zeit des Varro, Plinius und Columella. Den Weinbau in der baumlosen Levante schildern Unger und Kotschy, Die Insel Cypern, S. 449: »Auch ohne Stütze muss der Rebenschössling sein Leben fristen, seine Trauben tragen und sie zur Reife bringen, denn woher sollte das Holz zu den Stützen genommen werden, die ihm wie in unseren Weingärten die Last der Fruchtschwere erleichterten? Dazu ist weder auf den ionischen Inseln, weder in ganz Griechenland, in Syrien und Palästina, noch hier auf der Insel (Cypern) das Material vorhanden. Wer den Orient bereiset, gewöhnt sich, dort wo der Weinstock nicht seinem natürlichen Triebe folgen und in den Wipfeln der Bäume grünen und hausen kann, ihn als eine planta humifusa in grösster Submission und Sclaverei zu betrachten.«

31. S. 79.

Etwas ganz ähnliches erlebte Portugal noch in der zweiten Hälfte des 18. Jahrhunderts. Das in den tiefsten wirthschaftlichen Verfall gerathene Land fand eine Quelle des Erwerbs nur noch in der Weinproduction, die sich nun durch das ganze Land, auf günstigem und ungünstigem Boden, an Stelle des Ackerbaues gesetzt hatte. Der Minister Pombal befahl, in ganzen Districten, namentlich im Thal des Tajo, die Weinstöcke auszureissen und das Land mit Getreide zu besäen. Der Befehl wurde ausgeführt, denn der gewaltsame Reformator duldete keinen Widerspruch.

32. S. 79.

[Lat. *posca* ist einheimisch in Italien und gehört zu *po-t-are* wie *esca* zu *edere*. Bedeutung: Getränk.]

33. S. 81.

Von einem sonderbaren Vorläufer des Islam bei den Geten erzählt Strabo 7, 3, 11. Das Volk war wie die Skythen und Thraker und nachher die Slaven wegen seiner Trunksucht berüchtigt, die jeden politischen und kriegerischen Aufschwung desselben hemmte. Da trat unter ihnen nicht lange vor Strabos Zeit (oder wie Jordanis 11 nach Dio Chrysostomus berichtet: zur Zeit von Sullas Dictatur) ein Zauberer, Namens Decaeneus, auf, der viel in Aegypten gewandert war und dort die Kunst der Weissagung gelernt hatte, und gewann ausserordentlichen Einfluss auf seine Volksgenossen. Sie gehorchten ihm so blind, dass sie auf seinen Rath alle Weinstöcke im Lande ausrotteten und fortan ohne Wein lebten. Dies traf mit der Herrschaft des Königs Boerebista zusammen, der den gleichen Zweck, das Volk mannhaft zu machen, verfolgte und in der That, nach allen Seiten siegreich, ein mächtiges getisches Reich gründete, bis Parteiungen gegen ihn ausbrachen und die getische Macht wieder zerfiel. Ob die Tugend der Enthaltsamkeit sich länger erhielt und ob Decaeneus, wie später Muhamed, als Ersatz für den verbotenen Wein die getische Vielweiberei bestehen liess oder gar begünstigte — wird nicht gemeldet. Thraker, Geten und Daken waren ein Stamm von ungezügelter Sinnlichkeit, welcher letzteren dann wieder (worauf Müllenhoff aufmerksam macht, Artikel Geten in der Encyclopädie) von Zeit zu Zeit eine ascetische Reaktion, die durch Geisterglauben genährt wurde, gegenübertrat.

34. S. 73.

Das provençalisch-französische Wort *tona, tonne*, das sich auch walachisch wiederfindet und in alle keltischen und germanischen Sprachen übergegangen ist, aber charakteristischer Weise im Italienischen fehlt, muss aus einer der Alpensprachen stammen, dem Ligurischen oder Rhätischen. Lateinisch und italienisch giebt es ein Wort mit anderem Wurzelvocal: *tina*, Weinkübel. Nach Strabo waren im cisalpinischen Gallien ausser Pechsiedereien (in den Vorbergen der Alpen) auch ungeheure hölzerne Fässer, gross wie Häuser zur Aufnahme des Weines im Gebrauch, 5, 1, 12: τὸ δ' οἴνου πλῆθος μηνύουσιν οἱ πίθοι· οἱ ξύλινοι γὰρ μείζους οἴκων εἰσί. Auch die Illyrier luden nach demselben 5, 1, 8 den Wein, den sie aus Aquileja bezogen, in hölzernen Fässern, ἐπὶ ξυλίνων πίθων, auf ihre Wagen. — Mit den Holzgefässen trat noch ein anderes weit verbreitetes Wort auf: Daube, Dauge, welches durch alle romanischen und slavischen Sprachen geht und auch im Magyarischen, Albanesischen, Walachischen und Neugriechischen nicht fehlt. Diez führt alle vorhandenen Formen desselben auf ein der sinkenden Latinität angehörendes *doga* zurück, welches selbst wieder aus dem griechischen δοχή entstanden wäre. Das Wort ist in das Germanische nur vereinzelt gedrungen, wuchert aber in den slavischen Sprachen in Form und Sinn üppig, wird z. B. auf den Regenbogen am Himmel angewandt (Miklosich, die Fremdwörter in den slav. Spr., S. 83) und erhält daher als abgeleitetes Adjectiv sogar die Bedeutung bunt. Der Verbreitungsbezirk des Wortes ist das waldreiche Donauland, und dort war auch die Sache einheimisch — wobei es immer möglich ist, dass ein griechisch-lateinischer Ausdruck, der vielleicht in der technischen und Handelssprache von Aquileja üblich war, zu Grunde liegt. Noch jetzt kommt das Holz zu den Fässern, die der Orient gebraucht, grösstentheils aus Ungarn, und auch die Reifen dazu, aus Corylus pontica, werden über Konstantinopel eingeführt. [Im Slavischen vermischte sich nach Miklosisch, Et. W. S. 48 mit den aus *doga* entlehnten Wörtern ein damit unverwandtes *dąga ‚arcus'*.] — Ein dritter, in dem holzreichen, neurömischen Bezirk vielgebrauchter und begrifflich sich nach allen Seiten weit verzweigender Ausdruck ist *cupa*, ein ursprünglich griechisches Wort (κύπη). Als Maximinus im Jahr 238 Aquileja belagern wollte, mit seinem Heere aber einen reissenden, angeschwollenen Strom nicht überschreiten konnte, da kam ihm der ausgebreitete Weinhandel und Weinertrag Aquilejas zu Statten: er fand auf dem Lande eine Menge grosser, leerer, hölzerner Weinkufen, aus denen er sich eine Brücke baute, Herodian. 8, 4, 9: ὑπέβαλόν τινες τῶν τεχνικῶν, πολλὰ εἶναι κενὰ οἰνοφόρα σκεύη περιφεροῦς ξύλου ἐν τοῖς ἐρήμοις ἀγροῖς, οἷς ἐχρῶντο μὲν πρότερον οἱ κατοικοῦντες εἰς ὑπηρεσίαν ἑαυτῶν καὶ παραπέμπειν τὸν οἶνον ἀσφαλῶς τοῖς δεομένοις. Jul. Capitolinus, der dasselbe berichtet, giebt diesen ungeheuren Tonnen den Namen *cupa*, Maximin. 22: *ponte itaque cupis facto Maximinus fluvium transivit et de proximo Aquilejam obsidere coepit.* Auch die Massilier müssen solche besessen haben, denn als Cäsar ihre Stadt belagerte, wälzten sie dieselben, mit brennendem Theer und Pech gefüllt, von der Mauer auf das feindliche Schanzwerk herab, de b.

civ. 2, 11: *cupas taeda ac pice refertas incendunt easque de muro in musculum devolvunt,* wie schon früher die Bewohner von Uxellodunum in dem weinreichen Aquitanien in gleichem Fall gethan hatten, de b. gall. 8, 42: *cupas sevo, pice, scandulis complent; eas ardentes in opera provolvunt.* Von der Insel bei Salona, auf der der Dichter Lucanus die Cäsarianer belagert werden lässt, suchten diese bei Nacht auf Flössen, die sie aus leeren Weinkufen gemacht hatten, zum illyrischen Festlande zu entkommen, 4, 420:

Namque ratem vacuae sustentant undique cupae,

deren es also in dem weinbauenden Lande, dessen Gebirge noch mit Wald bestanden waren, wohl geben musste. Der Handwerker, der dem Winzer und Kaufmann solche *cupae* machte, war der *cuparius,* wie wir z. B. aus einer Trierer Inschrift sehen, bei Orelli no. 4176: *cuparius et saccarius* (der zugleich Säcke verfertigte, also für den Fruchthandel überhaupt arbeitete). Bei den Barbaren diente die *cupa* auch zur Aufnahme des Bieres; dass in ihr auch Korn und Mehl verladen wurde, sehen wir aus verschiedenen Stellen der römischen Rechtsbücher. Was aus dem Worte im Mittelalter und in den neurömischen Sprachen geworden ist, davon giebt der Artikel *coppa* bei Diez ein wenn auch verkürztes Bild: das ursprüngliche Kufe und Kübel nahm die Bedeutung von Becher und Schale, Kopf und Büschel, Berggipfel und gewölbte Kuppel an. Im Deutschen stammt nicht bloss das eben genannte Kübel und Kuppel daher, sondern auch Kopf, denn nach uralter Art sind Schale und Haupt oder Schädel gleichbenannt, und der Name der Gefässe geht auf Schiff und Kahn, Haus und Sarg über. — Das dem lateinischen *cupa, cuppa* entsprechende griechische βοῦτις, βούτιον, βότις, βοτίνη hat eine gleich mannigfache Anwendung und weite Verbreitung durch ganz Neueuropa gefunden und klingt noch heute in Bütte, Böttcher, Bouteille, franz. *botte* der Stiefel u. s. w. täglich an unser Ohr. — Unser Ohm, früher Ahm ist das entlehnte griechische ἄμη, lat. *hama,* unser Seidel das lat. *situla,* unser Flasche wohl in letzter Instanz das lat. *vasculum,* welches, wie man sieht, jetzt meistens ein Glasgefäss bedeutet. Auch das Glas ist, wie das Holz, ein erst im Norden und in nachrömischer Zeit zu allgemeiner und täglicher Anwendung gekommener Stoff; aus dem hölzernen Fass zapfen wir den Wein in gläserne Flaschen, die wir mit dem Korkstöpsel schliessen. Erstere, die Flaschen, sind schwerlich älter, als das fünfzehnte Jahrhundert (Beckmann, Beyträge, II, S. 485ff.); die Kunst, die enge Oeffnung eines Gefässes mit der elastischen Rinde der Korkeiche zu verschliessen, geht gleichfalls in kein hohes Alterthum hinauf, und allgemein geworden ist sie erst seit den letzten Jahrhunderten und zwar sehr langsam. Die Korkeiche, *Quercus Suber,* ist in Griechenland jetzt vielleicht gar nicht mehr vorhanden, im Alterthum war sie dort selten; sie ist ein Baum des südwestlichen Europa und des gegenüberliegenden Afrika. Unter den Eichenarten des Theophrast lässt sie sich nicht mit Sicherheit constatiren; den Baum, der geschält wird und nach Verlust der Rinde nur noch besser gedeiht, versetzt er nach Tyrrhenien, also in das Land nach Westen, giebt aber zugleich an, er verliere im Winter sein Laub, was geeignet ist, uns wieder irre zu machen (H. pl. 3, 17, 1). Pausanias 8, 12, 1 führt unter den Eichen Arkadiens eine an, deren Rinde so locker und leicht ist, dass man sie als Ankerzeichen und an Fischernetzen auf dem Meere schwimmen lässt, — also offenbar die Korkeiche, aber man hört es seinen Worten an, dass er damit eine Naturmerkwürdigkeit des Landes beschreibt, die seinen Lesern neu ist und die anderswo nicht vorkommt. Die Römer hatten einen Individualnamen für die Korkeiche: *suber* und unterschieden sie unter diesem genau von den übrigen Bäumen des Waldes. Die Rinde kommt schon in der Sage von Camillus vor. Camillus soll zum Dictator ernannt werden, aber dazu gehört ein Beschluss des von den Galliern im Kapitol eingeschlossenen Senates. Ein Jüngling, Namens Pontius Cominius, übernimmt es, die Botschaft auszurichten. Da die Brücke über den Tiber von den Feinden bewacht ist, schwimmt er Nachts, von Stücken Kork unterstützt, über den Fluss, Plut. Cam. 25, 3: τοῖς φελλοῖς ἐφεὶς τὸ σῶμα καὶ συνεπικουφίζων τῷ περαιοῦσθαι πρὸς τὴν πόλιν ἐξέβη. Die Sitte, Gefässe mit verharztem Kork zu verschliessen, stammte, wie es scheint, von den Galliern, Colum. 12, 23: *corticata pix qua utuntur ad condituras Allobroges.* Cato 120 giebt die Vorschrift: *mustum si voles totum annum habere, in amphoram mustum indito et corticem oppicato, demittito in piscinam;* es soll also, um den Most das ganze Jahr hindurch frisch zu erhalten, die Oeffnung der Amphora mit Kork und Pech verschlossen und das Gefäss darauf im Grunde des Wassers aufbewahrt werden. Aehnlich ist bei Horaz die weinhaltende Amphora mit einem *cortex adstrictus pice* verwahrt, Od. 3, 8, 9:

hic dies anno redeunte festus
corticem adstrictum pice demovebit
amphorae fumum bibere institutae
consule Tullo.

Deutlicher spricht Plinius über Gebrauch und Nutzen der Rinde des Korkbaumes 16, 34: *usus ejus (suberis) ancoralibus maxume navium* (zu Bojen, zu denen jetzt meist leichtes Holz genommen wird) *piscantiumque tragulis* (zu Flossen der Fischernetze, zu denen jetzt leichte Holztäfelchen dienen) *et cadorum opturamentis* (zu Verspundung der Fässer), *praeterea in hiberno feminarum calciatu* (zu Pantoffelsohlen, wie noch jetzt). Bei all dem war die Verkorkung bei den Römern nur selten: das Gewöhnliche ist die Verschliessung durch Pech, Gyps, Wachs u. s. w.; darüber gegossenes Oel bewahrte, wie noch jetzt häufig in Italien, den Wein vor Berührung mit der Luft; auch eignete sich die Form der thönernen Krüge, ihr grösserer Umfang und ihre weitere Oeffnung nicht zum Verschluss durch Korkrinde. Das Verhältniss blieb das Mittelalter hindurch ungefähr dasselbe. Fässer wurden durch Holzpflöcke verspundet; kleinere Thon-, Blech- oder Holzbehälter, die man sich auf der Jagd, zu Pferde u. s. w. umhing, silberne und goldene Flaschen der Vornehmen wurden mit Zapfen desselben Materials verstopft oder zugeschraubt oder auch mit Wachs verschmiert u. s. w. Erst das Aufkommen enghalsiger, sehr wohlfeiler Glasflaschen, der sich ausbreitende Handel und die Versendung brachte in neuerer Zeit den Kork (von *cortex,* zunächst wohl vom spanischen *corcha,* französich *liège* d. h. der l e i c h t e Stoff von *levis*) in allgemeinen Gebrauch — der uns jetzt besonders bei edleren Weinen so unentbehrlich scheint.

35. S. 96.

An einem anderen, ungefähr gleichzeitigen Feste, den Thargelien, waren die beiden φαρμακοί, die als Sühnopfer zum Tode geführt wurden, der eine mit weissen, der andere mit schwarzen Feigen behangen und wurden mit

Feigenruthen gegeisselt (A. Mommsen, Heortologie, S. 417 ff). Es war ein altionisches Fest, aber welchen Sinn hier die Feige hatte, ist ungewiss.

36. S. 96.

Die Ficus Ruminalis, so genannt von dem Jupiter Ruminus und der Diva Rumina, deren Namen wiederum von der *ruma* = *mamma* herstammten, also Fruchtbarkeit und Zeugung symbolisiren, s. Preller, Röm. Mythol. S. 368, Corssen, Kritische Beiträge S. 429. — Demselben Vorstellungskreise gehört der Brauch an, die Bilder des Priapus aus Feigenholz zu machen. Wie Feigenbaum und Schwein als Bilder überschwänglicher Zeugung gleiche Geltung haben, lehrt die Variante einer alten Sage bei Strabo (Hesiod. Fragm. CLXIX. Göttling.): Hesiodus erzählte, Kalchas habe in Kolophon den Mopsus, den Enkel des Tiresias, gefragt, wie viel Früchte der vor ihnen stehende Feigenbaum trage; als Mopsus die Zahl und das Mass richtig angab, starb Kalchas in dem schmerzlichen Gefühl, einen überlegenen Seher gefunden zu haben. Dieselbe Geschichte berichtete Pherecydes, nur betraf nach diesem die Frage nicht die Menge der Früchte eines Feigenbaumes, sondern die Zahl der Ferkel, die eine daliegende trächtige Sau werfen würde. Demgemäss hat man σῦκον und σῦς, *sus*, von derselben hypothetischen Wurzel *su (generare)* ableiten und in *ficus* eine analoge Bildung von *fieri*, φύειν finden wollen. Dieser Etymologie ist aber schon deshalb nicht zu trauen, weil die Zeit der Einführung der Feige bei Griechen und Römern eine zu späte ist, um solche primitive Wortbildungen zu gestatten. Benfey 1, 442 vermuthet Entlehnung des griechischen Wortes aus dem Orient und beruft sich dafür auf συκάμινος. Dass nach dem σ ein Digamma stand, aus dem der Vokal ῦ hervorging, lehrt die italische Wortform: *ficus* wurde aus σϝικον, wie *fides* aus σφίδες und wie *fallere* σφάλλειν, *fungus* gleich σφόγγος u. s. w. ist. Da die Thebaner τῦκα für σῦκα sagten und der syrakusische Stadttheil Συκῆ auch Τυκῆ geheissen zu haben scheint, woraus durch Missverstand das spätere Τύχη im Sinne von *Fortuna* entstand, so hält Ahrens (de dial. dorica p. 64) τϝικον für die Urform. Oder gaben die Griechen den anlautenden fremden Consonanten bald mit s, bald mit t wieder, wie *Sor*, *Sar* und Tyrus? Dass im Norden der griechischen Halbinsel auch bei dem verwandten σικύα (für συκύα, συκία?) der Anlaut als τ gesprochen wurde, ist aus dem slavischen *tykva* der Kürbiss zu schliessen, der den Slaven doch aus den Donaugegenden zukam. Die gothische Benennung für Feige: *smakka*, nach welcher Kuhn, Zeitsch. 4, 17, auch für die Griechen eine Urform *sϝakva* annimmt, ist wohl nur eine Umbildung in gothischem Munde, da das lange ῦ nicht in den gothischen Vocalismus passte — wenn die Umformung nicht schon in der Sprache der den Namen vermittelnden Nordstämme der Balkanhalbinsel vorgenommen war. M für β zu sagen, war barbarische Sitte, Steph. Byz. Ἀβάντις. τὸ Ἀβαντία θηλυκόν, ὅπερ κατὰ βαρβαρικὴν τροπὴν τοῦ β εἰς μ Ἀμαντία ἐλέχθη παρὰ Ἀντιγόνῳ ἐν Μακεδονικῇ περιηγήσει. So wechselte Ἀμυδών (Stadt der Päoner schon bei Homer) mit Ἀβυδών, Albanien lautet bei Ptolemäus vielleicht Ἀλμήνη, der Fluss Βόγγρος bei Herodot heisst hernach Margus, heut zu Tage Morawa, Bellerophontes wird in Italien zu Melerpanta u. s. w. Auch p und v werden zu m: ἁπαλός hiess macedonisch ἀμαλὸς, der Fluss Tilaventum ist der heutige Tagliamento u. s. w. So konnte das ursprüngliche Digamma in σῦκον den Gothen, als sie an die Donau gezogen waren, in Gestalt eines m mit dem Hülfsvokal a entgegenklingen. Die hinter den Gothen wohnenden Wenden konnten die Feige, natürlich in getrockneter Gestalt, nur durch Vermittelung der ersteren erhalten, und der slavische Name (altslavisch *smokŭvĭ*, *smoky*, *smokva*) ist folglich dem gothischen nachgesprochen, zu einer Zeit, wo die Assimilation von kv zu kk noch nicht erfolgt war. Wir bemerken noch, dass der wilde Feigenbaum, ἐρινεός, von dem aber die Kulturfeige nicht abgeleitet werden kann, schon bei Homer vorkommt. [Vgl. hierzu oben S. 97—102.]

37. S. 112.

Die griechischen Benennungen ἐλαία, ἔλαιον sind in römischem Munde *oliva*, *oleum* geworden (s. Fleckeisen in den Neuen Jahrb. für Phil. und Pädag. 1866. 1), und die letzteren Namen finden sich dann weiter in allen europäischen Sprachen, unter verschiedenen Formen, die Diefenbach, Goth. W. 1, 36 f., gesammelt hat. [Ueber die Entlehnung des lat. *olīva* und *oleum* aus ἐλαίϝα, ἔλαιον vgl. zuletzt Kretschmer Einleitung S. 112 ff. Hinsichtlich des goth. *alêv* Oel, *alêvabagms* Oelbaum nimmt man nach R. Muchs (Deutsche Stammsitze S. 34) Vorgang an, dass es durch keltische Vermittlung aus *olīva* (**olêva*) entlehnt sei. Die slavischen Benennungen des Oels stammen theils aus dem Griechischen (altsl. *jelej*), theils aus dem Deutschen. Eine häufige Bezeichnung ist auch *maslo*, eigentl. Salbe, auch *maslica* Oelbaum. Russ. *oliva* etc. ist italienisch.]

38. S. 115.

A. de la Marmora, Itinéraire de l'île de Sardaigne, Turin 1860, 2, p. 353 sagt von dem sardinischen Oelbaum: »*On s'exprimerait mal, à mon avis, si l'on voulait parler de l'introduction qu'on y aurait faite de cette plante puisque ce pays est visiblement sa patrie naturelle.*« Diese Bemerkung des trefflichen Naturforschers ist zwar historisch unrichtig [vgl. hierzu oben S. 117], beweist aber, wie üppig der Baum in dem neugewonnenen europäischen Kulturbezirke gedeiht. Auch auf Corsica stehen jetzt herrliche Olivengruppen, und doch hatten die Römer Mühe, den Baum dahin zu verpflanzen, ja wenn wir Senecas Rhetorik glauben wollen, fehlte zur Zeit dieses Schriftstellers der Oelbaum noch gänzlich auf der wilden Insel, Epigr. super exilio 2, 3, 4:

Non poma auctumnus, segetes non educat aestas,
Canaque Palladio munere bruma caret.

Selbst auf Sardinien sah sich die Regierung veranlasst, demjenigen den Adelstitel zu versprechen, der eine Anzahl Oelbäume erzogen haben würde, wie auch die Venetianer auf ihren griechischen Besitzungen durch Belohnungen zum Oelbau aufmuntern mussten. Der wilde Oelbaum, sagt La Marmora an einer andern Stelle (Voyage en Sardaigne, éd. 2, 1, 164), bedeckt ungeheure Strecken in der Hügelregion der Insel Sardinien und erwartet nur die Hand des Impfers, um herrliche Früchte zu tragen. Ist der Baum hier, möchten wir fragen, wirklich wild oder nur — verwildert? Nach drittehalb Jahrtausenden und dem unsäglichen Kriegselend, mit dem sie angefüllt sind, ist die letztere Annahme gewiss nicht zu gewagt.

39. S. 130.

Bei den Arabern in Afrika bleibt bei Verwüstungszügen in Feindesland die Dattelpalme verschont. G. Rohlfs, Afrikanische Reisen, Aufl. 2, Bremen 1869, S. 70: »die Felder waren verwüstet, die Wasserleitungen zerstört, die Ksors (Dörfer) überall von aussen stark verbarricadirt, die Obstbäume umgehauen, nur die Palme, die immer respectirt wird, erhob traurig ihr Haupt über diese öden Felder, wo die Menschen seit zwei Monaten um nichts sich täglich erwürgten.« S. 186: »Palmen abschneiden gilt unter den Muselmanen für eins der grössten Verbrechen. Als er (der Hadj Abd-el-Kader) mir seine Heldenthaten erzählte, fragte er mich: Hatte ich Recht, meinen Feinden die Palmenbäume umzuhauen? Ich erwiderte ihm: Nein, denn hier in der Wüste ist die Palme der einzige Unterhalt der Menschen. Diese Antwort freute ihn, er sagte, bisher hätten ihm Alle, selbst die Tholba gesagt, dass er Recht habe, obgleich eine innere Stimme ihm zurufe, dass er ein grosses Unrecht begangen habe.«

40. S. 131.

Das griechische ὄνος, lat. *asinus*, leiten wir mit Benfey aus einer semitischen Benennung ab, der im Hebräischen *athôn*, die Eselin, entspricht, wobei im griechischen Wort der aus dem Dental entstandene Sibilant als vor dem n ausgefallen angenommen wird (vgl. hierzu oben S. 135]. Aus dem Lateinischen stammen dann weiter das gothische *asilus*, litauische *äsilas*, und slavische *osĭlŭ*. Herodot berichtet ausdrücklich, in Skythien gebe es weder Esel noch Maulthiere, und zwar weil das Land für diese Thiere zu kalt sei (4, 129: διὰ τὰ ψύχεα), und fügt hinzu, die skythische Reiterei sei durch die Stimme der Esel in Darius' Heer wiederholt zur Umkehr genöthigt worden. Aristoteles bestätigt dies, mit dem Zusatz, auch bei den Kelten über Iberien sei es für den Esel schon zu kalt: de animal. generat. 2, 8: διόπερ ἐν τοῖς χειμερινοῖς οὐ θέλει γίνεσθαι τόποις διὰ τὸ δύσριγον εἶναι τὴν φύσιν, οἷον περὶ Σκύθας καὶ τὴν ὅμορον χώραν, οὐδὲ περὶ Κελτοὺς τοὺς ὑπὲρ τῆς Ἰβηρίας· ψυχρὰ γὰρ καὶ αὕτη ἡ χώρα. Ebenso hist. anim. 8, 25: δυσριγότατον δ' ἐστὶ τῶν τοιούτων ζῴων· διὸ καὶ περὶ Πόντον καὶ τὴν Σκυθικὴν οὐ γίνονται ὄνοι. Nicht anders Strabo 7, 4, 18: ὄνους τε γὰρ οὐ τρέφουσι (δύσριγον γὰρ τὸ ζῷον), und Plinius 8, 167: *ipsum animal (asinus) frigoris maxume impatiens, ideo non generatur in Ponto.* Da der Esel nicht sowohl ein Heerden- als ein Hausthier ist und sein Geschäft hauptsächlich darin besteht, in den begrenzten Räumen fester menschlicher Ansiedelung Lasten hin und her zu tragen (daher italienisch *somaro* der Esel, d. i. Lastthier, neugriechisch γομάρι von γόμος Last, Fracht), so kann er an den ältesten Wanderzügen indoeuropäischer Hirtenstämme überhaupt nicht Theil genommen haben. Zu den Litauern wird das Wort von benachbarten deutschen Stämmen gekommen sein, vielleicht schon frühe, z. B. zur Zeit des Gothenkönigs Ermanarich, denn wie die Hausirer aus Süden, zogen auch Lustigmacher mit Eseln und darauf sitzenden Affen in den Barbarenländern umher; auch die ersten christlichen Sendboten konnten die Kunde des Thieres verbreiten, denn der Esel fand sich in den Erzählungen der Bibel häufig und war vielleicht auf rohen Bildern der heiligen Geschichte zu sehen. Auch das slavische Wort ist gothischen Ursprungs. Das gothische *asilus* selbst aber stammt unmittelbar aus dem Lateinischen, nicht aus *asellus*, welche Form in den romanischen Sprachen fehlt und also nicht populär war, auch widersprechend accentuirt ist, sondern aus *asinus* mit der gewöhnlichen Verwandlung des n in das der deutschen Zunge geläufigere l. Ganz ebenso wurde aus lat. *catinus* das goth. *katils*, slav. *kotlŭ*, aus *lagena* ahd. *lagella*, mhd. *lägel* Fässchen, aus *organum* Orgel, aus *cuminum* ahd. *chumil* Kümmel. Von dem keltischen *assal* [altir. *assan*, woraus ags. *assa*, engl. *ass*] urtheilt auch Stokes (Irish glosses 296), es könne nach den Lautgesetzen kein einheimisches Wort sein, sondern müsse aus dem Lateinischen stammen; an einer späteren Stelle (S. 159) fügt er hinzu, auch ὄνος und *asinus* scheinen nicht indoeuropäischer, sondern orientalischer Herkunft. — In den sog. Terramara-Lagern von Parma, die der Broncezeit angehören, wurden nur in den oberen Lagen und zwar nur zweifelhafte Knochen vom Esel angetroffen (Mittheilungen der Antiquarischen Gesellsch. in Zürich, Band XIV, S. 136). Der Esel erschien also in jener Gegend Italiens später als die Bronce. [Vgl. jetzt W. Helbig, Die Italiker in der Poebene S. 15, der die Frage, ob der Esel zu den Hausthieren der Pfahldörfler der Emilia gehörte, als eine unerledigte betrachtet. In den Schweizer Pfahlbauten sind, bis auf einen ganz vereinzelten Fund (vgl. Keller, Berichte VII, 56), keine Ueberreste des Esels zu Tage gekommen.]

41. S. 133.

Das homerische ἡμιόνων ἀγροτεράων kann nur bedeuten: auf der Weide, in freien Heerden aufgewachsen, noch ungezähmt. Solche junge Thiere kamen von den Enetern und wurden dann von dem Empfänger gebändigt und abgerichtet, ganz wie solches mit den Pferden geschah. Neuere Erklärer des Homer halten das Maulthier, diesen Bastard von Pferd und Esel, für ein natürliches wildlebendes Thiergeschlecht oder erinnern an den *equus hemionus* der Zoologen, den Dschiggetai in den Wildnissen Asiens, welcher letztere dann ohne Zweifel für den zoologischen Garten der Trojaner bestimmt war! — Aber die Onager, die Liudprand auf seiner Gesandschaftsreise im Jahre 968 in einem Brühl in Konstantinopel sah, könnten wirklich Dschiggetais gewesen sein. Leider hatte Liudprand nicht Interesse für die Sache genug, um uns diese wilden Esel genauer zu beschreiben und sich beim Wächter zu erkundigen, von wo sie bezogen waren.

42. S. 134.

Das lat. *mulus* wird mit Wahrscheinlichkeit von dem griechischen μυχλός, Zucht- oder Springesel abgeleitet, wobei der Ausfall des χ sich in der Länge des Vocals reflectirt. Μυχλός war nach Hesychius ein phokäisches Wort und die Phokäer sind ja die Seefahrer und Colonisatoren des Westens. — Das albanesische (auch walachische) *mušk*, das slavische *mĭskŭ*, *mĭzgŭ*, *mĭštę*, welches sich von *měsiti*, *měšati* mischen nicht ableiten lässt, muss auf μυχλός zurückgehen; es fehlt im Polnischen und Litauischen und wird eine thrakische Wortform sein [vgl. hierzu oben S. 136]. Die heutigen Russen haben ihre beiden Ausdrücke für Maulthier: *ischak* und *loschak*, ebenso wie ihr Wort für Pferd, von den Tartaren genommen. Wäre uns die Sprache des grossen thrakisch-illyrischen Volksstammes erhalten, der gewiss schon in sehr alter Zeit eine Menge Kulturbegriffe nach Norden hin vermittelte, wir würden in der Urgeschichte Europas bei Weitem klarer sehen. Manches, was uns jetzt mit dem Schein der Urverwandtschaft täuscht, würde sich dann, wie wir glauben, als Kulturwanderung erweisen. — Das lateinische ***hinnus*** für den Abkömmling von Hengst und Eselin (Varro de r. r. 2, 8, 1: *ex equa enim et asino fit mulus, contra ex equo et asina hinnus*) ist gleichfalls griechischen Ursprungs: ἴννος, ἶννος, γίννος. Wenn das γ hier einem alten Digamma entspricht, so ist die Einwanderung des Wortes nach Italien in eine verhältnissmässig späte Zeit zu setzen, was auch ohnehin der Natur der Sache nach — da diese Art Paarung weniger gebräuchlich war — wahrscheinlich ist. — [Neben *mulus* begegnet im Spätlateinischen *burdo*, *burdus* für *hinnus* (Du Cange: *burdonem producit equus coniunctus asellae, procreat et mulum iunctus asellus equae*), das in die germanischen (ahd. *burdihhîn*, mnd. *burdon*, mndl. *bord-esel*) und in die romanischen Sprachen, hier theils in der Bedeutung Bastard, theils in der von Pilgerstab (vgl. span. *muleta* Maulthier und Krückenstock) übergegangen ist. Zu trennen ist dieses *burdus* von *burrus*, *burricus*, das als vulgäre Bezeichnung für *mannus* kleines Pferd angeführt wird (vgl. Wölfflins Archiv VII, 318f. und G. Goetz Thes. I, 157). Doch bezeichnet *burricus* in den scheinbar verwandten romanischen: it. *bricco* (vgl. βρίκον· ὄνον Κυρηναῖοι, Hesych.), span. *borrico* etc. den Esel. Vgl. noch das merkwürdige altpr. *weloblundis* für Maulthier (russ. *velĭbądŭ* = Kamel) und das dunkle ahd. *durmer* ‚*burdo ex equo et asina*' (Palander Ahd. Thiernamen S. 99). — Meister in Kuhns Zeitschrift 32, 143 ff. trennt ἴννος von γίννος, das nur krüppelhaft kleine Maulthiere bezeichnet habe.]

43. S. 134.

Das griechische αἴξ, αἰγός Ziege findet sich im Sanskrit und im Litauischen wieder [scrt. *ajá-s* = lit. *ożỹs*, griech. αἴξ = armen. *aits*] und geht also in die Zeit vor der Völkerwanderung hinauf. Daraus folgt übrigens noch nicht ohne Weiteres, dass das Urvolk die Ziege schon als Hausthier besessen habe; es konnte irgend ein springendes Jagdthier mit einem Namen benennen, der später bei Bekanntwerden mit der zahmen Ziege auf diese überging — eine Möglichkeit, deren sich diejenigen, die so sicher aus dem Vorhandensein gewisser gemeinsamer Wörter auf den Kulturstand des primitiven Stammvolkes schliessen, in ähnlichen Fällen häufiger erinnern sollten. Movers, ganz andern Spuren und Combinationen folgend, sucht die Herkunft der Ziege aus dem gebirgigen Theil des nördlichen Afrika zu erweisen (II, 1, S. 366ff.). Die Alten erwähnen hin und wieder wilder Ziegen in Griechenland und Italien. Allein Ziegen verwildern leicht und vermehren sich dann schnell. Auf der Insel Cerigo waren im siebzehnten Jahrhundert alle Einwohner von den Türken ermordet oder weggeschleppt und die Wohnungen niedergebrannt worden. Nur einige Ziegen waren entflohen. Fünfzehn Jahre später hatten sich diese zu vielen Tausenden vermehrt, waren aber so wild wie Gemsen geworden (Beckmann, Literatur der älteren Reisebeschreibungen, 1, 547). La Marmora hatte viel von den wilden Ziegen auf der kleinen Insel Tavolara bei Sardinien gehört, die nichts als ein ungeheurer Block von kohlensaurem Kalk ist. Nachdem er nicht ohne Mühe und Gefahr einige dieser Thiere erlegt, ergab die Untersuchung, dass die wilden Ziegen nichts als — verwilderte zahme waren (Voyage en Sardaigne, Ausg. 2, I, 171). Gewiss aber ist, dass die Ziege in den Felsenlabyrinthen der griechischen Inseln, Siciliens, Sardiniens,

Calabriens, sowie in Palästina und am Atlas sich heimischer fühlt, reichlichere Milch giebt und einen stattlicheren Wuchs erreicht, als in den nebligen, gras- und waldreichen Niederungen, auf denen in der Urzeit die germanischen und lituslavischen Stämme ihre Rinder weideten.

44. S. 135.

Der Südosten von Europa, die Abhänge der Karpathen und die sich anschliessenden Ebenen waren von Urbeginn eine grosse Lindenwaldung, die noch in historischer Zeit einen unermesslichen Honigertrag lieferte und in der die unterdess eingerückten Slaven hausten und schmausten. Bei steigender Kultur des Bodens hatte jeder Zeidler sein bestimmtes Revier im Walde, und die Honigbäume wurden gezeichnet. Ganz spät erst fanden sich von Süden und Westen her Bienenstöcke, *alvei, alvearia* (mittellat. *apile*, lit. *awilŷs*, slav. *ulei*, bei Hesychius ἀπέλλαι· σηκοί) bei den Häusern und in den Gärten ein, indess gleichzeitig der Wald immer weiter rückte. In Litauen und Russland aber blieb das Honigsammeln in den Wäldern noch bis in späte Zeiten überwiegend. Strahlenberg, der nord- und ostliche Theil von Europa und Asia, Stockholm 1730, 4°, S. 333: »In Litauen und in Russland an vielen Orten heget und hält man Bienen nicht häufig in Körben, noch in aus- und abgehauenen Klötzen oder Stöcken bei den Häusern, sondern in den Wäldern, an den höchsten und geradesten Tannenbäumen, nahe bei deren Spitzen« u. s. w., worauf noch erzählt wird, die Dörptischen Bauern (in Liefland) hätten in alter Zeit mit Pleskauischen Bürgern einen Contrakt gemacht, »dass sie in den Pleskauischen Wäldern ihre Bienenstöcke halten könnten« — »nachdem aber diese Wälder ruiniret und ausgehauen worden, hat solches aufgehöret.« Diese Waldbienenzucht war das Geschäft des Zeidlers oder Beutners (russ. *bortnik*, poln. *bartnik*; Beute = Bienenkorb) und hatte sich im Laufe der Jahrhunderte von Gallien, wo sie einst auch geblüht haben muss, nach Germanien, wo die Bienen zur Mark gehörten und die Rechtsbücher über die Zeidelweide Bestimmungen treffen, und weiter nach Nordosteuropa, wo sie sich am längsten hielt, zurückgezogen. [Interessante Angaben über die älteste Verbreitung der Honigbiene und die allmählige Ausdehnung der Bienenzucht s. bei F. Th. Köppen, Ein neuer thier-geographischer Beitrag zur Frage über die Urheimat der Indoeuropäer und Ugrofinnen im Ausland 1890 No. 51.]

45. S. 141.

Wir konnten im Text das Thema von der Baukunst natürlich nur flüchtig berühren, obgleich es bei eingehender Behandlung die fruchtbarsten Gesichtspunkte eröffnen würde. [Einen solchen erblickte Hehn in der Annahme starker iranischer Beeinflussung Osteuropas und Deutschlands. Er sagt: »Die iranischen Stämme auf europäischem Boden haben in Kultur und Religion grösseren Einfluss geübt und in den Sprachen mehr Spuren hinterlassen, als bisher beachtet worden ist. Da nach Tacitus die Slaven viel von den Sitten der Sarmaten angenommen und z. B. ihren alten Namen Gottes mit dem iranischen vertauscht hatten, wie hätten die Germanen sich dieser Einwirkung, die ihnen auf mehr als einem Wege zukommen konnte, entziehen sollen? Nicht alle Skythen waren ein nomadisches Wagenvolk; einzelne ihrer Abtheilungen, die Σκύθαι ἀροτῆρες und γεωργοί, bauten den Boden und betrieben

Getreidehandel. Die früh gegründeten Kolonien am Pontus mussten so bildend und erziehend auf sie wirken, wie Massilia auf die Kelten, und dass die Landsleute des Anacharsis wenigstens ein entwickeltes Göttersystem besassen, geht aus Herodots Angaben klar genug hervor. Später waren Quaden und Jazygen, Gothen und Alanen Waffenbrüder und werden oft zusammen genannt, Amm. Marc. 17, 12: *permistos Sarmatas et Quados, vicinitate et similitudine morum armaturaeque concordes.* Auch der Suevenkönig Vannius, der 30 Jahr unter römischem Schutz regierte, hatte eine sarmatische und jazygische Reiterei.« Indessen sind die sprachlichen Belege, welche Hehn für diese Ansicht anführte, die Annahme, germ. *hûs* sei aus einer iranischen Sprache entlehnt (kurd. *k'auš, haoûch,* Lerch, Forschungen S. 88 und Jaba-Justi S. 146), ebensowenig wie der Versuch, goth. *guth,* bei dem H. wohl an np. *χudâ* Gott dachte (vgl. P. Horn a. a. O. S. 104), aus dem Iranischen zu erklären, haltbar.]

46. S. 146.

Niebuhr, Beschreibung von Arabien, Kopenhagen 1772, 4°, S. 57: »Man hat ein weisses und dickes Getränk, Busa, welches aus Mehl zubereitet wird . . . In Armenien ist es ein allgemein bekannter Trank. Daselbst wird es in grossen Töpfen in der Erde aufbehalten und gemeiniglich aus denselben vermittelst eines Rohres getrunken.« Dazu in der Anmerkung: »das Busa scheint einige Aehnlichkeit mit dem Tranke zu haben, welchen die Russen Kisli-Schti oder mit dem, welchen sie Kwass nennen.« Letztere sind aber nicht berauschend, wie der Trank des Xenophon war.

47. S. 155.

Das herodoteische δονέουσι findet sich noch heute im Innern Kleinasiens wieder. Ein rohrartig ausgehöhlter Baumstamm ist an beiden Enden mit einem Brett verschlossen und hat oben ein Loch. Das Gefäss hängt an zwei Stricken und wird wie eine Schaukel von einem jungen Mädchen hin und her geschwungen, bis die Butter sich abgesetzt hat. S. die Abbildung bei Van Lennep, Travels in little-known parts of Asia minor, London 1870, 1, p. 131.

48. S. 163.

Wenn die Behauptung Partheys (in seiner Ausgabe von Plut. de Iside et Os. S. 158) richtig ist [nach Wiedemann, Herodots II. Buch S. 358 wäre sie es nicht], dass bei den allerältesten Mumien noch Hüllen von Schafwollen angewendet sind und erst von der 12. Dynastie an leinene Binden sich finden, die von da an im allgemeinen Gebrauch blieben, so ist auch in Aegypten der Flachsbau erst eine verhältnissmässig jüngere Kulturerwerbung. Wir würden dies auch ohne directes historisches Zeugniss annehmen müssen, denn Aegypten war bei der ersten Besitzergreifung gewiss ein Weideland, ein Land der νομοί, wozu es die Natur gemacht hatte; nur das ist bemerkenswerth, dass danach die Sitte der Einbalsamirung, die Entwickelung höherer politischer Ordnung u. s. w. der Bekanntschaft mit der Leinpflanze vorausging. — Auch in einem altchaldäischen Grabe — also aus einer Zeit, die dem Reiche Babylon vorausgegangen sein soll — wurden angeblich Stücke Leinwand gefunden, Journal of the R. Asiatic Society, t. XV. p. 271: »*Pieces of linen are observed about the bones, and the whole skeleton seems to have been bound with a species of thong.«* Aber war es wirklich Leinwand und nicht vielmehr Geflecht aus irgend einer bastartigen Pflanze? [vgl. hierzu oben S. 184ff.].

49. S. 164.

Die Zahl der Fäden 360 entsprach offenbar der Zahl der Tage des ältesten Jahres (Peter von Bohlen, Das alte Indien, 2, S. 270). Der Aegypter war so tief in Symbolik befangen, dass nichts für ihn ausserhalb der Religion lag, dass er das Realste, was es geben kann, die nach äusseren Verstandeszwecken verfahrende Technik des Handwerks, durch Mystik heiligte und an den Himmel knüpfte. Was politische und wissenschaftliche Romantiker des neunzehnten Jahrhunderts gesucht und als Forderung aufgestellt haben, christlicher Staat, christliche Volkswirthschaft, christliche Astronomie u. s. w., war im alten Aegypten wirklich einmal vorhanden. Goethe, Farbenlehre, Zur Geschichte der Urzeit: »Stationäre Völker behandeln ihre Technik mit Religion.« Interessant aber ist, dass in dem Bericht des Plinius, fünfhundert Jahre nach Herodot, statt der Zahl 360 schon 365 erscheint, eine stillschweigende Verbesserung der Sage, durch welche zugleich die obige Deutung bestätigt wird. Auch die beiden ägyptischen Maasse, die den Namen *hinn* und *kiti* führten, wurden in je 360 Theile zerlegt (Lepsius in der Zeitschrift für ägyptische Sprache, 1865, S. 109), — eine mystisch-religiöse Einrichtung, da für die Praxis die Unterabtheilungen zu klein waren. — Die Webekunst, bei welcher zwei entgegengesetzte Richtungen ein aus ihrer Durchdringung entstehendes Drittes erzeugen, bot übrigens der mythischen Phantasie der ältesten Zeiten von selbst das Bild zweier Naturpotenzen, einer empfangenden und einer zeugenden, und ihrer fruchtbaren Vermischung.

50. S. 165.

Wäre die kolchische Leinwand über die lydische Hauptstadt Sardis gekommen, so hätte das Adjectiv vielmehr Σαρδιηνόν, Σαρδιηνικόν lauten müssen. Da Herodot sagt, die Kolchier und Aegypter webten auf dieselbe Art, κατὰ ταὐτά, — gab es vielleicht auch in Kolchis ein Gewebe, dessen Fäden aus 360 noch feineren bestanden, und hiess ein solches sardonisch nach dem lydischen und ganz allgemein iranischen Worte σάρδις, das Jahr? — Wie Herodot bringt auch ein neuerer Naturforscher den ägyptischen und kolchischen Flachs in Verbindung. Unger, Botanische Streifzüge auf dem Gebiet der Kulturgeschichte, Wiener Sitzungsberichte, Band 38, S. 130: »Die Leinpflanze ist nicht in Aegypten einheimisch, sondern daselbst eingeführt und zwar, nach der Natur der Pflanze zu urtheilen, aus viel nördlicher gelegenen Ländern, wahrscheinlich aus Kolchis.« Aber letzteres doch gewiss nicht direct, sondern über Babylonien.

51. S. 166.

Ritter, Ueber die geographische Verbreitung der Baumwolle u. s. w. (in den Abhandl. der Akad. der Wissensch. zu Berlin aus dem Jahre 1851), deutet S. 336ff. die ὀθόναι, ὀθόνια als baumwollene Stoffe, aber ohne einen haltbaren Grund anzuführen und bloss auf eine verfehlte Etymologie gestützt. Nach H. Brandes, Ueber die antiken Namen und die geographische Verbreitung der Baumwolle im Alterthum, S. 106, bezieht sich der Ausdruck ὀθόνη »nicht sowohl auf einen bestimmten Stoff, als vielmehr auf bestimmte Arten oder Formen von Geweben, welche als Kleidungsstück dienen konnten.« Mit anderen Worten also: die ὀθόναι können bei Homer sehr wohl Leingewänder sein, auch wenn späte Schriftsteller unverkennbar baumwollene darunter verstehen. [Vgl. hierüber wie über die Baumwolle im Alterthum überhaupt O. Schrader, Handelsgeschichte und Waarenkunde I, 186 ff.]

52. S. 176.

Wie die europäische Urwelt in der Waldepoche sich Stricke schaffte, davon giebt uns eine Stelle der Odyssee 10, 156 ff. ein anschauliches Bild. Odysseus hat auf der Insel der Circe einen Hirsch erlegt, ein ungewöhnlich grosses Thier, und es handelt sich darum, die Beute zu den Gefährten am Meeresstrande zu schaffen. Er rafft Gezweig und Ruthen, ῥῶπάς τε λύγους τε, zusammen, flicht daraus einen klafterlangen, von beiden Enden wohlgedrehten Strick, πεῖσμα ἐΰστρεφὲς ἀμφοτέρωθεν, bindet dem Thier damit die Füsse zusammen, hängt es sich um den Nacken und trägt es so hinab zum schwarzen Schiffe. Damit vergleiche man folgendes Wort bei Nesselmann, Wörterbuch der litauischen Sprache, S. 180: *kardēlus* oder *kardēlis* ein starkes Tau zum Anbinden der Holzflösse und Wittinnen (Art Flussfahrzeuge), meist von Bast oder Reisern geflochten; das Ankertau auf grösseren Schiffen; die Drittstange am Wagen, eine junge mit einer geflochtenen Oese versehene Birke oder auch ein Strick, woran das dritte Pferd gespannt wird. Was in dem unentwickelten Litauen noch heute Brauch ist, das übten auch die Germanen in einem früheren Zeitalter. Grimm, RA. 683: »das einfache Alterthum drehte statt der hänfenen Seile Zweige von frischem, zähem Holz«, ahd. *wit*, mhd. *wide, lancwit, widen* binden, nhd. Wiede, Langwiede, auch in den übrigen deutschen Sprachen, sowie in den keltischen und slavischen, sich wiederfindend (die verschiedenen Formen bei Diefenbach, G. W. 1, 146). Die Wiede diente zum Zusammenbinden der Dächer und der Flösse, am Wagen und Joche, zur Koppelung der Thiere, zur Geisselung und als Seil beim Aufhängen der Verbrecher u. s. w. In jeder Hinsicht entsprechend ist das lateinische *vitis*. Dieses Wort bedeutet nicht etwa die sich um einen Baum oder Stock rankende Pflanze, sondern, wie *vitex, vimen* und das griechische ἰτέα, ein biegsames, dem Menschen zum Winden, Binden und Flechten dienliches Gewächs. Virgil sagt *lentae vitis* wie *lenta salix*. Wie der Sclave und Uebelthäter mit der geflochtenen Wiede geschlagen wird, ja das mhd. Verbum *widen* geradezu schlagen bedeutet, so bildet bei den Römern die *vitis* in der Hand des Centurionen das Werkzeug der Züchtigung für ungehorsame Soldaten, z. B. Liv. Epit. 57: *quem militem extra ordinem deprehendit, si Romanus esset, vitibus, si extraneus, fustibus cecidit.* Ein der Rebe ähnliches Rankengewächs, die Bryonie, lat. *vitis alba*, dessen Name wahrscheinlich auf den Weinstock überging, wird von Ovid ausdrücklich mit der Weide zusammengestellt, Met. 13, 800:

Lentior et salicis virgis et vitibus albis —

und diente wie Ginster und Binse zum Korbflechten, Serv. ad V. G. 1, 165: *quoniam de genistis vel junco vel alba vite solent fieri.* Man vergleiche auch altn. *sneis* Zweig, mhd. *sneise* Schnur.

Ein Schritt weiter war es, wenn der Bast der Bäume, ein noch weiterer, wenn die Fasern der Nessel zu Seilen, Zäumen, Gürteln, Zeugen, Kleidern, Schilden u. s. w. verarbeitet wurden. Die Massageten kleiden sich in Bast, Strab. 11, 8, 7: ἀμπέχονται δὲ (οἱ Μασσαγέται) τοὺς τῶν δένδρων φλοιούς, und ebenso die Germanen, Mela 3, 3, 2: *viri sagis velantur, aut libris arborum, quamvis saeva hieme,* und tragen Schilde von roher Baumrinde, Val. Flacc. 6, 97 (von den Bastarnen):

quos, duce Teutogono, crudi mora corticis armat.

Zu solchem Bastgeflecht diente besonders die Linde, die auch in allen Sprachen nach dieser Eigenschaft benannt ist. Das griechische φιλύρα heisst Linde und Bast und ist sicher mit φλοιός Rinde und φελλός Kork verwandt. Theophr. h. pl. 5, 7, 5: ἔχει δὲ καὶ (ἡ φιλύρα) τὸν φλοιὸν χρήσιμον πρός τε τὰ σχοινία καὶ πρὸς τὰς κίστας. Also noch Theophrast kennt den Gebrauch des Lindenbastes zu Stricken und zu Kisten. In der grossen Lindenregion Europas, in Weiss- und Kleinrussland und den an die Karpathen sich lehnenden Landschaften ist die Lindenrinde noch heut zu Tage in lebendiger Anwendung und dient je nach dem Alter des Baumes zu Wagenkörben und Flusskähnen, zu Matten, Stricken, Schuhen, Säcken, Sieben u. s. w. Man berechnet die Zahl der hier und in dem waldreichen russischen Nordosten, in Wiatka u. s. w., zum Behuf der Schälung jährlich gefällten Bäume auf etwa eine Million; der Bast wird in Wasser geweicht und das Material ist fertig. Ahd. *linta,* ags. und altn. *lind* die Linde, altn. *lindi* der Gürtel; das Lind in deutschen Mundarten so viel als Bast, Lindschleisser in der älteren Sprache gleich Seiler (Grimm RA, S. 261 und 520). Von dem deutschen Lind kann das lateinische *linteum* nicht getrennt werden; nach Wackernagel würde auch das romanische *barca* die Barke aus dem niederdeutschen Borke, altn. *börkr* abzuleiten sein, doch scheint das griechische βᾶρις, welches vielleicht aus Aegypten stammt [aegypt. *barî-t*], das messapische βᾶρις und lateinisch *baris* grösseren Anspruch zu haben. Das homerische nur im Dativ und Accusativ vorkommende λιτί, λῖτα (also für λιντί, λίντα) ziehen wir mit Pott gleichfalls hierher: es bedeutet ein gröberes Tuch, ursprünglich wohl eine Matte aus Lindenbast: der weggestellte Wagen wird damit bedeckt, es wird auf den Sessel gebreitet und darüber die schöne purpurne Sitzdecke, der Leichnam des Patroklus wird damit verhüllt und darüber das weisse Leichentuch geworfen. Ob wir uns dabei im Sinne der Sänger noch eine wirkliche Bastmatte oder schon ein grobes Leinenzeug zu denken haben, bleibt ungewiss. Lateinisch *tilia* Linde, *tiliae* Bast, französisch *teiller* Hanf brechen, italienisch *tiglio* Hanfrinde. Dem slavischen *lipa,* litauischen *lëpa* die Linde entspricht gr. λέπειν schälen, λεπτός zart (durchgängig von Zeugen aus Flachs gebraucht, λεπτὰ ὑφάσματα = linnene Gewebe), lit. *lùpti* schälen, ahd. *loufl, lôft* Baumrinde. Ebenso gehört lat. *licium* ohne Zweifel in dieselbe Reihe mit lit. *lùnkas,* russ. poln. czech. *lyko* der Bast. Wie lat. *liber* beweist, war Bast auch das älteste Schreibmaterial. Ulp. Dig. 32, 52: *Librorum appellatione continentur omnia volumina, sive in charta, sive in membrana sint, sive in quavis alia materia: sed et si in philyra aut in tilia, ut nonnulli conficiunt, aut in quo alio corio, idem erit dicendum.* Mit Anbruch der historischen Zeit ist dieser vielgebrauchte Stoff überall im Verschwinden, aber manche Benennungen, die ihm gegolten hatten, gingen auf die neuen Pflanzen über, die an seine Stelle traten [vgl. hierzu oben S. 185ff.].

Schon dem Flachse näher stehen die Gewebe aus den Fasern der gemeinen wildwachsenden Nessel. Sie sind bei den Halbnomaden an der Grenze Asiens und Europas, einer Gegend, die bei dem stufenmässigen Zurückweichen der älteren Kulturepochen nach Osten uns oft in überraschender Weise die Gestalt Ureuropas vor Augen stellt, noch heut zu Tage ganz gewöhnlich. Die Weiber der Baschkiren, der Koibalen, der Sagai-Tataren u. s. w. verarbeiten die *urtica dioeca* nicht bloss zu Netzen und Garnen, sondern auch zu einer Art Leinwand, s. Storch, Tableau historique et statistique de l'empire de Russie, 1801, II. 249. Von den Baschkiren berichtet Pallas, Reise durch verschiedene Provinzen des russischen Reichs, St. Petersburg 1801, I. S. 448: »Ihr grobes Leinenzeug zur Kleidung verfertigen sie grossentheils selbst, indem sie ..... auch von der gemeinen grossen Nessel Garn spinnen. Diese Nessel wächst in dem fetten Erdreich bei den Wohnungen häufig und wird wie der Hanf im Herbst ausgerauft, getrocknet, danach etwas eingewässert, der Bast am meisten mit den Händen durch das Brechen der Stengel abgezogen und zuletzt in hölzernen Mörsern gestampft, bis nichts als das Werg übrig bleibt.« Ein Handelsbetrug, der in Turkestan oft vorkommt, besteht darin, dass Nesselfäden mit der Seide verwebt werden und das Zeug als reiner Damast verkauft wird. Nestor erzählt an einer merkwürdigen Stelle, Oleg habe, von Konstantinopel wegschiffend, den Schiffen der Russen Segel aus *powoloka,* denen der Slaven Segel aus Nesseln, *kropiva*, gegeben, Schlözer, Nestor, III, S. 295f. (Das erste Wort erklärt Krug, Zur Münzkunde Russlands, St. Petersburg 1805, S. 109ff. als verderbt aus »babylonisches Zeug«, d. h. Seide, vielleicht waren die Segel von Nesseln linnene mit Beibehaltung des alterthümlichen Ausdrucks, nur feinere, denn die Slaven beklagen sich, dass sie ihre gewöhnlichen groben nicht bekommen haben, die die dem Sturme besser Widerstand geleistet hätten.) Dass auch die Germanen Netze aus Nesselgarn strickten, lehrt die etymologische Verwandtschaft dieser beiden Wörter, goth. *nati,* ags. *net* das Netz, ags. *netele* die Nessel u. s. w.; auch die Nessel, preuss. *noatis*, lit. *noterė*, lett. *nâtra*, altirisch *nenaid* (reduplicirt, Cormac p. 126), scheint vom Nähen so benannt. Noch Albertus M. kennt den Gebrauch der *urtica* zu Geweben, de vegetabilibus ed. Jessen 6, 462: *duas autem habet pelles (urtica), interiorem et exteriorem: et illae sunt, ex quibus est operatio, sicut ex lino et canabo.* Und gleich darauf: *sed pannus urticae pruritum excitat, quod non facit lini vel canabi.* Auch das Chinagras, das wir jetzt aus Indien, Java, China beziehen, ist nichts als die Brennnessel oder eine Varietät derselben und liefert Stoffe, die der Baumwolle in jeder Beziehung überlegen sind.

Als der Flachs den europäischen Völkern zukam, da war es natürlich, dass die vorhandenen Namen des Bastes und der Nessel und der aus ihnen gearbeiteten Produkte auf die neue Gespinnstpflanze übergingen. So erhielt das lateinische *linteum* den Sinn von Leinwand, während im Deutschen Lind die Bedeutung Bast und Linde die des basttragenden Baumes bewahrte. Ein keltisches Wort für Nessel ist kymbrisch *dynat, danad,* welches altkornisch *linhaden*, armorisch *linad, lenad, linaden* lautet (Zeuss[2] 1076). Das Primitiv davon scheint in dem bei Dioscorides aufbewahrten dakischen δόν = κνίδη, *urtica* (Diefenbach O. E. S. 329) und mit demselben Wechsel von d und l, wie bei *dynad* und *linad*, in dem griechischen λίνον vorzuliegen. Ist die letztere Vermuthung gegründet, so würden die Griechen, als ihnen in vorhomerischer Zeit der Flachs und die Leinwand von Asien her zugetragen wurde, ihre Bezeichnung der Nessel und des Nesselgeflechts auf das ähnliche, wenn auch vollkommnere Gespinnst aus Flachs angewandt haben. Der ursprüngliche kurze Vocal wurde mit der Zeit und in einigen Landschaften lang: λῖνον (der umgekehrte Vorgang wäre nach den sonst beobachteten Gesetzen sprachlicher Entwickelung minder wahrscheinlich), und so lautet das Wort bei Aristophanes Pac. 1178 und beim Komiker Antiphanes (Athen. 10, p. 455) — welch letztere Stelle Meineke mit Unrecht durch Conjectur ändert. In dieser jüngeren Gestalt finden wir das Wort in Italien wieder: *līnum*; von da kam es zu den transalpinischen Völkern, goth. *lein* u. s. w. — Die deutsche Sprache hat noch zwei Ausdrücke für die Pflanze selbst, beide sichtlich vom Flechten und Weben entnommen und mit Wörtern der Bedeutung Haar sich berührend: ahd. *flahs* und *haru*, gen. *harawes* (ersteres hat im litauischen *pláukas* und slavischen *vlasŭ* den Begriff Haar, im lit. *plaũszas* den von feinem Bast; *fahs* das Haar, die Nebenform von *flahs*, ist ein's und dasselbe mit dem griech. πέκος, πέσκος, welches letztere Wort der Scholiast zu Nic. Ther. 549 erklärt: πέσκος δὲ τὸν φλοιὸν τῆς βοτάνης, also Bast, πέκω kämmen, lat. *pecto; haru*, altn. *hör*, der Lein, halten wir für identisch mit dem slav. *kropiva*, die Nessel, und dem alban. *kεrp* = Hanf) [vgl. hierzu oben S. 185 ff.].

Unter den aus Schweizer Seen aufgefischten Gegenständen haben sich auch Bündel geernteten Flachses, Stücken linnenen Zeuges, aus Flachs geflochtene Matten u. s. w. gefunden. Da namhafte Naturforscher in den genannten Ueberresten wirklich die Fasern des Flachses erkannt haben, so dürfen wir an der Thatsache nicht zweifeln, obgleich bei Garrigou et Filhol, Âge de la pierre polie, Paris et Toulouse s. a., 4°, p. 51 es vorsichtiger Weise nur heisst: *le lin leur était probablement connu, à moins qu' une autre plante à écorce filamenteuse* (die grosse Nessel?) *ait pu leur fournir de quoi faire des vêtements.* Der Flachs war übrigens nicht unser jetzt gebräuchlicher, sondern eine besondere Varietät. O. Heer in den Mittheilungen der antiquarischen Gesellschaft in Zürich 15, 312: »Der Pfahlbautenlein ist nicht der gemeine Flachs. Der schmalblättrige Flachs, *Linum angustifolium Huds.*, der in den Mittelmeerländern von Griechenland und Dalmatien weg bis zu den Pyrenäen zu Hause ist, darf als die Mutterpflanze des kultivirten Pfahlbautenleins bezeichnet werden. Dass die Pfahlbautenleute ihren Flachssamen aus dem südlichen Europa bezogen, beweist das kretische Leimkraut« — welches letztere sich nämlich als Unkraut unter den Flachsresten findet. Danach also war der Schweizer Flachsbau erst von dem italischen abgeleitet [vgl. hierzu oben S. 184—185]. Je ausgebildeter wir uns überhaupt den Acker- und Obstbau bei den Bewohnern dieser Wasserbauten denken, desto tiefer in der Zeit müssen wir sie herabrücken. Man erwäge wohl, dass die aus dem Grunde der Seen heraufgeholten Gegenstände, so interessant ihr Anblick sein mag, doch unmittelbar chronologisch nichts aussagen und dass Alles, was über die Epoche dieser Kultur vermuthet worden ist, nicht der Betrachtung ihrer Reste, sondern anderweitigen oft sehr luftigen Erwägungen und Voraussetzungen entnommen ist. Wenn es das Glück so fügte, dass sich mitten in einem dieser Flachsbündel ein massaliotisches Geldstück eingeschlossen fände, oder wenn eine gütige Fee uns einige wenige Wörter der Sprache dieser Pfahlbauer, z. B. die Namen, mit denen sie den Flachs, den Weizen, den Pflug u. s. w. bezeichneten, vertrauen wollte — welch ein heller Lichtstrahl fiele plötzlich in diese dunkle Welt! Wir würden uns nicht wundern, wenn sich dann ergäbe, dass diese räthselhaften Urmenschen mit den steinernen Werkzeugen in der Hand Niemand anders als die Väter der uns seit Cäsar wohlbekannten Helvetier waren und dass die höhere Kultur, deren Spur wir bei ihnen finden, von den Ufern des mittelländischen Meeres stammte.

53. S. 188.

Movers, Phönizier, 2, 3, 157 behauptet ganz grundlos: »Hanf zu Schiffsseilen und Segel wurde in der ausgezeichnetsten Güte in Phönizien gezogen.« Das könnte höchstens von der Römerzeit wahr sein, wo auch der Hanf der karischen Stadt Alabanda im höchsten Rufe stand. — Der an einer einzigen Stelle im Homer vorkommende Ausdruck σπάρτα für Schiffstaue, Il. 2, 135:

καὶ δὴ δοῦρα σέσηπε νεῶν καὶ σπάρτα λέλυνται —

lässt über den Stoff, aus dem sie gefertigt waren, im Dunklen. Vergleicht man indess das verwandte Wort σπυρίς, lat. *sporta* der Korb, so wird glaublich, dass auch σπάρτον aus einer Binsen- oder Ginsterart gedreht war. Aber die σπάρτα πυκνὰ ἐστραμμένα an den Leinwand-Harnischen der Chalyber bei Xenophon Anab. 4, 7, 15 mögen hänfenen Stoffes gewesen sein, da die Chalyber demjenigen Landstrich und Volksstamme nahe wohnten, wo der Hanf zuerst auftritt.

54. S. 189.

Neben dem allgemein europäischen Ausdruck haben die Slaven ein eigenthümliches Wort für Hanf: russisch *penka*, poln. *pienka*, czechisch *pěnek*, *pěnka*. Sie können dies, wie so vieles Andere, von den Skythen oder Sarmaten entlehnt haben, denn neupersisch und afghanisch *beng*, *bang* und schon vedisch *bhanga* der Hanf, zendisch *banha* Trunkenheit, *Bañga* Name des Daêva der Trunkenheit , s. Justi, Handbuch, S. 209 [vgl. P. Horn, Grundriss d. np. Etym. S. 53]. Ein zweiter slavischer Ausdruck *poskonĭ* (so auch russisch und czechisch) stellt sich zu ahd. *fahs*, gr. πέκος, das polnische *płoskon* zu ahd. *flahs* — ein merkwürdiger Parallelismus beider Sprachgruppen. [Als ältere Form der slavischen Wörter sieht Miklosich, Et. W. S. 260 *posk-* an, das mit adh. *fahs*, vgl. oben S. 186, kaum zu verbinden ist. Litauische Lehnwörter aus *plosk-* siehe bei A. Brückner, Die slav. Fremdw. im Lit. S. 119.] — Bischof Otto von Bamberg fand bei den heidnischen Slaven in Pommern viel *canapum*, s. Herbordi vita Ottonis bei Pertz, Scr. 20 p. 745.

55. S. 196.

Wie die Lokrer mit den Siculern, sollte der attische Feldherr Hagnon mit den Barbaren am Strymon verfahren sein: er leistete ihnen den Eid, drei Tage nichts unternehmen zu wollen, warf aber bei Nacht seine Befestigungen auf und gründete so Amphipolis (Polyän. 6, 53). Als die Perser Barke in Afrika vergeblich belagerten, schwuren sie den Barkäern zu, gegen einen zu zahlenden

Tribut die Belagerung aufheben zu wollen. Dies Versprechen sollte so lange gelten, als die Erde, auf der sie stünden, unter ihren Füssen halten werde. Der Boden war aber künstlich unterhöhlt, die Erde sank zusammen und die Stadt wurde überfallen und eingenommen (Herod. 4, 201). Durch buchstäbliche Auslegung erwarb sich auch Dido den Boden zur Gründung von Karthago. Bei dem Mönch von Corvey, Widukind, landet der Stamm der Sachsen zuerst in Hadeln. Einer ihrer Jünglinge kauft den Thüringern für viel Gold einen Haufen Erde ab und wird als Betrogener ausgelacht. Hinterher aber bestreut er weit und breit das Land mit dem erkauften Staube und so gehört der Grund und Boden den Sachsen. Dieser Anspruch wird dann durch eine blutige Schlacht und die Niederlage der Thüringer bekräftigt. Auf ähnliche Art kam die Wartburg in den Besitz des Landgrafen von Thüringen. Zwölf Ritter, im Burghof stehend, schwuren bei ihren Schwertern, dass sie auf landgräflichem Boden stünden: sie selbst aber hatten vorher thüringische Erde in den Burghof geschafft. — Bei Naturvölkern mit noch unentwickeltem sittlichen Gefühl wird die List bewundert, wie die Tapferkeit. Der Eid wird gefürchtet, aber nur als Formel, und so ist auch das Recht noch unabtrennbar vom Symbol. Noch jetzt machen ungebildete Menschen den Eid unwirksam, indem sie eine Art Gegenzauber anwenden, z. B. während sie die rechte Hand zum Schwur erheben, die drei Finger der linken hinter dem Rücken nach unten ausstrecken u. s. w.

56. S. 225.

Laurus abgeleitet von *luo, lavo*. Derselben Herkunft ist *Lavinia, Lavinium*, die angeblich mit Lorbeer umpflanzte Sühnstadt *Laurentum* u. s. w. s. Schwegler, Römische Geschichte, 1, S. 319 f. Diese Herleitung würde noch sicherer sein, wenn wir mit Benfey das griechische δάφνη mit δέφω, δεψέω, δίψω in der ursprünglichen Bedeutung benetzen, anfeuchten in Verbindung bringen dürften. Aber störend ist das thessalische δαύχνα in dem zusammengesetzten Worte ἀρχι-δαυχναφορείσας bei Boeckh C. I. no. 1766, sowie das jetzt bei Nicander an zwei Stellen (Ther. 94 und Alexiph. 199) wiederhergestellte δαυχνός für Lorbeer. Andere haben das Wort daher von einer Wurzel mit der Bedeutung brennen ableiten wollen (Legerlotz in Kuhn's Zeitschr. 7, 293), wo denn der Lorbeer immer noch als lustrirender, nur nicht als durch Spülen, sondern durch aromatische Räucherung reinigender Baum benannt wäre (Paul. Epit. ed. O. Müller, p. 117: *itaque eandem laurum omnibus suffitionibus adhiberi solitum erat.*) Stände danach das *l* im lateinischen *laurus* für *d*, wie in anderen bekannten Fällen? Die Pergäer in Kleinasien sagten λάφνη für δάφνη nach Hesychius. Derselbe hat ein Wort, welches wegen der Ableitung mit *r* nahe an das lateinische heranreicht: δυαρεία· ἡ ἐν τοῖς Τέμπεσι δάφνη. — Wenn das griechische aus einer asiatischen Sprache stammt, dann ist natürlich alle Bemühung um etymologische Erklärung aus dem Griechischen vergeblich. — Auch μύρτος (μυρσίνη, μυρρίνη, μυρίνη) ist, weil von μύρον, μύρρα, σμύρνα nicht zu trennen, ein orientalisches Wort. In der ältesten Zeit wurden die Sträucher, deren Blätter und ausschwitzendes Harz zu Wohlgeruch dienten, nicht genau unterschieden. Zu den im Texte angeführten Stellen ist noch Serv. ad. V. A. 3, 23 zu fügen, wo Myrene, ein schönes Mädchen, Priesterin der Venus, weil sie einen Jüngling heiraten will, von der Göttin in eine *myrtus* verwandelt wird. Dass im Namen der Myrrha, der Tochter des Cinyras, der Begriff Trauer steckte, wie Movers 1, 243 wollte, ist nach dem Obigen nicht glaublich [vgl. hierzu oben S. 235].

57. S. 227.

Schneider zu der ang. Stelle des Theophrast bemerkt: *is (Plinius) igitur aut plura in suo libro scripta legit, aut aliunde inseruit Mithridatis nomen.* Aber den Namen des Mithridates konnte Plinius doch nicht in seinem Exemplar des Theophrast finden, der zweihundert Jahr vor Mithridates lebte. Beispiel gelehrter Zerstreutheit!

58. S. 231.

Sollte nicht umgekehrt der griechische Name πύξος erst von den Produkten der feineren Holztechnik und der Kunstschreinerei auf den Baum übergegangen sein? Dass das Wort zu πτύσσω gehört, darüber kann kein Zweifel sein; der zu Grunde liegende Begriff kann aber nicht biegsam sein, wie Benfey im Wurzelwörterbuch vermuthet, denn der Buchsbaum zeigt gerade die entgegengesetzte Eigenschaft, ebenso wenig der des krausen, krummen Strauches, wie Grimm wollte, denn πτύσσω sagt gerade das Gegentheil aus: falten, schichten, fügen, zurechtlegen, aus Tafeln zusammensetzen. Schon Homer hat πτύχες für die Lagen des Schildes, ἐν πίνακι πτυκτῷ für die Doppeltafel, auf deren innerer Fläche Zeichen eingegraben waren, Pindar ὕμνων πτυχαῖς für die wie bei kunstreichen Gefässen in einander greifenden Fugen der Gesänge u. s. w. Hat der Baum von solchen aus seinem Holz gefugten Kisten und Tafeln den Namen, so folgt, dass der Handel diese, sowie vielleicht Blöcke des rohen Materials, den Griechen zuführte, ehe der Baum selbst ihnen zu Gesicht gekommen war, — eine Bestätigung der im Text geäusserten Ansicht. — Der Name Κύτωρος, Κύτωρον könnte griechisch, nicht barbarisch sein, wenn nämlich darin in äolischer Form das sehr alte Wort steckt, welches als κότινος bei den späteren Griechen den Oleaster, bei den Lateinern als *cotinus* irgend einen Strauch in den Apenninen bedeutete, bei den Sinopeern aber vielleicht den auf dem Gebirge wachsenden *buxus* bezeichnete [vgl. hierzu oben S. 235 f.].

59. S. 237.

Benfey, 2, 372. Das *m* des semitischen *rimmōn* ging »durch eine sehr natürliche Umwandlung« in das griechische Digamma über. Hesychius kennt noch für eine Sorte grosser Granatäpfel den Namen ῥίμβαι. (Wenn freilich, was er hinzusetzt, das Wort laute besser ξίμβαι, und die vorausgehende Glosse: ξίμβραι· ῥοιαί. Αἰολεῖς sicher wäre, so würden andere Vermuthungen Platz greifen.) Dasselbe semitische Wort steckt vielleicht [?] im ersten Theil von ὀρόβακχος (Schol. ad. Nic. Ther. 869: λέγεται δὲ ὁμοίως ἡ ἐξάνθησις τῶν ῥοιῶν ὀρόβακχος) oder ὀροβάκχη (Hesych. ὀροβάκχη· βοτάνη τις. οἱ δὲ τῆς ῥοιᾶς τοὺς καρποὺς, οὓς ἔνιοι κυτίνους). Κύτινος gilt auch für die Blüte, aus der sich die Frucht entwickelt, Schol. ad. Nic. Alex. 610: κύτινόν φασι τὸ ἄνθος τῆς ῥοιᾶς, ὅπερ αὐξηθὲν ῥοιὰ γίνεται. Zu den Versen des Nicander, Alex. 489:

βρύκοι δ' ἄλλοτε καρπὸν ἅλις φοινώδεα σίδης
Κρησίδος, οἰνωπῆς τε καὶ ἣν Προμένειον ἔπουσι —

bemerkt der Scholiast: οἰνωπῆς· εἶδος ῥοιᾶς καὶ οἰνάδος. καὶ προμένειον δ' εἶδος ῥοιᾶς, ὠνόμασε δ' αὐτὴν ἀπό τινος Προμένου Κρητός. Bei σίβδη erinnert Pott EF.[2] 4, 81 an das persische *sêb* = *pomum, malum.* Von dem Namen der Blüte βαλαύστιον (wohl auch ein orientaliches Fremdwort, s. Löw. Aramäische Pflanzennamen, S. 364) stammt bekanntlich das italienische *balaustro, balaustrata* u. s. w. und also auch unser Balustrade [vgl. hierzu oben S. 243f].

60. S. 242.

Fiedler (Reise, 1, 625) erzählt: »Als König Otto 1834 an den Thermopylen war, brachte ein altes Mütterchen einen stattlichen Granatapfel und wünschte dem König so viel glückliche Jahre, als Kerne sich darin befänden.« Dies erinnert an Herodot 4, 143: Als Darius einen Granatapfel öffnete und gefragt wurde, von welchem Ding er eine so grosse Anzahl wünsche, als Kerne in der Frucht wären, erwiderte er, so viel Getreue, die dem Megabazus glichen, und das werde er noch höher schätzen, als Griechenland unterworfen zu sehen. Dieselbe Geschichte erzählt Plutarch (Regum et Imp. apophthegm. in.), aber mit Bezug auf Zopyrus.

61. S. 250.

Solche κρίνα werden auch die Lilien sein, die man auf assyrischen Basreliefs gefunden haben will (G. Rawlinson, the five great monarchies, 1, 440), sowie diejenigen, nach deren Bilde die Säulenknäufe des salomonischen Tempels gearbeitet waren. Auch die κρίνα, die Phidias auf dem Mantel des olympischen Zeus angebracht hatte (nach Pausan. 5, 11, 1 — wenn es mit dem Text seine Richtigkeit hat), sind nicht als lilia candida, sondern als stilisirte, allgemeine Blumenformen zu denken. Die ägyptischen, rosenähnlichen, im Flusse wachsenden κρίνεα werden als *Nymphaca Nelumbo L.* gedeutet.

62. S. 250.

Ueber ῥόδον, βρόδον und die identischen Wörter im Armenischen, Kurdischen u. s. w. siehe die Citate bei Pott EF.[2] 2, 817. Das armenische *vard* führt nach Spiegel (Beiträge 1, 317) auf ein altpersisches *vâreda,* aus dem, mit Verlust des schliessenden *d,* auf regelmässige Weise das heutige, schon im Huzvâresch vorkommende *gul,* die Rose, entstand. Auch Spiegel bestreitet die semitische Herkunft des Wortes. Für unzweifelhaft persisch muss λείριον = persisch *lâleh* die Lilie (Benfey 2, 137) gelten [vgl. hierzu oben S. 258f.]. Susa, die Winterresidenz der persischen Könige, sollte von dem Lilienreichthum der Gegend den Namen haben, denn persisch σοῦσον = griechisch κρίνον.

63. S. 251.

Rosa nach Pott aus ῥοδέα, Rosenstrauch, wie die italische Volkssprache *Clausus* aus *Claudius* u. s. w. machte. Nur möchten wir statt des Substantivums ῥοδέα, wo zugleich ein Begriffsübergang vorausgesetzt wird, lieber das Adjectiv ῥοδέα, ῥοδία zu Grunde legen. Die Rose heisst seit alter Zeit ῥοδία κάλυξ, schon im Hymnus an die Demeter; κάλυξ nämlich zum Unterschied der edlen gefüllten Rose von der wilden. Dies war so gewöhnlich, dass auch κάλυξ allein schon für Rose galt, daher καλυκῶπις Νύμφη und κούρη, die Nymphe oder das Mädchen mit den Rosenwangen. Umgekehrt aber liess auch wohl die Volkssprache das Substantiv weg und sagte bloss ἡ ῥοδέα = *rosa* [vgl. hierzu oben S. 258]. — Die Macedonier hatten nach Hesychius ein eigenes Wort für Rose: ἄβαγνα· ῥόδα; Macedonien war ja für den europäischen Welttheil auch das Vaterland dieser Kulturpflanze. — Bei Zeuss² p. 1076 findet sich für *rosa* ein altkornisches Wort *breilu* (kambrisch *breila*, *breilw*), dessen Deutung und Verwerthung für die Kulturgeschichte wir genaueren Kennern dieser Sprache überlassen müssen. Ebenso dunkel ist p. 163 die kambrische Glosse: *ffuon (rosae)*. — *Lilium* statt *lirium* ging aus dem Streben nach Assimilation hervor; die neulateinischen Sprachen fühlten hier umgekehrt das Bedürfniss nach Dissimilation und sagten *giglio*, *lirio* u. s. w. Das spanische und das portugiesische *azucena* für weisse Lilie stammt aus dem Arabischen und ist also ursprünglich eins mit dem alttestamentlichen *susan*, Susannah, und dem Worte, das nach Stephanus von Byzanz dem Namen der persischen Hauptstadt Susa zu Grunde liegt. Die Araber waren Garten- und Blumenfreunde. Die Neugriechen haben das Wort aufgegeben und sagen: die dreissigblättrige, τριανταφυλλεά (Fraas, Synopsis, p. 76, ähnlich schon die späteren Griechen, s. Langkavel, Botanik der sp. Gr., S. 7), welches Wort auch ins Albanesische überging; die Lilie, κρίνος, führt ungefähr den alten Namen, dessen sich auch die Walachen bedienen und den die altslavische Kirchensprache gleichfalls adoptirte.

64. S. 256.

Vergl. das ausführliche Werk: M. J. Schleiden, Die Rose. Geschichte und Symbolik in ethnographischer und kulturhistorischer Beziehung. Leipzig 1873, 8°.

65. S. 267.

Später haben Hartmann in der Zeitschrift für ägyptische Sprache 1864 S. 21 und Ebers, Aegyten und die Bücher Mose's, 1, S. 267 vermuthet, es könnte wohl aus irgend einem uns unbekannten Grunde den ägyptischen Malern verboten gewesen sein, Kameele abzubilden, — aber wenn das Kameel in Aegypten vorhanden gewesen wäre, dann hätte es nicht in ganz Nordafrika bis auf die Römerzeit gefehlt, s. Barth, Wanderungen, S. 3—7. Auch die Hühner, auf die sich Ebers beruft, sind ein spät eingeführtes Kulturthier, s. unten den Abschnitt vom Haushahn. Auf die Dromedarknochen, die bei Bohrungen im ägyptischen Boden neben anderen Thierresten angeblich gefunden worden sind, ist als auf ein viel zu vages und tausend Möglichkeiten unterliegendes Argument vorläufig noch nichts zu bauen. So bleibt es dabei, dass zu der angenommenen Zeit der Pharao dem Abraham noch keine Kameele geschenkt haben kann, wahrscheinlich aus anderen Gründen auch keine Esel, während das Pferd, das zwar in Aegyten erst eingeführt ist, aber in einer Zeit, die den jüdischen Erinnerungen und Aufzeichnungen lange vorausging, unter den Geschenken nicht fehlen durfte [vgl. hierzu oben S. 279].

66. S. 268.

Movers, Phönizier, Th. II zu Anfang, ist der umgekehrten Meinung und leitet den griechischen Namen des Landes, ἡ Φοινίκη, von φοίνιξ Dattelpalme ab, da Phönizien, Palästina, Idumäa und Syrien bei den Alten für palmenreiche Länder galten. Allein, was wird dann aus φοίνιξ Scharlach, welches Wort doch offenbar denselben Ursprung hat? Gesenius, der geneigt war, φοίνιξ Purpur zum Ausgangspunkt zu nehmen (Monum. phoen. p. 338), konnte doch wenigstens eine leidliche griechische Etymologie (φονή, φοινός u. s. w.) für sich geltend machen. Wie aber soll φοίνιξ Palme aus dem Griechischen sich erklären lassen? Dazu kommt der entscheidende Grund, dass Homer die Phönizier längst als ein die Meere befahrendes, Handel und Seeraub treibendes Volk kennt — man erinnere sich nur der Lebensgeschichte des göttlichen Sauhirten Eumäus —, von der Bewunderung der Palme auf Delos aber noch erfüllt ist. [Griech. Φοίνιξ entspricht nebst lat. *Poenus* wahrscheinlich dem ägyptischen *Fenchu*, das sich aber im Semitischen nicht nachweisen lässt. Das Land heisst ägyptisch *Kaft*, *Keftu*. Vgl. jetzt ausführlich über Φοίνιξ-*Poenus* E. Meyer, Geschichte des Alterthums II, § 92.]

67. S. 269.

Plin. 16, 240: *Palma Deli ab ejusdem dei (Apollinis) aetate conspicitur.* Also die delische Palme stand noch zu Plinius Zeit: da nun die natürliche Lebensdauer der Dattelpalme nicht so weit reicht und seit Odysseus Zeiten mehr als ein neues Exemplar das alte hat ersetzen müssen, so mag uns dies in andern Fällen, wo lange dauernde Bäume gleichfalls von der mythischen und heroischen Epoche abgeleitet werden, vorsichtig machen.

68. S. 274.

Gesenius im Thesaur. S. 345 findet im griechisch-lateinischen Palmyra eine Wiedergabe halb nach dem Sinne, halb nach dem Klange, ohne eine solche Halbirung durch irgend einen Grund wahrscheinlich machen zu können. Die Römer werden bei Eroberung Asiens den Namen doch schon vorgefunden haben, die Griechen des Seleucidenreiches aber konnten bei einer Uebersetzung sich nicht des lateinischen *palma* bedienen. Movers 2, 3, S. 253 sagt: »den Namen Palmyra halte ich für eine Corruption von Tadmor.« Da aber ganz dieselbe Corruption bei dem altlateinischen Worte *palma* eintrat, so wird dieselbe wohl einen andern Namen bekommen müssen Der Uebergang des *d* oder *t* in *l* vor einem *m* liegt übrigens nahe, vergl. z. B. καδμία, καδμεία mit dem romanischen *calamine*, *giallamina*, deutsch Galmei, oder Patmos, jetzt Palmosa, oder arab. pers. *elmâs*, russ. *almaz*, der Diamant, aus ἀδάμας, oder den Flussnamen zendisch *Haêtumant*, griechisch *Etymandros*, mit dem heutigen *Hilmend* u. s. w. [vgl. hierzu oben S. 280 f.].

69. S. 274.

Dies σπάδιξ σπάδικος — beide Vokale sind lang — ist insofern ein merkwürdiges Wort, als es ganz in die Bedeutungen von φοίνιξ eintritt. Es bezeichnet den Palmenzweig angeblich mit der daran hängenden Frucht, dann die rothe, rothbraune Farbe, endlich auch ein musikalisches Instrument. Gellius 2, 26 erklärt das Wort für ein dorisches: *spadica enim Dorici vocant avulsum ex palma termitem cum fructu* — also nicht die männliche Blütenrispe, die σπάθη, eher die Datteltraube; nach Plutarch. Symp. 8, 4, 3 bedeutete es den Palmenzweig, d. h, das Blatt, mit dem der Sieger gekrönt wird: καίτοι δοκῶ μοι μνημονεύειν ἐν τοῖς Ἀττικοῖς ἀνεγνωκὼς ἔναγχος, ὅτι πρῶτος ἐν Δήλῳ Θησεὺς ἀγῶνα ποιῶν ἀπέσπασε κλάδον τοῦ ἱεροῦ φοίνικος· ἣ καὶ σπάδιξ ὠνομάσθη. Eine kürzere Form erscheint bei Hesychius: σπᾶ· τὸ φυτὸν τοῦ φοίνικος. Unter den Lateinern braucht das Wort Vergil von der braunen Farbe der Pferde, die sonst mit *badius*, ital. *bajo*, franz. *bai* bezeichnet wird, Georg. 3, 82:

honesti
Spadices glaucique: color deterrimus albi.

Die Alten leiteten es von σπάω ab, wie die obigen Stellen des Gellius und Plutarch lehren; es kann aber nicht zweifelhaft sein, dass es ein Lehnwort aus dem Semitischen ist. [Doch liegt ein Anhalt für diese Anschauung Hehns unseres Wissens nicht vor.] Eine spätere Benennung für Palmzweig: βαΐς, βαΐον, die im Neuen Testament gebraucht ist, stammt aus Aegypten: altägyptisch *bâ*, koptisch βητ, s. Champollion, gramm. égypt. 1, p. 59. Benfey 2, 369. [Wiedemann, Samml. äg. W. *bau*; vgl. auch oben S. 281]. Der eigentliche lateinische Ausdruck ist das schon oben bei Gellius vorgekommene *termes*, wie die Stelle Ammian. Marcell. 24, 3, 12 lehrt: *et quaqua incesserit quisquam, termites et spadica cernit adsidua, quorum ex fructu mellis et vini conficitur abundantia.* Es wird vom griechischen τέρμα [= *termo*, *terminus*] abgeleitet sein und den als Siegespreis am Ziel aufgesteckten Zweig bedeutet haben.

70. S. 282.

Cypern, die alte Station der Seefahrer, erhielt den Namen von den Cypressen, die dem nahenden Schiffer von fern winkten, oder deren Holz von hier ausgeführt ward. Bekannt ist, wie auch sonst Inseln nach Bäumen benannt sind, z. B. die Pityusen bei Spanien von der Fichte, πίτυς, oder Madeira vom Bauholz, *a materie* [vgl. hierzu oben S. 288]. — Ritter, der am Anfang seiner schönen Monographie annimmt, die Cypresse habe in Afghanistan ihre wahre Heimat, und von hier aus sei sie mit dem alten Glauben ursprünglich ausgegangen, ist später doch wieder geneigt, den Baum auch in Phönizien, in Kanaan, ja auf den ägäischen Inseln für einheimisch zu halten (S. 577). Würde aber dann wohl die Einbürgerung in dem verwandten Klima Süditaliens (s. weiter unten im Text) so schwierig gewesen sein, und würde dort der Baum an Wuchs und Kraft so merklich zurückstehen? Letztere Erscheinung erklärt sich leicht, wenn wir eine lange, von Afghanistan ausgehende, allmählig abnehmende Reihe voraussetzen, deren letztes Glied nach Nordwesten das Apenninenland ist. Auch dass die Insel Kreta in die ursprüngliche Verbreitungssphäre eines Baumes, der in Griechenland selbst fehlte, eingeschlossen gewesen sei, ist bei der Aehnlichkeit der Naturbedingungen hier und dort nicht glaublich. Die Cypressen auf dem Libanon mögen imponirend gewesen sein, da sie sich aber mit den Riesen im Westgebiet des Indus nicht messen konnten, so erscheinen sie doch nur als secundär und von diesen abgeleitet [vgl. hierzu oben S. 288—289].

71. S. 285.

Auch sonst sind die Ursprungssagen von Psophis (bei Pausan. 1. 1. und Steph. Byz. s. vv. Φήγεια und Ψωφίς) bedeutungsvoll. Die berichtete Veränderung des Namens deutet, wie bei Kyparissia in Phocis, auf den Eintritt einer neuen Kulturepoche: der Ort, der früher Φήγεια, Φηγία, d. h. Eichen-

oder Buchenstadt hiess, und wo Alphesiboia, d. h. die Rinderbringende oder Rindernährende waltete, wurde beim Uebergang zu veredelter Baumzucht *Psophis* genannt; Psophis aber war die Tochter des sikanischen Königs Eryx und gebar von Herakles, dem wandernden Vollbringer von Kulturwerken, den Echephron und Promachus. Auch hier, wie in der Sage von Meleager, tritt das einbrechende Waldleben in Gestalt des die Gärten verwüstenden Ebers auf, der von Herakles bezwungen wird. Das Halsband und der Peplos der Harmonia (Movers, 1, 509ff.), die Psophis als Tochter des Eryx, die Verehrung der Aphrodite Erycina bei den Psophidiern, endlich die Cypressen oder Jungfrauen am Grabe des Alcmäon deuten unverkennbar auf phönizischen Einfluss. Auf welchem Wege dieser gekommen war, lehrt die Verknüpfung mit Akarnanien (in dieser Landschaft lag ein anderes Psophis; nach Akarnanien zog Alcmäon, gab dem Lande den Namen und kehrte von daher wieder) und mit Zakynthos (wo die Burg Psophis hiess und von dem Psophidier Zakynthos, dem Sohne des Dardanos, gegründet sein sollte), also mit den Sitzen der Teleboer und Taphier, beide vom Lelegerstamme, die wie es scheint, zuerst von Griechenland aus nach Sicilien schifften. Zum Bergbau musste der Ort Psophis frühe einladen, zufolge der eigenthümlichen Lage des Berges, die von Polybius 4, 70 genau beschrieben wird. E. Curtius (Peloponn. 1, 400) vermuthet, eine Verwandlungssage habe sich an die psophidischen Cypressen angeschlossen. Dass in der Cypresse eine weibliche Gottheit wohnt, und dass umgekehrt die Jungfrau mit der Cypresse verglichen wird, ist religiöse und Dichtersitte im Orient von der ältesten bis auf die gegenwärtige Zeit. Goethe im Westöstlichen Divan:

Verzeihe, Meister, wie Du weisst,
Dass ich mich oft vergesse,
Wenn sie das Auge nach sich reisst,
Die wandelnde Cypresse. —
An der Cypresse reinstem, jungem Streben,
Allschöngewachsne, gleich erkenn' ich Dich. —

Ueber die Cypresse als mystisches Attribut handelt vom kunstarchäologischen Gesichtspunkt in Weise Creuzers die Schrift von Lajard: *Recherches sur le culte du cyprès pyramidal chez les peuples civilisés de l'antiquité*, Paris 1854, in 4°. Die bei den Alten zerstreuten Züge des Mythus vom Kyparissos, dem Liebling des Apollo, fasste zur Erläuterung eines pompejanischen Gemäldes Avellino zusammen: *il mito di Ciparisso,* Napoli 1841, 4°.

72. S. 286.

Wir können es uns nicht versagen, zu dem Ausdruck des Plinius: *dotem filiae antiqui plantaria appellabant* folgende Stellen aus Hebels Schatzkästlein herzusetzen: »Wenn ich die Wahl hätte, ein eigenes Kühlein oder ein eigener Kirschbaum oder Nussbaum, lieber ein Baum.« — »So ein Baum frisst keinen Klee und keinen Haber. Nein er trinkt still wie ein Mutterkind den nährenden Saft der Erde und saugt reines warmes Leben aus dem Sonnenschein und frisches aus der Luft und schüttelt die Haare im Sturm. Auch könnte mir das Kühlein zeitlich sterben. Aber so ein Baum wartet auf Kind und Kindeskinder mit seinen Blüten, mit seinen Vogelnestern und mit seinem Segen.« — »Wenn ich mir einmal so viel erworben habe, dass ich mir ein eigenes

Gütlein kaufen und meiner Frau Schwiegermutter ihre Tochter heiraten kann und der liebe Gott bescheert mir Nachwuchs, so setze ich jedem meiner Kinder ein eigenes Bäumlein und das Bäumlein muss heissen wie das Kind, Ludwig, Johannes, Henriette, und ist sein erstes eigenes Kapital und Vermögen, und ich sehe zu, wie sie miteinander wachsen und gedeihen und immer schöner werden und wie nach wenig Jahren das Büblein selber auf sein Kapital klettert und die Zinsen einzieht.« — Bei den Arabern in Spanien herrschte die Sitte, bei Geburt eines Kindes ein sog. Silo in den Boden auszugraben, mit Getreide zu füllen und dann luftdicht zu bedecken. Das Korn hielt sich viele Jahre in diesem unterirdischen Behälter und bildete des Kindes Eigenthum, wenn dieses erwachsen war, s. Murphy, the history of the mahometan empire in Spain, p. 262 — der sich dafür auf Jacob's travels in the south of Spain beruft. Derselbe, nur wie billig barbarisirte, Brauch galt bei den Kleinrussen am Dniepr: bei Geburt einer Tochter wurde ein Fässchen Branntwein in die Erde vergraben, dann bei der Hochzeit des Mädchens hervorgeholt und von den Gästen mit Jubel geleert — wobei natürlich dafür gesorgt war, dass noch andere und wieder andere mit jüngerem Inhalt gefüllte Eimer oder Fässer die begeisterte Wuth unterhielten.

73. S. 295.

Russisch *klen*, poln. *klon*, czech. *klen*, lit. *klêwas* der Ahorn; altn. *hlynr*, *hlinr* (Schmeller 2, 465), mhd. *lînboum*, *lîmboum*, nhd. die Lehne; altkornisch *kelin*, cambr. *kelyn*, armor. *kelen*, *kelennen* (Zeuss² p. 1077); mlat. *clenus*. Zu diesem nordischen Wort halte man die Stelle des Theophrast h. pl. 3, 11, 1: ἓν μὲν δὴ (γένος) τῷ κοινῷ προσαγορεύουσι σφένδαμνον, ἕτερον δὲ ζυγίαν, τρίτον δὲ κλινότροχον, ὡς οἱ περὶ Στάγειρα. Dies war der Name bei dem Landvolk um Stagira, wie Theophrast wohl aus dem Munde seines Lehrers wusste: vielleicht drückte die zweite Hälfte des Wortes, nach dem Anlaut τρ zu schliessen, den Begriff Baum aus. Ein anderes macedonisches Wort γλεῖνον, γλῖνον (oder γλεῖνος?), Theophr. 3, 3, 1: σφένδαμνος, ἣν ἐν μὲν τῷ ὄρει πεφυκυῖαν ζυγίαν καλοῦσιν, ἐν δὲ τῷ πεδίῳ γλεῖνον, 3, 11, 2: καλοῦσι δ' αὐτὴν ἔνιοι γλεῖνον, οὐ σφένδαμνον, muss mit den obigen Ausdrücken verwandt sein. [Vgl. jetzt auch G. Meyer, Idg. F. I, 325]. — Das lateinische *acer*, *aceris* (für *acesis*) scheint eins mit ἄκαστος· ἡ σφένδαμνος bei Hesychius. Bekannt ist, dass unser Ahorn (o wegen des Anklangs an Horn) aus dem Lateinischen *acer* oder eigentlich aus dem Adjectiv *acernus* gebildet ist; aus dem Deutschen stammt wieder das slavische *javor*. [Vgl. über diese Wörter jetzt H. Osthoff Etymologische Parerga I, S. 181 ff. Auch nach ihm hängt ahd. *âhorn* — natürlich durch Urverwandschaft — zunächst mit lat. *acernus* zusammen. Das *r* am lat. *acer* aber sei ursprünglich und ginge also nicht auf *s* (**aces-is*) zurück, wie auch griech. ἄκαστος aus *ἀκαρ-στος hervorgegangen sei. Den Zusammenhang von ahd. *âhorn*, lat. *acer*, griech. ἄκαστος mit *acies*, *acus* u. s. w. (s. u.) hält er aus lautlichen Gründen für nicht wahrscheinlich.] — Ein echt slavisches Wort *rěpina* für Ahorn (auch albanesisch) ist von *rěpij* der Stachel gebildet, wie lat. *acer* und griech. ὀξύα von der Wurzel *ak* scharf sein (W. Tomaschek in der Zeitschr. f. d. österr. Gymn. 1875. S. 529).

74. S. 304.

Oder bestand nur die Zunge an der Wage aus einem Stück Rohr? oder war das **Messen** mit dem Rohr das Erste, und wurde der Name des Rohres in der Bedeutung Norm erst von daher auf die Wage übertragen? — [Eine urverwandte Benennung des Schilfes und Rohres liegt in altsl. *trŭs-tĭ* = lit. *truszìs* vor, die aber mit griech. τρῦτάνη, lat. *trŭtina*, wie H. glaubte, kaum zusammenhängen.]

75. S. 344.

Wir fügen hier zur genaueren Ausführung des im Text Gesagten noch einige sprachliche Bemerkungen an, wie sie uns gelegentlich sich ergaben.

Fr. Beckmann will in einer gelehrten Abhandlung über »Ursprung und Bedeutung des Bernsteinnamens Elektron« (in der Zeitschr. für die Geschichte und Alterthumskunde Ermlands, I, Mainz 1860, S. 201 ff. und 633 ff.) sowohl den ἠλέκτωρ Ὑπερίων als das ἤλεκτρον und den ἀλεκτρυών von ἀλέκω, ἀλέξω ableiten, so dass allen diesen Benennungen der Begriff des **Abwehrens** zu Grunde läge. Ob nun mit der Bezeichnung ἠλέκτωρ der Gott ursprünglich als strahlend oder als abwehrend (etwa wie Ἀπέλλων) gedacht worden, ist für unseren Zweck gleichgültig, der Bernsteinname aber wurde sicher erst nach dem des Sonnengottes gebildet. Dass in späteren Zeiten das Elektron auch als phantastisches Heilmittel und wunderkräftiger Talisman gebraucht wurde, will gar nichts sagen, denn dasselbe geschah mit tausend andern Naturobjecten und namentlich mit allen Edelsteinen. Ebenso wenig hatte die *gemma alectoria* eine behütende oder abwehrende Kraft: sie half den Athleten nur desshalb, weil sie angeblich im Magen des Hahnes sich fand und dieser ein streitbares Thier, ἀλεκτρυὼν μάχιμος, ist.

Das lateinische *gallus*, *gallina* stellen Pott und Leo Meyer mit dem griechischen ἀγγέλλω, ἄγγελος zusammen, welches dunkle Wort im Griechischen selbst nur als Rest einer verschollenen Wurzel erscheint. Dass noch um das Jahr 500 vor Chr. in Italien aus einem dort sonst nicht erhörten Verbum der Art kurzweg das Wort *gallus* gebildet worden, ist schwer zu glauben. Wahrscheinlicher hat daher Curtius vermuthet, *gallus* sei eine Assimilation von *gar-lus* aus *garrio*, γηρύω. Allein auch *gar-lus* wäre eine zu alterthümliche Bildung, da die Wurzel hier ohne das ihr längst angewachsene Suffix, wie in *garrulus*, erschiene. Dazu kommt, dass *garrire* nie von der Stimme des Hahnes gebraucht wird, wie auch im Griechischen γηρύειν nicht. Vergleicht man das lateinische *galla*, der Gallapfel mit dem gleichbedeutenden griechischen κηκίς, so kann man sich der Vermuthung nicht erwehren, auch in *gallus* stecke ein assimilirter Guttural, und der Vogel sei onomatopoetisch als der **gackernde** so benannt worden. Hesych. κάκα· κακία ἢ ὄρνεον. [Indessen würde man bei einer Grundform *gac-lus* die Bewahrung des inlautenden *c* erwarten. Vgl. oben S. 136. O. Keller (Lat. Volksetymologie S. 51) und F. Marx in der Beilage zur Allgem. Z. 1897 Nr. 162, 163 S. 16 vermuthen volksthümliche Vermengung mit *Gallus* Gallier, vgl. Welscher, Indian; doch fehlt für die Annahme einer Einführung des Haushuhns aus Gallien jeder Anhalt. Die Curtius'sche Deutung dürfte daher, unter der Annahme, dass *gallus* ursprünglich einen anderen Vogel als den Haushahn bedeutete, immer noch die wahrscheinlichere sein, wenn man vielleicht auch eher an ags. *ceallian*, engl. *call* (häufig von Vogelstimmen, auch vom Hahnenschrei gebraucht), altsl. *glagolati* denken wird. Die Namen des Rabens und der Dohle alb. *gal'ε*, altsl. *galica*, russ. *galka* haben übrigens mit letzterem Zeitwort wohl nichts zu thun, sondern gehören zu serb. *galiti se* schwarz werden etc. (Miklosich, Et. W. S. 60, G. Meyer, Et. W. S. 118).]

Das deutsche *hana* wird allgemein mit dem lateinischen *canere* verglichen, welches Verbum gerade vom Krähen des Hahnes gilt (*gallicinium*, *canorum animal gallus gallinaceus*). Dasselbe Verbum ist auch im Altkeltischen vorhanden und zwar, wie das lateinische, als reduplicirendes. Im Griechischen findet sich derselbe Wortstamm in erweiterter Gestalt: καναχή, κανάζω, κόναβος, im schon angeführten Verse des Cratinus auch vom Hahn gebraucht: καναχῶν ὀλόφωνος ἀλέκτωρ. Bedenklich ist nur, dass von dem hierbei vorauszusetzenden Verbum *hanan* sich weder im Germanischen, noch im Litauischen und Slavischen irgend eine Spur findet, ferner, dass das älteste und echteste deutsche Wort für den Hahnengesang *hruk, hrukjan* lautet, noch bei Goethe, Adler und Taube, vom Girren der Tauben:

Da kommt
Dahergerauscht ein Taubenpaar
Und ruckt einander an.

Danach bleibt der Zweifel, ob nicht das deutsche *hana* irgend ein entlehnter südlicher Name ist. Wenn irgendwo ein Wort im Gange war, wie das in der Glosse des Hesychius steckende: ἠικανός· ὁ ἀλεκτρυών (von Gerland als Frühsänger erklärt, Pott EF.[2] 4, 283), so würde das deutsche nicht so auffallend einsam dastehen [vgl. hierzu oben S. 335].

Zu dem armorischen, nordfranzösischen, angelsächsischen *coq*, *cocc*, finnischen und estnischen *kukko*, *kuk* stellen wir das zur Bezeichnung der jungen Brut dienende nordgermanische Wort, altn. *kyklinger*, ags. *cicen*, *cycen*, häufig im Niederdeutschen, von wo es in der Form Küchlein auch ins Neuhochdeutsche gedrungen ist. Dasselbe Wort aber erscheint wiederum im alten Griechenland als der eigentlich populäre Ausdruck für das Singen und Krähen des Hahnes. Sophokles nannte den Hahn κοκκυβόας ὄρνις (Fr. 718 Nauck.), bei Aristophanes, Cratinus (Meineke 2, 1, 186: κοκκύζειν τὸν ἀλεκτρυόν' οὐκ ἀνέχονται) und Theokrit, volksmässigen Dichtern, ist κοκκύζω, κοκκύσδω die ungezwungene Bezeichnung für den Hahnenschrei, deren sich auch die Redner Hyperides und Demosthenes bedienten (Poll. 5, 89). Das oberdeutsche Göckelhahn u. s. w. mag aus dem Französischen stammen.

Ueber einen ganz anderen Landstrich, nämlich die weite slavisch-byzantinische Welt, ist ein ähnlicher, aber nicht identischer Name verbreitet: slav. *kokotŭ gallus*, *kokoša*, *kokšĭ gallina*, walachisch *cocóš*, magyarisch *kakas*, albanesisch *kokóš*, neugr. κόκοτος. Das Sanskritwort *kukkuta gallus* liegt räumlich und zeitlich zu entfernt, um damit in Verbindung gebracht zu werden [vgl. hierzu oben S. 335].

Nur bei einem Theil der slavischen Völker, die sprachlich auch sonst eine besondere Gruppe bildet, findet sich in altsl. *pietlŭ*, serbisch *pijetao*, croatisch *petelin*, russisch (mit anderem Suffix) *pietuch*. Dem Sinne nach übereinstimmend litauisch *gaidỹs* (der Sänger, von *giedóti* singen), und das albanesische *kendës* (vom Verbum *kendóń* singen, welches vermuthlich das entlehnte lat. *cantare* ist).

Einen keltischen Namen des Hahnes neben *cerc* bietet das kornische Vocabularium bei Zeuss[2] p. 1074: *chelioc, colyek*, altirisch *coileach*. Zeuss deutet es zweifelnd als *salax*, p. 849 und 816. Das bei Marcellus Empiricus (E. Meyer, Geschichte der Botanik, II, S. 312) vorkommende *calocalanos* = *Papaver silvestre* fände hier seine erwünschte Erklärung (Hahnenblume, wie *coquelicot* s. Diez s. v.: nach v. Martens, Italien, 2, 40, hiessen die purpurvioletten Blumen der *Campanula Speculum L.* in der Gegend von Verona *cantagaletti* oder *cuchetti*). [Jaba-Justi S. 339 verweisen auf kurd. *kelebab, kelley-shir*, *qûlû* ‚*coq*', Stokes Urkeltischer Sprachschatz S. 73 verweist auf griech. καλέω, lat. *calare*.]

Auch an dunklen, ganz vereinzelten Benennungen fehlt es auf europäischem Boden nicht: so das altkambrische, kornische und bretonische *iar, yar* die Henne [ir. *eirin* Hühnchen] und für den gleichen Begriff das litauische *wisztà*, lettische *wista*. Altpreussisch hiess der Hahn *gertis*, die Henne *gerto*, der Habicht *gertoanax*. [Desgleichen in Asien: pers. *mâkiân*, Pamird. *makian*, bei den Finnen mordv. *saras*; osset. *vasäg* ist wohl der Schreier: scrt. *vâç* krächzen, osset. *vas* vom Hahne gesagt. Vgl. Tomaschek, Centralas. Stud. II, S. 38, Hübschmann, Etym. u. Lautl. d. osset. Spr. S. 31.]

Sicher sind viele der obigen Ausdrücke nur Onomatopöien. Die Erklärung durch unabhängig von einander entstandene Klangnachahmungen reicht indess allein nicht aus. Sie widerlegt sich durch den Umstand, dass jene Bezeichnungen offenbar reihen- und zonenweise auftreten, und durch ihre zu nahe Uebereinstimmung. Wären sie nicht gewandert, sondern auf jedem Boden von selbst entstanden, so würde sich eine viel grössere individuelle Mannichfaltigkeit zeigen, denn jedes Volk hört anders und liebt andere Lautcombinationen. Nichts spricht dagegen ein Nachbar dem andern leichter nach, als Onomatopöien, Interjectionen, Ausbrüche des Affects, emphatische und elementare Ausdrücke aller Art. Und wenn der herumziehende Handelsmann oder Arzt — diese beiden Hauptmissionäre der Kultur unter feindlichen Barbaren — und der gefangene Sclave oder das geraubte Mädchen den Hahn in ihrer Muttersprache z. B. als Sänger zu bezeichnen gewohnt waren, so werden sie ihn den Barbaren in deren Sprache, wenn sie diese radebrechen gelernt hatten, wohl auch nicht anders benannt und gedeutet haben. So hat sich das griechische κλώζειν, lat. *glocire, glocidare* (Columella 5, 4: *glocientibus: sic enim appellant rustici aves eas quae volunt incubare*) wohl auch nicht ohne Hülfe von Entlehnung so weit durch alle europäischen Sprachen, auch durch die slavischen, verbreitet.

76. S. 347.

In dem spät auftauchenden περιστερά die zahme Taube fand Benfey 2, 106 eine Superlativ- und Comperativbildung von *pri* lieben, so dass es »sehr verliebt« bedeutete. Wir ziehen vor, an slav. *pero penna, prali, pariti volare*, zendisch *parena, perena* Feder, Flügel, neupers. *par*, kurdisch *per*, ahd. *farn* oder *farm*, ags. *fearn* (Farnkraut, d. h. das gefiederte; litauisch und slavisch reduplicirt: lit. *papártis*, poln. *paproć*, russ. *paporot*; altgallisch *ratis*, nach keltischer Art für *pratis*, altirisch *rath, raith*, altcornisch *reden*, cambr. *rhedyn*) zu denken. — Das slavische *goląbĭ* hat ein zu genau lateinisches Aussehen, als dass es nicht aus der Sprache der Weltherrscher und des Christenthums enlehnt wäre, zumal da im litauischen *gulbẽ* der Schwan die Form und Bedeutung vorliegt, in der allein das Wort in diesem Osten ursprünglich sein könnte. Die Erweichung des *c* zu *g*, auch sonst nicht unerhört, hat kein Gewicht gegen die kultur-historischen Gründe, die für die Entlehnung sprechen [vgl. oben S. 348]. — Das Litauische weist noch zwei Taubennamen auf, beide, wie es scheint, von nur lokalem Gebrauch: *karwẽlis* und *balañdis*. Ich weiss nicht, ob letzteres zum ossetischen *balán* (nach dem andern Dialekt *balón*, *baluon* [oben S. 348]) gehalten werden darf; es ist auch ins Livische übergegangen (Wiedemann im Bülletin der Petersburger Akademie, 1859, S. 694), während das Lettische und das Estnische ihre Benennungen der zahmen Taube aus dem Germanischen genommen haben. — Litauer und Slaven benennen den Auerhahn nach der Taubheit: lit. *kurtinỹs* taub und Auerhahn, sl. *gluchŭ surdus*, russ. *glucharj*, poln. *gluszec*, slov. *hluchan* u. s. w. der Auerhahn. Da dieser Vogel aber in der Pfalz wirklich wie taub zu sein pflegt, so ist das Verhältniss von taub zu Taube ein anderes. [Griech. φάψ, das Hehn mit Pott aus φέβομαι erklären wollte, und φάσσα sind dunkel. Da die Taube die uralte Bringerin des Todes ist, und die φάττα (nicht die περιστερά) der furchtbaren Persephone, der Beherrscherin des Hades geweiht ist (vgl. Lorentz a. o. a. O. S. 32), so könnte man daran denken, φάσσα (: φόνος, ἔ-πεφν-ον) als die »tödtende« zu deuten. Aus φάσσα entlehnt ist das altrussische *fasa* (Miklosich, Fremdw. in den slav. Sprachen S. 87), während die Beziehungen zu mittelgr. φάχητε τὸ αἷμα τῆς φάσσης, mlat. *facha*, *facheta*, *fakecha*, pers. (arab.) *fâkht* (s. Pott in Lassens Z. IV, 28) nicht deutlich sind. — Eine interessante Reihe geht von scrt. *kapôta* aus. Dieses Wort ward in den iranischen Sprachen um ein r-Suffix erweitert: pers. *kabutar*; dann trat Verlust des inlautenden *p* ein: pers. *kautar*, afgh. *kewter* und *koutery*, kurd. *kotir* etc. (Pott in Lassens Z. IV, 20, Tomaschek, Centralas. Stud. II, 39, Jaba-Justi S. 345, P. Horn, Grundriss d. np. Et. S. 187). Zu diesen Formen tritt dann in Europa das altpr. *keutaris* Ringeltaube. Altcorn. *cudon* wage ich zunächst nicht hierher zu stellen. Altir. *chiad-cholum* bei Zeuss[2] 1074 ist ein Irrthum: in der Handschrift steht *fiad-cholum* wilde Taube (Paul u. Braunes Bd. XV, 548). Altpr. *poalis* erinnert, wie schon H. hervorhob, an πέλεια. — Goth. *ahaks* περιστερά (vgl. *acfalla* = *ahacfalla* Taubenfalle in der Lex Salica) ist noch dunkel (vgl. Uhlenbeck Et. W. d. gotischen Sprache und u. S. 602); doch kehrt das Suffix auch sonst in germ. Vogelnamen wieder: ahd. *habuh*, nhd. *kranich*, *lerche*. — Verhältnissmässig selten sind bei den Namen der Taube onomatopoetische Bildungen wie in alb. *vito* (neben *pelister* etc.), den romanischen *piccione* etc., lat. *turtur*, griech. τρύγων, hebr. *tôr*.]

77. S. 351.

Wenn der Aristoteliker Clytus in seiner Schrift über Milet (bei Athen. 12 p. 540) von Polykrates erzählte, derselbe habe die Producte aller Länder auf Samos zusammengebracht: ὑπὸ τρυφῆς τὰ πανταχόθεν συνάγειν· κύνας μὲν ἐξ Ἠπείρου, αἶγας δὲ ἐκ Σκύρου, ἐκ δὲ Μιλήτου πρόβατα, ὗς δὲ ἐκ Σικελίας, so sieht man, dass der Tyrann sich die Verbesserung der landwirthschaftlichen Thierracen angelegen sein liess, was ihm dann als τρυφή verdacht wurde, aber für den Pfau ist aus dieser Nachricht nichts zu schliessen. Dieser kann nämlich aus einem entgegengesetzten Grunde nicht erwähnt sein, entweder weil er bereits auf der Insel sich vorfand, oder weil er dem Polykrates und den Samiern noch unbekannt war; auch ist er ein blosses Luxusthier, das wohl zu der τροφή, nicht aber in den Zusammenhang der ökonomischen Bemühungen des Tyrannen passte.

78. S. 352.

Da Antiphon im J. 411 hingerichtet wurde, so würden freilich die dreissig und mehr Jahre auf ein früheres Datum der Bekanntschaft Athens mit den Pfauen führen, als das von uns vermuthungsweise angenommene Jahr 440. Aber die Rede über die Pfauen rührte schwerlich von Antiphon her und wurde wohl erst nach dessen Tode, wenn auch nicht lange nachher, verfasst.

79. S. 374.

Ein überaus weit durch Europa verbreiteter Name eines Jagdvogels geht von lat. *accipiter* Habicht aus. Dieses Wort, das entweder so viel als »der schnell fliegende« (vgl. ὠκυ-πέτης vom ἴρηξ bei Hesiod und oben im Text S. 374 ὀξυπτέριον, schon LXX Habicht), oder (vgl. Holthausen Indog. Forsch. V, 274) soviel als der »Taubenstösser« (**aci-piter, *aco-:* got. *ahaks, -piter:* lat. *petere)* bedeutet, wurde dann volksetymologisch von *accipere* abgeleitet und desshalb auch in der Form *acceptor* (schon Lucilius, vgl. O. Keller, Lat. Volksetymologie S. 50) gebraucht. Vgl. die ältesten Belege für *accipiter* als Jagdvogel zusammengestellt im Archiv f. lat. Lexicographie IV, 141 u. 324. Eine sehr schwierige Frage ist, ob die romanischen span. *azor*, prov. *austor*, frz. *autour*, it. *astore* nur aus *acceptor*, bezüglich aus einem noch weiter verstümmelten **auceptor (auceps)* abstammen, oder ob und in wie weit an ihrer Bildung auch das zuerst von Firmicus Maternus überlieferte *astur* Sperber (auch inschriftlich aus Augsburg als Gladiatorenname neben Palumbus Astir; vgl. O. Keller a. a. O. S. 314) betheiligt ist. Vgl. über diese Wörter neuerdings G. Körting, Lat.-rom. W. No. 866, G. Paris, Romania XII, G. Baist, Z. f. frz. Spr. u. Lit. XIII, 184 ff. Ein Zusammenhang zwischen diesem *astur* und griech. ἀστερίας, bei Aristoteles gestirnt, gefleckt, ein Beiname des ἱέραξ, auch selbständig als Benennung einer Art Raubvögel gebraucht, ist kaum anzunehmen. Jenes *accipiter* kehrt aber auch im Süd-Osten Europas wieder. Aus demselben ist alb. *k'ift* Sperber, Hühnergeier entlehnt; ferner stammt aus lat. **accipitarius* ngr. ξιφτέρι, ξεφτέρι *épervier, autour*, und daraus wieder alb. *ksiflér* Habicht. Vgl. weiteres bei G. Meyer, Et. W. S. 226. Hingegen haben nichts mit *accipiter* die altsl. *jastrębŭ* Habicht, nsl. *astreb*, poln. *jastrząbĭ* u. s. w. zu thun, die Miklosich, Et. W. S. 101 zu slovakisch *jastriti* scharf sehen stellt. — Ein häufiges mlat. Wort ist *capus*. Die älteste Erwähnung bei Servius ad. lib. X *Aeneid.* lautet: *Campaniam a Tuscis conditam, viso falconis augurio, qua Tusca lingua Capys dicitur, unde est nominata Campania.* Dass dieses *capus* irgendwie mit dem ahd. *habuh* zusammenhängt, ist sehr wahrscheinlich; doch sind die Beziehungen nicht klar. Neuerdings (vgl. Uhlenbeck Beiträge XXI, 18) hat man *habuh* als »Hühnertöter« (**kapo-ghno, *kapo-* Huhn in scrt. *kapiñjala* Haselhuhn, vgl. *brahma-ghna* Brahmanentöter) zu deuten versucht. Ueber das spanische vielleicht aus *capus* erwachsene *gavilan* Sperber siehe Diez im Wörterbuch u. G. Meyer, Et. W. S. 406. Ueber *falco, girfalco, wîo,* ἱέραξ und *sacer* vgl oben S. 375 f.

Der litauische und lettische Name *wannagas, wannags* für Habicht ist offenbar dem Germanischen erborgt: es ist ein heiliger Raubvogel, »dem Wannen an die Häuser ausgehängt worden, dass er in ihnen niste« (Grimm S. 50), *wannoweho, wannunwechel*, lateinisch *tinunculus* von *tina* Gefäss. Wanne ist das entlehnte lateinische *vannus:* Wort und Sitte stammen aus Italien. [? vgl. mein Reallexikon S. 212]. — In den im Text angeführten Buche von Layard finden sich S. 366 ff. neben ausführlichen und sehr interessanten Nachrichten über die Falkenjagd im heutigen Orient auch eine Anzahl dort gebräuchlicher Namen für Arten und Spielarten des Vogels. Darunter ist *tscharh* wohl das griechische κίρκος, slav. *krečet.* Dieser *tscharh*, der gewöhnliche Falke der Beduinen, »greift seine Beute immer auf dem Boden an, ausser dem Adler, auf den man ihn auch in der Luft stossen lässt. Er geht hauptsächlich auf Gazellen und Trappen, aber auch auf Hasen und anderes Wild.« Also Hasenjagd mit Falken, wie bei Ktesias; bei der Gazellenjagd pflegen Windhund und Falke zusammenzuwirken. [Indessen ist das hier genannte *tscharh* sicher orientalischen Ursprungs, vgl. oben S. 374 und hat nichts mit griech. κίρκος, slav. *krečet* weisser Edelfalke zu thun, die beide wohl zu der schallnachahmenden Wurzel *krek, krik* (vgl. oben S. 335 *kerk*) gehören. — Zu den oben S. 376 genannten altarab. *ṣaqr* Sakerfalke wäre noch auf np. *šekere, iškere*, pehl *šakra* Jagdhabicht zu verweisen gewesen, die aber von P. Horn, Grdz. d. np. Et. S. 174 aus dem Iranischen selbst erklärt werden. Oder ist hier die Quelle des Wortes zu suchen?]

80. S. 386.

Fraas in seiner Synopsis florae classicae behauptet mit Unrecht, die Alten hätten den weissen Maulbeerbaum schon gekannt. Aeschylus spricht nur von weissen, röthlichen und dunkelrothen Beeren, die in verschiedenen Stadien der Reife zu derselben Zeit, ταὐτοῦ χρόνου, am Baume hängen; Ovid erklärt in seiner Verwandlungsfabel nur den Ursprung der rothen Farbe, wie er z. B. auch das schwarze Gefieder des Raben durch Metamorphose aus dem früheren weissen entstehen lässt; die Geoponica 10, 69 lehren nur, wie man durch Pfropfen auf eine λεύκη, d. h. eine Weisspappel, den Maulbeeren eine weisse Farbe geben könne, ein Kunststück neben hundert anderen ähnlichen, von denen diese Sammlung voll ist. — Das ganze Mittelalter hindurch ist von *Morus alba* in Europa keine sichere Spur zu finden, s. Ritter, Erdkunde 17, 495, der sich vergeblich nach einer solchen bemüht hat. Auch bei Albertus M. de Vegetabilibus 6, 143 wird nur *Morus nigra* beschrieben, nicht *Morus alba* — wie der neueste Herausgeber annimmt.

81. S. 393.

Wenn *corylus, corulus* in lateinischer Weise aus *cosilus* entstanden und also gleich ahd. *hasal* und dem von Zeuss[2] p. 1077 erschlossenen altgallischen *cosl* ist, so könnte κάστανον dasselbe Wort in einer pontischen Sprache sein, nur mit anderem Suffix. Das albanesische *arë* Nuss, Nussbaum erinnert an die Glossen des Hesychius: ἄρυα· τὰ ἡρακλεωτικὰ κάρυα und αὔαρα· τὰ ποντικὰ κάρυα [vgl. hierzu oben S. 398]. Ueber die romanischen Ausdrücke, ital. *marronne*, franz. *marron* weiss auch Diez nichts Sicheres. — Nach Movers I, 578, 586 wäre ἀμυγδάλη der semitische Name der phrygischen Cybele und bedeutete grosse Mutter; in der That war der wachsame, d. h. frühblühende, zuerst aus dem Winterschlafe erwachende Mandelbaum aus dem Blut der Göttermutter entstanden [vgl. hierzu oben S. 395]. Auf eine einheimisch griechische Ableitung aber führt das lakonische μόκηρος, μούκηρος = Nuss, Mandel, welches mit dem seltenen lateinischen *nuceres, nucerum* (gen. pl., Coelius bei Charis. 1, 40) identisch zu sein scheint [?]. Halten wir μύσσω, μύξα, lat. *mucus* dazu, so war die Bedeutung wohl weiche, schleimige Frucht, wie auch eine Art Pflaume *myxa, myxum* hiess.

82. S. 402.

Die Mistel, ahd. masc. *mistil*, war in der Druidenreligion eine hochheilige Pflanze und die doch nur geringen Spuren einer gleichen Anschauung im germanischen Mythus werden wohl nur ein Reflex aus dem Keltenlande sein, zumal da der slavische Volksglaube die Mistel ganz unbeachtet lässt. — Eine andere von den Druiden zu abergläubischer Heilung gebrauchte Pflanze hiess *samolus* (Diefenbach O. E. 416); denken wir uns dieses Wort nachmals seines anlautenden *s* entkleidet (durch Uebergang in *h*), so stimmt es zu dem litauisch-slavischen Namen der Mistel, lit. *amalis, ėmalas*, lett. *âmuls*, preuss. *emelno*, slav. *omela*. — Franz. *griotte*, Sauerkirsche, lautet italienisch *agriotta* und ist folglich von *acer* abgeleitet; *merise* Vogelkirsche scheint, wie ital. *amarina, amarasca, marasca*, auf *amarus* zurückzugehen. — Magyarisch heisst die saure Kirsche *medgy*, der Kirschbaum *medgyfa*. Woher dies?

83. S. 412.

Neuere haben in diesem Rhododendron des Plinius eine unserer Rhododendronarten, wie zuerst Tournefort, oder *Azalea pontica* finden wollen (s. E. Meyer, Botanische Erläuterungen zu Strabo's Geographie, S. 52 ff. und Langkavel, Botanik der späteren Griechen, S. 65). Man mag nun in Wirklichkeit die schädliche Wirkung des pontischen Honigs ableiten von welcher Pflanze man wolle, — die Alten verstanden unter Rhododendron immer *Nerium oleander* und man darf ihnen kein anderes Gewächs unterschieben, von dem sie nicht reden wollten oder konnten [vgl. hierzu oben S. 413 f.]

84. S. 412.

Mit dem neuesten Herausgeber, O. Ribbeck, an die Authenticität des Culex zu glauben, hindert uns der Charakter des Gedichts, der viel mehr aberwitzige Ueberreife, als jugendliche Unreife ausspricht. Gleich die Anfangsverse können nur von Einem geschrieben sein, der bereits die Georgica und und die Aeneis, oder wenigstens die Eclogen vor Augen hatte:

posterius graviore sono tibi musa loquetur
nostra, dabunt quom maturos mihi tempora fructus,
ut tibi digna tuo poliantur carmina sensu,

und erinnern an die Rede Friedrichs des Grossen an seine Generale bei Beginn des siebenjährigen Krieges: Jetzt eröffnen wir den siebenjährigen Krieg! Schon das Wort *rhododaphne* ist verdächtig; hätte der junge Vergil es gekannt, dann würden wir es wohl auch bei den Spätern, z. B. bei Ovid, lesen, zumal es so schön in den Hexameter ging.

85. S. 414.

So urtheilt Benfey, 2, 79, der πιστάκη, πιστάκιον als mehlreich erklärt. Nach der Glosse des Hesychius: βίσταξ· ὁ βασιλεὺς παρὰ Πέρσαις wollten Frühere in dem Wort so viel als *regiae nuces* sehen, wie man κάρυα βασιλικά für eine Art Nüsse oder Walnüsse sagte (persisch *pêshdâd*, pehlewi *pêshdât*, Pischdadier, zendisch *paradhâta*). Der Anlaut wechselt übrigens zwischen π, φ, β, ja ψ; nach Steph. Byz. lag am Tigris eine Stadt Ψιττακή, genannt nach den dort wachsenden Pistazien. — Auch τερέβινθος, τέρμινθος ist wohl ein persisches Wort, worauf auch der Wechsel zwischen β und μ führt, der bei persischen Namen im Griechischen einzutreten pflegt. S. Pott, Kurdische Studien, in Lassens Zeitschr. 6, S. 63 f. Das dort angeführte kurdische *dariben* kann doch schwerlich, da es sich um einen in Kurdistan einheimischen mächtigen Waldbaum handelt, aus dem Griechischen entlehnt sein. Polak, Persien, 2, 155: »Kurdistan besitzt neben zahlreichen Terebinthaceen, welche das bekannte Sakkesharz liefern, grosse Eichenwälder.« [Vgl. hierzu oben S. 423 f.].

86. S. 418.

Die Orangenkultur ist für das jetzige Italien ein wichtiger Productionszweig geworden. Nach einem Vortrag von Langenbach in der Berliner Gesellschaft für Erdkunde, gehalten am 2. November 1872, führte Palermo im Jahre 1864 22 Millionen Kilogr. Südfrüchte aus, im Jahre 1867 schon 37 Mill., jetzt gegen 60 Millionen. Bei Palermo bringt eine Hectare Agrumi 3600 Franken Bruttoertrag. Die Ausfuhr geht zu zwei Dritteln nach den Vereinigten Staaten.

87. S. 453.

Aelian, freilich kein besonderer Gewährsmann, erklärt das Wort direct für ein iberisches, N. A. 13, 15: κόνικλος ὄνομα αὐτῷ· οὐκ εἰμὶ δὲ ποιητὴς ὀνομάτων, ὅθεν καὶ ἐν τῇδε τῇ συγγραφῇ φυλάττω τὴν ἐπωνυμίαν τὴν ἐξ ἀρχῆς, ἥνπερ οὖν Ἴβηρες οἱ Ἑσπέριοι ἔθεντό οἱ, παρ' οἷς καὶ γίνεταί τε καὶ ἔστι πάμπολυς. — Der iberische Volksstamm, seine Zweige und deren Ausbreitung, seine Sprache in ihren ältesten Resten und ihrem heutigen jüngeren Bestande, erwarten noch immer ihren Kaspar Zeuss, der sie, wie dieser die Ursprünge der mitteleuropäischen Völker und die Sprache der Kelten, mit den Mitteln und der Methode der modernen Wissenschaft aus dem Dunkel, das sie bedeckt, emporhöbe. Aber die baskische Sprache ist seit W. Humboldt in den Händen französischer und spanischer oder einheimischer Dilettanten geblieben; in Deutschland, wo die formale Ausrüstung eher zu erwarten wäre, hat nur die germanische Urgeschichte seit Zeuss üppig gewuchert, ohne dass mit wenigen Ausnahmen die Grenzen, die dieser grosse Forscher vor mehr als vierzig Jahren sicher umschrieben hatte, verrückt oder umgeworfen wären. Aus der Flut entgegengesetzter Hypothesen und Berichtigungen haben sich »die Deutschen und die Nachbarstämme« immer wieder hergestellt — unter anderen Beispielen nur eins: wo sind die Skythen mongolischen Stammes geblieben und sind sie nicht wieder Iranier geworden, wie Zeuss mit wenigen Meisterstrichen festsetzte? Der orphische Vers, den Stokes auf die keltische Grammatik anwandte:

Ζεὺς ἀρχή, Ζεὺς μέσσα, Διὸς δ' ἐκ πάντα τέτυκται

— gilt auch für jenes ethnographische Werk, das im Hintergrunde blieb, indess die nebenbuhlerische »Geschichte der deutschen Sprache« mehrere Auflagen erlebte und ihrem Inhalt nach in populäre Handbücher überging — kein gutes Zeichen! Wäre —, dies war es, was wir sagen wollten — von jener vielgeschäftigen meist vergeblichen Bemühung etwas mehr den Iberern oder Albanesen [vgl. oben S. 544f.] zu Theil geworden, einem Gebiet, wo die übereinanderliegenden, halbvergrabenen Ruinen die reichsten Entdeckungen versprechen!

88. S. 458.

Was die Zoologie nach dem heutigen Stande der Forschung über die ursprüngliche Verbreitung des *Lepus Cuniculus* zu sagen weiss, findet sich in gelehrter Vollständigkeit in der Monographie von J. F. Brandt: Untersuchungen über das Kaninchen u. s. w. (Mélanges biologiques der Petersburger Akad. der Wissensch. T. 9. 1875). Da die Kaninchen leicht verwildern und dann den ursprünglich wilden so ähnlich werden, dass sich zwischen beiden kein Unterschied entdecken lässt (S. 481), so ist es unmöglich, aus ihrer jetzigen Verbreitung irgend welche Schlüsse zu ziehen. Zwar finden sich in Westeuropa von Portugal bis England und Deutschland angebliche oder wirkliche fossile Reste des Kaninchens, die aus der Diluvialzeit stammen —, doch das ist lange her und die zunehmende Erkaltung des Nordens brachte dem gegen niedere Temperaturen empfindlichen Thierchen inzwischen den Untergang. In der historischen Zeit kann es in Griechenland und Italien im wilden Zustand nicht gelebt haben, da sonst die Griechen und Römer darüber nicht geschwiegen hätten; dagegen erscheint es überall in iberischen Landen und eng an die iberische Race gebunden. [A. Nehring äussert sich (brieflich) über das älteste Verbreitungsgebiet des Kaninchens, wie folgt: »Das Kaninchen hat seine eigentliche Heimat in den westlichen Mittelmeerländern, namentlich in Spanien und Portugal, sowie, nach fossilen Resten zu schliessen, auch wohl in Italien, Frankreich und Südengland. Aus Deutschland sind mir keine sicher bestimmten fossilen Kaninchen-Reste bekannt; nach Deutschland scheint das Kaninchen erst in der historischen Zeit durch den Menschen gebracht zu sein.«]

Von dem Tyrannen Anaxilas von Rhegion, der sich auch der Stadt Zankle (seitdem Messana genannt) bemächtigte, wird berichtet, er habe die Hasen in Sicilien einheimisch gemacht und desshalb einen Hasen auf seine Münzen gesetzt. Fehlte dies Thier bis dahin auf der Insel? Man könnte an Kaninchen denken, die der Tyrann etwa bei Messina angesiedelt hätte, aber die Münzen zeigen deutlich einen in vollem Lauf begriffenen Hasen.

Noch ein griechischer Name des Kaninchens λεβηρίς, den Strabo auf keine Localität beschränkt (τῶν γεωρύχων λαγιδέων οὓς ἔνιοι λεβηρίδας προσαγορεύουσι), wird von Erotianus nach dem Grammatiker Polemarchus für massaliotisch erklärt: ὃ Ῥωμαῖοι μὲν κούνικλον καλοῦσι, Μασσαλιῶται δὲ λεβηρίδα. Wenn es wirklich ein altgriechisches Wort λέπορις, der Hase gab, so konnte daraus bei den an der spanischen und provençalischen Küste seit früher Zeit angesiedelten Griechen mit erweichtem Labial ein λεβηρίς erwachsen, wie λεβηρίς in der anderen Bedeutung Hülse, Balg mit λέπειν schälen, λοπός Schale, Balg verwandt ist. Liegt aber nur das lateinische *lepus* zu Grunde, so hätten wir hier eins der Wörter, wie sie in der sicilisch-italiotischen Kolonialsprache vorkamen, nämlich einen gräcisirten lateinischen Ausdruck, dessen Form durch jenes andere λεβηρίς Balg bestimmt wurde, der aber dann nicht ausschliesslich massaliotisch sein würde. — Dass *laurix*, welches in den romanischen Sprachen [doch vgl. ptg. *loura* Kaninchenhöhle] und im Mittellatein verschwunden ist, in althochdeutschen Glossen sich wiederfindet: *lorichi, lorichin* in der Bedeutung *cuniculus*, — ist merkwürdig genug. Wenn übrigens *laurix* nichts als andere Form oder Aussprache von λεβηρίς wäre — Raum für diese Vermuthung fände sich genug in dem Gebiet der uns unbekannten Mundarten zwischen Gades und Massilia —, dann müsste entweder auch *laurix* griechisch-römisch oder auch λεβηρίς ein iberisches Wort sein. — Einen hübschen Beitrag zur Volksetymologie liefert die litauisch-slavische Entstellung von *cuniculus:* lit. *krălikas*, russ. *korolek, krolik*, poln. *krolik* u. s. w., d. h. kleiner König. Der grosse Karl hat es sich wohl nicht träumen lassen, dass sein Name einst jenseits der Oder zur Bezeichnung des Kaninchens dienen würde! Vielleicht sind diese Ausdrücke aber nur Uebersetzungen des im ältern Deutsch gebräuchlichen *küniglein*, mhd. *künolt*, s. Pott, Doppelung, S. 82 f., Formen, die gleichfalls der Volksetymologie ihr Dasein verdanken [Sic. λέπορις, λεβηρίς ist wohl sicher das lat. *lepus*, dessen Deutung Bugge in Bezzenb. B. XIV. 67 versucht. *Laurix* möchte Tomaschek, Z. f. östr. Gymn. 1875 mit dem im Canton Tessin gebräuchlichen *legorra* Alpenhase vermitteln. Engl. *rabbit* ist dunkel (vgl. Kluge-Lutz English Etymology); das im Text S. 456 genannte *lapin* möchte Gröber (vgl. Körting, Lat.-rom. W.) aus dem Germanischen als Thier mit Lappenohren deuten. Lit. *triůszkis* Kaninchen stellt Miklosich Et. W. S. 363 zu russ. *trusŭ* Feigling, Hase, Kaninchen. Vgl. noch altfr. *conil* und ngriech. κουνέλι, κουνάδι, alb. *kunavje* Kaninchen.

89. S. 458.

»Als Alkmene, so erzählt Antonius Liberalis 29, den Herakles nicht gebären konnte, weil die Moiren und Eileithyia die Geburt hinderten, überlistete die Galinthias (bei Ovid. Met. 9, 306 ff. heisst sie Galanthis) die Göttinnen, so dass die Geburt erfolgen konnte, und wurde von diesen zur Strafe in ein Wiesel, γαλῆ, verwandelt. Aber Hekate empfand Mitleid mit ihr und machte sie zu ihrer heiligen Dienerin. Und als Herakles erwachsen war, gedachte er ihrer Hülfeleistung und errichtete ihr neben dem Hause ein Heiligthum und brachte ihr Opfer. Diesen Brauch beobachten die Thebaner noch bis heute und bringen vor dem Feste des Herakles zuerst der Galinthias Opfer.« Bei Aelian N. A. 15, 11 heisst es dagegen: »das Wiesel, habe ich gehört, war einst ein Mensch, übte Zauberei und Vergiftung und war zügellos in unerlaubter Liebe; der Zorn der Göttin Hekate verwandelte sie in dieses böse Thier. Also habe ich erzählen hören«. In umgekehrter Wendung wird in der Fabel 32 des Babrius das Wiesel von der Aphrodite in ein schönes Mädchen verwandelt, verräth sich aber am Hochzeitstage als das, was sie wirklich ist, — ein Wiesel. Eine Anspielung darauf kam schon beim Komiker Strattis vor, der von Ol. 92 bis nach Ol. 99 Stücke aufführte (Meineke Fr. com. gr 2, 2. 790).

Diese Verwandlungssage ist weit gewandert und klingt in den Namen wieder, die das Wiesel in vielen europäischen Sprachen trägt. Es heisst das *Jüngferchen*, ital. *donnola*, neugr. νυμφίτσα, *Schönthierlein, Schöndinglein*, dänisch *den kjönne* (= pulchra), altenglisch *fairy*, spanisch *comadreja* Gevatterin (= *commatercula*), baskisch *andereigerra* (*andrea* = Frau), albanesisch »des Bruders Frau«, slav. *nevěstŭka* die Braut oder das Mädchen u. s. w. Die Namen in vielen italienischen Mundarten gehen auf das lateinische *bellula* zurück (Flechia im Archivio glottogolico italiano II. p. 47 ff.). Keltische Wörter sind *ness* (Zeuss[2] 49) und *eás* (St. ir. gl. 259). Kornisch-bretonische Benennungen bei Zeuss[2] 1075 scheinen die Begriffe fröhlich, geschwind zu enthalten. Dunkle Namen sind portugiesisch *tourão*, spanisch *garduña*, litauisch *żebenksztis* (mehr das braune Wiesel), *szarmonys*, *szermonys* (mehr das weisse, identisch mit dem deutschen Hermelin aus Harm [vgl. noch rhätorom. *karmuin*]), altpreussisch *mosuco* (deutsch Mösch, Müsch), albanesisch *bukljeza*. Sie mögen euphemistische Umschreibungen enthalten, denn das Wiesel wird wegen seiner Beweglichkeit und seines unterirdischen Thuns als dämonisches Wesen empfunden, ein solches aber darf nicht genannt werden, sonst ist es da. Auch *mustela*, die Mausfängerin, ist aus euphemistischer Ausweichung zu erklären. Lateinisch *felis* erscheint in dem kymrischen *bele* der Marder, woraus französisch *belette* das Wiesel (s. Diez unter diesem Wort und Diefenbach O. E. p. 259), deutsch Bille, Bilchmaus, ahd. *pilih*, litauisch *pelě*, altpreussisch *peles* die Maus, slav. *plŭchŭ glis* u. s. w. [Da aber *felis* auf ein ursprüngliches *faeles* hinweist (vgl. Bezzenbergers B. XV, 129), so wird es von cymr. *bele* zu trennen sein. Das letztere Wort wird entweder mit griech. γαλῆ, oder mit ahd. *pilih*, *pilch*, mhd. *bilch* verbunden, so zuletzt von H. Osthoff Etym. Parerga I, S. 185. Doch übersieht Osthoff, dass die deutschen Wörter von Palander Ahd. Thiernamen S. 60 aus guten Gründen als Entlehnungen aus altsl. *plŭchŭ* angesehen werden. Uebrigens könnte man für griech. γαλῆ, falls es von cymr. *bele* abgesondert werden muss, auch an Beziehungen zu griech. γάλως, γαλόως Mannes Schwester, lat. *glôs*, phryg. γέλαρος, altsl. *zlŭva* denken. Bretonisch *kaerell* gehört zu *kaer* schön, alb. *bukljeza* (*búkl'ezε*) wird zu alb. *bukur* schön gestellt; doch vgl. G. Meyer, Et. W. S. 51, wo auch über die romanischen Bezeichnungen gesprochen wird. — Wie auch zigeun. *borí* Braut und Marder bedeutet, wie ung. *menyet* zu *meny* Schwiegertochter gehört, so liegt es nahe, ahd. *mard-ar*, ags. *meard*, altn. *mörðhr* (vgl. Bezzenb. B. XV, 130): lit. *marti* Braut, Schwiegertochter und altpr. *mosuco* zu altpr. *moazo* der Mutter Schwester, lit. *mósza* des Mannes Schwester zu stellen. — Im Altsl. heisst der Marder *kuna*, *kunica* = lit. *kiaunė* (griech. καυνάκης ein Handelswort). — Slav. *lasa*, *lasica* Wiesel hat wohl mit *laskati* schmeicheln und russ. *lastočka* Schwalbe (Miklosich Et. W.) nichts zu thun. Vgl. weiteres in meinem Reallexicon S. 954 ff.]

90. S. 462.

Fr. Müller in den Sitzungsber. der philosophisch-hist. Klasse der Wiener Acad., Bd. 42, 1863. S. 250 deutet das zendische, im Vendîdâd oft vorkommende *gadhwa* mit Katze, und Spiegel in Kuhns Zeitschrift 13, 369 stimmt ihm bei. Dagegen ist von Justi eingewandt worden, dass die Huzvaresch-Uebersetzung *gadhwa* mit Hund wiedergiebt und dass die Katze erst im Mittelalter in Asien erschienen ist. In der That kamen sämmtliche asiatische Namen des Thiers, sowohl in den semitischen Sprachen, als im Armenischen Ossetischen, Persischen, Türkischen u. s. w. in letzter Instanz aus dem byzantinischen Griechisch, welches selbst wieder den seinigen dem Lateinischen entnommen hat. Dass *catus* in allen romanischen Sprachen vorhanden ist und nur im Walachischen fehlt [doch rum. *cătușa?* vgl. G. Meyer I. F. VI, 117] ist bedeutsam für die Chronologie des Wortes: es trat auf, als Dacien bereits eine Beute der Barbaren geworden und die dortige lateinische Sprache isolirt war. Ueber andere ziemlich weit verbreitete Formen, ital. *micio,* deutsch Mieze, slavisch *mačka* u. s. w. s. Diez, Weigand und Miklosich unter diesen Wörtern. Wie in Miezchen kleine Marie, im böhmischen *maček* kleiner Matthias steckt, so heisst in Russland die Katze *waska* d. h. kleiner Basilius oder *mischka,* d. h. Michelchen. (S. auch Albert Höfer, Deutsche Namen des Katers, in der Germania 2, 168 und über den bei Germanen und Kelten weitverbreiteten Namen Buse, Bise Grimm im Wörterbuch). [Auch im Osten und Südosten Europas: z. B. lit. *puižė* und alb. *piso;* ebenso in iranischen Sprachen: np. *pušek,* kurd. *pišik,* afgh. *pišō,* Pamird. *piš* etc. (vgl. P. Horn, Grundriss d. np. Etym. S. 72). Nach Tomaschek freilich gehören diese Wörter zu scrt. *puccha* Schwanz (Centralas. Stud. II, 762), wie arab. *šunârâ,* aram. *šunnârâ* aus griech. σαίνουρος Schwanzwedler. Vgl. auch G. Meyer, Et. W. S. 339 und Hommel, Namen der Säugetiere S. 314. — Die Verbreitung des Wortes *cattus* begreift in sich auch fast alle finnischen Sprachen (Ahlqvist, Kulturw. S. 22), erlischt aber in den turkotatarischen Idiomen, wo nur türk. *kedi.* In Indien heisst die Katze scrt. *mârjâra* und *viḍâla.* Sie tritt dort als Mäusefängerin sehr spät auf. Vgl. M. Müller, Indien S. 227–234. Merkwürdig ist das *kadîs* der Nuba-Sprache auf dem Gebiet des alten Aethiopien (Lepsius Nubische Gr., S. 337). Ebenda heisst in anderen Dialekten die Katze *sâb,* womit Brugsch den Namen des äthiopischen Königs Sabako verbindet.]

91. S. 463.

Wir folgen hier der gewöhnlichen Annahme, wonach *tasso, taxo, taxus* aus dem Deutschen ins Romanische und Mittellatein gekommen ist. Grimm leitete das Wort Dachs schon in der Grammatik 2, 40 vom mhd. Verbum *dëhsen* den Flachs schwingen, *linum vertere, circumagere,* ab. — Die Wurzel ist idg. *teks* (oben S. 524); der Dachs wäre demnach der Baumeister, der Künstler. Bei Aristoteles *de gener. anim.* 3, 6 begegnet τρόχος, in welchem Wort vielleicht nicht sowohl einfach der Läufer, als der Dreher, der Läufer in die Runde zu liegen scheint (vgl. τροχός das Rad, die Töpferscheibe, und der Läufer in der Mühle, bei den Seilern u. s. w.).

Indess bleiben Zweifel, ob nicht das Wort Dachs vielmehr keltisch und das Thier schon bei den Völkern dieses Namens populär war. Das Dachsfett, dem ein alter Volksaberglaube besondere Wirkung zuschreibt, wird schon bei Serenus Sammonicus gepriesen:

nec spernendus adeps, dederit quem bestia meles,

wo *meles* doch nur Dachs sein kann. Marcellus Empiricus verschreibt gleichfalls eine Dosis Dachsfett, *adipis taxoninae*: also schon im vierten Jahrhundert müsste das deutsche Wort ins Latein gedrungen sein. Noch weiter zurück, etwa 100 Jahr vor Chr., weist das Citat aus Afranius bei Isidor. 20, 2: *Taxea lardum est gallice dictum: unde et Afranius in Rosa: Gallum sagatum pingui pastum taxea.* Also mit Dachsfett genährt?

Nicht weiter führen andere Namen des Thieres. Die Engländer sagen *badger* d. h. Kornhändler, die Franzosen ebenso *blaireau,* d. h. *bladarius,* die Italiener *grajo* (vielleicht = *agrarius*), die Skandinaven und Niederländer *gräv-*

ling, grevine, d. h. Gräber, — lauter Euphemismen. Das dänisch-schwedische *brock* lautet auch englisch so und kambrisch und kornisch *broch;* wenn dies Entlehnung ist, lief das Wort auf dem bezeichneten Parallelkreis von Ost nach West, d. h. von Skandinavien nach Britannien, etwa mit den Dänenzügen, oder in umgekehrter Richtung von den alten Briten zu den Nordgermanen? — Das russische *barsuk,* poln. *borsuk* scheint persischen oder türkischen Ursprungs, wie auch *bars* der Leopard ein asiatisches Wort ist; mit dem letztern fällt das magyarische *borz* der Dachs zusammen. Das slav. *jazvŭ* und die litauischen Wörter: altpreuss. *wobsdus,* lit. *obszrùs,* lett. *âpsis* sind dunkel, obgleich gewiss einst bedeutsam. [Die Sippe *brock* etc. scheint im Keltischen zu wurzeln: ir. *brocc* etc. bedeutet »der Spitze«; vgl. Thurneysen, Kelto-romanisches S. 50 und altgallische Ortsnamen wie *Brocomago, Broccomaza* = altndd. *Thahshêm: dachs.* — Slav. *jazvŭ* gehört zu *jazva* Höhle, lit. *obszrùs* aber ist von W. *ger,* altsl. *žirą* »*vorare*« abzuleiten (vgl. Miklosich, S. 102 u. 63). — Alb. *vjédults* Dachs oder Hamster vielleicht: *vieð-* stehlen (doch vgl. G. Meyer, Et. W. S. 474.)]

Unverkennbar ist die späte Einwanderung des Hamsters von Osten. Er fehlt noch in vielen Theilen Deutschlands, ist aber in den kornbauenden Ländern Osteuropas häufig. Das russische *chomjak,* poln. *chomik,* und noch näher das bei Miklosich verzeichnete *chomĕstarŭ animal quoddam* gaben dem deutschen Hamster, ahd. *hamastro, hamistro* Entstehung. Auch das russische *karbysch* Hamster weist den Lauten nach auf eine tatarische Quelle. Altpreussisch *dulkis,* lit. *balesas* [nebst *staras* und *szalcžias*], beide unverständlich [vgl. hierzu oben S. 469 f.].

92. S. 464.

Dasselbe gilt von der sprachlichen Produktion: die Sprache benutzte den Abstand der hochdeutschen und niederdeutschen Lautstufe, um zwischen Katze und Kater zu unterscheiden, und fügte mit einer Art Ablaut hinzu: die Katze kiezt, hat gekiezt, d. h. hat Junge geworfen.

93. S. 470.

Das griechische βούβαλις, βούβαλος ist unzweifelhaft so viel als Reh, Antilope, Gazelle, nicht ein Thier aus dem Geschlecht der Rinder. Schon bei Aeschylus Fr. 322 Nauck.:

λεοντοχόρταν βούβαλιν νεαίτερον,

die dem Löwen zum Frasse dienende junge Antilope. Denjenigen Thieren, sagt Aristoteles de part. anim. 3, 2, denen das Horngeweih zum Schutze nichts hilft, gab die Natur ein anderes Rettungsmittel, die Schnelligkeit, — so den Hirschen, den Antilopen, βουβάλοις, und Rehen, δορκάσι, welche letztere sich zwar zuweilen mit den Hörnern zur Wehr setzen, vor den starken Raubthieren sich aber schleunigst auf die Flucht begeben. Besonders in Afrika sind diese Thiere heimisch. Dort leben nach Herodot 4, 192 πύγαργοι καὶ ζορκάδες καὶ βουβάλιες καὶ ὄνοι, und Polybius 12, 3, 5 setzt hinzu: wer hat uns nicht von den grossen Katzen Afrikas und der Schönheit der Antilopen, βουβάλων κάλλος, und der Grösse der Strausse, στρουθῶν μεγέθη, berichtet? In Italien begann das Volk mit diesem griechischen Wort die Auerochsen und Wisente der germanischen Wälder zu bezeichnen, die mit dem flüchtigen Rehe nichts gemein haben, Mart. Epigr. 23, 4:

illi cessit atrox bubalus atque bison.

Plinius tadelt dies als Missbrauch, indem er bemerkt, die *bubali* seien vielmehr afrikanische Thiere, mehr dem Kalbe und Hirsche ähnlich, 8, 38: *quibus (uris) inperitum volgus bubalorum nomen inponit, cum id gignat Africa vituli potius cervique quadam similitudine.* Die Verwechselung, die wohl durch den Anklang an *bos, bovis* in der ersten Hälfte des Wortes entstanden war, erhielt sich trotz Plinius in den folgenden Jahrhunderten, wie wir aus Stellen späterer Schriftsteller ersehen, und als unter den Longobarden die Büffel in Italien erschienen, war der Name ganz fertig. Die Geschichte des Wortes würde auf diese Weise ganz natürlich verlaufen, wenn die slavischen Sprachen nicht störend einträten und uns irren möchten: slav. *byvolŭ*, russisch *bujvol*, der Auerochs, polnisch *bawol*, bulgarisch *bivol*, magyarisch *bival*, alban. *bual*, gr. βούβαλος. »Dass diese Wörter zusammengehören, ist nicht zu bezweifeln: ob aber und wo Entlehnung stattgefunden, möchte schwer zu bestimmen sein« (Miklosich [der aber im Et. W. S. 27 ebenfalls von βούβαλος ausgeht]). Allerdings mussten die Slaven in der Urzeit beide Arten wilder Stiere in ihren Wäldern kennen und benennen, aber als sie in die Donauländer rückten, waren dort die Auerochsen doch wohl schon selten und wurden es im Laufe des Mittelalters dort und in der Urheimat des Stammes immer mehr. Sie vergassen den alten Namen und nahmen später den griechisch-lateinischen an, etwa wie bei den Germanen der Elch ganz verschollen war und später durch das slavisch-litauische Elen wieder ersetzt wurde. Bei der Gestaltung des Wortes wirkte der Anklang an *volŭ* Stier wahrscheinlich mit. (Noch andere Namen und Zusammenstellungen bei Pott E. F.², II, 1, 808 f.). — Wir fügen noch hinzu, dass diejenigen, die geneigt sein möchten, in den Worten des Paulus Diaconus wegen der Erwähnung der *equi silvatici* auch die *bubali* als nordeuropäische Auerochsen zu fassen, die Einführung der Büffel in Italien bis auf die Zeit der Araber oder der Kreuzzüge herabrücken müssen. Letzteres nahm auch Humboldt an, Kosmos 2, 191: »von dem indischen Büffel, welcher letzte erst zur Zeit der Kreuzzüge in Europa eingeführt wurde.« Link lässt den Büffel mit den Horden des Attila kommen.

94. S. 478.

In Nürnberg erscheint schon seit Jahren eine »Allgemeine Hopfenzeitung« in 4°. Dieses ohne Zweifel sehr interessante Blatt ist uns leider nie zu Gesicht gekommen. Gewiss enthält es über die im Text behandelten schwierigen Fragen vollständige Aufklärung — da doch nicht anzunehmen ist, dass die Verfasser bloss auf die vortheilhafteste Production und den Preis an den verschiedenen Märkten geachtet und nicht danach gefragt haben werden, woher das Kraut, das ihnen Nahrung und Beschäftigung giebt, ursprünglich stammt, von wem es benannt ist und wer es zuerst dem Bier beigemischt hat.

95. S. 484.

Sprechend für die Haltung des Soldatenstandes in dem römischen Kaiserstaat ist folgende kleine Scene aus den Metamorphosen des Apulejus (gegen Ende des 9. Buches). Ein *hortulanus* geht mit seinem unbeladenen Esel die Strasse entlang nach Hause. Da kommt ein baumstarker Soldat, *miles e legione*, ihm entgegen und fragt mit herrischem Ton, wohin er den Esel führe? Der Bauer, des Lateinischen unkundig (denn wir befinden uns in griechischen

Landen), erwidert nichts, sondern geht ruhig seines Weges weiter. Ueber dies Stillschweigen ergrimmt, schwingt der Soldat die *vitis*, die er in der Hand führt, über den Rücken des Esels und seines Herrn. Da entschuldigt sich der Bauer flehentlich, er habe wegen Unkenntniss der Sprache nicht verstanden, was der gestrenge Herr gesagt habe. Darauf spricht der Soldat griechisch: wohin bringst du diesen Esel? Jener entgegnet: in das nächste Dorf. Ich aber, versetzt der Soldat, habe den Esel für mich nöthig; er soll das Gepäck unseres Kommandanten, *praesidis nostri*, aus dem Kastell herschaffen helfen. Darauf ergreift er den Zügel des Thieres, um dasselbe abzuführen. Alle Bitten helfen nichts, der Soldat kehrt im Gegentheil seine *vitis* um, um dem Bauern mit dem dicken und knotigen Ende den Schädel zu spalten. Drauf wird weiter erzählt, wie der Bauer, zur Verzweiflung gebracht, sich ermannt, den Soldaten durchprügelt, ihm die *spatha* abnimmt, ihn braun und blau geschlagen liegen lässt und sich nach vollbrachter That voll Angst im Dorfe bei einem Freunde versteckt. Andere Soldaten aber sind ihrem halbtodten Kameraden zu Hülfe gekommen, die Obrigkeit wird auf die Beine gebracht, der Versteck des Thäters entdeckt und dieser in den *publicus carcer* geworfen, um dort seine Hinrichtung zu erwarten — Römischer »Militarismus«, an den der angebliche norddeutsche noch lange nicht heranreicht!

96. S. 502.

Die Benennung türkischer Weizen und die weite Verbreitung des Mais nicht bloss in der Levante, sondern auch in Ostasien und im innern Afrika haben schon öfter die ketzerische Behauptung hervorgerufen, dieses Korn stamme gar nicht aus Amerika, sondern sei ein alter Besitz der östlichen Erdhälfte. Fraas in der synopsis florae class. führt allerlei unzureichende Gründe dafür an; die gleiche Ansicht von Bonafous widerlegt Alph. De Candolle in der géographie botanique S. 943ff. ausführlich mit siegreicher Argumentation. Türkisch bedeutete am Anfang des 16. Jahrhunderts nur überhaupt fremdländisch oder über Meer gekommen: die geographischen Begriffe waren zu jener Zeit noch zu unbestimmt, um West- und Ostindien und von beiden das Land der Türken genau zu unterscheiden. Noch jetzt heisst der doch gewiss aus Amerika stammende Truthahn bei den Engländern *turkey-cok*, wie der Mais *turkey-corn*, bei den Deutschen kalkutischer Hahn, als wäre er aus Kalekut zu uns gebracht worden, während ihn die Türken ägyptisches Huhn nennen (Pott, Beiträge, 6, 323).

97. S. 502.

Wenn es wahr ist, dass in einer altägyptischen Abbildung Holcus Sorgum erkennbar ist (A. Thaer, die alt-ägyptische Landwirtschaft, Berlin 1881, S. 19) und Körner davon in Mumiengräbern gefunden sind, dann hätte sich diese Frucht im Laufe der Zeiten aus Aegypten in die obern Nilgegenden zurückgezogen. Denn der arabische Arzt aus Bagdad, Abd-Allatif, der im Jahre 1161 geboren war und dessen Beschreibung Aegyptens S. de Sacy herausgegeben hat, sagt S. 32 ausdrücklich, beide Arten Mohrhirse fehlten in Aegypten, mit Ausnahme der oberen Gegenden des Saïd, wo besonders der *dochn* angebaut werde. Und, was noch auffallender ist, selbst Prosper Alpinus fand dort gegen Ende des 16. Jahrhunderts kein anderes Brod als Weizenbrod: *ibi enim nulla alia panis genera cognoscuntur qaum ex tritico parata.* Auch wäre es zu Plinius' Zeit, wenn sich Sorgum in Aegypten fand, nicht nöthig gewesen, nach Indien zurückzugreifen. Da aber unter der Herrschaft der Römer der Verkehr der Häfen am rothen Meer mit Indien nicht unbedeutend war, so konnte ein aus Oberägypten stammendes Korn irrthümlich als ein über Aegypten aus Indien eingeführtes angesehen werden. [Letztere Annahme scheint die richtige zu sein, da sich das Vorkommen der Mohrhirse im alten Aegypten bestätigt. Vgl. darüber Wönig, Die Pflanzen im alten Aegypten. Die Geschichte des Mohrhirse ist neuerdings behandelt im Handbuch des Getreidebaues von Körnicke u. Werner I, S. 300ff.]

98. S. 509.

O. Hartwig in seinen schönen Kultur- und Geschichtsbildern aus Sicilien behauptet mit Bezug auf die arabische Kultur in Sicilien, wo neue Gewächse eingeführt werden, müsse der Ertrag nothwendig steigen. Wäre dieser Satz ganz wahr, so würde er für die Gesammt-Kulturgeschichte von höchster Bedeutung sein. Aber er unterliegt vielfachen Einschränkungen. Einwanderer können die Gewächse mitbringen, für die sie eine Vorliebe haben und die in der Heimat vielleicht die vortheilhaftesten waren: sie setzen die gewohnte Kultur traditionell fort. Eine Kultur kann momentan und unter günstigen Umständen Vortheil bringen und wird dann aus Trägheit beibehalten, auch wenn die Conjuncturen, unter denen die Einführung geschah, längst vorüber sind. Auch die Gewerbe- und Handelsgesetzgebung, die Art und das Mass der Besteuerung, Regierungsacte aller Art geben dem Landbau Richtungen, die mit dem natürlichen Beruf des Bodens nicht immer im Einklang sind. Man sieht, die Rechnung muss in jedem einzelnen Fall immer besonders gemacht werden.

99. S. 514.

Als Arthur Young Frankreich bereiste, kurz vor der Revolution, war die Kartoffel eine dort fast noch unbekannte Frucht und unter hundert Bauern hätten sich, wie er sagt, gewiss neunundneunzig geweigert, sie auch nur in den Mund zu nehmen.

100. S. 514.

Moltke in seinen Reisebriefen aus der Türkei macht die feine Bemerkung, die Tabakspfeife sei der Zauberstab gewesen, der die Türken aus einer der turbulentesten Nationen zu einer der ruhigsten gemacht habe. Unnatur ist allerdings die erste grobe Form, unter der sich der Mensch dem blinden Triebe entzieht, und so können wir alle Abscheulichkeiten, die wilde Völker gegen ihren Körper verüben, hochschätzen und als eine Regung der Freiheit begrüssen. Opium, Tabak, Branntwein Hanf, Fliegenpilz u. s. w. brechen die Wildheit, aber ersetzen sie durch Stumpfheit. Wenn Moltke's Beobachtung richtig ist, dann werden auch unsere Socialdemokraten nächstens zahm werden, denn man sieht sie selten anders, als mit dem Cigarren-Stumpf im Munde.

101. S. 517.

Auch Link, Urwelt 1, 428, war der Meinung, der Apfelbaum unserer Gärten stamme nicht von dem europäischen wilden ab. Der Name des Apfelbaumes hat darin besonderes Interesse, dass er bei Kelten, Germanen,

Litauern und Slaven derselbe ist und also einen näheren Zusammenhang des äussersten westlichen Gliedes, des keltischen, mit dem germano-slavischen, als mit dem italischen Stamme, mit beweisen hilft: altkeltisch *aball* (wo *all* ableitendes Element ist), angelsächsisch *äppel*, altn. *epli (apaldr*, Apfelbaum), ahd. *aphul*, lit. *óbûlas*, altpreussisch *woble*, der Apfel, lit. *obûlýs*, altpr. *wobalne* der Apfelbaum, altslavisch *jablŭko, ablŭko* der Apfel, *jablanĭ, ablanĭ*, der Apfelbaum. Wenn die in Mitteleuropa von Osten her einbrechenden indogermanischen Schwärme, deren Vortrab die nachmaligen keltischen Völker bildeten, den Baum in den neu erkämpften Landstrichen vorfanden und ihre rohe Zunge an dessen sauren zusammenziehenden Früchten Gefallen fand, so konnte es leicht geschehen, dass sie den Namen von dem Jäger- und Fischervolke annahmen, das ihnen zuerst auf europäischem Boden entgegentrat, — den Finnen. Den Namen der Frucht bei diesen kennen wir natürlich nur in seiner jüngsten Gestalt und wissen nicht, welche Veränderungen er seitdem erfahren hat: estnisch *ubin, uvin* oder in dem anderen Dialekt *aun, oun*, livisch *umärs*, finnisch *omena*, magyarisch *alma* (ebenso türkisch). Wenn erst das Studium der finnischen Idiome so weit gediehen ist, dass aus Vergleichung der verschiedenen Zweige dieses Sprachstammes feste Lautgesetze sich ergeben, nach welchen auf die Urform eines gegebenen Wortes geschlossen werden kann, dann wird sich auch entscheiden lassen, ob die in den obigen Namensformen enthaltenen Anklänge nur zufällig sind oder einen wirklichen Zusammenhang beurkunden. Griechisch und lateinisch hat der Apfel eigentlich keinen individuellen Namen, denn griech. μᾶλον, lat. *malum* bedeutete die grössere Baumfrucht überhaupt und fixirte sich erst allmählig für den Apfel; ebenso das lateinische *pomum;* auch hat *malum* den Schein eines Lehnwortes aus dem Griechischen. — Der in den südlichen Halbinseln einheimische wilde Birnbaum — die Arkader sollten wie von Eicheln so auch von Birnen sich genährt haben — hiess ἀχράς ἄχερδος, der kultivirte ὄγχνη (schon bei Homer) und κόγχνη (nach Hesychius), auch ἄπιος, die Frucht ἄπιον; aus der Vergleichung des letzteren mit dem lateinischen *pirus, pirum* erhellt, dass im griechischen Wort ein σ ausgefallen (etwa wie ἰός das Gift lateinisch *virus* lautet) und das α nur ein Vorschlag ist, wie ihn das Griechische liebt. Das lateinische Wort ging zu den Kelten und Germanen über, zum Beweise, dass in der Heimat beider Völker der Birnbaum ursprünglich nicht wuchs. Litauer und Slaven aber haben für die Birne ihren eigenen Ausdruck: lit. *kriáuszė*, altpr. *crausios*, slav. *gruša, chruša*. Da nicht anzunehmen ist, dass die Slaven einen Baum sollten gekannt und benannt haben, der in den milderen Wohnstrichen der Kelten und Germanen fehlte, so muss dies *gruša* ein Lehnwort sein — aber woher? vermuthlich aus einer der pontischen oder kaspischen Sprachen, denn mit ἀχράς, ἀχράδος kann es doch nicht zusammengestellt werden? Auch die Albanesen haben ein eigenes Wort für die Birne: *dardε*. — Im heutigen Europa ist Nordfrankreich, besonders die Normandie, das eigentliche Apfel- und Birnenland, das nicht bloss die meisten, sondern auch die feinsten dieser Früchte trägt und wo der aus ihnen bereitete Cider (*cidre*, ital. *sidro, cidro* aus *sicera*, σίκερα, welches selbst wieder ein altsemitisches Wort ist) den Wein als allgemeines Volksgetränk vertritt. Weiter nach Süden, von wo sie doch stammen, ist es diesen Obstbäumen weniger wohl, — eine keineswegs vereinzelte, aber darum nicht minder merkwürdige Erscheinung.

[Herr Prof. Engler äussert sich über die beiden Bäume folgendermassen: »Von dem Apfelbaum finden sich schon Samen in den Pfahlbauten der Schweiz. Doch ist unser Kulturapfel (*P. Malus* L.) nicht aus einer Art entstanden, sondern aus einigen: der im Kaukasus und dem südlichen Altai vorkommenden *P. pumila* Mill., der ebenfalls im Orient heimischen *P. dasyphylla* Borkh. und der in Sibirien heimischen *P. prunifolia* Willd., von welcher namentlich der Astrachaner Apfel hergeleitet wird. Der in Mitteleuropa verbreitete Holzapfel, *P. sylvestris* Mill. ist an der Entwickelung des Kulturapfels nur wenig betheiligt. Auch die Kulturbirnen stammen von verschiedenen Arten ab, von *P. Achras* Eichn. in Centralasien, *P. Persica* Pers. in Syrien und Persien, *P. cordata* Desv. und *P. elaeagrifolia* Pall. im Orient. (Vgl. Focke in Engler und Prantl, Natürliche Pflanzenfamilien, III. 3. S. 22—24.)«

Die nordeuropäischen Namen des Apfelbaumes stammen nicht aus dem Finnischen, sondern gehen wahrscheinlich auf den Namen der von Vergil als äpfelreich gepriesenen Stadt Abella in Campanien zurück (vgl. Verg. Aen. VII, 740: *et quos maliferae despectant moenia Abellae*). Die Bezeichnung *(malum) Abellanum* wäre zunächst ins Keltische (ir. *aball, uball, ubull;* vgl. schon bei Stokes Irish Gl. 555 aus Cormacs Glossary, Book of Leinster: *Aball*, now, from a town of Italy called Abellum, i. e. it is thence that the seed of the apples was brought formerly«) und von hier noch vor der ersten Lautverschiebung ins Germanische, dann weiter ins Litauische (lit. *óbůlas*) und Slavische (altsl. *jablŭko*) gedrungen. Diese Ansicht fand unter anderen die briefliche Zustimmung V. Hehns. Anderer Meinung ist A. Fick, welcher Vergl. W. I[4], 349 das irische und germanische Wort für urverwandt ansieht und das litu-slavische Wort für entlehnt aus dem Keltischen betrachtet »Die Berührung der Kelten und Slavoletten fand an der unteren Donau statt«. Noch anders urtheilt R. Much Z. f. österr. Gymn. 1896 S. 608, der zwar einen Zusammenhang zwischen Abella und den nordeuropäischen Apfelnamen anerkennt, aber den Ort von der Frucht, nicht die Frucht nach dem Ort benannt sein lässt. — Die Formen der romanischen Sprachen it. *melo*, rum. *mer*, rät. *meil*, wall. *meleie* weisen auf ein volksthümliches lat. *mêlum* (auch = alb. *molε*), das man doch nur als Lehnwort aus ion. μῆλον auffassen kann. Hieraus ergiebt sich wenigstens eine gewisse Wahrscheinlichkeit, dass auch lat. *mâlum* = dor. μᾶλον auf Entlehnung beruhe. — Im Orient muss die Kultur des Apfelbaums sehr alt sein. Das Aegyptische und die westsemitischen Sprachen (hebr. *tappûăh*, ägypt. *dph.*) einerseits, sowie das Syrische und Armenische (syr. *ḥazzûra*, armen. *xnjor*) andererseits haben einen gemeinsamen Namen des Apfelbaums. Vgl. darüber F. Hommel, Aufsätze und Abh. München 1892, S. 167. Nach Hübschmann stammt das syrische Wort aus dem Armenischen (Armen. Gr. I S. 305). — Sollte nicht auch das griech. μῆλον zunächst der Apfel gewesen und erst dann auf andere grössere Baumfrüchte übertragen worden sein? Jedenfalls können unter den μηλέαι, μῆλα, die Od. VII, 115ff. und XI, 589ff. ohne weiteren Zusatz neben ὄγχναι, ῥοιαί, συκαῖ, ἐλαῖαι genannt werden, doch nur Apfelbäume verstanden werden. — Was die Birne betrifft, so steht griech. ὄγχνη edler Birnbaum in Ablautsverhältniss zu ἀχ-ράς, ἄχ-ερδος wilder Birnbaum. Als Mittelstufe würde sich **engh-* ergeben, das zu ursl. **vęzŭ* Ulme (poln. *wiąz* Rüster, serb. *vjaz* Ulme; vgl. alb. *viϑ*, *viδi* Ulme) stimmen würde. Starker Bedeutungswechsel bei

Bäumen ist nicht auffallend. — Falls das lat. *pirus* an griech. ἄπιος (ἀ-πισ-ος) anzuknüpfen ist, kann das Verhältniss nur auf Urverwandtschaft beruhn, da es griechische Dialekte mit erhaltenem inter-vocalischem σ, aus denen *pirus* hätte entlehnt sein können, nicht giebt. Im Albanesischen heisst der wilde Birnbaum *gorítsε* (nach G. Meyer aus dem Slavischen *gorĭnica*: *gorŭ* Berg), der edle *dardε*, vgl. *dardán* Bauer = Birnenzüchter und oben S. 545. Auf das Indigenat des Baumes nicht nur im südlichen Europa weist auch der Umstand hin, dass in den Schweizer Pfahlbauten neben Aepfeln wilde Birnen gefunden wurden. Noch heute verstehen slavische Völker aus den Früchten des wilden Birnbaums ein angenehmes Getränk zu bereiten.

Hinsichtlich der Kultur des Birnbaums ist der Norden Europas vom Süden und Südosten her beeinflusst worden: lat. *pirus*, das auch in den keltischen Sprachen erscheint, ist — aber nicht vor dem neunten Jahrhundert — in die germanischen Sprachen entlehnt worden (ags. *peru*, ahd. *bira* etc.; vgl. noch goth. *bairabagms*, das aber Maulbeerbaum bedeutet.) Lit. *gruszia*, *kriáuszė* aber, preuss. *krausy*, altsl. *gruša* scheinen aus kurd. *korêshi*, *kurêshî* (vgl. Jaba-Justi S. 331) entlehnt zu sein.]

102. S. 519.

Der Jäger, schweigsam und scheu (»Im Felde schleich ich still und wild«), gleicht noch dem Raubthier. Thierzucht aber ist schon voll Menschlichkeit: man sehe z. B. das Bild von Heinrich Bürkel in der Neuen Pinakothek in München: Schafheerde in der römischen Campagna. Der Hirt geht voran, die Heerde folgt; er hält ein neugebornes Lamm behutsam in den Armen, noch andere trägt das Pferd in gleichschwebenden Körben; die Mütter gehen zu beiden Seiten und blöken hinan. Wie human und idyllisch!

103. S. 521.

Neben der Farbe gelten auch die *oculi truces*, die *torvitas luminum*, die χαροπότης τῶν ὀμμάτων für ein Merkmal der germanischen und anderen Barbaren des Nordens. Erst die Kultur, die das innere Leben weckt, beseelt auch das Auge, das bei den Wald- und Steppenbewohnern noch den eigenthümlich frischen Blick des Jagdthieres oder den scharfen des Raubvogels hat. Vámbéry, Globus 1870, S. 29 vom Kurden: »Besonders sind es seine Augen, diese ewig funkelnden, auf Unheil oder Trug sinnenden Lichter, durch welche er unter hunderten von Asiaten erkennbar wird. Es ist merkwürdig, dass sowohl der Beduine, wie der Turkmene durch diese Kennzeichen unter seinen ansässigen Stammesgenossen ebenso auffällt. Ist es der unüberwindliche Hass gegen vier Wände oder der grenzenlose Horizont, oder das Leben im Freien, welche diesen Glanz in die Augen der Nomaden hineinzaubern?«

Anhang.

Vorrede zur zweiten Auflage.

Der Verfasser gegenwärtiger Schrift schmeichelte sich mit der Hoffnung, ein Buch geschrieben zu haben, das indem es dem Gelehrten genug that, doch zugleich lesbar und verständlich wäre, — etwa wie über der Thür französischer Wirthshäuser steht: *ici on loge à pied et à cheval.* Doch das mag in Frankreich angehen, bei uns ist das Unternehmen gefährlich. Der Fachmann zuckt die Achseln und ruft mitleidig: ein elegantes Buch — und man weiss, was er darunter versteht; der sogenannte Gebildete sagt: ganz interessant, nur Schade, dass so viel Griechisch drin ist — vom Latein ist nicht die Rede, denn das wird ja auch auf Realschulen gelehrt und wer thut nicht so, als ob es ihm geläufig wäre? Nun konnte es bei dieser zweiten Auflage nicht meine Absicht sein, dem Erstern zu Gefallen mein Buch künstlich ins Ungeniessbare umzuarbeiten; auch ist ja der deutsche Büchermarkt mit dieser Waare hinreichend versehen; wohl aber liess sich zum Behufe leichterer Aufnahme von Seiten derer, die so unglücklich sind, ohne Griechisch aufgewachsen zu sein, manches Citat deutsch wiedergeben oder ganz unterdrücken. Dies that ich zwar mit Widerstreben und je nach der Stimmung in ungleichem Maass, und fürchte dadurch, was ich an Gunst von der einen Seite gewonnen, von der andern verloren zu haben. Hat es doch ein wohlwollender Beurtheiler meinem Buche nachgerühmt, dass es eine Sammlung einschlagender, authentischer Stellen der alten Schriftsteller ihrem Wortlaut nach enthalte — auf diesen Vorzug muss ich nun zum Theil verzichten.

Schlimmer aber, als der Widerstreit der Form, ist bei dem gewählten Gegenstande der der historisch-kritischen und der naturwissenschaftlichen Methode und des aus dieser sich ergebenden Inhalts. Die Naturwissenschaft fühlt sich als Herrin der Zeit und wie sie sich die Philosophie jetzt selbst besorgt und nach schimpflicher Entlassung der speculativen Metaphysik mit ganz leichten

Verstandesabstractionen, insbesondere der Kategorie der Causalität — in deren Wesen es liegt, nie zum Ziele zu führen —, ihr Bedürfniss deckt, so hat sie auch die Deutung der Vorzeit in eigene Hand genommen und sieht das Thun des Historikers als Verirrung, ja als Eingriff in ihre Rechte an. Indess, noch ist die Zeit nicht gekommen, so nahe sie sein mag, wo es nur noch Realgymnasien geben wird, wo alle Scholastik und Idealität abgethan sein wird und wir Alle werden Amerikaner geworden sein. So sei es, ehe es zu spät wird, an dieser Stelle dem Verfasser gestattet, sich und sein Gebiet gegen einige Urtheilssprüche berühmter Naturforscher mit gebührender Bescheidenheit zu verwahren.

Herr Professor Grisebach, der in den Göttinger Gelehrten Anzeigen, 1872, Stück 45, zu meinem Buche einige kritische Bemerkungen macht, will zwar, wie er sagt, den Werth historischer und sprachlicher Forschungen nicht bestreiten, in der That aber schlägt er ihn sehr gering an. Den jetzt in Südeuropa vorhandenen Kastanienwäldern gegenüber findet er z. B. die historischen Gründe, die für Einführung des Kastanienbaumes sprechen, „schwach“; wenn also die Alten bis nahe an das Augusteische Zeitalter hinan für diesen Baum keinen Namen haben und seine Früchte, die doch jedem Dorfkinde hätten bekannt sein müssen, mit Walnüssen und Mandeln verwechseln, auch ihm ausdrücklich kleinasiatischen Ursprung zusprechen, — so scheint ihm dies von keinem Gewicht im Hinblick auf die heutige Verbreitung der Kastanie. Ich habe umgekehrt daraus den Schluss gezogen: da die Kastanie damals dem Volke noch fremd war, so kann sie erst während der inzwischen verflossenen Zeit gekommen sein. Herr Professor Grisebach meint, da die grosse Citrone für die Frucht des Cederbaumes gehalten und danach benannt worden sei, so sei auf solche Beweise aus Namen überhaupt wenig zu geben. Auch hier folgere ich umgekehrt: diese Verwechselung beweist, dass der Citronenbaum damals noch nicht in Italien sein konnte; bei einem einheimischen Gewächs wäre sie unmöglich. Herr Professor Grisebach wirft mir einen Widerspruch in meinen eigenen Ansichten vor, indem ich zuerst das Klima der Länder am Mittelmeer als Folge ihrer Lage aufgefasst, dann aber die immergrüne Vegetation derselben als ein Werk der Kultur dargestellt habe. Allein, an jener ersten Stelle in der Einleitung warnte ich nur, wie die Worte besagen, vor einer Ueberschätzung des Einflusses der Wälder; an der andern entnahm ich allem Vorhergehenden das Resultat, dass aus einem über und über waldbedeckten Lande an der Hand des Menschen ein mit orientalischen Kulturgewächsen über und über bepflanztes hervorgegangen sei. Dass Italien noch zur Zeit der Griechen und der römischen Erinnerung dichte, dunkle Wälder von ungeheurem Umfang besass, erhellt aus den auf Seite 428 und 429 angeführten Stellen; dass diese Wälder später durch eine allgemeine Gartenkultur verdrängt waren, ist gleichfalls unzweifelhaft. Nun wäre es gewiss einseitig, den Einfluss dieser Beschattung des Bodens, der Verdunstung und Ausstrahlung zu leugnen (s. darüber die klassische Stelle bei Humboldt, Central-Asien, 2, 130). Sicher waren die Sommerregen damals, wenn auch eine Ausnahme, doch eine häufigere; sicher fand das einwandernde Hirtenvolk für seine Rinder innerhalb der Waldregion zahlreichere und saftigere Wiesen vor, als später den Römern, die ihre Thiere mit dem Laub der Bäume füttern mussten, zu Gebote standen. Da Italien nach Varros Ausspruch ein grosser Baumgarten geworden war und die Pflanzungen vorzugsweise aus immergrünen Gewächsen bestanden — worunter z. B. das allerwichtigste, die Olive, von Herrn Professor Grisebach selbst aus dem Orient abgeleitet wird —, so war es nicht zuviel gesagt, wenn ich behauptete, Griechenland und Italien seien erst im Laufe der Geschichte wesentlich immergrüne Länder geworden. „Die Myrtengebüsche, fährt der Herr Kritiker fort, auf den unbebauten Inseln Dalmatiens, der Lorbeer bei Algesiras in Andalusien, die Verbreitung des Oleanders in der nordafrikanischen Küstenlandschaft sind sprechende Beweise für Wanderungen, die, von jeder menschlichen Ansiedelung unabhängig, dem selbständigen Walten der Natur angehören." Allein die jetzt unbebauten dalmatinischen Inseln waren in einer für diese Gegenden glücklicheren Zeit Landeplätze der Fischer und Schiffer mit aphrodisischen Heiligthümern, neben denen die Myrte nicht fehlen durfte, Andalusien war Jahrhunderte lang römisch und ebenso Nordafrika, dessen Gärten sogar noch zu vandalischer Zeit gepriesen wurden. Wo ist am Ufersaum des Mittelmeeres unberührte Wildniss, wo fehlt die Nachlassenschaft von zwei oder drei Jahrtausenden menschlichen Schaffens? Die südeuropäischen *macchie* sind Reste einer langen und alten Kultur, gleichsam vegetative Ruinenfelder, die in ihrem jetzigen Stande zu erhalten die Hirten und ihre Ziegen sich angelegen sein lassen. Im einzelnen hätte ich noch manche Behauptung des Herrn Kritikers abzulehnen. So kann der Pinienwald von Ravenna nicht „ursprünglich" sein, denn er bedeckt einen Boden, der zu Prokopius' Zeit noch Meer war u. s. w. Wäre übrigens zu der Zeit, wo ich mit meinem Buch hervortrat,

Professor Grisebachs „Vegetation der Erde“ schon geschrieben gewesen, so hätte vielleicht manche meiner Ansichten eine bestimmtere oder eine minder bestimmte Fassung erhalten. Ich habe dies jetzt nachzuholen gesucht — so weit mir dies möglich war. Denn, um dies auch meinerseits zu gestehen, die entsprechenden Partien unserer Untersuchungen gehen schwer mit einander. Er leitet die Flora des Mittelmeeres rein aus den meteorologischen Processen ab, und wie sie heute beschaffen ist, so war sie, ehe der Fuss eines Menschen jenen Boden betrat, — das immer gleiche Produkt unwandelbarer geographisch-klimatischer Verhältnisse; ich finde grosse Veränderungen kulturhistorisch bezeugt und auf diese die Aufmerksamkeit zu lenken, war die Absicht meines Buches. Die Aussprüche der Alten würdigt der Naturforscher kaum eines Blickes; die Schlüsse aus der Sprache, aus Namen und Sagen hält er, wenn er auch höflich genug ist, es nicht herauszusagen, für Hirngespinste, es müsste denn sein, dass sie mit den Sätzen des Naturforschers übereinstimmen, in welchem Falle sie eine angenehme gelehrte Verzierung abgeben. Er beruft sich auf Karl Ritter und Alph. De Candolle, die schon vor mir den Weg linguistischer Untersuchung zuweilen mit Erfolg betreten hätten. Wir können Ritter allenfalls gelten lassen, obgleich die Sprachforschung nicht gerade die starke Seite des grossen Geographen war, aber was De Candolle darin versucht hat, ist als gänzlich unkritisch auch gänzlich werthlos. Benennungen in ihrer älteren und ihrer jüngsten Gestalt, mit entstellenden Druckfehlern, ohne Rücksicht auf Geschichte und Verwandtschaft der Sprachen und auf die in ihnen geltenden Lautgesetze aus Wörterbüchern zusammenraffen und nach blossen äusseren Gleichklängen gegeneinander halten und gruppiren, ist ein so thörichtes Beginnen, dass die Botaniker je eher je lieber diese Koketterie mit einer ihnen völlig unzugänglichen Argumentationsweise aufgeben sollten.

Ein anderer Professor, Herr O. Heer in Zürich, hat in einem eigenen Aufsatz: „Ueber den Flachs und die Flachskultur im Alterthum“ (Neujahrsblatt, herausgegeben von der Naturforschenden Gesellschaft auf das Jahr 1872) das bezügliche Kapitel meines Werkes mit andern, zuweilen auch mit denselben Worten wiedergegeben — wobei ich dem Naturforscher manche historische und philologische Irrthümer nicht zu hoch anrechnen will. Er hat mich stillschweigend ausgeschrieben und benutzt gleichwohl die Gelegenheit, auf mich unfreundliche Seitenblicke zu werfen. Es hat ihn verdrossen, dass ich mich über die Pfahlbauten mit so mässiger Begeisterung auslasse, —

ist denn die Schweiz an Merkwürdigkeiten so arm, dass sie nöthig hätte, so geizig zu sein? Ich hatte vermuthet, die Bewohner der genannten Sumpf- und Wasserbauten möchten wohl helvetische Kelten gewesen sein: „dass diese Ansicht unrichtig ist, erwidert er, beweist der ganze Zustand der damaligen Kultur.“ Das eben ist's, was ich leugne: der ganze Zustand beweist dies keineswegs. Die Indoeuropäer standen bei ihrer Einwanderung in Europa auf einer viel niedrigern Kulturstufe, als diejenige ist, die wir aus den Resten der Pfahlbauten erschliessen; bis zu den letztern ist schon ein bedeutender Fortschritt, bewirkt, wie ich glaube, durch Einflüsse aus dem Süden. Herr Professor Heer scheint sich unter Helvetiern nur die des Cäsar oder der ersten römischen Kaiser denken zu können: ich meine, wie sich von selbst versteht, nur deren Vorfahren, die noch kein Geräth aus Metall von Italien her kennen und brauchen gelernt hatten. Viel angenehmer, als die Sache rationell anzusehen, ist es natürlich, sich in ungemessener Urzeit ein mystisches Kulturvolk im Herzen Europas zu träumen und Geschichte und Geologie, historische Chronologie und Paläontologie in trübem Nebel durcheinander fliessen zu lassen. Letzteres thut Herr Professor Heer auch andern Ausführungen meines Buches gegenüber: Myrten-, Lorbeer- und Mastixblätter, behauptet er, seien schon in den ältesten Tuffen am Fuss des Aetna entdeckt worden. Auch Andere haben gesagt, in den Schichten der Provence liege, ich weiss nicht mehr, ob der Feigen- oder der Olivenbaum, noch Andere haben sogar Knochen des Haushuhns in der Tertiär- oder Quaternärzeit Europas nachgewiesen (der zoologische Garten, 1874, S. 28). Wenn dies keine Täuschungen, sondern Thatsachen sind, so habe ich wenigstens keinen Beruf sie zu deuten. Ich habe Italien genommen, wie es war, als in historischer Zeit sich hier die erste höhere Kultur entwickelte; welche Pflanzen es in einer frühern Erd-Epoche trug, ist mir gleichgültig. Wenn im Boden Grönlands eine südliche Vegetation begraben liegt, so thut dies dem Factum keinen Abbruch, dass erst die dänischen Kolonisten manches mitgebrachte ärmliche Küchengewächs mit äusserster Mühe dort haben erziehen müssen. Erst also hätte Herr Professor Heer aufzeigen müssen, dass von den ältesten Tuffen des Aetna oder den diluvialen Travertinen Toskanas in der That ein ununterbrochener vegetativer Zusammenhang bis auf die Zeit geht, wo die geschichtlichen Zeugnisse beginnen. Kann er diesen Nachweis führen, so will ich gern einräumen, dass mich meine historischen Mittel an diesem Punkte falsch berathen haben.

Längst hatten Anthropologen und Ethnologen die Lehre von der Einwanderung der indoeuropäischen Völker aus Asien und ihrer ursprünglichen Einheit als ein Joch empfunden, das sie bei ihren Operationen mit Menschenracen, Lang- und Kurzschädeln, Stein- und Bronzealter u. s. w. in der freien Bewegung hinderte. Da geschah es, dass in England, dem Lande der Sonderbarkeiten, ein origineller Kopf es sich einfallen liess, den Ursitz der Indogermanen vielmehr nach Europa zu verlegen; ein Göttinger Professor eignete sich aus irgend einer Grille den Fund an; ein geistreicher Dilettant in Frankfurt stellte die Wiege des arischen Stammes an den Fuss des Taunus und malte die Scenerie weiter aus. Danach also hat Asien, der ungeheure Welttheil, die *officina gentium*, einen grossen Theil seiner Bevölkerung von einem seiner vorgestreckten Glieder, einer kleinen, an Naturgaben armen, in den Ocean hinausreichenden Halbinsel erhalten! Alle übrigen Wanderungen, deren die Geschichte gedenkt, gingen von Ost nach West und brachten neue Lebensformen, auch wohl Zerstörung ins Abendland, nur diese älteste und grösste ging in umgekehrter Richtung und überschwemmte Steppen und Wüsten, Gebirge und Sonnenländer in unermesslicher Erstreckung! Und die Stätte der ersten Ursprünge, zu der uns wie in die Kinderzeit unseres Geschlechts dunkle Erinnerungen zurückführen, die Stätte der frühesten sich regenden Fertigkeiten und noch unsicheren Schritte, wo, wie wir ahnen, Arier und Semiten neben einander wohnten, ja vielleicht gar eins waren, — sie lag nicht etwa im Quellgebiet des Oxus, am asiatischen Taurus oder indischen Kaukasus, sondern in den sumpfigen, spur- und weglosen, nur von den Fährten der Elene und Auerochsen durchbrochenen Wäldern Germaniens! Auch die älteste Form der Sprache dürften wir nicht mehr in den Denkmälern Bactriens und Indiens suchen — da ja die Völker dorthin erst durch eine lange, zerrüttende Wanderung gelangt wären —, sie klänge uns vielmehr aus dem Munde der Kelten und Germanen entgegen, die unbewegt und regungslos auf dem Boden ihrer Entstehung verharrten! Und worauf stützt sich dieser ungeheuerliche Gedanke? Auf einige abgerissene, leicht gewogene Observationen, von denen keine einzige einer nähern Untersuchung Stand hält. Dass nun die grosse, laut verkündigte Entdeckung in den Reihen der Naturforscher bereitwilligen Glauben fand, kann nicht überraschen. Eine ethnologische Zeitschrift hat meinem Buche in hochmüthigem Ton den Vorwurf gemacht, es wiederhole noch immer das alte Märchen von der arischen Wanderung. Also nicht bloss die Richtung der Wanderung ist eine andere geworden, es hat ganz und gar keine Wanderung gegeben; ja, wie nicht undeutlich zu verstehen gegeben wird, die arische Verwandtschaft überhaupt und die ganze Sprachvergleichung ist ein Trugbild, um das der Ethnologe am besten thut sich nicht mehr zu kümmern. Dies Alles ist, wie gesagt, nicht zu verwundern; dass sich aber auch Sprachforscher gefunden haben, die ihre Zustimmung nicht verweigerten, erkläre ich mir in Goethes Weise: „sollte aber eben hieraus nicht hervorgehen, dass wir den Kreis schon durchlaufen haben, indem uns die Wahrheit anwidert, der Irrthum aber willkommen erscheint?“ Mit andern Worten: im Grunde ist es nur die Neuheit, die hier als Anziehung wirkt: alter Wein und die Blüte der jüngern Lieder wird gepriesen, sagt Pindar, und ähnlich schon Vater Homer:

Denn so ists bei den Menschen: am meisten immer gefallen
Solche Gesänge dem Hörer, die als die neusten erscheinen.

Der Verfasser hat dieser zweiten Auflage die früheste Geschichte eines der wichtigsten gezähmten Thiere, des Pferdes, eingefügt. Die dort aufgestellte Ansicht, das Pferd habe sich erst nach dem Auszug der Indoeuropäer zuerst von den Türken zu den Turaniern (d. h. den nomadischen Iraniern), dann von diesen an den Euphrat und weiter an den Nil und nach anderer Richtung zu den europäischen Gliedern des grossen Stammes verbreitet, in deren Behandlung des Thieres noch die iranische Herkunft durchblicke, — diese Ansicht wird vielleicht weder den Beifall der Zoologen noch den der Alterthumsforscher finden. Je älter eine Erwerbung der Kultur ist, um so schwieriger ist es, Ort und Stunde ihrer Geburt zu ermitteln und ihre ersten Lebenswege zu verfolgen. Wenigstens enthält die in Rede stehende Monographie eine Anzahl beglaubigter historischer Aussagen, die dem, der diese Untersuchung wieder aufnehmen will, zu Statten kommen werden.

Im Uebrigen hat der Verfasser sein Buch nach den Einsichten, die er seit dem Erscheinen der ersten Ausgabe gewonnen, verbessert und ergänzt, und wünscht ihm in dieser zweiten Gestalt so viel Freunde, als es sich in seiner ersten wider sein Erwarten erworben hat. Zum Schlusse aber und ehe er die Feder niederlegt, sei es ihm noch erlaubt, auf eine interessante Stelle des Livius hinzuweisen, wonach Pflanze, Thier und Mensch bei Versetzung unter einen andern Himmel ausarten, 38, 17: „bei Pflanzen und Thieren ist die den Artcharakter aufrecht haltende Vererbung ohnmächtig gegen die durch Boden und Klima bewirkten Veränderungen“ *(in frugibus pecudibusque non tantum semina ad servandam indolem valent, quantum terrae proprietas coelique, sub quo aluntur, mutant).* Und weiter: „Alles entwickelt sich vollkommener an dem Orte seines Ursprungs; bei Versetzung auf einen fremden Boden verwandelt es seine Natur nach den Stoffen, die es aus diesem aufnimmt“ *(generosius in sua quicquid sede gignitur; insitum alienae terrae in id quo alitur natura vertente se degenerat).* Eine wie lange Glosse liesse sich an diese Worte knüpfen! Arzneipflanzen freilich pflegen in ihrem Vaterlande am kräftigsten zu sein, aber auch manche unserer Obstbäume gedeihen im mittlern Europa vielleicht nur desshalb am besten, weil die Veredelung der Frucht, auf die es uns Menschen allein ankommt, doch nur eine Krankheit des ganzen Baumes ist. Die Beispiele aus der Menschenwelt, die der römische Geschichtschreiber noch weiter anführt, gehören in das reiche Kapitel von dem Einfluss veränderter Umgebung auf Charakter und Sitte der Eingewanderten.

Berlin, im März 1874.

Der Verfasser.

WORTREGISTER.

(Die Buchstabenfolge ist die des lateinischen Alphabets; *ch* = χ steht hinter *c*, *th* = ϑ hinter *t*.)

A.

B.

G.

H.

J.

M.

Druckfehler.

S. 32, Z. 9 v. o. lies ἄριστος.
S. 53, Z. 18 v. u. „ alb. *mts*.
S. 235, Z. 22 v. u. „ πυκνός.
S. 266, Z. 3 v. o. „ κνηκός.
S. 288, Z. 20 v. u. „ hebr. *bĕrôš*.
S. 319, Z. 12 v. o. „ scrt. *cirbhaṭa, cirbhaṭî, cirbhiṭa, cirbhiṭâ*.
S. 368, Z. 19 v. o. „ cymr. *gwydd*; Z. 22 v. o. slav. *gąsĭ*.
S. 396, Z. 2 v. u. „ βάλανοι.
S. 525, Z. 1 v. o. „ ags. *îv*.
S. 552, Z. 3 v. u. „ alb. *barϑ*.
S. 571, Z. 15 v. u. „ französische.

Zeitfracht Medien GmbH
Ferdinand-Jühlke-Straße 7
99095 Erfurt, Deutschland
produktsicherheit@kolibri360.de